U0807410

MODERN ARCHITECTURE IN NANJING

南京近代建筑

上

卢海鸣 著

中宣部文化名家暨『四个一批』人才项目

南京出版传媒集团 南京出版社

图书在版编目（CIP）数据

南京近代建筑 / 卢海鸣著. -- 南京 : 南京出版社, 2024.7

ISBN 978-7-5533-4426-3

Ⅰ. ①南… Ⅱ. ①卢… Ⅲ. ①建筑史—南京—1840-1949 Ⅳ. ①TU-092.5

中国国家版本馆CIP数据核字（2023）第216288号

书　　名　南京近代建筑
作　　者　卢海鸣
出版发行　南京出版传媒集团
南　京　出　版　社

社址　南京市太平门街53号　　邮编　210016
网址　http://www.njcbs.cn　　电子信箱　njcbs1988@163.com
联系电话　025-83283893、83283864（营销）　025-83112257（编务）

出 版 人　项晓宁
责任编辑　徐　智
装帧设计　王　俊
责任印制　杨福彬

排　　版　南京新华丰制版有限公司
印　　刷　上海雅昌艺术印刷有限公司
开　　本　889毫米×1194毫米　1/16
印　　张　98
插　　页　5
字　　数　1550千
版　　次　2024年7月第1版
印　　次　2024年7月第1次印刷
书　　号　ISBN 978-7-5533-4426-3
定　　价　980.00元（全三册）

用微信或京东APP扫码购书

用淘宝APP扫码购书

序 言

南京有着近2500年文献记载的城市建设历史，不仅是中国古代史上的一颗璀璨明珠，在整个近代时期也是一座举足轻重的名城。1840—1949年的中国，经历了曲折和变革，充满了磨难与奋斗。而反映时代变迁、展现中西交融、透视社会风貌的南京近代建筑，无疑具有其独特的历史、科技和文化艺术价值。

南京历史上的辉煌无需多言。无论是作为都城时期的六朝、南唐、明初和民国，还是非都城时期的先秦两汉、隋唐宋元、清代，南京在中国思想和文化史上都留下了浓墨重彩的华章。但不可否认的是，在太平天国运动期间，南京城受到了严重破坏，损失了许多遗存。清帝退位前后，南京在南北政治角力中又遭受了战火的洗礼。其后，作为民国的首都，南京因其特殊的政治地位，能够集中国家的人力、财力、技术等各类资源，短时间内建立起一座现代化的城市，然而在全面抗日战争爆发后，南京沦陷，城市建筑遭到损坏，城市建设陷于停滞。

值得注意的是，近代以来，中国在思想文化、生产技术、生活方式等方面受到西方影响，表现出从传统社会向现代社会转变的特征，步入所谓的现代性。现代性来源于西方文化的影响，从工具和生产方式的引入（如工厂、银行、商场等）到政治思想文化的融入，对中国传统文化产生了巨大冲击。南京近代以来的现代性的特征表现得尤为典型，而建筑作为文化的载体，反映了那段时期南京所发生的一切。从某种程度上讲，南京的城市建设和发展代表了当时中国建筑发展的典型。因此，研究南京近代建筑，可以更好地认识当时的社会历史。

海鸣兄是我多年的好友，是南京大学史学博士。他是南京地方历史文化专家，出版过《六朝都城》《南京文化概览》《南京历代名号》《南京历代运河》等多部专著。他对南京的近代建筑情有独钟。早在 2001 年他就在南京大学出版社出版了《南京民国建筑》一书。该书出版后，深受各界好评，为南京近代建筑的定级保护提供了重要依据。从那以后，他一直致力于南京近代建筑的研究，陆续出版了《南京民国官府史话》《南京民国建筑的故事》《符号江苏：南京民国建筑》（中文版和英文版）等书，《南京近代建筑》一书就是在上述一系列作品基础上的集大成之作。

《南京近代建筑》一书分为研究篇和探索篇，研究篇从宏观的视野全面总结了南京近代建筑的形式、类型、价值和美学特征等；探索篇则从微观的视角详细解读了精选的将近 180 处建筑的历史、文化和背后的故事，涵盖行政、教育、居住、工业等多种类型。本书自 2001 年启动至 2023 年完稿，作者历时 23 年撰写，系统整理了南京近代建筑的历史文献档案，结合实地调研，写成了这部作品，贡献巨大，丰富了学界和公众对这一领域的认识。

细读本书，我们会发现至少有如下三大创新点。

首先，在近代建筑形式方面。本书增加了对殖民式（外廊）建筑的研究。日本有个学者名为藤森照信，他就曾提出过殖民式建筑的观点，英国殖民者抵达印度、日本、中国等国家和地区，由于气候炎热而在建筑外围增加一圈廊，可以遮阳，作为纳凉的“灰空间”使用。这一建筑形式在英国本土反倒不算常见，殖民者将英国的建筑样式、柱式融入了当地的气候环境中，形成一种新的建筑形式。在已出版的有关南京的建筑图书和论文中，几乎无人论及。本书在南京寻找到多个典型案例佐证这一观点，包括立法院旧址张佩纶故居，浦镇机厂英籍厂长奥斯敦别墅，孙中山临时大总统办公室（西花厅），总统府图书馆、会客室和接待室，江苏邮政管理局大楼等。

其次，在近代建筑内容方面。以江苏谘议局、基督医院（马林医院）、行政院、考试院、励志社、航空烈士墓等为例，本书搜集了大量的鲜为人知的文献档案资料，让一座座近代建筑真正地活起来。全书约2600幅图片，其中相当一部分老图片都属于珍稀图片，如金陵女子大学校舍建设过程图片、国立中央研究院刚落成时的图片、国立中央博物院筹备处施工图片、扬子江饭店刚落成的图片等。新发现的史料和图片极大地增强了该书的资料性和观赏性。

第三，在近代建筑价值方面。本书将近代建筑分为历史、科技、文化和社会四大价值，全面系统挖掘南京近代建筑中的红色基因和革命基因，如在浦镇机厂、首都电厂、首都水厂、江南水泥厂、首都电信局、励志社等地曾经发生的革命故事，具有重要的现实意义，这也是以前学界所未重视的。

此外，本书考证了金陵关的确切位置，确认了南京沦陷时期日军陆军医院的具体地点。本书还以第一手的资料，论述了南京近代营造厂的发展，包括营造厂名称、数量、厂主资金规模等，弥补了这一领域研究的不足。

更值得称道的是，本书通过大量文献档案资料的搜集与研究，勘正了长期流传的谬误，如“国民政府中央广播电台”应为“国民党中央广播无线电台”，“颐和路公馆区”应为“新住宅区第一区”，“扬子饭店”应为“扬子江饭店”，“革命历史图书馆”应为“革命历史图书室”等。纵观全书，既有理论思考，又有独特的解读，让人印象深刻。

这部作品不仅面向建筑学者，也面向普通公众，使得不同年龄、文化层次和行业的人都能了解南京近代建筑的特点、美学、形式、材料技术及其背后的故事和意义。

总之，《南京近代建筑》图文并茂，深入浅出，融学术性、知识性、趣味性、可读性于一体，不仅是中国近代建筑乃至“南京学”研究的重要成果，也是一部值得广大读者收藏和细细品味的佳作。相信这部作品不仅能为更多人了解和欣赏南京近代建筑提供宝贵的历史资料和文化启迪，而且能对当前的南京城市更新和文旅融合发展发挥积极的推动作用。

周　琦

（作者系东南大学建筑学院教授）

前 言

南京近代建筑作为20世纪的人类文化遗产，是历史文化名城南京的一道亮丽风景，是世界“文学之都”南京的一个独特文化基因，是泱泱中华文脉中的一个有机组成部分。在我国城市更新从物质空间导向到人本主义导向的转变过程中，南京近代建筑能够留存下来，成为南京乃至江苏的文化符号之一，经历了一番艰难曲折的历程。

在1949年至1978年中华人民共和国成立后的30年里，与全国各地一样，南京近代建筑在城市更新中，一直处在自生自灭的状态。1978年，十一届三中全会召开以来，伴随着南京大规模的旧城改造和飞速发展的城市现代化进程，一些富有特色的近代建筑沦为城市建设的牺牲品。从1988年开始，南京市规划部门联合高校和文物部门对市内多处近现代优秀建筑进行了系统的调查整理，1998年组织编制《南京近代优秀建筑保护规划》，2002年开展《南京近现代非文物优秀建筑评估与对策研究》，2003年出台的《南京老城保护与更新规划》将近代建筑保护作为重要内容。2006年，南京市规划部门专门制订《民国建筑保护和利用三年行动计划》，同时积极推动南京市人大常委会于当年12月1日对《南京市重要近现代建筑和近现代建筑风貌区保护条例》进行立法实施。2008年1月21日，南京市人民政府公布《南京市重要近现代建筑及近现代建筑风貌区保护名录》。2008年5月9日，南京市建设委员会公布《2008年南京市重要近现代建筑和近现代建筑风貌区整治实施方案》。2016年根据《中共中央、国务院关于进一步加强城市规划建设管理工作的若干意见》（中发〔2016〕6号），本着“能保则保、应保尽保，部门协作、多方遴选，成熟一批、公布一批”的原则，南京市政府办公厅制定《南京市历史建筑保护名录公布工作方案》。截止到2023年12月，南京市人民政府公布了1—6批共计309处重要近现代建筑、12片近现代建筑风貌区，开展了重要近现代建筑挂牌、修缮工作；同时，南京市人民政府还公布了1—5批次共计303处历史建筑。

值得注意的是，从1961年至2020年，中华人民共和国国务院前后公布了八批全国重点文物保护单位，共计5057处。其中南京现存近代建筑先后入选的有中山陵（含廖仲恺何香凝墓、邓演达墓、谭延闿墓、国民革命军阵亡将士公墓、革命历史图书馆）、太平天国天王府遗址（南京总统府）、国立紫金山天文台旧址、中国共产党代表团办事处旧址（梅园新村）、原国民政府旧址（包括行政院、考试院、外交部、交通部、最高法院旧址等）、中央体育场旧址、国民大会堂旧址、中央大学旧址（含梅庵）、金陵大学旧址（含汇文书院钟楼）、金陵女子大学旧址、马林医院旧址、日本驻南京大使馆旧址、国立美术陈列馆旧址、侵华日军南京利济巷慰安所旧址、八路军驻南京办事处旧址、金陵兵工厂旧址、浦口火车站旧址、孙中山临时大总统府及南京国民政府建筑遗存、金陵刻经处（笔者按：包含其中的杨仁山居士墓塔）、北极阁气象台旧址、中央陆军军官学校旧址、励志社旧址、国民政府中央广播电台旧址、国立中央研究院旧址、拉贝旧居、美国驻华使馆旧址、英国驻华使馆旧址27处42个点。与此同时，江苏省、南京市以及各个区也先后公布了多批次的省级、市级和区级文物保护单位。

2016年9月29日，由中国文物学会、中国建筑学会联合评选的“首批中国20世纪建筑遗产项目”在北京公布。在入选的98个项目中，中山陵、南京中央大学旧址、孙中山临时大总统府及南京国民政府建筑遗存、国立紫金山天文台旧址、雨花台烈士陵园、金陵大学旧址、侵华日军南京大屠杀遇难同胞纪念馆（一期）、国民政府行政院旧址、南京长江大桥桥头堡9个项目入选。2017年12月2日，由中国文物学会、中国建筑学会联合评选的“第二批中国20世纪建筑遗产项目”在安徽池州公布。在入选的100个项目中，国立中央博物院（旧址）、金陵女子大学旧址、国立中央研究院旧址、国民大会堂旧址、南京中山陵音乐台、中国银行南京分行旧址、中央体育场旧址、中共代表团办事处旧址（梅园新村）、金陵兵工厂、中华民国临时参议院旧址、民国中央陆军军官学校11处名列其中。2018年11月24日，由中国文物学会、中国建筑学会联合评选的“第三批中国20世纪建筑遗产项目”在江苏南京公布，南京入选的有首都饭店旧址、北极阁气象台旧址、中央医院旧址、国民政府中央广播电台旧址（笔者按：应为中央广播无线电台旧址）、国民政府外交部旧址、国民政府立法院、司法院及蒙藏委员会旧址、南京大华大戏院旧址、国立美术陈列馆旧址9处10个点。2019年12月3日，由中国文物学会、中国建筑学会联合评选的“第四批中国20世纪建筑遗产项目”在北京公布，南京有扬子饭店旧址（笔者按：应为扬子江饭店旧址）、拉贝故居、国际联欢社、交通银行南京分行旧址4处入选其中。

这样一来，南京近代建筑在城市更新过程中拥有了多重“护身符”，成为时代的宠儿。

自20世纪90年代起，东南大学建筑系刘先觉教授等人开启了南京近代建筑的研究①，此后，南京近代建筑受到越来越广泛的关注。进入21世纪以来，南京近代建筑的价值逐渐得到了全社会的重视。以《民国官府》（陈济民、庄淑玉、卢海鸣）、《南京的建筑》（潘谷西）、《南京建筑志》（南京建筑志编委会）、《南京民国建筑》（卢海鸣、杨新华）、《南京明清建筑》（杨新华、卢海鸣）、《南京民国建筑艺术》（张燕）、《南京民国官府史话》

① 刘先觉、张复合、村松伸、寺原让治主编：《中国近代建筑总览·南京篇》，中国建筑工业出版社1992年2月版。

（卢海鸣、刘晓宁、朱明）、《南京民国建筑的故事》（朱明、卢海鸣）、《符号江苏：南京民国建筑》（中文本、英文本，卢海鸣）、《南京近现代建筑修缮技术指南》（叶斌、周琦、陈乃栋）、《南京历代经典建筑》（汪晓茜）、《南京近代建筑史》（周琦等）为代表的一批科研成果相继涌现，这些成果对于推动南京近代建筑保护利用、提升南京近代建筑保护利用水平、扩大南京近代建筑在海内外的影响发挥了积极作用。

近年来，在政府部门的重视和全社会的关注下，南京市制定了《历史建筑保护利用试点工作方案》，建立了历史建筑修缮服务单位全周期管理制度和历史建筑保护告知书制度，使得南京近代建筑的维修、保护和利用迈上了一个新台阶。2014 年，南京颐和路历史文化街区第 12 片区保护工程获得联合国教科文组织亚太地区历史文化遗产保护荣誉奖。但是，近代建筑的维修、保护和利用，与城市更新、产业振兴之间的矛盾依然存在。我们相信，通过政府部门和全社会的共同努力，在不久的将来，以中山陵为代表的南京近代建筑必将在世界范围内得到广泛认可，有望成为世界文化遗产大家族中的一员。

回首过去，我们欣喜地看到，南京近代建筑的维修保护和活化利用取得了可喜的成绩；展望未来，我们清醒地认识到，南京近代建筑的维修、保护和活化利用依然任重道远。

目 录

研究篇

探索篇

841 第四章　海关市政交通电信建筑

977 第五章　工商金融建筑

1101 第六章　公共活动和娱乐服务建筑

研究篇

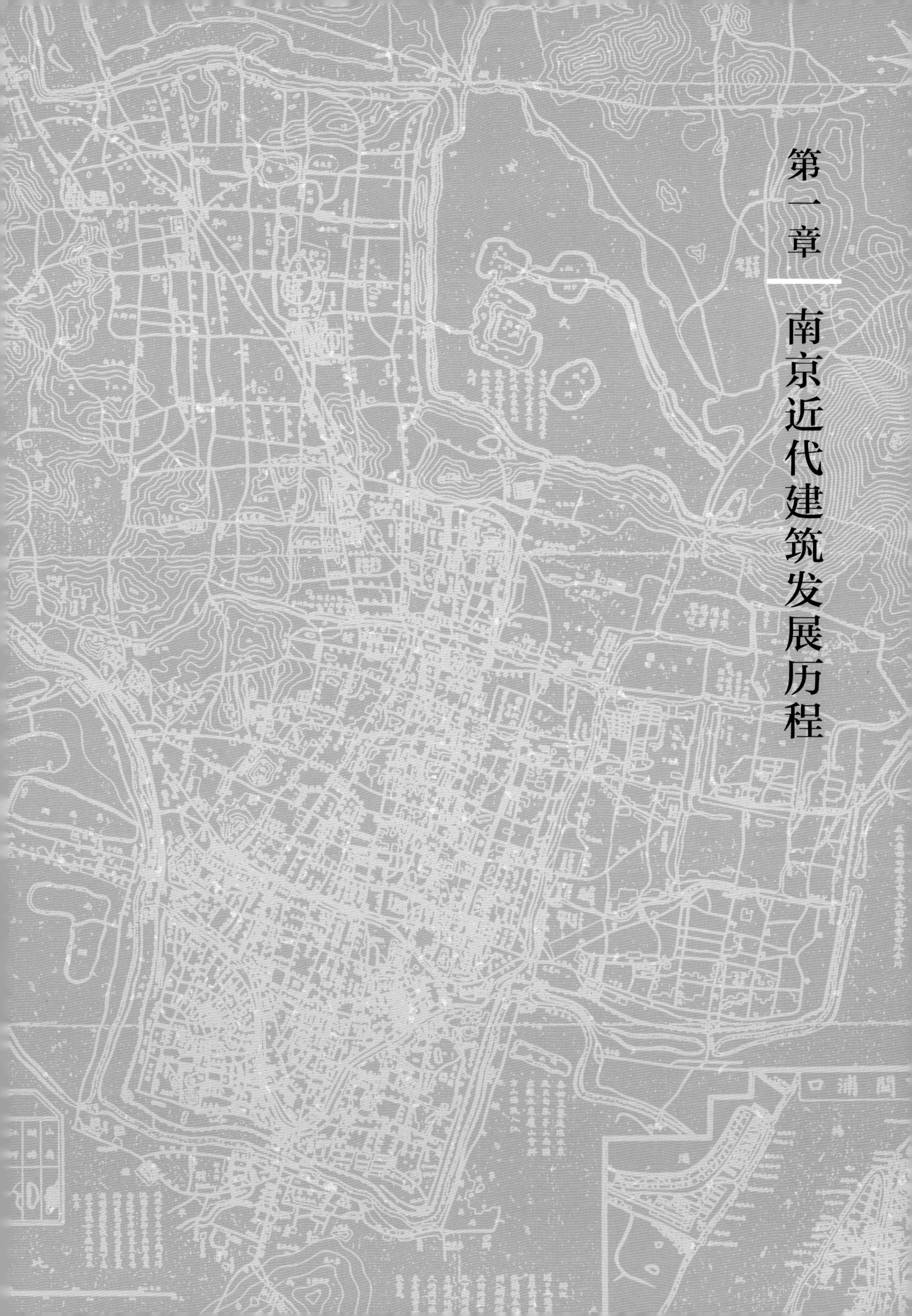

第一章 南京近代建筑发展历程

我国的建筑，按照历史阶段划分的话，可以分为古代建筑、近代建筑和现代建筑。1840年鸦片战争爆发前的建筑统称为古代建筑，1840—1949年的建筑统称为近代建筑，1949年中华人民共和国成立后的建筑统称为现代建筑。

1840年，随着第一次中英鸦片战争的爆发，中国近代史拉开序幕。截至1949年4月23日中国人民解放军占领南京，在前后一百余年的时间里，南京城内外涌现出一大批近代建筑，它们种类多样，风格各异，构成了一道独特的人文景观。

南京近代建筑在中国建筑史上处于承上启下、中西交汇、南北交融、新旧交替的特殊时期。由新、旧二元建筑体系构成的近代建筑，在1840—1949年的百余年间同时并存，呈现此消彼长的趋势。一方面，旧建筑体系仍在城市和广大的乡村延续，它保持了传统建筑的风貌，在城市中逐步由千百年来的主角退居为配角，如甘熙宅第、江宁布政使衙署（今南京太平天国历史博物馆）、武庙（今北京东路43号南京市政协资政堂）、李鸿章祠堂（今秦淮区四条巷77号李公祠）、曾国藩祠堂（今秦淮区九条巷8号南京钟英中学）等，而在广大乡村仍然具有顽强的生命力，如众多的民居、宗祠、寺庙宫观等。另一方面，在西方文化影响下，具有近代建筑技术、类型、功能和形式的新建筑体系逐步形成，并取代传统的木结构建筑体系，成为近代建筑的主流，遍布城乡各地，如金陵机器制造局（今晨光1865科技创意产业园）、江苏谘议局（今东部战区

上海商务印书馆印制的庆祝中华民国成立明信片：中为临时大总统孙中山、左为副总统黎元洪，右为陆军总长黄兴

江苏警备区机关办公楼）、浦镇机厂（今中车南京浦镇车辆有限公司）、和记洋行（转型改造中）、永利铔厂（今南京化学工业公司）、金陵大学（今南京大学鼓楼校区）、金陵女子大学（今南京师范大学随园校区）、国立中央研究院（今中国科学院南京分院）、紫金山天文台、国民大会堂（今南京人民大会堂）、总统府建筑群（今南京中国近代史遗址博物馆）、中山陵等。本书研究的南京近代建筑侧重于主流建筑，即南京近代建筑中的新建筑体系，兼及近代的构筑物，至于旧建筑体系则姑置不论。

近代史上，南京曾是清代两江总督、江宁布政使、安徽布政使、江宁将军、江宁织造和江安督粮道的驻地，太平天国的都城，中华民国临时政府、国民政府、伪维新政府、汪伪国民政府和总统府所在地，始终处于风口浪尖。在1840—1949年的一百余年里，南京至少经历过11次攻防战，包括英军攻打南京、太平军攻占江宁城、太平军保卫天京、天京陷落、江浙联军攻克南京、江苏讨袁军南京保卫战、北伐军光复南京、龙潭战役、南京保卫战、新四军南京周边的抗日活动、人民解放军解放南京。[①] 南京的载浮载沉直接影响到南京近代建筑和城市建设的发展历程。从某种程度上来说，南京近代建筑是南京乃至中国社会发展的晴雨表和城市更新的风向标。

南京近代建筑作为城市更新的一个重要标志物，与上海、天津、汉口、广州、厦门等城市相比，起步较晚，但后来居上。根据其发展变化，大致可以分为产

① 王洪光著：《南京之战》，江苏人民出版社2014年12月版。

江宁府城图（1898 年，法国盖拉蒂绘制，澳大利亚图书馆藏）

版權所有不許複製每張大洋五角欲知明晰另購詳細遊覽指南

（附贈簡明遊覽指南一冊）

最新首都城市全图（1928 年，南京共和书局发行）

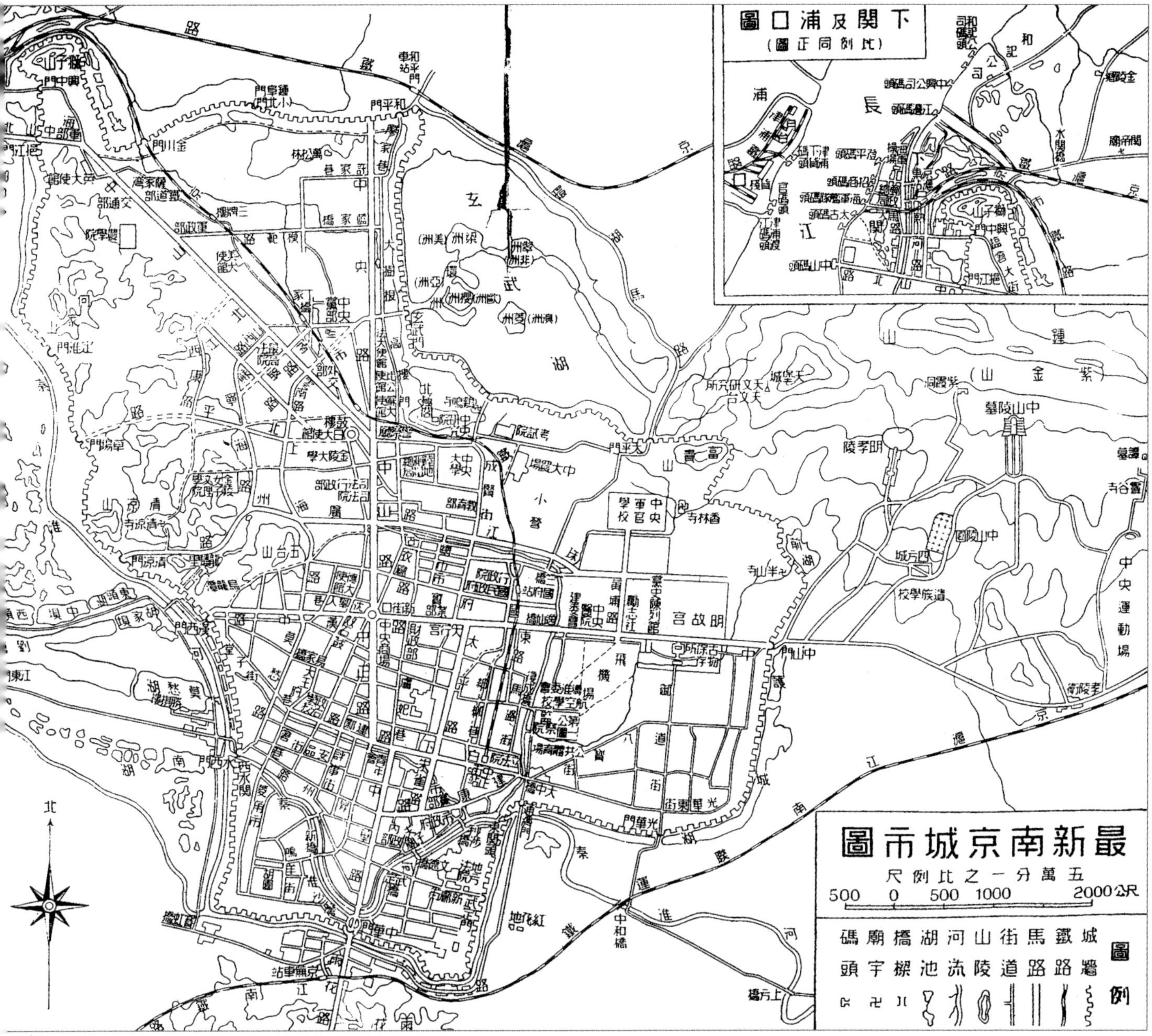

南京城市图（朱偰《金陵古迹图考》，商务印书馆 1936 年版）

生期（1840—1898）、发展期（1899—1926）、高潮期（1927—1937）、停滞期（1938—1945）和衰落期（1946—1949）五个阶段[①]，经历了螺旋式上升、波浪式发展的曲折历程，呈现出由移植模仿到融合创新的发展轨迹。

---

① 刘先觉、杨维菊撰写的《南京近代建筑概说》一文，将南京近代建筑的发展分为早期（1842—1898）、盛期（1898—1937）、晚期（1937—1949）三个阶段，详载刘先觉、张复合、村松伸、寺原让治主编《中国近代建筑总览·南京篇》，中国建筑工业出版社 1992 年版。杨秉德、蔡萌著《中国近代建筑史话》（机械工业出版社 2004 年版）将南京近代建筑的发展分为初始期（1840—1900）、发展兴盛期（1900—1937）、凋零期（1937—1949），其中，将“发展兴盛期”又分为发展前期（1900—1912）、发展中期（1912—1927）和发展后期（1927—1937）。周琦等著《南京近代建筑史》（东南大学出版社 2022 年版）将南京近代建筑的发展分为开创期（1840—1927 年）、繁荣期（1927—1937 年）、停滞期（1937—1945 年上半年）和恢复期（1945 年下半年—1950 年）四个阶段。

第一节　产生期（1840—1898）

1840 年鸦片战争爆发后，英国侵略者为了达到迫使清政府快速屈服的目的，发动了扬子江战役。1842 年 6 月，英国侵略者以舰船 70 余艘、陆军 1.2 万人，溯长江而上，准备切断中国内陆交通大动脉——京杭大运河。7 月 21 日，英军攻陷镇江。8 月 4 日，英舰进入南京下关江面。两江总督牛鉴大为惊慌，他在给道光皇帝的奏折中写道："该逆据我咽喉之地，若再因循岁月，使我粮艘不能归次，漕米何以兑开？仪征不能捆盐，游徒何所得食？兼之江苏一带，专待川楚之米源源接济，而道路梗塞，商贩不前，其祸患之深，诚有不堪设想者。"[①] 道光皇帝在接到牛鉴的奏折后，批复"朝廷廑念漕运重地，敕耆英便宜从事"[②]。在英国侵略者坚船利炮的威慑之下，为避免英军攻占南京城，控扼中国"漕运咽喉"，清朝钦差大臣耆英、伊里布和两江总督牛鉴妥协退让，委曲求全，于 1842 年 8 月 29 日在南京下关江面与英方代表璞鼎查签订了中国近代史上第一个不平等条约——《江宁条约》（即《南京条约》），内容包括割让香港岛，向英国赔偿鸦片烟价、商欠、军费 2100 万银元；开放广州、福州、厦门、宁波、上海五处为通商口岸，允许英人居住并设派领事等，中国从此开始沦为半殖民地半封建社会。

《南京条约》签订后，英军退出长江，南京暂时恢复了往日的宁静。

1851 年，太平天国农民起义爆发，席卷东南大部分地区。1853 年，太平军占领南京，改名天京，定为都城，建立太平天国农民政权，直到 1864 年天京陷落。太平天国农民政权在定都天京的十余年间，清军与太平军之间爆发了多次战争，

① 《牛鉴奏现在与璞鼎查往返于行文酌办罢兵折》，载《筹备夷务始末（道光朝）》第 5 册卷 57，中华书局 1964 年 3 月版。

② ［清］魏源：《道光洋艘征抚记》，见姚薇元著《鸦片战争史实考》，人民出版社 1984 年 7 月版。

中英《南京条约》签订的场景（美国画家 John Burnet 绘制）

南京及周边地区饱受战火兵燹，到处是残垣断壁，满眼是凄凉疮痍。

19 世纪 60—90 年代，针对中国面临的“数千年来未有之变局”和“数千年来未有之强敌”[①]，清朝洋务派进行了一场以引进西方军事装备、机器生产和科学技术来挽救清朝统治的自救运动，史称“洋务运动”。有“睁眼看世界”第一人之称的魏源在其所著《海国图志》里首次提出“师夷长技以制夷”的思想，而洋务派代表人物之一张之洞则提出了“中学为体，西学为用”的主张，西学东渐成为一股不可阻挡的洪流。这一时期，署理两江总督李鸿章在南京创办金陵机器制造局（1865），两江总督兼南洋大臣曾国荃兴办江南水师学堂（1890），两江总督兼南洋大臣张之洞创办江南陆师学堂（1896）等，促进了我国军事科技的近代化进程。其中金陵机器制造局作为西方先进工业技术和建筑技术在南京的首个试点企业，其建筑形式经历了从传统中国建筑寻求借鉴到向西方建筑寻找灵感的发展历程，出现了一些早期的大跨度钢木结构的工业厂房。而江南水师学堂作为中国人在南京创办最早的新式学堂，揭开了南京教育建筑近代化的序幕。

与此同时，西学东渐也体现在西方输入宗教、医学和教育制度等方面，教堂、医院和培养新式人才的教会学校陆续在南京建立。这一时期，代表性建筑有金陵机器制造局（1865）、石鼓路天主堂（1868）、汇文书院（1888）、江南水师学堂（1890）、基督医院（1892）等。

① 李鸿章：《筹议海防折》（同治十三年十一月初二日），收入雷颐著《李鸿章与晚清四十年》，山西人民出版社 2008 年 1 月版。

金陵机器制造局（《骆博凯家书》）

江南水师学堂

汇文书院（《骆博凯家书》）

江南陆师学堂

1894 年，两江总督兼南洋大臣张之洞鉴于交通不便，主持修建了由下关入仪凤门（今兴中门）穿越南京主城区的江宁马路，至碑亭巷止。1896 年，刘坤一再次担任两江总督兼南洋大臣，将这条马路由碑亭巷口展修至通济门，人咸称便。1906 年，端方担任两江总督兼南洋大臣，扩修支路，有四通八达之势。① 江宁马路以及后来的宁省铁路将南京老城南与城北下关联系在一起，标志着南京城市建设由老城区向新兴商业区和居民区延伸开来，南京开启了由拥抱秦淮河发展的农业文明时代转变为拥抱长江发展的工业文明时代的进程。

① ［民国］陈迺勋、杜福堃编：《新京备乘》，北平清秘阁南京分店 1932 年初版，南京出版社 2014 年 7 月版。［清］吴鸣麒《种柳碑记》：“南皮见省垣凋敝，亟思兴复旧规。城中可筑路通车马者，起自下关江沿，入仪凤门，经鼓楼过成贤街，拟迄四象桥以东。四象桥人极丛密，路宽筑必多毁民居。会工未竣，新宁自榆关归，以毁民居不便，改道从花牌楼东迤至通济门止者，凡十有五六里。”收入［清］陶炽昌编《杨军门江南善政前后汇录》，光绪二十八年刻本，南京图书馆藏。

第二节 发展期（1899—1926）

1856年，为了进一步打开中国市场，扩大在华利益，英、法两国在美、俄支持下，联合发动第二次鸦片战争。1858年，英法联军炮轰大沽口炮台，侵入天津城郊并扬言要进攻北京。在英法侵略者威逼恫吓下，清政府慌忙派大学士桂良、吏部尚书花沙纳为钦差大臣，赶往天津议和，分别与英、法、俄、美签订了《天津条约》。主要内容包括：公使常驻北京；增开牛庄（后改营口）、琼州、潮州（后改汕头）、台湾（后定为台南）、淡水、登州（后改烟台）、江宁（今南京）、汉口、九江、镇江为通商口岸；外籍传教士得以进入内地自由传教；外国人得以进入内地游历、通商；外国商船可在长江各口岸往来，等等。由于受到太平天国战争的影响，直到40年后的1899年春，南京才作为通商口岸正式实现对外贸易开放①，外国商人、传教士和游客随之蜂拥而来，下关一带，商埠街、大马路、二马路、金陵关、邮局、饭店、车站、码头等陆续修建起来。

1900年义和团运动爆发后，八国联军乘机发动侵华战争，攻入北京城，火烧圆明园。1901年，清政府被迫签订丧权辱国的《辛丑条约》。同年，清政府宣布实施新政，学习西方成为一股潮流，南京也汇入这一洪流之中。

1910年6月5日至11月29日（宣统二年四月二十八日至十月二十八日），清政府在南京举办的南洋劝业会，是我国首次举办的大型国际博览会，共建有13个本馆（两江总督署建立）、14个省馆和7个特别（专业）馆，并分设有商店、茶楼、酒肆无数。②全国22个省和国外14个国家参加展览，参展展品共分24部444类，总计约100万件。宏大富丽的展览规模、巧夺天工的场地点缀、异彩纷呈的展馆造型、琳琅满目的参展展品、丰富多彩的名家论坛，以及剧院、

① ［清末民初］金陵关税务司编：《金陵关十年报告》，南京出版社2014年8月版。
② 《南洋劝业会观会指南》，转引自苏克勤校注《南洋劝业会文汇》，上海交通大学出版社2010年5月版。

Pilao. 牌樓

南洋劝业会会场牌楼（南洋劝业会事务所编辑《南洋劝业会纪念册第一辑》，1910 年夏月出版）

Scenery of the Exposition Grounds no. I. 會場內景之一

南洋劝业会会场内景之一（南洋劝业会事务所编辑《南洋劝业会纪念册第一辑》，1910 年夏月出版）

游艺场、马戏团和专供参观用的小铁路等娱乐设施，吸引了近 30 万的观众，包括来自美国、日本等国的考察团，对于振兴我国工商业、推动南京城市建设、开拓国人视野、促进中外交流，都起到了开风气之先的作用。“南京之以后，电灯、电话、旅馆、宁省铁路、沪宁铁路等，亦较前发达。因该会而教育与实业发生之团体，至今尚存。其影响所及，非当时所能豫料也。”①

孙中山

1911 年辛亥革命爆发，敲响了清王朝的丧钟。1912 年 1 月 1 日，孙中山在南京就任中华民国临时大总统，结束了延续两千多年的封建帝制，建立了资产阶级共和国，但并未能改变中国半殖民地半封建社会的性质。由于孙中山在南京就任临时大总统前后只有三个月的时间，对于南京的城市建设尚未来得及规划，就被迫辞去临时大总统职务。

从 1912 年 3 月 10 日袁世凯在北京就任临时大总统，到 1928 年奉系军阀退

The Nanking Satin Exhibits Building　　館別業緞陵金

金陵缎业别馆（南洋劝业会事务所编辑《南洋劝业会纪念册第三辑》，1910 年秋月出版）

① 向瑞琨：《论南洋劝业会之影响》，原载《中国实业杂志》1914 年第 1 期，转引自苏克勤校注《南洋劝业会文汇》，上海交通大学出版社 2010 年 5 月版。

江苏谘议局

金陵大学北大楼

国立东南大学孟芳图书馆

出北京城，这一段时期为北洋政府时期，南京先后扮演过留守府、都督府、督军署、副总统府、宣抚使署、五省联军总司令部等所在地的角色。由于连年的军阀混战，南京这座古老的城市，不时被卷入到战争的旋涡之中，城市建设步履维艰。

值得注意的是，1918年第一次世界大战结束后，次年在我国爆发了轰轰烈烈的五四运动，民主与科学的思想深入人心，也影响到当时的建筑界。一批学有所成的中国建筑师从国外回国，打破了西方建筑师垄断中国建筑界的局面。南京的新旧两大建筑体系并存，绝大多数建筑仍采用传统的民族风格，部分建筑采用清末南京开埠以来输入的西方建筑风格，体现出模仿和守旧的建筑观念发生了碰撞、融合。

这一时期，代表性建筑有基督中学（1899）、临时大总统办公室（1908）、江苏谘议局（1908）、浦镇机厂（1908）、浦口车站（1908—1914）、张佩纶故居（1912）、扬子江饭店（1912—1914）、和记洋行总监办公楼（1915）、金陵大学建筑群（1916—1921）、江苏邮政管理局（1918）、建康路邮政支局（1922）、国立东南大学体育馆（1922）、金陵女子大学建筑群（1922—1923）、基督教圣保罗堂（1922—1923）、国立东南大学孟芳图书馆（1922—1924）、金陵关大楼（1923）、国立东南大学科学馆（1924—1927）、中山陵（1926—1931）等。建筑类型更为广泛，包括官府、海关、学校、工厂、车站、饭店、教堂、邮局、陵墓等，除了江苏谘议局、基督教圣保罗堂、中山陵分别由中国人孙支厦、齐兆昌、吕彦直独立设计之外，其他建筑几乎均为外国人设计。

第三节 高潮期（1927—1937）

1927 年 4 月 18 日，国民政府定都南京后，一方面继续北伐，以谋求全国统一；另一方面着手进行南京城市建设，以满足政府正常运转和大量移民涌入的需求，南京出现了继六朝、南唐、明初以来的第四次建筑高潮。散文家纪果庵《两都赋——南京与北京》一文写道：民国“十七年至廿六年十年间，可谓南京建设的猛晋时期”[①]。1937 年 6 月 1 日，南京市市长马超俊在市政府成立十周年纪念周报告中称：“这十年之中，南京市人口从三十万增加到一百万有零，在十年前一个破旧的城市，造成了七千万公私建筑费的都市。”[②]

南京十年的高速发展，离不开当时的国内外环境。这段时间，恰逢 1929—1933 年的世界经济危机，欧美经济大萧条，国际形势对中国非常有利，急需要中国这个大市场。南京此时大搞城市建设，正好给了西方世界一个良好的投资机会，最好的建筑师，最好的材料，最好的技术，都可以在南京大显身手。

1928 年 1 月，南京国民政府专门成立首都建设委员会，主席为蒋介石，孙科和孔祥熙分别担任工程建设组主任和经济建设组主任。在首都建设委员会下面设立了国都设计技术专员办事处，聘请美国建筑师墨菲、古力治为顾问，负责制定《首都计划》，以期借鉴国外城市建设成功的经验和失败的教训。1929 年 12 月 31 日，《首都计划》正式公布，其内容包括史地概略、百年后的人口预测、首都界限、中央政治区地点、市行政区地点、建筑形式、道路系统、水道改良、路面、市郊公路、公园和林荫大道、交通管理、铁路与车站、港口与飞机场、自来水与电厂、排水系统、市内交通设备、电线与路灯、公营住宅、学校、工业、浦口开发计划，以及实施程序、款项筹集等方面，并附有各类地图、模型图、

---

① ［民国］纪果庵著：《两都赋》，辽宁教育出版社 2000 年 1 月第 1 版。
② 《十年来之南京市政建设》，《南京市政府公报》第 178 期，1937 年 6 月。

设计图、效果图、照片等将近70幅。《首都计划》的制订，使南京成为我国第一座按照国际标准，运用西方都市的现代功能、技术，采用棋盘格和放射状规划模式，进行综合分区规划的城市，奠定了现代南京城市布局的基本框架。其中《建筑形式之选择》一章，对于首都南京的建筑形式，给予明确的规定，现摘录如下：

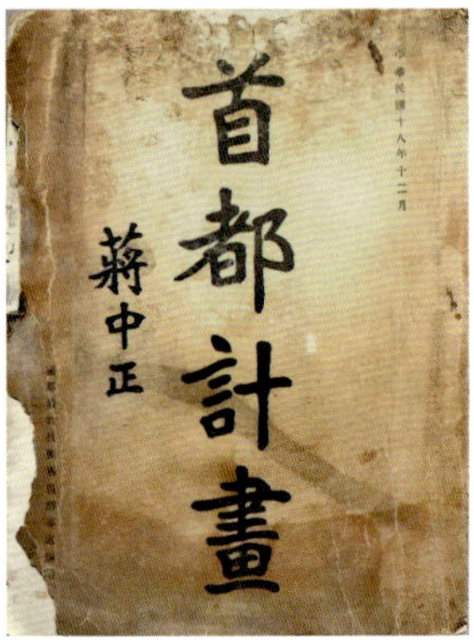

《首都计划》书影

南京新建国都，此后房屋楼宇建筑，当必次第进行，其最关重要之部分，则有中央政治区、市行政区之公署，有新商业区之商店，有新住宅区之住宅，其他公共场所，如图书馆、博物馆、演讲堂，等等，将来亦须一一从新建造。关于此项房屋楼宇之建造，经过长久之研究，要以采用中国固有之形式为最宜，而公署及公共建筑物，尤当尽量采用。所以采用此项形式之故，其中最大理由，约有下列数项，兹分别论之。

其一，所以发扬光大本国固有之文化也。……

其二，颜色之配用最为悦目也。……

其三，光线、空气最为充足也。……

其四，具有伸缩之作用，利于分期建造也。……

政治、商业、住宅各区之房屋，其性质不同，其建筑法亦自不一律。以大体言，政治区之建筑物，宜尽量采用中国固有之形式，凡古代宫殿之优点，务当一一施用。此项建筑，其主要之目的，以崇闳壮丽为重，故在可能范围以内，当具伟大之规模。至于商店之建筑，因需用上之必要，不妨采用外国形式，惟其外部仍须具有中国之点缀。一方并藉此项点缀，使人注意，实又足为广告之资，一举两得，为法之善，盖莫逾此。故凡外墙之周围，皆应加以中国亭阁屋檐之装饰物，而嵌线花棚架等式，亦当采用，不过屋顶宜用平面，备作天台。此种办法，盖所以使其适于商业之用，又使置身中国城市者，不致与置身外国城市无殊也。其在住宅方面，中国之建筑，最为幽静，盖其室中辟有庭院，与街外远相距离，此其最佳之点，故应保留。中国花园之布置，亦复适宜，自应采用。惟关于此项建筑之款式，无须择取宫殿之形状，只于现有优良住宅式样，再加改良可耳。[①]

① ［民国］国都设计技术专员办事处编：《首都计划》，1929年12月内部印刷，南京出版社2006年9月版。

南京作为首都，是当时的政治、经济、军事、文化中心，不仅中央政府财政投入了大量的政府项目，而且许多官僚贵族、富商巨贾、文人雅士乃至平民百姓也纷纷购地建屋。第一，作为政治中心，首先中央政府各部门都需要办公用房，为了解决这一问题，国民政府在南京城内大兴土木，先后在市区建造了行政院、立法院、司法院、考试院、监察院“五院”，以及内政部、外交部、国防部、海军部、联勤部、财政部、教育部、司法行政部、农林部、社会部、交通部、水利部、卫生部、粮食部、审计部、经济部、军政部、最高法院等；第二，与国民政府建立邦交关系的国家和地区，纷纷在南京建立外交机构，也需要大量的办公用房，如美国大使馆、英国大使馆、苏联大使馆、法国公使馆、日本大使馆、荷兰大使馆、加拿大大使馆等；第三，作为金融中心，官办银行和各大商业银行纷至沓来，如中央银行、中国银行、交通银行、农民银行、中国国货银行、中南银行、浙江兴业银行、上海商业储蓄银行等，相继在南京建立分行行屋，从事金融业务；第四，作为军事中心，中央陆军军官学校、炮兵学校、工兵学校、宪兵学校等，相继在南京择地营建校舍；第五，作为文化中心，中央研究院、紫金山天文台、北极阁气象台、水晶台地质矿产陈列馆、中央图书馆、中央大学、中央政治学校、国民大会堂、国立美术陈列馆等陆续建立；第六，政府官员汇集南京，由政府和个人兴建了大量的公馆别墅，形成了陵园新村、新住宅区中的第一区（即颐和路公馆区）等；第七，大量的公务人员、科教人员、商人、平民百姓蜂拥而来，加入到买房建宅租屋的洪流中，板桥新村、梅园新村、桃园新村、复成新村等独立式住宅、双联式住宅、联排公寓相继崛起，这些近代住宅区反映了当时人们对西式住宅及其背后生活方式的向往。此外，城市基础设施和娱乐休闲场所也纷纷建立，如中山大道、中央大舞台、首都大戏院、大华大戏院、中央饭店、福昌饭店、首都饭店、中央商场、国际联欢社、公余联欢社等。

尤其值得一提的是，国民政府定都南京后，将南京的城市道路建设也纳入《首都计划》规划之中，采用放射形与方格网相结合的布局，以新街口环形交通广场为市区中心，以中山大道、子午路（今中央路）、中正路（今中山南路）、汉中路作为城市干路的基线，其他干路依基线平行或垂直布置。据1937年6月1日南京市市长马超俊在市政府成立十周年纪念周报告中称：“自十六年至二十三年，道路建筑之统计，先后新辟道路共约61.48公里，近数年来人口益增，交通愈形繁复……计自二十四年迄今，二年中增辟道路全长 87.73 公里。”至全面抗战爆发前，南京城内兴建的主次干道总长度达到 149.21 公里[①]，这些道路至今仍是南京城区道路的骨架。其中尤以 1929 年 4 月 2 日开通的中山大道最为著名。中山大道又叫迎榇大道、中山路，专为迎接孙中山先生灵榇由当时的北平（今北京）西山碧云寺南下奉安中山陵而建造。“计自江岸至中山门，共长一万二千公尺，谓之中山路。”[②]它北起下关江边，东出中山门与陵园大道衔接，全长 12001.94 米，设计宽度为 40 米。为了表达对孙中山先生的纪念，除了将这条道路命名为中山路外，全线工程各路段及配套工程，大多冠以孙中山先生的名字或号。如，下关码头改称“中山码头”；原来的惠民桥拆除重建后更名为“中山桥”；朝阳门改名为“中山门”；玄津桥北侧的杨吴城濠上新建的一座桥，取名为“逸仙桥”。中山大道是国民政府定都南京后“南京城里的第一大工程”[③]，也是民国时期首都道路建设和城市更新的标志性工程。1929 年 6 月 1 日奉安大典举行过后，国民政府对中山大道又进行了多次改造修建，路幅达到 40 米，中间快车道宽 10 米，铺设柏油路面；两侧游憩道（又称安全岛、分隔带、绿岛）各宽 4 米，内植树两行，中铺草皮；游憩道两旁是各宽 6 米的慢车道，铺设块石（又称弹石）路面；再外侧是 5 米的人行道，用水泥铺面；人行道植有行道树。整个道路设有包括窨井、阴沟等在内的排水系统，最终形成由快车道、慢车道和人行道构成的三块板路型。中山大道改变了中国历史上以君临天下的王朝政治中心作为城市中轴线设计原点的传统理念，也改变了南京城市中轴线呈南北走向的传统格局，直接影响到南京城市道路的布局和走向。同时，也改变了南京城倚重秦淮河而疏离长江的局面，它将南京城北、城中、城东有机连接起来，为南京城走出封闭五百多年的南京明城墙的范围奠定了基础。直到今天，中山大道依然扮演着南京城市中轴线的角色。

雨后春笋般涌现的各类建筑，千姿百态，千娇百媚。以金陵机器制造局、浦镇机厂为代表的近代工业建筑，以国民政府大门、交通银行南京分行和中央大学大礼堂为代表的西方古典式建筑，以国民党中央党史史料陈列馆和励志社为代表的中国传统宫殿式近代建筑，以国民大会堂和外交部为代表的新民族形

① 《十年来之南京市政建设》，《南京市政府公报》第 178 期，1937 年 6 月。
② ［民国］总理奉安专刊编纂委员会编：《总理奉安实录》，南京出版社 2009 年版。
③ ［民国］倪锡英著：《南京》，中华书局 1936 年 8 月版。

式建筑，以最高法院和首都饭店为代表的西方现代派建筑，以小红山官邸、宋子文公馆为代表的官邸建筑等，共同构成南京特有的城市风貌与建筑格局，展现出这一时期城市建设的巨大成果。

经过1927—1937年持续十年的建设，南京的城市面貌有了巨大的改观，初步具备了现代城市的规模。作家聂绀弩（1903—1986）在20世纪40年代发表的《失掉南京得到无穷》一文中写道：

> 南京是我的第二故乡，我在南京足足住了五年之久。初到南京的时候，城内还没有一条宽阔平坦的马路，街面上尽是破旧低矮的瓦屋。……一年两年，五年十年，南京完全改换了面目，有了全国最好的柏油路，有了富丽雄伟的会堂、官廨、学校、戏院、商号、饭店、菜馆、咖啡店乃至私人住宅。①

西方人罗伯特·摩尔在《扬子江往来》一文中写道："一九二八年，中国把首都从北京南迁时，南京城里还没有宽阔的马路，也没有水电和沟渠设备。国民政府在南京建都后，就开始把它改建为一个现代都市：从簇聚的陋屋缝中开辟出宽阔的马路来；兴建新的官舍、医院和学校；创办现代化的水电交通事业。"②

当时的中央大学教授朱偰（1907—1968）专门从事南京文物古迹的调查和研究，看到南京的巨大变化，大声疾呼：

> 自今而后，实已入于一新的阶段。新式之建筑，近代之工业，已随所谓"西化"而俱来；重以街道改筑，地名改命，房屋改建，今日之南京，实已尽失其本来之面目，而全然趋于欧化矣。试登清凉山，北望新住宅区，或登北极阁，南望城中，则见洋楼栉比，红屋相映，有不骇然而惊于变化之速者乎！新都之气象，固日新月异，然而古迹之沦亡，文物之消灭者，乃不知凡几矣！③

---

① 聂绀弩：《失掉南京得到无穷》，收入丁帆编《金陵旧颜》，南京出版社2014年8月版。
② 原载《旅行杂志》1948年第22卷第4期，转引自邢定康、钱长江编《金陵屐痕》，南京出版社2015年10月版。
③ 朱偰著：《金陵古迹图考》第十四章《结论》，商务印书馆1936年8月版。

首都干路系统图（南京市市政府秘书处编《新南京》，南京共和书局 1933 年 10 月版）

国民政府大门

励志社

国民大会堂

最高法院

外交部

然而，由于经费的不足以及全面抗战的爆发，《首都计划》中的许多项目未能付诸实施。在南京城内，除了沿中山大道一线有较多的新建筑以及山西路、颐和路、陵园新村、梅园新村、桃园新村、复成新村、竺桥新村、普庆新村、慧园里、良友里等一带有成片的新住宅外，许多地方仍未得到应有的改造。

子介在1934年7月9日撰写的《首都印象》一文中写道："南京虽亦为历史上之古都，但自国府奠基后，物质建设，始日见进步。各机关之新建筑，大都美轮美奂，尤以交通、铁道两部，式为宫殿，惹人注目。唯以各部会之建筑，未尽平均，故发展不免畸形，似觉尽美矣，未尽善也。"①

荐庵在《南京与北京》一文中写道："南京在历史上作国都最久，可是自从国府成立以来，已经彻底建设。新街市已经开辟极多，新都市的基础已具规模。……总理陵园，建筑宏壮，公路修整，林木茂盛，实堪为吾国建国的灵魂。城内各官署机关学校等，高堂巨厦，设备充实。一方面足以供国政之需要，同时可以供全国之楷模。至如公共交通等项，亦俱应有尽有。各种便利，无不俱备。"②

这一时期的建筑，设计者由西方建筑师占垄断地位向中国建筑师占主导地位转变，不仅建筑形式多样，而且建筑风格多元，故可以称之为"自立"时期。

① 原载《东南角》，暨友莫迟社1946年版，转引自邢定康、钱长江编《金陵屐痕》，南京出版社2015年10月版。
② 《中报周年纪念特刊·新南京》，1941年版。

第四节 停滞期（1938—1945）

1937 年卢沟桥事变爆发，日本发动全面侵华战争。至 1937 年 12 月 13 日，侵华日军攻陷南京，烧杀淫掠，无恶不作，南京城仿佛是人间地狱。经过侵华日军长达六周的暴行之后，南京城内外的许多建筑物惨遭日寇的焚毁。

1938 年 3 月，在日本侵略者的扶持下，以梁鸿志大汉奸为首的傀儡政权——“中华民国维新政府”在南京成立。

1938 年 6 月重返南京的金陵女子文理学院加拿大籍英文教师佛洛伦丝·埃达·柯克（1902—1994，中文名克馥兰）在《访问南京随记》中写道：“这是我所身临其境的第一个被外国军队占领的城市。我感到他们的军人在那儿，但是城市的生活杂乱无章，除了没有车辆来往、没有路灯、没有行人、没有生意，没有欢乐、没有安全感的十字路口有一两个警察之外，见不到警察。……这是一个悲剧性的城市。”①

1940 年 3 月，以大汉奸汪精卫为首的伪国民政府，在日寇的卵翼下，打着“反共救国”的旗号，粉墨登场。

在日伪统治南京的八年时间里，南京的城市经济和建设遭到掠夺性的破坏，日伪占领者基本上都是利用原有的旧建筑，间或对旧建筑进行一些局部的改造，南京的城市建设基本上处于停滞状态。日伪出于侵略战争和粉饰太平的需要，于 1939—1941 年兴建了首都水厂办公楼、快滤池和水塔，以保证南京供水；1940—1944 年在南京五台山兴建靖国神社，以安放战死的日军骨灰盒；1941 年在灵谷寺松风阁西面建造纪念六朝宝志和尚的宝公塔；1943 年在小九华山之巅建造三藏塔以安置中华门

三藏塔

① 陆束屏编著翻译：《血腥恐怖金陵岁月——金陵女子文理学院中外人士的记载》，南京出版社 2014 年 12 月版。

中华民国维新政府（老明信片）

汪伪国民政府（原考试院）

首都水厂快滤池和水塔

外出土的唐朝玄奘法师部分顶骨舍利；20 世纪 30 年代末兴建浦口大马路 15 号日式风格民居建筑等。同时，大肆成立慰安所以满足侵华日军的兽欲，如利济巷慰安所就是利用原来的民居“普庆新村”多栋两层砖木混合结构建筑改造而成。

现存的上述建筑是日本侵华战争的历史见证，也是城市建设的一个反面教材。

第五节　衰落期（1946—1949）

1945年8月15日，日本宣布投降。第二年的5月5日，国民政府由陪都重庆还都南京。由于机关、部队、学校、科研院所、工厂企业等陆续返回，饱经血雨腥风的南京城人气骤旺，呈现出百废待兴的景象。这一时期又涌现了一些近代建筑，代表性的有西康路33号美国大使馆（1946）、北京西路67号美军顾问团公寓（又称AB大楼，1946—1947）、下关火车站扩建工程（1947）、中山陵5号孙科公馆——延晖馆（1948）、馥记大厦（1948）、中央通讯社大楼（1948—1950），以及逸仙桥附近的标准民居逸仙村，等等。

由于抗战胜利后国民党政府忙于内战，财力枯竭，无力也无心投入经济建设。因此，这一时期刚刚复苏的南京城市建设也只能是昙花一现。到1949年4月23日南京解放时，南京城内的最高建筑只有六层，仍然是20世纪30年代建造的福昌饭店和中国国货银行南京分行。

综上，南京近代建筑是近代南京城市建设发展的风向标，也是南京乃至中

国大使馆

美军顾问团公寓A楼

国近代史的一个缩影。南京近代建筑由移植模仿到融合创新的发展过程，以及由西方人占垄断地位到中国人占主导地位的重大转变，折射出南京近代城市建设由被动到主动的变化轨迹，揭示了政治、军事、经济等因素在城市建设中的主导地位，以及移民在城市建设中所起的推动作用。南京近代建筑在南京乃至中国建筑史上留下了浓墨重彩的一笔，它不仅为中华人民共和国成立后中国近代建筑向现代建筑转型发展奠定了基础，而且对于当代南京乃至全国的城市建设都具有一定的借鉴意义。

第二章 南京近代建筑的种类和特色

在近代史上，从1865年署理两江总督李鸿章建造金陵机器制造局开始，近代建筑在南京异军突起。尤其是1927年南京国民政府成立后，近代建筑由南京这座城市舞台边缘的配角走到镁光灯下，成为主角，引领中国近代建筑的潮流和方向，代表了中国建筑师和营造厂群体主导的近代建筑设计建造的最高成就。

国民大会堂

第一节　近代建筑的种类

南京近代建筑按照使用功能划分，主要有公共建筑、居住建筑和工业建筑三大类。

一、公共建筑

公共建筑，即供人们进行各种公共活动的建筑物，包括国家机关、社会团体、科研院所、教育机构、文化体育、娱乐设施、医疗卫生、慈善机构等建筑。各种公共建筑的使用性质和类型尽管各不相同，但其基本要素均包括空间构成、功能分区、人流组织与疏散，以及单一空间的大小、容量、形状、采光、通风、日照、温度、湿度等方面。

在南京近代建筑中，公共建筑众多，若按照使用功能细分，又可分为七类：

一是政治、军事建筑，如国民政府（总统府）、行政院、考试院、外交部、国防部、军政部、海军部、中央军人监狱等。

二是教育、科学、文化、卫生、体育建筑，如汇文书院、金陵大学、金陵女子大学、国立中央大学、中央陆军军官学校、国立编译馆、国立中央研究院、紫金山天文台、国立中央研究院气象研究所气象台、国立美术陈列馆、中央地质调查所地质矿产陈列馆、国立中央博物院筹备处、基督医院、中央医院、中央体育场等。

三是宗教建筑，如喇嘛庙和诺那塔、三藏塔、金陵神学院、石鼓路天主堂、基督教圣保罗堂、莫愁路基督堂等。

四是海关、市政、交通、电信、金融类建筑，如金陵关、浦口车站、下关车站、中山大道（中山东路、中山路、中山北路）、新街口广场、鼓楼广场、中山码头、国民党中央广播无线电台、南京电信局、江苏邮政管理局、建康路邮政支局、

北路国民政府行政院

考试院明志楼

银行南京分行

法国大使馆馆舍

中央政治学校

英国大使馆馆舍

中山陵（由碑亭眺望祭堂）（梅宁摄）

谭延闿墓

民革命军阵亡将士公墓牌坊

中国国货银行南京分行

美国大使馆馆舍

中国银行南京分行、中国国货银行南京分行、交通银行南京分行等。

五是公共活动和娱乐服务建筑，如国民大会堂、励志社、华侨招待所、国际联欢社、大华大戏院、首都大戏院、扬子江饭店、中央饭店、福昌饭店、首都饭店等。

六是驻华使领馆，如英国、美国、法国、日本、苏联、德国、比利时、荷兰、意大利、西班牙、葡萄牙、加拿大、澳大利亚、印度、巴基斯坦、菲律宾、土耳其、埃及、巴西、墨西哥、罗马教廷等30多个国家或机构的馆舍。[①]

七是陵墓及纪念性建筑，如中山陵、谭延闿墓、廖仲恺墓、韩恢墓、国民革命军阵亡将士公墓、正气亭、总理陵园纪念性植物园、革命历史图书室、音乐台、光化亭等。

这些公共建筑绝大多数都是由中央政府投资，属于国家工程，坚固、美观而又实用，这是同时期其他城市同类建筑所无法比拟的。仅从名称上就可以看出南京近代公共建筑的不凡气度。如民国时期以“中央”命名的一系列建筑——国立中央研究院、国立中央博物院、国立中央大学、中央陆军军官学校、中央政治学校、中央医院、中央体育场、中央银行南京分行、中央商场、中央饭店、中央大舞台、中央军人监狱、中央门、中央路等。

① 王能伟：《使馆建筑是民国时期“国际式”建筑群的代表》，收入中共南京市鼓楼区委宣传部、党史工作办公室、地方志编委会办公室编《鼓楼民国建筑》，中国文史出版社2006年12月版。

小红山主席官邸

陈果夫公馆（左）、陈立夫公馆（右）

宋子文公馆

孙科公馆

二、居住建筑

居住建筑是指供人们日常居住生活使用的建筑物，包括官邸、别墅、民居等。

1927 年南京成为国民政府首都后，人口激增，最多时达到 100 万人以上，各类建筑如雨后春笋般涌现。华丽的公馆别墅、新潮的住宅小区、简朴的公寓宿舍与蹩脚的棚户茅舍，形成强烈反差和对比。

在南京近代居住建筑中，现存的具有代表性的有憩庐、小红山主席官邸、汤山主席官邸、宋子文公馆、孔祥熙公馆、何应钦公馆、孙科公馆、赛珍珠故居、拉贝故居、马歇尔公馆、童寯故居、梅园新村、桃源新村、普庆新村（利济巷）、复成新村、板桥新村、公教新村、慧园里、钟岚里、良友里、仁寿里、六合里、兰园等。

1929 年 12 月国民政府公布的《首都计划》之《首都分区条例草案》，将住

]故居

马歇尔公馆

珠故居

童寯故居

宅区分为一家住宅、多家住宅、公寓三种，即第一住宅区、第二住宅区、第三住宅区。[①] 其中第一住宅区又称新住宅区、甲种住宅，实际上主要就是达官贵人的公馆区，以颐和路一带尤为集中。

1930 年，南京市市长魏道明下令南京市工务局，拟定模范区（后改名新住宅区）计划并勘明需要征收的土地。7 月，魏道明向首都建设委员会正式提议，拟于鼓楼以北、中山路以西，圈地 30 亩，建设模范区。经首都建设委员会第二十六次常委会议决，交工程、经济两组审查后，认为购买土地、分段建设模范区方案，与孔祥熙、鲁涤平提出的计划旨意相同，若能早日实施，确实有利于促进首都发展，唯模范区宜改称新住宅区较为妥善。[②] 魏道明对提案进行修改

① ［民国］国都设计技术专员办事处编：《首都计划》，南京出版社 2006 年 9 月版。
② 《令饬拟具建筑新住宅区计划案》，《首都市政公报》第 64 期，1930 年 7 月 31 日。

南京新住宅区第一区（颐和路公馆区，《首都志》）

颐和路公馆区（新住宅区第一区）鸟瞰图

后，经首都建设委员会第二十八次常委会议决通过。据《首都市政公报》记载：

> 魏市长向首都建设委员会提议，拟于鼓楼以北、中山路以西，圈地三十亩，建筑新住宅区，业经该会第二十八次常会议决通过。按此项计划，拟将新住宅区划分为若干区，每区占地约二百亩，每一区内，除住宅外，所有学校、运动场、公园、公共娱乐场所等，无不应有尽有。每一住宅区至少须占地两亩，多留隙地为设备花园之用，各区交通，力求便利。道路之建筑，住宅之划分，或采蛛网式，或采棋盘式。以该处系属平地，固可因地制宜，随时设计也。至建筑新住宅区之理由，约有数端：第一，本市自奠定国都后，人口激增，旧有房屋，已不敷用。本府前曾筹建甲乙丙丁四种市民住宅，或已完成，或已兴工。惟甲种住宅，则尚付阙如。此次圈地建筑新住宅区，即系甲种市民住宅计划之实现。其次，关于建筑地点之择定，亦颇有用意。一则本市繁盛区域，显然分为两部，即下关与城南夫子庙。现虽有中山路贯通其间，但自鼓楼至挹江门一段，两旁建筑绝少，商务不易发达，如新住宅区建筑成功，人烟稠密，商业自可日渐兴盛，然后下关与夫子庙两市场，自能联络一气，而形成一整个繁荣之首都。二则城北一带，现在地价尚廉，收归公有，先行修筑马路及上下水道，迨交通既便，规模渐具，地价自然增高，即以此项增价，移作建筑市民住宅之用，使市民得因土地增价，而享受福利，是亦筹集建筑经费之一法也。①

此后，南京市政府紧锣密鼓地开始了新住宅区的建设准备工作。1930年8月25日上午8点，南京市市长魏道明在《本府第三十四次纪念周报告》中说道："新住宅区已决定在古林寺、大方巷一带建筑，惟以工程浩大，需款至巨，夙夜筹措，现在总算有了办法，在下月内亦可鸠工兴建。"②

实际上，新住宅区的建设方案随着时间的推移在不断改变和完善。据1935年10月南京市政府秘书处编印的《一年来之南京市政》记载，新住宅区占地面积两千余亩，其范围"在中山北路、山西路迤西一带，直至清凉山，计分四区，

① 《本府在中央广播无线电台第二十次市政报告》之《圈地建筑新住宅区》，《首都市政公报》第64期，1930年7月31日。
② 《本府第三十四次纪念周报告》，《首都市政公报》第67期，1930年9月15日。

新住宅区第一区第四区总平面图（《一年来之南京市政》，南京市政府秘书处编印，1935 年 10 月）

现已整理开放者为一区与四区，其余二、三两区因地处较偏，尚未办理征收手续，计第一区全部面积共约四百亩，分为五段二百九十五号，业于上年放领完竣，从事建筑房屋者已逾半数；至第四区全部面积共约五百亩，分为三百一十五号，经于本年三月间开始放领，现在亦已放领完竣”，“第一区全部道路、自来水管、雨水管、污水管等各项公共工程，均已先后完成。所有第四区土地，业于本年四月间放领完竣，该区全部道路之土基，共计大小十九道，业经修筑就绪，以便促进区内房屋之建筑”。由此可见，新住宅区第一区（今北京西路以北、江苏路西南、宁夏路东南、西康路以东、江苏路和宁海路以西一带，俗称颐和路公馆区）面积约400亩，分为五段，共有295幢建筑；新住宅区第四区（今北京西路以南、汉口西路以北、西康路以东、宁海路以西一片公馆区）面积约500亩，分为315幢建筑；新住宅区第二区和第三区尚未征收土地，因此建筑房屋无从谈起。[①]

经过多年的建设，新住宅区第一区、第四区在1937年12月日军占领南京前已经初具规模，道路、学校、公园、体育场、菜场、市场，以及水电、排水系统等公用设施齐全。这些官邸别墅多为个人投资，风格各不相同，可谓千姿百态，千娇百媚，体现了当时人们的价值取向和审美水平。

三、工业建筑

18世纪60年代，随着英国工业革命的到来，工业建筑率先在英国出现。此后，美国以及欧洲、日本等一些国家也陆续兴建了各种工业建筑。南京早在清末就已经出现工业建筑，如金陵机器制造局、浦镇机厂、金陵电灯官厂等。民国时期，各种类型的工业建筑相继出现。其中代表性的有和记洋行、金陵兵工厂、中国水泥厂、江南水泥厂、首都电厂、首都水厂、永利铔厂、胜昌机器厂、大同面粉厂、扬子面粉厂、中央电瓷制造厂、中央无线电厂、中国化工厂等。这些工业建筑见证了南京乃至中国民族工业的发展历程。

① 据《十年来之南京》（南京市政府秘书处编印，1937年6月1日）记载：“本市于十九年六月征收城北大方巷、老菜市、古林寺一带土地二千余亩，辟为新住宅区，共分四区，除第一区已于二十三年完成，及二三两区以地点较偏，暂缓开办外，第四区占地四一八・〇二一六亩，其中公用地为二〇・六五五一亩，宅地为一九七・三六六五亩，分二百九十五号，于二十四年放领完竣，各项建设工程，亦已次第完成。”其中第四区的数据应为第一区数据。

金陵机器制造局（光绪年间建的机器大厂）

首都水厂混水机房

第二节 近代建筑的特色

南京近代建筑有三大特色。

第一大特色，参合中西，推陈出新。在西方建筑师引领下，经过中国建筑师群体的不懈努力和追求，南京近代建筑异彩纷呈，争奇斗艳，诞生了殖民式建筑、西方古典式建筑（又称西方古典主义建筑）、中国传统宫殿式近代建筑（又称中国古典复兴式建筑）、新民族形式建筑（又称现代化民族形式建筑）、西方现代派建筑等各种不同形式的建筑。

第二大特色，国家工程，质量优良。晚清署理两江总督李鸿章主持营造的金陵机器制造局自不必说，就以国民政府五院十八部六个委员会（其中部委数量时有变化）为例，这些中央机关还设有许多下属机构，其建筑都是由政府出资建造。无论是建筑形式，还是所选颜色和采光效果，都代表了当时的最高设计、施工水平和审美水平，引领了时代的建筑潮流，具有较高的历史、科技、文化艺术和社会价值。

第三大特色，近代工业建筑异军突起。在南京境内长江两岸，涌现出金陵机器制造局、浦镇机厂、和记洋行、中国水泥厂、首都电厂、首都水厂、永利铔厂、江南水泥厂、中央化工厂、大同面粉厂、扬子面粉厂等一批工业企业，其中著名的民族工业企业有金陵机器制造局（金陵兵工厂）、中国水泥厂、江南水泥厂、首都电厂、首都水厂、永利铔厂等，中外合作企业有浦镇机厂，外资企业有和记洋行，它们共同见证了科技对工业的巨大影响力，以及南京由农耕文明社会向工业文明社会转型发展的历程。

东箭道行政院北楼

考试院明志楼

交通部

国民革命军阵亡将士公墓松风阁

金陵机器制造局锯齿形厂房

浦镇机厂厂房

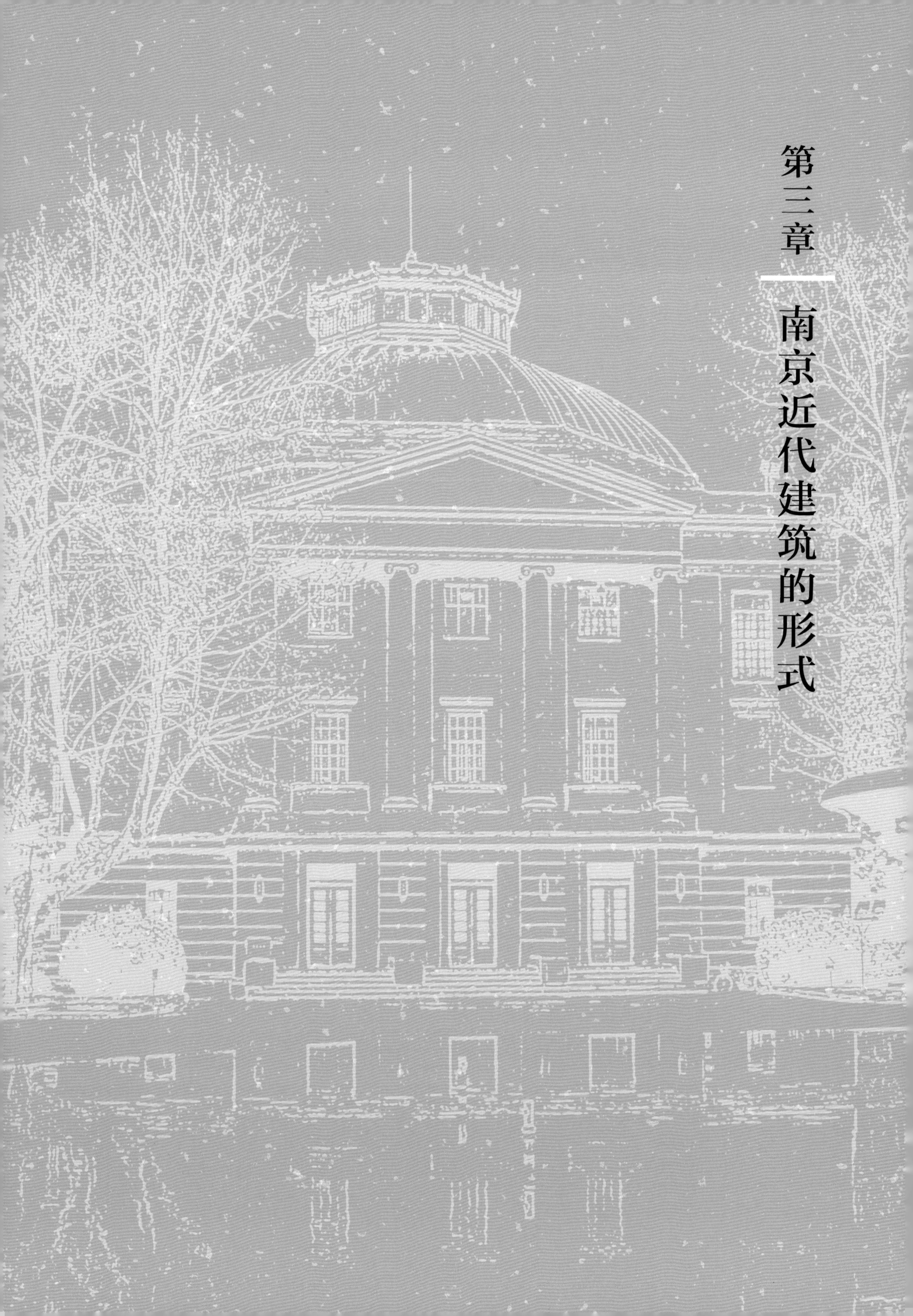

第三章

南京近代建筑的形式

建筑形式（也可称作建筑风格）是一个时代政治、经济、科技、文化、气候、地理及民族心理等诸多因素合力的结果。近代中国的各大城市中，上海、天津、广州、青岛、厦门、大连、长春、沈阳、哈尔滨等城市的近代建筑更多地体现的是“西化”，尤其是上海，被称为“万国建筑博览馆”。这些建筑中的相当一部分，对于这些城市而言，并非城市历史发展的必然，也不是城市历史文脉的延续，它们或多或少带有一种政治上、文化上强加的色彩，有被动的成分在里面。在某种意义上来说，是中国近代史上东西方文化交融后的产物。

南京则不然。南京的近代建筑起步较晚，在产生期（1840—1898）、发展期（1899—1926）这两个阶段诞生的建筑，绝大多数固然含有西方国家政治上、文化上强加的色彩，但由于数量不多，在南京近代建筑中占比较小，所以影响不大。而高潮期（1927—1937）产生的建筑，数量众多，质量上乘，品位高档，绝大多数由中国建造师设计，不含有西方国家政治上、文化上的强加成分，它是主动地吸纳和转化。中国北方建筑的粗犷浑厚、南方建筑的灵巧细腻，与西方古典建筑的雍容典雅、现代建筑的简洁明快既互相共存，又互相交融，构成了一幅美轮美奂的都市繁会图卷。直到今天，近代建筑依然是南京城的一大景观，令人驻足流连。

截至 2023 年 12 月，南京市人民政府公布了 309 处重要近现代建筑，12 片近现代建筑风貌区；还公布了 303 处历史建筑（其中大部分是近代建筑）。另据笔者《南京民国建筑》一书，仅民国建筑南京现存的就有900多处1500多座①。由此可见，南京近代建筑单从现存数量上来讲，在全国已是名列前茅。这些建筑流派纷呈，造型独特，风格各异。除了沿袭本土功能布局、技术体系和风格风貌的中国传统民族形式的建筑之外，新建筑体系主要有殖民式建筑、西方古典式建筑（又称西方古典主义建筑）、中国传统宫殿式近代建筑（又称中国古典复兴式建筑）、新民族形式建筑（又称现代化民族形式建筑）、西方现代派建筑五种形式②。

① 卢海鸣著：《南京民国建筑》，江苏凤凰美术出版社2017年1月版。

② 刘先觉、杨维菊撰写的《南京近代建筑概说》一文，将中国近代建筑形式分为折衷主义建筑、古典式建筑、中国传统宫殿式的近代建筑、新民族形式的建筑（又称现代化民族形式建筑）和西方现代派建筑五种，详载刘先觉、张复合、村松伸、寺原让治主编《中国近代建筑总览·南京篇》，中国建筑工业出版社1992年版。杨秉德、蔡萌著《中国近代建筑史话》（机械工业出版社2004年版）将中国近代建筑形式分为殖民式建筑、西方复古主义建筑（西方古典主义建筑）、折衷主义建筑、新艺术运动建筑、现代主义建筑和中国民族形式建筑（又称中国建筑民族形式）六种，其中中国民族形式建筑包含了中国传统宫殿式的近代建筑和新民族形式的建筑。周琦等著《南京近代建筑史》（东南大学出版社2022年版）将中国近代建筑形式分为西方古典建筑形式、“中国固有式”、新民族形式、现代建筑形式四种。笔者认为，任何杂糅形式的建筑都可以称作折衷主义建筑，因此，本文不再单列折衷主义建筑。

第一节 殖民式建筑

殖民式建筑（特指东南亚殖民式建筑），又称外廊式建筑，是19世纪下半叶由通商渠道移植到我国的一种建筑形式，这种建筑有着规整的或者稍有变化的矩形平面，简单的西式四坡屋顶，一面、两面、三面或四面建有外廊，外廊的进深很大，可以作为室外起居室、客厅或餐厅使用。殖民式建筑的主要特点是简单实用，一般用作住宅，或者是学校、办公场所、医院等。这种建筑传入我国后，在商埠城市中被大量克隆、广泛传播。由于这种建筑产生于东南亚一

浦镇机厂厂长奥斯敦别墅

白下路立法院内的张佩纶故居

带的热带地区，特别注重通风避热，并不适应我国各地的气候条件，因此，在1900年之前由盛转衰，直至消失。①

南京的殖民式建筑保存至今的数量较少，有1909年建成的浦镇机厂英籍厂长奥斯敦和总工程师韩纳的别墅、1912年建成的白下路国民政府立法院内的张爱玲祖父张佩纶故居等。其中1909年建成的浦镇机厂英籍厂长奥斯敦别墅，单层，三面建有回廊，回廊的进深较大，坡形屋顶；1912年建的张佩纶故居有上下两层，四面建有回廊，坡形屋顶，属于典型的殖民式建筑。此外，建于1908年的两江总督署西花厅（即孙中山临时大总统府办公楼）、建于1917年之后的总统府接待室和会客厅以及政务局大楼、建于1918年的江苏邮政管理局大楼等，均属于殖民式建筑，同时带有浓郁的西方古典主义建筑特征。

① 杨秉德、蔡萌著：《中国近代建筑史话》，机械工业出版社2004年1月版。

第二节　西方古典式建筑

西方古典式建筑，主要是指 17 世纪后期从法国兴起的古典主义建筑，其特点是以西方古典柱式为构图的基础，突出轴线，注重比例，强调对称，讲究主从关系，形成规整对称、主次分明、比例严谨的立面构图，而且用材考究，施工精细，坚固耐久，典雅华贵。这种风格的建筑多被应用在宫廷建筑、纪念性建筑和大型公共建筑中。西方古典主义建筑以法国为中心，首先传播到欧洲国家，后来又影响到世界上其他国家和地区。1909 年建造的江苏谘议局大楼采用的是

江苏谘议局大楼

国立东南大学孟芳图书馆

国立中央大学大礼堂

国立中央大学生物馆（中大院）

交通银行南京分行

法国宫殿式建筑风格，是南京最早的西方古典式建筑。

大约在20世纪初，这种风格的建筑出现在南京的校园。建于1922—1924年的国立东南大学孟芳图书馆，由上海租界工部局的法籍园林工程师帕斯卡尔设计，采用的是标准的罗马爱奥尼亚柱式构图，并采用仿石材构造的水刷石粉面，整个建筑造型严谨，比例匀称，细部装饰精美，是南京地区最为地道的西方古典式建筑。建于1930—1931年的国立中央大学大礼堂，由英国公和洋行设计，采用的也是法国文艺复兴时期的古典建筑式风格，正门门厅上部立有四根爱奥尼亚式列柱，在众多的校园建筑中独具特色，成为国立中央大学标志性建筑之一。此外，建于1922年的国立东南大学体育馆、建于1923年的下关大马路金陵关大楼、建于1924—1927年的国立东南大学科学馆、建于1928—1929年的中央陆军军官学校大礼堂、建于1929年的国立中央大学生物馆、建于1936年的新街口交通银行南京分行均采用了西方古典柱式构图，是西方古典建筑的典型实例。

第三节　中国传统宫殿式近代建筑

中国传统宫殿式近代建筑，又称中国古典复兴式建筑。这种形式的建筑是中外建筑师力图将中国传统的建筑造型和西方现代建筑技术结合起来而作出的一种尝试，20 世纪初期在南京开始出现。南京国民政府建立后，在 1929 年制定的《首都计划》中，明确强调首都南京的建筑“以中国固有之形式为最宜，而公署及公共建筑物，尤当尽量采用”。由于这类“新功能、旧形式”的建筑既

金陵大学北大楼

金陵女子大学会议楼

金陵女子大学文学馆

国民政府考试院东大门

中山陵藏经楼

国民党中央党史史料陈列馆

符合现代建筑的功能需要，又能表现中国传统建筑的外貌，体现了“中体西用”的态度和观念，顺应了时代潮流，所以在20世纪20—30年代的南京成为一股时尚。

这种形式的建筑较早出现在教会学校中。如1917—1926年建造的金陵大学礼拜堂、北大楼、西大楼、东大楼，以及甲、乙、丙、丁、戊、己、庚、辛学生宿舍。1922—1934年建造的金陵女子大学会议楼、科学馆、文学馆、图书馆、大礼堂，以及四幢学生宿舍，等等。教会学校中采用中国固有的建筑形式，是西方传教士为了适应中国国情，通过表达对中国文化的尊重姿态，以便在中国立足，同时使中国学生在传统建筑的氛围中不知不觉地接受西方文化的影响。这与同一时期由中国人独办的国立东南大学（1927年改称国立中央大学）的建筑一律采用西方古典式风格，意在倡导学习西方，形成鲜明而又强烈的对比。[①]

西方建筑师设计的教会学校校舍建筑对于中国传统宫殿式的近代建筑进行

① 杨秉德、蔡萌著：《中国近代建筑史话》第二节《学习西方与清末民初新式官方建筑的全盘西化趋势》，机械工业出版社2004年1月版。

了有益的探索，尽管成就并不是最高，但开风气之先。此后，这种风格的建筑扩大到大型纪念性建筑、行政性建筑和公共建筑中。如1926—1929年建造的中山陵，1928年建造的铁道部大楼（1945年后成为行政院办公楼），1929年建造的励志社，1930—1937年建造的考试院建筑群，1931年建造的国立中央研究院地质研究所、小红山主席官邸，1931—1933年建造的谭延闿墓，1931—1936年建造的国民革命军阵亡将士公墓建筑群，1933年建造的交通部大楼，1935—1936年建造的中山陵藏经楼、国民党中央监察委员会、国民党中央党史史料陈列馆，1936—1948年建造的国立中央博物院，1947年建造的国立中央研究院总办事处等。

第四节 新民族形式建筑

新民族形式建筑，又称现代化民族形式建筑。20 世纪 30 年代，中国的一些建筑师看到中国传统建筑形式与西方现代建筑技术、现代建筑功能相结合的矛盾，同时考虑到宫殿式建筑造价昂贵，费时费工，以及建筑格局较为呆板，于是提出了创新的主张，反对繁琐的复古主义形式，反对大屋顶，探索将中西方建筑有机地融合起来，创造出既具有时代气息又具有传统特色的新民族形式。

国民大会堂

这类建筑一般采用现代建筑的平面组合体型构图，大多为钢筋混凝土结构，平屋顶，或采用现代屋架的两坡屋顶，造型简洁对称，在檐口、墙面、门窗、入口部分以及室内施以中国传统建筑装饰，并辅以适当的传统建筑图案。这类建筑兼顾西方现代建筑技术、现代建筑功能的需要，同时又带有中国民族风格，追求的是新功能、新技术、新造型与民族风格的和谐统一。20 世纪 30 年代，南京对这类形式建筑的探索在当时国内处于领先地位。代表性的建筑有 1930—1933 年建造的中央体育场建筑群，1930—1934 年建造的紫金山天文台，1931—1933 年建造的中央医院，1932—1933 年建造的中山陵音乐台、外交部大楼，1935 年建造的国民大会堂和国立美术陈列馆，1936 年建造的中国国货银行南京分行等。

中央体育场田径场

紫金山天文台

中央医院

音乐台

国立美术陈列馆

第五节 西方现代派建筑

西方现代派建筑，又称西方现代主义建筑。1918 年第一次世界大战结束后，由于欧洲政治、经济和社会思想状况的变化，西方现代派建筑应运而生。这种形式的建筑强调建筑式样与时俱进，主张摆脱历史上过时的建筑式样的束缚，积极采用新材料和新结构，创造出反映时代特征的新建筑形式。由于这一形式的建筑实用、经济而又美观，便于新材料、新结构的应用，所以一经产生，迅速在世界各地传播开来。

20 世纪 30 年代，这种思潮影响到中国的建筑师。他们紧跟时代的脉搏，在南京等地也设计建造了一批这类建筑。如 1932—1933 年建造的首都饭店、最高法院，1933 年建造的福昌饭店，1933—1934 年建造的行政院，1933—1935 年建

首都饭店

最高法院

地质调查所地质矿产陈列馆

造的地质调查所地质矿产陈列馆，1935—1936 年建造的新都大戏院、国际联欢社等。1945 年抗战胜利后，这一建筑形式因其经济实用，遂成为新兴建筑中最常采用的建筑风格，如 1946 年建造的美国大使馆、1946—1947 年建造的美军顾问团公寓、1947 年建造的公路总局、1948 年建造的馥记大厦和延晖馆等。

第四章 南京近代建筑解析

以总统府建筑群为例

南京近代建筑是中国近代建筑的一个重要组成部分，总统府建筑群堪称中国近代建筑史上科学性和民族性有机统一的范例。通过对总统府建筑群的建筑布局、式样、结构、色彩、功能和材料等方面综合分析，我们可以发现，总统府建筑群既具有科学性的一面，又具有民族性的一面，是中国近代社会转型的重要历史见证物。①

总统府鸟瞰图（刘小宁提供）

① 卢海鸣、朱明娥：《论南京民国建筑的科学性和民族性——以总统府建筑群为例》，《中国名城》2011 年第 11 期。

第一节　历史沿革

总统府景区是国家AAAA级旅游景区，占地面积11.9万平方米。该景区内的总统府建筑群，涵盖长江路292号总统府旧址、东箭道19号行政院旧址，以及长江路288号、290号主计处和参谋本部（后为军令部、首都卫戍总司令部）旧址，现为南京中国近代史遗址（总统府）博物馆。1982年，"太平天国天王府遗址（南京总统府）"被国务院列为第二批全国重点文物保护单位。2013年，"孙中山临时大总统府及南京国民政府建筑遗存"被列为第七批全国重点文物保护单位。

总统府建筑群所在地，六朝时期（229—589）是建康都城的核心——台城（皇宫）[①]所在地，明朝时期一度是降将陈理的归德侯府和朱元璋次子朱高煦的汉王府，清朝时期为两江总督署，太平天国时期为天王洪秀全的天朝宫殿（又称天王府）。1912年1月1日，孙中山在两江总督署就任中华民国临时大总统，建立了中华民国临时政府。在1912年4月1日孙中山辞职后至1927年之间，这里先后做过留守府、都督府、将军署、督军署、副总统府、督军署、宣抚使署、督办公署、五省联军总司令部等。1927年4月18日南京国民政府成立后，至1937年11月，这里一直是国民政府中枢所在地。同时，在国府东院设有坐南朝北的行政院，西院设有坐北朝南的主计处和参谋本部。1937年12月南京沦陷后，这里先是被日军第十六师团占为司令部。1938年大汉奸梁鸿志在此设立伪维新政府行政院。1940年3月汪精卫伪国民政府成立后，为显示"正统"地位，欲以此地为办公地点，但日本人基于对蒋介石的重庆国民政府进行诱降考虑，未予理睬。汪精卫只好以原国民政府考试院作为汪伪国民政府所在地，仅在此设立监察院、立法院、考试院。抗日战争胜利后，1946年5月5日，国民政府

① 卢海鸣著：《六朝都城》，南京出版社2002年9月版。

两江总督署

国民政府大门

从重庆“还都”南京，仍以此为国民政府中枢所在地。1948 年 5 月 20 日，蒋介石、李宗仁分别“当选”总统、副总统，国民政府改称“总统府”。1949 年 4 月 23 日，中国人民解放军占领南京，总统府的历史翻开了新的一页[①]。

总统府建筑群所在地的历史上起六朝，下讫民国，上下 1700 年。按理说，历朝历代建筑物都应该有，但实际情况是，一方面由于我国传统砖木结构建筑寿命较短，难以保持长久；另一方面，在改朝换代的过程中，这里的建筑物往往在劫难逃。从隋朝灭陈后对建康城垣宫阙“平荡耕垦”，到太平天国时期拆毁明故宫和两江总督署，兴建天王府；再到清军入城后，烧毁天王府，重建两江总督署，总统府建筑群经历了数度兴废。[②]现在保持下来的近代建筑物，其年代上限为 1864 年清军镇压太平天国运动后，下限为 1949 年 4 月南京解放。[③]高丹予先生《南京民国总统府遗址考实》一文写道：“其具有晚清及民国时期近 130 年历史的建筑群，是国内罕见、保存完好的近代官府遗存……鸦片战争后，南京民国总统府的遗址沿革，犹如中国近代史的缩影。”[④]确切地说，这里作为清朝江南重镇，太平天国和民国的政治中枢，见证了近代中国的风云变幻。

① ［清末民初］徐寿卿撰：《金陵杂志续集》，南京出版社 2013 年 4 月版；刘晓宁著：《总统府史话》，南京出版社 2003 年 7 月版。

② 张祖方：《南京长江路 292 号大院建筑遗存考》，收入高丹予主编《南京民国总统府遗址考实》，《东南文化》2000 年增刊 2。

③ 21 世纪以来，总统府内陆续复建的一些建筑物，如东花园、陶林二公祠、马厩等，不在本书的考察论述之列。

④ 高丹予主编：《南京民国总统府遗址考实》，《东南文化》2000 年增刊 2。

第二节 总统府建筑群的科学性

所谓科学性，与对建筑的使用价值、经济价值的追求有关。赖德霖先生认为，对科学性的追求促进了“摩登”建筑以及“国际式”建筑的美学理论在中国的传播和发展①。从实践层面上来看，对科学性的追求推动了中国建筑形式由传统向现代的转型。

一、从建筑式样上来看

总统府建筑群的科学性集中体现在对西方建筑文化的推崇上。在总统府建筑群中，有殖民式建筑、西方古典式建筑、西方现代派建筑等多种形式的西式建筑。

殖民式建筑

殖民式建筑诞生于东南亚一带，19 世纪下半叶传入我国。两江总督署西花厅（即孙中山临时大总统办公室，1908）、接待室和会客室（1917 年后）、政务局大楼（1917 年后），以及文官处图书馆大楼（1930）均属于此类，但含有浓厚的西方古典主义建筑特征。

临时大总统办公室是清朝末任两江总督兼南洋大臣张人骏建造的西式花厅，因位置在总督署的西面，故又称西花厅。这幢建筑坐北朝南，建在 1 米多高的基座上。砖混结构。坡屋顶，上覆灰瓦。单层，七开间，三间屋内有壁炉。朝南的一侧有外廊，共有 12 扇拱形门，拱形门的上部中央均嵌拱心石，除入口处外，其他的拱形门均设有铸铁栏杆。正中入口处有一抱厦，顶部饰有山花，东南西三面各有一拱形门。拱形门之间的墙体上装饰着浮雕的西式柱头，使墙体自然变成了一个个柱身。整个建筑平面呈“T”形。外墙粉刷成黄色，造型对称美观。

① 赖德霖著：《中国近代建筑史研究》，清华大学出版社 2007 年 1 月版。

西花厅（孙中山临时大总统办公楼）

接待室（东）和会客室（西）为一栋整体的建筑物，单层，各有五开间，中轴线（过道）从中贯穿而过。南侧有一外栏，有六扇拱形窗，窗与窗之间墙体被装饰成方形立柱，窗上嵌拱心石，下为铸铁栏杆，外墙粉刷成黄色。

政务局大楼高两层，砖混结构。中间是过道，南北两侧的一层、二层各有一外廊，楼上下分别有九扇拱形门，上嵌拱心石，下为铸铁栏杆。门与门之间的墙体被装饰成简化的方形立柱。坡屋顶，上覆红瓦，有老虎窗。外墙粉刷成黄色。

文官处图书馆大楼位于太平湖北，子超楼西。主入口处朝北，有连廊与子超楼相接。红瓦屋顶，黄色外墙，俗称“大黄楼”。高三层，室内为砖木结构，墙体为砖混结构。楼内有十字形通道，将大楼分为四个部分。南北侧一、二、三层各有一外廊，外廊呈现出文艺复兴时期巴洛克风格与中国古典风格相结合的特征。南北外廊各有八根砖砌立柱。整栋建筑厚实雄伟，雕饰雅致，富有韵律感。

西方古典式建筑

总统府大门建于1929年，其原型可以追溯到意大利的君士坦丁凯旋门，有三个门洞，外圆内方；大门在水平面上分为三段，中间高，两边低，左右对称，采用古典柱式构图，左右各四根爱奥尼亚立柱，整个建筑造型严谨，比例匀称，细部装饰精美。在大门两侧的围墙上，也浮雕着若干隐形西式立柱，烘托出大门的庄严壮观。

文官处图书馆

西方现代派建筑

西方现代派建筑在第一次世界大战后首先出现在欧洲。总统府建筑群东花园中的行政院建筑群（1933—1934）、文书局大楼（即子超楼，1934—1935）均属于这一类型。

行政院建筑群由大门、办公楼、车库、围墙等建筑构成。这些建筑物由华盖建筑师事务所建筑师赵深设计，北平华基公司承建。大门朝北，三开间，青砖砌筑，清水墙。办公楼有前后两幢，与大门在同一条中轴线上，均为西式楼房，高两层，混合结构，青砖砌筑，清水墙，坡屋顶，上覆灰色洋瓦。值得注意的是，行政院的围墙用青砖砌出了数道凹槽，仿佛是一道道平行线。整个建筑群显得简洁明快，线条流畅。

文书局大楼（子超楼）是国民政府主席林森在任时建造。它摒弃了20世纪30年代流行的中国传统宫殿式大屋顶建筑形式，采用西方现代派建筑形式，在

东箭道行政院北楼

水平面上分为三段，中间高，两边低，呈对称布局。中间五层，两侧四层，平顶，鲁创营造厂承建。整幢建筑的南面是一个个的玻璃钢窗，窗户与窗户之间的墙体形成横向和竖向的线条，宛如“森”字，在墙面凸出的墙体和立柱部位，贴有浅褐色面片。在整幢建筑的侧面和背面，用水泥粉面，装饰了一些近似回形的花纹。大楼的入口处，点缀着西式的街灯。整幢大楼沉稳大气的轮廓，简洁有力的线条，精致丰富的细节，加上 Art Deco（装饰艺术风格）建筑元素，给人一种低调、精美的感受。

二、从建筑结构、功能和材料上来看

西式建筑与中国传统建筑相比，使用的建筑材料不同，建筑式样、功能和结构也不一样。

总统府大门

1927 年国民政府选址旧督军署办公后，这里成为中国政治的中枢，外事活动日益增多。但院内场地狭小，汽车掉头都显得局促，实在是“有损国体”。于是，外交部部长王正廷向蒋介石建议，将旧督军署大门拆除，重建一新门，“以壮观瞻”。蒋介石同意了这一建议。大门由建筑师姚彬设计，文达工程建筑公司承建。1929 年 9 月 5 日开工，12 月 20 日完工，总造价为大洋 2.9455 万元。新

总统府大门

建的大门有三个门洞，采用钢筋混凝土结构，造型严谨，朝南立面的外部采用标准的八根爱奥尼亚柱式构图。大门的用料很考究，如水泥指定用南京龙潭中国水泥厂生产的“泰山”牌水泥，黄沙则由宁波运来，砖料是南京产青砖，木料为向上海久记木行购买的头号洋松，铰链、插销、铁锁等五金大都从法国进口。整座大门显得坚实雄伟、典雅气派。

礼堂

礼堂原为清两江总督署的旧花厅，后成为历任政府或政权举行会议和活动的场所。1930年，国民政府主席蒋介石下令对旧花厅进行改造。由建筑师卢树森设计，将原有建筑全部拆掉，总面积扩大了一倍。室内的圆柱装修成方形，地面换上了新式的建筑材料拼花地砖，四周墙壁装了护板，顶部吊了天花。此外，还建了一条将礼堂与中轴线主建筑联结起来的半敞开式穿堂。1948年5月20日蒋介石就任“总统”之前，又对礼堂进行了改造，将四周的落地中式门窗拆除，只留一些天窗，扩大了讲台。今天的礼堂，基本上是20世纪40年代后期时的面貌。

文书局大楼

文书局大楼（子超楼）一楼为国民政府文书局办公室，二楼是国民政府政要办公场所，三楼为国府委员会议厅。上楼可以乘电梯，电梯是美国奥蒂斯（OTIS）公司20世纪30年代的最新产品。楼梯台阶镶铜条，扶手用的是橡木。一楼南侧有一外廊。

二楼的东南角是一个大套房，共有三间，为国民政府主席（总统）办公室。中为主席（总统）会客室，四周均是嵌入墙体的博古架和文件柜，中悬法国进口吊灯。西为办公室，墙体满是红木博古架。东为休息室和卫生间，卫生间的地面贴有蓝白相间的特制进口马赛克地砖，与国民党旗的青天白日色调一致，墙面贴白瓷砖，另配有美国进口的浴缸、洗脸池和抽水马桶。大套间的对面，是一个小套间，布局与大套间略有差异，是两间带一卫生间，但只有橱柜没有博古架。这是后来“当选”为副总统的李宗仁的办公室。

三楼正中一大间，为国府委员会议厅。其正北面的墙上，嵌有一块汉白玉石匾，上刻有林森手书“忠孝仁爱信义和平”八个金字。屋顶悬有造型别致的法国进口磨砂玻璃吊灯，灯上同样有回形图案。门框顶端和墙角，都有精致的石膏装饰。会议厅的南北各有一个长方形的露天阳台。

对于近代以来的南京人来说，西式建筑是一个完全陌生的事物。清末南京陆师学堂总教习、德国人骆博凯在1896年10月23日和1900年1月13日写给大哥赫尔曼的两封书信中分别写道："陆师学堂的工地上有数百名工人在干活。建筑的控制权掌握在上海的中国建筑企业手里，还从上海招来了建筑工人，因为他们也从未见过欧式建筑。""在南京建造一幢欧式房屋要花去一大笔钱，因为材料和工人都要请求上海协助。"[①]1910年6月5日至11月29日，南洋劝业会在南京丁家桥举办。在此之前的1909年下半年就开始了场馆建设，场馆有30余个，以西式风格为主，工程承包商来自上海。据两江总督兼南洋大臣张人骏《奏劝业会布置情形折》云："振兴实业，为国家富强要政……且会场陈设，千端万绪，必须场内建筑，先期成立，方能着手。应设馆所，不下十余处，工程繁重，系由沪商招匠包办，订立合同，限以来年三月完工。"[②]

不仅清末南京的西式建筑是由来自上海的营造厂建造的，到了民国时期，南京的许多西式建筑和中西合璧的建筑仍然是由来自上海的营造厂建造的。例如，1926—1931年间建造的中山陵就是显例，它是由来自上海的姚新记、新金记和陶馥记三家营造厂共同建造。至于国民政府外交部、励志社、中央党史史料陈列馆、国民党中央监察委员会、国民革命军阵亡将士纪念塔、国民大会堂、小红山主席官邸、美军顾问团公寓等重要的民国建筑，基本上都是由上海的营造厂承建[③]。20世纪30年代初期，南京本地人口有30多万人，此外有30多万外地人口，外地人口以广东、湖南、浙江和上海人为最多。"至于上海人会在南京占有多量的人数，这因为近来南京正从事于物质建设，有许多巨大的工程，都由上海的大建筑公司承造的，而在商界及金融界上，也是少不了上海人的。"[④]据此我们可以推测，总统府建筑群中的西式建筑大多是由来自上海的营造厂建造。

① ［德］骆博凯著，郑寿康译：《十九世纪末南京风情录》，南京出版社2008年7月版。

② ［清］张人骏：《奏劝业会布置情形折》，原载《东方杂志》第13期，转引自苏克勤校注《南洋劝业会文汇》，上海交通大学出版社2010年5月版。

③ 卢海鸣、杨新华主编：《南京民国建筑》，南京大学出版社2001年8月版。

④ ［民国］倪锡英著：《南京》，中华书局1936年8月版。

第三节　总统府建筑群的民族性

所谓民族性，与对建筑的文化价值和社会价值的追求有关。对民族性的追求是近代“中国风格”建筑发展的动力。[①] 尤其是在中华民族多灾多难的关头，强调民族性成为增强民族凝聚力、弘扬民族传统文化的一个重要手段。

总统府建筑群由中轴线建筑物，以及东侧院、西侧院和东花园、西花园五部分组成[②]。其民族性既体现在建筑物的空间序列上，也体现在建筑式样、色彩和材料的应用上。

一、从空间序列上来看

总统府建筑群中轴线的建筑物由南向北依次为照壁、石狮一对、大门、大堂、二堂（中堂）、接待室和会客厅、政务局大楼、文书局大楼（子超楼）。

照壁（20 世纪 90 年代因拓宽长江路而拆除）是中国传统建筑的重要组成部分，也是中国官府建筑的重要标志。大门前的一对石狮（清末两江总督署的遗物）更使总统府建筑群充满了浓郁的中国民族特色。

中轴线建筑物由五个四合院组成。西式大门、两边的中式厢房与中式大堂围合成一个巨大的前庭，这是第一个四合院。中式大堂、中式二堂（中堂）与西式大礼堂、中式东厢房构成第二个四合院，这个四合院呈“井”字形。中式二堂与西式接待室、会客室以及两侧的中式厢房围合成第三个四合院，呈“日”字形。西式接待室、会客室与西式政务局大楼以及两侧的西式厢房围合成第四个四合院，这个四合院也呈“井”字形。西式政务局大楼、西式文书局大楼与连接两者的西式东西回廊组合成一个仅次于前庭的后院，这是第五个四合院。上述建筑物属于

① 赖德霖著：《中国近代建筑史研究》，清华大学出版社 2007 年 1 月版。
② 朱明镜：《我所知道的蒋介石总统府》，收入高丹予主编《南京民国总统府遗址考实》，《东南文化》2000 年增刊 2。

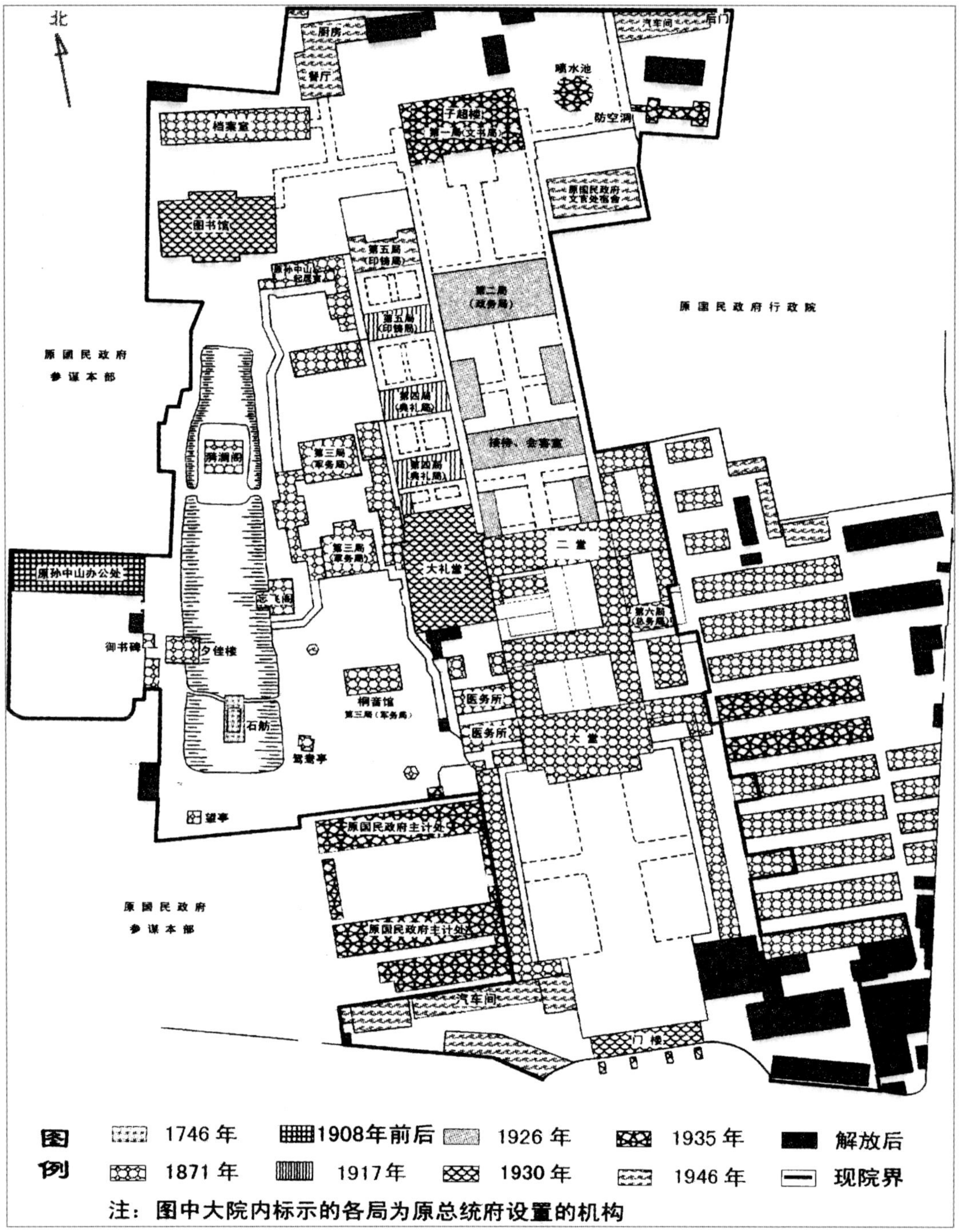

总统府建筑名称及建造年代示意图（《南京民国总统府遗址考实》）

我国传统建筑中的正房。这种四合院布局以及在一条中轴线上的纵深对称布局，与欧美建筑的横向铺陈截然不同，可谓民族性的又一重要体现。

东侧院从南到北全是中式平房，是总统府警卫队、军乐队、清洁队及勤杂人员的住房。

西侧院位于大礼堂北面，西花园之东，子超楼以南，会客厅和政务局大楼

总统府四合院鸟瞰（2017 年 5 月从新城市广场 58 楼拍摄）

的西边，共有四进，前三进是平房，为中式建筑，最后一进是楼房，为西式建筑。两侧以回廊连接，围合成三个四合院。

上述四合院既有庄重典雅的大院落，也有小巧玲珑的小天井，还有细长的走廊和曲折的通道，疏密有致的布局，高低错落的植物和小品，构成了中国建筑移步换景的空间变化之美。

总统府中轴线建筑物与西侧院西面是西花园，总统府中轴线建筑物的东面、东侧院北面是东花园。东、西花园中亭台楼阁、小桥水池、花草树木莫不毕备，它们是总统府建筑群的有机组成部分，也是中国传统园林建筑布局的一个重要形式。在东、西花园里，许多建筑物自成一体，形成园中园。如孙中山先生的办公室和起居室，都带有独立的庭院。

二、从建筑式样、色彩和材料上来看

总统府建筑群民族性的另一个重要体现反映在它的建筑式样、色彩和材料上。

中轴线的中式建筑有大堂、二堂、厢房以及连接每一栋建筑的回廊，大多为砖木结构，人字顶，顶覆灰色板瓦和筒瓦。木质圆形壁柱，廊柱外施红漆，下垫圆形石墩。以大堂为例，它位于总统府大门内中轴线正北数十米，是一座与西式大门形成强烈反差的中式建筑，也是建筑群的主体建筑。大堂青砖铺地，灰瓦覆顶，内有 24 根木柱，外施红漆，立于圆形石墩上。这座建筑，从清朝兴建，虽历经多次维修，仍然保持旧貌。大堂往北数十米，称二堂，为砖木结构建筑，屋顶覆灰瓦，建筑式样、色彩和材料与大堂相同，也是中国传统民族形式的建筑。

总统府西花园（煦园）建筑物主要有石舫、忘飞阁、夕佳楼、漪澜阁、孙中山起居室、临时大总统办公室、文官处图书馆、拱形石桥、假山等。除了临时大总统办公室、文官处图书馆为西式建筑外，其他均为我国传统形式的建筑，飞檐翘角，砖木结构，小桥流水，加上假山和花草树木，充满了江南园林气息。

值得注意的是，总统府建筑群中没有近代南京流行的中国传统宫殿式近代建筑。这是什么原因呢？笔者认为，其原因有以下几个方面。

一是空间有限。在总统府有限的空间里，历史遗留下来的各个时期的各类建筑物鳞次栉比，已经难以腾出足够的空间容纳大体量的新建筑。

二是财政支绌。民国定都南京只有 22 年，除去日本占领南京 8 年，实际在

大堂外景（从总统府大门楼上拍摄，2021 年）

大堂内景

南京只有 14 年。定都南京期间，百废待兴，而中国传统宫殿式的近代建筑造价昂贵，国民政府经费不足，大多数官府建筑只能因陋就简，至多也只能是局部改造和扩建[①]。

三是权宜之计。按照《首都计划》中关于南京城市功能分区的要求，中央政治区拟建在紫金山南麓，而蒋介石决定中央政治区建在明故宫一带，所以总统府对于蒋介石来说只是权宜之计，因此他没有在总统府中大兴土木。

四是内忧外患。民国时期，国民政府虽然名义上实现了全国统一，但由于受到日本侵华的干扰，以及忙于发动内战，未能实现自己的计划，也导致了总统府建筑群中缺乏中国传统宫殿式近代建筑。

三、从建筑造型寓意上来看

中国传统建筑的造型常常含有某种特定的含义，总统府建筑群也不例外。如总统府门楼辟有三个门洞，每一个门洞，若从外部看是拱形的，从院内看是长方形的，蕴含了“外圆内方”的中国传统儒家思想，即原则性和灵活性的统一。政务局大楼走廊地面满铺红蓝白三色地砖，让人自然联想到国民政府的“青天白日满地红”国旗。总统府的核心建筑物文书局大楼（子超楼）是国民政府主席林森在任时建造，造型呈“森”字形，与大楼前面两棵松树（双木为“林”，如今东边的一棵已枯死）构成了奇妙的“林森”二字，在这里，自然植物与人工建筑物有机地融为一体。这些建筑“肖形融情、状物言志”[②]，渗透了中华传

① [民国]倪锡英《南京·南京政治机关巡礼》写道：“总之，南京的政务机关有一个普遍的现象，便是因为经费的关系，都因陋就简，不能建筑起来，将来如果能够大规模的合住在一起建筑完成时，南京的气概将会更伟大而雄壮。”
② 刘刚：《关于民国建筑保护利用的思考》，收入氏著《我在总督署说古建》，江苏人民出版社 2017 年 2 月版。

文书局大楼（子超楼）

统文化的精髓，也体现了总统府建筑群民族性的一面。

要之，总统府建筑群中，中外不同形式和风格的建筑既相互交锋，又相互包容，体现了科学性与民族性的对立统一，折射出在中西文化碰撞背景下，国人对传统文化的尊崇和对西方文化的吸纳并行不悖的一种奇妙而又复杂的心理。

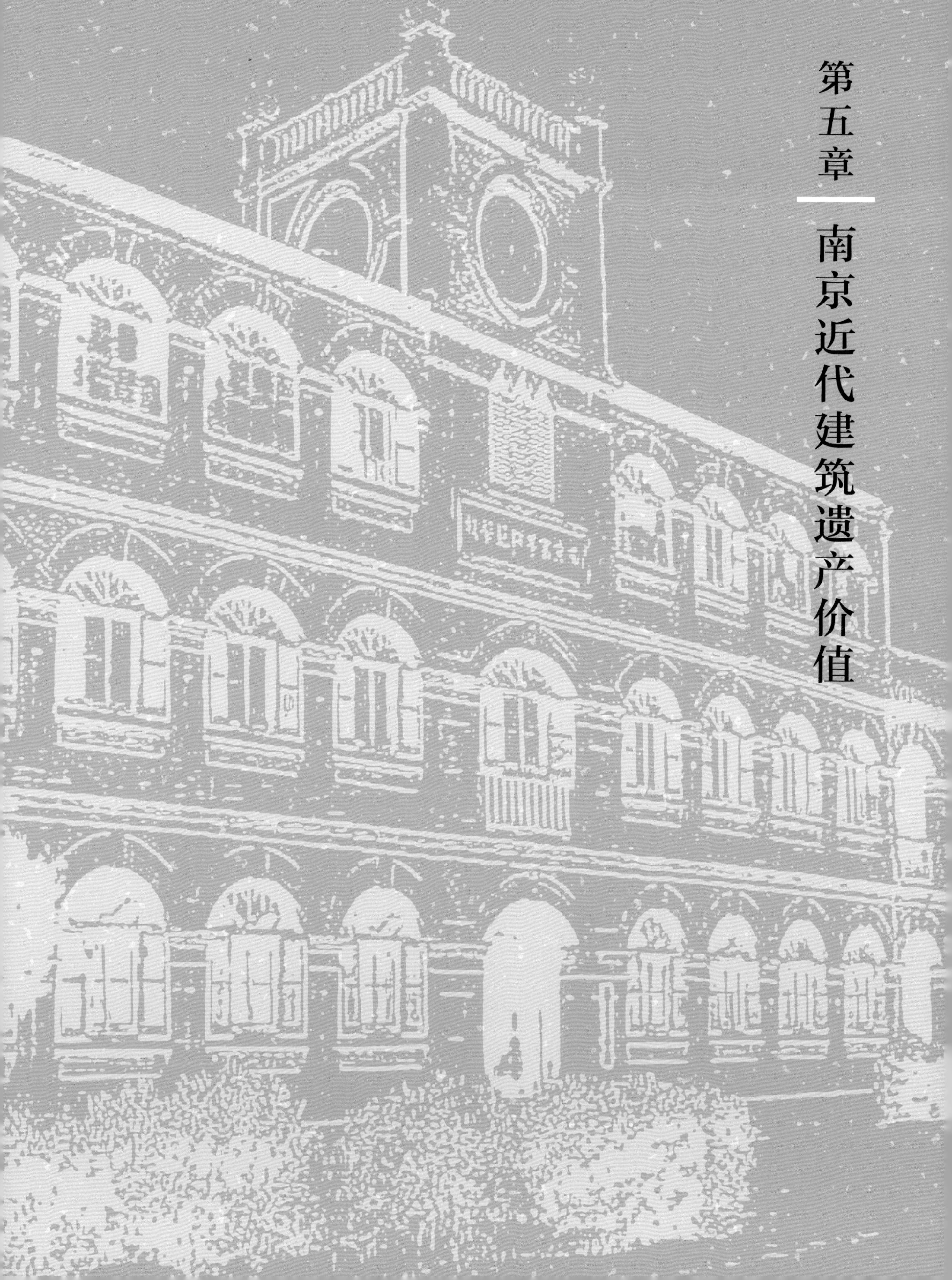

第五章 南京近代建筑遗产价值

文物承载灿烂文明，传承历史文化，维系民族精神，是祖先留给我们的宝贵遗产，是加强社会主义精神文明建设的深厚滋养。保护文物功在当代、利在千秋。留存至今的南京近代建筑，不仅是南京的文化符号和名片，而且具有历史、科技、文化和社会等多重价值。

金陵大学北大楼

第一节　历史价值

在1840—1949年这一百多年的中国近代史中，南京始终处于风口浪尖，载浮载沉。一方面，南京是我国遭受百年屈辱的起始地。1842年，中国历史上第一个不平等条约——中英《江宁条约》(即《南京条约》)在南京下关江面英国“康华丽”号战舰签订，中国从此沦为半殖民地半封建社会；1937年12月13日，日军占领中国首都南京，进行了持续六周的惨绝人寰的“南京大屠杀”，南京遭受了中国近代史上最悲惨的时刻。另一方面，南京也是我国由封建帝制走向共和的转折地。1912年1月1日孙中山先生在南京就任临时大总统，建立中华民国，结束两千多年的封建帝制。南京也是我国一扫百年屈辱、扬眉吐气的雪耻地。1945年9月9日上午9时，中国战区日本投降签字仪式在南京中央陆军军官学校大礼堂举行，南京是日本人签订投降条约的地方。南京还是结束旧时代、建立新中国的起航地。1949年4月23日，中国人民解放军渡过长江，占领南京总统府，标志着蒋家王朝在大陆统治的终结以及新中国即将诞生。

南京近代建筑是南京百年近代史乃至中国百年近代史的见证物，它见证了南京城市的兴衰起伏和中华民族的屈辱荣光。如金陵女子文理学院、南京安全区国际委员会总部、中央陆军军官学校大礼堂等。

与此同时，南京近代建筑见证了中国工业化的发展历程，承载了一代又一代中国工程技术人员和产业工人艰苦奋斗、自强不息的精神，记录了中国工业化进程对社会的深刻影响，是传统的手工业向机器大工业发展的活化石，如金陵机器制造局、浦镇机厂、中国水泥厂等。

一、历史的见证物

金陵女子文理学院

1937 年 8 月，日本飞机开始轰炸南京，金陵女子文理学院师生分三路疏散：一路到上海，一路到武昌，一路到成都。这三路师生最后汇聚成都，继续复课。美籍教务主任明妮·魏特琳（Minnie Vautrin，中文名字叫华群，1886—1941）、舍监程瑞芳、总务主任陈斐然等少数教师留守南京，由魏特琳负责。

金陵大学西大楼前的难民（摄于 1938 年）

金陵女子文理学院内的难民（摄于 1938 年）

12月13日南京沦入日军之手后，日军制造了震惊中外的南京大屠杀。当时，南京安全区国际委员会确定金陵女子文理学院作为接收妇女和儿童的难民营，最多时涌进的难民有1万余人，魏特琳女士为了保护近万名中国妇女免遭日军的蹂躏，利用美国人这一特殊身份，同日军展开了殊死的斗争，因而在那些孤立无援、极端恐惧的妇女眼中，她成了希望的化身，难民们亲切地称她为“观音菩萨”。她后来由于患上精神分裂症回到美国，用煤气结束了自己的生命。其亲人遵其遗嘱，在她的墓碑上，用中文镌刻“永生金陵”四个隶字，表达她对南京的怀念之情。21世纪初，南京师范大学侵华日军南京大屠杀研究中心等单位和团体集资，在校园内竖起了一尊魏特琳女士的半身雕像，底座上也刻上了“永生金陵”四字，以表达中国人民对魏特琳女士的怀念。

南京安全区国际委员会总部

南京安全区国际委员会总部位于宁海路5号。这座建筑最初是金城银行别墅，此后又成为国民政府要员张群的官邸。1937年11月，张群将官邸交给德国大使馆使用。11月29日，南京安全区国际委员会成立，选举拉贝为主席。德国大使馆随即将这幢楼房转交给南京安全区国际委员会。为了防止日军的侵扰，拉贝让人在宁海路5号钉上了有他名字的木牌，悬挂起德国国旗。12月2日，主席拉贝等人将南京安全区国际委员会总部迁到这座外表美观、设施豪华的“宫殿”中。为了防止日军的空袭，又在院内的草坪上，铺上了安全区区旗（红圈里套红十字）。自12月8日起，由于原先召开记者招待会的中英文化会馆对难

南京安全区国际委员会内的难民

民开放，记者招待会改在宁海路 5 号举行。12 月 13 日日军攻入南京城的当天，以拉贝为首的南京安全区国际委员会委员们立即赶到这座建筑物中，并在 10 分钟内就确定成立了国际红十字会南京分会，选举美国人约翰·马吉牧师为主席，拉贝、福斯特、魏特琳、贝德士、斯迈思、威尔逊等人为委员。一个组织在如此短的时间内就成立起来，令人称奇。当年这里设有三部电话，号码分别为 32346、31641 和 31961。在安全区总部存在的日日夜夜里，这里常常是通宵灯火不熄、电话铃声不断。安全区国际委员会主席拉贝以及全体成员为保护难民、掩埋遇难者的尸体等，频繁出入总部，与灭绝人性的日军进行了艰苦卓绝的斗争。

中央陆军军官学校大礼堂

1945 年 9 月 9 日，中国战区侵华日军投降签字仪式在中央陆军军官学校大礼堂（今东部战区机关大礼堂）内隆重举行。在中央陆军军官学校大门上，悬挂有“中国陆军总司令部”字样的匾额。在学校的广场四周，旗杆林立，旗杆上高高飘扬着 52 个国家的国旗。参加签降仪式的中外官员、记者共计 405 人，其中中国军官 219 人，中国文职官员 51 人，中国记者 52 人；同盟国代表 47 人，外国记者 36 人。

9 月 9 日上午 8 时 56 分，礼堂水银灯全部打开，中国陆军总司令、一级上将何应钦由礼堂后方休息室进入会场。紧跟其后入场的是海军总司令、海军一级上将陈绍宽，第三战区长官、陆军二级上将顾祝同，中国陆军总参谋长、陆军中将萧毅肃，空军第一路军司令、上校张廷孟。何应钦坐在受降席的中间，其左边为陈绍宽、张廷孟，右边是顾祝同、萧毅肃。

签降仪式结束后，日方投降代表黯然退出会场

8时58分，日本投降代表、驻华日军最高指挥官、陆军大将冈村宁次等7人在中国军训部次长王俊中将的引导下从大礼堂正门步入会场。他们一行走到受降席前，脱帽向何应钦等人鞠躬致敬，何应钦欠身作答，并命坐下。冈村宁次坐在投降席的正中间，其左边依次为中国派遣军总参谋长、陆军中将小林浅三郎，中国派遣军总参谋副长、陆军少将今井武夫，中国派遣军参谋、陆军中佐小笠原清；右边依次为中国方面舰队司令长官、海军中将福田良三，台湾军参谋长、陆军中将谏山春树，第三十八军参谋长、陆军大佐三泽昌雄。翻译木村辰男立于冈村宁次身后。

9时4分，何应钦命令冈村宁次交验代表签降的证明文件，冈村宁次命小林浅三郎呈递给何应钦。何应钦看过后留下证明文件，旋即将日本投降书中文本两份，由萧毅肃转交给冈村宁次，冈村起立双手捧接。冈村坐下后，一面匆匆翻阅投降书，一面手握毛笔，小林在旁研墨，冈村宁次在两份投降书上签名盖章后，由小林将投降书呈递给何应钦。何应钦检视后，在日本投降书上签名盖章，之后，将其中的一份投降书交给萧毅肃，命其交给冈村宁次，此时正好是9时9分。接着，何应钦将中国战区最高统帅蒋介石的第一号命令及命令受领证，仍命萧毅肃交给冈村宁次，冈村在受领证上签名盖章后，由小林呈递给何应钦。9时15分，何应钦命令冈村宁次等日方代表退席，至此，中国战区日本投降签字仪式结束。

二、近代工业的活化石

金陵机器制造局

金陵机器制造局（后来更名为金陵兵工厂）位于南京中华门外大报恩寺遗址公园东侧的晨光 1865 科技创意产业园内。它与李鸿章在上海创办的江南制造总局、1866 年左宗棠创办的福州船政局以及 1867 年崇厚创办的天津机器制造局齐名，是我国 19 世纪 60 年代洋务运动期间创办的四大兵工企业之一。金陵机器制造局是中国民族工业先驱，也是近代南京第一座机械化工厂。

清朝同治四年（1865），李鸿章因镇压太平天国有功，由江苏巡抚（治所在苏州）升任署理两江总督，他以苏州洋炮局的人马和技术为根基，在两江总督驻地江宁（今南京）筹建一个较大规模的兵工厂，即金陵机器制造局。同年 10 月 30 日在南京城南聚宝门（今中华门）外西天寺的废墟上破土动工，至 1866 年 8 月竣工。直隶州知州刘佐禹担任金陵机器制造局的第一任总办，英国人马格里（又译马格理，Samuel Halliday Macartney，1833—1906）为督办。制造局设机器厂、翻砂厂、熟铁厂和木作厂，投产时，工人和士兵约有 400 人，生产枪炮弹药等军火，主要供应李鸿章的淮军使用。此后经过数次扩建厂房，添置机器，能够生产各类先进的武器和炮弹。

民国建立后，金陵机器制造局名义上属中央陆军军械司管辖，实则为江苏历任都督所控制。1927 年国民政府定都南京后，金陵机器制造局更名为上海兵工厂南京分厂，厂长陈钦。1929 年 6 月，改隶兵工署直辖，改称为金陵兵工厂，厂长先后是黄公柱、李承干。

1937 年 7 月全面抗战爆发，金陵兵工厂被迫西迁重庆，原址被日军占领。

1945 年 8 月日本投降后，工厂迁回南京。1946 年 9 月，改称六〇兵工厂。1948 年底淮海战役中期，国民党眼看败局已定，将六〇兵工厂向台湾高雄搬迁，只留下少量无法搬走的旧机器设备以及整座厂房等。

1949 年 4 月南京解放，同月 29 日第二野战军接管了该厂。同年 10 月，二野奉命南下，该厂改属第三野战军管辖，命名为军械总厂。1950 年 8 月，该厂改属华东军区。1952 年 11 月，军械总厂改属地方，由原第二机械工业部领导。1952 年底，山西长治三〇七厂搬迁南京，与军械总厂合并，称国营三〇七厂。1957 年 4 月，采用国营晨光机器厂作为第二厂名，对外公开使用。1980 年 3 月，改称南京晨光机器厂。1996 年 6 月，作为全国一百家现代企业制度试点单位之一，正式组建晨光集团，并更名为南京晨光集团有限责任公司。2007年，金陵机器制造局华丽转型，变身“晨光1865科技创意产业园”。

现1865创意产业园区内尚存一批晚清和民国时期的建筑，至今仍在使用。这批历史文物，使该产业园成为名副其实的近代中国民族工业建筑的“陈列馆”。

马格里正在检测金陵机器制造局仿制的格林炮

金陵机器制造局向金陵兵工厂发展的历程，见证了中国民族工业的发展轨迹。2013年，金陵兵工厂旧址被列为全国重点文物保护单位；2017年12月2日，金陵机器制造局入选第二批中国20世纪建筑遗产名单；2018年1月27日，入选首批20世纪“中国工业遗产保护名录”。

浦镇机厂

浦镇机厂坐落在长江北岸的南京市浦口区南门镇龙虎巷5号，是南京历史上第一家中外合作企业。现为中车南京浦镇车辆有限公司老厂区所在地。

光绪三十四年（1908），清政府与英、德两国签署《天津浦口铁路借款合同》。根据合同，津浦铁路的修建由英、德两国工程管理公司负责，以山东境内韩庄为界分为两段，德国负责北段（天津至韩庄）共计626公里，1908年6月开工；英国负责南段（韩庄至浦口）共计383公里，1909年3月开工建设。在开工修建津浦铁路的同时，英国方面提出由中英合资在津浦铁路南段建造铁路修理厂，以维修津浦铁路南段行驶的铁路机车车辆，以及制造机、客、货车配件等。工厂建设筹备工作由津浦铁路南段总工程师、英国人德纪（T.W.Tuekey）负责，厂址选在长江北岸浦子口城西南隅万峰门（即今南门镇）内，工厂取名为浦镇机厂，隶属津浦铁路局南段管理局。

浦镇机厂于1908年建成投产，当时占地面积25万平方米，有厂房两幢，建筑面积5318平方米，内有42匹马力蒸汽机1台、金属切削机床20台。浦镇机厂虽属清政府官营企业，但经营权、管理权却操纵在英国人手里，从厂长到总监工，都由英国人担任。建厂初期，工人不足百人，新式机床、动力设备及车辆所需要的大小配件，均须向英国购买。1908年开始，浦镇机厂一直从事配件生产，以及桥梁、渡轮、驳船及机械设备维修工作，至1914年开始维修铁路机车车辆。1919年，随着津浦铁路的运输日益繁忙，浦镇机厂为应付需求进行了扩建，新建厂房两幢。1923年，津浦铁路局浦口电气厂建成，促进了工厂电动机器设备的添置。

浦镇机厂“大厂房”

1927年国民政府定都南京后，英籍厂长奥斯敦被解职，结束了英国人操纵工厂的历史，厂内生产事务由中国人自行管理。1929年，浦镇机厂开始组装从国外进口的铁路机车车辆。至1937年，国民政府铁道部设置铁路总机厂，将浦镇机厂、戚墅堰机厂和株洲机厂划归总机厂管理处统一管辖，至此浦镇机厂拥有建筑面积达2.03万平方米，机器设备306台。

1937年12月南京沦陷后，浦镇机厂也被日军占领。1939年4月，伪维新政府行政院与日本兴亚院华中联络部联合成立华中铁道株式会社，浦镇机厂归其管辖，更名为“华中铁道浦镇工场”。1945年10月17日，国民政府接收工厂，恢复浦镇机厂原名，隶属于津浦区华中铁路管理委员会，后改隶于津浦铁路管理局。1946—1948年，浦镇机厂共检修机车106台，修理客车93辆、货车424辆，组装、翻新联合国善后救济总署由伊朗运来的220辆旧货车。

1949年4月南京解放后，工厂更名为“济南铁路管理局浦镇铁路工厂”。1952年12月，改由铁道部直接管辖，更名为“铁道部浦镇机车车辆工厂”，由修理铁路机车、客车、货车改为主修客车。自1954年起停止铁路机车、货车修理业务，工厂更名为铁道部浦镇客车修理工厂。从1958年起，浦镇工厂在修理客车的同时开始制造客车和货车，制造出我国第一辆铁路客车——YZ21型硬座车，填补了国内铁路客车车厢制造的空白。此后，随着国民经济的飞速发展，浦镇工厂不断出厂一列列崭新的列车，为社会主义建设做出重要贡献。1975年2月，铁道部由交通部分离独立，工厂重新启用“铁道部浦镇车辆工厂”的名称。

自1978年改革开放40多年来，浦镇车辆厂独领风骚，屡建奇功。在城轨市场，公司生产的城市轨道车辆遍布上海、南京、苏州、杭州、无锡、深圳、东莞、香港等城市和地区，同时公司先后获得印度、新加坡、阿根廷、尼日利亚、肯尼亚等16个国家和地区的市场订单，实现了产品和技术、服务的海外输出。

在浦镇机厂现存的历史建筑中，规模最大、最具历史风貌的“大厂房”（现为浦镇车辆厂客车组装车间）面阔82米、进深63米、高12米，可同时容纳12辆机车入库。如今厂房内部已改为钢混结构，但建筑外貌依然未变。2018年1月27日，浦镇机厂入选首批20世纪“中国工业遗产保护名录”。

中国水泥厂

中国水泥厂位于南京市栖霞区龙潭镇水泥厂路185号，是南京有名的“老字号”企业，也是中国早期民族工业的典型代表。

龙潭镇地处南京市东北郊，距市区约28公里，位于宁镇山脉中段北侧。这里石灰石、黏土、煤等原料贮藏丰富，开采方便；沪宁铁路从厂前穿过，又有便民河直通长江，水陆交通便捷；同时，这里毗邻上海、南京，产品销售市场广阔。

中国最早生产水泥的企业是始建于1889年的唐山细绵土厂（后来更名为唐山洋灰公司、启新洋灰股份有限公司）。上海姚新记营造厂创办人姚锡舟（1875—1944）因从事建筑行业，深知水泥为近代建筑工程所必需的材料，而中国水泥生产只有天津唐山启新、湖北华记等少数厂家，远远不能满足国内建设事业发展的需要，大多数水泥仰仗从国外进口，造成大量的白银外流。于是，他萌发出创办水泥厂的念头。1921年，姚锡舟联合上海金融界、实业界人士李伯行、聂云台、萨桐荪、陈光甫、吴麟书以及龙潭镇的矿山主屠述三等28人，筹集白银50万两，选择江苏省句容县龙潭镇（1953年划归南京）作为厂址，建设“中国水泥股份有限公司龙潭工厂”（对外简称“中国水泥厂”），姚锡舟被公推为董事兼总经理，吴麟书为董事长。

工厂占地面积约1平方英里（约259万平方米），1921年9月3日破土动工，姚新记营造厂承建，1923年春天竣工，总投资白银113.74万两。德国人克思盟被聘为工程师。

1923年4月，中国水泥厂正式投入生产。当时只有一台从德国纳格尔－开姆泼公司进口的规格为直径2.25米、长46米的旋窑，日产水泥500桶（每桶

中国水泥厂

170公斤，共计85吨）。1924年7月，开始使用“泰山”牌注册商标。1925年，姚锡舟投标承建中山陵第一部工程（主要包括坟墓、祭堂等），以造价44.3万两中标。在中山陵第一部工程中，仅“泰山”牌水泥就需要150吨。1924—1925年，江浙军阀齐燮元、卢永祥混战，致使交通受阻，工厂产销停顿。战争结束后，工厂才得以恢复生产。

1927年春，中国水泥厂从德国进口的另外两条直径2.85米、长60米的湿法旋窑和附属设备全部安装完毕。三台旋窑投入生产后，日产水泥达2500桶（425吨）。这一年的8月，龙潭战役爆发。8月24日，北洋军阀、五省联军总司令孙传芳调集重兵6万人从江北划子口、大河口一带渡江袭击国民革命军，进而准备进攻南京，栖霞山、龙潭被孙军占据，中国水泥厂成为孙传芳的指挥所。8月30日，国民革命军与孙传芳的军队展开激战，并于当日击败孙军。工厂部分厂房、办公室、宿舍在这场战争中遭到严重破坏，厂外栈桥也被付之一炬。战后经姚锡舟等人的努力，工厂很快恢复生产。

1933年，中国水泥厂又从德国购进一台日产水泥170吨的湿法旋窑，形成由四台湿法旋窑构成的日产水泥约700吨的生产能力，成为当时中国最大的水泥生产企业之一。

1937年11月底，日军侵占中国水泥厂。次年7月，日商三菱洋行强行租赁，更名为“磐城水泥株式会社南京工场”，进行生产和经营。直至1945年10月，日商才归还工厂，但机器、厂房损坏严重。经过修理，工厂逐步恢复生产。1947年，工厂的产量创建厂以来最高纪录。这一年，生产水泥98584吨，全年盈利121万余元。

新中国成立后，该厂实行公私合营，改称中国水泥公司，后恢复中国水泥厂原名。中国水泥厂生产的“石城”牌水泥曾经一度远销海内外。

2018年1月27日，中国水泥厂入选首批20世纪“中国工业遗产保护名录”。

第二节 科技价值

南京近代建筑经历了由中国传统的建筑体系向近代建筑技术、类型、功能和形式的新建筑体系的转变。随着鸦片战争打开中国的国门，不同国家、地区的不同建筑形式蜂拥而入，从以租界区为中心的通商口岸，如上海、宁波、福州、天津、汉口、广州、厦门等，向其他城市蔓延。南京近代建筑在中国建筑史上承上启下，融合创新。开始时是被动输入，后来是主动吸收，如中山陵、中央医院、国民政府外交部等，在融合中外建筑科技方面做出了突出贡献。与此同时，南京近代建筑作为科技研究的中心，客观上起到了推动中国近代科技进步的作用。南京的一些近代建筑无疑是中国近代科技发展的摇篮，如国立中央研究院、北极阁气象台、国立紫金山天文台等。

一、融合中外建筑技术

中山陵

中山陵是我国建筑师自行设计的中国传统民族形式建筑的开山之作，是中国建筑史上的一座丰碑。

中山陵系我国近现代建筑的奠基人吕彦直设计。吕彦直（1894—1929），中国第一代建筑师的杰出代表。字仲直，安徽滁县人。生于天津，少年丧父，曾随姐姐和姐夫侨居法国巴黎数年。1911 年入清华学堂读书。1914 年赴美国康奈尔大学，先学电学，旋即改学建筑学，1918 年毕业，在美国实习，师从美国建筑师墨菲。曾参与南京金陵女子大学和北京燕京大学校舍的设计。1921 年回国后，创办彦记建筑师事务所。1925 年 3 月 12 日，孙中山先生逝世。孙中山先生去世前，遗言葬在钟山。国民党当年在全球海选，征集设计图案。32 岁的吕彦直在中山陵图案征集中，凭借设计的“警钟形”图案，在 40 余位中外建筑师的设计方案中脱颖而出，获得首奖。1926年，他又在广州中山纪念堂和中山纪念碑设计竞赛中获第一名。

当年孙中山先生葬事筹备委员会（1929年7月1日后改为总理陵园管理委员会）在登报向海内外悬奖征集中山陵的图案时，有这样一句关键语："祭堂图案须采用中国古式而含有特殊与纪念之性质者，或根据中国建筑精神特创新格亦可。"对于这句话的理解，中外建筑师见仁见智。吕彦直的设计方案之所以能够一举夺魁，与它具有以下特点是分不开的。

第一，"警钟形"的平面。中山陵占地面积约8万平方米，总平面呈"警钟形"，象征着孙中山先生毕生致力于唤醒民众。寓意深刻，气势非凡。这种设计在中国建筑史上是一个创举。吕彦直的设计图案能在40多位建造师的设计方案中脱颖而出，正如南洋大学校长、土木工程师凌鸿勋在评判报告中所言："此案全体结构简朴浑厚，最适合于陵墓之性质及地势之情形，且全部平面作钟形，尤有木铎警世之想。"

第二，中轴线对称的布局。总体布局规划吸收中国古代陵墓的特点，采用中轴线对称的布局，注意结合山势，运用牌坊、墓道、陵门、碑亭、祭堂、墓室等传统陵墓的组成要素，省略了传统陵墓的神道石像生和文臣武将，整个建筑群以大片的绿化带和平缓的台阶把各个尺度不大的个体建筑连成为大尺度的整体，形成庄严雄伟的气势。这与西式建筑的横向铺陈是不同的。

第三，中西合璧的建筑群。主体建筑祭堂平面近方形，吸取中国古典建筑的手法，祭堂的上半部保持了传统的重檐歇山顶。祭堂的四角设计了四个正方形的方室，形成四个外观坚实的角墩，富有雕塑感和现代感。西式的建筑体量组合构思与中式的重檐歇山顶完美地结合在一起。陵门、碑亭等都是依照传统形制，按照祭堂建筑的基本模式建造——陵门是单檐歇山顶石构建筑，碑亭是重檐歇山顶石构建筑。

第四，新材料、新技术的运用。中国传统建筑用的是木结构，中山陵建筑应用新材料、新技术，在建筑的细部，仿中国传统木结构建筑的壁柱、额枋、雀替、斗拱等，使用钢筋混凝土与石材制作。至于墙体，如祭堂、陵门、碑亭墙身全部用白色花岗岩石料砌成。

第五，新色彩。屋顶不采用皇家专用的黄色琉璃瓦，也未采用容易与树木颜色混淆的绿色琉璃瓦，而是选用了与白色花岗岩墙体十分协调的蓝色琉璃瓦。

中山陵平面呈警钟形

墙身也未采用中国皇家陵寝常用的红色或黄色，而是采用白色花岗岩。朱自清形容其象征“青天白日”。

第六，新规制。广场入口处的牌坊，用的是三门四柱的牌坊。明清帝王陵墓牌坊都是五门六柱。孙中山先生葬事筹备处曾经想把三门改成五门，并邀请墨菲另行设计。工程的设计与施工监理彦记事务所的建筑师李锦沛、黄檀甫等据理力争，认为这不符合原来的设计思想，也不符合中山先生反对封建帝制的精神——不沿袭传统帝陵形制，并可能造成牌坊尺度过大，影响整体格局。

第七，祭堂正中是孙中山先生身穿长袍马褂的全身坐像，由波兰著名雕塑家保罗·郎特斯基用意大利白石雕刻而成，坐像四周浮雕孙中山先生进行革命活动的故事。孙中山坐像模仿了美国首都华盛顿的林肯纪念堂的空间构图。

第八，墓室平面呈圆形，直径 18 米，高 11 米。有门两道。第一道门上镌刻着孙中山先生的手迹“浩气长存”四字，第二道墓门上镌刻着张静江撰写的“孙中山先生之墓”七字。墓室正中是一个圆形的大理石墓圹，直径 4.3 米，深 1.6 米，墓圹周围有高 1 米的大理石护栏。1929 年 6 月 1 日，国民政府举行隆重的奉安大典，将孙中山先生的灵柩安放在这个墓圹之下。为了满足人们瞻仰孙中山先

中山陵祭堂、墓室背影

生遗容的需要，又在墓圹内安放了一尊孙中山先生身穿中山装的白色大理石卧像，与孙中山先生身高相同，由捷克斯洛伐克著名雕塑家高祺创作。下沉的墓圹仿自法国巴黎恩瓦立德教堂的拿破仑墓。

中山陵的设计既继承传统，又有所创新和突破，熔中西建筑风格于一炉，在建筑比例、体型组合、色彩运用、材料选择和细部处理上，体现了庄严肃穆的气度和逝者永垂不朽的精神，取得了令人瞩目的成就。中山陵不仅是中国近代建筑中最优秀的民族形式的建筑作品，也是近代化与民族化相结合的建筑典范，是中国建筑史上的一座丰碑。1961 年，中山陵被国务院列为第一批全国重点文物保护单位。今天，它已成为南京乃至中国的标志性建筑之一。

中央医院

中央医院是南京近代建筑中新民族形式的一个杰作，位于中山东路 305 号，东隔黄埔路与励志社相望，现为东部战区总医院（俗称南京军区总医院）普外及肾脏科研究所。

中央医院的前身是 1929 年 1 月筹建的中央模范军医院，它由国民政府卫生部部长刘瑞恒奉蒋介石之命而建，主要收容病伤员兵，同时方便市民就诊。院址在中山东路黄埔路口。当时征地 50 亩，购置活动木屋 13 座及 X 线机等医疗器械，设置临时床位 300 张，1929 年 10 月 1 日开诊。1930 年 1 月，国民政府行政院决定将中央模范军医院改名为中央医院，划归内政部下辖的卫生部（1931 年 4 月改为卫生署）直接管辖，由刘瑞恒兼任院长。中央医院是民国时期南京兴办的规模最大、设备最完善的国立医院，占有举足轻重的地位，是民国军政要员和社会名流首选的医院。

1931 年，国民政府拨款扩建中央医院，并得到华侨胡文虎捐赠银洋 37.5 万元。胡文虎是南洋著名华侨企业家、报业家和慈善家。他从继承父亲在缅甸仰光的一家中药店开始，逐渐在制药方面崭露头角，以虎标万金油等成药致富，被称为“万金油大王”，毕生奉行“取诸社会用诸社会”的信条，致力慈善事业。

中央医院的主楼由民国时期著名的建筑设计机构——天津基泰工程司的建筑师杨廷宝设计，建华营造厂建造，钢筋混凝土结构，高四层，按现代化功能布置平面，门诊部、手术室、病房等配置合理，分区明确。1931 年 6 月开工，1933 年 6 月竣工，工程造价 52.5 万元。中央医院主楼为一集中式病房楼，设电梯垂直运输。底层西侧为门诊部，东侧为事务部及传染病区，均有独立的出入口。

中央医院鸟瞰

二层为手术室和头等、二等病房区。三层为妇产科病房，有产房、婴儿室及其附属设施。四层为三等病房，其病室为大统间，每室可设病床 25 张。

中央医院主楼坐北朝南，立面呈“井”字形，钢筋混凝土结构，平屋顶，褐色面砖外墙，施以檐墙、花架、滴水等。入口处有一个宽敞的门廊，尺度适宜，细部简洁大方，门廊上书“中央医院”四个大字。

从主楼的外观上来看，在楼梯间位置的两个塔楼将建筑竖向分为三段，左右对称，比例适宜，避免了过长建筑形体容易带来的单调感。建筑物的立面构图同样为三段式，分为勒脚、墙身和檐部三部分，勒脚部分的外墙用水泥粉刷，象征基座；墙面用褐色面砖贴面；檐口部分做成简化的斗拱装饰。整座建筑的平面设计与立面构图基本采用西方现代建筑手法，同时结合中国传统建筑的特点和细部。

在主楼之前临街的位置，建造的大门和门卫室别具一格。其中大门仿照明孝陵的神道石柱和牌坊，三楹，中门大，无横额，中门的两个石柱为六面体，顶部雕刻回字形云纹；左右门小，上架横额，两边的石柱较矮，顶部无雕饰。大门左右分列着两个门卫室，皆为正方体，墙面上部和下部抹灰，中部贴褐色面砖，形成了横向的三段式构图。这种设计达到了用西方建筑技术重构中国传统建筑形式的新境界。

1937年，中央医院随同国民政府撤离南京，人员分散在重庆、贵阳两地。日军攻陷南京前夕，中央医院建筑遭到日机的轰炸，损毁严重。1946年2月4日国民政府收复医院原址时，已是满目疮痍。后经过维修改造，中央医院设有30多个科室、300多张床位，工作人员700余人，新添了大量的医疗新设备。1947年，由联勤总部拨给大小活动木房61幢，另建门诊部，并于主楼后面加建精神病与疗养病室。这一年的年门诊量增加到251880人次，床位增加到582张，病室增加到14个，工作人员将近800人。中央医院历任院长有刘瑞恒、沈克非、姚克方。

1950年6月，中央医院改编为华东军区医院。1955年，改名为南京军区总医院。1986年，更名为南京军区南京总医院。2018年，并入东部战区南京总医院。

二、推动中国近代科技进步

国立中央研究院

国立中央研究院（1928年6月—1949年4月）是中华民国最高学术研究机构，直隶于国民政府（1948年5月以后改隶于总统府）。其任务主要有两方面：一是实行科学研究；二是指导、联络、奖励学术研究。设有特任级院长一人，其下设行政、研究、评议三机构。

1927年10月1日，国民政府设立大学院，隶属于国民政府，管理全国学术及教育行政事宜。1928年6月，中央研究院（由大学院分化而成）成立后，陆续按学科设置各研究所，到1937年全面抗战爆发时为止，已设立物理、化学、工程、地质、天文、气象、历史语言、心理、社会科学及动植物等十个研究所。理、化、工三研究所设在上海，其余各所均设于南京，同时在南京成贤街旧法制局内设立总办事处（北极阁新址落成后，办事处迁往新址办公），以办理全院一般行政事宜。全面抗战期间，中央研究院各研究所分设于重庆、北碚、李庄、昆明四区。抗战胜利后，数学研究所筹备处、物理研究所、化学研究所、动物研究所、植物研究所、医学研究所筹备处、工学研究所、心理学研究所八单位，暂设于上海，总办事处及天文、地质、气象、历史语言、社会科学五个研究所，共六单位，设于南京。

中央研究院设有学术评议会，为中华民国最高学术评议机构。1935年9月17日，成立第一届评议会。1948年3月27日，中央研究院第二届评议会第五

中央研究院总办事处大楼

届年会选举产生第一届院士 81 人，其中数理组院士 28 人，生物组院士 25 人，人文组院士 28 人。

1948 年 12 月，中央研究院开始向台湾搬迁。除总办事处、数学以及历史语言研究所较完整地迁台外，其余各研究所大都留在南京和上海。在中央研究院评选出的第一届 81 名院士中，迁至台湾的仅有凌鸿勋、林可胜、傅斯年、董作宾、李济、王世杰、吴稚晖 7 人，在国外的有陈省身、李书华、赵元任、汪敬熙、胡适、吴大猷等 12 人，其余 50 余人（除萨本栋等人去世外）均留在了大陆。1949 年 10 月，中央研究院留在大陆的各机构都被中华人民共和国中国科学院接收。

北极阁气象台

北极阁气象台位于鸡笼山之巅的北极阁 2 号，与鸡鸣寺相毗邻，现为中国北极阁气象博物馆、江苏省气象服务中心所在地。

北极阁气象台建于 1928 年 6 月，同年 12 月竣工。气象台建在石砌平台上，六角形，上下共四层，高约 14 米，钢筋混凝土结构。底层四周为柱式外廊，有

北极阁气象台

六根巨大的圆柱；上面三层都建有混凝土栏杆。气象台内设有旋梯通向每层挑台和顶层平台。它是我国现代第一座气象台。

1930年4月至1931年6月，在气象台的北侧兴建了一座高三层的图书馆（地上为两层，半地下承台一层），其底层用作地震观察室，当时从德国购买了一套大型的维歇尔地震仪，能够对距离300—1000公里、震级5—6级，或者距离2000公里左右、震级7级上下的地震进行清晰的记录，至今这台地震仪还能运转，现在是南京基准地震台、南京地震科学博物馆的镇台（馆）之宝。图书馆为仿古建筑，重檐歇山顶，上层为烟色筒瓦屋面，叠层为灰色小黏土瓦屋面。砖木结构，建筑面积570平方米。该建筑现为江苏省气象台资料室。

国立紫金山天文台

国立紫金山天文台设于风景秀丽的紫金山第三峰天堡峰，又名国立第一天文台，俗称紫金山天文台。

1927年10月1日，国民政府设立大学院，隶属于国民政府，管理全国学术及教育行政事宜。蔡元培应邀南下组建大学院，委任设在北平的中央观象台台长高鲁为大学院观象台筹备委员会主任。1927年11月20日，在国民政府召开的"国立中央研究院筹备大会"上，高鲁《建国立第一天文台在紫金山第一峰》

的提案获得通过。1928年6月，国立中央研究院成立后，改观象台筹备处天文组为天文研究所。天文研究所主要任务是观测天体方位，以从事理论天文学之研究；观测天体形态、光度、光谱，以从事天体物理学之研究。由高鲁任所长。

紫金山天文台建于1931—1934年，占地面积47亩。周围的铁丝篱笆围墙由上海公勤铁工厂承制。建筑物有天文台本部、子午仪室、赤道仪室、变星仪室、职员宿舍、所长宿舍等。天文台的建筑均用红砖水泥砌筑，外墙包以虎皮石头，这种虎皮石头系就地取材，从紫金山开采，节省了大笔的建筑材料费用和运输费用。建筑物的各层地板和楼顶均用钢筋水泥砌筑，钢门钢窗，只有两栋宿舍为了节省费用采用的是木门木窗。

紫金山天文台不仅是我国现代天文学的摇篮，而且还聚集了中国古代天文学的辉煌成果。现台内仍保存了明、清时代复制的古天文仪器，如浑仪、简仪、圭表、漏壶、天体仪、地平仪等。

紫金山天文台建成后，天文研究所于1935年初迁到紫金山天文台办公。

抗日战争期间，紫金山天文台被日军占领。紫金山天文台的工作人员先是迁到长沙，后又迁至桂林。1938年4月18日经越南河内迁移至昆明。为了能尽快恢复工作、投入观测，余青松再次亲自勘测设计，组织施工，在东郊凤凰山上建造起了一座新的观测站——凤凰山天文台，即现今中国科学院云南天文台

紫金山天文台（约1935年，赵元任摄，《赵元任影记：好玩儿的大师》）

的前身。1941 年春，余青松辞职，由张钰哲（1902—1986）任所长。抗战胜利后，紫金山天文台的员工回到南京，重新开始天文观察。

紫金山天文台的建成，标志着我国现代天文学研究的开始。中国现代天文学的许多分支学科和天文台站，大多从这里诞生、组建和拓展。由于它在中国天文事业建立与发展中做出的特殊贡献，被誉为“中国现代天文学的摇篮”。1949 年新中国成立后，紫金山天文台已发展成为一座现代化的综合性天文台，划归中科院管辖。

第三节 文化价值

南京近代建筑是催生文化的沃土，交流文化的平台，引领风尚的窗口，传承文化的殿堂，培养人才的摇篮。2019 年 10 月 31 日，南京成功入选世界“文学之都”，近代建筑功不可没。

一、催生文化的沃土

南京因其在中国近代史上的重要地位，成为名人荟萃之地，许多近代建筑都留有各类人物活动的印记。南京的近代建筑一方面催生了一部部文学艺术作品，其中不乏传世名作；另一方面，这些文艺作品，也提升了南京近代建筑的知名度和美誉度。如浦口车站与朱自清《背影》、赛珍珠故居与《大地》、拉贝故居与《拉贝日记》。

浦口车站与朱自清《背影》

浦口车站，一名津浦铁路总站，又名江口车站，始建于 1908 年（清光绪三十四年），至 1914 年，车站大楼和附设电报房、售票房等附属设施全部竣工并交付使用。它是津浦铁路的南端终点，更是民国时期重要的交通枢纽和兵家必争之地。

1917 年，杰出的散文家、诗人、学者朱自清（1898—1948）当时还是个学生，他在北京大学哲学系读书，得知祖母去世，从北京赶到徐州与父亲一道回扬州奔丧。丧事完毕，父亲到南京找工作，朱自清回北京读书，父子同行至南京，在浦口火车站惜别。1925 年 10 月，朱自清于北京将这段经历写成《背影》一文，使浦口火车站家喻户晓。现摘录《背影》一文相关片段如下：

我们过了江，进了车站。我买票，他忙着照看行李。行李太多了，得

浦口车站

向脚夫行些小费，才可过去。他便又忙着和他们讲价钱。我那时真是聪明过分，总觉他说话不大漂亮，非自己插嘴不可。但他终于讲定了价钱；就送我上车。他给我拣定了靠车门的一张椅子；我将他给我做的紫毛大衣铺好坐位。他嘱我路上小心，夜里警醒些，不要受凉。又嘱托茶房好好照应我。我心里暗笑他的迂；他们只认得钱，托他们直是白托！而且我这样大年纪的人，难道还不能料理自己么？唉，我现在想想，那时真是太聪明了！

我说道，“爸爸，你走吧。”他望车外看了看，说，“我买几个橘子去。你就在此地，不要走动。”我看那边月台的栅栏外有几个卖东西的等着顾客。走到那边月台，须穿过铁道，须跳下去又爬上去。父亲是一个胖子，走过去自然要费事些。我本来要去的，他不肯，只好让他去。我看见他戴着黑布小帽，穿着黑布大马褂，深青布棉袍，蹒跚地走到铁道边，慢慢探身下去，尚不大难。可是他穿过铁道，要爬上那边月台，就不容易了。他用两手攀着上面，两脚再向上缩；他肥胖的身子向左微倾，显出努力的样子。这时我看见他的背影，我的泪很快地流下来了。我赶紧拭干了泪，怕他看见，也怕别人看见。我再向外看时，他已抱了朱红的橘子往回走了。过铁道时，他先将橘子散放在地上，自己慢慢爬下，再抱起橘子走。到这边时，我赶紧去搀他。他和我走到车上，将橘子一股脑儿放在我的皮大衣上。于是扑扑衣上的泥土，心里很轻松似的，过一会说，“我走了，到那边来信！”我望着他走出去。他走了几步，回过头看见我，说，“进去吧，里边没人。”等他的背影混入来来往往的人里，再找不着了，我便进来坐下，我的眼泪又来了。

赛珍珠故居与《大地》

赛珍珠故居位于全国著名高等学府南京大学鼓楼校区，原来的门牌号码是平仓巷3号。这是一幢具有典型西洋风格的小洋楼，赛珍珠前后居住了将近13年，完成了大量以中国农村为题材的作品。这幢小楼由于赛珍珠的活动而充满了传奇色彩。

《大地》英文版书影

赛珍珠（Pearl Sydenstricker Buck，1892—1973），原名珀尔·西登斯特里克·布克，美国著名女作家、诺贝尔文学奖获得者，出生在美国弗吉尼亚州。父亲为在华长老会传教士。她出生刚4个月便被父母带到中国清江浦（今江苏淮安），1894年随父母移居镇江。先后在镇江市私立崇实女子中学（今镇江市第三中学）和上海读书。她在中国长大，深受中国传统文化熏陶。她因崇拜中国清末名妓赛金花而取名赛珍珠。17岁时回到美国，进入弗吉尼亚州伦道夫－梅康女子学院学习心理学，毕业后又返回中国。1917年春，她在镇江崇实女子中学教书时，与美国康奈尔大学教授布克（又译作约翰·卜凯）结婚。1921年秋，赛珍珠与丈夫布克来到南京，住进了鼓楼附近平仓巷这座单门独院的小洋楼中。就在布克事业如日中天的时候，赛珍珠还是一个默默无闻的平凡女子。她除了相夫教子外，还在金陵大学外语系授课，同时又在国立东南大学外语系兼课。在南京的这幢小洋楼中，她撰写出了处女作《放逐》（1923年出版）。1928年前后，她为纪念去世的母亲，在南京写就《异邦客》。不久，她又在南京创作出《东风·西风》。此后，她在南京完成了她的成名作——《大地》（*The Good Earth*，1931年出版），这部以20世纪三四十年代中国农村为题材的小说给世界人民尤其是美国人民留下了深刻而又难忘的印象，成为1931年和1932年全美最畅销的书，并被60多个国家翻译出版，是被翻译最多的文学作品之一。许多美国人说：“认识和了解中国，是从读《大地》开始的。”此后，她在南京又创作出《儿子们》（*Sons*，1932年出版）等多部重要作品，从而奠定了她在世界文学史上的不朽地位。1932 年，她获得美国普利策文学奖。在南京，她还将中国四大古典名著之一的《水浒传》翻译成英文，1933 年出版，这是《水浒传》的第一个英文全译本。

1934 年赛珍珠与布克离婚，回到美国定居。1935 年与约翰·戴公司总经理、《亚细亚》杂志主编理查·沃尔什结婚。她回忆在南京生活的片段时写道："我住在南京的一所旧砖瓦房里，房子四周是一座我喜欢的大花园。在那里，我种树栽花，我丈夫培植蔬菜。我们在花园里工作，夏天在这里进餐，朋友们带着孩子同我们一起在这里游憩。"她认为，南京让她获得了诺贝尔奖，也让她失去了爱情。但她并不后悔，因为这就是生活。

1938 年，赛珍珠荣获诺贝尔文学奖，成为美国历史上第一个获得诺贝尔文学奖的女性，也是第一个以反映中国社会状况为创作题材的诺贝尔奖文学奖获得者。瑞典文学院在颁奖词中给予她的评语是这样的："因其对中国农民生活的丰富而真实的史诗般的描写"，"为西方世界打开一条路，使西方人用更深的人性和洞察力，去了解一个陌生而遥远的世界"。她的作品被誉为"传记文学的杰作"。

2000 年 5 月 31 日，南京大学为了纪念赛珍珠校友为中西文化交流所作出的杰出贡献，举行了隆重的"赛珍珠故居纪念牌"揭牌仪式。今天的南京赛珍珠故居已建成赛珍珠纪念馆，馆内全面展陈赛珍珠的生平和作品，是中外人士了解、瞻仰、缅怀赛珍珠的重要场所。

拉贝故居与《拉贝日记》

拉贝故居位于广州路小粉桥 1 号（原为小桃园 10 号），原是金陵大学（今南京大学）农学院院长、中国农业实验所所长谢家声的房产。1934 年，谢家声以其妻子谢汤氏之名，申请土地兴建而成。计有西式砖瓦结构的两层楼建筑一栋 13 间，西式平房一进 6 间，汽车库 2 间，共计 21 间。房屋建成后，谢家声因另外还有一处房产，就将这处房产租给了拉贝。拉贝于 1931 年 11 月 2 日来到南京，当时租住在下关一个简陋的房子里。后来迁到这里，一直居住到 1938 年 2 月回国。其间，他的夫人、女儿和孙女曾经多次来南京与他团聚。

约翰·拉贝（John H. D. Rabe，1982—1950）出生于德国汉堡。初中毕业就离开学校，在一家出口商行当学徒。不久前往非洲，在一家英国公司工作，学了一口流利的英语。1906 年因染疟疾回国。1908 年到中国，次年在北京与青年时的女友结婚。他作为德国西门子公司的雇员，先后在北京、天津、南京等地经商。拉贝和他的家人在中国生活了整整30年，他的子女和外孙女均出生在中国，与中国人民结下了深厚的友谊。他是一个虔诚的基督教徒，对20世纪二三十年代处在内忧外患中的中国人民抱有深切的同情。1931年，拉贝担任西门子公司驻南京办事处经理。1934年，他在南京建立了一所德国学校，任该校理事会理事长。1937年日军进攻南京前夕，他和十几位外国传教士、教授、医生、商人等共同发起建立南京安全区，并担任南京安全区国际委员会主席。他和一些国际友人在当时极其危险艰难的战争环境中，四处奔走呼号，奋不顾身地抗议和尽其所能地阻止侵华日军对中国人民疯狂施暴，被南京人视为“活菩萨”。他们设立的南京安全区为大约25万中国平民提供了暂时栖身避难的场所。在他自己的住宅和小花园里，也挤进了300多名中国难民寻求保护。他还在他的日记和其他文字中记述了侵华日军在南京犯下的一桩桩令人发指的暴行。1938年2月，西门子洋行将拉贝召回国，把他调到西门子公司在柏林厂家的管理部门工作。拉贝回到德国以后，连续举行了数次报告会，揭露日军在南京的罪恶行径，因而被盖世太保逮捕，并禁止他再作类似的演讲。拉贝于1948年65岁时退休，1950年1月5日去世。

《拉贝日记》书影

拉贝在南京目击南京大屠杀所写的真实记录——《拉贝日记》（又名《敌机飞临南京》），就是在这座建筑物中完成的。其中所记述的，都是拉贝的亲历亲见亲闻。这些文字对中日交战双方的实际情况和政治是非作了客观公正的记述和评价。拉贝的祖国在第二次世界大战中是日本的盟国，他本人是德国国社党南京小组的负责人，这就使他的记述具有别人难以代替的特殊作用。当然，由于拉贝当时活动的范围主要在南京安全区，只是他个人和他周围人的所见所闻，所以这部日记不可能对日军南京大屠杀的全过程作出完整的、系统的记述和评估。尽管如此，《拉贝日记》仍然具有很高的史料价值，它是对侵华日军制造惨绝人寰的大屠杀的血泪控诉，是对日本军国主义者犯下的滔天罪行的有力证词。

二、交流文化的平台

在南京近代建筑中，首都大戏院、大华大戏院、公余联欢社等，不仅为传统戏剧、话剧作品和演员提供表演的舞台，而且为国内外电影、文化提供交流的平台，推动了文学艺术的繁荣，促进了中外文明的交流互鉴。

首都大戏院

首都大戏院位于南京夫子庙贡院街 84 号，建于 1931 年。首都大戏院是把电影从室外引入室内放映的中国第一批影院之一。它与大华大戏院、世界大戏院（延安剧场，已拆除）、新都大戏院（胜利电影院，已拆除）并称为民国时期首都南京的四大著名影院。

首都大戏院坐北朝南，左右对称。主体建筑是钢筋混凝土结构，水磨石地面。从外观上看高三层，平顶，属于西方现代派建筑。内部分前厅、剧场、表演台三部分。剧场部分设在建筑物的中央，楼上下共设有 1357 个观众席。入口处门厅位置有巨大的钢结构雨篷，延伸到人行道上。雨篷上横书“首都大戏院”五字。

首都大戏院开业之时，曾在当时的《中央日报》上刊登广告，自称“首都最堂皇的剧场，东方最富丽的天国”。民国时期，这里经常放映国产大片和进口的新片，吸引了上至国民政府军政要员，下至平民百姓的社会各阶层人士频频光临。

南京沦陷期间，首都大戏院更名为中华大戏院，放映中外影片。“其中以中华地处适中，营业亦居全城冠，可称电影院之巨擘。”[①]1949 年 4 月南京解放后，首都大戏院更名为解放电影院。2005 年，解放电影院停业。此后一楼成为夫子庙小商品市场，二楼、三楼保留为南京影剧公司老电影拷贝库和内部放映厅。2014 年 8 月作为中国科举博物馆的配套项目，根据修旧如旧的原则，进行了保护性修缮。

大华大戏院

大华大戏院位于中山南路 67 号，紧邻新街口闹市区，它是南京最早建造的戏院之一，也是民国时期南京规模最大、标准最高的一家戏院。新中国成立后至 2013 年，曾经改名为大华电影院。

该建筑始建于 1934 年，1936 年竣工。由美籍华人司徒英铨集资建造，基泰

① 《中报周年纪念特刊·新南京》，1941 年版。

工程司杨廷宝设计，上海建华建筑工程公司承建。

戏院坐东面西，门面迎街，是一座中西合壁式的建筑。外部采用简洁的立体造型。正立面上层为招牌幕墙和横向排列的采光高窗；下层为雨篷和大门，大门分三道通向门厅；大门左右两侧各有一条疏通人流的通道。门厅高两层，由 12 根大红圆柱支撑，这些圆柱的柱顶柱脚都有起突变化，暗示传统的柱头与柱础。门厅内迎面正中设有一个宽大的台阶通向二楼休息平台，左右各有一个门道通向观众厅。门厅左右两侧分别是小卖部和售票处。门厅内的天花、墙壁、梁枋彩绘以及栏杆扶手雕饰等，具有丰富的层次变化和浓郁的中国传统特色。大戏院分为上下两层，完全按照现代剧场的视线、声学要求布置舞台、天花、墙壁和楼座，可同时容纳观众 1000 余人。整个戏院为钢筋混凝土结构。观众厅上部为钢屋架，戏院内还装有冷暖供应设备。

大华大戏院是民国时期中上流社会的重要娱乐场所之一。1936 年 5 月 28 日开业当晚，放映了美国米高梅公司 1936 年的歌舞滑稽影片——《百鸟朝凤》。开业不久，梅兰芳就在此演出京剧。

1937 年 7 月卢沟桥事变发生后，著名剧作家田汉在寄居的丹凤街 10 号创作出话剧《卢沟桥》，经过紧张的排练后，于 8 月 9 日在大华大戏院首映。演

大华大戏院

员除了从上海请来的明星胡萍、王莹之外，都由南京的新闻记者担任。刚刚于 7 月 31 日出狱的沈钧儒、史良等救国会“七君子”也来观看演出。此后，该话剧在南京著名的四大剧场——大华大戏院、世界大戏院、首都大戏院和新都大戏院轮流上演，每日两场，连续演出四天。该戏与 8 月 7 日在上海首次上演的由左翼作家集体创作的《保卫卢沟桥》，共同成为“抗战戏剧”的开山之作。① 在这里上演的一幕幕电影、戏剧，给观众留下了终生难忘的回忆。1992 年，该建筑被列为南京市文物保护单位。

公余联欢社

公余联欢社，又称文化会堂，坐落在香铺营29号、31号（今洪武北路129号）。

公余联欢社的主楼为典型的西洋风格建筑，高两层，黄色拉毛墙面，红色屋顶，门头花纹和动物雕刻精美。该建筑竣工于 1934 年之前，内有小剧场一座。全面抗战爆发之前，它是公余联欢社的社址，国民党中央宣传部部长张道藩经常召集一批人在小剧场中排练和演出一些话剧，其中就有他本人撰写的剧本《自娱》和《自救》。

1936 年，金陵大学中文系教授、著名戏剧家陈中凡先生应邀至公余联欢社，登台演出昆剧《贵妃醉酒》，成为学林美谈。据缪含介绍：“1936 年暑期，陈老应公余联欢社邀请演出昆剧《贵妃醉酒》，先严欣然携我偕往香铺营文化会堂观赏，演出颇为精彩。作为蜚声国内外的著名学者，平素庄严儒雅，竟然粉墨登场，在红氍毹上扮演风流皇帝，演技娴熟。若非先严从旁揭示，无从分辨庐山面目。演出后，一时士林传为佳话。”②

南京沦陷期间，公余联欢社被傀儡团体“中日文化协会”占用。1945 年抗战胜利后，时任国民党中央文化运动委员会主任委员张道藩接收该建筑物，仍拨给公余联欢社使用。同时，又是中央文化运动委员会的办公场所。

据缪印堂先生回忆，抗战胜利后，这里放映的电影很有特色，几乎都是英、美等国拍摄的黑白文艺片，如《哈姆雷特》《孤星血泪》《翠堤春晓》等，常常是场场爆满，观众大多数是文化界人士和大、中学校的学生。2020 年 6 月，93 岁高龄的蒋赞初先生告诉笔者，他曾经在文化会堂看过 20 多场电影，因为这里的票价十分便宜。

① 经盛鸿：《七七事变后的南京》，《南京史志》2017 年第 1 期。
② 吴新雷编：《学林清晖——文学史家陈中凡》，南京大学出版社 2003 年 1 月版。

1947年10月10日，为了庆祝“国庆”36周年，相关部门曾经在这里举办过综合性的“国庆美展”，包括邮票展览，这是南京历史上的第一次公共邮展。

1949年4月南京解放后，公余联欢社由南京市军管会文艺处接收，后来成为江苏省歌舞剧院所在地，现为南京艺术学院尚美学院。

三、引领风尚的窗口

1934—1949年，国民党在全国推行新生活运动，提倡纪律、品德、秩序、整洁等，“礼义廉耻”（四维）是其中心思想，“生活艺术化、生活生产化、生活军事化”（三化）是其行动指南。蒋介石希望从人民的基本生活开始，革除陈规陋习，提升公民素质，以达到所谓“救国”和“复兴民族”的目标。励志社成为开展新生活运动的窗口。

励志社位于中山东路307号，由三幢清代宫殿式建筑构成，现为钟山宾馆。

民国时期，励志社的主要任务一方面是充当蒋介石的内廷供奉机构，另一方面是接待外国来华军政人员。励志社的三幢宫殿式建筑，建于1929年至1931年，由当时从美国宾夕法尼亚大学建筑系学成回国的范文照、赵深设计，陆根记营造厂承建。励志社三幢建筑物的内部设施齐全，有多功能大礼堂、剧院、办公室、餐厅、浴室、宾馆式客房和理发室等，还有网球场、手球场、排球场、田径运动场、跑马场等。

励志社三座大屋顶宫殿式建筑呈“品”字形分布，由西向东分别是大礼堂、1号楼、3号楼，均坐北朝南。

励志社建成后，成为蒋介石、宋美龄夫妇以及国民政府要员的休闲、娱乐场所。蒋、宋夫妇经常到励志社总社观看梅兰芳、厉慧良等京剧表演艺术家演出的京剧。梅兰芳的压轴戏有《生死恨》《霸王别姬》等，厉慧良演出的戏有《岳母刺字》。而蒋、宋夫妇在励志社举行宴会时，由马思聪、戴粹伦、黎国荃、王人艺、陈健等著名小提琴手加盟的励志社管弦乐队，曾在宴会上伴奏助兴。①

1935年10月10日，在励志社举行了南京历史上第一次集团结婚（即集体婚礼），这是继同年4月3日上海举行中国首次集团结婚之后的一次重大婚礼活动，地点就选在励志社。当时，新娘化妆室设在西餐部，证婚人是南京市市

① 侯鸣皋著：《励志社内幕》，南京出版社1989年6月版。

南京历史上的第一次集体婚礼（1935 年 10 月 10 日）

长马超俊。为了保证婚礼的顺利进行，事前全体新人进行了一次预演，总导演是黄仁霖。这次婚礼简单而又隆重。先由市政府乐队奏乐，证婚人、主婚人、介绍人相继就座；接着由手提宫灯花篮的 8 个小天使作为前导，一对对新人随之鱼贯而入，新郎身穿蓝袍黑马褂，新娘身着软缎旗袍，头披白色婚纱，手捧鲜花。按照排列顺序，一对对新人轮流登台。在大礼堂先是向孙中山像三鞠躬，然后新郎新娘相互两鞠躬，再向证婚人一鞠躬。证婚人致辞，颁发结婚证书。最后新人步出大礼堂，到室外摄影留念。参加这次集体婚礼的每对新人平均花费不超过 60 元，公家花费约为 1000 元。此后，集体婚礼在全国进一步推广开来。

四、传承文化的殿堂

南京近代建筑中的图书馆、编译馆和书店，起到了贮存文化、传承文化的作用。如国立东南大学孟芳图书馆、国立中央图书馆、国立编译馆等。

国立中央图书馆

国立中央图书馆在南京市玄武区成贤街 66 号（原为成贤街 48 号）原南京图书馆大院内，有南北呼应的两幢大楼，北楼为 1982 年 10 月建成的新阅览大楼，南为原国立中央图书馆大楼，建于 1947—1948 年间，由刘敦桢设计。

国立中央图书馆筹建于1933年4月21日，隶属于国民政府教育部。当时在南京四牌楼沙塘园建立筹备处，蒋复璁为筹备处主任。后来购买了国立中央研究院成贤街的房屋，筹备处便搬入成贤街办公。首批入藏的是教育部北平办事处图书，共计4.6万册。1936年9月1日开放阅览。1937年全面抗战爆发前，有藏书40万册。全面抗战期间迁往重庆，1940年8月中央图书馆在重庆正式开馆，蒋复璁任馆长。1946年5月迁回南京，接收汉奸陈群“泽存书库”中藏书约40万册，另接收南京、上海日伪其他图书馆的藏书约60万册，随即开放成贤街阅览室。1948年12月至1949年1月，国民政府教育部下令中央图书馆利用兵舰，将馆藏的善本古籍12.13万余册、金石拓片0.56万余片、书画11箱等珍贵资料运往台湾。1950年2月27日，国立中央图书馆正式更名为国立南京图书馆，以贺昌群为馆长。不久，又更名为南京图书馆，直属江苏省文化局（厅）。

国立编译馆

国立编译馆位于南京市玄武区天山路39号（原127号），现存有大门、办公大楼，均为西式建筑。建于20世纪30年代中期。

1930年11月国民党召开三届四中全会时，朱家骅、陈立夫等人提议设立编译处，总管编译一事。1931年5月，国民会议代表彭大铨、刘宗向等提议从速设立国立编译馆，编译中小学教科书及学术专著。1932年4月，教育部部长朱家骅奉国民政府令裁撤教育部编审处，设立国立编译馆。5月，国民政府行政院拨款5000元作为开办费，并按月拨助5000元作为经常费，由辛树帜（1894—1977）担任馆长，教育部原编审处人员拨归该馆，又先后聘请专任编审员及编审员30余人，办公地点设在教育部编审处原址。1932年6月14日，国立编译馆成立。1933年4月，立法院修正通过该馆组织规程，正式定名为国立编译馆，隶属于教育部。

国立编译馆成立之初，设有编审、总务两处。1933年11月，将编审处改为自然、人文二组，总务处改为总务组。1942年，又增设教科用书组、社会组及教育组，同时设有大学用书编辑委员会、翻译委员会，形成六组二会的组织格局。1946年8月国立编译馆迁回南京后，组织形式又有变化，计设有自然组、人文组、总务组、大学用书编辑委员会、中小学用书编辑委员会、社会教育用书编辑委员会、出版委员会、图书资料委员会、设计考核委员会及会计室、人事室、图书室、资料室。1949年迁往台湾。

国立编译馆以“发展文化，促进学术暨审查中等以下学校用书”为宗旨，是民国时期存在时间最长的编审教科书的学术机构。在大陆的17年间，国立编译馆延聘人才，负责编辑审定大、中、小学教材，统一整理科学名词，使许多从外国音译过来的同物异名科学名词，有了中国统一的名称，极大地方便了教学、科研和中外交流，使抗战时期的中小学教育薪火相传、弦诵不辍。国立编译馆编审的教科书，在近现代中国教科书发展史上具有承前启后的地位和作用。

当年的国立编译馆内人才济济。梁实秋、方令孺、台静农、陈瘦竹、高觉敷、陈传璋、周立三等，以及著名翻译家杨宪益、戴乃迭夫妇，都曾经在国立编译馆工作过。

五、培养人才的摇篮

在南京近代建筑中，学校是培养各类人才的摇篮。如汇文书院、江南水师学堂、三江师范学堂、金陵大学、金陵女子大学等，名师荟萃，才子云集，从这些高等学府中涌现出了一大批杰出的政治家、科学家、教育家和文学家等。

汇文书院

汇文书院位于南京市鼓楼区中山路169号（原干河沿1号），现名金陵中学，是江苏省重点中学。

该校建于光绪十四年（1888），原是美国基督教美以美会传教士博罗创办的教会学校，首任院长是美国人福开森，后由美国人师图尔、包文继任。宣统二年（1910），汇文书院与宏育书院合并为金陵大学堂，原汇文书院的中学堂遂改称为金陵大学附属中学，简称金大附中、金陵中学。分为初中、高中两部，高中仅设有普通科。1937年全面抗战爆发后，金陵中学师生大都西迁四川，办起万县金陵中学和驻蓉分班；留在南京的一小部分师生，在金陵大学留京护校委员会的支持下，先后办起了金陵补习学校、鼓楼中学、同伦中学和金陵中学。1946年，万县金陵中学和驻蓉分班迁回南京，与南京金陵中学合并，仍名为金陵大学附属中学。1951年，金大附中与金陵女子文理学院附中合并，改名为南京市第十中学。1988年4月，更名为金陵中学。

一百多年来，从金陵大学附属中学里走出了5万多名毕业生，其中有教育家陶行知、美学家宗白华、经济学家吴敬琏等。

汇文书院

江南水师学堂

江南水师学堂位于南京市鼓楼区中山北路346号。光绪十一年（1885），海军衙门成立，以订购舰艇、培养海军专门人才为要务。两江总督兼南洋大臣曾国荃经海军衙门批准，于光绪十六年（1890）在南京创立江南水师学堂，设有驾驶、管轮（又叫轮机）两班和鱼雷班。1890—1911年的前后22年间，先后毕业的驾驶科学生有107人，管轮科学生有91人，附设的鱼雷班学生13人。教员大多是英国人。课程设机械、天文、航海等。

鲁迅先生曾于光绪二十四年（1898）考入轮机班就读。1926年，他在《琐记》一文中回忆了在水师学堂的这段经历。文中特别提到了"可爱的是桅杆……人如果爬到顶，便可以近看狮子山，远眺莫愁湖，——但究竟是否真可以眺那么远，我现在可委实有点记不清楚了。而且不危险，下面张着网，即使跌下来，也不过如一条小鱼落在网子里；况且自从张网以后，听说还没有人曾经跌下来。"①

江南水师学堂训练用桅杆

1912年，中华民国临时政府海军部成立，黄钟瑛被任命为海军总长，江南水师学堂被改为海军军官学校。1915年，改为雷电学校。1917年，又改为海军鱼雷枪炮学校。1928年12月1日，国民政府在行

① 《鲁迅全集》第二卷。

政院军政部之下设立海军署，任命陈绍宽为署长。此后又成为国民政府海军总司令部所在地。

三江师范学堂

三江师范学堂位于南京玄武区四牌楼2号（原为四牌楼1号），1902年由署理两江总督张之洞创立，首任监督徐乃昌。1906年，三江师范学堂改名为两江优级师范学堂，李瑞清担任监督，1911年武昌起义后因战事停办。1914年，在两江优级师范学堂旧址上筹建南京高等师范学校（简称南高师），江谦任校长，1915年正式成立。1921年，在南京高等师范学校基础上建立起东南大学，它是南京最早的国立综合性大学。1927年6月，改名为国立第四中山大学。1928年2月，更名为江苏大学；同年5月23日，又改名为国立中央大学。四牌楼本部设有文学院、理学院、法学院、工学院和教育学院，丁家桥分部设有医学院和农学院。

在从三江师范学堂到国立中央大学的发展过程中，学校汇聚了一大批全国一流的专家和学者。中国文学方面有黄侃、王伯沆、胡小石、吴梅、汪东、陈中凡，

南京高等师范学校行政办公楼

西洋文学方面有梅光迪、吴宓，数学方面有熊庆来、何鲁，化学方面有张子高、孙洪芬，生物方面有秉志、胡先骕、钱崇澎，物理方面有胡刚复，历史方面有柳诒徵，哲学方面有汤用彤；教育心理学方面有陈鹤琴，艺术方面有徐悲鸿、陈之佛，地理地质方面有竺可桢，等等……另外还有陶行知、杨杏佛等著名人物。国内外著名学者康有为、梁启超、泰戈尔、杜威、罗素等人都曾应邀到校讲学。该校在近百年的发展史上，培养了一批像唐圭璋、吴健雄这样的人才。

1949 年 4 月南京解放后，国立中央大学改名为国立南京大学。1952 年更名为南京工学院。1988 年，恢复东南大学旧名。

第四节 社会价值

“透过现代人眼中所见的表象，依然能感受到隐匿于风景里的历史传统和情感。这类表象堪称一个民族不断增生的年鉴，负载许多世纪以来人类持续在场的种种印记。”[①] 建筑是凝固的历史，是时代的缩影。南京城内外林林总总的近代建筑，就像一部部无言的书、有形的画、凝固的音乐、哲理的诗，无时无刻不在向人们诉说流逝的岁月。

一、增强民族凝聚力的一座“心桥”

南京近代史上的风云人物相继作古，但他们的后代或居住在大陆，或寄居台湾，或侨居欧美，都有强烈的怀旧情结，都有叶落归根的愿望。而南京作为昔日民国的首都，对海内外华人具有非同寻常的吸引力和感召力。梁思成先生曾经就北京城的保护指出：“（北京）对于人民有一种特殊的精神影响，最能触发人们对民族对人类的自信心。”南京又何尝不具备这种“精神影响”呢！同济大学建筑规划学院教授阮仪三先生指出：“人是一种有环境需求的动物。它需要环境里有自己的历史，有记忆，有过去的痕迹。”

南京的近代建筑是有形的物质载体，也是启发民族意识、唤醒民族精神的一面旗帜，对于台湾同胞和海外侨胞来说，一座座近代建筑不仅能够勾起他们对往事的回忆，而且能够加强他们回归祖国的信念，激发他们热爱祖国、建设祖国的热情。以一首《乡愁》名闻海峡两岸的台湾诗人余光中先生，1949 年前曾经在南京学习、生活了将近 10 年，并曾就读于金陵大学（今南京大学）。20 世纪 90 年代，他在阔别大陆 40 多年后重返故土，感慨良多：“玄武湖、紫金山都变了，但（金陵）大学原来的校舍我还能认得出来。”台湾作家白先勇先

① 温迪·J. 达比《风景与认同》引用“特林佩纳”语，转引自丁帆《南京风景（六）》，《雨花》2022 年第 12 期。

金陵大学北大楼

生（白崇禧之子）自 20 世纪 90 年代以来先后多次到南京，曾经到他的故居大悲巷雍园 1 号追寻童年的记忆；当他来到小红山主席官邸（美龄宫），回想起半个世纪前随母亲参加宋美龄的礼拜会时，对照眼前的物是人非，不禁发出了“寂寞宫花落”的感叹。有人问白先勇先生最希望定居在哪里，他说：“我想是南京，因为南京的古迹保存得比较好。”

2005 年 4 月 26—27 日，中国台湾国民党主席连战到南京访问，在南京禄口机场发表讲话时说：“对中国国民党来说，南京是一个具有历史联结、感情联结的地方。”他首先参观的地点就是近代建筑的典范之作中山陵，其次便是总统府。他在参观总统府的蒋介石、李宗仁办公室时，曾经称赞道：共产党人有博大的胸怀，将这里保存得这么好。[①] 连战的来访是两岸关系史上的一个破冰之旅。

二、进行爱国主义教育的鲜活教材

南京近代建筑也是进行党史教育、革命传统教育和爱国主义教育的生动课堂。以浦镇机厂、和记洋行、首都电厂为例，这些近代建筑，记录了工程技术人员、产业工人和进步学生从自觉斗争到在中国共产党领导下，有组织地进行不屈不

① 江苏省政协副主席姚晓东先生 2020 年 7 月 10 日上午于总统府行政院二楼会议室回忆。笔者记录。

挠的反帝反封建革命斗争的历史。徜徉在这些近代建筑中，能够激发起人们尤其是年轻一代更加珍惜今天的幸福生活，努力为共产主义事业而奋斗。

浦镇机厂

浦镇机厂坐落在长江北岸的南京市浦口区南门镇龙虎巷 5 号，现为中车南京浦镇车辆有限公司老厂区所在地。浦镇机厂是中国共产党早期建党活动地点之一，共产党人在这里曾经发动过多次工人运动，在南京工运史上留下了光辉的一页。

浦镇机厂于 1908 年建成投产，虽属清政府官营企业，但经营权、管理权却操纵在英国人手里。

王荷波

1916 年，中国工人运动的先驱、南京早期中共组织的负责人王荷波（1882—1927）来到南京浦镇机厂做工，因不满英国资本家的剥削，带领工人罢工并取得斗争胜利。1919 年，北京爆发五四运动，很快席卷全国；6 月 9 日，浦镇机厂机匠王荷波组织全厂工人罢工，并在浦镇大街上游行示威，声援北京爱国学生运动。1921 年 3 月，浦镇机厂工人为反对英国监工的压迫，在王荷波领导下成立了南京市第一个工会组织——浦镇机厂中华工会，王荷波当选为工会会长，并于同年 6 月举行了罢工斗争。1921 年 11 月，中共中央局发出《关于党的组织和宣传工作的通告》，随后浦镇机厂工人在浦镇建立了南京地区第一个中共党小组。1922 年 6 月，王荷波加入中国共产党，成为南京地区第一个共产党员。1923 年 2 月 7 日至 9 日，为声援京汉铁路工人“二七”大罢工，王荷波组织浦口、浦镇铁路工人千余人总罢工，史称两浦铁路工人二七大罢工。南京市浦口区浦镇浴堂街 34 号，即现在的南京工运纪念馆，不仅是南京市第一个工会组织——浦镇机厂中华工会会址，也是 1923 年的两浦铁路大罢工指挥所所在地。1923 年 6 月，在广州召开的中共三大上，王荷波当选为中央执行委员，后增补为中央局委员。当时，中央局由陈独秀、毛泽东、罗章龙、蔡和森、王荷波五人组成。五人之中，王荷波是唯一的工人党员。1927 年，中共五大于武汉召开，在党的历史上第一次选举产生了中央纪律检查机构——中央监察委员会，王荷波当选中央监察委员会主席。1927 年 10 月 18 日，由于叛徒出卖，王荷波在北京被捕；11 月 11 日牺牲于北京。

2012 年 7 月 7 日，纪念中国共产党早期领导人、中国工人运动的杰出先驱、

陈兆春烈士（左三）在浦镇机厂英式厂房前

首任中共中央监察委员会主席王荷波的纪念馆在南京浦口区行知路5号正式开馆，填补了中共中央监察委员会首任领导人“有史无馆”的空白。整个纪念馆总投资350万元，建筑和展陈面积近1000平方米。内容分为“王荷波——首任中共中央监察委员会主席”“中国共产党反腐倡廉建设历程”“浦口廉政文化实践”三部分，共展出200幅照片、20则故事、40件实物展示，许多照片、实物属首次向社会公开。

和记洋行

和记洋行（英文名 International Export Company）位于南京市鼓楼区宝塔桥西街168号，先后为南京肉类联合加工厂、南京天环食品（集团）有限公司总部和生产加工区所在地。如今正在变身为集主题酒店、滨江清吧街、冰雪世界、影剧院、工业科技体验馆、屋顶花园农场、婚恋主题街区、餐饮街于一体的商业街区。

南京和记洋行1913年正式开业，是南京历史上第一家外商投资企业，既是英国资本家利用中国廉价原料和劳动力进行大规模剥削和掠夺的重要场所，同时又是南京人民反帝反封建的前哨阵地。

1925年5月30日，英、日帝国主义国家在上海制造了震惊中外的“五卅”

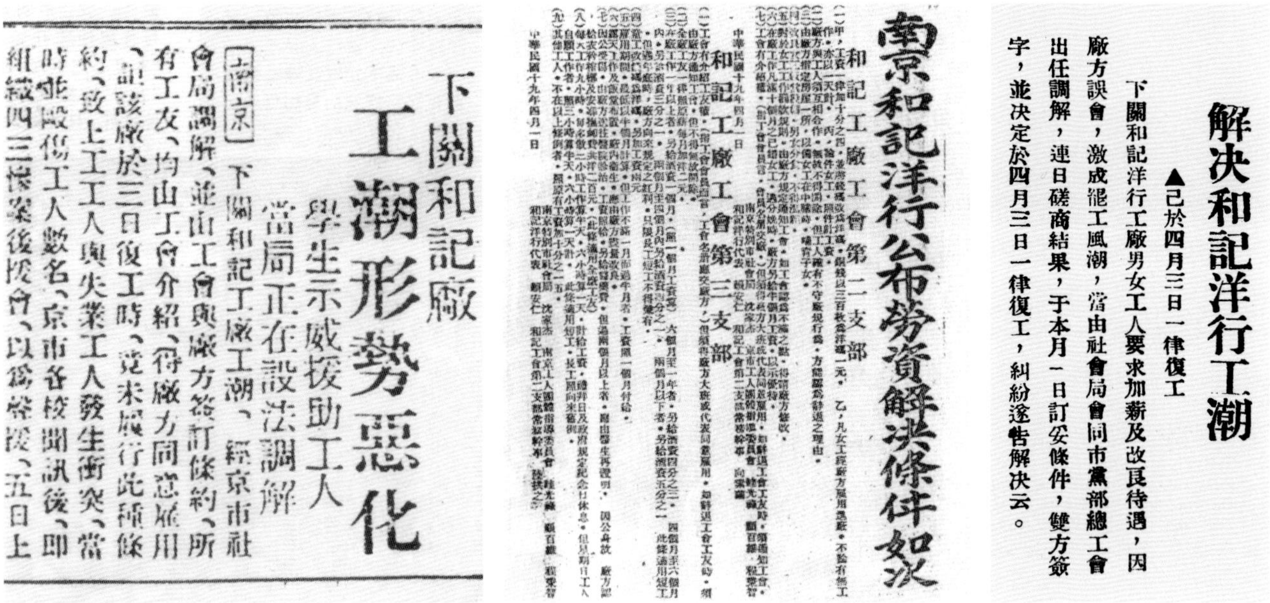

下關和記廠
工潮形勢惡化
學生示威援助工人
當局正在設法調解
【南京】下關和記工廠工潮，經京市社會局調解，並由工會與廠方簽訂條約，所有工友，均由工會介紹，得廠方同意雇用，詎該廠於三日復工時，竟未履行此種條約，致上工工人與失業工人發生衝突，當時雖毆傷工人數名，京市各校聞訊後，即組織四三慘案後援會，以爲聲援，五日上

南京和記洋行公布勞資解決條件如次

和記工廠工會第二支部

和記工廠工會第三支部

解决和記洋行工潮
▲已於四月三日一律復工
下關和記洋行工廠男女工人要求加薪及改良待遇，因廠方誤會，激成罷工風潮，當由社會局會同市黨部總工會出任調解，連日磋商結果，于本月一日訂妥條件，雙方簽字，並決定於四月三日一律復工，糾紛遂告解决云。

关于和记洋行工潮的报道

惨案。消息传到南京，南京人民群情激愤，抵制英国风潮勃发。在中共南京党、团组织的发动下，6月5日，和记洋行工人宣布：“自今日起，全体罢工，为被害同胞后援。”一场声势浩大的罢工斗争就此拉开序幕。与此同时，南京大中学校的学生纷纷举行游行示威，声援和记洋行的工人罢工。

和记洋行工人提出了缩短工作时间、提高工资待遇等13项要求。罢工造成和记洋行100多万大洋的损失，英商被迫同意谈判，答应工人提出的绝大部分条件。7月17日，工人复工。大罢工前后历时42天，终于获得胜利。和记洋行工人的罢工斗争，在南京人民革命史上写下了光辉的一页。中国共产党著名工人运动领袖邓中夏高度赞扬和记洋行工人的斗争是“南京反对帝国主义运动最壮烈的一举，给予各地影响不小”。时任江苏省水陆警备总司令冷遹（1882—1959）称赞和记洋行工人的罢工斗争“亦可说中国劳工史上已辟一新纪元”。当代著名文学家巴金当年在东南大学附属中学读书，也参加了对和记洋行工人的发动和募捐活动。1930年，他以和记洋行工人的罢工斗争为主题，撰写了中篇小说《死去的太阳》一书，再现了那场波澜壮阔的罢工运动。

首都电厂

首都电厂旧址位于南京市鼓楼区中山北路576号，濒临长江，与中山码头相邻。

首都电厂的前身是金陵电灯官厂，建于1909年。至南京解放前，首都电厂是南京唯一一家公用电厂。在近代史上，首都电厂留下了光辉的一页。

1937年12月日军攻占南京前夕，下关发电所工人坚守岗位，为南京城送电。日军攻陷南京后，下关发电所45名工人惨遭日军集体屠杀。1951年10月1日，为纪念死难工人，下关发电厂建成了“死难工人纪念碑”。这是南京第一座纪念侵华日军南京大屠杀遇难同胞纪念碑。

1949年4月南京解放前夕，国民党政府出于军事上的需要，从3月份开始封江，并采取烧、炸、沉等办法对长江下关段两岸的船只进行破坏，有的船只则被赶进内河停靠。4月22日，首都卫戍总司令部下令首都电厂为战时需要，任何情况下均不得中断供电，违者以耽误战机论处。首都电厂以运煤为由，要求保留“京电”号小火轮，否则无法保证战时发电。于是卫戍总司令部和中央宪兵司令部联名在“京电”号轮上贴了一张不得动用运煤船的布告，遂使“京电”轮得以保存下来，该轮现陈列在渡江胜利纪念馆。

4月23日晚9时，首都电厂工人驾驶着“京电”号轮船从浦口码头满载着第一批中国人民解放军（三十五军先遣部队）渡过长江。4月25日，“京电”号又从浦口迎接邓小平、陈毅过江到达中山码头，进入南京。渡江战役中，“京电”号轮船英勇往返，共运送了包括邓小平、陈毅等总前委领导同志在内的数千名解放军指战员，成为名副其实的“渡江第一船”。

南京解放后，首都电厂回到人民怀抱。同年5月，首都电厂更名为下关发电厂，继续发挥着重要作用。8月2日，该电厂全体职工由于反轰炸和护厂斗争成绩显著，受到南京市政府嘉奖，被授予“发扬工人阶级团结友爱，坚决粉碎敌人的破坏”的锦旗。

当代著名作家冯骥才先生曾经说过：“天下任何名城的魅力，首先都来自它独有的建筑美。这些风情独特的建筑，是城市情感与精灵的化身，是一方水土无可

“京电”号小火轮（1949年）

1949 年 9 月，首都电厂庆祝护厂工作胜利完成合影

替代的人文创造，是它独自历史生活的纪念碑。……你从历史角度研究它，就会认识到它的历史价值；你从文化角度观察它，就会发现它的文化价值；你从审美角度端详它，还会找到它独有的审美价值。”[①]南京近代建筑作为中华文化遗产的一个重要组成部分，具有历史、建筑与科技、文化、社会等多方面的价值，值得我们很好地传承、保护和弘扬。正确地认识、合理地保护、适度地开发利用南京近代建筑，对于彰显南京特色文化，提高南京的美誉度，增强南京的城市竞争力和影响力，具有十分重要的历史意义和现实意义。

① 冯骥才：《小洋楼的未来价值》，《建筑与文化》2005年第2期。

第六章——南京近代建筑师

在近代史上，一批从欧美留学归国的建筑师云集当时的民国首都南京，形成了我国第一代职业建筑师群体。他们中的大多数人，既受过欧风美雨的沐浴，又受到中国传统文化的熏陶，他们以现代的科学知识和良好的专业素养成功地将中西文化有机结合在一起，活跃在近代南京的建筑舞台上，设计出一批形式多样、富有震撼力的建筑作品。南京的近代建筑除了少数为外国建筑师设计——如美国帕金斯建筑师事务所（Perkins Fellows & Hamilton Architects）设计的金陵大学校园，美国建筑师亨利·墨菲（Henry Killam Murphy）设计的金陵女子大学和国民革命军阵亡将士公墓，英国公和洋行（Palmer & Turner Architects and Surveyors）设计的国立中央大学大礼堂，缪凯伯工程司（Miao Kay Pah Consulting Co.）设计的交通银行南京分行，俄国建筑师耶郎设计的交通部大楼——之外，大多数由我国建筑师自行独立设计。这与外国建筑师在上海建筑设计界占统治地位的情况形成了鲜明的对比。

在群星璀璨的近代建筑师群体中，就他们贡献给南京的建筑作品而言，代表性人物（按生卒年月排序）有孙支厦、刘福泰、范文照、吕彦直、虞炳烈、刘敦桢、赵深、卢树森、李锦沛、童寯、李宗侃、杨廷宝、奚福泉、卢毓骏，以及美国建筑师德怀特·帕金斯、亨利·墨菲等人，现简介如下。

第一节　中国建筑师

一、孙支厦

孙支厦（1882—1975），名杞，字支夏、支厦，江苏南通人。中国近代最早的建筑师之一，是实现中国传统建筑工匠向现代建筑师过渡的代表性人物。1905 年（清光绪三十一年十一月），进入张謇创办的通州师范学校求学，先在

通州師範學校測繪專修科畢業證書

本校特設測繪科分速成科本科二班授業學期
速成科一年半本科二年茲屆速成科畢業之期
除分別考驗等差揭示本校並冊呈州詳報外特
給證書以資憑信
測繪科生孫杞 江蘇省 通州 縣籍
年二十二歲
平時學期試平均計[illegible]分
臨時畢業試平均計[illegible]分
統合平均計[illegible]分
校長 張謇
教員 宮本幾次
光緒三十三年十二月初十日
給測繪科生孫杞收執

1907 年，孙支厦在通州师范学校测绘专修科的毕业证书（摄于南通博物苑）

孙支厦

本科丁班，后转入特设的测绘专修科，学时一年半，向日籍教师宫本系统学习新的建筑理论和设计。光绪三十三年十二月初十日（1908年1月）毕业。经张謇向两江总督端方推荐，毕业后到江宁劝业道工作，负责临时政府参议院的设计和施工。他受端方委派去日本考察议会建筑[①]。回国后，吸取西方议会建筑特色，大胆摸索和创新，设计出具有法国宫殿式建筑风格的谘议局大楼。江苏谘议局大楼于1909年开工建设，1910年落成。这是中国近代建筑史上最早由中国建筑师设计建造的西式建筑之一。孙支厦的建筑作品主要在南通，有南通博物苑、南通图书馆、钟楼、军山气象台、濠南别业、更俗剧场、通崇海泰总商会大楼、张謇墓园、新新大戏院等，因而被誉为“中国近代第一城”南通的总建筑师。

江苏谘议局大楼

① 孙模《建筑师孙支厦年表》：“宣统元年乙酉，27岁，年初，由端方委派，以大清国专员身份去日本考察帝国议院等建筑，实测制图。”见《南通工学院学报（社会科学版）》2003年第1期。

二、刘福泰

刘福泰（1893—1952），广东宝安人。1913 年赴美留学，1925 年获得俄勒冈州立大学建筑学硕士学位。回国后曾在天津万国工程公司、上海彦记建筑事务所工作。1928 年，他应聘担任刚刚创立的国立中央大学建筑工程科主任和副教授，1930 年晋升为教授。1933 年，他与谭垣共同创办刘福泰谭垣建筑师都市计划事务所。此后曾任贵州大学土木系教授兼主任、复旦大学教授等职。抗战胜利后，担任北洋大学（今天津大学）建筑系主任等。在南京设计的主要作品有廖仲恺墓、板桥新村、倪尚达故居等。

廖仲恺墓

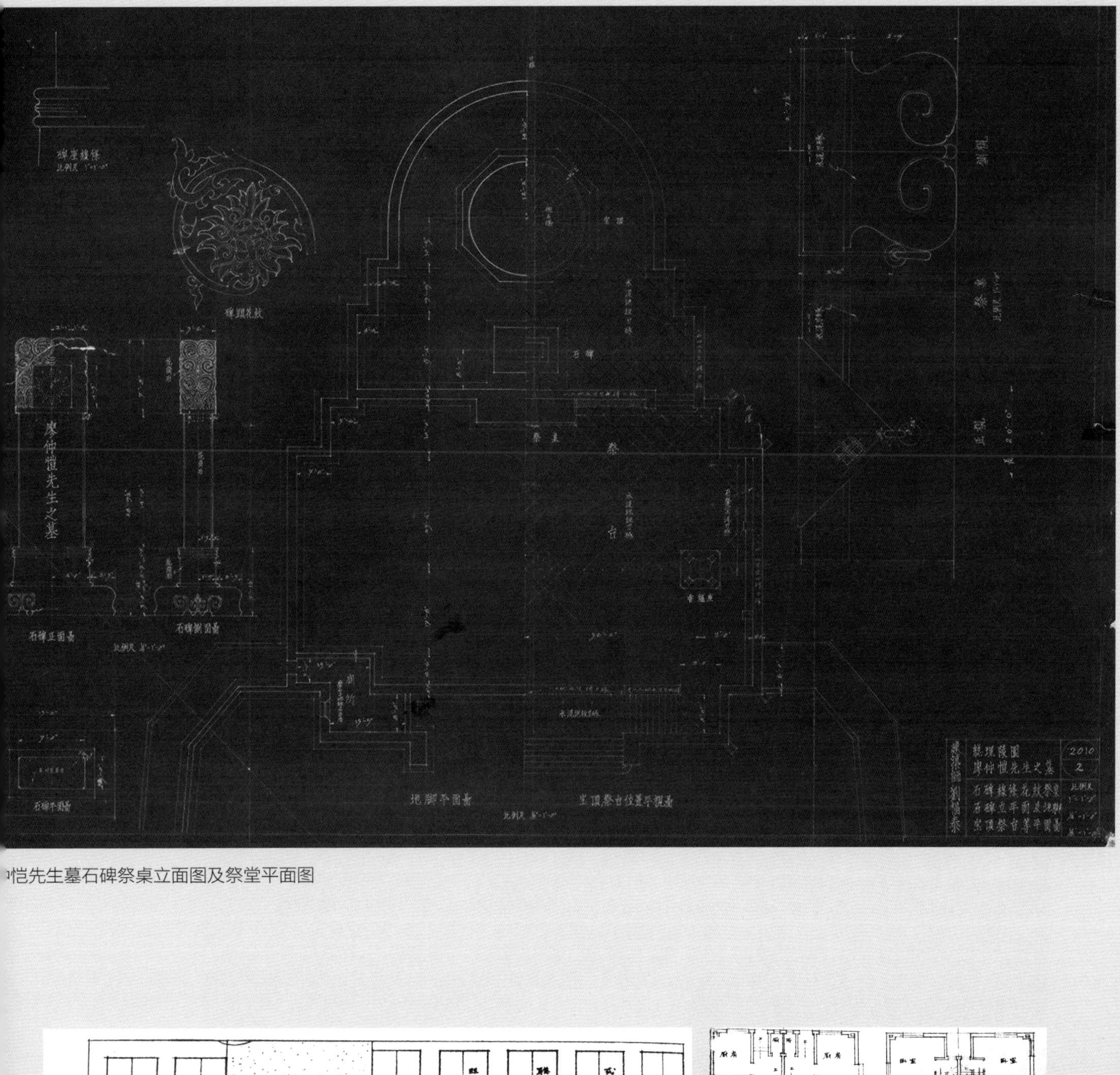

恺先生墓石碑祭桌立面图及祭堂平面图

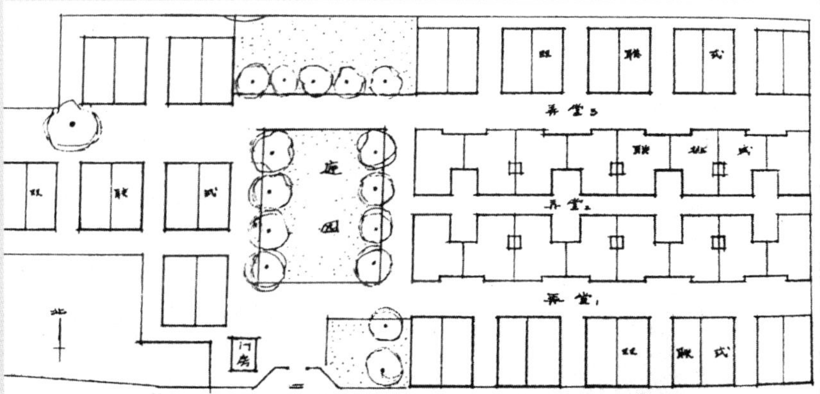

板桥新村总平面图

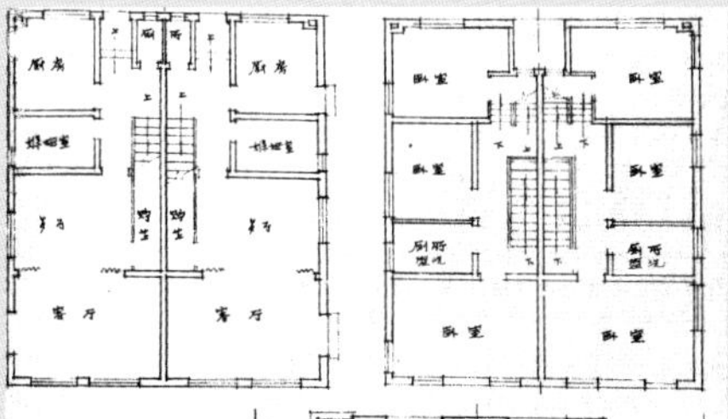

板桥新村住宅平面图

三、范文照

范文照（1893—1979），广东顺德人，出生于上海。1917年毕业于上海圣约翰大学，获土木工程系学士学位。1919年，入美国宾夕法尼亚大学建筑系，1921年获建筑学士学位。范文照接受了学院派教育的培养，系统学习了西方古典建筑设计方法。1921年回国后，在上海允元公司建筑部担任工程师。1925年起，他先后参与南京中山陵和广州中山纪念堂的设计竞赛，开始探索中国传统建筑形式，以“中华古典”大屋顶风格，分别获得第二奖和第三奖。1927年，开设范文照建筑师事务所。1928—1930年，曾聘请赵深为其建筑师事务所的建筑师。1949年，范文照赴香港定居。

他在南京设计的建筑有铁道部（与赵深合作）、励志社（与赵深合作）、华侨招待所、国民政府卫生设施试验处新屋（卫生署）等。

华侨招待所

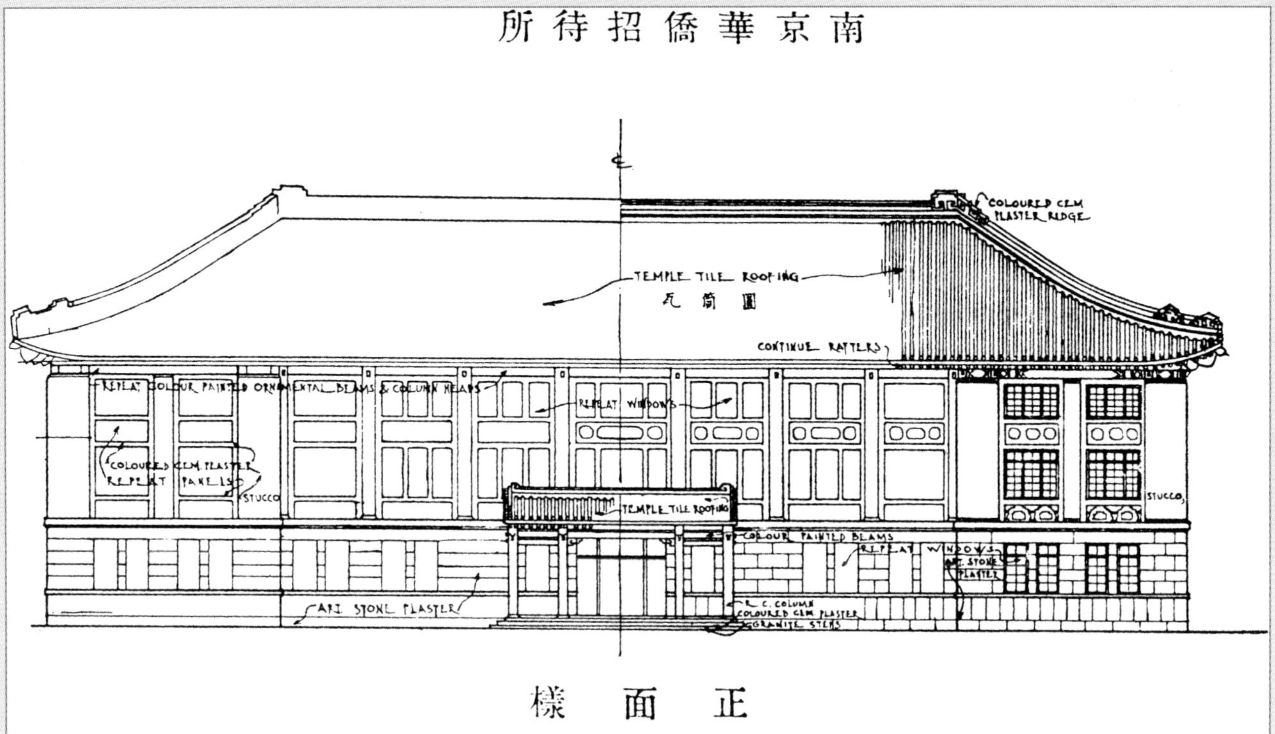

华侨招待所正面图、侧面图（《建筑月刊》1933 年第 1 卷第 5 期）

四、吕彦直

吕彦直

吕彦直（1894—1929），中国近代建筑师的杰出代表。字仲直，安徽滁县人，生于天津。父亲吕增祥（？—1901）是李鸿章幕僚，曾出任天津、南宫、临城、献县等县知县。父亲去世后，1902年，吕彦直的二姐夫严璩（严复长子）赴法国巴黎就任清朝驻法国使馆参赞，吕彦直和二姐随同前往，侨居法国巴黎数年。1905年返国。1911年，入清华学堂读书。1914年，赴美国康奈尔大学，先学电学，旋即改学建筑学，1918年毕业，在美国纽约墨菲开设的墨菲 & 丹纳事务所担任绘图员。1921年回国后，在上海墨菲开设的建筑事务所又工作了一年，其设计的中西合璧建筑风格深受墨菲的影响。曾参与墨菲主持的燕京大学（今北京大学）和金陵女子大学（今南京师范大学随园校区）校舍的设计，并参与墨菲主持的《首都计划》的制订。1922年，入黄锡麟、过养默在上海创办的东南建筑公司，设计上海银行公会大楼。1924年，与黄檀甫合办真裕公司。1925年9月，独立创办上海彦记建筑师事务所。①

1925年3月12日，孙中山先生逝世。孙中山先生去世前，曾遗言葬在南京钟山。国民党当年在全球海选，征集设计图案。32岁的吕彦直在中山陵图案征集中，以他设计的“警钟形”图案在40余位中外建筑师的设计方案中脱颖而出，获得首奖。1926年，又在广州中山纪念堂和中山纪念碑设计竞赛中获第一名。他以设计并主持建造南京中山陵奠定了他在中国建筑史上的地位。中山陵始建于1926年，至1929年春祭堂、墓室建成，到1931年全部陵墓工程竣工。1929年3月18日，吕彦直因积劳成疾，不幸在上海病逝，年仅36岁。未能赶上6月1日举行的孙中山先生奉安大典。吕彦直在建筑设计中，既继承传统，又有所创新和突破，因此取得了令人瞩目的成就。

① 达志翔：《吕彦直生平、作品及其建筑思想研究》，南京大学2014年博士学位论文。

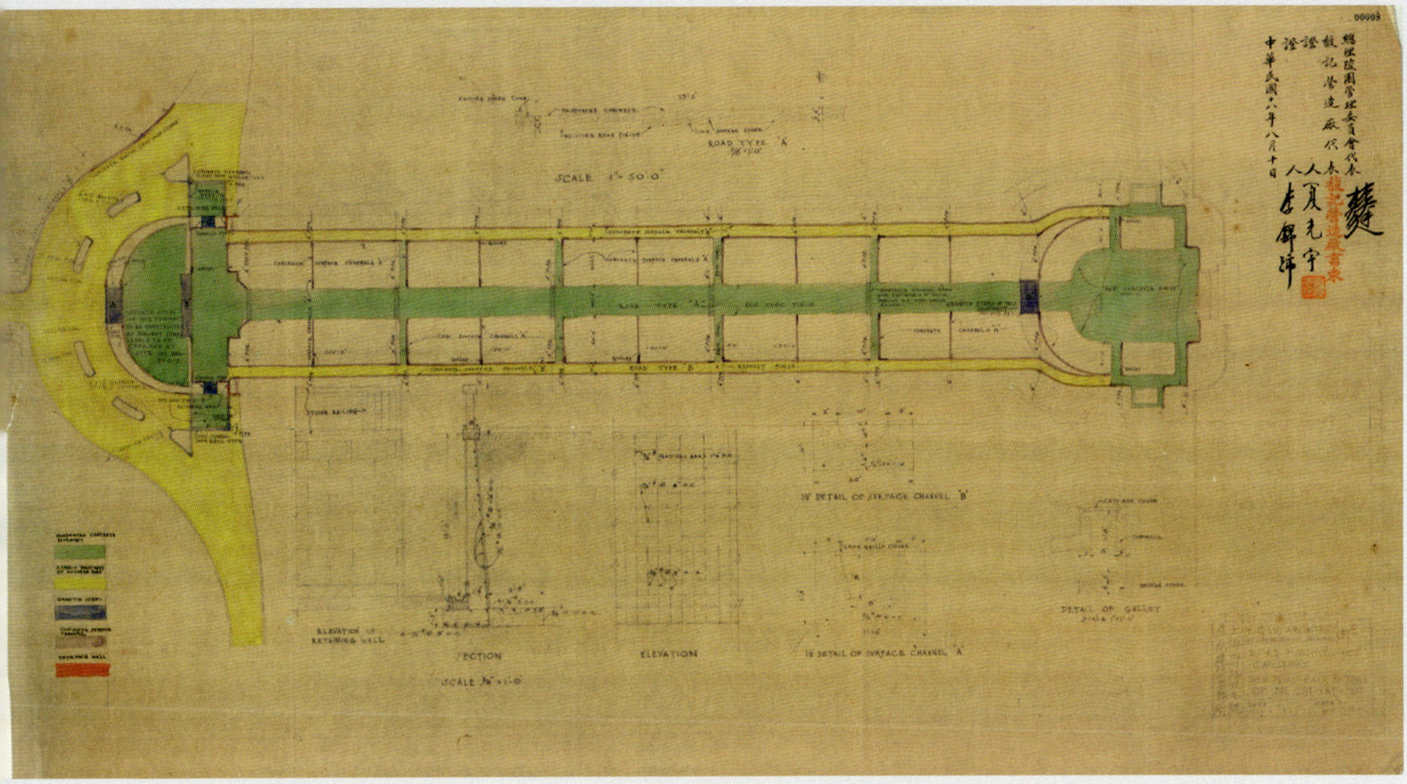

门前甬道签字图（《中山陵档案》）

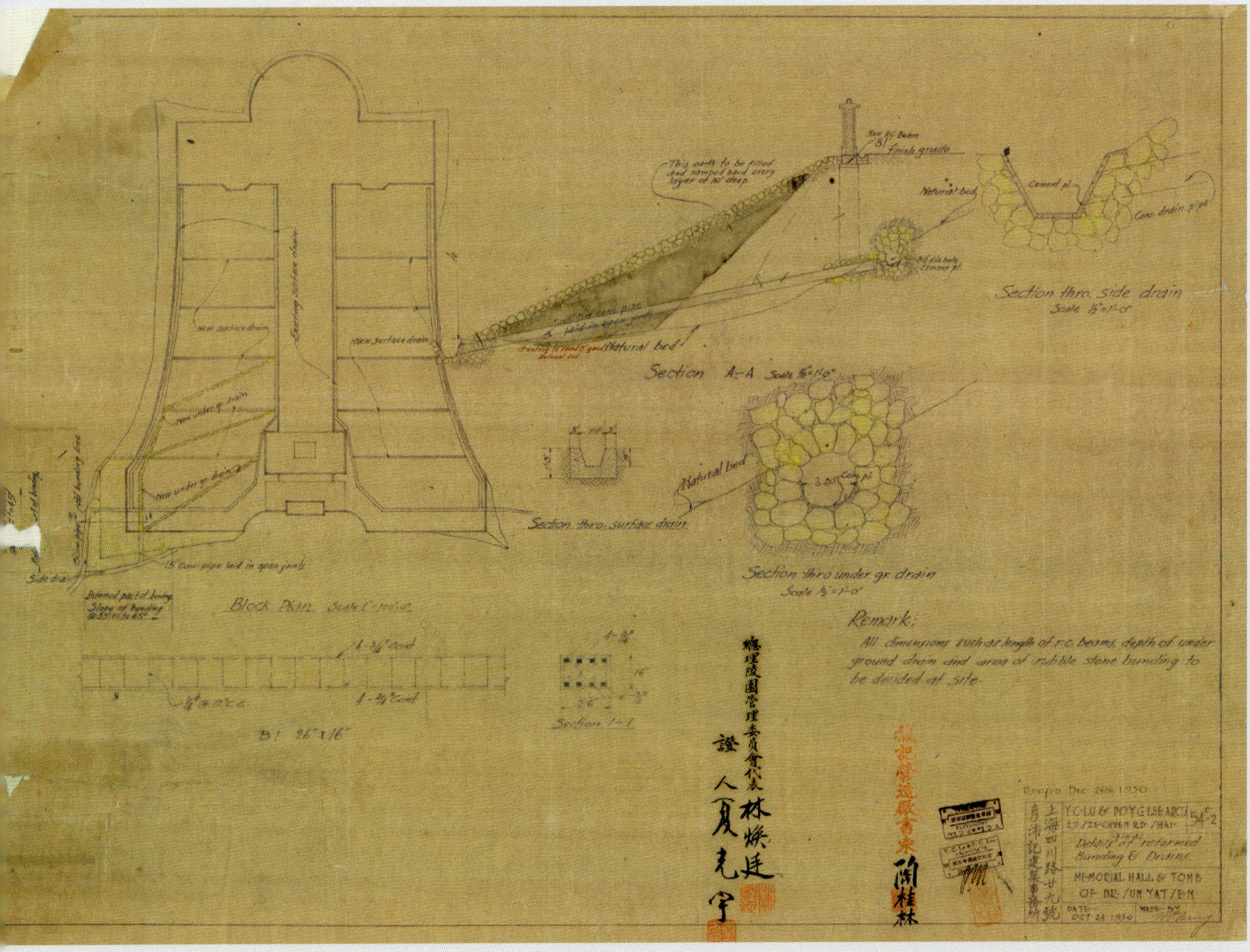

门前通道排水沟签字图（《中山陵档案》）

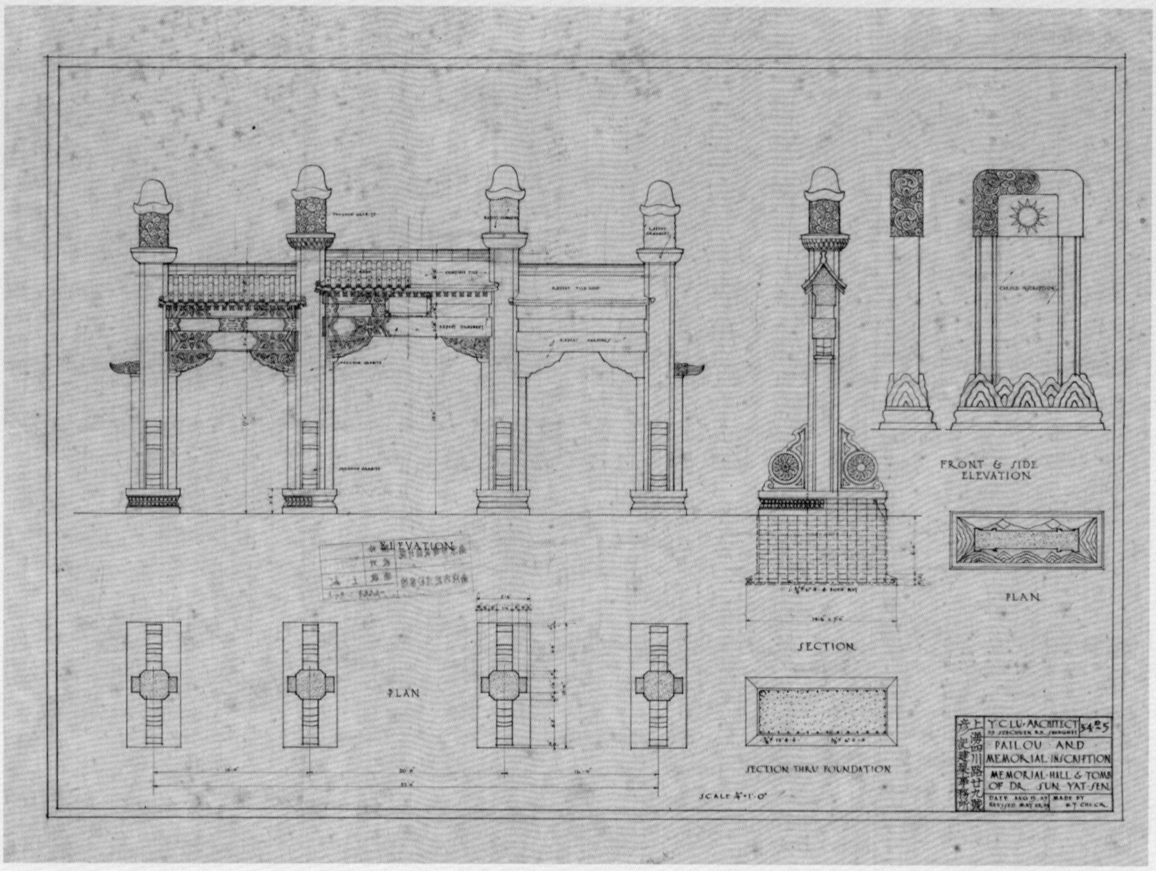

博爱坊平立面图（《中山陵档案》）

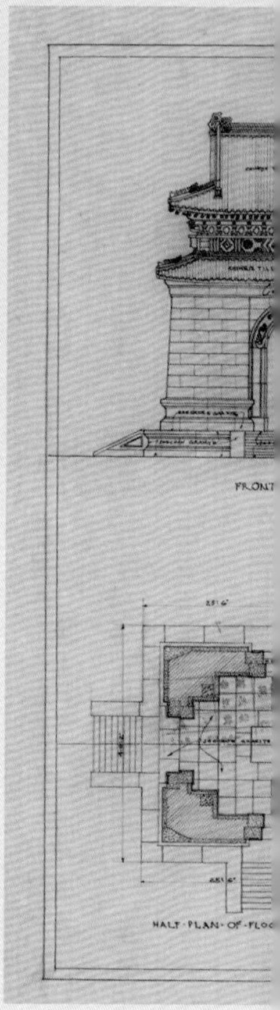

碑亭平立剖面图（《中山陵档案》）

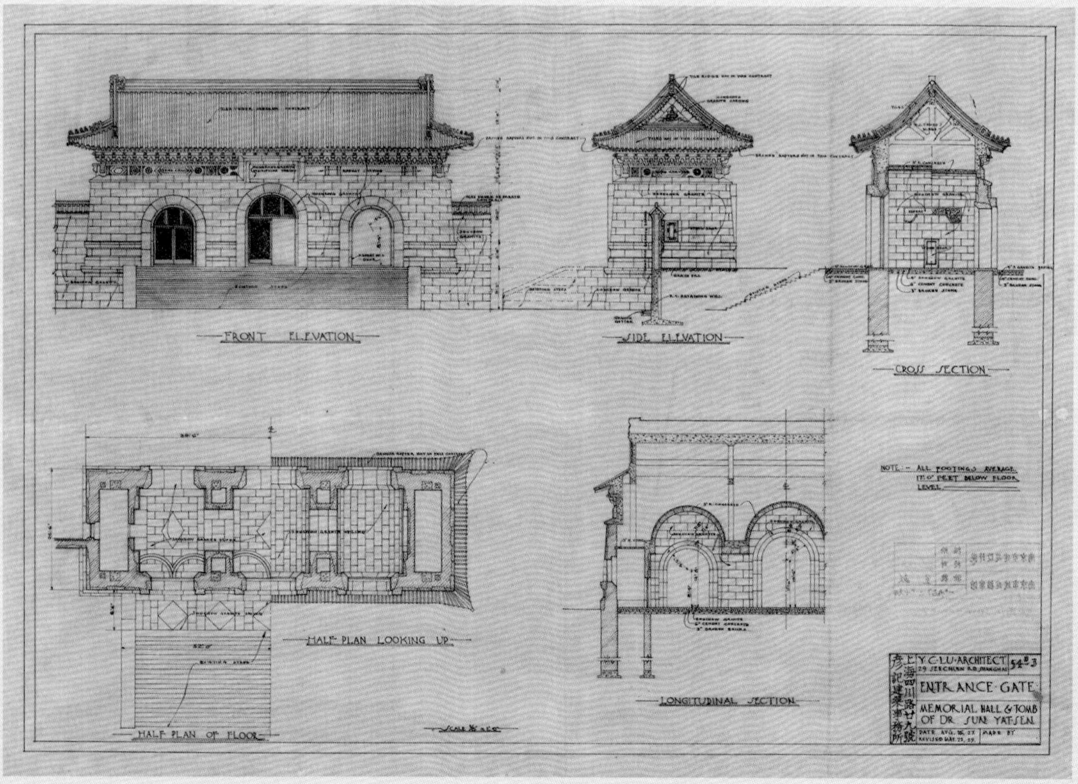

陵门平立剖面图（《中山陵档案》）

孙中山先生陵墓及祭堂侧立面
（《中山陵档案》）

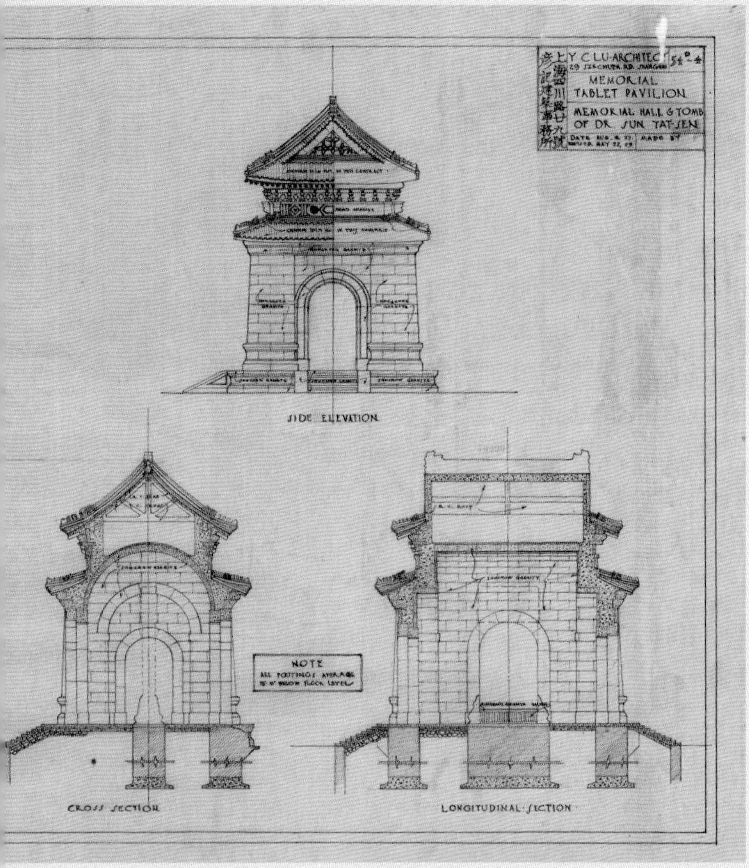

孙中山先生陵墓及祭堂平面图（《中山陵档案》）

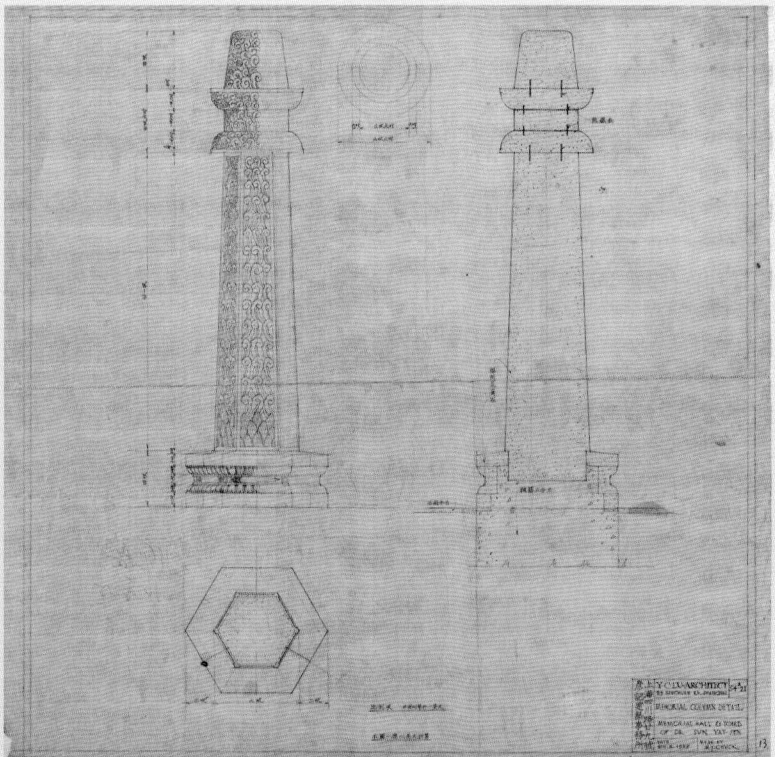

祭堂前华表详图（《中山陵档案》）

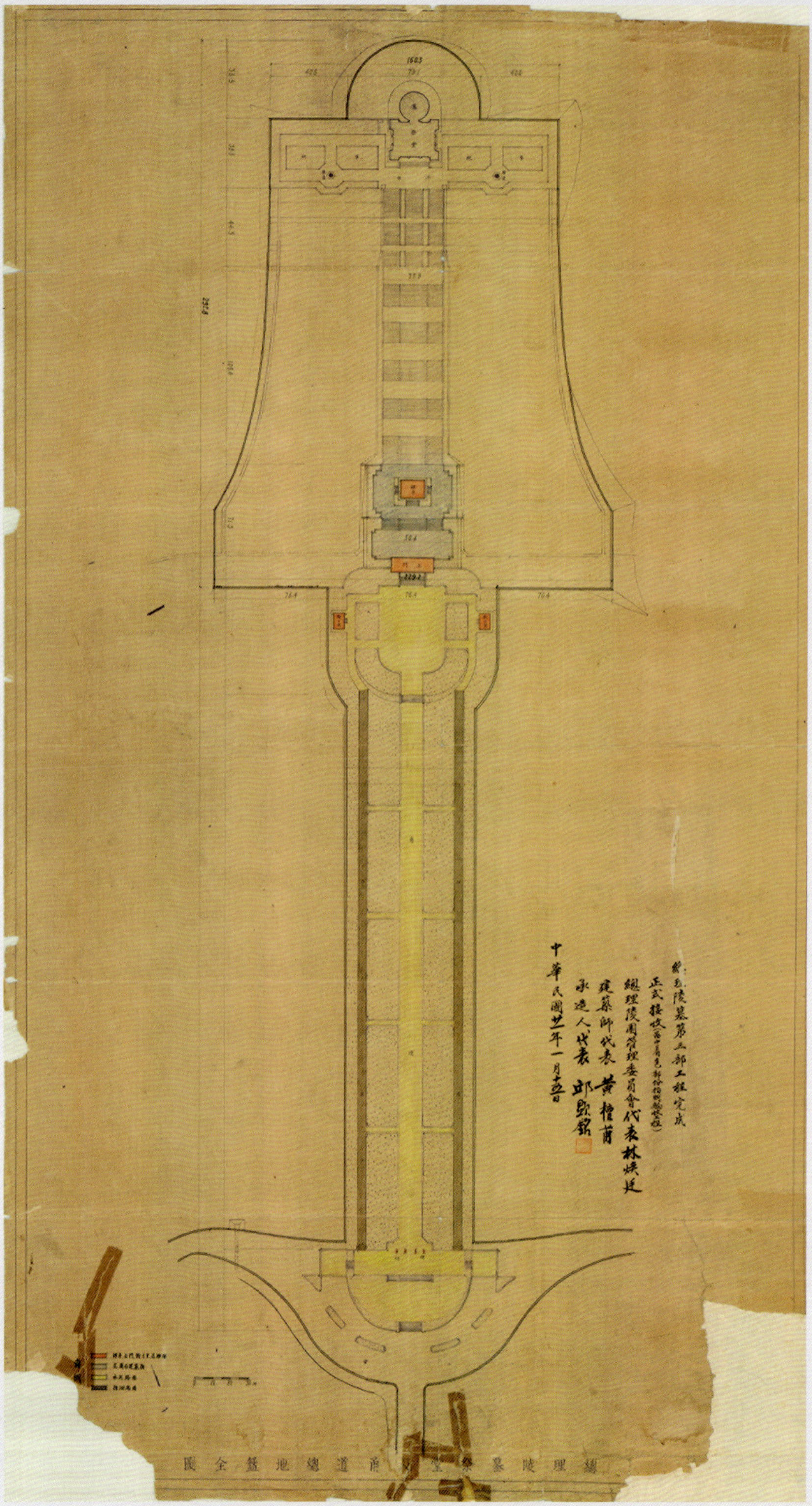

中山陵第三部工程接收签字图（《中山陵档案》）

陵祭堂油画（《总理陵园管理委员会报告》）

中山陵陵墓图案（《总理陵园管理委员会报告》）

陵祭堂效果图（《总理陵园管理委员会报告》）

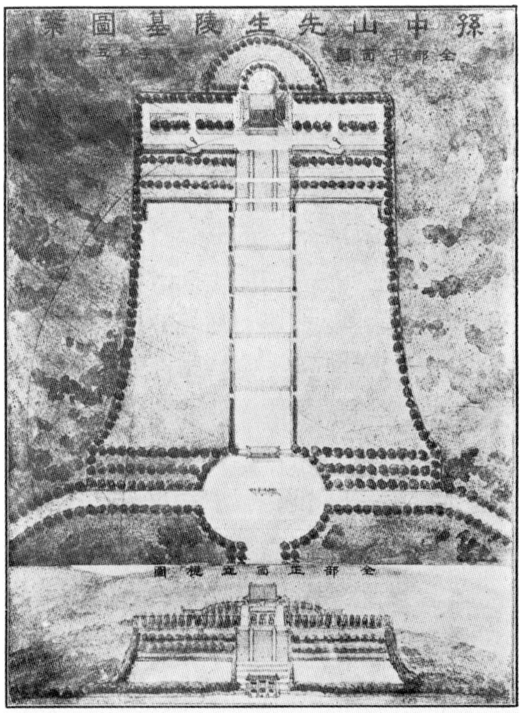

中山陵设计图呈警钟形（《总理陵园管理委员会报告》）

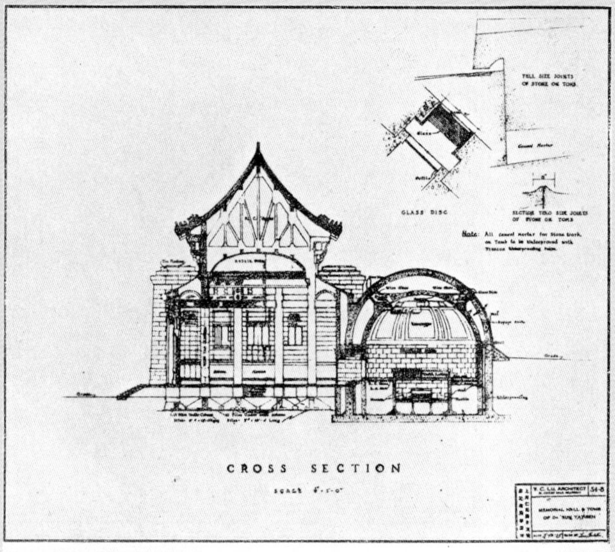

總理陵墓第一部工程圖樣（四）

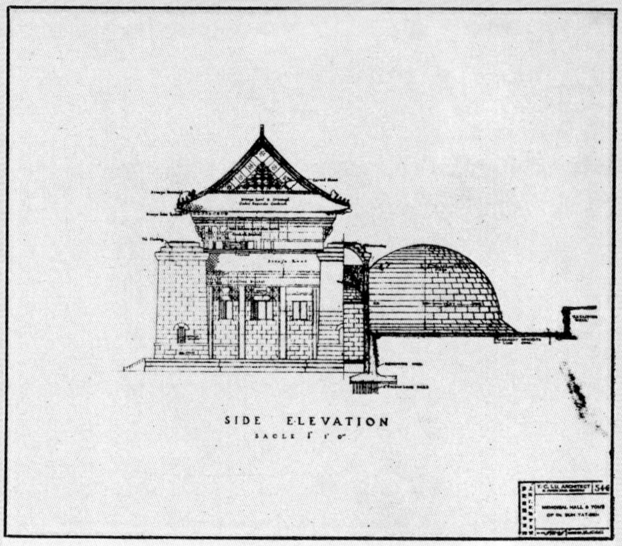

總理陵墓第一部工程圖樣（五）

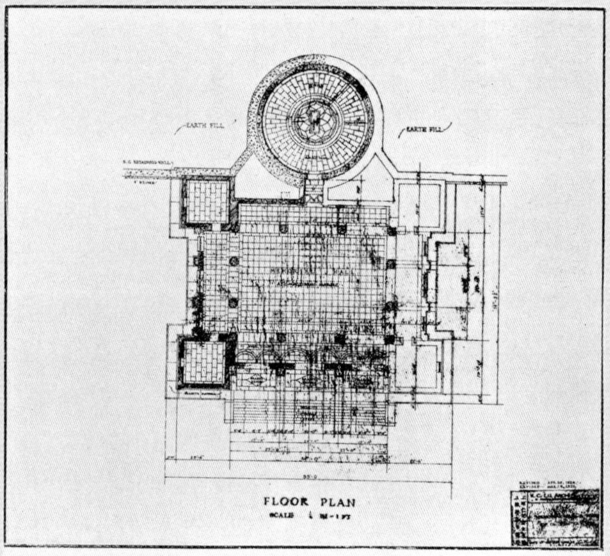

總理陵墓第一部工程圖樣（二）

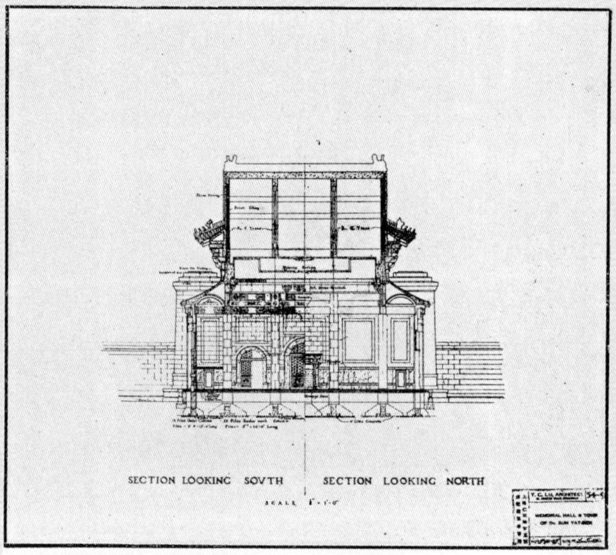

總理陵墓第一部工程圖樣（三）

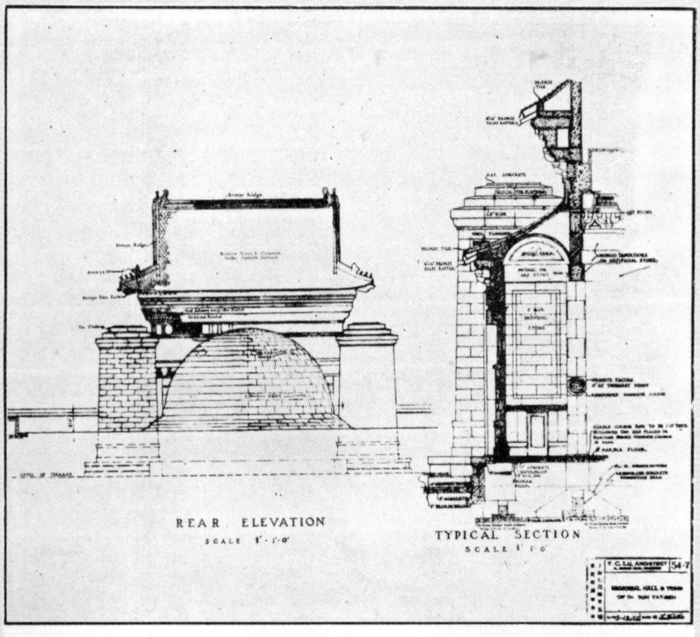

總理陵墓第一部工程圖樣（六）

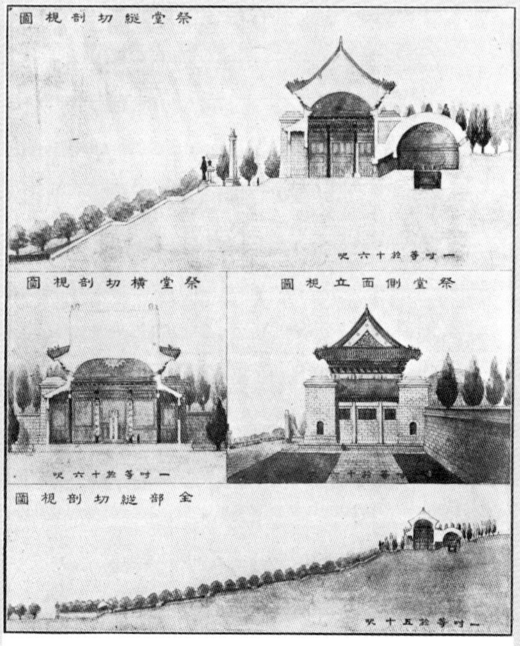

總理陵墓側面及切剖面圖案

中山陵第一部工程设计图（《总理陵园管理委员会报告》）

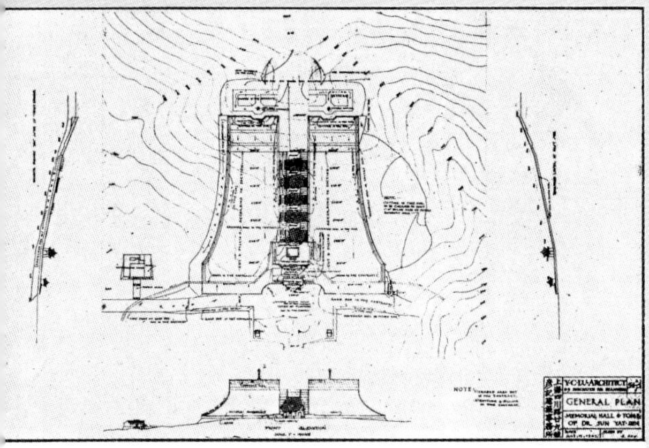

總理陵墓第二部工程圖樣

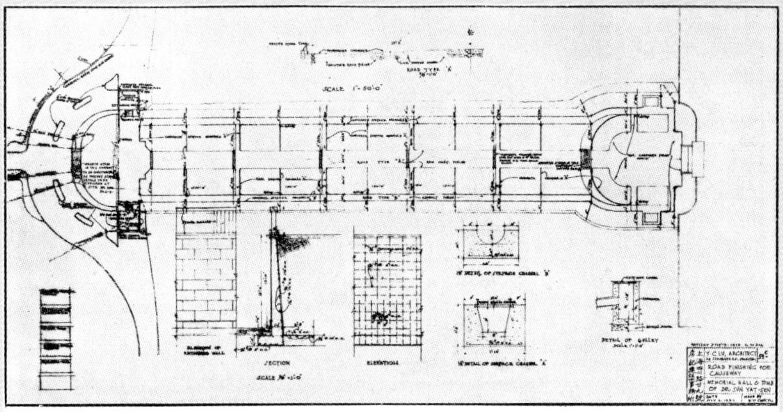

總理陵墓甬道路面工程圖樣

山陵第二部工程设计图（《总理陵园管理委员会报告》）

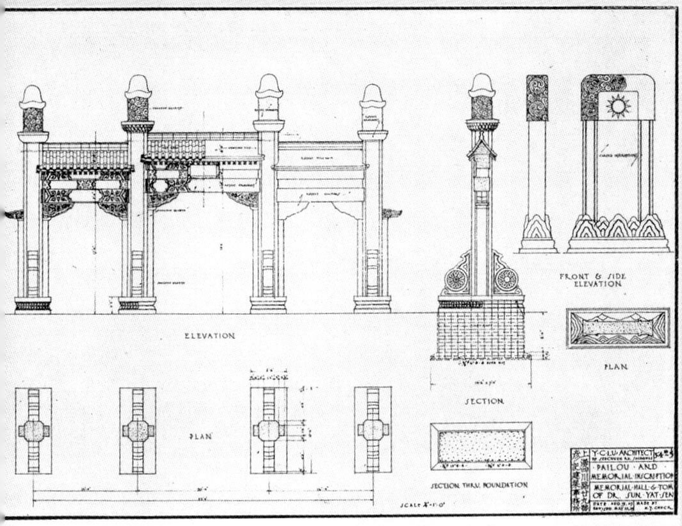

總理陵墓第三部工程圖樣（四）

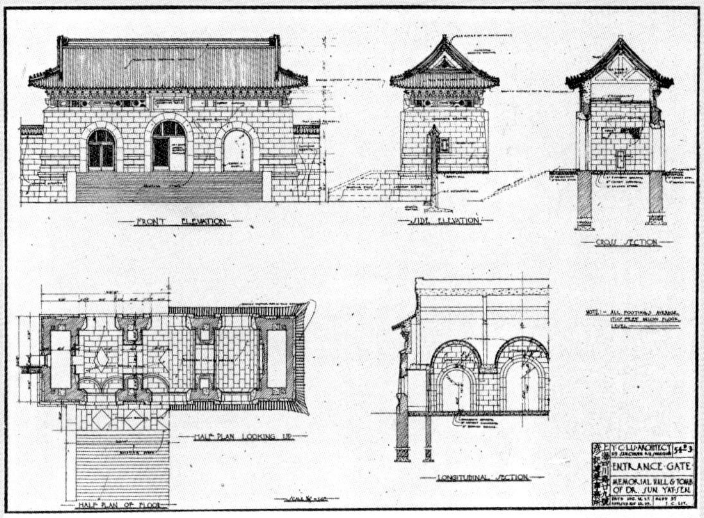

總理陵墓第三部工程圖樣（四）

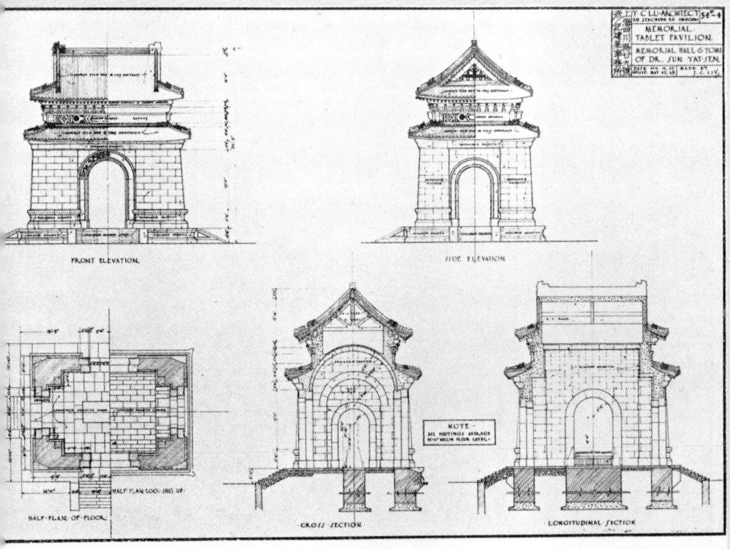

總理陵墓第三部工程圖樣（三）

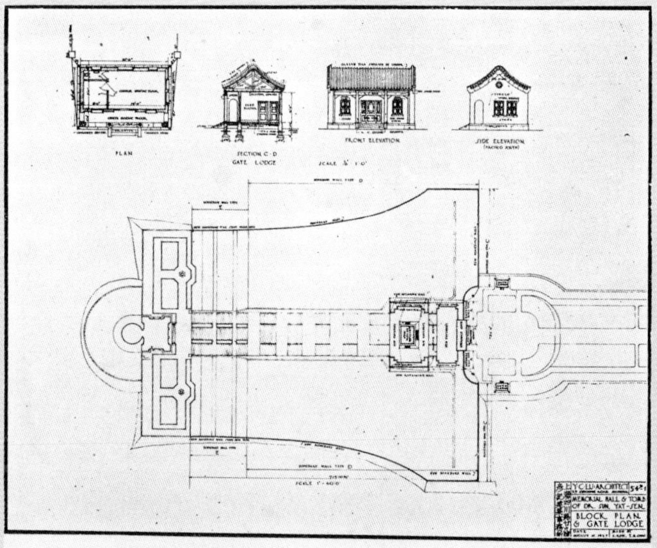

總理陵墓第三部工程圖樣（一）

山陵第三部工程设计图（《总理陵园管理委员会报告》）

五、虞炳烈

虞炳烈（1895—1945），字伟成，江苏无锡人。1915 年江苏省立第二工业学校机织科高等班毕业。1921 年，入法国里昂中法大学建筑专门学校。1929 年，毕业于巴黎美术学院建筑系里昂分校，1930 年，获“法国国授建筑师学位”。1931—1933 年，在巴黎大学都市计划学院深造。1933 年回国后，历任国立中央大学、复旦大学、中山大学建筑系教授。1941 年，创办国际建筑师事务所。抗日战争时期，在昆明、桂林、赣州等地做了大量抗战应急建筑设计。

虞炳烈在南京设计的作品有国民政府主席办公楼（子超楼）、国立中央大学新宿舍和游泳馆、国立编译馆、江苏省立国学图书馆新库、新街口孙中山铜像基座、南京中比友谊会等。

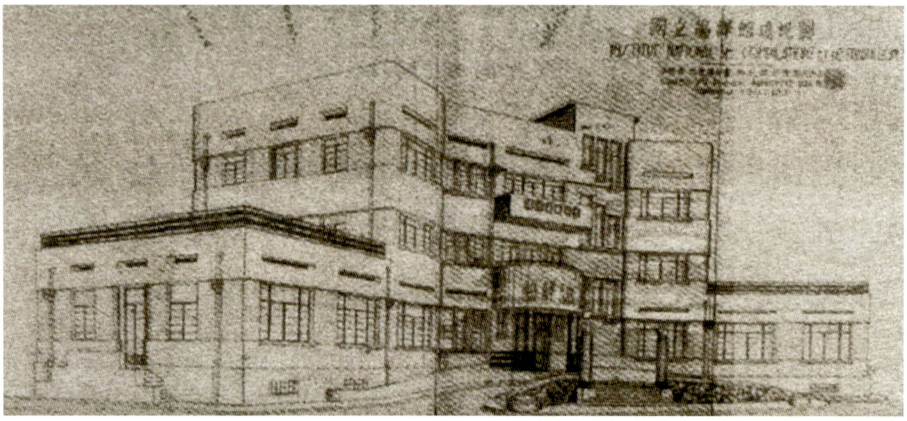

国立编译馆透视图（《国立编译馆概况》，1936 年版）

国立编译馆大楼

六、刘敦桢

刘敦桢

刘敦桢（1897—1968），字士能，湖南新宁人。1913年留学日本，1921年毕业于东京高等工业学校建筑科。1922年回国后，与柳士英等人在上海创办了第一所中国人经营的华海建筑师事务所。1923年，又与柳士英等创设苏州工业专门学校建筑科并任讲师。1925年，任湖南大学土木系讲师。1927年，任国立中央大学建筑工程系副教授。1933年，任中国营造学社研究员兼文献部主任。1943—1949年，任国立中央大学建筑系教授、系主任，工学院院长。1949年后，任南京大学建筑系教授、南京工学院建筑系教授。主要作品有《中国古代建筑史》《中国住宅概说》《苏州古典园林》等。

刘敦桢设计的南京近代建筑有中山陵内的光化亭、仰止亭，国立中央图书馆阅览楼，以及中央大学学生宿舍、食堂等。1960—1966年，对南京瞻园的改建，是他最后的成功之作，也是他对园林研究的具体实践。

光化亭

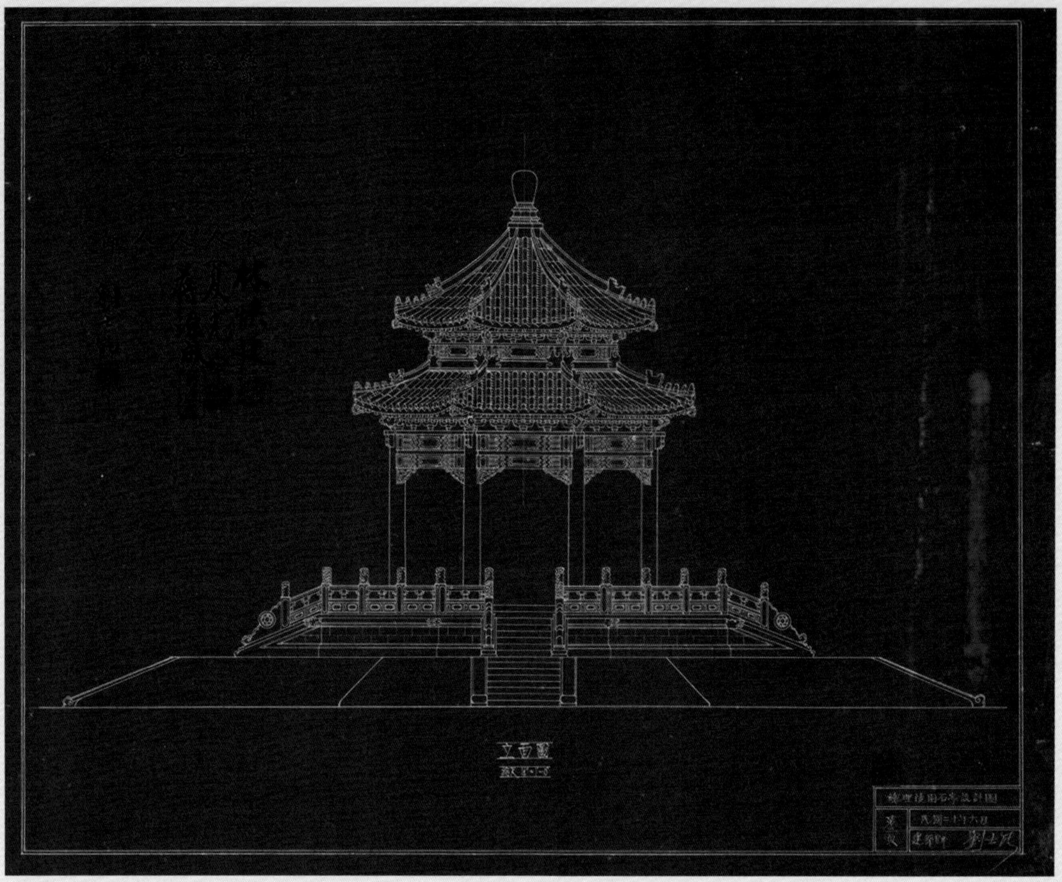

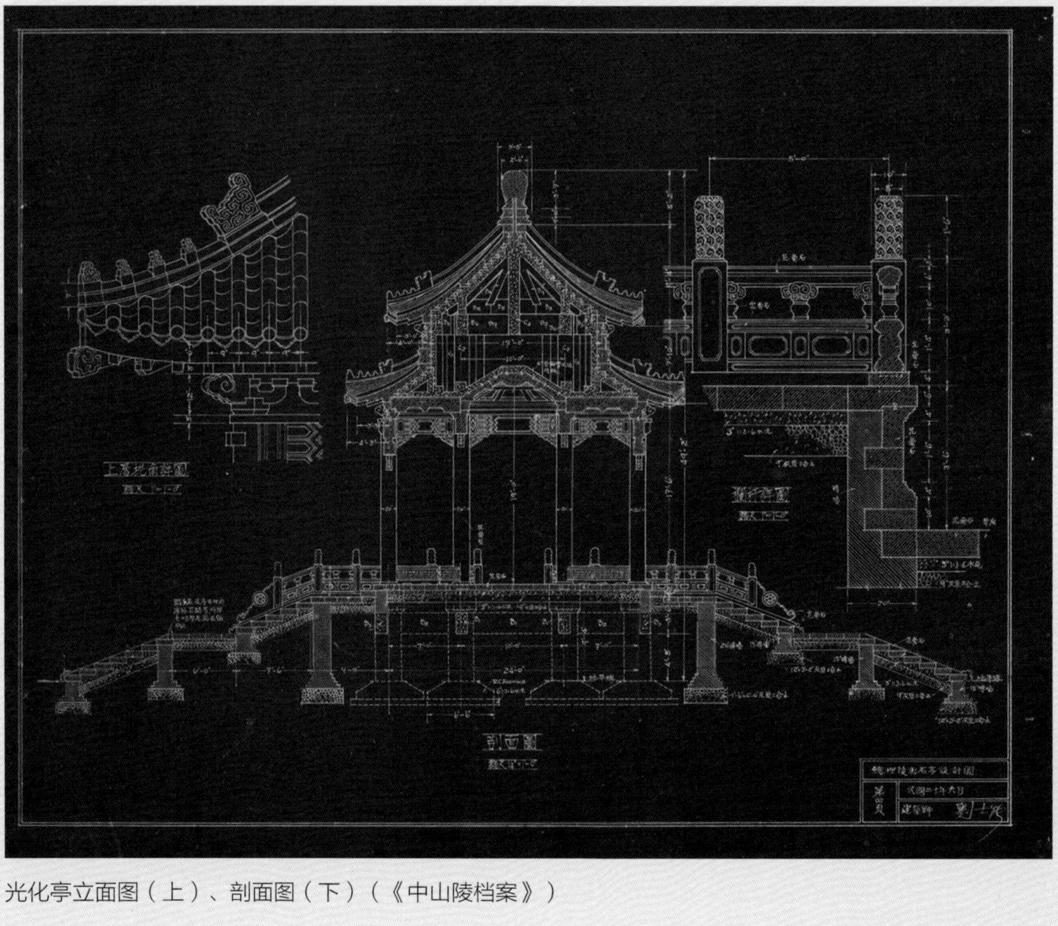

光化亭立面图（上）、剖面图（下）（《中山陵档案》）

仰止亭立面图、平面图等（《中山陵档案》）

仰止亭

七、赵深

赵深（1898—1978），字渊如，号保寅，江苏无锡人。1911 年考入清华学堂。1920 年毕业，赴美国宾夕法尼亚大学建筑系学习，1923 年获得硕士学位。1924—1925 年，在费城的台克劳特和迈阿密市的“菲尼裴斯”等建筑师事务所实习。1926 年，与杨廷宝结伴赴英、德、法、意四国考察城市建设和古典建筑。1927 年回到上海，应聘至范文照建筑师事务所任建筑师。1930 年，创建赵深建筑师事务所。1931 年，与陈植合伙，成立“赵深陈植建筑师事务所”。1932 年，童寯从东北来沪，赵深、陈植又与童寯合伙，三人创立了“华盖建筑事务所”，抗日战争胜利后，改为华盖建筑师事务所。1949 年新中国成立后，任华东工业建筑设计院（今华东建筑设计院）总工程师，后任副院长兼总工程师。

赵深贡献给南京的近代建筑有东箭道国民政府行政院办公楼、铁道部办公楼（与范文照合作）、励志社（与范文照合作）、外交部大楼（与陈植、童寯合作）、华侨招待所（与范文照合作）、福昌饭店、行健亭、铁道部购料委员会办公楼、黄仁霖公馆等。

1921 年，赵深（前排中）与杨廷宝（后排左一）、范文照（后排右一）、朱彬（前排右一）在宾夕法尼亚大学设计教室合影

健亭效果图（《总理陵园管理委员会报告》）

新建的行健亭

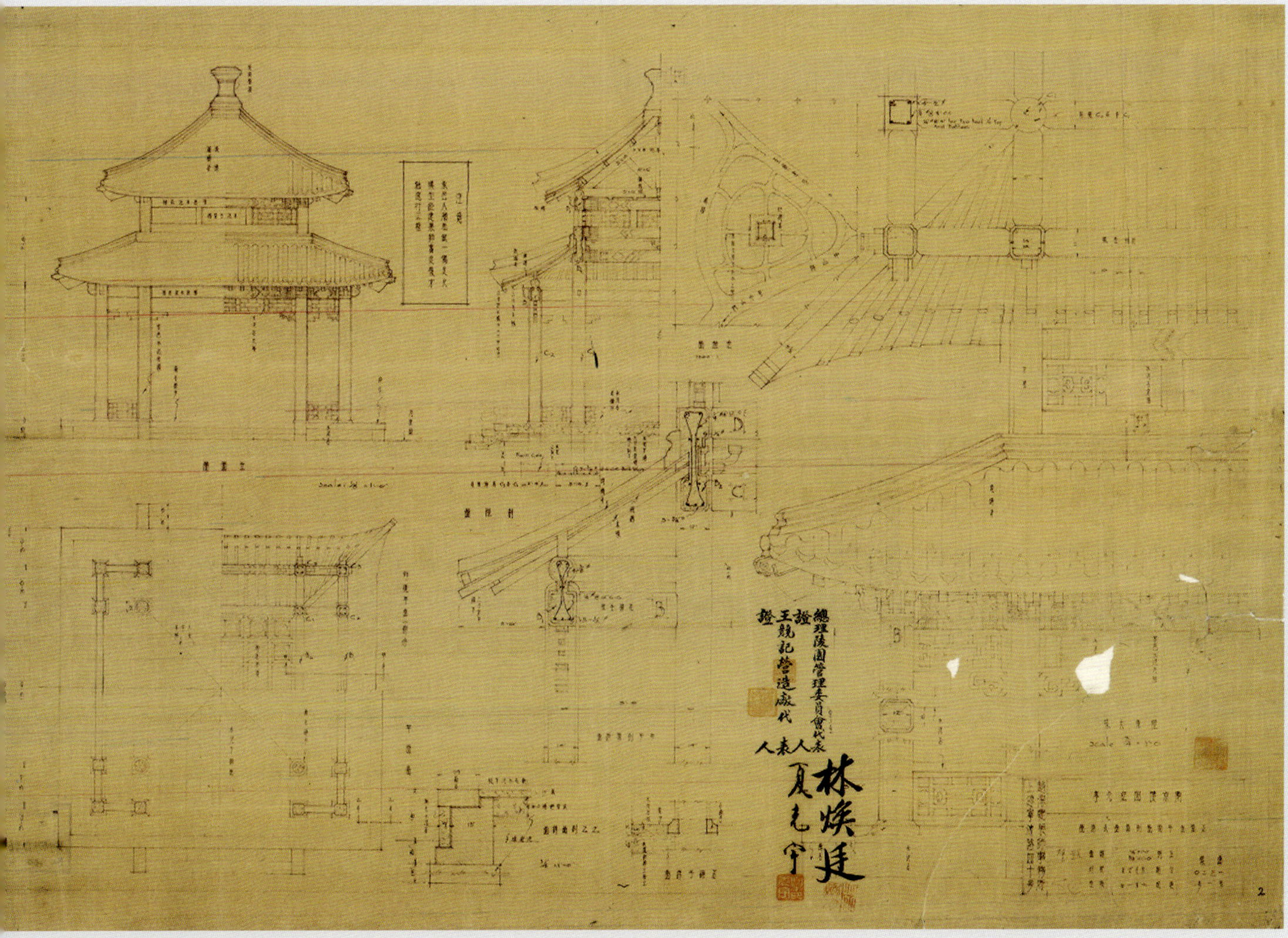

健亭正面图、平面图、剖面图及详图（南京市档案馆藏）

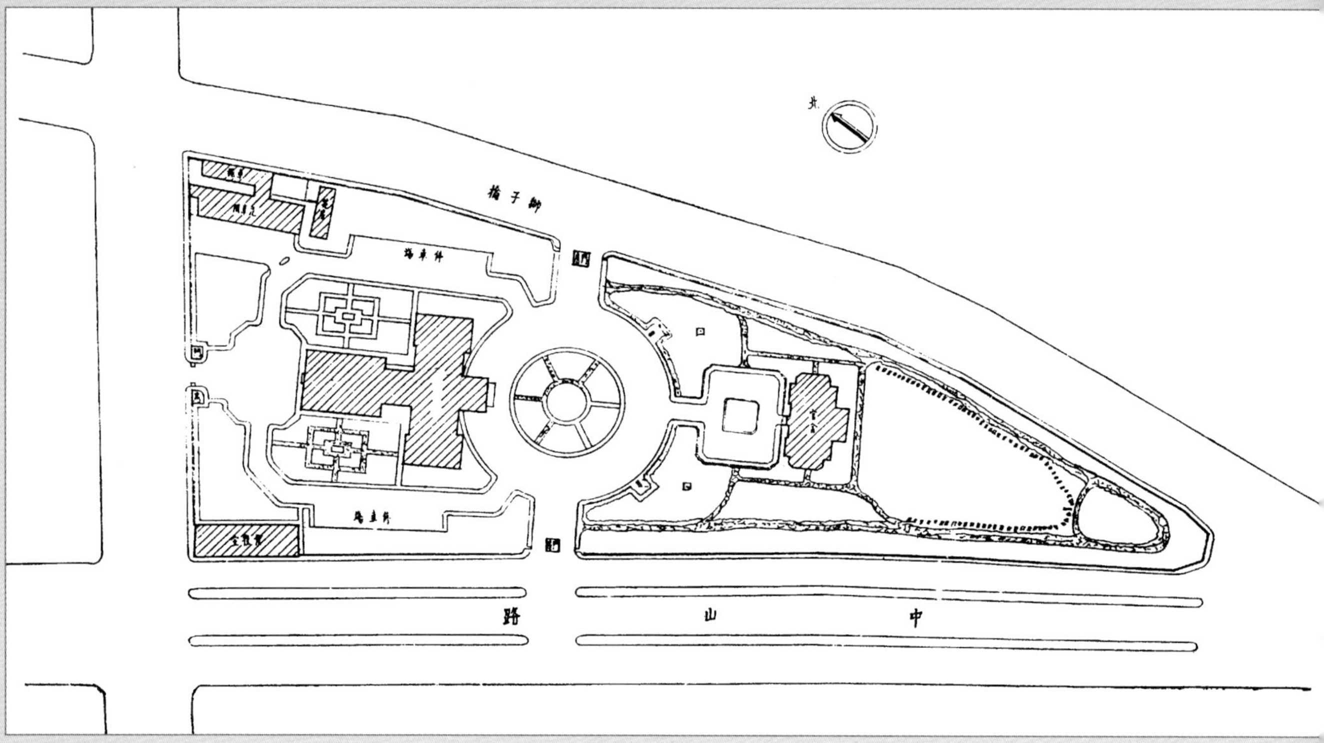

外交部平面图

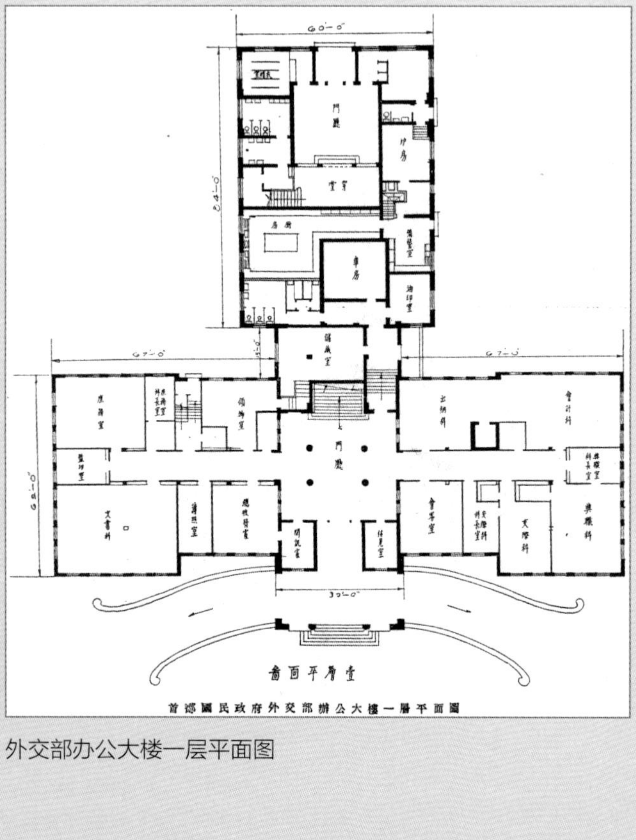

外交部办公大楼一层平面图

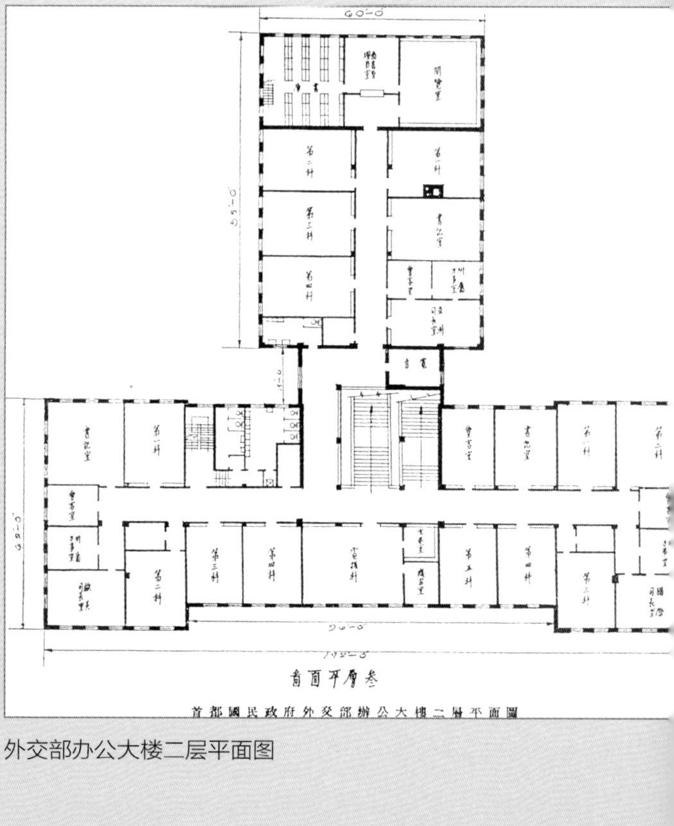

外交部办公大楼二层平面图

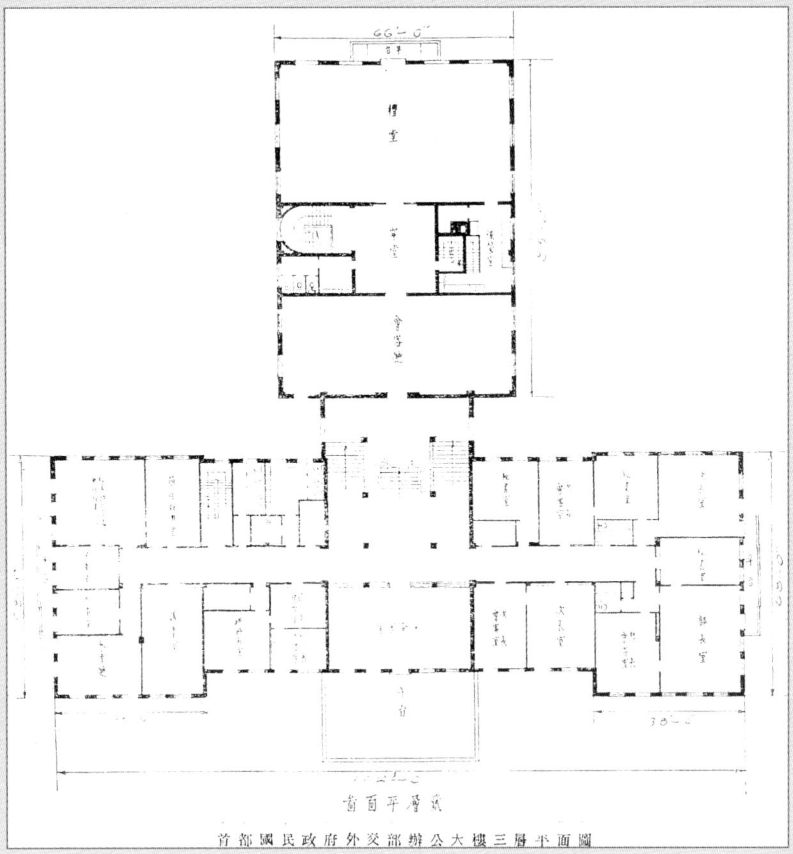

外交部办公大楼三层平面图

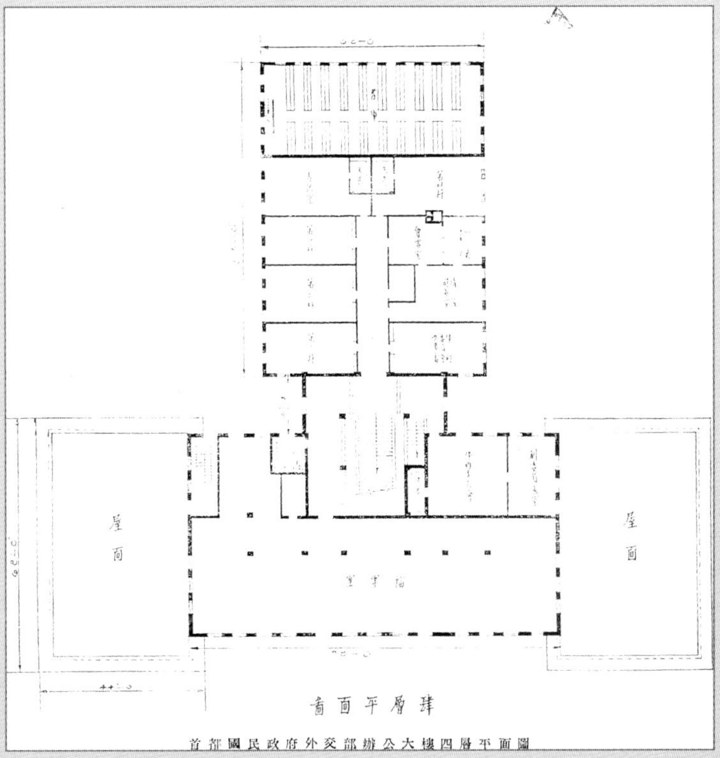

外交部办公大楼四层平面图

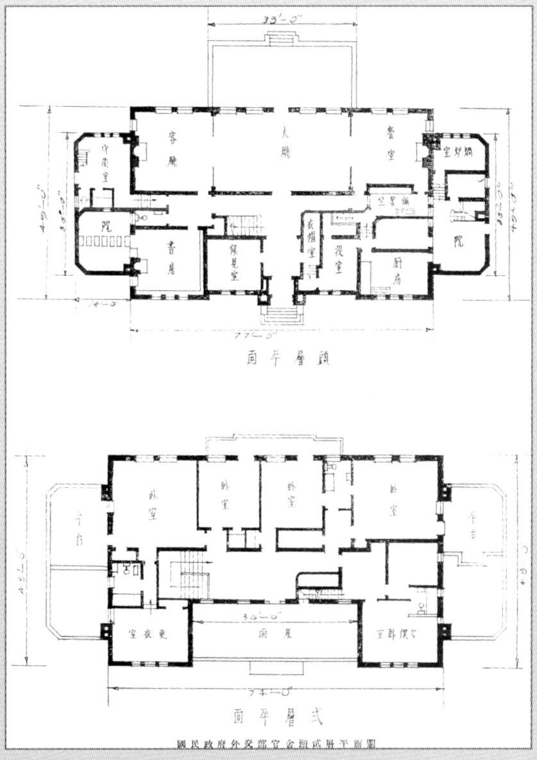

外交部官舍平面图

外交部

外交部

八、卢树森

卢树森（1900—1955），字奉璋，浙江桐乡人，生于上海。1926 年，毕业于美国宾夕法尼亚大学建筑系。1929 年，担任国立中央大学建筑工程系教授。1937 年，担任建筑工程系主任。与人合办永宁建筑师事务所。

他在南京设计的作品有国立中央研究院北极阁气象台、文德里生物研究所、中山陵藏经楼，此外，还主持总统府大礼堂的修缮工作。

藏经楼

藏经楼

藏经楼内景

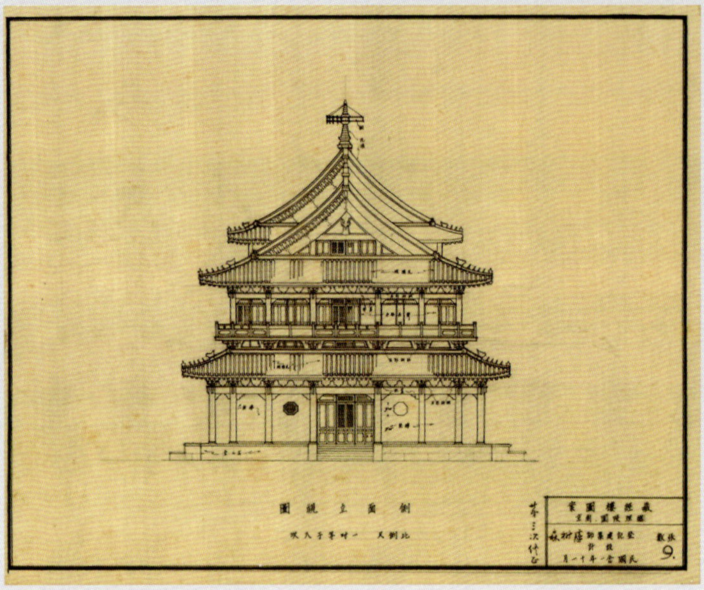

藏经楼侧面立视图（第三次修正）

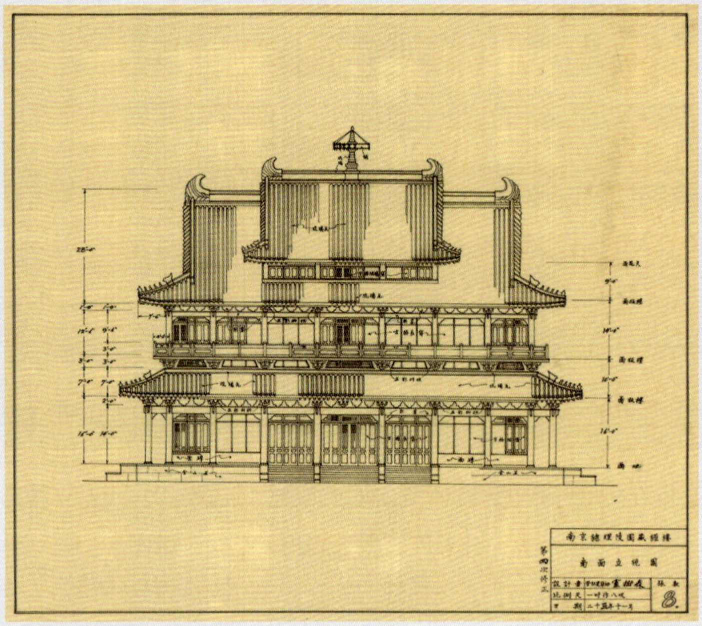

藏经楼南面立视图（第四次修正）

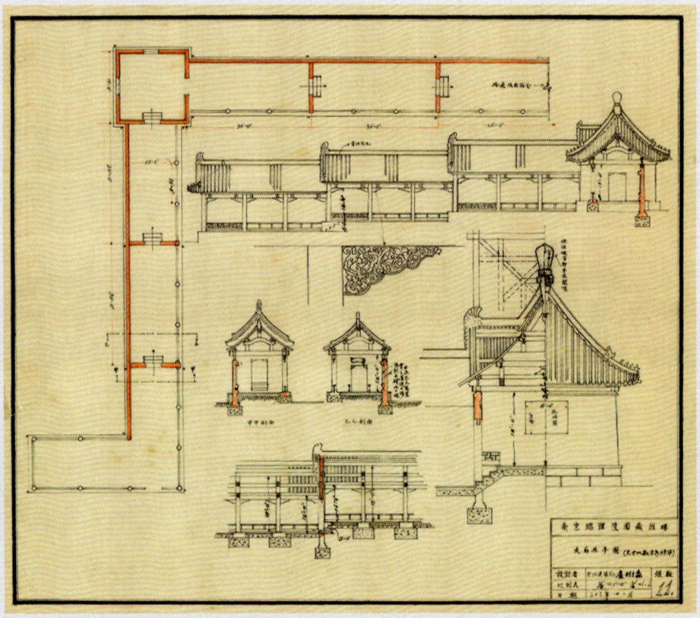

藏经楼走廊及亭图

九、李锦沛

李锦沛（1900—1968），字世楼，广东台山人，生于美国纽约。1920 年，毕业于普瑞特学院（Pratt Institute）建筑系。1921—1923 年，在麻省理工学院和哥伦比亚大学建筑系进修建筑。1923 年，获纽约州立大学建筑师文凭。1923 年，作为基督教青年会的建筑师来到上海，参加青年会大楼的设计。1927 年，独立开办建筑师事务所。1928 年，加入吕彦直开设的彦记建筑师事务所。1929 年吕彦直病逝后，李锦沛受总理葬事筹备委员会之聘，以彦沛记建筑师事务所名义，继续完成南京中山陵、广州中山纪念堂等工程。

李锦沛设计的作品遍及全国各地，如上海八仙桥青年会（与范文照、赵深合作）、全国青年协会、广肇公学、旅沪广东浸信会教堂、清心女子中学、盲童学校、昆山基督教青年会、广东银行大楼、杭州建业银行，以及长沙、保定、宁波、济南、厦门、南昌、武昌等地的青年会会堂。李锦沛贡献给南京的设计作品主要有新都大戏院、首都大戏院、南京聚兴诚银行（与李扬安合作）、南京粤语浸信会教堂等。

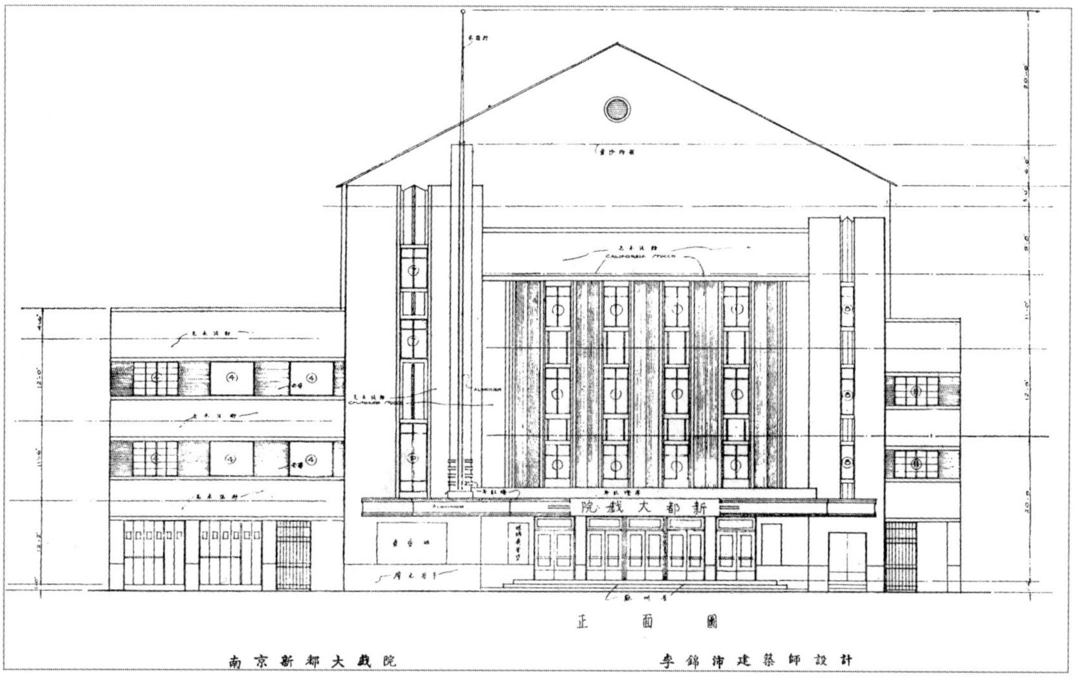

新都大戏院正面图

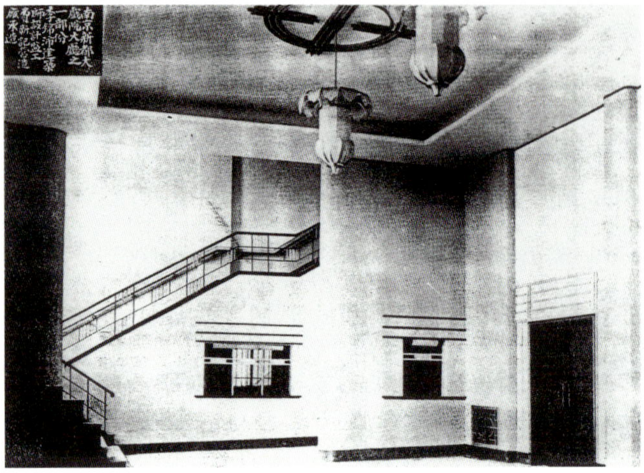

新都大戏院内景

新都大戏院外景

新都大戏院外景

十、童寯

童寯

童寯（1900—1983），字伯潜，满族人。奉天盛京（今辽宁沈阳）人。1925年清华学堂毕业后，赴美国宾夕法尼亚大学建筑系留学。求学期间，曾获全美建筑系学生设计竞赛一、二等奖。1928年毕业，获建筑硕士学位。后在费城、纽约的建筑师事务所工作两年。1930年，赴欧洲考察建筑后回国，经梁思成推荐，于1930—1931年任东北大学建筑系教授和系主任。1932—1952年在上海与建筑师赵深、陈植共同组成华盖建筑师事务所，主持绘图室工作。该所设计工程近200项，其中三人合作设计的有南京外交部大楼、大上海大戏院（现大上海电影院）、上海浙江兴业银行大楼等。1944年起，先后在重庆和南京兼任国立中央大学工学院建筑系教授、南京工学院建筑系教授。主要著作有《江南园林志》《中国建筑史》《中国建筑艺术》等。

他在建筑创作上，反对因袭模仿，坚持创新，作品比例严谨，质朴端庄。童寯设计的作品被称为“伦理中国式，技术西方式”，足见他对中西建筑融会贯通的程度。童寯一生追求中国建筑的发展方向，对中外建筑历史、近现代建筑的研究和各流派建筑理论的研究，做出了重大贡献。

首都饭店设计效果图（《中国建筑》1935年第3卷第3期）

童寯参加设计的工程约100项，遍及南京、上海、四川、贵州等地。其中设计的南京近代建筑除了外交部外，还有首都饭店、金城银行别墅（后来的马歇尔公馆、南京安全区国际委员会总部）、首都电厂、中山文化教育馆、南京地质矿产陈列馆、故宫博物院南京古物保管库、美军顾问团公寓（又称AB大楼）、公路总局办公楼（后来的孔祥熙公馆）等。

首都饭店旧影

首都饭店

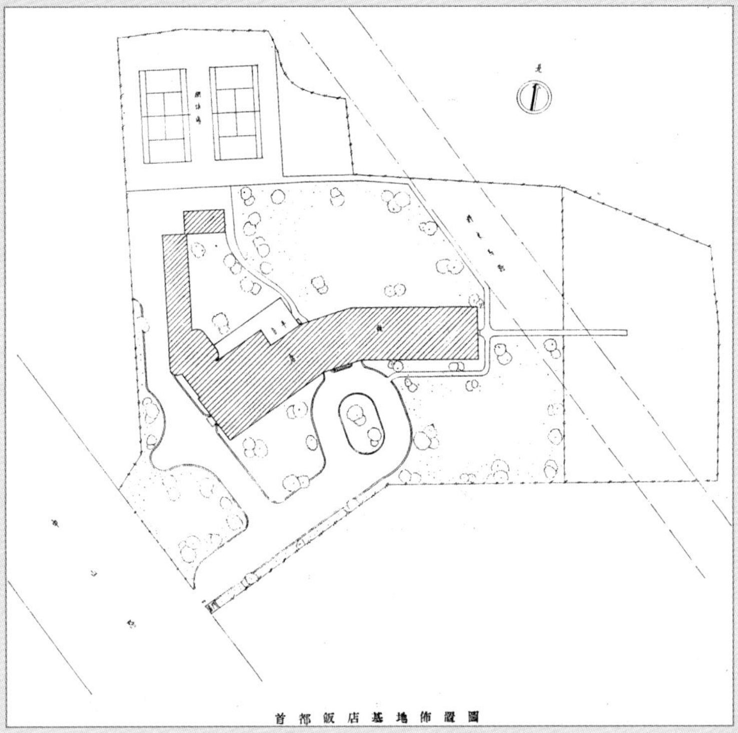

首都饭店布局图（《中国建筑》1935 年第 3 卷第 3 期）

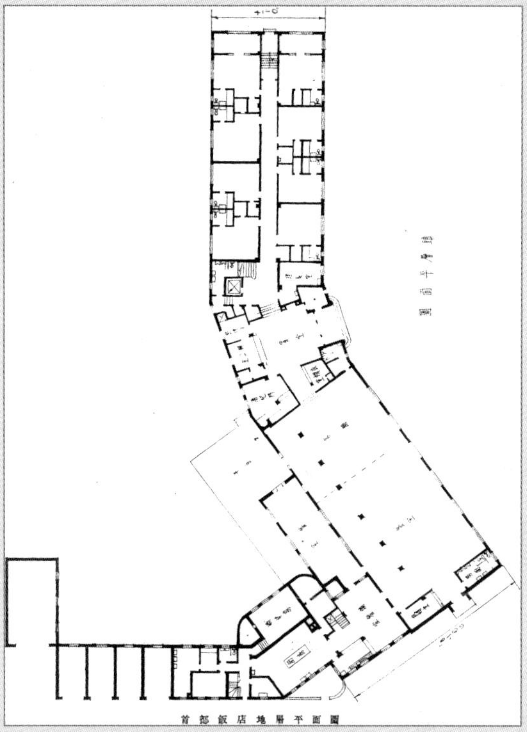

首都饭店首层平面图（《中国建筑》1935 年第 3 卷第 3 期）

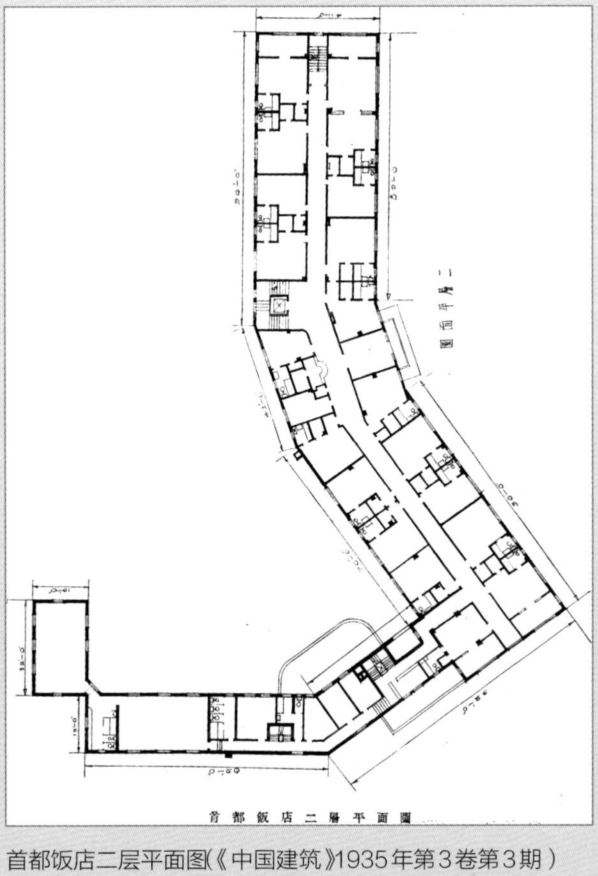

首都饭店二层平面图(《中国建筑》1935 年第 3 卷第 3 期）

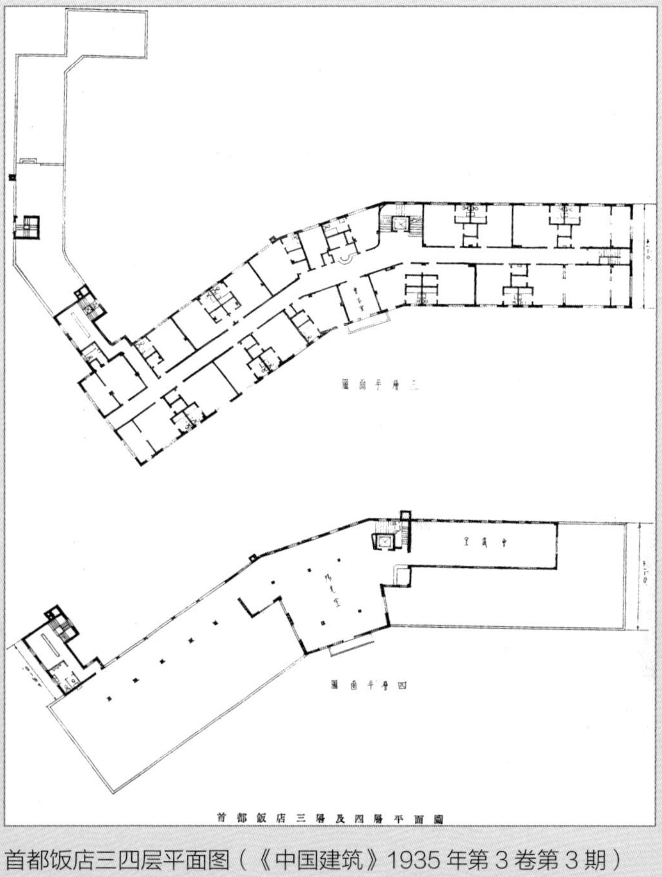

首都饭店三四层平面图（《中国建筑》1935 年第 3 卷第 3 期）

十一、李宗侃

李宗侃（1901—1972），字叔陶，河北高阳人，生于北平（今北京）。1912年，以中国留法预备学堂学员身份，赴法国留学。1923年，获得法国巴黎建筑工程专门学校建筑工程师文凭。1925年回国，进入上海大方建筑公司担任工程师。1929年，担任国民政府建设委员会专门委员和国都设计技术专员办事处副主任。1934—1937年担任大方建筑公司经理。1945—1946年独立创办李宗侃建筑师事务所。

李宗侃贡献给南京的近代建筑设计作品有国立中央大学生物馆、中央陆军军官学校体育馆，参与过紫金山观象台、国民大会堂以及国立中央博物院筹备处的设计。

国立中央大学生物馆

十二、杨廷宝

杨廷宝

杨廷宝（1901—1982），字仁辉，河南南阳人。1915 年，入北平清华学校，1921 年清华学堂毕业后赴美国留学，入宾夕法尼亚大学建筑系学习建筑。20 世纪初是宾夕法尼亚大学建筑学专业的辉煌时期，也是美国建筑教育从古典到现代的过渡时期。受法国巴黎美院教育思想的影响，宾大建筑教育非常强调建筑构造与建筑绘画等方面的基本功训练，并且注重建筑设计原理方面的指导与建筑师必备品质的培养，促使学生对于形式、色彩和比例关系具有准确的美学判断。在宾大留学期间，杨廷宝成绩优异，多次荣获全美大学生建筑设计竞赛大奖，毕业时被学院院长称为“才华最出众的学生之一”。毕业后，杨廷宝先在其导师保罗·克瑞的事务所实习工作一年半，加上之前在宾大建筑教育中所接受的良好熏陶，他积累了丰富的职业阅历，展露出过人的设计才华，并且非常娴熟地应用到不同的设计作品中。1926 年，杨廷宝赴欧洲考察建筑，1927 年回国，加入关颂声、朱彬等人创立的天津基泰工程司（英文名称“KWAN, CHU & YANG”，是主要合伙人关颂声、朱彬、杨廷宝、杨宽麟四人姓氏的英

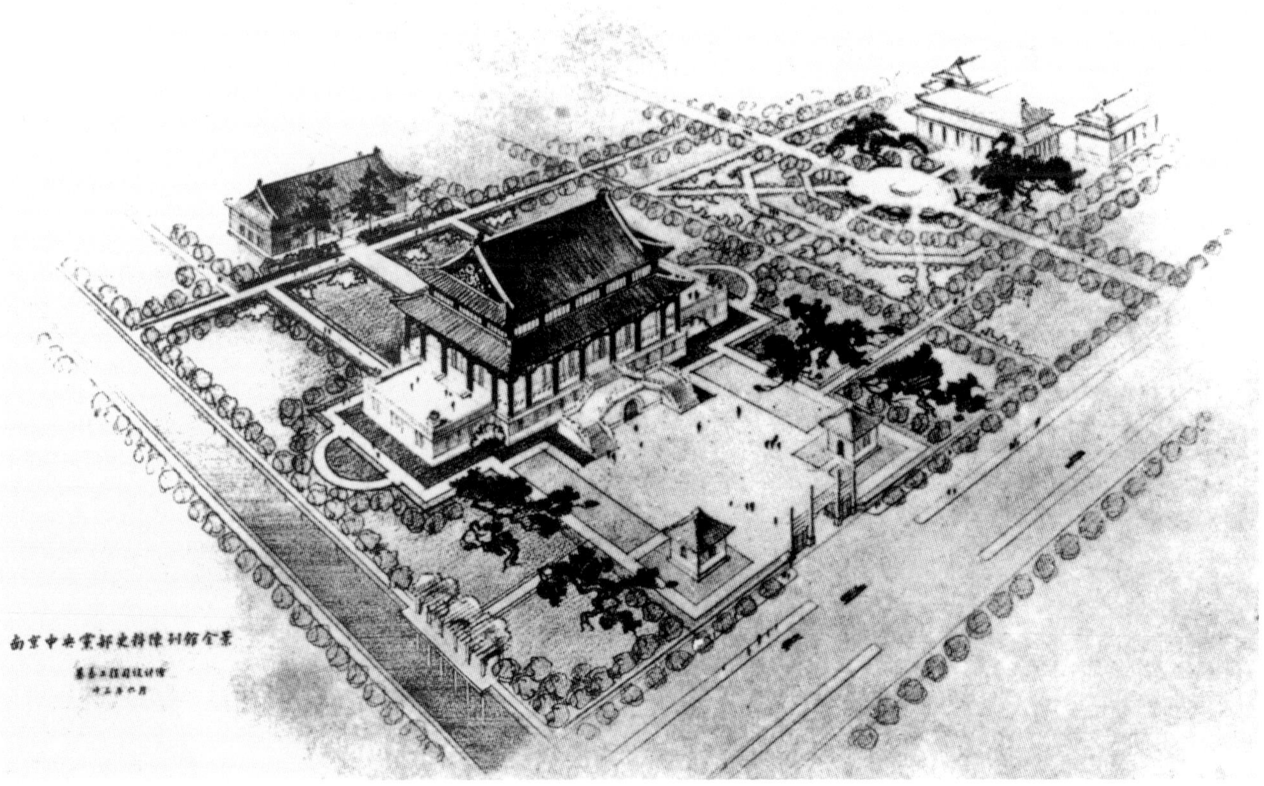

中央党史史料陈列馆设计效果图

文合写）。1940年起，他兼任国立中央大学建筑系教授。1949年以后，历任南京大学工学院建筑系主任，南京工学院建筑系主任、副院长、建筑研究所所长，江苏省副省长等职。他和著名建筑师梁思成一南一北享誉全国，并称“南杨北梁”。

他在建筑设计中重视中国国情，注重整体环境，吸取并运用中西建筑传统经验和手法，在长期创作实践中对现代中国建筑风格做了不懈的探索。他的建筑作品表现出洗练凝重的风格。从20世纪40年代开始，杨廷宝在国立中央大学、南京工学院建筑专业从教三十余载，在建筑教育上，他特别重视学生的基础知识、基本功和设计方法的培养和训练，提倡向实际学习，形成“正、实、活、透、硬”教学纲领，提出“杨廷宝办学十条”，培养了大批建筑人才，奠定了今日东南大学建筑学院的基石。他门下的院士有中国科学院院士齐康、中国工程院院士钟训正、中国科学院和中国工程院两院院士吴良镛等人。

杨廷宝一生主持、参加、指导设计过约120项建筑工程，作品遍及南京、上海、北京、四川等地。其中仅设计的南京近代建筑就有30项左右。如国立中央大学（大门、图书馆扩建工程、牙科医院）、紫金山天文台、中央医院、中央体育场、国立中央研究院（地质研究所、历史语言研究所、总办事处、社会科学研究所）、谭延闿墓、中山陵音乐台、管理中英庚款董事会办公楼、中央党史史料陈列馆、中国国民党监察委员会、大华大戏院、金陵大学图书馆、北极阁宋子文公馆、下关火车站扩建工程、国际联欢社扩建工程、招商局候船厅、国民政府资源委员会、国民政府盐务总局办公楼、延晖馆、公教新村、中央通讯社等。1949年后，他主持、指导完成了南京大校场机场民航候机楼、南京雨花台烈士纪念馆、南京雨花台红领巾广场、南京华东航空学院教学楼、南京大学东南楼和西南楼、南京工学院校园建筑、南京长江大桥桥头建筑、长干桥，以及北京王府井百货大楼、北京和平宾馆、徐州淮海战役革命烈士纪念塔、北京火车站等重要项目。作品集有《杨廷宝建筑设计作品集》《1927—1997杨廷宝论述与作品选集》《杨廷宝全集》等。

中央党史史料陈列馆旧影

中央党史史料陈列馆

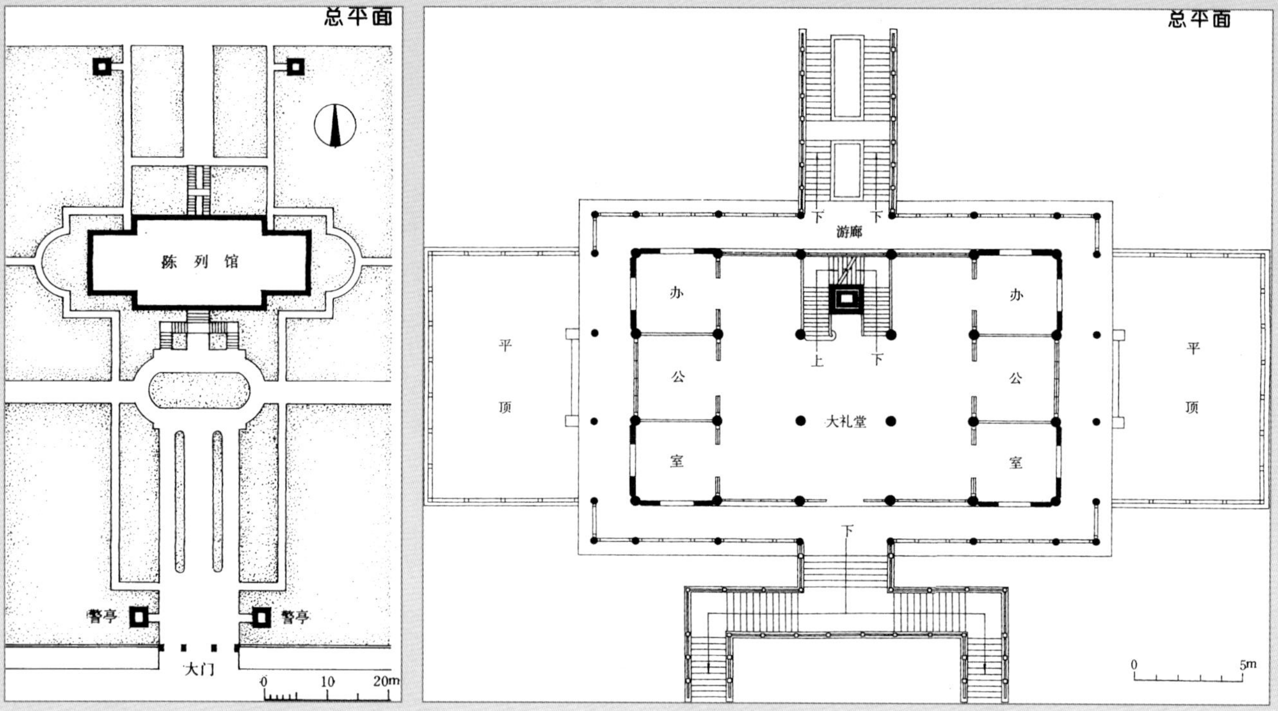

中央党史史料陈列馆总平面图

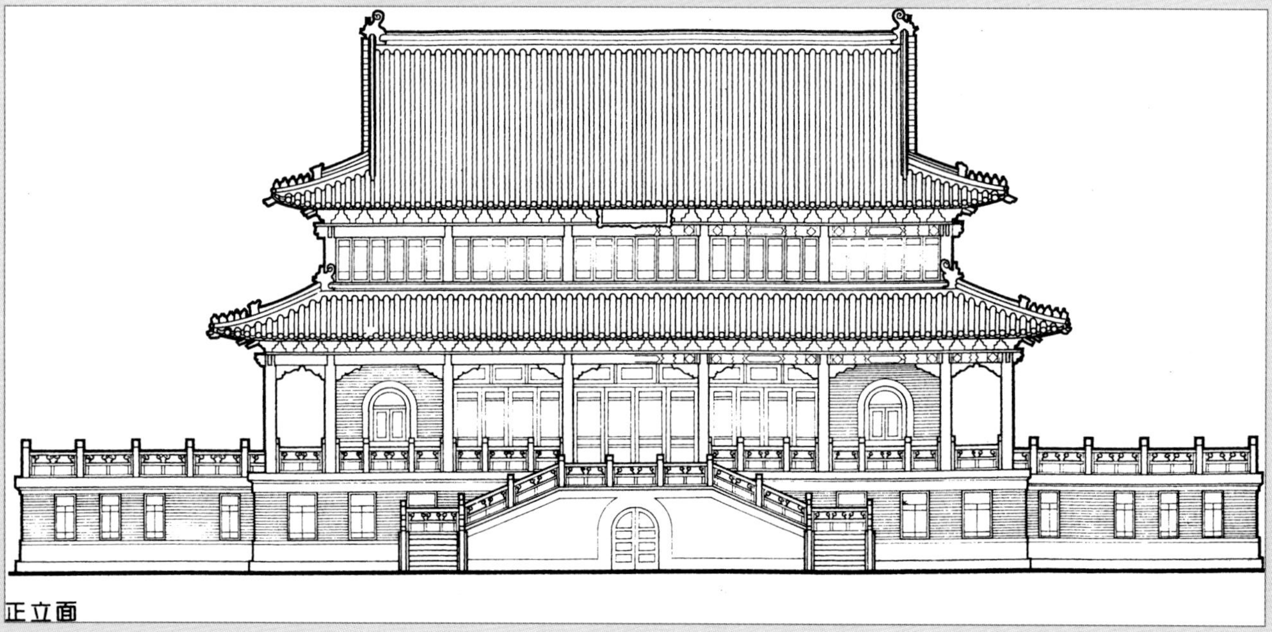

中央党史史料陈列馆正立面图

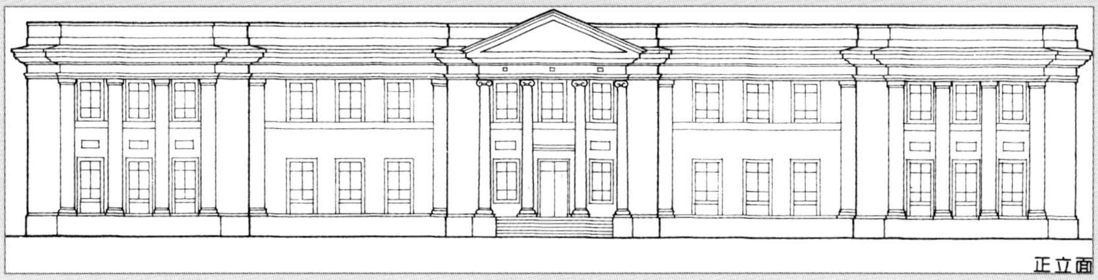

国立中央大学图书馆扩建工程正立面（《杨廷宝建筑设计作品集》）

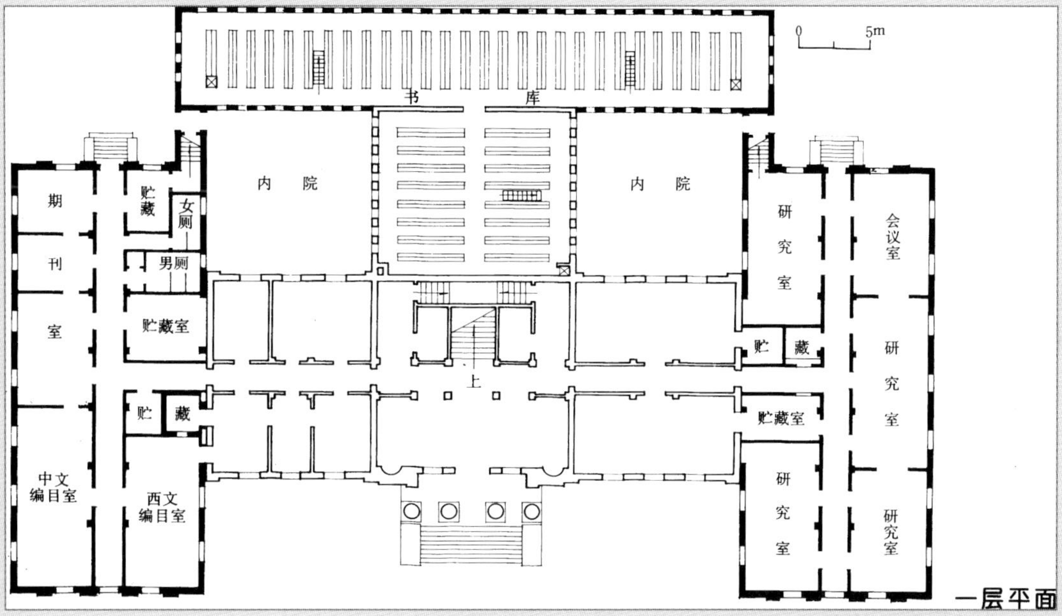

国立中央大学图书馆扩建工程一层平面图（《杨廷宝建筑设计作品集》）

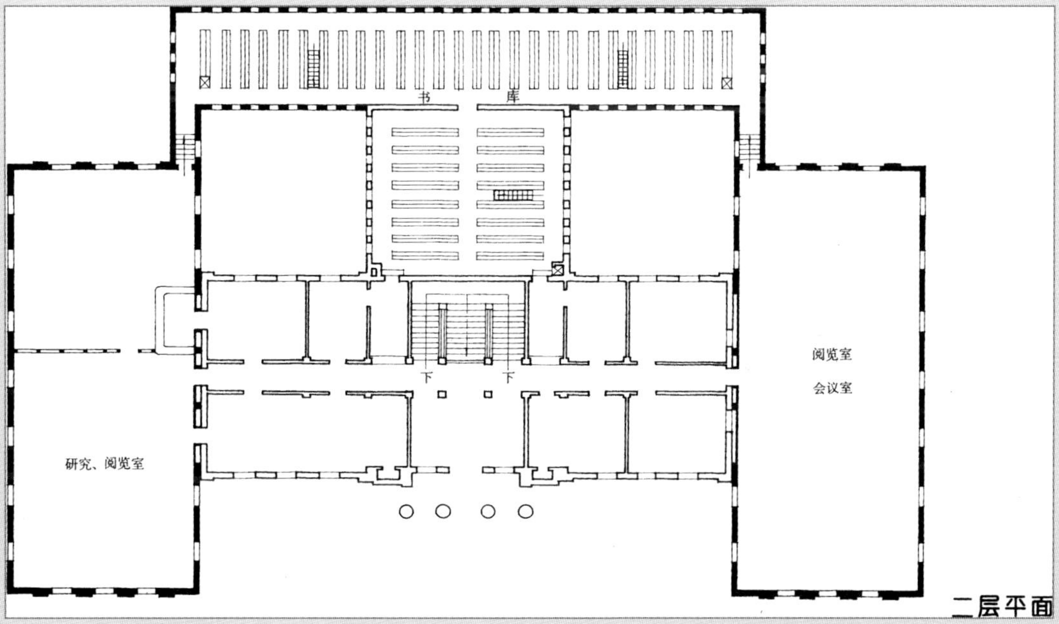

国立中央大学图书馆扩建工程二层平面图（《杨廷宝建筑设计作品集》）

扩建前的国立中央大学图书馆旧影（1932 年摄，伍联德《中华景象》，1934 年版）

扩建后的国立中央大学图书馆旧影

国立中央大学图书馆

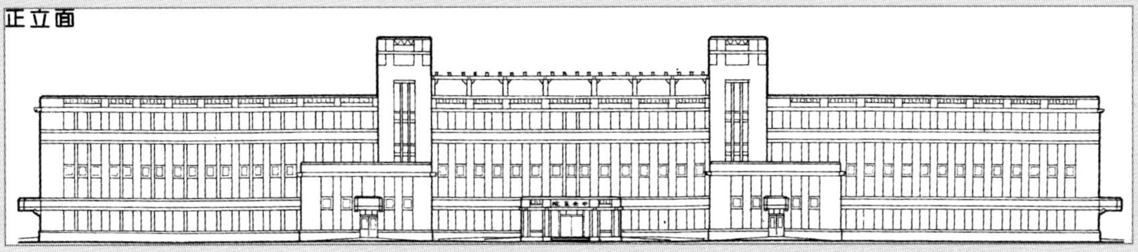

中央医院正立面图（《杨廷宝建筑设计作品集》）

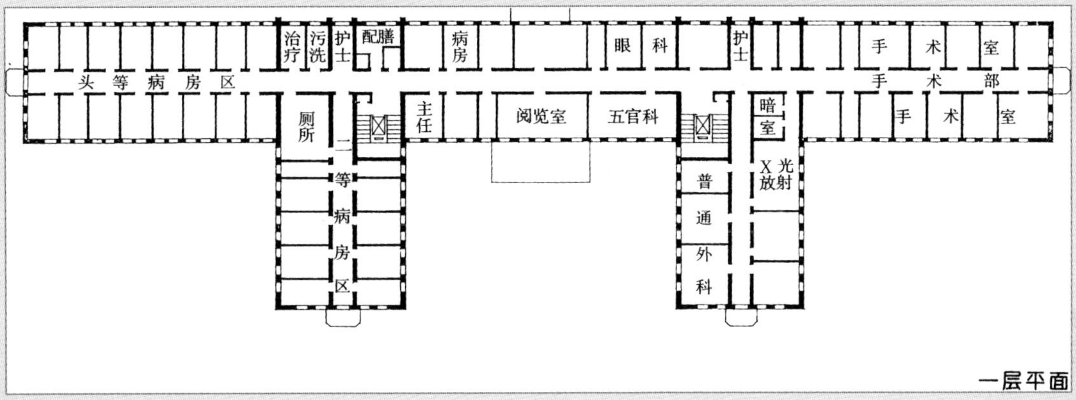

中央医院一层平面图（《杨廷宝建筑设计作品集》）

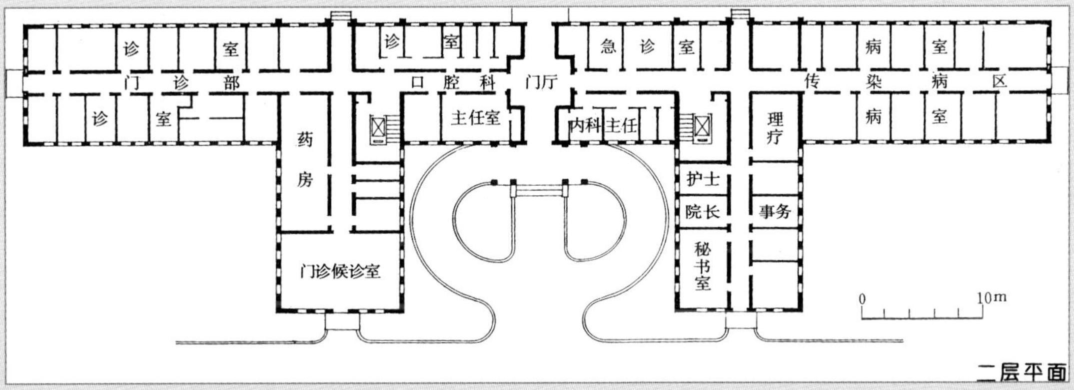

中央医院二层平面图（《杨廷宝建筑设计作品集》）

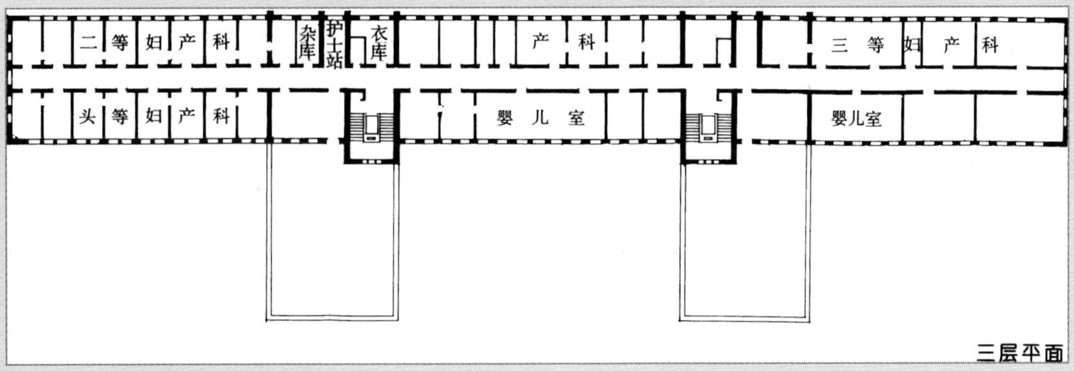

中央医院三层平面图（《杨廷宝建筑设计作品集》）

中央医院鸟瞰

中央医院

十三、奚福泉

奚福泉（1902—1983），字世明，上海人。1914 年，考进上海工部局英人开设的华童公学读书。1921 年，考入同济医工学堂。1922 年，前往德国达姆斯塔特工业大学建筑系学习，并于 1926 年取得特许工程师证书。1927 年，进入柏林高等工业大学建筑系，1929 年，取得工学博士学位。不久，奚福泉携德籍妻子回国，在上海英国人办的远东最大的建筑师事务所——公和洋行从事建筑设计。1931 年，与他人合伙创建启明建筑师事务所。1935 年，又独立创办公利工程公司。1952 年底，他受轻工业部部长黄炎培之托，协助筹建轻工业部华东设计分公司（后改为上海轻工业设计院），翌年，调任该处副总工程师。

奚福泉一生设计的建筑有近百处，如虹桥疗养院、上海市兴业信托社、湖北宜昌和沙市邮局、昆明大戏院、裕滇纱厂等公用建筑，以及社会名流和政府要员朱家骅、谭伯羽、杜月笙、俞大维等公馆别墅。1949 年后，为轻工业部所属重大工程南平造纸厂、南京钟表材料厂、广州造纸厂、佳木斯造纸厂、风雷仪表厂、唐山轻工机械厂等项目进行设计。此外，他还设计了几内亚火柴卷烟厂等援外项目。作品遍及南京、上海、广东、湖北、黑龙江、云南等地。

奚福泉贡献给南京的近代建筑有中国国货银行南京分行、国民大会堂、国立美术陈列馆等。

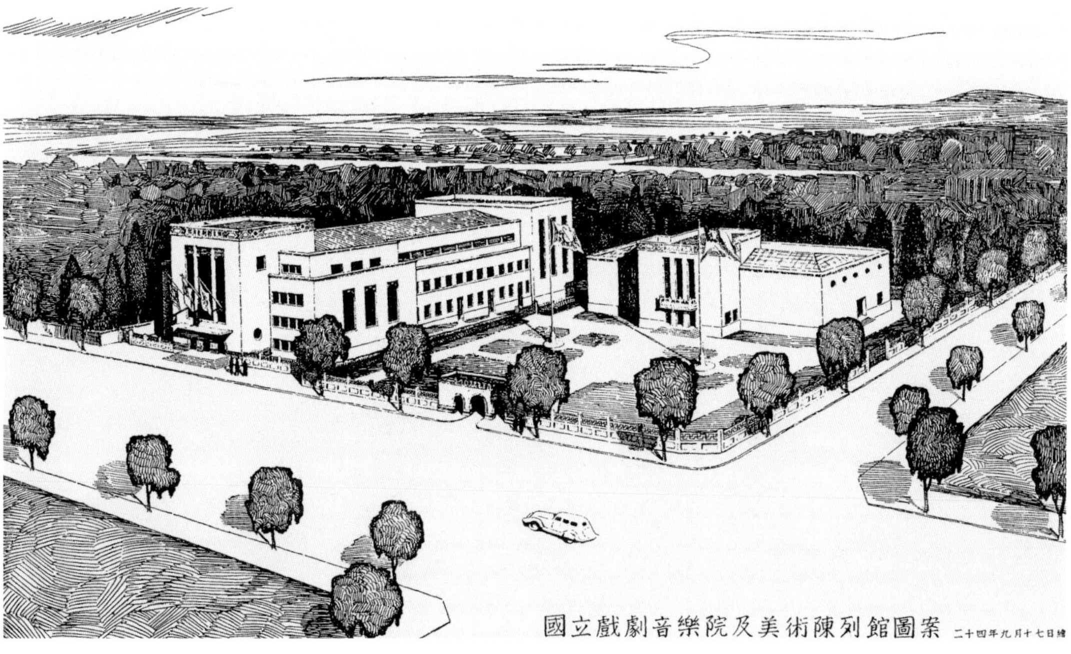

国民大会堂（即国立戏剧音乐院）和国立美术陈列馆设计效果图

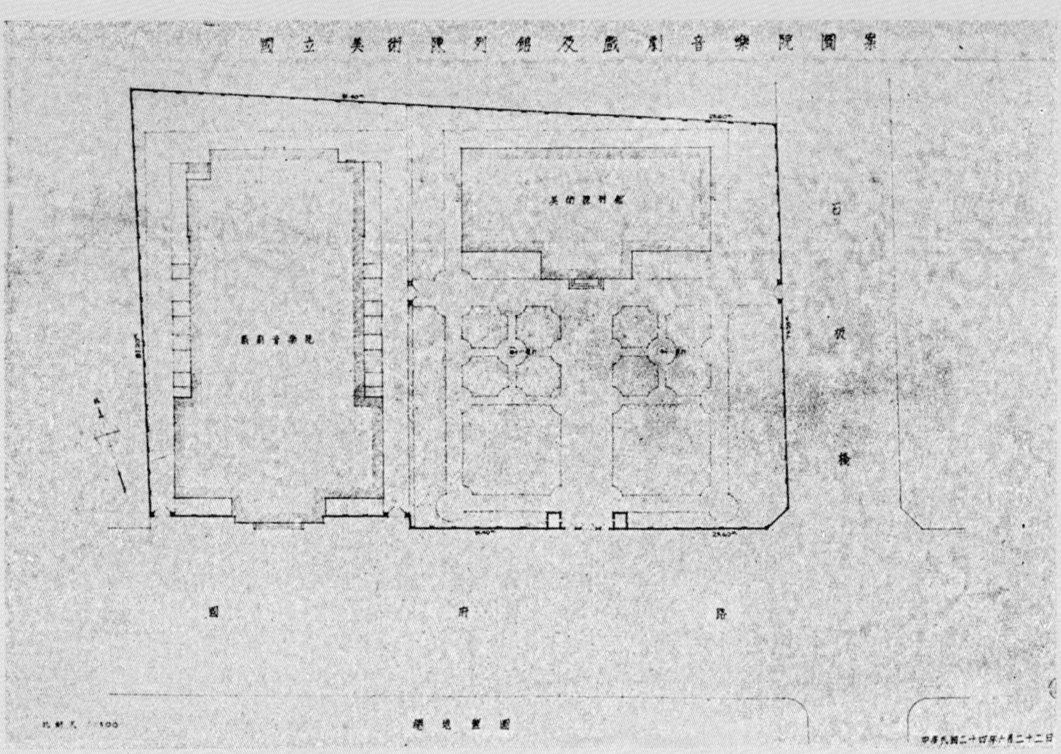

国民大会堂和国立美术陈列馆平面设计图（1935 年 6 月 22 日）

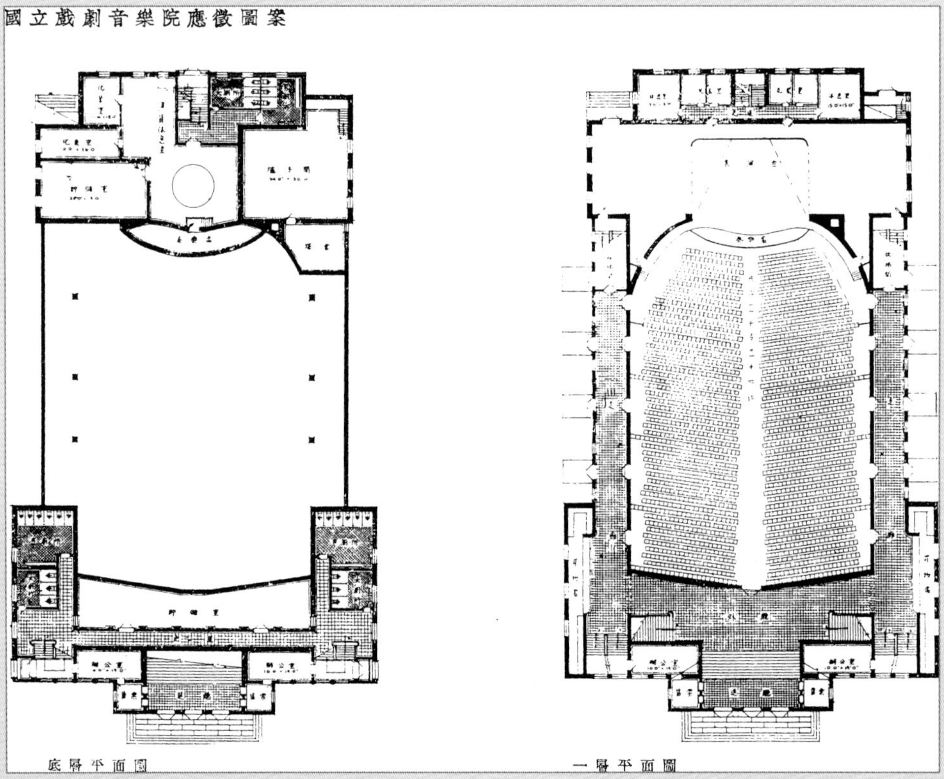

国民大会堂底层、一层平面图（《中国建筑》1937 年第 4 卷第 28 期）

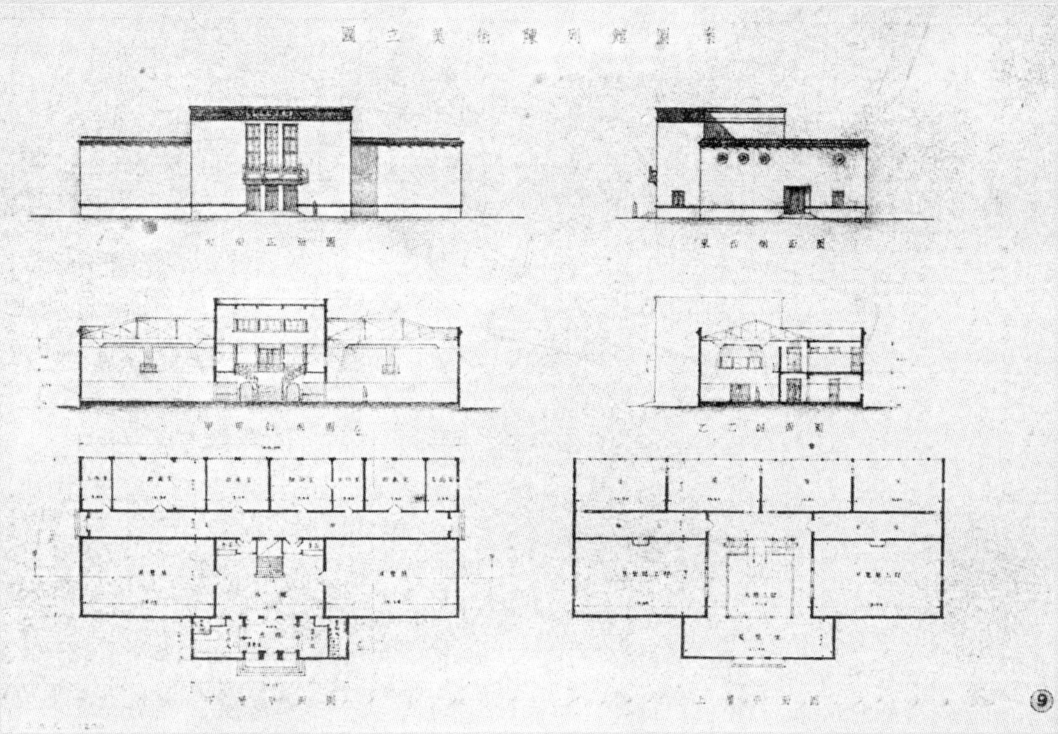

国民大会堂和国立美术陈列馆设计图

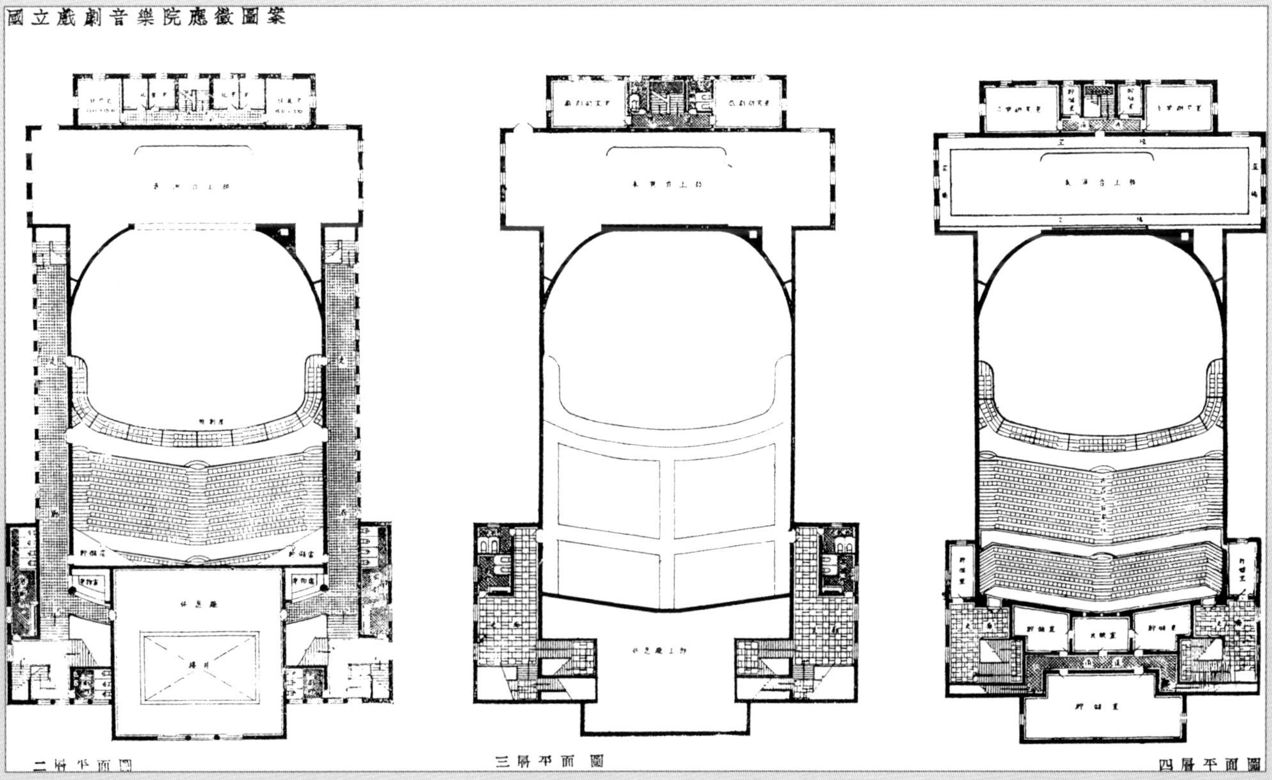

国民大会堂二层、三层、四层平面图（《中国建筑》1937 年第 4 卷第 28 期）

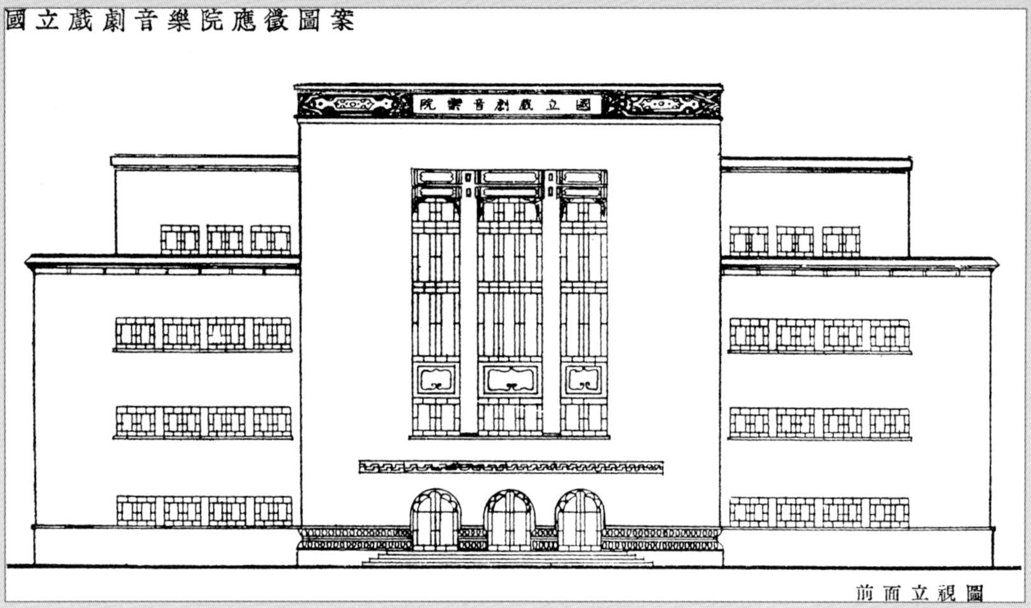

国民大会堂正立面设计图（《中国建筑》1937 年第 4 卷第 28 期）

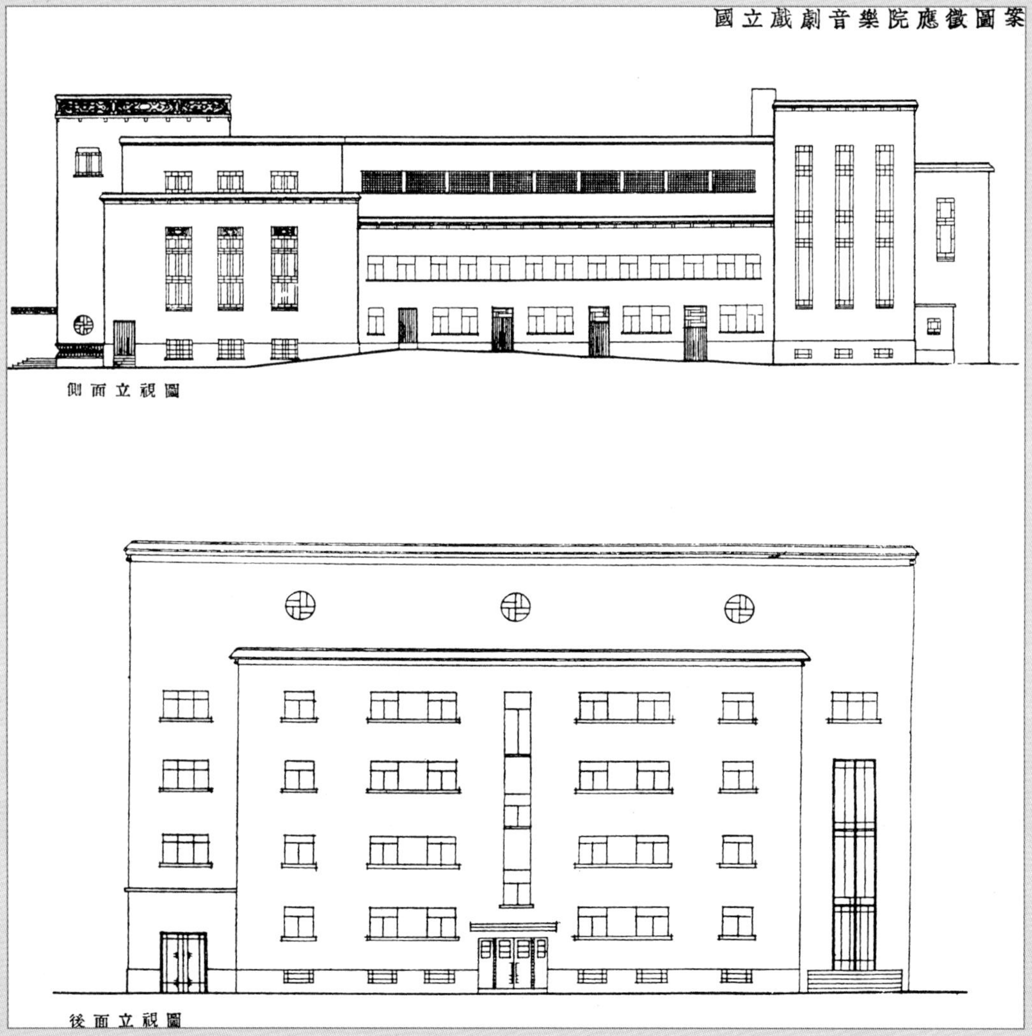

国民大会堂侧立面、后立面设计图（《中国建筑》1937 年第 4 卷第 28 期）

国民大会堂

国民大会堂

国立美术陈列馆旧影

国立美术陈列馆

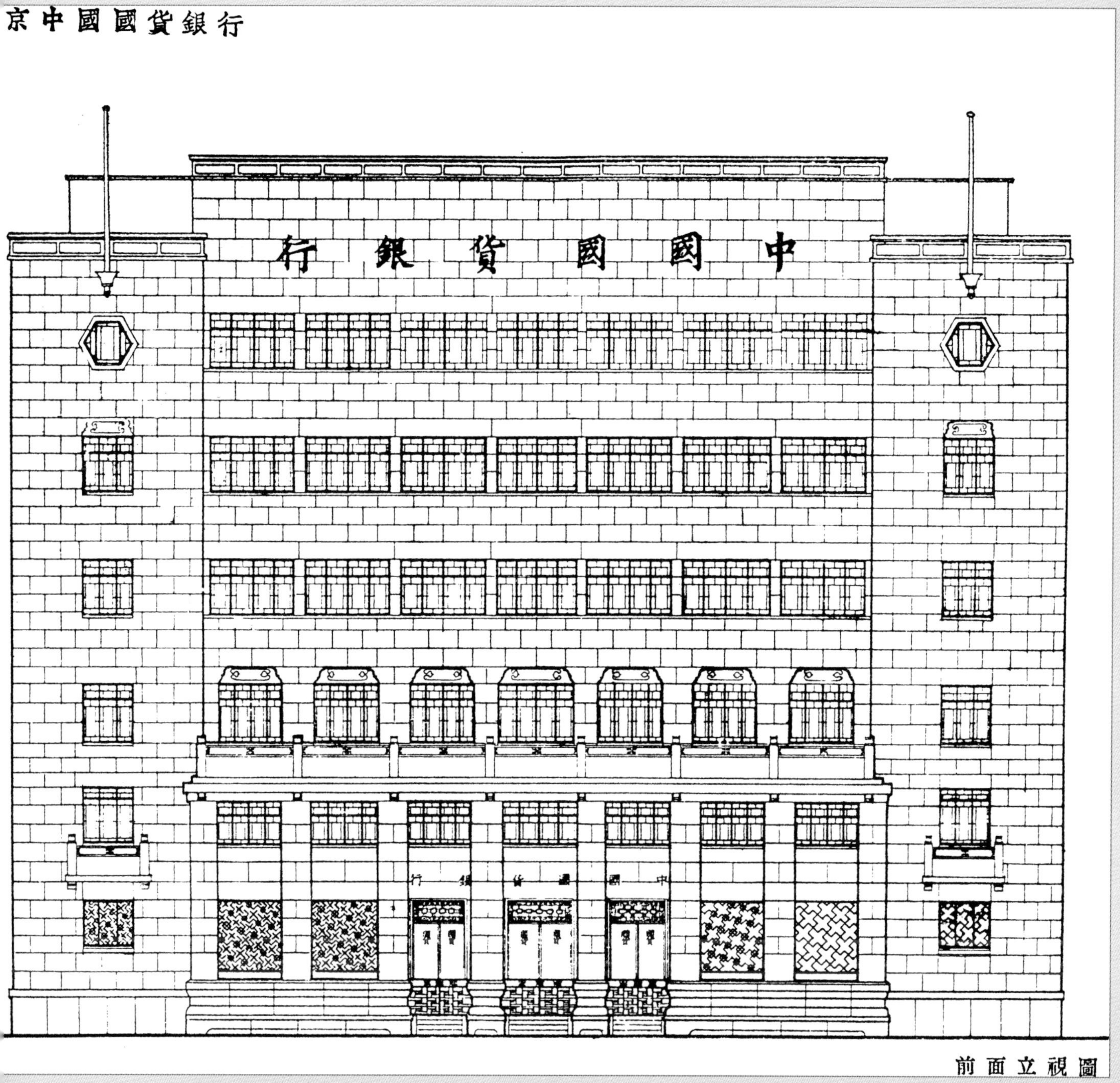

国货银行南京分行正立面图（《中国建筑》1937 年第 4 卷第 28 期）

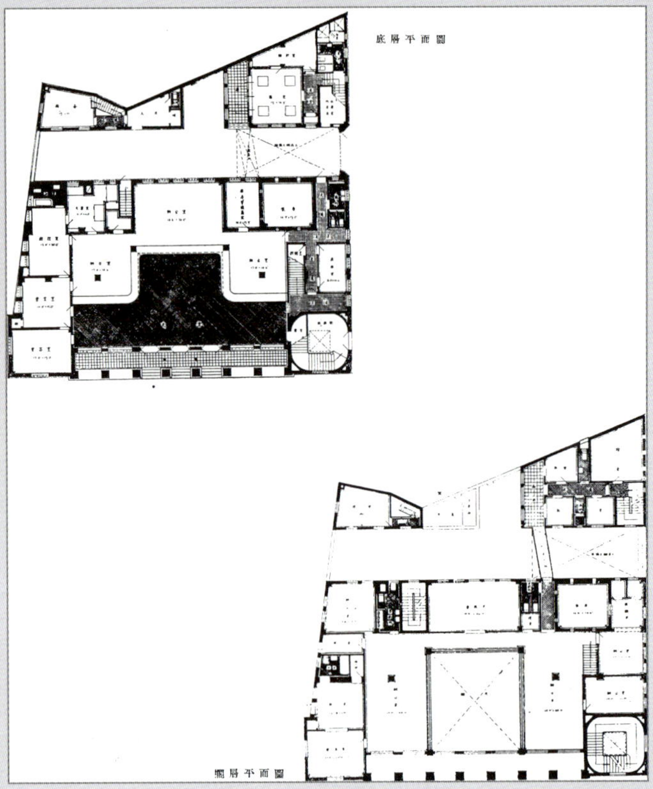

中国国货银行南京分行底层平面图、搁层平面图

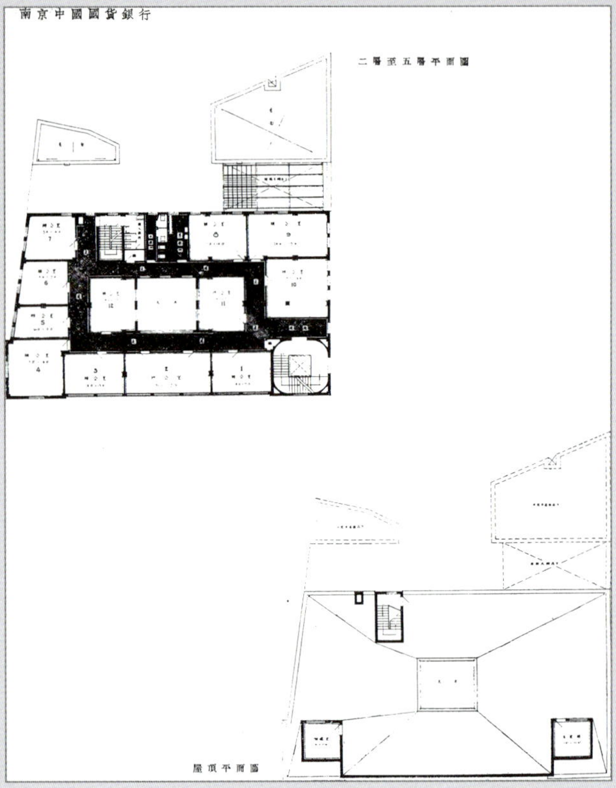

中国国货银行南京分行二层至五层平面图、顶层平面图

中国国货银行南京分行

十四、卢毓骏

卢毓骏

卢毓骏（1904—1975），福建福州人。1916年，入福州高级工业专科学校学习，1920年毕业后，以勤工俭学的方式去法国进修，进入巴黎国立公共工程大学学习。1925年起，在巴黎大学都市计划学院任研究员。1929年回国。曾任南京特别市工务局建筑课课长、国立中央大学建筑工程系兼职教授等，经办中山路、中山桥及首都市政工程。不久调到考试院工作，任考试院工程规划委员，主持设计国民政府考试院建筑群。1944年，担任考试院考选委员会处长。抗战胜利后，担任考试院考选委员会委员，1946年当选国民代表大会代表。1961年，创办私立台湾“中国文化大学”建筑与都市设计系。20世纪60年代后，陆续设计建造了兼具中国传统建筑形象和现代性探索的“中国明堂式”文化大学校舍建筑群。著作有《现代建筑》《中国建筑史与营造法》《卢毓骏教授文集》，译作有柯布西耶的《建筑的新曙光》《明日之城市》及凯文·林奇的《敷地计划学》等。

卢毓骏贡献给南京的作品有国民政府考试院建筑群、汤山望云书屋（戴季陶别墅）、五台山孝园（戴季陶公馆）。

此外，齐兆昌（1880—1956）设计监造的太平南路基督教圣保罗堂，庄俊（1888—1990）设计的南京盐业银行，罗邦杰（1892—1980）设计的南京大陆银行和南京邮政储金汇业局新街口转角大楼，过养默（1895—1975）设计的最

考试院设计渲染图（20世纪30年代）

考试院鸟瞰图（石长安提供）

考试院东大门

高法院，董大酉（1899—1973）参与设计的国民革命军阵亡将士纪念塔和纪念馆，陈植（1902—2002）参与设计的外交部大楼，陆谦受（1904—1992）设计的珠宝廊中国银行南京分行，杨光煦（1904—？）设计的中山陵桂林石屋，徐敬直（1906—1983）和李惠伯（1909—1950）设计的国立中央博物院，张镛森（1908—1983）设计和参与设计的中山陵宝鼎石台、东南大学同学会会所、鼓楼忠实里公寓、四牌楼国立中央大学新校舍，梁衍（1908—2000）设计的国际联欢社，唐璞（1908—2005）设计的新街口广场喷泉，徐中（1912—1985）设计的国立

督教圣保罗堂

督教圣保罗堂

赵志游

小红山官邸效果图（《建筑月刊》1934 年第 2 卷第 5 期）

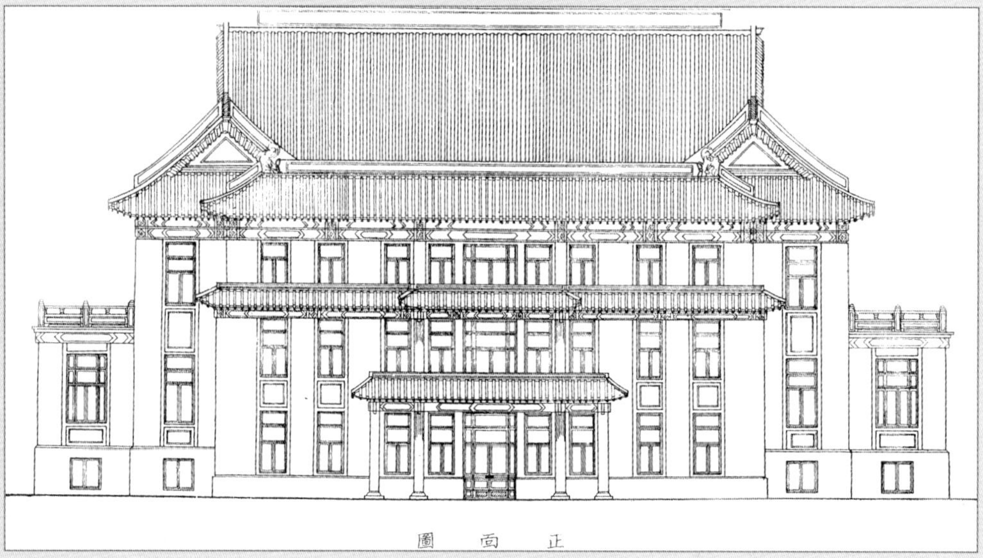

小红山官邸正面图（《建筑月刊》1934 年第 2 卷第 5 期）

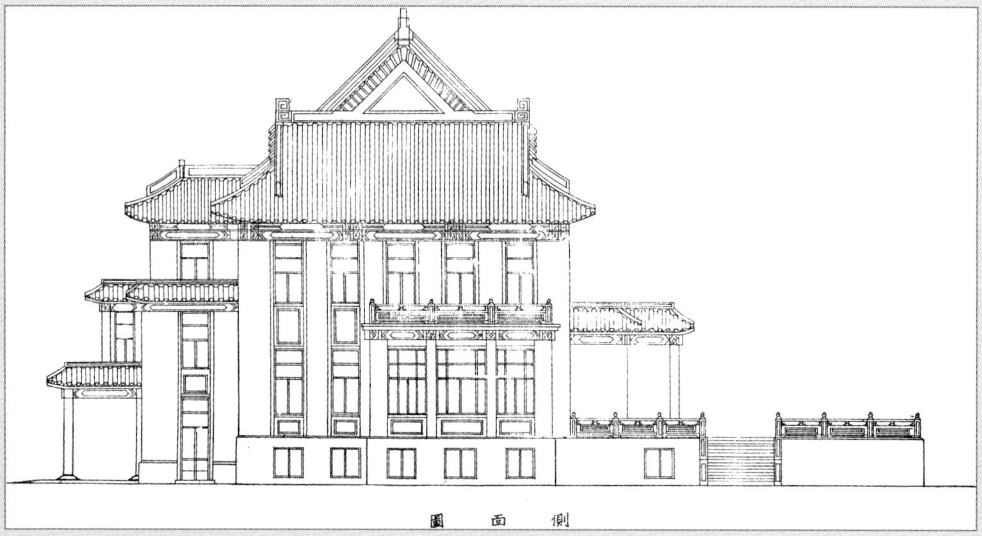

小红山官邸侧面图（《建筑月刊》1934 年第 2 卷第 5 期）

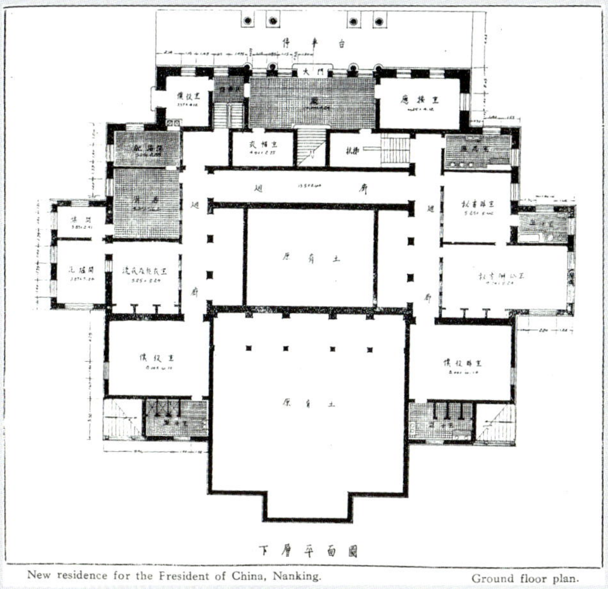

小红山官邸下层图（《建筑月刊》1934 年第 2 卷第 5 期）

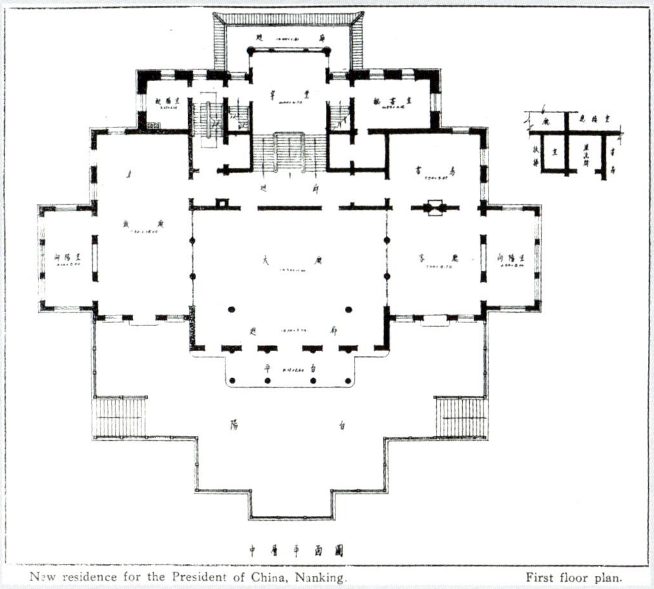

小红山官邸中层图（《建筑月刊》1934 年第 2 卷第 5 期）

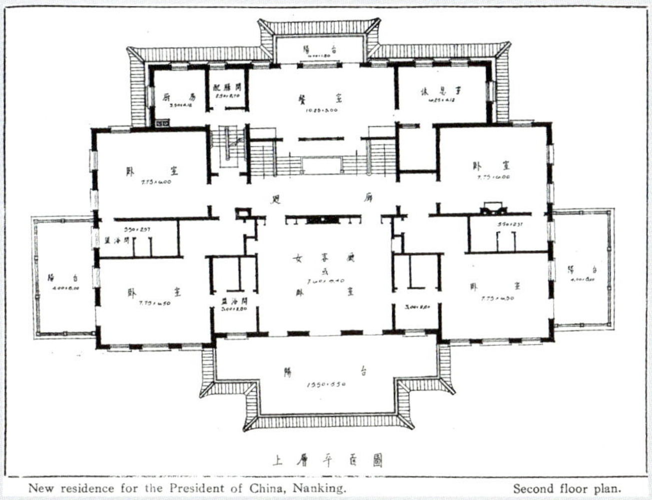

小红山官邸上层图（《建筑月刊》1934 年第 2 卷第 5 期）

小红山主席官邸旧影

小红山主席官邸

流徽榭

中央音乐学院校舍、交通银行行长钱新之公馆，汪坦（1916—2001）设计的张群公馆和馥记大楼，赵志游主持设计的小红山主席官邸，邱德孝设计的航空烈士公墓，陈均沛设计的永慕庐，张谨农设计的中央陆军军官学校大礼堂，以及顾文钰设计的流徽榭等，在南京近代建筑史上也都占有一席之地。

流徽榭

第二节 外国建筑师

一、德怀特·帕金斯

德怀特·帕金斯（Dwight Heald Perkins，1867—1941），美国建筑设计师，出生于美国田纳西州。后随家人移居芝加哥。1888 年从麻省理工学院毕业后，在美国芝加哥创办建筑师事务所。1911 年，他与好友菲格斯（William K. Fellows）和汉密尔顿（John L. Hamilton）合办帕金斯建筑师事务所（Perkins Fellows & Hamilton Architects）。

1910 年金陵大学成立后不久，在鼓楼西南坡购地 2340 亩（原为民宅和祖坟），兴建新的校舍。1912 年，由纽约建筑师凯蒂·X. 克尔考里（Cady.X.Crecory）完成金陵大学的建筑规划，该规划基本上是沿着南北向的中轴线展开。1913 年，由美国芝加哥帕金斯建筑事务所（Perkins Fellows & Hamilton Architects, Chicago, U.S.A）设计承包金陵大学全部工程，该事务所负责人德怀特·帕金斯于 1913 年和 1914 年两度对金陵大学新校址的规划方案进行了深化和细化。①

在德怀特·帕金斯的规划设计方案中，金陵大学的规划用地仍然是南北向的近似长方形的地块。在南北长约 900 米的北高南低的狭长基地中，受美国本土校园规划的影响，以一条南北向的中轴线来渲染纵深感，将北端的大学部与南端的中学部有机地串联在一起。在这条中轴线上，以钟楼式的北大楼（文学院）作为北部的端点，也是基地内的最高点。北大楼与东、西两侧对称的东大楼（理学院）和西大楼（农学院）一起围合出了一个三合院空间；向南经过以东西向布置的礼拜堂（今大礼堂）和图书馆（未建），穿过由其他功能建筑（均未实现）对称排列围合出的绿化带、湖面和桥，结束于最南端的呈发散式布局的中学部

① 周学鹰、马晓著：《南大建筑百年》，南京大学出版社 2018 年 12 月版。

所在。[1]从空间上看，从南端自然曲折的人工湖往北，到渐次升高的绿化带，再到三合院围合出的大草坪，最后直至最高处的北大楼，顺应了地形总体的高差变化关系，空间层次由南向北层层递进，凸显出设计者意图勾画一个壮丽的大学校园的美好愿景。

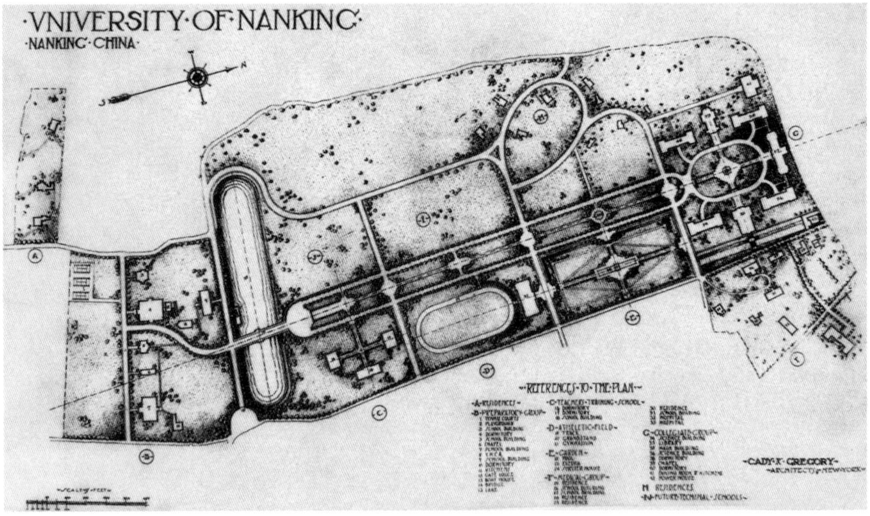

1912 年克尔考里设计的金陵大学校园平面规划图（周学鹰、马晓《南大建筑百年》）

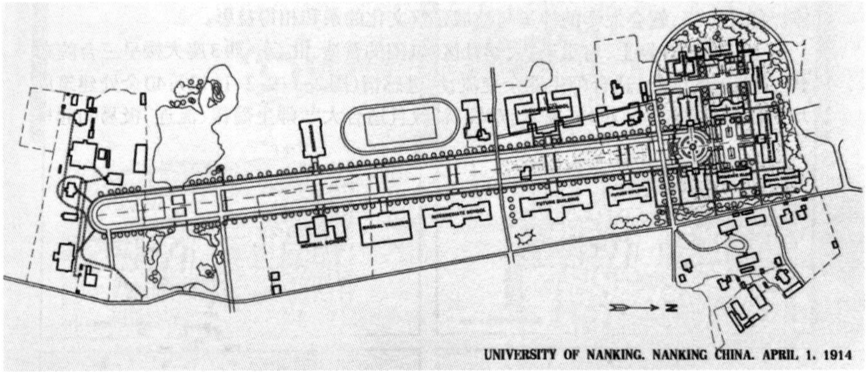

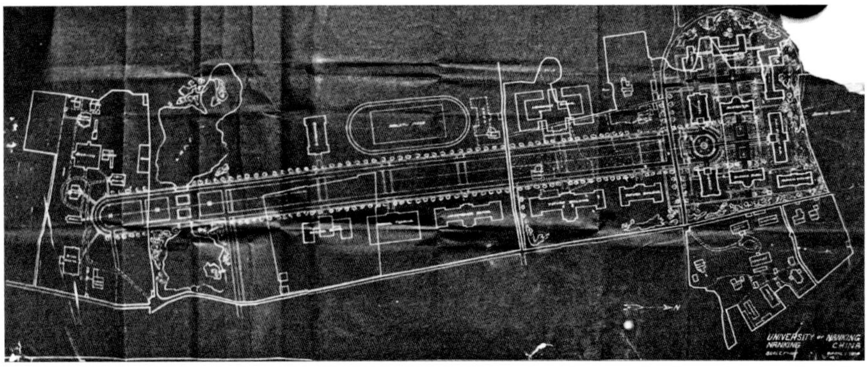

1914 年帕金斯修改完善的金陵大学规划平面图（南京大学藏）

① 汪晓茜著：《大匠筑迹——民国时代的南京职业建筑师》，东南大学出版社 2014 年 9 月版。

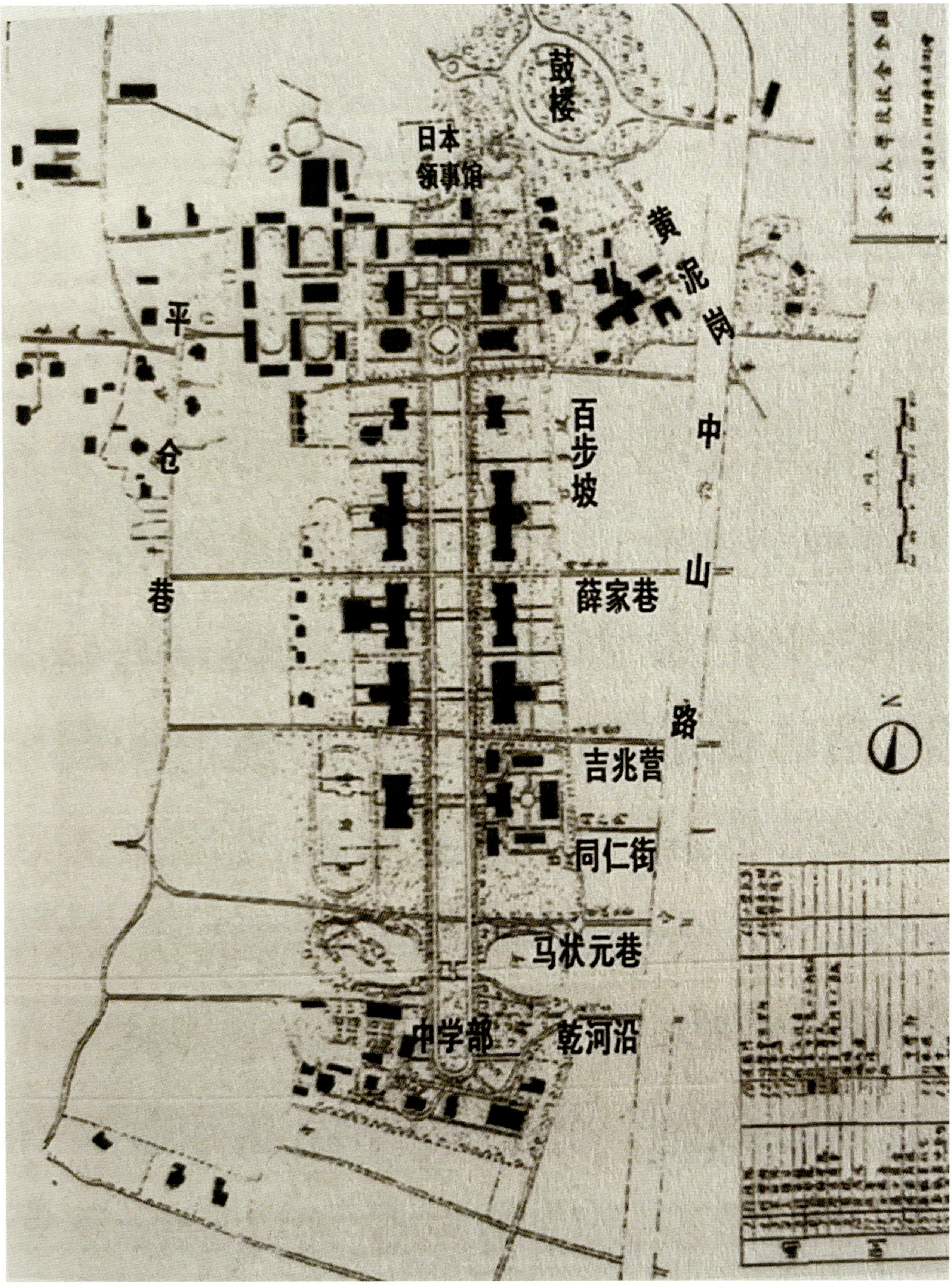

金陵大学校校舍全图（金陵大学秘书处《私立金陵大学一览》，金陵大学秘书处，1933 年）

金陵大学北大楼

金陵大学北大楼

金陵大学大礼堂

金陵大学大礼堂

金陵大学西大楼（美国杜克大学图书馆藏）

金陵大学西大楼

二、亨利·墨菲

墨菲

亨利·墨菲（Henry Killam Murphy，1877—1954），又译亨利·茂飞，美国建筑设计师。出生于美国康涅狄克州。中学就读于私立霍普金斯学校（Hopkins Grammar School），1895年进入耶鲁大学攻读艺术专业，1899年毕业。1908年，墨菲和他的搭档丹纳在纽约开设“墨菲和丹纳建筑事务所”（Murphy & Dana，Architect），主要承接本地中产客户的住宅设计，后逐步转向教育类建筑。在墨菲转型后的1913年，墨菲和他的团队被中国雅礼会（Yale-in-China Committee）选中，成为湖南雅礼大学的设计师，由此翻开了墨菲在近代中国建筑活动的崭新一页。

1914年，墨菲初次访问中国，主持长沙雅礼大学和清华大学校园规划和建筑设计。在此期间，考察了大量中国建筑。尤其是在参观紫禁城后，认为这是“世界上最美丽的建筑”，对以其为代表的中国官式建筑造型艺术进行了深入研究。1918年，墨菲和丹纳决定在中国建立分公司“茂旦洋行”，并成功接下了十余座校园设计的大单。1926年，他第六次来到中国，提出了他独创的“中国建筑的适应性”（Adaptation of Chinese Architecture）理论。他总结出中国官式建筑的四个基本特征和一个实现路径，即反曲屋顶（the Curving roof）、布局的有序（Orderliness of arrangement）、构造的真率（Frankness of construction）、华丽的彩饰（Lavish use of gorgeous color）、中体西用的路径（Methods of approach——start with Chinese architectural conceptions, introducing such foreign modifications as are needed to meet definite practical needs）。[①] 墨菲提出了“纯正的中国建筑文艺复兴”（Genuine Architectural Renaissance of China）。

在外国建筑师中，墨菲是设计中国古典复兴式建筑最著名者，其贡献在于把中国古典复兴式建筑推向定形。他先后为中国的教会大学规划设计了多所校园或主要建筑，如清华学堂（今清华大学）、沪江大学（今上海理工大学）、福建协和大学（现福建师范大学）、长沙雅礼大学（现中南大学湘雅医院、湘雅医学院）、金陵女子大学（今南京师范大学随园校区）、复旦大学（今复旦大学）、燕京大学（现北京大学）、岭南大学（现中山大学）等。他还应南京国民政府之邀请制定《首都计划》，设计国民革命军阵亡将士公墓等。吕彦直、

① Henry Killam Murphy. *The Adaplation of Chinese Architecture for Modern Use（An Outline）*, China Institute Bulletin, 1931. 何勇博士提供材料。

董大西等中国近代著名建筑师都曾经在他的纽约或上海的建筑设计所工作。纵观墨菲在中国及东亚设计的校园建筑群，始终秉持相对一致的风格，其主要的设计范式源自美国悠久的名校——弗吉尼亚大学（University of Virginia）校园。

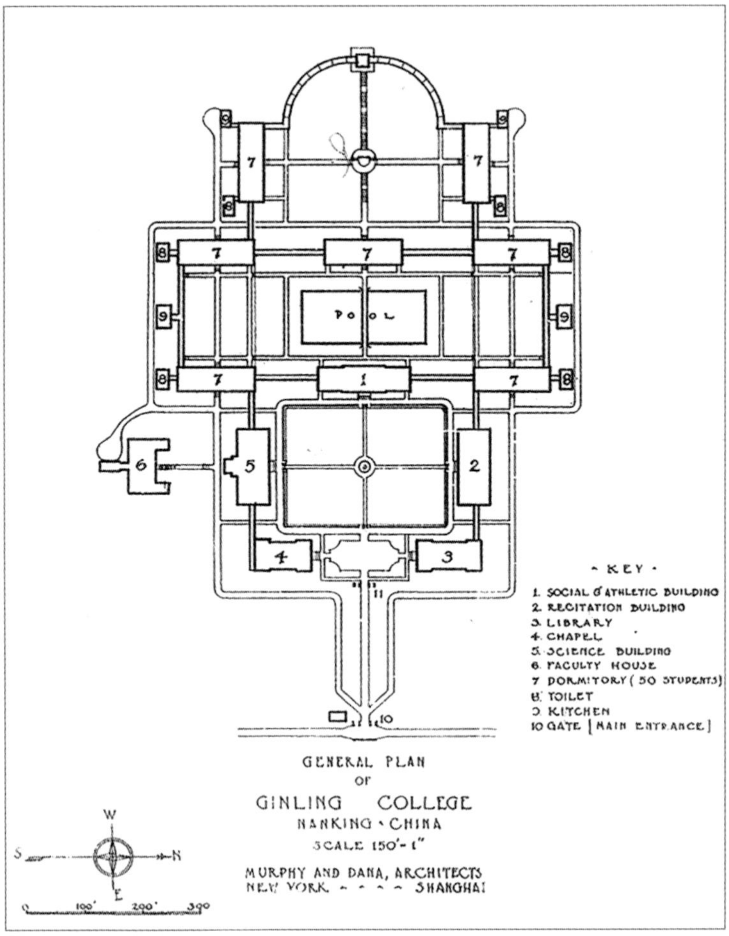

金陵女子大学平面图

1928年1月，南京国民政府专门成立了首都建设委员会，在首都建设委员会下面设立国都设计技术专员办事处，墨菲和另一位美国建筑师古力治（Ernest P. Goodrich）被聘请为国民政府建筑顾问，负责制定《首都计划》。1929年12月31日，《首都计划》正式公布。南京由此成为我国第一座按照国际标准，运用西方都市的现代功能、技术，采用棋盘格和放射状规划模式，进行综合分区规划的城市，奠定了现代南京城市布局的基本框架。

墨菲主持设计的金陵女子大学校舍以宽阔的大草坪为中心，建筑造型均是中国传统宫殿式风格，而建筑材料和结构则采用了西方先进的钢筋混凝土结构，建筑物之间以中国古典式外廊相连接，中西方建筑风格在这里达到了有机的统一。他主持设计的国民革命军阵亡将士公墓建筑群沿南北向的中轴线布置，由南至北依此是正门、牌坊、祭堂、公墓、纪念馆和纪念塔。建筑布局既参照了中国传统陵墓的建筑手法，又加进了西方风格的几何形绿地广场；同时，新旧建筑巧妙结合，既有对比，又相互融合，形成了纵深变化丰富的景观。

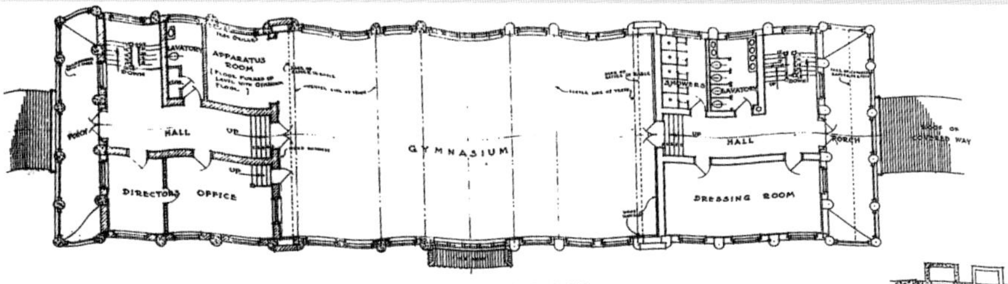

SECOND FLOOR PLANS

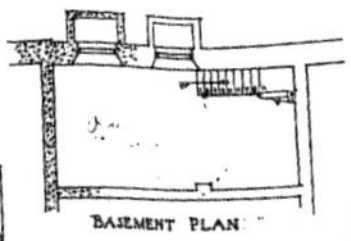

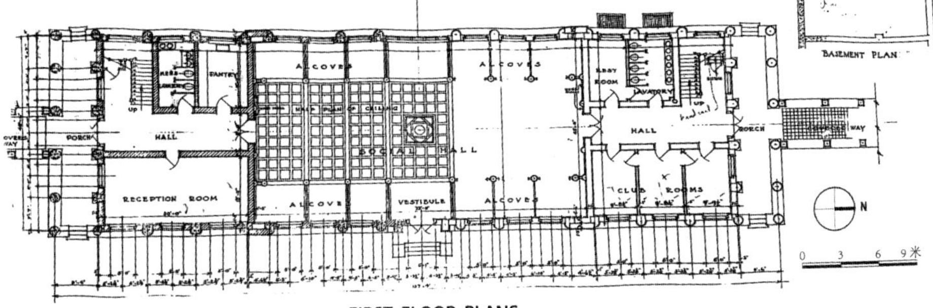

FIRST FLOOR PLANS

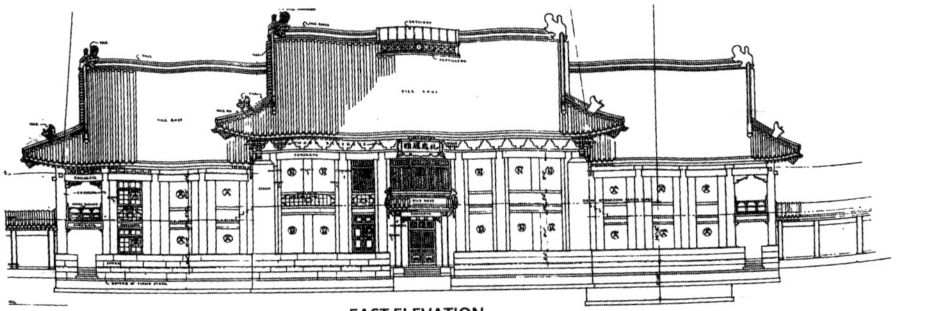

EAST ELEVATION

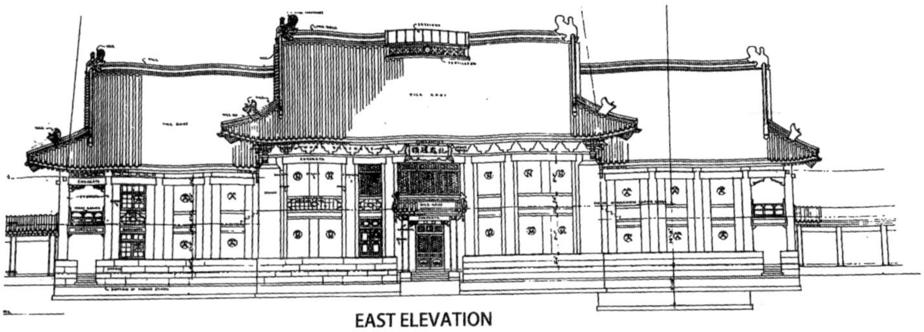

EAST ELEVATION

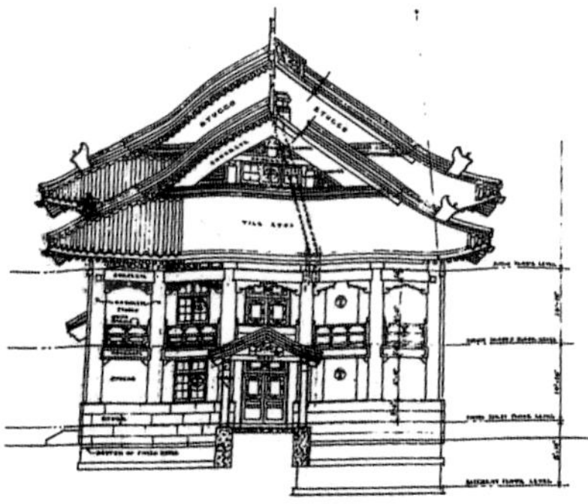

END ELEVATION

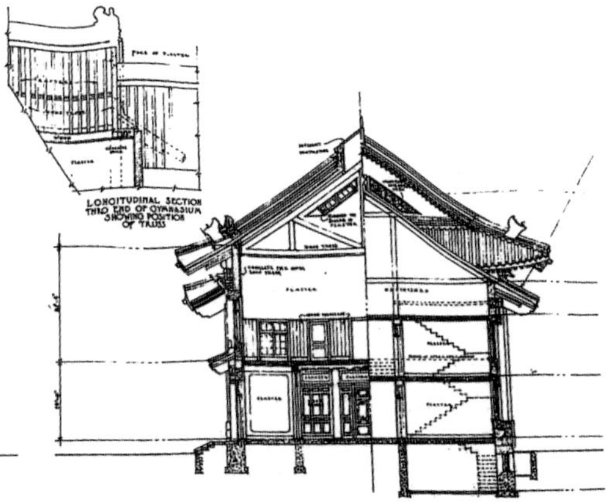

SECTION

金陵女子大学 100 号楼设计图纸（耶鲁大学图书馆藏，转引自周琦等著《南京近代建筑史》）

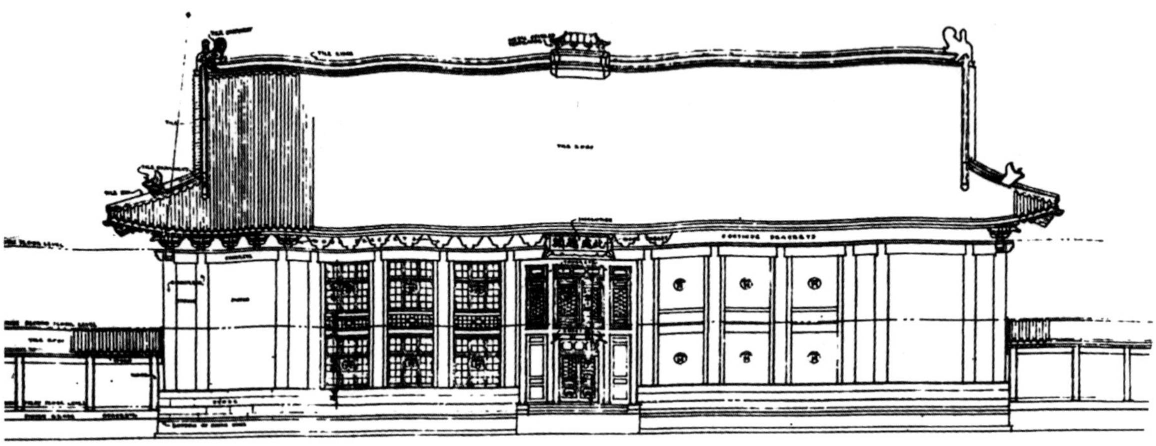

NORTH ELEVATION

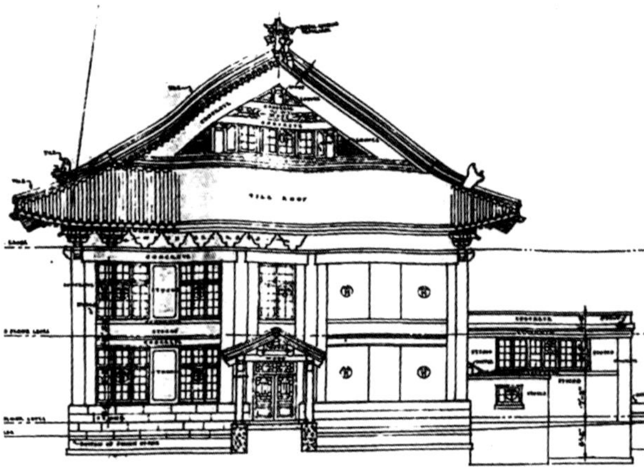

END ELEVATION

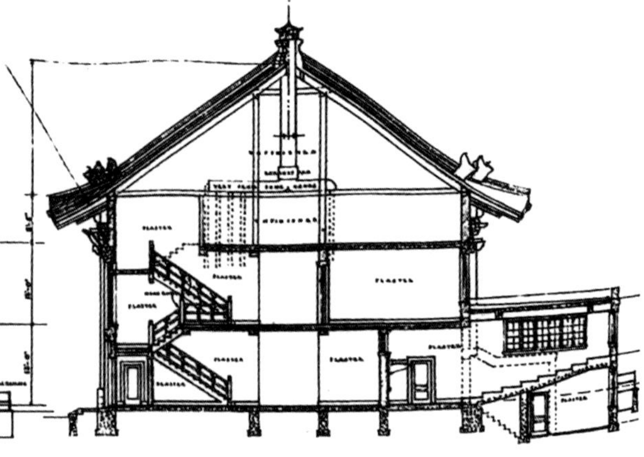

SECTION

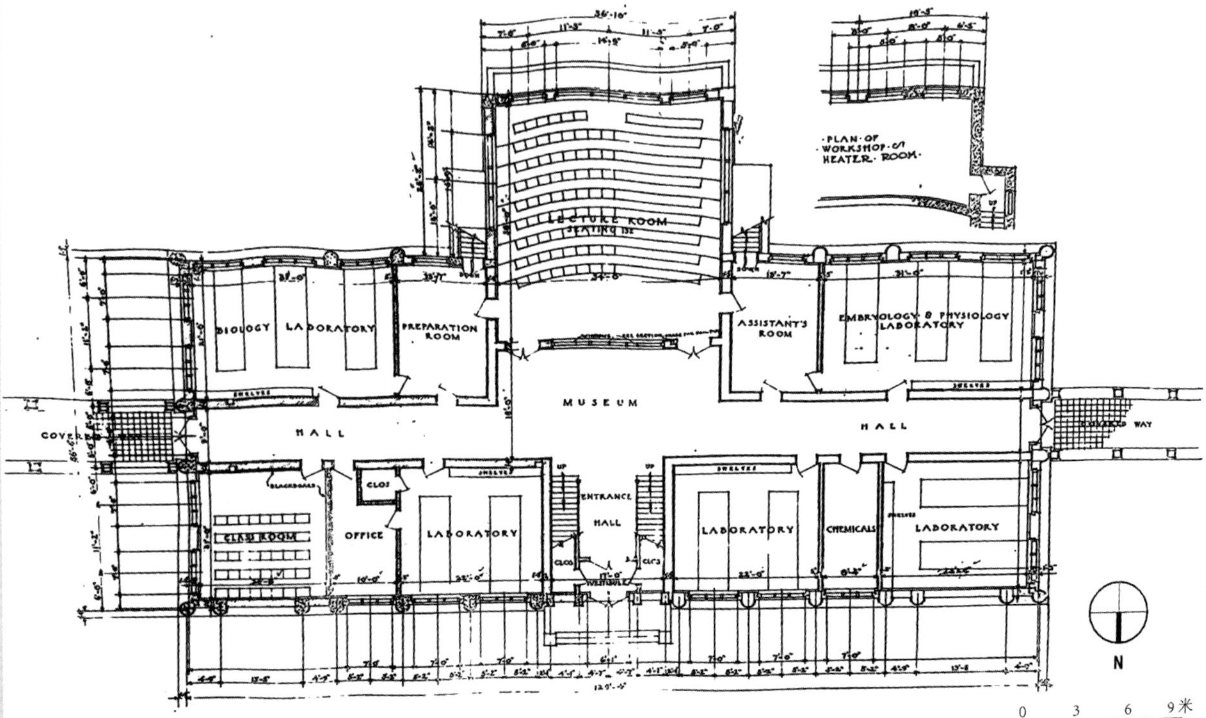

FIRST FLOOR PLAN

金陵女子大学 200 号楼设计图纸（耶鲁大学图书馆藏，转引自周琦等著《南京近代建筑史》）

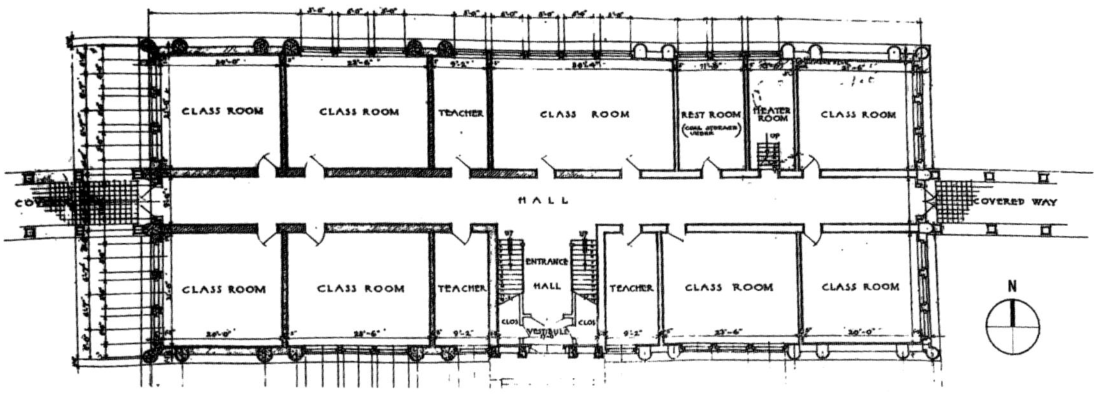

FIRST FLOOR PLAN

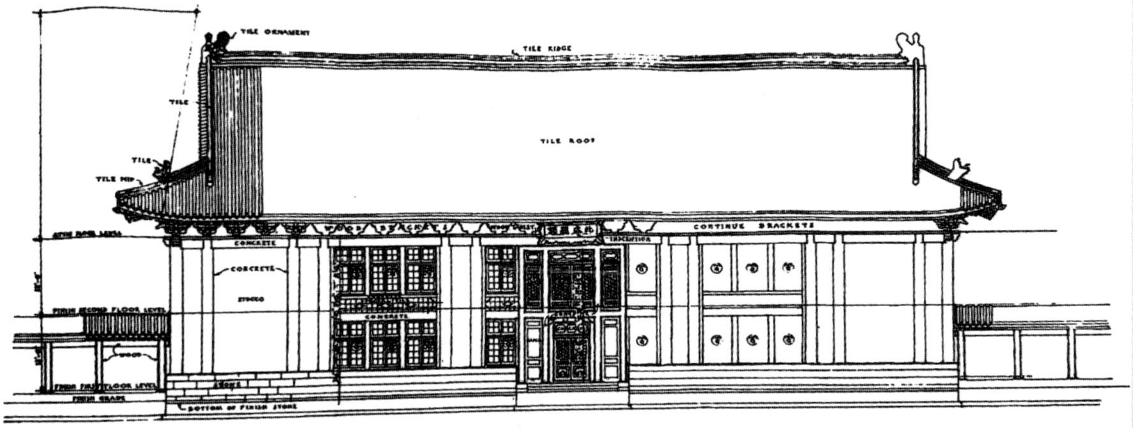

SOUTH ELEVATION

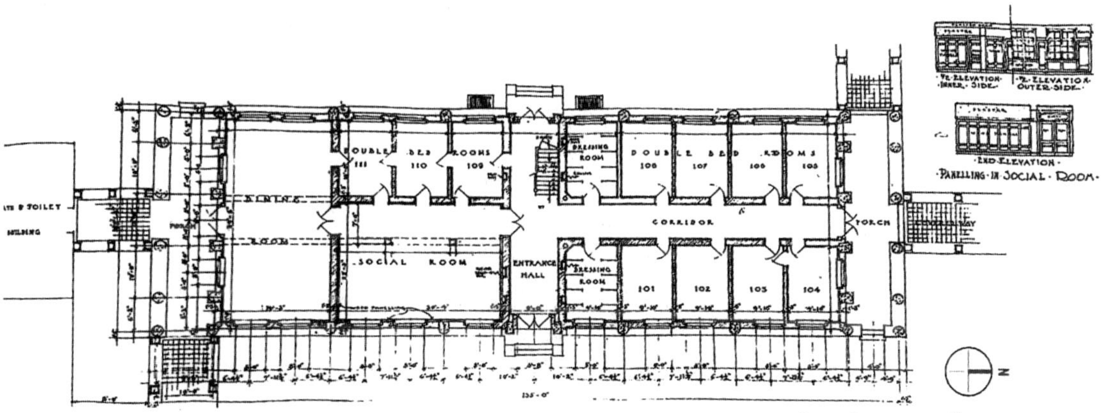

FIRST FLOOR PLAN

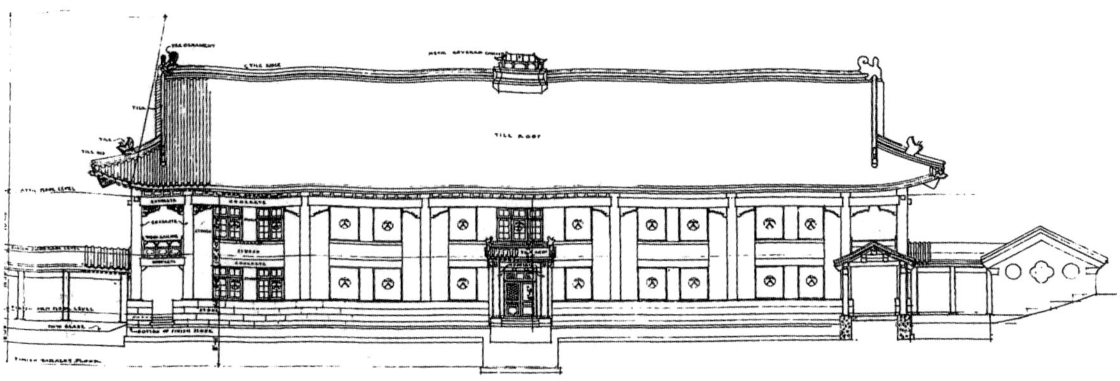

FRONT(WEST) ELEVATION

金陵女子大学 400 号—700 号楼设计图纸（耶鲁大学图书馆藏，转引自周琦等著《南京近代建筑史》）

金陵女子大学校园旧影

金陵女子大学 100 号楼（会议楼、体育馆）

第七章 南京近代营造厂

建筑师们设计的作品，必须通过建筑物这个物质载体才能表现出来。营造厂（相当于今天的建筑公司）起到了将建筑师设计的作品转化为有形的载体的桥梁作用。

文书局（子超楼）东边的回廊和喷水池

第一节　南京营造业发展状况

近代史上，南京的营造业得到了前所未有的发展。1912 年民国刚刚成立的时候，南京仅有陈明记、缪顺兴声号、张裕泰合记、谈海、正兴隆、王荣记福记等为数不多的几家营造厂。自 1927 年国民政府定都南京以后，随着机关、部队、商业金融机构、工厂等部门和单位在南京陆续设立，南京城内人口急速增加，办公用房、工业用房和居民用房奇缺，一时间，到处是一片热气腾腾的建设场景，故营造业特别发达，成为当时最红火的产业之一。

据 1929 年 11 月 30 日南京特别市政府编印出版的《首都市政公报》第 48 期记载，1929 年 11 月 11 日上午，在市政府礼堂举行的第 45 次总理纪念周会议上，南京市工务局汇报有“登记营造业 57 家”；到了 12 月份，到南京市工务局申请登记的营造业有 193 家，发给执照者共五十四家。[①] 五年后，获得营业执照的发展到 480 家，是原来的 8 倍有余。1934 年 8 月 15 日出版的《中国经济志・南京市》记载：“南京自十六年以来，修筑官署营房及马路两旁房屋，迄未间断，故营造厂亦特别发达。全市计共四百八十家，为京市工厂家数之最多者。”当时，全市 480 家营造厂中，甲等 63 家，乙等 79 家，丙等 186 家，丁等 152 家。[②]

1935 年 7 月至 1936 年 6 月，南京市工务局新核发的营造业执照有 225 家，其中甲等 38 家，乙等 39 家，丙等 45 家，丁等 103 家。[③]

全面抗战期间，许多营造厂内迁重庆等地，1942 年，南京只剩下营造厂 178 家。抗战胜利后，随着国民政府还都南京，南京营造业再次获得发展，1948

① 《南京特别市政府民国十八年十二月份工作报告表》，《首都市政公报》第 50 期，1929 年 12 月 31 日。
② [民国]建设委员会经济调查所统计课编：《中国经济志・南京市》，正则印书馆 1934 年 8 月版。
③ 《南京市工务局二十四年度核发营造业执照及技士证书登记表》，《南京市政府公报》第 172 期，1936 年 12 月。

年，经南京市工务局核准的营造厂共有625家，其中甲等259家，乙等63家，丙等130家，丁等173家。

南京市工務局二十四年度核發營造業執照及技士證書統計表

時期		營造業執照					技士執行業務證書		
年	月	甲等	乙等	丙等	丁等	合計	技師	技副	合計
二十四年度	七	2	0	5	7	14	1	1	2
	八	4	2	4	5	15	3	2	5
	九	2	2	0	5	9	1	0	1
	十	4	4	7	9	24	3	1	4
	十一	1	5	5	4	15	0	0	0
	十二	2	3	1	7	13	1	0	1
	一	3	4	1	10	18	1	0	1
	二	2	2	0	1	5	3	0	3
	三	3	1	6	9	19	3	0	3
	四	1	5	4	16	26	2	3	5
	五	10	2	5	12	29	1	0	1
	六	4	9	7	18	38	0	0	0
總計		38	39	45	103	225	19	7	26

南京市政府公報 統計

一一八

南京市工务局1935年7月至1936年6月营造业统计表(《南京市政府公报》第172期，1936年12月)

第二节 著名的营造厂

据《南京建筑志》等记载，在南京从事营造业的营造厂中，著名的有陈明记、姚新记、缪顺兴声号、张裕泰合记、新金记康号、陆根记、馥记、利源合记、裕信宏记等。它们在南京承建了许多工程，现简介如下：

陈明记营造厂：1897 年创办于南京，是南京本地最早的一家营造厂。厂主先后为陈烈明、陈裕华、陈裕康。承建的工程主要有金陵大学、太平路圣保罗教堂、金陵神学院等。

姚新记营造厂：1899 年创办于上海，厂主姚锡舟。承建的主要工程有中山陵第一期工程（包括陵墓、祭堂）、和记洋行、中国水泥厂、国民政府外交部、南洋劝业会水泥工程等。

缪顺兴声号营造厂：1906 年创办于南京，厂主先后为缪金声、缪春森。承建的工程主要有中山大道、太平南路等。

张裕泰合记营造厂：1909 年创办于南京，后迁到上海，厂主先后为张裕田、黄自强。承建的主要工程有国立中央大学图书馆、马超俊公馆等。

新金记康号营造厂：1919 年创办于上海，厂主先后是康金保、康俊。承建的主要工程有中山陵第二期工程（石级、围墙、平台）、永慕庐、中央大学大礼堂、小红山主席官邸、国民大戏院、美军顾问团公寓等。

陆根记营造厂：1919 年创办于上海，厂主陆根泉。承建的主要工程有国民大会堂、国立美术陈列馆、励志社、军统局办公楼等。

馥记营造厂（馥记营造公司）：1922 年创办于上海，厂主陶桂林。承建的主要工程有中山陵第三期工程（牌坊、陵门、碑亭）、国民革命军阵亡将士纪念塔、国民党中央党史史料陈列馆、国民党中央监察委员会、北极阁宋子文公馆、馥记大厦等。

利源合记营造厂（利源建筑公司）：约20世纪20年代创办于上海，厂主朱顺兴。承建的主要工程有中央体育场、音乐台等。

裕信宏记营造厂（裕信营造公司）：厂主张桂联。承建的主要工程有总理陵园管理委员会办公楼、中央地质调查所南京地质矿产陈列馆、南京国际联欢社等。

竺达记营造厂：厂主竺达甫。承建的主要工程有中山陵附属建筑革命历史图书室、中央军人监狱、美大纸行等。

此外，比较著名的还有新亨营造厂，承建新街口交通银行；辛峰记营造厂，承建交通部和何应钦公馆；杨仁记营造厂，承建中央陆军军官学校大礼堂；建华营造公司，承建中央医院；弘毅营造厂，承建华侨招待所扩建工程，等等。这些营造厂与建筑师们共同为南京近代建筑的建设和发展做出了杰出的贡献。

附 录

一、营造厂[①]

南京自十六年以来，修筑官署营房及马路两旁房屋，迄未间断，故营造厂亦特别发达。全市计共四百八十家，为京市工厂家数之最多者。该业登记，按照资本大小，分为甲、乙、丙、丁四等，资本在五万元以上者为甲等，万元以上者为乙等，二千元以上者为丙等，二百元以上者为丁等，内记甲等六十三家，乙等七十九家，丙等一百八十六家，丁等一百五十二家，按照登记资额，应为四百三十四万二千四百元，然实际犹不止此数。二十二年营业，据市府工务局统计，凡四百八十八万五千零九十元，统计之如左表，各家牌号、地址、等级、资金，更附一览表于后：

南京市营造厂统计表

等别	标准资额（元）	家数	资本数（元）	营业数（元）
甲等	五〇、〇〇〇	六三	三、一五〇、〇〇〇	
乙等	一〇、〇〇〇	七九	七九〇、〇〇〇	
丙等	二、〇〇〇	一八六	三七二、〇〇〇	
丁等	二〇〇	一五二	三〇、四〇〇	
合计		四八〇	四、三四二、四〇〇	四、八八五、〇九〇

① ［民国］建设委员会经济调查所统计课编：《中国经济志·南京市》，正则印书馆 1934 年 8 月版。

南京市营造厂一览表

（据市政府二十三年一月登记制）

牌号	经理姓名	登记等级	资本数（元）	地址	备注
复兴建筑公司	曹锡亭	甲	五〇、〇〇〇	三条巷	
建业营造厂	周敬熙	甲	五〇、〇〇〇	黄埔路	
瑞记建筑公司	钱青选	甲	五〇、〇〇〇	胪政牌楼	
新金记康号营造厂	康金宝	甲	五〇、〇〇〇	新街口忠林坊	
时利和营造厂	殷冠三	甲	五〇、〇〇〇	堂子巷	
锐声建筑厂	陈兆昌	甲	五〇、〇〇〇	上海小沙渡路	厂在上海
朱宝记营造厂	朱宝庚	甲	五〇、〇〇〇	石坝街	
复兴新营造厂	方久香	甲	五〇、〇〇〇	上海赫德路	厂在上海
陈明记营造厂	陈烈明	甲	五〇、〇〇〇	四根杆子	
缪宏记营造厂	缪金声	甲	五〇、〇〇〇	石鼓路	
顺记公司	沈士明	甲	五〇、〇〇〇	成贤街	
中南建筑公司	徐芝田	甲	五〇、〇〇〇	太平路	
美华营造厂	王继美	甲	五〇、〇〇〇	估衣廊	
海丰营造厂	陈乾生	甲	五〇、〇〇〇	中央党部后面	
大昌建筑公司	施嘉干	甲	五〇、〇〇〇	上海宁波路	厂在上海
仁泰营造厂	蒋明春	甲	五〇、〇〇〇	中山路	
华中公司	高鉴	甲	五〇、〇〇〇	下关宝塔桥	
同济公司	蔡君锡	甲	五〇、〇〇〇	五台山豆菜桥	
裕庆公司	陶小泉	甲	五〇、〇〇〇	焦状元巷	
谈海营造厂	朱维山	甲	五〇、〇〇〇	鼓楼北坡	
王荣记	王起发	甲	五〇、〇〇〇	新街口	
管万兴	管昌钧	甲	五〇、〇〇〇	石板桥	
福盛记	史致誉	甲	五〇、〇〇〇	下关永宁街	
恒泰建筑公司	姜本恭	甲	五〇、〇〇〇	中山路	
恒隆营造厂	虞茎九	甲	五〇、〇〇〇	邀贵井	
新利源	姚克钧	甲	五〇、〇〇〇	三牌楼楼子巷	
张福记营造厂	张清山	甲	五〇、〇〇〇	太平巷	
永泰营造厂	冯永泰	甲	五〇、〇〇〇	新街口	
缪顺兴	缪春森	甲	五〇、〇〇〇	糖坊桥	
赵顺记	赵文瑞	甲	五〇、〇〇〇	东关头	
建华营造公司	黄仲昆	甲	五〇、〇〇〇	招商旅馆	

（续表）

牌号	经理姓名	登记等级	资本数（元）	地址	备注
利源公司	姚雨耕	甲	五〇、〇〇〇	黄家塘	
蔡汉兴营造厂	蔡汉兴	甲	五〇、〇〇〇	下关龙江桥	
常顺新营造厂	常栋成	甲	五〇、〇〇〇	白衣庵巷	
徐盛泰营造厂	徐海周	甲	五〇、〇〇〇	下关商埠街	
六合贸易公司	李祖贤	甲	五〇、〇〇〇	紫金坊	
新亭营造厂	徐炬亭	甲	五〇、〇〇〇	上海爱多亚路	厂在上海
志康营造厂	蔡志康	甲	五〇、〇〇〇	铁管巷	
通华营造厂	洪澄	甲	五〇、〇〇〇	通济门外	
江裕记	江长庚	甲	五〇、〇〇〇	二条巷	
大兴营造厂	范俊	甲	五〇、〇〇〇	太平路建德里	
商记营造厂	胡维垣	甲	五〇、〇〇〇	大行宫	
中兴营造公司	詹天锡	甲	五〇、〇〇〇	天主堂街	
周顺记营造厂	周松山	甲	五〇、〇〇〇	老王府	
荣华营造厂	邵吉安	甲	五〇、〇〇〇	鼓楼北中山路	
馥记营造厂	陶桂林	甲	五〇、〇〇〇	上海四川路	厂在上海
华成营造厂	赵子勉	甲	五〇、〇〇〇	白下路	注销执照半年，自二十二年十月十三日起
应美记营造厂	应林财	甲	五〇、〇〇〇	沈举人巷	
辛峰记营造厂	辛企峰	甲	五〇、〇〇〇	铁道部对面	
竺达记营造厂	竺达甫	甲	五〇、〇〇〇	淮海路	
裕信宏记	张桂联	甲	五〇、〇〇〇	蔡家花园	
陈永兴营造厂	陈建霞	甲	五〇、〇〇〇	洪武路	
朱兴记营造厂	朱国发	甲	五〇、〇〇〇	铁管巷	
裕庆鸿记	钱云青	甲	五〇、〇〇〇	白下路	
建康营造厂	朱竹山	甲	五〇、〇〇〇	四条巷	
张裕泰合记	黄自强	甲	五〇、〇〇〇	上海北京路	厂在上海
大中益记	乐均则	甲	五〇、〇〇〇	太平路	
南华建筑公司	濮君田	甲	五〇、〇〇〇	剪子巷	
钱梅记	钱文英	甲	五〇、〇〇〇	武学园	
新中公司	王光钊	甲	五〇、〇〇〇	张府园	
建隆公司	刘省三	甲	五〇、〇〇〇	四条巷	
华基公司	王饶群	甲	五〇、〇〇〇	朱雀路	

（续表）

牌号	经理姓名	登记等级	资本数（元）	地址	备注
钟山营造厂	徐宗尧	甲	五〇、〇〇〇	太平路	
林永记	林其发	乙	一〇、〇〇〇	估衣廊	
冯顺记营造厂	冯育海	乙	一〇、〇〇〇	青石街	
上元实业公司	雷照荣	乙	一〇、〇〇〇	丹凤街	
黄栋记	黄栋臣	乙	一〇、〇〇〇	如意里	
复华营造厂	吴宗政	乙	一〇、〇〇〇	柳叶街	
永丰营造厂	吴广芝	乙	一〇、〇〇〇	浦口大马路	
庆记营造厂	沈士庆	乙	一〇、〇〇〇	蓁巷	
陶鑫记	陶正松	乙	一〇、〇〇〇	洪公祠	
通济营造厂	马忠松	乙	一〇、〇〇〇	糖坊桥	
袁锦记	袁锦顺	乙	一〇、〇〇〇	贡院街	
亚光公司	王亚东	乙	一〇、〇〇〇	三条巷	
朱福鑫	朱太昌	乙	一〇、〇〇〇	奇望街	
马恒记	马义和	乙	一〇、〇〇〇	不详	
王源兴	王兴福	乙	一〇、〇〇〇	张府园	
郑宏记	郑景林	乙	一〇、〇〇〇	老虎桥	
孙永兴	孙宗义	乙	一〇、〇〇〇	游府西门	
裕成营造厂	李雪樵	乙	一〇、〇〇〇	老虎桥	
邬瑞记	邬少亭	乙	一〇、〇〇〇	头条巷	
孙翔记	孙翔凤	乙	一〇、〇〇〇	益仁巷	
李春记	李春谋	乙	一〇、〇〇〇	宝塔路	
民钟建筑厂	徐民钟	乙	一〇、〇〇〇	蓁巷	
新祥记	吴嘉祥	乙	一〇、〇〇〇	石鼓路	
王才记	王春庭	乙	一〇、〇〇〇	蔡家花园	
沈文记	沈文魁	乙	一〇、〇〇〇	珍珠桥	
张兴记	张兴和	乙	一〇、〇〇〇	三道高井	
林祥记	林宝象	乙	一〇、〇〇〇	申家巷	
常元兴	常兴旺	乙	一〇、〇〇〇	大方巷	
正兴隆	文楚章	乙	一〇、〇〇〇	糖坊桥	
谢顺新营造厂	谢和森	乙	一〇、〇〇〇	珠宝廊	
吴万顺瓦木作	吴长兴	乙	一〇、〇〇〇	下关美孚街	
姜顺记	姜长财	乙	一〇、〇〇〇	廊后街	
程顺记	程家祥	乙	一〇、〇〇〇	龙子巷	

（续表）

牌号	经理姓名	登记等级	资本数（元）	地址	备注
大中华建筑公司	朱大华	乙	一〇、〇〇〇	猫鱼市	
益泰营造厂	程公和	乙	一〇、〇〇〇	金陵关	
恒记营造厂	黄进云	乙	一〇、〇〇〇	糖坊桥	
叶胜记	叶桂元	乙	一〇、〇〇〇	黄泥岗	
张顺记	张日恺	乙	一〇、〇〇〇	鸡鹅巷	
森森公司	唐文卿	乙	一〇、〇〇〇	户部街口	
王润记	王润芝	乙	一〇、〇〇〇	钱庄街	
黄生记	黄进卿	乙	一〇、〇〇〇	中华门	
王兆隆	王维堂	乙	一〇、〇〇〇	颜料坊	
蔡炳记	蔡维福	乙	一〇、〇〇〇	柳叶街	
杨茂记	杨锦云	乙	一〇、〇〇〇	管家桥	
姬久记	姬学九	乙	一〇、〇〇〇	下关姜家园	
吕高记	吕启高	乙	一〇、〇〇〇	新街口	
华北营造厂	刘云汉	乙	一〇、〇〇〇	白下路	
森记建筑公司	张墨清	乙	一〇、〇〇〇	马道街	
广大公司	黄奇	乙	一〇、〇〇〇	大石桥	
孙和祥	孙和祥	乙	一〇、〇〇〇	铁管巷	
夏正记	夏正歧	乙	一〇、〇〇〇	平安里	
聂德记	聂汉波	乙	一〇、〇〇〇	许家巷	
费友记	费广文	乙	一〇、〇〇〇	明瓦廊	
新华建筑公司	卞斐园	乙	一〇、〇〇〇	胡家菜园	
邱顺记	邱景全	乙	一〇、〇〇〇	双塘巷	
朱炳记	朱玉祥	乙	一〇、〇〇〇	蒋家苑	
建业营造厂	周敬熙	乙	一〇、〇〇〇	黄埔路	
夏永盛	夏炳臣	乙	一〇、〇〇〇	羊市桥	
郑永记	郑寿康	乙	一〇、〇〇〇	公共路	
张卿记	张少卿	乙	一〇、〇〇〇	香铺营	
福兴记	褚长福	乙	一〇、〇〇〇	畚子巷	
刘明记	刘清山	乙	一〇、〇〇〇	鸡鹅巷	
荣记营造厂	张宗铎	乙	一〇、〇〇〇	广艺街	
胡星记	胡星才	乙	一〇、〇〇〇	建邺路	
金成营造厂	方秉钧	乙	一〇、〇〇〇	洪武路	

（续表）

牌号	经理姓名	登记等级	资本数（元）	地址	备注
协丰建筑公司	乔文德	乙	一〇、〇〇〇	蓁巷	
汪炳记	汪维炳	乙	一〇、〇〇〇	马路街	
陶荣昌	陶正乐	乙	一〇、〇〇〇	糖坊桥	
汪德记	汪清山	乙	一〇、〇〇〇	管家桥	
邓兴隆	邓忠祥	乙	一〇、〇〇〇	钱作坊	
李金记	李阿林	乙	一〇、〇〇〇	估衣廊	
樊和生	樊和生	乙	一〇、〇〇〇	明瓦廊	
利华营造厂	徐咏良	乙	一〇、〇〇〇	大石坝街	
王麟记	王宝林	乙	一〇、〇〇〇	焦状元路	
福星营造厂	吴大廷	乙	一〇、〇〇〇	建康路	
李森记	李森祥	乙	一〇、〇〇〇	丰富路	
严永记	严登清	乙	一〇、〇〇〇	大香炉	
品光营造厂	林德寿	乙	一〇、〇〇〇	裴家桥	
李森和	李永成	乙	一〇、〇〇〇	尖角营	
振华营造厂	王志毅	乙	一〇、〇〇〇	铁汤池	
陈彬记	陈孝彬	丙	二、〇〇〇	珍珠桥	
陈德记	陈贵德	丙	二、〇〇〇	瓦匠巷	
田钰兴	田钰兴	丙	二、〇〇〇	国府东路	
新记营造厂	王鑫发	丙	二、〇〇〇	糖坊桥	
倪有志记	倪志仁	丙	二、〇〇〇	东牌楼	
陆文记	陆文彬	丙	二、〇〇〇	御道街	
姜协记	姜明魁	丙	二、〇〇〇	下关朝月楼	
王耀明	王耀明	丙	二、〇〇〇	武学园	
吕高记	吕启高	丙	二、〇〇〇	汉府街	
潘春记	潘守林	丙	二、〇〇〇	邓府巷	
郑有兴	郑元兴	丙	二、〇〇〇	钓鱼台	
陈鑫记	陈立庭	丙	二、〇〇〇	新菜市	
印荣泰	印兴财	丙	二、〇〇〇	下关施家巷	
顺兴记	吴廷富	丙	二、〇〇〇	下关升安里	
汪福记	汪歧山	丙	二、〇〇〇	裘家湾	
王应记	王光应	丙	二、〇〇〇	鸡鹅巷	
景春记	景德龙	丙	二、〇〇〇	慧园街	
谢兆记	谢兆正	丙	二、〇〇〇	琵琶街	

（续表）

牌号	经理姓名	登记等级	资本数（元）	地址	备注
夏祥兴	夏迎祥	丙	二、〇〇〇	三条巷	
王福记	王正洪	丙	二、〇〇〇	裘家巷	
魏义兴	魏文彬	丙	二、〇〇〇	珠宝廊	
许新记	许新才	丙	二、〇〇〇	瓦匠巷	
葛庆记	葛勤宽	丙	二、〇〇〇	香铺营	
伍兴祥	伍光荣	丙	二、〇〇〇	新菜市	
宇顺记	宇荣州	丙	二、〇〇〇	一枝园	
孔福记	孙庆福	丙	二、〇〇〇	地藏庵	
黄秀记	黄秀山	丙	二、〇〇〇	焦状元巷	
李隆兴	李隆兴	丙	二、〇〇〇	羊市桥	
徐金记	徐金文	丙	二、〇〇〇	下关虹霁桥	
王顺记	王培森	丙	二、〇〇〇	童家巷	
程发记	程金文	丙	二、〇〇〇	陆家里	
张兴记	张兴隆	丙	二、〇〇〇	小府巷	
吕广记	吕广隆	丙	二、〇〇〇	大纱帽巷	
任顺记	任顺记	丙	二、〇〇〇	地藏庵	
朱春记	朱世春	丙	二、〇〇〇	李家苑	
何聚兴	何玉尧	丙	二、〇〇〇	柳叶街	
韩顺记	韩永明	丙	二、〇〇〇	大王府巷	
易长记	易长喜	丙	二、〇〇〇	牙檀巷	
马源记	马潮洲	丙	二、〇〇〇	下关二马路	
冉元记	冉元城	丙	二、〇〇〇	吉兆营	
王荣记	王荣书	丙	二、〇〇〇	南门外宝塔山	
佘森记	佘明福	丙	二、〇〇〇	下关交通路	
殷顺记	殷鸿顺	丙	二、〇〇〇	丹凤街	
费成记	费宝科	丙	二、〇〇〇	大纱帽街	
新星记	王兴仁	丙	二、〇〇〇	估衣廊	
朱德源	朱悦礼	丙	二、〇〇〇	浦口进德里	
萧厚记	萧在厚	丙	二、〇〇〇	洪公祠	
刘林记	刘林棋	丙	二、〇〇〇	九儿巷	
周海记	周仙海	丙	二、〇〇〇	青石街	
张瀛记	张顺吕	丙	二、〇〇〇	颜料坊	
徐荣记	徐炳元	丙	二、〇〇〇	焦状元巷	

（续表）

牌号	经理姓名	登记等级	资本数（元）	地址	备注
吴义记	吴义记	丙	二、〇〇〇	新街口	
浩学记	浩学洪	丙	二、〇〇〇	管家桥	
谭顺兴	谭少林	丙	二、〇〇〇	丹凤街	
苏成记	苏宝臣	丙	二、〇〇〇	下关虹门口	
尹祥记	尹和祥	丙	二、〇〇〇	中正街	
张德记	张德炘	丙	二、〇〇〇	王府园	
金祥记	金伯雄	丙	二、〇〇〇	汉中路	
邵富记	邵元富	丙	二、〇〇〇	韩家巷	
唐明记	唐明章	丙	二、〇〇〇	黄泥冈	
朱炳记	朱炳钧	丙	二、〇〇〇	蒋家苑	
朱森泰	朱启发	丙	二、〇〇〇	广艺街	
李秀记	李继贤	丙	二、〇〇〇	旧王府	
乐义记	乐长富	丙	二、〇〇〇	闺奁营	
利民营造厂	杨炳生	丙	二、〇〇〇	下关姜家园	
刘春记	刘春桂	丙	二、〇〇〇	大丰富巷	
龚寿记	龚奉亲	丙	二、〇〇〇	瓦匠巷	
万福记	万学礼	丙	二、〇〇〇	建邺路	
刘森记	刘寿余	丙	二、〇〇〇	柳叶街	
沈源兴	沈文才	丙	二、〇〇〇	下关二马路	
夏福记	夏福庭	丙	二、〇〇〇	大丰富巷	
杨源记	杨德魁	丙	二、〇〇〇	宰牛巷	
江兴记	江兴记	丙	二、〇〇〇	新平桥	
顾成记	顾元桃	丙	二、〇〇〇	下关公共路	
柴清记	柴和清	丙	二、〇〇〇	三条巷	
郭钰兴	郭学美	丙	二、〇〇〇	建邺路	
尚源记	尚源启	丙	二、〇〇〇	黄泥冈	
刘长椿	刘长椿	丙	二、〇〇〇	吉兆营	
许顺兴	许家芳	丙	二、〇〇〇	跑马巷	
梁森记	梁国潮	丙	二、〇〇〇	绥远路	
沈金记	沈金海	丙	二、〇〇〇	楼子巷	
殷顺记	殷得后	丙	二、〇〇〇	木料市	
邬元记	邬祖元	丙	二、〇〇〇	高家酒馆	
刘森记	刘锡才	丙	二、〇〇〇	府东街	

（续表）

牌号	经理姓名	登记等级	资本数（元）	地址	备注
汤锦记	汤锦福	丙	二、〇〇〇	小西湖	
王新记	王洽尧	丙	二、〇〇〇	盐仓桥东街	
孙兴记	孙长科	丙	二、〇〇〇	祖师庵	
夏银记	夏子亮	丙	二、〇〇〇	成贤街	
沈义森	沈魁之	丙	二、〇〇〇	太平路	
魏复兴	魏守和	丙	二、〇〇〇	胪政牌楼	
李森昌	李维善	丙	二、〇〇〇	太平桥北	
陈兆记	陈兆华	丙	二、〇〇〇	鼓楼水井巷	
常兴记	常登富	丙	二、〇〇〇	三眼井	
江贵记	江金贵	丙	二、〇〇〇	糖坊桥	
陈兴记	陈长兴	丙	二、〇〇〇	青石街	
郑永记	郑宝林	丙	二、〇〇〇	南门外宝塔根	
姜荣记	姜朝荣	丙	二、〇〇〇	乌衣巷	
邹复兴	邹步宽	丙	二、〇〇〇	估衣廊	
夏锦记	夏嘉福	丙	二、〇〇〇	石桥南	
刘永记	刘柏歧	丙	二、〇〇〇	明瓦廊	
德泰营造厂	王文德	丙	二、〇〇〇	三眼井	
周顺兴	周林	丙	二、〇〇〇	中正路	
邓顺兴	邓开兴	丙	二、〇〇〇	破布营	
周松记	周松钧	丙	二、〇〇〇	瓦匠巷	
马兴茂	马兴茂	丙	二、〇〇〇	王府园	
李鸿记	李庆鸿	丙	二、〇〇〇	三眼井	
龚源记	龚仲余	丙	二、〇〇〇	鸡鹅巷	
尤复记	尤德源	丙	二、〇〇〇	木匠营	
张复记	张学林	丙	二、〇〇〇	三眼井	
鲍定记	鲍阿定	丙	二、〇〇〇	下关清真寺后	
王钧记	王毓文	丙	二、〇〇〇	王府园	
方顺兴	方鲍来	丙	二、〇〇〇	不详	
新敬记	贾敬裕	丙	二、〇〇〇	柏果园	
李金记	李金桂	丙	二、〇〇〇	广艺街	
戴正记	戴正林	丙	二、〇〇〇	瓦匠巷	
武椿记	武永福	丙	二、〇〇〇	武学园	
张盛记	张盛才	丙	二、〇〇〇	下关河街	

（续表）

牌号	经理姓名	登记等级	资本数（元）	地址	备注
董祥记	董庆鸿	丙	二、〇〇〇	下关永宁街	
蔡宝记	蔡宝贵	丙	二、〇〇〇	下关下汶河	
卢长记	卢长发	丙	二、〇〇〇	止马营	
杨鑫记	杨汉廷	丙	二、〇〇〇	三眼井	
贾寿记	贾寿银	丙	二、〇〇〇	瓦匠巷	
杨明记	杨春明	丙	二、〇〇〇	湖南路	
民生银行	候敬生	丙	二、〇〇〇	胪政牌楼	
田荣记	田其霖	丙	二、〇〇〇	西方庵	
于芝记	于联芝	丙	二、〇〇〇	登隆巷	
泰和记	王德潮	丙	二、〇〇〇	莲花桥	
姚发春	姚发春	丙	二、〇〇〇	甘露巷	
张茂记	张泽茂	丙	二、〇〇〇	建邺路	
刘荣记	刘宏钊	丙	二、〇〇〇	丹凤街	
熊合记	熊永清	丙	二、〇〇〇	国府路	
杨忠记	杨忠贵	丙	二、〇〇〇	洪武路	
江永泰	江金荣	丙	二、〇〇〇	金银街	
刘顺记	刘起华	丙	二、〇〇〇	收兵桥	
刘锦兴	刘锦华	丙	二、〇〇〇	建邺路	
刘顺记	刘正福	丙	二、〇〇〇	顺安里	
臧恒兴	臧德元	丙	二、〇〇〇	汉西门内	
丁顺记	丁步龄	丙	二、〇〇〇	破布营	
傅承记	傅承有	丙	二、〇〇〇	丁家巷	
张涌记	张盛和	丙	二、〇〇〇	莲花桥	
源兴记	王明荣	丙	二、〇〇〇	下关二马路	
南保记	南保和	丙	二、〇〇〇	筹市口	
贝海记	贝海如	丙	二、〇〇〇	义兴巷	
周顺记	周昌德	丙	二、〇〇〇	廊后街	
王善记	王贤华	丙	二、〇〇〇	胡家菜园	
钱福记	钱宗海	丙	二、〇〇〇	黑廊巷	
盛玉记	盛玉记	丙	二、〇〇〇	武学园	
李翔麟	李翔麟	丙	二、〇〇〇	荷花巷	
周顺记	周宜林	丙	二、〇〇〇	复兴街南	
朱子记	朱代隆	丙	二、〇〇〇	龙池庵街	

（续表）

牌号	经理姓名	登记等级	资本数（元）	地址	备注
吴森祥	吴宝桢	丙	二、〇〇〇	湖北路	
郑炳兴	郑松寿	丙	二、〇〇〇	颜料坊	
于源记	于宝和	丙	二、〇〇〇	管家桥	
王隆兴	王文华	丙	二、〇〇〇	五老桥	
傅顺兴	傅德标	丙	二、〇〇〇	小门口	
正银记	董长银	丙	二、〇〇〇	下关复兴街	
姚金记	姚世文	丙	二、〇〇〇	珍珠桥	
杨顺兴	杨本立	丙	二、〇〇〇	关头巷	
林春记	林春山	丙	二、〇〇〇	居安里	
赵成记	赵成记	丙	二、〇〇〇	安品街	
陈顺记	陈国芝	丙	二、〇〇〇	螺丝转湾	
王顺记	王在发	丙	二、〇〇〇	浦口升和里	
汪顺记	汪永华	丙	二、〇〇〇	红庙	
许复记	许如蒋	丙	二、〇〇〇	木屐巷	
唐顺记	唐宣仁	丙	二、〇〇〇	浦口天桥西街	
马祥兴	马德永	丙	二、〇〇〇	太平桥	
沈祥记	沈克义	丙	二、〇〇〇	吉祥街	
冷庆记	冷文庆	丙	二、〇〇〇	小百花巷	
黄顺记	黄锦顺	丙	二、〇〇〇	广艺街	
周茂记	周希茂	丙	二、〇〇〇	下关静海寺	
邱永记	邱玉林	丙	二、〇〇〇	旋子巷	
正记水木作	张天宝	丙	二、〇〇〇	杨家花园	
王振记	王起孝	丙	二、〇〇〇	止马营	
晏顺兴	晏其义	丙	二、〇〇〇	旧王府	
陶金记	陶景春	丙	二、〇〇〇	下关永宁街	
美汉记	朱汉生	丙	二、〇〇〇	大悲巷	
唐华记	唐燮坤	丙	二、〇〇〇	弓箭坊	
王盛记	王成龙	丙	二、〇〇〇	张府园	
李新记	李新德	丙	二、〇〇〇	青石街	
李瑞记	李善庆	丙	二、〇〇〇	杨公井	
春记义森厂	沈恒春	丙	二、〇〇〇	二都庙	
秦盛记	秦盛全	丙	二、〇〇〇	建邺路	
张盛记	张惟胜	丙	二、〇〇〇	曹都巷	

（续表）

牌号	经理姓名	登记等级	资本数（元）	地址	备注
钟添兴	钟玉青	丙	二、〇〇〇	青石街	
袁有记	袁盛有	丙	二、〇〇〇	王府园	
严长记	严长福	丙	二、〇〇〇	鸡鹅巷	
徐士春	徐喜生	丁	二〇〇	户部街	
周隆记	周隆泉	丁	二〇〇	凤游街	
周森记	周长云	丁	二〇〇	安品街	
周元隆	周元隆	丁	二〇〇	大胶巷	
马学记	马学才	丁	二〇〇	小全福巷	
薛经记	薛经万	丁	二〇〇	车牌楼	
王忠记	王忠和	丁	二〇〇	小府巷	
陈永泰	陈永保	丁	二〇〇	安品街	
聚兴记	梅少卿	丁	二〇〇	下关商埠西街	
查余泰	查余财	丁	二〇〇	凤凰街	
方瑞记	方阿瑞	丁	二〇〇	太平路	
李春记	李春华	丁	二〇〇	南门外宝塔根	
聚盛记	顾恒思	丁	二〇〇	下关虹门口	
杨森记	杨春洲	丁	二〇〇	李府巷	
黄仁记	黄富仁	丁	二〇〇	贵人坊	
朱椿记	朱椿荣	丁	二〇〇	瓦匠巷	
张青记	张永发	丁	二〇〇	新路口	
陆荣记	陆定桂	丁	二〇〇	火瓦巷	
王聚兴	王善全	丁	二〇〇	洋珠巷	
万涌记	万华沂	丁	二〇〇	小姚家巷	
徐有记	徐有钧	丁	二〇〇	大夫第	
施光裕	施光裕	丁	二〇〇	高家巷	
马荣兴	马志甫	丁	二〇〇	三坊巷	
万松记	叶松泉	丁	二〇〇	牛市	
元生记	王学元	丁	二〇〇	下关商埠街	
龚长记	龚长发	丁	二〇〇	门东仁和巷	
张复记	张竺香	丁	二〇〇	承恩寺	
濮顺兴	濮家兴	丁	二〇〇	太平桥	
韩复记	韩庭宝	丁	二〇〇	坊口大街	
曹玉记	曹三	丁	二〇〇	东关头	

（续表）

牌号	经理姓名	登记等级	资本数（元）	地址	备注
朱明记	朱家贵	丁	二〇〇	千章巷	
陈永兴	陈步全	丁	二〇〇	下关永宁街	
王聚兴	王聚	丁	二〇〇	大彩霞街	
谢炳记	谢春生	丁	二〇〇	锦绣坊	
萧洪记	萧长发	丁	二〇〇	后所巷	
刘宝记	刘松亮	丁	二〇〇	裱画廊	
德元长	陈月轩	丁	二〇〇	兆庆里	
周锦记	周杰才	丁	二〇〇	兴中门	
于金记	于金魁	丁	二〇〇	东牌楼	
王生记	王文田	丁	二〇〇	老君庙	
饶顺记	饶应祥	丁	二〇〇	大影壁	
王玉记	王学玉	丁	二〇〇	下关虹门口	
苗顺兴	苗翠清	丁	二〇〇	琵琶巷	
潘顺兴	潘立志	丁	二〇〇	糖坊桥	
滕禛记	滕宗祥	丁	二〇〇	龙蟠里	
王顺记	王发宝	丁	二〇〇	复兴街	
钱恩记	钱家恩	丁	二〇〇	校尉营	
震兴	钱家春	丁	二〇〇	闺奁营	
叶祥记	叶家祥	丁	二〇〇	牌楼巷	
吴永记	吴怡柏	丁	二〇〇	瓦匠巷	
丁聚兴	丁聚兴	丁	二〇〇	大党家巷	
何盛记	何石庭	丁	二〇〇	廊背后	
倪顺兴	倪顺兴	丁	二〇〇	木料市	
张元记	张元祥	丁	二〇〇	水仓	
陈礼记	陈彭年	丁	二〇〇	堂子街	
蔡同兴	蔡必荣	丁	二〇〇	堂子巷	
金美记	金林魁	丁	二〇〇	收兵桥	
方瑞记	方阿瑞	丁	二〇〇	太平路	
崔福兴	崔得林	丁	二〇〇	汉中路	
贾财记	贾永兴	丁	二〇〇	蒋家苑	
谭顺兴	谭玉发	丁	二〇〇	下关米市街	
顾林记	顾盛都	丁	二〇〇	长乐路	
江开福	江开福	丁	二〇〇	半边营	

（续表）

牌号	经理姓名	登记等级	资本数（元）	地址	备注
沈春记	沈有福	丁	二〇〇	武学园	
周清记	周长林	丁	二〇〇	下关天保路	
潘恒记	潘恒保	丁	二〇〇	骂驾桥	
常洪清	曾洪清	丁	二〇〇	义兴巷	
吉森记	吉星甫	丁	二〇〇	地藏庵	
李顺记	李维金	丁	二〇〇	平安巷	
赵永记	赵永元	丁	二〇〇	香铺营	
陶明记	陶明洪	丁	二〇〇	胡家巷	
范永记	范永霖	丁	二〇〇	高家巷	
姚兴记	姚春年	丁	二〇〇	怡和堂	
余德记	余德记	丁	二〇〇	大石坝街	
谈永记	谈永福	丁	二〇〇	天喜长生祠	
李金记	李来瀛	丁	二〇〇	三坊巷	
晏福记	晏福记	丁	二〇〇	旋子巷	
朱长记	朱长裕	丁	二〇〇	跑马巷	
余福记	金锦堂	丁	二〇〇	羊市桥	
李顺兴	李江平	丁	二〇〇	黑廊巷	
朱德记	朱德福	丁	二〇〇	瓦匠巷	
郑顺兴	郑立长	丁	二〇〇	复城仓	
建新营造厂	曾傅霖	丁	二〇〇	洪公祠	
黄万盛	黄万根	丁	二〇〇	集庆路	
刘顺记	刘庆华	丁	二〇〇	浦口天桥	
单兴隆	单伟成	丁	二〇〇	平安巷	
高新记	高德甫	丁	二〇〇	北祖师庵	
张宝记	张宝庆	丁	二〇〇	富德巷	
刘开记	刘开文	丁	二〇〇	宝塔山	
戴森和	戴淀有	丁	二〇〇	延龄巷	
孔顺兴	孔祥得	丁	二〇〇	下关大马路	
陈永记	陈钰	丁	二〇〇	旋子巷	
邬政记	邬邦政	丁	二〇〇	洪武路	
夏源记	夏长有	丁	二〇〇	集庆路	
王正记	王正金	丁	二〇〇	四条巷	
陈洪记	陈祖德	丁	二〇〇	新街口	

（续表）

牌号	经理姓名	登记等级	资本数（元）	地址	备注
马兴记	马兴田	丁	二〇〇	搁漏街	
史鸿记	史庆鸿	丁	二〇〇	三条巷	
吉松记	吉星福	丁	二〇〇	铜坊巷	
严兴记	严正宽	丁	二〇〇	下关商埠街	
龚顺记	龚兆南	丁	二〇〇	建康路	
陈才记	陈大才	丁	二〇〇	养虎巷	
汪永兴	汪道发	丁	二〇〇	石婆婆巷	
周成记	周守德	丁	二〇〇	船板巷	
杜庚昌	杜瀛洲	丁	二〇〇	柏果园	
王有记	王顺祁	丁	二〇〇	井家巷	
李瑞和	李瑞和	丁	二〇〇	中正路	
赵正记	赵正瀛	丁	二〇〇	绒庄街	
张明记	张永林	丁	二〇〇	公园路	
王顺兴	王体寿	丁	二〇〇	珍珠桥	
施裕泰	施林发	丁	二〇〇	下关永宁街	
凌长记	凌长淮	丁	二〇〇	南门外东河沿	
常兴记	常登林	丁	二〇〇	老菜市	
韦兴记	韦万福	丁	二〇〇	下关复兴街	
刘金记	刘步庄	丁	二〇〇	蔡家巷	
王祥福	王祥福	丁	二〇〇	徐家巷	
王明记	王明记	丁	二〇〇	木料市	
王荣记	王长荣	丁	二〇〇	丹凤街	
张森泰	张日康	丁	二〇〇	闺奁巷	
卞合记	卞荣华	丁	二〇〇	石坝街	
洪有记	洪有发	丁	二〇〇	致和街	
严森昌	严森昌	丁	二〇〇	浦口天桥	
季复兴	季士福	丁	二〇〇	大石坝街	
李嘉麟	李嘉麟	丁	二〇〇	大荷花巷	
熊仁记	熊昌友	丁	二〇〇	浦镇	
高金记	高世海	丁	二〇〇	润德里	
傅福兴	傅连钊	丁	二〇〇	长生祠	
陆成记	陆兆起	丁	二〇〇	三牌楼	
吉森泰	吉森章	丁	二〇〇	永宁街	

（续表）

牌号	经理姓名	登记等级	资本数（元）	地址	备注
周庭记	周廷楼	丁	二〇〇	循相里	
韩学记	韩学仁	丁	二〇〇	南门外东河沿	
刁顺兴	刁澡全	丁	二〇〇	润德里	
杨和记	杨忠茂	丁	二〇〇	洪武路	
俞学记	俞学洲	丁	二〇〇	黄泥巷	
恒泰营造厂	过得顺	丁	二〇〇	仓门口	
朱顺泰	朱松洞	丁	二〇〇	浦口天桥东街	
陈顺兴	陈贵森	丁	二〇〇	浦口河南	
胡章记	胡维章	丁	二〇〇	南门外兵工厂后	
徐永记	徐以林	丁	二〇〇	下关朝月楼	
文隆兴	文晓星	丁	二〇〇	白下路	
黄全兴	黄金记	丁	二〇〇	太平路	
胡椿记	胡春芳	丁	二〇〇	估衣廊	
吉正记	吉正明	丁	二〇〇	下关圣公会街	
李盛记	李必林	丁	二〇〇	汉中路	
孙盛记	孙家有	丁	二〇〇	尖角营	
杨金记	杨金龙	丁	二〇〇	湖北路	
张松记	张松林	丁	二〇〇	走马路	
朱登记	朱兆山	丁	二〇〇	泰仓巷	
骆均记	骆定邦	丁	二〇〇	居安里	
周义兴	周琪	丁	二〇〇	大板巷	
正兴水木作	朱正有	丁	二〇〇	浦口长安里	
朱永发	朱长顺	丁	二〇〇	瓦匠巷	

二、承包合同、说明书等

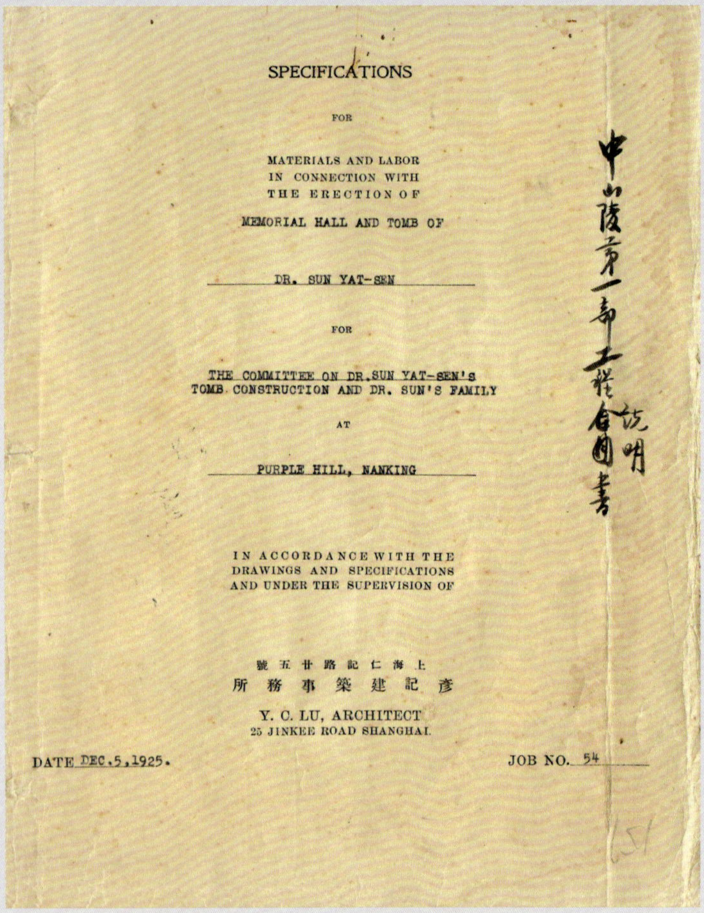

SPECIFICATIONS

FOR

MATERIALS AND LABOR
IN CONNECTION WITH
THE ERECTION OF
MEMORIAL HALL AND TOMB OF

DR. SUN YAT-SEN

FOR

THE COMMITTEE ON DR.SUN YAT-SEN'S
TOMB CONSTRUCTION AND DR. SUN'S FAMILY

AT

PURPLE HILL, NANKING

IN ACCORDANCE WITH THE
DRAWINGS AND SPECIFICATIONS
AND UNDER THE SUPERVISION OF

上海仁記路廿五號
彥記建築事務所
Y. C. LU, ARCHITECT
25 JINKEE ROAD SHANGHAI

DATE DEC.5,1925.　　JOB NO. 54

中山陵第一部工程合同說明書

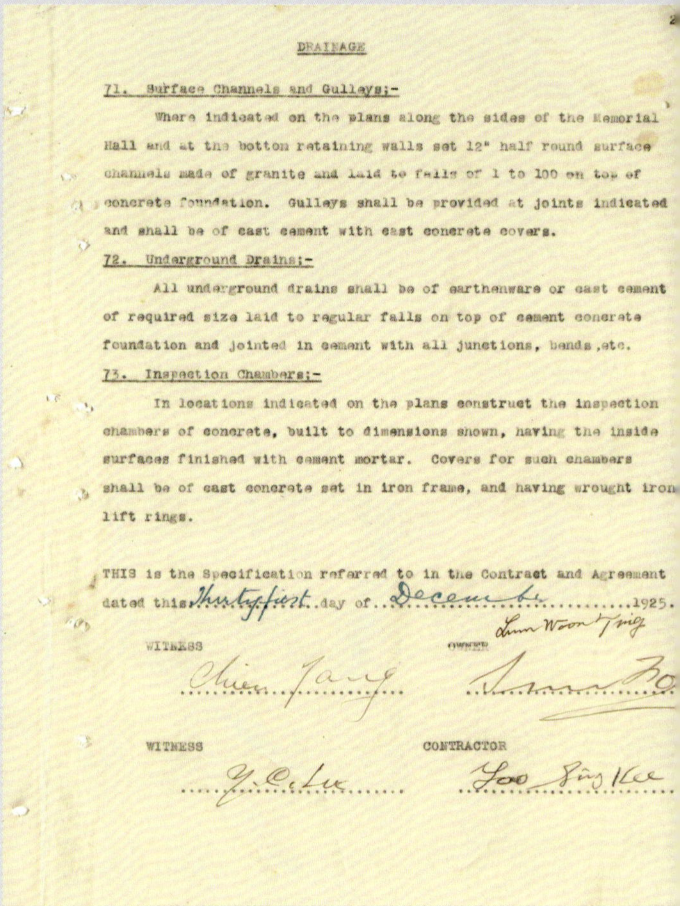

DRAINAGE

71. Surface Channels and Gulleys;-

Where indicated on the plans along the sides of the Memorial Hall and at the bottom retaining walls set 12" half round surface channels made of granite and laid to falls of 1 to 100 on top of concrete foundation. Gulleys shall be provided at joints indicated and shall be of cast cement with cast concrete covers.

72. Underground Drains;-

All underground drains shall be of earthenware or cast cement of required size laid to regular falls on top of cement concrete foundation and jointed in cement with all junctions, bends,etc.

73. Inspection Chambers;-

In locations indicated on the plans construct the inspection chambers of concrete, built to dimensions shown, having the inside surfaces finished with cement mortar. Covers for such chambers shall be of cast concrete set in iron frame, and having wrought iron lift rings.

THIS is the Specification referred to in the Contract and Agreement dated this thirty first day of December 1925.

WITNESS　　OWNER

WITNESS　　CONTRACTOR

姚新记营造厂承包中山陵第一部工程说明书（《中山陵档案》）

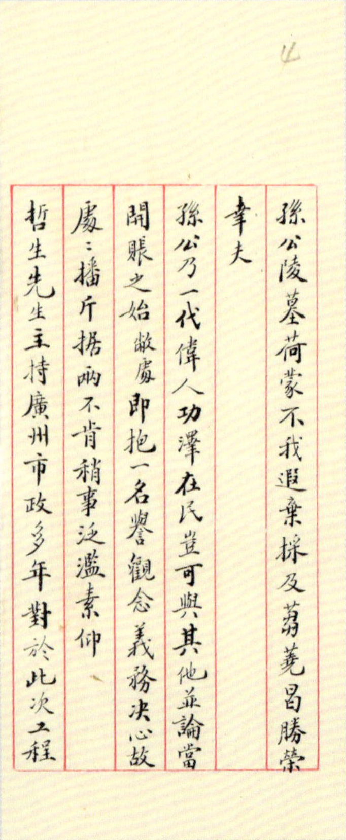

孫公陵墓荷蒙不我遐棄採及芻蕘曷勝榮
幸夫
孫公乃一代偉人功澤在民豈可與其他並論當
開賬之始敝處即抱一名譽觀念義務決心故
處處播斥揣兩不肯稍事泛濫素仰
哲生先生主持廣州市政多年對於此次工程

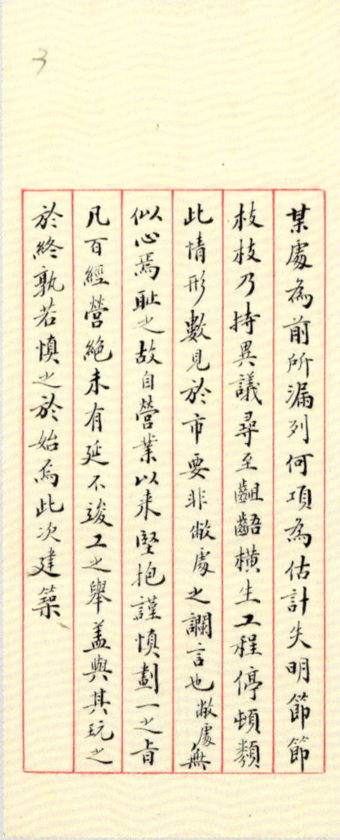

某處為前所漏列何項為估計失明節節
枝枝乃持異議尋至齟齬橫生工程停頓類
此情形數見於市要非敝處之讕言也敝處無
似心焉恥之故自營業以來堅抱謹慎劃一之旨
凡百經營絕未有延不竣工之舉蓋與其玩之
於終孰若慎之於始為此次建築

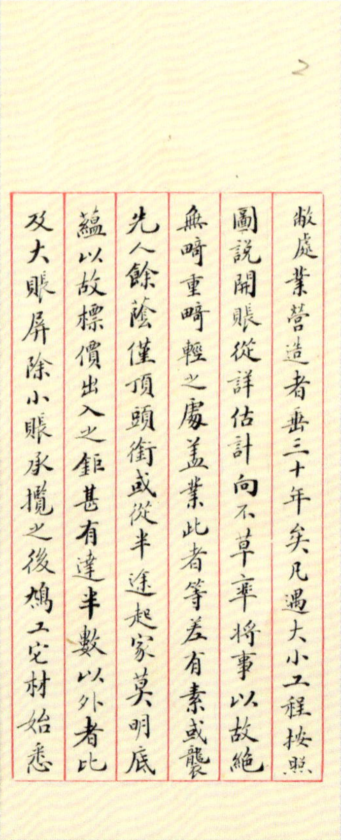

敝處業營造者垂三十年矣凡遇大小工程按照
圖說開賬從詳估計向不草率將事以故絕
無畸重畸輕之處蓋業此者等差有素或襲
先人餘蔭僅頂頭銜或從半途起家莫明底
蘊以故標價出入之鉅甚有達半數以外者比
及大賬屏除小賬承攬之後鳩工究材始悉

說帖

姚新记营造厂为承建中山陵第一部工程而提供的说帖（说明材料）（1—4）

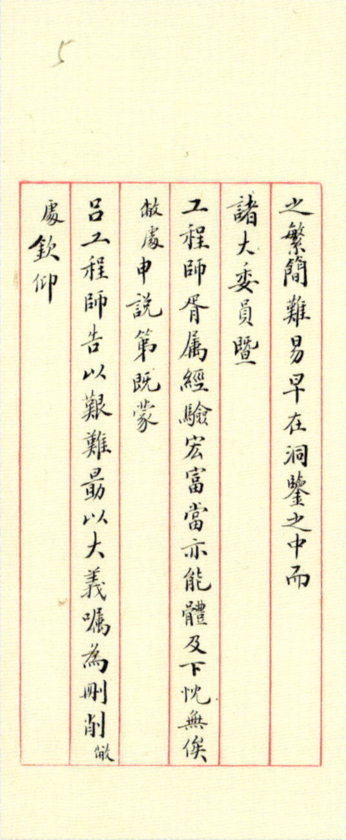

之繁簡難易早在洞鑒之中而
諸大委員暨
工程師胥屬經驗宏富當亦能體及下忱無俟
敝處申說第既蒙
呂工程師告以艱難勗以大義囑為刪削敝
處欽仰

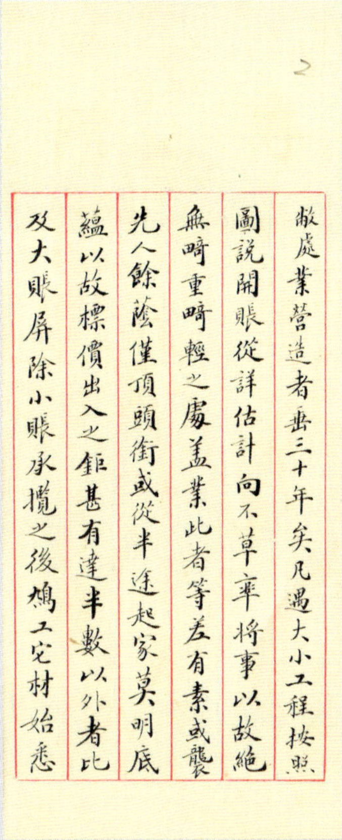

敝處業營造者垂三十年矣凡遇大小工程按照
圖說開賬從詳估計向不草率將事以故絕
無畸重畸輕之處蓋業此者等差有素或襲
先人餘蔭僅頂頭銜或從半途起家莫明底
蘊以故標價出入之鉅甚有達半數以外者比
及大賬屏除小賬承攬之後鳩工庀材始悉

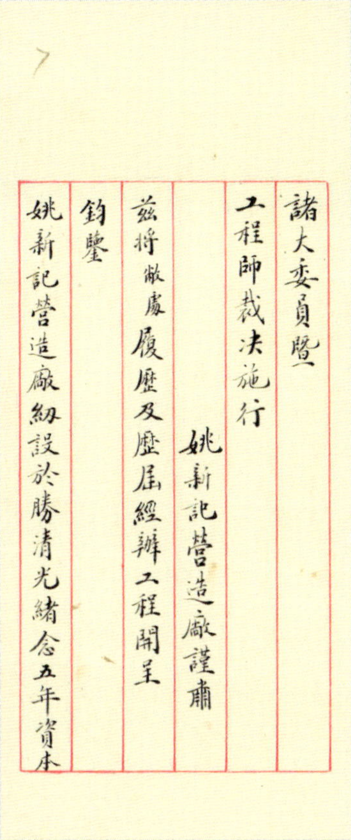

諸大委員暨
工程師裁決施行
姚新記營造廠謹肅
茲將敝處履歷及歷屆經辦工程開呈
鈞鑒
姚新記營造廠創設於勝清光緒念五年資本

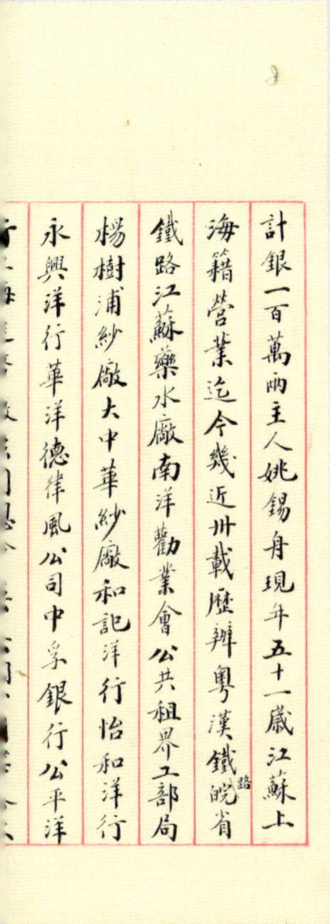

計銀一百萬兩主人姚錫舟現年五十一歲江蘇上
海籍營業迄今幾近卅載歷辦粵漢鐵路皖省
鐵路江蘇藥水廠南洋勸業會公共租界工部局
楊樹浦紗廠大中華紗廠和記洋行怡和洋行
永興洋行華洋德律風公司中孚銀行公平洋

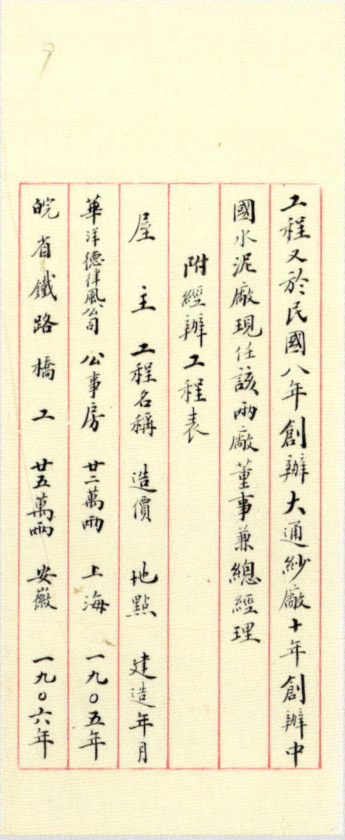

工程又於民國八年創辦大通紗廠十年創辦中
國水泥廠現任該兩廠董事兼總經理

附經辦工程表

屋主	工程名稱	造價	地點	建造年月
華洋德律風公司	公事房	廿二萬兩	上海	一九〇五年
皖省鐵路	橋工	廿五萬兩	安徽	一九〇六年

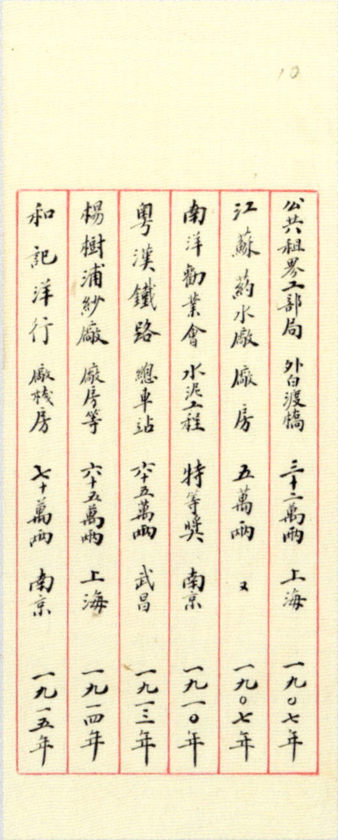

公共租界工部局	外白渡橋	三十二萬兩	上海	一九〇七年
江蘇藥水廠	廠房	五萬兩	又	一九〇七年
南洋勸業會	水泥工程	特等獎	南京	一九一〇年
粵漢鐵路	總車站	六十五萬兩	武昌	一九一三年
楊樹浦紗廠	廠房等	六十五萬兩	上海	一九一四年
和記洋行	廠棧房	七十萬兩	南京	一九一五年

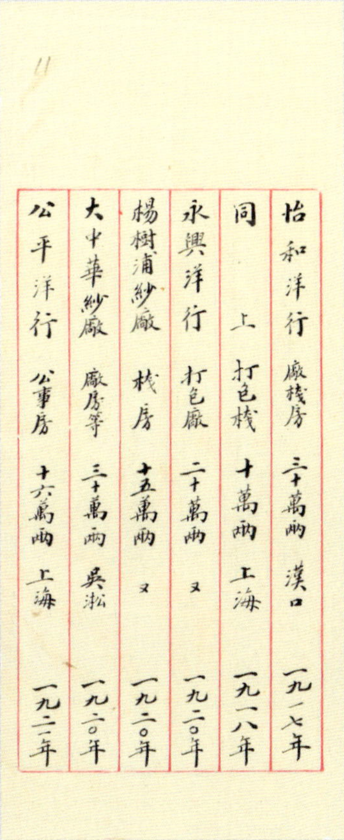

怡和洋行	廠棧房	三十萬兩	漢口	一九一七年
同上	打包棧	十萬兩	上海	一九一八年
永興洋行	打包廠	二十萬兩	又	一九二〇年
楊樹浦紗廠	棧房	十五萬兩	又	一九二〇年
大中華紗廠	廠房等	三十萬兩	吳淞	一九二〇年
公平洋行	公事房	十六萬兩	上海	一九二一年

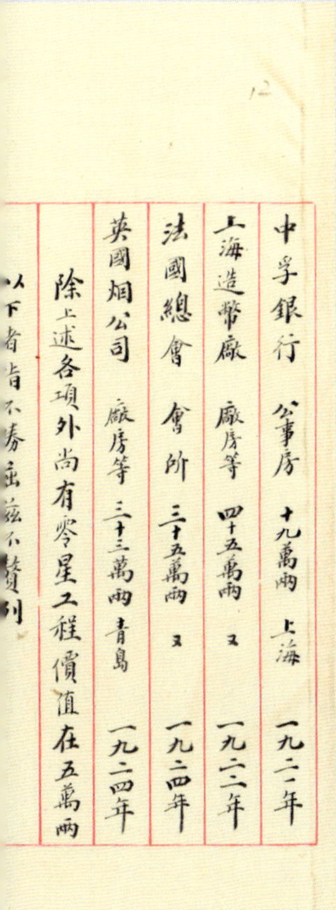

中孚銀行	公事房	十九萬兩	上海	一九二一年
上海造幣廠	廠房等	四十五萬兩	又	一九二二年
法國總會	會所	三十五萬兩	又	一九二四年
英國烟公司	廠房等	三十三萬兩	青島	一九二四年

除上述各項外尚有零星工程價值在五萬兩
以下者皆不勝枚舉茲不贅列

记营造厂为承建中山陵第一部工程而提供的说帖（说明材料）（5—12）

13

姚新記營造廠用箋

上海事務所

專家承辦 鐵路橋梁河海工程 廠棧房屋各類建築 並代測量 顧問 繪圖 設計

電報掛號 YAOSINGKEE 電話中央四八〇八號

事務所 上海江西路六十二號 青島英國烟公司工程處

謹肅者此次建築
孫公陵墓工程敝處幸附開賬之列上星期六
荷蒙
貴會不厭求詳
俯賜討論並承
諭以最小之賬亦有可靠保人或由殷實者代
為承攬切囑敝處作最後之答復具見
貴會尊重投標秉公審慎之至意敝處亦有

14

姚新記營造廠用箋

上海事務所

專家承辦 鐵路橋梁河海工程 廠棧房屋各類建築 並代測量 顧問 繪圖 設計

電報掛號 YAOSINGKEE 電話中央四八〇八號

事務所 上海江西路六十二號 青島英國烟公司工程處

所知敢不貢獻查此項工程中所需石料或
出於香港或採自至青島最近則為蘇州所産
總計所需已達全價之半且非備有現金殊
難購辦故承攬者之墊本至少須銀二十餘
萬兩
貴會如准敝處免具妥保而能預付二十萬兩
則敝處譬納墊本息金再能削價二萬兩
藉副殷殷

15

姚新記營造廠用箋

上海事務所

專家承辦 鐵路橋梁河海工程 廠棧房屋各類建築 並代測量 顧問 繪圖 設計

電報掛號 YAOSINGKEE 電話中央四八〇八號

事務所 上海江西路六十二號 青島英國烟公司工程處

垂詢之雅蓋敝處開賬之始已逐項研求即討
論之後亦多方審營誠以大規模之建築處處
務求實際非如草率從事者之可以任情核
減焉
貴會如尚未能愜意則敝處誠意已竭惟有
請求
貴會訓示俾冀量力遵循矣統希
裁奪施行是荷此致

16

姚新記營造廠用箋

上海事務所

專家承辦 鐵路橋梁河海工程 廠棧房屋各類建築 並代測量 顧問 繪圖 設計

電報掛號 YAOSINGKEE 電話中央四八〇八號

事務所 上海江西路六十二號 青島英國烟公司工程處

孫中山先生陵墓籌備委員會

姚新記營造廠謹肅 十二月二十八日

姚新记营造厂致孙先生陵墓筹备委员会函

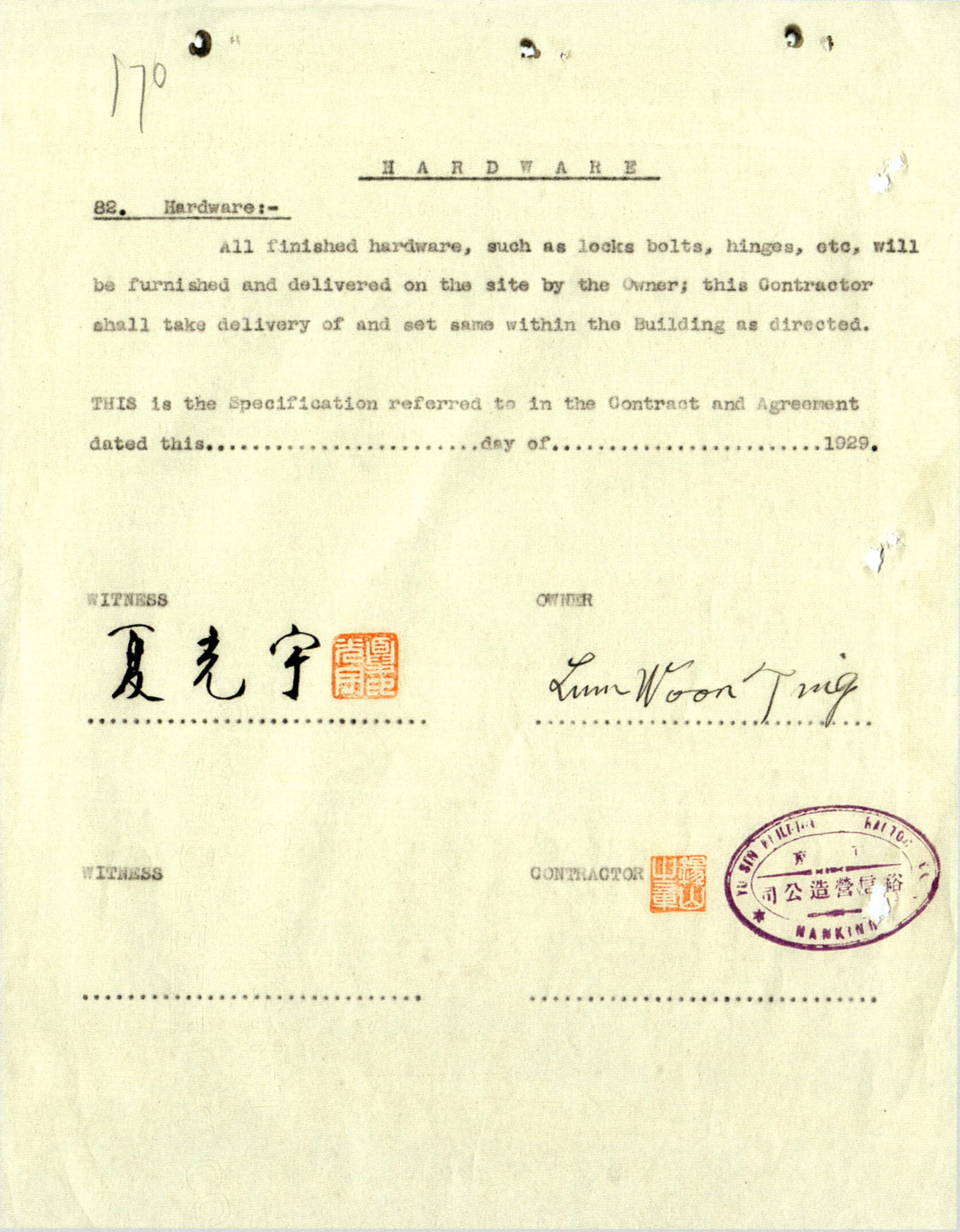

170

HARDWARE

82. Hardware:-

All finished hardware, such as locks bolts, hinges, etc, will be furnished and delivered on the site by the Owner; this Contractor shall take delivery of and set same within the Building as directed.

THIS is the Specification referred to in the Contract and Agreement dated this..........................day of..........................1929.

WITNESS 夏光宇

OWNER Lum Woon Ting

WITNESS

CONTRACTOR 裕信營造公司 NANKING

裕信营造公司承包安装五金器具合同

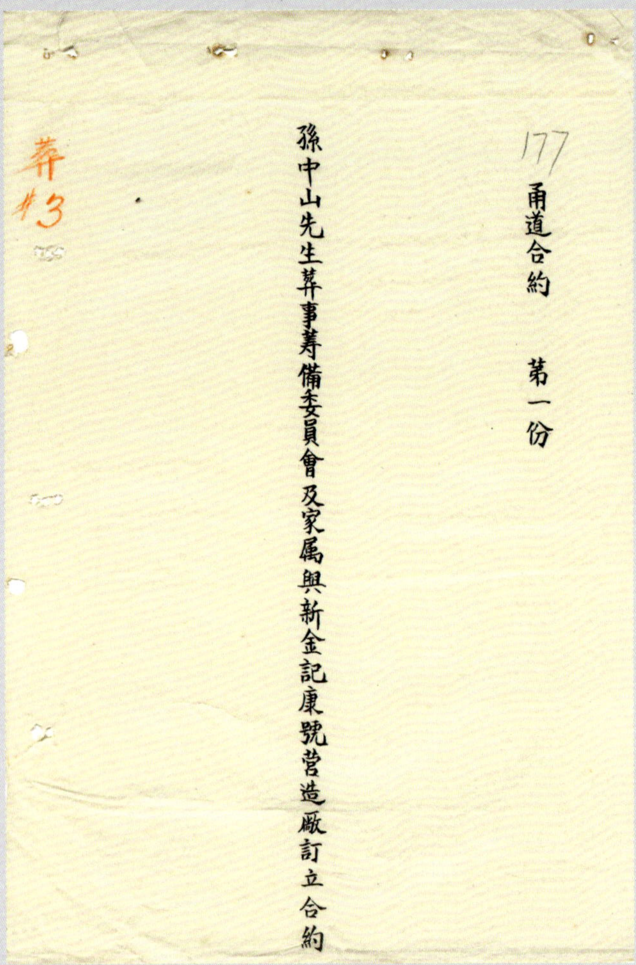

葬 #3

177

孫中山先生葬事籌備委員會及家屬與新金記康號營造廠訂立合約

甬道合約 第一份

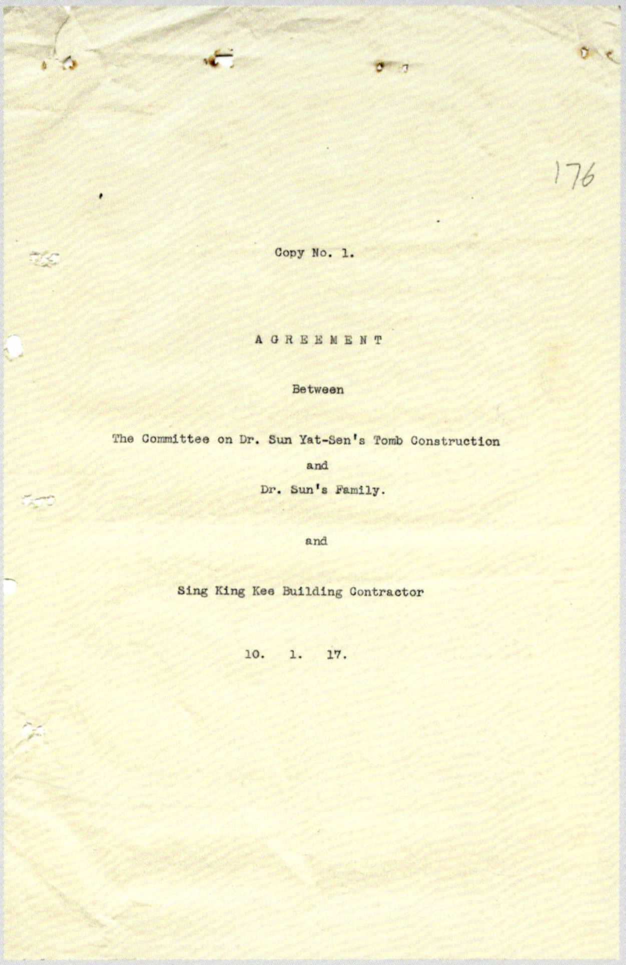

176

Copy No. 1.

A G R E E M E N T

Between

The Committee on Dr. Sun Yat-Sen's Tomb Construction
and
Dr. Sun's Family.

and

Sing King Kee Building Contractor

10. 1. 17.

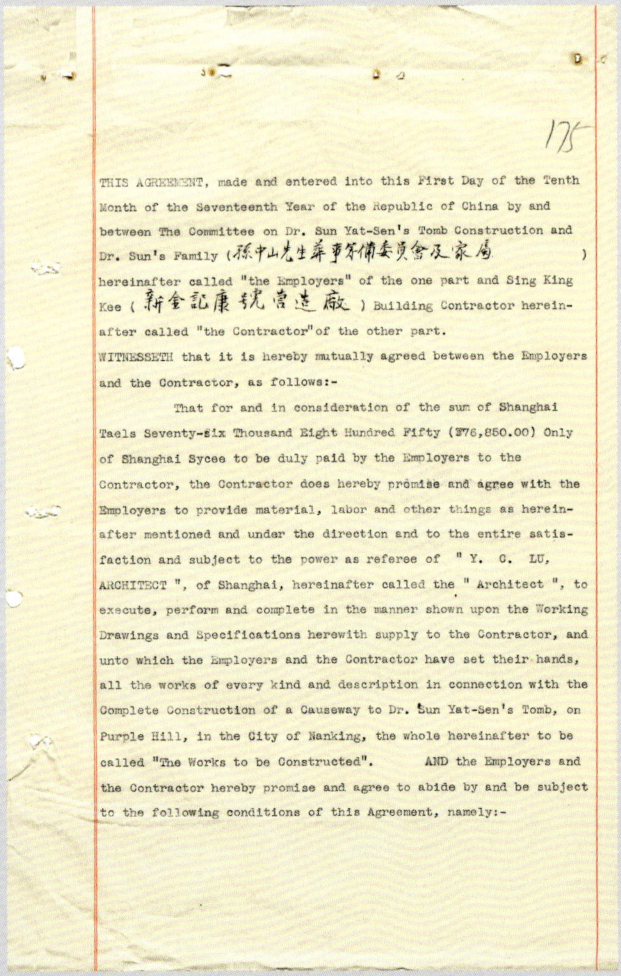

175

THIS AGREEMENT, made and entered into this First Day of the Tenth Month of the Seventeenth Year of the Republic of China by and between The Committee on Dr. Sun Yat-Sen's Tomb Construction and Dr. Sun's Family (孫中山先生葬事筹備委员會及家屬) hereinafter called "the Employers" of the one part and Sing King Kee (新金記康號営造廠) Building Contractor hereinafter called "the Contractor" of the other part.

WITNESSETH that it is hereby mutually agreed between the Employers and the Contractor, as follows:-

That for and in consideration of the sum of Shanghai Taels Seventy-six Thousand Eight Hundred Fifty (Ŧ76,850.00) Only of Shanghai Sycee to be duly paid by the Employers to the Contractor, the Contractor does hereby promise and agree with the Employers to provide material, labor and other things as hereinafter mentioned and under the direction and to the entire satisfaction and subject to the power as referee of " Y. C. LU, ARCHITECT ", of Shanghai, hereinafter called the " Architect ", to execute, perform and complete in the manner shown upon the Working Drawings and Specifications herewith supply to the Contractor, and unto which the Employers and the Contractor have set their hands, all the works of every kind and description in connection with the Complete Construction of a Causeway to Dr. Sun Yat-Sen's Tomb, on Purple Hill, in the City of Nanking, the whole hereinafter to be called "The Works to be Constructed". AND the Employers and the Contractor hereby promise and agree to abide by and be subject to the following conditions of this Agreement, namely:-

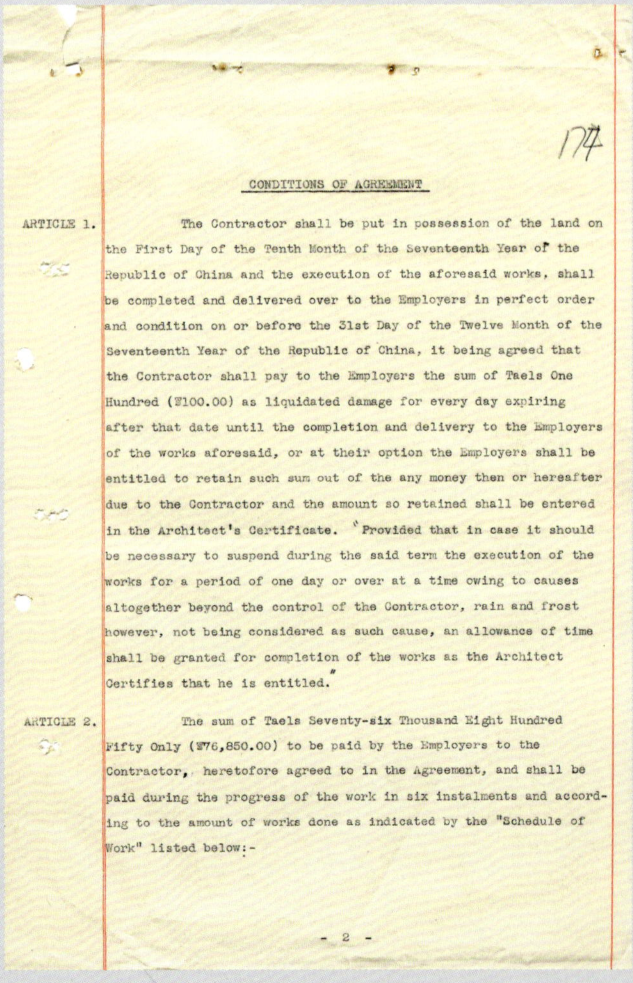

174

CONDITIONS OF AGREEMENT

ARTICLE 1. The Contractor shall be put in possession of the land on the First Day of the Tenth Month of the Seventeenth Year of the Republic of China and the execution of the aforesaid works, shall be completed and delivered over to the Employers in perfect order and condition on or before the 31st Day of the Twelve Month of the Seventeenth Year of the Republic of China, it being agreed that the Contractor shall pay to the Employers the sum of Taels One Hundred (Ŧ100.00) as liquidated damage for every day expiring after that date until the completion and delivery to the Employers of the works aforesaid, or at their option the Employers shall be entitled to retain such sum out of the any money then or hereafter due to the Contractor and the amount so retained shall be entered in the Architect's Certificate. "Provided that in case it should be necessary to suspend during the said term the execution of the works for a period of one day or over at a time owing to causes altogether beyond the control of the Contractor, rain and frost however, not being considered as such cause, an allowance of time shall be granted for completion of the works as the Architect Certifies that he is entitled."

ARTICLE 2. The sum of Taels Seventy-six Thousand Eight Hundred Fifty Only (Ŧ76,850.00) to be paid by the Employers to the Contractor, heretofore agreed to in the Agreement, and shall be paid during the progress of the work in six instalments and according to the amount of works done as indicated by the "Schedule of Work" listed below:-

- 2 -

新金记康号营造厂承建中山陵第二部工程合同（1—4）

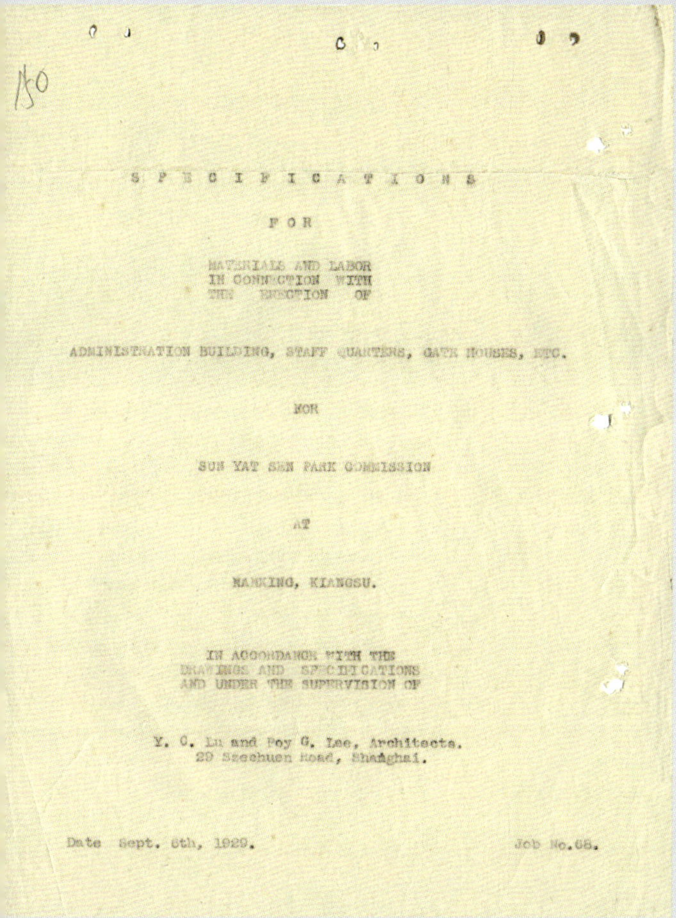

150

S P E C I F I C A T I O N S

FOR

MATERIALS AND LABOR
IN CONNECTION WITH
THE ERECTION OF

ADMINISTRATION BUILDING, STAFF QUARTERS, GATE HOUSES, ETC.

FOR

SUN YAT SEN PARK COMMISSION

AT

NANKING, KIANGSU.

IN ACCORDANCE WITH THE
DRAWINGS AND SPECIFICATIONS
AND UNDER THE SUPERVISION OF

Y. C. Lu and Poy G. Lee, Architects.
29 Szechuen Road, Shanghai.

Date Sept. 8th, 1929. Job No. 68.

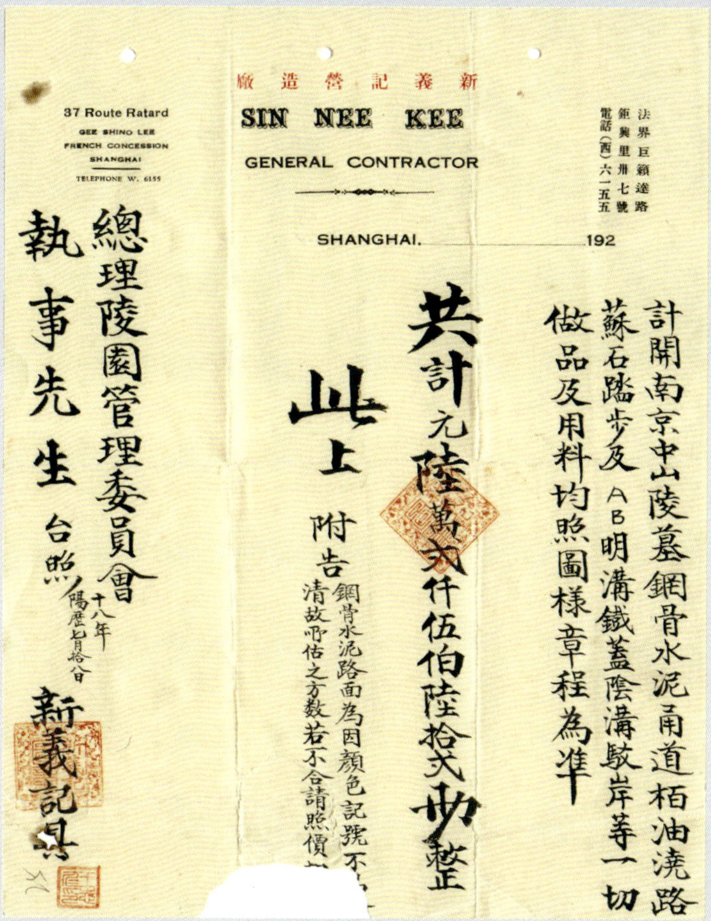

新義記營造廠

SIN NEE KEE

GENERAL CONTRACTOR

37 Route Ratard
GEE SHING LEE
FRENCH CONCESSION
SHANGHAI
TELEPHONE W. 6155

法界亘頴達路
距興里卅七號
電話(西)六一五五

SHANGHAI. 192

計開南京中山陵墓鋼骨水泥甬道柏油澆路
蘇石踏步及AB明溝鐵蓋陰溝駁岸等一切
做品及用料均照圖樣章程為準
共計元陸萬弍仟伍伯陸拾弍両整
此上
附告
鋼骨水泥路面為因顏色記號不……
清故所佔之方數若不合請照價……
總理陵園管理委員會
執事先生台照
十八年陽歷七月拾八日
新義記具

營造公司承建总理陵园管委会办公楼合同

新义记营造厂参与中山陵墓道建设的呈文

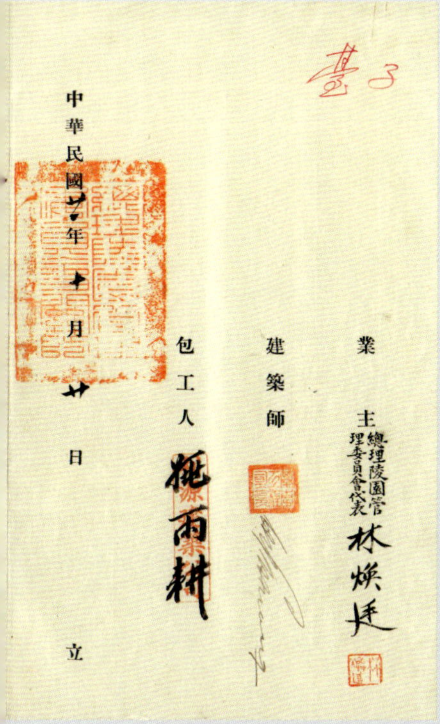

中華民國廿一年十月廿日 立

業主 總理陵園管理委員會 林焕廷

建築師

包工人 梅雨耕

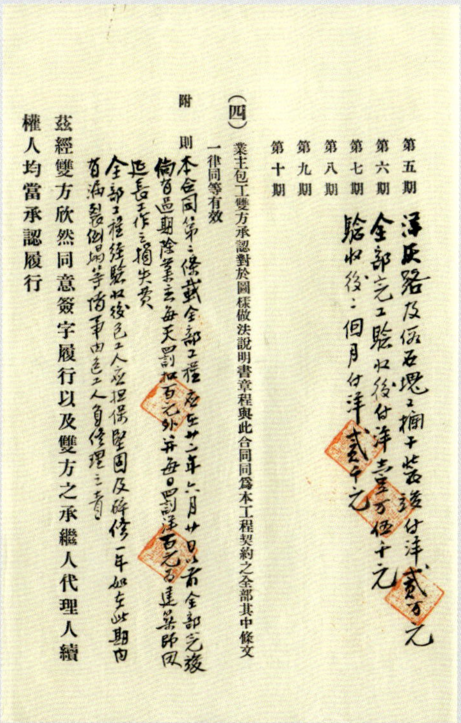

第五期
第六期
第七期
第八期
第九期
第十期

(四)業主包工雙方承認對於圖樣做法說明書章程與此合同同爲本工程契約之全部其中條文一律同等有效

附則

蒞經雙方欣然同意簽字履行以及雙方之承繼人代理人續權人均當承認履行

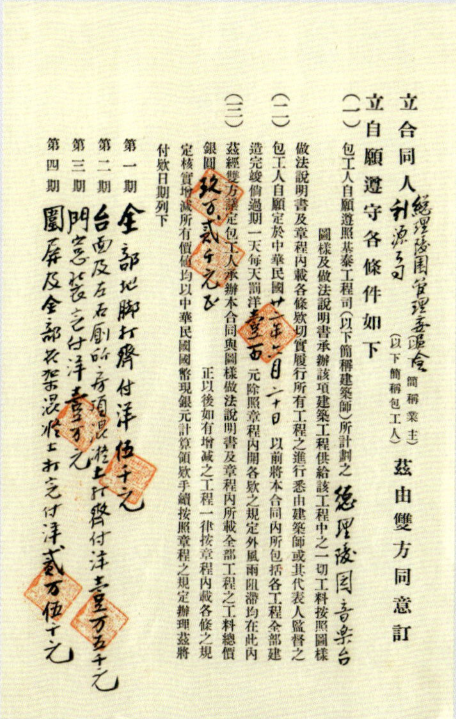

立合同人 總理陵園管理委員會(簡稱業主) 利源公司(以下簡稱包工人) 茲由雙方同意訂立自願遵守各條件如下

(一)包工人自願遵照基泰工程司(以下簡稱建築師)所計劃之 總理陵園音樂台 圖樣及做法說明書承辦該項建築工程供給該工程中之一切工料按照圖樣做法說明書及章程內載各條欵切實履行所有工程之進行悉由建築師或其代表人監督之

(二)包工人自願定於中華民國廿二年八月二十日以前將本合同內所包括各工程全部建造完竣倘過期一天每天罰洋壹百元除照章程內開各欵之規定外風雨阻滯均在此內

(三)茲經雙方議定包工人承辦本合同與圖樣做法說明書及章程內所載全部工程之工料總價銀圓玖万貳千元正以後如有增減之工程一律按章程內載各條之規定核實增減所有價值均以中華民國國幣現銀元計算領欵手續按照章程之規定辦理茲將付欵日期列下

第一期
第二期
第三期
第四期

建筑公司承建音乐台、花架等工程合同

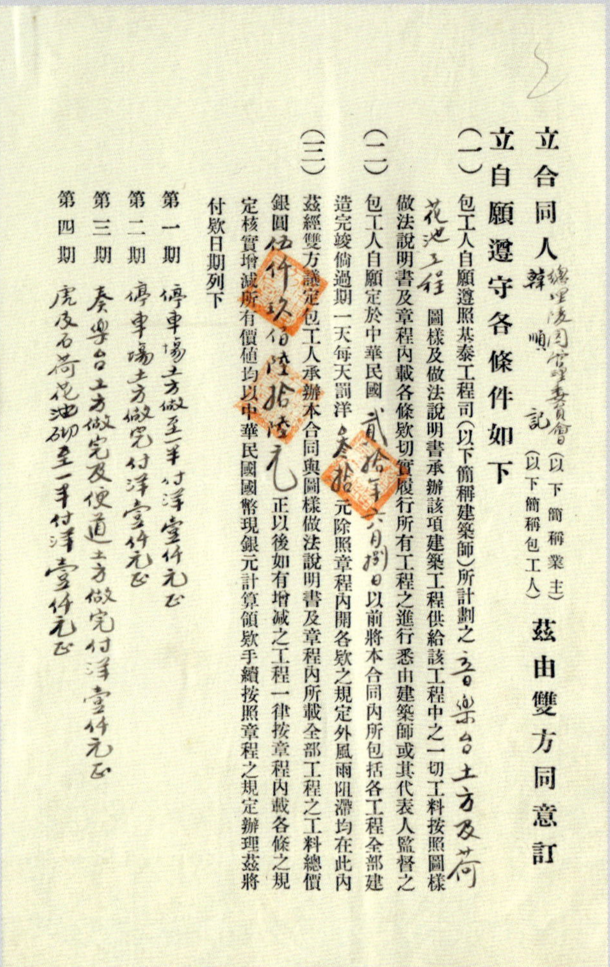
2

立合同人 總理陵園管理委員會（以下簡稱業主） 韓順記（以下簡稱包工人） 茲由雙方同意訂

立自願遵守各條件如下

（一）包工人自願遵照基泰工程司（以下簡稱建築師）所計劃之音樂台土方及荷花池工程圖樣及做法說明書承辦該項建築工程供給該工程中之一切工料按照圖樣做法說明書及章程內載各條欵切實履行所有工程之進行悉由建築師或其代表人監督之

（二）包工人自願定於中華民國貳拾年六月卅日以前將本合同內所包括各工程全部建造完竣倘過期一天每天罰洋叁拾元除照章程內開各欵之規定外風雨阻滯均在此內

（三）茲經雙方議定包工人承辦本合同與圖樣做法說明書及章程內所載全部工程之工料總價銀圓伍仟玖佰陸拾陸元正以後如有增減之工程一律按章程內載各條之規定核實增減所有價值均以中華民國國幣現銀元計算領欵手續按照章程之規定辦理茲將付欵日期列下

第一期 停車場土方做至一半付洋壹仟元正

第二期 停車場土方做完付洋壹仟元正

第三期 奏樂台土方做完及便道土方做完付洋壹仟元正

第四期 虎皮石荷花池砌至一半付洋壹仟元正

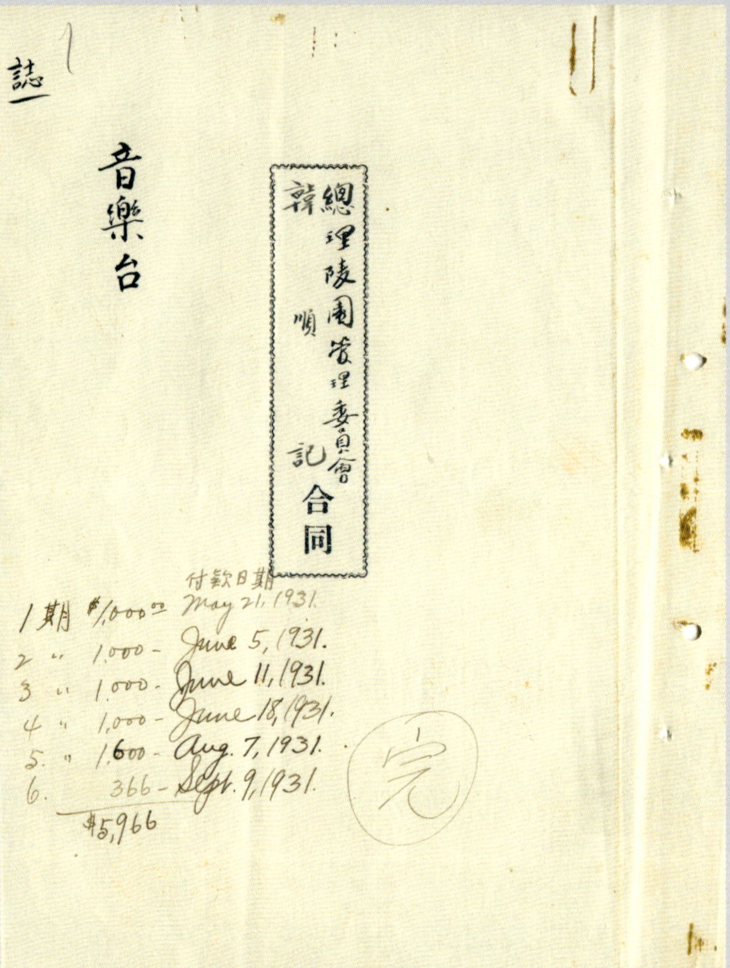
誌 1

音樂台

總理陵園管理委員會 韓順記 合同

付款日期

1期 $1,000.00 May 21, 1931.

2 " 1,000 - June 5, 1931.

3 " 1,000 - June 11, 1931.

4 " 1,000 - June 18, 1931.

5 " 1,600 - Aug. 7, 1931.

6. 366 - Sept. 9, 1931.

$5,966

完

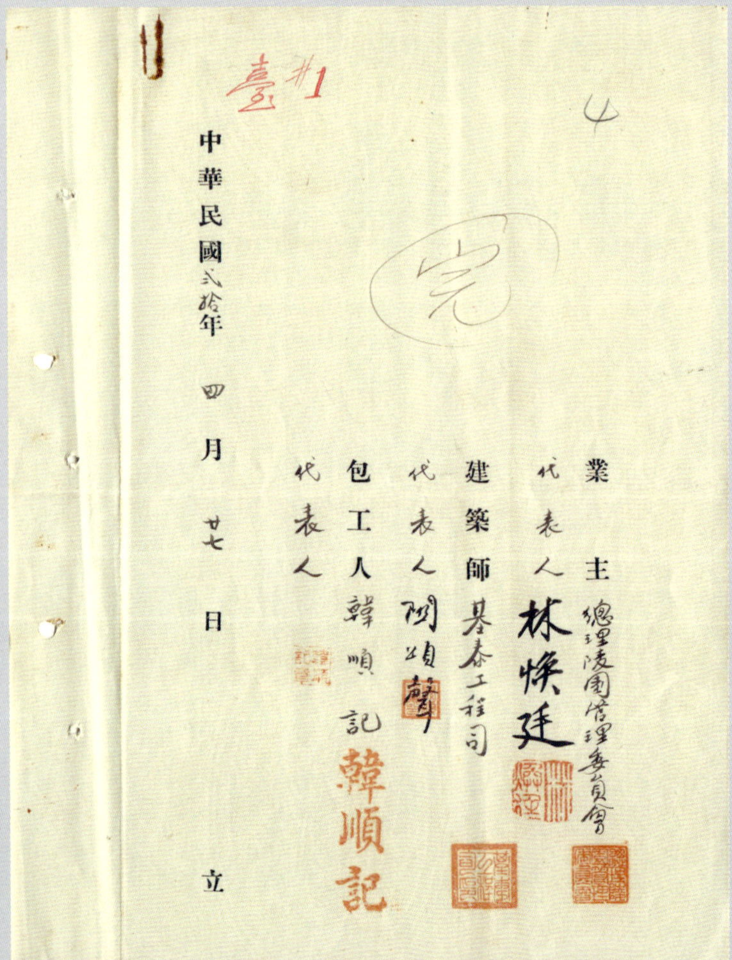
壹 #1

4

完

業主 總理陵園管理委員會 代表人 林煥廷

建築師 基泰工程司 代表人 關頌聲

包工人 韓順記 代表人

韓順記

中華民國貳拾年四月廿七日立

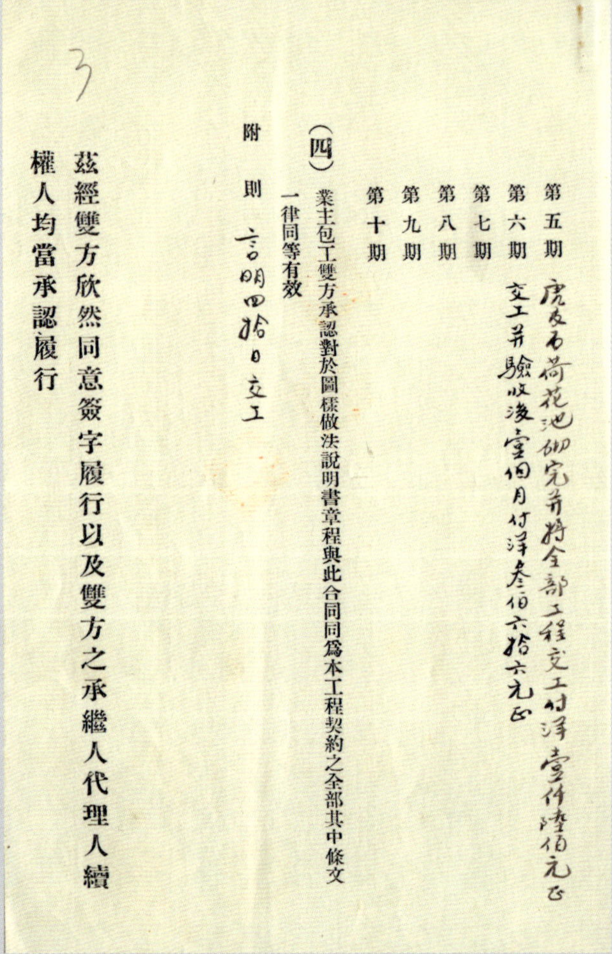
3

第五期 虎皮石荷花池砌完並將全部工程交工付洋壹仟陸佰元正

第六期 交工並驗收後壹個月付洋叁佰陸拾陸元正

第七期

第八期

第九期

第十期

（四）業主包工雙方承認對於圖樣做法說明書章程與此合同同爲本工程契約之全部其中條文一律同等有效

附則 言明四拾日交工

茲經雙方欣然同意簽字履行以及雙方之承繼人代理人續權人均當承認履行

韩顺记承包音乐台停车场、荷花池等工程合同

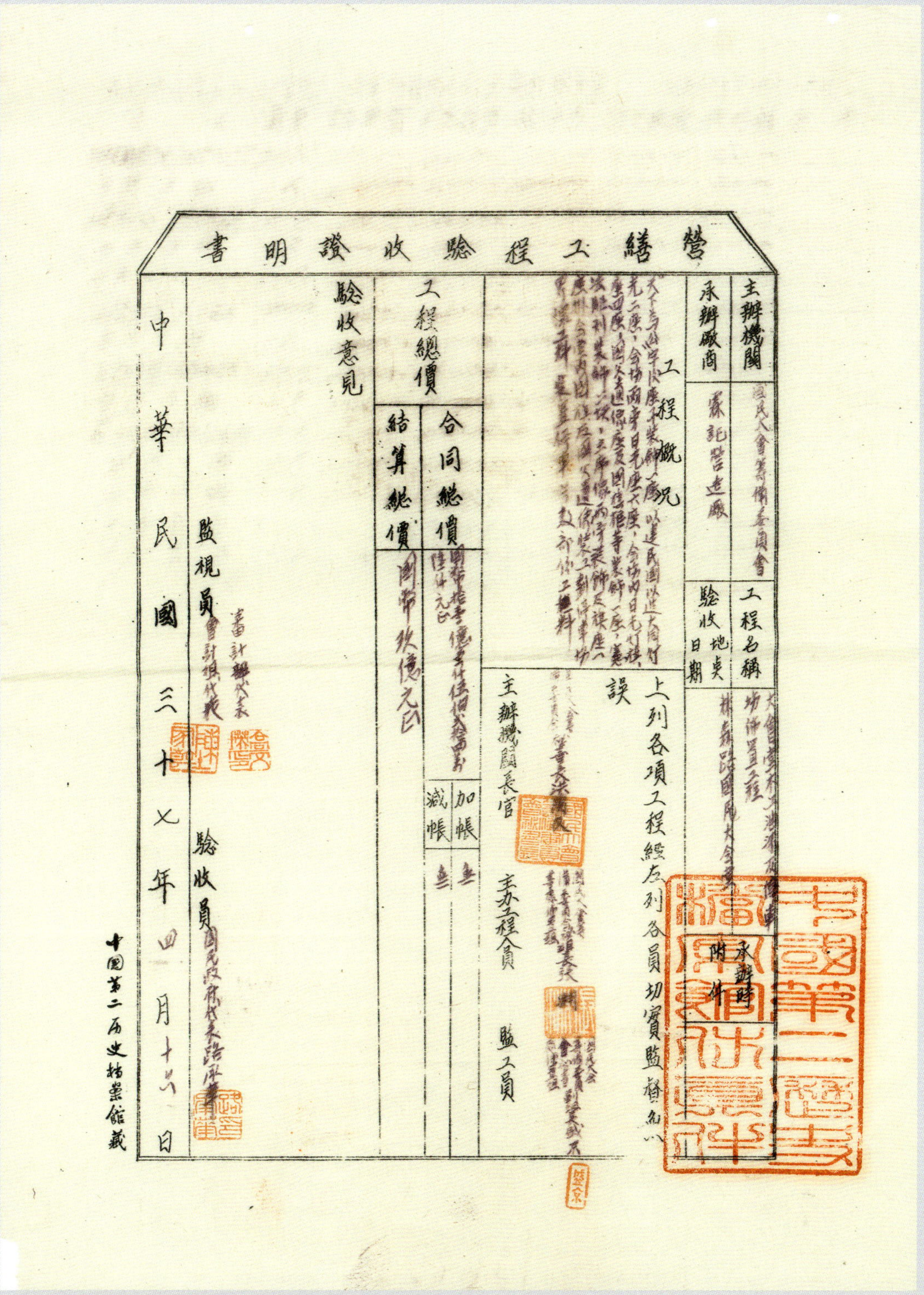
營繕工程驗收證明書

主辦機關	國民大會籌備委員會
承辦廠商	霖記營造廠
工程名稱	
驗收地點	
驗收日期	
工程概况	
工程總價	合同總價： 結算總價：國幣玖億元正
加帳	無
減帳	無
驗收意見	

上列各項工程經左列各員切實監督

主辦機關長官

主办工程人員

監工員

監視員

驗收員

中華民國三十七年四月十六日

中国第二历史档案馆藏

国民大会筹委会与霖记营造厂签订的营缮工程验收证明书（1948 年 4 月）

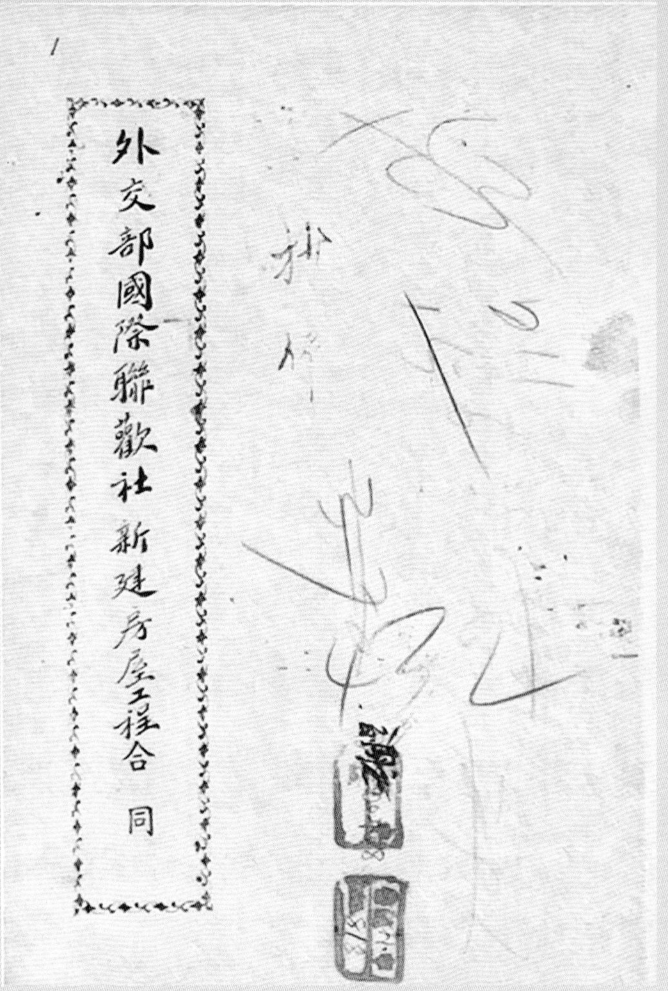

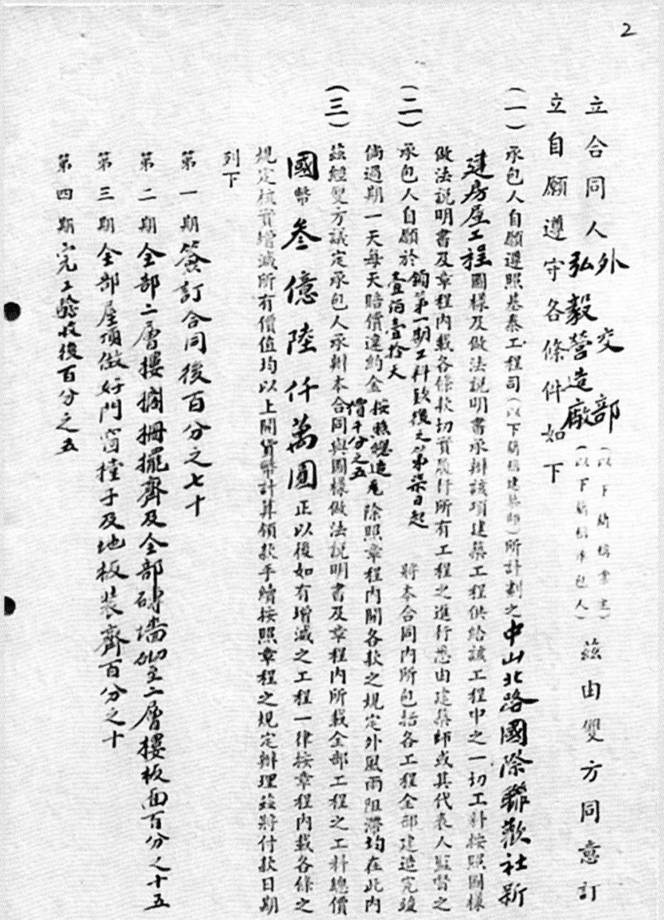

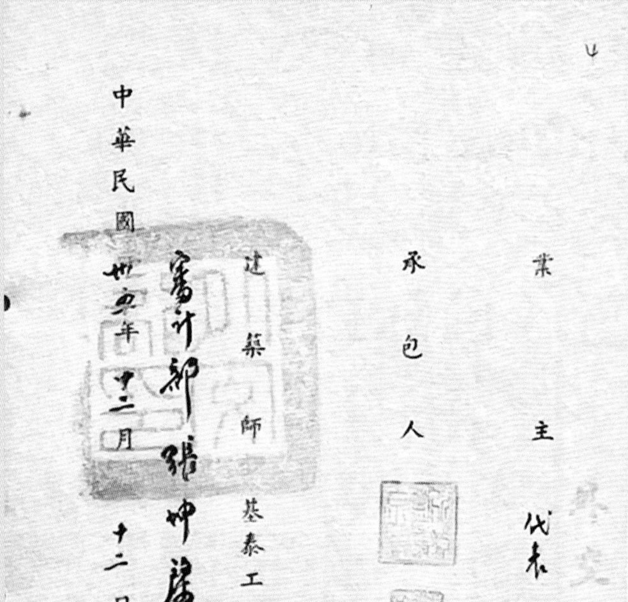

外交部与弘毅营造厂有关华侨招待所扩建工程合同

第八章

南京近代建筑鉴赏

近代建筑是南京一张独特的名片。南京近代建筑散布在城内外，大多已过耄耋之年，经过多次修缮乃至重建，有的建筑保存完好，有的建筑已面目全非，因此，存在一个去伪存真的过程，通常情况下，我们采取以下三个步骤：

一看。看造型，看颜色，看建筑材料。

二问。问居民，问老者。

三查。查档案，查资料。

在这里，笔者提供一个简便实用的鉴赏方法，供大家参考。[①]

① 卢海鸣：《鉴赏民国建筑需学会看细节》，《南京日报》2017 年 5 月 4 日“风雅秦淮”专版。

第一节　“穿西装，戴瓜皮帽”

近代建筑从外观上看，最重要的一个特征是大屋顶。大屋顶建筑，俗称“穿西装，戴瓜皮帽”建筑，建筑学上称之为“中国传统宫殿式的近代建筑”。多用于公共建筑上，也有少数居住类建筑采用这种式样。

大屋顶建筑代表性的有金陵大学（今南京大学汉口路校区）建筑群、金陵女子大学（今南京师范大学随园校区）建筑群、中山陵、铁道部大楼（1945 年后改为行政院，今中国人民解放军国防大学政治学院南京教学区）、励志社（今钟山宾馆）、小红山主席官邸（今美龄宫）、交通部大楼（今中国人民解放军国防大学政治学院南京教学区）、中山陵藏经楼、国民党中央监察委员会（今东部战区机关房产，原南京军区档案馆）、中央党史史料陈列馆（今中国第二历史档案馆）、国立中央研究院总办事处（今中科院南京分院）、国立中央博物院（今南京博物院）、老菜市荷兰大使馆以及宁海路马歇尔公馆等。

1928 年，女作家袁昌英在参观金陵大学后，撰写了《游新都后的感想》一文，对于金陵大学建筑有这样一段评价，颇值得玩味：“这里不是明明白白站着一个着西服的西洋男子，头上却戴上一顶中国式的青缎瓜皮小帽吗？一点儿也不错，它令人好笑的是它那帽子与衣服格格不入的样子。中西合璧办法用在女子金陵大学上面则高尚自然，别致幽雅，在男子金陵大学上则发生这种离奇的印象，是亦幸与不幸，工与不工之分而已啊！”而对于同样是中西合璧的金陵女子大学建筑群，袁昌英则是赞美有加：“女子金陵大学的中西合璧式的构造立在绿叶浓荫的花园茂林中，真是巍然一座宫殿，俨然一所世外桃源的仙居。它的外貌的形式美，是它那红、黑、灰各种颜色的配合的得法；是它那支干的匀称，位置的合宜；是它那中国曲线建筑的飘逸潇洒的气质战胜了西洋直线的笨重气概。”

大学东大楼

金陵大学西大楼

女子大学 100 号楼

铁道部（中山北路行政院）

党史史料陈列馆

国立中央博物院

第二节　古希腊、罗马式的巨柱

古希腊、罗马式的巨柱，俗称为“大柱子”，建筑学上称这类建筑为“西方古典式建筑”。代表性的有总统府大门、交通银行南京分行、国立中央大学（今东南大学）大礼堂和图书馆、中央陆军军官学校（今东部战区机关）大礼堂、中央政治学校大门、司法院·司法行政部大门、金陵关、英国大使馆办公楼等。

以国立东南大学孟芳图书馆为例，由外国人帕斯卡尔（Jousseme Pascal）设计，1924年建成。图书馆平面呈倒“T”字形，地上两层，局部地下一层，正中为主要入口门厅，前部两层为办公和阅览室，后部为书库。内部为钢筋混凝土结构，外部采用标准的罗马爱奥尼亚式柱廊、山花、檐部等西方古典形式构图，整个建筑造型十分严谨，比例匀称，细部装饰精美，是南京地区最为地道的罗马爱奥尼亚式建筑。

再以新街口交通银行南京分行为例，由上海缪凯伯工程司（Miao Kay Pah Consulting Co.）设计，1935年7月竣工。该建筑为钢筋混凝土结构，平面近似矩形，地上三层，地下一层。该建筑造型为西方罗马古典建筑形式。大楼正面朝南，门口有四根高达9米的爱奥尼亚式巨柱直抵二楼；大楼外部东西两侧各配有六根式样相同的檐柱。柱脚勒线及顶部塑花柱帽，做工精美。整个建筑显得坚固挺拔，浑厚凝重，显示了银行业主的雄厚资本和经济实力。

统府大门

国立中央大学大礼堂

立东南大学孟芳图书馆

交通银行南京分行

中央陆军军官学校大礼堂

第三节 老虎窗

近代建筑从外观上看,往往还有一个重要的特征——老虎窗。如基督医院(马林医院)、基督教百年堂、约翰·拉贝故居、赛珍珠故居、熊斌公馆、童寯故居等。

老虎窗就是开在屋顶上的天窗,也就是在斜屋面上凸出的窗,用来采光和通风。“屋顶”的英文“Roof”,其音近上海话“老虎”,洋泾浜英语翻译成“老虎窗”。

1927年国民政府定都南京后,随着首都南京人口的增加,兴建了大批西式的官邸、别墅和民居。当时的设计师利用住宅二楼空间较高及有斜屋顶的特点,在二层与屋顶之间加建阁楼,为了增加阁楼的采光和通风,在屋顶上开窗,这种窗也被称之为“老虎窗”。“老虎窗”遂成为近代建筑的一个重要标志。

基督医院(即马林医院)老虎窗

基督教百年堂老虎窗

赛珍珠故居老虎窗和壁炉烟囱外景

拉贝故居老虎窗和壁炉烟囱

赛珍珠故居老虎窗内景

熊斌公馆老虎窗

童寯故居老虎窗外景

童寯故居老虎窗内景

第四节 壁炉烟囱和排气孔

近代建筑第四个重要特征是室外突出于屋顶之上的长方体的壁炉烟囱和卫生间排气孔。

官邸别墅和一些公共建筑物内部，在靠墙处往往都砌有冬天生火取暖的设备——壁炉。壁炉是近代建筑内部的一个重要元素，由室内壁炉而产生的烟囱既具有实用功能，又成了近代建筑的一个重要符号。例如，浦镇机厂厂长奥斯敦别墅、约翰·马吉故居、赛珍珠故居、宋子文公馆、美国大使馆馆舍等都设有壁炉烟囱。

在近代建筑的卫生间，往往都有一个排气孔，突出于屋顶之上。如金陵大学甲乙楼、丙丁楼、戊己楼、庚辛楼，东箭道行政院办公楼、中山北路行政院（原铁道部）职员宿舍等。

浦镇机厂厂长奥斯敦别墅壁炉烟囱

赛珍珠故居壁炉

宋子文公馆壁炉

美国大使馆馆舍屋脊上的壁炉烟囱

金陵大学甲乙楼屋脊上的卫生间排气孔

东箭道行政院办公楼屋脊上的卫生间排气孔

中山北路行政院职员宿舍屋脊上的卫生间排气孔

第五节 拱形门和镂空铸铁门

近代建筑第五个重要特征是拱形门和镂空的铸铁大门。

在公共建筑、居住建筑及工业建筑中，采用拱形门的情况比较常见，而且拱形门往往比较低矮。如江南水师学堂（民国海军部）、浦口车站办公楼、国立中央研究院历史语言研究所、中央广播无线电台江东门发射台、故宫博物院南京古物保存库、基督教青年会、竺可桢故居等。

铸铁门比较典型的有交通部、中央广播无线电台江东门发射台、中山北路行政院（原铁道部）大院内的孙科公馆等。

江南水师学堂（民国海军部）拱形门

浦口车站办公楼拱形门

国立中央研究院历史语言研究所拱形门

中央广播无线电台江东门发射台拱形门

竺可桢故居拱形门

中央广播无线电台江东门发射台铸铁大门

交通部铸铁门

中山北路行政院孙科公馆铸铁门

第六节　墙体的用材和色调

近代建筑的用材和色调突破了传统建筑的藩篱，趋向多元化。但是，在特殊时期，则有相应的规定。民国时期，出于抗日防空的需要，对于建筑材料和颜色，南京警备司令部做出专门的规定——少用木材，禁用红墙红砖。南京警备司令部专门制定《首都公私建筑应行注意事项》，要求建筑物应符合现代防空的要求，以免被敌机发现后遭受打击，已有的建筑如果使用了红白材料，以及用钢骨水泥建筑的较大建筑物，如机关、工厂、银行、仓库等务须设置防空掩体，同时尽量少用木材，以此作为协同南京市工务局审核发照建筑的标准。①1934年11月初，根据南京警备司令部的意见，南京市政府转令工务局，嗣后无论公私建筑，请领执照时必须向建筑人声明改用灰瓦灰墙，“于建筑美术之中，宜顾虑防空伪装原则”。然而，出于经济利益考虑，金城机器砖瓦公司此后呈请继续使用机制红砖，一些机关单位如炮兵学校、军事委员会、资源委员会也在使用红砖红瓦，与防空要求不符。对此，南京警备司令部于1936年4月10日致函工务局指出，若各营造公司及建筑业主嗣后仍用红色砖瓦建筑房屋，不遵禁令，应暂缓发放各类执照，对固执己见者应予以一定的惩罚。②

受到抗日防空的影响，南京近代建筑从外观上看，色彩主要有乳黄色拉毛粉刷墙面、灰色水泥斩假石墙面、褐色砖清水墙面和青灰色砖清水墙面。

其中乳黄色拉毛粉刷墙面的有孙中山临时大总统办公楼、宋子文公馆、何应钦公馆、孙科公馆等；灰色水泥斩假石墙面的有国民大会堂、国立美术陈列馆、国立中央大学大礼堂、新街口交通银行、和记洋行总监办公楼等；褐色砖清水

① 《本市一切建设应顾及国防之关系》，1931—1933年，南京市档案馆藏，转引自徐智《改造与拓展：南京城市空间形成过程研究（1927—1937）》，齐鲁书社2020年版。

② 《军委会令公私建筑禁用红墙红砖》，1933—1936年，南京市档案馆藏，转引自徐智《改造与拓展：南京城市空间形成过程研究（1927—1937）》，齐鲁书社2020年版。

山临时大总统办公楼

宋子文公馆

钦公馆

孙科公馆

大会堂

国立美术陈列馆

和记洋行总监办公楼

小红山官邸

中央医院

金陵大学大礼堂

扬子江饭店

中华中学

考试院明志楼主席台背后铸铁扶梯

教育部部长办公楼铸铁扶梯和水磨石楼梯

交通部水磨石地面

考试院明志楼水磨石楼梯

首都水厂混水机房马赛克地砖

墙面的有小红山主席官邸、外交部、中央医院等；青灰色砖清水墙面的有扬子江饭店、基督医院、国立中央研究院、金陵大学、育群中学等。

此外，进入建筑物的内部，近代建筑的特征还体现在铸铁扶梯、只有象棋棋子那么大的六角形马赛克铺地砖，以及淡黄色带花纹的水磨石地砖等。至今我们在中山陵祭堂、小红山官邸、汤山主席别墅、总统府内的蒋介石办公室、东箭道行政院办公楼、考试院明志楼、交通部、中山北路行政院（今中国人民解放军国防大学政治学院南京教学区）、财政部盐务总局（南京海军指挥学院）、首都水厂等处，仍可寻觅到这些近代建筑特征。

MODERN ARCHITECTURE IN NANJING

南京近代建筑

中

卢海鸣——著

中宣部文化名家暨『四个一批』人才项目

南京出版传媒集团 南京出版社

图书在版编目（CIP）数据

南京近代建筑 / 卢海鸣著. -- 南京：南京出版社，2024.7

ISBN 978-7-5533-4426-3

Ⅰ. ①南… Ⅱ. ①卢… Ⅲ. ①建筑史—南京—1840-1949 Ⅳ. ①TU-092.5

中国国家版本馆CIP数据核字（2023）第216288号

书　　名　南京近代建筑
作　　者　卢海鸣
出版发行　南京出版传媒集团
南 京 出 版 社

社址　南京市太平门街53号　　邮编　210016
网址　http://www.njcbs.cn　　电子信箱　njcbs1988@163.com
联系电话　025-83283893、83283864（营销）　025-83112257（编务）

出 版 人　项晓宁
责任编辑　徐　智
装帧设计　王　俊
责任印制　杨福彬

排　　版　南京新华丰制版有限公司
印　　刷　上海雅昌艺术印刷有限公司
开　　本　889毫米×1194毫米　1/16
印　　张　98
插　　页　5
字　　数　1550千
版　　次　2024年7月第1版
印　　次　2024年7月第1次印刷
书　　号　ISBN 978-7-5533-4426-3
定　　价　980.00元（全三册）

用微信或京东APP扫码购书　　用淘宝APP扫码购书

探索篇

第一章 政治军事建筑

江苏谘议局

江苏谘议局位于南京市湖南路10号（原丁家桥16号），现占地面积78921.2平方米，这里先后是清朝江苏谘议局、中华民国临时参议院、江苏省议会、中国国民党中央党部，现为中国人民解放军东部战区江苏省军区、南京警备区机关所在地。

江苏谘议局今貌

清朝末年，社会动荡，危机四伏。为了缓和阶级矛盾，挽救统治危机，光绪三十二年（1906）七月十三日，慈禧太后根据考察宪政回国的清宗室载泽等五大臣的意见，采取“以退为进”的办法，仿效西方君主立宪制，颁布《宣示预备立宪先行厘定官制谕》，确定“大权统于朝廷，庶政公诸舆论”的原则，决定“参用各国成法，妥议立宪实行期限，再行宣布天下，视进步之迟速，定期限之远近”。次年，宣布在中央筹设资政院，在各省筹设谘议局，作为“采取舆论之所”，并为资政院预储议员。光绪三十四年（1908）九月十六日，在碑亭巷成立江苏谘议局筹办处，张謇担任总理。从这一年的十二月到宣统元年（1909）三月，江苏省各地谘议局议员的选举正式启动，当时江苏全省人口有32282781人，有选举权的选民只有162472人，约占总人口的0.5%。[①]江苏省共选出丁祖荫、陶保晋、张伯英、黄炎培等议员125名，其中江宁府属议员11名，江宁驻防专额议员2名，扬州府属议员14名，淮安府属议员9名，徐州府属议员10名，通州属议员7名，海州属议员4名，苏州府属议员11名，松江府属议员15名，常州府属议员21名，镇江府属议员13名（内有镇江驻防专额议员2名），太仓州属议员8名。

1909年9月14—16日，江苏省当选的部分谘议局议员到南京，举行谘议局筹备会议，选举清朝状元、著名实业家和教育家张謇为议长；蒋炳章、仇继恒为副会长，总理全局事务，下设办事处，处理日常工作；黄炎培等为常驻议员。

宣统元年九月初一(1909年10月14日),代表江苏民意的机构——江苏谘议局正式成立,代表共有125人,来自江苏八府和三个直隶州。因前任两江总督、南洋通商大臣端方调任直隶总督、北洋通商大臣，由继任两江总督、南洋通商大臣张人骏到会致辞。张人骏强调议政、行政分开，“议论之权公之于民，执政之责重之于官”。议长张謇致答谢词，强调谘议局既有立法权，也有监督行政权。成立大会后，随即举行第一届常规会，由正副议长主持会议。第一届常规会历时56天，共收到议案184件，分为督抚交议案、议员提议案与人民请议案。按相关规定，谘议局必须先讨论督抚交议案，然后才能讨论议员提议案与人民请议案。由于会期有限，许多议员提议案与人民请议案未及开议就闭会了。在共收到的184件议案中，讨论结果如下：

江苏谘议局议长张謇

① 王勇、杨英、潘彬彬、沈利成：《张謇与清末江苏谘议局探索宪政改革的斗争》，《档案与建设》2022年第2期。

已经议决案：督抚交议案15件，议员提议案72件，人民请议案22件。

议而未决案：议员提议案16件，人民请议案4件。

未及提议案：议员提议案10件，人民请议案3件。

毋庸提议案：人民请议案37件。

未及审议案：人民请议案5件。①

包括上述第一次常规会议在内，江苏谘议局在1909—1910年间共举行了两次常规会议和两次非常会议，第三次常规会议于1911年10月22日召开，由于辛亥革命的爆发，江苏谘议局被迫解散。江苏谘议局讨论并通过的议题有：调控货币、延伸宁省铁路至芜湖、治理淮河流域、限制使用鸦片、敦促外国人缴纳土地税、解决宝山地区外国人的土地所有权问题、禁止在江苏赌博、省级预算、调查饥荒的原因、开垦土地发展农业等。②

江苏谘议局办公大楼由两江总督端方奏请清政府拨款建设，竣工于张人骏担任两江总督期间。由张謇委派他所创办的通州师范学校测绘科毕业生孙支厦负责设计。孙支厦模仿日本帝国议院，设计出具有法国宫殿式建筑风格的谘议局大楼。③江苏谘议局大楼于1909年开工建设，1910年落成。这是中国近代建筑史上最早由中国建筑师设计建造的西式建筑之一。这座建筑与孙支厦设计的另一座建筑通崇海泰总商会大厦，被认为是新类型的建筑实例而编入《中国近代建筑简史》一书。

该建筑为砖木结构，三角形木屋架，圆拱形窗，地上两层，地下一层，平面呈正方形，中部是会议大厅（“文革”期间拆除，现为草坪），周围是高两层的办公用房，形成前后两进与东西厢房组成的四合院，占地面积4600平方米。前进通面阔十间73.6米，室内进深10.5米，前后有廊，廊宽均为2.9米；后进面阔十间57米，室内进深8米，前后走廊宽均为2.9米。中部大厅的座位布置成半圆形并设有楼座。正立面中部建有高耸的钟楼，钟楼为方底穹隆顶，上覆鱼鳞状铁皮瓦；在钟楼两侧的屋顶上，对称布置着两折式四坡顶；此外，屋顶

① 引自经盛鸿《张謇在南京探索宪政改革》，《南京史志》2021年第2期。

② ［民国］金陵关税务司编：《金陵关十年报告》，南京出版社2014年8月版。

③ 周琦等著《南京近代建筑史》认为：江苏谘议局模仿东京府厅（东京市役所），“两栋建筑均为欧洲文艺复兴后期市政厅建筑式样；主立面均按纵横三段式设计，中间入口处都有突出的门廊，顶部亦有耸立的钟塔。……尤其是建筑正立面中部的设计：两栋建筑的门廊正面均有3扇拱形门洞，拱心设锁石，拱门上部砖缝呈放射性划分；二者门廊上部的露台栏杆造型如出一辙，均为宝瓶栏杆与栏板相间的式样。”

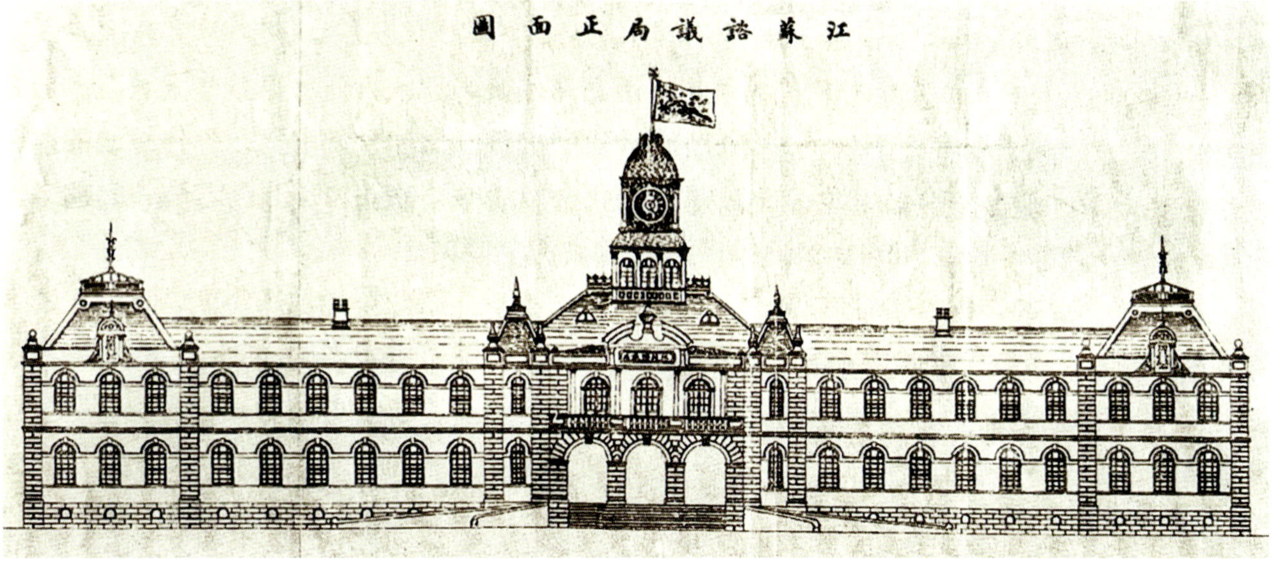

江苏谘议局正面图（《东方杂志》1909 年第 6 卷第 9 期）

江苏谘议局

上还设有小型的尖塔、烟囱、栏杆以及其他装饰物，形成丰富的变化。该建筑的平面和立面都可分为三段，在平面中突出中部和两侧，形成变化和节奏；在立面处理上，明显地划分为基座、墙身和檐口屋顶三段，使人很容易联想到法国卢浮宫的建筑特点。在正立面的中部入口处，建有一座突出的门廊。

江苏谘议局大楼自建成后，一直是南京的主要公共建筑之一，许多重大活动和事件都发生在这里或与这里有关。

由前任两江总督端方发起，继任两江总督张人骏筹办的南洋劝业会于 1910 年 6 月 5 日—11 月 29 日在丁家桥举办，历时达半年之久。南洋劝业会开幕后，

李瑞清、张謇等人发起成立南洋劝业会研究会，研究会机关设事务所，刚刚竣工的江苏谘议局大楼成为南洋劝业会研究会事务所所在地。张謇以江苏谘议局议长身份被推选为研究会总干事，江苏提学使兼两江师范学堂监督（校长）李瑞清被推选为会长。孟森、马相伯、柳诒徵、黄炎培也参加了研究会，全部研究成果于1913年6月由上海中国图书公司出版，取名为《南洋劝业会研究会报告书》[①]。在南洋劝业会举办期间，8月22日，张謇与江苏谘议局议员在江苏谘议局设宴招待美国实业代表团；9月25日，在江苏谘议局设宴款待参加南洋劝业会的美国代表大赉一行，全国十六省的谘议局代表作陪。[②]

1911年10月，辛亥革命爆发后，各地纷纷响应。同年12月29日，全国17个起义省份的代表聚集在江苏谘议局会议厅内，选举孙中山为中华民国临时政府大总统，并宣布将国号定为中华民国，同时决定废阴历，改用阳历（公历），以“中华民国”纪元，将1912年定为中华民国元年。

1912年1月28日中华民国临时参议院成立，江苏谘议局寿终正寝，成为临

1911年12月29日，已独立的17省代表在江苏谘议局选举孙中山为中华民国临时大总统。这是参会人员的合影

① 苏克勤、余洁宇编著：《南洋劝业会图说》，上海交通大学出版社2010年5月版。

② 苏克勤校注：《南洋劝业会文汇》，上海交通大学出版社2010年5月版。

时参议院所在地。临时参议院议长是林森，副议长是陈陶遗。林森与议员们就住在参议院内。当时共有17省38位议员（一说42位）到会，孙中山率领部分内阁总长、次长及总统府秘书处高级职员到会祝贺，孙中山在致辞中称：

中华民国既建，越二十有八日，参议机关乃得正式成立。文诚忻喜庆慰。谨掬中怀之希望，告诸参议诸君子之前，而为之辞曰：

人有恒言：革命之事，破坏难，建设尤难。夫破坏云者，仁人志士，任侠勇夫，苦心焦虑于隐奥之中，而丧元断脰于危难之际，此其艰难困苦之状，诚有人所不及知者。及一旦事机成熟，倏然而发，若洪波之决危堤，一泻千里，虽欲御之而不可得，然后知其事似难而实易也。

若夫建设之事则不然。建一议，赞助者居其前，则反对者居其后矣；立一法，今日见为利，则明日见为弊矣。又况所议者国家无穷之基，所创者亘古未有之制。其得也，五族之人受其福；其失也，五族之人受其祸。

呜呼！破坏之难，各省志士先之矣；建设之难，则自今日以往，诸君子与文所黾勉并肩而弗敢推谢者也。矧为北虏未灭，战云方急，立法事业，在在与戎机相待为用。破坏、建设之两难，毕萃于兹。诸君勉哉！各尽乃智，竭乃力，以固民国之始基，以扬我族之大烈，则不徒文一人之颂祷，其四万万人实嘉赖之。

1912年2月12日清帝宣布退位诏书后，南北统一。次日，孙中山便向临时参议院提出辞职，举荐袁世凯代替自己。2月14日，孙中山亲临临时参议院辞职，临时参议院同意孙中山辞去临时大总统职务。2月15日，临时参议院选举袁世凯为中华民国第二任临时大总统。3月11日，临时参议院通过了中国历史上第一部体现资产阶级民主的宪法《中华民国临时约法》，并由孙中山公布于众。由于《临时约法》中只字未提男女平等和妇女参政，3月19日、20日、21日，连续三天发生了女界志士大闹临时参议院事件。后在孙中山的劝导下，女界志士才退离临时参议院。

1912年4月1日，孙中山莅临临时参议院，行解职礼，正式宣告辞去中华民国临时大总统一职，并发布最后一道《临时大总统孙令》（唐绍仪代署）：

1912 年的中华民国临时参议院

1912 年 1 月 28 日中华民国临时参议院成立大会后合影

……本总统受任以来，慄慄危惧，深恐弗克负荷，有负付托。赖国人之力，南北一家，共和确定。本总统藉此卸责，得以退逸之身，享自由之福，私心自庆，无以逾此。所愿吾百僚执事公忠体国，勿以私见害大局；吾海陆军士，谨守秩序，勿以共和昧服从；吾五大族人民，亲爱团结，日益巩固，奋发有为，宣扬国光，俾吾艰难缔造之民国与天壤共立于不敝。本总统虽无似得以公民资格勉从国人之后，为幸多矣。①

在袁世凯的胁迫下，4 月 2 日，临时参议院议决临时政府迁往北京。4 月 29 日，临时参议院也迁到北京。

在临时参议院迁到北京前，因继任临时大总统袁世凯克扣南京军队的军饷，南京留守黄兴被迫到上海筹饷。驻扎在南京的赣军一个旅 2000 多人，趁机发动兵变，许多乱兵涌向街头，抢劫商店和机关，滥杀无辜，全城一片混乱。许多机关人员纷纷外逃，留下一座座空院，临时参议院里的议员全跑光了，只剩下林森一人。此时的临时参议院里有公款两箱银元，每箱一万元，林森眼看着来不及转移，便叫来好友邱于寄商量，决定两人各居一室，一人藏一箱银元于室内，上面堆一些杂物，同时，将大院的大门和所有电灯打开，静候乱兵的到来。到了夜里，来了一队乱兵，他们看到林森和邱于寄镇定自若的神情，在临时参议院里翻箱倒柜了一番，一无所获，最后悻悻离去。

① 中国第二历史档案馆编：《南京临时政府遗存珍档》第一册，江苏古籍出版社 2011 年 6 月版。

1913年2月22日，江苏省议会在临时参议院旧址宣告成立，并由江苏都督程德全主持召开了第一次常年会（常规会议），会议选举许鼎霖为议长。江苏省议会会议分为常年会和临时会（特别会议）两种，常年会每年一次，由江苏省行政长官召集；如遇特别紧要事情时，或议员半数以上请求时，则召开临时会。省议会每三年选举一次。议会讨论的议题涉及改善省内道路、治理大运河和淮河、社会福利、初级教育、志愿团队的组建、创建蚕桑丝业实验基地、禁止嫖娼、监狱改革、开采凤凰山铁矿、派遣海外留学生、弹劾民政长齐耀琳、总统选举问题等。[①]

据民国初年徐寿卿《金陵杂志续编》记载，江苏省议会所在地同时又是议员的公寓，并且曾经一度对外经营。1914年秋，就读于南通师范学校的张梅庵到南京参加省立学校联合运动会，就住宿在省议会。他在《金陵一周记》中写道：

> 车已停，余等乃下。校役先往唤脚夫十余人，陆续运行囊至省议会。巍乎壮哉，省议会之建筑也，崇楼伟丽，得未曾见。门外辟地作圆圈形，杂莳花卉，往来者绕行两边，隔花可语也。既入，宿于旁厅休息室楼房，上有电灯装置，颇奇巧。室东辟巨窗二，窗启可立而望，钟山风景，如玩之几席之上。九时半早膳，食尽数器，畴昔饥欲死，今且饱欲死矣。膳毕，互约午后出游。余觉疲甚，遂卧。酣然一梦，直至四时始醒。[②]

1914年，张謇在担任北洋政府实业总长兼全国水利局总裁期间，即着手创建一所培养水利技术人才的学校，经其多方呼吁，亲自联络，筹措经费，商定校址，聘请教师，审定办学方案，学校终于在1915年成立。为节省开办费用，尽快招生开学，张謇决定临时借用校舍，并利用曾任江苏谘议局议长的影响，借下了江苏省议会的房屋，解决了校舍问题。1915年3月15日，河海工程专门学校（今河海大学前身）举行开学典礼，张謇专程从北京赶到南京参加典礼。这是我国历史上第一所培养水利技术人才的高等学府，是辛亥革命后南京地区第一所招生开课的高校，也是我国当今唯一以水利为特色的河海大学百余年办学历史的肇始。学校隶属全国水利局，并由全国水利局转咨教育部立案照准。

① ［民国］金陵关税务司编：《金陵关十年报告》，南京出版社2014年8月版。
② ［民国］中华书局编辑：《新游记汇刊》，上海中华书局1921年版。

1915年，南京高等师范学校（今东南大学前身）筹备处曾经设在江苏省议会内。8月11日，南京高等师范学校公开招考。报考学生共有534人，来自江苏、安徽、浙江、江西、广东、四川、贵州等省，其中江苏考生最多。首届招生共录取126人，实到110人。9月10日开学上课，9月18日举行开校仪式，邀请江苏省省长齐耀琳等地方官员参加。至此，南京高等师范学校正式成立。

1919年五四运动爆发后，南京是响应五四运动最早的城市之一。5月7日，南京中等以上学校学生代表在鸡鸣寺开会，筹备游行示威活动。5月9日清晨，南京数十所大、中学校的学生6000多人，在小营演武厅前操场召开国耻纪念大会，表达反帝爱国、誓雪国耻、声援北京学生的决心。8点半开始，举行游行示威，游行队伍先后到督军署、省长公署和省议会请愿，学生们一边高呼口号，一边散发传单，游行示威持续到下午6点到达下关才解散。①

1922年12月2日，南京发生机织工人为"饭碗问题"捣毁省议会的事件。南京是丝织业特别发达的地区，由于省议会不顾丝织业主的利益及工人的死活，悍然通过了废止茧行条例，丝织业界群起反对，纷纷请求复议，但省议会置之不理，维持原议。于是丝业机工不顾警察、保安队的弹压，高举"三十万人生计将绝""解散议会"等旗帜，怒捣省议会，痛打省议员。北京共产党早期组织所办的《劳动音》杂志称此是"饭碗问题"革命的第一声。②

1927年4月18日，国民政府定都南京典礼在江苏省议会举行。上午9时，蒋介石、何应钦、胡汉民、古应芬、伍朝枢、蔡元培、邓泽如等人到场。仪式共举行十项，即开旗、奏乐；向党旗、国旗行三鞠躬礼；宣读《总理遗嘱》；向孙中山遗像行三鞠躬礼；宣读国民政府定都南京宣言；蔡元培代表国民党中央党部授印；胡汉民代表国民政府接印；祝词；茶点；礼毕。

1927年9月，国民党中央党部从成贤街迁到江苏省议会所在地办公。大门牌坊横额上的"中央党部"四字，由民国著名书法家、国民党元老于右任题写。中央党部成立于1924年1月24日，是中国国民党中央领导机关，在国民党中央执行委员会和总理（主席）的领导下，处理全党及直辖地区的党务。其内设机构最初有秘书处一处，组织、宣传、工人、农民、青年、妇女、调查和军事

① 刘振华：《热血沸腾的爱国青年——五四运动在南京》，收入沈嘉荣主编《南京史话（下）》，南京出版社1995年8月版。

② 中共南京市委党史工作委员会办公室：《南京党史一百年》，中共党史出版社、南京出版社2021年6月版。

1927 年 4 月 18 日，国民政府在江苏省议会成立。图为成立典礼合影

中央党部大门

八部。此后，内设机构屡有变化，但职能基本相同。中央党部的组织系统如下：（1）全国：全国代表大会、中央执行委员会。（2）全省：全省代表大会、省执行委员会。（3）全县：全县代表大会、县执行委员会。（4）全区：全区党员大会或代表大会、区执行委员会。（5）区分部：区分部党员大会、区分部执行委员会。中央党部大院是国民党中央执行委员会和全国代表大会举行会议的场所，同时又是中央政治委员会、中央财务委员会、宣传部、组织部、海外部、农工部、青年部等机构的驻地。在中央党部后院西南隅，还设有当时国内最大规模的电台——中国国民党中央执行委员会广播无线电台（简称中央广播无线电台）。

1928 年 2 月 2—7 日，国民党二届四中全会在中央党部举行，大会选举谭延闿为国民政府主席、蒋介石为军委会主席。

1929 年 6 月 1 日，举行孙中山先生灵榇奉安大典。当孙中山先生灵榇于 5 月 28 日由北平西山碧云寺运抵南京后，国民政府在中央党部大礼堂内设置灵堂。灵堂内，北为灵坛，上悬“精神不灭”四字横幅，中挂孙中山先生立像，两旁悬挂国民党党旗和中华民国国旗，以及国民党要人的挽联。孙中山先生灵榇安

1928 年 2 月国民党二届四中全会参会人员合影

放在灵堂的中央（大礼堂的讲坛），上覆国民党党旗。自5月29日起举行历时三天的公开祭典活动。公祭活动由国民政府内政部主持，市民可以自由出入中央党部瞻仰孙中山先生的遗容。在三天的公祭活动期间，除国民党党政军及社会各界代表公祭外，有18国专使以及罗马教皇代表刚恒毅参加公祭。蒋介石等国民党要人以及孙中山先生的亲属轮流参加守灵。5月31日下午5时举行封棺典礼。6月1日孙中山先生奉安日这一天，凌晨2时，奉安委员会特备的奉安汽车停靠在中央党部院内。奉安总指挥朱培德、总干事孔祥熙等人事先到达中央党部。凌晨3时20分，孙中山先生的亲友宋庆龄、孙科夫妇及子女、蒋介石夫妇、宋子文夫妇、宋霭龄、杨道仪（朱执信夫人）、唐绍仪、陈少白、张继、叶恭绰、头山满、犬养毅、梅屋庄吉、宫崎龙介等，全体中央委员、国府委员、葬事筹备委员、迎榇专员暨18国专使，陆续到达中央党部，依次进入灵堂，参加移灵典礼，典礼由国民党元老胡汉民主持。4时一刻，狮子山炮台开始鸣礼炮101响。在总干事孔祥熙执旗前导下，灵榇移出灵堂，扶上汽车，灵车四周遍扎白色彩球，上覆国民党党旗和国旗。4时25分，灵车缓缓地从中央党部启动，沿中山大道前往中山陵。送殡队列共有10列，从第一列起，至第十列止，绵延

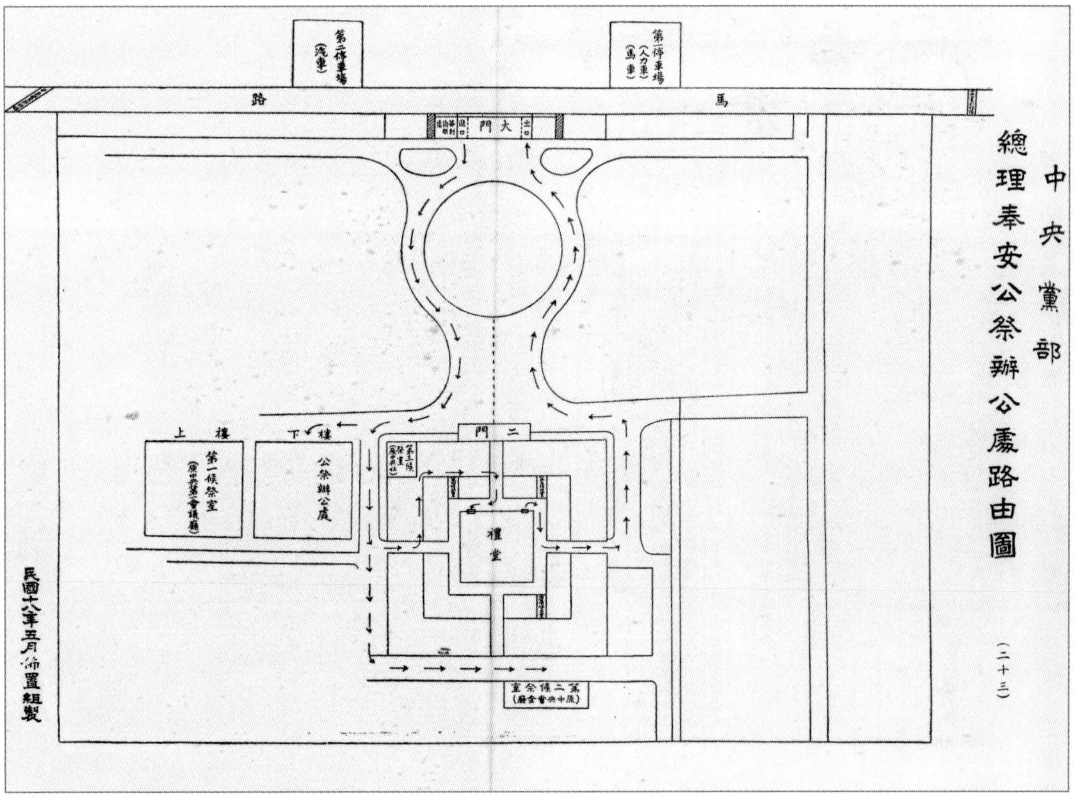

中央党部总理奉安公祭办公处路由图，1929年5月布置组制（《总理奉安实录》）

1929年奉安大典时的中央党部

孙中山先生灵榇进入中央党部大门

二三公里，孙中山先生的灵车在第七列。在灵车由中央党部驶往中山陵的沿途，民众夹道观看，盛况空前。

1931年九一八事变发生后，9月19日下午，国民政府接到张学良从北平发来的报告事变经过的电报，此时，国民政府主席蒋介石正在由南京赴江西的途中，在南京的国民党中央常务委员于右任、丁惟汾、戴季陶、朱培德等，立即通知相关人员，于当晚8时举行临时中央常委会。会议由戴季陶主持，与会者有王正廷、吴稚晖、邵力子、陈立夫、陈布雷、张道藩、恩克巴图、克兴额等人，决定了若干应急事项："会议中众意对外仍采诉之国际联盟，请其主持公道，对内则亟谋全国国民及本党同志牺牲成见，一致联合，又电催介石迅即返京妥商一切。……并由中央通告国民及党员，除剿赤救灾工作外，全国国民须一德一心，共御外侮等语。至晨1时许始散。"①

九一八事变发生后，全国各地学生和群众不断到中央党部请愿。

11月8日，天津北洋工学院请愿团400人到南京，住在中央大学体育馆内，总指挥李颂琛、总队长王春霖。9日，全体到中央党部请愿，呼吁"实现和平统一，对日宣战，收复失地"，蒋介石出面答复。11月10日，全体人员到中山陵谒陵。

11月10日，东北民众请愿团抵达南京，住在金陵大学；同日，由北洋工学院、女子师范学院、水产中学、法商学院、中山中学等大中学校学生构成的天

① 王仰清、许映潮标注：《邵元冲日记》，上海人民出版社1990年10月版。

中央黨部停靈之祭堂（四十四）

1929年5月25日至31日，中央党部供奉孙中山灵榇之祭堂（《总理奉安实录》）

家屬戚屬之公祭（五十二）

1929年5月25日至31日，孙中山先生家属戚属在中央党部公祭孙中山先生（《总理奉安实录》）

1929 年 5 月 25 日至 31 日，国民政府委员在中央党部公祭孙中山先生（《总理奉安实录》）

津中等以上学生抗日救国会请愿团 470 人到南京，住在金陵中学。11 日上午，天津学生抗日救国会请愿团至中央大学，向即将召开的国民党第四次全国代表大会请愿，大会秘书长叶楚伧接见；与此同时，东北民众请愿团到中央党部请愿。当日下午 3 时，蒋介石在中央军校接见两个请愿团并训话。12 日，两个请愿团到中山陵谒陵。

11 月 26 日晚上，蒋介石在中央党部接见清华大学来京请愿学生。

11 月 27 日晚 8 时，国民党中央在中央党部召开临时会议，“以此时各学校及民众团体时时来京请愿，且必直接与主席见面，措辞不可有伸缩余地，且多危险，故以后决不直接应付，而以组织数个委员会，以应付学生及指导民众团体”。但此后蒋介石仍多次接见请愿学生。

11 月 29 日，北平民国学院请愿团 450 人抵达南京，住在金陵中学内，常务委员兼代表有李维中、李凝等人。30 日上午 9 时，请愿团齐聚在中央党部请愿。朱培德接见后，全体人员又前往国民政府请愿，要求“立刻对日宣战，退出国联，扩大民众反日运动，促成真正和平统一的政府，肃清帝国主义者走狗军阀，

实行革命外交，励行对日经济绝交”[①]。

12月15日，北平学生抗日救国示威团500余人赴外交部、中央党部示威。据《北平学生抗日救国示威团为遭国民党军警镇压告全国劳苦大众书》记载：学生们到达中央党部时，蔡元培和陈铭枢出来接见。蔡答复质问，学生们提出的第一个质问是：为何北平市党部压迫反日运动？蔡答应查办北平市委。学生们说：北平市委是受中央党部领导的，他的错误中央党部应该负责。学生们认为，现在整个国民党是欺骗群众的、屠杀群众的、出卖群众的帝国主义的走狗政党，要高呼打倒！学生们“捣毁了中央党部的窗子，打僵了蔡陈两个走狗”，然后返回中央大学住所。两个小时后，被捕同学11人被释放归来了。另据《邵元冲日记》记载：当时中央党部里面正在开中央临时常会，蒋介石提出辞职，获得通过。学生“夺门而入，逢人即殴，遇物即毁，并劫去守卫枪支，欲加放射，中央工作人员以忍不与较，受伤颇多。常会乃推蔡孑民、陈真如两君前往答复，即为暴徒攒殴，并将蔡拽去，中途始释，陈亦受伤倒地。……当时中央工作人员以自卫计，不能再忍，乃截捕暴徒十一人……嗣右任、稚晖不予深究，乃稍加训导，遣之归去”。

12月17日，南京、北平、上海、江苏、安徽等地的学生数千人，在南京举行联合大示威，包围国民党中央党部，因党部大门紧闭，学生将悬于大门口的党徽、岗亭布告栏等砸毁，将门外之警察、党部职员等七人抓去。

1934年1月20日，国民党第四届中央执行委员会第四次全体会议在国民党中央党部开幕。推蒋介石等七人为大会主席团成员，叶楚伧为秘书长。四届四中全会选举林森连任国民政府主席，班禅为国务委员。大会于25日闭幕。

1934年12月10日至14日，国民党四届五中全会在南京中央党部召开，参加会议的中央执行委员和监察委员共106人。汪精卫致开幕词，大肆宣扬国民党四届四中全会以来，在反共内战及国内建设上的“成绩”。蒋介石报告了反共军事的“胜利”，炫耀武力。全会通过了《中央与地方划定权责问题案》《刷新政治案原则》《推进边疆党务案》《实现义务教育标本兼治办法案》等议案，并决定于1935年11月召开国民党第五次全会代表大会。全会发表宣言，以“救亡图存”相号召，在全国推行“真正之统一和平运动”，并称“本党同人受国民付托之重，深知攘外必先安内，雪耻端在自强，救亡图存之工作，当以充实

① 中国第二历史档案馆编:《中华民国史档案资料汇编》第五辑第一编《政治(四)》，江苏古籍出版社1994年6月版。

中央党部大礼堂（1932 年摄，伍联德《中华景象》，1934 年版）

中央第一会议厅（1932 年摄，伍联德《中华景象》，1934 年版）

国民党四届五中全会时的中央政治会议厅（《中国现象：九一八以后之中国画史》，吴先斌收藏）

国力，修明政治为先务”。这时，红军已开始长征，会议中心议题为讨论围剿红军。会后，“统一和平运动”全面展开，国民党加紧了对红军的围追堵截，同时对日采取妥协政策。①

1935年11月1日是国民党四届六中全会召开的第一天，国民党中央委员一百余人，8点钟照例到中山陵谒陵，9点钟回到中央党部举行开幕式，10点半接着开预备会。开幕式结束后，中央委员们走出大礼堂，到中央政治会议厅门前，分五排站立，进行集体合影。蒋介石因感到现场秩序较乱而没有参加合影。他在1935年11月1日的日记中写道：

早起，祷告静坐毕。八时前谒陵毕，见礼节与秩序仍如往日之纷乱。到党部开六中全会之礼节亦纷乱如故，犹未改正，不胜悲愤。将至摄影场时，一出门即当头遇见倭人，察其形色，似专候余之出来者，心犹疑滞。及至

① 刘建业：《中国抗日战争大辞典》，北京燕山出版社1997年9月版。

场所情形纷乱，心更痛戚。本党同志之不知礼乐，不守秩序，其无建国能力，一望而知。启敌国之轻侮攻伐，增友邦之卑视，□皆由于此，乃因悲慨独回议场，不愿摄影。正欲益之（笔者注：朱培德，字益之）等痛切告诫此理，而未及片刻，忽闻摄影场枪声连作，有人来报汪先生被刺。

汪精卫坐在第一排正中，在第一排就座的还有林森、张静江、孙科、戴季陶、阎锡山、张学良、张继等人。记者们对着第一排几乎站满成一个半圆形。9时35分，摄影师摄影完毕。正当委员们转身陆续走上台阶，准备继续开会时，从记者群中闪出一人，自大衣口袋中拔出手枪，高呼打倒卖国贼，向站在第一排正在转身的汪精卫连开3枪，枪枪命中，汪精卫虽未致命，但应声倒地。立于汪精卫身旁的张继迅速奔到袭击者身后，将其拦腰抱住，张学良随即奔到袭击者身旁举足将其踢倒，汪精卫的卫士又向袭击者连开2枪，袭击者应声倒地。这位袭击者就是晨光通讯社的记者、爱国志士孙凤鸣，他于11月2日凌晨死去。孙凤鸣刺汪事件使这次会议草草收场。多年后，汪精卫投降日本，在南京建立汪伪国民政府，成为一代卖国巨奸，最终便是死于孙凤鸣射入背肋之间的一颗没有取出的子弹炎症。[①]

1935年11月12—23日，中国国民党第五次全国代表大会在中央党部大礼堂召开。大礼堂的大门上，书有“一心一德励精图治；矢勤矢勇继往开来”的对联。这次大会的到会代表共有504人。除了开幕式、闭幕式外，共举行了8次会议，其中预备会议2次，正式会议6次。大会的日程安排，一般为上午召开全体会议，下午各专门委员会分组开会，主席团会议一般在大会召开之前或之后举行，着重讨论大会的一些重要事项。由于十多天前在这里发生了汪精卫被晨光通讯社记者孙凤鸣刺伤的事件，所以这次大会的戒备极为森严，首都警察厅和中央宪兵司令部共同组成了大会警卫组，负责会议的警卫工作。这次会议取消了新闻记者旁听大会的惯例，除中央社记者外，其他各报和通讯社记者一律不得入内。历时12天的国民党“五全大会”通过了《中国国民党第五次代表大会宣言》以及《切实推行地方自治，以完成训政工作案》《中央党部应设立国民经济计划委员会案》等决议案，作出了一些人事上的调整。这次会议制定了国民党统治的根本方针，强化了国民党的一党专政，改变了蒋介石主军、汪精卫主政的局面，

① 卢海鸣：《民国时期的国民党中央党部》，《民国春秋》1999年第4期。

巩固了蒋介石在国民党内的领袖地位，确定了继续执行军事“围剿”红军的政策，在对日关系上态度由一味的妥协趋向强硬，国民党在形式上达到了新的统一。这次大会对未来中国政局的发展产生了重要的影响。

1936 年 12 月 12 日西安事变发生后，国民党在中央党部召开了多次会议，商讨对策。当时群龙无首，最大的争执在是否用兵问题上。事发的当天深夜，国民党五届中央执行委员会常务委员会及中央执行委员会政治委员会在中央党部召开第 28 次紧急联席会议，与会者晚上 11 时已陆续到齐，“面面相觑，愁容苦面，略无表情”。列名出席政治会议者为居正、马超俊、张继、朱培德、戴季陶、朱家骅、冯玉祥、李烈钧、程潜、丁惟汾、梁寒操、陈果夫、陈璧君、陈公博、李文范、于右任、孙科、何应钦、王陆一、叶楚伧、陈立夫。列席会议者为外交部部长张群、实业部部长吴鼎昌、铁道部部长张嘉璈、海军部部长陈绍宽，以及中央委员邓家彦、张道藩、方治、陈庆云、贺耀组、熊式辉、曾养甫、张厉生，行政院秘书长翁文灏。主席为于右任，代秘书长为朱家骅，副秘书长为陈布雷，记录为狄膺、叶秀峰、朱云光。会议由丁惟汾主持，何应钦报告所得到的情报，叶楚伧、戴季陶等相继发言，“最后决定中央之根本态度不能变更，应严申纪律，褫夺张学良本兼各职，再用私人各方面之关系于维护

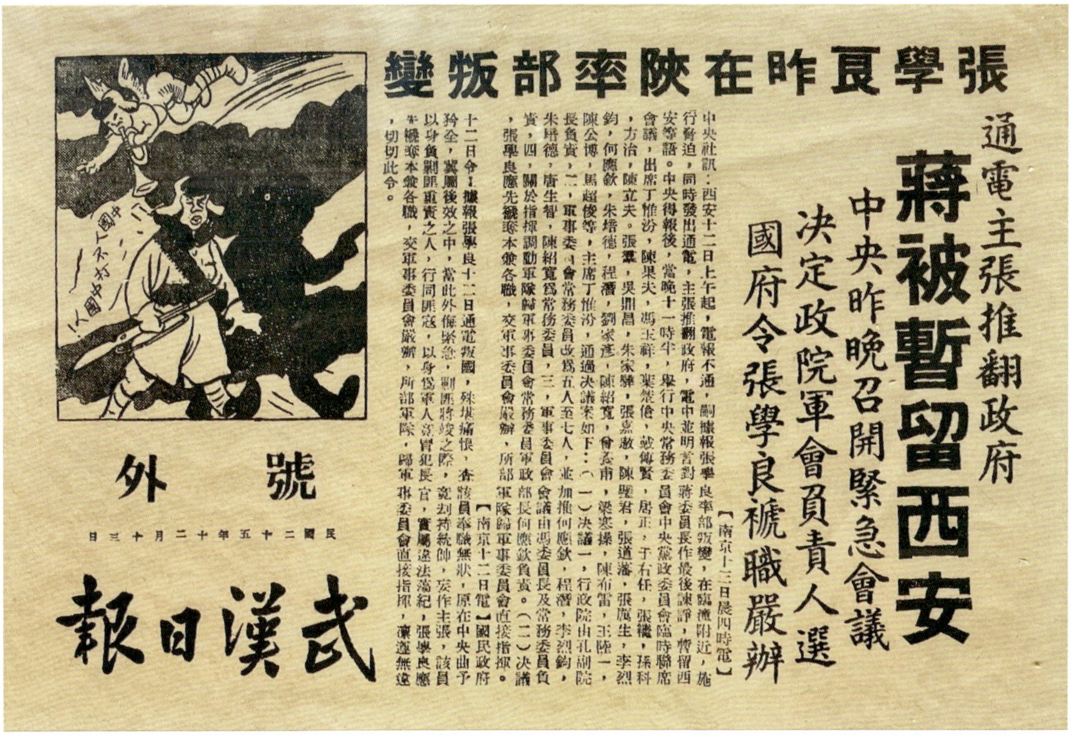

武漢日報

號外

民國二十五年十二月十三日

張學良昨在陝率部叛變

通電主張推翻政府

蔣被暫留西安

中央昨晚召開緊急會議

決定政院軍會負責人選

國府令張學良褫職嚴辦

中央社訊：西安十二日上午起，電報不通，嗣據報張學良率部叛變，在臨潼附近，施行脅迫，同時發出通電，主張推翻政府，電中並明言對蔣委員長作最後諫諍，暫留西安等語。中央得報後，當晚十一時半，舉行中央常務委員會中央政治委員會臨時聯席會議，出席丁惟汾，陳果夫，馮玉祥，葉楚傖，戴傳賢，居正，于右任，張繼，孫科，方治，陳立夫。張羣，吳鼎昌，朱家驊，張嘉璈，陳璧君，張道藩，張厲生，李烈鈞，何應欽，朱培德，程潛，鄧家彥，陳紹寬，曾養甫，梁寒操，陳布雷，王陸一，陳公博，馬超俊等，主席丁惟汾，通過決議案如下：（一）決議一，行政院由孔副院長負責，二，軍事委員會常務委員改爲五人至七人，並加推何應欽，程潛，李烈鈞，朱培德，唐生智，陳紹寬爲常務委員，三，軍事委員會會議由馮委員長及常務委員負責，四，關於指揮調動軍隊歸軍事委員會常務委員軍政部長何應欽負責。（二）決議，張學良應先褫奪本兼各職，交軍事委員會嚴辦，所部軍隊歸軍事委員會直接指揮。【南京十二日晨四時電】

【南京十二日電】國民政府十二日令：據報張學良十二日通電叛國，殊堪痛恨，查該員奉職無狀，原在中央曲予矜全，冀圖後效之中，當此外侮緊急，剿匪將竣之際，竟劫持統帥，妄作主張，該員以身負剿匪重責之人，行同匪寇，以身爲軍人竟冒犯長官，實屬違法亂紀，張學良應著褫奪本兼各職，交軍事委員會嚴辦，所部軍隊，歸軍事委員會直接指揮，稟遵無違，切切此令。

1936 年 12 月 13 日《武汉日报》“号外”关于西安事变的报道（延安革命纪念馆收藏）

中央根本态度之下去挽救蒋先生”，凌晨4时会议始散。

13日晨，宋美龄、孔祥熙从上海回到南京。13日下午3时至5时半，在中央党部召开第29次中央政治会议，增加的人员有刚从福建返回的国民政府主席林森、行政院副院长孔祥熙，以及吴稚晖和教育部部长王世杰，委员增加了萧吉珊、周佛海、傅秉常、赵棣华、闻亦有、周启刚、徐恩曾。16日上午9时，在中央党部召开第30次中央政治会议，增加者有钮永建、王伯群、王宠惠、覃振，主席为孙科（代），朱家骅因去就任浙江省主席，未与会。17日，开国民党中央常委会，何应钦报告：今晨4时得蒋鼎文来电谓奉委员长手谕即日来京并嘱前方勿轰炸，他已表示同意。但会上居正、孙科“均有极激昂之表示，以为此种电报在蒋先生不自由之期间均为小张所弄虚玄，现在唯一的出路，迅速以大军包围西安始有讲话余地，在蒋先生没有恢复自由以前一切命令均应认为无效等语”。18日晚8时，国民党中央常委、各院院长、军事当局在政治会议厅楼上开会至12时，从西安返回之蒋鼎文亦参加，同意本日不轰炸，但限于19日6时前恢复蒋介石的自由。20日晨，宋子文以个人名义飞西安，行前有人劝阻，宋子文表示，“此为余个人之行动，以亲戚关系前往探视，他人不得阻止也”。宋子文于21日下午4时30分返回。22日晨，宋子文、宋美龄又飞西安。23日上午9时，在中央党部召开第30次中央常委会（临时会）及第31次中央政治会议，新增加者有许崇智、徐堪、陶履谦等，朱家骅23日晨返南京出席，王子壮等记录。对于“宋子文临去时且嘱暂勿轰炸”，戴季陶、朱家骅等俱为大哗，“认为系违背中央决议，且中敌人之缓兵计”，会中一致起立表示应迅速出兵。主张讨伐的有戴季陶、居正、朱家骅、叶楚伧、丁惟汾、于右任、朱培德、何应钦、吴稚晖、陈公博、陈果夫、陈立夫、张道藩、马超俊、熊式辉、程潜等，反对的有孙科、林森等，主张和谈的有宋子文、宋美龄、孔祥熙等人。

1937年12月南京沦陷前，国民党中央党部西迁。1940年汪伪国民政府在南京粉墨登场后，国民党中央党部成为汪伪军事训练部、侨务委员会、边疆委员会、赈务委员会、社会部、军政部等机构所在地。日本投降后，中央党部迁回原址办公。

1949年4月23日，南京解放，国民党中央党部所承担的使命随之终结。

中央党部占地面积达101437平方米，建筑面积27159平方米，共有房屋81幢539间。多年来，国民党中央党部建筑保存较好。可惜的是，大门牌坊以及

日军片桐部队占领中央党部

大门口的弧形照壁在新中国成立后拓宽马路时被拆除。1995 年，东南大学建筑系承担了该建筑的修缮和扩建工程，外观上保持原貌，内部进行更新改造，使其适应现代需要。同时，在扩建大门和小品建筑中，注重新旧协调，使其相互交融，浑然一体。2016 年，由东南大学建筑学院周琦教授主持，根据修旧如旧的原则，再次进行维修改造。

1982 年 8 月 30 日，这里被列为南京市第一批文物保护单位。1991 年，被国家建设部、国家文物局评为近代优秀建筑。2001 年 7 月，经国务院批准，被列为全国重点文物保护单位。2017 年 12 月 2 日，“中华民国临时参议院旧址”入选由中国文物学会、中国建筑学会联合评选的“第二批中国 20 世纪建筑遗产项目”。

国民政府（总统府）

在南京长江路 292 号（原林森路 294 号），有一处象征着中国新旧时代变迁之地，这就是国民政府（总统府）旧址所在地。1982 年，“太平天国天王府遗址（南京总统府）”被国务院列为第二批全国重点文物保护单位。2013 年，“孙中山临时大总统府及南京国民政府建筑遗存”被列为第七批全国重点文物保护单位。2016 年，入选中国文物学会、中国建筑学会联合评选的“首批中国 20 世纪建筑遗产项目”。如今，这里已经辟为南京中国近代史遗址（总统府）博物馆。

一、历史沿革

国民政府（总统府）所在地，历史悠久。

临时大总统孙中山

六朝时期，南京（当时称建业，建康）是孙吴、东晋和南朝宋、齐、梁、陈的都城，这里是皇宫（台城）所在地。公元 589 年，在隋朝灭陈的战争中，六朝都城包括皇宫被“平荡耕垦”，夷为平地。

明朝建立前后，明太祖朱元璋击败汉王陈友谅，封其子陈理为归德侯，这里成为归德侯府，不久，陈理全家被流放到高丽济州岛；明成祖朱棣在位时，这里是其子汉王朱高煦的王府。

清朝时期，这里成为统辖江苏、安徽和江西三省的两江总督署所在地，两江总督的地位仅次于直隶总督。

1853 年太平天国定都天京（今南京）后，拆明故宫城墙砖，在此兴建天朝宫殿，作为天王洪秀全的天王府。1864 年清军攻破天京，焚毁天朝宫殿，在旧址上重建两江总督署。

1912 年 1 月 1 日，孙中山在两江总督署就任中华民国临时大总统，建立中华民国。

太平天国天朝宫殿圣天门

Viceroy's Yamen. 總督衙門(張制台)

两江总督署与两江总督张人骏

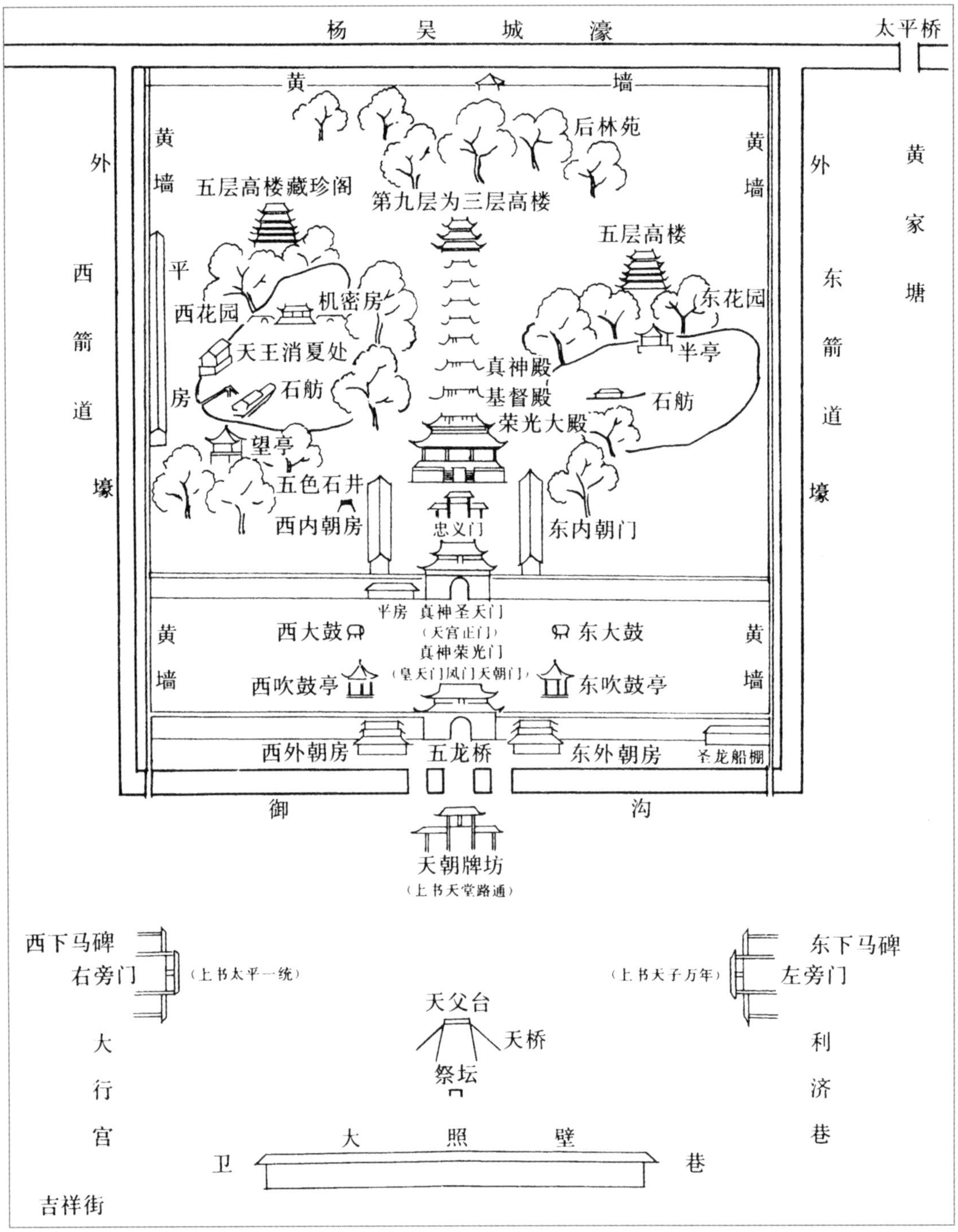

天王府平面复原图（聂伯纯、韩品峥编著《太平天国天京图说集》，江苏古籍出版社 1985 年版）

从 1912 年 4 月 1 日孙中山辞职后至 1922 年之间，这里先后做过留守府、都督府、将军行署、督军行署、副总统府。据晚清民国徐寿卿《金陵行政各机关·江苏督军》记载：

江苏督军署，即前清之两江总督衙门也。民国以来，政局屡变，督署

六年而七易其名，兹特录之于左：（一）大总统府　孙文居此，称为临时大总统，故名曰大总统府。（二）留守府　黄兴居此。南北统一，称南京为陪都，故名曰留守府。（三）都督府　程德全居此。留守取消，都督理府移宁，故名曰都督府。（四）将军行署　军民分治后，将军惟督理军务，故名曰将军行署。（五）督军行署　共和再造后，合都督、将军，调和南北，故名曰督军行署。（六）副总统府　冯督军被举为副总统，故名曰副总统府。（七）督军行署　冯副总统入都代理大总统，副总统府又改名督军行署。①

1923—1927 年，江苏督军署还做过宣抚使署、五省联军总司令部。

自 1927 年 4 月 18 日南京国民政府成立，至 1937 年 12 月日军占领南京之前，这里一直是国民政府所在地，设有六局二室：第一局文书局、第二局政务局、第三局军务局、第四局典礼局、第五局印铸局、第六局总务局，以及机要室、侍卫室。同时，国府东院设有行政院，西院设有主计处和参谋本部（后为军令部、首都卫戍总司令部）。

1937 年 12 月 13 日南京沦陷后，国民政府建筑群被日军第十六师团长中岛今朝吾占为司令部，门楼上升起了日章旗（太阳旗）。②

1938 年 3 月，大汉奸梁鸿志在日本人的授意下，在这里成立了“中华民国维新政府”。

1940 年 3 月，汪精卫在南京成立伪国民政府后，为显示“正统”地位，欲以原国民政府旧址为办公地点，但日本人正在对西迁重庆的蒋介石国民政府进行诱降，所以未予理睬。汪精卫只好将伪政府设在原国民政府考试院，将伪政府的监察院、立法院、考试院设在此地。

抗战胜利后的第二年，即 1946 年 5 月 5 日，国民政府从重庆“还都”南京，仍以此为国民政府办公地点。1948 年 5 月 1 日，蒋介石、李宗仁分别“当选”总统、副总统，国民政府改称“总统府”。

1949 年 4 月 23 日，人民解放军渡过长江天堑，4 月 24 日凌晨占领南京总统府。

---

① ［清末民国］徐寿卿：《金陵杂志续集》，南京共和书局 1922 年版。

② ［日］中岛今朝吾：《中岛今朝吾日记》，收入王卫星编《南京保卫战·日方资料》，南京出版社 2022 年 10 月版。

国民政府门楼（郭锡麒摄，《南京影集》，1933 年版）

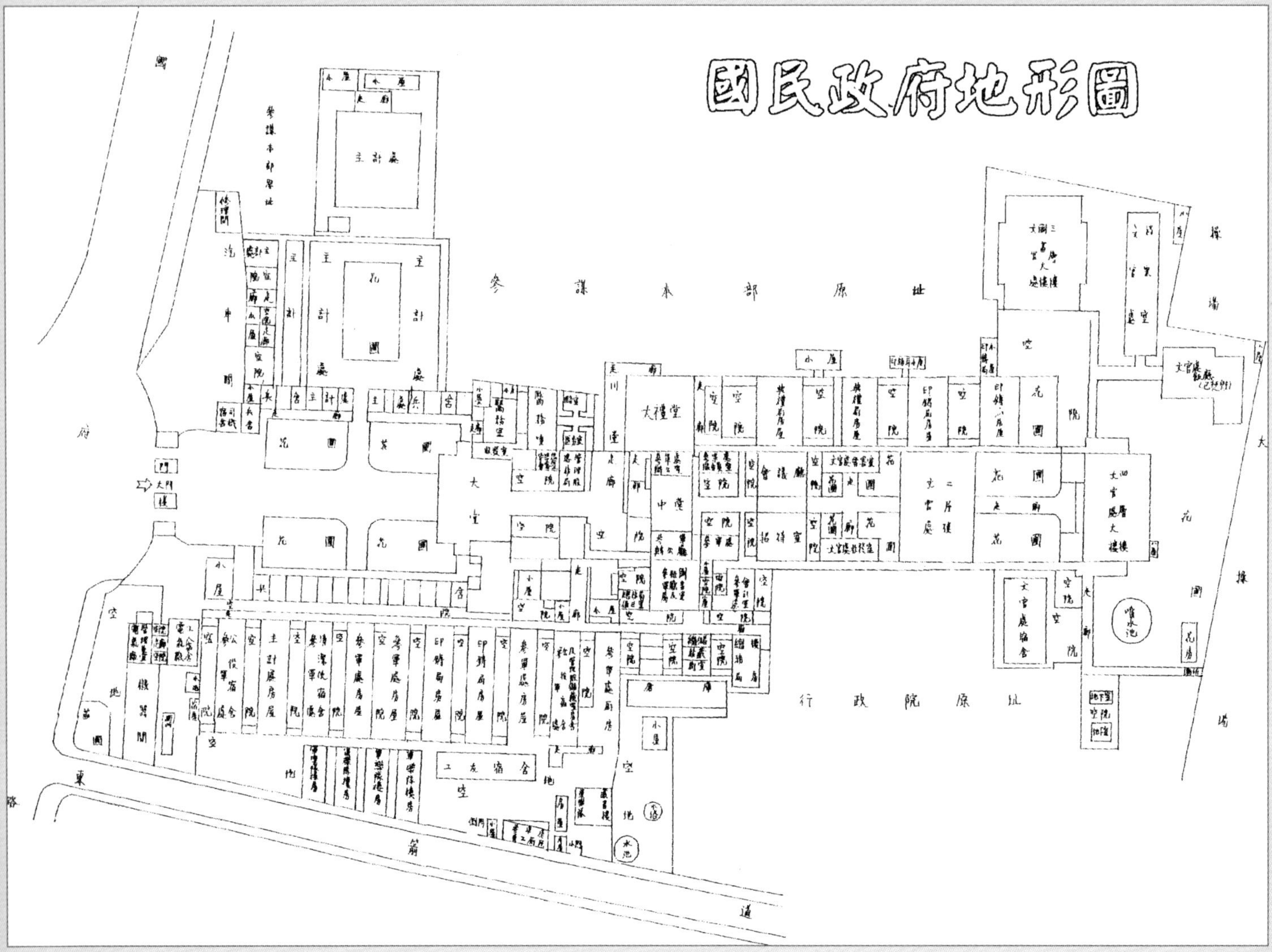

国民政府地形图（《南京民国总统府遗址考实》）

日军占领总统府

中華民國維新政府
南京で成立式

蔣政權の暴政より離脱し、日支親善、共同防共、東洋平和を大眼目とする中支新政權樹立運動は豫て中支三千萬民衆の擊として着々具體化しつゝあつたが、愈々一切の準備を整へその名も『中華民國維新政府』と稱し、早春の陽光を麗らかな三月廿八日午前十時、南京城內國民政府大禮堂で雄々しく成立式典を擧行、成立宣言を發表した。早や中支一帶は新定の五色旗に彩られ、齊しく新生權の生誕を歡呼して、戰火の餘燼の中から『萬物新生』の喜びに輝いてゐる。

新らたに誕生した中華民國維新政府はその政體、政府組織、制度については前國民黨政權が十年に亘る一黨專制主義が今日の惨害を重ねた實情に鑑み共產制度を絕對に排擊、支那國民に最も適合する三權鼎立の民主立憲政體を定め、政府機關は三院七部制とし、地方制度としては江蘇、浙江、安徽の三省と特別市として上海を加へた。かくて中支三千萬民衆の統治機關は民意に應じて創立され漸次善政の普遍に從つて平和の理想鄉の實現に邁進せんとしてゐるが、殊更北京の臨時政府と對立することなく津浦、隴海兩鐵路の回復と共に合併する旨を聲明した。

⇧ 宣言文を朗讀する梁行政委員長。

⇩ 新政權のメンバー。（前列右から行政院長梁鴻志、法政院長溫宗堯、中列右から內務部長陳群、教育部長陳則民、外交部長陳籙、財政部長陳錦濤、實業部長王子惠の諸氏。

⇧ 式終つて大禮堂を退出する諸顯官と音樂隊員。

⇩ 五色旗を手に〳〵新政權誕生を歡喜する南京市民。

“中华民国维新政府”成立仪式

汪伪政府监察院、立法院、考试院

总统府

中国人民解放军占领南京总统府

二、建筑群

国民政府（总统府）建筑群，是国内罕见的、保存完好的近代官府遗存。在国民政府（总统府）约600米长的中轴线上，由南向北依次排列着大门门楼、大堂、二堂（中堂）和大礼堂、会客厅和接待室、政务局（第二局）大楼、文书局大楼（子超楼）。

门楼

在南京所有的近代建筑中，国民政府（总统府）门楼可以说是出镜率最高的，无论是报刊还是电视，年复一年地无数次地刊登和播出这样一幅画面：中国人民解放军战士占领南京总统府站在门楼上的照片。这是1949年4月23日南京解放多日后，三十五军随军记者邹健东用一部德国莱卡相机拍摄的，这张照片将历史定格在一瞬间，化作中国人民心中永恒的记忆。它标志着一个旧时代的终结，也标志着一个新时代的开始。

1927年国民政府迁至旧督军署办公后，这里成为中国政治的中枢。每逢重大活动，大院内车水马龙。外交部部长王正廷向蒋介石建议：国民政府是首都的中心，中外观瞻所系，屋宇太差，有失国体，需将旧督军署大门拆除，重建

20世纪30年代国民政府航拍图

一新门，“以壮观瞻”。蒋介石采纳了这一建议。新的大门门楼由建筑师姚彬设计，文达工程建筑公司承建，为二层砖结构水泥建筑，1929 年 9 月 5 日开工，12 月 20 日完工，总造价为大洋 2.9455 万元。新门楼高 14 米，东西长 26.8 米，南北宽 5.5 米。

国民政府（总统府）门楼的原型可以追溯到意大利的君士坦丁凯旋门，有三个门洞，外圆内方；大门在水平面上分为三段，中间高，两边低，左右对称，采用爱奥尼柱式构图，左右各四根，整个建筑造型严谨，比例匀称，细部装饰

都督府大门（约 1913 年）

国民政府大门（1927—1929 年）

黄昏中的国民政府（总统府）

精美，整座大门显得坚实雄伟、典雅气派，是西方古典主义建筑的典型实例之一。国民政府（总统府）门楼采用西式建筑样式，折射了国民政府反对封建主义，提倡西方文化的一种心态。而在门楼外放置的一对汉白玉雕刻石狮子（据说是两江总督署遗物），体现了国民政府对传统文化割舍不去的情结。

国民政府（总统府）门楼堪称民国历史的风向标，一面面不同的旗子、一块块不同的匾额在这里升起、落下，标志着其中主人的变化或政权的更迭。

1929 年 12 月，国民政府（总统府）门楼建成后，旗杆上立即悬挂上了国民政府青天白日满地红旗，门额上安装了国民政府行政院长谭延闿（一说书法家谭泽闿）题写的用金属制成的“国民政府”四字横额。

1937 年 12 月 13 日，南京沦陷，飘扬在国民政府（总统府）门楼上将近 10 年之久的青天白日满地红旗被黯然降下，侵华日军在这里升起了刺眼的太阳旗，并在门楼中间门洞的东侧挂上了“中岛部队本部”（即第十六师团司令部）的招牌。

1938年3月28日，由日本军政当局扶植的傀儡政权——“中华民国维新政府”成立，国民政府（总统府）门楼上升起了伪维新政府的五色旗，原来“国民政府”四字匾额被“中华民国维新政府”八字匾额取代。当日，为了粉饰太平，举行了盛大庆祝仪式，伪自治委员会、区公所、警察厅动员 3 万名南京民众每人挥

国民政府门楼

1937 年 12 月 13 日，侵华日军中岛部队占据国民政府

1937 年 12 月 17 日，国民政府成为日军“入城式”主会场

舞红色小旗，沿着南京市主干道游行庆祝；同时，张贴宣传海报 10 万张，燃放爆竹 35 万鞭。据日本井上久士编写的《华中宣抚工作资料·南京班第二回报告》吹嘘：在仪式举行地原国民政府建筑物之前，“政府要人和民众都为之深深感动，取得了巨大效果”。

1940 年 3 月 30 日，汪精卫在原国民政府考试院旧址成立伪国民政府后，该门楼换上了带有“和平反共建国”字条的青天白日满地红旗，“中华民国维新政府”的匾额被取下。

1945 年 8 月 15 日，日本投降后，国民政府的青天白日满地红旗再次升起，门楼上再次安上了“国民政府”四字横额。

1948 年 5 月 1 日，“行宪国大”结束，蒋介石、李宗仁分别“当选”中华民国总统、副总统。5 月 1 日早晨 7 点，国民政府门楼上的匾额换成了监察院副院长、总统府资政周钟岳题写的用木头制作的“总统府”三字匾额。①

1949 年 4 月 21 日，中国人民解放军第二、第三野战军全线发起渡江战役。4 月 23 日，中国人民解放军占领南京，青天白日满地红旗被鲜艳的红旗取代。周钟岳题写“总统府”三字匾额也被摘下。4 月 27 日，三十五军随军记者邹健

① 据《中央日报》1948 年 5 月 2 日署名“本报记者”撰写的《流水落花春去也，杜宇声声不如归》一文报道：“国民政府大门上的‘国民政府’四个字，在（5 月 1 日）早上 7 时，换上了‘总统府’三个大金字，系出诸周钟岳之笔。”

“中华民国维新政府”成立典礼

东拍下了解放军登上门楼的照片。

2002年9月，南京中国近代史遗址（总统府）博物馆根据历史照片，将周钟岳题写的“总统府”三个大字复原后，重新挂到了门楼之上。

国民政府（总统府）门楼前曾经上演过一幕幕历史的悲喜剧。

1931年九一八事变发生后，以蒋介石为首的国民政府对日采取妥协投降政策，激起了全国人民的不满。南京和各地爱国学生多次到国民政府请愿。学生们在门楼对面的大照壁前一棵冬青树上悬挂起一口警钟，钟前竖起两幅白布标语，一幅上书“唤起民众，共赴国难，督促政府，立即出兵”，另一幅上写着“中国警钟会”五个字。学生们不分昼夜，将钟声敲个不停。南京《新民报》总编辑张友鸾在报纸上以《国府门前钟声鸣，声声请出兵》为标题进行报道。10月7日，南京中央大学学生赴国民政府请愿，要求政府宣布对日政策，发给中大步枪2000支。因蒋介石不在，由教育部部长李书华代为接见，遭到学生拒绝。学生们又转赴中央军校面见蒋介石，蒋介石出面作答后，学生才离去。11月11日，北洋工学院请愿团到国民政府请愿。11月26日下午，各地请愿学生千余人，聚集国民政府门前，要求蒋亲书誓师词。蒋介石派人对学生苦劝，学生才散去。12月14日上午，北平学生抗日救国示威团到国民政府示威，直截了当喊出了“打

笔者与友人登上总统府门楼

登上总统府门楼顶部的台阶

倒帝国主义的走狗机关——国民政府”“工农兵联合起来，建立革命政府”等口号……一系列的学生爱国运动促使国民政府外交部部长王正廷辞职、宁粤合作、蒋介石下野，也推动了国民政府最终走上全面抗日的道路。

1937年12月13日，南京沦陷。12月17日下午，侵华日军以中山门为起点，以国民政府为终点和主会场，举行所谓的“入城式”。在门楼中间门洞的东侧挂上了“入城々場”的招牌。侵华日军华中方面军司令官松井石根、上海派遣

爱国学生进入国民政府大院内请愿

1937年12月17日,侵华日军在国民政府举行“入城式”

参加“入城式”的日军军乐队吹吹打打从总统府门前通过

军司令官朝香宫鸠彦等大屠杀元凶骑着高头大马从中山门进入南京城。一队队飞扬跋扈的日军步兵、骑兵、坦克兵和炮兵轮番从国民政府门楼前通过，国民政府门楼见证了这一段屈辱的历史。

1946 年 12 月 24 日，美军强奸北大女学生沈崇，最后竟被无罪释放。1947 年 1 月 2—3 日，国立中央大学、金陵大学等学校数千名学生举行游行示威。游行队伍沿途高呼口号，除散发油印的“美军驻华妨害中国团结”等口号外，并对路过之中美军人、“国大”专车及首都卫戍司令部高呼“反对内战！”“要求民主和平！”“有理性的军人不打内战！”等口号。自国立中央大学至国民政府外交部的柏油马路两边墙壁及过路车上，均张贴或写满“美军不滚，内战不止”等中英文标语。游行队伍至国民政府时，递交《上国民政府书》，其中写道：美军视中国人民如草芥，置中国主权于罔闻，暴行处处，血迹斑斑；中国人民早已反对美军驻华，知识分子当为人民请命，特建议除向联合国安理会控诉美军暴行外，并向美国政府交涉立即撤退驻华美军。

大堂

大堂位于总统府大门内中轴线正北数十米，是一座与西式大门形成强烈反差的中式建筑。也是建筑群的主体建筑之一。大堂为七开间，前宽 25 米，后宽 32 米，进深 18.5 米，主脊高约 11 米，面积 640.35 平方米[①]，内有 24 根立柱，砖木结构，青砖铺地，黑瓦覆顶。这座建筑，从清朝兴建，虽历经多次维修，

① 陈宁骏：《总统府门楼前身考略》，《南京史志》2023 年第 4 期。

大堂

仍然保持着旧貌。

大堂是太平天国时期天王府的金龙殿，又称“荣光大殿”。1864 年，清军包围天京，城中断粮。天王洪秀全带头吃“甘露”（用野草做成的食物）充饥，结果病死。洪秀全去世后，众将领根据他的遗愿，用绣龙黄缎将其遗体包起来，埋在金龙殿下。清军入城后，从天王府一个道州籍宫女的口中得知洪秀全的下落，将洪秀全的遗体掘出焚戮，同时一把火将天王府烧毁，以掩盖其抢掠的罪行。1870 年，曾国藩重修两江总督署，大堂保存至今。

国民政府成立时期的大堂（1927 年摄）

二堂和大礼堂

大堂往北数十米，经过一段半落地彩色玻璃穿堂，便来到二堂（又叫中堂）。二堂为砖木结构建筑，屋顶覆黑瓦，完全是中国传统式样的建筑。

二堂的西面是大礼堂，是外国使节呈递国书的地方。大礼堂原为清两江总督署的旧花厅，后成为历任政府或政权举行会议和活动的场所。1930 年，国民政府主席蒋介石接受英国驻华大使许阁森递交国书。根据外交礼仪，许阁森进礼堂门，首先一鞠躬，上前数步，至主席面前再一鞠躬，向蒋介石呈递国书，致颂词，蒋介石接受国书，致答词，许阁森然后从原路退出。因门口有一道十几厘米高的老式门槛，许阁森没有在意，几乎被门槛绊倒，弄得很狼狈。事后，典礼局呈请蒋介石批准，决定翻修大礼堂。当时聘请建筑师卢树森设计，将原来的建筑向南、向西一直扩建到天井中，总面积扩大了将近一倍。室内的圆柱装修成方形，地面换上了新式的建筑材料拼花地砖，四周墙壁安装了护板，顶部吊有天花板。在接近屋顶的地方，安装了一排可开启的天窗。因周围的建筑凌乱，故又建了一条将礼堂与中轴线主建筑联结起来的半敞开式走廊，走廊两边装上了毛玻璃，将外边的破旧瓦房全部遮盖。1948 年 5 月蒋介石就任“总统”典礼之前，又对大礼堂进行了改造，将四周的落地中式门窗拆除，只留了一些天窗，扩大了讲台。

我们现在所看到的大礼堂就是翻新过后的，礼堂四周装饰着十二盏朴实典雅的壁灯，各项中枢重要庆典集会，包括茶会、总理纪念周、新年团拜会都在此举行。在大礼堂中，举行最多的活动要算总统府纪念周，时间是每周一上午 8 时开始，各部院科长以上人员参加。蒋介石主持纪念周，有时自己讲话，有时请秘书或国民党要员讲话。

1928 年 10 月，国民政府立法院、司法院、行政院、考试院、监察院五院举行成立典礼，以及蒋介石就任国民政府主席等重大活动，都是在这个礼堂里举行的。

1948 年 4 月“行宪国大”期间，蒋介石等国民政府官员在礼堂

1938 年，中华民国维新政府行

政院院长梁鸿志的就职典礼，也是在这个大礼堂举行的。举行完典礼以后，一行人从大礼堂走出来，进入总统府前面的院子合影留念，这基本上成为民国时期的一个程式化的内容。

1937年8月7日上午，国民政府军事委员会在大礼堂召开国防会议，蒋介石主持并致开幕词，参谋总长程潜、军政部部长何应钦以及白崇禧、冯玉祥、阎锡山、余汉谋、何成濬、顾祝同、何键、刘湘、张治中、黄绍竑等军界重要将领出席，商讨抗战军事事宜。

会客厅和接待室

位于二堂的北面，是一幢西式平房，建于1917年之后。东面是一个两套间，为当年林森、蒋介石的会客室和休息室；西面是外宾接待室，室内东墙上悬挂着双醒狮油画，寓意着中国是东方的醒狮。门口有五级台阶，台阶左右两侧各有一道呈“八”字形的水泥护栏，俗称“八字栏”。林森、蒋介石常常在这里与宾客合影留念。

政务局大楼

从会客厅和接待室经过穿堂向北走，有一长方形的红漆木门，专门供蒋介石行走，叫麒麟门，其他人必须从两侧绕行。入麒麟门，来到一栋两层楼的楼房，这是政务局大楼，属于带有西方古典主义特征的殖民式建筑。建于1917年之后。在文书局大楼建成前，这栋楼的二楼东南面是林森、蒋介石的办公室。文书局大楼建成后，这里成为政务局局长陈方办公的地方。值得一提的是，在麒麟门后面

会客室和接待室前的“八字栏”

的红蓝白三色水磨石走廊地面上，刻有“民国二十四年”“建康营造厂制”字样。

文书局大楼（子超楼）

文书局大楼于1934年开工，1935年12月竣工，鲁创营造厂承建，虞炳烈设计。国民政府主席林森在任时建造。因林森字子超，故名子超楼。它摒弃了20世纪30年代流行的中国传统宫殿式大屋顶建筑形式，采用西式的建筑平面组合与立体构图，属于西方现代派建筑风格，含有“装饰艺术风格”（Art-Deco）特征。入口处有十级台阶。大楼在水平面上分为三段，中间高，两边低，呈对称布局。中间五层，两侧四层，平顶。整幢建筑以窗户与窗户之间的墙体形成横向和竖向的线条，宛如一个“森”字，显得简洁明快、富有内涵。而大楼前面大院内林森亲手种植的两棵名贵雪松，形成“林”字。这既是一个偶然巧合，也体现了设计者独到的匠心。

文书局大楼一层为国民政府文书局办公室，二层是国民政府首脑办公场所，三楼为国府委员会议厅，四楼是电讯室和卫兵职员室，五楼是警卫的岗楼和休息室。从一楼至二、三楼可以乘电梯，电梯是美国奥蒂斯（OTIS）公司20世纪30年代的最新产品。楼梯台阶镶铜，扶手是整块橡木。二层楼的东南角，是一个大套房，共有三间，为国民政府主席（总统）办公室。东为休息室和卫生间，卫生间的地面贴有特制的进口蓝白相间的马赛克地砖，与国民党旗的青天白日

文书局大楼（子超楼）

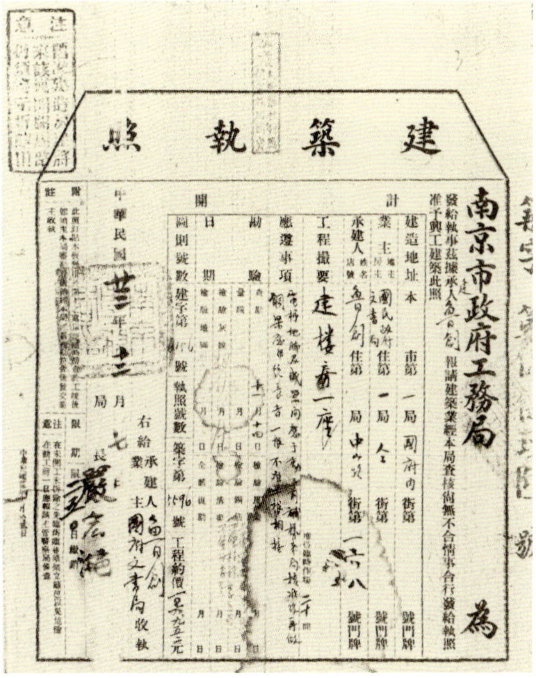

建築執照

南京市政府工務局 為
發給執事茲據承建人魯創 報請建築業經本局查核尚無不合情事合行發給執照准予興工建築此照

建造地址 本市第一局國府內街第 號門牌
業主 國民政府文書局 住第一局 仝 街第 號門牌
承建人 魯創 住第 局 中山路 街第 一六八 號門牌
工程撮要 建樓房一座
工程約價 一萬九五元
右給承建人魯創、業主國府文書局收執
中華民國廿三年十二月七日
局長

子超楼建筑执照

1948 年 5 月 20 日总统就职典礼合影

色调一致，墙面贴白瓷砖，另配有美国进口的浴缸、洗脸池和抽水马桶；中为林森主席（后来是总统蒋介石）的会客室，四周均是嵌入墙体的博古架和文件柜，顶悬法国进口吊灯；西为办公室，墙体满是红木博古架。大套间的对面，也就是二楼的北侧，是一个小套间，格局与大套间略有差异，是两间带一卫生间，但只有橱柜没有博古架。这是后来当选副总统的李宗仁的办公室。三楼正中一大间，为国务会议厅，呈长方形，正北面的墙上，嵌有一块汉白玉石匾，上刻有林森手书“忠孝仁爱信义和平”八个大字。厅内朝南有双扉雕花门，门外是长方形露台。大厅顶部悬挂着造型别致的法国进口磨砂玻璃吊灯。总统府国务

子超楼国务会议厅

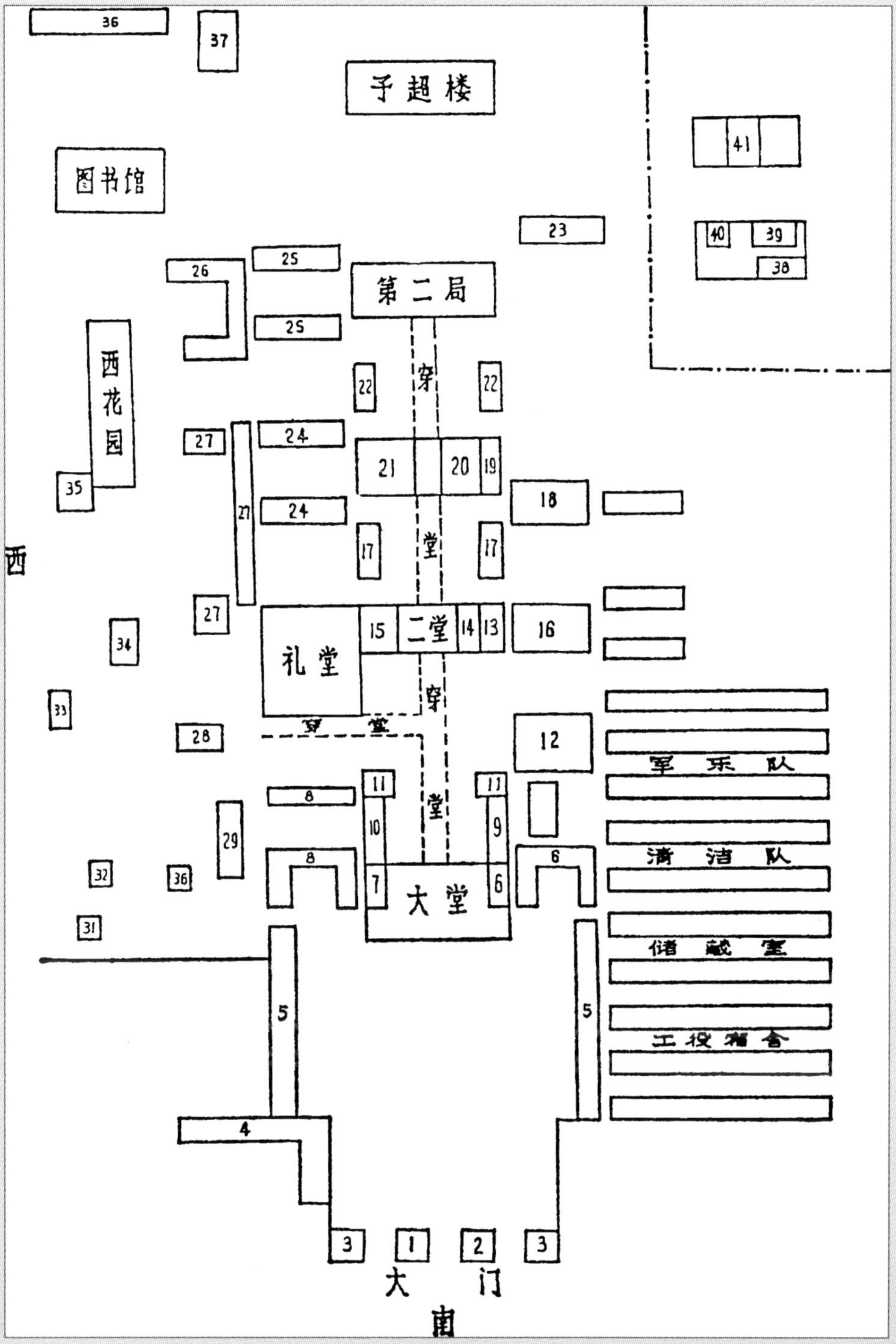

总统府建筑分布图（《南京民国总统府遗址考实》）

1. 卫兵司令室 2. 传达室 3. 楼梯间 4. 交通科、汽车间 5. 兵舍 6. 机要室 7. 外收发室 8. 医务室 9. 会客室 10. 第六局交际科 11. 第六局管理科 12. 第六局局长室 13. 参军长室 14. 会客室（外宾休息）15. 参军办公室 16. 第六局文书科 17. 参军处人事室 18. 第六局庶务科 19. 蒋介石休息室 20. 蒋介石会客室 21. 外宾接待室 22. 内收发室 23. 职员宿舍 24. 第四局 25. 第五局 26. 原孙中山先生起居室 27. 第三局 28. 桐音馆第三局局长室 29. 第三局高参室 30. 鸳鸯亭 31. 印心石屋 32. 石舫 33. 夕佳楼 34. 水榭 35. 中山堂（漪澜阁）36. 档案室 37. 饭厅 38. 蒋介石办公室（子超楼二层）39. 李宗仁办公室（子超楼二层）40. 秘书长办公室（子超楼二层）41. 国务会议厅（子超楼三层）

解放军官兵在总统府大院中休整

会议，以总统、副总统以及立法、司法、行政、考试、监察五院院长为当然委员，并设委员 16—22 人。每两周举行一次会议。

据解放南京的第八兵团司令员陈士榘《红日照钟山——忆八兵团渡江作战解放南京》一文回忆，他在 1949 年 4 月 24 日进入总统府后，来到文书局大楼，“看了‘总统’办公、会客和休息的地方，其陈设并无惊人之处。令人注意的，倒是一张‘总统’坐的高脚椅和一台放在办公桌上的台历，其时间仍停留在 4 月 22 日”。后来陈毅进入来到这里时，饶有兴趣地坐在这把“总统”椅子上，给远在北京的毛主席打电话说：“登上总统宝座了！”主席笑着说：“不得了，你当了总统！”陈毅急忙说：“椅子太高，我坐不得，现在是人民的江山了。”主席说：“你应该留个纪念，写上陈毅到此一游。”陈毅说：“我想大家都应该来此一游。”主席说：“好主意。”一代伟人的笑谈如今变成了现实，昔日戒备森严的总统府已经成为世人游览的胜地。

西花园

国民政府（总统府）中轴线建筑物与西侧院西面是西花园，西花园又名煦园，围绕太平湖（又称西花园水池）的建筑物主要有石舫、桐音馆、忘飞阁、夕佳楼、漪澜阁、孙中山起居室、临时大总统办公室、文官处图书馆、方胜亭、假山、石桥等。除了临时大总统办公室、文官处图书馆为西式建筑外，均为我国传统形式建筑。现将主要建筑物介绍如下。

两江总督署西花园（1889 年摄）

西花园内的不系舟（清末摄）

石舫

位于太平湖南部水中。两江总督尹继善建，乾隆皇帝应其邀请，取《庄子·逍遥游》中“泛若不系之舟”一语，题名“不系舟”。石舫长 14.5 米，宽 5 米余，

青石船体，木制船舱，卷棚顶，覆盖黄色琉璃瓦，有石板桥与湖岸相连。两江总督张之洞、临时大总统孙中山都曾在石舫上留影。

桐音馆

位于太平湖东岸，忘飞阁南。单层，歇山顶，砖木结构。相传曾国藩经常在此下围棋。民国时期，这里曾是侍卫长、第三局局长俞济时的办公室。

忘飞阁

位于太平湖东岸，桐音馆北。单层歇山顶，砖木结构。三面临水，一面临岸，形似一水榭。清朝同治年间，曾国藩病逝于此阁。

夕佳楼

又名夕佳亭。位于太平湖西岸，与忘飞阁东西辉映。高两层，临水而立。重檐歇山顶，砖木结构。

伪中华民国维新政府行政院长梁鸿志曾在此举行文人雅集。梁鸿志旧学功底深厚，是同光体诗人中的重要人物。1939年4月至10月，他多次召集在行政院西花园的雅集。10月的雅集人员有江伯修、陈道量、汪仲虎、曹靖陶、吴用威等十人，他们聚于西园夕佳楼，分韵创作《己卯重九爰居阁主人宴集西园夕佳亭，分韵得画字》。从西园雅集的参与者来看，这是以晚清民初的遗老遗少为主的同光体诗人们的文化聚会，其用意不仅在于旧体诗词的创作传播，也是伪维新政府复古保守的文化政策的体现。①

漪澜阁

又名中山堂。位于太平湖中，建于石基台上，与石舫南北呼应。四面环水，东西两面各有一座拱形石桥与岸相连。平面正方形，长宽各10米，高一层，歇山顶，砖木结构。2000年失火后重建。相传孙中山先生担任临时大总统期间，几乎每天从居室到西花厅都要经过此阁，他常常在此休憩和接待客人。

孙中山起居室

位于太平湖东侧，是一幢高两层的中式建筑，在总统府众多的建筑物中显得很不起眼。这幢建筑物为砖木结构。一楼是会客室和餐厅，二楼是卧室。在楼前的院内，至今还留存有一只当年华侨赠送的汉白玉水盆。

1912年1月1日下午5时左右，孙中山乘坐沪宁铁路火车从上海到达南京下关车站。接着，换乘市内小火车直抵两江总督署。当晚11点整，中华民国临

① 张光芒等著：《南京百年文学史》，江苏凤凰文艺出版社2021年8月版。

孙中山的子女们在西花园

孙中山起居室

时大总统就职典礼正式开始，当司仪宣布“中华民国临时大总统莅位典礼开始”后，军乐队奏起雄壮的军乐。山西代表景耀月向与会者报告了临时大总统的选举经过，然后高呼：“请大总统宣誓就职。”孙中山朗读大总统誓词，景耀月代表各省致颂词，临时议长汤尔和代表各省致欢迎词并向孙中山授大总统印。最后由孙中山致答词，表示“当竭尽心力，勉副国民公意”。就职典礼在全场一片欢呼声中结束。孙中山先生在就任临时大总统后，在这里前后居住了90余天。其间，夫人卢慕贞、儿子孙科以及两个女儿曾经来到南京，也住在这幢楼房中。

孙中山临时大总统办公室

临时大总统办公室原名宝华庵，因位于太平湖之西，故又称西花厅。相传是清朝末任两江总督张人骏1910年建造的。但据《张謇日记》记载，应该是1908年端方（字午桥，号陶斋，1861—1911）在两江总督任上所建。1908年3月18日，张謇到两江总督署，拜见两江总督端方，事后他在日记中写道：“宝华庵者，陶帅得世间最有名之华山碑三本聚于一室，故名。而屋则新建之欧式也。”①

该建筑坐北向南，一层七开间，三间屋内有壁炉。朝南有一外走廊，有十二扇拱形门，拱形门的上部中央均嵌拱心石，下为铸铁栏杆。房屋基座有一米多高，正中抱厦向南凸出两米多，顶部饰有山花，东南西三面各有一扇拱形门。整个建筑鸟瞰呈“T”形。

辛亥革命时期，江浙联军在总司令徐绍桢的率领下，发起对南京的进攻，镇军都督林述庆率先攻破南京城，占领两江总督署，西花厅成为他办公兼居住

① 转引自刘刚著《我在总督署说古建》，江苏人民出版社2017年7月版。

西花厅（孙中山临时大总统办公楼）

西花厅（孙中山临时大总统办公楼）成为林都督行辕

1912年3月，孙中山与唐绍仪在临时大总统办公楼前合影

的场所，他在这栋建筑物的门前挂上了“林都督行辕”的招牌。

1912年元旦中华民国临时政府成立后，这里成为孙中山先生的办公室。在这栋楼房里，孙中山先生对于《中华民国临时约法》和大量的文告逐字推敲，常常熬到深夜。

孙中山先生在短短的三个月时间内，发布了大量的文告，其中有民族统一、领土统一、发展实业、进行民主政治、废除各种封建陋习，等等。也就是从那时起，中国的男子不再留辫子；中国的女子裹小脚的恶习得到根本改观；长袍马褂的服饰被多元化的服饰取代；各种残酷的刑讯也被明令禁止；老爷、大人、奴才、贱民、小人等反映人身依附关系和社会等级制度的词语被扔进了历史的垃圾堆；流行数千年的跪拜礼也被鞠躬礼所取代。

孙中山先生为了谋求国家统一，与军权在握的袁世凯达成了一个协议，只要袁世凯逼使清帝退位，孙中山就把临时大总统的位子让给他。1912年2月12日，清帝溥仪被迫宣布退位，2月13日，孙中山就向临时参议院递交辞呈。4月1日，

大黄楼（文官处图书馆）

孙中山正式解除职务，让位给了袁世凯，也离开了他工作达90多天的这栋办公楼。

文官处图书馆大楼

位于太平湖北，子超楼西。主入口处朝北，有连廊与子超楼相连。红瓦屋顶，黄色外墙，俗称“大黄楼”。高三层，总建筑面积2316.39平方米。据中华民国二十二年（1933）十一月编印的《国民政府文官处图书馆概括》一书记载，该建筑位于西花园内，竣工于1930年底。该建筑属于带有西方古典主义特征的殖民式建筑，室内为砖木结构，墙体为砖混结构。楼内有十字形通道，将大楼分为四个部分，共有房间21个（每层8间）。南北各有一外廊，外廊呈现出文艺复兴时期巴洛克风格与中国古典风格相结合的特征。南北外廊各有八根砖砌立柱。整栋建筑厚实雄伟，雕饰雅致，富有韵律感。该楼不仅是文官处图书馆所在地，而且总统府人事处和会计处也在此办公。

东花园

国民政府（总统府）中轴线建筑物的东面、东侧院北面是东花园，为国民政府行政院，以及总统府时期的社会部、侨务委员会、水利部、地政部等机构所在地，完全是西式建筑。它们是国民政府（总统府）建筑群的有机组成部分。

行政院

孙中山先生在推翻封建帝制、创建民主共和国家的过程中，对于将要建立的国家政权采用什么样的政治制度，反复思考。他通过比较西方各种政治制度后认为，中国应采用既有中国特色，又吸收西方民主政治优秀成果的新制度，那就是在西方立法、司法、行政三权分立的基础上，再加上考试、监察二权，实行五权分立、相互制衡的政府体制。遗憾的是，孙中山先生生前未能来得及实施。

国民政府定都南京后，蒋介石以孙中山先生的追随者自居，着手建立五权分立制度，于是有了行政院、立法院、司法院、考试院、监察院五院。1928 年 10 月 18 日公布的《中华民国国民政府组织法》规定：“国民政府以行政院、立法院、司法院、考试院、监察院五院组织之。”即国民政府以五院来行使其职权。

行政院成立于 1928 年 10 月 25 日，是全国最高行政机关，为五院之首。掌管内政、外交、财政、军政、教育、交通、实业、卫生等国家事务。

东箭道行政院

中山北路行政院

南京国民政府历届行政院组成

（1928—1937年）

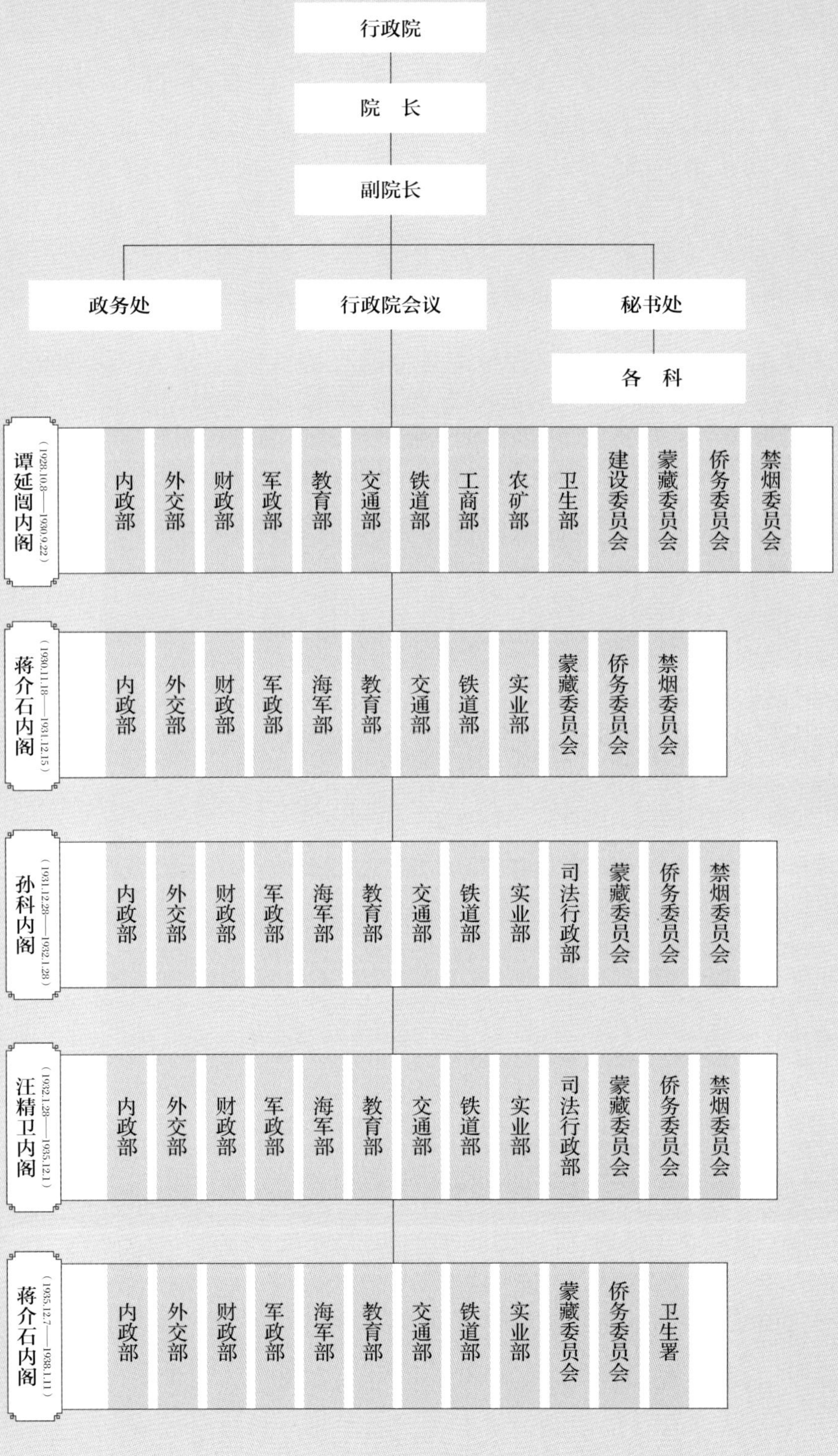

行政院组织机构图

行政院设正、副院长各一人。行政院长、副院长及所属各部部长、各委员会委员长组成行政院会议（一度改称国务会议），以院长为主席，议决和处理重大行政事务。历任行政院院长有谭延闿、蒋介石、孙科、汪精卫、孔祥熙、宋子文、张群、翁文灏、何应钦、阎锡山。

行政院内设机构变化频繁，以1943年为例，有秘书处、政务处、人事室、统计室、会计室，其中秘书处设有机要组、文书组、总务组，政务处设有编译组、议事组、审核组、第一组、第二组、第三组、第四组、第五组。

行政院的下属机构也是屡有变更，据1948年5月19日公布的《行政院组织法》规定：行政院下设有内政、外交、国防、财政、教育、司法行政、农林、工商、交通、社会、水利、地政、卫生、粮食、主计十五个部与新闻局，以及资源、蒙藏、侨务三个委员会。

行政院在1937年7月全面抗战爆发之前，一直在国民政府东花园（今东箭道19号）办公。11月西迁重庆。抗战胜利后，迁至南京中山北路61号（今中山北路252号、254号）原国民政府铁道部旧址办公，原址改作国民政府社会部、地政部和侨委会办公处。1949年3月，行政院又迁到励志社。

东箭道19号行政院旧址

东箭道19号（原东箭道24号）行政院旧址与国民政府仅一墙之隔。占地面积约1.2万平方米。现存有大门门楼、门卫室、弧形照墙、两幢办公大楼，以及造型独特的青砖院墙。原来还有礼堂、卫士和工友宿舍、车库等建筑。大门门楼朝北（另朝东建有边门一座，西有边门与国民政府大院相通），青砖砌筑，三开间，每一开间的宽度相同。大门外左右两侧设有岗亭。大门门楼横额上原有行政院院长谭延闿题写的“行政院”三字，汪伪时期辟为“铁道部”和“交通部”。1946年5月国民政府“还都”后，正中为“社会部”三字横额，立柱上另挂地政部、水利部、侨务委员会招牌。

南北两幢办公楼，与大门门楼基本上处在同一条中轴线上，均为西式楼房，二层砖混结构，青砖砌筑，清水墙，坡屋顶，覆灰洋瓦。北楼建于1928年前后，一直是行政院的主要办公楼。南楼等建筑建于1933年9月至1934年6月间，由华盖建筑师事务所赵深建筑师设计，北平华基公司承建。历时9个月，总造价约为15万银元。这幢楼落成时，行政院专门组织了京沪新闻媒体前来参观。在1934年6月29日下午4时行政院秘书处举行的记者招待会上，政务处长彭

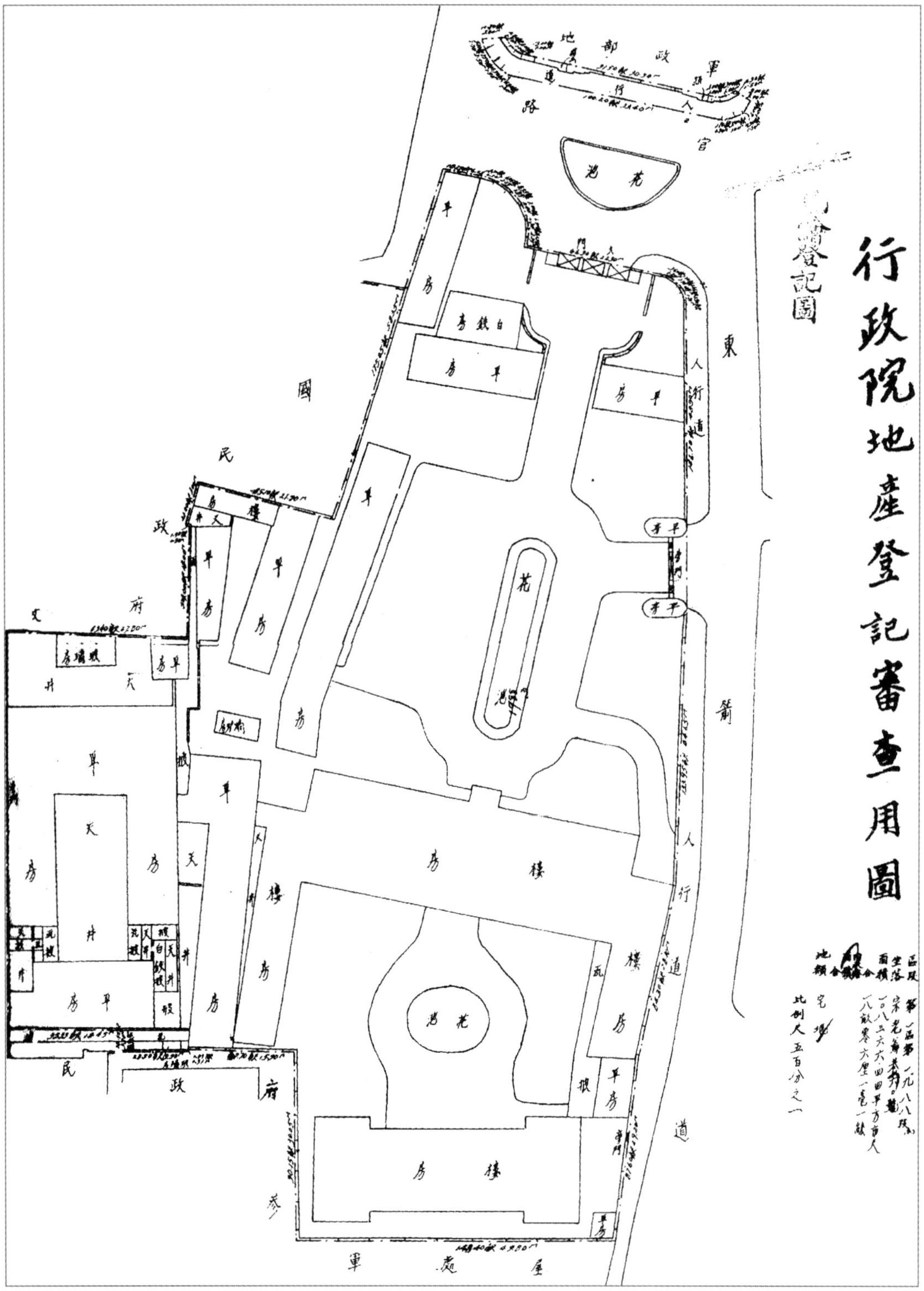

东箭道行政院地产登记审查用图（《南京民国总统府遗址考实》）

学沛介绍新建工程时说道："工程分为三部分：第一部分为大办公厅共有两层，不到40间房子；第二部分是大门前旧屋重修、粉刷，添建穿堂、走廊、围墙，改修庭院马路；第三部分为新建卫士室、工役宿舍、汽车房、代国府参军处建

东箭道行政院大门（20 世纪 30 年代摄）

抗战胜利后，东箭道行政院成为社会部、水利部、侨务委员会、地政部

汪伪时期，东箭道行政院成为交通部和铁道部

楼房 4 幢等。总共用洋十四万六千六百余元。”南楼近 40 间房间中，一楼西面是行政院会议室，装潢考究，设施高雅。一楼还有阅览室、总办公厅等。二楼西面即一楼会议室之上一分为三，北面是行政院院长的办公室，南面是副院长的办公室，中间是小会客室。其他还有秘书长室、政务处长室、参事室等。新楼家具均在上海大华金属家具厂定做。①

1937 年 12 月 13 日，行政院被日军占领。

全面抗战期间，北楼成为汪伪铁道部（1940 年 3 月 30 日成立）办公楼，南楼成为汪伪交通部（1940 年 3 月成立）办公楼。

在这里担任过行政院正、副院长的有谭延闿、冯玉祥、宋子文、蒋介石、陈铭枢、汪精卫、孙科、孔祥熙等人。

行政院长谭延闿与蒋介石合影

1936 年 8 月，第十一届奥运会在德国柏林举行，中

① 蔡鸿源等：《南京国民政府行政院增建修葺工程经过》，《钟山风雨》2002 年第 4 期。

东箭道行政院北楼

东箭道行政院南楼

日军占领东箭道行政院

日军占领东箭道行政院

东箭道行政院（汪伪时期成为交通部和铁道部所在地）

“行政院”铭文铸铁窨井盖

国代表团以中央国术馆成员为骨干的国术表演队最为引人注目，他们是当时中国武术界的顶尖高手。出发前，行政院院长蒋介石、宋美龄夫妇专门在行政院接见了这支由郝铭、张文广、温敬铭、郑怀贤、金石生、张尔鼎、寇运兴、翟涟源（女）、傅淑云（女）、刘玉华（女）、顾舜华 11 人组成的国术表演队，为他们壮行。①

1949 年 4 月南京解放后，东箭道 19 号行政院旧址先后成为南京军区空军司令部第二招待所、714 厂（又名南京无线电厂、熊猫电子集团）第二设计所。2000 年以后，成为南京中国近代史遗址（总统府）博物馆的一部分。如今，在北楼一楼有“国民政府五院文物史料陈列”，南楼根据 20 世纪 30 年代的史料和图片进行了复原。

东箭道行政院还遗留有至少四个当年的铸铁窨井盖，中间的“行政院”三个篆体铭文清晰可辨。

中山北路 252 号、254 号行政院旧址

中山北路 252 号、254 号行政院旧址，新中国成立后曾经是南京政治学校（学院）所在地，现为中国人民解放军国防大学政治学院南京教学区。

抗战前，这里是国民政府铁道部所在地，铁道部成立于 1928 年 11 月 1 日，部长是孙科。抗战胜利后，国民政府还都南京，因铁道部已经撤销，这里被安排给行政院使用。

中山北路 252 号、254 号行政院旧址建筑群由办公大楼、部长住宅、职员公寓组成，由范文照建筑师事务所建筑师范文照设计。1929 年 9 月 10 日举行奠基仪式，1930 年 5 月竣工。占地面积 106 亩（7 万余平方米），建筑面积 2.25 万

① 孙文飚：《民国时期的中央国术馆》，《江苏地方志》2008 年第 4 期。

国民政府铁道部

铁道部鸟瞰图

平方米，建筑费用96.938万元。1936年12月，铁道部扩建新屋，由华盖建筑师事务所设计。1938年2月，美国《国家地理》杂志刊登德国越洋通讯社记者朱利叶斯·艾格纳（Julius Eigner）写于1937年底的文章，该文称："1932年，国民政府铁道部迁入新址，成为第一个进入现代化建筑内办公的政府部门。它将中国传统建筑特色与西方建筑的便利舒适性结合起来，是迄今为止所有政府机构中布局最好、最具吸引力的建筑物。很大程度上这要归功于孙中山先生的

日军占领南京时期的铁道部

日军占领南京时期的铁道部

国民政府铁道部（1932 年摄，伍联德《中华景象》，1934 年版）

国民政府行政院

儿子孙科，他当时担任铁道部部长。”①

行政院（原铁道部）办公大楼为中国传统宫殿式近代建筑，面朝东南的中山北路。钢筋混凝土结构，平面呈长方形。中间部分为主楼，高三层，两侧附楼高两层，另有一层地下室。主楼为重檐庑殿顶，琉璃瓦屋面，正脊兽吻俱全。斗拱、梁枋、门楣等处均施以彩绘，大门入口处铺以白色的大理石台阶。整个办公大楼的建筑面积 3604 平方米。据说，当年铁道部部长孙科的办公室就设在主楼的第三层东南侧。大楼前有一对石狮、两个旗杆座。大门进口处为旋转门，在当年可谓独领风骚。

在办公大楼后面，有多幢仿古建筑和西式楼房，均建于 20 世纪 30 年代，

① ［德］朱利叶斯·艾格纳撰，汪晓茜、于梦涵译：《南京的兴衰》，载曹劲松、卢海鸣主编《南京学研究》（第七辑），南京出版社 2023 年 6 月版。

分别为高级官员住宅和职员住宅。其中有两幢仿古建筑，高两层，屋顶是带有弧线的人字顶，屋顶正中和两侧各有一个高高凸起的壁炉烟囱；三栋仿古建筑，高两层，造型相同，砖木结构，青砖砌造，人字顶，体量略小，屋顶正中和两侧各有一个不太显著的壁炉烟囱；还有青砖砌造的一栋两层西式楼房。另有红砖建造的花园式西式别墅一栋，系孙科担任铁道部部长期间建造。这座楼房建筑面积为529平方米。最初是孙科的官邸，1932年后，由担任行政院院长的汪精卫居住。这些建筑现为国防大学政治学院办公和干休所使用。在办公大楼的西北侧，还有一栋红砖砌造的两层联排别墅楼房，造型颇为别致，现为居民住宅。

1935年2月，铁道部以国民政府行政院院长汪精卫的名义，邀请受聘为绥新公路勘察队顾问的瑞典探险家斯文·赫定（Sven Hedin，1865—1952）以《考察西北公路的经过》为题，来南京铁道部发表公开演讲。此次活动以茶话会的形式召开，行政院要求各部委主任级以上官员必须参加。2月21日下午5点，在铁道部大礼堂，斯文·赫定做了激情洋溢的演讲，谈到了1927—1935年之间的经历和甘苦。会场上不时爆发出雷鸣般的掌声。这些经历，后来都记录在《亚洲腹地探险八年》这部书中。[①]

1937年11月11日，面对侵华日军进逼南京，国民政府正式成立首都卫戍司令长官部，任命唐生智担任司令长官，罗卓英、刘兴为副司令长官，周斓、佘念慈为参谋长。唐生智起初在鼓楼附近的百子亭公馆指挥南京保卫战。12月8日，由于公馆遭到日机轰炸，首都卫戍司令长官部于12月9日搬到中山北路铁道部地下室办公。12月12日下午3点，鉴于南京城已经无法坚守，首都卫戍司令长官部下达了撤退命令——《首都卫戍司令长官作战命令特字第一号命令》，随后南京城在混乱无序中失守。[②]

1939年，西尾寿造就任日本驻中国派遣军总司令后，曾在这里的孙科公馆内居住过。

1943年1月11日，大汉奸周佛海西流湾公馆失火，周佛海、杨淑慧夫妇在1月12日搬入铁道部孙科公馆，一住就是1年零4个月，直到1944年5月16日，才搬回重建的西流湾公馆。

1946年5月，国民政府还都。行政院院长宋子文成为这里的主人。

① 黄明生：《“光棍探险家”和南京的不解之缘》，《金陵晚报》2011年11月16日。
② 谭道平编述：《南京卫戍战史话》，东南文化事业出版社1946年5月版。

中山北路行政院

中山北路行政院楼前石狮子

中山北路行政院旗杆座

行政院背面

中山北路行政院别具一格的旋转门

中山北路行政院入口处内景

中山北路行政院大厅藻井

中山北路行政院宿舍

1947 年 4 月，张群出任行政院院长。他在职期间，曾经发生过这样一件事情：1947 年 5 月 15 日、16 日，在“五二〇”血案前夕，南京各校学生到教育部、行政院请愿，要求增加副食费。学生们来到行政院后，出于激愤，在行政院的红漆柱上挥毫写下了“朱门酒肉臭，路有冻死骨”的对联和“民瘦炮肥”的横幅，并且在行政院办公大楼墙上写下了“金樽美酒万民血，玉盘佳肴百姓膏。烛泪落时民泪落，歌声高处怨声高”的讽刺诗。

1948 年 5 月，翁文灏接任行政院院长，因国民党在政治上执行内战政策，不得人心，加上发行金圆券失败，导致国民经济全面崩溃，翁文灏被迫下台。经蒋介石提名，同年 11 月 26 日，立法院院长孙科在这里宣誓就任行政院院长。

1949 年 1 月 21 日，蒋介石宣布引退，李宗仁就任代总统，重开国共和谈。孙科受到蒋介石的暗示，将行政院迁到广州，出现院、府对抗的局面。李宗仁

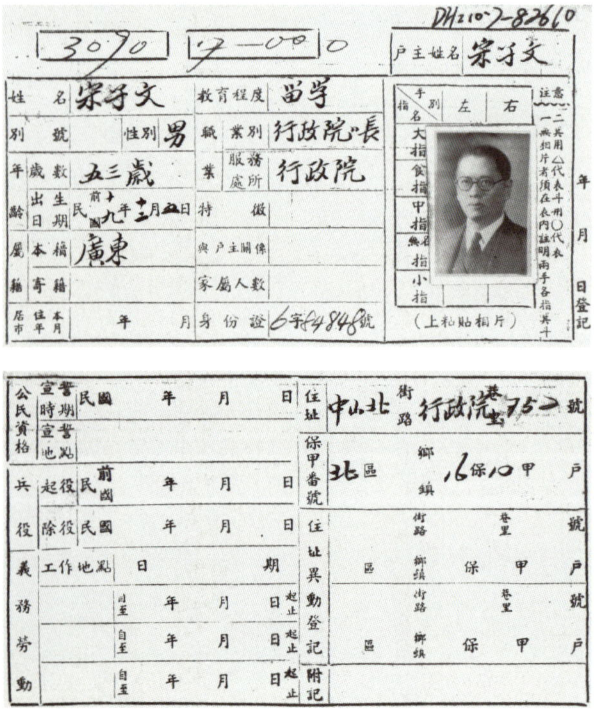

行政院院长宋子文户籍卡（南京市档案馆藏）

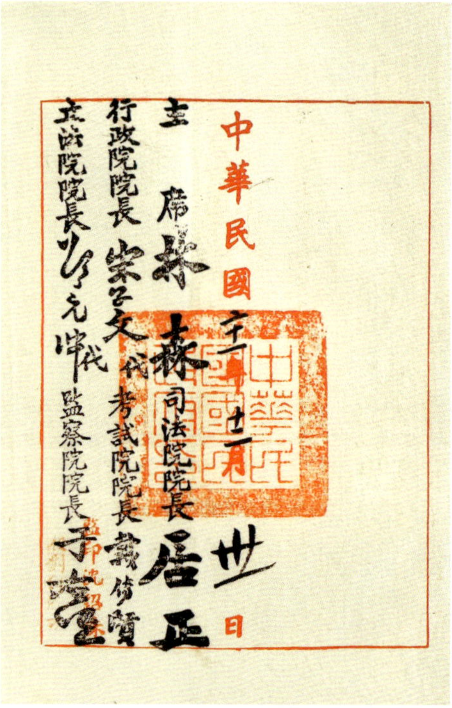

行政院院长宋子文印章（《中山陵档案》）

解放军占领中山北路行政院

联合立法院、司法院，迫使孙科于 2 月 28 日将行政院迁回南京。3 月 23 日，何应钦就任行政院院长，因行政院在萨家湾，离长江太近，已在长江北岸的中国人民解放军大炮射程之内，不安全，于是他将行政院迁到中山东路的励志社办公。4 月 23 日，中国人民解放军占领南京，行政院寿终正寝。

目前，行政院两处旧址均保存完好，特别是东箭道行政院旧址，经过数年的努力，已全面恢复了 20 世纪 30 年代的旧貌。中山北路行政院旧址矗立在大道一旁，与马路对面的交通部大楼遥相呼应。

1991 年，国家建设部、国家文物局将中山北路的行政院旧址评为近代优秀建筑。1992 年，中山北路的行政院旧址被列为南京市文物保护单位。2001 年 7 月，经国务院批准，中山北路行政院旧址被列为全国重点文物保护单位。2016 年，中山北路的行政院旧址入选中国文物学会、中国建筑学会联合评选的“首批中国 20 世纪建筑遗产项目”。东箭道行政院旧址，连同东花园，已作为南京中国近代史遗址（总统府）博物馆的一部分对外开放。

立法院

立法院是国民政府五院之一，成立于1928年12月5日，它是民国时期国家最高立法机关，有议决法律案、预算案、大赦案、宣战案、媾和案、条约案以及其他重要国际事项的职权。根据1928年10月20日国民政府公布的《立法院组织法》，立法院设院长、副院长各一人，由国民党中央执行委员会选任。1947年，改由国民政府选任。院长指挥全院院务及其所属机关。立法委员由中央政治会议决定。最初设立法委员49人，1943年增至86人，1947年达149人。立法委员任期两年，不得连任。立法院最初设有文秘、编译两个处，法制、财政、经济、外交、军事五个委员会，会计、统计、人事三室。至1948年5月以后，发展成为秘书、编纂、会计三处，统计、人事二室及图书馆，内政及地方自治、国防、外交、经济及资源、财政金融、预算、教育文化、农林及水利、交通、

中山北路立法院

社会、地政、边政、侨务、劳工、卫生、海事、粮政、民法、刑法、商事法及法制二十一个委员会。1949 年 3 月，缩减为十一个委员会。立法院历任院长分别是胡汉民、林森（未到任）、张继（未到任）、孙科、童冠贤，副院长为林森、邵元冲（曾代理院长）、覃振（曾代理院长）、叶楚伧、魏道明、吴铁城、陈立夫。

国民政府的立法集中体现在《六法全书》中，它是国民政府成文法的总称和法律体系的重要组成部分。

国民政府立法院院址有两处：一处在白下路 273 号江苏省海院伯利兹科技园内；另一处在南京中山北路 105 号（原 261 号）。

白下路立法院旧址

据《首都志》记载，斛斗巷张侯府是清朝康熙年间靖逆侯张勇和其子江南提督张云翼的府邸。同治年间，此宅为张佩纶购得。张佩纶为翰林院侍讲，是李鸿章的女婿和幕僚，又是现代著名女作家张爱玲的祖父，因遭弹劾，携妻李菊耦由北京移居南京。1896 年，张佩纶的儿子张廷重出生，这就是张爱玲的父亲。1918 年，张廷重迎娶清末江南水师提督黄翼升的女儿。婚后因与同父异母哥哥不和，遂迁居上海。1920 年，张爱玲出生。

民国初年，这里有房屋 120 余间，还有四季花园。在 120 余间房屋中，后面 40 间是安徽督军柏文蔚的家属住宅；前面 80 间是崇实学校校址，由金陵刻经处创始人杨仁山的孙女杨步伟任校长。

白下路立法院内的张佩纶故居

白下路立法院内的张佩纶故居楼梯

国民政府立法院成立后，这里成为立法院院址，斛斗巷一度改为立法院巷。第一任立法院院长胡汉民曾经居住在张侯府内。胡汉民罗致了一批著名专家学者担任立法委员，如马寅初、楼桐荪、刘芦隐、刘大钧等。1930 年，张学良首次来南京，胡汉民曾经在立法院以西餐招待张学良。抗战前，立法院迁到中山北路法官训练所办公。全面抗战期间，张侯府成为中国公学的校舍。抗战胜利后，这里仍然是立法院的用房，著名书画家高二适曾经在这里供职，其民国时期的户籍卡显示，这里的门牌号码为立法院巷 2 号。

立法院院长胡汉民

1951 年，中央人民政府交通部和中国海员总工会在南京创办海员训练班，这里成为海员训练班所在地。海员训练班从 1951 年 1 月开始，一共举办了 4 期。招商局起义船员分两批赴海员训练班学习，其中有“海厦”轮船长王俊山、“邓铿”轮船长刘维英、“民 302”轮船长谷源松、“教仁”轮船长罗秉球、“鸿章”轮船长蔡良，以及被誉为“新中国第一位远洋船长”的陈宏泽、海洋作家陆俊超等一大批起义高级船员。海员训练班是新中国初期重要的船员教育力量，更是新中国航运业发展的发轫与开端。[①]

不久，经过改组，在其基础上成立中国海员干部学校。后来，又成为南京远洋海运学校和南京海事职业技术学校的校址，现为江苏省海事职业技术学院

白下路立法院

① 愚木著：《灿若星辰——海员训练班起义学员寻访实录》，哈尔滨工程大学出版社 2021 年 9 月版。

绿荫环抱的张佩纶故居

伯利兹科技园。

如今，白下路立法院内绝大多数建筑已经不复存在，在院内东侧还保存有一幢殖民式风格的砖砌两层小楼，四面坡屋顶，主体为青砖砌筑，在门窗周围配以红砖，色彩协调。楼梯为木结构。一、二层外侧均有一圈西式外廊，共有24根廊柱，廊柱内部是木质柱子，外边包砖；二楼回廊的边缘有木质栏杆。屋檐下有20多厘米长垂下的卷云纹镂空木雕。整栋房屋的底部，垫有一层30厘米左右厚的青石板。对于这处祖上老宅，张爱玲在散文集《对照记》中也有提及：“我祖母的婚姻要算是美满的了，在南京盖了大花园偕隐，诗酒风流。”“我姑姑对于过去就只有留恋那园子。她记得一听说桃花或者杏花开了，她母亲就扶着女佣的肩膀去看。”2015年6—8月，有关部门对这栋建筑进行了修缮。

中山北路立法院旧址

中山北路105号立法院系华盖建筑师事务所童寯等人于1937年设计，同年建造。占地面积10.1965亩，约6797平方米，有中西合璧的楼房三幢218间，西式平房九进78间，木板房三座33间，白铁皮房1间，防空洞4个，共计330间。主楼高两层，钢筋混凝土结构，歇山顶，小瓦屋面；两侧附楼为硬山顶，小瓦屋面。

全面抗战前，中山北路立法院也是国民党法官训练所所在地。

1938 年 3 月 28 日，以大汉奸梁鸿志为首的伪中华民国维新政府成立后，南京成为伪维新政府特别市政府所在地。4 月 24 日，这里成为“督办南京市政公署”（即南京市政府）所在地，由伪维新政府代理绥靖部长任援道担任督办南京市政（相当于南京市市长）。这是自 1938 年 1 月 1 日伪南京自治委员会成立 108 日后产生的所谓自治机关。国民党特工人员在伪维新政府成立当年的 7 月 25 日曾经发动暗杀督办南京市政任援道的特别行动，但未获成功。

立法院院长孙科

中山北路立法院设计效果图（《童寯文集》）

中山北路立法院

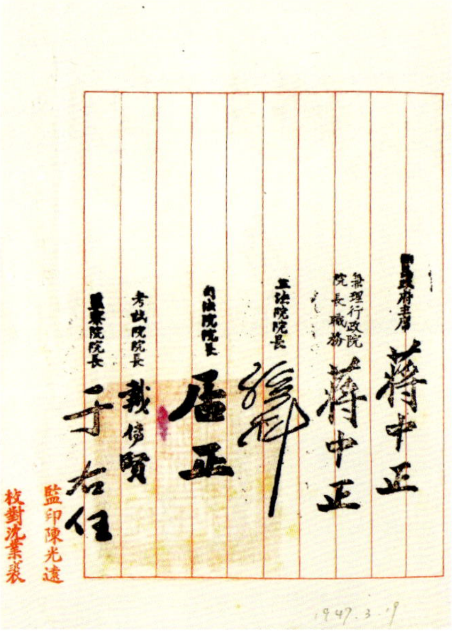

立法院院长孙科手迹（《中山陵档案》）

督办南京市政公署

据1938年7月26日德国大使馆南京办事处领事秘书A.霍特致电迁到武汉的德国驻汉口大使馆报告记载："我从可靠的中国人消息来源获悉，中国刺客昨天试图袭击南京市市长任援道。据传该事件发生的情况如下：上午10时，五名穿得像苦力的中国人闯入位于山西路附近中山北路上的前最高法院（笔者按：应为立法院）内的市长办公室。其中一个人用手枪制服了几个站岗的警察，而其他人则进入建筑物，里面正在举行一个由任援道主持的会议。当其中一名警察试图逃跑时，等候在外面的刺客向他开了火，于是其他四名刺客盲目投掷了他们随身携带的手榴弹，然后才到达会议厅。手榴弹炸伤了办公室的工作人员。刺客逃脱了。"[①]1938年7月30日的《南京民报》以《暴徒图谋不轨，已当场捕获数名》为标题写道："同日（笔者按：指7月25日）十一时四十分市政公署有暴徒四人因乘领米人众时，混入署内，当时即在院内投掷炸弹四枚只二

暴徒圖謀不軌
已當場捕獲數名

（二十九日一部解禁）本市南京內政部於前二十九日上午九時十五分、突被暴徒一人、越牆投擲炸彈二個、當時炸彈俱曾炸裂、塵土四濺、聲響遐邇、幸該彈爲小型手溜彈、除炸毀一部份之牆物外、決無任何損害、事出後、該院立時嚴爲防範、故未發生其他不幸事件、同日十一時四十分市政公署有暴徒四人因乘領米人衆時、混入署內、當時即在院內投擲炸彈四枚只二枚炸裂、僅炸毀建築物少許、幸未波及無辜、惟當時有警察一名、因奮身捕逮、略受輕傷、外苦力一名亦受微傷、除由市政公署送醫院治療外犯人已當場逮捕數名、至於其他在逃人犯、當局正在嚴密偵緝中、京市自此事件發生後、決無任何影響、而市面亦復安寧如常、

1938年7月30日《南京民报》关于督办南京市政公署被国民党特工袭击的报道

① 陆束屏编著翻译：《日军南京暴行：德国外交文件中记载的南京大屠杀与劫后社会状况》，南京出版社2022年1月版。

汪伪南京特别市政府

立法院（1948 年）

中山北路立法院

枚炸裂，仅炸毁建筑物少许，幸未波及无辜，惟当时有警察一名，因奋身逮捕，略受轻伤，外苦力二名亦受微伤，除由市政公署送医院治疗外，犯人已当场逮捕数名，至于其他在逃人犯，当局正在严密侦缉中。”

1940 年 3 月 30 日，以汪精卫为首的伪国民政府成立，同年 7 月，这里又变成了汪伪“南京特别市政府”的办公地点，周学昌任市长。

国民政府还都后，这里重新成为立法院院址。1949 年后，这里成为军人俱乐部所在地。该建筑至今保存完好。

2006 年，中山北路立法院旧址被列为第六批江苏省文物保护单位。2018 年，入选由中国文物学会、中国建筑学会联合评选的“第三批中国 20 世纪建筑遗产项目”。

司法院 · 司法行政部

司法院

司法院院长居正

司法院坐落在南京市中山路251号（原为269号），1949年4月南京解放后成为南京市供电局所在地，现为江苏省电力公司电力经济技术研究院。

司法院是国民政府最高司法机关，成立于1928年10月20日。其职责是“掌理司法审判、司法行政、官吏惩戒及行政审判”。司法院设正、副院长各一人，由国民党中央执行委员会选任，1947年，改由国民政府选任。王宠惠、伍朝枢、居正先后出任司法院院长。司法院内部机构先后设有参事处、秘书处、编译处、会计处、统计处、人事室、法规研究委员会和大法官会议等。其直辖机关有最高法院、行政法院、中央特种刑事法庭和中央公务员惩戒委员会。此外，还辖有司法行政部。

司法院院址占地面积22.5855亩，约1.5056万平方米，原有房屋16幢118间。主楼建于1935年，坐西朝东，高三层，砖混结构，是一座西方古典式建筑。平面可分为左、中、右三部分，中央高耸，两边略低，左右对称。立面采用三段式构图，分为基座、墙身和屋顶三部分。主楼共有五个屋顶，象征着《五权宪

司法院 · 司法行政部大门现状

1928年10月21日，国民政府司法院正副院长暨国府文官长、参军长、各局长就职宣誓典礼摄影（左八起：冯玉祥、谭延闿、蒋介石、王宠惠、胡汉民、张继、伍朝枢、李济深、何应钦、叶楚伧）

司法院（1932年摄，伍联德《中华景象》，1934年版）

司法院

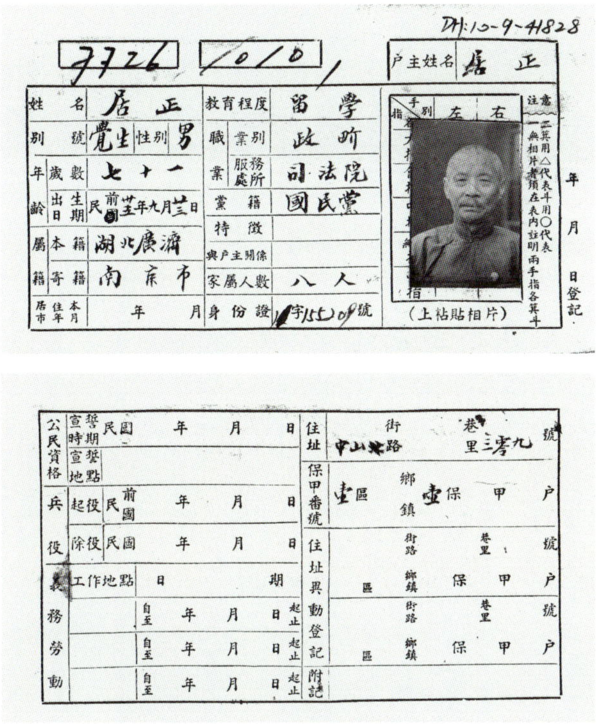

司法院院长居正户籍卡（南京市档案馆藏）

司法院院长居正印章（《中山陵档案》）

法》。正中央的屋顶为穹隆顶，远看像个倒扣的大金杯，中间镶嵌有自鸣钟一座。中央屋顶的两边屋顶为盂莎顶，顶上各竖有一根旗杆。两端屋顶也为盂莎顶，其余部分的屋顶为双坡顶。正立面门厅凸出，形成骑楼式入口，入口部位为爱奥尼亚柱式。阁楼设有圆形老虎窗。窗户之间的墙壁凸出。主楼前面是个大庭院，遍植花草和松柏。四周以低矮的墙垣环绕。司法行政部、中央公务员惩戒委员会也在此办公。

司法行政部

司法行政部与司法院同时成立于 1928 年 10 月，初名司法行政署，11 月 7 日改为司法行政部。司法行政部的隶属关系，在司法院和行政院之间屡次变更。起初隶属于司法院，1931 年 12 月，改隶行政院；1934 年 10 月，又归隶司法院；从 1943 年 1 月起，改隶行政院；1947 年公布的《中华民国宪法》，确定司法行政部隶属于司法院。

司法行政部是国民政府时期全国最高的司法行政事务管理机关，主管全国司法行政事务。设有部长一人，政务次长、常务次长各一人。魏道明、朱履和、罗文干、居正、王用宾、谢冠生、赵琛、张知本先后担任部长。其内部机构主要有秘书处、参事处、会计处、人事处、统计处、诊疗室、技正室、法院研究室、

司法院 · 司法行政部大楼

编查室，总务、民事、刑事、监狱四司（1948 年又增设特种刑事司），以及司法官资格审查委员会、监狱官审查委员会、审判官审查委员会、法制调查委员会、统计委员会等。其直辖机关有最高法院检察署、首都及各省高等法院、首都和上海监狱、法医研究所。司法行政部对于全国各地司法行政长官具有指示监督之责，还掌管全国法院、监狱、看守所的设置、改废等事宜。司法行政部最初设在薛家巷，1935 年迁至中山路司法院大院内办公。

1937 年 12 月 13 日日军攻陷南京城后，这里成为南京安全区国际委员会划定的难民区收容所之一，涌进了大批难民。然而，难民的生命财产毫无保障。据南京安全区国际委员会致日军当局信函中陈述：“日军从司法院难民收容所捕去难民 300 人，从其他收容所也捕去许多难民。”南京安全区国际委员会主席约翰 · 拉贝先生在 12 月 14 日的日记中写道：“我们安置了大约 1000 名中国士兵在司法部大楼里，约有 400 人—500 人被捆绑着从那里强行拖走。我们估计他们是被枪毙了，因为我们听到了各种不同的机关枪扫射声。”在拉贝先生 1937 年 12 月 18 日致日本大使馆信件的《司法部事件备忘录》中有这样的记载：“1937 年 12 月 16 日早晨，一名日军军官带领一队日本士兵来到司法部，命令带走大部分中国人，对他们执行枪决。”在南京安全区难民收容所 1937 年 12 月 17 日现状中，拉贝标明了司法部和最高法院两座难民收容所为“空置”，其原因是显而易见的，这里的难民遭到了日军屠杀。据南京大屠杀幸存者回忆，

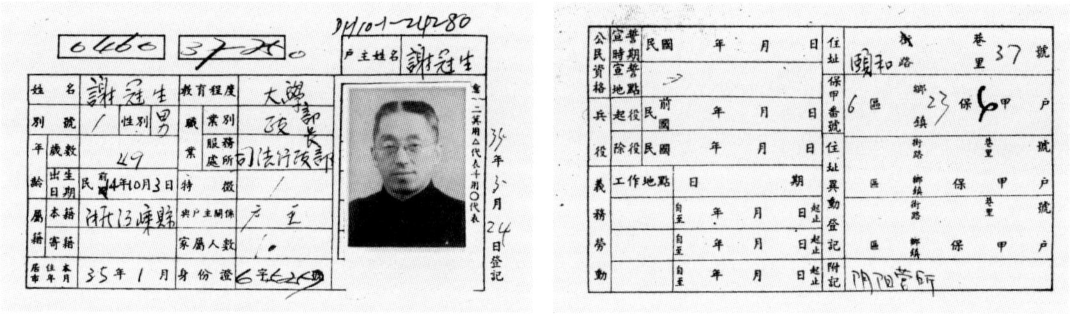
户主姓名 谢冠生
姓名 谢冠生 教育程度 大学
别号 / 性别 男
职业 职别 部长
服务处所 司法行政部
年龄 岁数 49
出生日期 民前4年10月3日
特征 /
本籍 浙江嵊县
与户主关系 户主
寄籍
家属人数 1
居住本市年月 35年1月
身份证
35年5月24日登记

公民资格 宣誓时期 民国 年 月 日
宣誓地点
兵役 起役 民国 年 月 日
除役 民国 年 月 日
义务劳动 工作地点 日期
自至 年 月 日 起止
住址 颐和路 37号
保甲番号 6区 23保 6甲 户
住址异动登记
附记 阴阳营所

司法行政部部长谢冠生户籍卡

12 月 15 日上午 8 时左右，日军肆无忌惮地闯入司法院内，用刺刀驱赶 2000 多名难民到新街口，然后押送到汉中门，全部血腥屠杀。

1949 年 4 月中国人民解放军占领南京前夕，一场大火将司法院主体建筑物焚毁，唯有门楼保存下来。

目前所见老照片中的大门均为五楹六柱，五个门的大小相同；而现存大门为三楹八柱，中门略小，两边的门较大，八根巨大的西方古典式立柱，将大门衬托得庄重典雅，气势非凡。我们推测现存大门可能是抗战胜利后重建。

2006 年，国民政府司法院旧址被列为第三批南京市文物保护单位。2018 年，入选由中国文物学会、中国建筑学会联合评选的“第三批中国 20 世纪建筑遗产项目”。

考试院

考试院位于南京鸡笼山东麓、玄武湖南岸。民国时期的门牌号码是试院路 1 号（铨叙部是试院路 2 号），现在的门牌号码是北京东路 41 号、43 号。这里终年浓荫蔽日，四季鸟语花香。在花草树木掩映中，一幢幢雕梁画栋、飞檐翘角的建筑错落有致，分布有序，民国时期享有“花园官署”[①]之称，现为中共南京市委、南京市人大常委会、南京市人民政府、南京市政协所在地。

考试院西门今貌

考试院东门今貌

一、历史沿革

六朝时期，鸡笼山一带有东晋开国皇帝晋元帝及晋明帝、晋成帝、晋哀帝四帝陵墓，有六朝最早的皇家园林——华林园，还有中国最早的分科大学——“四学馆”中的儒学馆。明朝时期，鸡笼山一带设立国子监和孔庙。清朝时期，改为江宁府学和文庙。太平天国时期变成宰夫衙。太平天国起义失败后，清王

① 汪振国:《国民党时期的文官制度与文官考试》，收入江苏省政协文史资料委员会编《国民党文官制度与文官考试》，《江苏文史资料》第 24 辑，《江苏文史资料》编辑部 1988 年 12 月。

朝在江宁府学和文庙的旧址上，兴建武庙。民国时期，这里先是国民政府考试院所在地；南京沦陷期间，变为汪精卫伪国民政府的中枢；日本投降后，又成为国民政府考试院、总统府考试院。1949年后，这里成为南京市军事管制委员会、中共南京市委、南京市人民政府办公地。

明朝国子监和孔庙

国子监又称国子学、国学、太学、南雍。明代国子监是国家的最高学府。《南雍志》卷九《谟训考 · 上篇 · 学规本末》记载："国初立国子学，洪武十五年三月，改为国子监。"《南雍志》卷七《规制考上 · 上篇 · 建置本末》记载："太祖高皇帝之初立国子学也，岁乙巳，即元集庆路学为之，庙则大成殿……洪武十五年改建于鸡鸣山之阳。既落成，三月七日改国子学为国子监……于是以旧国子学为应天府儒学。"[①]

国子监的位置，据《洪武京城图志 · 山川 · 鸡鸣山》记载："今置国子学于山之左。"《南雍志》卷七《规制考上 · 上篇 · 建置本末》记载国子监的范围："在南京城东北七里（东至小校场，西至英灵坊[②]，北至城坡土山，南至珍珠桥）。左为龙舟之山（即覆舟山，以北临玄武湖，形似名），右为钦天之山（鸡鸣山改今名），两山相去两百余步。"可见，国子监东有龙舟山，西有鸡鸣山，北有玄武湖，南有杨吴城濠，是一块风水宝地。孔庙又称文庙、夫子庙，是祭祀先师孔子和传承儒学的场所。自古以来庙学合一，孔庙附于学校，和国学、府学、县学联为一体。明代孔庙的布局由南向北依次是棂星门、左神厨、右神库、戟门、大成殿。

国子监规模宏大，左庙右学，学舍极多，国子监的号房，在文庙后面，建自洪武十六年（1383），以"文行忠信规矩准绳纪纲法度知仁勇"别之，有435间。此外，还有外东214间、外西242间、成贤街号房453间、平南号房170间、平北号房56间，总共监内外学生号房（即宿舍）近1600间。[③]又有广业堂、敬一亭、光哲堂、讲院、射圃、仓库、园池、祭酒司业宅等。洪武十五年（1382）国子监和孔庙刚刚建成时，学生人数最少，只有577人；永乐二十年（1422），学生人数最多，达9972人。留学生来自日本、高丽、琉球、暹罗等地，通常有

① ［明］黄佐：《南雍志》，《金陵全书》乙编，南京出版社2016年5月版。

② ［明］礼部纂修《洪武京城图志 · 街市》："英灵坊，在十庙西。""成贤街，在国学前。"

③ ［明］黄佐：《南雍志》卷八《规制考下 · 右监内号房图》，《金陵全书》乙编，南京出版社2016年5月版。

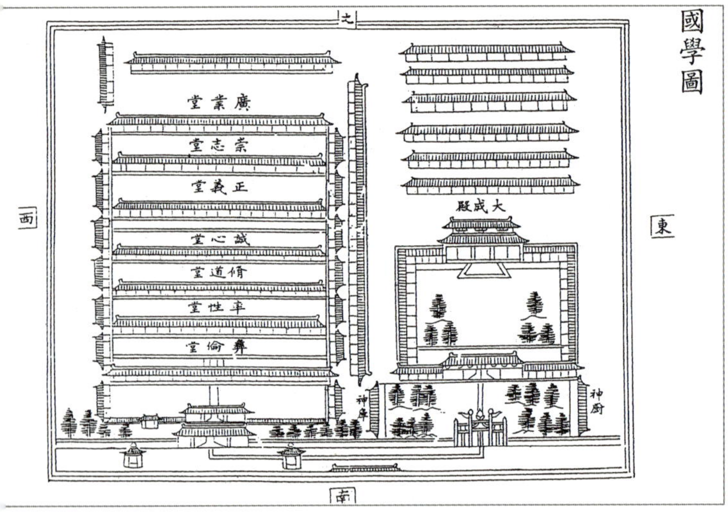

明朝国学图（国子监，《洪武京城图志》）

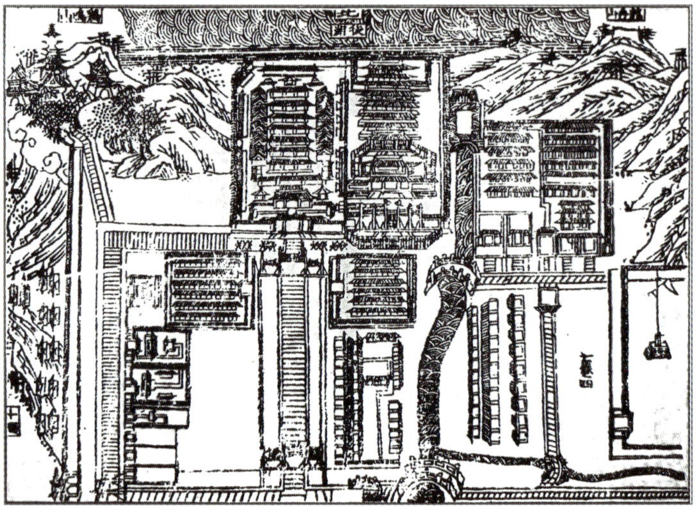
南雍总图（《南雍志》）

20 人左右。明成祖即位后，于 1403—1408 年下旨编写的《永乐大典》，就是由国子监学生编抄完成的。《永乐大典》是中国最大的一部类书，初名《文献集成》，有 3.7 亿字，22937 卷，11095 册，《大英百科全书》称之为“世界有史以来最大的百科全书”。《永乐大典》屡遭浩劫，正本不知去向，副本今存 400 余册、800 余卷及部分零叶。[1]

另外，今天东南大学六朝松、四牌楼（国子监南门外的牌坊）、成贤街皆与国子监有关。

清代早中期江宁府学和文庙

顺治二年（1645），清兵占领南京，灭掉南明福王政权，将南京改名为江宁。据清朝陈开虞纂修《康熙江宁府志》卷十一《学校志》记载：“鼎革之际，学毁，先师庙独存。”清政府将明朝国子监降格为江宁府学，建门坊、学官公署、启圣名宦乡贤祠，设志道、据德、依仁、游艺四斋，并“于棂星门左引河水为泮池”；同时，将孔庙更名为文庙（因唐玄宗时封孔子为文宣王，故称孔庙为文庙），加以修缮，由南向北依次是棂星门、戟门、东西两庑、先师之庙（大成殿）、明伦堂等建筑。据清朝周宝偀《金陵览胜诗考》“江宁府学”条记载：“嘉庆二十四年己卯二月朔，火焚大成殿，

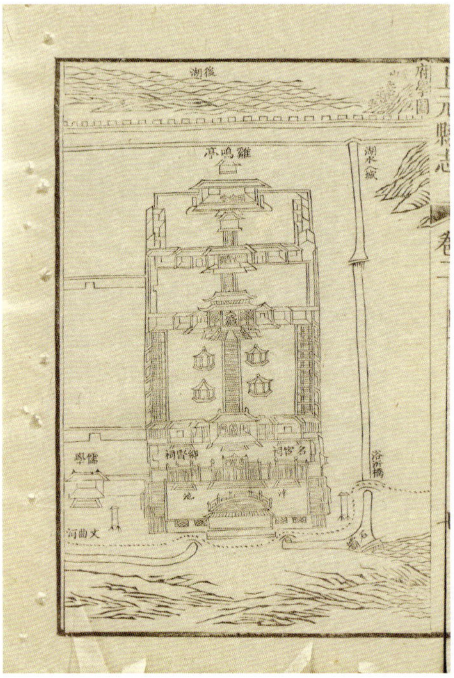
江宁府学（武庙的前身，《道光上元县志》）

① 卢海鸣、曹劲松主编：《江苏地方文化史·南京卷》，江苏人民出版社 2023 年 12 月版。

绅士捐资重建，次年二月告成，并开月牙池，通进香河。”

太平天国宰夫衙

清朝咸丰三年（1853），太平天国定都南京，更名天京。太平天国信奉拜上帝教，视儒道释三教为“洪水猛兽”，对于诸子百家书籍尽行焚除，不准买卖藏读，否则问罪。所到之处，必毁弃庙宇，焚烧诗书，砸烂菩萨和孔子、孟子的塑像。太平军在天京实行军事化统治，设立诸匠营和百工衙，军民生活全靠配给。为了表示对孔孟思想的蔑视与排斥，太平军将鸡笼山之侧的江宁府学、文庙物件尽毁，并将这里改作宰夫衙，专司宰杀牲畜，供应食肉，兼管南货、海味并豢养牲畜和家禽。按制，“天王日给肉十斤，依次递减，至总制半斤”。昔日的斯文之地，成为充满血污腥膻之地。

晚清武庙和千仓师范学校、千仓山馆

洪武二十二年（1389），朱元璋先后在鸡笼山间建造帝王庙、城隍庙、真武庙、卞壶庙、蒋忠烈庙、刘越王庙、曹武惠王庙、元卫国公庙、功臣庙、五显庙和关羽庙（《南京都察院志》写作汉寿亭侯庙）十余座庙宇，“缭以朱垣”，统称为“十庙”。其中关羽庙宋元时期在针工坊（今秦淮区第一中心小学一带），明朝洪武二十七年（1394）迁建于此，又称关帝庙、关王庙和关公庙，俗称武夫子庙，祭祀三国时期蜀汉名将关羽。关羽庙是十庙中香火最为旺盛、最受尊崇的一座庙。太平天国时期，关羽庙和其他的庙宇圮废，沦为蔬圃，唯有帝王庙幸存。清末民初陈诒绂《钟南淮北区域志》记载：“癸丑之乱，诸庙荡尽，惟帝王庙独存，改祀伏羲、神农、黄帝，谓之‘三皇庙’，医家祀之。”

清朝同治三年（1864），太平天国起义被镇压。同治四年（1865），李鸿章署理两江总督，在南京做了两件大事：文的是建学校，武的是建金陵机器制造局。因鸡笼山下的江宁府学遭到太平天国的严重损毁，李鸿章令江宁知府涂宗瀛于当年八月选址朝天宫重建府学，同治五年（1866）九月工程竣工①，随即将江宁府学迁至朝天宫，文庙随之一并迁去。同治八年（1869），将武庙迁至江宁府学旧址，在江宁府学废墟上重建武庙。据清朝莫祥芝、甘绍盘合纂的《同治上江两县志》卷十一《建置考·武庙》记载：“八年十月工竣。庙旧在府署西，今改建于鸡鸣山下府学旧基。计造头门、戟门、正殿、启贤殿、官厅、僧房，其大小房屋一百零七间，围墙一周，并修桥墁地等工，是乃经受春秋义殄吴魏者也。咸丰中升中

① ［清］莫祥芝、甘绍盘合纂：《同治上江两县志》卷十一《建置考》。

祀。”另据《光绪续纂江宁府志》卷四《祠祀志》记载：“武庙，旧在钦天山，咸丰四年升中祀。同治六年建于中正街，八年移建鸡鸣山府学旧址，官祭以二仲。”重建后的武庙建筑群包括泮池、头门（大门）、戟门（二门）、正殿、启贤殿（后殿）、左右配殿及廊庑等。祀奉的人物由一人变为两人——关羽和岳飞。

在武庙的西侧，有千仓师范学校，系李宗棠所建。李宗棠（1870—1923），安徽阜阳千仓湾人，自号“千仓醉翁”，又号“千仓髯隐”，晚清名士。倜傥有大志，豪于诗酒，长于抚琴，邃经史学，历办铁道、矿山、盐务等新政，均有所成。他热心教育，为官晋阳时，曾经选派学生赴日留学，历倡新学，曾经九度赴日本，考察政教，著有《考察日本学校记》等书。晚年毁家兴学，于鸡鸣寺下创办千仓师范学校。辛亥革命爆发后，千仓师范学校被毁。

在千仓师范学校校舍之旁，李宗棠筑室以居，取名千仓山馆。高五层，为金陵崇楼杰阁之冠，顶曰“旷观阁”，下曰“醉翁楼”，并有“藏书楼”“紫薇亭”“浣花池”等，亭台楼阁，颇为精美，1910年建，1912年被毁。至1947年，仍有“千仓山馆”石牌坊矗立在今天的鸡鸣寺路中央。①

民国时期的国民政府考试院

民国时期，在武庙和千仓师范学校、千仓山馆旧址上，兴建国民政府考试院。

考试院是国民政府五院之一。孙中山借鉴西方国家“三权分立”的政权组织形式，创立行政、立法、司法、监察、考试“五权”学说，欲通过考试权的独立，控制官吏选任，保证官吏质量。南京国民政府的文官考试制度，即以孙中山“五权分立”的政治理念为基础。1928年10月20日，国民政府公布《考试院组织法》，1929年8月1日公布《考试法》。至1930年1月6日，考试院与所属考选委员会及铨叙部同时正式成立。

考试院是国民政府的最高考试机构，掌管国家机关人员的考试、任用、铨叙（审查资历、确定级别职位）、考核、级俸、升迁、保障、褒奖、抚恤、退休、养老等事宜。具体业务由考选委员会（1948年7月改称考选部）和铨叙部承担。其中考选委员会负责掌管全国文职公务人员、专门职业及技术人员的考核，办理并组织典试、襄试委员会，负责考选人员的册报以及举办考试等事项；铨叙部负责掌理全国文职人员和考取人员的登记铨叙，以及各机关人事机构的管理事项。所有公务员均须依法律，经考试院考试、铨叙，方得任用。

① 《新京备乘·千仓山馆》，1932年版；《南京游览手册之十·鼓楼》，新中国印刷厂1947年4月。

考试院背影（赫达·哈默尔摄，《南京》，1945年版）

考试院设院长、副院长各一人，由国民党中央执行委员会选任，1947年，改由国民政府主席选任。院长掌管院务并监督所属机关。第一任院长是戴季陶（1928—1948年在任），副院长是孙科，考选委员会委员长是邵元冲，铨叙部部长是钮永建；1948年，戴季陶辞职，改任国史馆馆长，由张伯苓继任考试院院长。

考试院院长戴季陶

考试院成立后，开始着手推行现代考铨制度，主要包括考试制度和铨叙制度，前者用于公务员的选拔，后者用于公务员的考核考绩，分别由考选委员会和铨叙部具体实施。公务员考试制度是考铨制度的中心内容，其全部过程包括公务员的考试、分发和任用。1935年7月，国民政府公布修改后的《考试法》，对考试的范围、种类、时间、地点及应试资格均做了较详尽的规定：

（1）考试范围：公职候选人，任命人员及应领证书之专门职业技术人员。

（2）考试种类：分普通考试、高等考试及特种考试3种。

（3）应考资格：公立或立案之私立中等以上学校毕业者；或具有中等以上学校毕业之同等学力经检定考试及格者，得应普遍考试。教育部承认的国内外各公立或私立专科以上学校毕业者；或有上述同等学力经检定考试及格者；或具有专门学术技能或著作，经审查及格者；或经普通考试及格4年后；或曾任委任官，及与委任官相当职务3年以上者，得应高等考试。

（4）时间及地点：高等考试及普遍考试均每年或间年举行一次，特种考试定期举行。高等考试于首都或考试院指定区域举行。普通考试于各省区或考试院指定区域举行。

此外，国民政府还公布了《典试委员会组织法》《典试法》《监试法》《特种考试法》《省县公职候选人考试法》等多项法令法规，以进一步完善和规范文官考试制度。

文官考试的程序繁杂而严格。以高等考试为例。先由考试院考选委员会负责办理应考资格审查和临场准备等各种考前具体工作，再由考试院报请国民政府礼聘考试委员，分别成立典试委员会和襄试委员会，襄试委员协助典试委员负责命题、阅卷、评分等工作。另由监察院指派监察委员组成监察委员会，负责整个考试过程中的保密、防弊和临场监考工作。考试委员按期集中举行宣誓就职典礼后，由考试院高级官员欢送“入闱”，戴季陶院长亲自将楼门封锁，直到发榜之日，方可与外界联系。典试委员“入闱”后，分科拟定试题。每科试题，初拟两道，送典试委员长圈定一题后，密封送院长启封核定，再密封送典试委员长亲自监临缮印，印好后即分科弥封，由典试委员长保藏，临试时送考场分发。各科试卷由襄试委员用蓝笔初阅计分，复由典试委员用红笔复阅计分。评分完毕，由主考官率全体考试委员“出闱”，公布“皇榜”。

1931年、1933年、1935年的9月，国民政府考试院分别进行了第一、二、三届高等文官考试（简称高考）；1936年蒋介石50岁生日时举行了一次临时高考，一般称作第四届。1937年考试院西迁。1939年，在重庆举行了一次高考，称作第五届。此后，不定期举行，每年至少一次。考试的种类有普通行政、财务行政、教育行政、警察行政、司法官、外交官领事官、经济建设行政、卫生行政、会计行政、土木工程、电机工程、化学工程等。考试的程序分为三试：第一试为一般科目，第二试为专业科目，第三试为口试。第一试不及格，不得

参加第二试；第二试不及格，不得参加第三试。以普通行政为例，第一试科目为国文、公文、总理遗教（包括三民主义、建国方略、建国大纲及国民党第一次全国代表大会宣言）、宪法（约法）、中国历史、中国地理、政治学、经济学。第二试为行政法、民法、刑法、地方自治概要、经济政策、财政学、国际法。参加高等考试的主要对象是大学毕业生，还有北大、清华、南开、中大等大学的研究生以及自费留学欧美的大学毕业生。抗战胜利后，考试院迁回南京，但暂停举行高考。考试院自成立至1949年4月南京解放，录取考生总人数约5000人，尤以前三届为盛。①

汪伪国民政府

全面抗战期间，考试院院址成为汪伪国民政府所在地。

伪国民政府主席汪精卫

1940年3月30日上午9时，汪精卫卖国集团在考试院明志楼（汪伪国民政府大礼堂）举行成立典礼。汪精卫宣读《国民政府还都宣言》，声称：

> 国民政府根据中央政治会议之决议，还都南京。谨以诚敬，昭告海内，实现和平、实施宪政两大方针，为中央政治会议所郑重决议，国民政府当坚决执行之。所谓实现和平，在与日本共同努力，本于善邻友好、共同防共、经济提携之原则，以扫除过去之纠纷，确立将来之亲善关系。……所谓实施宪政，中国国民党第五次及第六次全国代表大会宣言中已有明白之决定……过去个人独裁，为全国人民精诚团结之障碍，必当革除；共产党挑拨阶级斗争尤为国家民族之大敌，必当摧陷（笔者按：应为毁）廓清，使无遗毒。……以上实现和平、实施宪政，为国民政府所执行之最大方针，亦即国民政府所担负之最大任务。②

汪伪国民政府正式成立，汪精卫及各院、部、委员会的汉奸头子宣誓就职，并发布宣言和政治纲领。汪精卫代理主席（仍以国民政府主席林森为主席）兼行政院院长、中央政治委员会委员长、军事委员会委员长及海军部部长。陈公博任立法院院长，梁鸿志任监察院院长，温宗尧任司法院院长，王揖唐任考试

① 卢海鸣：《国民政府考试院：中国公务员制度的发祥地》，《南京史志》2012年第1期。
② 《中报周年纪念特刊·新南京》，1941年版。

院院长，周佛海任财政部部长兼警政部部长，褚民谊任外交部部长，林柏生任宣传部部长，梅思平任工商部部长。会后，全体与会人员合影。1940 年 11 月 29 日，汪精卫在国府礼堂宣布就任伪国民政府主席。汪伪中央各机关办公地址大致如下：

中央政治委员会：考试院旧址
行政院：考试院旧址
立法院：考试院旧址
司法院：南京市政府旧址，即江南贡院
考试院：国民政府旧址
监察院：国民政府旧址
内政部：南京市政府旧址
外交部：考试院旧址
财政部：财政部旧址
军政部：国民党中央党部旧址 9 号楼下
海军部：海军部旧址
教育部：管理中英庚款董事会旧址
司法行政部：大方巷
工商部：教育部旧址
农矿部：中南银行旧址
铁道部：东箭道行政院旧址前楼
交通部：东箭道行政院旧址后楼
社会部：国民党中央党部旧址
宣传部：中山北路立法院旧址，后迁中国国货银行大楼
司法行政部：南京市政府旧址
警政部：成贤街
赈务委员会：中央党部旧址
边疆委员会：中央党部旧址
侨务委员会：中央党部旧址
水利委员会：内政部旧址，即瞻园

1940 年，汪伪国民政府举行“还都”仪式

1940 年，汪伪国民政府举行“还都”仪式时的牌楼

1940 年，汪伪国民政府举行“还都”仪式

1940 年，汪伪群奸在明志楼前合影留念

汪伪国民政府大门

汪伪国民政府大礼堂（明志楼，摄于 20 世纪 40 年代）

考试院成为南京市人民政府所在地（1949 年摄）

最高法院：宁海路

审计部：国民政府旧址

军事委员会：国民政府旧址

参谋本部：国立美术陈列馆旧址

军事参议院：国民政府旧址

军事训练部：军需学校

政治训练部：考试院旧址

航空署：考试院旧址[①]

1945 年 8 月 15 日，日本主子一投降，以继任伪国民政府主席、行政院院长陈公博为首的大小汉奸们惶惶如丧家之犬。16 号，陈公博奉侵华日军派遣军司令部的命令，匆匆召开伪中央政治委员会临时会议，宣告解散伪政府，群奸们作鸟兽散。

① 《中报周年纪念特刊·新南京》，1941 年报。

抗战胜利后的国民政府（总统府）考试院

抗战胜利后，1946年5月5日国民政府还都，考试院迁回原址，直到1949年4月南京解放。

解放后的中共南京市委、市政府

1949年4月南京解放后，这里先后成为南京市军事管制委员会、中共南京市委、南京市人民政府、南京市人民代表大会、南京市政协办公地。1949年5月1日，中共南京市委正式成立，初在北京西路AB大楼（旧为美军顾问团公寓，今华东饭店）办公。1952年，市委机关迁入北京东路43号大院宁远楼办公。1949年5月10日，南京市人民政府成立，在衡鉴楼办公。

二、考试院建筑群

1929年2月，考试院致函南京特别市市政府，以武庙西、北两部共有市有土地近90亩（约6万平方米），毗连该院新址，颇合将来扩充、添筑之用，请求将该地划拨管理、使用。南京特别市政府同意了这一请求并命令财政局派员前往，调查该地附近土地的使用情况。财政局经过核实后呈复，“本局管理该院毗连公地，约计八十余亩，前由胡嘉陶等九户承租在案。内有四十余亩，系胡嘉陶承租创设工艺厂，其余均系贫民早年承租，开垦种园地以谋生计。惟此项公地毗连该院，理应划拨”。[①] 南京特别市政府于是派出市产股经收员李仲文，与考试院课员张一宽共同前往该处，办理具体的拨借事宜，并将此事通知各家租户。土地拨借完成后，考试院的院址范围大为扩展，其范围“东至靶子场，西至北极阁山脚，南至宁省铁路边，北至台城墙根”，[②] 从而为日后扩展办公空间奠定了坚实基础。

考试院建筑群始建于1930年。该建筑群由建筑师卢毓骏设计。卢毓骏毕生致力于建筑设计和考试工作。毕业于福州高级工业专科学校，后以勤工俭学的方式去法国进修。1920年，进入法国巴黎国立公共工程大学。1925年，在巴黎大学都市计划学院任研究员。他于1929年回国后在考试院任职，随即着手设计了他的成名作和代表作——国民政府考试院建筑群。1988年台湾出版的《卢毓骏教授文集》的序言中，卢毓骏之子卢伟民写道：

① 《考试院请划拨武庙西、北两部公地案》，《首都市政公报》第31期，1929年3月15日。
② 《测量考试院院址案》，《首都市政公报》第41期，1929年8月15日。

考试院鸟瞰图

父亲回国后……在南京定居，一段时间在市府工作。后来，考试院戴季陶先生请他去考试院做专员，一方面帮助专门技术人员的考试和铨叙的工作，一方面请他为考试院的工程作计划。戴院长是一位很有远见，并有历史观念的人，他看中了在鸡鸣寺下的那块地，请父亲为之全盘计划。在五院中，数十年建设后，最有规模的，恐怕首推考试院，这和戴院长的远见和长年的经营，不断建设，有很大的关系。

父亲接下这大工程时，还只是卅余岁的年轻工程师，戴院长寄以重任。这一半是戴院长的慧眼，一半也是父亲的年轻有为。父亲每提起这往事还很高兴，他说戴院长当时不但要他设计新的试院大楼，并且要把他全盘计划做出模型来……考试院的建筑，是依照中国传统建筑的造型，而用的却是现代工程技术，钢筋混凝土的结构。这是当时一些前进建造师的尝试。①

考试院建筑群按东、西两条平行的中轴线排列。②据1945年10月绘制的《国民政府考试院所属会部房屋现状总平面图》③记载，分述如下：

东轴线

由南向北分别为励士钟塔、泮池、东大门、接待室、武德楼、宁远楼、待贤馆、华林馆、宝章阁。

励士钟塔

又名还都纪念塔。位于国民政府考试院大门外东花园（今和平公园）内，高三层，内有铁质螺旋式楼梯可以登到顶部。

励士钟塔建于1937年，由国民政府考试院院长戴季陶发起募捐建造，含有

① 与章：《〈江苏名塔〉持续“发热”》，《南京广播电视报》2013年12月20日。
② 卢海鸣：《国民政府考试院》，《民国春秋》1999年第6期。
③ 南京市房产局藏。

勉励士人勤奋精进之意。据《中央日报》1937 年 6 月 6 日刊登的《励士钟塔》一文报道："考试院为纪念全国考铨会议，昔与中央各机关及全国各大学集款捐建励士塔一座于该院东花园内，该塔高六十余尺，塔顶镌刻总理建国大纲全文，形式异常美观，现已全部落成。图示励士钟塔全景。"

1938 年汪精卫叛国投敌。1940 年 3 月 30 日，以汪精卫为首的伪国民政府

考试院东轴线建筑群

考试院励士钟塔

励士钟塔雪景

在南京粉墨登场。4月26日，伪政府在南京举行“还都”典礼，励士钟塔被改名为“还都纪念塔”，同时，还竖起了“还都纪念碑”。1988年台湾出版的《卢毓骏教授文集》的序言中，卢毓骏之子卢伟民写道：“先说钟楼的设计，这树立在大门外，高达五六层楼的建筑。外表上，受宝塔的影响，却不是抄袭宝塔。他用钢筋混凝土的骨架，把塔分为三层。下层较细长，中有螺旋梯，爬到二层时，可以远眺，顶层有电钟，钟楼的顶，是琉璃瓦顶。这是他从探索中国宝塔后，而创造的新造型。”①

塔顶层四面时钟的数字保存完好

励士钟塔从外部看上去是四层，内部是三层，高17米。钢筋混凝土结构，底楼有铸铁扶梯直通塔顶。平面呈四方形，一楼有4门，二、三、四层每层各有4扇窗户，三楼有栏杆，四楼的窗户上有时钟的指针。塔顶为重檐，十字脊，上覆蓝色琉璃瓦。整座塔看上去小巧玲珑。此外，在钟塔的东南部临近珍珠河边，原来还有一座水榭，现已无存。

如今，汪伪“国民政府还都纪念碑”已经荡然无存，而励士钟塔依然矗立。

2006年，励士钟塔以“和平公园钟楼”之名被南京市人民政府公布为第三批南京市文物保护单位。

泮池

在东大门的正前方，呈半月形。泮池意即“泮宫之池”，是官学的标志，同时具有防火和风水学上的象征意义。根据《周礼》，天子设立的太学称“辟雍”，四周环水；诸侯之学，只可南面有水，故称学校又称“泮宫”。

泮池

东大门

处在武庙头门（大门）的位置。建于20世纪30年代，现为南京市政协大门。有三个拱

① 与章：《〈江苏名塔〉持续“发热”》，《南京广播电视报》2013年12月20日。

券形门洞，钢筋混凝土结构，重檐庑殿顶，顶覆绿色琉璃瓦。大门下部仿须弥座，上部梁枋、斗拱、檐椽等均施以彩绘。20世纪30年代，中门之上的两重檐之间悬挂着戴季陶书写的“考试院”三字横额。值得注意的是门口站岗的卫士与众不同：他们穿着黑色古典服装，手里没有枪，腰间也没有武装带，但却在腰间佩戴着一柄宝剑，显得文质彬彬。汪伪国民政府时期，中门之上篆书“和平建国”四字横额，两重檐之间改成了“外交部”三字直额。抗战胜利后，因两重檐之间悬挂的“考试院”三字横额被毁，只得在中门东侧悬挂“考试院”的直额标牌。

接待室

又名“青天白日”厅。处在明代武庙戟门（二门）位置上，建于20世纪30年代。现为南京市政协议政堂。

接待室在清朝同治年间是金陵官绅昭忠祠，供奉着在镇压太平天国运动中死亡的清军将领和社会上流人物的牌位。据史料记载，当时金陵官绅昭忠祠里面陈设的牌位有两千多个。1911年辛亥革命爆发，江浙联军占领南京后，把这些官绅的牌位统统扔掉了。

民国时期，这里成为考试院举行会议的场所。在接待室的前面左右两侧，原来各有一幢仿古单层建筑，它们是考试院铨叙部的办公场所，现改建为两层楼房。

武德楼

即明代的武庙正殿。现为南京市政协资政堂。

武庙又名武夫子庙。它是明朝初年建立的“十庙”之一，因祀奉关羽而得名。始建于明朝洪武二十七年（1394）。清朝时期改为江宁府学，咸丰年间毁于战火。同治年间，署理两江总督李鸿章将江宁府学迁至朝天宫，在废墟上重建武庙。重建的武庙建筑群包括泮池、大门、大殿、后殿、左右配殿及廊庑。现存武庙大殿（15号楼）建立在高大的青石台基之上，建于清朝同治八年（1869）。重檐歇山顶，砖木结构，面阔七间24米，进深九檩16米。红门、红柱、红窗，屋顶覆盖绿色琉璃瓦，整座建筑建立在高大的青石台基之上。原来里面供奉着关羽和岳飞。

民国时期在其内部加添楼板，改成两层，楼下作为考试院的大礼堂，楼上是考试院铨叙部的办公室。入口处门廊上部悬挂着“忠孝仁爱信义和平”八字横额。

汪伪外交部（赫达·哈默尔摄，《南京》，1945 年版）

考试院东大门

考试院东大门内的接待室

考试院接待室

武庙旧址

考试院考选委员会铨叙部成立一周年合影（1931年）

汪伪时期，它成为外交部大礼堂。1982年，它被列为南京市文物保护单位。

在武庙正殿东西两旁各建平房十大间，仪门内两旁各建九楹楼房一座，殿后东西两旁各建五楹楼房一座，作为考试院秘书处、参事处、考选委员会及铨叙部办公之用，这些建筑均为砖木结构，采用木结构的小瓦外廊连接成南北两个四合院。它们是考试院铨叙部的办公场所。民国时期，将武庙正殿改名为武德楼，取自春秋时期左丘明《左传》中“武有七德”的论述。

在武庙正殿门前台阶中间镶嵌着一块长方形的丹陛石（又称陛阶石），石头上雕刻着龙、日、祥云、寿山等浮雕。选材精良，制作精细。丹陛石象征着武庙主人的身份非同一般。

武庙丹陛石

宁远楼

取“宁静致远”之意。位于武庙启贤殿（民国时称作“天下为公”厅，已毁）的北面。建于1931年5月，同年底竣工。砖混结构，高两层，平面呈“山”字形，重檐庑殿顶，上覆小瓦。它是考试院办公楼。汪伪国民政府成立后，这里又成为汪精卫的办公楼。1996年前后被拆除，在原址上

兴建了一座高两层的仿古建筑，作为中共南京市委办公厅办公楼。

待贤馆

位于宁远楼之北，最初是戴季陶的院长官邸。建于 20 世纪 30 年代，为一幢单层的混合结构仿古建筑。院长官邸题名为“待贤馆”，寓意“为国求贤”、待贤而“传”。第一届高等文官考试录取的考生人数因为较少，戴季陶曾在待贤馆赐宴传见，人称“待贤宴”，参加者还有监试、典试和襄试委员。后来录取的考生人数增加，改在明志楼宴请录取的考生。1996 年前后被拆除。

华林馆

得名于六朝华林园，是考试院的图书馆阅览室。建于 20 世纪 30 年代。坐东朝西，高三层，平面呈长方形，砖木结构，重檐庑殿顶，现编号为 21 号楼，为中共南京市委办公厅附属办公楼。

宝章阁

落成于 1934 年 3 月，是考试院卷库，

宁远楼

收藏有考生试卷、文官任免登记书等档案资料。高三层，钢筋混凝土结构，平屋顶，屋顶正中建有塔楼。立面造型简洁，具有西方现代派建筑风格；但在布局和细部处理上则体现了中国传统的建筑特征，如建筑物左右对称，细部装饰斗拱，屋顶塔楼为攒尖顶，是典型的中国古典建筑风格。现编号为22号楼。

华林馆

西轴线

由南向北分别是西大门、孔子问礼图碑亭、明志楼、衡鉴楼、教孝亭、公明堂。

西大门

现为中共南京市委、南京市人民政府大门。建于20世纪30年代。属于中国传统牌坊式建筑，仿照夫子庙的棂星门而建。钢筋混凝土结构，七楹，中间高而阔，两边略为缩小并降低高度。柱头饰有中国传统的云纹图案。牌坊九根圆柱的底部两侧以石鼓夹抱。整个牌坊造型庄重大方。国民政府考试院时期，牌坊中门门楣上阴刻戴季陶书写的“选贤任能”四个大字横额。门前左右置有两尊汉白玉雕刻的狮子，底座为须弥座式，也是用汉白玉制造，雕刻精细。

汪伪时期，中门门楣上改成了“天下为公”四字。抗战胜利后，重新阴刻戴季陶书写的“选贤任能”四个大字横额。1998年，南京市人民政府对西大门进行了改造，在原有三个出入口的两侧，又增辟了两个出入口。

孔子问礼图碑亭

进入西大门后，迎面便是六角形的亭子——问礼亭，建于1933年。亭子中央竖有一碑——孔子问礼图碑。这是戴季陶效法孔子问礼之意而建。据卢前《冶城话旧》一书记载，石碑是戴季陶从洛阳访得。石碑刻于南朝齐永明二年（484），记载了春秋末年奴隶制衰亡之际，孔子出于对周王朝礼乐制度的崇拜，抱着“兴国安邦、济世访贤”的愿望，于鲁昭公二十四年（前518），从家乡曲阜去周王城洛阳考察典章制度，寻求巩固鲁国奴隶主政权办法的经历，途中拜访了精通周礼的老子李耳，在获取周礼经典后才回到鲁国。碑高43厘米，宽66厘米，中间是二人驾车，一组身穿古装的人物在城门前欢迎的场面，人物形象浑朴敦实，栩栩如生；左上端刻有“永明二年，孔子在鲁入周门礼周流”的字样。这块碑

宝章阁

考试院大门

汪伪国民政府大门

已有1500多年的历史，图文仍清晰可辨，是难得的珍贵文物。民国二十二年（1933），孔子问礼图碑从河南运来南京，立于考试院。戴季陶专立一大石碑将孔子问礼图碑嵌于上半部，四边饰有云纹。大石碑全高322厘米，宽104厘米，厚22厘米。碑额有“孔子问礼图，吴敬恒题”的题字。吴敬恒即吴稚晖，是蒋介石的亲信之一，被蒋经国视为老师。碑的下半部刻有林森撰文、魏怀（时任国民政府文官长）书写的碑记，落款为“中华民国二十二年十月十日”。碑亭上“问礼亭”三字由于右任题写，落款为“二十二年于右任”。

孔子庙问礼图碑亭

“文革”前期，孔子问礼碑与西门前的那对汉白玉石狮同时被移埋保护，“文革”后，石狮得以“物归原位”。而孔子问礼图碑则在1988年移至夫子庙大成殿，碑亭在“文革”时期被毁。

明志楼

取自诸葛亮《诫子书》：“夫君子之行，静以修身，俭以养德。非淡泊无以明志，非宁静无以致远。夫学须静也，才须学也，非学无以广才，非志无以成学。”明志楼建于1933年，既是考试院的主考场，也是考试院的中心建筑。1931年，明志楼还没建成时，当时就在这一片地方搭了很多芦席棚子，里面放了一些桌子椅子，考生拿着入场证就进来考试。明志楼为仿明清宫殿式建筑，钢筋混凝土结构，单檐歇山顶，屋面覆盖绿色琉璃瓦。斗拱、檐椽、梁枋等均施以彩绘。整个建筑横向上可分为三段：中部地上两层，地下一层，前面有宽大的水泥平台，平台周围砌有雕花水泥斩假石栏杆；东西两侧为地上一层半，地下半层，各有一入口。入口处正中部檐下悬挂着竖书的“明志楼”三个大字直额。

汪伪时期这里成为会议楼。入口处门廊上部悬挂着书有“忠孝仁爱信义和平”八字的横额，两重檐之间悬挂着“国民政府”四字直额。

1949年之后，明志楼经过多次维修，中部现为南京市人民政府大礼堂，西侧是会议室，东侧是贵宾接待室。该建筑属于典型的中国传统宫殿式的近代建筑，是20世纪30年代的南京最时尚的建筑类型。

考试院明志楼

考试院明志楼东侧接待室内景

衡鉴楼

“衡鉴”原意为衡器和镜子，比喻准绳、楷模。取义范仲淹《上执政书》：“赏罚者，天子之衡鉴也。衡鉴一私，则天下之轻重妍丑，从而乱焉。”后引申为品评、鉴别。衡鉴楼为考选委员会办公室，建于20世纪30年代。平面呈天平形，砖混结构，中部三层，两边二层，平屋顶，入口处建有柱廊式雨篷。整个建筑造型简洁，属于西方现代派风格。汪伪政府办公楼设在一、二层，中央政治委员会设在三层。1997年被拆除，在原址上现建有南京市人民政府办公厅办公楼。

1940年，汪伪群奸在明志楼前合影留念

教孝亭

位于衡鉴楼北，公明堂前。亭呈五角形，建于20世纪30年代。教善先教孝，百善孝为先。《孝经·开宗明义章第一》：“夫孝，德之本也，教之所由生也。”该亭现已无存。

公明堂

“公明”二字，取自《荀子·不苟篇》：“公生明，偏生闇。”封建时代以“公明”作为官场箴规，以“公明”二字命名此楼，自有它深刻的寓意。公明堂建于20世纪30年代，为典试委员会、襄试委员会命题、阅卷、评分之处。中部三层，两边二层，平屋顶，造型简洁，属于西方现代派风格。汪伪时期，这里成为行政院办公楼。1998年被拆除，在原址上现建有南京市人大常委会办公楼。

据1936年9月南京市地政局颁发的《考试院地产登记审查用图》等档案资料记载，国民政府考试院占地面积933230.88平方市尺，合155.5385亩，相当于103588.64平方米（今天的北京东路41号、43号大院占地面积共计10.4万平方米），购自唐士才、萧赞武、王木林、蒋冬爱堂、杨宽和堂、钱掑芬、金清莲和金宗临。另外，考试院大门外的东西花园（今和平公园）在民国时期也属于考试院，面积52121.95平方市尺（其中水塘24202.7平方市尺），合8.687亩，约5785.542平方米。

国民政府考试院建筑群规划整齐，布局对称，建筑考究，新旧建筑结合，建筑与庭院绿化结合。相关专家认为，卢毓骏“1930年代早期完成的设计作品南京考试院为当时南京主流、成熟的‘吾国翚飞式’仿清式古典新建筑，未有

由近及远依次为公明堂、衡鉴楼、明志楼背影（赫达·哈默尔摄，《南京》，1945 年版）

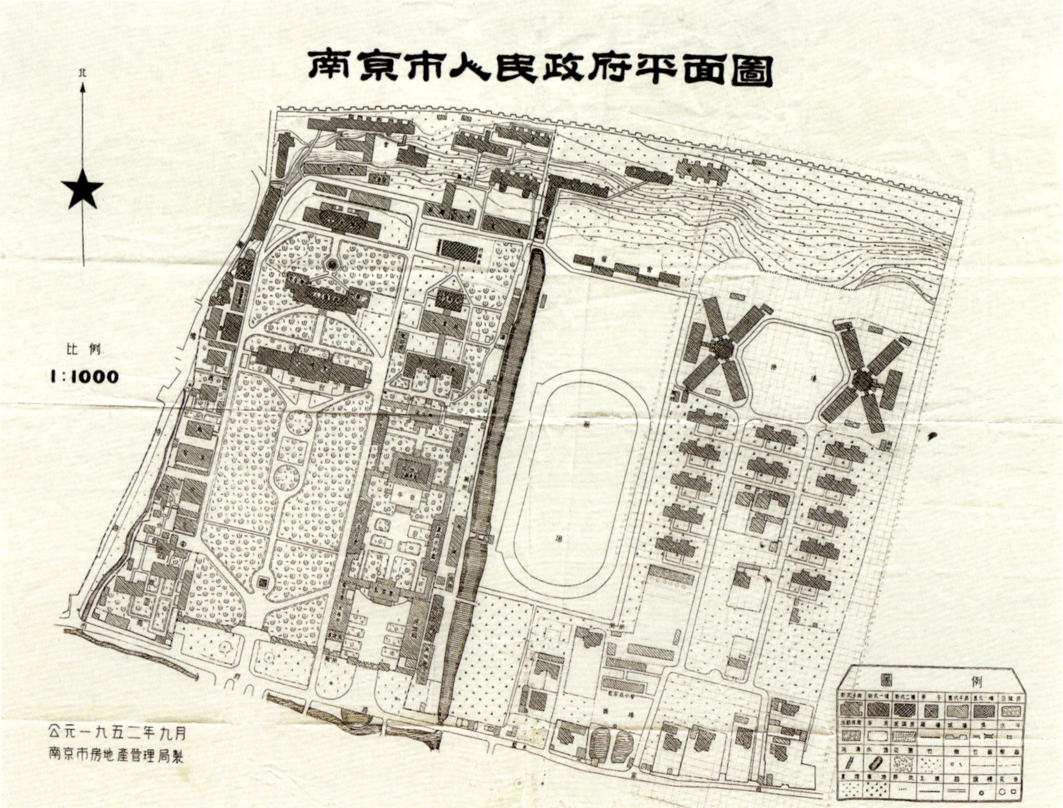

考试院（左）与公教新村（右）地形图（1952 年 12 月绘制，南京市规划与自然资源局档案馆藏）

考试院鸟瞰（从北极阁宋子文公馆拍摄）

考试院职员宿舍

考试院附属建筑

过多个人色彩”[①]。

1991 年，国民政府考试院建筑群旧址被国家建设部、国家文物局评为近代优秀建筑之一。1992 年，被南京市人民政府列为南京市文物保护单位。2001 年，被国务院列为全国重点文物保护单位。

① 黄庄巍、邹广天：《从结构理性到儒家文明——卢毓骏和他的理论建构与延续》，《建筑师》2021 年第 1 期。

考试院鸟瞰（王腾拍摄）

三、遗闻轶事

举办达赖喇嘛追悼会

1934 年 2 月 14 日，考试院明志楼成为国民政府举办达赖喇嘛追悼会的主会场。致祭者有 22 个单位，致祭人员上自国府主席，下至普通民众。致祭服装除军人另有规定外，一律蓝袍黑马褂。在明志楼致祭现场，诵经礼谶者为班禅大师。[①]

军统特务刺汪未遂

在 1940 年 3 月 30 日汪伪国民政府举行成立典礼之前，潜伏在南京的军统局特务陈觉吾（时任汪伪南京市党部书记长兼调查科科长）、陆玄南（汪伪南京市党部委员）等人曾密谋在汪精卫举行就职演讲时，派人用他们的记者证混入会场，把炸弹投向主席台，将汪精卫等人炸死。3 月 30 日早晨，一切准备就绪，只等从上海购买炸弹的特务回来。然而，直到会议结束，还不见买炸弹的特务踪影。因此，刺杀汪精卫的计划未能实施。

日本大使递交“国书”

1940 年 4 月 22 日，日本派遣前首相阿部信行为“大使”，抵达南京，设立“大使馆”。阿部信行到南京的第二天上午 10 时，在汪伪国民政府大礼堂向汪精卫呈

---

① 姚颖：《两个追悼会》，原载《论语》半月刊《京话》专栏第 36 期，1934 年 3 月 1 日，收入《京话》，上海书店出版社 2000 年 6 月版。

递国书，由褚民谊陪同引见，伪外交部次长周隆庠任翻译，伪国府参军长和典礼局局长参加。当晚，汪精卫在国府礼堂举行盛大“国宴”，欢迎阿部大使，同时邀请日本驻华大使馆和各地总领事馆、日本海陆军以及宪特机关重要官员参加，由伪国民政府五院院长、各部部长和次长作陪，共有20桌。汪精卫首先致辞，他称“亲善使节”阿部信行大使来华访问揭开了“中日亲善”新的一页。阿部大使随后致答词，祝贺国府“还都”南京，并吹嘘此举奠定了东亚“和平新秩序”的基础。宴会时，军警密布，戒备森严。宴席酒菜，筷碗杯盘，均由日本军医监厨，逐一化验消毒。所有厨师和服务人员，均发特别通行证，自入场后，即与外界隔绝。

汪精卫停灵大礼堂

1944年11月10日，汪精卫在日本名古屋帝国大学附属医院死去，时年61岁。11月12日下午6时，也就是孙中山先生78周年诞辰这一天，汪精卫的尸体从日本用飞机运回南京。当天，南京市民奔走相告，在沿街的墙上出现了“飞尸走肉，傀儡奇观”等讽刺标语。

载有汪精卫灵柩的日本飞机降落在大校场机场后，车子拉着灵柩，从大校场机场经由光华门入城，经御道街、中山东路、新街口、中山路、鼓楼、保泰街，最后停放在汪伪国民政府大礼堂。14日，汪伪政府明令宣布为汪精卫举行“国葬”。

11月20日，在汪精卫的灵堂上，陈公博举行就任伪国民政府代主席就职典礼。陈公博身穿大礼服，胸佩红花，走到汪精卫灵柩前，向汪精卫遗体深深鞠躬，用嘶哑的嗓子宣读“就职训词”。自称：“被推负责于痛悼之余，不敢以才轻任重而轻改追随主席之初衷，亦不忍在国步艰难之时而诿其责任，凡汪主席手定之政策，皆为公博奉行之政策，凡汪主席生前之设施，皆为公博现在之设施。”

11月23日上午6时30分，陈公博在汪伪国民政府大礼堂主持汪精卫灵柩“移灵祭”，遵照汪精卫的遗愿，将汪精卫的灵柩移至南京东郊梅花山安葬。10时30分，“安葬祭”正式开始，陈公博主祭，罗君强代读祭文。12时，正式举行“入墓式”。陈公博、周佛海、褚民谊、林柏生、陈春圃等群奸面对灵柩，汪精卫家属陈璧君及其他官员分立两旁，以带系棺，将灵柩放入墓穴内并覆盖汪伪国民党党旗。陈璧君首先向墓穴内洒土，送行者一一洒土，至12时30分，葬礼完毕。

外交部

国民政府外交部位于南京市中山北路 32 号，现为江苏省人大常委会所在地。

国民政府外交部成立于 1927 年 5 月。1928 年 10 月，国民政府实行五院制，外交部隶属于行政院。其主要职能是办理国际交涉，管理国外华侨及居留在中国外侨的一切事务，同时还管理驻外使领馆。外交部设有部长一人，政务和常务次长各一人。内设机构有亚东司、亚西司、欧洲司、美洲司、条约司、礼宾司、情报司、总务司，以及秘书处、参事厅、机要室、人事处、会计室等机构，并辖有专员公署、驻各地特派员办事处等。历任外交部部长有伍朝枢、黄郛、王正廷、张群、施肇基、顾维钧、陈友仁、罗文干、汪精卫、陈群、王宠惠、郭泰祺、宋子文、王世杰、吴铁城和傅秉常。

外交部外景

外交部

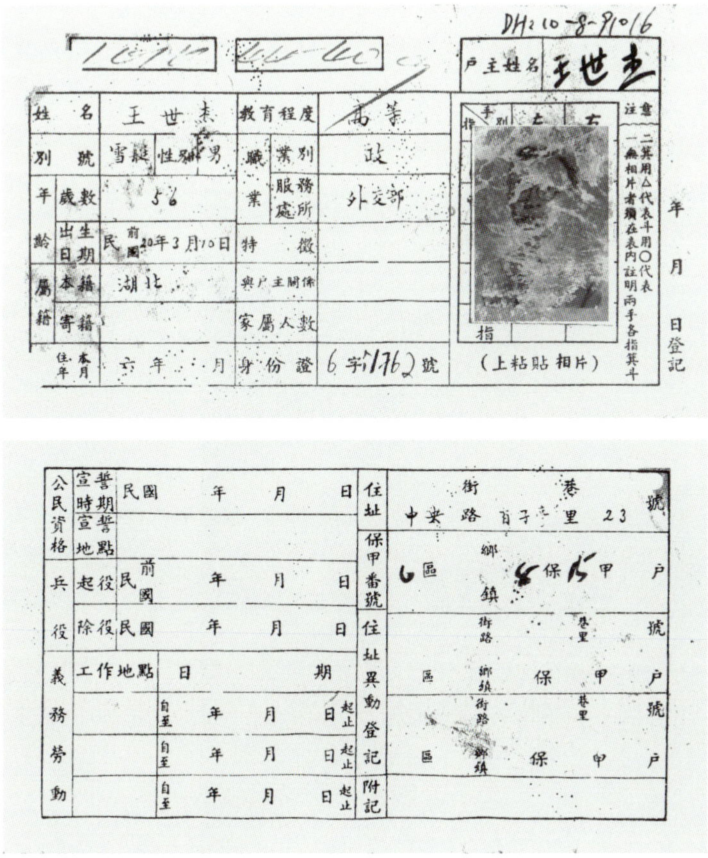

DH2 10-8-91016

户主姓名	王世杰

姓名	王世杰	教育程度	高等	注意 一、二、某用△代表斗用○代表無相片者須在表内註明兩手各指箕斗
别號	雪艇 性别 男	職業 業别	政	
年齡 歲數	56	職業 服務處所	外交部	
年齡 出生日期	民國前20年3月10日	特徵		
屬籍 本籍	湖北	與户主關係		
屬籍 寄籍		家屬人數		
住本年月	六年 月	身份證	6字1762號	(上粘貼相片)

年 月 日登記

公民資格 宣誓時期	民國 年 月 日	住址	街 巷 中央路 百子亭 里 23 號
公民資格 宣誓地點		保甲番號	6區 鄉鎮 8保 15甲 户
兵役 起役	民國前 年 月 日	住址異動登記	街路 巷里 號
兵役 除役	民國 年 月 日		區 鄉鎮 保 甲 户
義務勞動 工作地點	日期		街路 巷里 號
	自至 年 月 日 起止		區 鄉鎮 保 甲 户
	自至 年 月 日 起止	附記	
	自至 年 月 日 起止		

外交部部长王世杰户籍卡

外交部部长张群（中）与次长徐谟、陈介合影

外交部部长王世杰

据《首都市政公报》1929 年 9 月 24 日 2916 号训令记载，外交部因为“部屋狭小，不敷办公，拟在部署后墙外中山路旁，征用民地十七亩余，以备填筑部屋”，经内政部核准，由南京市土地局办理，征用狮子桥民地。

外交部建筑筹建于 1931 年 3 月。最初由天津基泰工程司建筑师杨廷宝设计，建筑物平面呈“工”字形，建筑面积 4000 平方米。建筑物的前后两部分以大楼梯相连接，空间富于变化。建筑物采用传统的中国古典建筑形式，重檐歇山顶，琉璃瓦屋面，地上两层，半地下室一层。前有月台踏步，墙身柱间辟有大玻璃窗。细部采用清式斗拱彩画，天花藻井。后因国民政府紧缩经费，这一方案未能实行。

1932—1933 年，上海华盖建筑事务所赵深、童寯、陈植对外交部建筑也进行了设计，他们考虑到宫殿式建筑造价过高，于是既不抄袭西方建筑样式，也不照搬中国宫殿式建筑的做法，而是根据现代技术和功能的需要安排平面布局与造型，采用了“经济、实用又具有中国固有形式”的特点，设计出了新民族形式的建筑，结果这一方案得到采用。①

外交部大院占地面积 45.6679 亩（3 万余平方米），建筑面积 8500 平方米。由姚新记营造厂承建，1933 年 3 月开工，次年 6 月竣工。建筑费用 30 余万元。建筑物内部有办公室、部长室、礼堂、娱乐室及电机室等。

1931 年九一八事变爆发后，爱国学生对国民政府对日软弱反应日渐不满，

国民政府外交部（1932 年摄，伍联德《中华景象》，1934 年版）

外交部鸟瞰

① 《赵深、陈植和童寯合组华盖建筑事务所，设计南京外交部》，《时事新报》1933 年 3 月 1 日。

外交部大楼

请愿的口号由最初的请求断交、请求实行征兵、请求宣战等对外的诉求，延伸到提出“请政府惩办不力外交官”“撤换王正廷”“明令恢复民众运动”等涉及内政的诉求。9月28日，以国立中央大学为首的南京、上海两地学生5000余人，冒雨前往国民党中央党部请愿。到中央党部后，国民党中常委丁惟汾出面接见，学生因国立中央大学校长朱家骅在内开会，就簇拥着朱家骅一起游行到外交部，外交部部长王正廷未亲自接见，学生怒入王正廷办公室内责问，以红墨水瓶掷伤王头部，王受轻伤送鼓楼医院。翌日，王正廷引咎辞职。事后，朱家骅请求撤职未果。这是学运行为方式带上暴力色彩的一个开始。12月15日，北平学生抗日救国示威团500余人赴外交部示威，发生暴力行动，“庄严而华丽的外交部被群众捣毁了，外交部的招牌被粉碎了，国民党的旗帜也被扯了下来！”

1934年6月8日晚，在外交部大楼落成典礼上，国民政府招待各国驻华大使、公使、代办与外交人员的宴会刚结束，就发生了一起轰动世界的外交事件。

当时日本驻沪公使有吉明宴会后准备去火车站，领事馆人员争相为之送行，副领事藏本英明也想借机套近乎，谁知汽车座位有限，根本容不下他，只得眼睁睁看众同僚簇拥着公使绝尘而去。42岁的藏本英明内心几近崩溃绝望，索性叫来一辆黄包车出中山门直达中山陵，循山路登上紫金山顶，回看南京城灯火辉煌，准备自杀以了此生。次日上午10时，日本驻京领事来到国民政府外交部，

外交部大门与外交部部长王世杰

藏本英明在外交部（《中国现象：九一八以后之中国画史》，1935 年上海良友图书印刷公司发行，吴先斌收藏）

口头照会藏本失踪，下午4时又为此递交了备忘录。日本官方报纸更是火上浇油，推波助澜。6 月 12 日，日本《每日新闻》称：“现在我总领事馆已认定藏本系被何人杀害，不论证据之有无，以藏本氏失踪之俨然事实为根据，决定正式抗议”；6 月 13 日，又煞有介事地声称：“由领事馆至藏本宅，其间有四十丈之距，一边为荒野，一边为桑园。犯行之地大概在此。据当局之推定，藏本通过此地时，由背后现出一穿中山装之巨汉，或将藏本绑去，或予以不意之打击，而使之倒地，并巧妙地将一切形迹湮灭，该处常有宪兵站立。关于此事，宪兵决无不知之理”。

日本外务省则声称“此次事件系‘拳匪事件’杉山书记被杀以来最重大之事件”。除向中国政府交涉外，日方陆续派舰队前往下关江面，炮口对准城内进行武力威胁。此时蒋介石正在江西全力“剿共”，南京城兵力空虚，在南京主持国府工作的汪精卫如坐针毡，下令首都警察厅厅长陈焯全力侦办。警备司令部一面在南京各报刊登大幅广告，悬赏寻人；一面命所属警局全员加紧巡查，先在市内人口稠密地区及外国人经常来往处仔细搜索，又向四郊及中华门外通往芜湖的公路、沿江地带分头搜查。复兴社特务处处长戴笠亦指派赵世瑞等特务全力查找。然而藏本仿佛泥牛入海，踪迹全无。

直至 6 月 13 日清晨 5 点多钟，事件才发生转机。住在明孝陵附近的总理陵园管理处工头张燕亭发现门外有一蓬头垢面的陌生人，身穿沾满灰尘的德尔西装，见面便要水喝。联想起近日报载日本副领事“失踪”报道，他顿时警觉起来，见此人喝水道谢后向山上走去，立即叫陵园工人魏青宗等跟踪上山，自己则打

1937 年 12 月前的外交部（Alfred T.Palmer 摄影，1938 年 2 月美国《国家地理》）

电话报告警察厅。上午 11 点多钟，警方在明孝陵后山经过照片比对，总算找到疲惫不堪的藏本，其“失踪”真相随之水落石出——藏本在紫金山山林里绝食两天后身乏无力，第三天因饥渴难忍，下山到茶馆里吃了些茶，第四天又来到明孝陵顺兴亨号茶馆吃茶，吃了碗火腿面，买了一包大英牌香烟和瓜子，直到下午四五点钟才离去，临走时又买啤酒一瓶。此时他身上并无现金，故将西装上一副金纽扣解下作抵押，离开茶馆后就在明太祖墓后山上一个小洞中藏身栖息。下午 4 时，藏本经反复劝说被送至外交部，随后由日本总领事须磨弥吉郎领回日本领事馆，稍事休息后由领事馆派人送回阴阳营 62 号住宅，与其夫人丽子会面，夫妻二人抱头痛哭。藏本事件真相大白后，日方因捏造谎言被戳穿而陷入尴尬境地。次日，须磨弥吉郎拜见汪精卫，诡称过去疑云已一扫而空，两国邦交益见好转，提到藏本时则以“一时神经衰落”加以搪塞。6 月 15 日清晨，须磨弥吉郎把藏本英明送往上海，然后在日警保护下送回日本国内，从此藏本再未公开露面，真正从人间蒸发了。

1937 年 12 月，南京沦陷之前，外交部与军政部、铁道部成为国民党军队的临时伤兵医院，其中外交部为野战救护处一二三医院所在地，院长为祁明镜。据南京守军野战救护处军医蒋公穀（1892—1943）《陷京三月记》记载：“十二

日军占领外交部（1937 年 12 月）

日晨起，即赴外交部祁院（笔者注：祁明镜，一二三院院长）办公。天气颇为清朗，二三架敌机时刻在城空环绕侦察。伤兵陆续地被送进院来，在前面的草地上，有坐卧曝日的，也有由看护小姐扶陪着散步的。当事者的工作是紧张的，在这圈子以外的一切情况，仍然极煦和安详。”“十三日……下午三时，祁明镜匆匆惶惶地襆被来投，说：‘医院昨夜先由全院官兵努力支撑到了天明，方才探悉敌人确已进城，不得已退入难民区内。全院伤兵尚有三百余名，已由圣公会美侨梅奇牧师出来接收维护了。’”

12 月 13 日日军进城后，外交部处于混乱之中。据侵华日军回忆：

沿着大道继续前进，右边是漂亮的四层的现代建筑。在火光的映照下，看见了“外交部”几个大字，铁栅栏做成的大门紧闭着。两个全副武装的卫兵把守着右侧的边门，其中一人又高又威猛。“让我们进去！”那人听见我们的要求后表情威严地用手枪对准了我们，我感到有些异常，马上用刺刀对准了他的胸口。这时其中一人吃了一惊，一边说“先生、先生”一边把我们带了进去。

到了宽敞的院子里一看，堆积如山的书籍、家什等正熊熊燃烧，从地

下室搬上来的衣服也被不断地扔进火堆中。进去一看，各层都住有正规军的伤员，连过道都被堵住了，几乎都是重伤员。

中村龟吉上等兵、浜岛幸一君和我三个人只是一个劲地低着头说着只言片语的中文“辛苦辛苦”。我们只带着刺刀，空着手，什么也做不了。

在楼梯平台的一个橱柜里，一个重伤的士官在那么狭小的地方蜷缩着身体睡觉。另一个重伤员用脚够水桶，并弯下身子喝水，结果连一滴水也没有。见此情景，无可奈何的我们只得惆怅地离开了那里。这次那个站岗的卫兵站得笔直，挥手目送我们出去。

第二天，我们中队经过那里时看到门口挂着某部警备队的牌子。从昨天夜里开始，门口站岗的是我方威风凛凛的士兵。我想大楼里挤得满满的那些伤员一定会得到很好的救治，皇恩浩荡！①

南京安全区国际委员会主席、德国西门子洋行负责人约翰·拉贝先生在12月13日的日记中写道：

（国际红十字南京分会）委员会的3个成员乘车前往设立在外交部、军政部和铁道部的几所军医院。通过他们的巡视，我们确信了这几所医院的悲惨状况，医院的医护人员在猛烈交火的时候撇下无人照看的病人逃走了。于是我们迅速弄来了一面红十字旗挂在外交部的上空，并召回了相当数量的人员，他们在看见外交部上空飘扬的红十字旗后才敢回到医院。外交部的进出口道路上横七竖八地躺着伤亡人员。院内和整个中山路一样满地抛洒着丢弃的武器装备。大门口停放的一辆手推车上摆放着一堆不成形的东西，仿佛是尸体，露出的双脚表明他还没有断气。②

随后，南京安全区国际委员会将缴械的3个分队约600名中国士兵安置在外交部和最高法院。拉贝先生在12月14日的日记中继续写道：日军占领外交部后，“我们安置伤兵的外交部已经不允许我们进去，中国医护人员也不许离开”。

① ［日］平本渥：《命脉——阵中日志》（自印本，1981年3月10日），收入王卫星编《南京保卫战·日方资料》，南京出版社2022年10月版。

② ［德］约翰·拉贝著：《拉贝日记》，江苏人民出版社2014年6月版。

我们不难想象，在嗜杀成性的日军面前，这些滞留在外交部的伤病员和缴械的中国士兵结局是何等的悲惨了。

全面抗战期间，外交部成为日军“支那派遣军总司令部”所在地，侵华日军总司令冈村宁次就在这里办公。

1945 年 8 月 15 日中午 12 点整，日本东京中央广播电台播出了由日本天皇裕仁宣读的《终战诏书》，正式宣布无条件投降。8 月 14 日，派遣军总司令冈村宁次已得知次日中午天皇将在广播中有重要讲话，实际上他已经预感到讲话的内容。15 号上午 11 点多钟，司令部全体人员在冈村宁次的带领下来到广场上，按照平时的队形，面朝日本所在的方向，毕恭毕敬地站立着。中午 12 点整，听到天皇宣布无条件投降的广播后，一个个神情沮丧，如丧考妣。

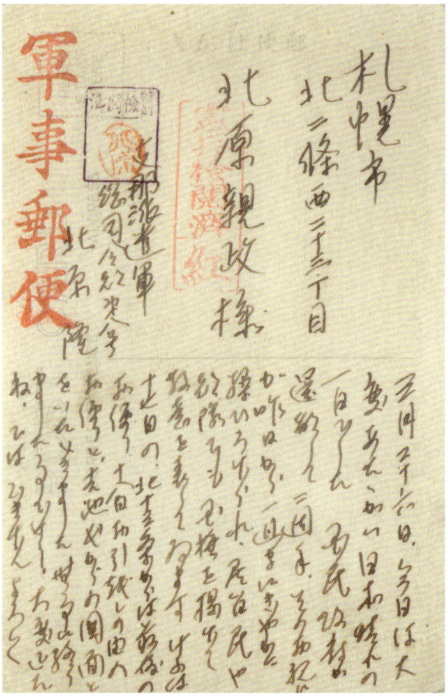

北原隆寄出的支那派遣军总司令部第八号明信片

1945 年 9 月 9 日，中国战区侵华日军签字受降仪式之后，中国陆军总司令何应钦向冈村宁次下达了“军字第一号命令”，取消冈

外交部大门

外交部大楼正面

村的“支那派遣军总司令”头衔，改称“中国战区日本官兵善后总联络部长官”；总司令部改称“中国战区日本官兵善后总联络部”。11 月 21 日，冈村宁次奉中国方面之命，随总联络部迁至鼓楼原日本大使馆。这样，冈村宁次一夜之间由侵华日军总司令变成百万日俘的总头领。①

外交部

抗战胜利后，这里又成为国民政府外交部。

1947 年 1 月 2 日、3 日，南京国立中央大学、金陵大学等学校数千名学生举行游行示威，抗议美军暴行。游行队伍行至外交部时，学生们在墙壁上写上“反对唯美是从的外交！”“外交部要维护国格！”“不必做

① 胡菊蓉著：《中国战区受降始末》，南京出版社 2016 年 8 月版。

外交部内部大厅天花饰有清式彩画

卖国的外交！”“不做美国人的尾巴！”“我们要求独立自主的外交！”等标语。

1949 年 5 月 1 日，南京市军管会接管国民政府外交部。

外交部大楼建筑面积 5050 平方米，坐北朝南，平面呈“T”字形，钢筋混凝土结构，平屋顶，入口处有一个宽敞的门廊。中部高四层，两翼高三层，另有半地下室一层。整座建筑的平面设计与立面构图基本采用西方现代建筑手法，同时结合中国传统建筑的特点和细部。从建筑物的外观上来看，立面上下分为勒脚、墙身和檐部三部分：底层半地下室部分的外墙用水泥粉刷，象征基座；墙面用褐色泰山面砖贴面；檐口部分用同色的琉璃砖做成简化的斗拱装饰。建筑物内部大厅天花饰有清式彩画，室内墙面做有传统墙板细部。该建筑是中国新民族建筑形式的典范之一。

1991 年，外交部旧址被国家建设部、国家文物局评为近代优秀建筑。1992 年，被列为南京市文物保护单位。2001 年，被列为全国重点文物保护单位。2018 年，入选“第三批中国 20 世纪建筑遗产项目”。

国防部 · 陆军总司令部

南京市中山东路中段北侧有一条南北向延伸的道路，叫黄埔路。这条道路北端的黄埔路 3 号，是一个高墙环绕的大院，大院内绿树成行，建筑物鳞次栉比，这就是国民政府国防部和陆军总司令部旧址。

国防部

1946 年 6 月，国民政府国防部在中央陆军军官学校旧址成立。

国防部是由军事委员会和军政部及其所属各部门改组而成，在组织系统上隶属于行政院；在业务上，国防部部长承行政院院长之命掌管军政事宜，参谋总长承国民政府主席（或总统）之令掌管军令事宜。国防部的组织分为军政、军令两个系统。军政方面设国防部部长一人，统筹执行全国国防业务，为行政院内阁成员之一；设次长三人，辅助部长分理部务；下设部长办公室、参事室、总务室、副官处、国防科学委员会，以及民用工程司、预算财务司、法规司、

国防部

特种计划司、军职人事司、文职人事司、人力计划司、工业动员司、征购司、土地及建筑司十司。军令方面设参谋总长一人，为法定的国民政府主席（或总统）命令的执行者，在行政系统上，为国防部部长的执行官，负责军事业务的计划与指导实施业务；设次长三人，辅助总长工作；其下设第一厅（掌人事）、第二厅（掌情报）、第三厅（掌拟订战略及作战计划）、第四厅（掌制定动员训练及战略所需的补给计划与政策）、第五厅（掌编制与训练）、第六厅（掌武器装备的研究、改进与发展），以及参谋总长办公室、政工局、保安局、预算局、兵役局、监察局、史料局、预备干部局、军法局、军法执行部、总务局。根据国民政府公布的《国防部组织纲要》，国防部的执行机构有陆军、海军、空军和联合勤务四个总司令部。历任国防部部长为白崇禧、何应钦、徐永昌；

国防部主官合影（前排正中是白崇禧，1946 年 6 月）

国防部大礼堂

历任参谋总长为陈诚、顾祝同。

国防部成立后，所做的第一项重大工作就是发动内战。1946 年 7 月 12 日，国防部调动50余万的兵力，向苏皖解放区发动进攻，从而揭开了全面内战的序幕。

国防部占地面积 23499.8 平方米，这里同时又是中央陆军军官学校的旧址。国防部的建筑基本上都是原来陆军军官学校的校舍，建于 1928—1933 年，计有西式平房 62 幢，西式洋楼 17 幢，共 1075 间，形成以西式建筑为主调的建筑群。

1948 年 7 月下旬至 8 月上旬，在内战节节失利、国统区人心涣散的时刻，蒋介石在国防部大礼堂召开了最后一次重要的军事会议，会议由蒋介石、何应钦、顾祝同轮流主持，历时 7 天。参加会议的有蒋介石、何应钦、顾祝同、白崇禧、林蔚、刘斐、萧毅肃、关麟征、周至柔、王叔铭、桂永清、郭忏、汤恩伯、范汉杰、杜聿明、宋希濂、黄维、李默庵、孙立人、黄百韬等 120 余人。蒋介石企图通过这次会议统一军心，鼓舞士气，挽救统治危机。会议作出了“停止战略性进攻、防止共军渡江”的战略方案。但这次会议并未能改变蒋家王朝灭亡的命运。美国驻华大使司徒雷登曾说过这样一句话：蒋介石在 1948 年下半年，亲自导演了一系列的希腊式悲剧。他指的就是蒋介石在三大战役中的失利。

陆军总司令部

1944 年 12 月 25 日，中国陆军总司令部在昆明组建。总司令部设总司令一人，副总司令二人，参谋长一人。由原军政部部长何应钦担任总司令，龙云、卫立煌为副总司令，参谋长为萧毅肃。当时的职责是负责西南各战区军队的统一指挥与训练事务。

1945 年 8 月日本宣布投降后，陆军总司令部的主要任务就是处理日军投降事宜。同年 8 月至 9 月，在何应钦的主持下，先后在湖南芷江与日军洽降，在南京举行中国战区日本投降签字仪式。

1945 年 9 月 9 日上午 9 时，中国战区日本投降签字仪式在中国陆军总司令部大礼堂（原中央陆军军官学校大礼堂）内隆重举行。在中央陆军军官学校大门上，悬挂着“中国陆军总司令部”字样的匾额。

在大礼堂前的广场四周，旗杆林立，旗杆上高高飘扬着 52 个国家的国旗。在每一个旗杆之下，并排站立着一名武装士兵和一名宪兵。在举行投降签字仪式的大礼堂正门上，悬挂有中、美、英、苏四国国旗。入口处设有来宾签到处。各个入口处都有武装士兵和宪兵守卫，戒备森严，气氛严肃。礼堂内的一面墙

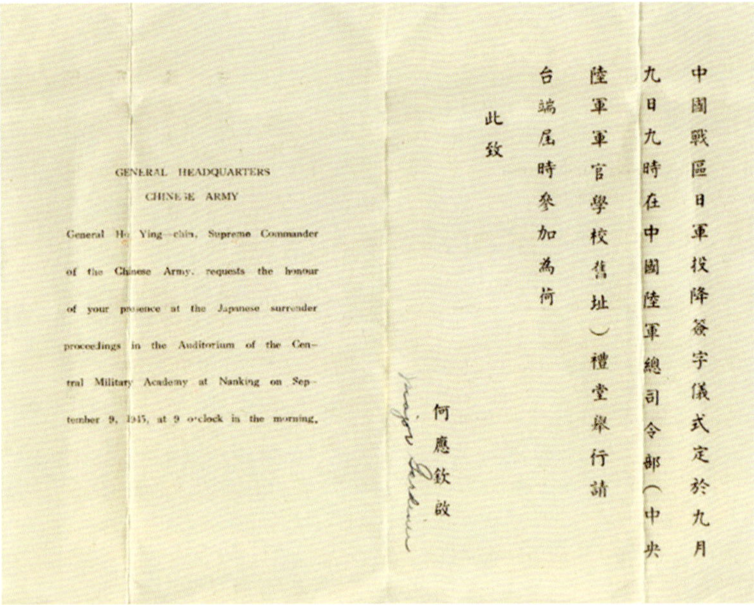
中國戰區日軍投降簽字儀式定於九月九日九時在中國陸軍總司令部（中央陸軍軍官學校舊址）禮堂舉行請
台端屆時參加為荷
此致
何應欽啟

GENERAL HEADQUARTERS
CHINESE ARMY
General Ho Ying-chin, Supreme Commander of the Chinese Army, requests the honour of your presence at the Japanese surrender proceedings in the Auditorium of the Central Military Academy at Nanking on September 9, 1945, at 9 o'clock in the morning.

中国战区日本投降签字仪式请柬

中央陆军军官学校大门上悬挂着“中国陆军总司令部”门牌

中央陆军军官学校大门

中国战区日本投降签字仪式会场外景

壁上，悬挂孙中山先生的遗像，遗像两旁是中国国旗和国民党党旗，遗像的下面点缀着红色的“V”字形符号与“和平”二字。遗像对面的墙壁上，悬挂着中、美、英、苏四国领袖的肖像。礼堂正中木梁上悬挂着中、美、英、苏四国国旗。靠近孙中山先生遗像的一边，放有一张长桌，上铺白布，为受降席，备有5把靠椅，受降席面朝大门。受降席的对面也置有一张长桌，上铺白布，为投降席，备有7张靠椅。在受降席和投降席的后面，各站有8名全副武装的士兵，警卫会场。

1945 年 9 月 9 日上午 9 时中国战区日本投降签字仪式现场

日本签字投降仪式外景（《中国第二历史档案馆馆藏档案精粹》）

受降席和投降席的两边，是参观盛典的中外来宾观礼席和新闻记者、摄影记者席，楼上是中外一般官员的观礼席。在受降席左侧观礼席就座的有汤恩伯、王懋功、李明扬、郑洞国、冷欣、廖耀湘、蔡文治、钮先铭、彭孟缉、马崇六、白雨生、卢致德、金璧奎、谷正纲、李惟果、丁惟汾、顾毓琇、马超俊等人和新闻、摄影记者；在受降席右侧观礼席就座的有美国陆军少将麦克鲁、准将柏德诺、海军少将迈斯，英国海思中将，法国保义上校，此外，还有加拿大、苏联、荷兰、澳大利亚等国的军官十余人。楼上还有中外官员 100 余人。参加签降仪式的中外官员、记者共计 405 人，其中中国军官 219 人，中国文职官员 51 人，中国记者 52 人；同盟国代表 47 人，外国记者 36 人。

9 月 9 日上午 8 时 56 分，礼堂水银灯全部打开，中国陆军总司令、一级上将何应钦由礼堂后方休息室进入会场。紧跟其后入场的是海军总司令、海军一级上将陈绍宽，第三战区司令长官、陆军二级上将顾祝同，中国陆军司令部总参谋长、陆军中将萧毅肃，空军第一路军司令、上校张廷孟。何应钦坐在受降席的中间，其左边为陈绍宽、张廷孟，右边是顾祝同、萧毅肃。

8 时 58 分，日本投降代表、驻华日军最高指挥官、陆军大将冈村宁次等 7 人在中国军训部次长王俊中将的引导下从大礼堂正门步入会场。他们一行走到受降席前，脱帽向何应钦等人鞠躬致敬，何应钦欠身作答并命坐下。冈村宁次坐在投降席的正中间，其左边依次为中国派遣军总参谋长、陆军中将小林浅三郎，中国派遣军总参谋副长、陆军少将今井武夫，中国派遣军参谋、陆军中佐小笠原清；右边依次为中国方面舰队司令长官、海军中将福田良三，台湾军参谋长、陆军中将谏山春树，第三十八军参谋长、陆军大佐三泽昌雄。翻译木村辰男立

日军投降代表席

中国战区日本投降签字会场用钟
（南京博物院藏）

于冈村宁次身后。

9时4分，何应钦命令冈村宁次交验代表签降的证明文件，冈村宁次命小林浅三郎呈递给何应钦。何应钦视后留下证明文件，旋即将日本投降书中文本两份，由萧毅肃转交给冈村宁次，冈村起立双手捧接。冈村坐下后，一面匆匆翻阅投降书，一面手握毛笔，小林在旁研墨，冈村宁次在两份投降书上签名盖章后，由小林将其呈递给何应钦。何应钦检视后，在日本投降书上签名盖章，之后，将其中的一份投降书交给萧毅肃，命其交给冈村宁次，此时正好是9时9分。接着，何应钦将中国战区最高统帅蒋介石的第一号命令及命令受领证，仍命萧毅肃交给冈村宁次，冈村在受领证上签名盖章后，由小林呈递给何应钦。9时15分，何应钦命令冈村宁次等日方代表退席。

何应钦随即在大礼堂发表简短广播演说："敬告全国同胞及全世界人士，中国战区日本投降签字仪式已于9日上午9时在南京顺利完成，这是中国历史上最有意义的一个日子，这是八年抗战艰苦奋斗的结果。东亚及全世界人类和平与繁荣，从此开一新的纪元。"①

中国陆军总司令部大礼堂因见证这一历史盛典而成为世人向往的地方。如今的大礼堂旧址被修缮一新，辟为"侵华日军投降签字仪式旧址"和"南京军区军史馆"（又名"东部战区军史馆"）。

1946年6月1日，国防部成立。根据国民政府公布的《国防部组织纲要》，原来的各个军事单位撤销，重新设立的陆军总司令部作为陆军最高指挥机关，掌管全国陆军行政事宜。陆军司令部下设办公室和一至六署，以及总务、副官、

① 胡菊蓉著：《中国战区受降始末》，南京出版社2016年8月版。

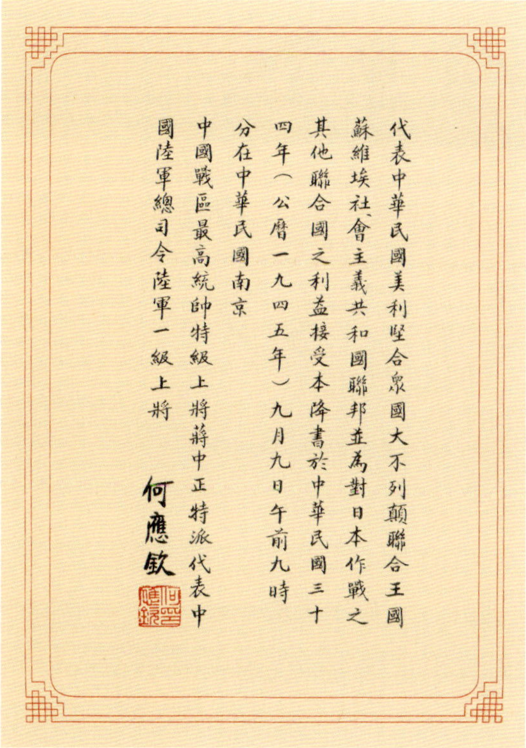

代表中華民國美利堅合衆國大不列顛聯合王國
蘇維埃社會主義共和國聯邦並為對日本作戰之
其他聯合國之利益接受本降書於中華民國三十
四年（公曆一九四五年）九月九日午前九時
分在中華民國南京
中國戰區最高統帥特級上將蔣中正特派代表中
國陸軍總司令陸軍一級上將 何應欽

何应钦签字的日本无条件投降书之部分

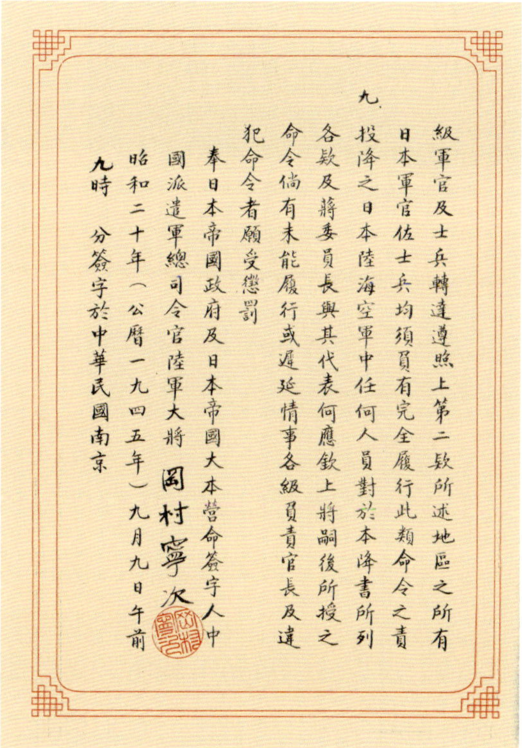

級軍官及士兵轉達遵照上第二款所述地區之所有
日本軍官佐士兵均須負有完全履行此類命令之責
九、投降之日本陸海空軍中任何人員對於本降書所列
各款及蔣委員長與其代表何應欽上將嗣後所授之
命令倘有未能履行或遲延情事各級負責官長及違
犯命令者願受懲罰
奉日本帝國政府及日本帝國大本營命簽字人中
國派遣軍總司令官陸軍大將 岡村寧次
昭和二十年（公曆一九四五年）九月九日午前
九時 分簽字於中華民國南京

冈村宁次签字的日本无条件投降书之部分

1945 年 9 月 9 日，日军总参谋长小林浅三郎（右）向何应钦呈递降书

中国战区陆军总司令何应钦发表广播讲话，宣布日本向中国无条件投降签字仪式胜利结束

中国战区日本投降签字仪式会场

原国防部被接管后成为华东军政大学

中国战区日本投降签字仪式会场今貌

工程、通信、军械等处，先后担任陆军总司令的有顾祝同、余汉谋、张发奎、关麟征。随着国防部的成立，陆军总司令部也移至常府街办公。

南京解放后，黄埔路3号国防部大院成为华东军政学校的校园。此后，成为南京军区司令部所在地，如今是中国人民解放军东部战区机关所在地。

2014年，中国战区日本投降签字仪式旧址被国务院列入第一批国家级抗战纪念设施、遗址名录。2017年，国防部和陆军总司令部旧址以“民国中央陆军军官学校”之名入选由中国文物学会、中国建筑学会联合评选的“第二批中国20世纪建筑遗产项目”。

财政部

国民政府财政部位于南京市中山东路128号（原为164号），现为东部战区联勤部房产。

国民政府财政部是民国时期全国财务行政的最高管理机关。它成立于1927年5月，直隶于国民政府。1928年10月国民政府实行五院制后，改隶于行政院。其主要职责是掌握并管理国库收支；稽征各项国税；主管内外公债；管理全国金融；监督指导地方财政。

财政部设部长一人，政务次长、常务次长各一人。历任财政部部长有古应芬、钱永铭、孙科、宋子文、黄汉梁、孔祥熙、俞鸿钧、王云五、徐堪、刘攻芸、关吉玉。

财政部的内设机构屡有变化，主要机构有总务司、秘书处、人事处、会计处、统计处、参事厅、视察室、国库署、税务署、关务署、钱币司、公债司、地方财政司、专卖事业司、盐政局、缉私署、直接税署、顾问室、督导室、稽核室、视察室等，还设有整理地方捐税、税务整理、外汇管理、金融研究等委员会。

财政部大门

1932年夏，国民政府为了改变全国币值混乱局面，推行银元本位制，由国民政府财政部和中央银行组成废两改元委员会。1933年4月5日，由财政部出面发布《废两改元公告》，规定从1933年4月6日起，

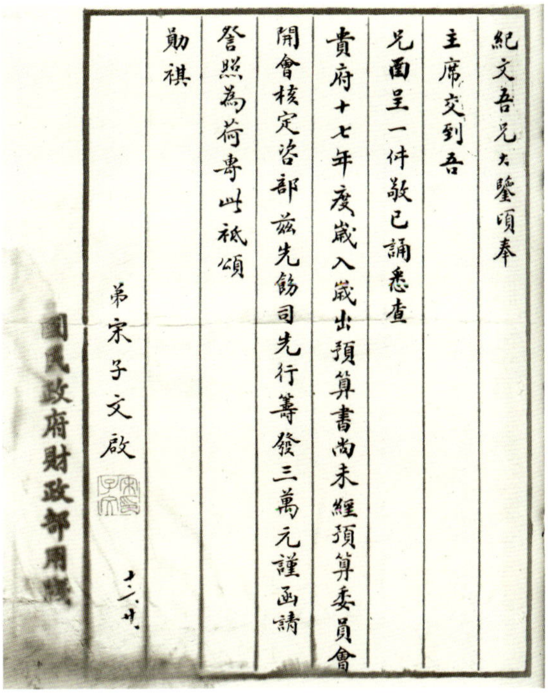

紀文吾兄大鑒頃奉
主席交到吾
兄函呈一件敬已誦悉查
貴府十七年度歲入歲出預算書尚未經預算委員會
開會核定咨部茲先飭司先行籌發三萬元謹函請
察照爲荷專此祇頌
勛祺
弟宋子文啟
十二、廿
國民政府財政部用箋

财政部部长宋子文致南京市市长刘纪文公函

财政部部长孔祥熙印章（《中山陵档案》）

“所有公私款项之收付，与订立契约票据及一切交易，须一律改用银币（元），不得再用银两”。从此，中国货币进入银本位时期。银本位币定名为“元”，重 26.2971 克，成色 88%，含纯银 23.493448 克。新银币于同年正式铸造，一面有帆船图案，另一面有孙中山头像，俗称“孙头”“船洋”。这次废两改元，有利于商品流通，也有利于中央银行对整个金融市场的控制，为 1935 年实行法币改革打下了基础。

1935 年 11 月 3 日晚，国民政府颁布《财政部改革币制令》，开始实施法币政策。法令内容分 6 条，财政部部长孔祥熙发表讲话，将其归纳为四点：

1. 确定使用法币。自 11 月 4 日起，以中央银行、中国银行、交通银行（1936 年又增加了中国农民银行）三银行发行的钞票为法币。其他银行发行的、现在正流通市面的纸币，逐渐以中央钞票换回并停止使用。

2. 废除银本位制。所有完粮纳税，及一切公私款项之收付，概以法币为限，不得行使现金。违者全数没收，以防白银偷漏。凡银钱行号、公私机关或个人持有银币生银等类者，应即兑换法币使用。

3. 白银收归国有。实行白银国有，作法币准备金。凡银钱行号、商店及其他公私机关或个人持有银币和银类者，均必须交发行准备管理委员会或指定之银行兑换法币。如有故存隐匿，意图偷漏者，应准照危害民国紧急治罪法惩治。

4. 规定法币对英镑的汇价。为使法币对外汇价按照目前价格稳定起见，应由中央、中国、交通三银行无限制买卖外汇。

按照法币政策，中国正式废除银本位制，停止使用银币，开始使用法币，并集中现银，实行汇兑本位制。法币改革是中国近代史上最重要的币值改革，不仅结束了中国币值混乱的局面，实现了与国际货币的接轨，而且为振兴国民经济奠定了良好的基础。

20 世纪 30 年代初期，张学良多次到南京与蒋介石会晤，每次几乎都会受到蒋介石的盛情款待。在南京期间，张学良都是下榻在财政部部长宋子文的铁汤池官邸。蒋介石也多次亲临铁汤池官邸看望张学良，张学良的政治生涯达到顶峰。

1937 年日军占领南京后，也占据了财政部。1940 年 3 月 30 日汪伪国民政府成立后，在此设立伪财政部。

1948 年 11 月，淮海战役开始，国民党政府下达了疏散令，决定总统府行政院各机关疏散到后方。时任国民政府行政院院长孙科宣布，以 3 个月薪金的疏散费遣散 80% 的公务人员，在当时恶性通货膨胀的形势下，3 个月的薪金只够 1 个月的伙食费。1949 年 1 月 20 日，面临失业的 1300 多名财政部公务人员包围财政部次长杨道樾，并将罗宗文司长打伤，结果除了拿到 3 个月薪金，还争取到 1 万元的疏散费。2 月 3 日，在中共南京地下党领导下，在财政部大礼堂召开了“全南京各机关单位员工联谊会代表大会”，到会代表 400 多人，代表 200 多个单位。会议遭到国民党特务的破坏。[①]

财政部及部长俞鸿钧

① 董谋先：《南京解放前后公务员工运动述略》，收入南京市政协文史和学习委员会编《红日照钟山——南京解放初期史料专辑》，南京出版社 1999 年 4 月版。

1934 年 5 月 21 日，全国财政会议在南京举行

财政部大门内两侧建筑

财政部职员宿舍

财政部部长官邸

财政部部长官邸

1949 年 4 月南京解放后，“全南京公务员工联谊总会”多次在财政部大礼堂开会，并公开挂牌办公。

据房产资料记载，财政部建筑面积 10268.8 平方米，共有房屋 10 幢 425 间。

大门朝北，三开间，正对着中山路。中门横梁上原有“财政部”三个大字，两个侧门横梁上分别有一个圆形方孔钱的装饰。

1937年12月日军占领财政部

在财政部大院内，最主要的建筑有两幢：一幢是办公大楼（编号为31号楼），建筑面积2363平方米，高两层，钢筋混凝土建造，属于西式建筑。因这栋楼前围着一个大院子，与外界隔离开来，整个形状呈四方形，所以人们称之为“四方城”。大院的墙上辟有两个门，右边的供行人进出，左边的专供军用卡车进出。据说这栋楼里有个秘密金库，专门用来存放各地运送来的黄金。这栋楼在20世纪80年代中后期拆除，在原址上建起了32号、33号楼。另一幢是财政部部长官邸（编号为11号楼），建筑面积739平方米，砖木结构，高三层，大门正中有一个半圆形的门廊，这幢洋楼先后是财政部部长宋子文和孔祥熙的官邸。一楼进门是门厅，左右共有四个房间，分别是客厅及秘书和警卫等随从人员的住处；门厅正中有一个旋转楼梯，通向二楼。二楼先后是宋子文和孔祥熙的住所。三楼也有四个房间。据说楼底下有一个秘密通道，一直通到10号楼。如今，这栋楼保存完好。

如今的财政部旧址，门楼依旧，屋舍俨然，徜徉其间，不难感受到昔日的官府气息。

2006年6月，国民政府财政部旧址被列为第三批南京市文物保护单位。

教育部

国民政府教育部位于南京成贤街43号（原成贤街51号），现为南京市妇联、南京市社科联（社科院）和南京市民主党派等部门的办公场所。

国民政府教育部是民国时期管理全国学术及教育行政事务的最高权力机关。它的前身是中华民国大学院。1927年6月，蔡元培、李石曾等人向国民党中央政治会议提出《关于设立中华民国大学院的提案》，获得第109次中央政治会议通过。1927年10月1日，中华民国大学院正式成立，直隶于国民政府。10月12日，国民政府特任蔡元培为大学院院长，金曾澄任秘书长，杨杏佛任教育行政处主任（后任副院长），高鲁任事务主任，许寿裳任秘书，办公地点就设在成贤街。

教育部

1927 年 12 月 27 日，在成贤街大学院会议厅召开的第二次艺术教育委员会会议上，议决“在西湖创办一国立艺术大学，先设绘画、雕塑、建筑及工艺美术四院，经常费暂定十二万零九百六十元”。[①] 参会人员除了蔡元培等大学院人员外，还有林风眠、李金发、林文铮等艺术家。此次会议直接推动了 1928 年 3 月国立艺术院（后改名国立杭州艺术专科学校）的正式成立。

国民政府教育部（1932 年摄，伍联德《中华景象》，1934 年版）

1928 年 10 月国民政府实行五院制后，同年 11 月，大学院正式改组为教育部，改隶于行政院。教育部设部长一人，政务次长、常务次长各一人。历任教育部部长有蒋梦麟、高鲁（未到任）、蒋介石（兼）、李书华、朱家骅、段锡朋、翁文灏、王世杰、陈立夫、陈雪屏、杭立武等。

教育部内设机构时有变化，主要有高等教育司、中等教育司、社会教育司、国民教育司、边疆教育司、蒙藏教育司、总务司、国际文化教育事业处、编译处、人事处、会计处、统计处、秘书室、督学室、参事室、资料研究室等机构，还设有国语推行委员会、医学教育委员会、华侨教育设计委员会、体育委员会、训育委员会、学术审议委员会、战区教育指导委员会、国民教育辅导研究委员会和教育研究委员会等。

教育部成立后，办公地点设在成贤街 43 号（原成贤街 51 号），这里原来是普通民房。1929 年 11 月，教育部以办公场所狭小，向南京特别市政府请求征用大纱帽巷 42 号万国棠住宅后的一亩左右空地，用于兴建办公用房。据教育部咨文称：“查本部办公用房，原系收用普通民房，湫隘不适于用，礼堂既付阙如，各司处办公舍宇又极拥挤，而本部所有图书较夥，亦无法庋列，现又奉令添设蒙藏教育司，职员增多，地狭人稠，更属困难。兹查有本京成贤街大纱帽巷四十二号万国棠产主住宅后空地约一亩许，恰与本部毗邻，仅一墙之隔，拟依法收买，以为建筑本部办公房屋之用。”[②] 经南京特别市政府土地局上报内政部，同年 12 月，得到内政部核准。[③]

① 《大学院艺术教育委员会第二次会议录》，《大学院公报》第一年第二期，1928 年 2 月。
② 《教育部征收大纱帽巷万宅后空地案》，《首都市政公报》第 49 期，1929 年 12 月 15 日。
③ 《教育部收用万国棠宅后空地案》，《首都市政公报》第 50 期，1929 年 12 月 31 日。

教育部在汪伪时期成为工商部所在地

全面抗战时期，国民政府教育部西迁。

南京沦陷期间，这里成为日本兵营。1938 年中华民国维新政府成立后，这里成为伪外交部。[①]

1940 年 3 月 30 日，汪伪国民政府成立后，这里成为工商部办公地点。1941 年 8 月 16 日，汪伪工商部与农矿部合并为实业部，继续占用教育部。1943 年 2 月 1 日，汪伪粮食部成立，与实业部合署办公，1944 年 4 月，粮食部撤销，划归实业部。

抗战胜利后，国民政府教育部迁回原址办公。

1946 年 1 月 23 日，国民政府成立“教育部南京区清点接收封存文物委员会”，由教育部部长杭立武担任主任委员，国立中央图书馆馆长蒋复璁担任副主任委员。设有总务、清点、保管、发还四股。各股设总干事。清点的对象为伪图书委员会、伪博物委员会、伪天文气象委员会及伪中央图书馆四处。原定 4 月底结束工作，后延期至 7 月上旬。7 月 2 日上午 9 点，教育部南京区清点接收封存文物委员会第五次会议在教育部会议室召开，出席者有杭立武、蒋复璁、朱家治、刘纯甫、孙永龄、钱存训（顾斗南代）、黄念劬、席承藩、马衡、陈止一、黄济材、王家楫、李春昱、周悫、郑鹤声、龙之鹏（以签名先后为序），依次由主任委

① ［民国］郭秃先生：《金陵识小录》，《南京新报》1940 年 8 月 9 日。

员杭立武、副主任委员蒋复璁，以及总务股陈止一、清点股刘纯甫、发还股黄念劬总干事报告工作情况。共清点发还的机关文物和私人文物如下：

封存中央研究院部分标本：307箱，12950件，6瓶，1格；古物17035件（内故宫文物15174件）；杂件5100件（内故宫铜版纸等）；图书68601册，79捆，7卷，22件；仪器69件；试卷244捆。

封存伪中央图书馆部分：图书3537函，60173册。

封存地质调查所部分：图书549719册，13703函；档案241箱；标本12札；图表1套；杂志6捆；地图77幅；书目卡片32抽屉；文物及其他杂件32375件。

私人文物：图书26504册。①

教育部部长朱家骅（1945年12月）

1947年5月，由于蒋介石发动内战，导致国民党统治区物价飞涨。国立中央大学的学生在中共地下党领导下，联合全市大专学校于5月15日举行反饥饿大游行。这天上午9时左右，国立中央大学、国立音乐院、国立戏剧专科学校的3000多名学生聚集在国立中央大学，以国立中央大学的杏黄旗和"要求增加副食费至十万元"的横幅为先导，浩浩荡荡，直奔成贤街教育部。将教育部的办公大楼团团围住，见到了教育部部长朱家骅、次长田培林，提出了要求增加副食费的主张。朱家骅推托增加副食费是由行政院决定的。游行队伍遂直奔行政院而去。这次学生运动实际上是"五二〇"学生运动的先声。

南京解放后，教育部成为南京市军管会文教接管委员会驻地。

教育部建筑群始建于20世纪20年代，建筑面积7283平方米，共有房屋23幢165间。大门内侧的庭院里有一个长方形的水池，石砌护壁、护栏，池水四季不涸。2002年春被填平，改建成花坛。

教育部的建筑在众多民国官府建筑中，属于比较"低调"的一种。1936年6月18日，子介撰写的《首都印象》一文写道："首都建筑有此畸形发展的地

① 《教育部南京区清点接收封存文物委员会第五次会议记录》，转引自孟国祥著《南京文化的劫难（1937—1945）》，南京出版社2017年12月版。

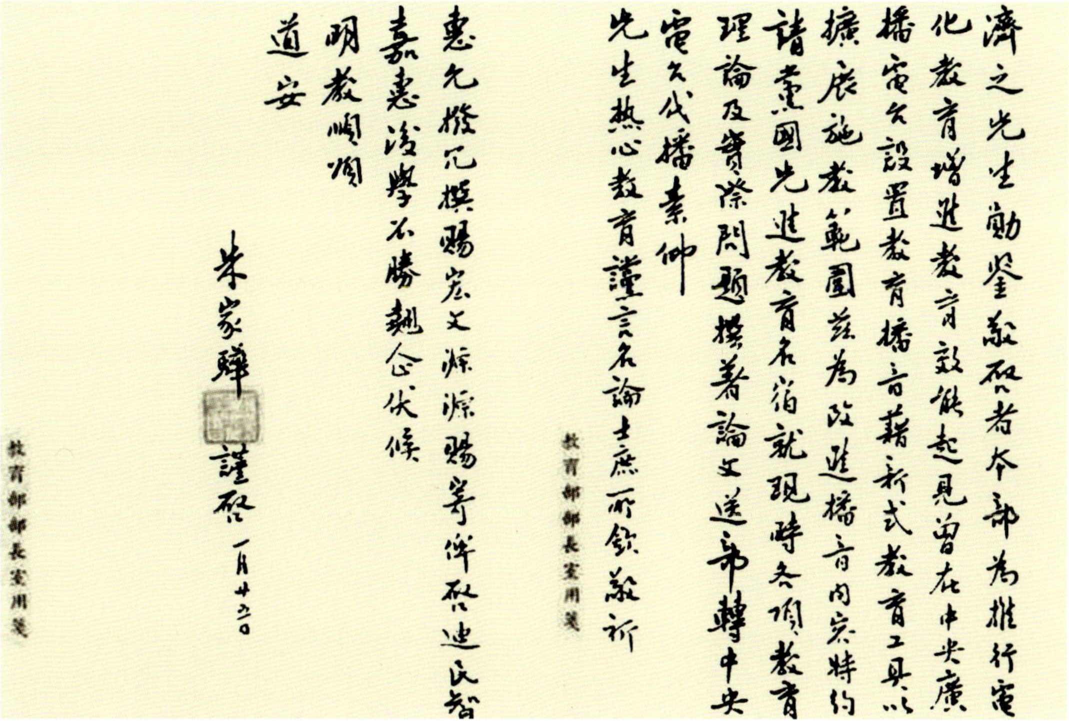
濟之先生勛鑒敬啓者本部為推行電化教育增進教育效能起見曾在中央廣播電台設置教育播音藉新式教育工具以擴展施教範圍茲為改進播音內容特約請全國先進教育名宿就現時各項教育理論及實際問題撰著論文送本部轉中央電台代播素仰
先生熱心教育讜言名論士庶所欽敬祈
惠允撥冗撰賜宏文源源賜寄俾啓迪民智
嘉惠後學不勝翹企伏候
明教順頌
道安
朱家驊謹啓 一月廿二日
教育部部長室用箋

教育部部长朱家骅写给李济的信

方，就是有轻重措置失宜的地方，特别是各部会机关建筑的不平均。譬如铁道、交通两部都是殿式的建筑，而教育部只是像一个破庙而已，较之两部的传达宫，犹有逊色。其实这几部是同隶属于行政院的，就是行政院也未许有这两部的华丽了。”[①] 教育部具体建筑如下：

大门

大门朝东，为三开间的立柱式大门，砖石结构，中门宽敞，两旁边门较窄，至今保存完好。大门外的两株柏树是民国时期种植，至今老干虬枝，四季苍翠，生机勃勃。

教育部建筑之一

坐北朝南，地上两层，砖木结构，平面呈长方形，建于20世纪30年代，建筑面积450平方米。底层四周为拱券式外廊，青石台阶；中部为门厅，两边为办公用房。室内铺松木地板，楼梯栏杆也为木制。顶棚为石膏塑旋花线条和环状灯池。二楼窗户也是拱形。外墙成乳黄色粉刷。2001年拆除，后来曾为南京市新闻出版局、南京出版社等单位办公楼。

① 原载《东南角》，暨友莫迟社1946年版，转引自邢定康、钱长江编《金陵屐痕》，南京出版社2015年10月版。

教育部建筑之一

教育部建筑之二

教育部部长办公楼

教育部建筑之二

坐南朝北，地上两层，砖木结构，平面呈长方形，建于20世纪30年代，建筑面积650平方米。外墙以窗间柱自然分隔，柱间墙用耐火面砖镶贴。木制大窗，水刷石双边门套。门厅地面为进口拼花马赛克，室内地面铺设木地板。2001年拆除。

教育部建筑之三

坐南朝北，地上两层，砖木结构，建于20世纪20年代，建筑面积590平方米。门厅入口处建有西方古典柱式装饰。2001年拆除。

教育部建筑之四（部长办公楼）

教育部部长办公楼入口

坐西朝东，地上两层，钢筋混凝土结构，建于20世纪30年代，建筑面积1900平方米，平面布局为典型的内廊式。这是教育部的主体建筑，历任教育部部长就在这幢楼办公。该楼立面为等距离排列的钢窗，混色水刷石墙壁分隔。南北两侧建有悬挑阳台。花岗岩台阶，水磨石楼梯，室内为席纹硬木地板，石膏装饰的天花。部长办公室在二楼东南。顶部设休息平台。20世纪70年代，加建一层，由原来的两层变成三层，并将平屋顶改为坡屋顶。该建筑内部原来还有取暖设施，1949年以后，因年久失修而拆除。目前，教育部仅有这一幢建筑物幸存。

2006年6月，国民政府教育部旧址被列为南京市文物保护单位。2010年9月，被列为南京重要近现代建筑。

交通部

国民政府交通部位于中山北路303号、305号，与国民政府铁道部（后为行政院）隔着中山北路相望。新中国成立后，曾经是南京政治学校（学院）所在地，现为国防大学政治学院南京教学区。

交通部成立于1927年5月16日，直隶于国民政府。1928年10月国民政府实行五院制后，交通部改隶于行政院。根据交通部组织法规定，交通部管理、经营路政、电政、邮政、航政，并监督民营交通事业。1928年10月铁道部成立后，交通部管理、经营的铁路事业划归新成立的铁道部管理。1938年，铁道部裁撤，其管理、经营的铁路业务仍归交通部管理；同时，全国经济委员会管辖下的公路处及军委会管辖下的水陆运输联合办事处也划归交通部管理。这时的交通部职权扩大为规划、建设、管理和经营全国国有铁道、公路、电信、邮政、航空，并监督公有及民营交通事业。此后，除公路业务两度划归军委会设专门机构管理外，交通部的基本职能未变。

交通部大门

交通部大门（由内向外拍摄）

交通部大楼

交通部设部长一人，政务次长、常务次长各一人。历任部长为王伯群、陈铭枢、朱家骅、俞飞鹏（前后两任）、张嘉璈、曾养甫、俞大维、端木杰。

交通部的内设机构主要有秘书厅、参事厅、技术厅，总务、人事、财务、路政、材料、邮政（邮电）、航政等司，会计处、统计处，以及公路总局、电信总局、邮政总局、驿运总管理处、交通警察总局和各种委员会。

交通部部址占地面积47050平方米，共有房屋21幢405间。交通部大楼是由上海协隆洋行的俄国建筑师耶郎于1928年设计，辛峰记营造厂承建，工程总价123.772万元。其中包括外部围墙、桥梁、马路、下水道、门房等工程。1930年7月开工，原计划在18个月内完工，后由于地基变更、1931年的大洪水以及1932年淞沪抗战的影响，直到1934年底才竣工。随后，国民政府交通部由慈悲社迁来办公。其下属的中华邮政总局也迁到这里办公。

交通部大楼原是中国传统宫殿式建筑，钢筋混凝土结构，平面呈“目”字形，中央主楼与两翼附楼中各有一个天井（共有三个天井）。主楼面朝东北，地上四层，两翼附楼地上三层。东西长100多米，南北宽50米。重檐歇山顶，琉璃瓦屋面，斗拱、梁枋、门楣、藻井均施以彩绘。内部地面是水磨石的拼花地砖。吊灯、壁灯布置有序，水刷石栏杆、墙裙、压脚线做工细腻，雕花镂空门窗新颖别致。总建筑面积18933平方米，工费113万余元。其中大礼堂位于中央主楼二楼西侧，面积476平方米，西式圆弧形结构，内外两圈巨大的圆柱，加上雕梁画栋的中

位于慈悲社的交通部(1932年摄,伍联德《中华景象》,1934年版)

交通部大楼(1937年,AlFred T.Palmer 摄影,1938年2月美国《国家地理》)

1937年12月之前的交通部主楼入口

1937年12月之前的交通部全貌

1937年12月之前的交通部鸟瞰(《首都志》)

1937 年 12 月之前的交通部正面

1937 年 12 月之前的交通部东、西侧面

1937 年 12 月之前的交通部屋顶的八角亭

富丽堂皇的交通部大礼堂

交通部大楼侧影

式装饰，使得大礼堂显得富丽堂皇。此外，围墙、小桥、马场、下水道、大门等工费是9.812万元。交通部大楼前面庭院布置了园林绿化，四周苍松翠柏环绕。大楼中部屋顶有一个八角形凉亭，在南京近代建筑中堪称创举。大门前模仿北京故宫前的金水河和金水桥，辟有小河，河上筑有小桥，颇有皇家宫殿气息。1938年2月，美国《国家地理》杂志刊登德国越洋通讯社记者朱利叶斯·艾格纳（Julius Eigner）写于1937年底的文章中称："两年后，外交部被安置在一座坚固的砖房里。再一年后，华丽的交通部也竣工了。后者由一位俄国建筑师设计，可能是所有政府大厦中最壮观的。其绿色琉璃瓦和弯曲的屋面构成了如画般的地标建筑，让人想起了北平那些古代帝国时期的宫殿。"①

1931年（笔者注：应为1935—1937年间）正月初一（新年），日本学者吉川幸郎（1904—1980）来到南京。他从下关挹江门入城，当时是雪后初霁，"转眼，右前方出现一个高大的建筑，是当时流行的，外观如宫殿建筑一样的大楼。同车的接站员告诉我，那是新建成的交通部"。吉川在1959年写的南京怀旧绝句中，有一首写的就是交通部：

① ［德］朱利叶斯·艾格纳撰，汪晓茜、于梦涵译：《南京的兴衰》，载曹劲松、卢海鸣主编《南京学研究》（第七辑），南京出版社2023年6月版。

交通部大楼侧面外景

交通部大楼内部回廊

交通部大楼门厅

交通部大礼堂廊柱

交通部大楼内景

交通部大楼外景

交通部大楼前的旗杆座和旗杆

交通部大礼堂

交通部大楼内景

交通部被毁前的大屋顶

交通部大门外景

1946 年后的交通部鸟瞰

1946 年以后的交通部

交通部大楼正立面复原图

交通部大楼背立面复原图

交通部大楼侧立面复原图

交通部大楼复原图（东南大学周琦建筑工作室）

交通部大楼正立面现状测绘图

交通部大楼背立面现状测绘图

交通部大楼侧立面现状测绘图

交通部大楼现状测绘图（东南大学周琦建筑工作室）

直指台城堤筑沙，春寒宫柳未藏鸦。

惊看楼殿凌云起，云是交通第一衙。①

1937 年 12 月 12 日夜晚，日军炮轰南京城时，交通部大楼被日军炮火击中，火光冲天，照亮了街道，大屋顶被烧毁，由于道路在这里被路障堵住，造成仓促向下关方向撤退的中国军队所有的车辆和不计其数的军用装备都被遗弃在周围。

1945 年日本投降后，国民政府对其进行了修葺，将交通部大楼的重檐歇山顶改建为平屋顶，但已难复旧观。

1947 年 1 月，国民政府交通部设立民用航空局，该局设有总飞机师、顾问、人事、会计四室，以及业务、航路、场站、安全、秘书五处。局长戴安国。由于交通部办公用房紧张，于是在办公大楼的东面，又兴建了一座西式三层楼房，作为民用航空局的办公用房。

南京解放后，人民政府对交通部大楼进行了多次维修。

1977 年 12 月 1 日，南京政治学校成立，这里与马路对面的原国民政府行政院（铁道部）旧址成为政治学校所在地。1986 年，南京政治学校改名为南京政治学院。1998 年，原空军政治学院并入该院。

1992 年，国民政府交通部大楼旧址被列为南京市文物保护单位。2001 年 6 月，经国务院批准，被列为第五批全国重点文物保护单位。

① ［日］吉川幸次郎著，钱婉约译：《我的留学记》，中华书局 2008 年 4 月版。

社会部·地政部·水利部·侨务委员会

南京市东箭道 19 号（原东箭道 24 号）在 1937 年 11 月日军逼近南京前，一直是国民政府行政院。

1937 年 11 月，国民政府行政院西迁重庆。1940 年汪伪国民政府成立后，这里成为汪伪“铁道部”和“交通部”。抗战胜利后，国民政府还都，行政院迁至南京中山北路 61 号（今中山北路 254 号）原国民政府铁道部旧址办公，东箭道旧址大门门楼横额上变成了“社会部”三字，两旁另挂“地政部”“水利部”“侨务委员会”招牌。

东箭道行政院雪景

东箭道原行政院北楼

东箭道原行政院南楼

社会部

社会部、水利部、侨务委员会、地政部合署办公。社会部部长谷正纲

社会部成立于 1938 年 4 月，由中央民众训练部、文化事业委员会和国民党经济计划委员会合并改组而成，最初隶属于国民党中央执行委员会，1940 年 10 月改隶于行政院。

社会部的职能是：辅导职业团体，加强社会救济，推进劳工行政等。

社会部设部长、政务次长、常务次长各一人。社会部部长先后为陈立夫和谷正纲。内设机构名称屡有变化，主要有总务司、人民团体组织司、劳工司、社会救济司、儿童保育司、社会服务司、合作事业管理局、社会保险处局、工矿检查处，以及参事厅、秘书厅、视导室、会计处、统计处等。

1946 年，社会部从重庆迁回南京，部址就设在抗战前的国民政府行政院，即国民政府东花园。社会部在全面抗战期间，为了适应全民抗战的需要，加强

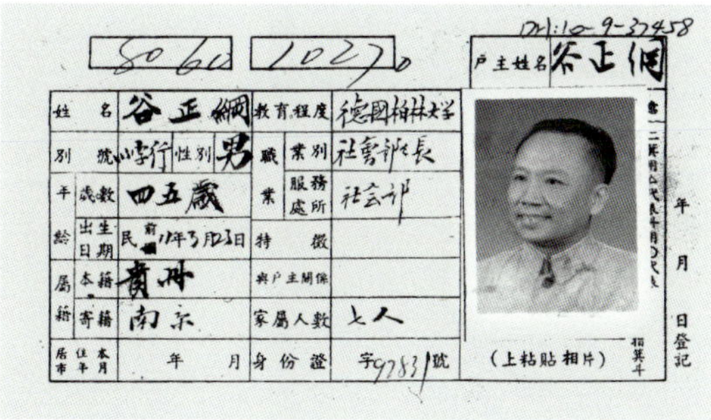

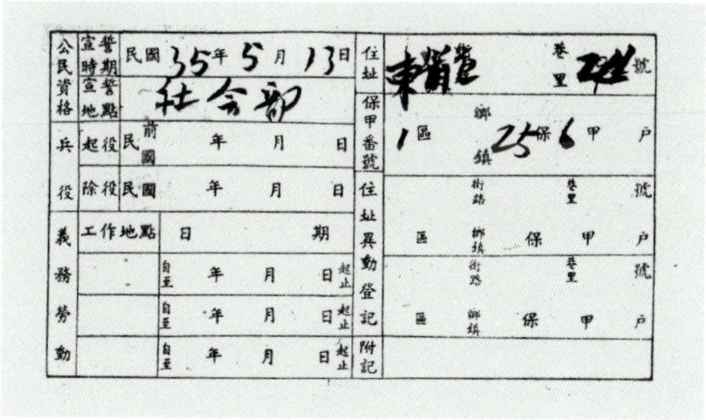

社会部部长谷正纲户籍卡

地政部举办的全国地政会议参会人员合影

社会工作，推动全民抗日，曾经起到积极的作用。

1949 年 5 月，社会部撤销，其业务由内政部接收办理。

地政部

1942 年 6 月 22 日，内政部地政司与地价申报处合并成立地政署，直接隶属于行政院，掌管全国土地行政事宜。地政署设有署长、副署长各一人。郑震宇任地政署署长。内设机构有总务处、地籍处、地价处、地权处四处，参事、秘书、技术、视察、人事五室及主计机构，分管相关事务。

地政署在 1946 年迁回南京后，与社会部等单位在东箭道 24 号合署办公。

1947 年 5 月，地政署扩大为地政部。设部长一人，政务次长、常务次长各一人。李敬斋、吴尚鹰先后担任地政部部长。内设总务、地籍、地价、地权、地用五司，秘书、技术、参事三厅，统计、人事、视察三室以及会计处，分管相关事务。地政部的附属机关有测量仪器制造厂、中央土地测量队。

1949 年 4 月，地政部又缩编为地政署，改隶于内政部。

水利部

国民政府水利部的前身是行政院水利委员会，1941 年 9 月在重庆成立，掌管全国水利行政事宜。水利委员会设主任委员一人、常务委员一人，主任委员为薛笃弼，副主任委员为沈百先。内设机构主要有秘书、参事、总务、工务、会计、人事、统计、技监等处室。

抗战胜利后，水利委员会迁到东箭道行政院旧址办公，随即着手准备封堵

水利部

水利部大楼

花园口黄河大堤的缺口。花园口位于河南郑州市的北面。1938 年 6 月，日军攻占开封，进逼郑州，为了遏制日军的进攻势头，国民党军队在花园口炸开黄河大堤，企图水淹日军，结果不但没有达到预期目的，反而造成洪水泛滥。汹涌的洪水淹没了豫、苏、皖三省 40 余县，致使 89 万人死亡，1250 万人流离失所。1946 年，经过国共双方和中外技术人员的共同协商，决定按照“先复堤后堵口”的方案封堵花园口黄河大堤。1947 年 3 月 15 日，花园口黄河大堤堵口工程合龙

成功，黄河水回归故道。

1947 年 4 月，水利委员会改组为水利部，仍隶属于行政院。设部长一人、副部长一人。部长先后为薛笃弼、钟天心，政务次长为沈百先。部内设有秘书、参事、技术三厅，水政、防洪、渠港、水文、总务五司，会计处及统计、人事二室和各种委员会，并附设有淮河水利工程总局、黄河水利工程总局、长江水利工程总局等十余个水利工程总局与工程总队、中央水利实验处和水利示范工程处。

1949 年 3 月，国民政府行政院将水利部缩编为经济部水利署，同年 8 月，又改为经济部水利司。

由于东箭道 24 号原行政院旧址办公地点不敷使用，水利部在离行政院旧址一箭之遥的国府后街 8 号（今长江后街 6 号）重新觅得办公场所。国府后街 8 号水利部建筑面积 9492.4 平方米，共有房屋 12 幢 201 间。主楼坐北朝南，钢筋混凝土结构，高两层，平面呈横“日”字形，内有回廊和两个天井；正立面中间高，两边低，左右对称。主楼的屋顶比较特别，呈圆弧状，上覆瓦楞形的白铁皮。在主楼的东西两侧，还有青砖砌筑的楼房和平房若干幢。南京解放后，南京市军管会财经接管委员会接管长江后街 6 号。这里一度成为南京水利学院，后移交给南京航务工程专科学校。不久，更名南京交通高等专科学校。2000 年并入东南大学。现为东南大学科技园。

侨务委员会

国民政府侨务委员会是民国时期管理侨务的最高行政机关，成立于 1928 年 9 月 4 日，隶属于国民政府行政院。该会设委员若干人，由国民政府任命；常务委员三到五人，由国民政府在委员中指定，并以其中一人为主席（1929 年 2 月改称委员长）。

侨务委员会最初的内设机构有第一科、第二科和秘书处。

第一科：掌管建议、审议及改革侨务设施，奖励辅助海外华侨。

第二科：掌管指导、监督海外华侨公共团体的组织进行；指导、介绍归国华侨投资与办理实业，以及就学、游历、参观；宣传政府的设施。

秘书处：掌管撰拟、收发及保管文件；典守印信；会计、庶务及其他杂务。

此后，机构时有变动。1947 年 9 月，增设副委员长一人，内设机构扩大为第一至第四处及秘书、参事、视察、人事、会计、统计、侨务问题研究等室。

侨务委员会主席钟荣光就职

下属机构有南洋研究所、侨民教育师资训练班、华侨通讯社等。李禄超、钟荣光先后任主席，林森、吴铁城、陈树人、刘维炽、戴愧生先后任委员长。

如今，东箭道社会部、地政部、水利部、侨务委员会旧址，连同东花园，已成为南京中国近代史遗址（总统府）博物馆的一部分，以国民政府行政院的旧址的名义对外开放，众多部门在此合署办公、众多民国显要人物在此活动的历史，已经被流逝的岁月遮蔽而鲜为人知。

经济部

国民政府经济部位于中山东路145号，现为南京市体育局、南京市体育总会所在地。

经济部的前身是实业部。实业部成立于1931年1月，由工商、农矿两部合并而成，隶属于行政院，主管全国实业行政事务。1937年12月，经国防最高委员会决议，将实业部改组为经济部。1938年1月，实业部、建设委员会及全国经济委员会所属的水利部分及军事委员会第三部、第四部合并改组成经济部，隶属于行政院，主管全国工商、矿业、农林、水利行政事务。经济部设部长一人，政务次长、常务次长各一人。经济部最初的内设机构有参事、秘书、技术三厅，

经济部

总务、农林、矿业、工业、商业、水利六司，以及会计处、统计室。

1948 年 5 月，经济部改称为工商部，其职掌和内部组织沿袭旧制。1949 年 3 月，工商部与农林部、水利部及资源委员会合并，统称为经济部。翁文灏、王云五、李璜、陈启天、刘维炽、孙越崎、刘航琛先后担任经济部部长，次长有

经济部（20 世纪 90 年代拍摄）

经济部的前身实业部

DH:10-7-1048

3216　00-287

户主姓名　王雲五

姓名	潘序倫		教育程度		博士
別號	秩四	性別 男	職業	業別	政
年齡	歲數	五十四		服務處所	經濟部次長
	出生日期	民前十四年六月二日	特徵		
屬籍	本籍	江蘇宜興	與户主關係		部次長
	寄籍	南京市	家屬人數		
居住本市年月		三十五年五月	身份證		2字9050號

公民資格	宣誓時期	民國　年　月　日	住址	中山東路街巷鉄湯池里二十四號
	宣誓地點		保甲番號	2區鄉鎮11保17户
兵役	起役	民前國　年　月　日	住址異動登記	街路　巷里　號
	除役	民國　年　月　日		區　鄉鎮　保　甲　户
義務勞動	工作地點	日　期		街路　巷里　號
		自至　年　月　日起止		區　鄉鎮　保　甲　户
		自至　年　月　日起止	附記	
		自至　年　月　日起止		

经济部次长潘序伦户籍卡

经济部

潘序伦等。

经济部部址，全面抗战前在南京大仓园，其范围包括今天的南京市全民体育运动中心、南京市体育局和南京市体育总会。现存西式大楼一幢，坐北朝南，坡屋顶，高三层。根据 1936 年的南京地图上标识的“实业部”字样，可以推知该建筑年代不晚于 1936 年。20 世纪 20 年代末，这里曾经是私立东方公学、国民党江苏省党部和国民革命军遗族学校临时校址所在地。

抗战胜利后，经济部迁到南京铁汤池 24 号，共建有西式楼房四幢 64 间，并在中山东路辟一大门，即今中山东路 128 号旁门，现为东部战区后勤部宿舍。

2006 年 6 月，中山东路 145 号经济部旧址被公布为南京市文物保护单位。

粮食部

国民政府粮食部位于南京市中山北路252号、254号的国民政府行政院大院内，1949年4月解放后曾为中国人民解放军南京政治学校（院）校舍，现为中国人民解放军国防大学政治学院南京教学区。

全面抗战期间，国民政府迁至陪都重庆后，为适应抗战需要，解决军粮民食问题，1940年8月1日，行政院在重庆设立全国粮食管理局，“负统筹全国军糈民食之责”，卢作孚任局长。1941年5月20日，国民政府行政院将全国粮食管理局改组为粮食部，掌管全国粮食行政事宜。粮食部设部长一人，政务次

粮食部

汪伪交通部

粮食部

长、常务次长各一人。首任部长为徐堪。粮食部内设机构主要有参事厅、总务司、人事司、军粮司、民食司、储运司、财务司、调查处、会计处、秘书处、统计室及督导室等。粮食部的办公地点设在重庆康宁路2号。

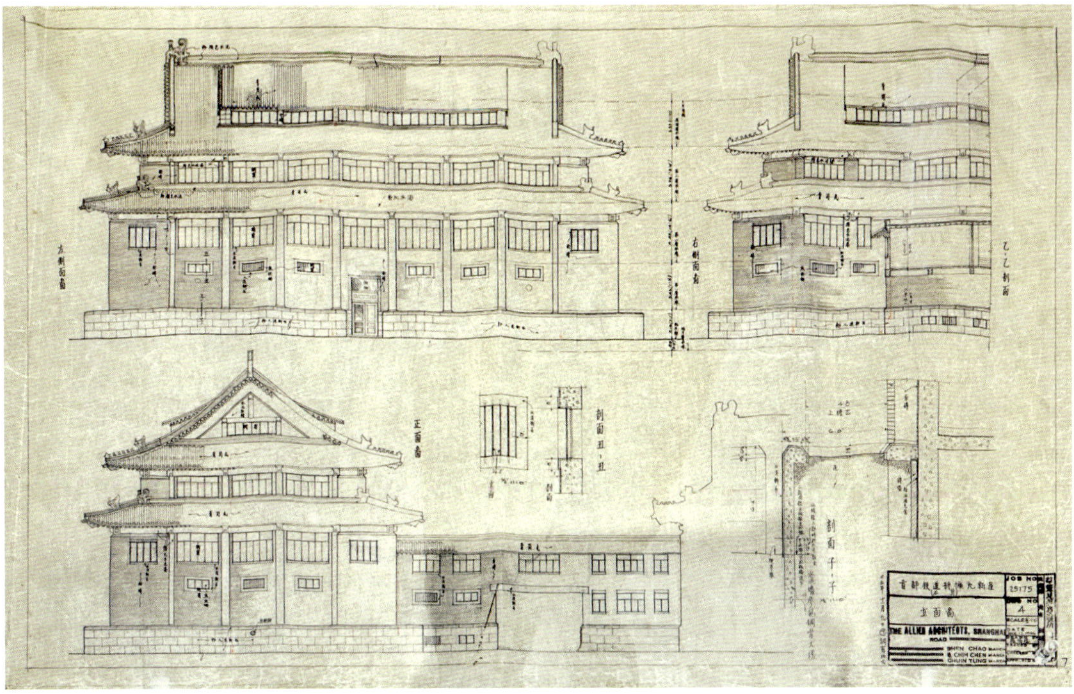

首都铁道部扩充新屋立面图（右翼）（南京市规划与自然资源局档案馆藏）

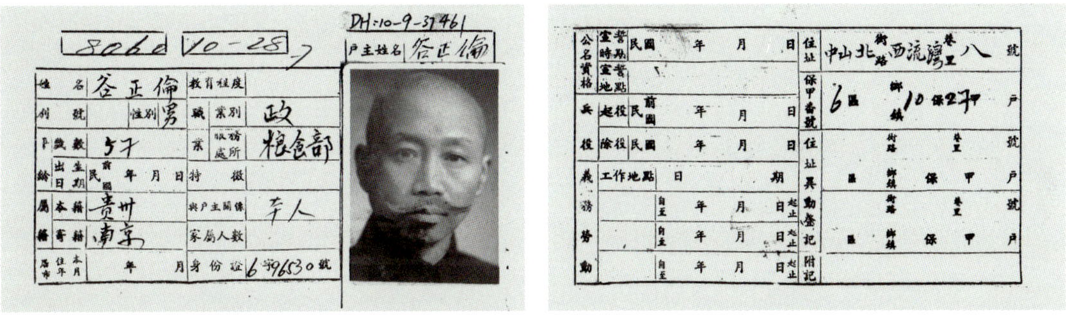

粮食部部长谷正伦户籍卡

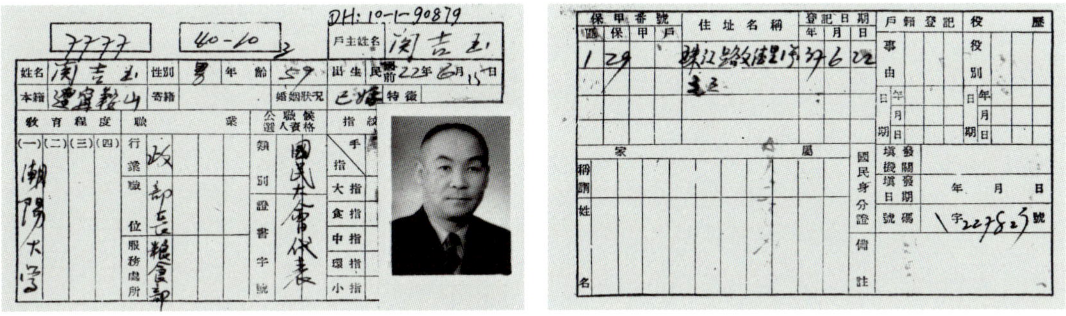

粮食部部长关吉玉户籍卡

1946 年 5 月，粮食部随行政院迁回南京，与行政院同在一个院内办公。中山北路 252 号、254 号行政院旧址在抗战前是国民政府铁道部所在地。南京沦陷后，这里成为汪伪铁道部和交通部的办公地点。

粮食部办公大楼坐落在行政院办公楼的西北侧，主楼高三层，属于仿明清

粮食部背影

宫殿式建筑，由华盖建筑师事务所童寯等人于1936年6月17日设计；主楼之后还有两层宫殿式大屋顶楼房一幢，平顶楼房一幢，此外，还有平房两座，活动室五座，以及饭厅、车库等附属设施。

1946年10月31日，徐堪调任他职，谷正伦接任部长，他于1947年3月将粮食部内部机构改组为储备司、分配司、财务司、人事处、会计处、统计处、督导处、田赋署、仓库管理处、储运处。他采取强硬措施，取缔粮食囤积，试图稳定粮价，但收效甚微。此后，俞飞鹏、关吉玉相继出任粮食部部长，但都未能解决军粮民食问题。1948年11月，南京甚至发生抢米风潮，首都卫戍总司令部出动大批军警才将事态平息。

1949年3月，行政院将粮食部缩编为田粮署，隶属于财政部，办理掌管全国田赋及粮政事宜。不久，南京解放，国民政府粮食部成为历史。

军政部·联合勤务总司令部

军政部和联合勤务总司令部位于南京三牌楼，即今天的中山北路212号，现为中国人民解放军江苏省军区南京第二十二离职干部休养所。

军政部·联合勤务总司令部

军政部

军政部部长冯玉祥

国民政府军政部成立于1928年11月，直隶行政院。成立之初，该部掌理全国陆海空军行政事宜，设有部长一人，政务次长、常务次长各一人。冯玉祥、鹿钟麟、何应钦、陈诚先后担任军政部部长。

军政部内设总务厅、陆军署、海军署、航空署、军需署、兵工署等机构。1929年6月，海军署改组为海军部，直隶行政院；1933年8月，航空署改隶军事委员会，至此，军政部实际只负责陆军行政事宜；1935年1月，撤销陆军署，军政部内设机构调整为总务、军务、交通、军法四司，军需、兵工二署及会计长办公处。

1937年7月全面抗战爆发后，军政部名义上隶属于行政院，实际上受军事委员会直接指挥。何应钦在全面抗战爆发前后，担任军政部部长，是国民政府内部的实力派人物。

冷少农

雨花英烈冷少农曾经潜伏在军政部部长何应钦的身边。冷少农（1900—1932），原名冷肇隆，贵州瓮安人。1917年，考入贵州公立法政专门学校。在校期间，积极参加爱国运动。1925年，赴广州投身革命，报考黄埔军校。毕业后，加入中国共产党。曾担任黄埔军校政治部主任周恩来的办公室秘书。大革命失败后，冷少农根据周恩来的指示，隐蔽中共党员身份，到南京从事地下工作，在南京石将军巷10号建立中共地下联络站，利用各种关系收集情报，发展国民党中具有进步思想的军人加入中国共产党。他一度担任军政部部长、陆军总监部总监何应钦的秘书，为中央红军取得三次反“围剿”胜利发挥了重要作用。1932年3月，南京地下党联络站被敌人破获，冷少农因叛徒出卖被捕；同年5月，牺牲于雨花台。

1932年10月15日，中共创始人和早期领导人陈独秀（1879—1942）在上海被捕入狱，18日，被押解至南京，关押在南京羊皮巷军政部军法司。蒋介石原打算对陈独秀进行军法审判，予以严惩。由于国外著名人士如杜威、罗素、爱因斯坦等人的呼吁，不得不改变主意，移交法院审判。25日下午3时，军政部部长何应钦让军法司司长王震南请陈独秀到军政部会客厅。何应钦告知陈独

秀蒋介石来电内容，不会对陈独秀进行军法处置，将由法院公开审判，以示司法独立之尊严。陈独秀表示感谢。何应钦问陈独秀："对赣鄂共产党暴动情况，你可知道详细情况？"陈独秀答："均为干部派指挥，与我无关。"何应钦请陈独秀谈谈他的"托派"活动和政治主张，陈独秀表示赞成开国民会议解决中国的大政问题并主张武装民众抗日，认为联俄抗日比联英美有利。何、陈谈了两个小时。会谈结束时，何应钦请陈独秀题字留念，陈独秀挥毫写下了"三军可夺帅匹夫不可夺志也"12 字，以表达自己的铮铮铁骨。在场的国民党青年军官们乘机也纷纷请陈独秀写字作为纪念，陈独秀相继写下了"先天下之忧而忧后天下之乐而乐""莫等闲白了少年头"等。①

1937 年 12 月南京沦陷后，军政部成为东史郎所在的侵华日军部队的驻地。②

1946 年 6 月，国民政府军事机构改组，军政部被裁撤。

联合勤务总司令部

1946 年 6 月，国防部下辖的联合勤务总司令部成立，简称"联勤总部"，部址就设在军政部旧址。

1946 年，国民政府根据美国顾问的建议，对军事机构进行改组，将原后勤总部和军政部所属的军需署、兵工署、军医署三家单位合并改组，成立联合勤务总司令部，以统一办理陆海空军补给及其他勤务。联勤总部受参谋总长直接指挥，设总司令一人、副总司令二人（后增为四人），

军政部大门（1932 年，Viktor Mussik 拍摄）

陳獨秀軍政部揮毫

三軍可奪帥匹夫不可奪志也 獨秀

1932 年 10 月 25 日陈独秀在军政部挥毫题字

① 庞瑞垠著：《陈独秀在狱中》，香港文学报出版社 2019 年 5 月版。

② ［日］东史郎著：《东史郎日记》，江苏教育出版社 1999 年 4 月版。

日军占领军政部

日军最高指挥官畑俊六在军政部前阅兵

参谋总长一人、副参谋长二人，下辖一室八署十三处和一个宪兵司令部。一室为总司令办公室；八署为运输署、通信署、经理署、财务署、兵工署、工程署、军医署、特别勤务署；十三个处为人事处、情报处、勤务处、补给处、训练处、研究发展处、总务处、监察处、军法处、政工处、预算处、副官处、抚恤处。第一任总司令是黄镇球，第二任总司令是郭忏。1948 年 8 月，联勤总部撤销，所属机构划归国防部直接管辖。

军政部 · 联合勤务总司令部大门

军政部和联勤总部部址，原来建有钢筋混凝土结构的西式楼房6幢182间，西式平房39座123间，厕所7间，厨房11间，洗衣台3座，油库1座，瞭望台1座5间，合计328间。20世纪末，这些建筑物相继被撤除。如今，仅存西式大门门楼一座。门楼为三开间，砖砌，中间为一拱券门，高8米，宽3.5米，进深4米；两侧各辟有一个长方形边门。整个大门门楼造型典雅，美观大方。

2006年6月，国民政府军政部和联合勤务总司令部旧址被列为第三批南京市文物保护单位。

资源委员会

国民政府资源委员会位于中山北路 200 号（原虹桥 20 号），现为南京工业大学虹桥校区。

1932 年，蒋介石在钱昌照等人的倡议下，决定设立一个国防设计机构。11 月 1 日，国民政府资源委员会的前身——国防设计委员会正式成立。它隶属于国民政府参谋本部，该会设委员长一人，管理全会事务，由军事委员会委员长蒋介石兼任；设秘书长、副秘书长各一人，承委员长之命管理委员会的事务。由翁文灏任秘书长，钱昌照任副秘书长，内设机构有秘书处、调查处、统计处、专员室。国防设计委员会邀请了国内知识界、实业界数十名高层人物为该会委

资源委员会大门

员，又聘请了200名各界专家学者担任专员，分为军事、国际关系、经济及财政、原料及制造、运输及交通、文化、土地及粮食七组，分别负责相关部分的情况调查与国防设计事宜，开始对日经济备战工作。

1935年4月，国防设计委员会与兵工署资源司合并改组成资源委员会，直接隶属于国民政府军事委员会。资源委员会设有委员长一人、委员48人，秘书长、副秘书长各一人。蒋介石继续担任委员长，翁文灏继续担任秘书长。其工作重心也由国防调查与设计，改为创办与国防有关的工矿事业。这时的资源委员会内部机构有秘书厅，厅下设秘书、设计、调查、统计四处和专员、矿业、冶金、电气四室。主要职能有三个方面：一是关于资源的调查研究；二是关于资源的开发；三是关于资源的动员。从这时起，资源委员会由前期的调查研究阶段逐步过渡到重工业建设阶段。

1936年初，在广泛调查基础上，资源委员会组织相关专家，根据国防需要和可能的经济力量，研究制订了一个《重工业五年建设计划》，同年7月开始付诸实施。经过一年多的时间，成立厂矿单位21家，其中包括煤矿、石油矿、铁矿、铜矿、铅锌矿、锡矿、金矿、炼钢厂、炼铜厂、钨铁厂、机器制造厂、电工器材厂、无线电机制造厂、电瓷制造厂、水力发电厂等。当时从国防角度考虑，这些厂矿都分布在湖南、湖北、江西、云南、四川、青海等省，沿海地区一个也没有。

1937年日本发动全面侵华战争后，为建立巩固的后方经济基础，支撑持久抗战，翁文灏出任负责国防工业的军委会第三部部长兼工矿调整委员会主任委员，负责组织和协助组织沿海重要厂矿西迁。

1938年3月，资源委员会改隶于国民政府经济部，设主任委员、副主任委员各一人，由翁文灏兼任主任委员，钱昌照担任副主任委员。内部机构设有秘书、电业、工业、矿业四处，会计、技术、购料和经济研究四室。主要职能变化为：一是创办和管理经营基本工业；二是开发和管理经营重要矿业；三是创办和管理经营电力事业。翁文灏除了担任资源委员会主任委员外，还担任经济部部长、工矿调整处处长、战时生产局局长、行政院副院长等，全面主持西部大后方经济建设，为战时西部开发做出了重要贡献。①

① 李学通：《翁文灏与民国时期的西部开发》，收入张海鹏主编《中国历史上的西部开发——2005年国际学术研讨会论文集》，商务印书馆2007年8月版。

资源委员会大门与主任委员翁文灏

1941 年的翁文灏

全面抗战时期，在翁文灏主持下，资源委员会在广东、广西、云南、四川、西康、陕西、甘肃、青海、新疆等省兴办了一系列厂矿。为此，翁文灏曾亲赴西南、西北各省，与地方实力派，如广东的李汉魂，广西的李宗仁、黄旭初，云南的龙云，四川的邓锡侯，西康的刘文辉，陕西的熊斌，青海的马步芳，甘肃的谷正伦，新疆的盛世才等，当面协商。所办厂矿有的由资委会独办，有的则会省合办。合办者一般由资委会投资，亏损由资委会承担，如有盈余则会省双方平分。通过推动西部地方经济的发展，不仅增强了中国抗战的经济力量，也给地方实力派以看得见的实惠，扩大地方与中央的联系，加强他们的向心力。

1945 年日本投降。1946 年 5 月，资源委员会直隶于国民政府行政院，钱昌照担任委员长，孙越崎担任副委员长。内设机构改为业务委员会和秘书、财务、总务、会计四处，参事、人事、统计三室。资源委员会除了管理重工业外，还管理轻工业的糖、纸两个部门。至 1947 年 4 月，资源管理委员会下辖有电力、煤炭、石油、金属矿、钢铁、机械工业、电器工业、化学工业、制糖业和造纸业 10 个部门、111 个单位。直到 1949 年，基本上没有太大变动。1949 年 4 月，资源委员会又归隶于经济部。这一阶段，担任过资源委员会委员长的有钱昌照、翁文灏和孙越崎。

资源委员会在南京建立的工厂有中央无线电器材厂（今熊猫电子集团前身）、中央有线电厂（今紫金集团前身）、中央电工器材有限公司南京电照厂（今华

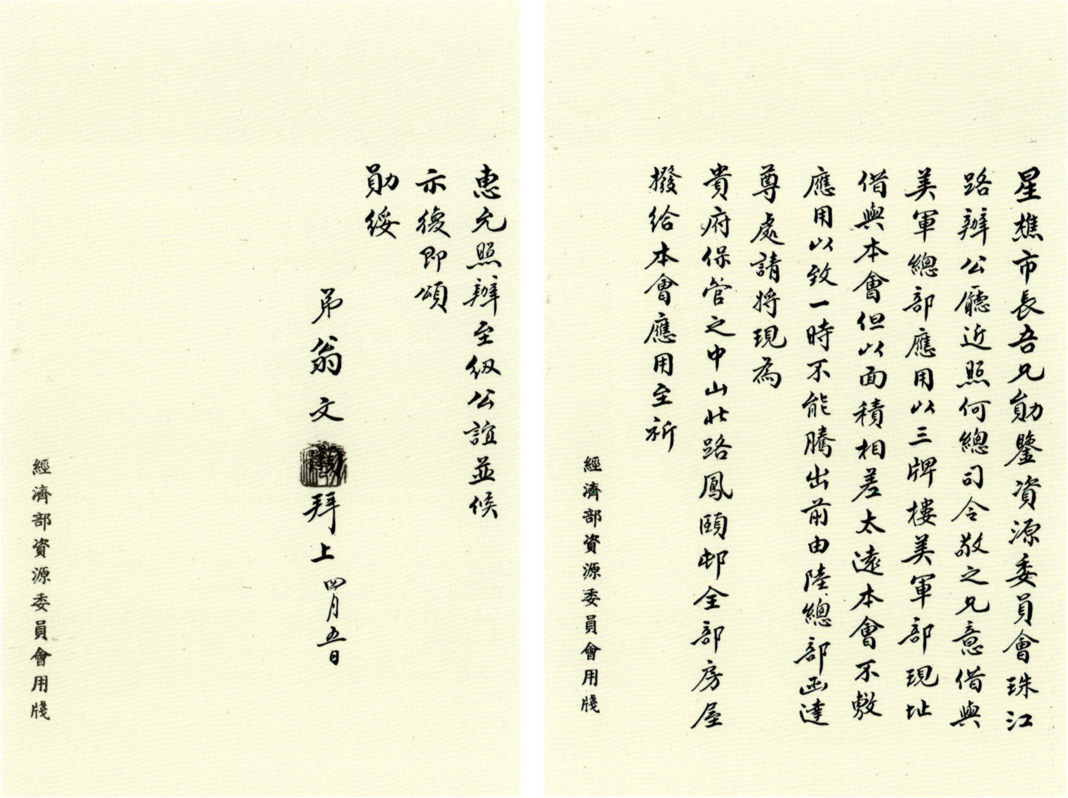

星樵市長吾兄勛鑒：資源委員會珠江路辦公廳近照何總司令敬之兄意借與美軍總部應用，以三牌樓美軍部現址借與本會，但以面積相差太遠，本會不敷應用，以致一時不能騰出。前由陸總部函達尊處，請將現為貴府保管之中山北路鳳頤邨全部房屋撥給本會應用，至祈惠允照辦，至紉公誼。並候示復。即頌勛綏。

弟翁文灝拜上 四月五日

經濟部資源委員會用箋

抗战胜利后，翁文灏致马超俊市长的信

东电子集团前身）、中央电瓷厂（今南京电气集团前身）、中央化工厂等，在当时均属高科技的电力电子、化工工业企业。[①]

抗战前，除军需、铁路等工业外，国营工矿业极为有限。抗战前夕，从资源委员会开始，国民政府才开始着手国营工业的创办。全面抗战爆发后，各省政府亦纷纷组设工厂。同时，国家银行亦逐渐投资于实业。以行业而论，公营占绝对优势者为冶炼、水电、电器制造、机器制造及化学工业，民营占绝对优势者为金属品、木材及建筑、服饰品、饮食品、文化及杂项等工业。公民营相差无几的是纺织及土矿品工业。由此可见，公营企业还是以重工业和基本工业为主，民营以轻工业为主。[②]

民国时期，资源委员会管理着全国近千个大中型厂矿企业及70多万名员工。

全面抗战前的资源委员会办公地点设在南京三元巷2号国民革命军总司令部旧址，现已难觅遗踪。抗日战争胜利后，资源委员会迁到中山北路200号（原

---

① ［民国］书报简讯社编：《南京概况（秘密）》，南京出版社2011年1月版。

② 李学通：《翁文灏与民国时期的西部开发》，收入张海鹏主编《中国历史上的西部开发——2005年国际学术研讨会论文集》。

中央化工厂全景（摄于 1947 年）

1949 年新中国成立初期的南京电瓷厂（原中央电瓷厂）

虹桥 20 号）。该处资源委员会旧址的大门朝西南，朝向与中山北路垂直。大门为单开间的门楼，砖木结构，顶覆绿色琉璃瓦。门楼左右两个立柱内各设有一个门卫室。大门内左右两侧各有一个警卫亭，警卫亭为砖木结构，庑殿顶，顶覆绿色琉璃瓦，梁枋均施以彩绘。如今只有西北侧的警卫亭尚存。资源委员会的办公楼建于 1947 年，由建筑师杨廷宝设计（华盖建筑师事务所童寯等人也曾

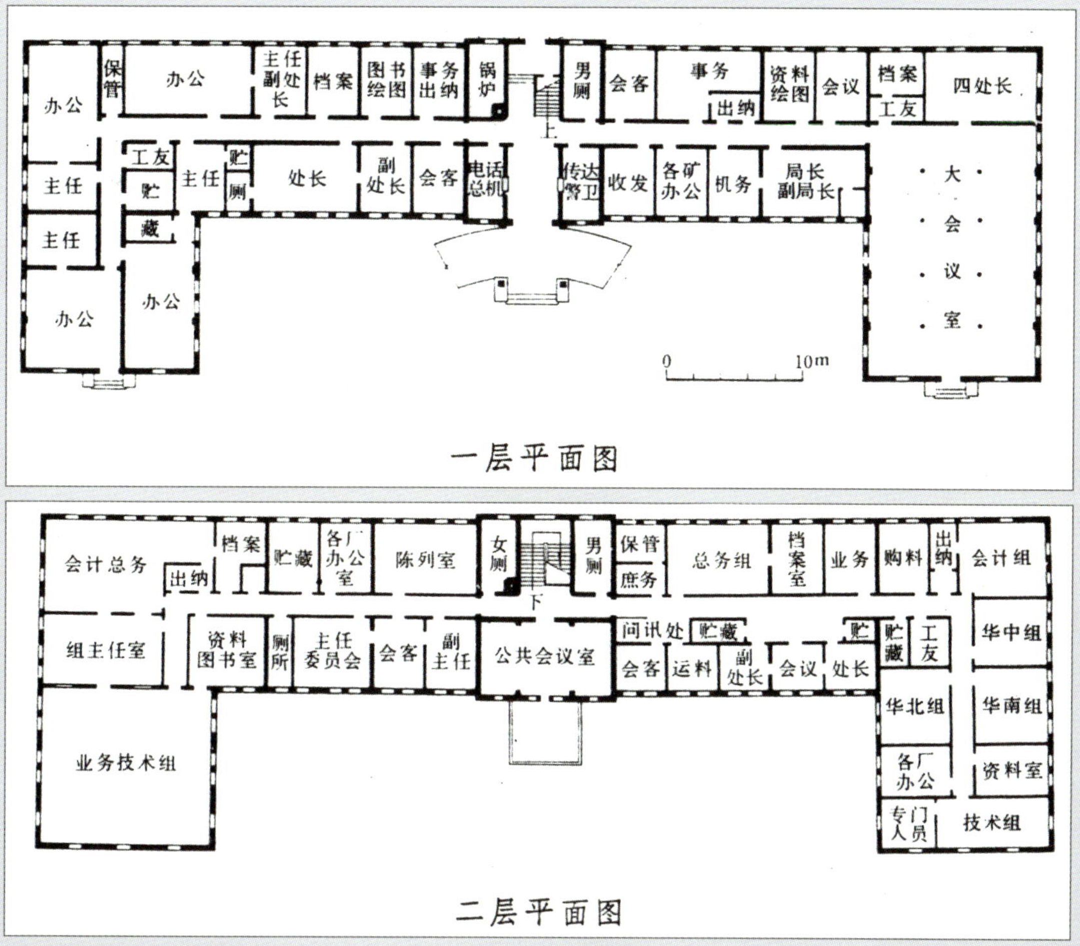

资源委员会办公楼平面图

资源委员会大门外景

资源委员会办公楼

资源委员会大门内景

设计过一套方案，不知何故未被采用）。大楼面朝东南，平面呈“凵”形，高两层，混合结构，红砖墙，坡屋顶，上覆灰色水泥板瓦；室内木地板，木楼梯。其余的建筑物也都是这种风格。

2006 年 6 月，资源委员会旧址被列为第三批南京市文物保护单位。

蒙藏委员会

蒙藏委员会办公地址坐落在南京市秦淮区九条巷 8 号（原为曾公祠 4 号）曾公祠内，这里原是清朝政府为纪念镇压太平天国“有功”的湘军首领曾国荃（1824—1890）而建立的祠堂，现为南京市钟英中学校本部北校区。

曾公祠大约建于 1890 年，为三进砖木结构的清式建筑，坐北朝南，长 99 米，宽 51 米，占地面积 5049 平方米。第一进面阔五间，前墙为一座高十余米的“八”字形雕花砖砌牌楼，庑殿顶，小瓦屋面，檐口下为砖雕斗拱，牌楼中嵌竖额，原书“曾公祠”三字，已被磨去。牌楼前接有方形的水泥门廊，以两根爱奥尼亚风格的圆柱支撑，系民国时期加建，用作避雨遮日。第一进之后，院子的东西各有五间偏殿。第二进面阔五间，为正殿。第二进之后，院子的东西各有七间厢房，进深、面阔较小。第三进为大殿，面阔五间，22.5 米；进深九檩，14.5

蒙藏委员会现为南京市钟英中学

蒙藏委员会（钟英中学曾公祠校区，陈华安摄影）

米。硬山顶，小瓦屋面。

国民政府蒙藏委员会成立于1929年2月1日，隶属于行政院，负责掌管蒙古、西藏地方的行政及各种兴革事项。该会设有主任委员一人、副主任委员一人，委员九至十五人。阎锡山、马福祥、石青阳、黄慕松、林云陔、吴忠信、罗良鉴、许世英、白云梯、关吉玉、周昆田先后担任委员长。

蒙藏委员会内部机构有总务、蒙事、藏事三处。其中总务处下设四科，分别掌管文书、统计、会计、庶务等事物；蒙事处设三科，分别掌管有关蒙古的财政、军事、外交、教育、卫生、宗教、司法、农矿、垦牧、工商、交通等事务；藏事处设三科，分别掌管有关西藏财政、军事、外交、教育、卫生、宗教、司法、农矿、垦牧、工商、交通等事务。此外，还设有秘书、参事和专门委员。该会先后设置的直属机构有驻平办事处、蒙藏招待所、北平蒙藏学校、驻藏办事处等；指导机关有西陲宣化使公署、蒙旗宣化使公署等；监督指导机关有蒙古各盟旗联合驻京办事处、西藏班禅

蒙藏委员会大门与主任委员许世英

驻京办事处等。

1929 年 2 月 1 日，蒙藏委员会成立后就设在南京曾公祠。

全面抗战爆发前，蒙藏委员会西迁。

1938 年 3 月 28 日，汉奸梁鸿志在日本侵略者的授意下，在南京成立“中华民国维新政府”这一傀儡政权。4 月，大汉奸常玉清在此成立特务组织——安清同盟会，专为日军收集情报。

1945 年日本投降后，蒙藏委员会迁回南京曾公祠原址办公。1949 年 11 月，蒙藏委员会结束历史使命。1954 年，成立于 1904 年的钟英中学迁至曾公祠。1956 年，改为公立学校，更名为南京市第二十三中学。2000 年 3 月，与南京三中合并，改称南京三中初中部。2004 年 4 月，更名为南京市第三初级中学。2014 年 5 月，恢复南京市钟英中学校名。

蒙藏委员会大门旧影

1982 年，曾公祠被列为南京市文物保护单位。2018 年，入选由中国文物学会、中国建筑学会联合评选的“第三批中国 20 世纪建筑遗产项目”。

最高法院

最高法院是民国时期全国的终审审判机关，成立于1927年11月，最初隶属于国民政府。1928年10月，国民政府实行五院制后，改隶于司法院。最高法院设院长一人，掌管院务，但不得指挥审判。历任院长为徐元诰、林翔、居正、焦易堂、夏勤、谢瀛洲等。

最高法院设有民事庭、刑事庭、书记厅、会计室、统计室、人事室和设计考核、律师惩戒复审、法规讨论等委员会。最高法院根据三级三审终审制原则，负责审理不服各地高等法院及其分院第一判决而上诉的刑事案件，不服各地高

最高法院主楼

最高法院鸟瞰

最高法院鸟瞰（王腾拍摄）

最高法院大门（上）和主楼（下）

等法院及其分院第二判决而上诉的刑事、民事案件，不服高等法院及分院裁定而抗告的案件，以及非常上诉案件及复判特种刑事案件和二审裁判的再上诉案件，对全国性重大案件作一审终审判决。

最高法院最初在南京汉中路附近一所教会学校旧址办公。1932 年 7 月 1 日，最高法院以房屋陈旧、工作不便为由，向司法院呈请择地兴建办公大楼。于是在中山北路南侧购地 28.3865 亩（约 1.8923 万平方米）。同年，最高法院办公大楼由建筑师过养默设计，东南建筑公司施工，1933 年 5 月落成。

新落成的最高法院位于中山北路 251 号（今 101 号），其设计独具匠心。最高法院的院门面朝中山北路，入口处是一个拱形门洞，门洞上方嵌国民党党

徽一枚和“最高法院”四字；门洞两边以矮墙环绕。进入院门后，是一个不太大的院落。院子中央有一个圆形水池，水池中间建有一座碗形喷泉，使人过目难忘。这座碗形喷泉寓意“一碗水端平”。绕过水池，便来到主楼的入口。

主楼是一座西式风格的建筑，高三层，钢筋混凝土结构，占地面积1703.19平方丈，共有276间办公用房，一般认为属于西方现代派风格。[①] 主楼入口处正上方嵌有竖书的“最高法院”四字。主楼从空中俯视呈“山”字形，寓意“执法如山”。进入大楼后，在底层走道正中天井里仰视时，可以见到一个方形玻璃天窗，天窗既起到了采光的效果，又可以使人们看到蓝天，这种设计寓意“明镜高悬”。另外还有砖木结构的中式楼房和平房以及防空洞等建筑。

在这里办公的除了最高法院外，还有共同隶属于司法行政部的最高法院检察署。最高法院与最高法院检察署在全面抗战期间迁往重庆，抗战胜利后迁回中山北路原址办公。1949年4月结束使命。1950年9月至1967年3月，这里曾为南京市中级人民法院院址。

最高法院对于许多案件的终审都有欠公允。如1932年10月15日中共创始人和早期领导人陈独秀在上海被捕入狱，先后被关押在南京羊皮巷军政部军法司和白下路江宁地方法院看守所。1933年4月14日、4月15日，江苏高等法院借用南京白下路江宁地方法院第二审判庭，先后两次对陈独秀等人进行开庭审理，审判长是胡善偁。4月20日上午10时40分，第三次开庭地点设在最高法院，检察官朱儁以“危害民国罪”提起公诉，陈独秀昂然抗辩，予以驳斥；著名律师章士钊为陈独秀的辩护更是精彩绝伦，法庭辩论直到下午6时35分才结束。六天后，即4月26日，最高法院以“危害民国罪”判处陈独秀、彭述之有期徒刑13年，褫夺公权15年。陈独秀等人当即表示不服判决，口头声明提出上诉。5月27日，陈独秀收到江苏高等法院的判决书后，亲笔写出上诉书，指出法院判词“于理于法，两俱无当”，所以不服而要求上诉。随后通过律师将上诉书递交给最高法院。1934年6月30日，最高法院作出终审判决，撤销原审判决陈独秀等人的褫夺公权部分，仍认定陈独秀、彭述之犯有“以文字为叛国之宣传”之罪，驳回上诉，将陈独秀等人的有期徒刑13年减轻为8年。之

① 汪晓茜著《南京历代经典建筑》一书认为该建筑属于西方新古典主义与现代主义之间的装饰艺术风格（Art-Deco）；周琦等著《南京近代建筑史》一书也认为该建筑立面采用装饰艺术风格（Art-Deco），中间塔楼利用竖向线条和两侧的细长窄窗来营造崇高威严的气势。

最高法院主楼前的喷水池

最高法院主楼

最高法院大门

后，陈独秀等人由江宁地方法院看守所被移送到老虎桥江苏第一模范监狱，直到 1937 年 8 月 23 日才提前获释。

在审理汉奸案方面，最高法院均作出了较为公正的判决，使一个个卖国汉奸基本上都得到了应有的惩罚。对于被各地高等法院判处死刑的汉奸所提出的上诉，最高法院据实予以驳回，维持原判，维护了法律的尊严。抗战胜利后的几年间，最高法院先后终审判决汪伪国民政府立法院副院长缪斌（1902—1946）、汪伪立法院院长（汪精卫死后任伪行政院院长、伪国民政府代主席）陈公博（1892—1946）、汪伪中央执行委员会常委兼中央党部组织部部长梅思平（1898—1946）、汪伪中央宣传部部长林柏生（1902—1946）、汪伪行政院副院长兼外交部部长褚民谊（1884—1946）、伪维新政府行政院院长（后任汪伪国民政府监察院院长、立法院院长）梁鸿志（1883—1946）、汪伪南京特别市市长周学昌（1898—1948）、汪伪考试院院长（后任华北政务委员会委员长兼内务总署督办）王揖唐（1877—1948）等大汉奸死刑，执行枪决。另外，还判处汪伪司法行政部部长罗君强（1902—1970）无期徒刑，褫夺公权终身。

提到最高法院，不能不提到全面抗战期间在最高法院门口，曾经发生过这样一桩令人刻骨铭心的血腥事件。据侵华日军第十六师团步兵第二十联队第一

大队第三中队士兵东史郎以战地日记为蓝本撰写的《我的南京步兵队》一书记载：1937 年 12 月 21 日，在最高法院门口，东史郎的战友西本将抓来的一个中国人装在邮袋里，系上袋口，浇上汽油，点火燃烧。袋中的中国人被烧得拼命挣扎，袋子在地上滚来滚去。西本大声叫好。然后，西本又在邮袋上系上两颗手榴弹，连同邮袋扔进最高法院门口对面的水塘中。手榴弹爆炸了，袋中的中国人被活活炸死。① 东史郎的这一真实记载，引起了国际社会的极大反响，同时，将侵华日军永远地钉在了历史的耻辱柱上。

1992 年，最高法院旧址被列为南京市文物保护单位。2001 年，被列为全国重点文物保护单位。

① ［日］东史郎著：《我的南京步兵队》，日本青木书店 1987 年 12 月版。

中国国民党中央监察委员会

中国国民党中央监察委员会位于南京市中山东路313号（原中山东路445号），1949年4月南京解放后成为南京军区档案馆所在地。它东望南京博物院（原国立中央博物院），西望中国第二历史档案馆（原国民党中央党史史料陈列馆，俗称“西宫”），其位置大致在明朝皇宫内的文华殿遗址上，故俗称“东宫”。

中央监察委员会是中国国民党的最高监察机关，1924年始设。其职权如下：（1）党纪审议。决定各级党部或党员违纪之处分。（2）党政考核。（3）财务稽核。稽核本党经费。审查全国党务进行之情形。（4）监察本党党员之政治活动是否

中国国民党中央监察委员会大门

正在建设中的国民党中央监察委员会主楼（赵元任摄，《赵元任影记：好玩儿的大师》）

根据本党政纲政策。中央监察委员会议每半年开会一次。中央监察委员任期两年。在1924年选出的第一届中国国民党中央执行监察委员名单中，中央监察委员只有邓泽如、吴稚晖、李石曾、张继、谢持五人，另有候补中央监察委员五人。1927年国民政府定都南京后，于1929年选举了第三届中国国民党中央执行监察委员，这时的中央监察委员增至12人，候补中央监察委员增至8人。到1945年时，在选出的第六届中国国民党中央执行监察委员名单中，中央监察委员达到104人，候补中央监察委员达到44人。

中央监察委员会在常务委员会之下设秘书处，最初设置秘书长一人，文书（总务）、稽核、审查三科。1936年以后，改设秘书长一人，主任秘书一人，秘书两人，审查、稽核、总务等处，机要、专员等室，并先后设有审核委员会、党务工作考核委员会、财务稽核委员会。

根据国民党的组织架构设计，中央监察委员会与国民党中央执行委员会共同构成国民党中央，因此，中央监察委员会有权对国民党中央相关事务提出质询乃至弹劾。实际上，国民党中央监察委员会在国民党执政大陆期间，基本上未能发挥其作用。国民党退到台湾后，1950年8月，中央监察委员会撤销。

中央监察委员会旧址占地面积578212平方米，共有房屋12幢90间。由基泰工程司杨廷宝建筑师设计，陶馥记营造厂承建。其建筑由一组仿明代宫殿式

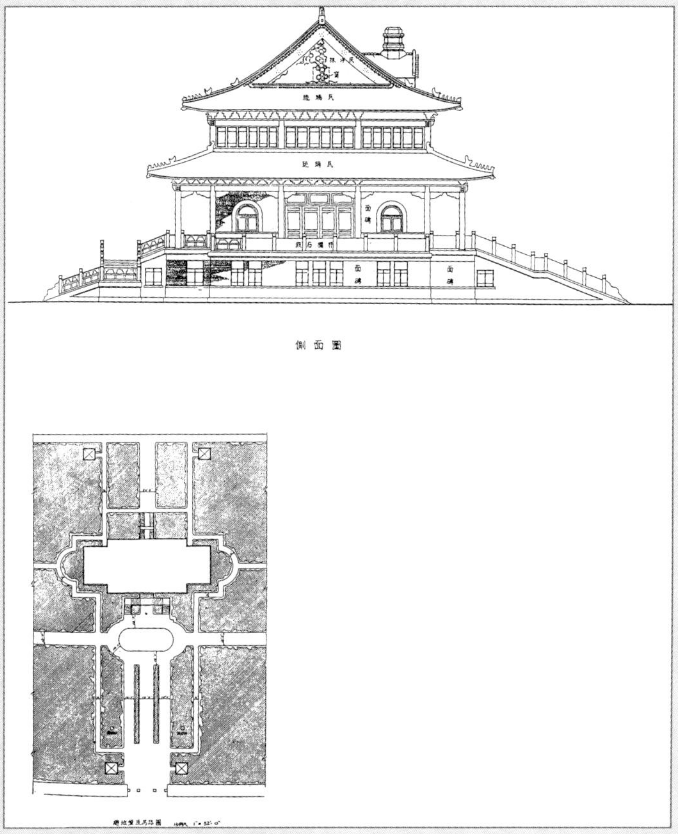

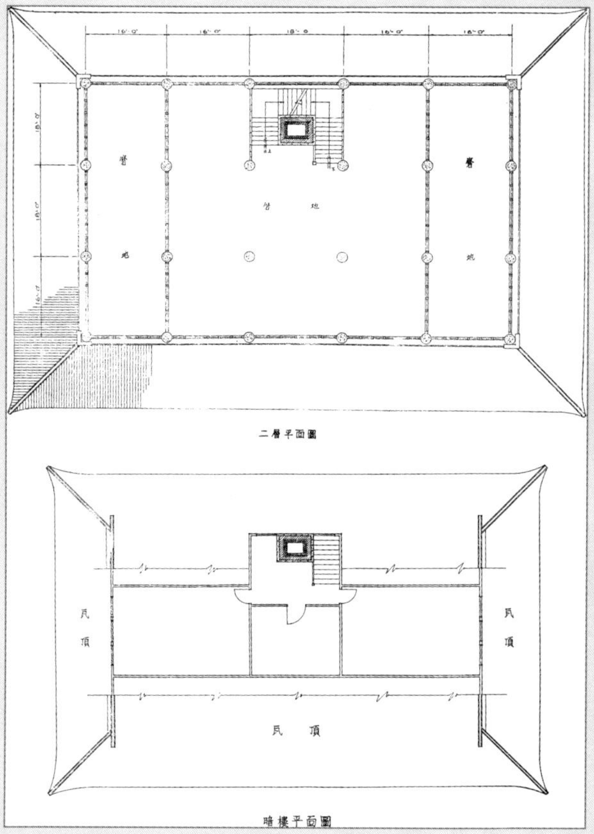

中央监察委员会主建筑侧面图（上）、总地盘及马路图（下）　　中央监察委员会主建筑二层、暗层平面图

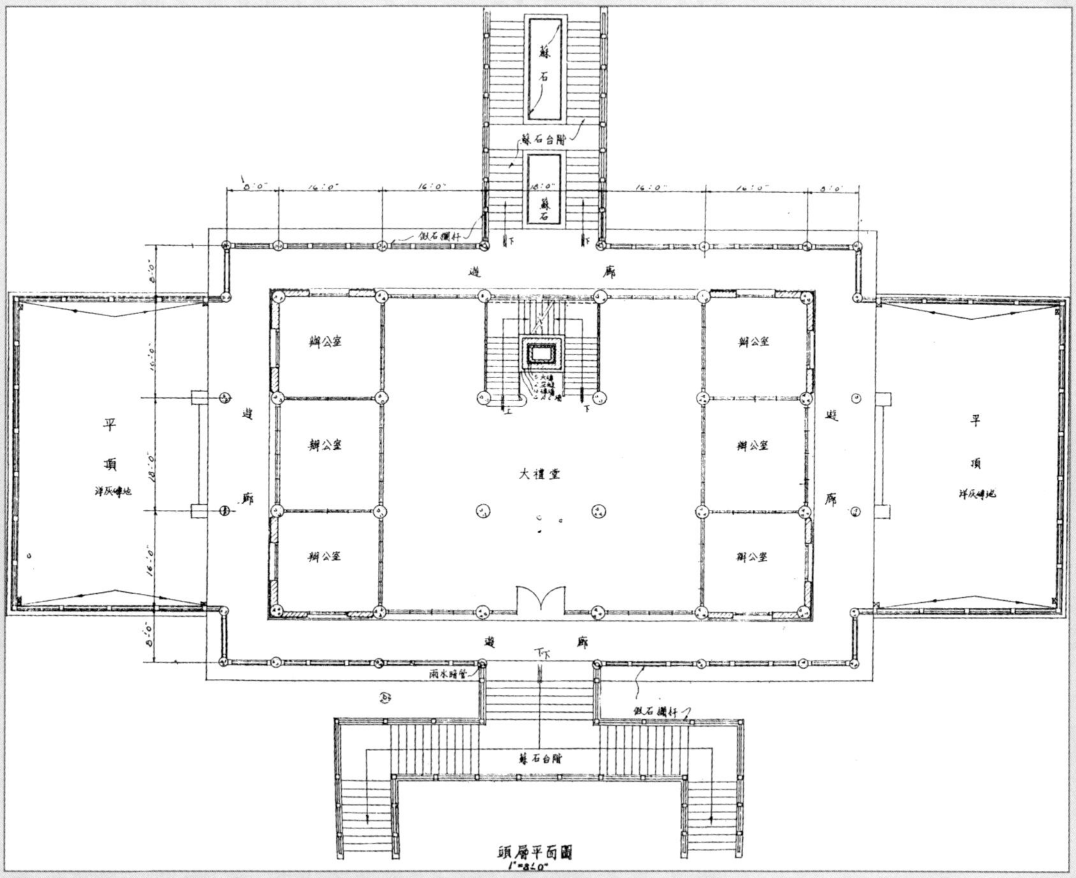

中央监察委员会主建筑头层平面图

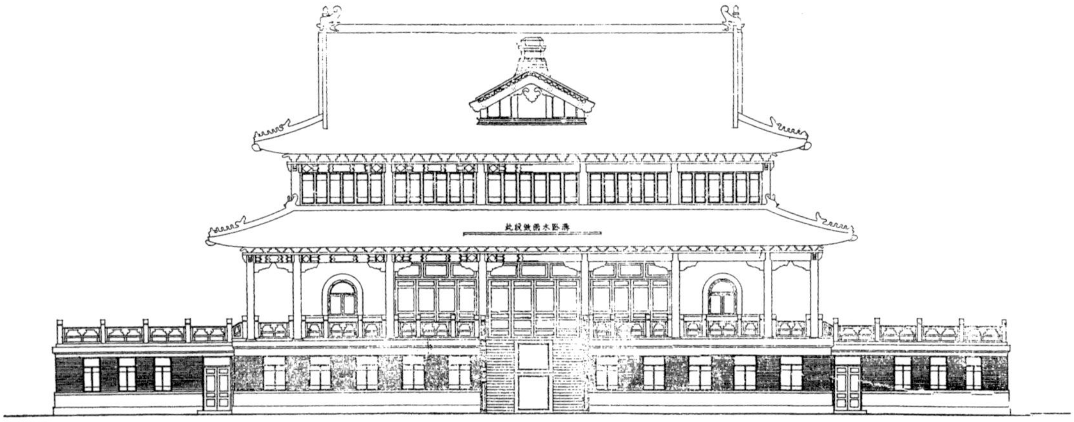

中央监察委员会主建筑正立面图

建筑及围墙、大门、警卫亭组成，规模和式样与中国国民党中央党史史料陈列馆相似。平面布局为南北向，建筑主轴线与中山东路垂直，轴线东西两侧对称。主建筑周围有水泥道路环绕，东西呈半圆形；南部为一个大庭院，设有绿岛花坛，植有苍松翠柏。

大门为一座三开间的牌楼式建筑，三楹四柱，钢筋混凝土结构；庑殿顶，上覆深绿色琉璃瓦；额枋旋花彩绘，仿木斗拱形式；柱座为莲花图案的假石饰面，仿佛是须弥座。中门两边柱子上各安装有一盏仿古宫殿式铜制壁灯。大门正面横额上有国民政府监察院院长、著名书法家于右任题写的“民国二十六年一月中国国民党中央监察委员会 右任”22 个字，背面横额上是蔡元培题写的“柔亦不茹刚亦不吐”八个大字。

大门内左右两侧，建有两座相互对称的警卫亭。它们造型相同，平面为方形，四角攒尖仿木结构屋顶，上铺深绿色琉璃筒瓦，顶尖呈杵头状，拱券门窗，墙体用深黄色缸砖砌筑。在主建筑北面的相应位置，也有两座造型完全相同的警卫亭。

主建筑高三层，钢筋混凝土结构，宫殿式建筑，重檐歇山顶，深绿色琉璃瓦屋面。屋顶后部建有人字形老虎窗和通风口。檐口部分仿木斗拱，红漆圆柱，梁额彩绘，棱花门窗。外墙面用深黄色缸砖砌筑，坚固美观。主建筑底部是一层平顶承台，四周围以云纹假石栏杆。承台南北分别建有人字形楼梯。在建筑物的东南墙角处还镶嵌着一块当年的大理石奠基碑，碑长约 0.66 米，宽约 0.44 米，其上竖刻国民党元老吴稚晖的 35 个题字：“中华民国二十五年三月二十九日中国国民党中央监察委员会奠基纪念　吴敬恒谨篆”。该楼于 1936 年 3 月开工，

中国国民党中央监察委员会大门（着色明信片）

中国国民党中央监察委员会（着色明信片）

1937 年 2 月竣工，建筑费用 24.2 万余元。

1927 年中国国民党中央监察委员会迁到南京后，最初的办公地点在中国国民党中央党部（今湖南路 10 号）大院内，1937 年初迁到新落成的中山东路新址办公。

全面抗战期间，中央监察委员会随国民政府西迁重庆，这里成为汪伪“经

中央监察委员会主建筑

日军占领中央监察委员会

日伪时期的经理总监部（赫达·哈默尔摄，《南京》，1945 年版）

理总监部”所在地。

抗战胜利后，中央监察委员会迁回南京原址办公。

目前，这幢建筑物保存良好，现为东部战区某军事单位房产。

1992 年，中国国民党中央监察委员会旧址被列为南京市文物保护单位。2001 年 6 月 25 日，被列为全国重点文物保护单位。

中国国民党中央执行委员会青年部

在南京市鼓楼隧道的南入口处西侧，今南京大学医学院附属鼓楼医院新大楼门前，有一座三开间的大门，这就是中国国民党中央执行委员会青年部所在地。

中国国民党中央执行委员会青年部是国民党的中央党务机关。1924年2月，国民党一届一中全会以后，国民党中央执行委员会设立青年部，管理青年运动事宜。青年部设部长一人，秘书一人，干事若干人。1927年9月，设主任委员

中国国民党中央执行委员会青年部大门

中国国民党中央执行委员会青年部内侧

一人，委员若干人，秘书一人，内设机构有总务科、宣传科和指导科。1928年2月，中央青年部被撤销。

1938年3月，在武汉召开的中国国民党全国代表大会上，蒋介石以“革新”国民党为名，提议设立三民主义青年团（简称“三青团”）。同年7月9日，三民主义青年团在武汉成立，由国民党总裁蒋介石兼任团长，陈诚、张治中先后担任书记长（朱家骅一度代理书记长）。该团先后于书记长之下设秘书、组织、训练、宣传、社会服务、青年工作管理、女青年七处，视导、编审二室，法规审查、人事甄核、财务、体育运动指导、国防科学技术运动、文化建设运动、海外团务计划和设计考核八个委员会。此外，三青团还设有中央监察会、评议会等机构。

1947年9月，国民党六届四中全会决定，三青团与中国国民党合并，另设青年部作为国民党领导和组织训练青年的机构，工作的主要对象是学校的青年学生。同年10月，青年部正式成立。青年部设部长一人，副部长两人，秘书五人，内设机构有第一、二、三、四、五组，分管相关事务。部长为陈雪屏。

中国国民党中央执行委员会青年部主楼

1948 年 5 月 21 日、22 日，为了营救在纪念“五二〇”一周年活动中被捕的 4 名学生，国立中央大学、金陵大学、金陵女子文理学院的学生举行游行示威，他们愤怒地包围了青年部，并在青年部的大门横楣上用沥青涂写上“特务部”三字，还把“中国国民党中央执行委员会青年部”改写成“中国刮民党中央暴行委员会猜狞部”，在两旁的墙上涂满漫画、标语。学生代表向青年部部长陈雪屏提出立即释放被捕学生、惩办肇事者等要求。直到 22 日下午 4 名被捕学生获释后，游行抗议的学生方才离去。

青年部建筑群建于 1935 年，原门牌号码中山路 315 号（今中山路 291 号）。占地面积 2580 平方米，有钢筋混凝土结构的西式三层大楼一幢 52 间，西式二层大楼一幢 36 间，西式平房五座 26 间，砖木结构的中式平房一进 5 间，厕所 5 间，礼堂一幢，车棚 2 间，合计 124 间。该楼前有宽阔的大院，环境清静幽雅。1949 年新中国成立后，曾经是南京市红十字血液中心和中华医学会南京分会所在地。

中国国民党中央执行委员会青年部大门

21世纪初，这里还保存着大门和主楼一座。2004年12月，主楼被拆除。如今，青年部唯有大门仅存。大门坐西向东，为新民族形式的西式门楼，三开间，中门宽大，两边门狭小，平顶，檐口位置装饰有简化的斗拱。大门背面中间门楣上有蒋介石亲笔题写的黄埔军校校训“亲爱精诚”四字，多年来一直被水泥石灰覆盖，2001年4月被发现。如今水泥石灰被剥去，恢复了历史原貌。

宪兵司令部

宪兵司令部是国民党全国宪兵的最高统治和指挥机关，1931 年 1 月，由首都卫戍司令部与陆海空军总司令部宪警处合并组成。1946 年 6 月改隶国防部联合勤务总司令部后，宪兵司令部设司令、副司令、参谋长、副参谋长各一人。司令先后是谷正伦、贺国光、张镇。内设办公室、总务处、警务处、人事处、军械处、经理处、军医处和军法处。其职掌是：担任国家元首及国防部安全之警卫及紧急计划之实施；整饬军纪、防护军机、维护军益及镇压骚动；军人犯罪、军事犯罪及外事犯之调查、拘提、逮捕、侦讯及押解；查缉间谍、奸细；警防敌间之潜伏与活动；俘虏之管理、侦讯及押解；补给机构及补给秩序之维持；国防及治安秩序有关之事项。

1947 年 5 月后，宪兵司令部内部组织机构和职能略有变化。仍设司令、副司令、参谋长、副参谋长，下设司令办公室、第一处（人事）、第二处（情报）、第三处（勤务）、第四处（补给）、第五处（编训）、总务处、副官处、军医处、军法处和会计出纳科。其职掌是：负责军队中法律及秩序之维持及监督命令实施；保护军事人员及各项军事设施与军用物资之安全；调查、防止军人犯罪并逮捕逃亡官兵及军事人犯；管理军事交通并执行交通规则；关于战俘之搜集、警戒、输送、看管及疏散事宜；军人监狱及战俘集中营之管理及警卫；军机防护及有关情报之供给；奉有特殊命令时，对于社会治安之维持与暴动、扰乱之处理及镇压事宜；关于灾害区域生命财产之保护及平民、难民、侨民、雇用人员之疏散事宜。①

据中共南京地下党组织在南京解放前夕以化名“书报简讯社”编写的《南

① 韩文昌、邵玲主编：《民国时期中央国家机关组织概述》，中国档案出版社 1994 年 5 月版。

京概况（秘密）》一书记载：

宪兵司令部

宪兵司令部系属于联勤总部系统下之特种单位，统辖全国之宪兵部队。本部内设十处、三十五科、三所、一室，共有官佐八百九十四名。其下配属之宪兵计有二十七个团，八个独立营，分驻于全国各地，受该地战区司令部、警备司令部之节制。另设一宪兵学校训练干部。

宪兵司令部之职掌，主要负责军队中纪律及秩序之维持，军事交通之管理，及秘密进行各项特务工作（如特高组）。

因南京军政云集，故驻防之宪兵颇多，计有四个团，另三个营，及一特务营。估计约有官佐七百余名，士兵八千八百余名。司令部驻于南京瞻园路一二〇号（笔者按：应为 122 号），据最近消息，该部准备迁往广州。①

宪兵司令部与中统局关系密切。中统特务顾建中、季源溥担任宪兵司令部稽查处政治督察，与该处督察共同负责侦破共产党地下组织，搜捕其工作人员和各界爱国民主人士，羁押于宪兵司令部看守所，以号数代其姓名，不使外人知晓。他们夜间审讯，禁止旁听，以免泄漏消息。对于判处死刑的人，押送到雨花台进行杀害。

宪兵司令部位于今天的南京瞻园路 126 号（原瞻园路 122 号），西与国民政府内政部和中统局（今瞻园路 128 号，原瞻园路 124 号）相邻。

明朝时期，这里是开国第一功臣徐达西花园的一部分。清代是江安督粮道署。太平天国时期，先后是东王杨秀清和夏官副丞相赖汉英的府衙。

20 世纪 30 年代，这里成为宪兵司令部所在地。1934 年 7 月，宪兵司令部在《中央日报》上多次招标建筑“大门头及卫兵房屋”，不久即施工建设。

全面抗战期间，这里又成为汪伪首都地方法院院址。

抗战胜利后，重新成为宪兵司令部部址。

宪兵司令部看守所原是旧式监房，仅能关押数十人。1932 年，由中统局和

① ［民国］书报简讯社：《南京概况（秘密）》，南京出版社 2011 年 1 月版。

宪兵司令部大门外景

宪兵司令部大门内侧

宪兵司令部建筑

宪兵司令部建筑

宪兵司令部建筑

宪兵司令谷正伦

宪兵司令部共同筹措大洋3万元，扩建新所。据曾经被关押在其中丙所和甲所的中共党员陈同生《在最黑暗年月里的战斗》一文回忆："看守所在花园的南边，地方不大，分甲、乙、丙三所。乙所是所谓的'优待室'，十个号子之间只有一条两个人不能并排走的狭窄胡同，唯一的好处是所内人犯可以自由往来。丙所是大号子，一屋关二三十人不等。甲所是新建的、最新式的监狱，每个号子上下铺原定关二人，政治犯太多了改关四人，一个人睡的地方挤两个人，常有人铺上跌下来弄得头破血流。这种号子好像一口井，光线从屋顶上透进来，上面隔有铁栏、铁丝网各一道，门口有一个四五寸的小方洞，只准看守往里看，不准犯人看外面。"①

甲所是双人间，关押具有一定身份和名望的人，待遇比较优厚，每人每月伙食费12元，可以接见家属，看看书报；每天放风两次，分上下午各30分钟，在院内活动，呼吸新鲜空气。廖承志曾经享受过这种"待遇"。他在被关押期间，宋庆龄、杨杏佛曾到看守所看望，后经二人向蒋介石力保，廖承志才获释。

① 雨花台烈士陵园管理局编：《雨花英烈狱中斗争》，南京出版社2018年12月版。

陈赓

1933 年 3 月 24 日，在鄂豫皖根据地反“围剿”作战中受了重伤的陈赓，在上海医治好腿上的枪伤，准备次日离开上海去中央苏区。当天晚上，陈赓抽空到北京大戏院看电影。不巧的是，竟和叛徒陈连生坐在一起，当场被英国巡捕抓住，关押在公共租界的巡捕房。在南京的蒋介石接到陈赓被捕的消息惊喜不已，立马叫宋美龄出面交涉，将陈赓引渡给国民政府。4 月 1 日晚，陈赓被押上了前往南京的囚车。4 月 2 日凌晨，囚车到达南京宪兵司令部看守所。陈赓因曾经救过蒋介石，被软禁在这里一度得到“优待”。蒋介石发动陈赓在黄埔一期的同学黄维等五位将领前来劝降，遭到了陈赓的拒绝和痛斥。4 月 5 日晚，宋庆龄一行前往宪兵司令部探望陈赓。在宋庆龄的帮助下，陈赓在被囚禁了四个月后，逃离南京，前往苏区。①

1933 年 3 月 28 日，在上海担任中华全国总工会上海执行局书记的罗登贤，因叛徒出卖不幸被捕。4 月被押解至南京，关押在这里。罗登贤遭到了各种折磨，他视死如归，同年 8 月牺牲在雨花台，年仅 28 岁。在看守所中，他最喜爱唱的一首歌是：

磨砺啊，锻炼！
勇敢啊，奋斗！
总有一天那红旗，
会随着红日照遍全球！
总有一天那红旗，
会随着红日照遍全球！

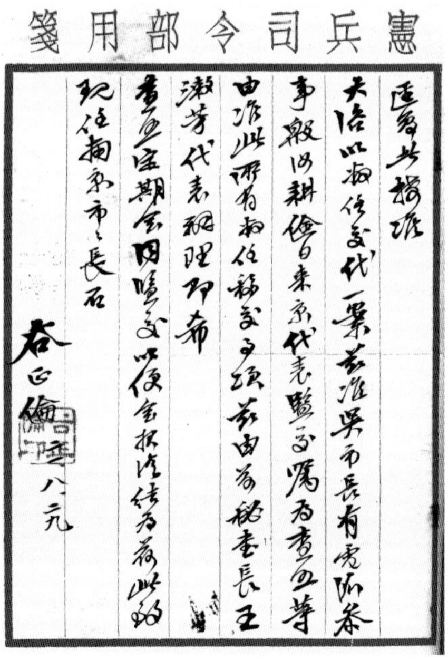

憲兵司令部用箋

1932 年谷正伦回复南京市市长石瑛的公函

1933 年 5 月，中国共产党创建时期的重要领导人，中国工人运动的杰出领袖，无产阶级革命家、理论家邓中夏到上海法租界环龙路骏德里 37 号，与互济总会援救部部长研究工作时被捕，被关押在法租界巡捕房。邓中夏化名施义，因叛徒出卖身份暴露，被引渡到国民党上海市公安局看守所，9 月转押至南京宪兵司令部看守所。在狱中，邓中夏坚贞不屈，视死

① 孟国祥：《十年内战中的南京监狱》，《民国春秋》1994 年第 3 期。

如归。同月牺牲在雨花台。

1934 年 1 月，担任上海闸北区团委书记的郭纲琳，因叛徒出卖而被捕，不久被押解到南京，关押在南京宪兵司令部看守所。因她坚贞不屈，被关进了一个单独的号子里——甲所 11 号，这个号子是专门关押死刑犯的，有“等死台”之称。1937 年 7 月，她被押送到雨花台，牺牲时年仅 27 岁。

宪兵司令部证章（1935 年，南京民间抗日战争博物馆藏）

1935 年春，时为“左联”主要成员的田汉、阳翰笙在上海被捕。不久，被押送到南京宪兵司令部。在狱中备受折磨，但他们始终没有暴露共产党员身份。经过徐悲鸿、宗白华、张道藩以及柳亚子、蔡元培等人的营救和担保，他们相继被假释出狱。

《南京人报》副总编游公也曾被关押在宪兵司令部，他在回忆录里这么描述：“宪兵司令部的牢房为全封闭式，不见天日，从不放风；电网高墙，不在话下；层层铁门，道道警戒；屋顶之上，岗哨密闭……江洋大盗飞檐走壁之徒，也插翅难飞，真可算是当时的现代化监狱了。”①

此外，中共地下党员卢志英，《文萃》三烈士陈子涛、骆何民、吴承德，以及史砚芬、徐全直、黄励、孙津川、李耘生，还有晓庄师范的学生石俊、叶刚、郭凤韶、谢纬棨、袁咨桐、姚爱兰、沈云楼、胡尚志、汤藻、马名驹（“晓庄十英烈”）也是从这里被送上雨花台刑场，加以杀害的。

南京解放后，宪兵司令部成为南京军区装甲兵司令部所在地，此后成为南京航天管理干部学院所在地。

宪兵司令部大门呈“凵”字形，高大的门楼正中是一个拱形门，两侧是卫兵房屋。进门后是一个前院。过了前院是一个面阔三开间、进深两间的重檐人字顶门厅，二层呈开敞式，八根红色立柱异常显眼。过了这个门厅，后面有多栋两层和三层建筑，均为青砖砌筑，坡形屋面，经过多次修缮，已难辨真假。

1992 年，宪兵司令部旧址以“瞻园路 126 号建筑”之名，被列为南京市文物保护单位；2010 年，入选“南京重要近代建筑”之列。

① 雨花台烈士陵园管理局编：《雨花英烈狱中斗争》，南京出版社 2018 年 12 月版。

中央训练团

中央训练团[①]位于南京市孝陵卫街200号，现为南京理工大学所在地。

中央训练团，简称中训团。1927年南京国民政府成立后，为强化统治，树立蒋介石的个人威望，全国各地都曾经举办过国民党训练团，其成员来自各派系军队的高级军官、地方荐任以上的官员，以及大学、中学校长。主要进行精神、政治、业务和军事训练，而以精神训练为主，讲授三民主义的官方课程。1937年全面抗战爆发后，为培养基层军事干部投入战场，又在全国各地开设了军事干部训练团，提出“训练重于作战”“统一意志、集中力量”的口号。训练团授课以军事为主，讲授国际形势、抗战前途、游击战术，以及一般的武器性能，使用维护方法和简单的识图用图知识，曾为国民党军队培养了大批基层军政干

中央训练团大门今貌

① 2021年10月14日下午，阴有阵雨，在应海康、王虹铈先生的精心安排下，笔者携杨福彬君，考察中央训练团旧址，同时参观了南京理工大学兵器馆。

部。1938 年 7 月，国民党中央训练委员会在庐山训练团、峨眉山训练团和珞珈山军官训练团的基础上，在湖南祁阳创办中央训练团。该团直隶于中央训练委员会。1945 年 12 月，军事委员会干训团及中央军校训练班并入该团。1946 年 7 月，中央训练委员会撤销，该团改隶行政院，归国防部指挥。

中央训练团以培养三民主义“忠实信徒”、国家“中坚干部”和社会“领导分子”为目标。前期以调训中高级党政干部为主，其后主要办理军队官、佐复员转业训练，并代办退役及调职等事项，后期还负责整训解放军遣返之俘虏。在重庆、上海、武汉、广州、西安、东北设有六个分团。学员的训练机构为各种训练班和军官总队。该团团长由蒋介石兼任，其下设有团附、教育长等，何应钦、白崇禧、张治中、陈诚先后担任团附、副团长，陈诚、王东原、宋希濂、陈仪、黄杰、万耀煌先后任教育长。

据王虹铈《孝陵卫营房漫话》一书介绍：中央训练团所在的南京孝陵卫营房，主人变化频繁。明代是孝陵卫营房。清代曾经是江南大营和湘军的营房。1929 年国民政府开始在此建造新的营房，1933 年 11 月中央陆军军官学校教导总队入驻后，多次扩建。1937 年 12 月日军进逼南京前夕，教导总队为了不让营房为日寇所用，付之一炬。南京沦陷期间，日军在此大兴土木，建造的营房分为营房大门、办公区、营房区、辅助用房区，专供侵华日军中国派遣军总司令部直属的士官学校——南京（后改“华中”）下士官候补者队使用，前后培训入伍新兵、军士、

中央训练团银质纪念章

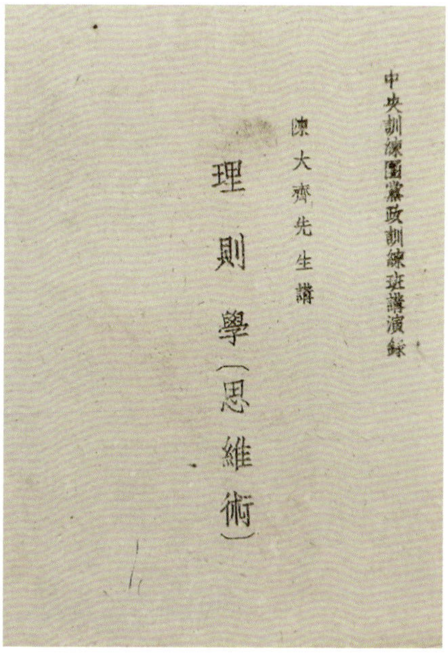

中央训练团印制的图书书影

中央训练团大门外景

中央训练团大门内景，上有“亲爱精诚”四字

中央训练团建筑

初级军官接近 3 万人。1945 年日本战败投降，同年 9 月 15 日，新六军接管华中下士官候补者队营房。新六军在此成立训练机构，集中培训伪国民政府警卫团、汪精卫卫士大队、伪军官学校学生和伪宪兵，改编成新六军野炮营，1946 年初奔赴上海和东北。1946 年 3 月，中央训练团由重庆迁往南京，接收孝陵卫营房。1947 年秋，陆军大学校本部由重庆返回南京，曾经暂借中央训练团营房，直到

南京解放才迁走。[1]

1949年3月，中央训练团奉令缩编，南迁广州待命；4月，迁衡阳，改称陆军第五编练司令部；7月底，奉令撤销。

据1949年4月南京解放前夕中共南京地下党组织以“书报简讯社”之名编写的《南京概况（秘密）》一书记载：

> 该团为蒋匪最庞大之各种“基干”训练机构，全团有官佐一千一百八十四人，隶属于伪行政院，但归伪国防部指挥，蒋贼自兼团长，万耀煌为教育长，并于上海、西安等地设有分团。该团曾先后办有军官训练团、警官班、地方行政人员训练班、财政人员训练班、监察官训练班、新闻班、交通管理人员训练班、教育人员训练班、地政人员训练班、义务劳动训练班、党政军人事管理人员训练班、工矿管理训练班、农林垦牧训练班、地方卫生训练班，及军事班（该班系收容被我遣返之校官级以上之俘虏所组成）等。团内设有子弟学校、公共食堂、工厂、农场（供眷属工作）等设备，团址在南京孝陵卫。总务组在杨将军巷一之六号，并在上海路四〇号有职员宿舍。[2]

1949年5月，在中原军区军事政治大学的基础上，中国人民解放军第二野战军军事政治大学在南京成立，校址就选择在中央训练团旧址。南京解放后的首任市长刘伯承担任校长兼政委，特种兵纵队参谋长徐立行任教育长兼训练部长，第三兵团十一军政治部主任刘华清任政治部主任兼校党委书记。6月上旬，学校招收了12278名学员；6月23日，举行隆重的开学典礼。刘伯承不仅关心学校的工作，而且亲自到学校大礼堂做报告，还曾经在操场上检阅过军政干部。1950年1月，该校随军迁往大西南地区。此后，这里相继成为华东军区军事政治大学、中国人民解放军第三高级步兵学校、中国人民解放军总高级步兵学校、中国人民解放军高射炮兵学校、中国人民解放军炮兵工程学院、华东工程学院和南京理工大学所在地。

中央训练团旧址保存的建筑有大门、校舍等。现存大门一座，建于1947年，

① 王虹铈著：《孝陵卫营房漫话》，东南大学出版社2011年8月版。
② ［民国］书报简讯社：《南京概况（秘密）》，南京出版社2011年1月版。

中国人民解放军第二野战军军事政治大学时期的大门

中国人民解放军总高级步兵学校时期的大门

钢筋混凝土结构，坐南朝北，三门四楹，高9.2米，宽19.5米，厚3.15米。北面（外侧）门额上是蒋介石书写的“中央训练团”五字，南面门额上是蒋介石书写的“亲爱精诚”四字。1949年之后，外侧门额换成校名“中国人民解放军第二野战军军事政治大学”等，内侧的“亲爱精诚”四字换成了“实事求是”。该门建成时叫“大营门”，因1954年驻扎在此的中国人民解放军总高级步兵学校在临近宁杭公路处又建了一道门，故此门又称为“二道门”，因“二道门”不再是学

日本人占领期间建的教室

中央训练团大门今貌（由校内向外拍摄）

校的大门，所以，此门外侧的校名更换成延安抗大的“团结紧张严肃活泼”八字。1962年炮兵工程学院时期，内侧的“实事求是”换成毛泽东手书“为建设强大的人民炮兵而奋斗”。1984年，在该门的内外两侧，换成书法家武中奇题写的“团结献身求是创新”八字。①

中央训练团现存日占时期建的校舍五栋，砖木结构，青砖砌造，保存状况良好。其中一栋校舍东西长64米，南北宽13米，南侧有外廊，有砖砌方柱18根；另一栋校舍东西长99米，南北宽16米，中部有将近3米宽的内廊，两侧寝室并列。

2021年，中央训练团旧址以“中国人民解放军第二野战军军事政治大学建筑群”之名列入南京市第四批历史建筑保护名录。

① 杨武：《游记（51）一座非同寻常的大学校门》，微信公众号“蔚蓝的天 yangwu19661105”，2023年7月25日。

中央军人监狱

民国时期，首都南京有四大著名监狱，一是位于老虎桥的首都监狱，二是位于晓庄的首都反省院，三是位于江东门外的中央军人监狱，四是位于宁海路19号（原为25号）的宁海路看守所。如今三大监狱在20世纪80年代以来的现代化城市建设中已经荡然无存，唯有中央军人监狱幸存下来。

中央军人监狱位于南京市江东门侵华日军南京大屠杀遇难同胞纪念馆北侧、南京云锦研究所西侧，门牌号码是茶亭东街242号，现为东部战区94994部队驻地。

中央军人监狱原是明朝“外郭十八门关”之一的江东门所在地。①

中央军人监狱建于1930年，又名“军政部中央军人监狱”“中央陆海空军监狱”，由国民政府军政部陆军署军法司设立和管辖，胡逸民、崔景新、王震南、钱协民等先后担任监狱长。中央军人监狱的编制是：监狱长掌管全监事务，下设三个科，第一科办理一切行政事务，管理文件、档案、会计、庶务等；第二科办理监狱一切戒备检查事务，专门看守和管理犯人；第三科办理在监人员的一切作业事业及监狱修建工事。另外还有一个教务所，一个医务所，前者专司“教诲”“感化”之职；后者掌管全监医疗、卫生事务。

中央军人监狱大门

监狱坐北朝南，平面呈正方形，长宽各约

① 朱明娥编著：《南京明外郭》，南京出版社2018年11月版。

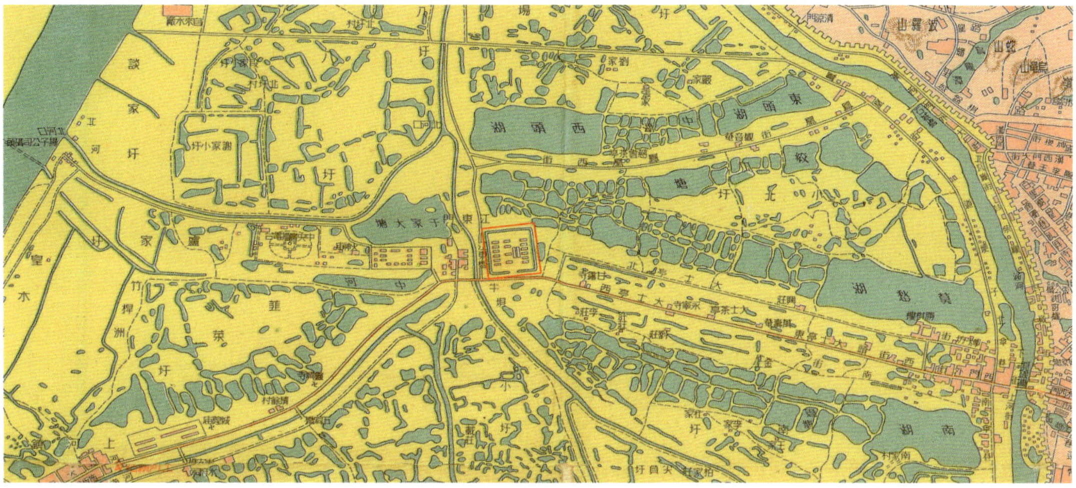

江东桥东的中央军人监狱平面图（1949年《南京市街道详图》）

200米，四周筑有高达6.7米的围墙，围墙上设有电网，围墙外挖有深沟，围墙内四角筑有岗楼。一旦关入其中，插翅难飞。

监狱内监房分东、西、南、中四大监。东监设天、地、人字监；西监设日、月、星字监；南监设改、过、自、新字监；中监设智、仁、勇字监。其中南监条件最差，被称为“狱中狱”；中监的智、勇两监为单人囚室。狱中还设有教诲室、刑讯室、水牢、刑场，以及强迫犯人劳动的木工、毛巾、织布、织袜、缝纫、印刷等工场。监房采用的是当时流行的砖木结构形式，水泥地面，没有架空的木地板，只有床板是架空的，墙体没有通风孔。

根据狱规规定：“军人监狱为监禁被处徒刑或拘役之海陆空军军人及视同军人依法令非军人而受军事裁判者得监禁之。”因此，该监狱除了监禁被处徒刑或拘役的海、陆、空军人外，还囚禁着许多被国民党逮捕判刑的重要政治犯，他们因受到“军事裁判”而被转来这里监禁。全监共关押有1000多人，其中政治犯达三分之一以上。1930—1937年，被囚禁在这里“政治犯”有恽代英、马克昌、陶铸、钱瑛、惠浴宇、刘顺元、王凯、王鹤寿、刘宁一、肖桂昌等人。

中共杰出领导人恽代英（1895—1931）于1930年5月在上海从事工人运动时被捕，化名王作霖。1931年2月被押送到南京中央军人监狱，先是被关在中监的“仁”字监6号，他在狱中写下了脍炙人口的诗篇：

浪迹江湖忆旧游，故人生死各千秋；

已摈忧患寻常事，留得豪情作楚囚。

中央军人监狱

中央军人监狱

中央军人监狱监舍之一

中央军人监狱监舍之二

中央军人监狱监舍之三

恽代英被捕后，中共党组织设法进行营救，就在他即将被提前释放时，中共中央特务委员会的负责人顾顺章在武汉被捕后叛变革命，出卖了恽代英。蒋介石得知这一情况，急令军法司司长王震南到狱中核对。4月28日，王震南拿着恽代英在黄埔军校时的照片来到他面前。恽代英自知身份已经暴露，轻蔑而又自豪地说：“我就是恽代英！”敌人对恽代英进行劝降，遭到严厉斥责，遂将恽代英戴上镣铐，关押到中监的“智”字监。蒋介石得知恽代英不肯屈服，下令立即就地处决。4月29日中午，敌人将恽代英从牢房押往监狱的刑场时，恽代英神色坦然，昂首挺胸，高唱《国际歌》。临刑前，面对行刑的刽子手，他发表了慷慨的演说：“蒋介石走袁世凯的老路，屠杀爱国青年，献媚帝国主义，较袁世凯有过之而无不及，必将自食其果。”恽代英高呼口号，英勇就义，年仅36岁。据谢云巢回忆，1931年4月29日中午，恽代英在监狱刑场遇难后，全监难友悲痛欲绝，大家集体自发地为恽代英默哀，更加坚定了斗争的信念。此后不久，在监狱内刑场上先后就义的还有马克昌、刘西雨、陈仲模等共产党人。

1937年七七事变爆发后，随着国共两党抗日民族统一战线的形成，从8月18日起，被关押在中央军人监狱的“政治犯”黄文杰、刘顺元、王凯、陈龙菲、郑绍文、王鹤寿、刘宁一、杨兆龙等陆续获释。9月中旬，国民政府军政部以“疏散”为名，下令把关押在中央军人监狱的100多名刑期在15年以上的“政治犯”和少数“军事犯”集中解送到安徽和县姥下镇，余下的100多名“政治犯”全部关进中央军人监狱的“狱中狱”。此后，由周恩来、叶剑英或八路军驻京办事处以周、叶的名义，写信给国民政府军政部部长何应钦，指名调“重刑政治犯”到八路军去服刑。通过这一办法，一批又一批被关押的革命者从监狱中被成功营救出来。

1937年12月13日南京沦陷后，12月14日，日军第六师团步兵第四十五联队曾经在中央军人监狱宿营。[①]12月16日，日军将抓获的已经解除武装的中国士兵和平民万余人，囚禁在院内。当天傍晚，全部押送到江东门，集体屠杀。今天的《江东门遇难同胞纪念碑碑文》记载了这一段血腥的历史。

在南京沦陷期间，中央军人监狱被日军烧毁。

抗战胜利后，国民政府在江东门原址重新建造中央军人监狱，主要关押政

① ［日］滨崎富藏：《滨崎富藏日记》、［日］福元续：《福元续日记》，收入王卫星编《南京保卫战·日方资料》，南京出版社2022年10月版。

恽代英烈士殉难处

治犯和汉奸、贪污、逃亡、掠夺、盗窃、烟毒等犯人。1947 年 9 月，谢士炎、赵良璋、丁行、石淳、朱建国“北平五烈士”秘密为中国共产党从事情报工作，因北平地下情报系统遭到破坏而被捕，押送到南京，先是关押在宁海路 19 号看守所，1948 年 2 月转移到中央军人监狱，同年 10 月在监狱刑场遇难。① 谢士炎（1910—1948）留下了振聋发聩的绝笔：

> 人生自古谁无死，况复男儿失意时。
> 多少头颅多少血，续成民主自由诗。

1949 年 1 月，中央军人监狱从南京迁往杭州，与浙江军人监狱合并，隶属军事委员会军法执行总监部第三战区军法执行监部直接领导。

1949 年以后，中央军人监狱寿终正寝。

1982 年 4 月 7 日，恽代英烈士的夫人沈葆英及其儿子、孙女前往恽代英烈士被关押、杀害的中央军人监狱参观，并在恽代英烈士殉难处合影留念。同年，南京市人民政府将“恽代英烈士殉难处”列为南京市文物保护单位。1985 年 8 月，在恽代英烈士 90 周年诞辰之际，南京市人民政府在烈士当年殉难的地方建立起

① 余心清：《不朽的死》，收入雨花台烈士陵园管理局编《雨花英烈狱中斗争》，南京出版社 2018 年 12 月版。

了一座占地面积180平方米的圆形纪念碑坛。1986年4月29日，在恽代英烈士牺牲55周年之际，南京市人民政府又在碑坛之上竖立了一尊高1.25米的恽代英烈士半身汉白玉雕像。

2002年12月26日下午，笔者第二次到实地考察时，中央军人监狱仍保存三幢造型几乎完全相同的监房，每幢监房有24个监室，面积约10平方米，监房内地板离地面约20厘米，监房的大门为长方形，木制，厚8—10厘米，在木门上设有长宽各15厘米的方形窥视孔。木门上有长方形的门牌，铁制，上有“男号”“01”“02”等编号。在中间一幢用青砖砌筑的监房（紧靠着进门后的路左侧）里面，还住着许多户人家。

2006年6月6日上午，当笔者第三次来到中央军人监狱考察时，东面的一幢用青砖砌筑的监房已被拆除，代之而起的是一幢正在封顶的新楼房；中间的一幢（即正大门入口处）用青砖砌筑的监房，被封闭起来，东侧墙壁上悬挂着编号为2009045的“南京重要近现代建筑”保护标志牌，落款是“南京市人民政府2009年4月”；西面的一幢用红砖砌筑的监房，原来里面的住户已经全部搬出，过道和房间里堆满了各种各样的垃圾，肮脏不堪，前景令人担忧。笔者曾经多次呼吁有关部门密切关注中央军人监狱的状况，使这两幢具有重要价值的建筑能够得到有效保护和利用。

令人欣慰的是，2020年，由南京市建邺区文化和旅游局、南京建邺国有资产经营集团有限公司牵头，聘请东南大学建筑学院淳庆教授制订文物修缮方案，对恽代英烈士殉难处现存的中、西两栋监房进行加固修缮。鉴于监房砖墙酥碱、风化和开裂倾斜，屋面塌陷，屋顶的瓦松动、破损，木质构件腐朽严重，以及后期改造时做过水泥砂浆抹灰粉刷等情况，此次修缮，遵循“修旧如旧”的原则，最大程度地保存文物的原有部分，通过最小干预的技术手段，按照原形制、原结构、原材料、原工艺，恢复建设历史风

监舍铁窗

监舍内部走廊

监舍内部走廊

监舍之门

监舍之门

貌和室内布局。2021 年 3 月底，完成修缮工作。东南大学建筑学院淳庆教授评价道：现存两栋监房是具有现代主义风格特征的民国建筑，是研究当时砖木结构建筑营造工艺和监狱建筑设计方法的很好实例。[①]

中央军人监狱见证了无数先烈和仁人志士为了建立新中国英勇抗争的历史，是新时期我们缅怀革命先烈、传承弘扬革命精神的重要纪念场所。

南京重要近现代建筑保护标志碑

① 林曾霞、王丽华：《恽代英烈士殉难处完成首次大修——革命文物焕发生机，讲好百年党史故事》，《南京日报》2021 年 4 月 2 日 B1 版"风雅秦淮 · 阅城"。

南京市第六区区公所

南京市第六区区公所位于江苏路 39 号，处在山西路、江苏路、珞珈路、颐和路、宁海路五条道路交汇口正中央的孤岛上，西与泽存书库隔街相望。

1927 年 4 月南京设市之初，南京特别市政府为了加强对全市的治理，曾经拟将南京划分为行政区、学校区、商业区、住宅区、市园区、农林区、工业区和预备扩充区八个功能区。1929 年 12 月，南京特别市政府按照拟定的市界范围，以推行自治之名，以天然界限和人口数，将南京划分为 12 个区，但未能完全实施。1931 年 3 月，又以每 5000 户居民编为一区，将全市划分为 21 个区。1933 年 3 月，南京市政府又根据城市各区域功能、历史状况与自然界限，重新划分为 8 个区，并与警区划分相一致。1934 年 9 月，江苏省与南京市划界，进行交接，南京市新增江宁县移交的大片土地，于是将原来的 8 个区扩至 11 个区。抗日战争胜利后，再次增加到 15 个区。其中第六区（又叫北区）区公所，属于甲等，驻山西路。"区域四至：东以中央门向北沿库伦路、环湖马路至太平门为界；南自太平门向西沿城墙、泰山路、保泰街，至鼓楼折南至中山路、汉口路口，转西至虎踞关、草场门，西、北均以城墙为界。为风景名胜、文教区，军政要员及外人住宅亦多在区内。面积 15.1 平方公里，为全市最大的城区。全区 26 保，682 甲。"①

南京市第六区区公所办公楼建于 20 世纪 30 年代。根据《新住宅区第一区第四区总平面图》，这里是新住宅区第一区（俗称颐和路公馆区）的管理处所在地。②1937 年日本占领南京期间，这里变成侵华日军宪兵司令部。

1937 年全面抗日战争爆发前，南京市第六区区公所办公地点位于鼓楼附近的保泰街；抗日战争胜利后，这里成为南京市第六区区公所办公场所。

① 马伯伦主编：《南京建置志》，海天出版社 1994 年 7 月版。

② ［民国］南京市政府秘书处编印：《一年来南京市政》，1935 年 10 月出版。

南京市第六区区公所正面

南京市第六区区公所背面

南京市第六区区公所办公楼，平面呈半圆形，正门朝向东北方的山西路，中间高，两边低，左右对称，中间高四层，两边递减为两层和一层，为现代派建筑风格。黄色外墙，灰色饰条。

20 世纪 60 年代，这里是鼓楼区图书馆。2012 年前后，一度作为鼓楼区招

南京特别市第六区区公所

南京特别市第六区区公所

侵华日军宪兵司令部旧影

商服务中心办公地点。2009年，被南京市人民政府公布为“南京重要近现代建筑”（编号2009005）。

南京市第六区区公所是南京现存唯一近代街道行政管理建筑，现华丽转身，成为南京著名的先锋书店分店之一颐和书馆所在地。

八路军驻京办事处

八路军驻京办事处，又称国民革命军第十八集团军驻京办事处。它位于南京市鼓楼区傅后岗 66 号，现为八路军驻京办事处旧址纪念馆。

1936 年 12 月西安事变和平解决后，从 1937 年 2 月中旬至 7 月中旬，中共代表周恩来、博古（秦邦宪）、叶剑英、林伯渠先后在西安、杭州、庐山同国民党代表顾祝同、张冲、蒋介石、宋子文等人进行了四次谈判。1937 年 8 月 9 日，中共中央和红军代表周恩来、朱德、叶剑英应邀到南京参加国防联席会议，同时继续与国民党谈判，协议将红军改编为八路军、新四军。8 月 19 日，周恩来和朱德飞回陕西，叶剑英以八路军驻京代表身份和秘书童小鹏留在南京负责筹备设立八路军驻京办事处，童小鹏负责机要工作。

八路军驻京办事处大门

1937 年 8 月 22 日，陕北红军主力被国民政府军事委员会正式改编为国民革命军第八路军（简称“八路军”），下辖三个师（9 月 11 日国民政府军事委员会按照全国陆海空战斗序列，统一编制，将八路军改编成国民革命军第十八集团军）。8 月下旬，中共中央派在上海工作的李克农到南京任办事处处长，又把刚从上海回延安不久的钱之光派来负责军需、财务。9 月初，中共中央代表博古带领齐光、吴志坚、李白、康一民等人来到南京。齐光负责文书、采办；吴志坚任副官；李白任报务员；康一民任译电员。

从 8 月 18 日开始，国民党陆续释放被关押在南京各监狱的政治犯。获释的黄文杰、刘顺元、李世农、刘宁一、钱瑛、喻屏、夏之栩等人留在办事处负责审查被释放的政治犯。

办事处所在地原为南开大学校长张伯苓的住宅，因张伯苓与周恩来有师生关系而得以租借。这是一幢高两层并带有阁楼的西式洋房，坐北朝南，砖木结构。通面阔 13.99 米，通进深 10.54 米，建筑面积 270 平方米。周围高墙环绕，大门入口处左边一间小屋是传达室，收发传达员李应吉就住在里面；楼房的后面有一排小平房，是办事处人员的厨房和食堂。在这幢楼房里，楼下进门处是钱之光、齐光、袁超俊的办公室；再进去是一间客厅；朝南有两间房间，靠外一间是李克农的办公室，里面一间是叶剑英的办公室。二楼有博古的办公室，再进去里面是会客厅；朝南的两间，里面一间是叶剑英的卧室，另一间是钱之光和齐光

1937 年 8 月应邀赴南京参加国防会议的中共代表周恩来（右二）、朱德（右一）、叶剑英（左二）与张群（左一）、黄琪翔（右三）、郭秀仪（左三）合影

1937 年，中共代表秦邦宪（中）、八路军参谋长叶剑英（左）和八路军驻京办事处处长李克农（右）在南京

八路军驻京办事处

八路军驻京办事处大楼

八路军驻京办事处办公楼入口处

八路军驻京办事处内景

的宿舍。三层阁楼上是童小鹏和康一民同志工作和睡觉的地方。楼房后面西北角小披间为油印室。董必武、叶挺在南京时，曾经在此住过。

办事处在附近的高楼门 29 号（今高云岭 29 号）还租了一幢坐北朝南的西式两层小楼，砖木结构，对外称作“处长公馆”，博古、廖承志、张越霞等人曾经住在里面。

由于房子不够居住，办事处又在西流湾 1 号租了一处平房，共有 5 间，平房前面有一个小花园，平房后面有一座小房子，作厨房用，还可以洗澡。黄文杰、刘顺元、王鹤寿、钱瑛、方毅、喻屏、夏之栩等人就住在那里。

办事处既是八路军派驻南京的办事机构，又是中共中央驻京办事机构，而且是中国共产党领导的军队在国民党统治区设立的第一个公开的办事机构。从 1937 年 8 月中旬开始设立，至同年 11 月中旬因时局紧张撤离南京，在仅仅三个多月的时间里，八路军办事处承担了繁重的任务，做了大量的工作，不仅巩固和发展了抗日民族统一战线，营救了被关押在江、浙两省的 1000 多名政治犯出狱，并负责他们的接待工作，使大批失去组织联系的同志重新回到共产党队伍中来；而且恢复和建立了长江流域以及华南地区的共产党组织，还为陕甘宁边区和八路军采办了大量的军需民用物资。

1937 年 8 月 23 日，被开除党籍的中共早期领导人陈独秀在老虎桥监狱中被国民政府提前获释。9 月 12 日陈独秀在离开南京之前，由托派骨干罗汉陪同来到八路军驻京办，见到了博古和李克农，表达了自己希望回到党内的愿望。博

古希望陈独秀公开表示拥护中共的抗日民族统一战线，并公开声明脱离托派组织。陈独秀表示拥护中共抗日民族统一战线，但对于脱离托派组织一事未置可否，因此回到党内也就无望。[①]

1949年新中国成立后，傅厚岗66号和高云岭29号成为江苏省省级机关干部宿舍。1982年3月25日，被江苏省人民政府公布为第三批江苏省文物保护单位。2019年10月7日，被中华人民共和国国务院公布为第八批全国重点文物保护单位。

1987年，南京市文管会在保持原貌的前提下，对傅厚岗66号进行了维修加固，作为南京市博物总馆中共代表团梅园新村纪念馆的分馆——八路军驻京办事处旧址纪念馆对外开放。在纪念馆里，陈列着叶剑英的一件皮大衣、李克农的眼镜等老物件。该馆已经成为进行爱国主义教育和革命传统教育的重要阵地。

① 庞瑞垠著：《陈独秀在狱中》，香港文学报出版社2019年5月版。

中共代表团办事处（梅园新村）

中国共产党代表团办事处（梅园新村）位于南京市梅园新村 30 号、35 号和 17 号，现为中国共产党代表团梅园新村纪念馆的核心部分（纪念馆位于南京市长江路东端的梅园新村街道两侧，由中共代表团办事处旧址、国共南京谈判史料陈列馆、周恩来铜像、周恩来图书馆等组成）。

全面抗战期间，周恩来代表中共长期在重庆及国民党控制的其他地区做统一战线工作。抗日战争胜利后，为制止内战，1946 年 5 月 3 日，周恩来率领中共代表团由重庆抵达南京，住进了国民政府拨给的梅园新村 30 号和 17 号两处住房（后来中共代表团又购买了 35 号），继续同国民党进行和平谈判，直到 1947 年 3 月 7 日撤离南京。

梅园新村纪念馆周恩来雕像

梅园新村 30 号

又名“周公馆”。它是中共代表团负责人周恩来、邓颖超工作和居住的地方，他们在这里度过了 300 多个难眠之夜。

梅园新村 30 号大门

梅园新村 30 号周恩来邓颖超故居

这是一幢带有院落的西式风格的建筑，房屋的房主是中国水利水电工程专家汪胡桢。1933 年，由汪胡桢和林平一等人合资的乐居房产公司设计建造，1934 年竣工。整个建筑占地面积为 489.3 平方米。主建筑坐北朝南，青砖红瓦，坡屋顶，高一层，带有阁楼，屋顶有老虎窗。大门为西式牌楼式样，黑色双开大门，周围有低矮的围墙环绕。

周恩来、邓颖超进驻后，为了防止特务的监视和破坏，将院墙加高了一倍，并在传达室上面加盖了一层小阁楼。主楼的北侧有一座厨房，厨房的平屋顶上搭建有一座小屋，据说是给车夫住的。

进入大门内，右边是门房和汽车库。进入主建筑内，西边是会客室和小餐厅，周恩来经常在会客室接待来访的民主人士、国际友人和新闻记者。美国《纽约时报》记者李勃曼为了给周恩来写传记，1946 年 9 月曾经连续数日在这里采访周恩来。在会客室中间的圆桌上，放着一碗雨花石，这是当年周恩来、董必武、邓颖超等到雨花台凭吊革命先烈时捡回来的。东边是一个套间，外间是周恩来和邓颖超的办公室兼小会议室。周恩来每天的工作十分繁忙，常常工作到深夜。办公室墙上，有一张周恩来深夜起草文件的历史照片，就是当年的真实写照；里间是周恩来和邓颖超的卧室，卧室内陈设简单，只有两张床、一个半截衣柜和一个衣帽架。放在靠墙边的半截衣柜上的皮箱是 1936 年 12 月周恩来去调解“西

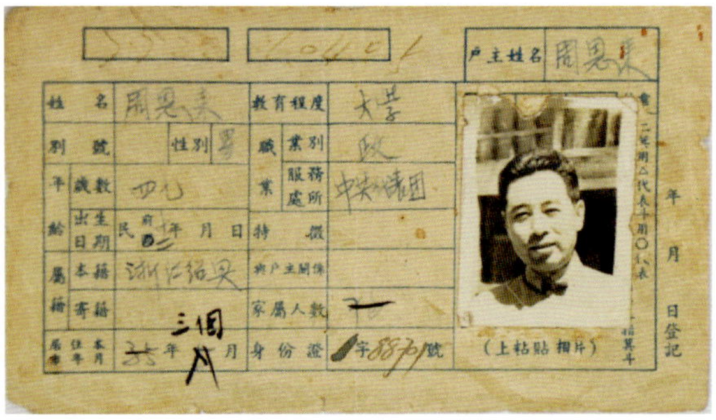

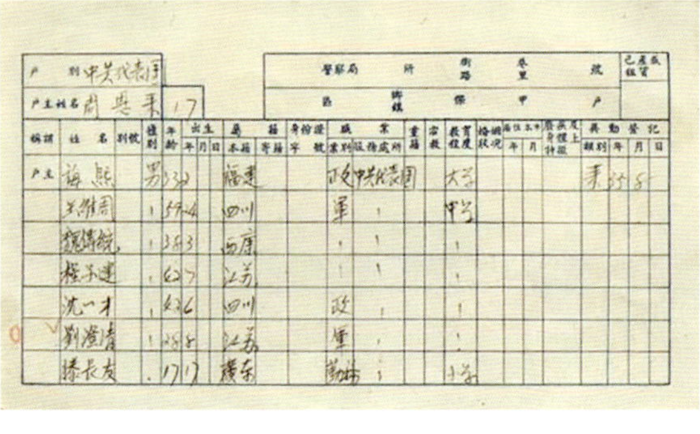

周恩来户籍卡正面（上）、背面（下）

周恩来与邓颖超在梅园新村 30 号院内

安事变”时用来存放文件的。此后，它跟随主人辗转迁移，已磨损发白。

周恩来在梅园新村 30 号办公

在这幢房屋里，还有一间狭小阁楼，这是中共代表团的机要室，当年这里的工作通宵达旦，是代表团与革命圣地延安保持联络畅通的中枢神经。

30 号庭院如今仍保持着当年的风貌，昔日的海棠、葡萄和蔷薇等，依旧焕发着勃勃生机。在 10 个月的谈判中，先后有 200 多名从陕北来的青年人在这里工作过。就在门口的石榴树下，周恩来和邓颖超夫妇曾为 6 对青年男女举办过婚礼。1946 年 5 月 11 日，中共代表团工作人员李晨、陈浩结婚时，周恩来、邓颖超等人出席，邓颖超勉励他们夫妻之间应当做到“八互”，即“互敬、互爱、互助、互勉、互信、互慰、互让、互谅”。5 月 29 日，在《新华日报》南京办事处工作的鲁明和林冈结婚时，周恩来、邓颖超、董必武等人参加了婚礼。当时生活条件艰苦，细心的邓颖超叫身边的同志设法找来一块红绸，请德高望重的董必武题上“天作之合”，然后，周恩来、邓颖超、陆定一、廖承志、潘汉年、宋平等几十位同志纷纷签名祝贺。这块红绸就陈列在梅园新村纪念馆的二楼陈列柜里，是当年的新人鲁明于 1986 年（时任外交部副部级大使）捐赠给梅园新村纪念馆的。

据中共地下情报人员李振远的女儿李洪敏回忆：她的父亲一生都在和情报工作打交道，兰州、平津、东北、上海各地的情报站，都有她父亲工作的踪迹。在上海情报站的 4 年多时间，是李振远在隐蔽战线生涯最为精彩的一段经历。抗战胜利后，出于工作需要，在中共上海情报站工作的李振远，经常找一位国

周恩来与董必武在梅园新村 30 号合影

周恩来、董必武、邓颖超与民主人士合影

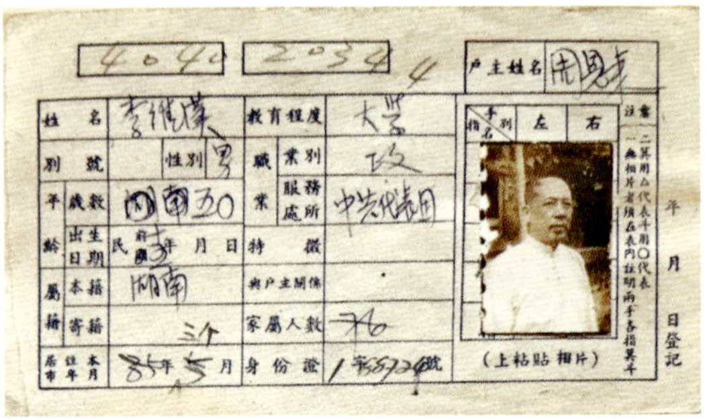

李维汉户籍卡

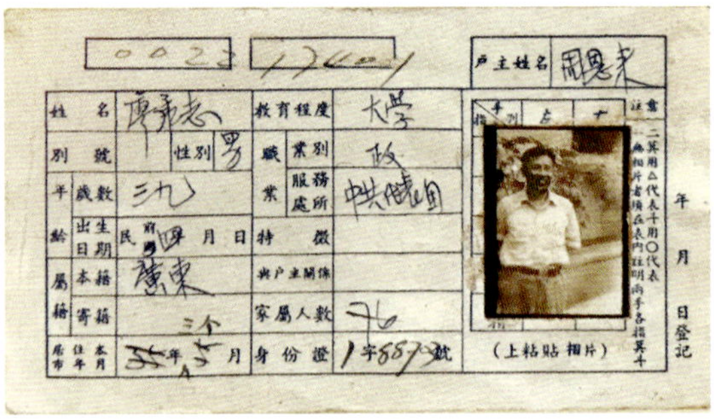

廖承志户籍卡

民党的少将老乡拉家常。在酒桌推杯换盏间，李振远得知，国民党军统特务准备以制造车祸的形式暗杀周恩来。为了更清楚地弄明白军统刺杀的具体时间和地点，李振远以倒卖棉花生意为诱饵，让这位国民党老乡约见军统的人，在核实清情况并得到上级领导指示后，李振远化装成商人，和同事郑凯两人连夜乘火车赶往南京。抵达周公馆附近，李振远二人躲在不远的暗处，从天不亮一直观察，发现周围特务密布，24 小时被监控，他们二人根本进不去。蹲守几天后，在一个清晨，李振远和郑凯一个假扮成拉黄包车的师傅，一个扮作坐车的人，在经过周公馆门口时，迅速按下门铃进到周公馆内，在门口的特务见到此景措手不及，已来不及阻拦。“在周公馆里，我父亲向周恩来简要汇报了情况，并讲解了撤离路线，周恩来为了迷惑敌人，要求自己的黑色轿车和以前一样按时出车，但实际上他乘坐别的汽车离开。”李洪敏说，据父亲生前讲述，当天上午快 10 点时，周恩来此前一直乘坐的黑色轿车刚刚驶出周公馆，就被一辆军统特务早就布置好的大卡车横冲出来撞上，和他们得知的暗杀计划一致。实际上，在李振远等人的协助下，周恩来已换乘其他汽车安全离开周公馆，并按时出席了当天国共合作的一场记者会，当场向中外记者揭穿了国民党破坏合作的种种行为。①

梅园新村 35 号

梅园新村 35 号是董必武、李维汉、廖承志、钱瑛等同志办公和居住的地方。当年，中共代表团因国民党政府拨给的梅园新村 30 号、17 号两处住房不敷使用，遂以廖承志夫人经普椿的私人名义购置了这一处住房。

这里有砖木结构的二层楼房一幢，砖木平房两座，共 11 间，占地面积 155.25 平方米，建筑面积 192.1 平方米。进入楼房大门，一楼的西边是董必武的

① 杜雯雯：《智闯周公馆阻止刺杀计划营救周恩来》，《法制晚报》2017 年 6 月 9 日。

梅园新村 17 号外景

办公室，以及与夫人何莲芝和三个孩子的卧室；东边是廖承志办公室，以及他与夫人经普椿的卧室。顺着楼梯登上二楼，楼上东边是李维汉的办公室兼卧室；西边是钱瑛的办公室兼卧室。中共代表团为了工作的方便与安全，将与梅园新村 31 号特务监视站相通的原有大门堵死，在东边开了一个小门，与梅园新村 30 号相通，并在小院内两边加盖了两座小平房，以挡住 31 号特务的视线。东边平房是政治研究室办公室，西边平房是工作人员的宿舍。

梅园新村 17 号

梅园新村 17 号是中共代表团办事机构所在地。

这里有砖木结构的三层楼房一幢，两层楼房两幢，砖木平房两座，共 29 间，占地面积 502.13 平方米，建筑面积 725 平方米。其中，北边一幢楼房是中共代表团办事机构。楼下设有小会议室、新闻组、抄报室、第十八集团军驻京办事处处长办公室，楼上设有电讯组、外事组、军事组、党派组和妇女组。南边楼房是中共代表团到南京后加盖的，楼上是工作人员宿舍，楼下是大会议室兼作饭厅，中共代表团常在这里举行不同规模的中外记者招待会。1946 年 11 月 15 日至 25 日，国民党不顾中国共产党和全国人民的反对，召开一党包办的“制宪国大”。“制宪国大”召开的第二天，周恩来在这里举行记者招待会，散发书面声明，表示中国共产党坚决反对国民党政府一手包办的违背政协决议和全国

周恩来步出梅园新村 17 号瞬间

周恩来在记者招待会上

民意的分裂的“国大”，并说“和平之门已被国民党一手关闭”。

1946 年，郭沫若曾到梅园新村中共代表团驻地，写下了《梅园新村之行》① 一文。

1947 年 3 月 7 日，中共代表团撤返延安，所留房屋财产委托民盟代管。1947 年 11 月民盟被迫解散后，房屋财产被国民党南京市政府没收。

南京解放后，1950 年 5 月，梅园新村 30 号、35 号和 17 号原址由南京市文保会接收保管。1961 年，南京市在梅园新村原址上成立“梅园新村中共代表团办公原址纪念馆”并对内开放。1977 年 11 月，中共南京市委正式批复将原址定名为“中共代表团梅园新村纪念馆”。

1990 年 1 月 8 日，位于梅园新村街道西侧、南京军区空军后勤部东侧、汉府街北面的中共代表团梅园新村纪念馆史料陈列馆开馆。1990 年 7 月 1 日，位于陈列馆露天庭院内的周恩来全身铜像落成。1998 年 2 月 21 日，位于陈列馆北面、梅园新村 30 号西南角的周恩来图书馆开馆。

1996 年 11 月 20 日，中国共产党代表团办事处旧址（梅园新村）被列为第四批全国重点文物保护单位。2017 年 12 月 2 日，中共代表团办事处旧址（梅园新村）入选由中国文物学会、中国建筑学会联合评选的“第二批中国 20 世纪建筑遗产项目”。

① 冯亦同编：《名家笔下的南京》，南京出版社 1995 年 8 月版。

五台山神社

五台山神社位于南京五台山 1 号，紧邻五台山体育场。

1939 年侵华日军中国派遣军总司令部在南京成立后，着手建造神社。1940 年 2 月 11 日上午 10 时在五台山举行“南京神社营造奉告祭”（即开工仪式），派遣军总司令西尾寿造出席。1943 年 11 月 2 日夜举行落成典礼。①

据王炳毅先生介绍，日军选定五台山原来的南京美国学校校址（又称五台山小学）兴建神社，由日本建筑师高见一郎设计，历时近两年完工。五台山神社的规制大体上仿照日本东京靖国神社。入口处是高大的鸟居（即牌坊）。神

五台山神社

① 谢任著：《陷都政治：日本在南京的记忆重构与遗迹变迁》，生活·读书·新知三联书店 2023 年 12 月版。

五台山神社全景

五台山神社（赫达·哈默尔摄，《南京》，1945 年版）

社主体建筑为砖木结构，柱跗式台基，方形外廊柱，歇山顶，黑瓦、丹柱、飞檐。五台山神社建成后，成为战争时期在南京的日本人极其重要的精神家园，也是举行各类活动的首选场所[①]。此后，一批批在中国被打死或病死的日军官兵骨灰盒陆续运来。为防破坏，日军驻扎军队，加建岗楼，戒备森严。在神社正殿里供奉有天照大神像及宝剑等神器。日军官兵的骨灰盒被一格一格地存放在米黄色的房舍内，骨灰盒上写有死者的军衔、生卒年月等，还嵌有照片。每年 4 月，日本军政要员、住在南京的日本侨民代表等都要到神社举行祭拜仪式。神社迎接亡灵最隆重的一次发生在 1943 年初，那次是驻汉口日军派出一艘炮舰，送来第十一军司令官塚田攻和他助手等 19 名将佐的骨灰盒。南京师范大学副校长、南京大屠杀研究中心主任张连红认为，日军当年选择在南京建立神社主要有两方面的原因：一是南京当时是侵华日军华中派遣军（后改称中国派遣军）总司令部驻地，是日军侵华战争的指挥中枢，有了神社便于举行各种纪念仪式和祭祀活动；二是南京的地理位置比较适中，神社可作为一个中转站，战死日军的骨灰从各地运往这里，存放一两年后就会被运回日本。

据王炳毅先生回忆，他们家一直住在五台山下。“抗日战争时期，他的父亲在汉中门开了一家煤店，经常要往神社里送煤，每次进入神社后，都要鞠躬，不然就得挨耳光。神社内有男有女，女的通常穿着日本和服，男的则穿着黑色袍子。神社中间是一个很大的祭殿，周围有放骨灰的建筑，还有哨兵驻扎的岗楼，给人感觉非常阴森恐怖。”[②]

① 谢任：《神社与它的躯壳：对南京五台山日本神社的考察》，《学海》2016 年第 3 期。

② 潘松涛：《五台山惊现侵华日军重大罪证：南京发现侵华日军“靖国神社”》，《南京晨报》2002 年 12 月 7 日。

五台山神社牌坊

1945年8月日军投降后，神社关闭。当年12月18日，蒋介石与夫人宋美龄乘专机抵达南京，此行一共在南京停留5天，主要是拜谒中山陵、会见美国驻华特使马歇尔、接见已回到南京的军政要员，并数次巡视市区。21日，蒋介石乘车来到五台山神社参观，全程未发表任何言论；他在这里召见南京市市长马超俊，对市政建设及“还都”之事作出指示。[①]

1946年，国民政府为展示抗日胜利成果和纪念阵亡将士，曾经把神社用作“战利品陈列馆”和“中国抗战阵亡将士纪念堂”。其中“战利品陈列馆”由何应钦主持，马崇六中将具体负责。陈列馆共分四个陈列室，第一室为战史资料室，里面有受降仪式上的笔砚桌椅等物件；第二室全部是空军器材；第三室分为两个部分：第一部分是工兵器材部，第二部分是兵器部，分为弹药枪炮器材、被服等；第四室展出卫生器材，以及日寇所盗我国唐宋明朝古画国宝，而这些珍贵文物是抗战胜利后由上海和平博物馆运抵南京的。另外，露天则陈列了日机残骸、重炮、巨型汽车、俘虏的铁甲战车等战利品。据1946年5月5日出版的《申报》报道：“为使全国军民及中外人士，明了抗战经过，及敌人使用各种利器，杀我国同胞之真相起见，特于首都筹设规模宏大之战利品陈列馆。”该展览从1946年4月中旬开始筹备，展陈时间从当年5月底到12月，为期半年左右，“搜集工作颇为繁重，现已运到敌军各式轻重机关枪二十余种，各式炮弹八十余种，各式大炮十余种（内有一五公分加农炮、一五公分榴弹炮），战车十余种，不同飞机四架，及橡皮筏、潜水艇探空灯、炸弹、听音机等千余种”。当时在战利品陈列展的大门外，还矗立着水泥的门楼，门楼的横额上写着“永奠和平”四个字，门柱上还有一副对联：“气蕴风云国光永焕；功铭鼎鼐我武维扬。”1946年6月2日，特地前来参观展览的四川人李思纯在日记中记载了展览的景象。当时李思纯沿着汉中路、上海路到达五台山，看到“其地有日本人于占领时所筑神社，高据山头，有水泥所筑之神社式牌坊三座、日本式殿屋二所，两旁有中国式屋数处，政府即用此地为战利品展览会场”。在第一室中，他看到有南京受降时之桌椅笔砚等纪念品及摄影多种，椅背上还均标明所坐人名，“自冈村宁次以下凡七八人，更有日本降书全文”。而在其他陈列室，他

① 刘小宁：《一九四六：“还都”南京》，《南京史志》2017年第1期。

五台山神社

则看到了军用品装备弹药、武器粮食医药文书史料旗幡衣物等极多，并有历次会战地图及大炮飞机装甲车登陆艇浮桥等。①

1946 年秋，国民政府将这里改为中央军官训练团驻地，后又改为中国童子军总会办公室。

1949 年 4 月南京解放后，五台山神社很长一段时间都处于空置状态，20 世纪 50 年代中期改作江苏省体委（今江苏省体育局）办公楼。20 世纪 80 年代以来，五台山神社建筑物大多被拆除，原钢筋水泥制成的神社大门（牌坊）拆除后，断成数截，被遗弃到清凉山公园内。如今，江苏省体育局大院内的东面和北面，仅存有两座庙宇式平房，一栋坐西朝东，一栋坐北朝南。砖木结构，坡屋顶，上覆青色平瓦，飞檐，方形外廊柱，柱跗式台基，入口处有雨篷。整个建筑具有浓郁的日本建筑风格。在建筑物前，石质灯座至今尚存。在一座神社建筑的侧面，发现一块长方形的石碑，上面依稀可辨“十七年二月”“十八年七月”等字样。

1992 年，“五台山一号建筑”被列为南京市文物保护单位。2011 年，“日本神社旧址”被列为江苏省文物保护单位。2010 年，“五台山 1 号建筑”被列为南京重要近现代建筑。

① 陈廷湘、李德琬主编：《李思纯文集·论文小说日记卷》，巴蜀书社 2009 年 5 月版。

利济巷慰安所

2017 年 8 月 14 日是第五个世界“慰安妇”纪念日，由 80 后导演郭柯执导的国内首部获得公映许可的“慰安妇”题材纪录片《二十二》当天正式在全国公映。中国“慰安妇”再次成为公众关注的焦点。

据中国慰安妇研究专家苏智良先生和经盛鸿先生的相关成果表明，早在 1937 年 12 月南京沦陷以后，日本军部就密令占领南京的各部日军，自行设法设立临时性质的“慰安所”。临时“慰安所”曾遍布南京城内外，里面都是日军用暴力手段抢掠来的中国妇女。

在全面控制南京以后，日军“南京特务班”的大西等人，指令汉奸孙叔荣、王承典等人迅速招募 100 名“花姑娘”，建立所谓“皇军慰安所”。

利济巷慰安所旧址陈列馆

1937年12月22日，由汉奸在南京创设的最早的两家“慰安所”正式在傅厚岗、铁管巷两地开业。傅厚岗的慰安所专为日军将校服务，铁管巷的慰安所服务对象则是普通日军士兵与下级军官。此后，南京城里的慰安所越开越多。1938年，王承典、孙叔荣、乔鸿年等汉奸又在瑞福里、山西路口、夫子庙贡院街等地开办多处慰安所。

1938年以后，日本军部在南京自行开办了多家慰安所，为日军中、高级将佐服务；日本军部还委托日侨中的娼业主在南京设立慰安所，为日军普通官兵服务。开始时，这类“慰安所”的“慰安妇”多为日本军方征来的日本籍、朝（韩）籍妇女，后来有越来越多的中国妇女被胁迫诱骗充当“慰安妇”。

在日军占领南京后的半年时间里，日军不断完善慰安所体系，南京成为日军“慰安妇”制度最完善的城市之一。南京沦陷八年期间，南京城内外出现过的慰安所有60多家，既有日军开设的安乐酒店、松下富贵楼，日侨开设的浪花楼、吾妻楼，还有汉奸和伪政权开设的傅厚岗慰安所、大华楼、华月楼等。保存至今的只有寥寥几处，其中最著名的是利济巷慰安所。

利济巷慰安所位于秦淮区五老村街道的利济巷2号和18号，这里原是国民党中将杨普庆于1935—1937年陆续建造的砖木混合结构的两层建筑物，名为“普庆新村”，包括双拼、联排住宅，以及旅馆、商铺等。北侧体量较小的作为住宅使用，南侧一栋体量较大的作为旅馆使用。1937年12月日军占领南京后，将利济巷2号改造为“东云慰安所”（朝鲜和韩国籍慰安妇住所），将18号改造为“故乡慰安所”（日本籍慰安妇住所），前者用于接待日军普通士兵，后者用于接待日军将校以上军官。据调查，至少数十名朝（韩）籍“慰安妇”，在此惨遭侵华日军的蹂躏虐待。其中，利济巷2号楼上第19号房间是朝鲜籍“慰安妇”朴永心1939—1941年被拘禁蹂躏的地方。2003年11月21日，她曾经来现场进行指认。

朴永心老人来到南京自己曾经度过三年非人生活的日军慰安所（侵华日军南京大屠杀遇难同胞纪念馆藏）

利济巷慰安所现存八栋两层砖混结构建筑，硬山顶，青砖小瓦，共有84个大小不一的房间。除最南面的一栋外，均坐北朝南。2008年住户搬走后，这里一直闲置。

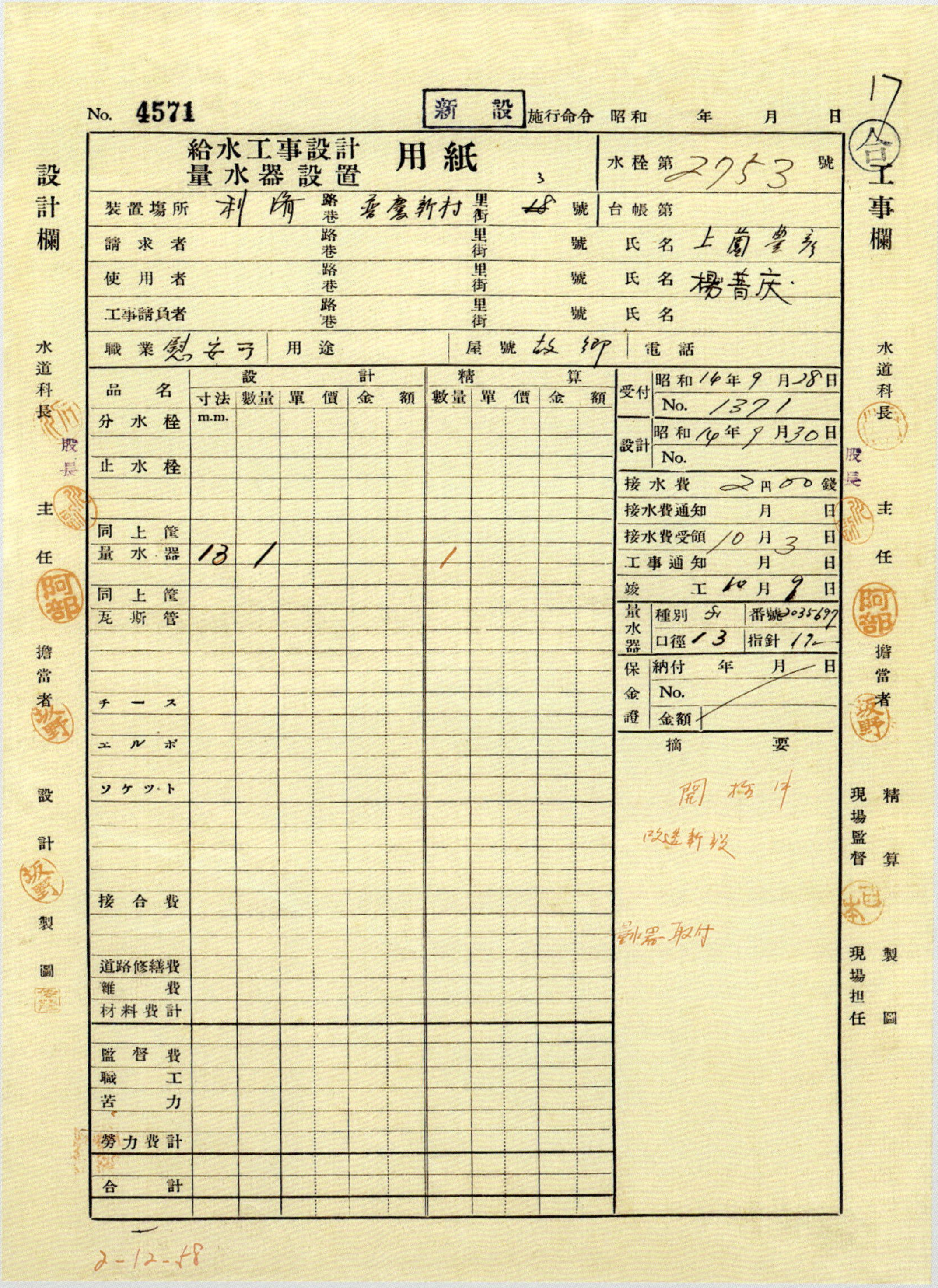
No. 4571 新設 施行命令 昭和 年 月 日 17 合

給水工事設計
量水器設置 用紙

設計欄 工事欄

水栓第	2753 號
裝置場所	利濟 路巷 普慶新村 里街 48 號
台帳第	
請求者	路巷 里街 號 氏名 上蘭豊彦
使用者	路巷 里街 號 氏名 楊普庆
工事請負者	路巷 里街 號 氏名
職業	慰安所 用途 屋號 故鄉 電話

品名	設計 寸法 m.m.	設計 數量	設計 單價	設計 金額	精算 數量	精算 單價	精算 金額
分水栓							
止水栓							
同上筐							
量水器	13	1			1		
同上筐							
瓦斯管							
チース							
エルボ							
ソケツト							
接合費							
道路修繕費							
雜費							
材料費計							
監督費							
職工							
苦力							
勞力費計							
合計							

受付	昭和14年9月28日 No. 1371
設計	昭和14年9月30日 No.
接水費	2円00錢
接水費通知	月 日
接水費受領	10月3日
工事通知	月 日
竣工	10月9日
量水器	種別 Si 番號 2035697 口徑 13 指針 17
保證金	納付 年 月 日 No. 金額
摘要	開栓中 改造新栓 量水器取付

水道科長 股長 主任 阿部 擔當者 設計 製圖

水道科長 股長 主任 阿部 擔當者 現場監督 精算 現場担任 製圖

2-12-58

1939 年 9 月南京利济巷慰安所（普庆新村）自来水施工单（南京水务历史展览馆藏）

利济巷慰安所旧址陈列馆修缮前

利济巷慰安所旧址陈列馆鸟瞰

利济巷慰安所旧址陈列馆

利济巷慰安所旧址陈列馆

2014年11月，南京市人民政府启动对利济巷慰安所旧址的修缮保护、陈列布展工作。2015年5月1日正式开工建设。陈列馆由南京大学建筑与城市规划学院赵辰教授设计，将原有的建筑主体结构进行修缮和加固，整个建筑外观尽可能恢复历史原貌。2015年12月1日，“南京利济巷慰安所旧址陈列馆”作为侵华日军南京大屠杀遇难同胞纪念馆的分馆，举行开馆仪式并试运行。

利济巷慰安所是亚洲地区现存规模最大、保存最完整的一处日军慰安所旧址，更是中国大陆第一座经在世“慰安妇”亲自指认的以“慰安妇”为主题的纪念馆。陈列馆由八栋两层建筑组成，占地面积约3680平方米，建筑面积3160平方米，展陈面积约3000平方米。展览以泪洒一面墙（泪墙）、泪滴一条路（泪路）、泪湿一块地（泪地）为核心，共展出了1600多件文物展品、400多块图板、680多幅照片、19部视频，其中两件国家一级文物尤为珍贵。一件是已故“慰安妇”雷桂英老人生前捐赠的消毒剂高锰酸钾，这是南京汤山原日军高台坡慰安所发给“慰安妇”用作个人卫生使用的；另一件是松下富贵楼慰安所为“慰安妇”检查身体时使用的内窥器。此外，还有从日本友人大东仁处征集的“突击一番”安全套和星秘膏，其中星秘膏是让日军和安全套配套使用的。

2014年6月，利济巷慰安所旧址被南京市人民政府公布为南京市文物保护单位。2019年，被国务院列为第八批全国重点文物保护单位。2020年，被国务院列入第一批国家级抗战纪念设施、遗址名录。

第二章 教育科技文化卫生体育建筑

汇文书院

汇文书院位于南京中山路169号（原干河沿1号），现为金陵中学，是江苏省重点中学。

汇文书院创办于光绪十四年（1888），原是美国基督教美以美会（Methodism）传教士傅罗（C.H.Fowler）创办的教会学校。1888—1896年的首任院长是美国人福开森（John C.Ferguson，又译福茂生），后由美国人师图尔、包文继任。学制4年。1892年，汇文书院规模扩大，分为大学堂、中学堂和小学堂，中学堂称为成美馆。学制均为4年，专收男生。1909年，汇文书院创办《金陵光》校刊，后成为金

1888年的汇文书院校门（着色明信片）

汇文书院首任院长福开森

陵大学的重要学术刊物和学报。①1913 年《金陵光》首次有了中文版，陶行知担任中文主笔，陈裕光担任首席经理员。②

宣统二年（1910），汇文书院与宏育书院（由益智书院、基督书院合并而成）合并为金陵大学堂（校址在原汇文书院内），包文（A.T.Bown）任校长，原中学堂改称为金陵大学堂分设中学，简称金陵中学，是为南京中学教育的发端。金陵中学隶属于金陵大学，只设主任，由威尔伯·威尔逊（Wilbur F.Wilson，中文名韦理生，福开森的连襟，鼓楼医院外科医生罗伯特·威尔逊的父亲）担任，校长由大学校长兼任。

1928 年 6 月向国民政府教育部立案时，改称金陵大学附属中学，简称金大附中、金陵中学。分为初中、高中两部，高中仅设有普通科。③1934 年 2 月至 7 月，曾昭燏被聘为国文教员，报酬是银洋 80 元。

1937 年全面抗战爆发后，金陵中学师生大部分西迁四川，办起万县金陵中学和驻蓉分班；留在南京一小部分师生，在金陵大学留京护校委员会的支持下，先后办起了金陵补习学校、鼓楼中学、同伦中学和金陵中学。1946 年，万县金陵中学和驻蓉分班迁回南京，与南京金陵中学合并，仍名为金陵大学附属中学。陈裕华担任董事长。

1951 年，金大附中与金陵女子文理学院附中合并，改名为南京市第十中学。1988 年 4 月，更名为金陵中学。

金陵大学堂分设中学

汇文书院的建筑以钟楼为中心，其他建筑如东楼、西楼、咾呤寝室分列在钟楼的东西两侧，青年会堂在钟楼北侧。除了钟楼西南面的体育馆是民国时期的建筑之外，其他的建筑都是建于 19 世纪末，由美国建筑师设计，陈明记营造厂承建。一般墙壁用青砖砌造，不作粉刷；局部采用青条石

① 朱文迪：《民国时期金陵中学校刊研究》，《档案与建设》2022 年第 9 期。
② 王运来著：《诚市真勤仁　光裕金陵——金陵大学校长陈裕光》，山东教育出版社 2004 年 11 月版。
③ ［民国］南京市市政府秘书处编：《新南京》，南京共和书局 1933 年 10 月版。

汇文书院（《骆博凯家书》）

窗台、勒脚和台阶。木结构屋架，木地板，拱券形木门窗。建筑造型具有浓郁的异国情调，是典型的美国殖民式建筑，为南京的近代仿西洋建筑树立了楷模。

钟楼

建于 1888 年，坐北朝南，砖木结构，四面坡屋顶，高三层，中部钟塔部分高四层。平面近似方形，通面阔 18.2 米，进深 12.4 米，高 16.1 米，建筑面积 642 平方米。第一层为办公用房；第二层为教室；第三层为阁楼。屋顶铺水泥方瓦，辟有两个老虎窗。该钟楼是西方基督教会在南京建造的最早的建筑实例，有南京第一洋楼之称，不仅是基督教在南京建造的学校建筑中最早的建筑，而且也是当年南京最高的建筑。在嵯峨的钟楼顶部安放的一座“博尔登教堂大钟”（Bowlden Church Bell），由美国贝尔铸造公司于 1899 年铸造，每天都会自动敲响，钟声悠扬，成为校园的一个美丽的音符。现为学校办公楼。

汇文书院旧钟楼（1918 年，耶鲁大学神学院图书馆藏）

汇文书院钟楼

东楼

建于 1893 年，砖木结构，四面坡屋顶，高四层（包括阁楼），平面呈长方形，南面有突出的门廊。建筑面积 3344 平方米。屋顶辟有老虎窗。2001 年拆除。

西楼

建于 1893 年，砖木结构，高两层。建筑面积 602 平方米。

青年会堂

原为美国基督教美以美会礼拜堂。建于 1888 年，砖木结构，上下两层，人

东楼旧影（金陵中学校史馆藏）

1910 年前的青年会堂（美国耶鲁大学图书馆藏）

字形屋顶。平面呈长方形，建筑面积252平方米。20世纪90年代按原样修旧如旧，现为学校图书馆。

咾吟寝室

建于1893年，砖木结构，高三层。平面呈“凹”字形，建筑面积3640平方米。屋顶覆盖波形铁皮瓦。在东墙壁上刻有“咾吟寝室 COLLINS DORMITORY 1893”字样。20世纪90年代改建成曹隐云科学馆。

体育馆

建于1934年，位于钟楼西南部，坐西朝东，砖木结构。三角形木屋架，屋顶覆盖波形铁皮瓦，四周墙壁开有拱券形窗户。建筑面积696平方米；主跨高21米，南北长32米。体育馆入口处建有门廊。门口墙壁下方，镶嵌有奠基石一方，上面有楷书竖刻：

国内人士众
力奠成体育
宏基念兹在
兹刊石纪功
永矢弗谖
廿三年八月

1912年孙中山在南京就任中华民国临时大总统期间，曾经携王正廷“莅临干河沿母校训话一次”。[①]

1928年，金陵中学举行40周年校庆之际，蔡元培先生亲自题词：“英才辈出”。

1931年九一八事变爆发后，南京和各地爱国学生多次到国民党第四次全国代表大会现场、中央党部、国民政府所在地请愿示威。11月10日，由北洋工学院、女子师范学院、水产中学、法商学院、中山中学等大中学校学生构成的天津中等以上学生抗日救国会请愿团470人到南京，住在金陵中学，代表团负责人李星颉等，总指挥张绍衡、副指挥银丕振。11日上午，天津学生抗日救国会

① 洪润庠：《回忆清末民初时代的母校》，原载台北金陵大学校友会《金陵大学创校70周年纪念特刊》，1958年，转引自王运来著《诚真勤仁　光裕金陵——金陵大学校长陈裕光》，山东教育出版社2004年11月版。

汇文书院体育馆

汇文书院体育馆门廊

请愿团至国立中央大学，向即将于次日召开的国民党第四次全国代表大会请愿，要求政府“促开和平会议，组织统一政府，组织国防会议，恢复民众运动，政府明令抗日”。①11 月 15 日，天津私立南开中学请愿团 72 人抵达南京，住在金陵中学，总指挥张信达、副指挥唐风都。16 日上午，全体人员至国立中央大学向国民党第四次全国代表大会，以及国民政府请愿，要求政府“政治：速组统一政府；军事：准备对日宣战；外交：励行革命外交。②11 月 29 日，北平民国学院请愿团 450 人抵达南京，住在金陵中学内。30 日上午 9 时，请愿团先至中央党部请愿，接着又前往国民政府请愿，要求“立刻对日宣战，退出国联，扩大民众反日运动，促成真正和平统一的政府，肃清帝国主义者走狗军阀，实行革命外交，励行对日经济绝交”③。

1937 年南京沦陷后，南京安全区国际委员会在南京设立了 25 个难民收容所，金陵大学附属中学也是其中之一。当时的难民所所长是姜正云。④ 该难民所前后救助了 1.5 万多名难民，南京大屠杀幸存者夏淑琴、常志强就是在这里被保护下来的。金陵大学附属中学的工友为了使妇女免遭日军蹂躏，将钟楼的地下室作为庇护所，将 40 多名妇女藏在其中。

一百多年来，从金陵大学附属中学里走出了 5 万多名毕业生，其中有陶行知、

①②③ 中国第二历史档案馆编：《中华民国史档案资料汇编》第五辑第一编《政治（四）》，江苏古籍出版社 1994 年 6 月版。
④ 张国松：《守望相助：中方人士在南京大屠杀中的人道主义救援角色与作用》，《档案与建设》2022 年第 2 期。

谢家声、陈裕光、宗白华、吴仲华、吕敏、程千帆、吴敬琏、厉以宁、齐康、何康等。

正如胡小石作词，美国作曲家汤普森（H.S.Thompson）作曲的《金陵中学校歌》所言：

大江滔滔东入海，我居江东，
石城虎踞山蟠龙，我当其中。
钟楼嵯峨，教育之宫，桃李坐春风，
思如潮，气如虹，永为南国雄。

汇文书院钟楼被列为全国重点文物保护单位

1991 年，汇文书院钟楼被国家建设部、国家文物局评为近代优秀建筑。1992 年，汇文书院建筑群被列为南京市文物保护单位。2006 年，汇文书院钟楼作为金陵大学旧址的一个组成部分，被列为全国重点文物保护单位。

江南水师学堂

江南水师学堂位于南京市中山北路 346 号，现为老学堂创意园。

鸦片战争后，洋务运动兴起，海军人才的培养提上议事日程。同治五年（1866），船政大臣沈葆桢在福州创办船政学堂。光绪六年（1880），直隶总督兼北洋大臣李鸿章创办天津水师学堂。光绪十一年（1885），海军衙门成立，以订购舰艇、培养海军专门人才为要务。光绪十三年（1887），两广总督张之洞在广州创办水师学堂；光绪十四年（1888），海军衙门总理大臣奕譞在颐和园创办昆明湖水师学堂；光绪十五年（1889），丁汝昌在威海创办威海水师学堂。光绪十六年（1890），两江总督兼南洋大臣曾国荃经海军

江南水师学堂

1898 年《江宁府城图》中的江南水师学堂平面图

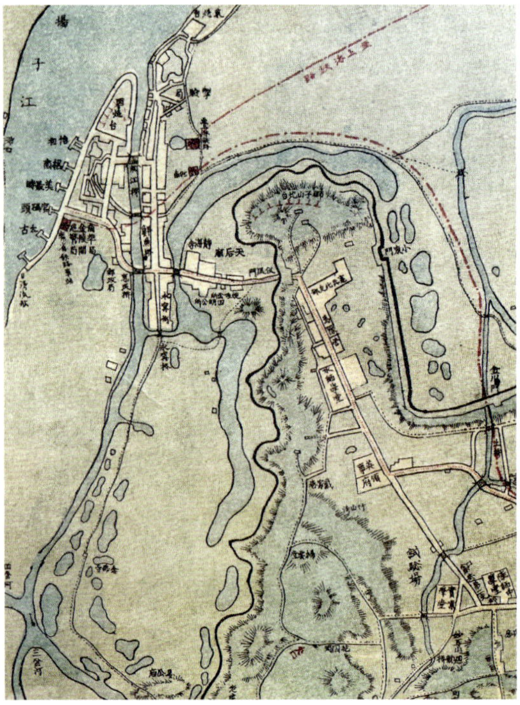
1910 年《南京全图》中的江南水师学堂平面图

刘坤一在草鞋峡视察江南水师学堂军事演习（《点石斋画报》）

衙门批准，在南京创立江南水师学堂，设有驾驶班（科）、管轮班（又叫轮机科、机关科）和鱼雷班（科）。水师学堂设有总办楼、教学楼、食堂、宿舍、操场等。学生入学不仅免收学费，而且还发放津贴。鲁迅及其弟弟周作人都曾在这里

求学。1890—1911年的前后22年间，先后毕业的驾驶班学生有107人，管轮班学生有91人，附设的鱼雷班学生13人。教员大多是英国人。课程设机械、天文、航海等，每周四天（后改为五天）用英文授课，两天（后改为一天）用汉文授课。

光绪二十四年（1898）春，鲁迅因家道中衰，由浙江绍兴考入不收学费的江南水师学堂管轮班就读，当时他只有18岁。初到南京，住在远房叔祖周庆蕃（即周椒生）家中。周庆蕃当时在水师学堂教授国文兼管轮堂的监督，他思想守旧，认为鲁迅报考这个洋学堂用家族谱名周樟寿不合古训，遂将周樟寿改名为周树人。对于在江南水师学堂的求学经历，1926年，鲁迅在《琐记》一文中忆及时写道：

> 第一个进去的学校，目下不知称为什么了，光复以后，似乎有一时称为雷电学堂，很像《封神榜》上“太极阵”“混元阵”一类的名目。总之，一进仪凤门，便可以看见它那二十丈高的桅杆和不知多高的烟通。功课也简单，一星期中，几乎四整天是英文：“It is a cat.”“Is it a rat？”一整天是读汉文：“君子曰，颍考叔可谓纯孝也已矣，爱其母，施及庄公。”一整天是做汉文：《知己知彼百战百胜论》《颍考叔论》《云从龙风从虎论》《咬得菜根则百事可做论》。……可爱的是桅杆。……人如果爬到顶，便可以近看狮子山，远眺莫愁湖，——但究竟是否真可以眺那么远，我现在可委实有点记不清楚了。而且不危险，下面张着网，即使跌下来，也不过如一条小鱼落在网子里；况且自从张网以后，听说还没有人曾经跌下来。①

1898年10月，鲁迅因水师学堂办得“乌烟瘴气”而离开，考入江南陆师学堂附设矿路学堂，学习的课程有国文、格致（物理）、算学、地理、历史、测量、冶金、机械绘图和体操等，外文有德文和日文，鲁迅在这里第一次接触到西方自然科学知识，影响了他的一生。鲁迅在矿路学堂前后学习三年（1899—1901），1902年毕业后公派赴日本留学。1901年，受到兄长鲁迅的影响，周作人也考入江南水师学堂，1901—1906年在学堂共学习了5年，除了学习文化课外，还有体操、打靶、爬桅杆三项技能训练。

江南水师学堂建筑群，据周作人《学堂大概情形》一文回忆：

---

① 吴龙辉等整理：《鲁迅全集》第一卷《朝花夕拾》，新疆人民出版社1995年10月版。

讲到学堂的大概情形，须得先把房屋来说明一下才行。从朝东的大门进去，一条阔长的甬道，二门朝南，偏在西头，中间照例是中堂签押房等，附属有文书会计处。后边乃是学生的饭厅，隔着院子南北各三大间。再往北是风雨操场，后面一片广场，竖立着一根桅竿，因为底下张着粗索的网，所以占着不小的面积。以上算是中路。东面靠近大门，有一所小洋房，是给两个头班教习住的。那时驾驶的是何利得，管轮的是彭耐尔，都是英国人。大概不过是海军的尉官吧。隔墙一长埭是驾驶堂，向西开门，其迤北一部与操场相并，北边并排着机器厂与鱼雷厂，又一个厂分作两部，乃是翻砂厂与木工厂。到这里东路就完了。西路南头是一个小院子，接着是洋文讲堂，系东西面各独立四间，中为砖路甬道，小院有门通外边，容洋教习出入，头班讲堂即在南头，其次为二三班，北头靠东一间原为鱼雷讲堂，靠西的是洋枪库。汉文讲堂在其东偏，系东向的一带厢房，介于中路与东路之间。洋文讲堂之北是一小块空地，西边有门，出去是兵操和打靶的地方，乃是学堂的外边了。管轮堂即在此空地之北，招牌挂在向东的墙外，也是一长埭，构造与驾驶堂一样。后面西北角旧有鱼雷堂，只有十几间房屋，东邻是一所关帝庙。这里本来是一个水池，据说是给学生学游泳用的，因为曾经淹死过两个年幼的学生，所以不但填平了，而且还造了一所“伏魔大帝”的庙。庙里住着打更的老头子，他在清朝打过太平军，是个不大不小的“都司”，我在将来还要说到他，现在只是讲房屋，所以只能至此为止了。①

1959年，南京市文物保管委员会协助海校邀请八位老水师学堂毕业生前往遗址鉴定：

现在的大门是二门。原先的大门当在今中山北路路中心。大门两柱一边写“中流砥柱”，一边书“大雅扶轮”。进二门为卷棚式轿厅。穿过过道为一座二层楼房，楼下暖阁东侧一室为当年总办（校长）办公地，西室为提调（当时教务长称提调）办公室，皆系原建筑式样。与二门并排东侧有一洋楼是当年英籍教员盘罗蒙罗办公大楼，这座洋楼已部分改建了。楼北有一天井，天井中东南角有一口供师生饮用的水井，井口尚有一石井栏，

① 周作人著：《知堂回忆录——周作人自传》，敦煌文艺出版社1998年1月版。

江南水师学堂阅兵

上面阴刻“江南水师学堂”。天井西边为长廊，完全未动，仍六十多年前原样。天井北头有讲师及驾驶班学生宿舍。再往北行为当年轮机班库房，外部砖墙依然昔日景象。库房北首一大间为当年机器厂，轮机班学生在此学车床、刨床。由此往西拐，是当年内操场，鲁迅提到的那二十丈高的桅杆已荡然无存，现在桅杆下已建有一小游泳池。鲁迅回忆中常提的秋千台，也无踪影了，如今秋千下已是花圃了。总办办公楼两侧建筑物为当年会计、文书办公地，向南一排房屋、砖土地是当年汉文教室，汉文老师除鲁迅叔祖周椒生外，还有于文史造诣相当深的张髯明（南京人）和杭州人兼舍监的朱颖叔、理学家江殿清等先生。西行有一边四栋两边对称西式平顶建筑物共八栋，当年是驾驶班讲堂。由此往北拐便是当年轮机班学生宿舍，一边十五间，中夹小长形天井，鲁迅先生当年住哪一间已辨识不清。一九六一年海校进行改建工程时，将其中二十一号一间和二十三号一间保留下来，辟为鲁迅纪念室。一九六三年，部分走廊铁皮改为洋瓦顶。一九六五年初，汉文讲堂拆平，新造西式建筑物。①

1912 年，中华民国临时政府海军部成立，黄钟瑛被任命为海军总长，江南水师学堂被改为海军军官学校。1915 年，改为雷电学校。1917 年，又易名海军鱼雷枪炮学校。

① 转引自南京师范大学中文系资料室、南京师范大学附中语文教研组编《鲁迅与南京》，《鲁迅生平资料丛抄》之一，1979 年元月内部印刷本。

1927年初，北洋舰队海军总司令杨树庄归附国民党中央，因其在蒋介石与各路军阀战争中立下汗马功劳，被任命为国民政府海军总司令，海军鱼雷枪炮学校成为海军司令部所在地。

1928年12月1日，国民政府在行政院军政部之下设立海军署，以江南水师学堂旧址为海军署办公地，任命以长江为基地的第二舰队司令陈绍宽（1889—1969）为署长，入驻海军署内。海军署下设总务处与军衡、军务、舰械、教育、海政五司，共有官佐32人，士兵15人。1929年4月，国民政府明令将海军署扩充为海军部，6月1日，海军部正式成立，直隶于行政院，管理全国海军行政事务。设部长一人，政务次长、常务次长各一人。杨树庄被任命为海军部部长兼福建省政府主席，陈绍宽任政务次长（1932年1月升任海军部部长）。

海军部内设机构有总务、军衡、军务、舰政、军学、军械、海政七司和经理处，实际共有官佐187人，兵役129人。设立海军署之初，即已择定海军鱼雷枪炮学校旧址为办公之所，因年久失修，所以稍加修缮。海军部成立之后，人员增多，原有房屋不敷应用，于是又增建房屋，添置设备。据时任海军部政务次长陈绍宽于1930年11月在海军部海军编译处编印的《海军期刊》第2卷上发表的《一年来海军工作之实记及训政时期之计划》一文记载，海军部的机构分布情况是这样的：

海军部

海军部

大门临中山北路，大门以内，第一进左为传达室、电话室，右为招待室、勤务士兵房。

第二进左为会客厅，右为副官办公室。

第三进为政务次长办公室、卧室、餐厅、浴室、会客室、译电室、勤务兵房。

第四五两进为部员会食厅（会客用餐之处）。东西两边房舍编为东西宿舍各三十号。出东宿舍为常务次长办公室、卧室、宴会厅、会客室、阅报室及党义讲堂，部员士兵诊病室、各厅司长寝室亦在这里。

再前为楼房两座，楼上为部长办公室、浴室、会客室、机要室及参事寝室，楼下为会客厅、会议厅、参事办公室、浴室。部长楼之西为总办公厅、总务厅和秘书办公室，再西为洋式平房6所，海军部六司各用1所。

部长楼之后为操场。操场西北隅有楼房两座，为经理处及无线电台；东北角为器具材料存储库。

1937年11月，海军部机关从南京西迁武汉。12月13日南京沦陷后，这里被日本海军陆战队本部占用。据侵华日军第十六师团步兵第三十三联队士兵高岛市良1937年12月14日的日记记载："扛着一面大国旗进入挹江门……海军部、

1937 年 12 月海军部前的日军遥拜式

日军占领海军部

铁道部等林立，海军部成了陆战队本部，飘扬着军舰旗，有水兵在站岗。”①

1938 年 1 月，西迁后的国民政府因海军在全面抗战爆发后损失惨重，于是撤销海军部，改设海军总司令部，任命陈绍宽为总司令。海军总司令部直隶于

① ［日］高岛市良：《高岛市良日记》，收入王卫星编《南京保卫战 · 日方资料》，南京出版社 2022 年 10 月版。

军事委员会，掌管海军军务。海军总司令部下设机构有海军军官学校、中央海军学校、鱼雷总队、水雷总队等。

从中山北路上的交通岗亭看海军部

1939 年 1 月，海军总司令部迁往重庆。1940 年 3 月 30 日，汪伪国民政府在江南水师学堂原址设立海军部，汪精卫曾一度兼任海军部长。

1944 年 12 月，国民政府在军政部之下设立海军处，由陈诚任处长，负责审批海军总司令部的公文。1945 年 9 月，海军总司令陈绍宽奉蒋介石命令，随同参谋总长兼陆军总司令何应钦赴南京，参加了 9 日上午 9 时在中央陆军军官学校举行的日本签字投降仪式。此后，陈绍宽接管了汪伪海军部。

1945 年 12 月，蒋介石因陈绍宽拒绝执行封锁渤海湾的命令，下令撤销海军总司令部，将军政部属下的海军处扩大为海军署，由亲信、军政部部长陈诚兼任署长，接管海军总司令部及其业务。陈诚担心在接收时遭到反抗，于是在当月的一天上午，指使副署长周宪章率领约 200 名全副武装的陆军警卫连士兵突

1945 年之后的海军部

海军部大门

然包围了海军总司令部，并在四周制高点上架起了各式轻重机枪。这些陆军警卫连士兵冲进海军总司令部内，首先将海军警卫连缴械并集中看管，然后召集海军总司令部所有军官点名训话。对于海军警卫连士兵，一律遣送回原籍；对于海军将、校、尉军官则全部予以隔离软禁，陈绍宽也在被软禁之列，他被软禁在挹江门外的一家旅馆里，在寂寞和恐慌中度过了1946年的元旦。海军总司令部就这样被武力解散了。陈绍宽随即被迫辞去了担任近8年之久的海军总司令之职。

陈绍宽突然被解职一事，在当时成为轰动一时的新闻，引起了国内外的广泛关注。其实，陈绍宽被解职只不过是蒋介石任用亲信、排除非嫡系人员的又一“成功”尝试而已。

1946年6月，国民政府改组，成立国防部，下辖海、陆、空、联勤四个军种总司令部。陈诚出任参谋总长，兼任海军总司令，成为民国历史上第一位非海军出身的海军总司令，打破了民国海军成立几十年来的传统。同年9月，桂永清代理海军总司令一职，1948年8月，被正式任命为海军总司令。

1949年4月23日，在中共中央社会部上海负责人吴克坚指示下，南京中共地下党员林亨元、郭寿生等成功策动国民党海防第二舰队司令林遵，让他率领布防在南京长江江面的几十支舰队驶离部分关口，以“要集中力量好使用”为借口，迷惑国民党海军总司令桂永清，并率领国民党海军第二舰队9艘军舰和16艘炮舰共25艘舰艇、1271多名官兵在燕子矶笆斗山长江江面举行起义。这次起义沉重打击了国民党反动派，鼓舞了人民的士气，毛泽东主席和朱德总司令致电赞誉这次行动为“南京江面上的壮举”。在南京解放的当天，中国人民解放军第三野战军前委根据中央指示，在江苏泰州白马庙决定成立华东军区海军。林遵所率第二舰队起义舰艇和官兵成为建设人民海军的重要力量。

1949年8月，华东军区以第三十军、第三十五军的直属机关与部队部分人员，华东军区海军训练团以及“重庆”号部分起义人员，在海军总司令部旧址组建中国人民解放军华东军区海军学校，负责培养由陆军转入海军的人员、新参军的青年知识分子和国民党军队起义的尉级以下人员。1950年12月，扩建为海军联合学校，下设兵器（驻南京）、机械（驻南京）、通信（驻安庆）和舰务（驻南京）四个分校，负责培训水面舰艇工程技术人员和指挥管理人员。1952年，海军联合学校迁往青岛。此后，海军预科学校、海军技术学校、海军军械学校

中国人民解放军华东军区海军学校旧影

江南水师学堂旧址

先后在这里开办。1970 年以后，这里成为中国船舶工业总公司舰船研究院南京船舶雷达研究所所在地。1998 年，改名中国船舶重工业集团公司第七研究院第七二四研究所。

江南水师学堂古建筑

根据周作人的《学堂大概情形》一文回忆，水师学堂大门朝东。结合清代至民国时期南京的老地图，我们可以确认周作人的回忆无误，大门对着盐仓大街（今盐仓桥）。现存的大门可能就是周作人笔下朝南的二门。1959年南京市文物保管委员会协助海校邀请八位老水师学堂毕业生前往遗址鉴定，也认为现在的大门是二门。

1928—1929年，为迎接孙中山先生灵柩奉安中山陵，修建中山大道时占用了江南水师学堂西南部的部分校舍。而在江南水师学堂旧址上兴建的海军部（海军署、海军总司令部），占地面积6000多平方米，建筑面积19155平方米，共有房屋72幢461间。其中大门直接利用了水师学堂的二门，该门造型独特，坐北朝南，为砖混结构的牌楼形式建筑，建于19世纪末，平面呈圆弧形，立面均匀分布着十根装饰门柱，在牌楼正中顶部设有斜向两侧的层层退台，共有五层，其上装饰具有动态感的曲线旋涡花纹，这在西方建筑史上称作“巴洛克风格”。这种艺术风格，起源于16世纪意大利文艺复兴后期，是人们为突破传统、追求变化而产生的一种艺术倾向。牌楼正中辟有一个拱券门，门上竖刻的“海军部”三字虽被磨去，但痕迹依稀可见。

江南水师学堂遗址占地面积29386平方米，在2005年之前，保存有大门、提督楼、英籍教员楼及轮机班宿舍21号、23号。1961年，原轮机班宿舍辟为鲁迅纪念馆。1982年，江南水师学堂遗址被列为江苏省文物保护单位。①

① 南京市下关区地方志编纂委员会：《下关区志》，方志出版社2005年6月版。

金陵大学

金陵大学坐落在南京市鼓楼区汉口路22号（原为天津路2号，俗称南大北园）和汉口路9号（俗称南大南园），现为南京大学鼓楼校区，是全国著名的高等学府。

一、学校沿革

金陵大学是美国教会组织——亚洲基督高等教育联合董事会在中国创办的13所大学中建造时间较早、规模较大的一所学校，也是南京最早的一座教会大学。

1888年，美国基督教美以美会传教士傅罗在南京干河沿创办汇文书院，首任院长是美国人福开森（John C.Ferguson），始设文科，学生仅15人。1910年，

金陵大学北大楼

汇文书院与宏育书院合并，取名金陵大学堂，俗称金陵大学，这是外国教会在南京创办的第一所大学。由美国人包文（A.T.Bown）任校长，文怀恩（John Elias Williams）任副校长，仍以干河沿汇文书院为校址。初创时设有圣道馆（神学）和博物馆（后改称文理科）。同时，在鼓楼西坡择地建筑大学新校舍。当时该校仅设文科，后来分设文理、农林两科，为当时国内最早设立农林科之大学。1914 年，东方医科大学并入该校。经过十余年的经营，学校规模达 500 余人，并且发展成为文、理、农、林、工、医多学科综合性大学。①

金陵大学首任校长包文

至 1926 年，文理、农林两科之下共设有国文、外语、宗教、教育、历史政治、社会经济、数理、化学、森林、棉作、蚕桑、农业经济、乡村教育 13 个系，附设有鼓楼医院、金陵大学分设中学。

1927 年，国民政府在南京成立后，收回教育权。包文辞职，先是由中国人过探先担任临时校委会主席，接着由中国人陈裕光任校长。1928 年 9 月，经国民政府大学院（教育部的前身）批准，设立文、理、农三学院。

全面抗战前夕，金陵大学西迁，美籍史学教授贝德士担任留守委员会主要负责人。1937 年 12 月，金陵大学被南京安全区国际委员会列为难民区难民收容所，住进了大批难民。金陵大学宿舍难民所所长为齐兆昌，金陵大学图书馆难民所所长为梁开纯。

1940 年 8 月，汪伪国民政府在南京建邺路原中央政治学校开办汪伪中央大学，由樊仲云任校长，1941 年，迁至金陵大学校舍。②

福开森、司徒雷登、陈裕光和沃德夫妇

1945 年日本投降后，国民政府教育部下令解散汪伪中央大学，由金陵大学驻宁人员接收汪伪中央大学，对学生进行甄别，在金陵大学内设立南京临时大学，同年 9 月，学校在南京复课。1946 年南京临时大学撤销，金陵大学恢复旧名。1949 年 8 月 8 日，更名为国立南京大学。1951 年，

① 王德滋主编：《南京大学百年史》，南京大学出版社 2002 年 4 月版。
② 曹必宏、夏军、沈岚著：《日本侵华教育史：以汪伪统治区为中心》，南京出版社 2020 年 6 月版。

金陵大学堂校门（金陵名胜明信片之四十二）

金陵大学校园（20 世纪 20 年代）

李方训任校长；同年，与金陵女子文理学院合并，改为公立金陵大学。1952 年，更名为南京大学。

1910 年金陵大学成立后不久，即由亚洲基督高等教育联合董事会募集资金在鼓楼西南坡购地 2340 亩（156 万平方米，原为民宅和祖坟），兴建新的校舍。1912 年，纽约建筑师凯蒂 · X. 克尔考里（Cady.X.Crecory）完成金陵大学的建筑规划。1913 年，美国芝加哥帕金斯建筑事务所（Perkins Fellows & Hamilton Architects , Chicago, U.S.A）应邀对规划继续修改完善，并承担

1944年，汪伪国立中央大学（即金陵大学所在地，今南京大学鼓楼校区）文学院欢送首届毕业同学合影（南京市档案馆藏）

金大的校园工程；1914 年，该事务所再度修改了校园规划。1914 年，校长包文从美国请来建筑师司莫尔（A.G.Small，又译作司马、司马尔、司麦尔、司斐罗），由他担任现场工程监督、现场建筑师以及工程师等不同角色。司莫尔在金陵大学待了前后有 14 年，为金陵大学建设呕心沥血。建筑材料除了屋顶的琉璃瓦和基建土木外，都从外国进口。1916—1921 年，第一批新校舍建成，金陵大学师生由汇文书院迁入。此后又陆续兴建了一批新校舍，至 1926 年，学校已形成一定规模。

二、校园建筑

金陵大学具有代表性的建筑有北大楼、东大楼、西大楼、东北大楼、礼拜堂、图书馆和学生宿舍等十余幢建筑。主要建筑沿南北向的一条主轴线布置，在建筑物之间安排几何规则式的绿地、广场，这与美国大学校园的特点相似。这些建筑物一律都是青砖墙面，歇山顶，上覆灰色筒瓦，建筑造型严谨对称，进深较大，窗户较小，显得封闭稳重，体现了中国北方官式建筑的特征。整个金陵大学建筑群中西合璧，美轮美奂，宏伟壮观。

金陵大学北大楼、东大楼、西大楼、大礼堂（1920 年，美国国会图书馆藏）

北大楼（文学院）

金陵大学北大楼奠基碑

在校园中轴线的最北端，是金陵大学的主楼，当时称“行政楼”。因捐资者是塞万伦斯先生及其子（Mr. Severance and his son），所以又称作“塞万伦斯楼”（Severance Memorial Hall）。汪伪时称中大楼。现为南京大学北大楼。1917 年开工建设，1919 年竣工，由美国芝加哥帕金斯建筑事务所设计，美国建筑师司莫尔担任工程监理，陈明记营造厂承建。建筑面积 3473 平方米。[①] 大楼地上两层，地下一层，砖木结构，采用中国传统建筑形式，同时又糅合了西方的建筑布局。大楼为歇山顶，筒瓦屋面。在大楼南立面的中部，建有一座高五层的正方形塔楼，将大楼分隔成对称的东西两半，塔楼顶部又冠以十字形歇山顶，取代了西式孟莎式屋顶，实际上是西洋式钟楼的一种变形。最顶层的四侧各设有三扇窗户，配有大理石的假阳台。屋顶之上，点缀装饰着龙形神兽，龙眼涂上了白色，有“画龙点睛”之意。大楼墙壁用明朝城墙砖砌筑，清水勾缝，古朴宏伟。建成后，与鼓楼巍然并峙，成为南京城最高大的建筑。这幢大楼现已成为南京大学鼓楼校区的标志性建筑。如今，大楼的墙面布满了已有近百年树龄的爬墙虎，藤蔓上悬挂着“南京市古树名木”铭牌。

北大楼南侧的入口是大楼的正门，五级台阶，红色门扉，大理石门框，门前石阶两侧，各饰有一只抱鼓石。

北大楼建成后，不仅是学校行政部门所在地，文学院也在其中。同时，还设有博物陈列所，陈列珍贵物品数百种。图书馆建立之前，这里也暂充图书馆，中西文藏书十分丰富。

① 冷天、赵辰：《原金陵大学老校园建筑考》，《东南文化》2003 年第 3 期。

金陵大学北大楼（美国杜克大学图书馆藏）

北大楼一楼门厅雕梁画栋，古色古香。1963年与1978年两次出任南京大学校长的匡亚明先生所题的“饮水思源”四字牌匾高高悬挂在门厅墙壁中央，两侧楹柱上悬挂着老校长郭影秋先生所写的《南京大学八十周年校庆》楹联，上联写道“苍莽石头，长虹横贯；浪淘尽三国风流，六朝金粉，二陵烟月，半壁旌旗。况虎踞春残，寂寞明封余故垒；龙蟠叶老，萧条洪殿锁斜阳。初解放时，只剩得蒋山青青，秦淮冷冷”；下联写道“东南学府，赤骥飞驰；名奕垂两江情采，四壁弦歌，八十华年，千秋事业。欣栖霞日暖，郁茫天堑变通途；浦口潮新，百万雄师传夜渡。本世纪末，定赢来人材济济，科教芃芃”。北大楼地下一层为储藏室和机房。

东大楼（理学院）

在北大楼的东南部，当时称“科学馆”。因捐资者为斯沃士先生（Mr. Ambrose Swasey of Cleveland），又称“斯沃士楼”。现为南京大学艺术学院。建于1915年（一说1917年），是金陵大学校园所有建筑中最先竣工者。它由美国芝加哥帕金斯建筑事务所设计，齐兆昌担任工程监理，美籍理化总教员马丁负责内部设计，陈明记营造厂承建。建筑面积3905平方米。平面为长方形，内

金陵大学东大楼（右）

金陵大学东大楼

廊式布局。大楼地上三层，地下一层，砖木结构。大楼设计采用中国北方建筑形式，歇山顶，筒瓦屋面，屋顶脊中加脊，中部高耸。外墙采用青砖砌筑，素灰勾缝。大楼入口处建有突出的门套。因西高东低的地势落差，从东往西看是三层，从西往东看是两层。大楼在20世纪50年代因火灾烧毁屋顶，杨廷宝先生参照原貌重新设计，1958年修复。[①] 最大的变化是增加了一层，内部木楼梯改为钢筋混凝土楼梯。

① 冷天、赵辰：《原金陵大学老校园建筑考》，《东南文化》2003年第3期。

西大楼（农学院）

金陵大学西大楼奠基碑

在北大楼的西南部，当时为纪念农科创办人、美国人裴义理（Joseph Bailie，1860—1935）而命名为“裴义理楼”，现为南京大学数学系。建于1925年，由美国芝加哥帕金斯建筑事务所设计，美国建筑师司莫尔担任工程监理，陈明记营造厂承建。建筑面积3604平方米。平面为长方形，内廊式布局。大楼地上两层，地下一层，砖木结构。歇山顶，筒瓦屋面。大楼底部为明代城墙砖砌筑，上部为烟色黏土砖砌筑。勒脚部位和门窗过梁采用斩毛青石。

1948年底至1949年初，中国人民解放军取得三大战役的胜利，南京国民党政府各机关纷纷疏散，各校面临迁校与反迁校的斗争。当时，陈裕光校长在西大楼三楼阶梯教室召集全体教职员开会，讨论学校迁往台湾还是继续留在南京，最后作出“本校任何情势之下，决不迁校”的决定。①

金陵大学西大楼（*My Nanking Home，1918-1937*）

①《暂不他迁》，原载《金陵大学校刊》1949年3月15日，转引自王运来著《诚真勤仁　光裕金陵——金陵大学校长陈裕光》，山东教育出版社2004年11月版。

金陵大学西大楼

金陵大学图书馆

图书馆

在北大楼的正南方，现为南京大学老图书馆。它与北大楼共同构成金陵大学校园的中轴线，其他的建筑物基本上都分列在这条中轴线的两侧。图书馆建于1936年，由基泰工程司建筑师杨廷宝设计，陈明记营造厂承建。建筑面积

2626 平方米。地上两层，地下一层，钢筋混凝土结构，歇山顶，筒瓦屋面。建筑平面为十字形。底层中部为宽敞的门厅，门厅东西两边各有一个大阅览室，在门厅的西侧，有楼梯通向地下室和楼上。楼上的布局与一楼相似。图书馆建成后，有人为纪念在 1927 年 3 月 24 日被攻克南京的北伐军士兵打死的金陵大学副校长、美国人文怀恩，主张命名为“文怀恩图书馆”并在馆前建立铜像。后来考虑到金陵大学学生的反帝爱国情绪，这个提案不了了之。

1937 年 12 月南京沦陷后，图书馆大楼里收容了 1500 名难民。尽管这是美国人的资产，日军仍肆无忌惮地强奸妇女和强行带走妇女。

1945 年日本投降后，这里仍为图书馆。

金陵大学图书馆现为南京大学校史博物馆。

东北楼

在东大楼的南面，现为南京大学东北楼。建于 1935 年，陈明记营造厂承建。建筑面积 1726.4 平方米。混合结构，高四层，卷棚式屋顶，筒瓦屋面。外墙用烟色黏土砖砌筑。大楼入口处有栈道直通二楼。

大礼拜堂

在西大楼的南面，现为南京大学大礼堂。因捐资者为美国赛奇基金会，故又叫作赛奇礼拜堂（Sage Chapel）。

大礼拜堂由美国芝加哥帕金斯建筑事务所于 1917 年 3 月 28 日完成设计，陈明记营造厂承建，1918 年竣工。建筑面积约 1680 平方米。建筑造型仿照中国古代的庙宇。地上两层，砖木结构，屋顶主跨为歇山顶，附跨为硬山顶，筒瓦屋面。外墙用明代城墙砖砌筑，清水砌墙身，城砖上仍留有铭文印记。内部空间则采用西方巴西利卡式的教堂内部空间：东西向的拉丁十字形平面，低矮的侧廊夹峙出高耸的中厅，并利用高差在两侧开高窗。中厅正对西侧的圣坛，两旁设有圣职席。设计者试图让中国人在自己熟悉的传统空间中接受完全不同的西方基督教的教育，可谓用心良苦。1952 年和 1981 年分别在大礼堂东西两侧加筑门厅辅房。1958 年，在大门入口处加筑了一座门厅。2002 年，南京大学百年校庆前恢复原貌。大礼堂主要用于各种大型集会、毕业典礼、学术演讲、节日晚会等。现为南京大学重要的学术、文化交流中心。

小礼拜堂

位于鼓楼校区教学楼左前方。原名金陵大学戴赖三纪念堂（Twinem

金陵大学大礼堂（美国杜克大学图书馆藏）

金陵大学大礼堂

Memorial Chapel，又译作特威纳姆教堂），建于1932—1933年。设计师为齐兆昌，建筑面积90平方米，是为了纪念猝然离世的年轻数学教授戴赖三先生而建。他的妻子玛丽在戴赖三先生去世后，继续在南京工作，并在南京大屠杀时与留在

南京的西方传教士一起救护难民。当时，在南京的西方人，如美国传教士约翰·马吉、鼓楼医院美籍外科医生罗伯特·威尔逊等人，不仅到这里参加礼拜活动，还轮流主持礼拜、进行布道活动。[①]

金陵大学小礼拜堂

小礼堂为南北向的单层建筑。主入口南向（拱门上方原挂有“恩光普照”匾额），西侧设次入口。样式亦仿中国庙宇，屋顶用中式歇山顶样式，覆有烟灰色筒瓦，小青砖清水砌墙身。东侧原有钟亭一座，后毁于兵燹，铜钟遗失，百年校庆时予以重建。

学生宿舍

在西大楼的西面，共有四幢，分别称为甲乙楼、丙丁楼、戊己庚楼和辛壬楼。建于 1925 年，由美国芝加哥帕金斯建筑事务所设计，陈明记营造厂承建。砖木结构，卷棚式屋顶，筒瓦屋面，外墙用烟色黏土砖砌筑。甲乙楼与丙丁楼大小相同，建筑面积均为 755 平方米；戊己庚楼与辛壬楼大小相同，建筑面积均为 1685 平方米。

以上建筑均在南京大学北园内。

金陵大学甲乙楼

金陵大学丙丁楼

① 姜良芹著：《罗伯特·威尔逊》，南京出版社 2016 年 12 月版。

金陵大学南园中山楼

中山楼[①]

在汉口路9号南京大学南园内。高两层，砖混结构。大门朝南，建于1912年。为西方古典式建筑风格的别墅。入口处外置门廊以四根西式圆柱支撑，外墙有多根隐入墙体的圆柱；门廊二楼有简易阳台；屋顶有三个并排而立的老虎窗。

中山楼占地面积180平方米，建筑面积约350平方米。相传孙中山先生1912年4月辞去临时大总统后，一度居住于此，故名“中山楼”。新中国成立后，这里曾经是南京大学财务处办公楼，现为南京大学学生处办公楼。

陶园南楼

在汉口路9号南京大学南园内，建于1933年，由美国芝加哥帕金斯建筑事务所设计，高两层，外观采用传统宫殿式屋顶，青砖墙身，小瓦屋面。与北园的建筑风格一致。屋顶正中有一类圆形脊饰，两侧各有一鸱吻。建筑面积1062平方米。原为金陵大学语言学校教学楼、金陵大学女士宿舍楼，现为南京大学

① 周学鹰、马晓著：《南大建筑百年》，南京大学出版社2018年12月版。

陶园南楼（南加利福尼亚大学图书馆藏）

陶园南楼

男生宿舍。

此外，在金陵大学校园的西北部，还有一座鲜为人知的小洋楼——赛珍珠故居。该楼坐西朝东，砖混结构，高两层，楼顶建有老虎窗，另建有地下室。大门口建有门廊，以四根西方古典风格的圆形立柱支撑。20 世纪二三十年代，美国著名女作家赛珍珠（Pearl Sydenstricker Buck，1892—1973）在这座小楼里，前后居住了将近 13 年，完成了大量以中国农村为题材的作品。她的代表作《大地》（*The Good Earth*）就是诞生于此。1938 年，她因《大地》而获得了诺贝尔文学奖。1998 年 10 月 17 日，美国前总统乔治·布什访问南京大学并接受南京大学名誉博士学位。次日上午，他专门参观了赛珍珠故居，以表示对这位已故伟大作家的怀念。布什和千千万万美国人一样，正是从赛珍珠的作品中，获得了对中国的最初印象并萌生了对中国的好感和向往。

三、校园故事

金陵大学在一百多年的发展历程中，阅尽了人世间的风风雨雨。

1927 年 3 月 24 日，程潜指挥的国民革命军江右军（俗称北伐军）打败直鲁联军，攻入南京城，此后便发生了大规模的排外抢劫活动。从上午 8 点到下午 5 点，各外国领事馆、侨民住宅及教堂、商店、学校等均遭到不同程度的攻击、焚烧和抢劫。当天下午 3 点 22 分，停泊在下关江面的英舰“绿宝石”（Emerall）号和美舰“诺亚”（Noa）号、“普雷斯顿”（Preston）号向南京城内开炮，炮火持续了 70 分钟，共发炮弹 200 多枚，打死打伤多人，这就是震惊中外的“南

金陵大学鸟瞰（《首都志》）

京事件”。在事件中，死伤外国人6人，其中美国北美长老会传教士、金陵大学副校长文怀恩（John Elias Williams，1871—1927）也成为南京事件的受害者。当时他与其他四名美国人站在学校的空场中，遇到北伐军士兵勒索钱和怀表，文怀恩拒绝交出自己的钱物，在将手伸入口袋时，被误以为掏枪，北伐军士兵一枪将他打死。[①]

另据金陵大学化学系主任詹姆斯·克劳德·汤姆森（James Claude Thomson）的女儿南希·汤姆森·沃勒（Nancy Thomson Waller）《我的故乡南京（1918—1937）》（*My Nanking Home，1918-1937*）一书回忆，在1937年3月南京事件爆发时，金陵大学裴义理楼（笔者按：裴义理楼即西大楼农学院）成为所有在南京的美国人的庇护所，他们曾经在这栋楼的三楼（阁楼）避难，金陵大学的学生和工作人员给予他们极大的帮助，使他们渡过了这个难关。[②]

1931年九一八事变发生后，各地爱国学生多次到南京请愿示威并住在金陵大学。11月10日，东北民众请愿团抵达南京，住在金陵大学；11日上午，全

① 陈谦平：《1927年南京事件伤亡人数的考证》，《总统府与展览研究》2008年第4期。

② Nancy Thomson Waller. *My Nanking Home，1918-1937*. Boston，Massachusetts：Willow Hill Publications，2010.

金陵大学西大楼（*My Nanking Home，1918-1937*）

金陵大学西大楼在 1927 年 3 月南京事件时，成为美国人的庇护所（*My Nanking Home，1918-1937*）

体人员到中央党部请愿。当日下午 3 时，蒋介石在中央陆军军官军校接见请愿团并训话。12 日，请愿团到中山陵谒陵。①

11 月 23 日，由浙江大学农学院、之江大学、国立艺专、中山中学、杭州中学等大中学校学生组成的杭州学生请愿团 1616 人抵达南京，住入金陵大学，主席团朱淑清、洪西青等人，总指挥朱淑清。随后至国立中央大学，向国民党第四次全国代表大会请愿，要求收复失地，团结抗日。蒋介石接见并训话一小时以上。②

1934 年 9 月，与金陵大学仅一墙之隔的日本驻南京领事馆竖起了一根钢架式旗杆，与金陵大学北大楼齐高。金陵大学师生们每天抬头都要看到刺眼的太阳旗，感到非常气愤。10 月初，金大 30 多位学生发出倡议，要竖立一根高出北大楼的旗杆，以示中国人民不可侮的精神。倡议一发出，立即得到广大师生的响应。金大及附中师生员工、金大校友纷纷捐款。1935 年 8 月，耗资 1700 元的钢管式旗杆在学校大礼拜堂南侧落成，旗杆高 40 余米，高高飘扬的国旗超出北大楼 3 米多，也超出了与之毗邻的日本太阳旗。当时的金陵大学校长陈裕光积极支持学生的这一行动，他不久亲自签发《举行升旗仪式的规定》，由教务处公布，并且出席升旗仪式，带领全校师生向国旗行注目礼，极大地激励了师生们的爱国热情。1964 年，南京大学因在礼拜堂南侧兴建教学楼，将旗杆迁移至学校大操场南侧。如今这根旗杆保存完好，它已成为南京人民反帝爱国的重要见证物。1995 年，南京大学修改 1964 年中文系王气中教授书写的碑记，并刻碑

①② 中国第二历史档案馆编:《中华民国史档案资料汇编》第五辑第一编《政治(四)》，江苏古籍出版社 1994 年 6 月版。

安放在旗杆前。碑文如下：

大纛坪碑记

此坪之设，且以大纛名之，于史有考焉。坪中旗杆，始立于公元1935年8月，原址在本校礼堂南侧。1931年“九·一八”事变之后，日本侵略者逞其凶狂，铁骑进逼，欲吞我中华。当此危难之际，国人奋起救亡图存，抗日爱国运动风起云涌。恰于此时，日本驻南京公使馆（笔者注：应为日本领事馆）于毗邻我校之鼓楼百步坡上兀然竖立一钢架旗杆，与校内北大楼并高，悬其太阳旗，骄横之气昭昭然横空压来，是可忍孰不可忍！我校师生因慨然筹款，建钢管旗杆一座，巍然矗立，凌霄升旗，猎猎迎风，高出敌旗之上，以镇其邪，挫其锐，克其霸，示我中华之不可侮也。

金陵大学旗杆

越十载，抗日胜利。再越四载，新中国诞生。此旗杆虽成史迹，然爱国之魂系焉。1964年礼堂南侧兴建教学大楼，遂将此杆迁立于此，永为爱国精神之标识。旗者，表也；国旗者，一国之象征也，国气民魂之所仰也。今逢抗战胜利五十周年，借此地辟大纛坪，以示我莘莘学子于黉宇宏开之日，当居安思危，永葆爱国之志，高举光辉大纛而前进也。是为记。

南京大学　一九九五年五月五日

1937年12月13日南京沦陷后，金陵大学成为南京国际安全区最大的难民收容所，收容了1万多名难民，绝大多数是妇女儿童。北大楼、西大楼、东大楼、东北大楼、体育馆、学生宿舍，以及新建成的图书馆等，全部都住满了前来避难的难民，而礼堂成了贮藏粮食的仓库。当时，在日寇的铁蹄之下，日军成群结队肆无忌惮地进入金陵大学难民收容所，杀戮、抢劫、强奸，无恶不作。美籍教授贝德士博士根据安全区国际委员会主席拉贝的建议，几乎每天单独用文字稿向近在咫尺的日本大使馆提出一份报告，反映日军在安全区金陵大学收容所里的犯罪事实。这些犯罪事实包括：日军一般官兵非法进入金陵大学1720次，

为进行强制劳动而强行拉走 647 人，凌辱妇女 290 人，以及 60 余起杀伤事件。日军的暴行直到 1938 年 2 月后才有所收敛。

1948 年 11 月 12—14 日，金陵大学举行建校 60 周年庆典，蒋介石、李宗仁、于右任、孙科、何应钦、竺可桢、徐悲鸿等纷纷题词祝贺。12 号上午 10 点，在大礼堂举行纪念活动，出席典礼的有教育部次长杭立武、南京市市长沈怡、天主教总主教于斌、校董会董事长陈光甫等中外来宾及校友 1000 余人，陈裕光发表讲话，总结金陵大学 60 年的发展成就。13 号晚上，在大礼堂举行校友团聚并放映反映金陵大学成就的影片《民主先锋》。校庆期间，在图书馆展览学校 60 年的成绩，琳琅满目，美不胜收。英、美两国电台开办了金陵大学 60 周年校庆专题节目，英国著名科学家李约瑟等在电台发表演讲。①

1949 年 4 月 30 日，人民解放军在金陵大学体育场扭秧歌，表达胜利的喜悦。西方摄影师纷纷拍照。由于缺乏交流和沟通，法国摄影师在拍摄解放军扭秧歌时，被解放军战士夺去相机并摔碎，后以解放军战士物归原主、反复赔礼道歉而收场。②

2002 年，南京大学百年校庆时，当代著名作家、诗人、学者、翻译家，金陵大学外文系 1947 级校友余光中回到母校，在整修一新的大礼堂，当着数千名南大师生面，满怀深情地朗诵了他专门为南京大学百年校庆而作的《钟声说》：

大江东去，五十年的浪头不回头
浪子北归，回头已不是青丝，是白首
常青藤攀满了北大楼
是藤呢还是浪子的离愁
是对北大楼绸缪的思念
整整，纠缠了五十年
铁塔铜钟，听，母校的钟声
深沉像是母亲的呼声
呼迟归的浪子海外归来

① 王运来著：《诚真勤仁 光裕金陵——金陵大学校长陈裕光》，山东教育出版社 2004 年 11 月版。
② 郑忠、朱月琴：《西方学者个体叙事中的“南京解放”——毕乃德〈1949 年南京通信〉探析》，《南京社会科学》2022 年第 4 期。

金陵大学北大楼（赫达·哈默尔摄，《南京》，1945 年版）

金陵大学校园

缺课已太久，赶不上课了
却赶上母亲正欢庆百岁
玄武仍潋滟，紫金仍崔巍
惊喜满园的青翠，月季盛开
风送清馨如远播的美名
浪子老了，母亲却更加年轻
江水不回头，而大江长在
百年的钟声说，回来吧
我所有的孩子，都回来
回家来聚首共温慈爱
不论你头黑，头斑，或头白

金陵大学建筑群至今保存良好。1991年，被国家建设部、国家文物局评为近代优秀建筑。1992年，又被南京市人民政府列为南京市文物保护单位。2006年，被列为第六批全国重点文物保护单位。2016年，入选中国文物学会、中国建筑学会联合公布的“首批中国20世纪建筑遗产项目”；同年入选“新金陵四十八景”之一。

金陵女子大学

金陵女子大学，又名金陵女子文理学院，位于南京市宁海路 122 号，现为南京师范大学随园校区。

一、学校沿革

1911 年冬至 1912 年初，先后在中国江浙一带传教、办学的美国 8 个教会组织——即南、北长老会，南、北浸礼会，南、北卫理公会（由监理会和美以美会合并而成），基督会，圣公会等教会所办女子中学的校长，在上海召开会议，制定了在长江流域开办一所女子大学的计划。1913 年，北长老会、北浸礼会、基督会以及南、北卫理公会各推 3 名代表组成女子大学校董会，决定将校

南京师范大学随园校区大门

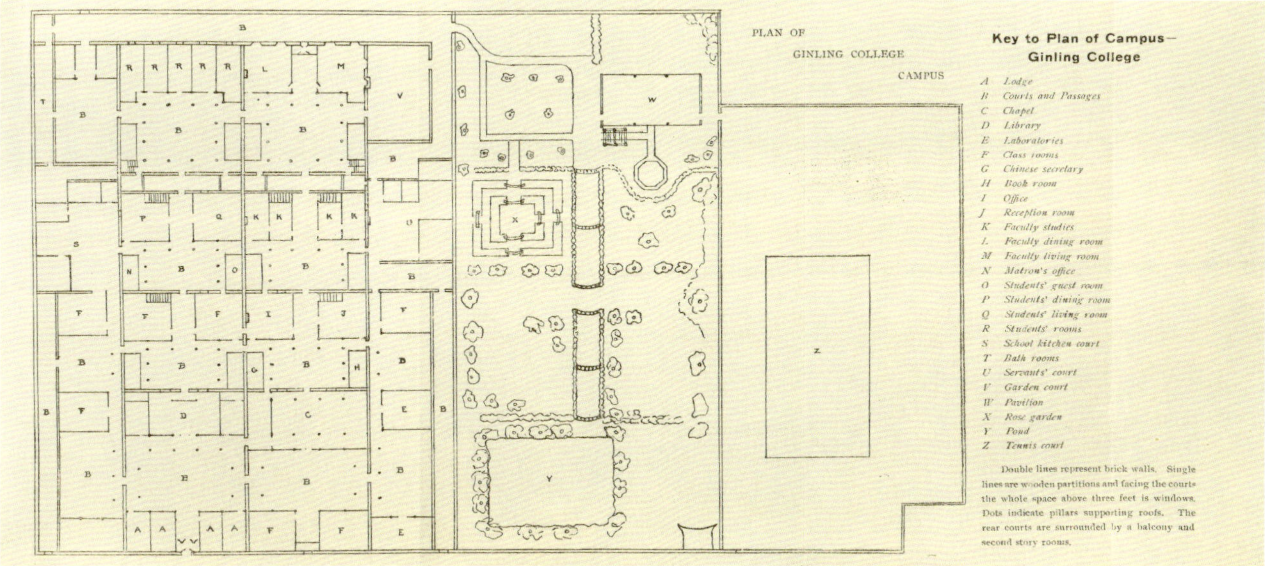

金陵女子大学绣花巷校舍平面图（《金陵女子大学创始纪念手册》，1916 年，耶鲁大学图书馆藏）

金陵女子大学绣花巷校区大门

金陵女子大学的学生们参加毕业典礼（1922 年）

金陵女子大学绣花巷校区花园和 1919 级学生（《金陵女子大学创始纪念手册》，1916 年，耶鲁大学图书馆藏）

址设在南京，并且暂时取名为“扬子江流域妇女联合大学”。同年 11 月 13 日，校董会公推北长老会代表劳伦斯·德本康夫人（De BenKang，Mrs. Lawrence Thurston，1875—1958）为第一任校长（1915—1927 年在任）。1914 年，教会

The Guardian of the Gate.

金陵女子大学绣花巷校区大门（《金陵女子大学创始纪念手册》，1916 年，耶鲁大学图书馆藏）

THE FRONT GATE.

金陵女子大学绣花巷校区大门

行政管理委员会正式将女子大学定名为“金陵女子大学”（简称为“金女大”），并委派 3 名女士协助德本康夫人进行建校筹备工作。1915 年春，德本康夫人租赁南京城东绣花巷李鸿章宅院作为金女大临时校址。这处宅院有 100 多个房间，宅院内还有很大一片花园菜地。就这样，中国第一所女子大学诞生了。

1915 年 9 月 17 日，金女大正式开学，学制 4 年，设文、理两科。当时只有 11 名学生，6 名教职员（其中美籍 4 人，中国籍 2 人）。1919 年，首届金女大毕业生共 5 人，她们是最早在中国大学获得学士学位的女大学生。

1919 年，德本康夫人回美国筹集资金。1921 年，金女大得到了美国各教会提供的 60 万美元经费，于是在宁海路一带购置 160 亩（约 10.67 万平方米）土地，开始了建校工作。

金陵女子大学校舍由美国著名建筑师墨菲（Henry Killam Murphy，1877—1954）设计，陈明记营造厂承建，1922 年开工建设，1923 年建成六幢宫殿式建筑，它们分别是 100 号楼（会议楼、体育馆）、200 号楼（科学馆）、300 号楼（文学馆）及 400 号楼、500 号楼、600 号楼（均为学生宿舍）。1924 年，又建了 700 号楼（学生宿舍）。1934 年，又建成图书馆和大礼堂。整个校园建筑充

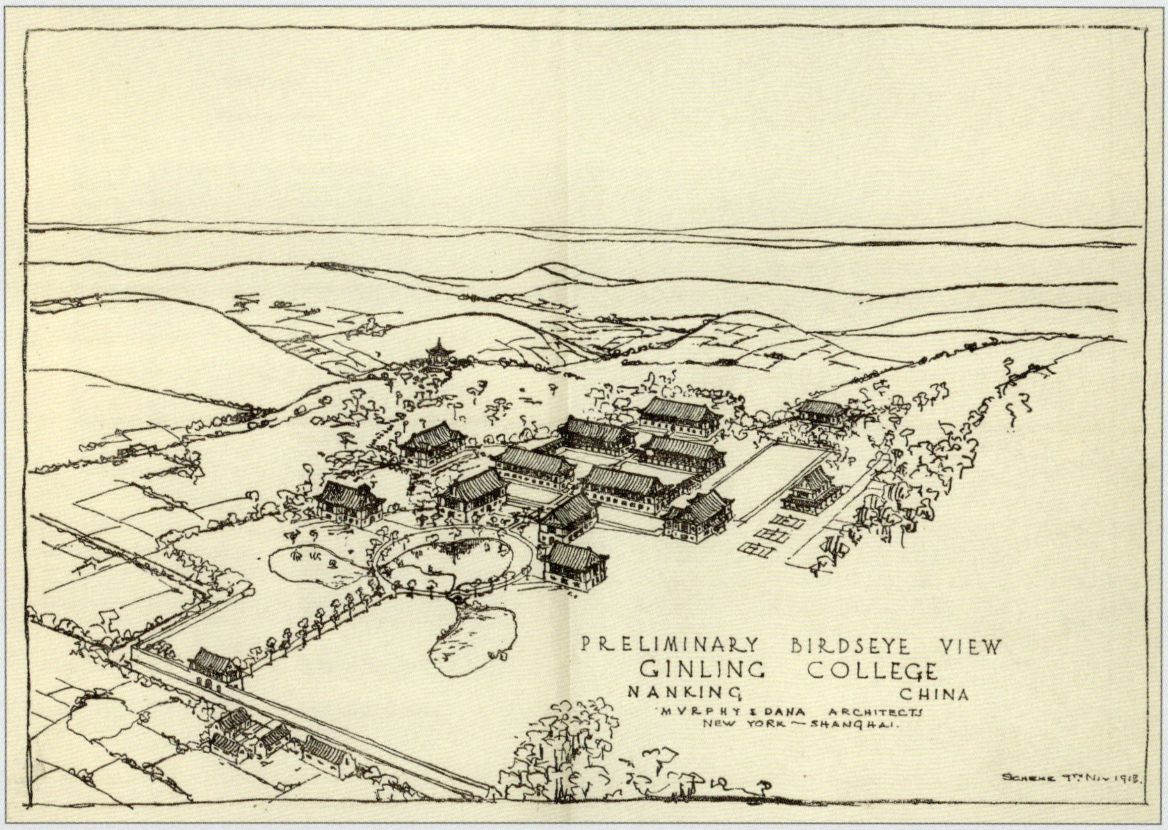

1918 年金陵女子大学初步鸟瞰图（*Bulletin of GinLing College*，1919 年）

A site of 30 acres near the University of Nanking has been secured and plans have been made for the erection of the first group of buildings. The completed plant will provide for 400 students.

First Group

Dormitories (4) for students	$136,000
Recitation Building	48,000
Science Building	50,000
Social and Athletic Building	50,000
Faculty Residence	35,000
Equipment	50,000
Furnishings	15,000
Contingent Fund	50,000
	$434,000

1919—1920 年的金陵女子大学校舍设计效果图（吕彦直参与绘制）

金陵女子大学（1922 年，耶鲁大学图书馆藏）

分利用自然地形，按照东西向的轴线布置，布局工整，平面对称。这些建筑物以宽阔的大草坪为中心，造型均是中国传统宫殿式建筑风格，而建筑材料和结构则采用了西方先进的钢筋混凝土结构，建筑物之间以中国古典式外廊相连接，中西方建筑风格在这里达到了有机的统一。

1923 年 10 月下旬，金陵女子大学举行落成典礼。出席典礼的有江苏省省长韩国钧、实业厅长张轶欧、教育厅长蒋维乔、财务厅长严加炽，江苏督军齐燮元的代表，金陵神学院（Nanking Theological Seminary）的沈嗣庄（J.Wesley Shen），中华医学基金会（China Medical Board）的祁天锡（N. G. Gee），东吴大学（University of Suzhou）的文乃史（Nance）博士，华中基督教教育协会（Central China Christian Educational Association）的 E.H. 克雷西（E.H.Cressy），中华全国基督教协进会（National Christian Council）的霍德进（Hodgkin）博士，美国归正会（Reformed Church of America）的理查兹（Richards）博士，美以美会（Methodist Episcopal Church）的 B.W. 利普斯科姆（B.W.Lipscomb）女士，金陵大学法学院（Law School of Nanking）的汪北初（音译，Wang Pei-chu）先生，南京国立东南大学（Southeastern University）的程池宝（音译，Cheng Chi-bao）以及上海圣约翰大学（St.John University）的卜舫济（F.L.Hawks-Pott）博士等。[①]

① ［美］郭伟杰著，卢伟、冷天译：《筑业中国》，文化发展出版社 2022 年 1 月版。

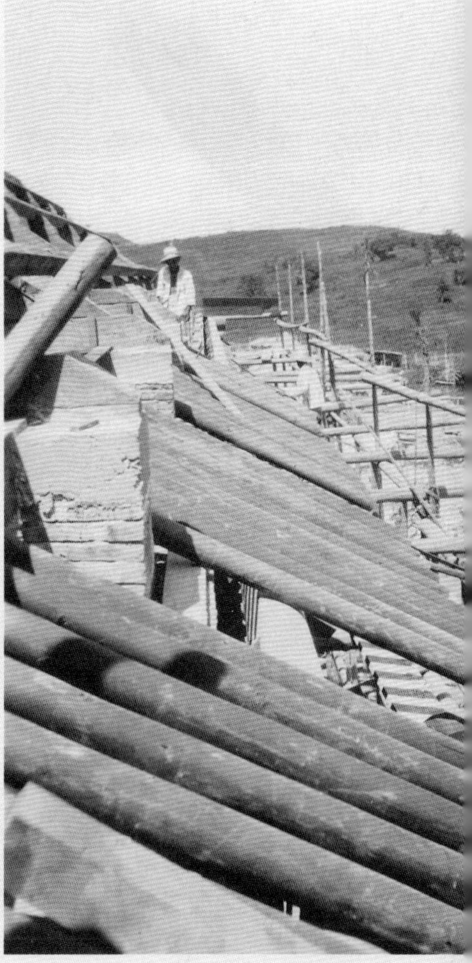

金陵女子大学建筑场景（1922 年，耶鲁大学图书馆藏）

金陵女子大学（1923 年，耶鲁大学图书馆藏）

金陵女子大学（1923 年）

1926 年 10 月 23 日，朱少侬参观金陵女子大学后，写下了参观后的感受，其中写道："该地形势，似东坡的《醉翁亭》上说'环滁皆山也'……该校校舍、建筑形式，颇似我国的大庙宇，雄壮且美丽，陈列雅致，所以在南京地方，有小皇宫之称。"[①]1928 年，女作家袁昌英游历南京后，对于金陵女子大学建筑群赞美有加："女子金陵大学的中西合璧式的构造立在绿叶浓荫的花园茂林中，真是巍然一座宫殿，俨然一所世外桃源的仙居。它的外貌的形式美，是它那红、黑、灰各种颜色的配合的得法；是它那支干的匀称，位置的合宜；是它那中国曲线建筑的飘逸潇洒的气质战胜了西洋直线的笨重气概。"[②]据 1929 年 7 月 5 日《申报》第 6 版刊载的岑碧《金陵女大的内容》一文记载，100 号楼、200 号楼、300 号楼的柱子均为红色，400—700 号楼的柱子均为绿色。1948 年 9 月编印的《私立金陵女子文理学院要览》对金陵女子大学的校舍有这样的描述："校舍建筑，采我国古代宫殿式之优美，而以西法利用……七座建筑，计文学馆、科学馆、

① 朱少侬：《参观金陵女子大学记》，《新上海》1926 年第 3 期。

② 袁昌英：《游新都后的感想》，收入丁帆编《金陵旧颜》，南京出版社 2014 年 8 月版。

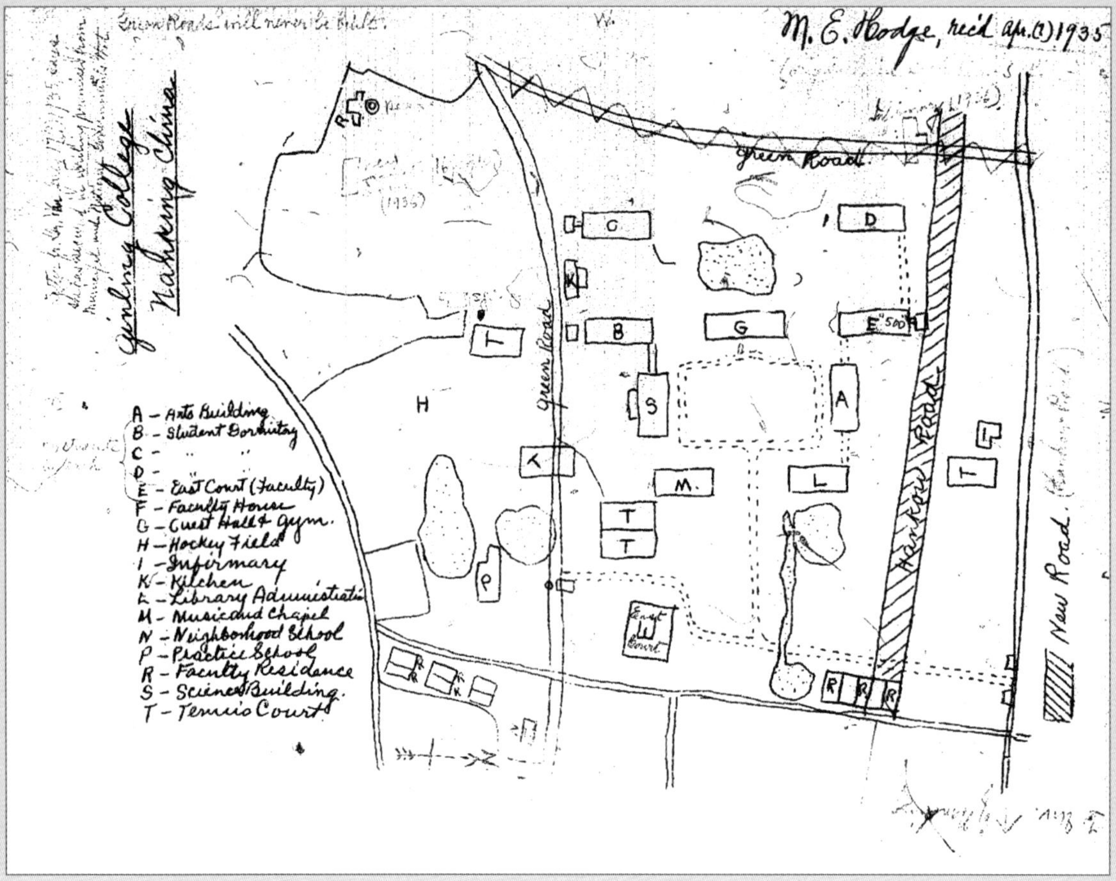

1935 年金陵女子大学校舍分布草图

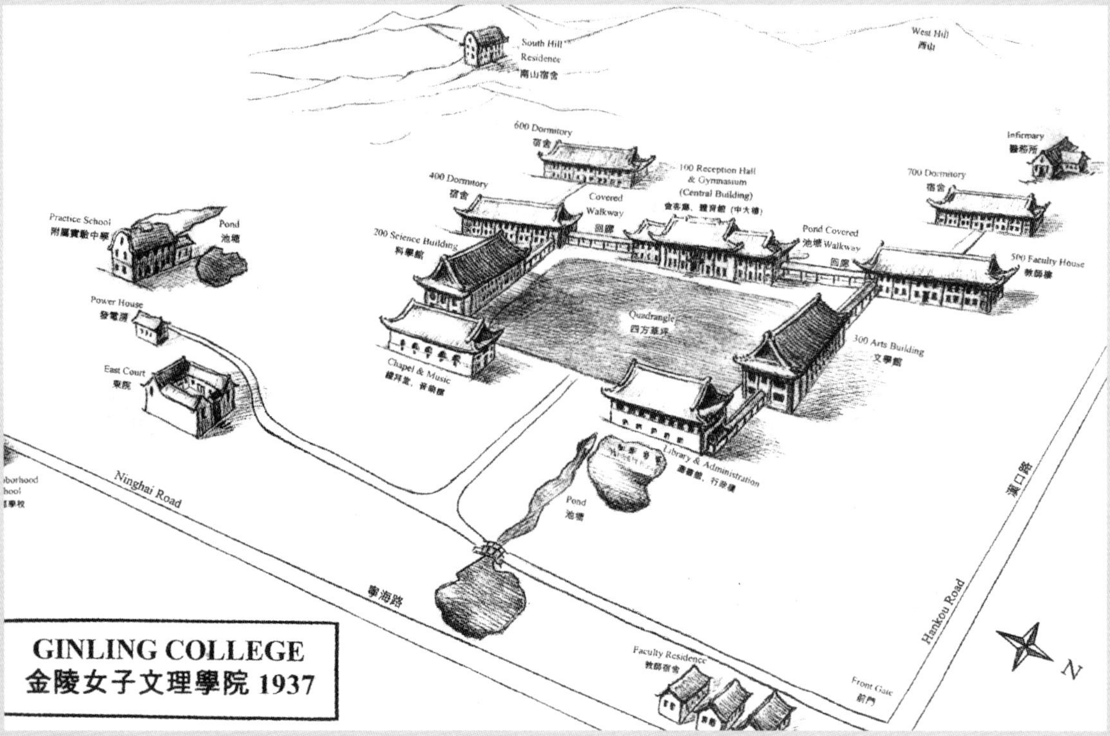

1937 年金陵女子大学平面布局图（陆束屏绘制）

体育馆各一，宿舍四座。文学馆分二层，教室十六，其他为事务组及各系办公室。科学馆之第一层为生物学系及家政学系之教室与实验室，另有可容纳百五十人之讲演厅，第二层为化学系与物理学之教室及实验室，第三层为贮藏室。体育馆分二层，下为交谊室，上为体育系之办公室及健身房，因位居中央，故又称为中大楼。宿舍四座，每座可容纳百余人，内除寝室外，均有膳堂及交谊室等。”①

二、校园建筑

会议楼（100 号楼）

原为接待厅和室内运动场（体育馆），又名中大楼。坐西朝东，建筑面积 1432 平方米，单檐歇山顶，小瓦屋面，中部屋顶略高，立面左右对称。主体两层，地下室一层，屋顶一层。钢筋混凝土结构，屋架有木结构和钢筋混凝土结构两种。现作为南京师范大学的象征，永久地定格在该校的校徽图案中。

100 号楼作为学校的象征，被固定在了南京师范大学的校徽图案中

金陵女子大学 100 号楼（陆束屏《腥风血雨话金陵》）

① 转引自王秋雯《南师大随园校区 100 号到 700 号楼命名之谜》，“南师校史文化”微信公众号，2021 年 6 月 1 日。

陵女子大学 100 号楼

陵女子大学 100 号楼背面的荷塘

金陵女子大学 100 号楼（《金陵女子大学图册》，耶鲁大学收藏）

金陵大学 100 号楼雪景

科学馆（200 号楼）

原为自然科学楼。建筑面积 1541 平方米，钢筋混凝土结构，单檐歇山顶，主体两层，屋顶一层。平面布局为内廊式，楼梯设在大楼中部。

文学馆（300 号楼）

原为教室兼行政楼。建筑面积 1492 平方米，钢筋混凝土结构，单檐歇山顶，主体两层，屋顶一层。平面布局为内廊式，楼梯设在大楼中部。正门入口处，建有一座宽大的门廊。

学生宿舍（400—700 号楼）

建筑风格相同，单檐歇山顶；建筑面积都是 1151 平方米。主体两层，屋顶

金陵女子大学 200 号楼（1924—1927 年）

金陵大学 200 号楼

金陵大学 200 号楼入口

金陵女子大学 200 号楼和礼拜堂（左）

一层。钢筋混凝土结构，木屋架。建筑物两端建有柱式望楼。400—700 号楼在当时还有不同的雅称，分别叫听秋室、延月室、迎薰室和读雪室。[1]1923 年宿舍楼投入使用后，每幢楼约住 50 人，每间住 2 人，所以当时宿舍楼内应至少有 25 间寝室。后来随着学生人数的增加，每间住 3—4 人，每栋楼容纳人数由 50 人增加至近百人。宿舍楼里除了寝室外，还设有 1 间面积约 50 平方米的交谊室（会客厅）。交谊室内有钢琴、期刊、座椅，可供学生空闲时休息交流、练习钢琴，或开茶话会等。[2]在每一栋学生宿舍后面，还配套建有一栋浴室及厕所，均为单层，砖混结构，坡形屋面。到目前为止，仅剩下 600 号楼（社会发展学院）后面一座，

① 顾味真：《建筑校舍之回顾》，《金陵女子大学校刊》1928 年第 10 期。

② 汪明玥：《我们的学院，我们的办公楼——随园校区 400 号楼与 600 号楼追忆》，收入王志高主编《随园英华》，江苏人民出版社 2019 年 12 月版。

金陵女子大学 200 号楼和礼拜堂（左）

金陵女子大学 300 号楼屋顶是日本人占领时设置的瞭望台

1947 年，南京金陵女子文理学院毕业典礼（背景为 300 号楼文学馆）

金陵女子大学 400 号楼学生宿舍

金陵女子大学 100 号楼和 500 号楼（左）

金陵女子大学宿舍（美国杜克大学图书馆

陵大学 300 号楼

金陵女子大学 300 号楼和 11 号楼图书馆

陵女子大学 400 号楼入口与外廊

金陵女子大学礼拜堂

金陵女子大学 600 号楼学生宿舍

金陵女子大学 11 号楼图书馆

2019年被南京市人民政府列为“南京历史建筑”（编号：NJ0077），该浴室及厕所现在变成了“随园书店”。

图书馆（现为华夏图书馆楼）

建筑面积1397平方米。钢筋混凝土结构，单檐歇山顶。

礼拜堂（现为教职工活动中心）

又称小教堂，是举行基督教宗教仪式的场所。建筑面积1444平方米。钢筋混凝土结构，单檐歇山顶，主体两层，屋顶一层，地下室一层。

1923年，新校舍落成后，教师学生由绣花巷迁入。1924年，金陵女子大学开始建系，设有英文、历史、体育、化学、生物、社会学、数理学、医疗科八个系科，各系科主任均由美、英籍教员担任。此后，又陆续增加了中文、政治、经济等系科。

三、校园故事

20世纪初，随着五四运动的爆发，“非基督教运动”兴起。收回教育自主权既是民国政府的要求，也是时代发展的需要。1925年11月16日，北洋政府教育部第16号公报发布《外人捐资设立学校请求认可办法》六条，首创“私立”“中国人控制”“教育与宗教分离”三大原则。1927年，南京国民政府成立后，提出收回教育权的要求。德本康夫人被迫辞职。1928年，金陵女子大学改组校董会，推选金陵女子大学首届毕业生吴贻芳女士（1893—1985）为校长（1928—1951年在任）。

1930年，根据国民政府教育部的规定，高等学校必须有三个以上学院者才可称为“大学”，而金陵女子大学只有文、理两个学院，故改名为“金陵女子文理学院”，校长吴贻芳也改任院长。

1937年8月，日本飞机开始轰炸南京，金陵女子文理学院师生分三路疏散：

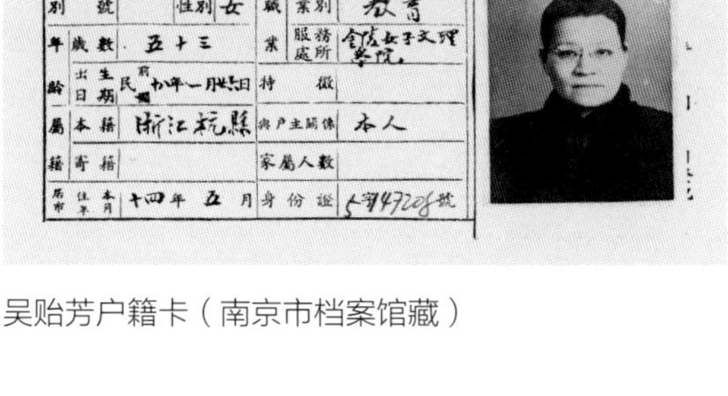

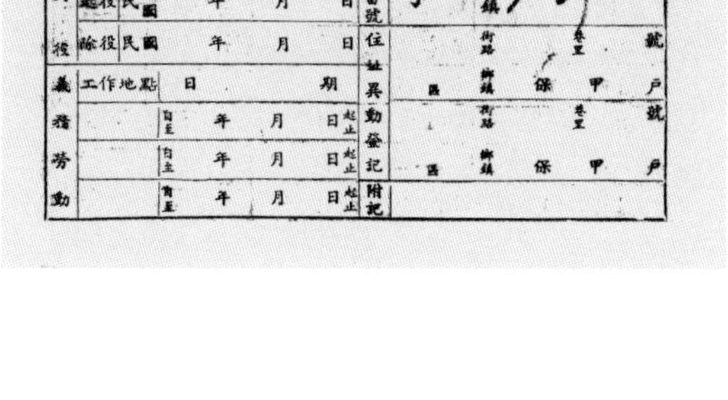

吴贻芳户籍卡（南京市档案馆藏）

司徒雷登与吴贻芳合影（1936年，南加利福尼亚大学图书馆藏）

金陵女子大学操场

金陵大学 100 号楼和 500 号楼前的学生（陆束屏《腥风血雨话金陵》）

一路到上海，一路到武昌，一路到成都。这三路师生最后汇聚成都，继续复课。美籍教师明妮·魏特琳、舍监程瑞芳、总务主任陈斐然、生物教师邬静怡，以及李鸿年、詹擎栋等少数教师留守南京，由美籍教师魏特琳（Minnie Vautrin，中文名字叫华群。1886—1941）负责。魏特琳毕业于哥伦比亚大学教育学院，1919 年应聘金陵女子大学，任教育系系主任兼教务主任，每逢校长离校之际，都由她代理校长职务，承担掌校之责。1937 年 12 月 13 日，南京沦入日军之手

后，日军进行了惨绝人寰的南京大屠杀。金陵女子文理学院作为接收妇女和儿童的难民营，最多时涌进的难民有1万余人，魏特琳女士为了保护中国妇女免遭日军的蹂躏，利用她是美国人这一特殊身份，同日军展开了殊死的斗争，难民们亲切地称她为“观音菩萨”。她后来由于患上精神分裂症回到美国，用煤气结束了自己的生命。其亲人遵其遗嘱，在她的墓碑上，用中文镌刻着隶书的“永生金陵”四字，表达她对南京的怀念之情；同时还用英文写着“Goddess of Mercy”（观音菩萨）。21世纪初，南京师范大学侵华日军南京大屠杀研究中心等单位和团体集资，在校园内竖起了一尊魏特琳女士的半身雕像，底座上也刻上了“永生金陵”四字，以表达中国人民对魏特琳女士的纪念。

魏特琳女士在金陵大学100号楼前（陆束屏《腥风血雨话金陵》）

位于美国密歇根州雪柏小镇上的明妮·魏特琳墓碑，上刻大屋顶，写着“永生金陵”

1941年12月7日，珍珠港事件爆发后，美国对日宣战。1942年6月19日，金

金陵女子大学的难民

陵女子文理学院校舍被日军占用,成为日军卫戍司令部。

抗战胜利后，邬静怡与程瑞芳、顾天琢奉吴贻芳校长之命，负责接收学校。“我们立即搬进我们那个遭受战争创伤而变得肮脏、丑陋与奇怪的校园。”[①]1946年4月，金陵女子文理学院返回南京，9月复课。

1951年，金陵女子文理学院并入金陵大学。金陵女子大学是近代率先引进西方先进办学模式和教育理念的高等学府，以“厚生”校训为引导，实行“全人格教育”，通过厚爱和知识教化学生，同时教育引导学生再以“厚生”的精神造福于社会。从1915年建校到1951年,毕业近千人,被世人喻为999朵玫瑰。[②]

金陵女子大学

1952年7月，全国高等学校院系调整时，在金陵女子文理学院原址建立了南京师范学院。随着学校发展规模的不断扩大，1950年代，兴建了南大楼、北大楼、中大楼三座仿古大屋顶建筑。时至今日，南京师范大学随园校区内共有14座中国传统宫殿式建筑，它们大都对称分布在东西向的中轴线两侧。

1984年，南京师范学院更名为南京师范大学。1987年，在南京师范大学校内恢复成立了金陵女子学院，由钱焕琦担任首任院长。

自2015年至2023年，南京师范大学聘请观筑历史建筑文化研究院陈卫新先生对100号楼、礼拜堂、华夏图书馆等进行了室内修缮与陈设设计。

1992年，金陵女子大学建筑群被列为南京市文物保护单位；2006年，被列为第六批全国重点文物保护单位。2017年，金陵女子大学旧址入选由中国文物学会、中国建筑学会联合评选的“第二批中国20世纪建筑遗产项目”。

① 邬静怡：《东西方相会》，收入陆束屏《血腥恐怖金陵岁月——金陵女子文理学院中外人士的记载》，南京出版社2014年12月版。
② 钱焕琦：《百年芳华：999朵玫瑰——写在金陵女子大学建校105周年》，“语言学世界”微信公众号，2020年10月14日。

国立中央大学

国立中央大学位于南京市玄武区四牌楼 2 号（原为四牌楼 1 号），现为东南大学四牌楼校区。

一、学校沿革

国立中央大学的历史可以追溯到清朝的三江师范学堂。该学堂是 1902 年张之洞署理两江总督时筹建，校址选择在北极阁之南，1904 年正式招生入学，首

国立中央大学大门

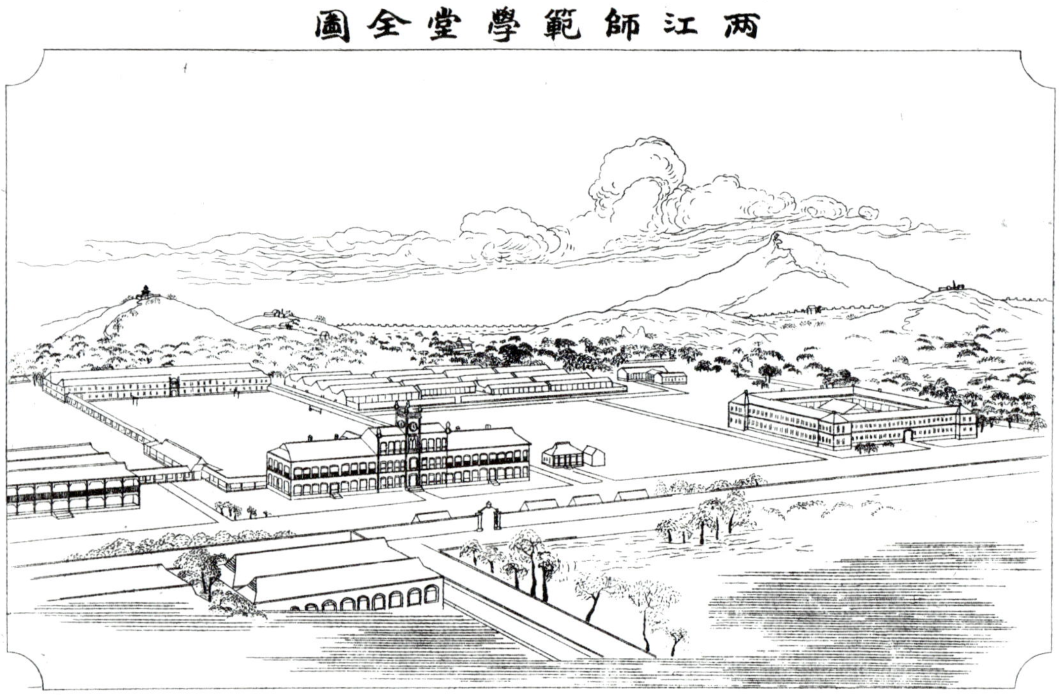

两江师范学堂全图（1909 年绘制，《南京教育档案》）

任总办杨觐圭（校长）。它是清末实施新教育后规模最大、设计最新的一所师范学堂，也是中国师范学堂之嚆矢。学堂模仿当时的日本教育体制，以“中学为体、西学为用”为办学方针，邀请熟悉教育情形的湖北师范学堂胡均模仿日本帝国大学（今东京大学）设计，建成后的“校舍俱系洋式，壮丽宽广，不亚日本帝国大学”[①]。

1906 年，三江师范学堂改名为两江优级师范学堂，李瑞清担任监督（校长）。[②]在李瑞清的主持下，发展为东南第一学府，培养出一批优秀人才。至 1911 年时，学校占地面积达 200 余亩，有校舍 200 余间，其附设小学堂借用进香河畔昭忠祠为校舍。1911 年武昌起义后，两江优级师范学堂因战事停办。

1914 年，在两江优级师范学堂旧址上筹建南京高等

两江师范学堂监督李瑞清（《南洋劝业会研究会报告书》，上海中国图书发行公司 1913 年 5 月版）

① 朱斐主编：《东南大学史（1902—1949）》，东南大学出版社 1991 年 10 月版。
② 王德滋主编：《南京大学百年史》，南京大学出版社 2002 年 4 月版。

两江师范学堂校舍背影（右边为进香河）

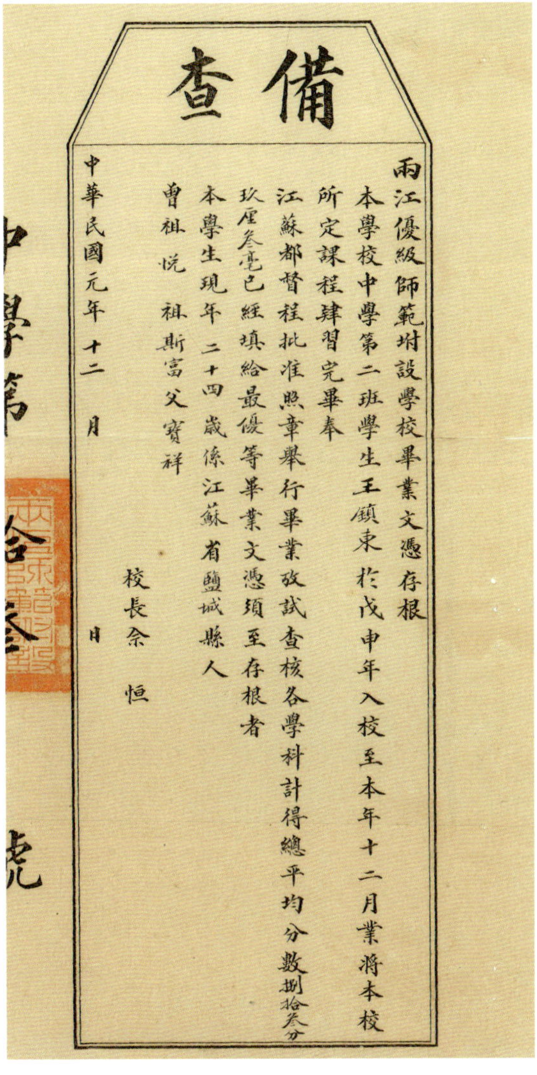

備查

兩江優級師範坿設學校畢業文憑存根
本學校中學第二班學生王顧東於戊申年入校至本年十二月業將本校
所定課程肄習完畢奉
江蘇都督程批准照章舉行畢業考試查核各學科計得總平均分數捌拾叁分
玖厘叁毫已經填給最優等畢業文憑須至存根者
本學生現年二十四歲係江蘇省鹽城縣人
曾祖悦　祖斯富　父寶祥
校長佘恒
中華民國元年十二月　日

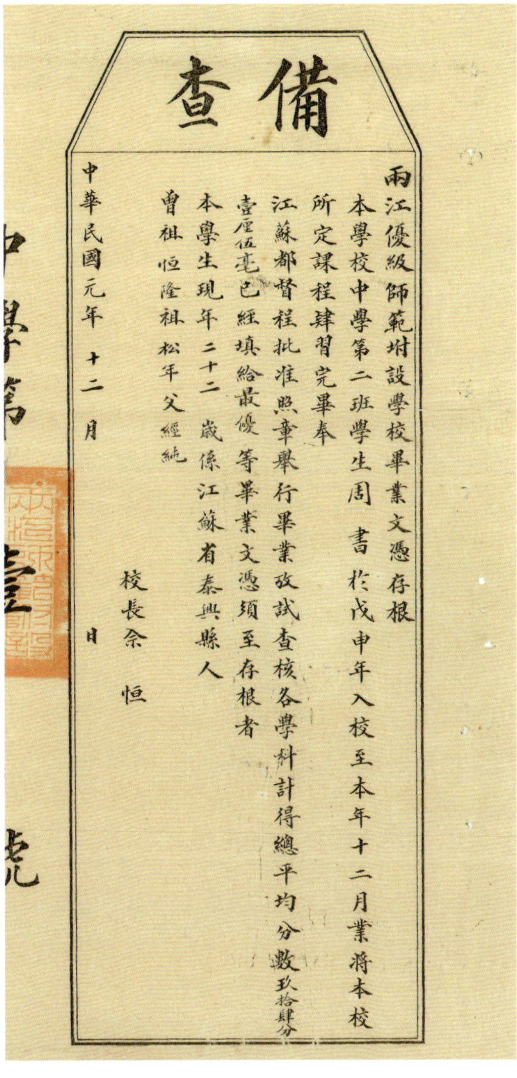

備查

兩江優級師範坿設學校畢業文憑存根
本學校中學第二班學生周書於戊申年入校至本年十二月業將本校
所定課程肄習完畢奉
江蘇都督程批准照章舉行畢業考試查核各學科計得總平均分數玖拾肆分
壹厘伍毫已經填給最優等畢業文憑須至存根者
本學生現年二十二歲係江蘇省泰興縣人
曾祖恒隆　祖松年　父經綸
校長佘恒
中華民國元年十二月　日

两江优级师范附设学校毕业文凭（1912 年 12 月，《南京教育档案》）

两江师范学堂行政楼（1910 年）

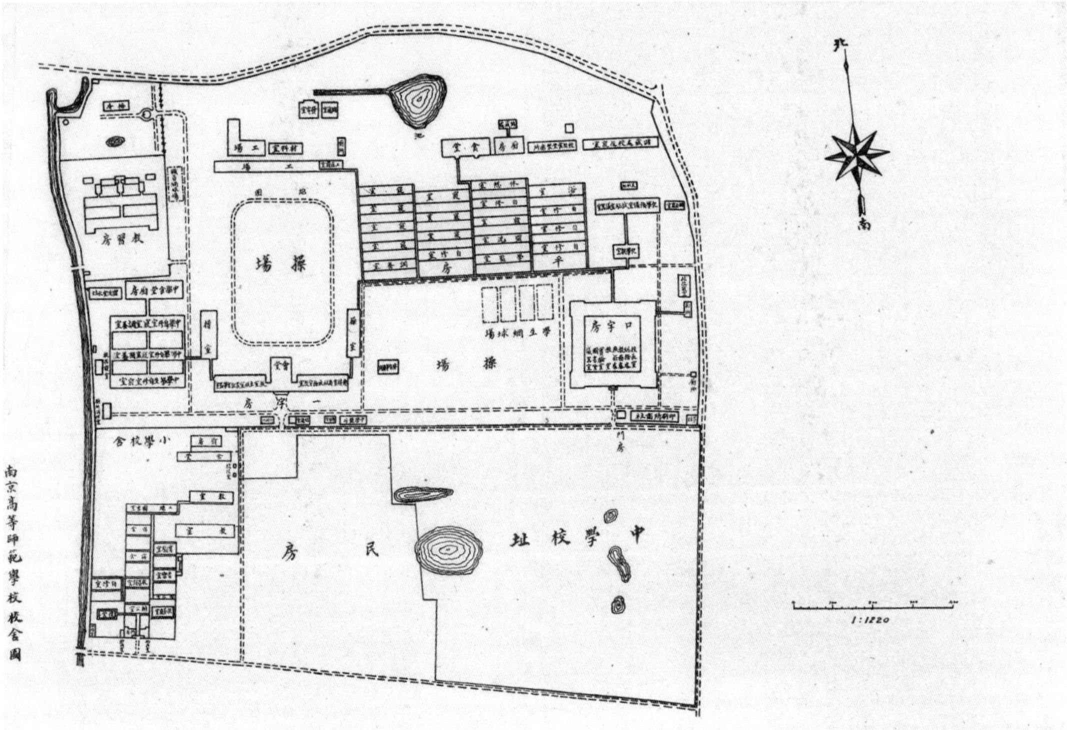

南京高等师范学校校舍图（1918 年）

师范学校（简称南高师），江谦任校长，1915 年正式成立。

1920 年，南京高等师范学校校长郭秉文在校务会议上首次提出建立大学的建议。经由张謇、蔡元培、王正廷、蒋梦麟、黄炎培、江谦、郭秉文等人联名

南京高等师范学校行政办公楼

1915年南京高等师范学校工艺实习场

向北洋政府教育部提议，在南京高等师范学校的工艺、体育、教育、农业、商业等专修科的基础上扩建成立国立东南大学。同年12月，经北洋政府国务会议通过。1921年，在南京高等师范学校基础上建立起国立东南大学，这是民国初年继北京大学之后，我国建立的第二所国立大学，校长郭秉文。国立东南大学成为一所拥有文、理、工、商、农、教育等学科的综合性大学，成为东南地区

国立东南大学、南京高等师范学校大门

国立东南大学大门

的最高学府，是全国规模较大、学科最全的一所综合性新型大学。当时，公认“北大以文史哲著称，东大则以科学名世”，国立东南大学是“中国自然科学发展的基地”，与北大齐名。[1]

① 霍益萍著：《近代中国的高等教育》，华东师范大学出版社 1999 年 11 月版。

1927年6月，国民政府颁布“大学区制”，效法国外经验，改革教育行政体制，将国立东南大学、河海工科大学、上海商科大学、江苏法政大学、江苏医科大学、南京工业专门学校、江苏省立第一农业学校、苏州工业专门学校、上海商业专门学校等江苏境内的9所专科以上公立学校合并，改组为国立第四中山大学（因南京为北伐军攻克的第四座历史文化名城，为纪念孙中山而命名为第四中山大学），主校址设在原国立东南大学。

1928年2月，国民政府决定将第四中山大学改名为江苏大学，因遭到学生反对，所以同年5月改名为国立中央大学。国立中央大学设文、理、法、教育、农、工、商、医8个学院（四牌楼本部设有文学院、理学院、法学院、工学院和教育学院；丁家桥分部设有医学院和农学院；上海设有商学院），40个系科，其规模之大、学科之全、师资力量之雄厚，居全国各大学之首。

当年国立中央大学文学院教授胡小石有一个学生叫游寿，是唯一一个传承胡小石书法的女书法家。她先后是国立中央大学本科生、金陵大学研究生，随后与曾昭燏在国立中央博物院筹备处及中央研究院历史语言研究所工作，1949年以后到哈尔滨师范学院就职。她在国立中央大学读书时，戏仿《敕勒歌》写成的校园歌谣，至今还在校园为师生们所传诵：

中山院，层楼高。四壁如笼，鸟雀难逃。
心慌慌，意茫茫，抬头又见王晓湘。

王晓湘即王易，讲授诗词、修辞，因他的江西南昌方言较重，学生望而生畏。游寿将听课现状借助《敕勒歌》的形式表达出来。王晓湘后来是江西中正大学文学院院长。[①]

1937年，日军占领南京。1943年，国立中央大学被日军改作陆军医院，院长郭连城。学校大门口悬挂着写有“ひやうどうぶだい”的日文招牌。大礼堂顶部被涂抹上巨大的白底红十字。教室内放满了日式榻榻米病床。学校大门口有日军警卫站岗。昔日莘莘学子荟萃之地，沦落为侵略军治病疗伤之所。

在南京民间抗日战争博物馆内，收藏有一块正方形的花岗岩石碑，由汪伪国民政府陆军部部长叶蓬撰文，陆军医院院长郭连城书写，竖书，阴刻，楷体，

① 沈卫威：《边地风流依旧——在会泽院谈〈西南采风录〉》，《随笔》2022年第2期。

国立中央大学鸟瞰（《首都志》）

国立中央大学大门

（第　一　棟）

（第　三　棟）

（第　七　棟）

（12）

（正　　門）

（本　　部）

（本部屋上より正門を望む）

（本部より北極閣を望む）

（11）

南京沦陷期间，国立中央大学成为日本陆军医院（山本信部队编辑摄影《圣战记念写真帐》，吴先斌收藏）

记录了日本首相东条英机曾出资建立该医院的历史。全文如下：

日本东条首相捐款纪念碑

岁癸未，陆军医院成立伊始，大日本帝国内阁总理大臣东条英机阁下捐助华币五十万元，维日华玉帛之盟。值寰宇兵戎之会，誓共死生，以趋义战，诚关休戚，乃荷仁施，爰勒贞珉用志永感。陆军部部长叶蓬敬识。

陆军医院院长郭连城敬书

中华民国三十二年九月榖旦

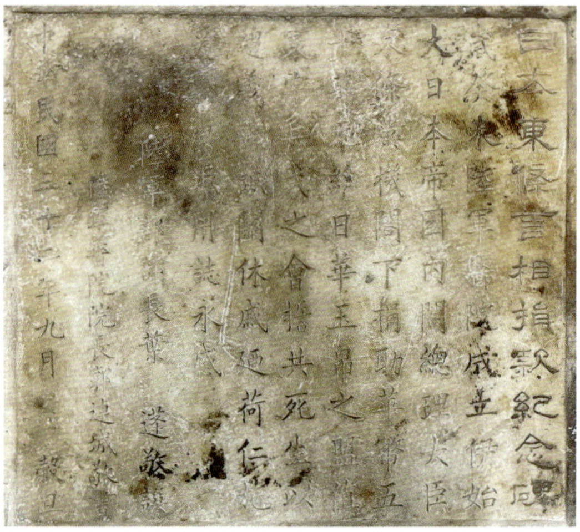

日本东条首相捐款陆军医院纪念碑（南京民间抗日战争博物馆藏）

1945年抗战胜利后，国立中央大学校舍基本没有遭到破坏，只是校舍内的办公、教学用具荡然无存。1946年11月，国立中央大学中迁回南京四牌楼原校址复校，拥有7个学院、37个系、6个专修科、26个研究所，是当时国立大学中系科设置最为完备的。1948年在美国普林斯顿大学公布的世界大学排名中，国立中央大学已超过日本东京帝国大学（现东京大学），居亚洲第一。

1949年4月南京解放后，国立中央大学改名为国立南京大学。1952年更名为南京工学院。1988年，恢复东南大学旧名。

国立南京大学大门

南京工学院大门

国立东南大学校舍俯视图（国立中央大学实验小学编《一个小学十年努力记》，中华书局 1928 年版）

二、校园建筑

国立中央大学的建筑都是在 1921 年东南大学成立后建造的。这所由中国人创办的大学，明显受到西方建筑史上折衷主义复古思潮的影响，用西洋古典建筑式样的建筑外壳去包装具有现代特点的使用空间，以此显示悠久的历史和雄厚的经济实力。

1919 年，著名教育家郭秉文接任南京高等师范学校校长一职，1921 年，创建东南大学。由于南高师的校舍基本上都是沿用历经兵灾的两江师范学堂旧房，计有一字房、教习房和平房斋舍，这些校舍不仅破旧，而且难以适应学校发展的需要。于是，郭秉文聘请杭州之江大学的建筑师韦尔逊先生到东南大学兼任校舍建筑股股长，经过实地察看地形后，拟订通盘规划，决定校舍建筑以四牌楼为中心，次第向四周辐射，按急缓轻重，分期实施，并请上海东南建筑公司绘具总图。根据这一规划，校园内图书馆、体育馆、学生宿舍、科学馆等建筑相继落成。1927 年国民政府定都南京后，除了对这些建筑进行维修改造外，又建起了校园南大门、大礼堂、生物馆、牙科医院等建筑，形成排列有序、错落有致的建筑群。这些建筑，基本上呈对称布局，从南大门至大礼堂形成一条中轴线，其他的建筑物依次排列在中轴线的两侧。现根据建筑物的排列秩序，作一介绍。

南大门

它是校园的主要出入口。杨廷宝设计，建于 1933 年。门楼由三开间的四组

国立中央大学大门

方柱和梁枋组成，外形采用简化的西方古典建筑式样，简洁大方。它与大礼堂、图书馆等建筑群的风格一致。

大礼堂

位于东南大学校园中央，现为东南大学大礼堂，与南大门在同一条中轴线上。它由时任国立中央大学校长张乃燕（1928—1930 年在任）于 1930 年 3 月 28 日动工兴建，后因经费困难而停工。1930—1931 年，朱家骅任国立中央大学校长，他利用在国民政府中的地位和影响，以召开国民会议的名义，获得国民政府的拨款。1931 年 4 月底竣工。

从镶嵌在大礼堂前墙壁上的石碑铭文可知，大礼堂由英国公和洋行（Parmer & Tarner Architects）设计，新金记康号营造厂承建。建筑物占地面积 2026 平方米，建筑面积 4320 平方米，钢筋混凝土结构，共三层，属欧洲文艺复兴时期的古典式建筑风格。正门朝南，门厅立面上部为四根爱奥尼亚式的立柱。大礼堂顶部采用钢网架结构，外部如球体状，球体顶部建有八边形采光窗，整个大礼堂顶部穹隆顶宛如天际笼罩。大礼堂穹隆顶高 34 米，观众席三层，设有 2300 座席；观众厅

国立中央大学大礼堂奠基碑

国立中央大学大礼堂

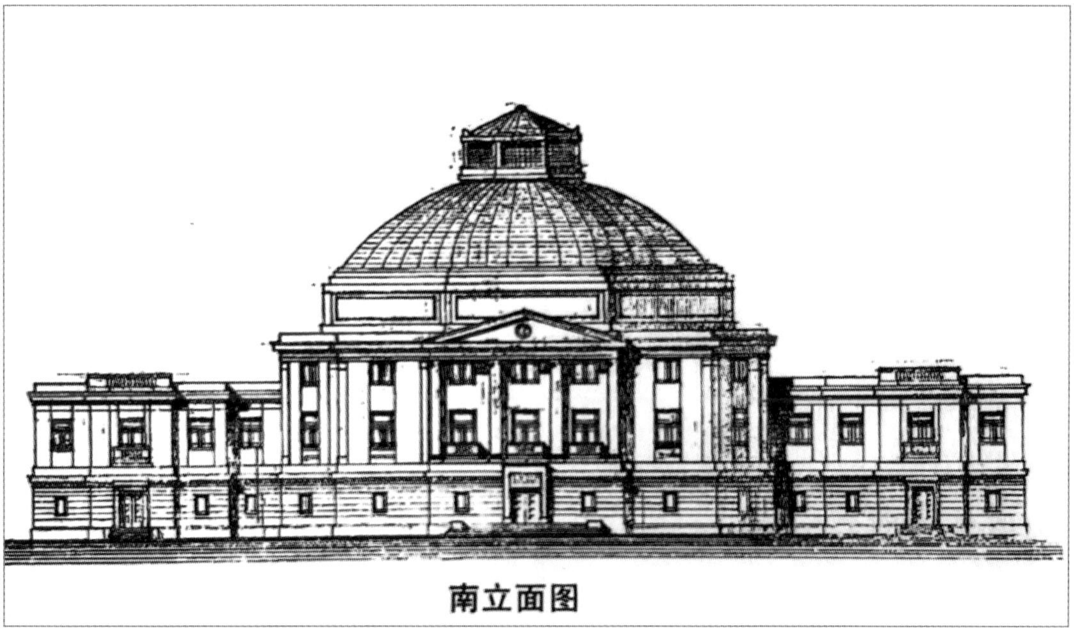

大礼堂设计图（东南大学档案馆藏）（1）

南面为宽大的门厅，北部为巨型讲台。厅外部四周为水磨石回廊。

1965年，在大礼堂东西两翼加建三层教学楼两座，与大礼堂对称。扩建的教学楼是由建筑学家杨廷宝设计，建筑物占地面积848平方米，建筑面积2544平方米。近年来，东南大学又对大礼堂和两翼教学楼进行了修缮和改建。这座矗立在校园中心的大礼堂，以其雄伟庄严和别具一格的造型，在众多的校园建筑中独具特色，成为东南大学的标志性建筑之一。

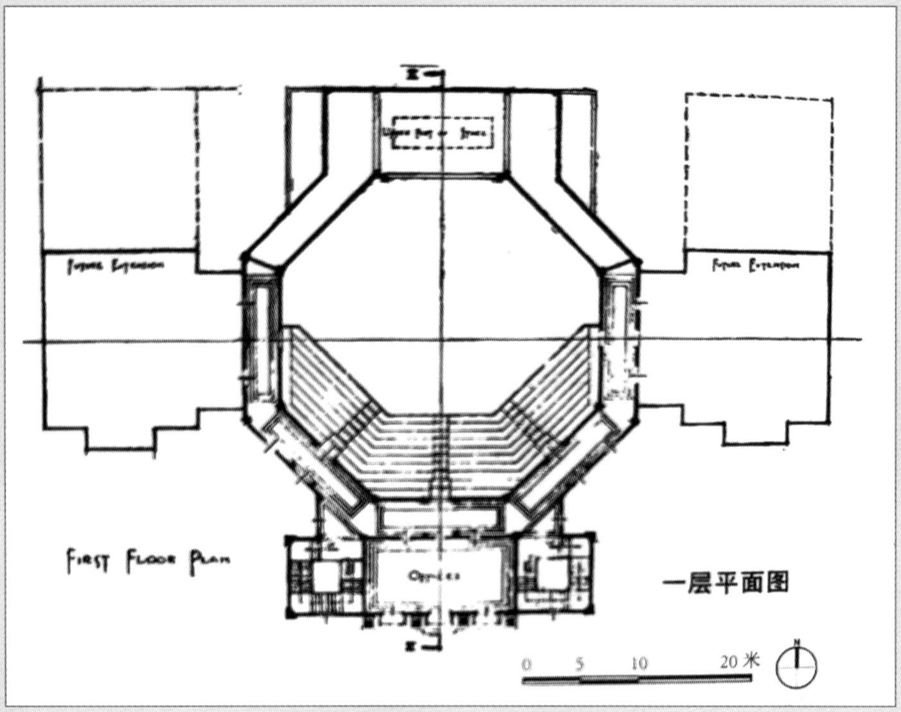

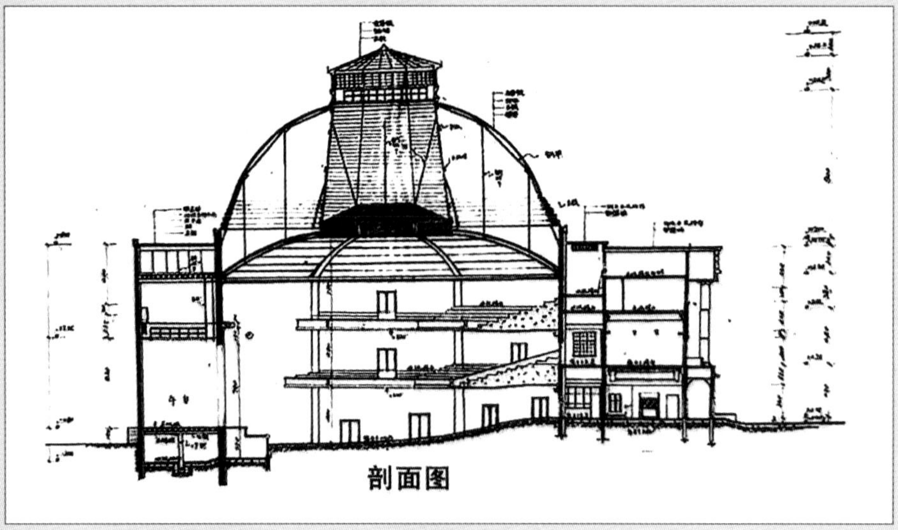

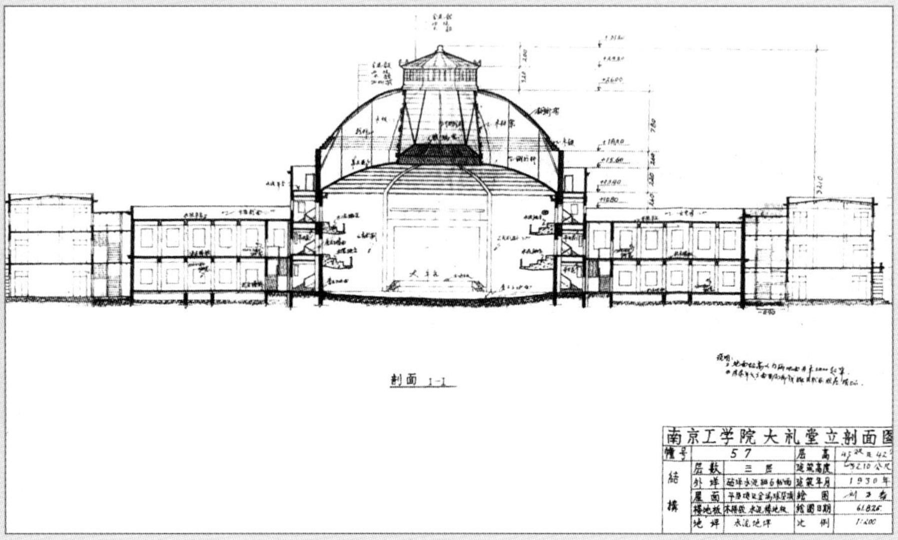

大礼堂设计图（东南大学档案馆藏）（2—4）

国立中央大学大礼堂

图书馆

在大礼堂的西南部，现为东南大学图书馆。1919—1925 年，郭秉文就任国立东南大学校长期间，得知原江苏督军李纯自杀前所立遗嘱，将遗产的一部分捐给南开大学建造八里台校舍。于是，他便劝说继任督军齐燮元独资捐建国立东南大学图书馆，获得齐燮元的首肯。图书馆由外国人帕斯卡尔（Jousseme Pascal）设计，1922 年 1 月 4 日与体育馆同时举行奠基典礼，1924 年建成。建馆及配套设备共花费 16 万银元。图书馆落成后，以齐燮元之父齐孟芳之名，命名为“孟芳图书馆”，并请张謇题写馆名。由洪范五任馆长。图书馆平面呈倒“T”字形，地上两层，局部地下一层，正中为主要入口门厅，前部两层为办公和阅览室，后部为书库。内部为钢筋混凝土结构，外部采用标准的罗马爱奥尼亚式柱廊、山花、檐部等西方古典形式构图，并用仿石材构造的水刷石粉面，整个建筑造型十分严谨，

国立东南大学孟芳图书馆奠基碑

国立东南大学孟芳图书馆

扩建后的国立中央大学图书馆

比例匀称，细部装饰精美，是南京地区最为地道的爱奥尼亚式建筑。

1933 年 10 月进行了扩建。扩建工程由杨廷宝设计，张裕泰营造厂承建，总建筑面积 3813 平方米，其中扩建面积 1305 平方米。在原馆两侧加建阅览室，

扩建后的国立中央大学图书馆

背后扩建书库，使平面成“日”字形，留有内部小院两个，以利通风采光。扩建设计注意新旧建筑风格协调统一。

生物馆

全称为国立中央大学生物学馆，在大礼堂的东南部，现为东南大学中大院。建于1929年，由李宗侃建筑师设计，上海金祥记营造厂承建。占地面积1350平方米，建筑面积4049平方米（包括1957年由杨廷宝设计后加建的两翼绘图教室面积）。立面造型与图书馆相似。坐北朝南，正面为爱奥尼亚柱式门廊，门廊上部墙面装饰有史前恐龙图案。

国立中央大学生物学馆奠基碑

科学馆

现为东南大学健雄院。1922年，美国洛克菲勒基金会中国医药部拟在中国科学力量最强的大学建造一座科学馆，请美国国际教育会东方部主任孟禄博士为代表，会同协和医院韦尔逊教授到有关大学调查。调查结果认为中国国立东南大学科研力量居全国之首。1923年，国立东南大学主楼口字房（1909年建成，形如“口”字，故名。计有60间房屋，为当时学校办公室、教

国立中央大学生物馆

国立中央大学生物馆（中大院）

室和实验室所在地）遭火灾。柳诒徵《校东楼灾诗以吊之》写道："及见兹楼启百楹，诸儒计晷挟书行。重来已积沉沙感，八载徐深暖席情。霁雨云山环讲坐，宵昕图史摘寰瀛。柏梁一炬财俄顷，忍过梅庵话晚清。"[①] 经校董会、洛克菲勒基金会等几方面协商，决定在口字房旧址建造科学馆。科学馆于 1924 年动工，

① 载《学衡》第 28 期，1924 年 4 月。

国立东南大学口字房

国立中央大学科学馆

因江浙战争和校长易人的影响，直到1927年才落成。落成后，洛克菲勒基金会又捐助仪器设备费5万美元。

科学馆占地面积1748平方米，建筑面积5343平方米。上海东南建筑公司设计，三合兴营造厂承建。砖木结构，中部四层，两翼三层，地下室一层。坡屋顶，屋顶建有老虎窗。入口处建有高大门廊，门廊用西方古典风格的立柱支撑。大门内拱券形大楼中部设有东西向的内廊。

国立中央大学医学院

中央大学医学院附属牙科医院

在校园的东北角，坐西朝东，现为东南大学金陵院。建于 1936 年，由基泰工程司杨廷宝设计，三合兴营造厂承建。混合结构，高三层，占地面积1189平方米，建筑面积 3566 平方米，入口处建有宽大的门套，整幢建筑物造型简洁。1937 年 8 月 19 日下午 6 时许，日机在中央大学投弹 7 枚，因无机化学教室着火被焚。

体育馆

位于校园西北角，大操场的西侧，现为东南大学体育馆。1922 年 1 月 4 日与图书馆同时举行开工奠基典礼。砖木结构，高三层，坐西朝东，南北对称。

国立中央大学体育馆

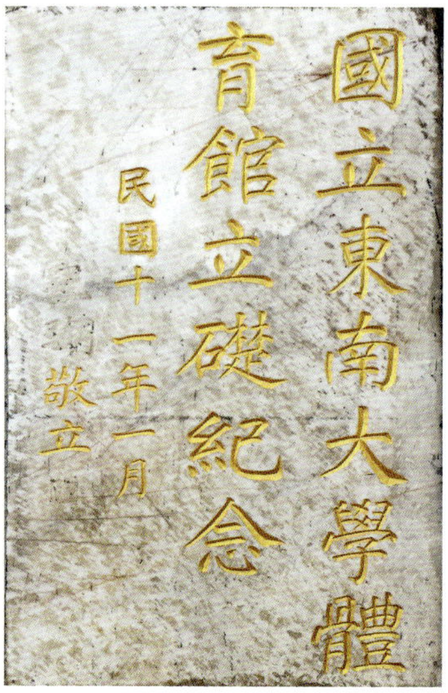

国立东南大学体育馆奠基碑

国立中央大学体育馆

1929 年国立中央大学教育学院艺术专修科全体摄影

钢组合屋架，木楼地板。占地面积1185.16平方米，建筑面积2316.92平方米。入口处门廊采用西方古典柱式。屋面为红色铁皮覆盖。

工艺实习场

位于大操场的北侧，现为住宅。建于1918年。坐北朝南，砖木结构，高两层，面阔十二开间，进深三间，东西对称。平屋顶，墙壁用明代城墙砖砌造。西门楣上刻有“工艺实习场”五个楷书繁体字。在这幢房屋的西南角墙壁上，镶嵌有一块石碑，上刻“南京高等师范学校工场立础纪念　民国七年十月建”21个楷书繁体字样。

梅庵

位于东南大学校园西北角，北临北京东路，西临进香河，南临六朝松，是为了纪念李瑞清而建，现为东南大学艺术学院教室。

李瑞清（1867—1920），字仲麟，号梅庵，别号清道人。江西临川人。晚清著名学者、教育家、书画家。清光绪二十年（1894）进士，曾任江宁提学使、两江师范学堂监督。任职期间，提倡科学、国学、艺术。辛亥革命前，曾代理江宁布政使等职。南京光复后，他遁居上海，以卖字画为生。1920年去世。他的弟子胡小石等人将其安葬于南京牛首山东麓雪梅岭（江宁区东善桥林场），墓地植梅花300株，并在罗汉泉（又名感应泉）旁筑“玉梅花庵”。此后，历经战乱，此墓无存。1983年，南京大学侯镜昶先生重新发现此墓。1986年，从当地生产队长程吉福家中取回墓碑。同年，南京市文管会对此墓进行了修缮。2002年南京大学百年校庆前夕，在南京市文物局指导和江宁区文化局支持下，

梅庵旧影（1935年）

梅庵

南京大学负责投资和设计，江宁区文化局负责施工，将李瑞清墓整修一新。[①]

梅庵始建于1914年，当时建有3间茅草覆盖的圆顶平房，暗红色的水泥墙壁，古朴而略嫌简陋，以李瑞清之号命名为“梅庵”。门前挂有李瑞清手书的校训木匾，上书“嚼得菜根，做得大事”。

1932年，梅庵茅屋被拆除。1933年，改建为砖混结构平房一座，建筑面积203.66平方米，另有地下室一层。房屋为南北向，通面阔15.5米，进深8.8米。平面布局采用内廊式，有办公室1间，图书室1间，大教室1间，小教室（兼作练琴室）4间。整个建筑既有西式风格，又有中式风采。在梅庵正面，有著名文史学家柳诒徵于1947年6月9日题写的“梅庵”二字匾额，宽约2米，高约0.65米；字体遒劲有力，洒脱俊逸。

在梅庵南面，有一株古桧柏，高9.9米，树围2.67米，由于顶部曾经遭受过雷击，故其树冠下展，宛若伞盖。据说是六朝皇家花园——华林园遗物，故号“六朝松”。实际上，它是明朝国子监的遗物。至今虬枝青翠，古朴苍劲。

此外，在校园东部的四牌楼文昌桥，还建有七幢学生宿舍和食堂。这些建筑物是当年的国立中央大学工学院院长、中大复员委员会工程组主任刘敦桢与

① 韩品峥：《缅怀柳林同志关怀南京文物保护工作二三事》，《南京钟山文化研究》2019年第1期。

六朝松

建筑系教师张镛森、高乃骢、陈干等人设计建造。建造时间是1946年6月至10月，可容纳学生3000余人。同年11月，因校舍不敷使用，又在文昌桥、九华山等地营建学生、教授宿舍。1946年7月，九华山教授住宅动工兴建。

三、校园故事

梁启超等讲学国立东南大学

国内外著名的学者康有为、梁启超、泰戈尔、杜威、罗素等人都曾应邀到校讲学。

1916年10月2日至4日，康有为、梁启超应邀前来南京高等师范学校讲学。

1920年4月6日，美国学者杜威由北京来南京高等师范学校讲学，历时3个月。

1922年夏，梁启超曾来国立东南大学讲授《先秦政治思想史》等课程，时间长达半年，完成了10万余言的《先秦政治思想史》。据梁启超1923年1月13日的《东南大学课毕告别辞》称："我在这边讲学半年，大家朝夕在一块儿相处，我很觉得快乐。并且因为我任有一定的功课，也催逼着我把这部十万余言的《先秦政治思想史》著成。"梁启超谦称，自己来授课，不是为了传播知识，"亦只叫诸君知道我自己做学问的方法。……必要寻着这个做学问的方法，乃能事半功倍。真正做学问，乃是找着方法去自求，不是仅看人家研究所得的结果。因为人家研究所得的结果，终是人家的，况且所得的，也未必都对。"他认为："近来，国中青年界很习闻的一句话，就是'知识饥荒'，却不晓得，还有一个顶要紧的'精神饥荒'在那边。中国这种饥荒，都闹到极点，但是只要我们知道饥荒所在，自可想方法来补救。现在精神饥荒，闹到如此，而人多不自知，岂非危险？""为学的首要，是救精神饥荒"。至于救济精神饥荒的方法，一是"裁抑物质生活，使不得猖獗，然后保持精神生活的圆满"，二是"先立高尚美满的人生观，自己认清楚将精神生活确定，靠其势力以压抑物质生活，如此，不必细心检点，用拘谨功夫，自能达到精神生活绝对自由的目的"。这种忧国忧民的治学理念，成为梁启超一生勤奋探索救国真理的精神动力。

泰戈尔在国立东南大学体育馆演讲

1924年3月21日，应梁启超、蔡元培之邀，亚洲第一位诺贝尔文学奖获得者、印度诗人泰戈尔一行6人访问中国。曾留学英国剑桥大学的著名诗人徐志

摩担任翻译。泰戈尔来到南京，游览清凉山、莫愁湖等名胜后，4 月 20 日，在国立东南大学体育馆演讲，轰动南京城。前来东大体育馆内听讲的听众济济一堂，气氛热烈。泰戈尔说：“我此番来到中国，并非是旅行家为瞻仰风景而来；也并非是一个传教者带些什么福音，只不过是为求道而来罢了，好像是个敬香者，来对中国文化界敬礼的。……我这次来华，就是为了一点看不见的情感：说远一点，我的使命是在修补中国与印度两民族间中断千余年的桥梁；说近一点，我是想得到你们中国青年真挚的同情。……让我们大家努力吧。不管是中国人，还是印度人，我们要不怕艰难，肩上扛着铲除误解的大锄，口袋里装满新鲜人道的种子，不问天时是阴是雨是晴，清理一方泥土，播下一方生命，同时口唱着嘹亮的新歌，鼓舞在黑暗中的将要透露的萌芽。”“近世文明，专尚物质，并不为贵。亚洲民族，中印两国，自有最可贵之固有文明，发扬而光大之，实中印两国之大幸，亦全世界之福。”演讲完毕，泰戈尔与青年学生一起散步聊天。当有一位学生问他有多大年纪时，他风趣地回答说：“我很不愿意说出自己的年纪，因为一个人的老少不能拿年纪做标准，我的心时刻同你们一样，所以我长久是一个少年。”他还笑着说：“我已 64 岁了，但是你们不要猜想我是一个老年人呀！”

中华体育联合会在国立东南大学成立

1924 年 5 月，第三届全国运动会在武昌举办，赴会的体育界人士张伯苓、王正廷等一致认为要组建一个全国性体育组织，以统筹全民体育之推进，举办全国性运动会，并组织参与奥运会等国际竞技活动。在他们的倡议下，1924 年 7 月 4 日晚 8 点，中国奥委会的前身——中华体育联合会在国立东南大学化学教室召开了第一次会议。7 月 5 日下午 4 点，中华体育联合会成立大会在国立东南大学化学教室继续召开，在讨论了组织架构等问题后，选举“张伯苓、郭秉文、陈时、聂云台、方小川、沈嗣良、郝伯阳、卢炜昌、穆藕初等九人当选为董事”。担任会议主席的张伯苓宣布“中华民国全国合法之体育总机关，即于今日正式成立”，机构暂定名为“中华体育联合会”，迅即改称为“中华全国体育协进会”。7 月 6 日《申报》的新闻《中华体育联合会成立大会纪》记载：“中华体育联合会于七月四日下午八时，假南京东南大学化学教室开成立大会。”7 月 14 日的《申报》副刊《教育与人生》第 39 期刊登的蒋湘青《国人对于中华全国体育协进会应具有的态度》一文写道：“筹备一年轰动全国的体育总机关，已于中华

民国十三年七月五日，在南京东南大学产生了。”中华全国体育协进会成立后，于当年发布了《中华全国体育协进会对于国内外体育工作之范围》。其中“国际关系”第一条即“奥伦匹克运动会会员”，在“国内工作”职责里有“中华代表参加世界运动会”。由此可见，中华全国体育协进会成立后就开始承担中国参与国际奥林匹克事业的工作。在1926年4月的国际奥委会第一份公报里，明确记载了中华全国体育协进会为中国奥委会。国立东南大学化学教室毁于1937年侵华日军的空袭，现已不存。其原址范围在今天东南大学校园建筑金陵院的西半部分位置上。2014年5月7日，“中华全国体育协进会成立大会旧址”纪念碑在东南大学金陵院西侧草坪落成，成为南京与奥林匹克渊源的一份独特纪念。[①]

梅庵与革命活动

20世纪20年代，梅庵是南京高等师范学校（后改为国立东南大学）校园内的胜景，又是著名的会议、讲习场所。

1919年俄国十月革命爆发之前，马克思主义之光就已在南京闪耀。这一年的7月1日，由李大钊等发起的少年中国学会在北京正式成立；同年11月1日，少年中国学会南京分会成立，由南京高等师范学校学监处职员杨贤江担任书记。1921年7月1—4日，在杨贤江的积极组织推动下，少年中国学会第二次年会在南京梅庵召开，会议对学会宗旨要不要社会主义等问题进行了大讨论，邓中夏、恽代英、沈泽民、高君宇、黄日葵、左舜生、曾琦等参加了这次会议。本届年会主义之争，未能取得一致结论。1924年总会迁到南京后，梅庵成为少年中国学会后期活动的大本营。

1922年4月23日，南京15名社会主义青年团团员在南京高等师范学校学生吴肃、侯曜等人的召集下，在南京高等师范学校开会，议决筹建南京地方团组织，草拟南京社会主义青年团组织章程等事项。同年5月5日，中国社会主义青年团“一大”在广州召开。当日，南京全城24名团员在梅庵召开大会，宣告中国社会主义青年团南京地方委员会正式成立。会议通过《南京社会主义青年团章程》，决定建立“马克思学说研究会”。南京团地委是全国最早的15个团地方组织之一。当天下午，为纪念马克思诞辰，南京团地委在玄武湖举行马

① 南京市地方志编纂委员会办公室编：《百年缘——近现代南京与奥林匹克》，南京出版社2014年7月版。

1921年7月少年中国学会南京年会23名会员合影(前排右起杨效春、杨贤江、刘仁静、恽代英、蒋锡昌;二排右起阮真、邰爽秋、高君宇、刘国钧、陈政;三排右起张闻天、穆济波、方东美、李儒勉、沈泽民、王克仁;后排右起陈启天、黄日葵、陈愚生、沈君怡、赵叔愚、邓中夏、左舜生)

克思诞辰纪念会，请杨杏佛主讲《马克思传》。[①]

1923年8月20日至25日，中国社会主义青年团第二次全国代表大会在国立东南大学校园内西北角梅庵召开，出席代表有毛泽东（字润之，大会误写成毛远之）、林育南、邓中夏、瞿秋白、刘仁静、施存统、曹刍、夏曦等29人，分别来自长沙、北京、上海、武昌、太原、莫斯科、日本、巴黎等地，代表全国16个省30多个地方团组织的2000名团员。[②]谢远定作为南京青年团的代表参加。8月20日，社会主义青年团二大召开预备会议，谢远定作为南京社会主义青年团组织的代表参加会议。21日，召开第一次会议，会议执行主席为邓中夏，瞿秋白代表青年共产国际、毛泽东代表中共中央先后致辞。毛泽东在致辞中称赞青年团在过去一年里在各地方能相互谅解，彼此配合，同时指出缺点在于脱离群众，脱离实际生活，希望青年团今后注意民众痛苦症结之所在，而从事于

① 刘鸿浩：《南京社会主义青年团成立前后》，《档案与建设》2022年第4期。
② 封锋：《“团二大”的筹备召开与重要成就》，《档案与建设》2022年第5期。

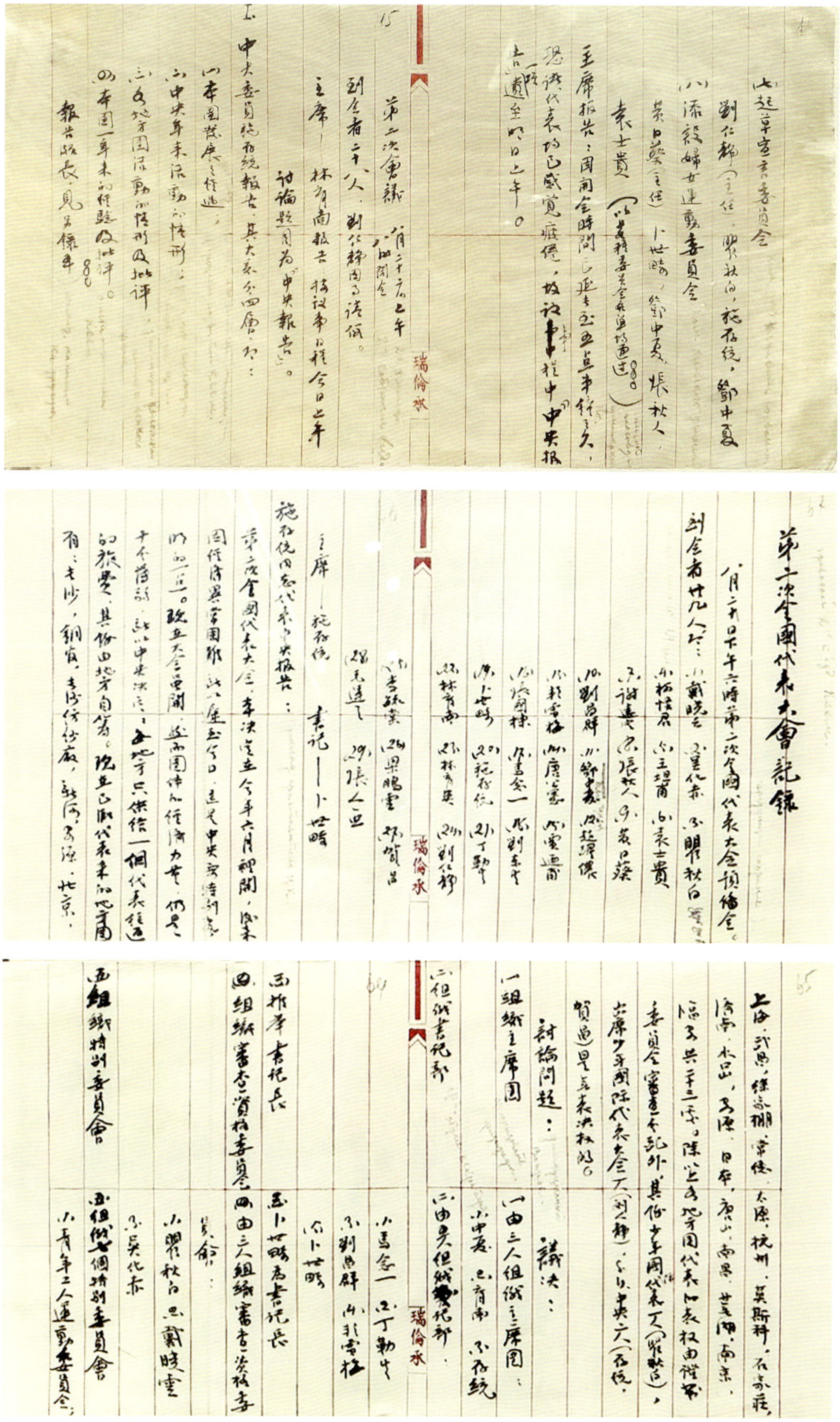

1923 年 8 月，毛泽东参加中国社会主义青年团二大的文献（周琦提供）

脚踏实地的工作。在8月23日的第四次会议上，毛泽东作报告，报告内容主要有两个方面：一是传达中国共产党的国共合作政策，二是阐明共产党和青年团的关系，即青年团在政治上完全服从共产党。会议主要内容为贯彻中共“三大”确定的与国民党建立统一战线的方针精神，动员青年团员参加和推动国民革命运动，决定社会主义青年团员以个人名义加入国民党。会议选举产生了以邓中夏为首的团中央执行委员会。中共党员和青年团员的加入，推动了国民革命运动出现了蓬勃发展的新局面。[①]

1924年1月13日，在南京中共地委、团地委领导下，南京马克思主义研究会改名为“南京社会科学研究会”，在国立东南大学梅庵正式成立，确定研究内容为“偏重社会科学、政治经济，尤其注重时事”。

梅庵与文学艺术

1932年，有“当代李清照”之称的沈祖棻就读于国立中央大学时，受汪东、吴梅老师的影响，与同学尉素秋、王嘉懿、曾昭燏、龙芷芬成立词社，因第一次聚会地点在今日东南大学四牌楼校区内六朝松下的梅庵，故而名为梅社。这个女生社团每两周聚会一次，轮流做东，每次指定一词牌名作诗，一周后交卷

梅庵即国立中央大学音乐教室

① 田艳丽：《青年毛泽东的四次江苏之行》，《世纪风采》2019年第7期。

并互相评点，聚会结束后将作品抄录交给吴梅先生批改。后期国立中央大学知名才女徐品玉、张丕环等人也加入进来。该词社带有清澈的校园之风。梅社成员以吴梅、汪东为师，既提高了填词水平，也为金陵词坛培养了后备力量。

此外，琴学大师王燕卿曾经在梅庵授课。梅庵与梅庵琴派（诸城琴派）结下了不解之缘。如今的梅庵，历经半个多世纪风雨，风采不减当年。1992 年，梅庵被列为南京市文物保护单位。

大礼堂与国民政府第一届国民会议

1931 年 5 月 5 日——孙中山就任非常大总统纪念日，国民政府第一届国民会议在国立中央大学大礼堂正式开幕。447 位国民会议代表、44 位国民党党政要员，以及近千名新闻记者和各方面人士参加了开幕式。蒋介石在开幕式上致辞，张学良因支持蒋介石打败阎锡山和冯玉祥而被视为这次会议的上宾。从 8 日至 17 日，国民会议共举行了 8 次全体大会，讨论通过了《中华民国训政时期约法》《实业建设程序案》《政治总报告决议案》等几十项议案。会议于 17 日宣布闭幕。据担任这次国民会议警卫官的卞稚珊回忆：当时国立中央大学大礼堂主席台下，构筑有钢筋水泥的地下室，地下室内布置有一个中队的官兵担任警戒；主席台的顶部设有瞭望台，有钢筋水泥的掩蔽体，东西南北各置有一挺重机枪。会场内各要道有全副武装的岗警，各进口有门警，转弯抹角处有暗探。会场外附近街道有骑巡、车巡队分段巡逻。主席台和蒋介石、张学良的休息室完全由蒋介

1931 年 5 月 5 日国民会议在中央大学大礼堂开幕

国立中央大学大礼堂（正中横额上有“国民会议”四字）

1931 年召开国民会议时的中央大学

石的侍卫队把守，除持有特许证外，任何人不许进入。所以会议期间没有发生任何事故。

图书馆与苏联图片展览

1936 年，中苏文化协会（1935 年 10 月成立）联合苏联对外文化联合会、中国美术会、中国文艺社三家团体，在南京、上海等地举办苏联图片展览。这

是第一次在中国公开介绍苏联社会主义文化的成就。1月11日，借国立中央大学图书馆举行开幕典礼，19日闭幕，展期八日，每日参观者千人以上。

国立中央大学与学生运动

国立中央大学还是历次学生运动的中心。

1931年九一八事变后，南京爱国学生的救亡运动迅速高涨。9月22日，国立中央大学大礼堂门口车水马龙，冠盖云集。蒋介石、戴季陶、朱家骅等国民党中央委员来此开会。学生们闻讯后，聚集在大礼堂门前，要求蒋介石出见请愿学生。过了好久，蒋介石才从大礼堂内走出来，立在大礼堂门口台阶上和学生见面，并针对九一八事变，说了诸如中央已有最后决心，为了民族生存，宁为玉碎，共赴国难之内冠冕堂皇的话。9月22日下午，中大学生在大礼堂成立了中大学生抗日救国会。12月1日下午7时，北大示威团230余人乘上火车南下，并在出发前起草了一份措辞激烈的《告民众书》。12月3日中午，北大示威团到浦口车站（次日有第二批100多人到达），中央党部派代表将他们接至中央大学体育馆安顿。晚上，中央训练部部长方觉慧对北大代表提出："你们是爱国来的，谁也知道，不过名称要改正。"4日晨，首都卫戍司令部扣留了他们的《告民众书》，说是"宣言对政府太不留面子，会使民众发生不良的印象"，希望将"示威"改为"请愿"，但未被接受。12月5日早晨，卫戍司令部送给示威团公函1份，令停止一切活动，否则将加以制裁。示威团仍于11时30分从中央大学出发，行进至成贤街附近，即被上千名军警包围，在冲突中，一些学生被打伤。185名示威者被捆绑后，押送到孝陵卫警卫团一营营部，被捕者以绝食表示抗议。中央大学、南京五卅中学的学生得知消息，即与北大未被捕的同学一道，冲进卫戍司令部，欲营救被捕同学，但未成功。6日深夜，军警将示威者押上汽车，随后又送上开往北平的火车，强行遣返。12月18日晨，首都卫戍司令谷正伦，派军警数千人将成贤街、大石桥、石婆婆巷及中央大学包围，将北平学生约六七百人、济南约2500人、上海约千人、安徽学生约300人押上车船，强行遣返。

1935年12月，北平学生为要求抗日、免遭亡国奴命运，抗议国民政府的卖国行径，于9日、16日连续两次游行示威，遭到国民党当局的镇压。12月17日晚7时，在中大礼堂召开南京大中学校学生代表大会，到会学生代表2000余人。会议决定于18日午后1时，举行南京大中学生联合大请愿，要求国民党当局"惩

办华北任意摧残学生运动之官吏”“开放言论”“反对华北自治”“释放北平被捕同学”等。

1946年12月24日，美军强奸北大女生沈崇，最后竟无罪释放。1947年，抗议美军暴行运动席卷全国。1月2日、3日南京中央大学、金陵大学等学校的数千名学生举行“反美”“反政府”游行示威，抗议美军暴行，要求美军撤离中国。当年中央大学学生印制的一份传单，记录了这一段难忘的历史。现将曹蔚如女士收藏的传单全文转录如下：

抗议美军暴行，要求美军立即退出中国宣言

我国总算胜利一年多了，也的确胜利一年多了。然而在胜利里的国土上，却还遗留着武装的美军；我们从苦难中刚透过气来，却又不得不为这隐忧而警惕了。

一年来，在北平、在塘沽、在上海，在每一个美军所至的地方，他们都毫不在乎地创造了许多惊人“杰作”：打人、杀人、奸淫、武装走私……这一连串血腥的事实，使我们不得不觉得美军的强横和残暴，也使我们不得不觉得自己的畏缩和懦弱，我们几乎不敢想像美国人把中国看成什么了。圣诞节的前夕（十二月二十四日）美国兵竟强奸了我们的女大学生了。这是过分“容忍”的结果，这是令人不敢想象的一种可怕的预兆呵！

美国兵以征服者走入野蛮民族的姿态，一次又一次的在中国演出了惨剧，即使是麻木迟钝的人，也当有动于衷了。而这次在大都市的商业中心区强奸了女大学生的暴行，更鲜明的暴露了美军的真面目。这不仅是对中国妇女的侮辱，更是对美国人自己的侮辱，爱好“民主”与“和平”的美国人士，当不能不感到难言之羞吧！

我们是正在渴求知识的一群青年。我们目击自己国土上的同胞被蹂躏，自己国土上的同学被强奸，而凶手不是我们的敌人，却是曾经和我们并肩作战，胜利后还留在中国的美军！我们再也无法缄默了，再也不能容忍了。美军的毫无忌惮的暴行，已给中国罩上了恐怖的恶雾，已在中国埋下了一颗不可救的炸弹。我们以一颗纯良的心，以一腔沸腾的血，忍痛丢下书本，含泪走出校门，来作这一次的沉痛游行。我们要从心底喊出我们的口号：残暴的美军迅速退出中国！退出中国！

我们的游行是出于不得已的，是受良心驱使，受美军逼迫的。我们不能在恐怖空气中苟生，不能牺牲“人权”去企求人家的“帮助”，不能睡在刺刀尖上的摇篮里而不觉醒呵！麦克阿瑟所自诩的美军带给海外的“友谊”就是暴行、暴行、暴行！故罗斯福总统宣称的“免除恐怖、自由”，却由美国人自己去违反。最近杜鲁门总统美丽的声明，也被美军的兽行自己所撕破了。这里，我们严正地指出：美军驻华实在无此必要了。美军驻华是招致一切不安的源泉。美军一日不去，中国一日不安！这里，我们更郑重地声明：我们的火一样的热情，是由理智出发的，我们决没有感情用事。我们深深感到了切身之痛。纵火适足自焚。只有自己站起来，才是办法。

最后，我们用嘶哑的愤怒的喉咙喊出我们的要求，请政府当局听着！请美军当局听着！

严惩北平事件及一切美军暴行的凶手！

驻华美军立刻全数退出中国！

国立中央大学全体同学印发

民国三六年元月三日

国立中央大学大门

国立中央大学校徽（陈之佛设计）

1947 年 5 月 20 日，南京各大学和专科学校的学生在中央大学操场集会，提出“争取和平、争取活命”的口号，举行“反饥饿、反内战、反迫害”示威游行。

1948 年 5 月 4 日，南京大中学校的学生在中央大学操场举行营火晚会，国立戏剧专科学校学生上演活报剧《民主商店》。

1949 年 4 月 1 日是国民党政府代表启程赴北平参加谈判的日子。学生们决定在这一天，举行大规模的示威游行。清晨，南京中央大学、金陵大学、政治大学、建国法商学院、东方语专、音乐学院、药学专科学校、边疆学校、戏剧专科学校等 10 所大专院校的学生和部分教职员工 6000 多人汇聚在中央大学的操场，举行大游行，要求国民党政府接受中国共产党的八项和平条件。到 8 点左右，游行开始，以中央大学为先导，浩浩荡荡的队伍，以一股势不可挡的洪流，从中央大学南大门涌上成贤街、碑亭巷。一路上，五颜六色的标语挥舞着，此起彼伏的口号声震耳欲聋。《团结就是力量》《你是个坏东西》的歌声，响彻街巷。最后，大家来到了总统府前，反动当局戒备森严，游行总指挥部派了一名代表，递交了请愿书，要求立即会见李宗仁，却遭到了百般搪塞和推诿。经过两个多小时的对峙，交涉无果，大家有组织地离开了总统府。回校学生遭到预伏的国民党暴徒的围殴和毒打，200 余人受伤，3 人牺牲，酿成震惊全国的“四一惨案”，这是南京解放前国民党制造的最大的学运惨案。惨案发生后，在全国特别是南京、上海一带引起了极大的震动。全国各地人民或亲自到医院看望，或送来慰问款、物品，或写来慰问信，纷纷表达了对国民党当局的愤慨和对学生的同情。4 月 11 日、12 日，南京大中学校两三千人在中央大学大礼堂为三位死难烈士举行了隆重的追悼会。

1991 年，“国立中央大学旧址建筑群”被国家建设部、国家文物局评为近代优秀建筑，1992 年，被列为南京市文物保护单位。2006 年，“中央大学旧址（含梅庵）”被列为全国重点文物保护单位。2016 年，入选中国文物学会、中国建筑学会联合公布的“首批中国 20 世纪建筑遗产”名录。

中央陆军军官学校

中央陆军军官学校位于南京市黄埔路 3 号，新中国成立后，成为南京军区司令部所在地，现为东部战区机关所在地。民国时期，它是国民党培养军事骨干的重要基地。

1924 年 6 月 16 日，孙中山在中国共产党和苏联的帮助下，在广州东郊长洲岛的黄埔建立陆军军官学校，通称黄埔军校。国际上称之为中国的“西点军校”。

1927 年 4 月，蒋介石在南京建立国民政府后，决定将设在广州的黄埔军校迁到南京。1931 年 3 月，黄埔军校改名为中央陆军军官学校，蒋介石任校长，

中央陆军军官学校大门（1937 年）

1931 年夏季水灾时的黄埔路中央陆军军官学校牌坊

1936 年的中央军校教练证章（南京民间抗日战争博物馆藏）

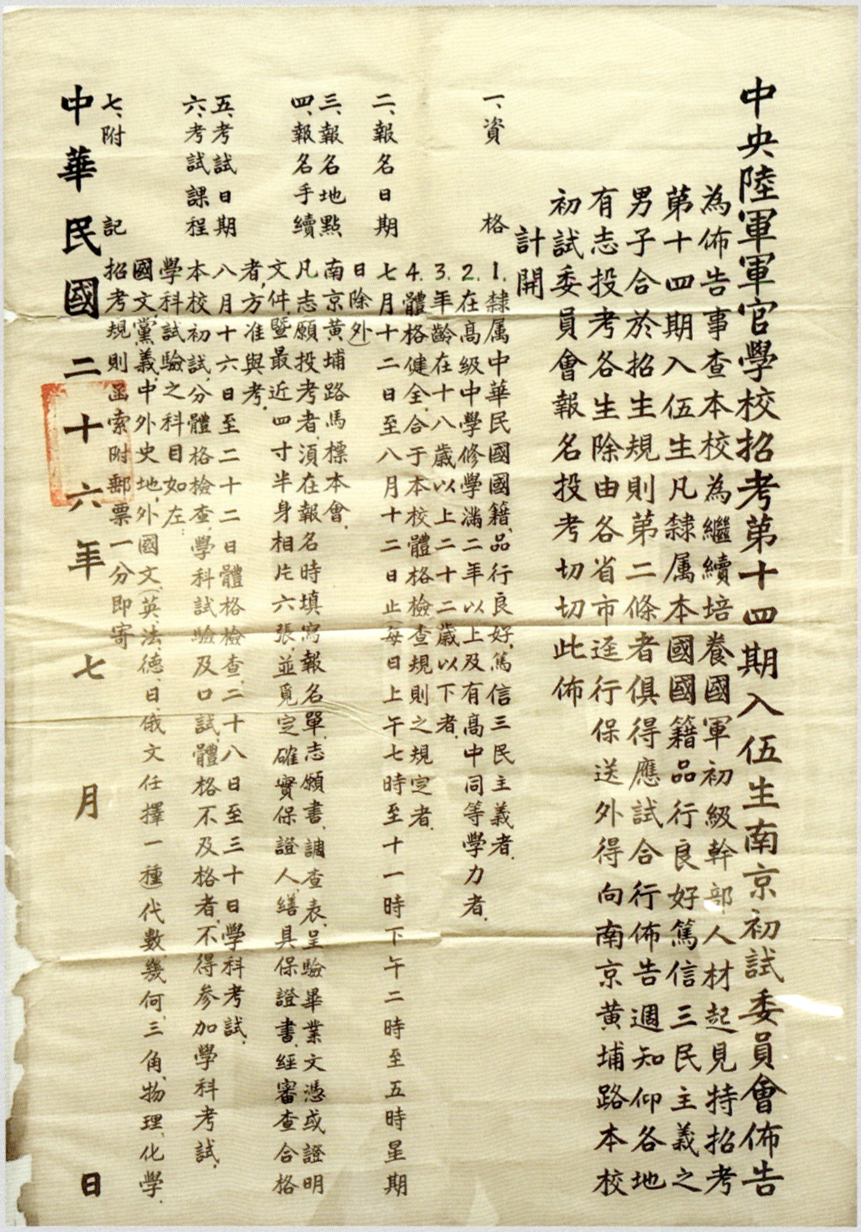

中央陸軍軍官學校招考第十四期入伍生南京初試委員會佈告

為佈告事查本校為繼續培養國軍初級幹部人材起見特招考第十四期入伍生凡隸屬本國國籍品行良好篤信三民主義之男子合於招生規則第二條者俱得應試合行佈告週知仰各地有志投考各生除由各省市逐行保送外得向南京黃埔路本校初試委員會報名投考切切此佈

計開

一、資格

1. 隸屬中華民國國籍品行良好篤信三民主義者

2. 在高級中學修學滿二年以上及有高中同等學力者

3. 年齡在十八歲以上二十二歲以下者

4. 體格健全合于本校體格檢查規則之規定者

二、報名日期　七月十二日至八月十二日止每日上午七時至十一時下午二時至五時星期日除外

三、報名地點　南京黃埔路馬標本會

四、報名手續　凡志願投考者須在報名時填寫報名單志願書調查表呈驗畢業文憑或證明文件暨最近四寸半身相片六張並覓定確實保證人結具保證書經審查合格者方准與考

五、考試日期　八月十六日至二十二日體格檢查二十八日至三十日學科考試

六、考試課程　本校初試分體格檢查學科試驗及口試體格不及格者不得參加學科考試
學科試驗之科目如左
國文黨義中外史地外國文（英法德日俄文任擇一種）代數幾何三角物理化學

七、附記　招考規則函索附郵票一分即寄

中華民國二十六年七月　日

1937 年 7 月的中央陆军军官学校招生布告（南京民间抗日战争博物馆藏）

日军与中央陆军军官学校牌坊

日本占领南京后，陆军军官学校成为东部地区警备司令部

日军占领中央陆军军官学校时的大门

李济深任副校长，何应钦任教务长。最初隶属于国民政府军事委员会，后来改属训练总监部。1933 年以后，恢复校长制，蒋介石一直兼任校长，张治中任教务长。学校设步兵、骑兵、炮兵、工兵、辎重、通讯等科，并设军官补习班与军官训练班。

全面抗战期间，中央陆军军官学校西迁成都，原校址成为日军东部地区警备司令部所在地。

抗战胜利后，中央陆军军官学校改称中华民国陆军军官学校，直接隶属于陆军总司令部。1947 年 12 月，关麟征任校长。该校前后毕业的学生达 1 万余人。1949 年 12 月，黄埔 23 期大部分学员随国民党迁台。

1927 年中央陆军军官学校迁到南京后，校址设在清朝陆军学校旧址。办校之初，沿用原来学校的建筑。由于学校规模不断扩大，加上原有校舍破旧不堪，从 1928 年至 1933 年，先后建造了大量校舍，计有西式平房 62 幢，西式洋楼 17 幢，共 1075 间，形成以西洋式建筑为主调的建筑群。其中，最具有代表性的建

中央陆军军官学校院内广场上的日军大炮

筑有1号楼、大礼堂、憩庐、122号楼和图书馆。

1号楼

位于大礼堂的正南方。建于1908年，造价48722.4银元。是清政府陆军部招标建筑。平面为“一”字形，东西长139米，南北宽11.5米，占地面积1504平方米。中间部分高三层，两侧高两层，混合结构，屋顶铺水泥平瓦。中央陆军军官学校成立后，这里成为军校校部办公楼。

大礼堂

位于学校的中央。1928年9月开工建设，次年2月竣工，造价54928元。由毕业于河海工程专门学校、在军政部军需司供职的上校技正张谨农设计，杨仁记营造厂承建。坐北朝南，平面呈长方形，高两层，钢筋混凝土结构，占地面积1530平方米。坡屋顶，上覆灰色波纹金属瓦。建筑式样受到法国文艺复兴时期宫殿式建筑的影响，立面呈三段式，中央主要入口处门廊前矗立着八根爱奥尼亚式巨柱，门廊顶部建有钟楼；东西两侧入口处墙壁之上各装饰有四根爱奥尼亚式立柱，其上各建有一座高高的塔楼。中央主要入口处有三个拱门，东西两侧入口处各有一个拱门。大礼堂内北面设有讲台，后面有休息室。

在大礼堂前面的广场上，1929年10月14日，举行了日本友人梅屋庄吉出资建造的孙中山先生铜像揭幕典礼。该铜像在南京沦陷期间被汪伪国民政府迁至新街口广场。新中国成立后，被人民政府迁到中山陵园藏经楼前。

中央陆军军官学校大礼堂

中央陆军军官学校大礼堂与孙中山铜像旧影（1929—1942年）

憩庐

是蒋介石起居、工作的主要场所，亦称总统官邸。1929年7月12日开工建设，同年10月14日竣工，造价16026.84银元。平面呈长方形，砖木结构，占地面积300平方米。高两层，另有一层地下室。墙壁为红砖砌造，屋顶覆盖红色板瓦，室内木地板、木楼梯。入口处有一圆拱装饰的方形门廊。大楼外部造型简洁朴实，内部设施一应俱全。楼下有客厅和办公用房；楼上有卧室和客厅。

122 号楼

位于憩庐的东北侧。建于 1932 年。高两层，砖混结构。平面近似方形，南北长 59.45 米，东西长 57.18 米，占地面积 3041 平方米。因初入该楼不易辨别方向，所以又称迷宫式建筑。该楼还有一个巨大的地下室。

憩庐（1946 年 6 月美国《时代》杂志拍摄）

图书馆

位于大礼堂北。建成于 1933 年秋。占地面积 82 平方丈（约 911.11 平方米），钢筋混凝土结构，建筑费用约 56000 元。主入口处有高大的门廊，饰以六根巨柱，属于法国文艺复兴时期的宫殿式建筑风格。图书馆分为前后两个部分：前面部分高两层，有杂志报刊阅览室、参考室、研究室各一间；后面部分高三层，设有办公室、出纳室等其他办公室，以及三层书库，可藏书 10 万册，地下室则作为装订、贮藏等用。整个图书馆室内设备齐全，坚固大方，舒适实用。图书分为普通类和军事类两大类，以军事类图书收藏为特色。截止到 1933 年底，图书

中央陆军军官学校图书馆（前有先烈纪念塔）

馆共计馆藏图书37200册。[①]

1929年3月，国民党第三次全国代表大会开幕时全体代表合影

1929年初，国民政府决定借用中央陆军军官学校大礼堂，作为中国国民党第三次全国代表大会的会场（1924年、1926年第一、第二次国民党全国代表大会均在广州召开）。工作人员调查后报告，该校校门通往中山大道的500余米长的黄埔路路况不甚理想。因此，国民政府命令南京特别市市政府务须于会前将此路开辟完成，南京市工务局提前完成了该路的设计和施工准备工作。[②]1929年3月15—28日，大会在军官学校大礼堂召开，参会代表406人，其中正式代表247人，代表全国63万党员。大会主席团成员有蒋介石、胡汉民、谭延闿、孙科、朱家骅、古应芬、陈果夫、陈耀垣、于右任（未出席）9人。会上蒋介石作党务报告，谭延闿作政治报告，何应钦作军事报告，陈果夫作监察工作报告。会议反对中国共产党的阶级斗争理论，强调国民党不分阶级，代表全民。会议强调北伐革命的对象为军阀、共产党与帝国主义，指责苏联为“赤色帝国主义”。会议正式宣布军政时期结束，训政时期开始。

1930年夏中原混战时期，7月的一天，担任中央陆军军官学校校长的蒋介石在步入黄埔路军官学校会场，准备对完成军训的第八期入伍生进行集体训示时，发生了台上台下出现反蒋、反新军阀混战传单的事件，这使得蒋介石极为惶恐震怒。这是中共南京市委军委为响应党中央发动武装暴动而组织策划的一起隐蔽行动，带领执行这项任务的是当时军校第八期入伍生、中共秘密党员刘雪亮。事件发生后不久，刘雪亮被捕，遭到杀害。[③]

1931年九一八事变爆发后，各地学生纷纷到南京请愿，要求国民党抗日。据《国民党中央训练部吕奎文等关于上海学生抗日救国请愿团在宁活动情况的调查报告》记载：1931年9月29日，上海请愿学生5000余人一到下关车站即

① ［民国］蔡声洪：《中央陆军军官学校图书馆概况》，原载《文华图书馆学专科学校季刊》第5卷第3—4期合集，1933年，转引自秦广宏、陈铭、吴梦菲、查婉玲著《南京市立图书馆的前世今生》，南京出版社2022年7月版。
② 《建筑黄浦（笔者按：应为“埔”）路案》，《首都市政报告》第30期，1929年2月28日。
③ 石庆、孙恺：《决胜南京——隐蔽战线“雨花英烈精神”的历史价值及其精神内涵》，收入南京市雨花台烈士陵园管理局等编《雨花英烈精神与“中国共产党为什么能”学术研讨会论文集》，南京出版社2021年12月版。

有中央组织部职员在站招待一切，到中央军校后，“军官学校及国民政府均备有茶点招待”。下午，蒋介石在中央军校大礼堂与上海请愿学生见面，蒋介石表示“国民政府决非军阀时代之卖国政府，决不签订任何辱国丧权条约，真正爱国者必一致拥护现政府，以统一谋对外”，“政府同人，为诸位不断的请愿，不无分去若干时间与精神，以致影响于一切政治与外交之筹划。而敌人反得有扰我之余地。且恐转贻反革命派以利用之机会”，希望学生顾全大局，相信政府之处置。蒋介石等“训话毕，由军校招待晚膳，乃复旦、暨南及同德三校学生竟不食而走”。

1934 年 6 月 16 日上午，国民党在中央陆军军官学校大操场举行黄埔军校建校十周年阅兵式，由军校教育长张治中主持。出席阅兵式的除蒋介石、汪精卫、张学良、宋美龄、孙科等国民党党政军要员外，还有外国使节。参加阅兵式的军校学员和教官有 3000 人。在受阅人员列队完毕后，蒋介石等军政要员在张治中的陪同下，绕场一周，对受阅人员进行检阅。绕场一周结束后，蒋介石一行登上新搭建的阅兵台，用浓重的浙江口音，对全体受阅人员发表讲话。接着，汪精卫等人相继发表讲话。讲话结束后，国民党空军飞机从上空飞过，接着步兵、骑兵和炮兵方队在仪仗队的前导下，依次经过阅兵台，接受检阅。阅兵式结束后，黄埔军校毕业生代表关麟征、黄杰等四人抬着一个精致的纪念塔向校长蒋介石献礼。纪念塔由青田石制成，共有 10 层 12 面，其上刻有 128 名黄埔军校毕业生代表姓名，石塔顶部有一圆球，上刻黄埔军校校训“亲爱精诚”四字。石塔 10 层，寓意黄埔军校建校 10 周年和黄埔军校 10 期学生。此次黄埔军校建校 10 周年阅兵式举办得极为隆重热烈。

1936 年 12 月 12 日西安事变发生后，在国民党内部形成了讨伐派和主和派

1934 年 6 月 16 日，蒋介石参加黄埔军校建校十周年阅兵式

中央陆军军官学校，新中国成立后成为华东军政大学

1959 年的南京军事学院大礼堂

20 世纪 50 年代的南京军事学院大礼堂

两大阵营。据陈公博回忆："有一次在中央军校开会，蒋夫人也在座，戴季陶大发脾气，痛陈不能和张杨讲和平，季陶摔椅子，大哭大叫。季陶先生这几年以来，就自己训练成一个以道自任的大贤人，穿必马褂长袍，写必楷书正字。他那时对于张杨，大有'与汉贼不两立'之势。到了十六日开中央政治会议之时，更大声疾呼，主张声罪致讨，说到大义凛然之时，不惜大拍桌子，以补其声泪俱下之不足。"① 对戴季陶等的强硬态度，宋美龄等人十分不满，担心激化南京与西安的矛盾，对蒋介石的生命安全构成威胁。宋美龄在中央军校发表演说，

① 陈公博：《苦笑录》，东方出版社 2004 年版。

1945 年 9 月 9 日上午 9 时中国战区日本投降签字仪式现场

1945 年 9 月 9 日上午 9 时中国战区日本投降签字仪式现场

批评主张讨伐的人是别有用心，“以是何敬之只好噤口不言，戴、居两位老先生只发干急和闷气”，讨伐派陷于颇为尴尬的境地。

1945 年 9 月 9 日上午 9 点，中国战区日军签字投降仪式在中国陆军总司令部大礼堂（即中央陆军军官学校大礼堂）举行，标志着中国人民抗日战争取得伟大的胜利。

中国战区日本投降签字典礼纪念戳

南京解放后，在中央陆军军官学校旧址成立了华东军政大学。1951 年 1 月，刘伯承又在这里成立中国人民解放军南京军事学院。前些年热播的电视连续剧《亮剑》的主人公李云龙有一段在南京上军校的经历，他上的军校就是南京军事学院。

2013 年，“中央陆军军官学校旧址”被列为第七批全国重点文物保护单位。2017 年，入选由中国文物学会、中国建筑学会联合评选的“第二批中国 20 世纪建筑遗产项目”。

中央政治学校

中央政治学校（全称是中国国民党中央政治学校）位于南京市建邺路168号（原建邺路162号）。它直属于中国国民党中央执行委员会，为党立最高教育机关，也是国民党训政时期培育国家政治人才的主要基地，与专门培养国民党军事人才的中央陆军军官学校合称为“文武两兄弟”。

中央政治学校校址在唐朝为上元县衙，清末为江楚编译官书局。[①]

该校的前身是中国国民党于1927年在南京成立的中国国民党中央党务学校，负责北伐期间国民党干部的教育训练。中央党务学校校训与1924年成立的

中央政治学校大门

① ［民国］卢前：《冶城话旧·东山锁缀》之“冶城沧桑”，南京出版社2016年7月版。

中央党务学校（赵元任摄，《赵元任影记：好玩儿的大师》）

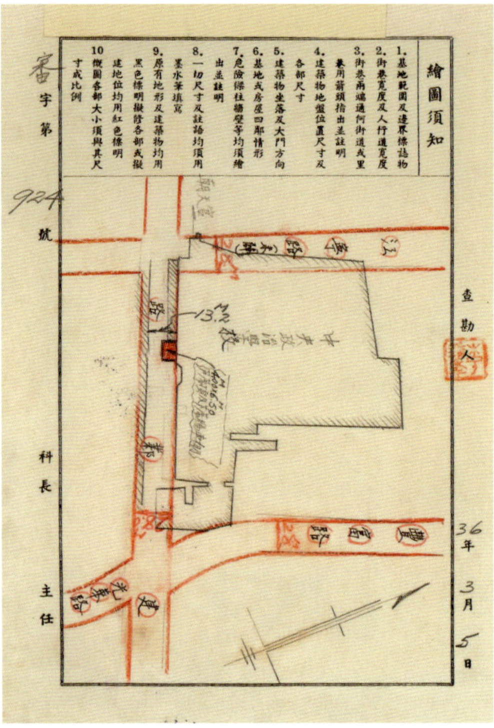

中央政治学校本部草图（《中山陵档案》）

黄埔军校相同，首任校长为蒋介石。创校初期借用国立东南大学校舍，再迁建邺路红纸廊江苏法政大学校址。课程着重党务及社会运动、政治宣传。当时的大门上，横书“中国国民党中央党务学校”校名，校名之上，有国民党党徽。大门两旁门柱上，有“树立革命真正基础，造成党务干部人材”的对联，墙体上还有“奋斗”等标语。

1929 年 6 月，中央党务学校改组为中国国民党中央政治学校，蒋介石任校长。初设政治、财政、地方自治、社会经济四系，后来又增设新闻、教育和外交等系。附设有地政学院、计政学院、合作学院、蒙藏学校及华侨班等。

1934 年 7 月，中央政治学校与总理陵园管理委员会签订租约，租借总理陵园界内左所村及铁匠营一带 782.15 亩地，作为建筑校舍之用。中央政治学校附设地政学院就设在总理陵园界内。[①] 如今，当年的花岗岩奠基碑尚存，上刻“中华民国二十三年八月一日萧铮为中央政治学校地政学院奠基”字样。

1937 年全面抗日战争爆发后，中央政治学校迁至重庆小温泉，并将科系调整为五系，随后又成立新闻事业专修班、新闻专修科、地政专修科、会计专修科、统计专修科、语文专修科。南京的中央政治学校本部成为侵华日军山本信部队

① 《中山陵档案》编委会编：《中山陵档案·文体设施》（全 2 册），南京出版社 2017 年 11 月版。

中央政治学校地政学院教室（中央政治学校附设地政学院《中央政治学校附设地政学院一览》，1935 年）

本部所在地。

1940 年 3 月 30 日，汪伪国民政府在南京粉墨登场。4 月，伪行政院通过在南京设立国立中央大学案，恢复国立中央大学。因成贤街原国立中央大学校址被日军陆军医院占用，汪伪政权无可奈何，只好以南京建邺路红纸廊的原中央政治学校旧址为校舍，在沦陷区的南京、上海、北京、苏州、杭州、武汉、广州 7 城市招生，8 月正式开学。直到 1942 年 8 月才迁至天津路 2 号原美国教会办的学校——金陵大学（今南京大学鼓楼校区）校址。

中央政治学校在鼎盛时期除了建邺路本部外，在中山门外孝陵卫还附设有地政学院。本部共设有三院十系一研究部。三院即法学院、政治经济学院、文学院；十系是法律、政治、经济、外交、新闻、地政、哲学、历史、教育、哲学系；研究部包括法律、政治、经济等九个研究所。有教授 200 多人，学员 1200 人。

因中央政治学校是培养国民党政治精英的学校，蒋介石不仅亲任校长，而且每年都要来学校多次，以表示其对学校的重视。事实上，蒋介石身为国民党的最高领导人，并没有时间来处理中央政治学校的校务，实际管理学校的有教育长陈果夫、张道藩、程天放以及教务部、训导部、总务部和毕业生指导部的负责人。

中央政治学校成为山本信部队本部（山本信部队编辑摄影《圣战记念写真帐》，吴先斌收藏）

抗战胜利后的第二年，即 1946 年，中央政治学校本部迁回南京建邺路原址复校。本部原有宿舍，因“国大招待所借用一部分”，造成教职员宿舍不敷分配。研究部不得不借用黄鹂巷 53 号作为办公地址。当年 11 月 22 日，中央政治学校致函南京市工务局，“拟就校内空地上添建教职员宿舍乙幢，下房一幢，已于

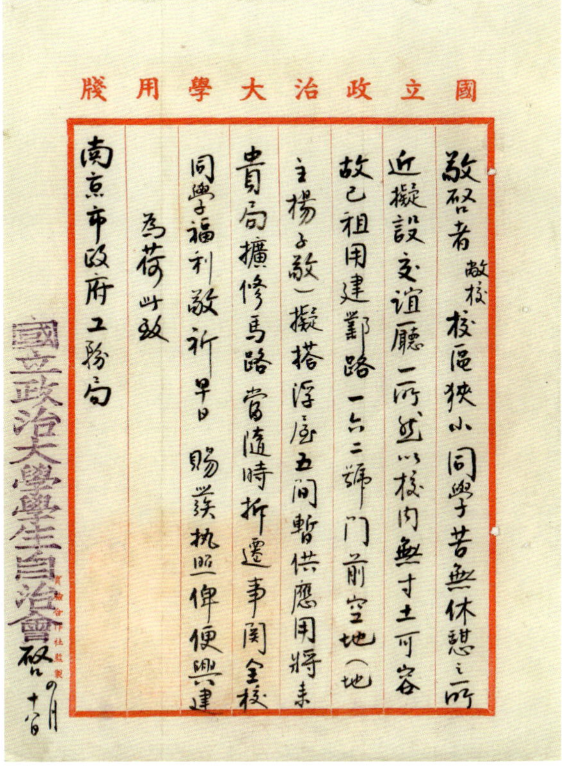

國立政治大學用牋

敬啟者 敝校校區狹小同學苦無休憩之所近擬設交誼廳一所然以校內無寸土可容故已租用建鄴路一六二號門前空地（地主楊子敬）擬搭浮屋五間暫供應用將來貴局擴修馬路當隨時拆遷事關全校同學福利敬祈早日 賜發執照俾便興建為荷此致

南京市政府工務局

國立政治大學學生自治會啟

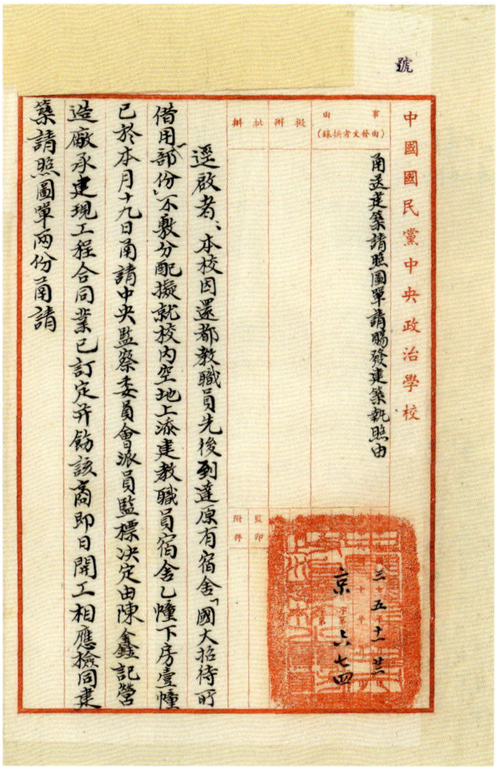

中國國民黨中央政治學校

號

事由 函送建築請照圖單請賜發建築執照由

逕啟者、本校因還都教職員先後到達原有宿舍「國大招待所」借用部份不敷分配擬就校內空地上添建教職員宿舍乙幢下房屋壹幢已於本月九日函請中央監察委員會派員監標決定由陳鑫記營造廠承建現工程合同業已訂定并飭該商即日開工相應檢同建築請照圖單兩份函請

中央政治学校档案（《中山陵档案》）

本月 19 日函请中央监察委员会派员监标，决定由陈鑫记营造厂承建”，获得南京市工务局批准。与此同时，孝陵卫的附设地政学院成为公务员训练部，“原有房屋因惨遭敌伪破坏，所存无几”，因此中央政治学校致函总理陵园管理委员会请求给予续租，并请求在校内空地上扩建校舍，得到许可。①

1946 年 8 月，中央政治学校与中央干部学校合并。1947 年 1 月 7 日改组为国立政治大学，隶属教育部，校长改为专任制，由顾毓琇担任，蒋介石担任名誉校长。1949 年 4 月中国人民解放军占领南京前后，国立政治大学在大陆停办。国民党败退到台湾后，政治大学于 1954 年在台北县木栅镇（今台北市文山区）复校。

新中国成立后，中央政治学校旧址曾为江苏省委党校、江苏省行政学院、江苏省委团校所在地，现为江苏省社会科学联合会、江苏省地方志编纂委员会办公室、江苏省医疗保障局、江苏省妇女联合会、江苏省工商业联合会所在地。

据房产资料记载，中央政治学校本部的建筑有西式洋房四栋、平房七栋、活动房屋一栋，以及可容纳 2000 人的大礼堂一栋；孝陵卫分校有西式楼房数栋。

① 《中山陵档案》编委会编：《中山陵档案·文体设施》（全 2 册），南京出版社 2017 年 11 月版。

中央政治学校大门外景

中央政治学校大门内景

遗憾的是，20 世纪 80 年代至 90 年代，先是大礼堂被大火焚毁，接着其他的建筑也被相继拆除，仅留下一座孤零零的大门。

中央政治学校大门坐北朝南，仿法国巴黎凯旋门样式，属于西方古典主义风格的建筑，建于 20 世纪 30 年代。门楼长 11.5 米，宽 3.9 米，高 9 米，三开间，中间拱门大，两侧拱门略小，大门内外两侧，各有四根爱奥尼亚式的巨柱左右对称布置，庄重典雅，显示了中央政治学校非同寻常的身份和地位。

2006 年 6 月 10 日，该大门被列为第三批南京市文物保护单位。

国民革命军遗族学校

国民革命军遗族学校位于南京市中山门外卫岗55号和四方城1号等地。

1928年10月，蒋介石提议设立筹备遗族学校委员会，推举蔡元培、何应钦、叶楚伧、宋庆龄、宋美龄、何香凝、王文湘、李德全、刘纪文、江恒源、傅焕光为筹备委员。11月，国民党中央常务委员会通过决议，决定在南京紫金山南麓的中山陵附近，创办一所革命烈士子弟学校，专门收容北伐战争中阵亡将士的子女和辛亥革命中壮烈牺牲的烈士后代，由国家统一培养教育，以告慰先烈的在天之灵。以陇海铁路东段附捐为经费。宋庆龄、宋美龄先后担任校长。①

国民革命军遗族学校大门

① ［民国］总理陵园管理委员会编：《总理陵园管理委员会报告》，1931年10月内部印刷本。

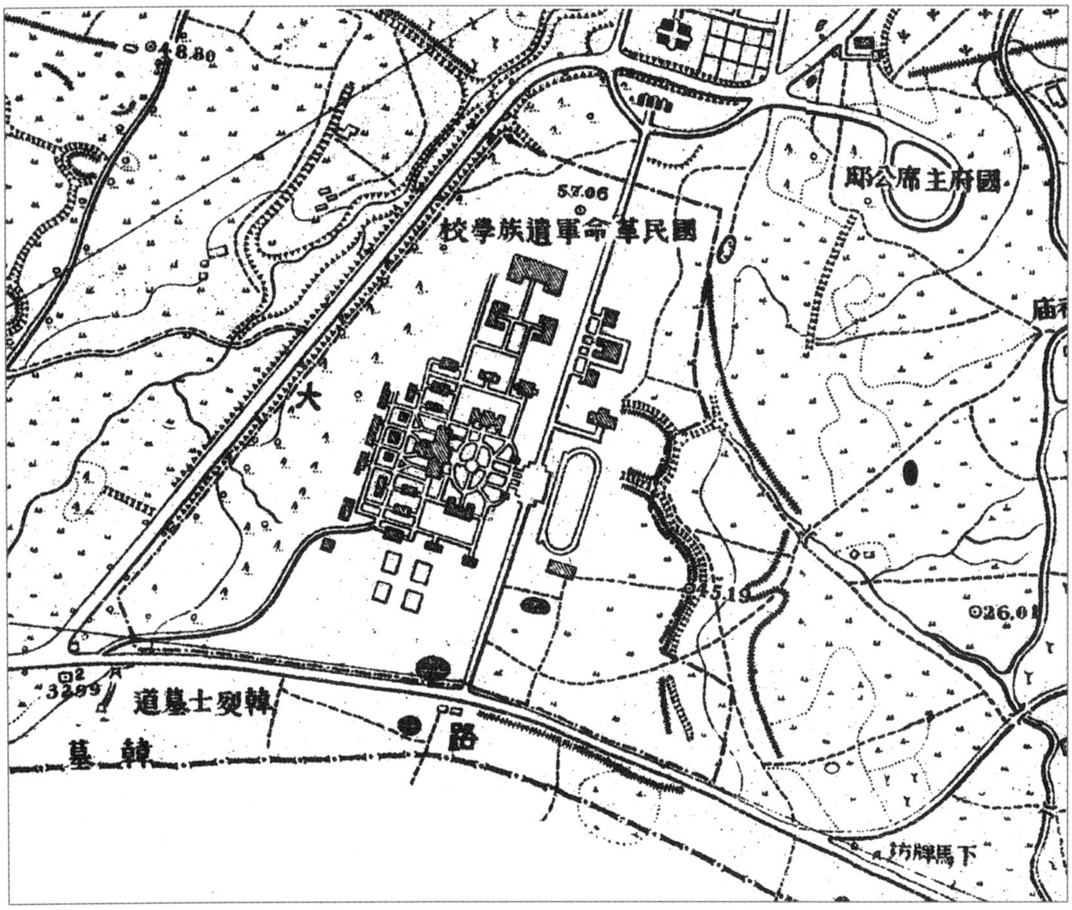

国民革命军遗族学校平面图

遗族学校开办于 1929 年 4 月。最初借用南京城内大仓园公屋为临时校舍，设小学部，共有 6 个年级，入学年龄 6—11 岁；另设有一个职工科农事班，入学年龄 20 岁以下。与此同时，择址建校工作也在紧锣密鼓地进行。总理陵园主任技师傅焕光奉蒋介石之命在中山陵园内选址，并经蒋介石亲自勘查，最终确定在中山陵园界内四方城以南、钟汤公路（钟灵街—汤水镇，今天的中山门大街）之北的高冈建校（今属东部战区前线歌舞团和南京十朝历史文化园，俗称“四方城校区”或“男校区”）。随后，委托江苏省建设厅和中山陵的设计者吕彦直规划校舍。建设厅技正张树元、钱正绘制校舍详图；吕彦直绘制了校舍地盘图，后因病未能完成，由朱葆初建筑师绘制校舍的详细建设图纸。最后经过比较，采用了朱葆初设计的校舍图。

校园占地面积 400 余亩（约 27 万平方米），1929 年 2 月 14 日开工建设，同年 9 月部分校舍竣工，所有师生从大仓园搬迁到新落成的校区。同年，遗族学校陆续招生，又成立中学部，学校经费改由财政部按月拨付。1931 年底，全

国民革命军遗族学校鸟瞰图（《总理陵园小志》）

国民革命军遗族学校鸟瞰图

部校舍落成。

据民国傅焕光《国民革命军遗族学校》一文记载："校舍建筑以朴实实用为原则，大致平房，采用中国式样，计大礼堂一、小学部教室九、中学部教室五、特殊教室二、学生宿舍平房四、楼房一、教职员宿舍二、教职员家眷宿舍二、图书馆一、医院一、牛乳房一、农舍一、办公室六、厨房一、盥洗室二、浴室二、厕所二、洗衣室二、会客室二、平民学校教室二、校工宿舍一、工场一、理发室一、门房一、汽车间一，共计大小房屋三十八座，另设运动场一，网球场、篮球场、足球场各一。"[①] 校园绿化由陵园管理委员会的园林专家傅焕光设计，绿草如茵，花团锦簇，环境优雅。在校舍南部还设有一所农场，占地面积约 1000 亩（约 66.67 万平方米）。校舍建筑基本上都是中式平房，也有仿大屋顶结构的建筑。校门为中国传统的牌楼式样，三楹，正面横额上的"国民革命军遗族学校"校名系国民政府行政院院长、著名书法家谭延闿题写；背面"亲爱精诚"四字系蒋介石题写。

1930 年 12 月，因学生人数增多，实行男女分校，暂借羊皮巷 1 号（原东风剧场，今淮海路北的万达影城）另设遗族女校。1934 年，国民政府划拨钟汤公

国民革命军遗族学校大门

① ［民国］傅焕光：《总理陵园小志》，京华图书馆 1933 年版。

路旁的遗族学校农场100亩（约6.67万平方米）土地建设女校（今南京农业大学家属院）。遗族女校的建筑风格与金陵大学一致，均为中国传统宫殿式建筑。设计方为基泰工程司，承建方为钱梅记营造厂。遗族女校校园正中矗立着前后两座雕梁画栋的大屋顶建筑。前面一座是办公大楼，内设校务、教务、训育、事务、图书等室及大型会议室，两边是教学与生活用品贮藏室；后面一座是大礼堂兼雨天健身房，两侧是教室、宿舍、浴室、医务室和运动场。1935年4月18日上午10时，举行女校校舍奠基典礼。当日全校停课，全体教员及500余名学生列队参加。典礼台上，悬挂“国民革命军遗族女子学校校舍奠基典礼”横幅。出席典礼的嘉宾有国民党中央党部秘书长兼校董叶楚伧、国民政府考试院代表伍非百、南京市政府代表陈剑如、中央国术馆馆长张之江、金陵女子文理学院院长吴贻芳等。同年10月12日，女生迁入新落成的女校校舍。此次奠基的建筑，是遗族女校的第一期工程。至于校园校门、操场草地等，尚未着手，经过四五月后才落成。今天所见的南京农业大学老牌坊就是当年的遗族女校南大门，现已成为遗族女校的珍贵遗存。①

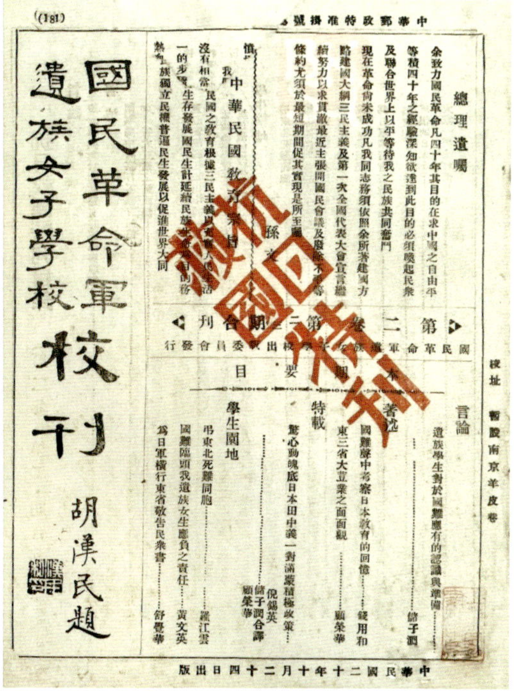
国民革命军遗族女子学校校刊 胡漢民題
(181)
中華郵政特准掛號
總理遺囑
余致力國民革命凡四十年其目的在求中國之自由平等積四十年之經驗深知欲達到此目的必須喚起民衆及聯合世界上以平等待我之民族共同奮鬥現在革命尚未成功凡我同志務須依照余所著建國方略建國大綱三民主義及第一次全國代表大會宣言繼續努力以求貫徹最近主張開國民會議及廢除不平等條約尤須於最短期間促其實現是所至囑
中華民國教育宗旨
救國抗日特刊
第二卷第二三期合刊
國民革命軍遺族女子學校出版委員會發行
本期要目
言論 遺族學生對於國難應有的認識與準備……儲子潤
著述 國難聲中考察日本教育的回憶……錢用和
東三省大荳業之面面觀……顧榮華
特載 驚心動魄底日本田中義一對滿蒙積極政策……倪錫英 儲子潤 顧榮華 合譯
學生園地 弔東北死難同胞……羅江雲
國難臨頭我遺族女生應負之責任……黃文英
爲日軍橫行東省敬告民衆書……舒覺華
校址 暫設南京半皮巷
中華民國二十年十月二十四日出版

1931年10月24日国民革命军遗族女子学校校刊

遗族学校采用西式教育方法，以孙中山先生的遗训“双手万能，手脑并用”为办学方针，兴办了实验农场、实验牧场和实验园艺场，让学生边学习边劳动。教育的目标是“精神革命化、思想科学化、体魄军人化、行为纪律化、生活劳动化、兴趣艺术化、组织社会化、学校家庭化”。宋庆龄、宋美龄常到学校看望学生。为鼓励学生继承先烈遗志，学校常常邀请胡汉民、林森、戴季陶、于右任、蒋介石等人到校演讲。1930年5月，孙中山先生生前好友、国民政府高等政治顾问、美国人林白克，由宋美龄陪同来校参观，在大礼堂向全体师生讲话，称赞该校是世界东方第一所新兴学校。宋美龄曾对来校参观的美联社记者不无自豪地说，她一生中最满意的事情就是遗族学校办得成功。

1937年南京沦陷后，遗族学校暂时关闭，师生被迫内迁。据经盛鸿先生《南

① 董维春：《国民革命军遗族学校寻踪》，《江苏地方志》2022年第3期。

国民革命军遗族学校学生生活（《总理陵园管理委员会报告》）

京沦陷八年史》记载，日军占领南京后，开始将该校校园改作日军军营，并抓来中国妇女，在里面设置慰安所。后来，日军将该校的男校校园改作军犬饲养场，将遗族女校改作日伪军的临时伤兵医院，昔日美丽的校园成为犬吠之地。[①] 另据1945年9月19日中央社南京电，关于重庆国民政府接收南京中山陵的报道《总理陵园昨日接收竣事》："藏经楼、图书馆、遗族学校、天文台等，大都门窗

① 社会科学文献出版社2013年6月第2版。

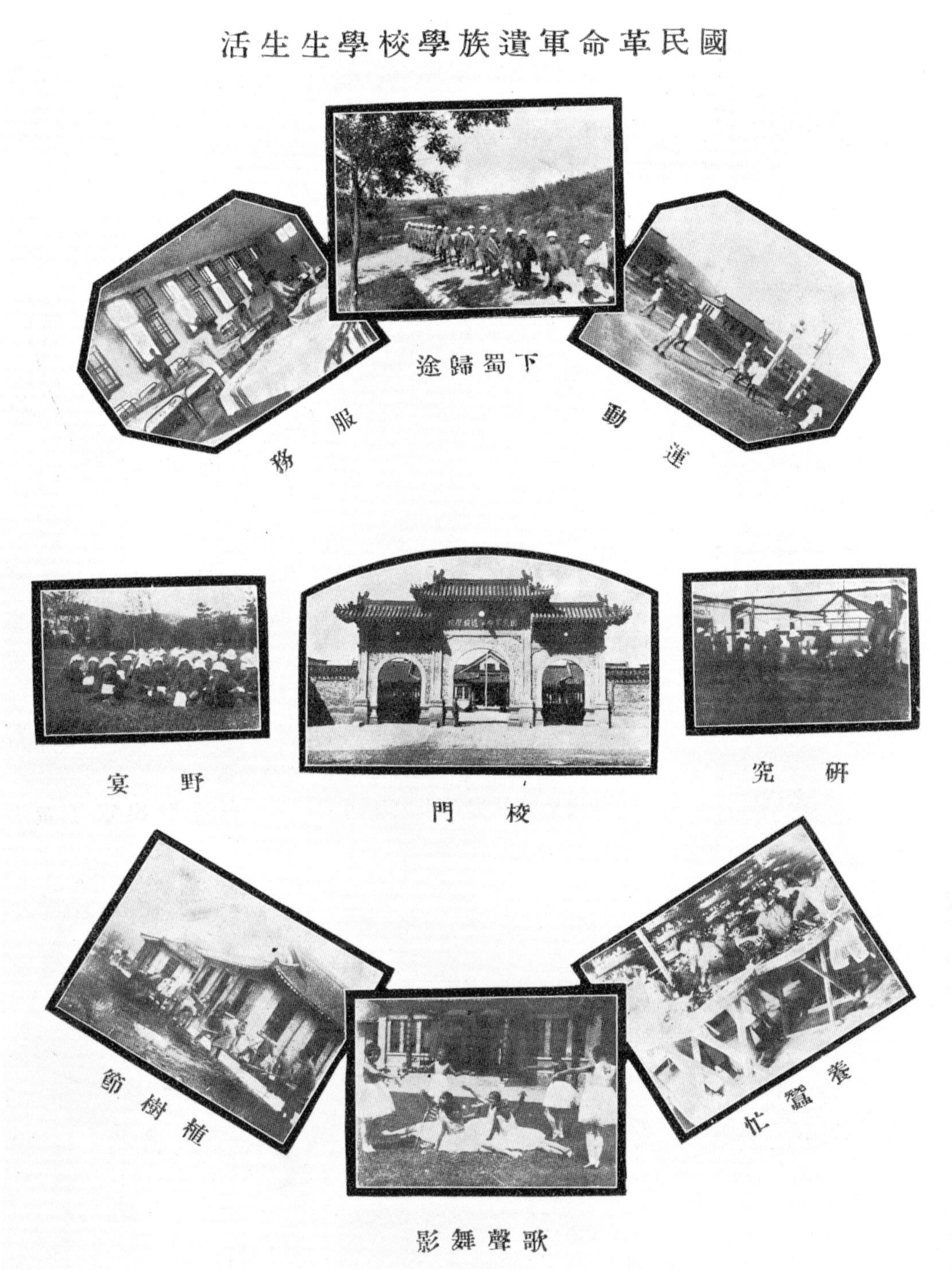

国民革命军遗族学校学生生活（《总理陵园管理委员会报告》）

破坏仅余外表。”①

抗战胜利后，国民政府对遗族学校校舍进行了修葺，1946年秋天重新开学。校本部为男校，女校则设在苏州。遗族学校的实验牧场（位于四方城以南的校

① 《中央日报》1945年9月21日。

遗族学校学生在打球

遗族学校草坪上的师生

园北侧）接受了联合国援助项目的45头奶牛，奶牛场迅速恢复生产。

1949 年南京解放前夕，遗族学校迁往台北，直到 1953 年停办。

新中国成立后，在大陆的遗族学校校址被分为南北两个部分，主要由四家单位占用。

南部的校舍主体部分成为华东军区第三野战军十部子弟学校，后更名卫岗小学；1964 年卫岗小学撤销后，成为南京军区政治部前线歌舞团和前线话剧团所在地。

1937 年 12 月，遗族学校被日军占领

校舍南部的农场和遗族女校旧址成为1952年组建的华东航空学院校园（1956年西迁西安成为西北工业大学前身之一），1958 年南京农学院（1984 年更名南京农业大学）迁入该校园。

北部的遗族学校实验牧场及其所属六家牧牛场由南京市军管会接管，组成南京奶牛场；1950 年，华东军区卫岗牛奶乳牛厂建立，1952 年，改称南京第二乳牛场。1953 年，南京第二乳牛场与南京奶牛场合并，改称南京乳牛场。四方城 1 号成为南京乳牛场的一个场区。1957 年，南京乳牛场将四方城 1 号场区移交给江南造钟厂，保留卫岗场区，后改名为南京卫岗牛奶厂，这就是今天卫岗乳业的前身。

1958 年，江南造钟厂入驻四方城 1 号，更名为紫金山钟表厂，1966 年更名为南京钟表厂，1971 年分为南京手表厂和南京钟厂（钟厂厂址位于苜蓿园东路

国民革命军遗族学校建筑

国民革命军遗族学校建筑

68号）。1986年，以钟山表为龙头，以南京手表厂为主体，成立南京手表工业公司。2006年，根据钟山风景区环境综合整治规划，南京手表厂迁到栖霞区，2008年，并入天津海鸥集团，更名南京海鸥。2010年，正式停产。

2006年四方城1号南京手表厂停办后，2009年7月至2011年5月间，原址上建成了南京十朝历史文化园，园内保留有10栋新中国成立后兴建的厂房。2022年，卫岗55号南京军区前线文工团（东部战区前线文工团）外迁，但前线大院保留下来，院内还保存有一批原遗族学校建筑，即将变为前线文化创意园。南京卫岗牛奶厂外迁后，改建为民国一条街，奶牛雕塑和“1928”牌坊成为历史溯源的纪念。遗族学校的农场和遗族女校旧址成为南京农业大学校园的一部分，至今还保存着遗族女校南大门。

遗族学校界碑（保存在美龄宫）

炮兵学校

炮兵学校全称是中央陆军炮兵专科学校，位于今天南京市江宁区汤山街道作厂社区以南至高庄社区以北及汤山社区范围内。现为中国人民解放军陆军炮兵防空兵学院南京校区所在地。

1930 年中原大战结束后，蒋介石认识到炮兵的重要性，于 1931 年初邀请德国顾问协助筹建炮兵学校。

炮兵学校先借用南京城内璇子巷 7 号民房设立筹备处，不久搬到三牌楼三十三标营房。1931 年 10 月，经初试、复试，录取第一期学员 97 人，同年 12 月 5 日正式成立，以张亮清为教育长兼代校长。[①]

1933 年 4 月，国民政府批准在汤山修建校舍和炮兵射击场。6 月，汤山炮兵射击场（俗称“汤山靶场”）竣工，当时号称“亚洲第一靶场”。1934 年 11 月，炮校办公楼、炮兵营房相继竣工并投入使用，它是民国时期全国唯一的炮兵学校，俗称“汤山炮校”，其地位仅次于陆军大学和中央陆军军官学校。首任校长周斌，第二任校长邹作华，1935 年 4 月蒋介石兼任校长，邹作华改任教务长。设炮兵战术、射击、冶金学、军事工艺等课程，培养炮兵指挥军官和技术军官。共训练 9 期，并为国民党中央陆军军官学校代训炮科学员 8 期。

全面抗战爆发后，部分教员和学员参加八一三淞沪会战，随后南迁湖南零陵、广西鹿寨、贵州都匀。

1937 年 12 月 9 日，日军在汤山炮校小树林里枪杀了 100 名中国人。日本人上羽武一郎在战地日记中写道：

① 参见戚厚杰《炮兵学校》，收入卢海鸣、杨新华主编《南京民国建筑》，南京大学出版社 2001 年 8 月版。

日军占领炮兵学校（大阪《每日新闻》1937年12月6日）

12月9日，炮兵学校。

一进大理石做成的校门，我真为学校之大感到惊讶！我们搜索败兵，开进林里，一个一个搜寻，一共抓出败兵100人。我们向这些败兵齐射，顿时出现了一片血海。有的人还挖出败兵的肝，拎在手里。

日军占领汤山炮校期间，炮校南操场成了日军的马厩。①

抗战胜利后，炮校于1946年4月迁返汤山。

据1949年3月中共南京地下党组织编印的《南京概况（秘密）》记载："炮兵学校，隶属陆总，下设学员队、初级班、高级班、教官训练班及要塞班，教育长洪士奇，全校官佐六百九十四人。该校设在汤山作厂。"②

炮兵学校现存南大门、北大门、办公楼、文体中心楼（原兵工署汤山弹道研究所）和三座射击观测塔（又叫瞭望塔）、一座无线电信号塔。

南大门、北大门和办公楼现位于陆军炮兵防空兵学院南京校区内。两座大门形状相同，为三开间式样，高9米，宽13.4米。办公楼高两层，呈"亘"字形，包括主楼、南大楼、北大楼，有外廊连接，主楼入口处门廊有立柱六根，为古希腊多立克式风格，中部为礼堂，礼堂南北各有一个天井。

文体中心楼位于73669部队院内的文体中心，俗称"戴笠楼"，实际上是

① 费仲兴：《南京汤山日军暴行调查实录》，《钟山风雨》2002年第6期。
② ［民国］书报简讯社：《南京概况（秘密）》，南京出版社2011年1月版。

炮兵学校办公楼

炮兵学校办公楼鸟瞰

兵工署汤山弹道研究所。它成立于1937年7月1日，位于南京江宁汤山镇西北约1.5里处，距南京理工大学汤山综合实验场约500米。由兵工署署长俞大维兼任所长。主要建筑为四幢楼房。正北一座三层楼房为研究所主楼，是所长、顾问和内、外弹道处办公场所。汽车可直接驶入主楼门厅，门厅乳黄色水磨石地面上嵌有直径92厘米的兵工署徽记——齿轮加弓箭。弓箭代表兵器，齿轮代表工业。主楼的东、西各有一幢楼，这三幢楼平面呈“品”字形布局。西南侧一

炮兵学校观测塔

“汤山炮兵射击场第一观测塔”碑刻

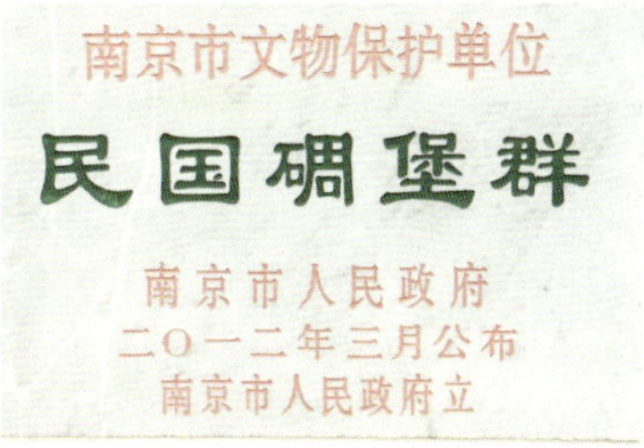

南京市文物保护单位标志碑

幢青砖二层楼房，是弹道研究所的单身宿舍。研究所外还有小洋楼八幢，是给弹道研究所德籍顾问等居住的。①

三座射击观测塔和一座无线电信号塔分布于汤山街道作厂以南、高庄以北范围内，呈三角形分布。观测塔为圆柱形，红砖砌墙，四面有 15 个长方形的观察孔，底层内径约 4 米，往上逐层缩小，上有斗笠状顶篷，一号塔底部白色石碑刻有“汤山炮兵射击场第一观测塔”字样。②

1949 年 5 月 19 日，华东野战军特种兵纵队特科学校进驻南京汤山原国民党炮校旧址。1950 年 12 月，特校更名为第三炮兵学校。1977 年，改称第一地面炮兵学校。1986 年 7 月，更名为南京炮兵学院。1999 年，南京炮兵学院与原合

① 王虹铈著：《孝陵卫营房漫话》，东南大学出版社 2011 年 8 月版。
② 江苏省文化和旅游厅、江苏省文物局编：《第八批江苏省文物保护单位》，南京出版社 2021 年 10 月版。

肥炮兵学院合并，这里成为中国人民解放军炮兵学院南京分院所在地，是培养炮兵指挥官的高等学府。2011 年，经中央军委批准，解放军炮兵学院南京分院与解放军炮兵指挥学院合并，组建成立中国人民解放军南京炮兵学院。

炮兵学校旧址是南京东南郊重要的近代建筑群，它经历了全面抗战前的鼎盛时期，也见证了侵华日军南京大屠杀的黑暗时刻，它为国民政府培育了专业人才，更为我军培养了大批军事人才。

2012 年，汤山炮兵射击场第一观测塔以“民国碉堡群”的一个组成部分被列为南京市文物保护单位。

育群中学

育群中学位于南京市中华路南段，门牌号码是中华路369号（原354号），现为中华中学。

1899年，马林医院（今鼓楼医院）的创始人、加拿大籍传教士兼医生马林（W.E.Macklin，1860—1947）在该处创办基督中学。1926年，基督中学改名爱群中学，同年，美国基督教会又开办明育女子中学。1929年，两校合并为育群

育群中学

育群中学

初级中学，同年7月，完成立案手续。1933年7月，呈请国民政府教育部批准，添办高中，改称私立育群中学，校长鲍文年，副校长汪时长，男女分校教授，各有初中及高中普通科二部。①

抗日战争期间，私立育群中学先迁至江宁县湖熟镇办学；继又在上海与各基督教会中学组成华东基督教会联合中学；后再迁至江西赣县办学。抗战胜利后，回南京复校。

1947年11月，南京举行连续三天的行宪“国大”代表普选，育群中学被确定为举行“国大”代表选举的投票所之一。据民国时期的《论语》半月刊《新京话》专栏第145期刊登的慧星《今古奇观说普选》一文记载：“投票的虽不踊跃，但是开出票来的署名却相当‘吓人’，像中华路育群中学投票所，该区选民证登记册实数为一二七九人，开出票来却有一二九九张，这二十张票是由哪儿钻进去的呢？”②

① ［民国］南京市市政府秘书处编：《新南京》，南京共和书局1933年10月版。
② 1948年1月16日版，转引自姚颖《京话》，上海书店出版社2000年6月版。

育群中学

1951 年 8 月，私立育群中学与一女中合并为南京市第一女子中学。1968 年，易名为东方红中学，兼收男女学生。1983 年，更名为中华中学。

育群中学现存的近代建筑为一幢中部四层、两端五层的西式砖混结构楼房。该楼建于 1926 年，占地面积 910 平方米。建筑面积 2924 平方米，共有房间 60 间。东西走向，紧邻中华路。一楼北面为前门，南面设后门。楼内南北均置木制内楼梯，中部设有手拉式电梯，可达五楼。木门窗，平屋顶，青灰色涂料外墙，端庄朴素，现为中华中学的标志性建筑。

力学小学

力学小学位于南京市汉口西路120号（原琅琊路8号），由邵力子与其夫人傅学文共同创办，现为南京市力学小学。

邵力子（1882—1967），浙江绍兴人。早年留学日本，加入同盟会。1925年，任黄埔军校秘书长。1927年后，历任国民革命军总司令部秘书长、甘肃省政府主席、陕西省政府主席、国民党中央宣传部部长、驻苏大使、国民参政会秘书长等职。1949年，作为和谈代表团成员，赴北平谈判。谈判破裂后，留在北平。新中国成立后，历任中央人民政府政务院政务委员、全国人大常委会委员、全国政协常委、民革中央常委等职。

邵力子先生与夫人傅学文女士一向关心教育事业。1936年，邵力子任陕西省政府主席期间，就在西安创办了一所助产学校；全面抗战期间，在重庆北碚与于右任一起协助复旦大学办过附属子弟小学。1945年他们回到南京后，鉴于许多教育文化机构毁于日军之手，众多儿童失去上学机会，于是决定在自己的住处——汉口西路120号，出资兴办一所小学。从1946年春开始建筑校舍，当年年底就兴建起三层楼房和两层楼房各一幢，外加教学用房和体育场，占地面积2825.8平方米，建筑面积1892.4平方米，共有房屋九幢39间。建

力学小学

筑费用除了少数来自友人赞助外，基本上都是邵力子夫妇独力出资的。在给学校取名时，邵力子、傅学文夫妇二人商定，各取名字中的一个字组成“力学”两字作为校名，以表示夫妇二人合力并进，共创学校。邵力子先生的莫逆之交、国民党元老于右任挥毫为学校题名。1947 年春，力学小学开学，傅学文担任校长。小学分 6 个班级，附设幼儿园。当时，邵力子夫妇寓所与学校在一起，他们的住房面积仅占 40 平方米。他们很重视校园绿化，亲自栽种了一些雪松，这些雪松如今都长大成林了。

邵力子

1950 年 7 月 1 日，邵力子、傅学文夫妇将“力学小学”全部校产捐赠给南京市人民政府。1997 年，李岚清同志为学校五十周年校庆亲笔题词：“大力推

1947 年 5 月 20 日，学生谈判代表与国民参政会秘书长邵力子前往谈判途中

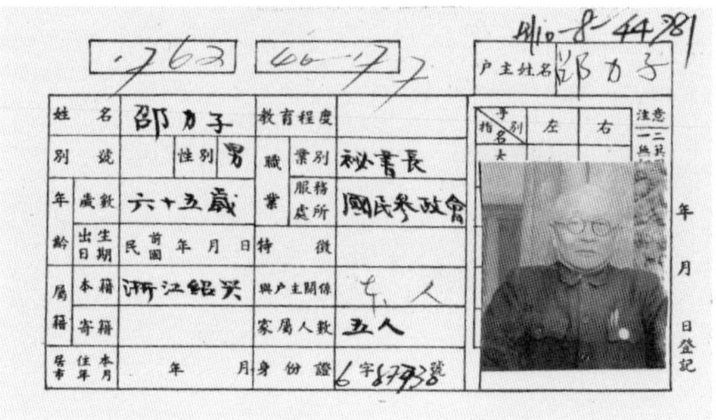

户主姓名 邵力子

姓名	邵力子	教育程度	
别號	性别 男	職業 業别	秘書長
年齡 歲數	六十五歲	職業 服務處所	國民參政會
年齡 出生日期	民前國 年 月 日	特徵	
屬籍 本籍	浙江紹兴	與户主關係	本人
屬籍 寄籍		家屬人數	五人
居住本市年月	年 月	身份證	6 字 87938 號

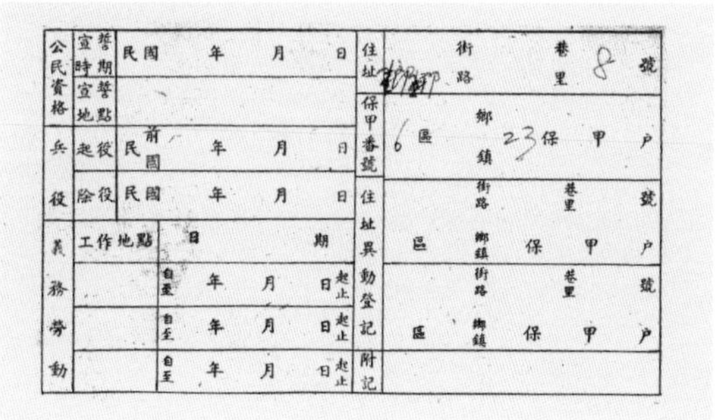

公民資格	宣誓時期	民國 年 月 日	住址	街路 巷里 8 號
公民資格	宣誓地點		保甲番號	6 區 鄉鎮 23 保 甲 户
兵役	起役	民前國 年 月 日	住址異動登記	街路 巷里 號
兵役	除役	民國 年 月 日	住址異動登記	
義務勞動	工作地點	日期	住址異動登記	區 鄉鎮 保 甲 户
義務勞動		自至 年 月 日 起止	住址異動登記	街路 巷里 號
義務勞動		自至 年 月 日 起止	住址異動登記	區 鄉鎮 保 甲 户
義務勞動		自至 年 月 日 起止	附記	

邵力子户籍卡

力学小学

行素质教育，为培养德、智、体等方面，全面发展的跨世纪人才打基础、作贡献。”

2006 年 11 月 1 日，南京市力学小学被中国教育学会小学德育研究会命名为“全国德育实验学校”。现为鼓楼区文物保护单位。

国立中央研究院

国立中央研究院是中华民国学术研究最高机关，直隶于国民政府（1948 年 5 月以后改隶于总统府）。其任务主要有两方面：一是从事科学研究；二是指导、联络、奖励学术之研究。设有特任级院长一人，其下设行政、研究、评议三机构。

1927 年 10 月 1 日，中华民国大学院正式成立，隶属于国民政府，管理全国学术及教育行政事宜；10 月 12 日，国民政府特任蔡元培为大学院院长。1928 年 3 月，南京特别市教育局将钦天山（今鸡笼山）拨交大学院接管。1928 年 6 月 9 日，国立中央研究院（由大学院分化而成）在上海成立后，陆续按学科分

国立中央研究院总办事处

首任院长蔡元培

科设置各研究所，到1937年全面抗战爆发时为止，已设立物理、化学、工程、地质、天文、气象、历史语言、心理、社会科学及动植物十个研究所。理、化、工三研究所设在上海，其余各所均设于南京，并在南京成贤街48号旧法制局内设立总办事处，以办理全院一般行政事宜。抗战期间，中央研究院各研究所分设于重庆、北碚、李庄、昆明四区。抗战胜利后，数学研究所、物理研究所、化学研究所、动物研究所、植物研究所、医学研究所筹备处、工学研究所、心理学研究所八单位，暂设于上海；总办事处及天文、地质、气象、历史语言、社会五个研究所共六单位，设于南京。

中央研究院设院长一人，特任级，综理全院行政事宜；设总干事一人，承院长之命，处理全院行政事宜。各研究所设所长一人，由院长聘任，综理所务，并指导研究事宜。

中央研究院的首任院长是蔡元培，继任院长为朱家骅。总干事先后为杨铨、丁燮林（代理）、丁文江、朱家骅、任鸿隽、傅斯年、叶企孙、李书华、萨本栋、钱临照和周鸿经。

中央研究院设有学术评议会，为中华民国最高学术评议机构。1935年9月7日，成立第一届评议会。1948年3月27日，中央研究院第二届评议会第五次年会选举产生姜立夫等第一届院士81人，其中数理组院士28人，生物组院士25人，人文组院士28人。①

1948年12月，中央研究院开始向台湾搬迁。除总办事处、数学以及历史语言研究所较完整地迁台外，其余各研究所大都留在南京和上海。在中央研究院评选出的第一届81名院士中，迁至台湾的仅有凌鸿勋、林可胜、傅斯年、董作宾、李济、王世杰、吴稚晖7人，在国外的有陈省身、李书华、赵元任、汪敬熙、胡适、吴大猷等12人，其余50余人（除萨本栋等人去世外）均留在了大陆。1949年10月，中央研究院留在大陆的各机构都被中华人民共和国中国科学院接收。

关于中央研究院在南京各所办公楼的建造时间，1939年刊印的《国立中央研究院民国二十六至民国二十八年度总报告》中《抗战前之建设》一节写道："本院成立伊始，各处所多就所在地赁屋办公或施行研究。至民国十九年以后，始就南京及上海两处开始建筑。其建筑费则取给于数年来本院撙节费用之累积

① ［民国］国立中央研究院编：《国立中央研究院概况（中华民国十七年六月至三十七年六月）》，1948年内部印刷本。

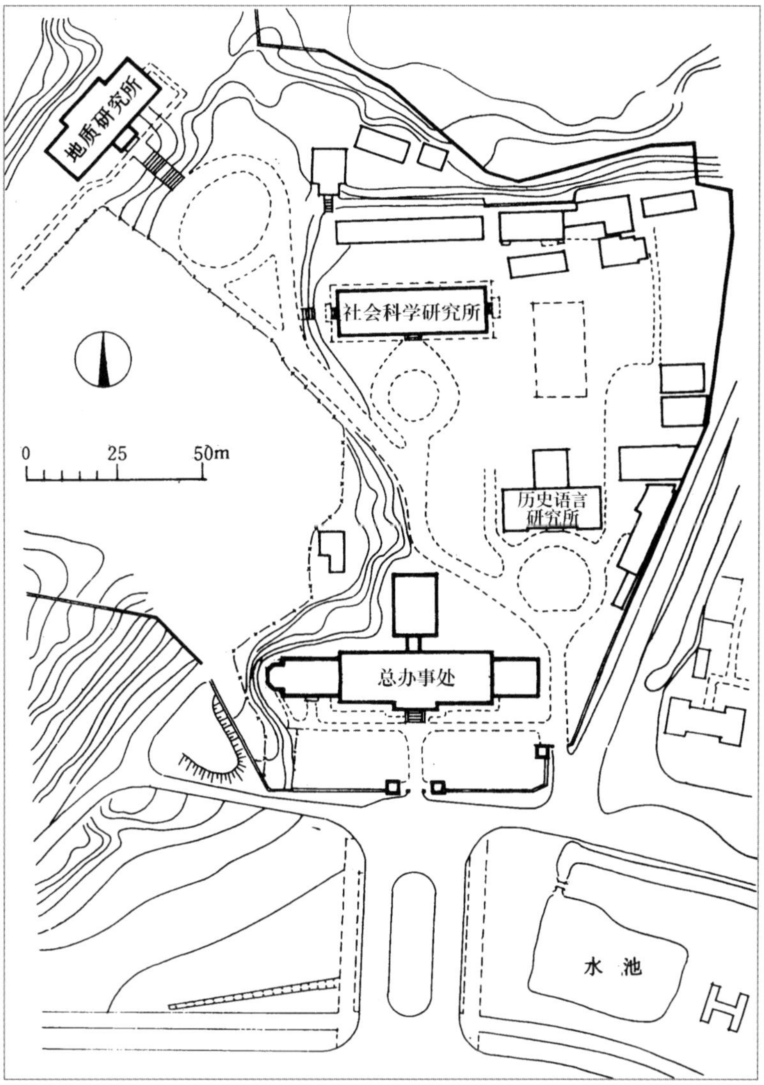

国立中央研究院平面图（杨廷宝绘）

及中华教育文化基金董事会之补助。至民国二十六年本院房屋建筑计划大致完成。计在上海建有物理、化学、工程三所之实验馆一所，并附建有物理、工程二所之附属工场场屋数座。在南京钦天山东南麓，建有地质研究所大楼一座、小屋二座，历史语言研究所大楼一座，心理研究所大楼一座（此所址原属社会科学研究所，二十三年四月间，该所将南京部分移往北平，嗣该所又与总办事处另合建新楼于南京，将该所址拨归心理研究所），社会科学研究所及总办事处大楼一座。在钦天山顶，建有气象研究所台屋数座，中为气象台，东为办公室，西为宿舍，北为图书馆，馆侧各有研究室四。在紫金山顶天堡城之东北建有天文研究所台屋多座，计有天文台一座，子午仪室一，大赤道仪室一，小赤道仪室一，变星仪室一，气象台一，及职员宿舍二。在山阴天文台附近，地理研究

所之地磁实验室亦在焉。”[①]

一、建筑概览

总办事处

位于今北京东路39号（原鸡鸣寺路1号）。这里紧靠鸡笼山东麓。现为中国科学院江苏分院、江苏省科学技术委员会、中共江苏省科学技术工作委员会所在地。

中央研究院原设在成贤街48号，与国民政府教育部隔街相望[②]。1935年11月27日开始，总办事处将此处房产转让给国立中央图书馆筹备处，迁至鸡鸣寺路1号，暂借心理研究所内办公。

中央研究院总办事处负责办理日常事务、行政工作。杨杏佛、丁文江、朱家骅、任鸿隽、傅斯年、叶企荪、李书华、萨本栋、钱临照、周鸿经先后担任总干事。

国立中央研究院总办事处大楼主入口

总办事处大楼坐北朝南，是一座仿明清宫殿式建筑。院落大门两侧及围墙东侧共建有三座方形攒尖顶警卫室，其风格与大楼一致。大楼始建于1935年4月，1937年竣工，由基泰工程司杨廷宝建筑师设计，新金记康号营造厂建造。大楼高三层，建筑面积3000平方米，钢筋混凝土结构，单檐歇山顶，屋面覆盖绿色琉璃筒瓦，梁枋和檐口部分均为仿木结构，漆以彩绘，清水砖墙，花格门窗，建筑外形具有浓郁的民族风格。大楼建筑平面呈“T”字形，入口处建有单层门廊及装饰门套，经过穿堂，来到后面突出部分，便是一座三层书库；前楼西侧建有小型演讲厅，为学术活动场所；前楼中间部分采用内廊式布置，内廊南北两侧为办公、科研用房。

① 转引自詹徐昊、詹庚申、赵倩、李季《民国中央研究院总办事处大楼建成时间考》，《档案与建设》2021年第9期。
② 参见1935年的南京地图。

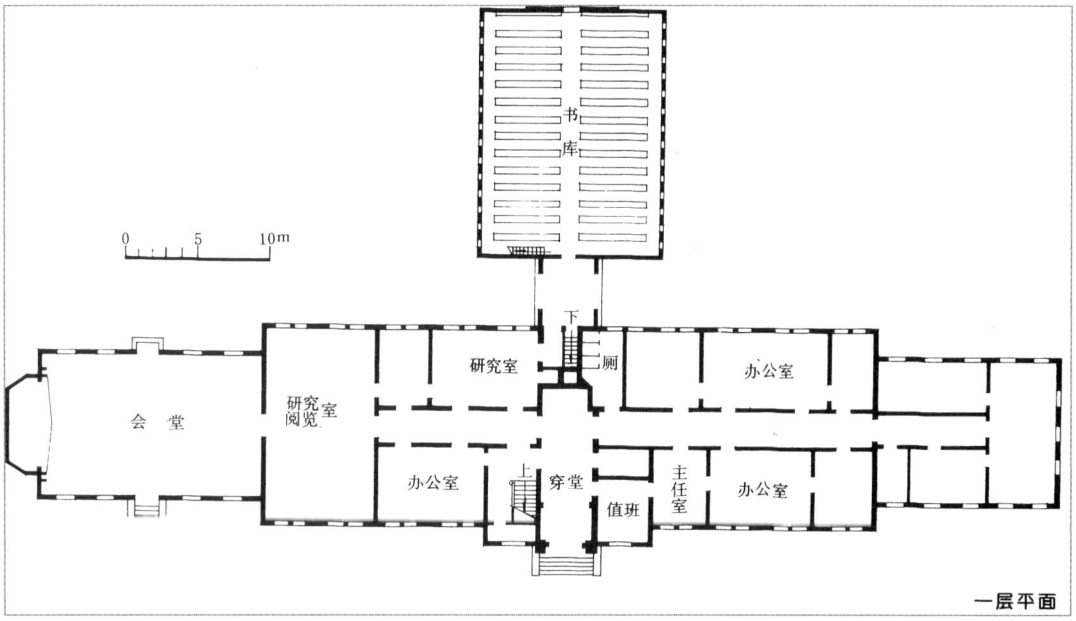

国立中央研究院总平面图和总办事处一层平面图（杨廷宝绘）

建设中的中央研究院总办事处大楼（赵元任摄，《赵元任影记：好玩儿的大师》）

总办事处大楼（赫达·哈默尔摄，《南京》，1945年版）

地质研究所

设在今北京东路39号（原鸡鸣寺路1号），位于中央研究院大院内的西北部，现为中国科学院南京地质古生物研究所所在地。

1928年1月，地质研究所在上海成立，分为普通地质组、古生物组、应用地质组三组。著名地质学家李四光任所长。1932年9月，地质研究所由上海曹家渡小万柳堂迁到南京成贤街（后为国立中央图书馆馆址）办公。因房屋狭小，

赵如兰、赵新那在中央研究院总办事处大楼前（赵元任摄，《赵元任影记：好玩儿的大师》）

国立中央研究院地质研究所

标本仪器无法容纳，遂于 1932 年冬在北极阁东麓自建房屋，1933 年秋，鸡鸣寺路 1 号新址落成后，迁到新址办公。1937 年全面抗战爆发，地质研究所先后迁到桂林、重庆。抗战胜利后，于 1946 年秋迁回北极阁原址办公。新中国成立后，于 1951 年成立中国科学院南京地质古生物研究所。

地质所特别注重讨论地质学上的重要理论，以解决地质学上的专门问题。专任研究员有李四光、俞建章、斯行健、许杰、喻德渊、赵金科、陈恺、张文佑、张寿常、孟宪民、蒋溶、李承三、王恒升等人，还有兼任研究员、专任副研究员、通讯研究员、助理研究员及助理员等。

地质研究所大楼门朝东南，是一座仿明清宫殿式建筑。楼前有两层石阶，石阶之间有一休息的小平台，石阶上部为一大平台，大楼就建在这个大平台上。大楼由基泰工程司建筑师杨廷宝设计，朱森记营造厂承建。建于 1932 年冬，1933 年秋竣工。大楼依山而建，高两层，钢筋混凝土结构，建筑面积约 1000 平方米。建筑平面呈“凸”字形。单檐歇山顶，屋面覆盖绿色琉璃瓦，梁枋及檐口部分为仿木结构，施以彩绘。大楼前部，建有一座歇山顶的亭式门廊，两侧有栏杆，门廊雕梁画栋。大楼还建有半地下室一层，在东南角地下室内，建有锅炉房。至 1948 年 6 月，大楼内有矿物实验室一处、古生物实验室一处、化学分析室一处、标本陈列室一处、图书馆包括书库及阅览室各一处、仪器储藏室一处等。①

1932—1937 年、1951—1954 年，李四光主持地质研究所工作时，曾在这幢大楼办公。2021 年 11 月 18 日，中国科学院南京地质古生物研究所举行建所 70 周年活动当天，位于一楼的南京古生物所所史馆及其斜对面的李四光先生办公旧址正式开放。在馆内中央，竖立着李四光先生半身铜像，李四光先生生前使用过的地质标本、科研人员在青藏高原科考时使用过的帐篷等一批科研实物首次对外展出。②

历史语言研究所

设在今北京东路 39 号（原鸡鸣寺路 1 号），位于中央研究院大院内总办事处的东北方。现为现代古生物学和地层学国家重点实验室所在地。

历史语言研究所首任所长傅斯年

历史语言研究所（简称“史语所”）1928 年 10 月成立于广州，其后迁往北平。九一八事变后，又迁到上海。南京所址落成后，迁到南京。全面抗战期间，历史语言研究所历经播迁，先是迁到长沙，然后迁到昆明，再后迁到四川南溪李庄。1946 年 10—12 月迁回南京原

① ［民国］国立中央研究院编:《国立中央研究院概况（中华民国十七年六月至三十七年六月）》, 1948 年内部印刷本。
② 马金、盛捷：《南京古生物所李四光先生办公旧址开放——李四光使用过的地质标本等科研实物首次展出》，《南京日报》2021 年 11 月 19 日。

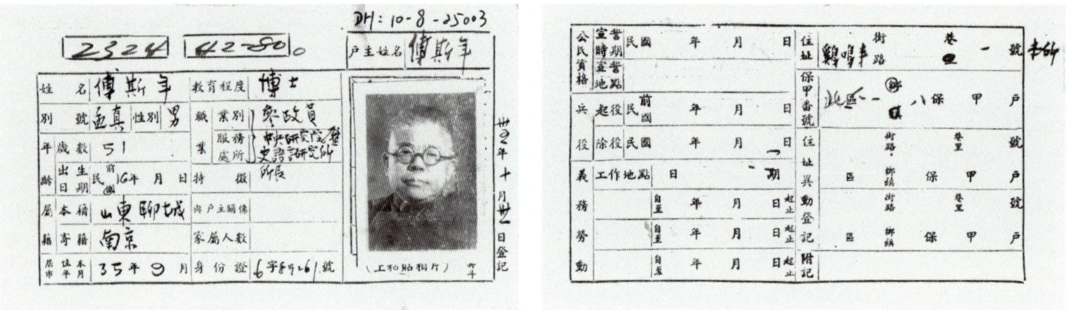

DH:10-8-25003

2324 42-80

户主姓名 傅斯年

姓名	傅斯年	教育程度	博士
别號	孟真 性别 男	職業 業别	參政員
年齡 歲數	51	服務處所	中央研究院歷史語言研究所所長
出生日期	民前16年 月 日	特徵	
籍屬 本籍	山東聊城	與户主關係	
寄籍	南京	家屬人數	
居住本市年月	35年9月	身份證	6字84261號

(上和貼相片)

卅七年十月廿一日登記

公民資格	宣誓時期	民國 年 月 日	
	宣誓地點		
兵役	起役	民前國 年 月 日	
	除役	民國 年 月 日	
義務勞動	工作地點	日 期	
		自至 年 月 日 起止	
		自至 年 月 日 起止	
		自至 年 月 日 起止	

住址	雞鳴寺 街路 巷 一號
保甲番號	一區 鄉鎮 八保 甲 户
住址異動登記	街路 巷里 號
	區 鄉鎮 保 甲 户
	街路 巷里 號
	區 鄉鎮 保 甲 户
附記	

傅斯年户籍卡

国立中央研究院历史语言研究所大楼

国立中央研究院历史语言研究所大楼

中央研究院史语所考古组同仁 1936 年摄于办公大楼前（后排左三为李济，前排左二为董作宾）

址。傅斯年任所长。历史语言研究所分为史学、语言学、考古学、民族学四组。第一组以研究史学问题及文籍校订为主要工作，附有明清史料整理室；第二组以研究汉语、中国境内其他语言及一般语言学问题为工作范围；第三组以发掘方法研究中国史前史及上古史，兼及后代之考古学；第四组以研究中国民族学为主要工作，附有标本陈列室。陈寅恪、赵元任、李济、吴定良（后由凌纯声）分别担任四个组主任。专任研究员有傅斯年、陈寅恪、赵元任、李济、董作宾、李方桂、梁思永、凌纯声、岑仲勉、丁声树、劳幹、陈磐、郭宝钧等，并设有编纂、副研究员、助理研究员及助理员若干。据语言研究组主任赵元任妻子杨步伟回忆，傅斯年给赵元任提供了优越的工作环境："所址是在考试院旁，北极阁下面（北极阁是南京的古迹），除气象台研究所外，其余新盖的房子多数是宫殿式的。元任的研究室在三层，特别讲究，隔音的地毯都是从北平定制的，照全房间的大小，是一色灰白色的厚地毯，所有各种仪器也都是由外国定制的。这些上并不是元任特别的要求，全是孟真预备的（所以因此也特别招人妒忌）。因孟真想这些以后都是大家终身的事业了，所有的研究人员都可以安心一意地发展他们专行了，所以各人员们对自己的家庭也都打永久的计划。"①

① 杨步伟著：《杂记赵家》，广西师范大学出版社 2014 年 6 月版。

南京的历史语言研究所办公大楼为仿明清宫殿式建筑，由基泰工程司建筑师杨廷宝设计，六合营造厂承建。大楼建成于 1934 年秋，高三层，钢筋混凝土结构，建筑面积 1700 平方米。建筑平面呈长方形，单檐歇山顶，屋面覆盖绿色琉璃瓦，青砖清水墙。大楼正门朝南，入口处建有一座仿木结构的单层门廊。在大楼的东西两侧，各辟有一个侧门。大楼两端为阅览室和小型书库，其余部分为办公、研究用房。

社会研究所

设在今北京东路 39 号（原鸡鸣寺路 1 号），位于中央研究院总办事处大楼的正北面。现为其他机构办公楼。

社会研究所筹备于 1927 年底，1928 年 3 月在上海正式成立，初名社会科学研究所。所址最初设在上海，1932 年 1 月迁到南京。社会科学研究所建立之初分为法制、经济、民族、社会学四组。1934 年，该所与设于北平的社会调查所合并后，将民族学、人类学研究划归历史语言研究所，同时，增设社会调查所原有各科目，这一时期，研究工作可分为经济史、工业经济、农业经济、国际贸易、银行、金融、财政、人口、统计等科目。合并之初，所址分居北平和南京两地，各方颇感不便。1935 年 11 月，全部迁至南京。1936 年，社会科学研

唐钺在国立中央研究院社科研究所大门前
赵元任摄，《赵元任影记：好玩儿的大师》）

建设中的中央研究院社会科学研究所大楼
（赵元任摄，《赵元任影记：好玩儿的大师》）

国立中央研究院社会科学研究所大楼

究所又增加了行政研究和社会史研究。全面抗战期间，先后迁到湖南、广西、云南，最后迁到四川南溪李庄。1945 年改名为社会研究所。1946 年秋返回南京原址办公，杨端六、蔡元培、杨铨、傅斯年、陶孟和等先后担任或兼任所长，专任研究员有巫宝三、梁方仲、徐义生、丁文治、罗尔纲等人，还设有副研究员、助理研究员及助理员若干、技士、管理员若干。

社会研究所大楼 1931 年奠基，1935 年冬落成。新金记康号营造厂承建。坐北朝南，高三层，人字顶，红砖砌造。在大楼的西南角墙壁上，镶嵌有大理石奠基碑一块，上刻隶体铭文："中华民国二十年六月国立中央研究院社会科学研究所立础纪念蔡元培"。

二、趣闻轶事

美国总领事佩克拜会杨杏佛

1931 年 7 月 20 日下午 2 点，美国驻南京总领事佩克（Willys Ruggles Peck，又译作裴克，1882—1952）到中央研究院拜会杨杏佛总干事，就"共产主义运动在中国"这个话题进行了深入交谈。杨杏佛说：共产党在中国推行由列宁倡导的政策，推广对工农阶级的宣传，使之作为开展革命的基础，因此，国民政府和中央党部必须要加大反共宣传而不是禁止发表有关共产主义运动范围与细节的资讯。当佩克问及心里多年的疑惑——孙中山之所以于 1923 年前后容纳共产派加入国民党，是因为他感觉在英、美方面受到冷遇，所以转向苏俄。杨杏佛回答此说并不准确。他说，共产派被容许加入国民党有两方面原因："其一，那个时期，信仰共产主义者，例如陈独秀，在国民党高层为数不少。其二，孙先生认可第三国际发动民众的政策。"①

甲骨文与中央研究院

1927 年—1935 年，史语所先后组织了 15 次安阳殷墟的科学发掘工作，为甲骨学的发展奠定了基础。在第 13 次发掘中，在安阳小屯东北地带发现了巨型的甲骨窖穴——YH127 坑。YH127 坑埋藏的甲骨片有 17096 片，占 15 次发掘出土的甲骨片总数 24918 片的 68.6%。YH127 坑的甲骨片的发掘清理就是在史语所大楼内完成的。

据参加发掘的石璋如先生回忆：1936 年 6 月 12 日发现 YH127 坑甲骨堆积，

① 李玉译：《美国驻南京总领事佩克与杨杏佛会谈纪要》，《南京钟山文化研究》2011 年第 2 期。

1936 年 7 月 12 日甲骨箱被运抵位于鸡鸣寺的史语所（《甲骨文与南京》）

在中央研究院史语所内，取去木箱，甲骨堆在室内初露尊容（《甲骨文与南京》）

因数量巨大，不适宜现场发掘，发掘者决定将其整体运到南京。装箱后，几经周折，于 7 月 12 日运抵南京史语所。运到南京后，董作宾、梁思永、胡厚宣等人主持了室内发掘。“每发掘一层先照相，再上一层玻璃纸，把每块甲骨的样子都描绘出来，在纸上编上号，在起的时候每号一版，每版装一纸盒，每层放在一个架子上，做的非常仔细，等着发掘完毕再来清洗，把号码写在甲骨上。从 7 月到 9 月一连三个月才发掘完毕，总计在安阳只发掘了三天，在南京则做了三个月。在安阳只发掘了一层，在南京则发掘了五层。在安阳出土的不超过五千片，在南京却出了一万二千片；安阳所出不足三分之一，南京所出超过三分之二，可以说大批甲骨是在南京出土的，也可以说殷墟发掘，转移到南京发掘。”惊世国宝在南京室内发掘，引起轰动，达官贵人纷至沓来。“有一次，汪精卫亲临现场‘指导’工作。他指着土块说：‘哇，好一个大龟呀！’在场的学者先是哑然，继而相视而笑。汪看了半晌，又听介绍，临走时才恍然大悟：‘呀！原来是好多龟啊！’一时在南京传为美谈。”在南京室内共清理出甲骨 16720 片，其中字甲 16712 片，字骨 8 片，完整的龟版有 320 余片。1937 年全面抗战爆发后，史语所的学者们携运着数以万计的甲骨内迁，直到抗战胜利后返回南京。

2009 年 6 月 12 日下午，江苏省甲骨文学会举行了隆重的“殷墟甲骨 127 坑室内发掘整理旧址”挂牌仪式，并在南京出版社出版《甲骨文与南京》一书以示纪念。

陈独秀与中央研究院

1932年10月15日，反蒋抗日旗手陈独秀在上海被捕，19日被押解至南京，关押在羊皮巷军政部军法司，后被关押到白下路江宁地方法院看守所。1933年6月30日，陈独秀被国民政府最高法院"以文字为叛国之宣传"之罪，判处有期徒刑八年，关进了老虎桥监狱。1937年8月23日，他在前后被羁押2084天（5年差53天）后，由于七七事变，日本发动全面侵华战争，再加上胡适等亲朋好友的帮助，提前获释。史语所所长傅斯年亲自到老虎桥监狱，将其与妻子潘兰珍接到鸡鸣寺史语所的家中居住。在逗留史语所的大约一周期间，胡适、包惠僧、周佛海、陈中凡等友朋学生先后来探望。8月25日，陈独秀给上海《申报》馆写了一封声明书，以澄清社会上的传闻。声明书内容如下：

鄙人辛苦狱中，于今五载。兹读政府明令谓我爱国情殷，深自悔悟，爱国诚未敢自夸，悔悟则不知所指。前此法院科我之罪，诬以叛国。夫叛国之罪，律有明文，外患罪与内乱罪是也。通乱之嫌，至今未闻有人加诸鄙人之身者，是外患罪之当然不能构成。迩年以来，国内称兵据地或企图称兵据地之行为，每役均于鄙人无与，是内乱罪亦无由周内。无罪而科以刑，是谓冤狱。我本无罪，悔悟失其对象。罗织冤狱，悔悟应属他人。鄙人今日固不暇要求冤狱之赔偿，亦希望社会人士尤其是新闻界，勿加我以难堪之诬蔑也。以诬蔑手段摧毁他人人格，与自身不顾人格，在客观上均足以培养汉奸。此非吾人今日正所痛心之事乎！远近人士，或有以鄙人出狱感想见询者。盖以日来都中有数报所载鄙人言行，皆毫无风影。特发表此书面谈话，以免与新闻界诸君面谈时口耳之间有所讹误。

陈独秀（章）

八月廿五日

这一声明，当时未能发表，直到49年后的1988年才由中共《党内资料丛刊》公开披露，证明了陈独秀的铮铮铁骨。[①]

赵元任奉命收听西安事变消息

1936年12月西安事变爆发后，南京人心惶惶，各处都在戒严。因为历史语

① 庞瑞垠著：《陈独秀在狱中》，香港文学报出版社2019年5月版。

言研究所语言研究组的收音机比较先进，教育部部长王世杰和中央研究院总干事朱家骅要求身为语言研究组主任的赵元任每日负责收听有关西安事变的消息并及时上报。据赵元任妻子杨步伟回忆："王、朱两位要元任日夜在无线电上收听西安的消息并录音下来（那时王是教育部长，朱是中央研究院总干事），转送各人各机关，因那时中央研究院语言组的收音机等最全，凡是有最新的，院中总拨款给元任买（他的嗜好一直到现在不改，所以家中七八套录音机），所以这时正用得上了。收到其中一段正是张学良的演讲，马上通知大家，可惜这个片子后来锈了，不清楚了。"①

萧秀墓石阙与中央研究院

1937年南京沦陷后，明故宫遗址上的南京古物保存所遭到毁坏，所藏文物遭到洗劫。

1938年，日本人将古物保存所的中小型石瓦类文物搬到中央研究院史语所，其中有梁朝萧秀墓石阙顶盘之天禄兽、《西天善世禅师班的达公塔铭》。②

汪伪文物保管委员会与中央研究院

为了展示"中日亲善"，在日本的授意下，汪伪政府于1941年4月在南京中央研究院旧址成立"中华民国行政院文物保管委员会"，由伪外交部部长徐良任委员长，由委员陈群代行会务。该会下设图书、博物、天文气象三个专门委员会。5月19日，汪伪政府任命伪教育部部长赵正平兼任图书专门委员会主任委员，伪中央大学教授陈柱兼任博物专门委员会主任委员，陈群兼任天文气象专门委员会主任委员。同年10月29日，汪精卫任命伪外交部部长褚民谊兼任伪行政院文物保管委员会委员长，原委员长徐良卸任；图书专门委员会主任一职也由伪行政部部长李圣五替代。1944年1月，梅思平、伪中央大学文学院院长龙沐勋分别兼任天文气象专门委员会和博物专门委员会主任委员。其中博物专门委员会设在中央研究院旧址，以总办事处为博物馆所在地（总办事处前楼为1号馆，后楼书库为2号馆）。文物保管委员会及下属的各专门委员会为粉饰太平，制造了一幕幕闹剧。

1941年12月7日太平洋战争爆发后，日军搜去上海法租界宋庆龄住宅所存孙中山遗物18件，汪伪派员领回南京后，即交博物专门委员会，在鸡鸣寺原中

① 杨步伟著：《杂记赵家》，广西师范大学出版社2014年6月版。
② 松本信广：《江南踏查》，收入刘婉明编译《古都幻影——日本人笔下的南京》，南京师范大学出版社2017年7月版。

央研究院总办事处布置陈列。汪精卫还特意将留存的孙中山遗物折扇1柄，由温宗尧交文物保管委员会保管陈列。汪精卫以此标榜自己是孙中山革命事业的真正继承者，为卖国投敌罪行涂脂抹粉。①

1942年11月初，日军高森部队在中华门外金陵兵工厂（大报恩塔遗址）内修建稻荷神社时，挖掘出唐朝玄奘法师顶骨和随葬物品。汪伪国民政府得知消息后，经与日方协商，于1943年2月23日举行“玄奘法师遗骨移交奉迎典礼”。当天上午10时半，由日本驻南京大使重光葵与汪伪外交部部长、行政院文物保管委员会委员长褚民谊在中华门外发掘现场举行移交仪式，出席移交仪式的中日双方代表及僧侣500余人。中午12时，汪伪行政院文物保管委员会在鸡鸣寺大礼堂举行玄奘顶骨奉迎典礼，典礼由褚民谊主持，日伪政界、文化界头目纷纷登场，中方参加人员有伪考试院院长江亢虎、伪中央大学校长樊仲云等人；日方代表有高森部队长高森隆介等，日方人员清水董三、谷田阅次、小山秋平、福崎峰太郎、福冈重德、藤谷释男、森川光郎等还撰写了颂文。随后，玄奘顶骨及随葬物品由博物专门委员会点收保管，并准备在博物馆公开陈列展览。②博

汪伪博物馆（原中央研究院总办事处）

① 孟国祥著：《南京文化的劫难（1937—1945）》，南京出版社2017年12月版。
② 《唐玄奘法师骨塔发掘奉移经过专册》，玄奘法师顶骨奉安筹备处印，1943年仲春。

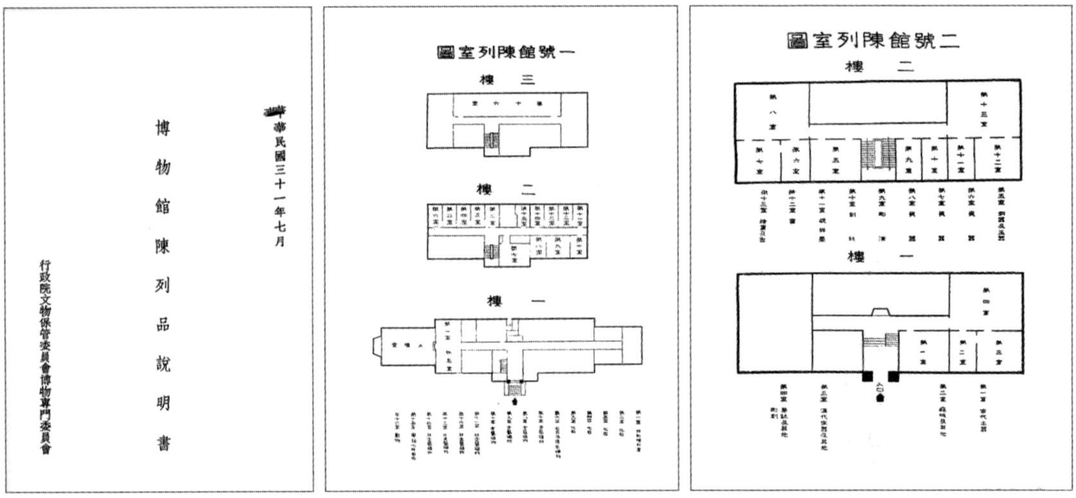

1942 年汪伪“行政院文物保管委员会博物专门委员会”刊印的《博物馆陈列品说明书》

物专门委员会自 3 月起将唐三藏法师顶骨石函及随葬品陈列于 2 号馆二楼，计有石函 1 件、拓本 2 纸、合金盒 1 个（内贮顶骨）、银盒和锡盒各 1 个、金佛像 1 座、铜香炉 1 个、铜烛台 2 个、铜钵 1 个、玉器等 36 件、瓷瓶 2 个、瓷香炉 1 个、古钱 32 件，及三藏塔建筑用砖等。委员会专门设香炉 1 个，供参观者上香之用。①

据孟国祥先生研究：“汪伪文物保管委员会还有一项常规任务，就是接待来访参观的日本军政要员和文化人士。现存的档案记录显示，几乎每个月都有日本人参观地质所图书馆、伪博物院、天文台。如 1941 年 10 月就有五次接待，来访的主要人物有：东北帝国大学教授杜隈健彦，总军司令部星少佐，东亚同文书院教授原一郎、堀江，浙江省立图书馆馆长菊池三芳，兴亚院文化部长野村事务官、松村调查官，贵族院议员关屋贞三郎等。从 1943 年起，前来参观的日军军官、士兵，以及日本国内学生逐渐增多，一月内竟达数百人。这也体现了刺刀下的文化要服从和服务于侵略者。”②

胡适与中央研究院

1946 年 11 月 15 日，在美国特使马歇尔和美国驻华大使司徒雷登导演下，蒋介石不顾中国共产党和民主同盟的反对，决心撕毁政治协商会议决议，在南京强行召开国民大会。大会任务为制定《中华民国宪法》，又称“制宪国大”。与会代表 1381 人，绝大多数是国民党党员。胡适参加了这次会议并且住在中央

① 汪伪政府档案：《博物专门委员会一二三月工作报告》，中国第二历史档案馆藏。
② 孟国祥著：《南京文化的劫难（1937—1945）》，南京出版社 2017 年 12 月版。

研究院。据明志《京华烟云》记载：“中央研究院在鸡鸣寺，建筑仿照北平宫殿式，显得堂皇富丽。院后有几棵大松树，石径苔生，似少人迹。另外一座大房子，就耸立在这里，好像别有小天地似的。我们的胡先生，便住在二楼西南的一室。……因为傅斯年先生拖一双草拖鞋走进来，胡先生大喊‘有新闻记者在这里’。于是吓退了傅斯年，我们也就告辞了。”①

蒋介石与中央研究院

1948 年 9 月 23 日上午 10 时，“国立中央研究院成立第二十周年纪念会暨第一次院士会议”在总办事处举行。49 名当选院士出席了开幕式。蒋介石、何应钦、张伯苓、吴贻芳等军政要员和教育界名流也参加了开幕式。当晚 8 时，蒋介石在总统府宴请全体院上，9 点一刻结束，晚宴“极简单而精致，但五十岁以下人均觉不能果腹”。晚宴后，又举行了“游园会”。据台湾“中央研究院历史语言研究所”研究员石璋如回忆：“当时在研究院办了很热闹的庆祝活动。上午开会，晚上就请吃饭，从总办事处到地质研究所前头的空旷处，桌子一路排开，

1948 年 9 月 23 日国立中央研究院成立第二十周年纪念会暨第一次院士会议结束，院士们走出总办事处

① 载《旅行杂志》1946 年第 20 卷第 12 期。

1948 年 9 月 23 日国立中央研究院成立第二十周年纪念会暨第一次院士会议院士合影

放上酒和点心，夜里灯火通明，称作游园会。刚开始的时候人很多，爱去哪桌吃、喝酒都可以，可是天气不巧，打了响雷下起了雨，大家就集中到总办事处的演讲大厅去了。”

1993 年，中央研究院旧址被南京市人民政府公布为南京市文物保护单位。2002 年 10 月，被江苏省人民政府公布为江苏省文物保护单位。2008 年，被南京市人民政府公布为“南京重要近现代建筑”。2013 年，被国务院公布为第七批全国重点文物保护单位。2017 年 12 月 2 日，国立中央研究院旧址入选由中国文物学会、中国建筑学会联合评选的“第二批中国 20 世纪建筑遗产项目”。

国立紫金山天文台

国立紫金山天文台位于中外闻名的紫金山第三峰天堡峰，全称是国立中央研究院天文研究所紫金山天文台，又名国立第一天文台，俗称紫金山天文台。[①]

1927年10月1日，国民政府设立大学院，隶属于国民政府，管理全国学术及教育行政事宜。蔡元培应邀南下组建大学院，委任设在北平的中央观象台台

从天保城眺望紫金山天文台

① ［民国］总理陵园管理委员会编：《总理陵园管理委员会报告》，1931年10月内部印刷本。

长高鲁为大学院观象台筹备委员会主任。1927 年 11 月 20 日，在国民政府召开的国立中央研究院筹备会上，高鲁的《建国立第一天文台在紫金山第一峰》提案，在大会上获得通过。1928 年 6 月，国立中央研究院（由大学院分化而成）成立后，改观象台筹备处天文组为天文研究所，由高鲁任所长。天文研究所主要任务是观测天体方位，以从事理论天文学之研究；观测天体形态、光度、光谱，以从事天体物理学之研究，此外，还有编历、授时以及天文学图书编纂工作。

一、选址经过

高鲁（1877—1947），福建长乐人。早年就读于福建马尾船政学堂。1905 年，去比利时布鲁塞尔大学留学，获得工科博士学位。他追随孙中山先生奔走革命，是同盟会老会员。1912 年，孙中山在南京建立中华民国临时政府，高鲁随之回国并任孙中山先生的秘书。不久任中央观象台首任台长。1918 年去欧洲，任留欧学生监督。1921 年回国后，仍任中央观象台台长。后任中国天文学会会长，是中国现代天文事业的创始人之一。

1928 年国立中央研究院天文研究所成立后，高鲁将接收的鼓楼公园改为鼓楼测候所，天文研究所办公地点就设在鼓楼。为了寻找合适的天文台台址，他

鼓楼测候所

三登紫金山，勘察地形，决定将天文台设在海拔448米的紫金山第一峰——北高峰。自1929年10月11日开始测量线路，聘建筑师李宗侃绘制天文台的初步设计图以及登山车路。正当高鲁准备动工开建天文台时，忽然接到出任驻法国公使的任命，而此后中央研究院又有建台清凉山的动议，所以在紫金山第一峰建设天文台的计划陷入停顿。

1929年2月，高鲁在出国赴任前，向中央研究院院长蔡元培推荐厦门大学天文学系主任余青松接任所长一职。

余青松（1897—1978），福建厦门人。1918年从清华学校留美预备班毕业后赴美留学。先在里海大学攻读土木建筑学专业，获学士学位。1922年，入匹兹堡大学攻读天文学和数学，1923年完成的硕士论文《天鹅座CG星的光变曲线和轨道》使他在美国天文界初露头角，获得硕士学位。后来他又转入加利福尼亚州立大学进修，1925年，获哲学博士学位。1926年，他对于恒星光谱和光谱分类方面的观测研究成果更是现代对于恒星能量分布研究的一个重要里程碑，使他赢得了国际声誉。为此他被聘为英国皇家天文学会的第一位中国籍会员。1927年回国，任厦门大学天文学系主任。

1929年7月余青松到南京接任天文研究所第二任所长后，秉承高鲁的宏愿，开始着手创建紫金山天文台的工作。经过实地调查，他发现紫金山第一峰虽面积较小，取水困难，但人力可以补救；而清凉山接近市区，尘灰飞扬，楼房和道路的灯光明亮，有碍观测，故决定将台址选在紫金山。

台址选定后，余青松与总理陵园管理委员会协商，请求划拨土地供建台之用。得到应允，并得到夏光宇处长和汤有光工程师等绘制的登山路线图。由太平门龙脖子起，沿山南折而向北，以达第一峰，全长约5千米，筑路费约为5万元。总理陵园管理委员会起初答应赞助一半费用，后因经费支绌，未能兑现。后来，总理陵园管理委员会又提出，通向紫金山第一峰的盘山道路，必须建在紫金山北麓。原因是原先选择的登山路线均在紫金山南麓，如果破土动工，将会露出黄土颜色，破坏整个紫金山南麓的风景。

这些意外变化，使天文台建在紫金山第一峰面临重重困难。一是紫金山北坡陡峭，工程量艰巨浩大，5千米盘山路5万元筑路费，天文所独立负担不起；二是将来的全台用水也是个严重的问题。在这个时候，余青松与中研院总干事杨杏佛亲自到第三峰察看，见这里山顶面积宽敞，距市区又近，风景甚佳，如

筑公路则坡度较平缓，海拔高度虽然不及第一峰，但同样具备天文观测条件。经杨杏佛与陵园方面协商，将台址改在紫金山的第三峰，第三峰面积较大，海拔只有 267 米，盘山公路只需 2 千米长，筑路费用自然要少得多。

二、天文台路

台址选定后，余青松开始计划盘山公路的修建工作。因为这条道路是南京修筑的第一条盘山公路，所以，余青松在设计线路方面格外尽心。

1929 年 10 月 11 日起，他请来了江苏土木测丈人员养成所学生数人，与天文研究所工作人员合作，先后用平板仪、木准器、经纬仪等仪器，测量校准通向第三峰的盘山公路，并绘制了该公路的平面图、横断面图、纵断面图。

盘山公路设计宽度为 22 英尺（约 6.71 米），中间铺有 14 英尺（约 4.27 米）宽、4 英尺（约 1.22 米）厚的石片，两旁为人行道，上坡处宽 2 英尺（0.61 米），下坡处宽 4 英尺（约 1.22 米），路旁内侧辟有宽 2 英尺（0.61 米）、深 1 英尺（0.3 米）的明沟，沿路转弯处均增加宽度。

盘山路又名天文台路（《南京民国建筑》）

1929年11月25日，天文研究所在京沪两地的报纸上刊登了招标筑路广告，为时各7日，有孙和祥、王兆隆、沈文记三家营造厂前来应征。最后，孙和祥营造厂以1330654元的最低价中标。12月21日，盘山公路工程开工。工程开工后，雨雪连绵，加上修改路线、巨石挡道等原因，直到1930年8月才完成。

这条盘山公路筑成后，定名为天文台路。在这条道路的中间，用石片砌成的“天文台”三字，多年来一直存在，直到近年才无影无踪。

三、建设天文台

天文台台址选在第三峰，高鲁聘请李宗侃建筑师绘制的天文台初步设计图无法采用。天文研究所决定请李宗侃、庄俊和天津基泰工程司的建筑师杨廷宝一起来设计天文台，以便择善而从。

三位建筑师到实地考察后，李宗侃没有参加设计，庄俊和杨廷宝分别设计了一份图样。最后，杨廷宝的设计图“以其能按地势布置，设计周密而又雅观”而被采用。

当时总理陵园管理委员会赞同拨地时明确要求：天文台最好采用中国式的建筑风格建造，因为陵园的现有建筑物皆为中国式，即使将来的建筑，亦拟采用中国式以整齐划一。天文台既然建在陵园范围内，其建筑外观自然要保持一致。

余青松认为，天文台固然应当采用中国式风格，但是，中国式的建筑物特色主要体现在屋顶和屋檐，而天文台必须有能转动的圆屋顶以便于观测天象，而圆屋顶就不符合中国建筑的规制。所以，天文台无法建成完全的中国式。经与杨廷宝商量，决定“于屋顶、栏杆及大门门框等专用中国式造之”。

1930年夏天，天文研究所在南京《中央日报》和上海《申报》上刊登建台招标广告多日。上海方面没有一家营造厂应征，南京方面来应征的也只有两家。可开标之日，这两家营造厂开价之高，远远出乎天文所的意料和承受能力。余青松只好宣布这次招标失败。

招标失败后，余青松对其原因作了一番调查。他发现原因不外乎两种：一是高山建筑，确需巨金；二是由于小包工无力承担，而大包工以资力雄厚，营业发达，不屑承担薄利建筑，所以宁愿开高价，即便不得标也不可惜。据余青松分析，第二种原因可能较近真相。至于这次招标为何应征者极少，则可能是大多数营造商素无建天文台的经验，且施工又是在高山之上，所以多数不敢前

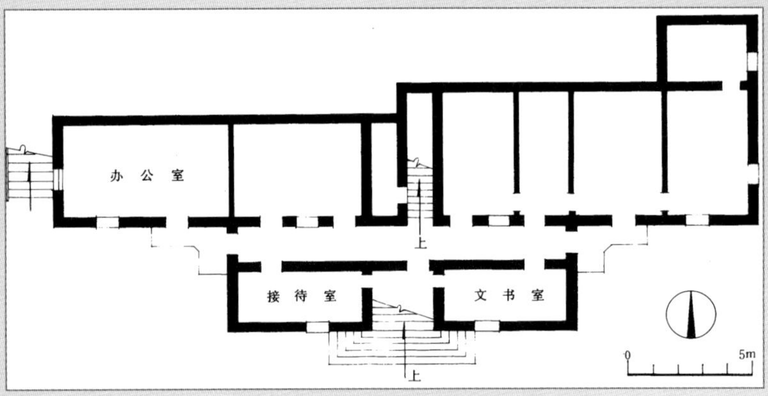

观象台一层平面图（杨廷宝绘）

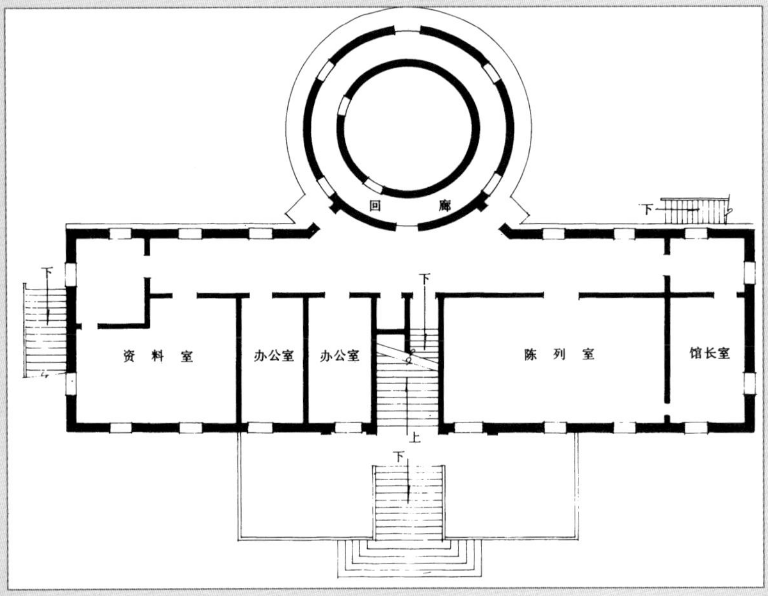

观象台二层平面图（杨廷宝绘）

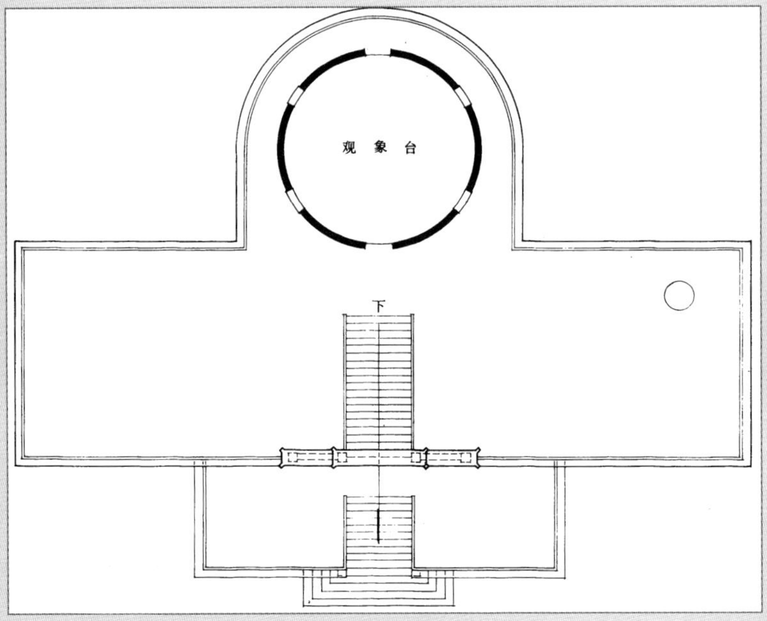

观象台顶层平面图（杨廷宝绘）

1934 年的紫金山天文台

紫金山天文台

来尝试。

在这种进退两难的情况下，余青松果断决定采用点工制的方法自行建台。这个办法就是：所有的建筑材料全部由天文所自备，招募工匠兴建，另外雇佣

监工、账房、工头各一名，分别负责工程质量的监督、点名、发放工资、购买材料及招募工友等事宜，其余瓦匠、木匠、电匠等，均是按日计算发放工资。

紫金山天文台建于1931—1934年，占地面积47亩（约3.13万平方米）。周围的铁丝篱笆围墙由上海公勤铁工厂承制。建筑物有天文台本部、子午仪室、赤道仪室、变星仪室、职员宿舍、所长宿舍等。据1939年刊印的《国立中央研究院民国二十六至民国二十八年度总报告》中《抗战前之建设》一节写道：“本院成立伊始，各处所多就所在地赁屋办公或施行研究。至民国十九年以后，始就南京及上海两处开始建筑。其建筑费则取给于数年来本院撙节费用之累积及中华教育文化基金董事会之补助。至民国二十六年本院房屋建筑计划大致完成。……在紫金山顶天堡城之东北建有天文研究所台屋多座，计有天文台一座，子午仪室一，大赤道仪室一，小赤道仪室一，变星仪室一，气象台一，及职员宿舍二。在山阴天文台附近，地理研究所之地磁实验室亦在焉。”天文台的建筑均用红砖、水泥砌筑，外墙包以虎皮石头，这种虎皮石头系就地取材，从紫金山开采，节省了大笔的建筑材料费用和运输费用。建筑物的各层地板和楼顶均用钢筋水泥砌筑，钢门钢窗，只有两栋宿舍为了节省费用采用的是木门木窗。可以说，天文台的建筑基本上是防风、防火的坚固建筑。整个建筑群朴实厚重，与山石浑然一体。

天文台本部

建于1933—1934年。主楼高两层，平面长方形，有房间25间，面积503.80平方米；后连大赤道仪圆顶室。长方形的本部主楼上层为办公室、研究室、图书室、会客室等，下层为储藏室、机器室、庶务室、工役室等。圆顶室下层为照相暗室，在台本部的主楼正中，有一石阶直达巨大的银色圆顶室，圆顶对径8米，用铁架和紫铜外皮制造，外涂铝漆。圆顶室内，有一架当时远东地区最大的、直径为600毫米的反射式天文望远镜（即24英寸反光赤道仪），系德国蔡司公司制造，附石英分光镜一台及观测升降机一台，价值126000余马克。1930年10月订购，1933年6月2日运到。抗战期间，仅将镜面及附件运到后方，抗战胜利后，经中华科学仪器制造所修配后

紫金山天文台奠基碑

紫金山天文台观象台

紫金山天文台观象台

紫金山天文台观象台

日据时期的紫金山天文台（山本信部队编辑摄影《圣战记念写真帐》，吴先斌收藏）

恢复使用。台阶中段，有三开间的中国传统民族形式石牌坊横跨其上，牌坊顶部覆盖蓝色琉璃瓦，正中镌刻国民政府主席林森题写的“天文台”三个蓝底填金大字。主楼顶部的平台及圆顶周围均用天坛式人造石栏杆，富有民族建筑风味。在底层两侧和两层中部北侧均有出入口与室外相通。该建筑将行政办公楼与圆形观象台有机结合成一个整体。在天文台本部的基座上，镶嵌有“中华民国二十二年十二月二十二日冬至国立中央研究院天文研究所紫金山天文台奠基碑　一九八四年九月张钰哲按原碑文重书”石碑。

子午仪室

建于1932年。高两层，有房间五间，面积113.95平方米，是专门为安装135毫米超入差自动子午仪而建的。子午仪系瑞士物理仪器工厂制造，1930年1月订购，价格约8700瑞士法郎，内附印字计时器及水准较验器，1932年9月运到。全面抗战期间未及装运内迁，导致遗失。抗战胜利后，重新安装国防部测量局子午仪。室内底层设有电气天文钟两台。

子午仪室

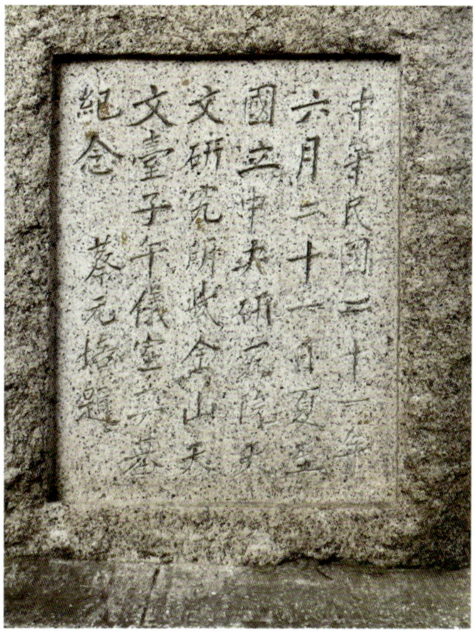

子午仪室奠基碑

子午仪室（《南京民国建筑》）

赤道仪室

又称小赤道仪室，建于 1933 年。高两层，有房间六间，面积 106 平方米。中部圆顶对径 5.5 米，用木架木板制造，外盖毛毡，上涂铝漆。安装有 200 毫米折射赤道仪（即八英寸折光赤道仪）一座。附属有太阳分光仪室、研究室、照相暗室等。该赤道仪系德国蔡司公司制造，1930 年 5 月订购，价值约 55000 马

赤道仪室

变星仪室（《南京民国建筑》）

变星仪室

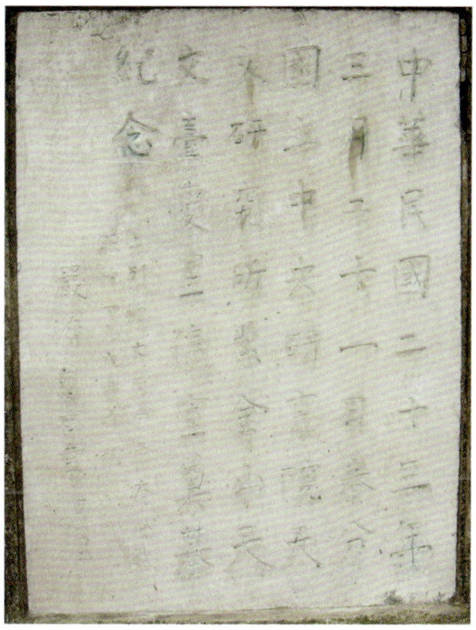
变星仪室奠基碑

克。同年底运到南京，先安装在鼓楼，后安装于紫金山天文台。全面抗战时期，镜面钟机及零件装运西迁。抗战胜利后重新装配于紫金山天文台。

变星仪室

建于1934年。高四层，形似方塔，面积25.52平方米。上面圆顶对径4米，外涂铝漆，内设100毫米罗氏变星照相镜（摄影机）一台，其下有研究室、照相暗室等。变星仪系美国哈佛大学天文台代购并代校正。1930年4月订购，价值美金2460余元，1933年春运到。全面抗战期间装运西迁，安装在云南昆明凤凰山天文台。①

职员宿舍（西宿舍）

高三层，有房间32间，面积261.28平方米。上层为单人宿舍，中层可住有家眷者两家，下层作厨房和仆役室。

所长宿舍（东宿舍）

房屋19间，面积237.11平方米。

蓄水池与气象塔

位于小东峰上，高于天文台的一切建筑。

铁丝篱笆围墙

① ［民国］国立中央研究院编:《国立中央研究院概况（中华民国十七年六月至三十七年六月）》, 1948年内部印刷本。

紫金山天文台职员宿舍

由上海公勤铁工厂承制。

天文台的建筑费用具体如下：天文台路（上山公路）2.5 万元，天文台本部 5 万元，子午仪室 3.7 万元，赤道仪室 1.3 万元，变星仪室 1.2 万元，职员宿舍 3.5 万元，所长宿舍 1.5 万元，其余建筑 1 万元，总投资约为 20 万元。

1934 年 9 月 1 日，紫金山天文台举行落成揭幕典礼，其实况由中央广播无线电台作现场直播。蔡元培先生在祝词中赞道：“余青松先生积数年之劳苦，开远东未有之先声，终建此台……国立第一天文台独立于斯时崛起的东方，必对中国科学进步贡献巨大！”

四、古天文仪器

紫金山天文台不仅是我国现代天文学的摇篮，而且还聚集了中国古代天文学的辉煌成果。现台内仍保存了明、清时代复制的古天文仪器。

浑仪

古称浑天仪，是测量天体位置和运动的仪器，主体由三重铜圆环组成，由四根龙柱支撑，通高 3.1 米，底边分别宽 4.9 和 4.7 米。

简仪

为元代郭守敬所创制，是对浑仪的改进，因较浑仪简便易行而得名。通高2.65米，一边长4.42米，另边长2.99米。

圭表

是我国最古老的传统测天仪，由一卧圭、一立表组成，通高3.56米。

漏壶

两只。是钟表未发明之前的计时器。一大一小，花纹式样也不一样。以上五件是明代的复制品。

天体仪

古称浑象或浑天象，用以表示恒星和星座位置，并能演示日、月等天体运行情况。清政府1903年复制。

浑仪

简仪

圭表

天球仪

地平经纬仪

地平仪

又名地平经纬仪，用于测定天体地平坐标的仪器。清政府20世纪初复制。

日军占领紫金山天文台

这批珍贵的古天文仪器，明代置于南京北极阁观象台内，清代运到北京。1900年八国联军侵入北京城后，曾遭劫掠，直到第一次世界大战结束后，才归还我国。1933年6月，从津浦铁路运回南京，先是存放在浦口火车站。1934年2月，运至紫金山天文台内。为更好地展示古代与现代天文仪器，现在紫金山天文台内成立了天文历史博物馆。

紫金山天文台建成后，天文研究所于1935年初迁到紫金山天文台办公。

1937年12月南京沦陷后，日军占领紫金山天文台。

在南京沦陷前，天文研究所西迁至云南昆明，紫金山天文台停止运转。为了能尽快恢复工作，投入观测，余青松再次亲自勘测设计，组织施工，于1938—1939年在云南昆明东郊凤凰山上建造起了一座新的观测站——凤凰山天文台，即现今中国科学院云南天文台的前身。1941年春，余青松辞职，由张钰哲（1902—1986）任所长。

1940年汪伪国民政府成立后，日本帮助汪伪行政院文物保管委员会下辖的天文气象委员会恢复和开展天文台的报时、气象观测、地震观测和日食观测等活动。1944年，在中国人民抗日战争和世界反法西斯战争进入反攻阶段后，日本大使馆致函汪伪政府，要求“借用”紫金山天文台，构筑防空设施，天文气象委员会在紫金山天文台的一切活动也只能停止。

抗战胜利后的第二年，天文研究所包括紫金山天文台的人员离开昆明，经过重庆回到南京，10月1日恢复工作。据1945年9月19日中央社南京电，关于重庆国民政府接收南京中山陵的报道《总理陵园昨日接收竣事》：“藏经楼图书馆、遗族学校、天文台等，大都门窗破坏仅余外表。”①

1949年新中国成立后，紫金山天文台修复损坏的天文仪器，并先后增置色

① 《中央日报》1945年9月21日。

1953 年 2 月 23 日，毛泽东主席亲临紫金山天文台视察

球望远镜、定天镜、双筒折射望远镜、施密特望远镜和射电望远镜等先进的天文仪器，可以进行恒星、小行星、彗星和人造卫星的观测与研究，以及对太阳的常规观测，研究太阳的活动规律并作出太阳活动预报。紫金山天文台还是中国历算的权威机构，负责编算和出版每年的《中国天文年历》《航海天文历》等历书工作。

紫金山天文台

1953年2月23日，毛泽东主席在陈毅元帅的陪同下视察紫金山天文台，仔细观看了各种天文仪器，指示要把受损的中国古代天文仪器修复好后展出，以教育人民，教育青年；把还未修好的600毫米反射望远镜修好，要把我国的天文研究工作做得更好。

邓小平、江泽民等党和国家领导人也曾先后到紫金山天文台视察。

1992年，国立紫金山天文台旧址被南京市人民政府列为南京市文物保护单位；1996年，被列为全国重点文物保护单位；2008年，被南京市人民政府列为南京重要近现代建筑。2016年，入选中国文物学会、中国建筑学会联合评选的“首批中国20世纪建筑遗产项目”。

国立中央研究院气象研究所·北极阁气象台

国立中央研究院气象研究所和北极阁气象台位于南京鸡笼山（明朝朱元璋认为鸡笼山之名俗气，改名鸡鸣山）之巅的北极阁 2 号，与鸡鸣寺和宋子文公馆相毗邻，现为中国北极阁气象博物馆和江苏省气象局机关服务中心所在地。

鸡笼山海拔 67.9 米，高出地面 60 米。早在 1500 年前的南朝刘宋时期就设有日观台，又称司天台，这是世界上最古老的气象台。元朝至正元年（1341），在此筑观象台。明朝洪武二十二年（1389），在鸡鸣山筑建观星台（又名观象台），观察天文气象，鸡鸣山因此又名钦天山。[①] 明代鸡鸣山观星台的设备优良精巧，

气象所与气象台鸟瞰（王腾拍摄）

① ［明］黄佐《南雍志》卷七《规制考上·上篇·建置本末》："二十二年，建观星台暨十庙于山间，更赐名钦天山。"

气象研究所和气象台雪景（从台城拍摄）

令意大利传教士利玛窦叹为观止。

清初，南京观象台仪器移入北京。鸡笼山成为北极道观所在地，因此鸡笼山又名北极阁。清朝康熙二十四年（1685），康熙皇帝驻跸江宁（今南京）期间，曾登上鸡笼山，伫立在观象台旧址上，遥望玄武湖和南京城，心旷神怡，欣然命笔题写“旷观”二字。当年冬天，地方官员在北极阁竖立《旷观碑记》一通，记述了康熙皇帝游历鸡笼山的经过。这块碑至今仍立在北极阁气象台与图书馆之间的草坪上。

1911年，辛亥革命爆发后，江浙联军在总司令徐绍桢的指挥下，进攻南京城。清军统帅张勋将指挥所设在北极阁，负隅顽抗。江浙联军炮轰北极阁，张勋仓皇而逃。

1927年4月，国民政府定都南京，为观象授时之需要，在国民政府教育行政委员会附设时政委员会。10月，将时政委员会改称为观象台筹备处，附设于大学院（即后来的国立中央研究院）。1928年2月，观象台筹备处天文组和气象组分别改组为天文研究所和气象研究所，高鲁为天文研究所所长，竺可桢为气象研究所所长。

清末北极阁远眺，近处为进香河

气象研究所大门

第二期气象学习班学员合影

1928年，中央研究院选择北极阁作为气象研究所所址，这是我国近现代第一个国家气象所。气象所成立后的20余年间，大部工作偏重于气象科学，地震观测为其附属的一个部门。1947年，物理研究所改组，原隶属于该所的地磁台划归气象所为地磁组。同时成立普通地球物理组。至1948年6月，共有工作人员25人。首任所长竺可桢后来出任国立浙江大学校长，无暇分身，遂由吕炯及赵九章先后代理所务。1947年，竺可桢一再坚辞，始由赵九章继任并主持该所气象组工作。此外，由陈宗器、傅承义分别主持地磁组和普通地球物理组工作。

气象所的专任研究员有竺可桢、赵九章、吕炯、涂长望、陈宗器、傅承义等，还有兼任研究员、助理研究员等。

1928年6月，拆除北极阁旧道观，建气象台一座、图书馆一座及两翼楼屋、地下室等，至1931年6月全部工程竣工。① 据1939年刊印的《国立中央研究院民国二十六至民国二十八年度总报告》中《抗战前之建设》一节记载："在钦天山顶，建有气象研究所台屋数座，中为气象台，东为办公室，西为宿舍，北为图书馆，馆侧各有研究室四。"

北极阁气象台近景

"气象研究所台屋"为庄俊、卢树森等人设计。其中气象台为庄俊设计，新锡记营造厂承建，1928年6月动工，同年12月竣工。气象台建在石砌平台上，六角形，上下共四层，高约14米，钢筋混凝土结构。底层四周为柱式外廊，有六根巨大的圆柱；上面三层都建有混凝土栏杆。气象台内设有旋梯通向每层挑台和顶层平台。它是我国现代第一座气象台。据张其昀《南京之地理环境》记载："民国十七年，大学院以北极阁地址极适于气象测候之用，因于山上重建气象台，台之旁即为中央研究院气象研究所。气象台系六角形，用钢骨水泥建筑，工费约一万三千元。台凡三层，离山顶四十余尺，登高一望，首都形势，了如指掌。"② 以气象台为核心的气象所矗立在鸡笼山之巅，远远望去宛若是一座古塔。今天的江苏省气象局以民国气象台作为其标志。

1930年4月至1931年6月，在气象台的北侧兴建了一座高三层的图书馆（地上为两层，半地下承台一层）。图书馆为仿古建筑，卢树森、刘敦桢设计，朱森记营造厂承建，重檐歇山顶，上层为烟色筒瓦屋面，叠层为灰色小黏土瓦屋面。砖木结构，建筑面积570平方米。建筑物右下角镶嵌有汉白玉质的奠基石一块，其上竖书："中华民国十九年八月十五日国立中央研究院气象研究所图书馆奠基 蔡元培谨记"。共七行，每行五字，其中有一行四字，楷书，含有隶意。至

① ［民国］国立中央研究院编：《国立中央研究院概况（中华民国十七年六月至三十七年六月）》，1948年内部印刷本。
② ［民国］中国科学社：《科学的南京》，南京出版社2018年12月版。

北极阁气象所和气象台

北极阁气象研究所和气象台（《首都志》）

北极阁气象台（20 世纪 40 年代）

1948 年 6 月，图书馆收藏有书籍超过 6000 册，多为成套杂志，其中有关国内气象、地球物理及其有关科学文献之收集，在国内首屈一指。图书馆的底层用作地震观察室（俗称北极阁地震台）。当时从德国购买了一套大型的维歇尔地震仪，能够对距离 300—1000 公里、震级 5—6 级，或者距离 2000 公里左右、震级 7 级上下的地震进行清晰的记录。1930 年底运抵中国南京，1931 年 10 月开始安装，1932 年 7 月 1 日正式投入观测，1932 年 7 月 8 日记录到第一个地震。同年 12 月 25 日记录到我国甘肃昌马 7.5 级大地震。1937 年因日本侵华战争爆发，仪器停止观测，其间共记录到地震达一千多次。抗战结束后，该地震仪于 1947 年整修并恢复记录，至今这台地震仪还能运转，现在是南京基准地震台、南京地震科学博物馆的镇台（馆）之宝。图书馆一度是江苏省气象台资料室，现为中国北极阁气象博

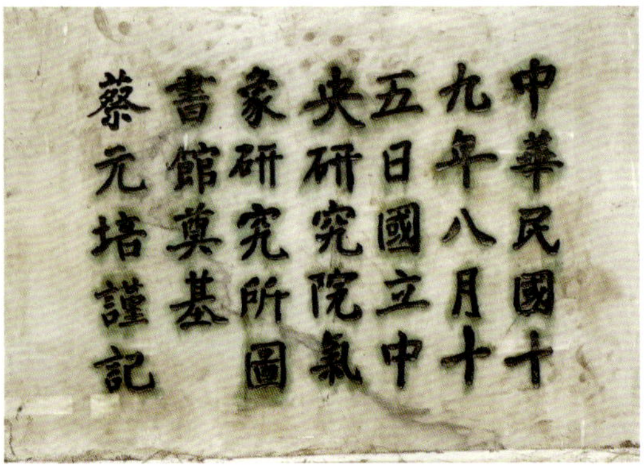

蔡元培书写的气象所图书馆奠基碑

气象研究所图书馆

气象所图书馆

气象所办公楼

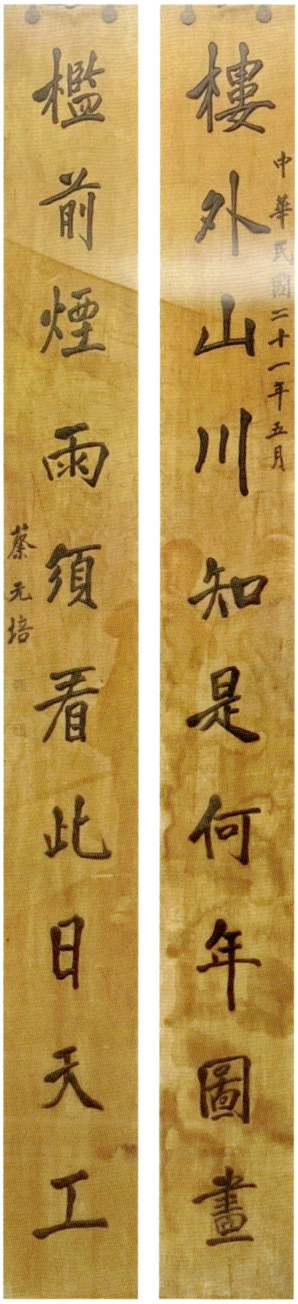

蔡元培题写的图书馆对联
（中国北极阁气象博物馆收藏）

物馆展览室。

在气象台与图书馆的两侧，建有两段圆弧形回廊和两座庙宇式建筑，整个平面呈半月形。其中庙宇式建筑为资料室，依山而建，左右对称，歇山顶，青砖小瓦屋面，砖混结构，造型古朴。两座庙宇式建筑邻近气象台的一侧均以封火山墙相隔。

1937 年全面抗战爆发后，气象所于当年 9 月初迁到武汉，12 月迁到重庆。1946 年 9 月重返故址，经过一年多的修缮，院宇才恢复旧观。

1949 年新中国成立后，气象所曾为江苏省气象局、江苏省气象台、江苏省气象科学研究所、江苏省气象信息中心、江苏省气象服务中心等单位所在地。

2003 年，中国气象局、中国气象学会、江苏省气象局和江苏省气象学会在气象所内的气象台前，竖立起一尊由周光召题名的“竺可桢先生”全身青铜雕像。

2010 年 3 月，在此建成中国北极阁气象博物馆，这是我国第一个专业性的气象博物馆。该馆将自然景观与气象历史文化相融合，在露天景区内，竖有我国古代著名气象人物群雕（包括吕尚、沈括、黄履庄等八位，由吴为山雕塑）和我国三千年气象历史记录浮雕，同时还展示古代气象观测仪器，如清代乾隆年间建立的测雨台等；在利用原来图书馆改建的主展馆内，分为古代气象、近

气象台（赫达·哈默尔摄，《南京》，1945 年版）

气象台（从图书馆方向拍摄）

北极阁气象台

代气象、当代气象和现代气象科技展示厅四个展区，再现了我国数千年的气象科技发展史。

1992年3月，“北极阁气象台旧址”被列为南京市文物保护单位；2002年10月，被列为江苏省文物保护单位。2013年，被列为全国重点文物保护单位。2018年，北极阁气象台入选中国文物学会、中国建筑学会联合评选的“第三批中国20世纪建筑遗产项目”；同年，被列为第一批全国中小学研学实践教育基地。2022年3月，被命名为2021—2025年度第一批全国科普教育基地。

江苏省气象局以北极阁气象台作为其标识

国立编译馆

国立编译馆位于南京市大山路 39 号（原 127 号），先后是是中国人民解放军第 3304 工厂、南京光学仪器厂和南京百花光电有限公司所在地。

1930 年 11 月，国民党召开三届四中全会时，朱家骅、陈立夫等人提议设立编译处，总管编译一事。1931 年 5 月，国民会议代表彭大铨、刘宗向等提议从速设立国立编译馆，编译中小学教科书及学术专著。1932 年 4 月，教育部部长朱家骅奉国民政府令裁撤教育部编审处，设立国立编译馆。5 月，国民政府行政院拨款 5000 元作为开办费，并按月拨助 5000 元作为经常费，由辛树帜（1894—1977）担任馆长，教育部原编审处人员拨归该馆，又先后聘请专任编审员及编审员 30 余人，办公地点设在教育部编审处原址。1932 年 6 月 14 日，国立编译馆成立。1933 年 4 月，立法院修正通过该馆组织规程，正式定名为国立编译馆，隶属于教育部。

1936 年，国民政府教育部任命辛树帜继于右任之后为西北农林专科学校校长，同年初即开始招生。当时该校设有农艺、园艺、森林、畜牧、水利、农业经济六个组（后改称系），校址在陕西武功张家岗。1938 年，北平大学农学院由汉中迁至陕西武功，河南农学院畜牧系由郑州迁到陕西，与西北农林专科学校合并，改称西北农学院，辛树帜改任院长。

辛树帜离任后，由陈可忠继任国立编译馆馆长一职。1937 年全面抗战爆发后，该馆奉令迁到庐山，后来又迁到长沙。1938 年，迁到重庆。1939 年，再迁

国立编译馆

国立编译馆

国立编译馆远眺（从鸡鸣寺拍摄）

江津白沙。1941 年 6 月，国立编译馆扩大组织，将教育部中小学教材用书编辑委员会、中国教育全书编纂处并入该馆，由教育部部长陈立夫兼任馆长，陈可忠任副馆长。1942 年 8 月，再迁至巴县北碚。1944 年 2 月，陈立夫辞去馆长职务，复由陈可忠任馆长。1946 年 2 月，改由赵士卿任馆长，同年 8 月，国立编译馆迁回南京。1949 年 4 月撤至台湾。

国立编译馆成立之初，设有编审、总务两处。1933 年 11 月，将编审处改为自然、人文两组，总务处改为总务组。1942 年，又增设教科用书组、社会组及教育组，同时设有大学用书编辑委员会、翻译委员会，形成六组两会的组织格局。

1946 年 8 月国立编译馆迁回南京后，组织形式又有变化，计设有自然组、人文组、总务组、大学用书编辑委员会、中小学用书编辑委员会、社会教育用书编辑委员会、出版委员会、图书资料委员会、设计考核委员会及会计室、人事室、图书室、资料室。

1988 年 3 月 26 日，季羡林先生在《回忆梁实秋先生》一文中写到他 1946 年夏天在南京国立编译馆寄宿的情景："1946 年夏天，我在离开了祖国 11 年之后，受尽了千辛万苦，又回到了祖国怀抱，到了南京。当时刚刚打败了日本侵略者，国民党的'劫收'大员正在全国满天飞，搜刮金银财宝，兴高采烈。我这一介书生，'无条无理'，手里没有几个钱，北京大学还没有开学，拿不到工资，住不起旅馆，只好借住在我小学同学李长之在国立编译馆的办公室内。他们白天办公，我就出去游荡，晚上回来，睡在办公桌上。早晨一起床，赶快离开。国立编译馆地处台城下面，我多半在台城上云游。什么鸡鸣寺、胭脂井，我几乎天天都到。再走远一点，出城就到了玄武湖。山光水色，风物怡人。但是我并没有多少闲情逸致，观赏风景。我的处境颇像旧戏中的秦琼，我心里琢磨的是怎样卖掉黄骠马。"①

国立编译馆以"发展文化，促进学术暨审查中等以下学校用书"为宗旨，是民国时期存在时间最长的编审教科书学术机构。在大陆的 17 年间，国立编译馆延聘人才，负责编辑审定大、中、小学教材，统一整理科学名词，使许多从外国音译过来的同物异名科学名词，有了中国统一的名称，极大地方便了教学、科研和中外交流，使抗战时期的中小学教育薪火相传、弦诵不辍。国立编译馆编审的教科书在近现代中国教科书发展史上具有承上启下的地位和作用。

① 季羡林著：《世态炎凉》，大众文艺出版社 2010 年 1 月版。

国立编译馆小楼

当年的国立编译馆内人才济济。梁实秋、方令孺、台静农、陈瘦竹、高觉敷、陈传璋、周立三等，以及著名翻译家杨宪益、戴乃迭夫妇，都曾经在国立编译馆工作过。

国立编译馆现存有大门和两座办公大楼，均为西式建筑。1933 年，由虞炳烈担任建筑师，唐璞担任工程助理。建于 20 世纪 30 年代中期。

2006 年 6 月 10 日，国立编译馆旧址被列为第三批南京市文物保护单位。

中央党史史料陈列馆

国民党中央党史史料陈列馆又称中央历史陈列馆，位于南京市中山东路 309 号，现为中国第二历史档案馆所在地。

1929 年，为总结国民党的历史，国民党第三届中央执行委员会第一次全体会议决定设立中国国民党中央党史史料编纂委员会。同年 12 月 26 日，国民党第 60 次中央执行委员会常务会议决定，同意由中央秘书处拟具的关于党史编纂的方案，推举叶楚伧、邵元冲、陈立夫、胡汉民、戴季陶五位委员会同审查。1930 年 1 月 6 日，第 62 次常务会议根据审查意见，决议将名称定为中国国民党

中央党史史料陈列馆大门

中央党史史料陈列馆大门内景

中央党史史料编纂委员会，并推定蒋介石、吴稚晖、王宠惠、胡汉民、邓泽如、古应芬、戴季陶、邵元冲、叶楚伧、林森、张继11人为委员。2月13日，聘请陈少白、萧佛成、张静江为名誉委员。嗣后，委员会自行推举胡汉民、林森、戴季陶、叶楚伧、邵元冲五人为常务委员。该会组织机构确定后，国民政府划拨高楼门唐生智住宅为办公地点。当时唐生智因1929年底反蒋失败，流亡国外。但因唐宅驻有军队，搬出困难，决定另在中央党部内拨出房屋两间为临时办公之用。4月，因办公人员增加，房屋狭小，欲迁往大功坊江苏革命博物馆馆址作为会所，又因该处房屋破旧，修缮不易，且距中央党部甚远，公文往返不便。时值中央侨务委员会新房落成，有楼房上下十余间，乃于6月迁入。[①]

党史史料编纂委员会除设委员、名誉委员若干外，又设专任编纂16—32人，名誉编纂及采访员若干人，负责党史资料编纂及搜集等事。在委员会下，设秘书一人，编辑、征集二课，及史料档案库、史料陈列室。各课设主任一人，干事、助理、录事各若干人。自1931年起，改课为科，增设总务科。

党史史料编纂委员会成立后，由于搜集资料日多，人员编制亦随之增加。办公处所日益紧张，于是在明故宫遗址上营建新办公地址——中央党史史料陈列馆。

① 戚厚杰：《中国国民党中央党史史料编纂委员会》，收入卢海鸣、杨新华主编《南京民国建筑》，南京大学出版社2001年8月版。

中央党史史料陈列馆由基泰工程司建筑师杨廷宝设计，馥记营造厂承建，国立中央大学建筑专业师生监理。1935年3月动工，到1936年3月落成，造价为22.6万元。大门正面横额上书隶体“中央党史史料陈列馆”字样，背面采用的是孙中山手书“天下为公”四字。因它与国民党中央监察委员会同在明故宫遗址上，国民党中央监察委员会位于东面，称为“东宫”；它位于西面，故称为“西宫”。

中央党史史料陈列馆大楼奠基仪式，国民政府主席林森出席

1936年1月9日，国民党第五届中央执行委员会常务委员会第三次会议通过该会组织条例，规定党史史料编纂委员会职责为编纂国民党党史史料及典藏国民党一切重要文献。会内组织设主任1人，由张继担任。副主任2人，主任秘书、秘书各1人，纂修20人，编审4—6人，名誉纂修若干人，采访14人，名誉采访若干人。其内部组织设总务、编辑、征集、档案四处。

1937年7月全面抗战爆发，搬入新址一年多的党史史料编纂委员会随同国民政府西迁到重庆。南京沦陷后，牌坊式的门楼上，原来的“中央党史史料陈列馆”九个字，变成了汪伪政府“绥靖军官学校附属校舍”十个字，陈列馆变成了汪伪军校宿舍。

1945年8月，日本无条件投降。次年春，党史史料编纂委员会迁回原址办公。汪伪“绥靖军官学校附属校舍”十个字，变为“开国文献馆”五个字。

国民党中央党史史料陈列馆

1936 年 1 月，建筑中的中央党史史料陈列馆主楼

中央党史史料陈列馆主楼

南京沦陷时期的中央党史史料陈列馆

南京沦陷时期的中央党史史料陈列馆

1949 年 4 月 23 日南京解放后，国民党中央党史史料陈列馆连同档案史料全部由人民政府接管。1951 年 2 月，中央人民政府决定成立南京史料整理处，以淮海路 31 号原国史馆作为办公场所，后来在中共南京市委的帮助下，办公地点搬到中山东路 309 号原国民党中央党史史料陈列馆所在地。1964 年，南京史料整理处改隶国家档案局，更名中国第二历史档案馆，专门负责收藏保管民国时

1937 年 12 月 17 日下午，在中央党史史料陈列馆前举行“入城式”的日军

中央党史史料陈列馆在南京沦陷期间成为绥靖军官学校附属校舍

期档案，而北京的中国第一历史档案馆则专门负责收藏保管明清时期的档案。1980 年，中国第二历史档案馆正式对外开放。大门正面横额上“中国第二历史档案馆”九个字系郭沫若题写。

中央党史史料陈列馆紧邻中山东路，大门为一座三开间的牌楼式建筑，三楹四柱，钢筋混凝土结构；庑殿顶，上覆深绿色琉璃瓦；额枋旋花彩绘，仿木斗拱形式；柱座为莲花图案的假石饰面，仿佛是须弥座。中门两边柱上各设有一盏仿古宫殿式铜制壁灯。中门大，左右门小，上架横额。

进入大门，中间是一个宽大的草坪。

隔着草坪，正中是一座美轮美奂的中国传统宫殿式建筑，高三层，重檐歇

中央党史史料陈列馆主楼入口处的露台与台阶

中央党史史料陈列馆鸟瞰（从中山东路524号55所宿舍楼拍摄）

中央党史史料陈列馆草坪与主楼

山顶，顶覆绿色琉璃瓦。大楼前有露天的“八”字形台阶，中间是一个拱门，这是大楼一楼的主入口。登上“八”字形台阶，可直接进入二楼。

一楼是办公用房和档案库房，各办公室以回廊相连；回廊中间为档案储藏库，为半地下式库房，两库各约100平方米，内呈“回”字形。建筑时做了防潮、隔热处理，一年四季干湿适度，温度正常，特别有利于档案保管储藏。档案库房的门分为两层，双层保险，其内一层是钢制栅栏门，外面一层是厚十余厘米的钢板门，重量逾一吨。二楼东西两面各有一个近似正方形的平台，环以斩假石栏杆。二楼四周以24根红色圆形廊柱和16根半嵌入式圆柱形成巨大的外廊。二、三楼为宽敞的史料陈列大厅，顶层为阁楼。大楼的东南、西北、东北、西南四方各建有一座四面坡攒尖顶的警卫室，顶覆绿色琉璃瓦，它们像众星拱月一般，环绕在主楼四角。建筑群的每一个建筑均为钢筋混凝土结构，雕梁画栋，飞檐翘角。

20世纪80年代，再次由杨廷宝设计，在原来的主楼两侧加盖东西两座库房，不仅增加了库房面积，而且建筑风格和谐一致。如今的二档馆，馆藏档案有1354个全宗，230余万卷，成为中华民国档案史料收藏中心。

1991年，中央党史史料陈列馆旧址被国家建设部、国家文物局评为近代优秀建筑。1992年，被南京市人民政府列为南京市文物保护单位。2001年6月25日，被列为第五批全国重点文物保护单位。

国立美术陈列馆

国立美术陈列馆坐落在南京长江路266号，东临碑亭巷，西临国民大会堂，现为江苏省美术馆分馆。

国立美术陈列馆与国民大会堂同时设计建造。1935年11月29日举行奠基典礼，居正、吴稚晖、褚民谊等数百人出席。奠基礼由居正主持，褚民谊报告筹备经过。1936年8月，国立美术陈列馆竣工。陈列馆由曾经留学德国的公利工程公司奚福泉建筑师设计，陆根记营造厂承建，李宗侃建筑师负责监造。

国立美术陈列馆大门为立柱式三楹大门，大门内东、西两侧各设有一座正方形平顶警卫室。入大门后，有一个宽敞的庭院，庭院正中有一条笔直的大道，直通美术陈列馆大楼。

国立美术陈列馆

国立美术陈列馆设计效果图

国立美术陈列馆被日军占领

国立美术陈列馆侧影（赵元任摄，《赵元任影记：好玩儿的大师》）

1937 年 12 月被日军损毁的国立美术陈列馆

大楼坐北朝南，立面呈“凸”字形，平顶，钢筋混凝土结构，主体四层，两翼三层，左右对称。内分陈列室和办公室等。占地面积 4700 平方米，建筑面积 7000 平方米，展厅面积 2400 平方米，展线高度 3.3 米。其建筑造型、风格均与国民大会堂相似，既有西方现代建筑风格，又有中国传统建筑特色。在外观设计上，采用简洁明快的手法来表达民族性，如对称式构图，立面檐口、雨篷等细部的传统装饰图案等。在内部布置上，完全是按照现代美术展览的要求设计，显得流畅明亮。它是新民族形式建筑的代表作之一。

国立美术陈列馆（安特生摄影）

以艺术的名义建立起来的美术陈列馆，建成后不久，就遭到侵华日军炮火的蹂躏。

南京沦陷期间，国立美术陈列馆被汪伪军委会参谋本部占用。

抗战胜利后，美术陈列馆成为国民参政会秘书处的办公地点。国民参政会是国民政府在全面抗战时期设立的参政、议政、咨询机关，其前身是国防参议会，1938 年 7 月在汉口成立，1948 年 3 月 29 日“行宪国大”召开后，国民参政会宣告结束，历时 10 年，前后 4 届共集会 13 次。国民参政会最初有参政员 200 人，至 1947 年 3 月增至 362 人。该会设正、副议长各一人，并设秘书处，承议长之命处理会务。秘书处设正、副秘书长各一人，下设文书、议事、总务、警卫各组，每组设主任一人，主持组务。另外，为了审查议案，国民参政会设有军事与国防、外交与国际、内政、财政经济、文化教育五个普通审查委员会和审查特种事项议案的特种委员会。

1949 年 5 月 4 日，南京市军管会政务接管委员会行政司法部成立，部址设在美术陈列馆。6 月 1 日，南京市人民法院成立，1949 年 6 月至 1950 年 9 月间，曾以此作为法院院址。1954 年 10 月 1 日，在此成立江苏民间工艺美术陈列馆。1956 年，筹建江苏省美术陈列馆。1960 年 9 月，正式更名为江苏省美术馆。

国立美术陈列馆（1944 年）

1953 年南京市法院举办《婚姻法》展览，地点为国立美术陈列馆

国立美术陈列馆（从国民大会堂顶上拍摄）

国立美术陈列馆

国立美术陈列馆历经80余年风雨，风采依旧。在主楼正面的墙壁上，原来依稀可见的“国立美术陈列馆”七个苍劲有力的大字痕迹被新做的七个同样的大字覆盖。

1992年，国立美术陈列馆被列为南京市文物保护单位。2018年，入选由中国文物学会、中国建筑学会联合评选的“第三批中国20世纪建筑遗产项目”。2019年，被列为第八批全国重点文物保护单位。

中央地质调查所地质矿产陈列馆

中央地质调查所地质矿产陈列馆坐落在南京市珠江路700号（原942号），现为江苏省地质局、江苏省地质矿产研究院和南京地质博物馆所在地。

地质调查所的创建，是与我国近现代地质先驱章鸿钊和著名地质学家丁文江、翁文灏等人分不开的。1912年元旦中华民国南京临时政府成立后，在实业部中设立地质科，章鸿钊担任科长。1913年，丁文江主持成立北京政府工商部地质调查所，担任首任所长，翁文灏为副所长，所址在北京丰盛胡同3号。1916年，成立地质矿产陈列馆，负责地质标本的采集、保存、陈列、鉴定及交换等事宜，陈列馆的首任馆长由所长丁文江兼任，这是我国第一个以地质矿产为主要内容

地质调查所地质矿产陈列馆

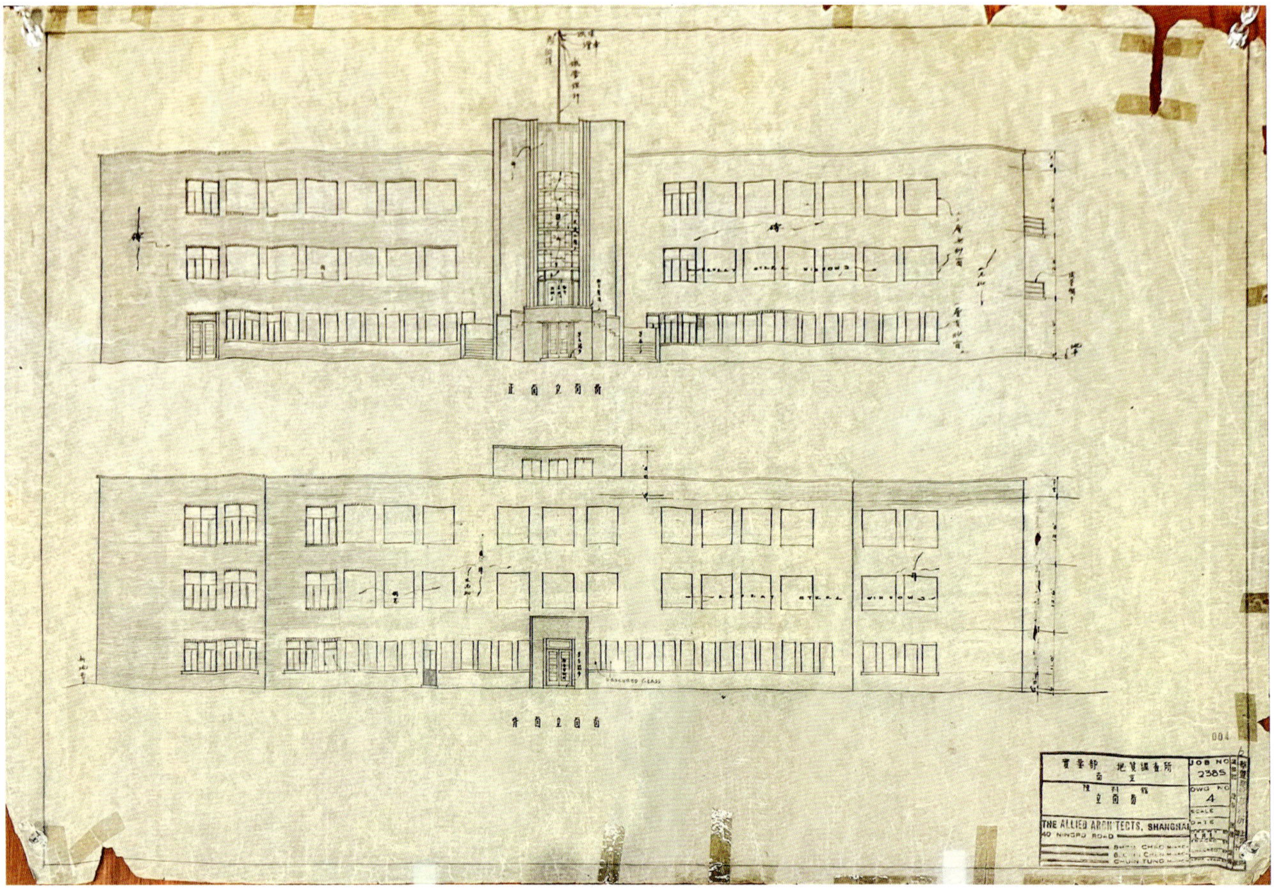

实业部地质调查所南京陈列馆平面图（南京市规划与自然资源局档案馆藏）

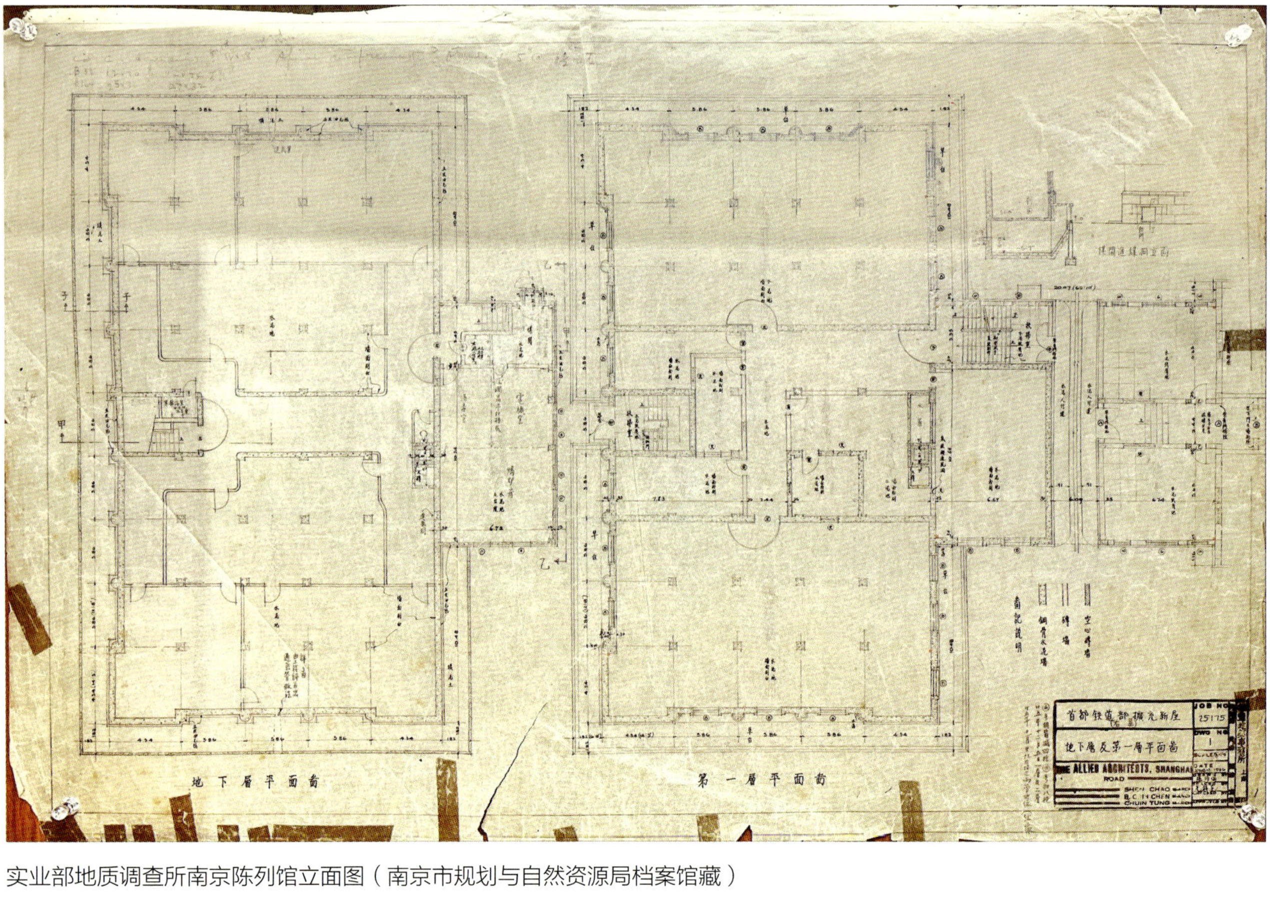

实业部地质调查所南京陈列馆立面图（南京市规划与自然资源局档案馆藏）

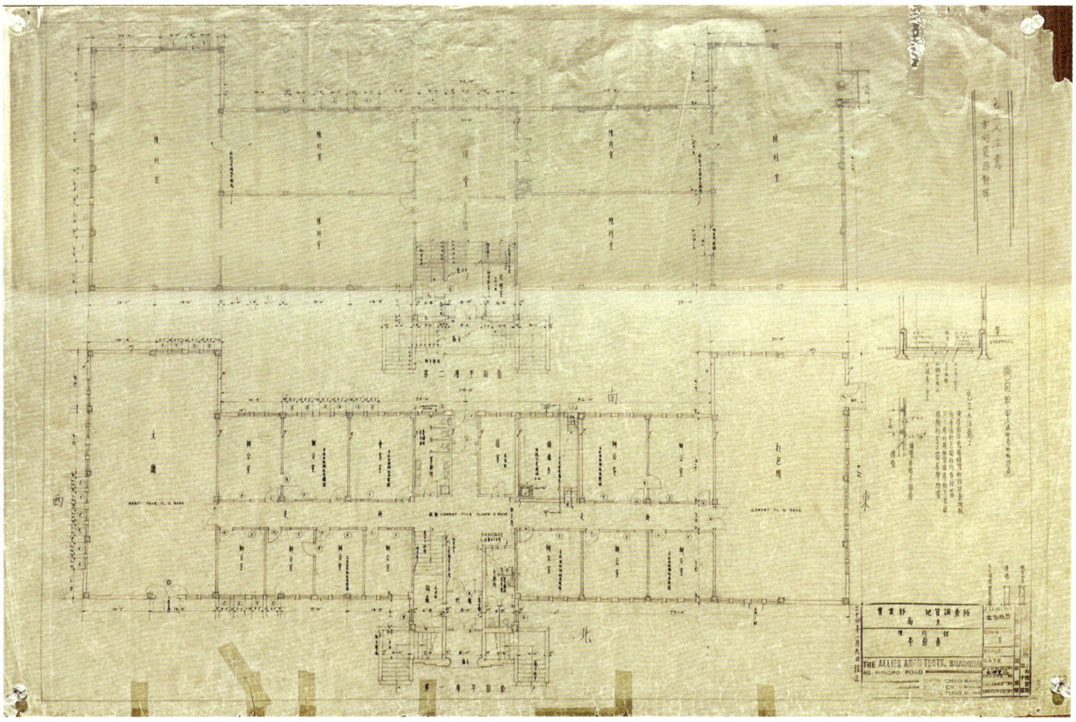

实业部地质调查所南京陈列馆平面图（1935 年 1 月，南京市规划与自然资源局档案馆藏）

的专业陈列馆。

1928 年，北京政府工商部地质调查所更名为国民政府农矿部地质调查所。1930 年 12 月，农矿部与工商部合并为实业部，农矿部地质调查所随即更名为实业部地质调查所，由翁文灏担任所长。所内机构有：图书馆；地质矿产陈列馆；燃料研究室，内附矿物岩石研究室、化学试验室、古植物学研究室及照相室；土壤研究室；古生物学研究室；地性探矿研究室；地震研究室。

1931 年日本发动九一八事变，侵占东北。1933 年日军进逼长城，占领热河，威胁平津。为防意外事件突发，地质调查所不得不将部分重要图书、标本紧急南运。1933 年 4 月 19 日，翁文灏致函钱昌照："因日来风声骤紧，平津甚危，故将所中文物再行装运……明日以有重要图书、标本 50 箱左右运京，乞转嘱公兆兄于到时设法安置为幸。"①

鉴于当时日寇步步紧逼北平，翁文灏不得不奔波筹划调查所及陈列馆的南迁事宜。1933 年，由翁文灏出面筹划、募捐，获得全国经济委员会 3 万元、国防设计委员会 5 万元、中华教育文化基金董事会 1 万元的捐助（1935 年，财政部又补助 9 万元），委托民国奇人杨度之子、时任国防设计委员会统计处处长

① 转引自孟国祥著《南京文化的劫难（1937—1945）》，南京出版社 2017 年 12 月版。

杨公兆在南京选址购地。几经周折，最后由地质调查所与中华教育文化基金董事会共同购买了当时称作水晶台的地皮（即今南京地质博物馆至南京熊猫电子集团的范围）42 亩（约 2.8 万平方米，每亩地价 360 元），建造陈列馆大楼及图书馆等房舍。与此同时，选中上海华盖建筑师事务所承担新址建筑设计工作，承担建筑施工的是裕信建筑公司。

为了保障工程的顺利进行，地质调查所与资源委员会共同组织了一个地质调查所建筑委员会，主持此项工作。1934 年 10 月，正式开工建设。为了确保工程质量，翁文灏委派该所沁园燃料研究室金开英主任作为甲方代表常驻南京，负责工程具体事宜；同时聘请金绍坊为顾问工程师，负责工程的监理事宜。据金开英 1935 年 4 月 20 日报告，当时工程进度为：

> （一）陈列馆———三层楼已在扎铁筋打壳子，如天不下雨，本星期六日可灌洋灰。首层即办公室，所有壳子均已悉数取下，各处均尚好，并无大毛病。此层砖墙今已砌到二尺半高。二层楼所有洋灰柱子因四家叔（笔者按：指金绍坊）在京，故嘱裕信打开数处壳子观察，不幸发生数处不甚满意，前日又嘱渠多打开几处，亦不满意。现除家叔指示裕信如何修理填补外，已切实警告裕信及华盖两公司，第三层不准再有同样事情发生。
>
> （二）桥梁——打底脚扎铁筋［此桥可惜不曾开弧形（arch 式），现在已不及改动］。
>
> （三）宿舍——层顶已完全盖好，现在粉刷草柴泥，电线管在装置中。
>
> （四）燃料研究室——污水管已装齐，管子合同已签定，照原来数目减少四千二百三十八元（陈列馆八十元，燃料室及厂房四千一百五十八元），现在各室包价如下：
>
> 陈列馆 6780
>
> 宿舍 7440
>
> 场面工程 2680
>
> 新价目 16900
>
> 原来数目 16980
>
> 燃料室 9920
>
> 厂房 1580

地质调查所地质矿产陈列馆

地质调查所地质矿产陈列馆

新价目 11500

原来数目 15658

原来总包价 32638

现在总包价 28400

减去数目 4238

土木工程现在不能进行，非待管子工程大部完竣后方能装地板、刷水砂墙等。室内原定木器预算为三千元，现据各方估价，恐将超出此数一百元，未知是否可增加此数？木器行京方者均甚贵，现觅得上海复兴昌木作，其价目比较合适，近已嘱其预备一部分材料来京工作矣。并嘱其先完成几种，再决定大部份木器。

（五）煤气厂——煤气制造与赵深相谈之下，觉得渠甚不明了，故特与之将此事详细说明。昨晨已接到其改正图样，考验后较为完妥。兹特修正交裕信估价，约星期四晨交来。建造地基因煤气罐改大而又加一只，故非侵入资源会地界上不可。资源会方面亦愿让地一角，共约一亩左右，现正在协商中。[①]

① 转引自李学通《中国地质调查所南京所址建筑经过考》，《地质学刊》2009年第2期。

地质调查所地质矿产陈列馆入口

1935 年 10 月，新址正式落成。计有三层楼的地质矿产陈列馆一幢（因用红砖砌造，俗称“红楼”），其中第一层为办公室，第二、三层为陈列展览馆；单层化学试验室即燃料研究室（从事高温炼焦及低温蒸馏试验）一幢，另附厂房一座，为氢化试验及植物油试验之用；煤气制造室一座；宿舍一幢。

同年 12 月 2 日，地质调查所除在北平留有部分研究人员，如从事周口店发掘研究的新生代研究室、西山鹫峰的地震研究室设北平分所外，全部迁来南京新址办公，并易名为中央地质调查所，在新建的展览大楼建立了地质矿产陈列馆，馆长盛莘夫。自 1935 年 10 月至 1937 年初整理布置，正式开馆展出，成为当时全国一流的地质矿产陈列馆。北平原址仍保留部分标本和设备，改名为中央地质调查所北平分所地质矿产陈列馆。

根据翁文灏的报告，购地和建筑费用共花去 18 万元。其中地基费 1.6 万元，矿产陈列馆工料费 7.6 万元，燃料研究化验室工料费 3.9 万元，架设门前桥梁及办公宿舍工料费 3 万元，煤气炉费 1 万元，水电设备费 2000 元，工程师费 7000 元。[①]

中央地质调查所地质矿产陈列馆的主楼是一座具有德国风格的三层大楼，

① 李学通：《中国地质调查所南京所址建筑经过考》，《地质学刊》2009 年第 2 期。

地质调查所地质矿产陈列馆

地质调查所地质矿产陈列馆

由建筑师童寯设计。建筑面积2000多平方米。钢筋混凝土结构，采用对称式构图，红砖饰面，并呈现有规律的图案。两翼墙部分，用砖搭配成矩形窗，形成一面规矩的整体立面构图，只在墙壁顶部及窗下边有微凸的水平收头；中间墙部分，在底层入口墙转角处用圆弧处理，在一层半入口的两侧外墙上，将砖间隔凸出形成一种竖向有机规律性，上方中间还有四道竖向的凸出作为收头，使得墙面富有层次和变化。该建筑糅合了当时欧陆风行的“装饰艺术运动”（Art Deco）的某种风格元素。在建筑物的内部，有简洁的古典线脚，楼梯、墙裙等采用木材装修。高高的台阶，水磨石铺地的大厅，高敞坚固的钢窗，宽阔明亮的展室，在20世纪30年代的南京城，可以说是一幢醒目的建筑。该建筑堪称童寯倡导现代主义风格新建筑的一个成功样板。

北平地质陈列馆一万余件藏品随迁南京后，至全面抗战爆发前夕，中央地质调查所地质矿产陈列馆已建成地质构造、矿物、岩石、矿产、燃料、农业地质、地史、古生物以及北京猿人与史前文化等12个陈列室。每个展厅的陈列橱架，根据标本大小高低来设计，新颖美观、样式别致，陈列有大量的古生物化石、矿石、岩石等标本，其中著名的有大型的恐龙及犀牛化石，巨型的水晶，名贵的金刚石、和田美玉、玛瑙，招远的金矿石，铜仁的水银，铜官山的铜矿石，大冶的铁矿石，个旧的银矿石，阳泉的煤炭，玉门的原油，自流井的岩盐，苏州的黏土，以及庐山的冰川石，云南的大理石，崂山的花岗岩，北平的菊花石，南京的雨花石等等，琳琅满目，美不胜收。开馆后来参观的人络绎不绝，宋美龄与李德全（冯

玉祥夫人）专程来馆参观。该馆对当时的国民教育起到了积极的作用。

1937 年，全面抗日战争爆发，迫于战乱，地质调查所地质矿产陈列馆辗转千里，内迁至湖南长沙，后又迁至重庆北碚。除部分图书、标本装箱西运外，尚有大量陈列品未及装运。其中馆长盛莘夫位于宁海路 62 号的住宅就保存有标本 22 箱之多。南京沦陷后，日本侵略军进驻地质调查所与地质矿产陈列馆，将馆内图书、标本捣毁，橱柜用于烤火取暖；同时强行将存放在宁海路 62 号盛莘夫住宅内 22 箱标本，装两卡车，运至北极阁地质研究所。[①]1937 年 12 月 19 日，侵华日军十六师团辎重兵第十六联队第四中队第二小队第四分队士兵小原孝太郎从中山门入城后，在当时的日记中写道：

> 我们直接进入马场（笔者按：应为马标）。原本是个陆军军营学校（笔者按：应为中央陆军军官学校）。柄泽部队的六个中队全部集中在此。……宿舍是离马场不远的一个地质矿产陈列室，是一栋用黑砖（笔者按：为防日机轰炸，将红砖刷成黑色）砌成的威严气派的三层楼。主馆在中间，两边排着两层楼的建筑。里面陈列的物品十分精美，摆满了珍稀的矿物标本。气势宏伟的三层楼内每层摆满了陈列品，真是令人羡慕不已。如果是一个对这方面很精通的收藏家的话，看到如此完美的陈列，一定会感动得流下泪来。这贝壳、这树叶、这珊瑚、这古代的茶壶，不论哪个都不是平凡之物。要是我把它们带回佐原的学校，大伙儿该会多么吃惊啊。顺手带走这些物品完全是举手之劳，但我们来到战场，是不能干这种事情的。我看到有漂亮的明信片，便征缴了回来。没一会儿，听说为了建宿舍，要把陈列架、陈列品都打翻扔出，当作柴火用。如此一来，从世界各地收集而来的价值几十日元、几百日元的昂贵而珍稀的化石、岩石、壶也就与路边的石块毫无二致了。而且价值几十日元、几百日元的陈列架也将化为一缕青烟，再也没有比这更令人痛惜的了。但光说是于事无补的，既没办法煮饭，也没有饭吃，所以上述决定也是无奈之举，这些物品最终被当作了柴火。

① 《图书馆留守课员谢传安向伪南京市自治委员会报告损失情形》，转引自孟国祥著《南京文化的劫难（1937—1945）》，南京出版社 2017 年 12 月版。

12 月 29 日，联队长来检查：

> 接着他的注意力就转移到角落的化石上，“蒋介石也太蠢了，把这么好的东西给糟蹋了”，一边说着一边把堆放在角落里的化石拿在手中仔细端详，“真是好化石啊！一定价值不菲吧！”他只顾感叹这些，根本没怎么顾得上检查兵器就回去了。[①]

日军占领南京期间，除了进行惨无人道的大屠杀外，还对我国的文物典籍进行疯狂的大掠夺，而中央地质调查所地质矿产陈列馆成为日军掠夺中华文物典籍的中转站。

据 1941 年日本公布的《中支那建设资料整理委员会业务概要》记载：“（在南京）搜集到的图书，装满卡车；每天向（地质）调查所搬入十几辆卡车的图书。在调查所主楼的一、二、三层房间里，堆积起了二百多座书山。”参与文化掠夺的大连“满铁”图书馆的专业人员青木实回忆：“我们奉日本特务部之命，于 6 月底赶赴南京。当时天气闷热，即使一动也不动，浑身也是汗涔涔的。我们在南京的地质调查所工作，从这里可以清楚地望到紫金山。在这座石砌的三层大楼里，每个房间都堆放着大量的图书和杂志。据说总共有 70 万册。我们的工作是对这些图书进行分类。但由于数量大，工作不可能做得那么细致。我们根据‘十进位’的规则，用粉笔在图书的封面上写上如‘00’、‘03’等，然后由苦力们搬到指定的地方去。这个工作干了两个来月，好不容易到 9 月初才结束。其中有些书非常珍贵，如 3000 多册《清朝历代皇帝实录》等。”大量的文物典籍被劫往日本，流落异邦。

1941 年 4 月，汪伪政府在南京成立“中华民国行政院文物保管委员会”。该会下设图书、博物、天文气象三个专门委员会。中央地质调查所成为图书专门委员会所在地。1941 年 5 月，汪伪教育部部长赵正平兼图书专门委员会主任委员（同年 10 月，由李圣五替代赵正平），在图书专门委员会下设总务科、事业科、征集组、编目组、整理组、阅览组，共有职员 20 人，其中日本人 8 人。福崎峰太郎任事业科科长，梅田洁任编目组主任并兼整理组主任。1941 年 5 月起，

① 《日本官兵日记》，收入张宪文主编、王卫星编《南京大屠杀史料集》（8），江苏人民出版社、凤凰出版社 2005 年 7 月版。

地质调查所地质矿产陈列馆成为汪伪图书委员会所在地

日本中支那建设资料整理委员会将所劫图书部分移交汪伪文物保管委员会保管，总计约 947881 册。这是日本出于宣传的目的，与汪伪政权共同上演的一幕“日中亲善”的闹剧。具有讽刺意味的是，次年 3 月 31 日，在南京鸡鸣寺文物保管委员会大礼堂举行图书“分让”仪式，日本方面到场的有日本大使馆代行大使职务的日高信六郎、兴亚院华中联络部文化局局长伊东隆治，以及上海自然科学研究所、东亚研究所、同文书院大学、满铁事务所代表。褚民谊当场将“分让”图书目录交与日高信六郎。上述日本五机关共获得中国图书 30956 册。“分让”复本图书给日本，实际上是一种变相的强索。此后，日方多次到伪图书专门委员会所在地——原实业部地质调查所索取图书资料。① 伪图书专门委员会在接收日本移交的图书后，也曾组织开放图书阅览。据统计，1941 年 5—12 月的 8 个月中，阅览人数共 1083 人，其中日本人 756 人，中国人仅 327 人。1942 年 1—3 月，阅览人数总计 1686 人，其中日本人 1206 人，中国人 480 人。阅览图书：中文单行本 6467 册，西文单行本 169 册，中文杂志 739 册。②

1946 年夏，中央地质调查所地质陈列馆由重庆迁回南京珠江路原址，战前馆内未及带走的地矿标本及大量中西图书资料遗失殆尽，陈列馆的柜子也不知去向。后经多方努力，添置橱柜，整理标本，加做模型，终于在 1948 年 10 月

① 孟国祥著：《南京文化的劫难（1937—1945）》，南京出版社 2017 年 12 月版。
② 转引自孟国祥著《南京文化的劫难（1937—1945）》，南京出版社 2017 年 12 月版。

10日正式恢复展出。所长李春昱在《工商部地质调查所地质矿产陈列馆指南》中记载了恢复开放的艰辛过程：

地质调查所地质矿产陈列馆前的群雕

> 为着专家的研究比较，为着一般人民的增进常识，一个博物馆是非常需要的。中央地质调查所在民国二十四年建筑南京所址的时候，曾设立一个地质矿产陈列馆，陈列着许多地质、化石、矿物标本。不幸日本发动侵略战争，南京陷落，除掉本所撤退时带走的一部分重要标本外，其余大部遗失。等到胜利归来，面目全非，陈列馆的柜子都不知去向了。前年承经济部转呈核准一部分添置费，去年又承中国纺织公司捐助一部分补助金，乃修葺房屋，添置橱柜，整理标本，加做模型，虽说还不能恢复旧观，然而大体具备。①

1956年，国家地质部在北京筹建全国性的地质博物馆，所内部分人员及标本支援北京馆的建设。1992年初，南京地质陈列馆易名为南京地质博物馆，隶属于江苏省地质矿产厅。

1992年，中央地质调查所地质矿产陈列馆以“中央地质调查所陈列室旧址”之名被列为南京市文物保护单位。2002年，以“中央地质调查所陈列室旧址”之名被列为江苏省文物保护单位。2002年，同样以“中央地质调查所旧址”之名被列为南京重要近现代建筑。

2002—2006年，由江苏省政府投资对中央地质调查所地质矿产陈列馆（即南京地质博物馆老馆，俗称红楼）进行维修改造，改造后的博物馆老馆内设“地学摇篮”“中国石文化”“矿产资源”“环境地质”四个展厅；正门前的院内广场中央，原来的雪松被移走，取而代之的是我国地质事业创始人章鸿钊、丁文江和翁文灏三人的铜质群雕。

① 中国第二历史档案馆藏。

国立北平故宫博物院南京古物保存库

南京古物保存库坐落在南京市朝天宫4号江苏省昆剧院北面，位于朝天宫南京市博物馆东、江苏省昆剧院北。

南京古物保存库由上海华盖建筑师事务所建筑师赵深、童寯、陈植设计，平面呈长方形，钢筋混凝土结构，地上三层，地下室一层。平顶，顶部四角各有一个四角攒尖顶建筑物。始建于1936年3月，同年12月完工，建筑费用39.3万元。整个建筑外形仿清朝承德外八庙中须弥福寿之庙的大红台，坚固耐用。至今该保存库仍在使用。据文献记载：“古物保存库，建于旧有之朝天宫内，系赵深建筑师设计，共分两部，一为防空库，位于地面以下，一为保存

古物保存库

故宫博物院南京古物保存库

故宫博物院南京古物保存库外墙

库，计有四层之高，式为平顶，均用钢骨水泥建造，造价为三十九万三千余元，二十五年三月开工，于同年十二月落成。”①

1931年九一八事变后，日寇占领东三省，平津危急。为了不使北平（今北京）故宫文物落入敌手，国民政府行政院决定将故宫文物南迁。第二年，日军攻占热河，进逼北平，故宫理事会要求故宫博物院选择院藏文物精华逐一编号装箱，以备随时启运。

北平故宫文物南迁工作自1933年2月7日开始，至同年5月23日结束，共分五批南迁，迁走文物13427箱又64包（包括书画近9000幅，瓷器2.7万余件，铜器、铜镜、铜印2600余件，以及《四库全书》等文献）。另外，还运走古物陈列所、颐和园、国子监等单位的文物6066箱，共计19557箱（包）。

故宫文物南迁工作是国民政府行政院、财政部、铁道部与故宫博物院共同协作的一项重大行动。为了防止日军的袭击，故宫文物南迁时，其运输线路绕开天津，经平汉线，转陇海线，再转津浦线，迂回南下，先迁到上海，存放在天主堂街仁济医院以及四川路业广公司。1936年12月，存放在上海的文物又分成五批，转运南京。1937年1月17日，文物全部运到南京，存放在朝天宫古物保存库。

1937年八一三淞沪抗战爆发后，首都南京岌岌可危，国民政府行政院不得不于次日将存放在南京古物保存库的文物西迁。

① ［民国］南京市政府秘书处编印：《十年来之南京》，1937年6月1日。

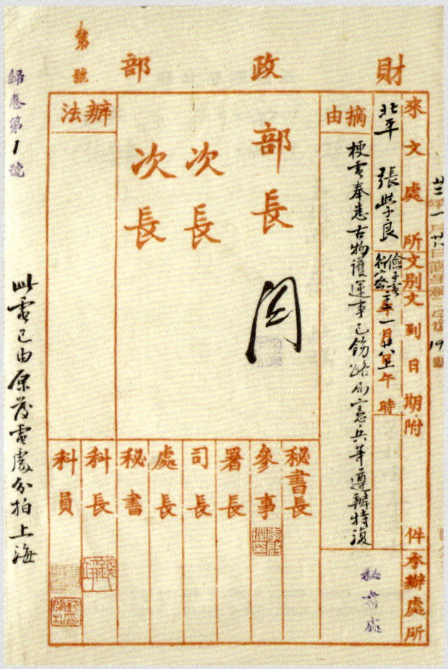
財政部
來文處 北平 張學良
摘由 校電奉悉古物護運事已飭沿途兵車照辦特復
部長 次長 次長
此電已由原譯電處分拍上海

张学良关于护送北平故宫文物南迁致宋子文电（1933 年 1 月 28 日）（《中国第二历史档案馆馆藏档案精粹》）

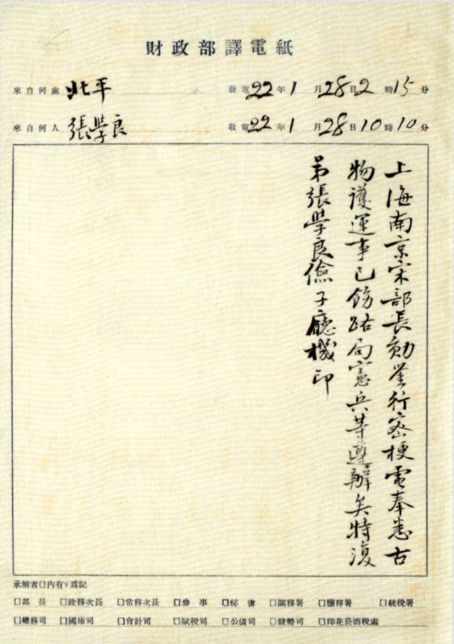
財政部譯電紙
來自何處 北平
來自何人 張學良
發電 22 年 1 月 28 日 2 時 15 分
收電 22 年 1 月 28 日 10 時 10 分

上海南京宋部長勛鑒 行密 校電奉悉 古物護運事已飭路局憲兵等照辦矣 特復 弟張學良儉子廳機印

张学良关于护送北平故宫文物南迁致宋子文电（1933 年 1 月 28 日）（《中国第二历史档案馆馆藏档案精粹》）

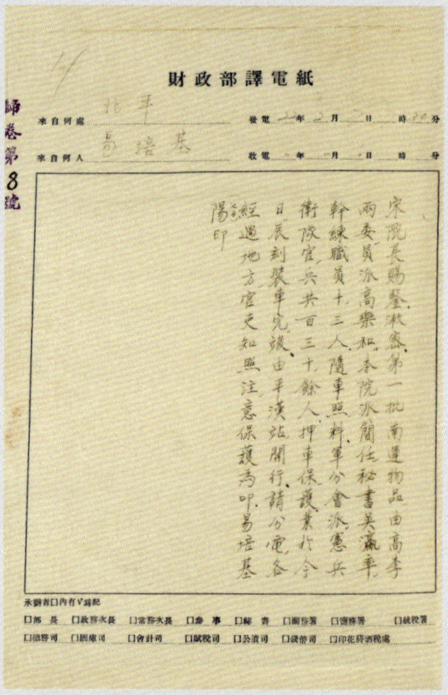
財政部譯電紙
來自何處 北平
來自何人 易培基

宋院長賜鑒 秋密 第一批南運物品由高李兩委員派高樂和 本院派閻任 秘書吳瀛率幹練職員十三人 隨車照料 軍分會派憲兵衛隊官兵共百三十餘人 押車保護 業於今日晨刻裝車完竣 由平漢站開行 請分電各經過地方官吏知照注意保護為叩 易培基陽印

故宫博物院院长易培基关于护送故宫文物南迁致宋子文电（1933 年 2 月 7 日）（《中国第二历史档案馆馆藏档案精粹》）

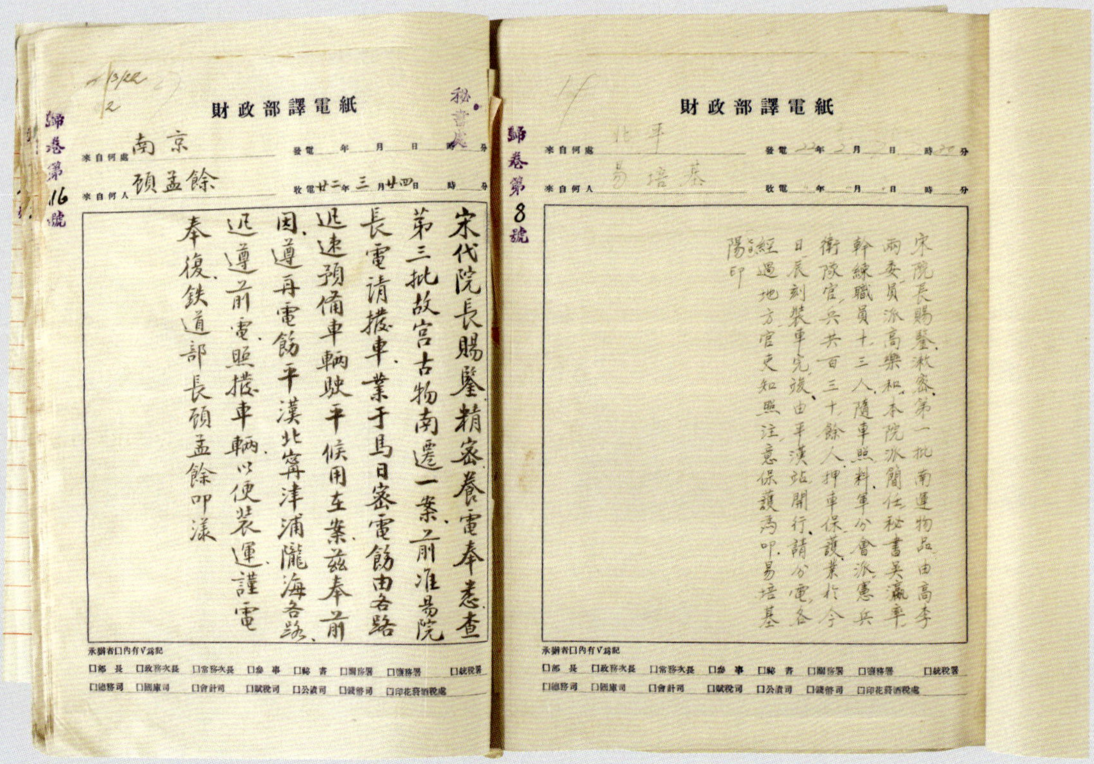
財政部譯電紙
來自何處 南京
來自何人 顧孟餘
收電 廿二年 三 月 廿四 日

宋代院長賜鑒 精密 養電奉悉 查第三批故宮古物南遷一案 前准易院長電請撥車 業于馬日密電飭由各路迅速預備車輛駛平候用在案 茲奉前因 遵再電飭平漢北寧津浦隴海各路 迅遵前電 照撥車輛 以便裝運 謹電奉復 鉄道部長顧孟餘叩漾

財政部譯電紙
來自何處 北平
來自何人 易培基

宋院長賜鑒 秋密 第一批南運物品由高李兩委員派高樂和 本院派閻任 秘書吳瀛率幹練職員十三人 隨車照料 軍分會派憲兵衛隊官兵共百三十餘人 押車保護 業於今日晨刻裝車完竣 由平漢站開行 請分電各經過地方官吏知照注意保護為叩 易培基陽印

铁道部部长顾孟余关于护送故宫文物南迁致宋子文电（1933 年 3 月 24 日）（《中国第二历史档案馆馆藏档案精粹》）

1937年8月，第一批80箱南迁文物迁至长沙，次年11月，再转运至贵阳安顺暂置，1944年，再运往四川巴县。1937年11月，第二批9369箱通过水路，经由长江至汉口，1939年5月，再移往宜昌、重庆至四川乐山。第三批7286箱文物由陇海铁路运至宝鸡，1939年7月，再转卡车经汉中运抵成都，然后又运往峨眉古庙安置。剩下的南迁至南京的文物约2900箱，因来不及运送，留在南京。

1937年12月，侵华日军山本信部队第二队占据朝天宫及北平故宫博物院南京古物保存库。

1941年2月，日伪将古物保存库中的图书转移到设在地质矿产陈列馆的汪伪图书专门委员会。

抗战胜利后，西迁文物于1946年1月至1947年11月陆续运回南京，仍存放在南京古物保存库内。

1948年，随着国民党军队在战场上的失利，国民党政府决定将文物运往台湾。1948年12月22日至1949年2月22日，存放在南京古物保存库以及国立中央博物院筹备处等地方的文物2972箱被分成三批运送到台湾。但由于时间紧迫，运输舰舱位有限，其中有一批文物被迫留在南京。如今，南京古物保存库还保

山本信部队第二队占用北平故宫博物院南京古物保存库（山本信部队编辑摄影《圣战记念写真帐》，吴先斌收藏）

物保存库（右）与朝天宫鸟瞰图

存有故宫南迁文物2211箱。

值得一提的是，1937年八一三淞沪抗战爆发后的第二天，即8月14日，龙蟠里国学图书馆馆长柳诒徵指挥员工装运善本甲库书100箱寄存南京古物保存库；8月16日，又运送宋元精刊及孤本校本书10箱至朝天宫古物保存库。南京沦陷后，寄存在朝天宫古物保存库的这110箱善本书籍被汪伪官员所窃取。江苏省立国学图书馆馆长柳诒徵于1946年6月撰写的《省（江苏）立国学图书馆呈报该馆善本损失情形》写道：

二十六年八月敌机袭扰京市时，仓卒移善甲库书箱百具，又提取宋元精刊及孤本校本另装板箱10具，存朝天宫故宫博物院分院地库，其乙类善本书之精本及馆藏名人手札亦附装此110箱中。二十九年（笔者按：应为“三十年”）二月敌伪冲破地库，将馆书箱件移竺桥伪图书馆专门委员会开辟专

古物保存库外墙

库储藏。去年日军投降……收回馆书数十万册，内有善本 2318 部 16242 册。此外，缺少善本书 184 部 1643 册。[①]

1949 年南京解放前夕，国民党机关纷纷逃往台湾。柳诒徵向江苏省教育厅请示图书保护安全之策，教育厅当时指示将书运往厦门，再相继运台。柳氏鉴于祖国文献应珍藏爱护，勿使散失海外，主张就地转移，遂将国学图书馆宋、元、明、清等善本书分别装箱，共 80 箱 12000 余册，每箱造有清册，于 1949 年 1 月 27 日全部运送南京朝天宫古物保存库保管。[②]

① 柳诒徵：《省（江苏）立国学图书馆呈报该馆善本损失情形》，转引自孟国祥著《南京文化的劫难（1937—1945）》，南京出版社 2017 年 12 月版。

② 《柳诒徵先生国学图书馆四种文稿整理出版》，引自南京大学历史学院官网，2021 年 9 月 2 日。

国立中央博物院

国立中央博物院位于中山东路 312 号，现为南京博物院。

1933 年 4 月，在国民党元老、著名学者蔡元培先生的倡议下，国民政府教育部设立国立中央博物院筹备处，办公地点设在北极阁国立中央研究院。由史语所所长傅斯年担任筹备处主任。博物院拟设自然、人文、工艺三馆，邀请翁文灏、李济、周仁分别担任三馆的主任。筹备处申请、筹集建设经费，收购、接纳各类公私珍贵古物，工作颇有成效。1934 年 7 月，傅斯年因国立中央研究院本职事务太忙而离职，教育部改聘李济继任。李济上任后，马上着手进行博物院主体建筑的兴建，成立“国立中央博物院建筑委员会”，委员长为翁文灏，委员有张道藩、傅汝霖、傅斯年、丁文江、李书华、梁思成、雷震、李济。在 1934 年 7 月 26 日第一次会议上，公推其中的张道藩、傅斯年、丁文江三位为常

国立中央博物院

务委员，梁思成为专门委员，具体领导建筑工作。在这次会议上，还讨论了征用院址土地的问题。8 月 4 日，筹备处即正式致函南京市政府，拟征收中山门内路北旧旗地为院址。至 1935 年 4 月，市政府正式函复，划定半山园旗地 100 亩为院址，后又增加 93 亩。地价、青苗、拆迁诸费共 5 万多元，由中央研究院补助，于 1935 年分别拨付。建筑费由管理中英庚款董事会补助 150 万元。建筑计划为自然馆 1410 平方丈，人文馆 1320 平方丈，工艺馆 2000 平方丈，公用 270 平方丈，共计 5000 平方丈。建筑工程分三期进行，第一期包括行政办公楼和人文馆等，人文馆暂由三馆共用。

1935 年，梁思成受国立中央研究院和国民政府教育部委托，主持国立中央博物院的建设设计竞赛；同年 4 月 16 日第二次会议上，通过了征选建筑图案章程，邀请李宗侃、李锦沛、徐敬直、杨廷宝、奚福泉、童寯等 13 位建筑师进行设计。除一人来函辞谢外，其余 12 人均送来建筑图案。

国立中央博物院建筑委员会建筑图案审查委员会由管理中英庚款董事会总干事杭立武、建筑师刘敦桢、专门委员梁思成及张道藩、李济五人组成。经审查，全部图案均不符合章程规定，故决定从各图中选出比较合用、最有修改价值的图案。用不记名投票的方法，审查委员们一致选出兴业建筑事务所建筑师徐敬直设计的图案为当选图案，报呈教育部备案。中央博物院建筑委员会聘请徐敬直为本院建筑师，由他会同专门委员梁思成等修正原图，测量院址，并指导、监督建筑工作。另外，建筑委员会还发给设计出较好图案的陆谦受、杨廷宝、奚福泉、童寯四人 2000—5000 元不等的奖金。参选的十多份建筑图案，还于同年 10 月初在博物院筹备处公开陈列展览。

国立中央博物院的建筑设计思想是力图体现中国早期的建筑风格，以弘扬中华民族传统文化精神，同时区别于中山东路上其他几幢大屋顶的仿古建筑。唐代建筑集中国早期建筑精华之大成，具有代表性。但当时大型完整的唐代建筑还没有被发现，建筑学界掌握的资料比较少。而以著名学者梁思成、刘敦桢为首的古建筑研究机构“营造学社”已发现并研究了一批辽代建筑，如辽宁义县奉国寺、天津宝坻县广济寺、河北蓟县独乐寺等，掌握的资料多，研究得比较到位。辽式建筑于公元 10—12 世纪在我国北方形成，它继承了唐代的传统，又有变化。主要表现为造型朴实雄浑，屋面坡度较平缓，立面上的柱子从中心往两边逐渐加高，使檐部缓缓翘起，减弱大屋顶的沉重感。尤其是屋顶下简洁

徐敬直方案南立面图

陆谦受方案南立面图

杨廷宝方案南立面图

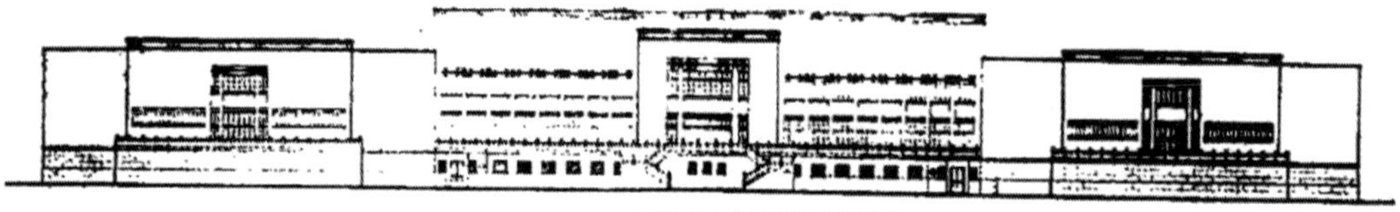

奚福泉方案南立面图

童寯方案南立面图

国立中央博物院五位获奖建筑师的设计图（国立中央博物院建筑委员会编印《国立中央博物院建筑委员会建筑图案审查委员会报告》，1935 年）

而粗壮有力的斗拱，主要起结构受力作用，不像明清以来的建筑斗拱，装饰意味越来越浓，受力性能越来越弱。中山东路的其他几幢仿古建筑，基本上就是仿明清风格的。博物院建筑委员会经过研究，决定采用辽代的式样来建造博物院。徐敬直的设计图原是仿清式建筑的，在梁思成、刘敦桢两位顾问的指导下，徐敬直和李惠伯两人重新设计了建筑图案。总体布局强调深层次的对称轴线，主体建筑离中山东路主干道较远，前面留下宽敞的空间，做草坪、广场和绿化

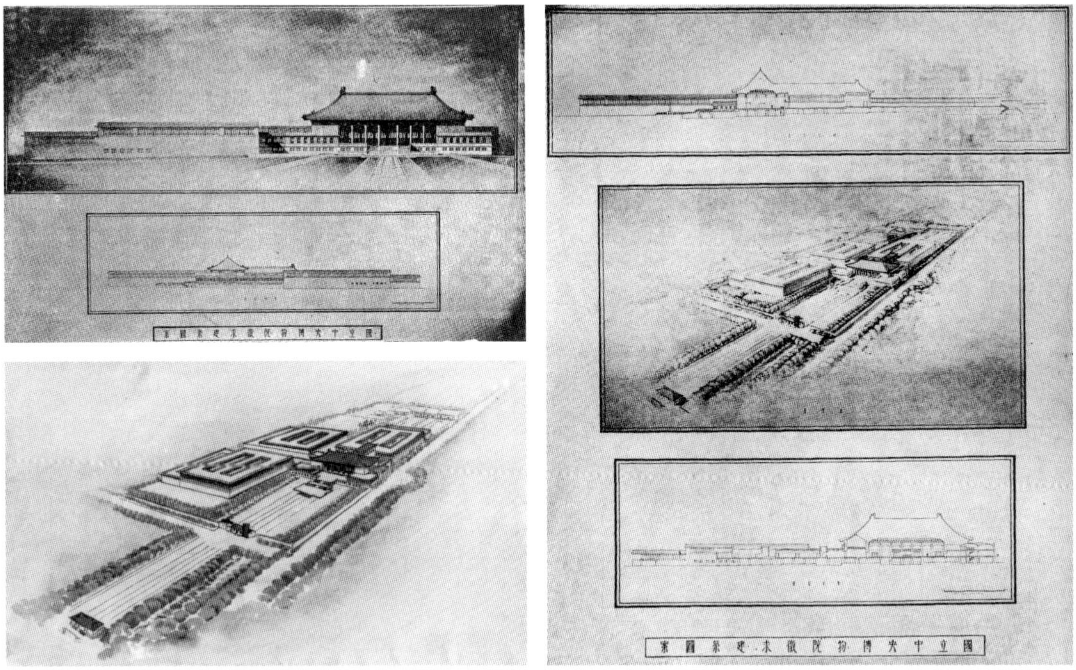

国立中央博物院征求建筑图案

带，大殿前建有宽大的三层平台，这样设计可以衬托主体建筑的雄伟高大。大殿仿辽宁义县奉国寺建于辽代开泰九年（1020）的大雄宝殿形式，其结构多按《营造法式》设计，某些细部和装饰兼采唐宋遗存。大殿为七开间，屋面为四面曲面坡的四阿式，上铺棕黄色琉璃瓦。陈列室仿自美国某博物馆，做成平屋顶，外墙加中国古典式挑檐，使之与大殿风格协调。整座建筑设计科学合理，比例严谨，是在满足新功能的要求下，采用新结构、新材料建造的仿辽式殿宇的优秀实例，受到建筑界和社会各界人士的好评。

第一期工程约占全部工程的58.5%，约需款90万元左右。建筑委员会决定用招标的形式来确定工程的营造者。招标广告于1936年3月登报后，京沪多家营造厂踊跃登记，要求参加投标的共计22家。4月10日开标。第二天，建筑委员会召开第六次会议将提出标价最少的陶记、江裕记、余洪记、张裕泰、新金记五家作为候选者。经仔细审查考察，最后确定江裕记为承建人，新金记和余洪记为候补得标人。合同正式签订后，江裕记于同年6月初动工兴建。

为加强对国立中央博物院筹备处的领导，1936年4月成立了国立中央博物院第一届理事会，由教育部会同中央研究院聘请蔡元培、王世杰、胡适、李书华、秉志、朱家骅、张道藩、翁文灏、李济、傅斯年等13人为理事，公推蔡元培为理事长，傅斯年为秘书。同年11月12日，举行了隆重的建筑工程奠基典礼。

国立中央博物院最后修正辽式图

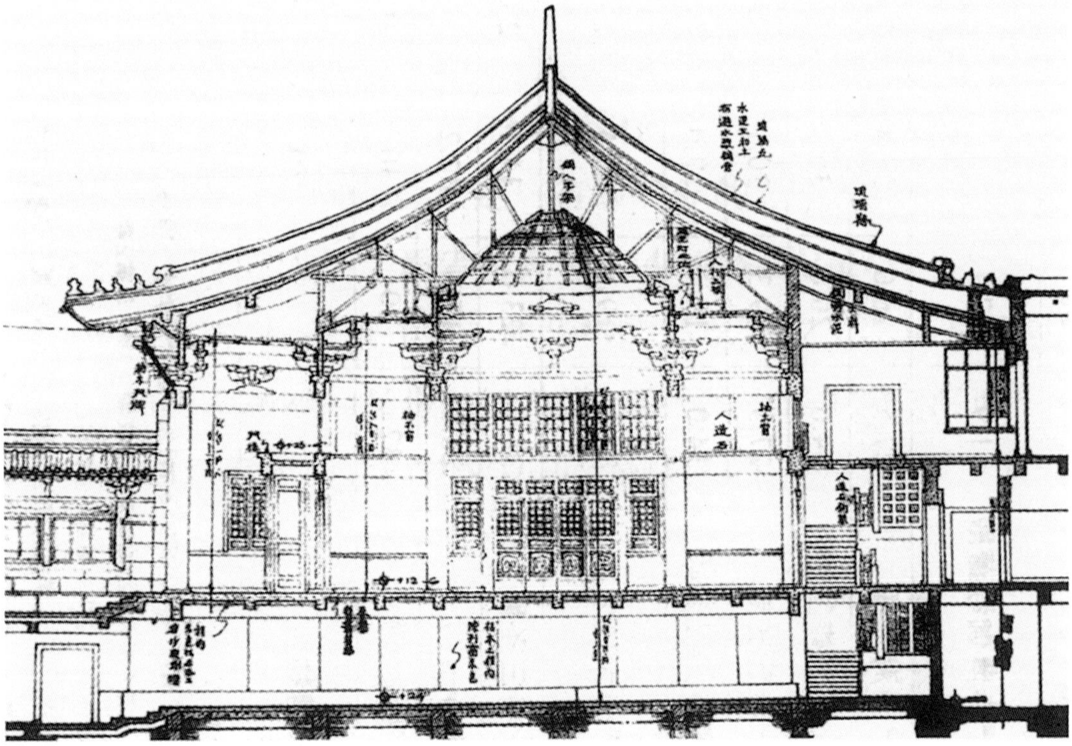
国立中央博物院剖面图

蔡元培到南京主持奠基典礼及理事会第二次会议。1940 年蔡元培去世后，由王世杰任理事长。

院舍工程进行一年多后，1937 年 7 月，全面抗日战争爆发，敌机对南京频繁轰炸，一日数惊，建筑工程不得不于 8 月底停下来。当时第一期工程已完成大半（约完成 75%）：陈列室后部屋顶柱梁等钢骨水泥工程和前部保管库楼板及两边屋顶等水泥工程全部完成；正面大殿除楼板梁柱屋架及下层全部完成外，其二、三两层也完成全部的二分之一；其他附属工程，或大部完竣，或大半未成。

建设中的国立中央博物院

赵如兰在中央博物院建筑工地（约 1936 年，赵元任摄，《赵元任影记：好玩儿的大师》）

国立中央博物院建筑工地（约 1936 年，赵元任摄，《赵元任影记：好玩儿的大师》）

如果当时日寇不打进来，再有半年就可以全部完工。

全面抗战期间，国立中央博物院筹备处连同所属的文物，迁往四川、云南等地、历经艰辛。日寇占据南京期间，在博物院设有防空总机构，对已完成的部分大加改造并破坏多处，损失严重。

抗战胜利后，国立中央博物院筹备处连同所属文物又回到南京。1946 年 8—12 月，在中山门内院部，建筑委员会连续召开了三次会议，讨论并通过修复工程计划。在修复计划决定前，由傅斯年代表建筑委员会，通过谈判，解决了原承包商江裕记问题，得以另行招标复工。经过公开招标，报价最低且信誉很好的陆根记中标。1946 年 12 月份签订合同后，即行开工，仍按原设计图案进行。主要项目包括人文馆陈列室、大小讲堂及图书室、理事会及院长办公室、人文馆保存库、研究室等。电气、卫生及消防等附属工程，也以招标的形式进行。

曾昭燏（前排左一）等人在建设中的国立中央博物院主楼前合影

1948 年 4 月，第一期工程及附属工程竣工并通过验收。

1948 年 5 月 29 日—6 月 8 日，国立中央博物院筹备处与故宫博物院在新落成的博物院陈列室内举办了联合展览，展出商周铜器、汉代文物、民族文物、历代帝后像等，蒋介石、于右任等要员名流出席、参观，观者塞途。

1950 年 3 月，国立中央博物院筹备处被正式更名为“南京博物院”。20 世纪 50 年代初，人民政府又拨款对博物院的建筑作整修、增建，至此，博物院的第一期建筑工程才算最后完成。博物院的主体建筑完美地体现了设计图案的精神和要求，形象古朴庄重，气势雄伟高大，因屋檐两边呈弧形渐渐向上翘去，庄重中又略有轻灵之感，而不显板滞沉重，成为南京城东一处醒目且耐人品赏的风景。

国立中央博物院占地面积 9 万多平方米，建筑面积 1.7 万平方米，其中陈列室面积 4800 多平方米，文物库房及文物阅览室面积 1 万多平方米，图书馆库房及阅览室面积 800 多平方米。这些为博物院各项事业的开展，准备了较好的条件。

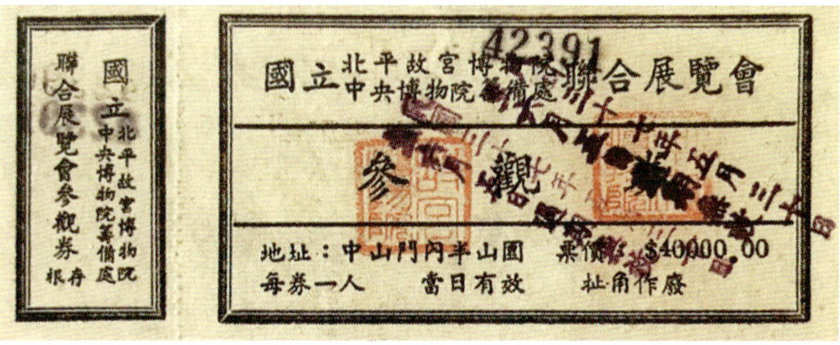

国立北平故宫博物院、国立中央博物院筹备处联合展览券（1948 年）

1933 年国立中央博物院筹备之初，就明确提出了这样的建院宗旨：

国立北平故宫博物院与国立中央博物院筹备处联合举办展览（1948 年）

国立中央博物院展厅（1948 年）

蒋介石参观国立中央博物院展览（1948 年）

于右任参观国立中央博物院展览（1948 年）

“为提倡科学研究，辅助公众教育，以适当之陈列展览，图智识之增进。”在蔡元培、傅斯年、李济等诸位先贤和新中国成立后曾昭燏等人的带领下，该院在收藏、陈列、考古发掘、科研、出版等方面，都取得了令人瞩目的成绩。自20世纪30年代中期起，该院或独立，或与中央研究院合作，对四川、云南苍洱、贵州、云南丽江、甘肃敦煌、新疆等地的民族、民俗、古迹、民间艺术、手工业等，做调查、发掘和研究，并对四川彭山汉墓作科学发掘，收集整理了一大批实物，编印出版了《云南苍洱境考古报告》《中华民间工艺图说》《远东石器浅说》等著作。新中国成立后，该院的考古工作卓有成效。20世纪50年代初，曾在福建、浙江、安徽、山东等地主持或参与发掘了一些遗址和墓葬，如山东沂南汉墓、福建闽侯昙石山遗址等。1954年以后，一直在江苏境内开展考古调查和发掘工作，先后发现、发掘青莲岗文化、良渚文化、湖熟文化等遗址五百多处，清理发掘古墓葬一千二百多座，出土文物十余万件，丰富了该院的库藏。除上述民族、民俗文物和考古发掘品外，该院还藏有各类历史文物、书画碑帖、文献资料、外国文物等。藏品中具代表性的有清宫瓷器，殷墟出土文物，赫哲族、彝族、纳西族、傣族等民族文物，东海大贤庄的旧石器，吴县、武进等地的新石器时代玉器，仪征、丹徒等地西周和春秋青铜器，汉代窖藏及墓葬出土的金兽、铜壶、“广陵王玺”金印、银镂玉衣、木刻星象图、画像石等，六朝青瓷器和画像砖，扬州唐城的三彩陶，南唐二陵的壁画，南京近郊出土的元代釉里红松竹梅瓷瓶等。书画藏品中有宋代赵佶、阎次平，“元四家”“明四家”“清六家”“金陵八家”“扬州八怪”和近现代徐悲鸿、傅抱石、陈之佛等名家的代表作品；宋元以来朱熹、祝允明、文徵明、黄道周等手迹；另有各种碑帖拓本，著名的有宋拓“敕”字

国立中央博物院

本王羲之十七帖、孔庙碑等。

南京博物院现有藏品 43.2 万余件，仅次于北京故宫博物院。

2006 年南京博物院二期工程正式立项，经过多轮国际、国内招标进行方案征集，直至 2008 年 8 月前后征集了近 30 个方案，最终确定程泰宁院士团队设计的方案为实施方案。该方案采用了“补白、整合与新构”的设计理念，通过对不同时期的建筑形态、功能布置、交通组织和环境景观进行分析梳理，将新扩建的建筑恰如其分地布置在合适的位置，从而使得新老建筑以及建筑与场地环境相和谐。该设计方案的最大创意是将仿辽式老大殿抬升 3 米，既突出、强化了老大殿的主体地位，并且对功能、空间、场地环境及交通流线的整合起到了至关重要的作用，还使得老大殿一层原来只有 2.2 米净高的空间可以真正使用起来，该工程是目前国内最大的集顶升、隔震、加固于一体的文物改造工程。2013 年 11 月 6 日，南京博物院二期工程经过四年多建设，以“六馆一院”的面貌正式向公众开放。[①] 目前，南京博物院占地面积达 13 万余平方米。

2002 年 10 月，国立中央博物院旧址被列为第五批为江苏省文物保护单位。2017 年 12 月，入选由中国文物学会、中国建筑学会联合评选的“第二批中国 20 世纪建筑遗产项目”。

① 王大鹏：《南京博物院的前世今生》，“CCTN 筑境设计”微信公众号，2022 年 5 月 26 日。

国立中央图书馆

民国时期，南京的成贤街被称作是南京的“文化街”。“全国最高的教育行政机关‘教育部’，最完备的‘中央图书馆’，以及最高学府‘中央大学’都在这儿。而考选国士的‘考试院’‘考选部’，以及宣扬边界文化的边界文化馆……也近在咫尺。”①

成贤街66号（原成贤街48号）是当年的国立中央图书馆所在地。至今在大院内，还保存着南北呼应的两幢大楼：北楼为1982年10月建成的南京图书

国立中央图书馆大门

① 周镜泉：《南京游记·京城漫步——金陵览胜之二》，原载《旅游天地》1949年第1卷第1期，转引自邢定康、钱长江编《金陵屐痕》，南京出版社2015年10月版。

馆新阅览大楼，南楼为原国立中央图书馆大楼。

国立中央图书馆筹建于1933年4月21日，隶属于国民政府教育部。当时在南京四牌楼沙塘园建立筹备处，蒋复璁为筹备处主任。后来购买了国立中央研究院成贤街的房屋，筹备处便搬入成贤街办公。首批入藏的是教育部北平办事处图书，共计4.6万册。1936年9月1日开放阅览。1937年全面抗战爆发前，有藏书40万册。全面抗战期间迁往重庆，1940年8月国立中央图书馆在重庆正式开馆，蒋复璁任馆长。

1946年5月国立中央图书馆迁回南京，接收汪伪汉奸、藏书家陈群“泽存书库”中藏书约40万册，另接收南京、上海日伪其他图书馆的藏书约60万册，随即开放成贤街阅览室。

1946年5月18日，又在颐和路2号（原颐和路231号）汉奸陈群“泽存书库”原址设立北城阅览室（又叫颐和路分馆）并对外开放阅览。

国立中央图书馆为访购古籍和编辑学术刊物，聘请郑振铎、钱锺书、顾廷龙、徐森玉、吕绍虞等人担任顾问和编辑。

从1946年起，钱锺书受聘为国立中央图书馆的英文总纂（中文总纂为郑振铎），兼任英文馆刊《书林季刊》（*Philobiblon.A Quarterly Review of Chinese Publications*）的主编。该刊1946年6月创刊，1948年9月停刊，前后共出版7期。内容分为论著、书评、书刊简介、新书目录等。钱锺书几乎每期在上面发表一篇文章。当时钱锺书住在上海，在南京、上海两地奔波。杨绛回忆说：“锺

国立中央图书馆阅览室

国立中央图书馆阅览室入口处

国立中央图书馆馆舍（成贤街，20 世纪 40 年代）

国立中央图书馆阅览室（成贤街，20 世纪 40 年代）

国学图书馆大门

国学图书馆同仁在陶风楼合影，中为国学图书馆馆长柳诒徵（1946 年）

书每月要到南京汇报工作，早车去，晚上老晚回家。”有一次回家早了，她喜出望外，钱锺书解释道：“今天晚宴，要和极峰（蒋介石）握手，我趁早溜回来了。”[①]1946 年 3 月，钱锺书曾经以国立中央图书馆工作人员的身份随团访问台湾，在台三周，4 月 1 日，他在台大法学院做了《中国诗与中国画》的演讲。“钱锺书做《书林》的主编很大程度上是迫于生计，但他做的有声有色，乐在其中，那么积极的生活，在建国后我们很难看到这种身影。”[②]

1948 年 12 月至 1949 年 1 月，国民政府教育部下令国立中央图书馆利用兵舰，将馆藏的善本古籍 12.13 万余册、金石拓片 0.56 万余片、书画 11 箱等珍贵资料运往台湾。

1950 年 2 月 27 日，国立中央图书馆正式更名为国立南京图书馆，贺昌群担任馆长。1952 年 10 月 1 日，国立南京图书馆与江苏省立国学图书馆合并为南京

① 杨绛：《我们仨》，生活・读书・新知三联书店 2003 年 7 月版。
② 钱之俊：《编辑钱锺书》，《新华文摘》2010 年第 22 期。

图书馆，直属江苏省文化局（厅），龙蟠里陶风楼所在的国学图书馆曾经是南京图书馆特藏部，现为江苏省文化和旅游厅办公楼。

据《梁思成全集》第九卷林洙所撰《梁思成年谱》记载，1935 年，梁思成受国民政府教育部委托，主持国立中央图书馆的建筑设计竞赛。国立中央图书馆大楼建于 1947—1948 年，由建筑学家刘敦桢设计，大楼高三层，钢筋混凝土结构，坡屋顶，平瓦屋面，简朴实用，一楼原为办公室，二、三楼原为阅览室。

泽存书库

泽存书库坐落在颐和路2号（原231号），是大汉奸陈群的私人藏书场所。

陈群（1890—1945），字人鹤，福建闽侯（今福建福州）人。早年留学日本。曾任国民政府内务部政务次长、首都警察厅厅长等职。全面抗战爆发后，投敌为奸。先任伪维新政府内政部部长兼教育部部长。汪伪国民政府成立后，又担任内政部部长、江苏省省长、考试院院长等职。

泽存书库建于1941年3月，1942年2月完工，工费235万元。这是一幢高三层的内廊式环形封闭建筑，砖木结构，占地面积1084.6平方米，三层共有47个房间；另有平房一进两间。该书库落成后，陈群特地请汪精卫为书库命名。因陈群是为纪念他的父母而建，汪精卫便取《礼记·玉藻》中“父没而不能读

泽存书库

泽存书库（《百廿流光·罗尔纲史学馆珍藏文献图录》，江苏凤凰美术出版社 2021 年 12 月版）

父之书，手泽存焉尔”之意，将书库取名为“泽存书库”。这处房产的产权人用的是化名——陈炎生。据日本作家林房雄 1943 年拜访陈群后撰写的纪实小说《四个字》描述：“他（笔者按：指陈群）的官邸虽说是后者那种中国风的老建筑，门却是洋馆风的铁门，包围在宽敞中庭周围的四栋建筑是中式的，正面屋檐上耸立的四层楼是何国样式无法判断。”①

泽存书库建成后，收藏的图书达 40 万册之多。其中善本书有 4400 多部，约 45000 册，不乏宋元刊本和清钞稿本之类的精品书籍。这些书大多是他利用职务之便搜罗而来。不管陈群本人的动机如何，从客观上来讲，陈群对于保护文化古籍做出了一定的贡献。

陈群预见到汪伪政权没有未来，在公馆的四楼挂了一个匾额，上书“学我者死”四字。日本投降后，他于 1945 年 8 月 17 日在公馆自杀，临死前，只写下一句遗言：“余不受人裁，唯从天裁。”②

抗战胜利后，泽存书库先是由国民政府教育部上海区接收委员会接收。此后，移交给国立中央图书馆，成为国立中央图书馆的北城阅览处（又叫颐和路分馆），专供善本书库和特藏组办公之用，由屈万里主持。1949 年 4 月南京解放前夕，

①② 刘婉明编译：《古都幻影——日本人笔下的南京》，南京师范大学出版社 2017 年 7 月版。

泽存书库鸟瞰（吉祥提供）

泽存书库

今日的泽存书库

泽存书库的大部分善本书被运到台湾。

1949年后，国立中央图书馆更名为南京图书馆，泽存书库由原来的北城阅览处变成南京图书馆古籍部。1994年，南京图书馆古籍部迁至虎踞北路85号后，这里长期成为江苏省文艺基金会和省作协的办公场所。2020年前后，有关部门对泽存书库进行了维修改造，江苏省文艺基金会和省作协迁往他处，此地成为江苏省级机关医院体检中心。

2009年，泽存书库旧址以编号2009007入编南京重要近现代建筑名录。2014年，被列为南京市鼓楼区不可移动文物。

管理中英庚款董事会

管理中英庚款董事会位于南京市山西路124号（原78、80号），现为中共鼓楼区委员会、鼓楼区人民政府所在地。

庚子赔款，是清朝政府在1901年9月7日与德、法、俄、英、美、日等11国签订的《辛丑条约》中所规定的偿付八国联军侵华的赔款，因系1900年（庚子年）义和团运动失败所引起，因此被称为庚子赔款。《辛丑条约》第六款规定，赔偿各国关平银4.5亿两，年息4厘，分39年还清，本息合计九亿八千二百二十三万八千一百五十两（982238150两）。这项巨额赔款使中国社会

管理中英庚款董事会主楼

经济进一步半殖民地化。在庚子赔款4.5亿两关平银的分配比例中，俄国攫取的最多，占庚子赔款总数的28.97%；其次为德国，占总数的20.02%；其他各国的分配比例为法国15.75%，英国11.25%，日本7.73%，美国7.32%，意大利7.32%，比利时1.89%，奥匈帝国0.89%，荷兰0.17%，西班牙、葡萄牙、瑞典和挪威四国各占0.025%。从1909年1月起，美国政府率先向中国退还赔款，此后，其他各国先后声明减免赔款或退回赔款余额并订立协议，充作办理对华教育文化事业，或充作外国银行营业费用和发行内债基金之用。这种退回庚款的实际使用，大都由中外合组的管理委员会主持。

1922年12月，英国宣布将中国应付未到期之庚款退还给中国。1930年9月22日，国民政府外交部部长王正廷与英国驻华公使蓝普森就中英庚子赔款问题签订协议，主要内容为：英方将1922年12月后应得的庚子赔款交中方管理，中方将此款大部分作为管理、建筑铁路发展生产事业的基金；使用此基金时应特别注意有英国利益的铁路，所需进口材料应向英国订购；在英国伦敦成立中英合组的购料委员会，有权支配全部现存之款，负责购料；在庚子赔款中分别拨出26.5万英镑和20万英镑赠予香港大学及伦敦各大学中国委员会，作教育中国学生及聘请中国名人赴英国讲演用。

1931年3月28日，国民政府指派14人组成管理中英庚款董事会，任命国立中央大学校长朱家骅为董事长，政治系教授兼系主任杭立武为总干事。管理中英庚款董事会是国民政府行政院的直属机构，专门负责保管、分配和监督使用英国退回的庚子赔款。

1933年，筹建国立中央图书馆，其馆舍建筑，就是管理中英庚款董事会从1934年开始分期拨付150万建立起来的。①

国立中央研究院化学研究所原设于上海，全面抗战期间西迁。1938年秋迁抵昆明，次年春即在一临时实验室内恢复工作。1940年7月，自建之实验馆落成，该馆建筑及设备费十余万元，大部由管理中央英庚款董事会捐赠，设备颇佳，工作称便。②

管理中英庚款董事办公楼由建筑师杨廷宝设计，1934年建造，总建筑面积721.92平方米。办公楼为两层中廊式建筑，底层为秘书、会客及杂务用房；二

① 1934年上海《现代新闻》，转引自《南京图书馆简介》，2022年4月内部印刷本。
② [民国]国立中央研究院编：《国立中央研究院概况（中华民国十七年六月至三十七年六月）》，1948年内部印刷本。

管理中英庚款董事会办公楼入口处

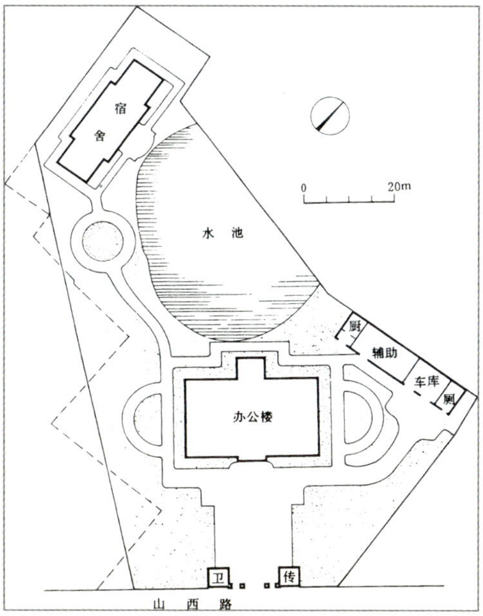

总平面图（杨廷宝绘）

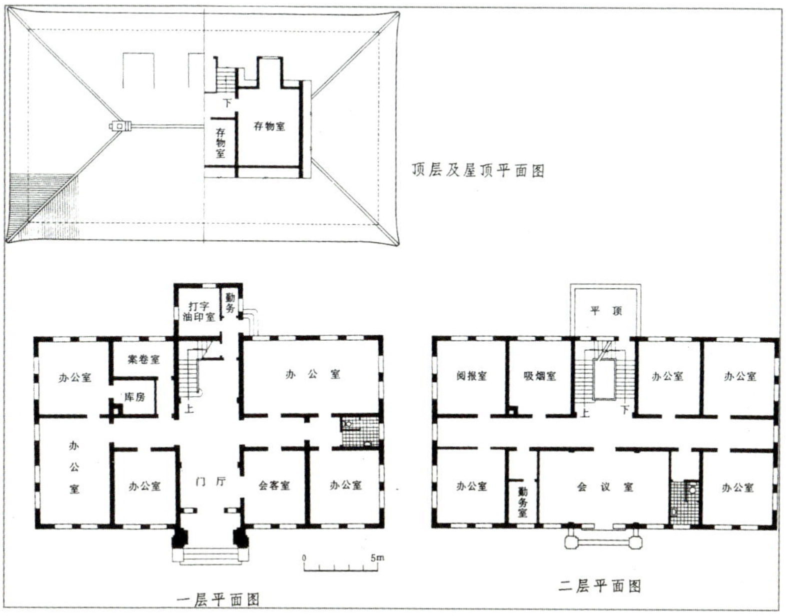

办公楼一层、二层、顶层及屋顶平面图（杨廷宝绘）

管理中英庚款董事会

层为正、副董事长室和会议室，阁楼作贮藏室用。办公楼为四坡庑殿顶，上铺褐色琉璃瓦，外墙贴棕色面砖，大楼入口简洁朴实。[①]

1940年3月30日汪伪国民政府成立后，这里成为汪伪教育部的办公场所。

1947年12月，管理中英庚款董事会改称为中英文教基金董事会，仍隶属于国民政府行政院。[②]

2006年6月10日，管理中英庚款董事会旧址被列为南京市文物保护单位。

---

① 鼓楼区文物志编纂委员会编：《鼓楼区文物志》，江苏文史资料编辑部编1999年4月内部版。

② 韩文昌、邵玲主编：《民国时期中央国家机关组织概述》，中国档案出版社1994年10月版。

中英文化协会

中英文化协会，又称英国文化协会，位于南京市北京西路41号（原北平路69号）。

民国时期，为了推动中英文化交流，国立中央大学政治系教授兼系主任杭立武于1933年在南京发起成立了中国第一个国际性的文化交流组织——中英文化协会，并担任协会主席兼秘书长。协会定期聚会，举办讲演、游艺等活动，知名学者如胡适、钱端升等人也时常光顾。

中英文化协会

中英文化协会

中英文化协会会馆建于1935年，占地面积349.2平方米，建筑面积753.7平方米，有西式楼房一幢三层14间，平房一幢4间，厨房3间，共计23间。

中英文化协会在和平年代扮演了推动中英文化交流的角色。

20世纪30年代，梁思成、林徽因夫妇曾经参加在这里举办的诗歌朗诵会。与会者有南京文教界的知名人士、高校的文学爱好者，英国驻华大使夫妇、文化参赞夫妇以及欧美多国驻华外交官员。林徽因即兴朗诵了自己的诗作《你是人间四月天》《八月的忧郁》等，还朗诵了徐志摩的《再别康桥》《偶然》等诗作，感动了到场的每一个人。①

据金萍《洋演员在南京出演苦命王宝钏》②记载，1933年，旅英戏剧大师熊式一（1902—1991）将京剧《红鬃烈马》用英文改编成话剧《宝钏夫人》。全剧共五幕，故事梗概是：忠贞于爱情的少妇王宝钏含辛茹苦守寒窑十几年，终于等到夫君薛平贵的归来。1934年，该话剧先是在伦敦演出，感动了许多英国人。此后，又到欧美十余个国家公演，反响极大。1935年秋，英国一家剧社将话剧《宝钏夫人》带来南京，在中英文化协会小礼堂上演。赶来看话剧的市民领取中英文对照的说明书，井然有序入场。这场演出不用道具，不布景，也不用乐队拉琴打鼓，只用帷幕作为剧情的调节物，并用留声机随着剧情播放中

① 金萍：《林徽因在山西路的那次深情朗诵》，《金陵晚报》2011年3月1日。

② 《金陵晚报》2008年10月29日第8版。

中英文化协会

中英文化协会里的青年

国风格的音乐。演员全是金发碧眼的洋人。他们穿着戏服，演得非常投入，赢得了观众阵阵喝彩。

1937 年 8 月 23 日，被开除党籍的中共早期领导人陈独秀在老虎桥监狱中被国民政府提前获释，被史语所所长傅斯年接到鸡鸣寺史语所的家中居住，此后又被其学生、时任金陵女子文理学院中文系主任陈中凡接到北阴阳营向阳里 38 号家中居住。其间，胡适和傅斯年曾经邀请陈独秀到中英文化协会小聚，彼此

交换对时局的看法。[①]

南京沦陷前夕，中英文化协会会馆曾经一度成为风云际会之地。

按照1937年11月25日南京市市长马超俊在国际联欢会举行的茶话会上约定，留在南京的外国人每天晚上6点至7点至北平路69号中英文化协会聚会，在那里，外国人可以与中国领导人或者他们的代表接触，了解最新战况。从1937年11月26日开始，至12月8日止，中英文化协会作为国民政府与滞留在南京的外国人进行沟通和交流的中心、南京安全区国际委员会的成立地，以及新闻发布中心，频频出现在《拉贝日记》和《魏特琳日记》中。兹引述如下：

> 晚上6时，在英国文化协会开会。王固磐（笔者按：首都警察厅厅长）致辞。没有任何新闻，比如战场情况等。我们只听说明天中午12时可以在中央银行兑换小额纸币（1元的和更小的）。（《拉贝日记》1937年11月26日）
>
> 下午6时在北平路69号开会。唐将军（笔者按：南京卫戍司令唐生智）到会致辞。他提醒说，在保卫战即将来临之际，他的部队里可能会出现混乱。只要是在他的权限以内，他将向所有外籍人士提供保护。城门将被关闭，但是我们外国人有机会通过城门，直到最后时刻。（《拉贝日记》1937年11月27日）
>
> 下午6时，在英国文化协会开会。邮政专员李奇通知说，邮局将正式关闭，只有几个邮票销售处和一个小邮局仍然开门。但是，还可以把邮件投入信箱，有时会有人来取。（《拉贝日记》1937年11月28日）
>
> 下午6时，我同斯迈思、贝茨、米尔斯和菲奇参加了在中英文化协会举行的“记者”招待会。市长、警察局长和卫戍司令的代表出席了招待会。……今天，除了下关邮局，所有的邮局都关门了。安全区没有确定。（《魏特琳日记》1937年11月28日）
>
> 6时，在英国文化协会举行例会，市长（笔者按：马超俊）当众宣布了国际委员会（笔者按：指南京安全区国际委员会）成立。（《拉贝日记》1937年11月29日）
>
> 下午6时。程夫人（笔者注：程瑞芳，金陵女子文理学院舍监）和我

① 庞瑞垠著：《陈独秀在狱中》，香港文学报出版社2019年5月版。

一起去参加“记者”招待会。……市长和卫戍司令的代表在场，他们回答了许多有关紧急情况下应急措施的问题。(《拉贝日记》1937年11月29日)

在今晚6时的记者招待会上，国际委员会主席拉贝宣布了安全区的位置。(《魏特琳日记》1937年11月30日)

晚上6时，在英国文化协会召开委员会会议。会后，召集新闻记者和欧洲人等开会。我们向新闻界公布了计划和各个职务的分配情况。(《拉贝日记》1937年12月1日)

在今晚的记者招待会上，国际安全区宣布成立，同时还组建了四个委员会，分别负责食品、住房、财务和卫生。市政府提供了大米和2万美元钱。(《魏特琳日记》1937年12月1日)

下午6时。我又参加了记者招待会。安全区的计划正取得进展。(《魏特琳日记》1937年12月2日)

今晚的记者招待会非常有趣。市长和卫戍司令的代表都出席了会议。安全区的计划正取得进展。安全区国际委员会的办公室在宁海路5号张群的家(外交部长)。(《魏特琳日记》1937年12月3日)

今晚记者招待会的主要内容是中国军队保证停止在安全区内的一切军事活动，如挖战壕等，并且撤走所有的军事机关。(《魏特琳日记》1937年12月4日)

在今晚的记者招待会上，发布了更多与安全区有关的通知，将插上红十字外加红圈的旗帜以标出安全区边界。(《魏特琳日记》1937年12月6日)

英国文化协会的建筑物已经对难民开放。我们今后的新闻发布会就在我们的总部宁海路5号举行。(《拉贝日记》1937年12月8日)

全面抗战期间，协会迁至重庆。抗战胜利后，迁回南京。1949年协会迁台湾后，改为“中英文化经济协会”。

中英文化协会的庭院和建筑，因为有了上述的历史，尤其是在侵华日军南京大屠杀期间，作为担负30万难民保护任务的南京安全区国际委员会的成立地，而永载史册。

2009年4月，中英文化协会被南京市人民政府公布为南京重要近现代建筑。

中华书局南京分店

中华书局南京分店位于太平南路220号，现为凤凰出版传媒集团下属的南京古籍书店。

1912—1949年，南京的书肆分为新旧两种，大致集中于两处。“旧书肆多以夫子庙为中心，状元境一带几乎鳞次栉比，庙中也有零散书摊。新书肆则分散在花牌楼附近，中央大学前也有。”[①] 其中太平南路一带，书肆云集，堪称是

中华书局南京分店

① 长泽规矩也：《中华民国书林一瞥·南京的书铺》，收入刘婉明编译《古都幻影——日本人笔下的南京》，南京师范大学出版社2017年7月版。

中华书局南京分店

南京的“书店街”。在这些书肆中，著名的有商务印书馆南京分馆、中华书局南京分店、中央书局、共和书局、共和武学书局、中南书局、国学图书社、中国图书局、上海文化书局、世界书局、有正书局、南洋图书局、益雅书局、南方图书局、金陵图书局、神州国光社、开明书店南京分店、庆福书局、存古书局等。这些书肆，有相当一部分还同时经营出版业务。

中华书局创始于上海，创办人为陆费逵（字伯鸿，1886—1941）。1913 年，在南京设立分店。1936 年，在南京兴建此楼，高三层，西方现代派建筑风格。

1934 年春，中华书局出版了江苏省教育厅编审室主任、作家易君左的《闲话扬州》一书，因书中诽谤扬州妇女，侮辱扬州市民不讲卫生、毫无公德，诋毁扬州市政建设，引起扬州市民极大愤慨。书出后两个月，扬州各界群众组成追究《闲话扬州》书籍案联合会，向省法院起诉，控告写作人易君左和发行人中华书局陆费逵诽谤罪。上海扬州八邑旅沪同乡会也登报要求封闭中华书局。中华书局南京分店也受到牵连。此案后来由国民党中央委员王柏龄出面调解：一、易君左向扬州人民公开赔礼道歉；二、易君左赔偿名誉损失八百元，交由扬州人民办公益事业；三、中华书局销毁《闲话扬州》纸版，停止发行《闲话扬州》。事态才得以平息。

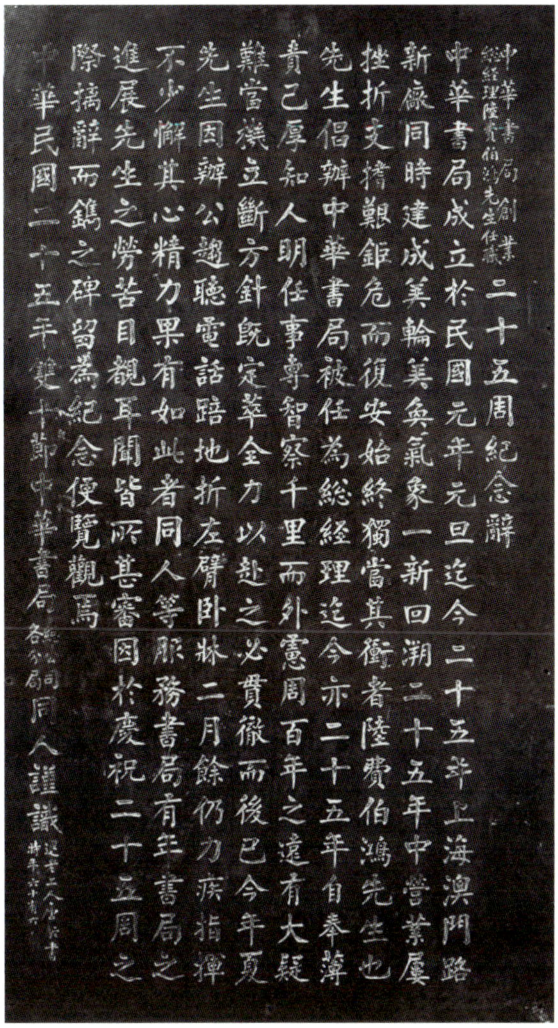

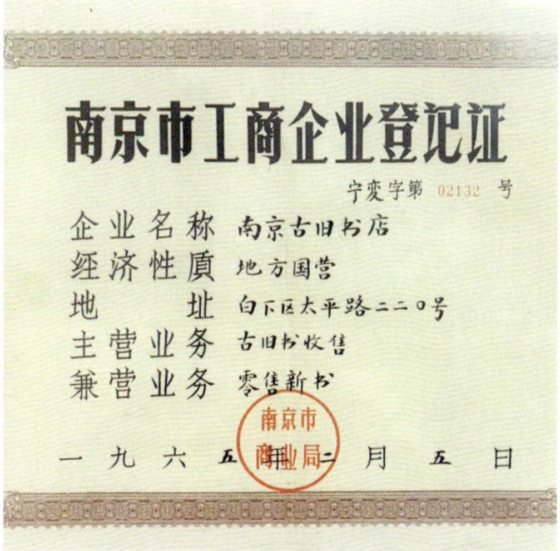

南京市工商企业登记证

宁変字第 02132 号

企业名称 南京古旧书店
经济性质 地方国营
地　　址 白下区太平路二二〇号
主营业务 古旧书收售
兼营业务 零售新书

南京市商业局

一九六五年二月五日

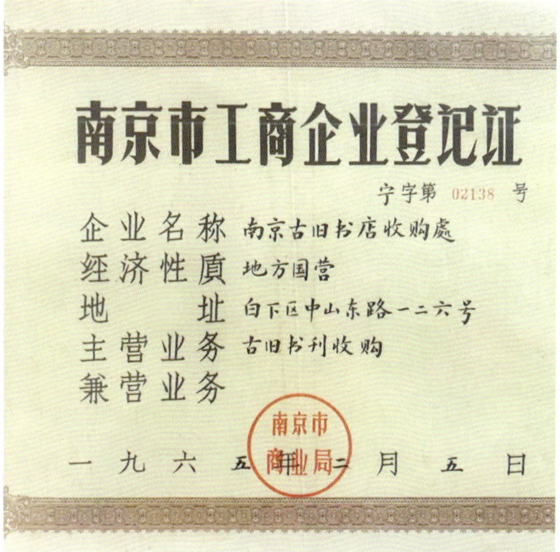

南京市工商企业登记证

宁字第 02138 号

企业名称 南京古旧书店收购處
经济性质 地方国营
地　　址 白下区中山东路一二六号
主营业务 古旧书刊收购
兼营业务

南京市商业局

一九六五年二月五日

1936 年中华书局创业总经理陆费逵任职 25 周年纪念碑文　　南京古旧书店工商营业执照（陈卫新收藏）

南京沦陷期间，中华书局南京分店因临近南京电信局，被日伪电信局占用。

抗战胜利后，中华书局南京分店恢复营业。

民国时期的中华书局南京分店不仅是文人墨客淘书的宝地，也是达官贵人不时光顾的场所。1965 年，李宗仁从海外归来，次年春季，重游南京，在去城南参观的途中，他喃喃自语：“这杨公井古旧书店我在民国三十六年来过……”①

1933 年 6 月 1—10 日，“花牌楼中华书局新屋”曾举办当代画家刘海粟先生的画展，展出作品有 300 幅。“中华书局的新屋，两面当街，光线异常的好，屋内的东西，因光线的辐射作用，也都呈现了异彩。”②

① 吴红梅：《李宗仁的南京散心之旅》，《钟山风雨》2009 年第 2 期。

② 姚颖：《提起此马来头大》，原载《论语》半月刊《京话》专栏第 20 期，1933 年 7 月 1 日，转引自姚颖《京话》，南京出版社 2018 年 4 月版。

中华书局南京分店

南京解放后，中华书局南京分店与商务印书馆南京分馆联合组成货仓，经营批发业务，后来组成公私合营的中国图书发行公司分公司。

1990 年，南京古籍书店在对大楼翻修时，在大门口加了一个门楼，并给外立面贴了瓷砖，上面是淡青色，下面是土黄色。2010 年，南京古籍书店进行了一次大修，基本恢复了1936年的旧貌，“中华书局”石质匾额重新回到门楼之上。[①]

南京古籍书店一楼主营新版古籍和画册，二楼主营特价书、线装书等。古籍书店珍藏有《万历江宁县志》《甘熙手稿》等。

① 王海妮：《古籍书店今起大修 7 月完工：恢复 74 年前书店原貌》，《南京日报》2010 年 3 月 4 日。

基督医院

中国近代历史上，基督教在传入我国的过程中，在传播科学知识、慈善、教育和医疗卫生等方面发挥了积极作用。其中，尤其突出的是教会在中国建立医院，为中国医疗卫生事业的近代化起到了非常正面的作用。[①] 南京的基督医院堪称一个典型实例。

基督医院，俗称马林医院，又名大学医院、南京鼓楼医院。位于南京市中山路321号，是南京历史上第一座西式医院。现为南京大学医学院附属鼓楼医院。

马林（Williams Edward Macklin，1860—1947），加拿大籍传教士兼医生。

基督医院

① 葛剑雄、费杰著：《近代中外条约图志》，江苏人民出版社2022年12月版。

马林

1880 年加拿大多伦多大学医学专业毕业。清朝光绪十二年（1886），马林来南京传教，同时行医，住在莱子庵（即寺庙）。当时中国人不信西医，也不信基督教，他为了打开局面，身着汉装，头结发辫，经常出没于酒肆茶楼，亲自弹唱《封神榜》《西游记》等故事，以此吸引群众，联络感情，然后行医传教。他在鼓楼附近及城南花市大街（今长乐路至三山街一带）购地，盖起了简易的房屋，开设马林诊所。据《新京备乘》卷下“马牧师”条记载：“金陵基督教堂牧师、美国人马林，来华日久，通中国文字。每有论说，辄引孟子语以为断，且能背诵《孟子注》，连篇不辍。盛称孔孟之道，中外合一。吾国士人，多有所不及。癸丑之乱，马君设救济会，拔出危城男女数万，是能合仙、佛、孔、耶为一心者。尝以英文译《四书》暨《列国》《三国志演义》。”①

1887 年，美国基督教传教士、基督书院院长美在中（F.E.Meigs）鉴于马林行医传教所取得的良好效果，决定集资为他建造一所教会医院。中国官员景维行在鼓楼南坡捐地 50 亩作为医院院址，景维行夫人和下关庄效贤等人慷慨捐助

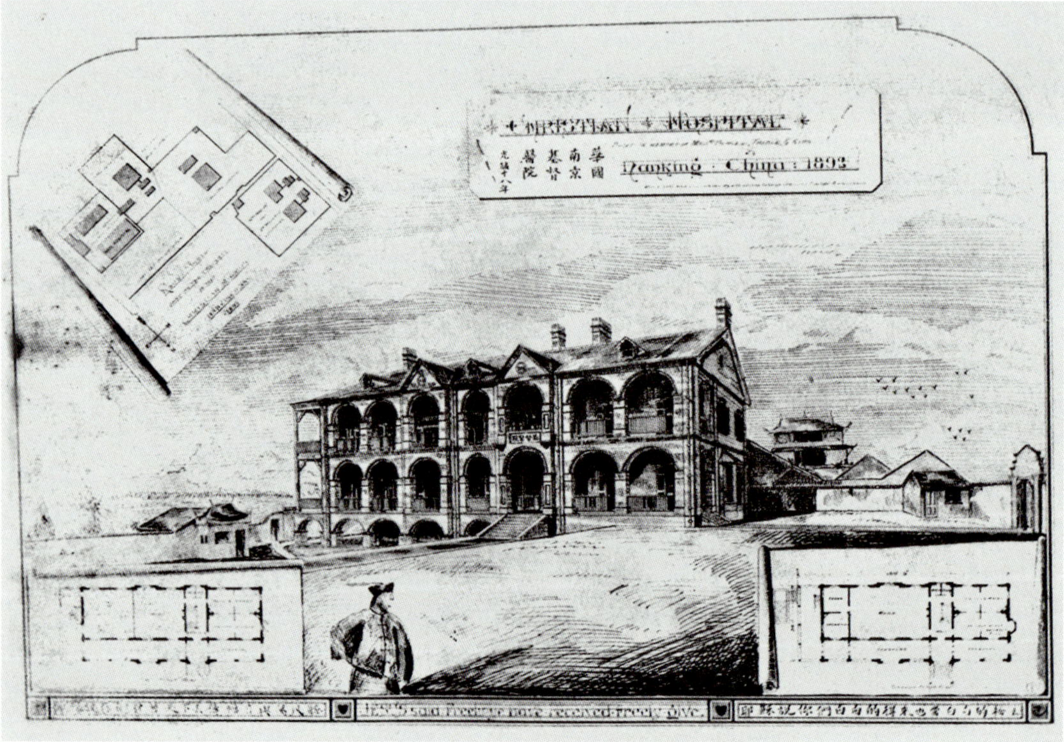

基督医院设计图

① ［民国］陈廼勋、杜福堃编：《新京备乘》，北平清秘阁南京分店 1932 年初版。

一笔善款用于建造医院。1890 年医院开始动工兴建，1892 年，建成西式两层楼房一座作为病房，称为“基督医院”（Nanking Christian Hospital），因为首任院长为马林，所以民间称之为“马林医院”，当时有床位 50 张，外籍医师 3 人，护士 1 人，华籍医助 4 人及护理员 3 人。

基督医院

1911 年，美国基督教会所办的金陵大学增设医科，将医院划为医科的实习医院，1914 年，金陵大学医科董事部与大学理事部会商，出价 27000 元购得基督医院。更名为“金陵大学鼓楼医院”（University Hospital of Nanking），外国人习称之为“大学医院”，由托管委员会领导。马林随即离开医院，到城南花市大街的小基督医院继续行医，同时兼任鼓楼医院的外科顾问。

中國紅十字會特別會員憑照

中國紅十字會
名譽總裁 袁大總統 黎副總統
正會長 呂海寰 副會長 沈敦和
本會經瑞士日來弗加盟萬國紅十字聯合會締約公認為正式之中國紅十字會茲有馬林君係英國省縣人贊成博愛恤兵宗旨熱心會務遵守定章應推贈為特別會員除贈佩章外特發憑照為證

特字第叁百伍拾肆號
中華民國二年十二月一日

1913 年 12 月中国红十字会发给马林的特别会员凭照

1917 年，金陵大学董事会任命内科医生宋隆（T.Sloan）为医院委员会主席（相当于院长）。同年 10 月，外科医生赫济生（A.C.Hutcheson）被金陵大学董事会任命为医院委员会代理监督主席。

1917—1918 年，鼓楼医院在原有基础上建起了一座砖结构的庙宇式大门，四周以围墙环绕。1918 年，又在院内增建了一座砖木结构的门诊房，最早在南京开设 X 光室；同年 10 月，开办高级护士学校，学制四年，全部招收男生，有学生 17 人，美籍护士王列尔（F.M.Warner）任校长。

1920 年，新门诊部与外科手术室落成。

1922 年，美籍医生谈和敦（J.Horton Daniels，1891—1974）和屈麦尔（C.S.Trimmer，又译作屈穆尔、麦卡伦）来到鼓楼医院工作。赫济生（A.C.Hutcheson）出任医院委员会监督主席。

1923—1924 年，钢筋混凝土病房正楼（原“南一”至“南四”病区）全部竣工。1925 年，病房正楼西侧的纪念病房（即特殊病房，原“西一”至“西四”病区）竣工，床位增至 150 张。与此同时，新的药房、锅炉房，以及医生和护士宿舍也相继竣工。鼓楼医院的面貌大为改观。

1926 年，全院用上自来水。

1927 年，马林退休，告老还乡，携夫人及儿女们回到美国加利福尼亚州定居。

1927 年 4 月南京国民政府成立后，南京特别市政府接管医院，委任军医处处长陈方之出任院长，更名为南京市立鼓楼医院。设有内科、外科、产科、眼科、耳鼻喉科、皮花科、检验科、X 线科、药局、手术室、动物房等；有医师 17 人，护士 32 人，护生 30 人；床位 268 张，其中头等 41 张，二等 70 张，三等 105 张，

鼓楼医院大门（建于 1917 年）

1917 年新落成的鼓楼医院大楼

20 世纪 20 年代的鼓楼医院（右为大门）

925 年的鼓楼医院全景

四等 52 张。

1928 年 8 月，南京市立鼓楼医院归还金陵大学，属于美国资产，仍名为“金陵大学鼓楼医院”。由于南京特别市政府规定院长必须由中国人担任，金陵大学董事会乃聘请外科主任张逢怡出任院长。

1930 年秋，美籍医师谈和敦再度来院任院长，住在汉口路 5 号。

1936 年，中山路东侧一座男职工宿舍和一座工人宿舍落成。

1937 年 12 月 13 日日军占领南京前，谈和敦撤离，由留院放射科医生屈麦尔代理院长。宋美龄曾亲自到鼓楼医院探望为中国抗战而负伤的苏联飞行员，同时也给坚守在这里的医生和护士们带来了中国政府的问候和感谢。

南京大屠杀期间，鼓楼医院的美籍医生罗伯特·威尔逊（Robert O. Wilson，1906—1967，又译作韦如柏）是南京城内唯一的外科医生，他和特里默大夫、海因兹女士等人一起，本着人道主义精神，救助了一大批被日军伤害的无辜中国难民，其中就有南京大屠杀的幸存者李秀英、梁庭芳、伍长德等人。南京沦陷后，鼓楼医院不仅是南京城内唯一对平民开放的医院，也是南京安全区内的唯一医疗救助机构。南京保卫战中未及撤离的国民党部分军医也加入鼓楼医院，如中央陆军军官学校教导总队卫生队的周纪穆医生，南京战地医院祁明镜院长、徐先青医生、祁刚医生等，增加了鼓楼医院的医疗力量。1937 年 12 月 29 日，鼓楼医院在岗职工约 100 人。鼓楼医院尽管属于美国资产，在南京大屠杀期间也未能幸免于日军的暴行。例如，在日军占领南京的第二天（12 月 14 日）上午，大约 30 个日本兵搜查了鼓楼医院和女护士的寝室，偷走了护士的钢笔、钞票、

鼓楼医院旧影

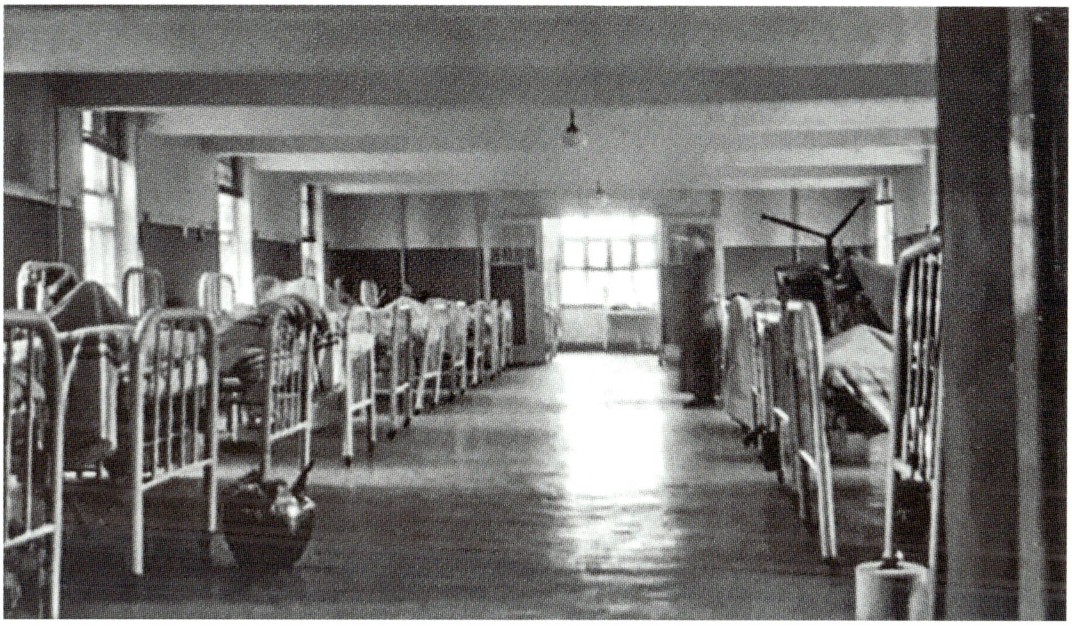

位于南京安全区内的鼓楼医院病房

手电筒、手表、手套和毛线衣等。12 月 18 日，三个日本兵洗劫了鼓楼医院，其中一个日本兵闯入护士宿舍，强奸了三名护士。等等。①

1941 年 12 月珍珠港事件爆发后，日本宪兵队与同仁会南京诊疗班侵占医院，易名为“同仁会南京诊疗班鼓楼医院”，诊疗班班长土屋毅任院长，各科负责人均由日本人担任，美籍医生和牧师被关进集中营。全院共有 55 名日籍人员，

① 姜良芹著：《罗伯特·威尔逊》，南京出版社 2016 年 12 月版。

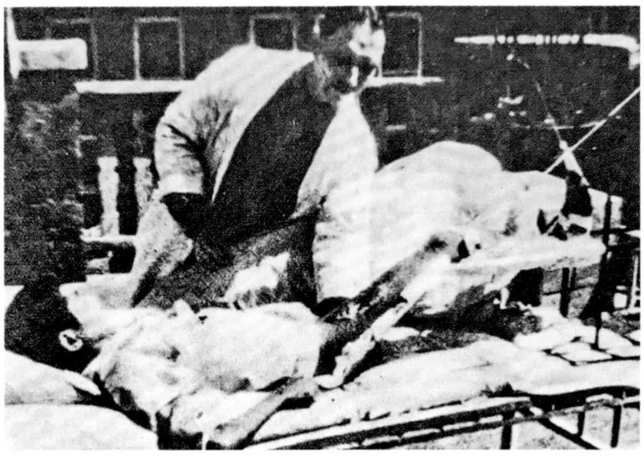

南京大屠杀期间，美国医生威尔逊正在救治被日军伤害的 14 岁少年

难民区鼓楼医院的病人和医生（1938 年）

84 名中国工作人员。

1945 年日本投降后，金陵大学生物系美籍教授史德威和内科沈敏树医生受命接收医院。1946 年，谈和敦三度来院掌管院务，更新设备，聘任各科技术人员，业务得以发展。1948 年，全院有内、外、妇产、小儿、眼耳鼻喉、口腔、检验、X 线、药房等 19 个科室，床位 200 张，工作人员 281 人，护生 83 人。至南京解放前，医院占地面积达 3.86 万平方米，其中建筑物占地面积为 0.61 万平方米，建筑面积为 1.47 万平方米。①

1949 年 4 月 23 日，南京解放。1950 年秋，由留美回国的胸外科专家陈祖荫（1911—1958）正式担任院长。1951 年 6 月 12 日，南京市军管会从美国教会手中接管该医院，更名为“南京市人民鼓楼医院”。1958 年 9 月，易名为南京第二医学院附属人民鼓楼医院。1961 年 8 月，复名“南京市人民鼓楼医院”。1967 年 1 月，改名为“南京市反帝医院”。1972 年 1 月，又易名为“南京市鼓楼医院”。1987 年 5 月，更名为南京大学医学院附属医院，1989 年 3 月，更名南京市红十字中心医院。此后又多次更名。2014 年，更名为南京鼓楼医院，是江苏乃至全国最优秀的医院之一。②

基督医院各个时期建造的建筑物至今犹存。最早兴建的一幢两层的西式楼房建于 1892 年，坐北朝南，因形随势而建。该建筑地上两层，地下一层，面阔 31.5 米，进深 12 米，建筑面积 1277 平方米，砖木结构，外墙青砖，清水勾缝，墙身用红砖勾勒线脚，圆拱形门窗，四面坡屋顶，上铺水泥平瓦，屋面设有 6 个并排的老虎窗，这种建筑造型是欧洲殖民者移居北美时常用的建筑方法（又

①② 南京市鼓楼医院院志编辑室编：《南京市鼓楼医院院志（1892—1990）》，内部印刷本。

称美国殖民式建筑）。在这幢建筑物南面的两扇门楣上，分别镌刻有“基督医院”，以及“光绪十八年”和“AD.1892”字样。这座楼房原为医院病房，现用作库房和住宅。在医院的后面，还有一幢高两层的美国殖民式风格的楼房，细部装饰精美，现为鼓楼医院办公用房。另外，还有1917—1924年间建造的医院病房、手术室、办公楼等西式楼房数幢，这些楼房高二到四层，底部用城墙砖砌造，上部用青砖砌造，不再用红砖勾勒线脚。马林医院充满异国情调的建筑群从一个侧面折射了西方基督教在南京行医、传教的发展轨迹。

马林雕像

2012年，在鼓楼医院创立120周年之际，为纪念创办鼓楼医院的加拿大籍传教士马林，美国前总统卡特专程来到鼓楼医院建院120周年庆典现场，为马林铜像揭幕。2021年6月1日，南京市鼓楼医院又竖起新中国成立后的首任院长陈祖荫的青铜雕像，以表彰他的贡献。

鼓楼医院建筑

鼓楼医院远眺

1992 年，“马林医院旧址”被南京市人民政府列为南京市文物保护单位。2002 年，被列为江苏省文物保护单位。2019 年 10 月，“马林医院旧址”被列为第八批全国重点文物保护单位。[①]

① 关于马林医院入选第八批全国重点文物保护单位，背后还有这样一段故事：2019 年 6 月 20 日下午 4 点左右，参加第八批全国重点文物保护单位的评选工作的中国文化遗产研究院查群女士，通过她的导师朱光亚先生找到了笔者，咨询马林医院的价值。笔者告诉她，马林医院除了自身的建筑价值和文化价值之外，更重要的是其在侵华日军南京大屠杀中的历史价值。她说她也认为马林医院十分重要，但是看到的评审材料不足以支撑它入选全国重点文保单位，因此请笔者提供马林医院救助南京大屠杀受伤者这方面的材料，以促成马林医院入选国保单位。笔者认为侵华日军南京大屠杀遇难同胞纪念馆原馆长朱成山是侵华日军南京大屠杀史方面的专家，就推荐了朱成山馆长，并将电话给了她。6 月 21 日下午 5 点 08 分，她发来短信告诉笔者，说她一直联系不上朱馆长，因当天就要上报材料，恳请笔者提供帮助。笔者略作思考，立即编写了以下短信发给查群女士：“马林医院在南京大屠杀期间，成为救死扶伤的重要场所。例如，南京大屠杀幸存者李秀英面对日寇的欺凌，英勇抗争，身负重伤，在马林医院得到救治后才幸免于难。在国家档案馆编、2017 年南京出版社出版的《世界记忆名录——南京大屠杀档案》（全 20 册），以及《拉贝日记》《魏特琳日记》等文献资料中，都有记载。”查群女士收到短信后，当即回复：“您提供的资料基本可以说明问题了。”同时，笔者将此短信也发给了朱成山馆长，请他指正。晚上 7 点，朱馆长终于发来了他编写的短信：“马林医院是南京大屠杀历史的重要见证场所。1937 年 12 月至 1938 年初，国际红十字会南京委员会委员、美籍医生罗伯特·威尔逊和特里默医生等人，曾经在这里救治李秀英等南京大屠杀幸存者，《拉贝日记》《威尔逊日记》《魏特琳日记》等文献资料中对此均有记载，成为我国申报世界记忆遗产——南京大屠杀档案重要内容之一。”收到此短信后，笔者立即转发给查群女士。由此，查群女士、朱光亚先生、朱成山先生和笔者共同促成马林医院成功入选全国重点文物保护单位。

中央医院

中央医院位于南京市中山东路305号，东隔黄埔路与励志社相望，现为东部战区南京总医院（民间习称南京军区总医院）。

中央医院的前身是1929年1月筹建的中央模范军医院，它是国民政府卫生部部长刘瑞恒奉蒋介石之命而建，主要收容伤病员，同时方便市民就诊。当时征地产50亩（约3.33万平方米），购置活动木屋13座及X线机等医疗器械，设置临时床位300张，1929年10月1日开诊。1930年1月，国民政府行政院

中央医院

决定将中央模范军医院改为普通医院，名字改为中央医院，划归内政部下辖的卫生部（1931 年 4 月改为卫生署）直接管辖，由刘瑞恒兼任院长。中央医院是民国时期南京兴办的规模最大、设备最完善的国立医院。

医院设有内、外两大科，内科下辖小儿科、皮肤花柳科及肺痨科；外科下辖妇科、骨科、耳鼻喉科、牙科、X 线科、电疗科和检验科等，有床位 275 张（一说 400 张①）。医生和护士均受过相当严格的训练。

1931 年，国民政府拨款扩建中央医院，并得到华侨胡文虎捐赠银洋 37.5 万元。胡文虎是南洋著名华侨企业家、报业家和慈善家，被称为南洋华侨传奇人物。他从继承父亲在仰光的一家中药店开始，后来在制药方面崭露头角，以虎标万金油（专治中暑、头晕、疲乏）等成药致富，被称为“万金油大王”，毕生奉行“取诸社会用诸社会”的信条，致力慈善事业。他斥巨资在全国各地筹建医院、小学，促进祖国医疗教育事业的发展。1932 年，国立中央高级护士职业学校建立，附设在中央医院内，校长为段蓉贞。

中央医院的主楼由民国时期著名的建筑设计公司——天津基泰工程司的建筑师杨廷宝设计，建华营造厂承建，钢筋混凝土结构，高四层，按现代化功能布置平面，门诊部、手术室、病房等配置合理，分区明确。1931 年 6 月开工，1933 年 6 月竣工，工程造价为 52.5 万元。

中央医院是新民族形式建筑的一个重要杰作。20 世纪 30 年代，中国一些有见识的建筑师看到中国传统建筑形式与西方现代建筑技术、现代建筑功能相结合的矛盾，同时考虑到宫殿式建筑造价昂贵，费时费工，以及建筑格局呆板，于是提出了创新的主张，反对繁琐的复古主义形式，反对大屋顶，探索将中西方建筑有机地融合起来，创造出既具有时代气息又具有传统特色的新民族形式。这类建筑大多采用钢筋混凝土平屋顶，或采用现代屋架的两坡屋顶，造型简洁对称，在檐口、墙面、门窗、入口部分以及室内施以中国传统建筑装饰，并辅以适当的传统建筑图案。这类建筑兼顾西方现代建筑技术、现代建筑功能的需要，同时又带有中国民族风格，追求的是新功能、新技术、新造型与民族风格的和谐统一。

中央医院主楼坐北朝南，立面呈“井”字形，钢筋混凝土结构，平屋顶，褐色面砖外墙，细部装饰檐墙、花架、滴水等。入口处有一个宽敞的门廊，尺

① ［民国］金陵关税务司编：《金陵关十年报告》，南京出版社 2014 年 8 月版。

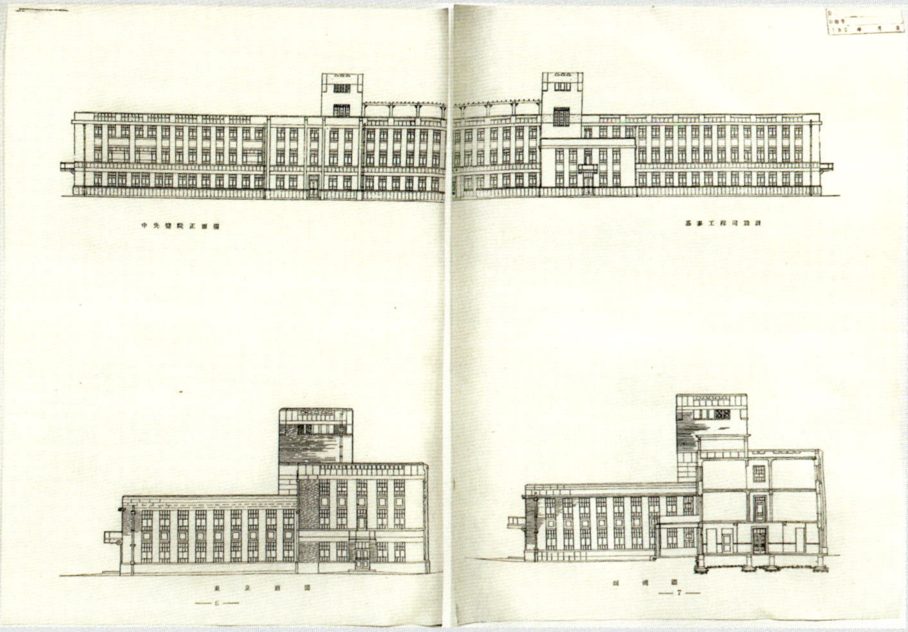

中央医院正立面图、东立面图、剖视图（《中国建筑》第 2 卷第 4 期）

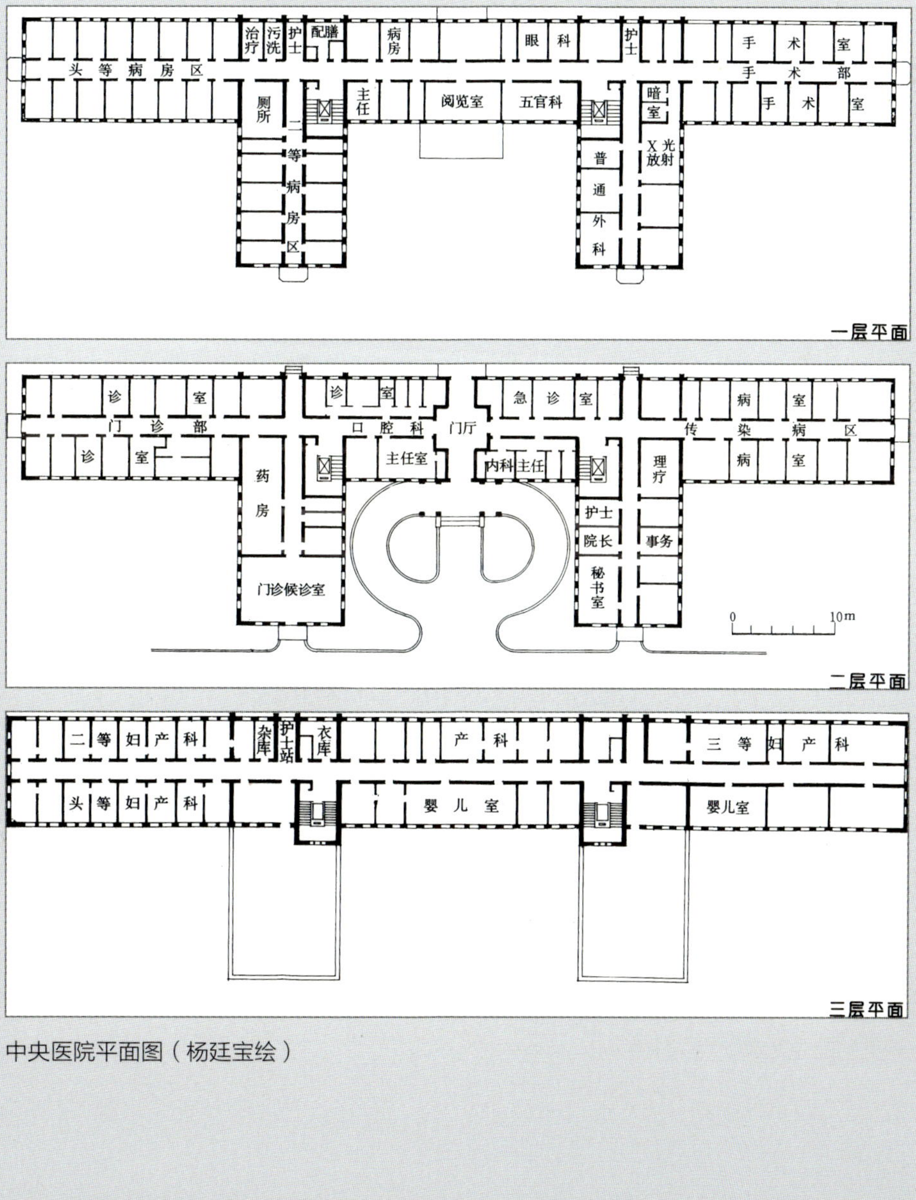

中央医院平面图（杨廷宝绘）

度适宜，细部简洁大方。整个建筑的平面设计与立面构图基本采用西方现代建筑手法，同时结合中国传统建筑的特点和细部，并用仿照明孝陵的神道石柱和牌坊，以及传达室、门廊等小品来突出重点。入口处门廊上书“中央医院”四个大字（20 世纪 40 年代改为“南京中央医院”）。

从主楼的外观上来看，在楼梯间位置的两个塔楼将建筑竖向分为三段，左

中央医院正面（《中国建筑》第 2 卷第 4 期）

中央医院院门背面（《中国建筑》第 2 卷第 4 期）

中央医院正门（《中国建筑》第 2 卷第 4 期）

中央医院正门近景（《中国建筑》第 2 卷第 4 期）

中央医院正面图（《中国建筑》第 2 卷第 4 期）

中央医院背面图（《中国建筑》第 2 卷第 4 期）

中央医院鸟瞰

中央医院鸟瞰

中央助产学校第二班毕业生在中央医院正门前留影（1936 年 6 月）

20 世纪 30 年代的中央医院

右对称，比例适宜，避免了过长建筑形体容易带来的单调感。建筑物的立面构图同样为三段式，分为勒脚、墙身和檐部三部分，勒脚部分的外墙用水泥粉刷，象征基座；墙面用褐色面砖贴面；檐口部分做成简化的斗拱装饰。

在主楼前面临街的位置，建造的大门和门卫室别具一格。其中大门仿照明孝陵的神道石柱和牌坊，三楹四柱，中门大，无横额，中门的两个石柱为六面体，顶部雕刻回字形云纹；左右门小，上架横额，两边的石柱较矮，顶部无雕饰。大门左右分列着两个传达室，皆为正方体，墙面上部和下部抹灰，中部贴褐色面砖，形成了横向的三段式构图。这种设计达到了用西方建筑技术重构中国传统建筑形式的新境界。

另有一幢四层楼的建筑，原为南京卫生设施实验处（一说护士大楼），由范文照建筑师设计，建华营造厂建造，1931 年 3 月开工，1934 年 9 月竣工，钢筋混凝土结构。曾为东部战区南京总医院实验室，2020 年前后被拆除。

扩建后的中央医院增设妇产科、小儿科、眼科、泌尿科、脑病科、护士部、门诊部、保健部、药局等 16 个科室。工作人员 140 人。

中央医院主楼为一集中式病房楼，设电梯垂直运输。一层西侧为门诊部，东侧为事务部及传染病区，均有独立的出入口。二层为手术部特等、头等、二等病房区。三层为妇产科病房，有产房、婴儿室及其附属设施。四层为三等病房，其病室为大通间，每室可设病床 25 张。

1937 年 8 月 13 日淞沪抗战爆发后，自 8 月 15 日起，至日军攻陷南京前夕为止，日机对南京进行了连续不断的 4 个月轰炸。令人发指的是，9 月 25 日，日机不顾中央医院屋顶上的巨大红十字标志，故意向中央医院和毗邻的国民政府卫生署投掷了 16 枚炸弹，幸亏未炸中主楼，但大礼堂等建筑损毁严重。中央医院被轰炸后，病人被转移到鼓楼医院。随着日军不断进逼南京，中央医院人员和设备随同国民政府撤离南京，分散在重庆、贵阳两地。

1946 年 2 月 4 日，国民政府接收中央医院时，已是满目疮痍。建筑师杨廷宝、吴良镛等人参与了中央医院的修缮改造。经过维修改造，中央医院设有 30 多个科室，300 多张床位，工作人员 700 余人，新添了大量的医疗新设备。1947 年，由“联勤总部”拨给活动木房大小 61 幢，另建门诊部，并于主楼后面加建精神病与疗养病室。这一年年门诊量增加到 251880 人次，床位增加到 582 张，工作人员将近 800 人。中央医院历任院长有刘瑞恒、沈克非、姚克方。

1937 年底日本飞机轰炸后的中央医院（左前方的一栋）及其周边地区（《不许可写真》）

日军占领中央医院

20 世纪 40 年代的南京中央医院

中央医院在民国时期占有举足轻重的地位，是民国军政要员和社会名流首选的医院。

据中央医院理疗科医生黄厚璞回忆：1930年9月，行政院院长谭延闿因腰腿疼痛曾到中央医院做烤电治疗，仅一个疗程，病情就有所好转。[①]

1935年国民党四届六中全会期间，国民党第2号人物、行政院院长汪精卫被晨光通讯社记者、爱国志士孙凤鸣刺伤后，被送到中央医院治疗。当时汪精卫被击中三枪，一枪击中左臂，一枪击中左脸颊，还有一枪击中背部。背部子弹未取出。医院将外科楼二楼病房南头四间房间专门给汪精卫居住。在汪精卫住院治疗期间，每天前来探望的国民党要人络绎不绝。蒋介石每天去医院探视，他在11月1日的日记中写道：

> 乃因悲慨独回议场，不愿摄影。……而未及片刻，忽闻摄影场枪声连作，有人来报汪先生被刺。余即下楼，见其已眠于地上，血流满面，彼犹以余两人之感情，能否恢复，能否谅解昔时误会为言。心滋悲戚，对泣无语。坐待其傍约一小时，医生始来，乃始敷药车往医院。而会仍未开，余乃入场催开会。会毕，往医院诊视，详察弹壳，乃为最旧之弹，必无伤于生命，此心始安。下午，连访数次，精神甚受刺激也。

这一时期，医院内外军警林立，戒备森严。与汪精卫同时受伤住院的还有国民党元老张静江等人。

1935年，著名作家张恨水居住在南京丹凤街唱经楼，二儿子小庆儿（后夭折）曾在中央医院治疗伤寒病。张恨水在《入雾嗟明主》一文中写道：当时是深秋，满城下着如烟的重阳烟雨，“我遏止不住我的舐犊深情，百忙中抽空上医院看他两次”。[②]

1935年12月，国民党将军续范亭（1893—1947）在南京参加国民党第五次全国代表大会期间，呼吁抗日，但国民党政府顽固坚持“攘外必先安内”的方针，拒不纳谏。12月26日，他在中山陵悲愤地留下绝命诗：“赤膊条条任去留，丈夫于世何所求？窃恐民气摧残尽，愿将身躯易自由。”随即在中山陵前剖腹自杀，

① 黄厚璞：《我为蒋介石、汪精卫治病》，《纵横》2002年第8期。

② 冯亦同编：《名家笔下的南京》，南京出版社1995年8月版。

要求抗日。他在《告民众书》中说："余今已绝望，故捐此躯，愿同胞精诚团结，奋起杀敌。"幸而被陵园警卫发现，及时送往中央医院抢救，才免于一死。续范亭的壮举，激励了全国人民的抗日斗志，各界人士纷纷前往医院看望续范亭，主张抗日的冯玉祥、张学良等高级将领也赶到医院看望。续范亭经抢救脱险后，在医院住了三个月，又赴杭州疗养。

1936年12月12日西安事变爆发，蒋介石被扣押。12月25日西安事变和平解决，蒋介石于12月26日回到南京后，专门到中央医院检查身体，中央医院医生检查报告认为蒋介石身体良好。实际上，在西安事变中，蒋介石因跳墙跌伤了胸椎，后赴杭州西湖别墅休养。中央医院派黄厚璞携理疗仪前往杭州为蒋理疗。①

1937年8月15日，日机开始轰炸南京，第1枚炸弹投在明故宫机场。恰巧齐邦媛的妈妈、齐世英（1899—1987）的夫人在中央医院生产，差一点丢了性命。据作家齐邦媛回忆："三天前，我的母亲在中央医院分娩，生了我的小妹星媛。医院在强震中门窗俱裂，全院纷纷逃生，她抱着婴儿赤足随大家奔往地下室，得了雪崩之症。两天后全院疏散，她被抬回家，只能靠止血药与死亡搏斗。"②后来，在逃难路上通过治疗总算捡回了一条命。

南京沦陷后，中央医院由昔日救死扶伤的场所变成人间魔窟。1939年4月18日，侵华日军在南京设立（荣）字一六四四部队，又称"中支那派遣军南京防疫给水部队"。它与哈尔滨731部队一样，属于臭名昭彰的细菌实验部队。据1942年进入该部队的石井甚太郎证言说，当时该部队分为三科：一科是细菌兵器研究、制造；二科是资材管理、营膳、会计、食堂管理；三科是防疫、疫苗制造、牧场经营等。1939年4月—1945年8月，一六四四部队共抓捕了6080人，用来进行各种各样的人体毒素研究，这些人最后全部身亡。③

据日军卫生兵松本博回忆：当时中央医院的主楼是（荣）字一六四四部队的办公楼。三楼是"捕掳实验室"，四楼是"捕掳监禁室"。在四楼关押着作为"实验材料"的中国俘虏。四楼呈长方形，中间有走廊。房间按松、竹、梅等字样编号排列。四楼尽头是处置室，安装有焚烧炉。楼梯处设警卫室，是出入的必

① 黄厚璞：《我为蒋介石、汪精卫治病》，《纵横》2002年第8期。
② 齐邦媛：《巨流河》，生活·读书·新知三联书店2011年4月版。
③ ［日］莇昭三著，韩慧光译：《山中太木论文的出处及荣第一六四四部队人体实验》，收入朱成山主编《日本侵华史研究》2015年第4卷。

经之处。他说，四楼的房间大小如同日本的乡村小学教室，房间内放有七个像鸟笼一样的笼子，长宽高各一米，一个笼子关一根“马路大”。“马路大”在日语中意思是“剥了皮的原木”。“马路大”以根计算，他负责的“松”字号房间里关押了七根“马路大”。他们是南京宪兵队抓来的，进入笼子后一律裸体。他在服役的10个月中，就亲眼看见有40—50人被全部采血，成为细菌武器的实验品。

南京防疫给水部队卫生上等兵俘虏229号回忆：日本侵略者为掩人耳目，平时这里戒备森严，只允许少数日军军官出入。

山中太木是日军鼠疫、霍乱等肠道传染病的专家，他回忆道：“南京是制造疫苗和血清能力第一位的，终战时，联合国军司令官委托我制造3000万人使用的疫苗，一个月就完成了，存放在南京制冰会社的冷冻室里。”①

1946年6月23日下午7时，以马叙伦、篑延芳、盛丕华、雷洁琼、包达三、张絅伯、阎宝航、吴耀宗、胡厥文及学生陈震中、陈立复11人作为代表的上海人民和平请愿团，由上海抵达南京下关车站，国民党特务、党员假装苏北难民，蓄意制造了以殴辱马叙伦为首的上海人民和平请愿代表团的“下关惨案”，致使马叙伦等多人受伤。直到次日凌晨2点，受伤的代表和前往迎接人员才被送到中央医院接受治疗。前来慰问的周恩来、董必武、滕代远、邓颖超、李维汉和一直在中共代表团驻地梅园新村等候消息的郭沫若，民盟罗隆基、张申府等人看到：躺在地面担架上的阎宝航，衣裳被扯烂了，脸上和身上沾满血迹；另一副担架上躺着雷洁琼，她的左胸衣服上一大摊血迹，戴着白金戒指的指关节处显出红肿；受伤的马叙伦闭着眼睛，蜷缩在一条长凳上；民盟的叶笃义内伤很重，吐了血，被安置在一条长桌上……历史为我们留下了周恩来在医院看望这些代表的珍贵瞬间照片。此后一段时间，前来慰问受伤代表的各界群众络绎不绝，一束束鲜花，一封封电报，一包包慰问品，表达了各界群众的深情。

值得一提的是，民国时期的中央医院曾经多次出现医患纠纷。据姚颖《京话》记载：“不料创办以来，医士、护士习于傲慢，漠视人命，对于病人轻视侮辱，甚且有拳打病人之事。”“南京中央医院自办理以来，真是有口皆卑(此处的‘碑’，据说，以去石旁为对)。”在该书中，她列举了中央医院种种医患纠纷。

如1933年9月16日，有一穷苦病人无钱住院，自来讨药，病急，辗转呻吟于地，

① 转引自王希亮《南京荣字1644细菌部队的罪行》，《钟山风雨》2004年第4期。

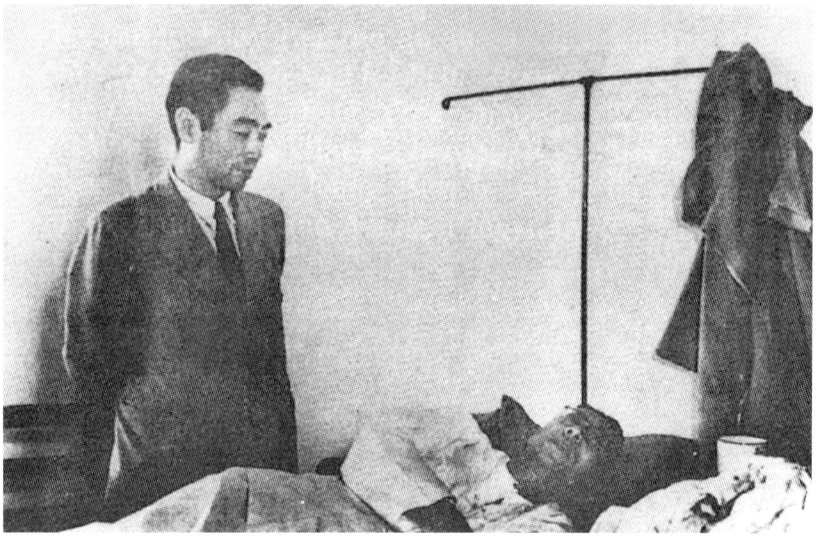

周恩来到中央医院看望马叙伦

上海和平请愿人士在南京中央医院留影

无人过问，隔夜死去。

1933 年，该院助产学校学生高凌云自杀，延请该院医生 5 人诊治，竟然不知其服何毒药，以致无法救治而死。

1934 年 3 月，中央医院牙科主任韩文信因曾经为蒋介石医治牙疾，财政部某要人家中有人患牙疾，请其前往诊治。因接线生直呼其名，韩文信勃然大怒，竟然驱车前往财政部总机室，殴打接线生。

1934 年 4 月 30 日，警察厅职员江镜先携女儿求诊，等候了几乎 2 个小时，才有一位女医师和一位女护士前来，粗粗地看了一下舌头，便说是白喉，要送到下关传染病医院医治，否则无药可救。江某如言前往下关传染病医院，经过详细的检查，确定不是白喉，一药而愈。

1934 年 5 月，励志社社员邓某携子前往种痘，等候了约 1 个小时，才有一医生姗姗而来，见孩子便说“有病”，邓某见状骇异，告以种痘，该医生故作沉思，随即说“无病”，随后扬长而去。

中央医院

1934年5月2日，国民党老党员安舜卿的6岁幼子右齿微痛，到医院诊治。医生说是虫牙，予以拔除。入夜，孩子齿根及腮部肿痛，遂到医院复诊并住院。病危之时，外科主任沈克非称必须要开刀。在沈克非开刀过程中，孩子死去。①

1950年6月，中央医院改编为华东军区医院。1955年，改名为南京军区总医院。1986年，更名为南京军区南京总医院。2018年，以原南京军区南京总医院、原第八十一医院（含八十六临床部）、原第八十二医院（含一四九临床部）、原第三五九医院为基础，组建东部战区南京总医院，隶属东部战区后勤部卫生部。

1991年，国家建设部、国家文物局将它评为近代优秀建筑。1992年，中央医院旧址被评为南京市文物保护单位。2002年，又被评为江苏省文物保护单位。2008年，被列为南京重要近现代建筑。2018年，中央医院旧址入选中国文物学会、中国建筑学会联合评选的“第三批中国20世纪建筑遗产项目”。

① ［民国］姚颖：《京话》，南京出版社2018年4月版。

海军南京医院

海军南京医院位于江边路 42 号、46 号和 48 号，西北临长江，东邻惠民河，建于 1930 年。现留存有瞭望塔、住院部、门房、办公房等建筑。

江边路42号瞭望塔按原样复建，改为钢架结构，高为23米，面积约16平方米。

江边路46号住院部，俗称“南楼”，呈长方形，单层，坡屋顶，青灰色砖砌造，屋顶覆盖青瓦，砖混结构，建筑面积共 1363 平方米。正大门入口处立有两根（原来是四根）简约的罗马柱，四周有外廊环绕，正面的外廊有低矮的花瓶式护栏。

海军南京医院

江边路 42 号瞭望塔

江边路 46 号住院部

江边路 46 号住院部正门

江边路 46 号住院部回廊

江边路 48 号的“凹”字形门诊部和手术室，俗称“北楼”，单层，两面坡屋顶，青灰色砖砌造，屋顶覆盖青瓦，砖混结构，建筑面积约 806 平方米。

后面还有一栋建筑为二层小楼，系原海军南京医院的研究所和办公楼。目前由某部队使用。该楼为二层砖混结构，底层的一侧有回廊和七个拱形门，建筑面积约 876 平方米。

海军南京医院建成后，一批批伤兵在此得到救治后康复出院，重返前线。

1949 年 4 月南京解放后，海军南京医院被中国人民解放军接管，改名中国人民解放军华东海军南京医院，隶属于华东海军卫生部。1950 年，改称华东海军第二医院。1954 年，更名为中国人民解放军海军四一四医院。1958 年 10 月，海军四一四医院迁到建宁路 200 号。① 这里成为 724 雷达研究所所在地。

1930 年，海军南京医院在兴建过程中，曾经发生过这样的故事。据相关文献档案记载，海军部拟在下关海军操场内修建首都海军医院，承建方为兴华建筑公司，在营建过程中，事先并未照章呈报，属于违规施工。为此，南京市工务局曾经函请海军部，转饬兴华建筑公司到工务局办理相关建筑手续，但海军

① 南京市下关区地方志编纂委员会：《下关区志》，方志出版社 2005 年 6 月版。

江边路 48 号门诊部和手术室的院门

江边路 48 号门诊部和手术室

江边路 48 号门诊部和手术室

部置若罔闻。面对这种情形，南京市工务局无奈地请示市政府，“可否仰恳转呈行政院，再令各机关照章呈报，以重首都之建设”。① 南京市政府接函后，于 9 月 5 日将工务局意见转呈行政院。②

1930 年 9 月中旬，国民政府行政院发布指令，要求南京市内各机关遇有建筑事宜，必须遵章报验，领取执照后方可兴工。③

2014 年，在建设滨江风光带的过程中，鼓楼区政府本着修旧如旧的原则，邀请东南大学建筑学院周琦教授对此建筑进行修缮。据周琦先生介绍：“这些建筑虽然使用的材料简陋、工艺粗糙，但是建筑风格中西合璧，既有传统的木屋架，中式的雕花，也有西洋的罗马柱，西方的医院布局，因此在屋架、结构体系不变的情况下，基本按照原样进行修缮。”如今，经过修缮的海军医院保留原汁原味的外形，院内道路两侧的法桐也保存下来，现已成为南京滨江风光带的一道独特风景。2014 年，海军南京医院旧址被列为南京市鼓楼区不可移动文物。

① 《各机关遇有建筑须先报勘领照》，《首都市政公报》第 69 期，1930 年 10 月 15 日。
② 《呈请通令京内各机关遇有建筑均须报勘领照案》，《首都市政公报》第 68 期，1930 年 9 月 30 日。
③ 《令知以奉院令准予通令京内各机关遇有建筑须遵章报验案》，《首都市政公报》第 68 期，1930 年 9 月 30 日。

江苏省立南京公共体育场

江苏省立南京公共体育场，位于南京市秦淮区公园路42号（原半边街东侧），介于明御河南的公园路支巷桥与体校南巷之间。它是南京历史上最早的公共体育场，现为南京市体育运动学校，俗称公园路体育场。

公共体育场始建于1917年，1918年竣工，有检阅台、看台、田径场、足球场、篮球场、网球场等。当时的重要集会和体育比赛都是在这里举行的。1924年左右，

公共体育场

公共体育场

体育场设有体育学校。[①]

1927年国民政府定都南京后，将南京市与江苏省进行分治，公共体育场虽然划给了江苏省，但仍是南京市民的重要活动场所之一。1928年体育场经过维修后，南京足球联合会和南京篮球联合会经常在这里举行足球赛和篮球赛。民国时期的南京中小学生运动会每年都在这里举行。这里还举办过第一届江苏省运动会。

据《南京特别市政府民国十八年十二月份工作报告表》："公共体育场永久演讲台：计划制图并造具预算。"[②]估计1930年，公共体育场永久演讲台（主席台）应该建成。

南京沦陷期间，体育场遭到日军的破坏，成为一片废墟。抗战胜利后，江苏省政府考虑到南京为首都，应有一座市立体育场，于是决定捐赠给南京市。

1946年11月15日，南京市正式成立市立体育场筹备处，准备整修公共体育场，预计需要建筑费167113000元，开辟费（包括购置运动器械和家具）54000000元，杂费6753400元，三项合计总额为227866400元。全部工程定于

① 俞旭华编辑：《南京居游指南》，南京共和书局、文华学社1924年版。
② 《首都市政公报》第50期，1929年12月31日。

江苏省立公共体育场

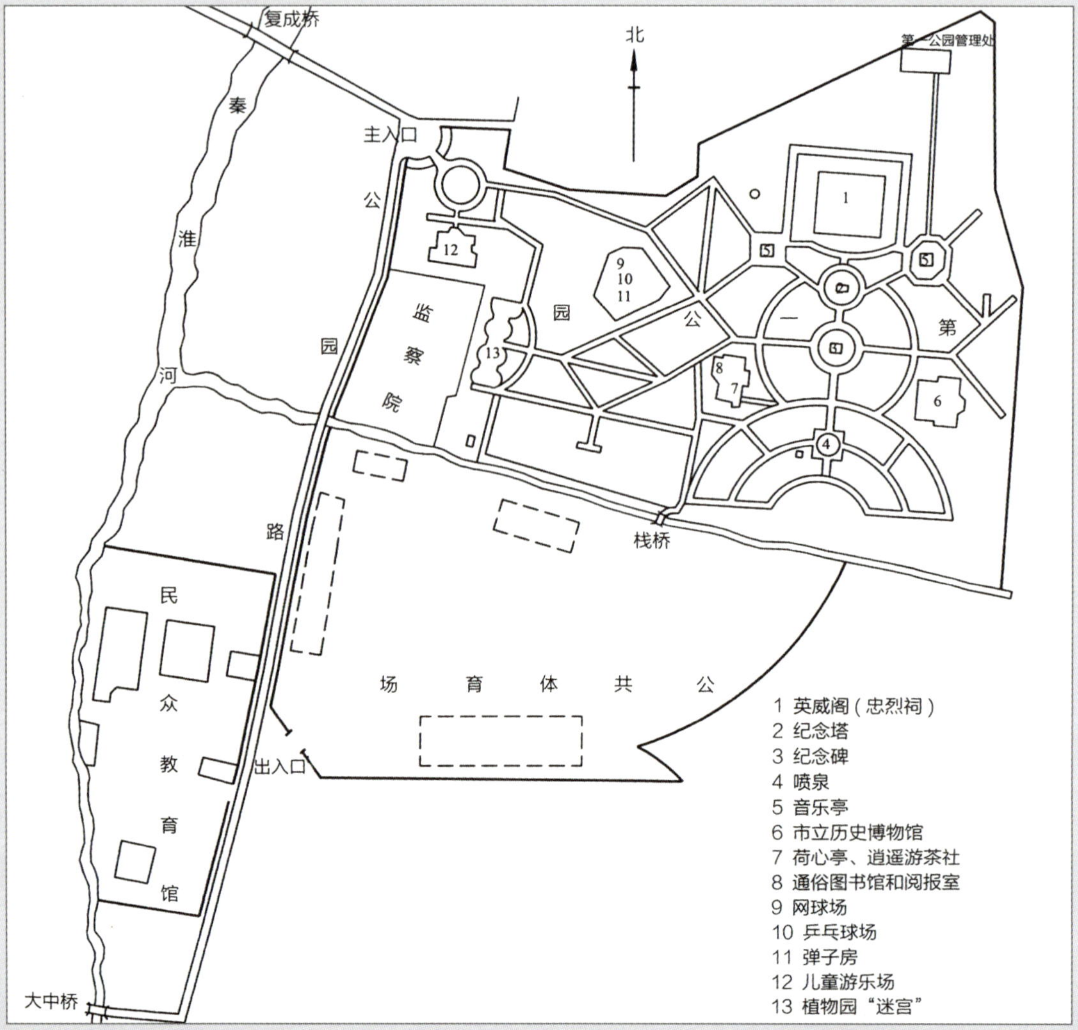

公共体育场与第一公园、监察院、民众教育馆平面图（《旅京必携》，南京书店 1936 年版）

1947年元月上旬竣工。

1947年1月18日，江苏省政府将该体育场正式移交给南京市。南京市政府着手进行整修改造。同年7月1日，南京市政府举行了隆重的落成开放仪式，南京市市长沈怡、副市长兼教育局局长马元放以及各界代表和群众参加了典礼。公共体育场正式更名为“南京市立体育场”，龚家鹿为第一任场长。

新中国成立后，南京市人民政府建造了五台山体育场，这里成为举办小型比赛和活动的场所。20世纪70年代，南京市人民政府拨款修建了看台、游泳池和运动员宿舍等，并且成立了南京市公园路业余体校。1986年9月，正式成立了南京市体育运动学校。

（24）　第二卷第六期

第八屆京市運動會專頁

一、京市第八屆全市運動會籌備經過

京全市運動會，戰前每年舉行一次，至廿六年抗戰爆發時，已先後舉行七次之多，勝利還都自京市國民體育委員會成立後，即籌備舉行第八屆全市運動會，惟以京市缺乏公共體育場地與設備，無法舉辦；直至去年十二月，奉　蔣主席電諭，將本市公園路原有江蘇省體育場場址，撥交本市應用。除由市府派員接收並撥專款修建外，於本年四月聘請江良規先生等四十餘人爲籌備委員組織籌備委員會，開始籌備。本擬定於六月七八兩日在新建場地舉行；並於五月十日舉行第一次籌備委員會議，通過競賽規則等要案多起。嗣又以時間迫促，籌備不及，以及其他種種關係，決定展期舉行。

本年七月經市府決定由馬副市長於體育節慶祝會宣佈第八屆市運動會，定於本年　國父誕辰紀念日在原地舉行並於十月廿日召開第二次籌備委員會議：當經決議廿一日開始報名。報名截止時，小學組運動員，竟達一千五百餘人。籌備會爲維護兒童體育起見，特訂於十一月九日舉行小學組預選會。

二、小學組預賽會

小學組預賽會，於九日上午九時在公園路市立體育場隆重揭幕，到大會副會長馬元放，總幹事鄒更生，副總幹事俞晉爵、馮公智、楊汝熊，總裁判徐汝康等，暨全體運動員一千五百餘人。馬副會長致開會詞，強調體育對個人事業及國族前途之重要，勉小學生注意體育訓練，培養健全之身心，以做未來建國之資本。末宣讀中華民國憲法第五節第一百五十八條，指出健全體格在教育文化中之重要地位。詞畢，運動員繞場一週，精神活潑，步伐整齊，時豔陽已衝破層雲，光明照耀全場，若象徵此一代幼小者之前途然。競賽自九時半開始，因各項參加人數甚多，迄午後一時半，上午項目始完畢；下午二時半繼續競賽，迄五時完滿結束。茲將各組各項取錄名額抄錄如下：

男生組：六十公尺，十八人；一百公尺，十八人；跳高，五十一人（錄取標準一公尺十五）；立定跳遠，三十四人（錄取標準六級以上）；壘球擲遠，二十六人（錄取標準十一級以上）；二百公尺接力，十單位。

女生組：六十公尺，十八人；一百公尺，十四人；跳高，三十六人（標準一公尺）；立定跳遠，廿六人（標準四級以上）；壘球擲遠，十九人（標準五級）；二百公尺接力，十二單位。

三、大會如期開幕

大會於十一月十二日八時卅分在公園路體育場開幕，到名譽會長朱家驊、會長沈怡、副會長馬元放、總幹事鄒更生、總裁判江良規等。計參加單位一百四十三個，出席運動員二千一百餘人。八時三十分全體運動員由樂隊前導繞場一週，經過司令台時，各色隊旗迎風招展，男女健兒精神奕奕。旋即舉行升旗儀式，於軍樂爆竹聲中，綢質黃底綉有紫紅色賽跑圖案之會旗徐徐升空。會長沈怡領導行禮後，宣佈市運大會開幕。接着名譽會長朱家驊起立致訓，首先說明在　國父誕辰紀念日舉行市運大會意義特別重大深遠，　國父一生艱苦奮鬥的目的是在救國救民，求中華民族的富強康樂。我國人口雖然衆多，但一般國民身體遠不及人家的強健有力。須知強健的國民是建國的基礎，希望大家能體念國父遺志，救國從救我做起，強國先強自己。繼稱，我們民族的另一缺點，如　國父民族主義中所指出是一盤散沙，不能合作，而體育活動則首重團結合作，希望大家能保持這種精神，發揚這種精神。詞畢禮成，各項節目在緊張而又和諧之空氣下進行。到場觀衆竟日留連忘返。全日比賽項目，按程序依次進行，運動員精神旺盛，秩序井然，予觀衆以深刻印象。茲將兩日比賽成績錄後

四、第一日田徑賽成績（每項取六名）

公開男子組

一〇〇公尺　冷培樹（空軍）楊榮柱（東方語專）范道鵠（中大）汪雍叔（政大）陳嘉（空軍）楊山（兵工署）一一·九秒

四〇〇公尺　楊金指（中大）朱裕厚（中大）孫丕謨（中大）林國珍（中央警校）郭子偉（中大

（續128）

公园路体育场举办南京市第八届运动会的报道（《首都教育》第2卷第6期，1947年12月18日）

在历史上，这里曾经是风云际会之地，留下了浓墨重彩的一笔。兹举数例如下：

1919年五四运动爆发后，南京各校学生开展了一系列的反帝爱国运动。为支持北京青年学生的爱国运动，南京学生联合会决定举行全市总罢课。5月29日，南京中等以上21校3413人发表罢课宣言：“外交失败，国贼尚存，北京学生要求条件，既无完满答复，近复摧残公论，生等心所谓危，不忍坐视，至政府完满答复之日止，一律罢课，以待后命。”6月2日端午节这一天，天气阴沉，各校学生奔赴公共体育场，达三四千人，男女分立，秩序井然，举行庄严的宣誓典礼，由南京学生联合会会长、南京高等师范学校学生黄曝寰领读誓词，誓词是：“拥护国权，发扬民气，协力同心，生死以之。”宣誓完毕后，举行了游行示威活动。[①]《新闻报》对于学生的爱国运动，感慨写道：“独我最可怜之学生，抛弃良辰佳节之快乐，为救护国家奔

① 刘振华：《热血沸腾的爱国青年——五四运动在南京》，载沈嘉荣主编《南京史话（下）》，南京出版社1995年8月版。

走往来，不稍暇逸，诚足令人钦佩也。”

1925 年 5 月，上海“五卅惨案”的消息传到南京，青年学生群情激奋。6 月 2 日下午，南京党、团组织决定重点发动和记洋行工人罢工，以抗议英帝国主义暴行，声援上海人民“五卅”反帝爱国斗争。6 月 3 日，南京各大中学校学生、各团体及市民 3 万多人聚集在这里，举行声讨大会。会后，举行了游行示威。6 月 4 日，《民国日报》以《六月三日万人集会游行》为题，记录下当年激烈的场面：

> 今晨（三日）上午八时，在省立公共体育场开市民大会，全城学生自今日起一律罢课，工商皆加入大规模之运动，将有罢市罢工之响应。闻军警亦表同情。是日市民大会到万余人，十时许，由体育场出发，游行示威。……其沿途散发宣传品多种，悲壮慷慨，全城愤激。①

1927 年 3 月，北伐军光复南京。4 月 9 日上午，蒋介石从上海来到南京。下午，国民党省、市党部在公共体育场召开三四万人参加的“欢迎汪精卫主席复职大会”，还张贴了欢迎蒋介石的标语。谁知就在此时，蒋介石已密令陈葆元、达剑峰带领流氓打手，捣毁了省、市党部，拘捕了张曙时等省、市党部领导和骨干 40 多人；市总工会也被捣毁。在公共体育场开会的群众闻讯群情激愤，随即到总司令部请愿。蒋介石在群众压力下，不得不出来。他在两三分钟的讲话中不仅不接触实质问题，反诬群众“滋事”，更激起了群众的义愤。当日晚，中共南京地委决定次日召开市民肃清反革命派大会。②

4 月 10 日上午，南京各界群众约 10 万人在公共体育场参加“肃清反革命派”大会，声讨反动派唆使流氓打手捣毁国民党省、市党部和市总工会的反革命暴行。集会群众到总司令部请愿，流氓打手当场开枪打死请愿民众王大刚等数十人，受伤者不计其数。晚 11 时，中共南京地委在大纱帽巷 10 号召开紧急扩大会议，研究应变措施。国民党反动派侦缉队突然将会场包围，除刘少猷越墙脱险外，参加会议的国民党省、市党部和中共南京地委、市总工会的侯绍裘、谢文锦、

① 朱翔：《和记洋行与红色南京的历史书写》，载南京市雨花台烈士陵园管理局等编《雨花英烈精神与“中国共产党为什么能”学术研讨会论文集》，南京出版社 2021 年 12 月版。

② 中共南京市委党史工作办公室编：《南京党史一百年：1921—2021》，中共党史出版社、南京出版社 2021 年 6 月版。

1927 年 4 月 18 日在公园路体育场举行“庆祝国民政府建都南京　国民党恢复党权大会”

刘重民、张应春、许金元、文化震、陈君起、钟天樾、梁永、谢曦十人遭到逮捕。几天之后，全部被秘密杀害，抛尸通济门外九龙桥下。这就是南京“四一〇”反革命事件，也是中共南京组织遭受的第一次破坏。①

1927 年 4 月 18 日上午 9 时，国民政府定都南京典礼在湖南路国民党中央党部举行后，蒋介石、胡汉民、蔡元培、吴稚晖、蒋作宾、陈铭枢等人分乘 20 辆汽车到公共体育场参加庆祝大会，到会 10 万余人。蒋介石等人分别发表演说。直到下午 3 时才散会。

1928 年 10 月 11—19 日，由中华民国时期主管国术的中央行政机构之一——中央国术馆主办的第一届国术国考在公共体育场举行。选手来自各省、市选派人员及中央国术馆的师生共 400 余人。考试分预试和正试两场进行。预试为个人套路表演赛，项目有拳术、短兵（刀、剑）和长兵（枪、棍），用“最优等”“优等”评定成绩。预试后有 150 余人参加正试。正试项目为散打、摔跤、长短兵、对劈刺。比赛按照体重分甲、乙、丙三等，用抽签的办法配对，采取单败淘汰制。其中短兵用的是一种用棉花、牛皮裹的枪头。长短兵比赛双方互相劈刺，击中

① 吴斌、王伟：《奋斗百年路风华正茂时——中共南京历史百年回眸》，《南京史志》2021 年第 2 期。

对方任何一部位即得一点，三点二胜，或击倒对方为胜。这次国考虽然缺乏明确的规则，还出现了一些伤害事故，但此次活动对武术进入现代体育竞赛系列做出了大胆而有益的探索。

1930年10月10日，为欢度“国庆”，半边街公共体育场举行庆祝大会。国民党中央台、歌舞台、话剧台等分别表演京剧、话剧、音乐、国术、清唱、魔术、电影、焰火、舞蹈及市立各小学歌舞表演等。夜晚有四五万人持彩灯在市街游行。[①]

1931年九一八事变爆发后，南京爱国学生的救亡运动迅速高涨。9月23日，南京工农商学妇等社会团体及市民20万人在这里举行反日大会，痛斥日本的侵略行径。会后，前往国民政府门前请愿，要求蒋介石对日宣战。11月26日下午，南京中央大学、金陵大学等十多所学校的学生和外地来宁请愿的学生数千人，聚集在公共体育场，召开“送蒋北上”大会。会后，前往国民政府门前请愿，要求蒋介石出兵抗日。

1934年，国民政府在南京举行首次防空演习。9月26日，“在公共体育场建造演习消防用之楼房一座”。11月21—22日演习期间，演习的飞机在公共体育场投下燃烧弹，准确命中该楼房，并将其全部烧毁。

1935年6月6日，国民政府军事委员会防空委员会在此举行了首都防空展览会的开幕典礼，并将这里作为防空展览会放映露天电影的场所。同年11月24日上午9时，参加首都防空演习的各方面人员约1.8万人，齐集公共体育场，接受总检阅官杨杰，陪检阅官马超俊、陈剑如、黄镇球等人的检阅。

① 徐耀新主编：《南京文化志》，中国书籍出版社2003年8月版。

中央体育场

1949 年之前，中国共举行过七届全国运动会：第一届全国运动会于 1910 年 10 月 18 日至 22 日在南京南洋劝业会会场举行；第二届全国运动会于 1914 年 5 月 21 日至 22 日在北京天坛举行；第三届全国运动会于 1924 年 5 月 22 日至 24 日在武昌练马场举行；第四届全国运动会于 1930 年 4 月 1 日至 10 日在杭州梅东高桥举行；第五届全国运动会于 1933 年 10 月 10 日至 20 日在南京东郊中央体育场举行；第六届全国运动会于 1935 年 10 月 10 日至 22 日在上海江湾体育场举行；第七届全国运动会于 1948 年 5 月 5 日至 16 日在上海江湾体育场举行。

自 1930 年杭州第四届全国运动大会召开之后，蒋介石提出要在南京兴建一座大规模的中央体育场，作为以后召开全国运动大会的基地。同年 4 月，国民政府为筹备 1931 年 10 月份召开的全国运动大会，组织了筹备委员会，指派林森、何应钦、朱培德、宋子文、王正廷、蒋梦麟、刘瑞恒、吴铁城、魏道明九人为筹备委员；并公推林森为常务委员，主持会务；以总理陵园管理委员会总务处长夏光宇为主任干事，负责具体事务。经国务会议指定，以总理陵园界内、灵谷寺南部 1200 亩（80 万平方米）土地为全运会体育场场址，这就是后来的中央体育场。①

体育场兴建之前，这里是一片荒芜的土地。地面崎岖不平，民坟荒冢比比皆是。1930 年 5 月，全运会筹委会会同总理陵园管理委员会及参谋本部陆地测量局，对全运会场址进行测量，并招标迁移地面上的坟冢。全部土方工程由新记公司承包，耗资 5.64 万元。同时，筹委会延请基泰工程司建筑师杨廷宝设计绘图，9 月，建筑图样绘制完毕。

1931 年 2 月，筹委会对建筑工程进行招标，利源建筑公司以 84.9311 万元

① ［民国］总理陵园管理委员会编：《总理陵园管理委员会报告》，1931 年 10 月内部印刷本。

1930 年设计的南京中央运动场空中斜视图（《总理陵园管理委员会报告》）

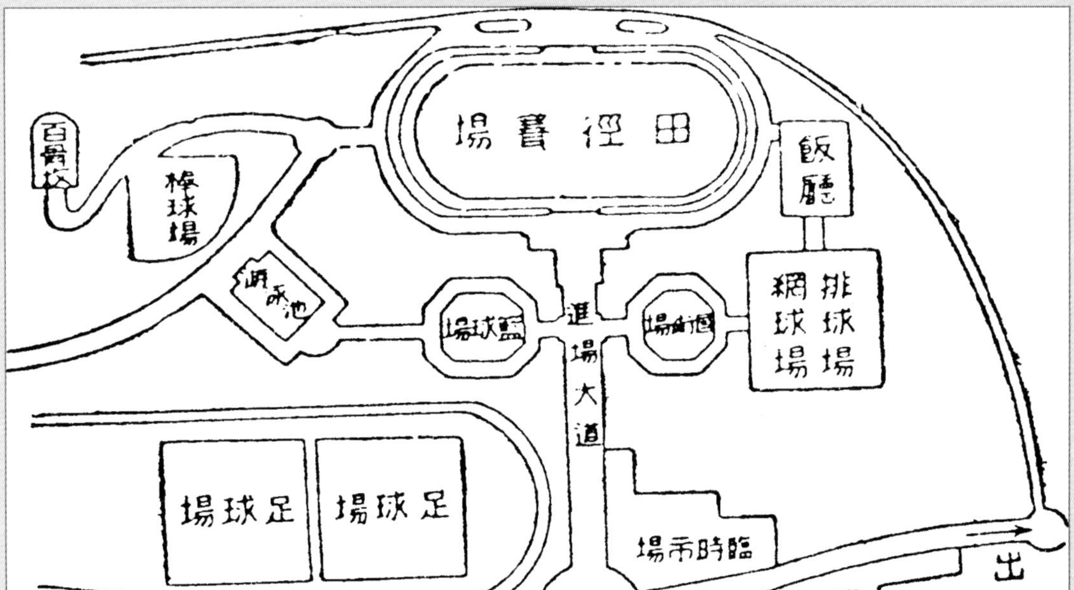

中央体育场平面简图（倪锡英《南京》）

田径赛场立面设计图（《总理陵园管理委员会报告》）

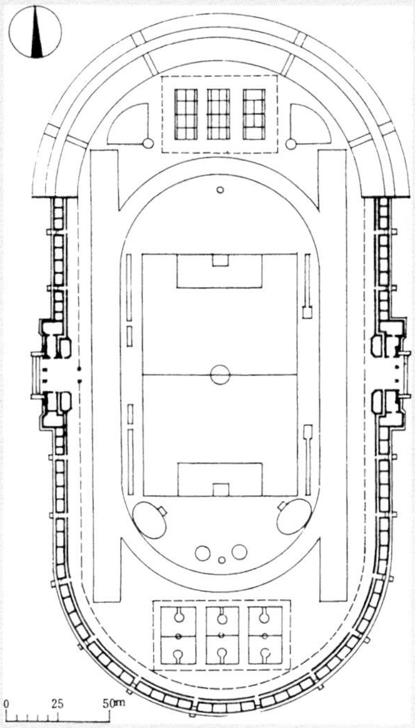

田径赛场平面图

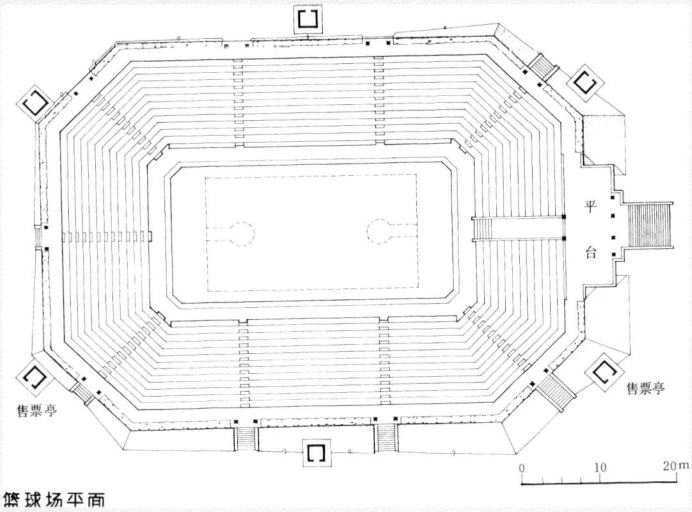

篮球场平面图

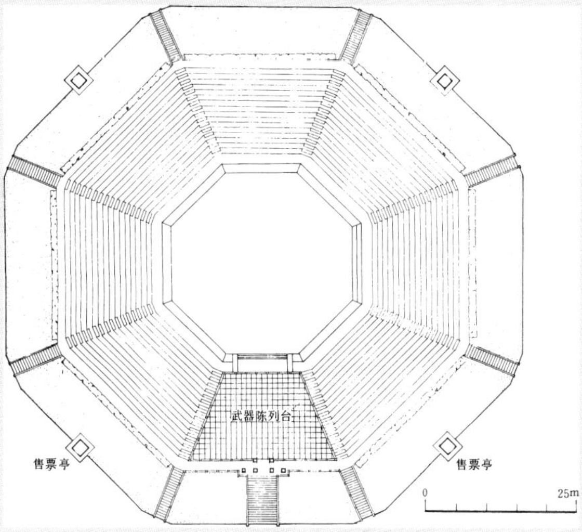

国术场平面图

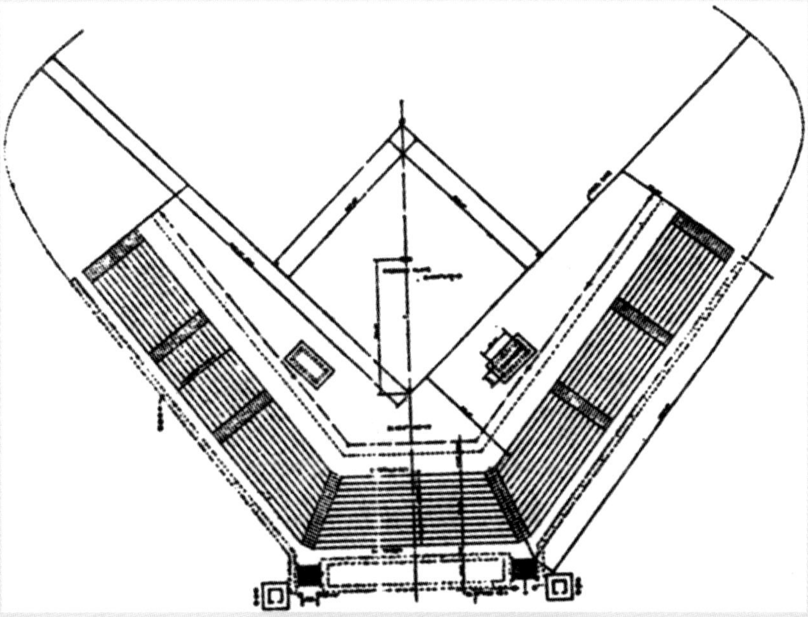

棒球场平面图

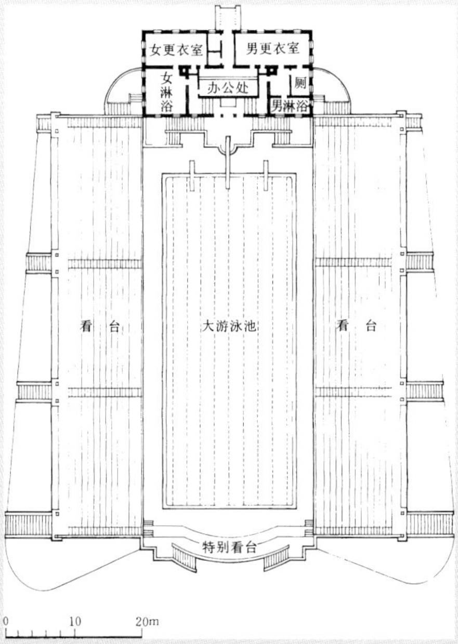

游泳馆平面图

的报价中标承建（设备不算在内）。利源建筑公司中标后，因限期短促，立即开工。这年的5月10日上午10时，举行了隆重的奠基礼，蒋介石等国民政府军政要员以及国民会议代表三四百人出席奠基仪式，蒋介石在典礼上发表讲话说："欲恢复民族地位与精神，须先养成健全之体格，故体育一端，比较德育尤为重要。"奠基处设在田径赛场司令台左方，在距地面约2米处置奠基石一块，上刻"中华民国二十年五月十日中央体育场奠基纪念"20个鎏金大字；另置铁匣子1个，内放大会筹备经过报告、各项体育运动规则、全场图样，以及《申报》《中央日报》《新京日报》等报纸各1份。为了使全运会能在10月10日这一天如期举行，利源建筑公司共动用了3000名工人夜以继日工作，终于在8月底之前各项主体工程基本竣工。工程总造价144万余元。①

中央体育场充分利用四周高、中间平旷的地势，因地制宜，进行设计和建设。各项建筑均为钢筋混凝土结构，中西合璧，较好地解决了现代建筑功能、材料与传统建筑形式之间的矛盾，是中国传统宫殿式建筑的代表作之一。体育场分为田径赛场、游泳池、棒球场、篮球场、国术场和网球场六个部分，另外还有跑马场、足球场等。各场皆有看台，总共可容观众6万余人，当时堪称"远东第一"。

田径赛场

它是中央体育场的主要建筑，位于全场东南方。平面呈椭圆形，南北走向，占地面积约77亩（约5.13万平方米）。周围是看台，中间是田径场。田径场长333米，宽136.7米，内设10米宽的500米跑道一圈，13米宽的200米直道两条。跑道南北端设有篮球场和网球场。跑道内侧设有标准足球场，以及跳高、跳远、投掷等赛场，跑道两端，设有网球、排球、篮球、棒球等赛场，以备各项运动决赛可以同时在运动场内举行。场地南北两端，各有一根数丈高的旗杆，用于悬挂国旗。田径场内有完整的排水系统。场地四周为看台，可容3.5万余名观众。大门位于赛场东西两侧，各筑门楼一座。西门楼上为司令台，设有播音机和水箱；楼下为办公室。东门楼上为特别看台，与司令台遥遥相对。东西门楼均为一座中国传统牌楼式建筑，面阔九间，高三层，上部装饰有八个云纹望柱头和七个小牌坊屋顶，门楼上朝向赛场的一面盖有梁板式的钢筋混凝土雨篷，两侧设有男女休息室和男女盥洗室；从赛场外部看，门楼下面有三个大小相同的拱形门，

① ［民国］傅焕光编：《总理陵园小志》（京华印书馆1933年版），南京出版社2014年9月第2版。

中央体育场田径赛场

中央体育场田径赛场（1933 年）

门高 5.5 米；从赛场内部看，门楼下部只有一个长方形的门；在内外门之间，是一个长 15.2 米、宽 12.2 米的大穿堂，其左右建有办公室、裁判员休息室和新闻记者休息室。在东、西、南三面看台之下，建有运动员宿舍及浴室、厕所等，可容 2700 人居住。唯独北面看台利用天然地势依山而建。它是当时全国最大的田径赛场。

中央体育场田径赛场（《中国建筑》第 1 卷第 3 期）

中央体育场田径场远景（赫达 · 哈默尔摄，哈佛大学图书馆藏）

中央体育场田径赛场鸟瞰

中央体育场田径赛场

游泳池

位于田径赛场的西北面。其入口处是一座中国古典宫殿式的建筑，面朝西南。该建筑平面为长方形，长 26.28 米，宽 13.4 米，钢筋混凝土结构，庑殿顶，屋面覆琉璃筒瓦，墙壁为泰山面砖，雕梁画栋，富丽堂皇。地上一层，地下一层，地上一层中间为办公室，东南部是男子更衣室、厕所和淋浴室，西北部是

中央体育场游泳池

女子更衣室、厕所和淋浴室；地下一层为滤水器房和锅炉房。建筑物的正前方为游泳池，游泳池一切设备在当时均堪称一流。游泳池为长方形，长约 53 米，宽 20 米，设有 9 条泳道，可供 9 人同时参加比赛。池底呈坡状，南浅而北深，最浅处为 1.2 米，最深处为 3.3 米，可供跳台跳水之用。池壁和池底贴有白色瓷砖。四壁装有水内电灯 32 盏，夜幕降临时，微风轻拂，华灯齐放，映照水中，浮光跃金。游泳池的东南、西北两面为普通看台，西南面为特别看台，可容观众 4000 人。

中央体育场游泳池

棒球场

位于田径赛场的北面，游泳池的东北面。平面似扇形，半径长 93 米，顶角成 90 度，依山而筑，除了两直边外，均为看台，可容 4000 余人。前面有遮护网一排，高约 6.6 米，长 80 米。场内有运动员休息室。场地四周设有铁丝网墙。场外设有两座正方形售票亭，辟有两个门通向场内。

篮球场

位于田径场的西面，南与国术场相望。平面呈长八角形。长 30 米，宽约 17 米。利用原有地势挖成盆形，盆底作为球场，铺以木板，四周斜坡筑成水泥看台，可容观众 5000 余人。正门朝南，入口处为一平台，其上建有一座三开间的牌坊，云纹望柱头，平台四周以及正门入口处的台阶两侧，围以水泥假石雕纹栏杆。平台之下为运动员入场通道，两侧为运动员更衣室及厕所等。入场口挂有记分牌。在篮球场的看台之上，为八角形的环场通道，通道除南面外，每一边都建有一至两座单开间牌坊，作为观众疏散口标志。在篮球场外还建有六座正方形的售票亭。

国术场

位于田径场的西面，篮球场的正南面。平面呈正八角形，既与我国古代八卦图相似，又使四周视距相等，最远视距 18.2 米，满足国术比赛适宜近距离观看的要求。整个场地利用自然地形，形似一个盆地，场上铺满黄土。

正门朝北，迎着正门拾级而上，有一座牌坊与篮球场相呼应。经牌坊达大平台，平台上在比赛期间陈列着各种武术器械，以水泥栏杆围着；平台下建有

中央体育场鸟瞰，最下方的场馆是棒球场

中央体育场篮球场

中央体育场篮球场

中央体育场国术场

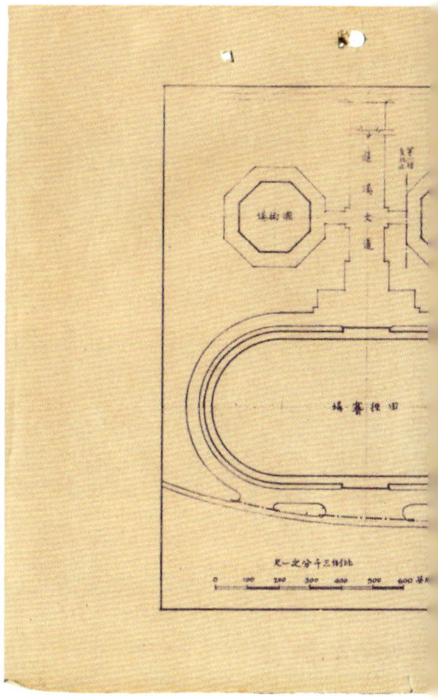

中央体育场国术场的位置（基泰工程司绘制）

办公室、运动员更衣室和厕所等。平台上的牌坊为三开间，造型与篮球场的牌坊相同。平台四周围以水泥假石雕纹栏杆。除正门一面外，其余七面均为看台，16 级看台可容观众 5400 余人。看台之上设有环场通道。看台的八角均设有进出口通道。场外四周设有四座正方形售票亭。

网球场

位于田径场西南面，与篮球场、国术场在同一条轴线上。占地面积 23 亩，共有 16 个球场，每一球场长 26 米，宽 12 米，四周设有五米高的铁丝网。四周

中央体育场篮球场

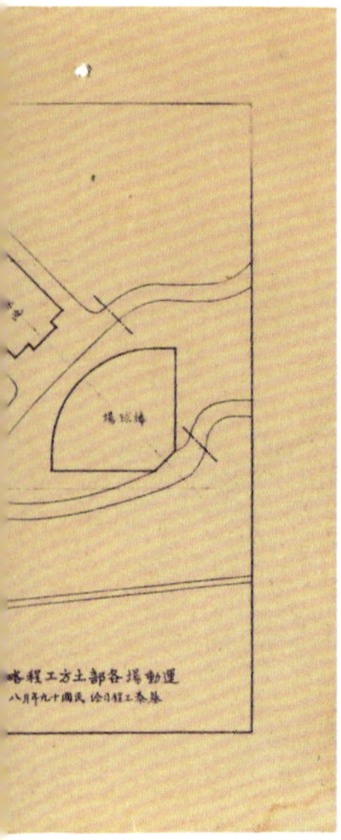

中央体育场国术场（1932 年摄，伍联德《中华景象》，1934 年版）

设看台，可容观众一万人。在场地南面高地上，建有一座中国古典式建筑，作为更衣室、浴室、厕所和休息室。

跑马场

位于篮球场的西面，平面为椭圆形，土地平广，跑道略高起，长 1609 米，宽 10 米，四周围以高约 1 米的木栏。场中辟有两个足球场，并置有木看台一排。

中央体育场在建筑功能上吸收了西方体育场的先进经验，因而布局合理，场地开阔；而在建筑风格上采用了中国传统牌楼及细部装饰，因此整组建筑显

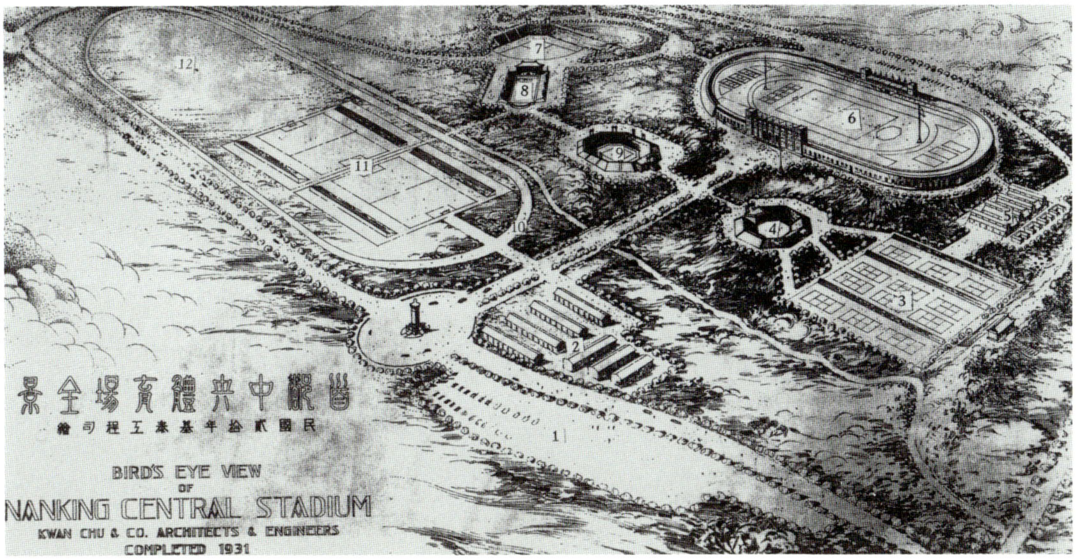

首都中央体育场全景，其中 3 为网球场（杨廷宝绘制）

中央运动场之田径场大看台（1932 年摄，伍联德《中华景象》，1934 年版）

得坚固壮观，协调统一。它在当时国内建筑界具有重大影响。

中央体育场建成后，原定于 1931 年 10 月 10 日召开的第五届全国运动大会，由于受到十七省水灾、九一八事变的影响，未能如期举行。直到 1933 年 10 月 10 日，由国民政府教育部组织的第五届全国运动大会才在中央体育场隆重举行，这是中央体育场建成后举办的首次运动会。当时，全国有 33 个单位参加，各省

中央体育场田径赛场看台

中央体育场正在举办运动会

市选派的运动员超过2697人（其中女运动员600多人），到场观众和外宾前后共达30多万人，一时盛况空前。事前，大会编制了大批标语，分别在南京的大街小巷和运动场张贴，如“倡全民运动，救国家危亡”“有健全的国民，方有健全的国家”等。整个首都南京充满了浓厚的全运会氛围。

1933年10月10日清晨开始，从新街口到中山门，再到中央体育场的20多里路上，车水马龙，人头攒动。场内看台上，坐满了观众。主席台（东司令台）上，坐着林森、汪精卫、孙科、叶楚伧、张静江、陈果夫、吴稚晖等人，还有德国、苏联、法国、日本、比利时、英国等国驻华使节。

上午9时半，林森主席入场，军乐大作，全场观众起立，以示欢迎。

上午10点，运动会开幕，33个单位的2000多名运动员和裁判员，以海军军乐队为前导，依次列队由大门口进入田径场并绕场一周。当运动员经过看台时，各省区的观众分别为各省区选手鼓掌。东三省、哈尔滨、热河的选手一踏进运动场，全场的观众一起鼓掌欢呼（此时东北已经沦陷两年），掌声如雷，经久不绝，一时空气悲壮，且有为之落泪者。

运动员和裁判员绕场一周后，队伍依次排列在场内，全体肃立，鸣炮三响，向孙中山先生遗像敬礼，接着大会会长王世杰宣读《总理遗嘱》，然后致开幕词；褚民谊报告筹备经过；林森、汪精卫、孙科、邵元冲先后演说。蒋介石也发来贺电。

接着出现了感人的一幕。东北选手宣读公开信：“诸位同志，我们是代表东北同胞而来赴全运会的选手，我们不敢猜想诸位朋友对我们作何样的感想，但我们自己实在是痛苦到万分，因为国辱民权，我们的父母兄弟姊妹天天在东北过着牛马不如的生活……我们冒着好多困难来了，眼前这江南风景，益发触动了我们家亡国破的悲哀，男儿有泪不轻弹，皆因未到伤心处，我们这次来参加比赛，不如说是来报告东北的惨状……我们今日要宣誓：共同奋斗，去夺取我们最大的锦标——光复东北。”听完东北选手的发言，看台上突然间响起此起彼伏的怒吼：“打倒日本帝国主义！”“还我河山！”“收复失地！”

此后，全场响起了刘清徐作词、赵元任谱曲的《全国运动会会歌》。歌毕，天空出现3架飞机，低空翱翔在会场上空，如天女散花般从机舱内飞出无数庆祝大会开幕的传单，其中一架飞机上又悬挂出一块大型硬纸牌，正面是“尚武精神”，背面是“强国强种，复兴民族”。

开幕式最后一项是由首都2000名小学生表演太极操，由褚民谊指挥。褚民

谊口吹银哨，发号施令。表演者通身着白，黑色球鞋，动作整齐划一，博得阵阵掌声。

在这次运动会上，男子比赛项目有田径、全能、游泳、足球、篮球、排球、网球、棒球8项，女子有田径、游泳、篮球、排球、网球、垒球6项。运动员共打破21项田径、4项游泳全国纪录，上海代表队获得这届全国运动会的奖牌总数第一名。本届全运会首次将“国术”（中国武术）列入竞赛项目，北平、南京队分获男女“国术”团体冠军。尤为引人注目的是，辽宁运动员刘长春分别以10秒7和22秒1的优异成绩创造了100米和200米两项短跑全国最好纪录，香港选手杨秀琼一人包揽了50米自由泳、100米自由泳、100米仰泳和200米蛙泳4项冠军，接着又与队友合作在4×50米接力赛中夺得她的第5枚金牌。

刘长春（1909—1983）出生于辽宁省金县，擅长短跑。1932年，“中华全国体育协进会”主席王正廷，董事、南开大学校长张伯苓决定以协会名义派刘长春参加在洛杉矶举行的奥运会，但所有经费需由刘长春自筹。爱国将领张学良得知此事后，当即赞助8000块大洋供刘长春赴美。当时，8000块大洋相当于1600美元，已是一笔巨款。刘长春作为中国体育代表团的唯一成员，1932年首次参加第十届洛杉矶奥运会。论实力，他已具备世界水平，但由于20余天的长途漂泊，旅途劳累，体力不支，刘长春仓促上阵，在100米和200米短跑预赛中即被淘汰。这次参赛虽无成绩可言，但向世界宣告了中国奥林匹克运动的存在，结束了中国缺席世界体育大赛的历史，也打开了中国进入奥林匹克运动的大门。刘长春成为第一个正式参加奥运会比赛的中国人。在1933年第五届全运会上，刘长春再创100米、200米两项全国纪录并获冠军。其中10秒7的100米纪录保持长达25年之久，直到1958年才被解放军运动员梁建勋打破。1936年，刘

刘长春在第五届全国运动会上（1933年）

长春第二次代表中国参加第十一届柏林奥运会，同样由于长时间的海浪颠簸，体力消耗较大而未能取得好的成绩。

杨秀琼（1918—1982），广东东莞人。1930年，香港举行全港游泳大赛。年仅12岁的杨秀琼初试身手，一举夺得50米和100米自由泳两项冠军。1931年，杨秀琼又参加了香港至九龙渡海比赛，再次夺冠。1933年10月，国民政府主办的第五届全国运动会在南京中央体育场举行。这次运动会，第一次把女子游泳比赛列为大赛的竞赛项目。当女选手穿着泳衣出现在泳池时，好些拄着手杖的清末遗老遗少慌忙离座退场，喃喃自语："罪孽，罪孽，女子洗澡，还招人来看，真是不知人间有羞耻事。"①正是在这次运动会上，杨秀琼和姐姐杨秀珍一起作为香港队选手参加比赛，杨秀琼奇迹般的成绩令人难以置信，她一人夺得五枚金牌。这一年，杨秀琼刚满15岁。在掌声雷动的观众席上，喜欢游泳的宋美龄喜欢上了这个小女孩，当即认下她做干女儿，并送给她一辆美国紫竹牌小轿车以示宠爱。"东方美人鱼"杨秀琼与宋美龄结缘成为当时报刊竞相转载的新闻，"东方美人鱼"雅号不胫而走。当杨秀琼以泳装的形象出现时，她立即成为上海滩上最炙手可热的时尚代言人。在1934年12月第99期的《良友》画报封面照上，身着泳装的杨秀琼和宋美龄、胡蝶、丁玲等人一起被誉为"当代十大标准女性"。她们的成功各有各的过人之处，而杨秀琼更是以"如水能游"被大家疼爱得像心肝宝贝。据说，这篇报道刊发后，上海滩的新潮女性掀起了一股游泳热，从羞耻观进入时尚审美。1934年5月，杨秀琼代表中国赴菲律宾参加第十届远东运动会，接连夺得50米自由泳、100米自由泳、100米仰泳3项冠军和200米的接力泳冠军。在200米蛙泳决赛中，杨秀琼将冠军拱手让给了队友陈唤琼。但这4项冠军还是足够她风光骄傲，她不仅创造了新的全国纪录，而且还打破了当时远东运动会的纪录。尤其在接力赛中，她的表现征服了东亚。在前三位选手都落后于其他选手的情况下，最后上场的杨秀琼赶超了其他选手，获得了第一名。这个冠军来之不易，杨秀琼赢得了国际声望。回国后更是红极一时，甚至受到蒋介石和林森的接见，林森还与杨氏姐妹合影。1936年，第十一届奥运会在德国柏林召开。经过17天的海上航行，杨秀琼体力不支，最终没能进入决赛。回国后，上海《时代漫画》刊出漫画家鲁少飞的漫画《蛋的时髦》："美人鱼"杨秀琼坐在泳池边捧着大鸭蛋痴痴地出神。"鸭蛋"攻势

① ［民国］姚颖：《京话》，南京出版社2018年4月版。

铺天盖地，压得她喘不过气来，杨秀琼那美丽曼妙的身姿慢慢淡出泳道，无奈地结束了运动生涯。1937年，杨秀琼与“北国第一骑师”陶伯龄结婚，不久被迫做了在四川无人不知的“哈儿师长”范绍增（1894—1977，蒋介石为了笼络他，让宋美龄收他为干儿子）的姨太太。她历尽沧桑，深感世态炎凉，不久便远渡重洋到加拿大温哥华侨居。1982年10月10日病逝。

1933年第五届全国运动会上的南京女选手

在第五届全国运动大会中，还发生了一件有趣的事情。10月13日下午，举行男子万米赛跑，参赛者有40多人。发令枪响后，山西的谷德胜、上海的王正林一路领先。然而，当还有最后一圈（第20圈），谷德胜、王正林开始加速冲刺时，江苏选手金仲康突然从后面加速，率先冲过终点线，夺得冠军。许多观众疑惑不解，怀疑金仲康少跑了一圈。山西队提出抗议。几位大会负责人也认为记录员记录有误，要把金牌裁定给谷德胜。江苏领队张东屏提出抗议。针对这种情况，大会决定再举行一次万米赛，比赛结果不作为正式成绩。这次参赛仅10人。起跑后，同样是谷、王一路领先，金紧随其后。在剩下最后一圈时，观众们都全神贯注地注视着运动员的动静。只见金仲康突然从后面加速，超过其他选手，率先冲过终点。当时的报纸上赞扬金仲康“真金不怕火，再度逞威风”。

1933年10月19日，林森主席在中央体育场设宴招待全体运动员及职工3000余人，出席的政要还有王世杰、罗家伦、褚民谊等。

在第五届全国运动大会结束后，1933年10月20日至30日，由中央国术馆主办的第二届国术国考（全国国术考试）在中央体育场举行，共有河北、湖南、绥远、山东、河南等21个省市及中央国术馆的438名（女子9名）运动员参赛。比赛采取淘汰制，分预试和正试两场进行。正试等次分甲乙丙三级。项目有拳术对试（散打）、长兵（枪、棍）、短兵（刀、剑）、摔跤、搏击（拳击）。正试的两人对抗比试有了统一的护具。这次武林大会对中华武术向现代体育的演进起到了积极的促进作用。[①]

1936年8月，第十一届奥运会在德国柏林举行。国民政府第一次派出93人的庞大阵容前往参加，包括全国短跑纪录保持者刘长春、撑竿跳高名将符宝卢、

① 孙文飚：《民国时期的中央国术馆》，《江苏地方志》2008年第4期。

中央体育场鸟瞰

亚洲球王李惠堂、全国自行车冠军华侨运动员何浩华，还有两名最为出类拔萃的女运动员杨秀琼和短跑名将李森。除了符宝卢进入复赛外，其余全军覆没。同年，国立中央大学校长罗家伦闻知赴柏林参加奥运会的中国国家足球队已经回到上海，忙与教育部部长朱家骅和体育督学郝更生商量，请派国家足球队来南京为中大师生做示范表演，得到同意。在中央大学体育场和中央体育场，国家足球队为南京市民和中大师生进行了4场表演赛，对手是中大、金大足球联队，结果均以大比分获胜。一时在南京掀起一股足球热。

1936年10月1日至11日，在中国童子军总会组织下，全国各地童子军1万余名在中央体育场举行全国童子军第二次大检阅大露营活动，接受了蒋介石、宋美龄、戴季陶、何应钦等要人检阅。

1937年南京沦陷后，田径场变成日军养马场，田径场的办公室、裁判员休息室、新闻记者休息室以及运动员宿舍等变成了储藏室，其他场地也失去保养，相继停用。

抗战胜利后，“田径赛场之门窗及内外铁木质设备俱无，国术、篮球、棒球、

中央体育场田径赛场的正门今貌

足球各场木质设备殆尽，外廊依旧，游泳池一切装置竟毁，外貌仍巍然可观”①。据1945年9月19日中央社南京电，关于重庆国民政府接收南京中山陵的报道《总理陵园昨日接收竣事》：“中央体育场中之田径赛场门窗及铁木栅设备完全损失。国术馆、网球、足球、棒球各场设备及游泳池一切装置，亦均无存。”②因中央运动场遭到的破坏颇多，重新修理颇费时日，所以一直都未能恢复旧观。直到1949年以后，才恢复使用。1956年11月，南京体育学院在中央体育场旧址上成立。

2002年，中央体育场游泳池被拆除，改建成一座现代化的室内游泳馆。2003年，中央体育场篮球场被拆除，改建成一座现代化的室内网球馆，但牌坊犹存。棒球场由于长时间被民居湮没，直到2007年才被百姓发现其仅存的两座牌坊。只有田径场和国术场保存较好。90多年过去了，国术场内的运动场地和看台都已荒废。2015年，南京体育学院开始国术场修缮工程的报批和准备工作。2018年6月22日，南京体育学院正式开始国术场修缮工程，由南京大学建筑与规划学院冷天博士负责，历经5个多月，12月1日竣工。此次修缮，根据国家文物局批准的维修方案，依据“最小干预”原则和“不改变文物原状”原则，对国术场采用原有的工艺、修建方式进行修缮，严格控制工程量，避免过度维修。2018年12月1日国术场修缮竣工当天，“2018海峡两岸中华武术（国术）

① 《总理陵园战后损坏情形调查报告（1946年1月1日）》，南京市档案馆藏。
② 《中央日报》1945年9月21日。

中央体育场鸟瞰（王腾拍摄）

交流大会和中华武术（国术）论坛”在南京体育学院举行，海峡两岸近百名武林高手“以武会友”，进行同台竞技和交流，国术场重新焕发出青春的活力。①

近代以来的全国运动会，由小到大，步履维艰，但毕竟拉开了中国近现代体育运动的帷幕，为新中国之后的体育运动发展奠定了基础。而中央体育场作为历史的见证物，仿佛又带着人们回到那激情燃烧的岁月。

1992 年，中央体育场旧址被列为南京市文物保护单位。2002 年，中央体育场旧址被列为江苏省文物保护单位。2006 年，被列为第六批全国重点文物保护单位。2017 年，中央体育场旧址入选由中国文物学会、中国建筑学会联合评选的“第二批中国 20 世纪建筑遗产项目”。

① 林华维：《南京 87 岁国术场精细修缮再现芳华》，《新华日报》2018 年 12 月 2 日。

第三章 宗教建筑

金陵神学院

金陵神学院位于南京市上海路东侧的大铜银巷 17 号（原铜银巷 13 号），是西方基督教会为了培养宗教人才、兴办教会，在中国创办的历史最长、投资最多、规模最大的教会学校。① 现为艺术金陵文化创意产业园。

金陵神学院博爱楼（圣道大楼）

① 诚质怡：《我所知道的金陵神学院》，收入江苏省政协文史资料委员会编《江苏文史资料集萃·社会卷》，1995 年内部印刷本。

1900年，义和团反帝爱国运动爆发之后，外国传教士意识到，要进一步扩大基督教在中国的影响，必须采取“以华制华”的原则，培养中国人作为教会的领袖。

清朝宣统三年（1911），美国基督教南长老会、北长老会创办的圣道书院与美以美会创办的圣道馆、基督会创办的圣经学校和训练班等联合在南京创办金陵神学院。以圣道书院在南京的校址作为院址，1910年在南京建造院舍，1911年9月13日试行开课，1913年正式定名成立。金陵神学院学制和课程仿照纽约圣经研究院。院长是美国传教士甘路得，美以美会传教士毖得福任董事会主席。长老会传教士司徒雷登1905年开始在中国传教，1908年至1918年间，他先后在圣道书院和金陵神学院教授希腊文和《新约圣经》课程，曾担任金陵神学院的司库，撰写出版《中文四言成语诠释》（*Chinese Four-Character Phrases*）、《新约希汉英字典》（*Greek-English-Chinese Dictionary of the New Testament*）、《新约希腊文初级读本》（*New Testament Greek*）等。他还与金陵神学院同事陈金镛（考古学家、古文字学家陈梦家的父亲）一起，合作撰写出版了近50万字的著作《环球布道小史》（又译为《圣教布道近史》，*Lectures on Modern Missions*）一书。据《陈梦家评传》介绍，陈金镛夫妇当年就住在金陵神学院校园里，育有子女10人，陈梦家排行老七。在陈梦家的童年记忆里：“我们家是二层楼的大洋房，有走廊，前面是一个花园。”1918年冬天，司徒雷登离开工作多年的金陵神学院，前往北京。1919年5月，受聘为新成立的燕京大学（后来的北京大学）校长。1946年，司徒雷登回到南京，担任新中国成立前的美国最后一任驻华大使，他曾经于1948年邀请金陵神学院的大批教员到美国大使馆举行“茶会”。

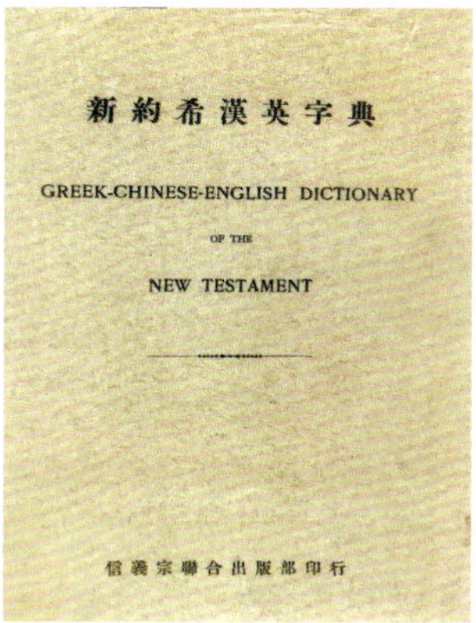

司徒雷登《新约希汉英字典》书影（杭州名人纪念馆藏）

金陵神学院学生人数达到历史最高纪录的时期是1921年至1922年，当时有来自中国14个省份的学生共168名。

1927年，北伐军攻占南京，金陵神学院受到冲击，学校被迫停课，直到1928年10月才复课。南京国民政府成立后，规定所有教会学校的行政权必须由中国人掌管。1931年，中国人李汉铎被金陵神学院董事会推选为院长，李天禄为教务长，但实权仍操纵在美国传教士手中。

1937年全面抗战爆发前，金陵神学院的教职工一部分到上海避难，一部分流亡到成都继续开课，由美国传教士宋煦伯看守院舍。南京沦陷后，金陵神学

金陵神学院博明楼

院成为南京安全区难民收容所之一，陶仲良（一说陶忠亮）为收容所所长。数千名难民涌入神学院内，希望能够得到庇护。但是，神学院并未能有效地保障他们的安全，日军可以随心所欲地进出神学院收容所，抓走成群的青壮年去屠杀，或抓走年轻的妇女肆意蹂躏。

抗战胜利后，金陵神学院教职工和学生于1946年纷纷返回南京复课。当时，实际操纵金陵神学院经济、决策和人事权的金陵神学院托事部（设在纽约）在南京本院筹划大兴土木，拟先扩建图书馆并开辟院西大片空地，为重建校舍做准备，同时修葺教职员宿舍。由于战争形势的影响，这一规划未能实现。

1949年7月，担任将近18年院长一职的李汉铎正式辞职。1950年9月，由诚质怡出任神学院院长。1952年11月，由基督教15个大公会在华东地区创办的11所神学院，即金陵神学院、上海圣公会中央神学院、上海浸会神学院、杭州中国神学院、宁波三一圣经学院、无锡华北神学院、镇江浸会圣经学院、济南齐鲁神学院、济南明道圣经学院、漳州闽南神学院、福州协和神学院，以及圣经学校，联合在南京成立金陵协和神学院（Nanjing Union Theological Seminary）。11月1日，金陵协和神学院在南京莫愁路汉中堂举行成立典礼，南京市文教委金善宝主任、南京市宗教事务处汪大年处长，以及吴耀宗、崔宪详、江长川、竺规身、谢永钦、戚庆才、陈鹤琴、邵镜三、史信三等亲临致辞，金陵协和神学院在原金陵神学院院址正式开学授课。12月10—12日，金陵协和神学院董事会在上海举行首届会议，全体董事一致推选丁光训牧师为院长，诚质怡、丁玉璋牧师为副院长。[①]1961年，

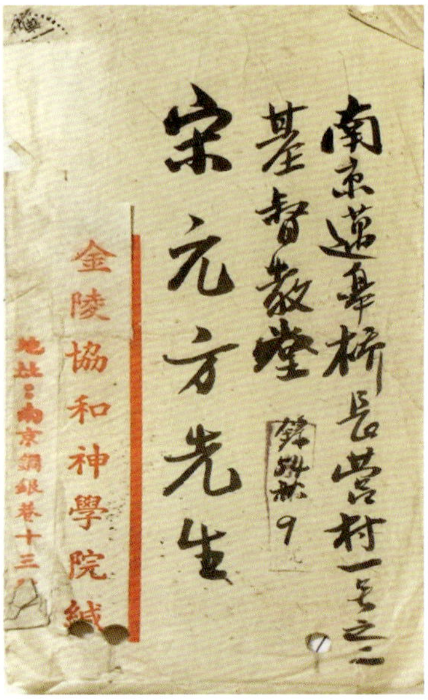

金陵协和神学院信封

① 渊湛：《金陵协和神学院的创办》，收入江苏省政协文史资料委员会编《江苏文史资料集萃·社会卷》，1995年内部印刷本。

金陵神学院博爱楼（圣道大楼）正门

金陵神学院博爱楼（圣道大楼）礼拜堂

金陵神学院博雅楼

北京的燕京协和神学院并入。“文革”期间，金陵协和神学院停办。1981年复课，成为全国规模最大的基督教神学教育中心。2009年3月，金陵协和神学院从鼓楼区大铜银巷17号老校区搬迁至江宁区大学城新校区，即秣陵街道樵歌路100号（龙眠大道东侧，江苏海事学院北侧），旧址蝶变为艺术金陵文化创意产业园。

金陵神学院旧址占地面积约30亩（约2万平方米），现保存较好的建筑有三幢，即圣道大楼和两幢学生宿舍。这是一组具有美国殖民时期风格的建筑，建于1921—1922年，由陈明记营造厂承建。青砖墙面，水泥瓦屋面。木楼板，木屋架，窗户采用上下提拉木窗。

圣道大楼现名博爱楼，原为教学楼，是神学院的中心建筑，坐北朝南，立面对称。平面布局呈十字形，建筑面积1560平方米，砖木结构，主体高两层，中间局部为三层。南面入口处为三个连续拱券顶的柱式门廊通向门厅，门厅两边为内廊，内廊两侧是教室和布道堂。大楼北立面底层正中是礼拜堂，礼拜堂内设有木制圣坛，圣坛上设有一座金色十字架，礼拜堂可容200—300人。

在圣道大楼的西侧和东北侧，分别是博明楼和博雅楼。西侧的博明楼原为院长办公楼，高两层，砖木结构，建筑面积804平方米；东北侧的博雅楼原为学院招待所，高三层（其中屋顶一层），砖木结构，建筑面积978平方米。博明楼和博雅楼造型相似，均是四面坡屋顶，屋顶上设有老虎窗。

1992年，金陵神学院以“金陵协和神学院旧址”之名被列为南京市文物保护单位。2002年，被列为江苏省文物保护单位。2009年，被南京市人民政府公布为南京重要近现代建筑。

石鼓路天主堂

在南京建邺区石鼓路112号，有一座历史悠久的西方宗教建筑，这就是石鼓路天主堂（全名“天主教南京总教区石鼓路主教座堂天主堂”）。

16世纪末，随着意大利籍天主教传教士利玛窦来到南京，天主教在南京传播开来，利玛窦在崇礼街住所设立的小圣堂是南京历史上第一座天主教堂。

1600年，意大利籍传教士王肃丰在南京建“圣母无染原罪始胎堂”。1616年，发生“南京教案”，该教堂被南京地方官员拆除。“南京教案”平息后，西方传教士回到南京，在罗丝转弯（又写作罗寺转湾，今螺丝转弯）“公所”重建教堂，进行传教活动。其中最著名的是康熙年间，天主教历史上第一位中国籍主教罗文藻在教堂内亲自为三位中国修士举行晋铎仪式，开创中国主教主礼天主教大典的先例。康熙三十年（1691），罗文藻病逝于罗丝转弯天主教任所。清朝中期，天主教传教活动一直受到禁止。鸦片战争后，清政府迫于西方列强的压力，解禁天主教，归还罗丝转弯“公所”。据法国史式徽《江南传教史》一书记载，这座教堂建于清朝同治七年（1868），同治九年（1870）落成，是法籍耶稣会传教士雷通骏建造的，仍取名为“圣

石鼓路天主堂

母无染原罪始胎堂”。[①]

这座教堂占地面积5004平方米，教堂坐北朝南，高两层，平面呈十字形，砖木结构，人字形顶，木屋架，瓦楞镀锌铁皮屋面，拱形门窗。正立面中间高，两边低，左右对称。外观造型简洁朴实。教堂正面进口处外墙上有竖书的“天主堂”三个鎏金大字。

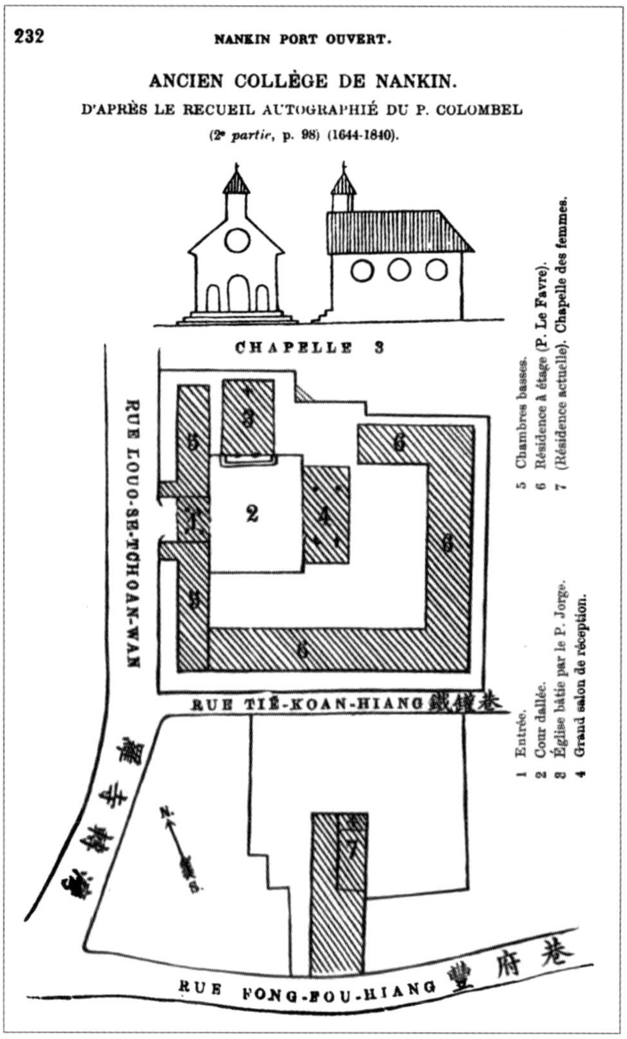

清末石鼓路天主堂平面图（法国盖拉蒂《金陵史地概况》）

教堂内部空间主要分为三部分，即高耸的中厅和两边低矮的侧廊。中厅的跨度明显大于侧廊，形成主次分明的空间布局。堂内天花为圆弧拱顶，富于变化。堂内绘有多种图案，还有清朝碑刻四块。堂徽“AM”为拉丁文“万福玛利亚”大写字母的缩写。在教堂正中祭台上设有“无染始胎圣母像”。祭台后部中央有一座钟楼，内有大钟一口，钟楼顶部竖有十字架，与屋脊上的十字架相呼应。教堂还有主教宝座，以及铜质镀金“牧人”权杖等宗教文物。

这座教堂的建筑风格属于“罗马风”（Romanesque）式。“罗马风”，顾名思义，就是在古罗马建筑的基础上发展起来的一种建筑风格。它产生于10世纪至12世纪。这种风格的建筑，在南京留存的仅此一处。

1927年北伐军攻占南京时，教堂遭到严重破坏，曾一度改作马厩。1928年，国民政府拨款15万元进行重修。现在的石鼓路天主教堂，基本上保存了民国时期重修后的风貌。“文革”期间，教堂设施再度遭到破坏，宗教活动停止。“文革”后，人民政府拨款修复，宗教活动恢复正常。

1982年，石鼓路天主堂被列为江苏省文物保护单位。1991年，又被国家建设部、国家文物局评为近代优秀建筑。

南京石鼓路天主堂在罗马教廷的心目中地位一直比较重要。

① ［法］史式徽著：《江南传教史》，上海译文出版社1983年6月版。

石鼓路天主堂外景

石鼓路天主堂侧景

石鼓路天主堂内景

南京石鼓路天主堂原来属于天主教江南教区管辖。1921 年，罗马教廷将江南教区划分为南京、安徽二教区，南京教区辖有无锡、南京两个总铎区。在南京教区中，以南京石鼓路天主教堂为总铎区，管辖镇江、丹阳、常州、句容、溧水、陶吴六地的教会。特别是政教合一的人物于斌出任南京教区主教和中国教区总主教后，石鼓路天主堂更是名盛一时。

于斌（1901—1978），字野生，黑龙江兰西县人。13 岁受洗入教。16 岁时在黑龙江省省立第一师范学校毕业，次年进入吉林省小修道院。此后，先后就读于上海震旦大学和吉林省大修道院。1924 年于斌被送出国深造，在意大利传信大学学习，获得哲学、神学两个博士学位。1933 年，于斌以罗马教廷管辖下的中华公教进行会总监督的身份回到北京。次年，出任辅仁大学伦理学教授。1936 年，于斌被任命为南京教区主教，主教座堂就设在石鼓路天主教堂。1948 年 3 月，于斌作为“国民大会”代表，在会议期间竭力为蒋介石当选总统拉选票，同时，他又根据美国人的意图，违背蒋介石的心愿，积极支持李宗仁竞选副总统。选举结果，蒋介石当选为总统，李宗仁当选为副总统。因此，有人称于斌为“国大皇帝”。

基督教圣保罗堂

基督教圣保罗堂，又名基督教圣公会圣保罗堂，位于南京市太平南路396号，是南京现存最早的基督教礼拜堂。

美国圣公会是基督教中的一个教派，清朝宣统元年（1909）由美籍传教士季盟济传入南京，1910年开始在马府街传教。1912年，季盟济等人在门帘桥大街（今太平南路）购置田产26亩半（约1.77万平方米），次年建造了一座小礼拜堂，命名为“圣保罗堂”。1920年，季盟济回到美国，从美国华盛顿教堂一

基督教圣保罗堂外景

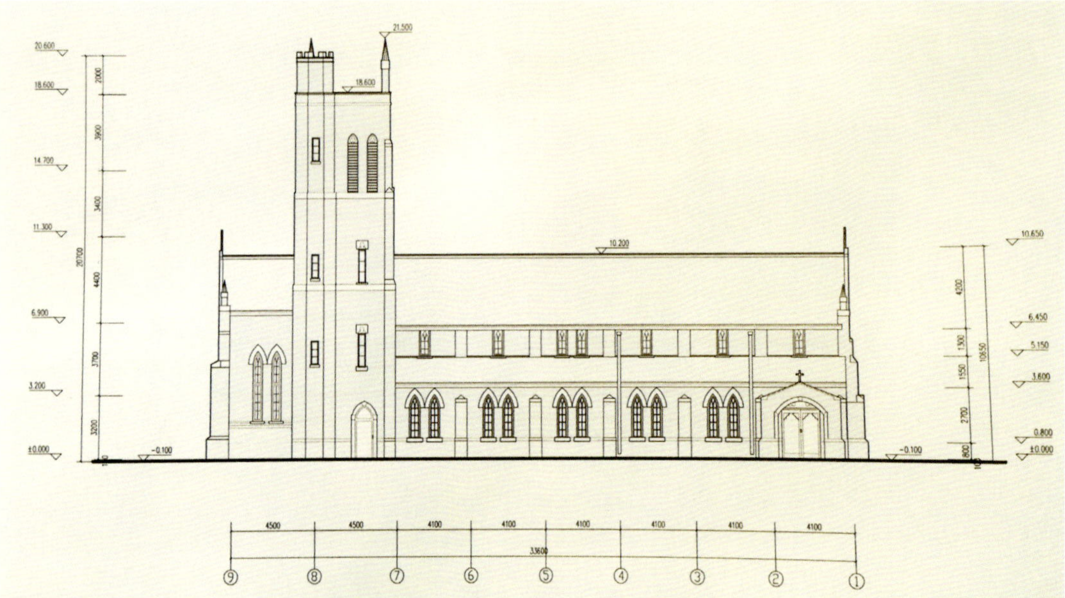

基督教圣保罗堂北立面测绘图（周琦《南京近现代城市与建筑遗产保护》）

位圣公会信徒那里募集到一笔捐款，于是筹划扩建新的教堂。1922年在原址兴建，1923年竣工，仍称“圣保罗堂”。

该教堂由金陵大学建筑师齐兆昌设计监造，陈明记营造厂承建，工程造价1.2万美元（折合当时4.8万银元）。圣保罗教堂典雅精致，是典型西欧乡村式小教堂风格，其外观是地道的哥特式建筑形式，而内在结构则采用中国传统的建筑风格。

圣保罗堂大门朝东，呈尖拱形，上悬鎏金的“圣保罗堂”四字。整个教堂由圣殿（又称大礼拜堂）、钟楼、神职人员宿舍和膳房组成，建筑面积约800平方米。主建筑圣殿坐南朝北，砖木结构，局部高三层，通面阔八间11米，进深十一檩13.47米，高11米，连钟楼在内，建筑面积485.6平方米，可同时容纳700人聚会。圣殿外墙下部用的是明城墙砖，上部用的是青砖，全部经过加工磨光。墙壁以清水勾缝。圣殿为普通人字形屋顶，屋面覆方形水泥平瓦。圣殿的所有窗台、门套，以及钟楼的垛堞、封顶，全部采用经过精制磨光的镇江高资白矾石砌筑而成；殿内的读经台、讲坛、洗礼池、圣坛、栏杆和望柱等也采用同样的白石砌筑。在殿内两侧墙上，每边各砌有五块白石经文碑刻，用于鼓励信众跟随上帝并将基督之爱撒满人间。圣殿与钟楼相连，钟楼高18.2米，上面悬挂有一口直径达2米的铜钟，钟楼的中部为水泥砌筑的螺旋式阶梯，共40余级，缘梯而上，可至钟楼顶端。副堂包括布道所、会客室和办公室等，建

基督教圣保罗堂外景

筑面积 288.6 平方米。[①]

基督教圣保罗堂木屋架结构详图（周琦《南京近现代城市与建筑遗产保护》）

1927 年，国民党南京市党部一度占用该教堂。

1937 年 11 月，日军攻陷南京前一个月，美国圣公会传教士福斯特（Ernest H. Forster）从扬州移居南京，在圣公会圣保罗堂服务。此后一段时间里，他目睹侵华日军的兽行，所撰写的书信、报告和拍摄的照片成为日军南京大屠杀的铁证。12 月 13 日，南京沦入日军铁蹄之下，整个太平路上的建筑物几乎都被日军焚毁，圣保罗堂尽管属于美国资产，部分建筑也遭到炮火损坏，财物被日军劫掠一空，但主建筑侥幸保存下来。美国圣公会传教士马吉曾爬到教堂的塔顶，悄悄地拍摄日军在城南一带破坏的情景。福斯特于 1938 年 3 月 10 日专门致函美国大使馆，报告圣保罗堂等南京圣公会财产遭受抢劫、损坏的情况。信的结尾，福斯特强调指出："滥用、虐待我们的财产是在这种情况下发生的：我们的两处地方（笔者注：指圣保罗教堂和白下路 209 号住宅）大门上都贴有美国使馆的官方告示，领地内悬有美国国旗，也用日文贴了日本使馆告示，指出此处为美国财产，日本军队不得骚扰。"但显然不起作用。日军置若罔闻，肆意破坏。

1941 年太平洋战争爆发后，圣保罗堂被日伪政权用作日语学校。1943 年 3 月，教堂被日本宪兵队占用。

抗战胜利后，基督教圣公会收回教产，由傅、汤两位牧师清理教堂，重修大门，修葺房屋，种植花草，始复旧观。中华圣公会在圣保罗堂成立了全国总会办事处。

新中国成立后，圣保罗堂作为圣公会教堂仍然举行宗教活动。1950 年 12 月，圣保罗堂断绝与美国差会的关系。1952 年，圣保罗堂成立基督教三自革新运动促进委员会支会，陈泽民牧师任主席。1958 年，南京教会合并，举行联合礼拜，圣保罗堂更名为"太平路礼拜堂"，为南京保存下来的四座教堂之一。"文革"期间，圣保罗堂被江苏光学仪器厂占用，讲坛、圣坛遭到毁坏，墙上经文也被损坏。直到 1984 年 4 月，该教堂才归还给南京基督教三自爱国会。经过牧师郭乐的修复，1985 年 7 月 28 日，圣保罗堂重新开堂。1999 年，圣保罗堂有大小教堂各 1 个，办公室、库房、书籍销售部、门卫用平房 4 间。如今，圣保罗堂已有 5000 多信徒，

① 卢海鸣、杨新华主编：《南京民国建筑》，南京大学出版社 2001 年 8 月版。

1938 年圣诞节前的圣保罗堂（南加利福尼亚大学图书馆藏）

基督教圣保罗堂大礼拜堂

基督教圣保罗堂内景

基督教圣保罗堂门窗

设有青年团契、义工团契、英文团契、初信栽培团契等。

1982 年，基督教圣保罗堂建筑被列为南京市文物保护单位。2008 年，被南京市人民政府列为南京重要近现代建筑。2011—2012 年，由东南大学建筑学院周琦教授主持改造出新。

基督教莫愁路堂

在南京莫愁路 390 号，有一幢别具一格的宗教建筑，这就是基督教莫愁路堂（又名南京汉中堂）。现为南京市基督教主要的传教、布道场所之一。

莫愁路堂是南京基督教建堂中历史最久的教堂。清同治十二年（1873），来到南京的美国北长老会韦理夫妇和次年来到南京的李满夫妇，在汉西门四根杆子（今莫愁路堂一带）建基督教自立会汉中堂。光绪十年（1884），在四根杆子建明德女子书院（今南京幼儿高等师范学校），内有小礼拜堂。光绪十四年（1888），李满在明德女子书院东面建“耶稣会堂”，可容 400 人。宣统二年（1910），聘请山东人孙喜圣为牧师，任期长达 17 年，这是该堂首任华人牧师。民国十六年（1927），耶稣会堂改名为中华基督教会南京汉中堂，是江安大会南京区会所在地。1934 年底，因南京市政府修建莫愁路，将汉中堂拆除。南京基督教会决定择址重建教堂。

莫愁路堂是由陈明记营造厂的老板陈裕华设计，陈明记营造厂承建，牧师孙喜圣主持建造，全部费用为黄金 1100 两。1936 年 5 月 19 日，举行破土动工典礼，8 月 2 日奠基。因全面抗战爆发，延至 1942 年才建成，同年 10 月 16 日，举行献堂典礼。

基督教莫愁路堂

莫愁路堂由圣殿（礼拜堂）、钟楼、神职人员宿舍和膳房组成，为哥特式建筑，总建筑面积为 1800 平方米。

圣殿面朝西方，入口处门楣上刻有“基督教莫愁路堂”七个鎏金大字。圣殿平面呈十字架形，砖木结构，人字形屋顶，屋顶上覆以方形水泥平瓦，外墙用青砖，清水勾缝，入口、建筑转角、门窗等部位用石材镶嵌，建筑面积 746 平方米。正立面幕墙由哥特式尖券门和细长尖券窗组成整体饰面，并用白水泥浮雕和白色磨石构成一个大尖拱券，高达 17 米。圣殿内部结构颇为奇特，木结构屋架由两侧向中央逐级出挑，并逐级升高，每级下面有一个圆弧形撑托和一个下垂的装饰物。这种结构方式称为“锤式屋架”，是英国 16 世纪都铎王朝的产物，因此又称为“都铎风格”。圣殿左右两侧为砖券顶，砖券顶外侧为内廊。圣殿分为中堂和左右两翼堂三部分，长 33 米，宽 29 米，可容纳 1000 人。圣殿正前方为圣坛，木结构，沿圣坛周围的木制墙裙中央，置有一个十字架。圣坛两侧设有耳房。在教堂入口处西南侧墙角，镶嵌有一块冯玉祥将军于 1936 年为教堂题写的正方形花岗岩石碑，碑文上竖书：

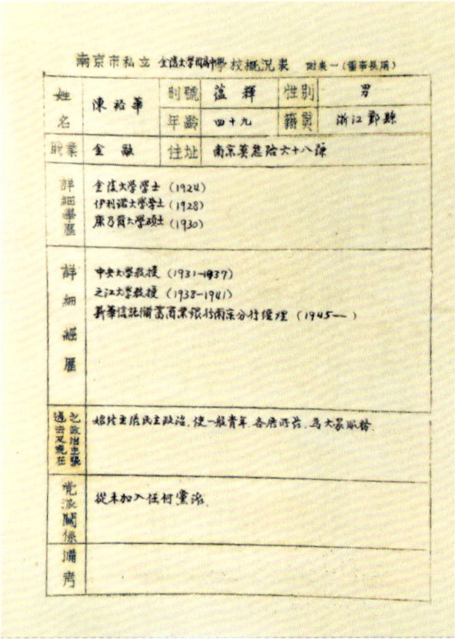

南京市私立金陵大學附屬中學校概況表　附表一（董事履歷）

姓名	陳裕華	別號	蘊輝	性別	男
		年齡	四十九	籍貫	浙江鄞縣
職業	金融	住址	南京莫愁路六十八號		
詳細學歷	金陵大學學士（1924） 伊利諾大學學士（1928） 康乃爾大學碩士（1930）				
詳細經歷	中央大學教授（1931—1937） 之江大學教授（1938—1941） 新華信託儲蓄商業銀行南京分行經理（1945—）				
過去及現在之政治主張	始終主張民主政治，使一般青年，各展所長，為大眾服務				
黨派關係	從未加入任何黨派				
備考					

建筑设计师陈裕华履历表（《南京教育档案》）

基督教莫愁路堂礼拜堂内景

基督教莫愁路堂立面图（东南大学建筑学院藏）

因为那立好了

根基的就是

耶稣基督

哥林多前书三章十一节

主后一千九百三十六年

中华基督教会南京汉中堂敬立

冯玉祥题

基督教莫愁路堂

基督教莫愁路堂

冯玉祥题字

圣殿与北侧的钟楼相连。钟楼高 20 余米，上悬一口铜钟。内有旋转式扶梯可以盘旋而上。

1952 年 11 月 1 日，金陵神学院与华东其他 11 所神学院联合成立“金陵协和神学院”，在莫愁路汉中堂举行成立典礼，南京市文化教育委员会金善宝主任、南京市宗教事务处汪大年处长，以及吴耀宗、崔宪详、江长川、竺规身、谢永钦、戚庆才、陈鹤琴、邵镜三、史信三等亲临致辞，此后，协和神学院在原金陵神学院院址正式开学授课。[①]

1958 年，教堂合并实行联合礼拜，该堂为南京市四座教堂之一，李既岸为牧师。“文化大革命”期间，该教堂被南京市红卫印刷厂占用。1981 年，南京市人民政府将莫愁路堂归还给宗教部门并加以整修，恢复宗教活动。主任牧师先后是韩彼得、吴方仲、徐恩赐和李兰成。如今，莫愁路堂有信徒 4000 多人，每周 7 场礼拜，还有查经、英文团契、青年团契、义工培训等。每年 2 次施洗，12 次圣餐。堂内有唱诗班、慕道班、栽培班等 30 多个事工组，关注培养信徒，建设教会，积极开展社会服务和公益事业，先后被评为区、市、省和谐教堂。

1992 年，基督教莫愁路堂被南京市人民政府列为南京市文物保护单位。2008 年 10 月，被南京市人民政府列为南京重要近现代建筑。2002 年 10 月，被江苏省人民政府列为第五批江苏省文物保护单位。

① 渊湛：《金陵协和神学院的创办》，收入江苏省政协文史资料委员会编《江苏文史资料集萃·社会卷》，1995 年内部印刷本。

基督教道胜堂

基督教道胜堂[①]坐落在南京鼓楼区中山北路408号（原中山北路1202号），位于下关挹江门（原海陵门）外，现为南京市第十二中学。

该教堂始建于1915年，是基督教圣公会（后改名为中华圣公会）所建，取“以道胜世”之意，称为道胜堂。它是基督教圣公会传教、礼拜之所。著名的美国

约翰 · 马吉图书馆（基督教道胜堂建筑之一）

① 2022年12月9日下午3点半钟，晴，在新冠疫情管控还未放开的情况下，承蒙南京市第十二中学副校长史小兵之邀请，笔者携徐智博士（毕业于该校）考察道胜堂旧址。史小兵、何世明两位副校长一路陪同参观了约翰 · 马吉图书馆的顶层阁楼，当年木质梁架结构、楼梯以及用来固定屋顶的钢筋，保存完好，令人称奇；在图书馆的二楼东侧晒台，两位校长介绍了墙上镶嵌的名言警句，这是笔者2000年前后来考察时所未注意到的。我们还一同登上约翰 · 马吉故居屋顶，抚摸壁炉烟囱的牛角；在马吉故居的房间和晒台上眺望绣球湖公园，竟然只有一墙之隔！

基督教道胜堂

传教士约翰·马吉曾在此传教、居住。

约翰·马吉（1884—1953，John Magee），又译作马骥，出生于美国宾夕法尼亚州。1906年毕业于耶鲁大学。此后在马萨诸塞州剑桥郡的新教圣公会神学院学习。1912年作为圣公会传教士被派来南京传教，1915年在南京下关创建道胜堂。

南京大屠杀期间，约翰·马吉担任国际红十字会南京委员会主席、南京安全区国际委员会委员，他利用自己的传教士身份，与滞留在南京的拉贝先生、魏特琳女士等一批西方商人、学者、传教士、医生一起，为救助南京难民，冒着生命危险，与残暴的日军殊死抗争。他还用自己携带的16毫米摄像机秘密拍摄了侵华日军施暴的场景，胶片长达105分钟，由美国人费奇（即费吴生）带到上海，冲洗成多套影片后，在国际上传播，成为侵华日军南京大屠杀的铁证。1940年约翰·马吉回国后，担任华盛顿圣约翰教堂主教。1946年，约翰·马吉在远东国际军事法庭上为南京大屠杀作证。1953年，约翰·马吉在美国匹兹堡去世。

1991年，其子大卫·马吉在家中地下室存放的父亲遗物中，找到了约翰·马吉当年拍摄的胶片和摄像机，美国纽约南京大屠杀受难同胞联谊会会长邵子平等人将其主要内容复制拷贝了长度为37分4秒的一寸盘和若干录像带；美籍

华人导演王彼得根据其内容制作了纪录片《马吉的证言》。2002 年，大卫·马吉将摄像机捐赠给侵华日军南京大屠杀遇难同胞纪念馆。

1917 年，在道胜堂设立益智小学，1919 年，改名为道胜小学，三年级开设宗教课。与此同时，还开设道胜小学幼稚园。1942 年，开办道胜初中补习班，小学部迁往他处。当年暑假正式对外招生，定名为私立道胜初中，有学生 30 人。1946 年经国民党教育部批准，正式定名为“私立道胜初级中学”。1948 年，有 6 个班级，270 名学生，教职工 18 人。[①]

1950 年，私立道胜中学与惠民中学合并，改称为惠民中学。1952 年，更名为南京市第十二中学。1958 年南京基督教实行联合礼拜，道胜堂关闭，改为南京市第十二中学图书馆。

道胜堂旧址现存五栋建筑（亭子是现代重建，故未统计

约翰·马吉（右）和米尔斯（中）在南京安全区国际委员会总部（1937—1938 年，南加利福尼亚大学图书馆藏）

基督教道胜堂开办的私立道胜中学毕业纪念（1948 年 7 月）

① 参考卢海鸣、曹劲松主编《江苏地方文化史·南京卷》第十章《教育》，江苏人民出版社 2023 年 12 月版。

行政楼

在内），均为中西合璧式，外部是典型的中国传统建筑风格，内部为西式装饰，砖木结构，筒瓦屋面，建筑总面积约 2200 平方米。

行政楼

又名道胜楼。位于该校大门口东侧，属于中国传统宫殿式的近代建筑，坐北朝南，歇山顶，高两层。顶部有阁楼，一层以下有地下室，均为储藏间。该楼长约 23.3 米，宽约 13.2 米，高约 12.2 米，建筑面积 300 多平方米，两侧有楼梯通往二层。一楼为小型礼拜堂，用于小规模的传教布道；二层为中方牧师与家属的宿舍；东部和西部的两侧房间之间建有壁炉，楼顶有两个壁炉烟囱。

约翰 · 马吉图书馆

俗称“鸳鸯楼”，位于该校中轴线西侧的操场旁，包括南、北两栋造型相似的中国传统宫殿式的近代建筑。每栋楼的二楼外墙上有 16 根红色圆形立柱环绕，歇山顶，高两层，檐下彩绘，顶层有阁楼。两栋楼共用一个坐西朝东的大屋顶的大门。道胜堂的礼拜堂就设在这座楼的一层，二楼为教室。在“鸳鸯楼”东西南三面二楼的外墙上，保存有一组最能体现教会学校特色的阳文砖雕文字。南楼砖雕文字内容为《四书》及名人格言，如“天命之谓性，率性之谓道，修

约翰·马吉图书馆

约翰·马吉图书馆二层东侧砖雕文字

约翰·马吉图书馆西侧砖雕文字

尊道楼（沈子高住宅）

尊道楼（沈子高住宅，从马吉故居屋顶拍摄）

约翰 · 马吉故居修缮前后

道之谓教。《中庸》”“友直友谅友多闻，益矣。《论语》”“天下无不可教者，亦无可以不教者。曾国藩句”“不为圣贤，便为禽兽；莫问收获，但问耕耘。曾国藩句”等；北楼砖雕文字出自《圣经》，如“寅畏上帝，智慧之本；认识真理，聪明之原”“教稚以道，耋老罔背”“容孩提就我，勿禁。盖有上帝国者，正如是人也。凡承上帝不如孩提者，不得入也”等。这组砖雕文字既宣扬了中国传统文化，又传播了西方宗教文化。它是中西方文化交融在教会学校的集中体现。这组砖雕文字一直保存至新中国成立后，“文革”期间被水泥覆盖。1985 年，南京市教育局对道胜堂旧址进行维修时恢复①。

尊道楼

位于该校中轴线东侧，处在行政楼与约翰 · 马吉故居之间。最初是外国牧师住宅，后为道胜小学首任校长沈子高住宅。建于 1916 年，高两层，坐东朝西。四面坡攒尖顶，大楼的东侧顶部有晒台。

约翰 · 马吉故居

位于校园最高位置，坐北朝南，与南面的坐东朝西的沈子高住宅相距不远。高两层，四面坡攒尖顶，顶部攒尖顶被壁炉烟囱取代。顶层有两层阁楼。另有地下室一层，利用明城墙砖砌筑。大楼东侧顶部有晒台。可以凭眺近在咫尺的绣球湖和不远处的明城墙。这里是约翰 · 马吉一家的住宅。

1995 年，已故美籍华裔作家张纯如女士为了撰写《南京的浩劫——被遗忘的大屠杀》一书，来南京实地调查取证。她专门来到道胜堂，参访约翰 · 马吉

① 孙建国：《下关道胜堂》，“下关往事”微信公众号，2022 年 12 月 17 日。

挹江门及狮子山，左上角是马吉故居

1949 年撤退中的国民党军队经过道胜堂

牧师的故居。

2002 年 10 月 3 日，为了纪念约翰・马吉牧师在侵华日军南京大屠杀期间对南京人民做出的特殊贡献，南京市第十二中学图书馆（道胜堂）被命名为“约翰・马吉图书馆”。约翰・马吉的儿子大卫・马吉出席了揭牌仪式，并参观了他童年生活过的故居。大卫・马吉回忆道：“侵华日军在打到南京之前，美国大使馆通知我们一家转移回国，当时教会召开会议讨论要留下一些人，以保护教会和当时的难民，我父亲毅然提出留下来。他的这一决定使我们全家避免了一场劫难。因为那批人在搭乘邮轮回国的途中，在太平洋上遭遇了日军潜艇的鱼雷袭击而沉没了，船上的人都葬身了大海。”大卫・马吉深情地说：“以后我还会来中国、来南京，到我出生和童年生长的地方看看。我们要告诉后人：不要战争，战争是灾难，要让人类永久地和平相处。”①

1992 年，道胜堂旧址被列为南京市文物保护单位。2013 年 10 月，被列为南京重要近现代建筑。2019 年 3 月，被列为江苏省文物保护单位。

① 孙建国：《下关道胜堂》，“下关往事”微信公众号，2022 年 12 月 17 日。

基督教百年堂

基督教百年堂坐落在南京市汉中路140号南京医科大学五台校区，现存两栋建筑，一栋坐西朝东，一栋坐北朝南。

1921年，美国南卡拉那省（即南卡罗来纳州）生姆脱城三一堂捐建了这座建筑物，用作监理公会国外布道百年纪念，故名。百年堂坐西朝东，属于西方古典主义建筑，总建筑面积为1691.42平方米。高三层，地下一层。坡屋顶，砖木结构，乳黄色墙面。建筑立面设壁柱、拱券、山花等西式装饰，一楼主入口处有一方形门廊，饰以八根西方古典式立柱（外侧有六根、靠墙一侧有两根）。

基督教百年堂（美国杜克大学图书馆藏）

基督教百年堂

基督教百年堂建筑之一

建筑设计精致、美观。

大楼东南角镶嵌有一块白色花岗岩石碑，上有中、英两种文字的铭文。中文为楷体竖书，英文为横书，全文如下：

百年堂
此系美国南卡拉那省
生姆脱城三一堂捐献
所成用作监理公会国
外布道百周年纪念
中华民国十年
西历千九百二十一年敬志
CENTENARY HALL
THE GIFT OF TRINITY CHURCH
SUMTER S.O.U.S.A
TO COMMEMORATE A CENTURY OF
FOREIGN MISSIONARY ACTIVITY IN
THE NETHODIST EPISCOPAL CHURCH SOUTH 1921

基督教百年堂建筑之二

百年堂的东北面约 20 余米处，还有一幢高三层的西式建筑，坐北朝南，建筑面积 1283.65 平方米，风格与百年堂相近。可能是传教士住宅。

1949 年新中国成立后，百年堂由南京市房管局代管。1952 年，苏南行署区、苏北行署区与南京市合并为江苏省，南京为省会，原来在镇江的江苏医学院决定迁到南京。1954 年 11 月，南京市政府同意该校在汉中路以北、上海路以西建设江苏医学院南京校区，百年堂也被划入其中。1957 年，江苏医学院由镇江迁至南京，更名为南京医学院，同时租借该教堂作为医学院行政办公楼。“文革”期间，南京医学院一度与南京中医学院合并成立江苏新医学院。1993 年，经教育部批准，南京医学院更名为南京医科大学。1994 年，百年堂被退还给金陵协和神学院。1996 年 10 月，金陵协和神学院将百年堂捐赠给南京医科大学。

2006 年，基督教百年堂旧址被列为南京市文物保护单位。

基督教百年堂建筑之二

基督教青年会

基督教青年会由英国人乔治·威廉于1844年在伦敦创立，很快传到世界各地，成为全球性基督教青年社会服务团体。基督教青年会的活动方式不同于一般的教堂。教堂是以传教为中心，而青年会则以培养德、智、体、群“四育”为宗旨，以非教徒和知识青年为主要对象，以德育培养品性、智育启迪才能、体育锻炼精力、群育增进社会活动，通过文化娱乐、体育比赛、慈善福利等社会服务工作以及其他宗教活动，发扬基督教倡导的奉献精神，培养青年的完全人格。

1885年，基督教青年会传入中国，清末传到南京。1912年，南京的基督教青年会正式成立。首届董事会会长由金陵关监督温佩珊担任，美国人吉礼泰担

基督教青年会

梁衍设计的基督教青年会草图

基督教青年会

任首届外籍总干事，中国人夏日瑚任副总干事。会址起初设在鼓楼保泰街21号（一说花牌楼会所），后迁至中华路。相传孙中山先生就任临时大总统期间，曾出席过南京基督教青年会会议并写贺词表示勉励。

南京基督教青年会会址位于今天的中华路26号，现存两幢两层的楼房，占地面积840平方米，砖木结构，坡形屋面，皆坐西朝东，始建于1925年，1926年竣工。

南京基督教青年会建筑由建筑师梁衍设计，占地面积约3000平方米。建筑费用经过南京青年会向中华基督教青年会全国协会提出，由青年会全国协会向北美青年会协会申请，从北美协会募得美金6万元，不足的部分由南京青年会设法筹措。经过南京青年会向当地劝募，得到当时的国币2万元。当时面朝中华路的青年会建筑墙壁上，分别有竖书中文“基督教青年会”和横书英文“YOUNG MENS CHRISTIAN ASSOCIAITION”名称。

民国时期，青年会的西餐颇为有名。据20世纪30年代作家倪锡英《南京》一书介绍：南京的西菜，以励志社、青年会及中央饭店最有名。

1937年12月13日，日军由中华门攻入南京城后，一路上烧杀淫掠，基督教青年会的建筑也在劫难逃，大楼上层和内部木结构遭到严重焚毁。

1945年抗战胜利后，设在上海的中华基督教青年会全国协会派华人诸培恩、李寿葆和美国人麦纳德（H.L.Maynard）来南京，由

1937年12月被焚毁的基督教青年会

诸培恩担任南京基督教青年会总干事，中华基督教青年会全国协会拨款重建被毁建筑，1946 年 11 月，遭到日军焚毁的大楼得到修复。青年会各项工作陆续恢复开展起来。

1946 年至 1948 年底，中国农民银行总办事处曾在此地办公。[①]

1947 年，由南京基督教青年会组织的基督教少年团契，普及到南京的各个中学，各校组成的团契有三四十个，参加的学生有六七百人。这年的冬天，在青年会礼堂里举行的圣诞晚会，有四五百人参加。大家先唱《圣母玛利亚》《阿露里亚》等赞美诗歌，然后就唱起了《白毛女》《垦春泥》《山那边呀好地方》等民歌，以及《伏尔加船歌》《康定情歌》等世界名曲，甚至还唱起了《团结就是力量》这样的革命歌曲。晚会从优柔的唱诗声中开始，在充满活力的欢笑

基督教青年会

即将进行修缮加固的基督教青年会建筑之一

① 濮小南：《中华路 26 号民国建筑新探》，《南京史志》2019 年第 1 期。

声中结束。南京基督教青年会成为传播正义、进步和光明的重要场所。

南京解放前夕，在中国共产党领导下，南京基督教青年会有工作人员 20 余人，会员 1000 余人。南京解放后，南京基督教青年会作为团体会员加入南京市民主青年联合会。

新中国成立后，基督教青年会所在地成为南京分析仪器厂厂址，后出租给百姓药房等单位经营。现在是江苏银行会员服务中心。

基督教青年会两栋建筑，前面临街一栋为“一”字形，后面一栋呈“L”形，保存状况尚可。2013 年 2 月 5 日，江苏省文物局批复了南京市文物局关于《基督教青年会旧址平移修缮加固方案》，平移工程于 2013 年 6 月启动。根据规划，该建筑先是被“连根拔起”向西平移 37 米，以让出地块建设四层地下车库，车库顶板盖好后，2014 年 9 月又将该建筑复位至车库上方。此后，它被再次西移 6 米，提升 60 厘米，以与该建筑南侧的江苏银行总部大厦平齐。这是南京市有史以来第一例被平移的近代建筑，是南京市近代文物保护利用的有益尝试。

1982 年 9 月，基督教青年会旧址被列为南京市文物保护单位。

杨仁山居士墓塔

杨仁山居士墓塔坐落在南京市淮海路35号，位于2013年公布的第七批全国重点文物保护单位金陵刻经处内。

杨仁山（1837—1911），名文会，安徽石埭人。同治五年（1866），他在南京创立金陵刻经处，首刻《净土四经》，“为近世佛教重光之始”[①]。此后共刻印流通经典百万余卷，收藏经版3万—4万块，印刷佛像10余万张。他还通过日本著名佛学研究者南条文雄博士，从日本搜得中国失传的佛典经疏

金陵刻经处鸟瞰，左上为杨仁山居士墓塔（王腾拍摄）

① 赵朴初：《金陵刻经处重印经书因缘略论》，载《百喻经》，金陵刻经处2004年重印。

300余种，择要刻印了3000多卷，使三论宗、唯识宗、华严宗等重要佛教宗派的教义重新昌明。他以刻印、流通经典为基础，于光绪三十四年（1908）创办佛教学堂——祇洹精舍，自编《初学佛教课本》，培养佛教人才，开近代佛教教育之先河。宣统二年（1910）成立佛学研究会，进行佛教义理研究，以实现弘法利生的理想，为中国近代佛教的复兴做出了杰出贡献。晚清著名学者陈三立、梁启超、谭嗣同、章太炎等都同他有密切的交往。1914年，鲁迅先生曾出资委托金陵刻经处刻印《百喻经》，亲自断句，赠送亲友。1918年，欧阳渐在金陵刻经处研究部设支那内学院筹备处，以育通才、宏至教为主旨，刊布缘起章程。金陵刻经处是近代中国第一家由私人创办的融雕版、印刷、流通及佛学研究于一体的佛学机构，经欧阳渐、太虚、吕澂、赵朴初几代信士传承，这一近现代佛教振兴的策源地，至今仍是传统雕版印刷技艺的继承者与守护者。有专家认为："它与敦煌石窟、龙门石窟、云冈石窟共同成为保存中国佛教文化的'四壁'。"①

杨仁山居士

1911年武昌起义前三日，杨仁山于金陵刻经处内去世。根据他生前"经版所在即吾之遗体所在"之遗愿，家人及门生弟子将他安葬在宅院西部。

1918年，墓塔在深柳堂后、经版房前建成，杨仁山居士之棺即葬于其下。此塔有西藏喇嘛塔风格，建在水泥台基之上，钢筋混凝土结构，全塔由下至上分为须弥座、塔身、塔脖子、仰莲、相轮、宝盖、宝珠等部分，塔体为灰白色，故又可称为白塔。塔基高0.73米，总高8.88米，呈六角形，面积14.4平方米。塔身如覆钵，高8.15米。塔身中空，正面开有一莲花瓣门，称为"眼光门"。门内墓碑，高1.95米，宽0.97米，上部竖刻梵文吉祥花和"十自在"，下部右书横刻"杨仁山居士之墓"字样。塔院左后方围墙上，镶嵌有沈曾植撰、魏家骅书"杨仁山居士塔铭"碑，记述杨仁山居士献身佛学事业的一生。

杨仁山居士墓塔

杨仁山居士墓塔在"文革"期间被砸毁六个塔角。1973年，周恩来总理接见杨仁山孙女婿赵元任和孙女杨

① 伍贻业：《近代南京宗教》，载沈嘉荣主编《南京史话（下）》，南京出版社1995年8月版。

金陵刻经处鸟瞰（邓攀拍摄）

杨仁山居士墓塔（邓攀拍摄）

步伟夫妇，并指示恢复金陵刻经处。1980年，杨仁山居士墓塔按原样修复。1981年，杨仁山孙女杨步伟去世，次年，她的部分骨灰也葬入塔中。

莲华精舍和诺那塔

莲华精舍和诺那塔坐落在南京市玄武湖环洲（原亚洲）东北端，建于 1936 年 10 月，1937 年 7 月落成。它们是国民政府为纪念诺那法师而建造。

诺那（1865—1936），本名逞列匠磋，西康省人。历任中国国民党中央蒙藏委员会委员、立法院立法委员、西康建省委员会委员、中国菩提学会副委员长、中国佛教协会监察委员、中国佛教协会理事长等职。

诺那 7 岁入诺那寺就任活佛，法号嘎纳。1880 年 15 岁时归附清朝政府，被授予“呼图克图”（蒙语“圣者”之意）封号，他曾协助清朝政府平定西藏叛乱。民国建立后，仍归附中央政府。1913 年，在英国策划的“中英藏会议”（即

莲华精舍和诺那塔

西姆拉会议）期间，他呼吁北洋政府不要轻易签约。后来在与藏军作战中被俘，囚禁 6 年，只身逃脱。1925 年，到北京面见中华民国政府临时执政段祺瑞，“陈收复失地策略”。同年，被四川军阀刘湘礼迎入川，传教三年，信徒日众，声名日盛。1928 年，刘湘将他引荐给蒋介石。诺那法师在南京期间，除了进行宗教活动外，还多次向国民政府陈述治理西康、西藏的策略，并呈请在南京、重庆、成都、康定设立办事处，得到批准。1931 年沈阳沦陷后，他还曾打电报给溥仪，劝其不要为日本人所利用。

诺那在南京的办事处设在登隆巷。1935年，中国工农红军长征到达西康地区，蒋介石自成都电召诺那，特任其为西康宣慰使，意欲利用诺那的势力，阻止红军北上。诺那衔命奔赴西康。1936 年 4 月，红军兵临瞻化城下，据守瞻化的诺那出逃，被亲藏的头人巴登抓住，送到甘孜红军驻地。5 月 12 日，诺那病逝。

莲华精舍和诺那塔

1936 年 7 月 7 日，国民政府颁发褒扬令，追赠其“普佑法师”封号。诺那的弟子、曾任安徽都督的柏文蔚和西康诺那呼图克图驻京办事处、西康宣慰使驻京办事处，为纪念诺那法师，联合选址建庙造塔，这就是今天俗称的莲华精舍和诺那塔。

诺那塔

莲华精舍，即诺那呼图克图庙，为中国传统的古典式建筑，是南京现存唯一的一座喇嘛庙。面阔三间，砖木结构，单檐歇山顶，小瓦屋面，绿色琉璃瓦屋脊，屋脊上装饰有神仙瑞兽。四面墙壁下部为水泥斩假石墙面，上部为黄色墙面。正面有三扇拱门。东面墙壁下部镶嵌有一块石碑，上刻“中华民国二十六年三月二十七日　诺那师佛纪念塔庙奠基　弟子柏文蔚等敬立”字样。庙门前有 1937 年 8 月国民政府主席林森题写的“普佑法师诺那佛堂”等字样。庙内除了供奉有诺那塑像外，还有国民党党国名人的题字多幅。[①] 诺那塑像在 1954 年被拆除，现改成“圆觉宗诺那师佛纪念馆”。

在莲华精舍前，原有青色石马一对，这对石马系用花岗岩雕刻，一匹马背上刻有“普佑法师诺那呼图克图塔堂”字样，另一匹马背上刻有“福建省政府敬赠廿六年七月”字样，均为楷书。两匹马造型一致，鬃毛、马鞍、尾巴等部位雕刻细腻，可惜在“文革”期间被损坏，马首、四足及尾部均残。

诺那塔九级六面，高约 15 米，钢筋混凝土结构，塔身白色，塔顶和每层披檐覆盖灰色小瓦，塔脊和每层披檐的瓦当均为绿色琉璃瓦，在丽日的照射下格

① ［民国］社会部南京社会处编印：《南京游览手册之八 · 玄武湖》，1947 年 3 月，收入卢海鸣、钱长江编《老画册 · 南京旧影》，南京出版社 2014 年 7 月版。

玄武湖莲华精舍和诺那塔（1938 年日本吉田初三郎画）

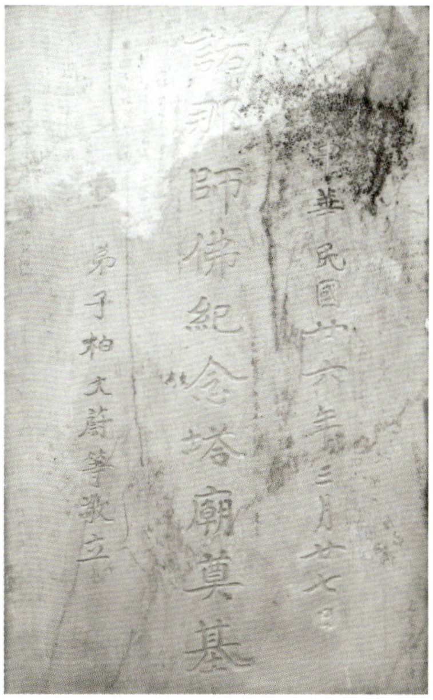

诺那塔庙奠基碑

诺那塔远眺（赫达 · 哈默尔摄，《南京》，1945 年版）

莲华精舍和诺那塔（《旅行天地》1949 年第 1 卷第 3 期）

外耀眼。诺那塔建在六角形钢筋混凝土基座上，基座周围建有水泥栏杆，基座六面辟有石阶。诺那塔第一层六面中，四面镶嵌有四块石碑，系国民党元老、司法院院长居正用隶书撰写的《普佑法师塔碑铭》，共有 2114 字，每块石碑的碑额上都用藏文书写着“诺那传”三字；另两面辟有拱形门洞，现已封闭。诺

那塔的每一层都辟有拱形门，虚实相间。塔身显得比较细长，塔内没有楼梯，但有一个石柱，上书“诺那呼图克图之塔”字样。在塔内，安放有诺那法师的舍利，供奉有诸佛菩萨。1998 年 8 月 25 日，诺那塔遭雷击，上下九层东南方向的塔角全部被毁，同年 11 月底修复。

在莲华精舍的西侧，原有两幢风格相似的古典式建筑，现仅存一幢，单檐歇山顶，砖木结构，灰色小瓦屋面，黄色墙面，现为“诺那·华诚精舍”。另一幢建筑已被拆除，仅余台基和一块四面镌刻有“南京莲花精舍”（隶书含有楷意）的界碑。

宝公塔和志公殿

宝公塔是梁代名僧宝公的墓塔，它位于南京市中山陵园灵谷寺景区松风阁西侧，墓塔南面 80 米处为志公殿。

宝公（418—514），又名保志、志公、宝志，传说他出生在东阳郡（今栖霞区东阳镇）一株古老大树的鹰巢中。朱氏妇女闻其啼哭声，将其抱回家中收养。因此以朱为姓。7 岁时，在钟山道林寺出家。中年以后，常常散发赤足，行走于街上，手拄锡杖，杖上悬挂着刀、尺、拂、镜，名盛一时。后人附会他预言到齐、梁、陈、明将在南京建都。宋朝宰相李纲写诗称赞道：“宝公真至人，鸟爪金色身。杖携刀尺拂，语隐齐梁陈。”他与梁武帝交往甚密。梁天监十三年（514），宝公仙逝。梁武帝的女儿永定公主出资 20 万，在钟山独龙阜玩珠峰下为其修建

宝公塔（王鹏善拍摄）

了一座五层石塔，塔底层置放宝公的肉身。天监十四年（515），梁武帝在塔前为其修建了一座开善寺（后改名为蒋山寺），并且命令当时著名的文人陆倕为其撰写墓志铭。梁代画家张僧繇专门为开善寺画了一幅宝公像，在这幅画像上，宝公手执拂尘，肩扛禅杖，杖头挂着剪刀和尺子。到唐代，原像被毁。大画家吴道子重绘宝公像，著名大诗人李白为这幅画像作赞，赞云：“水中之月，了不可取。虚空其心，寥廓无主。锦幪鸟爪，独行绝侣。刀齐尺梁，扇迷陈语。丹青圣容，何往何所。”大书法家颜真卿将李白所作的赞书写出来，镌刻在同一块石碑上，称为“三绝碑”（又称净土指南碑），可惜原碑早已无存，现存“三绝碑”碑材是民国时期的遗物，而文字则是中山陵园管理局根据南京市博物馆珍藏的拓片重新刻制的。

宝公塔在古代就是钟山的一处名胜。南宋诗人曾极《金陵百咏·宝公塔》写道：“六帝园林堕劫灰，独余灵骨葬崔嵬。行人指点云鹤间，唤得齐梁一梦回。”明朝时期，朱元璋为建孝陵，于1381年拆除宝公塔，在灵谷寺律堂（今松风阁）后重新建造一座高五层的宝公塔。该塔在清朝咸丰年间毁于兵火，光绪年间又在原址重建。1931年国民革命军阵亡将士公墓建设后，因宝公塔与其不协调，

宝公

三绝碑

南京市博物馆珍藏的三绝碑拓片

志公殿

遂于1935年拆除宝公塔，将挖掘出来的石函、陶钵、佛牙、舍利装入重做的一个石棺中，迁到松风阁西侧安葬。1937年，开始动工兴建宝公塔，因南京沦陷，工程暂停。1941年10月，汪伪南京市政府募资完工。民国时期新建的宝公塔，是一座喇嘛塔，钢筋混凝土结构，外表呈灰白色，该塔自下而上分为塔基、塔身、塔脖子、相轮（十三天）、宝珠等部分。比较独特的是，塔身上圆下方，塔身下部镶嵌着重新镌刻的“三绝碑”。宝公塔在“文革”期间遭到破坏，1981年重新修复。

志公殿位于宝公塔之南约80米处，始建于1934年，面阔三间，赤柱红墙，屋面覆盖小瓦。殿内正中设神龛，供奉着宝公结伽趺坐的雕像，两侧雕刻有侍奉的金童玉女。殿内后墙上，左右各镶嵌着一块石碑，左碑是1941年汪伪时期重修灵谷寺宝公塔碑记，由吴廷燮撰文，段松年书写；右碑是明洪武十五年（1382）礼部尚书刘仲质撰写的迁葬记。志公殿经过多次维修，古风犹存。

宝公塔和志公殿，现已成为中山陵园内的重要景点。

三藏塔

在南京玄武湖南九华山之巅的圆形石台上，高耸着一座古色古香的砖塔，这就是三藏塔。它是南京现存与玄奘法师有关的一处重要文物遗迹，也是近代南京具有代表性的一座砖塔。

该塔始建于1943年，由汪伪巨奸褚民谊主持兴建，五级四面，高20余米，青砖砌造。每面辟有一个半圆形的壶门，整个形制仿自西安兴教寺玄奘塔，为方锥形五层楼阁式仿木结构砖塔。塔内因藏有当年在南京城南大报恩寺遗址出土的玄奘法师的部分顶骨，而玄奘法师又名唐三藏，该塔遂命名为三藏塔。

在塔的一层正中须弥座上，有一个边长0.6米、高0.45米的正方形石匣，上刻“玄奘法师灵骨”六个大字，玄奘顶骨即存放于其中。

在石台（塔基）南壁上，镶嵌着三块石碑。正中的一块石碑上刻有《唐玄奘法师西域行迹图》，至今清晰可辨。左右两侧的石碑形制相同，石碑下面各有一个兽头。左侧的石碑记录着三藏塔的历史，右侧记录着玄奘的生平事迹。石台东侧竖立着文物保护碑。

史载，唐玄奘法师于唐高宗麟德元年（664）在长安圆寂后，初葬浐东白鹿原，后迁葬终南山紫阁寺。宋仁宗天圣五年（1027），金陵僧人可政前往陕西紫阁寺，求得部分玄奘顶骨舍利，带回金陵天禧寺（明朝大报恩寺前身）东冈，建

三藏塔

三藏塔（赫达·哈默尔摄，《南京》，1945 年版）

塔埋葬。元顺帝至顺三年（1332），天禧寺僧人广演又一次发掘改葬。明洪武十九年（1386）迁至寺庙之南冈三塔之上。1942 年 11 月，日军高森部队在中华门外原报恩寺塔遗址上的三藏殿旧址（当时位于金陵兵工厂内）修建“稻荷神社”时，发掘出土唐玄奘法师顶骨和其他随葬物品。其中石函两面刻有文字，说明玄奘顶骨于宋天圣五年（1027）辗转迁来南京的经过，以及明洪武十九年（1386）迁至南冈的经过；石函内的铜质小盒内盛放着玄奘的部分顶骨。后经汪伪政府与日方交涉，由日本大使馆正式移交汪伪行政院文物保管委员会保存，汪伪政府遂建塔安葬。原计划在中华门外普德寺或文物保管委员会内的山顶（今鸡笼山）建塔安奉，[①] 后来改在玄武湖畔九华山顶建塔供奉。1944 年 10 月 10 日，将玄奘部分顶骨安葬于三藏塔内。

据国民政府社会部南京社会处编印的游览手册《三藏塔》一文记载：

三藏塔在覆舟山小九华原址，系三十四年夏新建省（笔者注：“三十四年”

① 《唐玄奘法师骨塔发掘奉移经过专册》，1943 年仲春玄奘法师顶骨奉安筹备处印。

玄奘法师（《唐玄奘法师骨塔发掘奉移经过专册》）

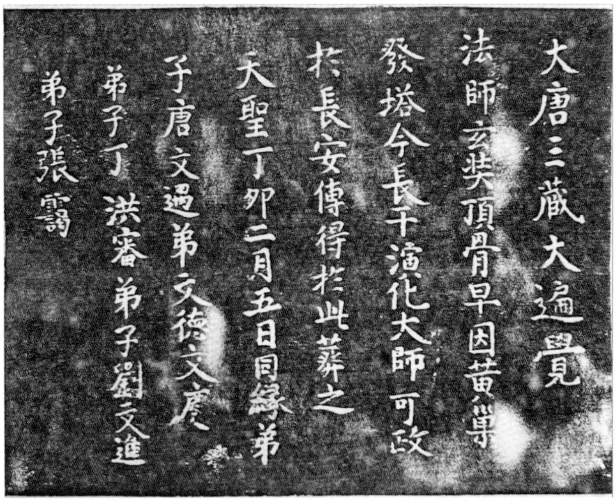

宋代天圣五年石刻铭文（《唐玄奘法师骨塔发掘奉移经过专册》）

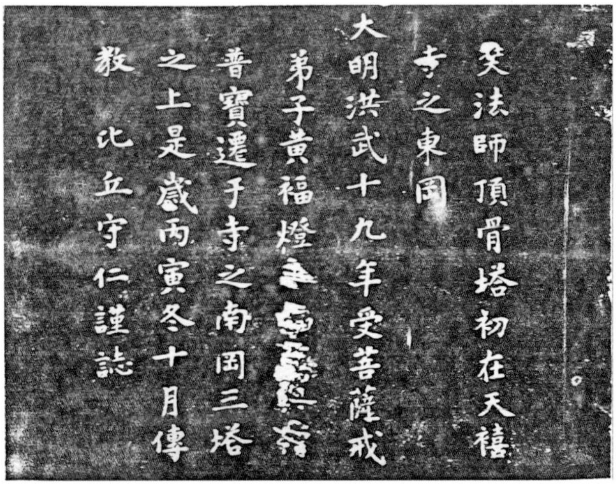

明代洪武十九年石刻铭文（《唐玄奘法师骨塔发掘奉移经过专册》）

应为“三十二年”，“省”应为“者”）。自中华门外三藏塔被毁于炮火，三藏顶骨不知去向。后偶发现，重埋于此，今由蓝家庄顺坎坷之公路前往直赶，进口有横楣，额曰“益仰高明”，两旁书联：“励经心经其经以取经百折无回传大藏；本道意道所道而为道一诚独往见真如。”

山麓造三藏禅寺，分三殿，曰天藏，地藏，三藏。自禅寺拾级行四十四步达平台，有碑记，大意谓：玄奘法师顶骨于中华民国三十一年十二月二十三日发于中华门外三藏殿圯基，翌年筹建新塔于玄武山，三十三年塔成恭迎法师顶骨入塔供奉之，惟因此塔筑于沦陷期间，伪府巨奸领衔主持，实贬损佛主尊严，成故今除笃信佛教者往祀外，列碑多倾，

三藏塔与玄奘雕塑

奸逆涂名，新兴建筑，已因主持非人而益形荒凉！①

该塔于1982年被列为南京市文物保护单位。2003年，南京市玄武区政府和区建设局以玄奘塔为核心，在九华山重修寺庙，命名为玄奘寺。

① ［民国］社会部南京社会服务处编印：《南京游览手册之十・鼓楼》，新中国印刷厂1947年4月版，收入卢海鸣、钱长江编《老画册・南京旧影》，南京出版社2014年7月版。

MODERN ARCHITECTURE IN NANJING

南京近代建筑

下

卢海鸣——著

中宣部文化名家暨『四个一批』人才项目

南京出版传媒集团 南京出版社

图书在版编目（CIP）数据

南京近代建筑 / 卢海鸣著. -- 南京：南京出版社，2024.7

ISBN 978-7-5533-4426-3

Ⅰ.①南… Ⅱ.①卢… Ⅲ.①建筑史—南京—1840-1949 Ⅳ.①TU-092.5

中国国家版本馆CIP数据核字（2023）第216288号

书　　名　南京近代建筑
作　　者　卢海鸣
出版发行　南京出版传媒集团
南 京 出 版 社
社址　南京市太平门街53号　　邮编　210016
网址　http://www.njcbs.cn　　电子信箱　njcbs1988@163.com
联系电话　025-83283893、83283864（营销）　025-83112257（编务）

出 版 人　项晓宁
责任编辑　徐　智
装帧设计　王　俊
责任印制　杨福彬

排　　版　南京新华丰制版有限公司
印　　刷　上海雅昌艺术印刷有限公司
开　　本　889毫米×1194毫米　1/16
印　　张　98
插　　页　5
字　　数　1550千
版　　次　2024年7月第1版
印　　次　2024年7月第1次印刷
书　　号　ISBN 978-7-5533-4426-3
定　　价　980.00元（全三册）

用微信或京东APP扫码购书

用淘宝APP扫码购书

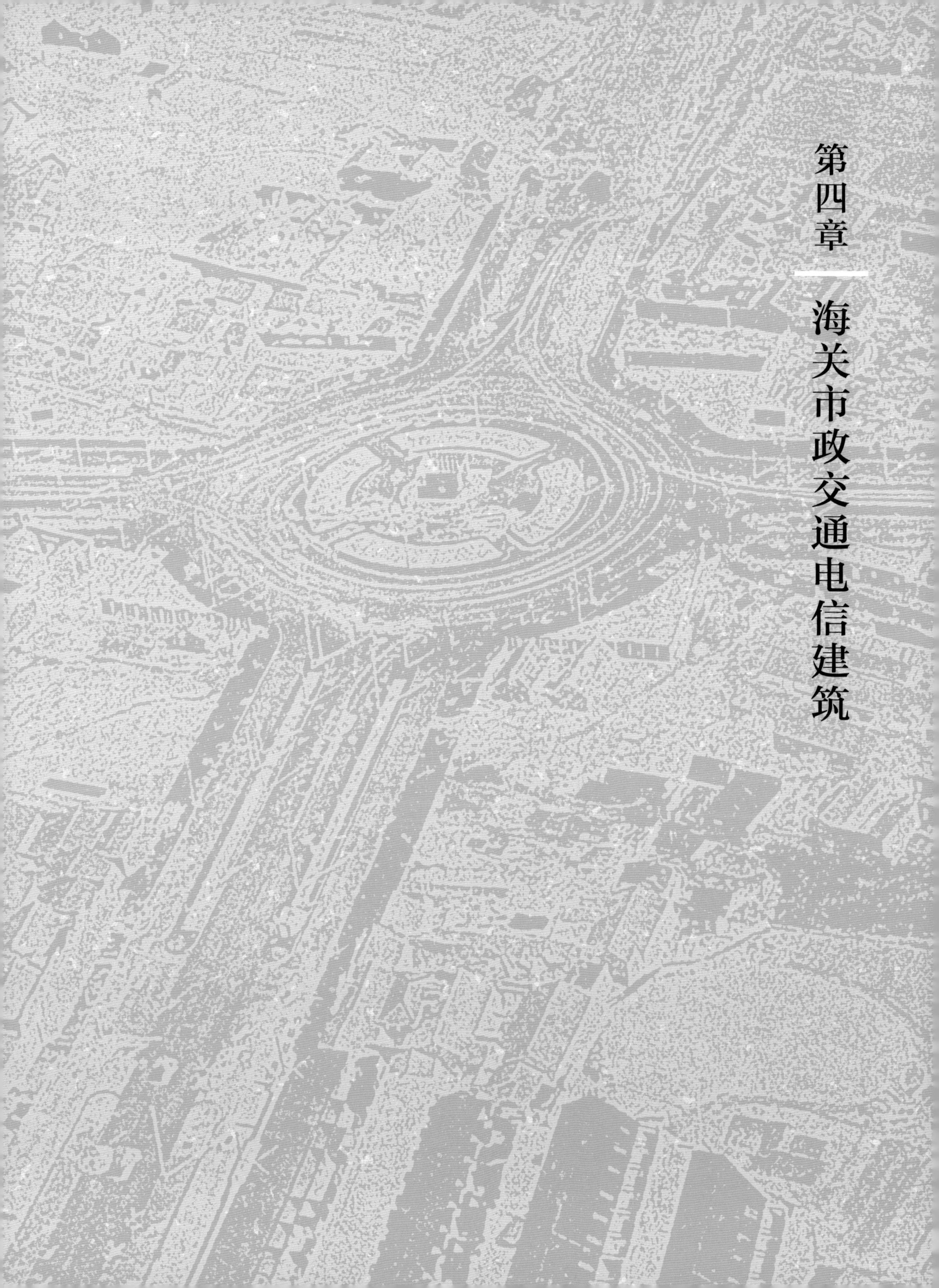

第四章 海关市政交通电信建筑

金陵关

金陵关[①]位于南京市鼓楼区大马路66号。

咸丰八年（1858），清政府被迫签订了中法《天津条约》，其中第六款规定："将广东之琼州、潮州，福建之台湾、淡水，山东之登州，江南之江宁六口，与通商之广州、福州、厦门、宁波、上海五口准令通商无异。"据此，南京被辟为我国对外通商口岸。由于当时南京是太平天国都城，开埠一事暂时搁置下来。

光绪二十五年正月三十日（1899年2月22日），两江总督刘坤一《奏为江宁照约通商设关征税拟派道员兼充监督折》称："在下关滨江地方设关征税，即名曰金陵关。惟另设关道事重费繁，查江南盐巡道向驻省垣，公事较简，拟即派令兼充关税监督，经理通商事宜，并请敕礼部照章铸给关防一颗，文曰'监督江南金陵关税务兼办通商事宜之关防'，颁发两江，交该道祗领，以重榷务。"[②]清政府批准了他的上奏。

光绪二十五年三月二十二日（1899年5月1日），金陵关正式开关，关址定在江宁县仪凤门外下关，办公地点在接官厅码头。海关总税务司、英国人赫德（Robert Hart）任命英国人安格联（F.A.Aglen）为首任金陵关税务司，开启了近代南京海关长达半个多世纪的发展历程。此后，西方经济文化迅速渗入南京。下关因紧邻长江边，日益兴盛起来。至民国时期，大马路一带百业云集，商家鳞次栉比，成为南京城北最繁华的街市。留存至今的有金陵关大楼、江苏邮政局大楼、庆华鞋帽洋货炒庄、大西洋钟表眼镜公司，以及下关大马路等。其中西方古典主义建筑风格的金陵关大楼颇为引人注目。

① 孙建国：《金陵关究竟在哪里》，"下关往事"微信公众号，2022年8月12日。笔者在读到孙建国先生大作前约半年时间，有一次与东南大学建筑学院教授周琦先生等好友餐叙，曾兴奋地谈到笔者发现了金陵关。拜读孙文后，所见略同，甚感欣慰。

② 中国第一历史档案馆编：《光绪朝朱批奏折》，中华书局1996年2月版。

金陵关

1899 年金陵关悬挂海关旗的轻便快艇（英国布里斯托大学藏）

1899 年的金陵关驻地（英国布里斯托大学藏）

金陵关开关后，内设办事机构，还成立了理船厅，管理港口行政事务。但当时金陵关屋舍尚未完工，故只得“假借静海寺为办公之地，仪凤门粥厂为堆货之区，俟关屋落成再行迁徙”。[①]1903 年，下关太古洋行码头江堤崩塌，约 150 人丧生，受其影响，金陵关放弃了当时临时办公地点，选择了更安全、更靠近内陆的地点，即太古码头和官码头之间的西侧江边。

1915 年，津浦铁路码头全部建成，金陵关税务司发布告示：“本关港口界限，自本年七月一日起，扩至浦口，所有轮船出口货物，遵照本关定章报验者，准其在浦口津浦铁路码头起卸。”至此，浦口对中外轮开放，金陵关浦口分所也因此设立。1924 年，经总税务司批准，为便利商业贸易，设金陵关浦口分关，以便管理浦口码头轮运货物（1946 年 10 月 23 日关闭）。

1927 年北伐军占领南京期间，金陵关港务课办公室及其所有文件全部被毁。[②]南京国民政府成立后，金陵关办公地点迁到下关大马路 66 号。

1931 年，国民政府收回港务管理权，设置上海、汉口、天津、哈尔滨四个航政局，南京港属于上海航政局管辖，金陵关下属机构南京口理船厅也收归上海航政局。

民国时期，金陵关进口的外国货物，有日常生活用品——米、小麦、布匹、棉纱、香烟、肥皂、煤油、糖、五金，工业和科技用品——煤、钢铁轨、火车、铁路枕木、平常轻木材、黄铜、紫铜、科学仪器及器具、未镀锌钢铁管子、无

① 转引自孔令琦《南京商埠史话》，未刊稿。
② ［清末民国］金陵关税务司编：《金陵关十年报告》，南京出版社 2014 年 8 月版。

下关码头与金陵关（右上角）

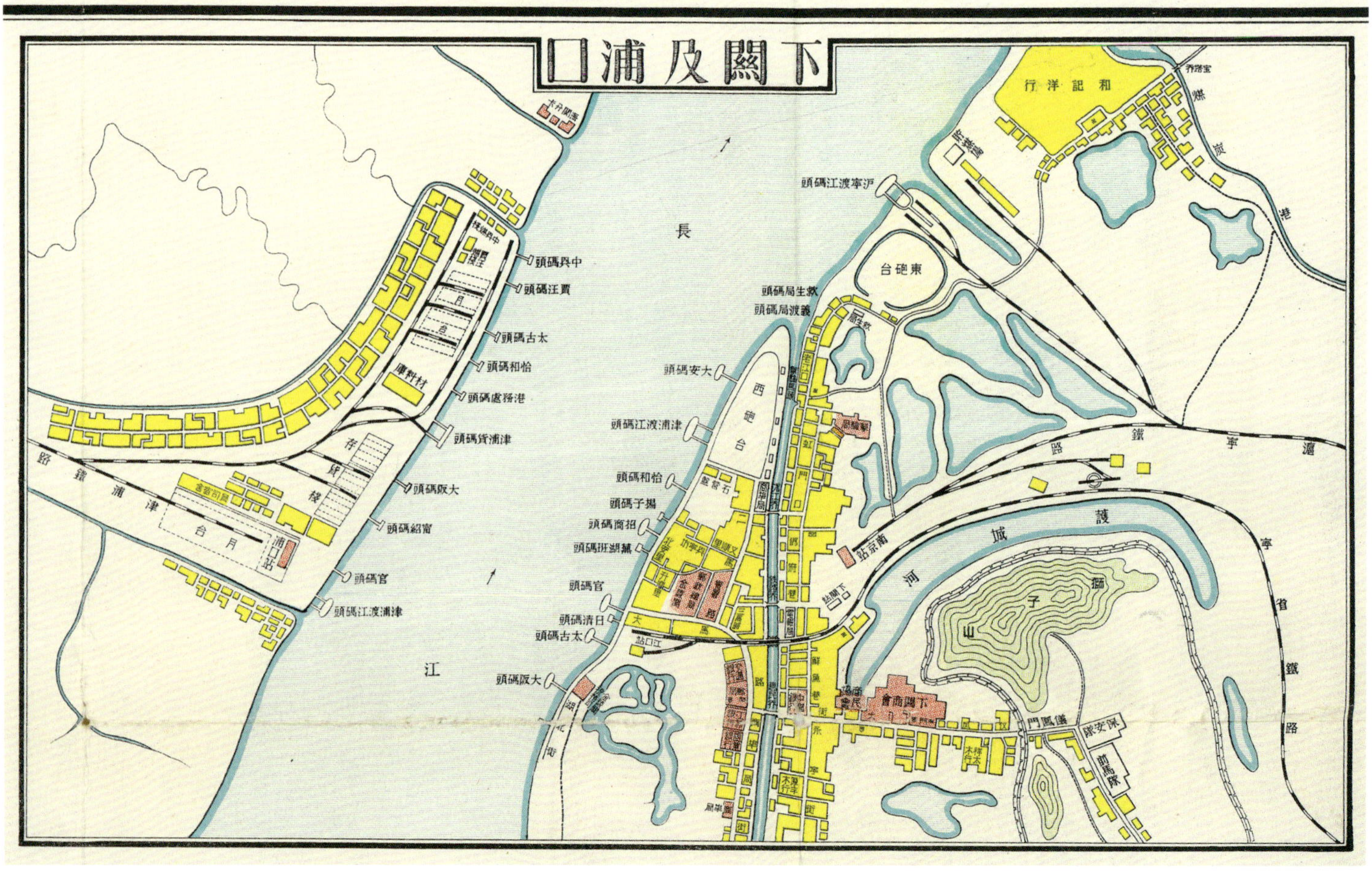

1927 年上海中华书局印行《最新南京全图》中的金陵关

线电机及零件、电器配件及零件、电话机、电报机、电器机器、纺织机器、钢铁丝索等。据1934年出版的《中国经济志·南京市》“贸易”记载：

> 进出贸易，据金陵关最近两年统计，二十一年贸易总值，凡五千二百三十一万余元；二十二年贸易总值，凡四千一百七十九万余元。考其货值内容，二十一年外洋进口货占二千三百一十七万余元，出口货仅冻鸭一种，价值三十五万余元，进超达二千二百八十二万余元之多。二十二年外洋进口货占二千一百三十六万余元，出口货仅邮包一种，价值一千八百余元，进超达二千一百三十六万余元之多，且并冻鸭亦无之。回溯十年以前，缎绒畅销时期，每年出口货少亦二三百万元，多至五百三十余万元。曾几何时，进口激增，而出口毫无。对于国际商场，全无贸易可言。则是贸易总值愈大，洋货之畅销愈多，人民陷于经济侵略愈深，而不能振拔！
>
> 至于国内贸易，就津浦铁路运由浦口装轮转口货并计而言，二十一年各埠进口货占一千五百九十九万余元，运销各埠货占一千二百七十九万余元，进超达三百二十万余元。二十二年进口货占五百三十七万余元，运销各埠货占一千五百零四万余元，出超九百六十六万余元，尚占有相当地位。但二十二年实为特殊现象。回溯十年以前，惟十五年有出超百余万元，其余各年，亦惟见进超不见出超。①

1937年日军攻占南京前夕，金陵关奉国民政府令，从同年11月21日起到12月9日止，大部分人员分批撤到汉口，只留下税务司徐礼雅等7人坚持工作，办理海关业务。12月24日，徐礼雅最后离开南京，乘船抵达上海。金陵关留守人员撤至上海后，成立金陵关驻沪办事处，办公地点在江海关内。据美国圣公会传教士、侵华日军南京大屠杀的亲历者约翰·马吉在1937年12月30日的日记里记载：“过去的10天中，日本兵在整个城市里到处放火，除了外国人在下关的最好建筑——邮局和海关外，整个城市被逐步地烧毁了。”

1942年5月14日，汪伪国民政府财政部关务署训令“总税务司”岸本广吉称：本署为统一关政，增容税收起见，定于本年6月1日恢复金陵关，暂时作为江海关分关，设立江海关南京转口税征收处，开征转口税；下设下关车站、

① ［民国］建设委员会经济调查所编：《中国经济志·南京市》，正则印书馆1934年8月版。

下关大马路一带，右边为邮政总局、金陵关；左边为京市铁路江口站（1938 年，杨再辰提供）

浦口车站、江边站、中华门站、汉中门站、新街口邮包处六处分卡。汪伪金陵关内设总务科、秘书科、会计科和监察科，办公地址在原金陵关税务司办公地点。

1943 年 5 月，江海关南京转口税征收处改称海关转口税征收所南京总所，下辖芜湖分所，首任代理所长奥田信清。同年 12 月 1 日起，将下属各分卡易名支所，具体为下关站支所、江边站支所、浦口站支所、中华门站支所、三汊河支所、汉中门站支所、水西门站支所、邮政局支所共八处。

1945 年日本投降后，金陵关恢复办公，直属总税务司公署。1946 年 5 月 1 日，恢复为独立海关，隶属于国民政府财政部，主要业务是关税稽征和管理江务等工作。由于英、美等国宣布放弃在华内河航运权，南京不再是通商口岸，外国商船除特许外，不能直接到南京港装卸货物。金陵关的关税来源主要是国际邮包，由金陵关会同邮局拆验估价，开具税征。金陵关在建康路和下关邮局设有税务支所，专门办理上述事项。

1948 年 10 月，金陵关下设文书课、会计课、总务课、监察课、建康路邮局支所、下关邮局支所及明故宫机场办事处和巡江事务处。[①]

1900—1948年金陵关进出口统计表

年份	货值单位	进口净数		出口总值	入超
		进口总值	其中由外洋进口		
光绪十六年	关平两	1439370	15000		1439370
光绪十七年	关平两	1799646	10000	468	1799178
光绪十八年	关平两	2806841			2806841
光绪十九年	关平两	3429422	8413		3429422
光绪二十年	关平两	4345987	389853		4345987
光绪二十一年	关平两	6267842	128936	702	6267140
光绪二十二年	关平两	4780290	387578	467	4779814
光绪三十三年	关平两	5315221	72538	133	5315088
光绪三十四年	关平两	5340083	176217	873	5339210
宣统一年	关平两	4960594	1765096	906	4959688
宣统二年	关平两	5207331	2087504		5207331
宣统三年	关平两	3958048	1428654		3958048
民国元年	关平两	5242414	1538442		5242414
民国二年	关平两	6437554	2645070	123	6437431
民国三年	关平两	11685777	3619865	1055456	10630321
民国四年	关平两	12484333	563867	1942973	10541360
民国五年	关平两	12247142	1185370	3709541	8537601
民国六年	关平两	11746238	1661174	3664690	8081548
民国七年	关平两	11095529	1659805	2189900	8905629
民国八年	关平两	16821211	3120556	6759529	10061682
民国九年	关平两	21323033	4411399	6648383	14674650
民国十年	关平两	22702447	8274009	2522879	20179568
民国十一年	关平两	19424642	8562794	3688121	15736521
民国十二年	关平两	13543542	3845613	4036887	9506655
民国十三年	关平两	12902727	3968058	2497479	10405248
民国十四年	关平两	11616670	4347052	3429461	8187209
民国十五年	关平两	15245701	4324808	6059686	9186015
民国十六年	关平两	4723231	941452	101395	4621836

① 叶军：《民国南京关政变迁及“金陵关”关闭》，《南京史志》2021年第4期。

（续表）

年份	货值单位	进口净数		出口总值	入超
		进口总值	其中由外洋进口		
民国十七年	关平两	8655630	1049206	2800007	5855623
民国十八年	关平两	14484342	5321079	3716364	10767978
民国十九年	关平两	16580318	8919385	3651169	12929149
民国二十年	关平两	17085088	10442811	345954	16739134
民国二十一年	关平两	14873530	14873530	225728	14647802
民国二十二年	关平两	19716065	13716065	1187	13714878
民国二十三年	国币（元）	18485564	—	165845	18319719
民国二十四年	国币（元）	12869010	—	474484	12394526
民国二十五年	国币（元）	17406397	—	1671941	15734456
民国二十六年	国币（元）	8681067	—	1194999	7486068
民国三十五年	国币（元）	526271000	—	—	526271000
民国三十六年	国币（元）	71103000	—	—	71103000
民国三十七年	金圆券（元）	501073	—	—	501073

资料来源：南京市下关区方志编纂委员会《下关区志》，方志出版社 2005 年 6 月版。

注：1.资料摘自实业部国际贸易局1935年编《最近三十四年来中国通商口岸对外贸易统计》和海关中外贸易统计年刊（1946 年、1947 年、1948 年）；2.“洋货进口净数”指不含复出口数；3.“进口总值”指由通商口岸和由外洋直接输入之和；4.“出口总值”包括复出口数。

1949 年 4 月 23 日，中国人民解放军解放南京，金陵关由南京市军事管制委员会派军代表邢辑五接管，并由杨艺培、董道三两位同志协助常驻金陵关。同年 12 月 5 日，中央人民政府海关总署申办第一号命令：金陵关应予裁撤，现有员工除了为保管档案、关产以及视南京巡江事务处工作之需酌留数名外，其余员工应由办事处分别处理。1950 年 5 月 23 日，金陵关税务司宋克诚奉中央人民政府海关总署命令，在《新华日报》上发布公告：金陵关于本月 25 日结束，该关原管业务，除江务部分仍由江务处继续管理外，其余一律停止办理。1950 年 5 月 25 日，金陵关正式关闭，遗留工作移交上海关办理。1950 年 5 月 31 日，金陵关江务处交由长江航运管理局领导。

金陵关大楼占地面积 1724 平方米，建筑面积 2047 平方米。主楼建于 1923 年，坐北朝南，平面呈“凸”字形，钢筋混凝土结构，高三层，半地下室一层。从平面看，建筑物分三段，正面中间有六根巨大的爱奥尼亚巨柱直达二楼，顶部有一个八面体的钟楼，四面开窗；两翼高三层。主楼的基座为花岗岩，墙壁

金陵关

为水刷石面；一层为拱形窗，二、三层为长方形窗。整个建筑显得高大雄伟，坚固美观。

金陵关大楼在 20 世纪 40 年代后期一度是中国银行南京分行所在地。

1955 年，该建筑成为南京河床实验站所在地，现为长江水利委员会水文局和长江下游水文水资源勘测局所在地。

2006 年 6 月 5 日，金陵关建筑以“中国银行南京分行旧址”一名被列为第六批江苏省文物保护单位。

浦口车站

津浦铁路是清政府向英、德两国借款修建的铁路，由天津通往南京浦口，全长 1009.48 公里，是中国近现代铁路交通南北干线。津浦铁路北段自天津至山东韩庄，长 626 公里，由德国人承办；南段自韩庄至南京浦口火车站，长 383 公里，由英国人承办。两段分别于 1908 年 7 月和 1909 年 1 月开工，1911 年 9 月分段通车。1912 年黄河大桥建成后全线通车。

浦口车站，一名津浦铁路总站，又名浦口站、江口车站、南京北站，俗称浦口火车站。它是津浦铁路的南端终点，更是民国时期重要的交通枢纽和兵家

浦口车站大楼

必争之地。它始建于清光绪三十四年（1908），直到1914年方才竣工。

据1930年左右詹其桂等编修的《江浦县新志稿》“铁路”记载：“光绪三十四年，津浦铁路局在邑境中区东白一下保九洑洲、东区柳州金汤门一带地方，购买民地约六百余亩，又占用浦口旧城西南隅城墙及土山官地约百余亩，由铺镇越花旗营至东葛车站，沿路线迤西民田亦在圈购之列，地价每亩五十元或三十元不等，虽甚膏腴，亦从割爱，盖铁路为国有性质，任指何地不能抗违也。先是，政府因英德两国借款合同关系，分该路为南北两段，浦口至韩庄为南段，宣统元年正月初十日开工建筑，至民国二年完工。而北段自韩庄至天津亦先后告竣，即于是年完全通车。其路线通过邑境者共四站，一浦口，二铺镇，三花旗营，四东葛……其内容组织，江口设立总站三层西式楼房一座，共计六十二间。民国三年始经工竣，而全路事务亦于是年统一。”

浦口车站由河北唐山人王佐卿（1880—？）担任建筑设计师。至1914年，车站大楼和附设电报房、售票房等附属设施全部竣工并交付使用。

1915年7月1日，位于浦口的津浦铁路码头对外开放，南京口岸的界限也延伸到长江北岸，沿海商船可以直达浦口，通过浦口车站和津浦铁路将本埠进口洋货运销内地，而内地土货则通过津浦铁路和浦口车站运至浦口码头，再由轮船或火车运往上海码头出口到国外，“于是南京开启了与外国的直接贸易，并持续发展”[①]。

在近代史上，浦口车站因其独特的地位而成为风云际会之地。

1911年11月24日，江浙联军攻打南京城，先后攻下南京外围紫金山、幕府山、雨花台等处的要塞，扫清了清军外围据点。南京城处在江浙联军的炮火威胁之下，城内清军军心动摇。两江总督张人骏、江宁将军铁良乘隙逃往上海；江南提督张勋率部由汉西门逃出，在浦口车站扣留客货列车数十辆，企图负隅顽抗，因所部溃不成军，遂在浦口车站乘坐火车逃往徐州，城内残存清军开城纳降。12月2日，联军进入南京城，南京光复。

1917年，朱自清在北京大学哲学系读书，得知祖母去世，从北京赶到徐州与父亲一道回扬州奔丧。丧事完毕，父亲到南京找工作，朱自清回北京读书，父子同行至南京，在浦口车站惜别。1925年10月，朱自清于北京将这段经历写成《背影》一文，使浦口车站家喻户晓。

① ［清末民国］金陵关税务司编：《金陵关十年报告》，南京出版社2014年8月版。

浦口车站大楼正面

浦口车站大楼背面

1914 年竣工并投入使用的浦口车站大楼

1919年，孙中山发表《实业计划》一文，认为交通运输必须放在近代工业首位，他将浦口列为南北最重要的交通枢纽和建设重点。

1919年3月12日，毛泽东从北京前往上海为湖南留法学生送行，途经南京，在浦口车站丢失了一双布鞋，陷入困顿，幸遇老乡，解了燃眉之急。14日毛泽东抵达上海，17日送别了好友蔡和森、萧子升等湖南赴法青年。1936年，毛泽东在延安向美国记者埃德加·斯诺回忆了这次旅程中发生在南京浦口的窘况。他介绍说：我和要去法国的学生一同前往上海。我只有到天津的车票，不知道到后怎样才能再向前走。可是，像中国俗语所说的，“天无绝人之路”，很幸运，一位同学从北京孔德学校弄到了一些钱，他借了十元给我，使我能够买一张到浦口的车票……可是我到达浦口的时候又不名一文了，我也没有车票。没有人可以借钱给我，我不知道怎样才能离开浦口。可是最糟糕的是，我仅有的一双鞋子给贼偷去了。哎哟！怎么办呢？又是“天无绝人之路”，我又碰到了好运气。在火车站外，我遇见了从湖南来的一个老朋友，他成了我的“救命菩萨”。他借钱给我买了一双鞋，还足够买一张到上海去的车票。就这样，我安全地完成了我的旅程——随时留神着我的新鞋。到了上海，我了解到已经募集了大批款项，协助把学生送到法国去，还拨出一些钱帮助我回湖南。[①]

1929年5月28日至6月1日，孙中山先生灵榇由北平西山碧云寺，转北宁路、津浦路，经过浦口车站奉安南京中山陵的过程中，浦口车站见证了历史上重要的一页。据《总理奉安实录》记载，1929年5月28日上午10点整，装载孙中山先生灵榇的灵车抵达浦口车站，军乐大作，沿站布置牌楼，庄严肃穆。灵车门开启后，灵榇被挽出灵车，推至月台。蒋介石、宋庆龄、孙科、宋子文、孔祥熙以及孙中山先生的生前好友犬养毅等随护下车。国民政府主席蒋介石及国民党中央委员、国府委员、外国使节排列在月台上，在奉安总干事孔祥熙的指挥下，肃立脱帽致敬，奏哀乐，向灵榇三鞠躬，默哀三分钟。与此同时，飞机回翔空际，散布迎榇传单；下关狮子山炮台在灵车抵达浦口车站前1小时起开始鸣礼炮101响致敬。“灵榇下车换杠毕，即恭扶灵榇上舰，随乘军舰过江”。中午11点30分，灵榇移至“威胜”号军舰渡江，12点左右到达下关码头。[②]此后不久，为了纪念孙中山先生，津浦铁路南段总局和南京特别市党部在浦口车

① ［美］埃德加·斯诺：《西行漫记——红星照耀中国》，生活·读书·新知三联书店1979年12月版。

② ［民国］总理奉安专刊编纂委员会：《总理奉安实录》，南京出版社2009年4月版。

1929年5月28日孙中山先生灵榇抵达浦口车站

站大楼前面花圃中央，建立总理纪念碑一座，纪念碑由三部分组成，下为五边形的三层台基，寓意“三民主义”；中为五根石柱围合起来的五边形台身，寓意“五族共和”或“五权分立”；在五根石柱之上托着一个巨大的圆形石球，寓意“世界大同”。据符莹《纪念中山停灵台》一文介绍，纪念碑大约建于1929—1932年间，通高约4.25米，其中台基高0.76米，台身高1.08米，石柱高1.97米，大石球直径2.2米。后人将此纪念碑讹传为孙中山先生灵榇停放之地，称之为停灵台。

总理纪念碑基座（讹传为停灵台）

1929年11月底，蒋介石密令素有“倒戈将军”之称的原西北军将领石友三（1891—1940）从浦口乘船东下，进攻李宗仁、陈济棠的两广军队。12月1日，石友三率一部哗变，把蒋介石的代表、浦口兵站总监部的总监卢佐扣押起来，随后将数十门大炮排列在长江北岸，一齐向南京城内轰击。事先还派遣便衣队潜入南京城里乘机袭扰。由于蒋介石毫无防备，一时间，南京城乱成一团。叛军闯进浦口车站，对站内员工进行恐吓打骂，逼迫员工们将站内的所有货物和他们从各方抢劫来的赃物全部装车，强迫机师开车北上。叛军北撤时，带走机车9辆，客货车30余辆。车上还有几十名未来得及逃离的旅客。浦口车站内的“自由”号铁甲车也被抢走。为了防止南京方面的军队追击，判军在乌衣镇附近拆毁数十丈的铁轨。

1933年1月段祺瑞南下，在浦口车站和南京城内受到国民政府的隆重礼遇。

段祺瑞（1865—1936），皖系军阀首领。1916—1920年，担任中华民国国务总理，为北洋政府的实际掌权者。1924—1926年，担任中华民国政府临时执政。此后被直奉联军赶下台，隐居天津，从此专心礼佛，不问政事。九一八事变后，段祺瑞面对日本的拉拢引诱，不为所动，此次应蒋介石之邀南下，表明反日立场。

1933年1月20日晚9时半，段祺瑞携前陆军总长吴光新、前第九师长魏宗瀚、侄段宏纲三人抵达天津新车站，乘201次车南下。天津市市长周龙光、公安局局长宁向南、津浦路驻津处处长高恒儒、电话局局长段茂澜及曹汝霖、王揖唐等到站送行。

1月22日晨8时，段祺瑞一行抵达南京浦口。蒋介石令南京少将以上军人，戎装过江到浦口车站迎接。那时候长江上没有大桥，火车只能到达南京对岸浦口，再坐船到达下关。蒋介石派兼代训练总监朱培德代表自己前往迎接，其他迎接人员有张群、贺耀组、黄慕松、杨杰、许世英、杨永泰、姚琮等。安徽旅京同乡会会员携带白布横额，上书“欢迎三造共和段老先生”“欢迎抗日救国元老段先生”等字样，总计前往浦口车站欢迎者，有百余人。火车驶入站台后，欢迎人员相继上车谒见，段祺瑞在车厢一一接见。随后，朱培德陪同段祺瑞一行乘轮渡江至下关码头。蒋介石亲自登轮谒见，行师生礼，并询问健康状况。之后，段祺瑞乘坐蒋介石专车进城，下榻励志社。此后在南京拜谒中山陵。24日赴上海。《申报》《中央日报》等对此有专门报道。

1933年6月至1934年2月，明代南京钦天台的天文仪器，曾经存放在浦口车站。这批古天文仪器，在清朝初年被全部从南京运到北京。1900年八国联军侵入北京城后，遭到劫掠，直到第一次世界大战结束后才归还我国。1933年6月从津浦铁路运回南京，先是存放在浦口车站。直到1934年2月才转运至紫金山天文台内。

1937年12月，浦口车站遭到日机多次轰炸，大楼内部木结构全部被焚毁，只剩下三层大楼的钢筋骨架。南京沦陷后，日军占用浦口车站，并按原貌修复，此后由华中铁道株式会社南京支社管辖。

1949年4月25日，邓小平和陈毅由合肥抵达浦口车站，当夜渡江，进驻总统府。

浦口车站的主体建筑是一座三层大楼，一层为车站大厅，二、三层为津浦

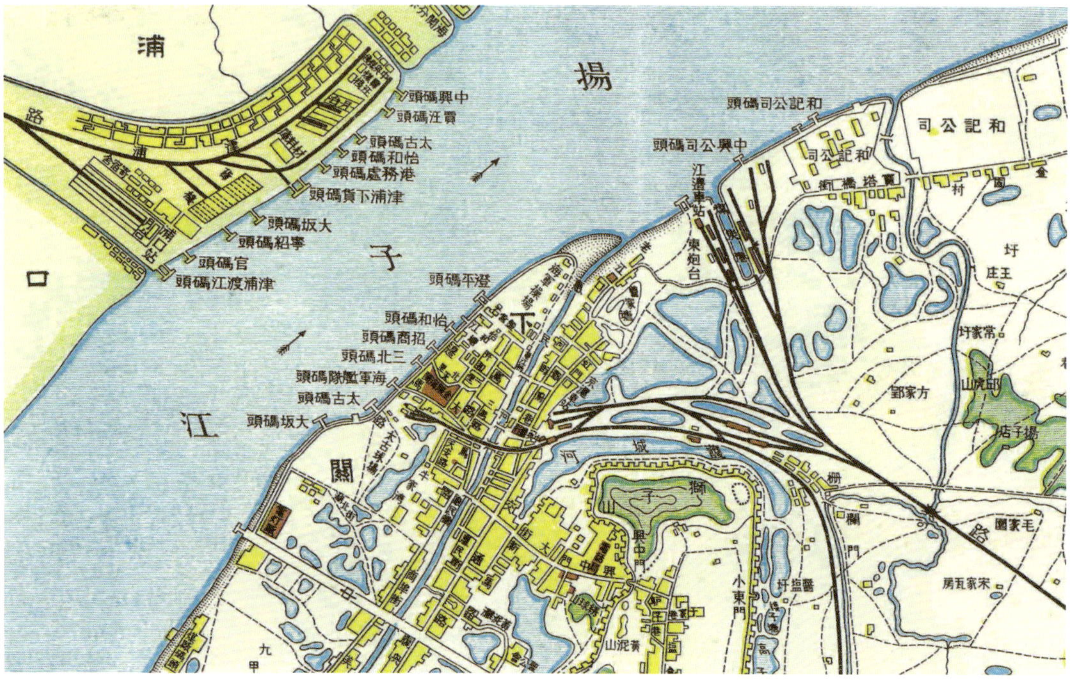

1932年《南京市区全图》中的浦口站

20 世纪 30 年代浦口车站调度场与站台

铁路南段总局（后改成办事处、事务所）办公场所。大楼主体为钢筋骨架，内部全部为木结构——木地板、木扶梯。大楼西部站外，钢筋混凝土结构的拱形长廊直通浦口轮渡码头；大楼北侧站内，月台上的单柱伞形长廊造型别致美观。在大楼的东侧，有一条津浦路，路的两侧有多座两三层高的近代建筑，这是浦口火车站的高级职工宿舍楼和食堂等附属建筑。

1968 年，南京长江大桥建成通车，津浦铁路和沪宁铁路连成一体，浦口车站逐渐衰落，客运一度停止。1985 年，再次恢复客运并更名为“南京北站”。2004 年 10 月，浦口车站正式停办客运，各项客运设施全部封存，但仍担负着货运任务。如今大楼上“南京北站”四字历历在目。

浦口火车站作为中国铁路百年史上修建最早最长的津浦铁路南端终点，是全国唯一的具有百年历史且保存完整风貌的火车站遗址，也是中国铁路发展的见证，具有非同寻常的历史价值和文化价值。2013 年，浦口火车站被列为全国重点文物保护单位。

近年来，许多电影都以此为取景地，如《开天辟地》《金粉世家》《情深深雨濛濛》《国歌》《紫蝴蝶》《茉莉花开》《致我们终将逝去的青春》《师父》等。

2020 年，随着南京滨江风光带建设的持续推进，具有一百多年历史的浦口火车站开始华丽转身，将变成民国风情的特色小镇。据运营方南京扬子国投集团介绍，浦口火车站片区一期用地面积 3.2 平方公里，规划总建筑面积约 416 万平方米，总投资约 370 亿元，共规划数字金融城区、风尚生活区、文保片区、超级总部基地和北部滨水区五大片区，未来将会成为城市更新、遗产保护和产业振兴的典范。

浦口车站建筑之一

浦口车站建筑之二

浦口车站建筑之三

浦口车站大楼正面

浦口车站月台和铁轨

浦口车站单柱伞形月台

浦口车站廊道

浦口车站月台和铁轨

南京下关车站

南京下关车站，又名南京车站、南京西站，俗称下关车站、下关火车站，位于南京市鼓楼区龙江路8号，是一个拥有百年历史的老字号车站。它见证了近代南京的荣辱、兴废和沧桑。如今，它与下关老江口铁路轮渡栈桥旧址共同构成“下关火车主题公园”。

1905年（光绪三十一年）4月至1908年（光绪三十四年）4月，上海北站至南京下关车站之间全长311.42公里的沪宁铁路全线建成通车后，下关车站被正式命名为沪宁铁路南京车站。

南京下关车站

1908 年的沪宁铁路下关车站

沪宁铁路下关车站（1910 年《金陵胜观》）

沪宁铁路火车（1910 年《金陵胜观》）

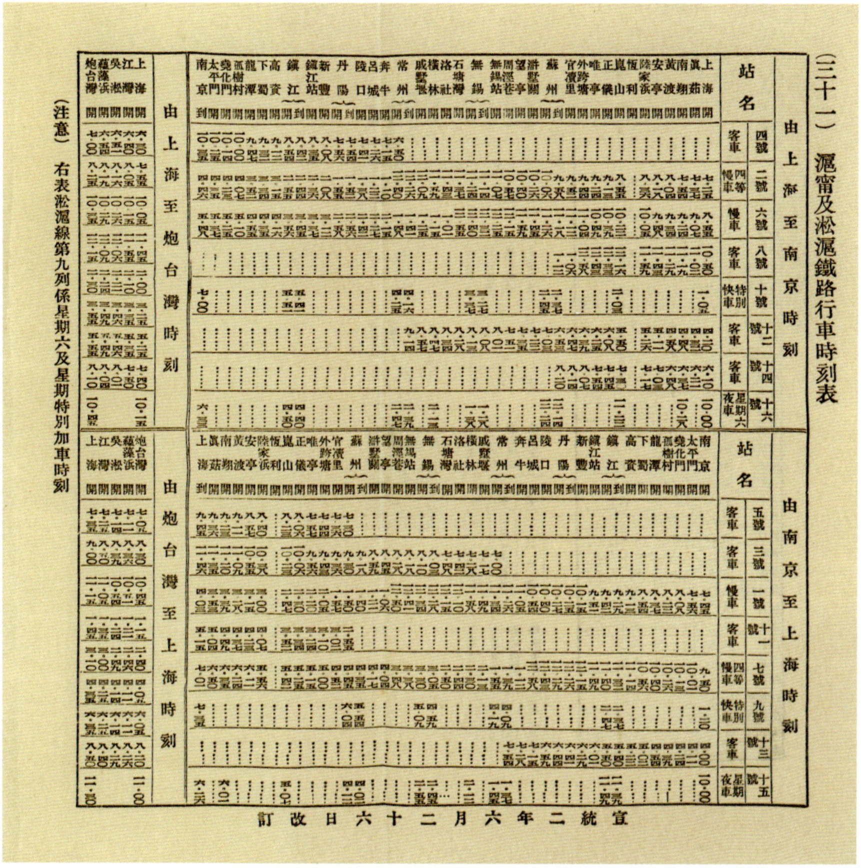

(三十一) 滬甯及淞滬鐵路行車時刻表

由上海至南京時刻

由南京至上海時刻

由上海至炮台灣時刻

由炮台灣至上海時刻

(注意) 右表淞滬線第九列係星期六及星期特別加車時刻

宣統二年六月二十六日改訂

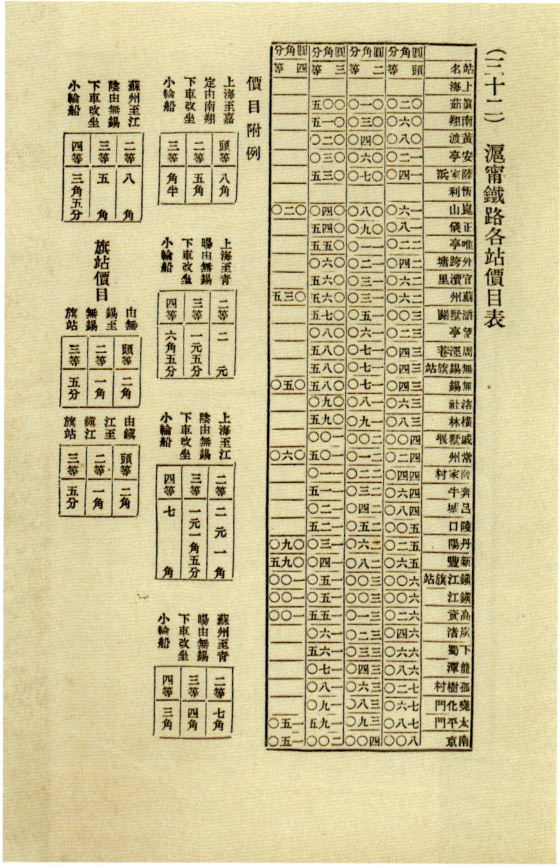

(三十二) 滬甯鐵路各站價目表

價目附例

旅站價目

1910 年沪宁铁路行车时刻表和价格表（《南洋劝业会游记》，商务印书馆 1910 年版）

下关车站初建于清朝光绪三十一年（1905），按当时统一规格“一等站屋”设计，有大小平房 18 间，建筑面积 520 平方米。有大厅、票房、电报房、站长房、邮政房、货物经理人房等建筑设施。候车室仅有两小间，木结构屋顶，屋面铺盖瓦楞白铁皮。共有站台三道，分别长 216 米、229 米和 203 米。

1927 年 4 月国民政府定都南京后，沪宁铁路易名京沪铁路，沪宁铁路南京车站易名南京下关车站，又称京沪铁路下关车站。

1930 年，国民政府铁道部对下关车站进行重建。重建的车站站屋为中间三层、

沪宁铁路下关车站（1912 年）

两侧两层的建筑。站屋中部为椭圆形车站大厅。车站站台上盖有雨棚，三道站台均加长，一号站台长 396 米，二号站台长 366 米，三号站台长 300 米。

1932 年，为便于下关煤炭港江边水路物资接运，在江边建货栈、仓库四座，占地面积 9000 平方米，铺设轨道三条，定名江边站，隶属南京站。

1937—1945 年南京沦陷期间，下关车站一度称为南京驿。日本华中铁道株式会社南京支社将京市铁路与江南铁路合并经营，称为“南宁线”。因江口站毁于战火，日军将始发站改在下关，站屋就是南京西站的售票房（今天，在南京西站附近，人们还可以看到当年残存下来的一段铁路）。1941 年，日伪在南京车站东面宋家埂修建 10 股道的调车场，供货物列车编组。

抗战胜利后，南京下关车站恢复原名，大约在 1947 年之后更名为南京车站。1947 年，国民政府对下关车站进行扩建。扩建工程由基泰工程司建筑师杨廷宝设计，徐顺兴营造厂建造，当年完工。扩建后的车站，增建了一座呈“U”字形围住原车站的大楼，南北两翼为两层，西面主要入口设计成五孔 13 米高的大拱门作为入口通至大厅，大厅采用钢筋混凝土排架结构，面积 1.87 万平方米，可容 4000 余名旅客。大厅南侧设置行包房、售票处，有检票口及辅助出入口各一个；北侧为贵宾室、邮件用房以及出入口。各种流线布置合理。1948 年，又增建站

南京下关车站航拍图

南京下关车站（20 世纪 30 年代）

日占时期，南京下关车站改名下关驿

1946年12月的南京下关车站

台一座。

据1948年化名KY撰写的《铁路员工之典型——京站许故段长朝元铸像揭幕礼记》一文记载：

> 南京车站建筑雄伟，一进站门，宽敞堂皇，使人感到愉快。票房、行李房、接待室及段、站部分办公地方均系原来站室。前座广厅、问讯处、票房、候车室、大餐室、旅行服务所、邮政、电讯、本社办事处、公路联运处等办公室，及附设之国际饭店、丰泽栖酒楼等，则为去年所新添建。在建造期间并不影响原来各部分的办公。完成后，新旧两部分接连在一起，竟如天衣无缝。规模的伟大，设计的精巧，不但为京沪区铁路全线之冠，即在国内各地也是仅见。①

1948年10月，许朝元段长以为铁路服务40年的劳绩，铁路系统专门在票房前大厅上为其竖立铸像，以志纪念。

1949年4月国民党军队溃退时，刻意炸毁了车站候车大厅及部分设施。

南京解放后，南京市人民政府重新修造，建成了1800平方米的候车厅。南京下关车站作为南京的重要门户，在近代发挥了巨大的作用。

① 《旅行杂志》1949年第23卷第5期。

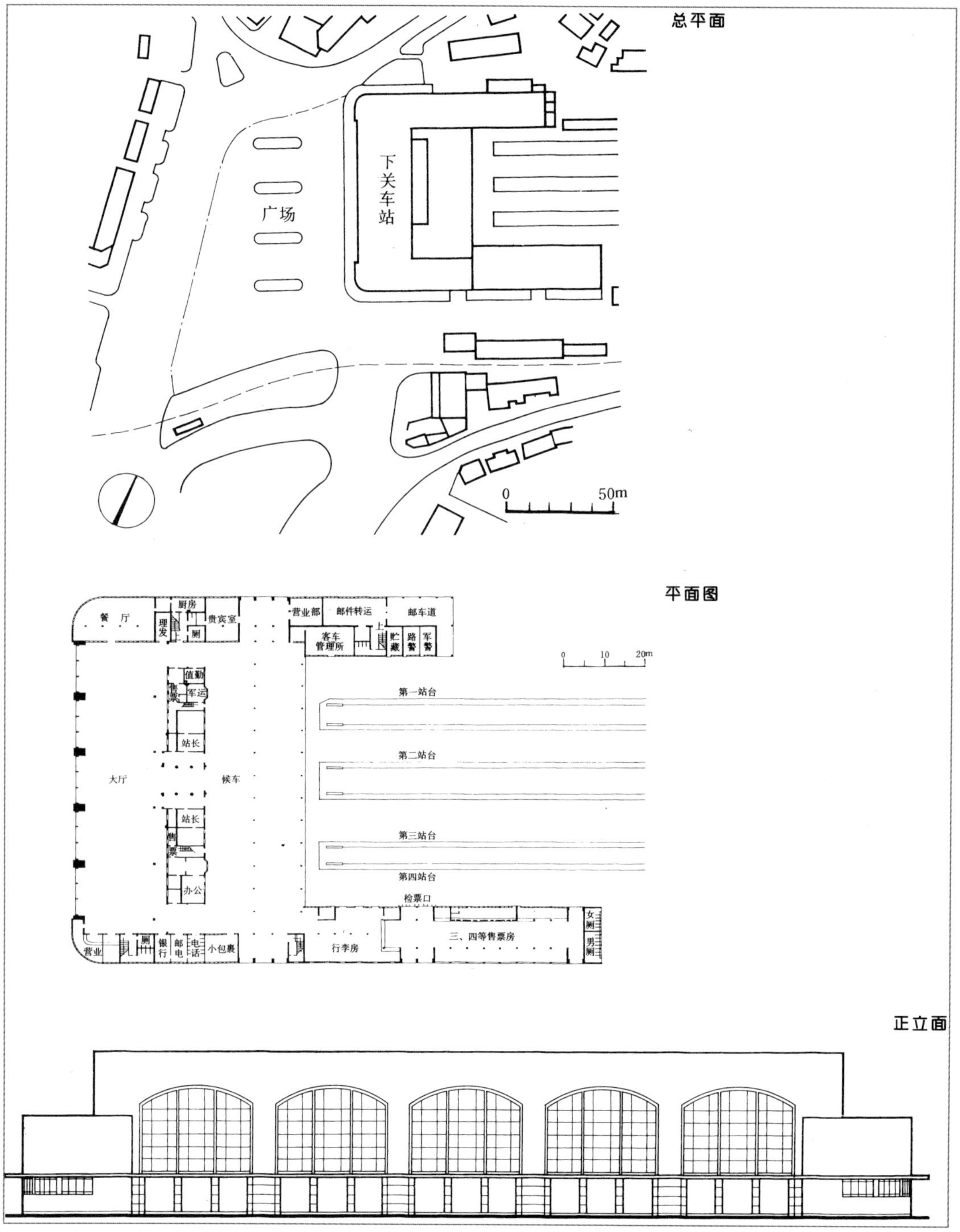

下关车站扩建工程总平面图和平面图、立面图（杨廷宝绘）

南京下关车站在历史上留下了众多名人足迹和趣闻逸事。

1912年1月1日上午10时，孙中山先生由上海乘坐沪宁铁路专用花车离沪，到南京就任中华民国临时大总统，上海各界万余人在车站送行。经过7个小时的旅行，下午5时，列车抵南京下关车站。孙中山先生在下关站换乘宁省铁路小火车进入南京城，至督署站下车，换乘花轿进入两江总督署，就任中华民国

南京下关车站设计草图（《杨廷宝建筑设计作品集》）

临时大总统。宁省铁路沿线遍悬五色国旗（指五色旗，自上而下由红、黄、蓝、白、黑组成，分别象征中国汉、满、蒙、回、藏五大民族共和），密布军队，南京全城官署、学校、商店、军营等全部悬挂五色国旗，以示庆贺。

鲁迅先生多次来南京，从下关车站乘车去上海，或者在下关车站下车，乘船渡江至浦口车站，改乘火车北上。《鲁迅日记》中对此多有记载，现摘录数

南京下关车站（1948 年）

南京下关车站候车室内景

条：如 1926 年 8 月，“二十八日　昙。午后二时半抵浦口，即渡江寓招商旅馆。下午以明信片寄淑卿、季市。同广平阅市一周。夜十时登车，十一时发下关。”“二十九日　昙。晨七时抵上海，寓沪宁旅馆，湫小不可居。”1929 年 6 月，

“五日　晴。晨七时抵浦口，即渡江改乘沪宁车，九时发南京。下午四时抵上海，即回寓。”1932年11月，“十一日　昙。晨八时至北火车站登沪宁车，九时半开。晚五时至江边，即渡江登北宁车，七时发浦口。”“三十日　晴。晨八时至浦口，即渡江登车，十一时车行，下午六时抵上海北站，雇车回寓。”

1937年“八·一三”淞沪抗战爆发后，下关车站站台、候车室、售票处挤满了从前线运回来的伤病员，“大部分人都没有草垫或被褥，衣不蔽体，食不果腹”。至1937年12月日军占领南京前达到高潮。许多士兵因得不到及时医治而死去。美国基督教圣公会传教士约翰·马吉、福斯特多次率领基督徒到下关车站，协助国民政府卫生部抢救伤病员，为他们包扎伤口，供给食物。

1945年日本投降前夕，日籍员工每天早晨上班后，都要举行“遥拜天皇”的仪式，并强迫中国职员一起参加。日本投降后，国民政府将大批滞留在南京的日俘日侨，由下关车站和中山码头转运到上海，遣送回国。

1946年5月5日，国民政府还都南京。此后，蒋介石集团以南京为中心，策动反共内战。1946年6月23日，上海市各界群众十余万人举行反内战、要和平的群众大会，推选出以马叙伦、篑延芳、盛丕华、雷洁琼、包达三、张䌹伯、阎宝航、吴耀宗、胡厥文及学生陈震中、陈立复11人为代表的上海人民和平请愿团，前来南京向国民政府请愿。请愿团于当晚到达下关车站时，担任津浦铁路调查统计室主任的中统特务头子陈叔平，纠集一批暴徒，伪装成苏北难民，把请愿代表围困在候车室和西餐厅，大喊大叫乃至大打出手，殴伤包括代表团团长马叙伦在内的代表团成员多人。前往欢迎代表团的民盟代表叶笃义、现场采访的《大公报》记者高集、《新民报》记者浦熙修也遭毒打。暴徒们行凶闹事5个多小时。当时在场维持秩序的宪兵警察，初则袖手旁观，继则隐匿无踪。一直到午夜，才有一队宪兵用卡车将代表送往中央医院。这就是骇人听闻的“下关惨案”。中共代表团驻南京首席代表周恩来闻讯后，非常气愤，他于凌晨2点钟从梅园新村携带慰问品亲自赶往医院，向受伤代表进行慰问。

南京西站入口

1948年3月29日，日本战犯、陆军上将冈村宁

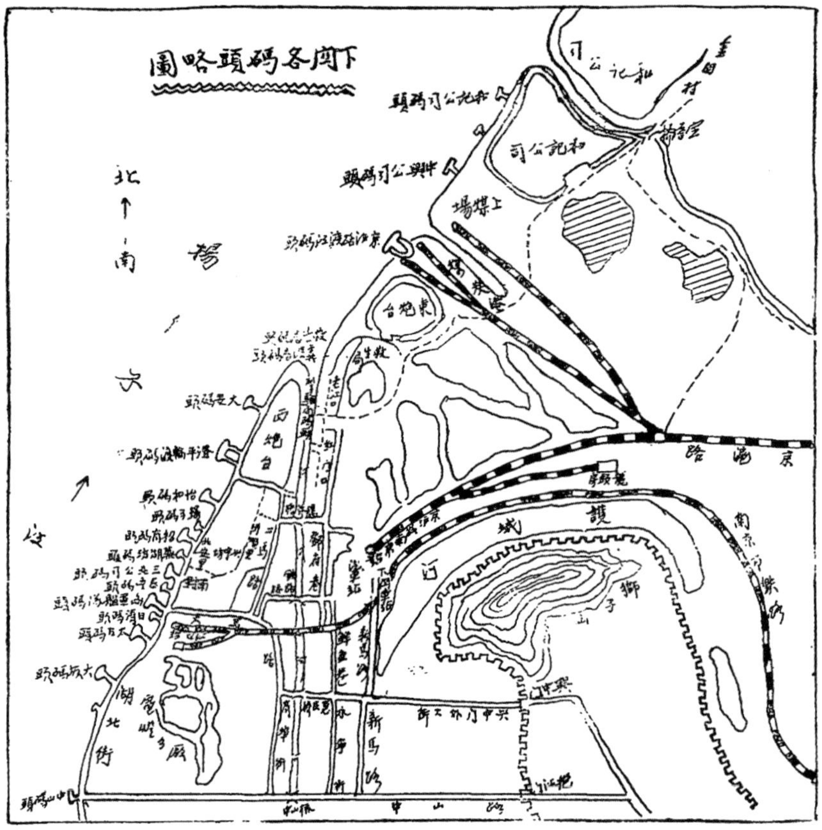

《下关各码头略图》中的下关车站（《旅京必携》，南京书店 1936 年版）

次在两名国民党军官的“陪同”下，乘坐军用吉普车，来到下关车站，悄然登上火车，离开南京前往上海。1949 年 1 月，冈村宁次在蒋介石政府的庇护下，无罪获释，2 月 4 日回到日本。

1949 年 4 月 23 日南京解放前夕，城内一片混乱，下关车站陷于瘫痪之中。据当时滞留在南京的安徽省财政厅厅长杨月笙回忆：“22 日清晨，我带家属至下关车站拟往上海，看到站台上人山人海，火车车厢车顶上全挤满了人。但列车何时开，能否到上海，都未可逆料，路局亦无人负责。无奈，折返寓所另想办法。”

1968 年底，位于玄武湖北侧的南京火车站建成后，定名为南京站；下关车站因相对位置处于西部，所以更名为南京西站。

2012 年 3 月 24 日 22 时 17 分，K161 次由南京西站开出，15 分钟后百年西站正式关闭。

下关车站作为一座拥有百年历史的老字号车站，见证了近代南京的荣辱兴衰，是古都南京一处重要的近代文化遗产。2006 年，“下关火车站”被列为南京市文物保护单位。

首都铁路轮渡

首都铁路轮渡，又名平沪联运车轮渡，简称首都轮渡。其江南部分位于南京下关老江口，江北部分位于浦口区泰山街道江边。

民国时期，京沪铁路下关站与津浦铁路浦口站之间的联系，最初依靠京浦轮渡。津浦铁路局设有公共轮渡，每30分钟往返一次，每人缴纳费用为一等舱二角，二等舱一角，三等舱一分。凡是乘坐京沪、津浦铁路联运车购有联运票者则免轮渡费。铁道部设有“澄平”渡轮，每15分钟一次。[①]尽管如此，大江南北之间的客运交通极为不便，更不用说货运交通了。

为连接津浦铁路和京沪铁路两条南北大动脉，1930年10月，国民政府铁道

首都铁路轮渡栈桥

① ［民国］建设委员会经济调查所编：《中国经济志·南京市》，正则印书馆1934年8月版。

部成立“下关浦口铁路轮渡设计专门委员会”。该委员会对比多种设计方案后，确定采用铁道部简任技正兼设计科长郑华所提的“活动引桥式轮渡”方案。当年 11 月，成立首都铁路轮渡工程处，由郑华兼任处长，主持这项工程。通过公开招标，英国多门浪公司中标承造两岸活动引桥，英国马尔康洋行中标承造火车渡轮和一艘挖泥船。

1930 年 12 月 1 日，位于下关老江口的轮渡建设工程开工，工程总造价 378 万元。南北两岸桥基工程开工后，因工程款不足，造成施工进度受到影响。1931 年洪水，又造成停工数月。1932 年 5 月，桥基工程完成，随后架设上部钢梁，其他附设工程也陆续开展，

“活动引桥”是根据历年长江两岸水位涨落差纪录 14.872 米设计的。轮渡桥为钢架结构，桥墩为钢筋混凝土结构，两岸引桥用活动式，随水位高低升降调节，其坡度最大为 2.6%。南北两岸各设一座引桥，南岸位于下关老江口，北岸位于浦口津浦 10 号码头下游 300 米处，每座引桥各由四孔活动钢梁组成，悬空安装在桥墩两端铁柱上。全桥共长 187.13 米，除临江一孔长 45.4 米外，其余每孔长 46 米，桥高 7.25 米，宽 6.2 米。在桥墩上装置电动升降机，升降幅度可达 8 米，以适应江水涨落。临江桥端铺设三股铁道，可与船上轨道相接，其宽度为 14.44 米，成喇叭状。桥端设有活动跳板，长 17.1 米，接于横梁上，用 20 马力电机驱动，与船头铁栓联锁，以便桥与船的轨道相联结。

南北两岸接轨线路分别由京沪、津浦两路局承建。下关岸线接轨线路总长 1509 米，铺设四股道，因地势局限，轨道呈曲线。浦口岸线路总长 2952.9 米，铺设六股道，轨道为直线。

与此同时，向英国马尔康洋行定购的“长江”号渡轮造好后，于 1933 年 4 月启航来华，8 月 1 日下午驶抵南京下关。渡轮长约 113.3 米，宽约 17.86 米，载重 1550 吨，舱面铺设铁轨三股，各长 98.43 米，可以同时停放最长的客车 12 辆或载重 40 吨的货车 21 辆；船舱后部设移车台，长 13.78 米，上置调车机一台，可左右移动，与任何轨道连接，以取送各轨道车辆；渡轮前后左右各设一稳水柜，注入或排除柜内之水，以保持渡轮重量平衡①。

据《金陵关 1922—1931 十年报告》记载：

---

① 南京市下关区方志编纂委员会：《下关区志》，方志出版社 2005 年 6 月版。

首都铁路轮渡（下关）（铁道部《铁道部首都铁路轮渡通车纪念刊》，1933 年）

首都铁路轮渡（浦口）（铁道部《铁道部首都铁路轮渡通车纪念刊》，1933 年）

首都铁路轮渡

首都铁路轮渡栈桥

“长江”号火车渡轮下水典礼（1933 年）

“长江”号火车渡轮

首都铁路轮渡（《首都志》）

查首都轮渡建筑计划，两岸各设活动引桥三座，各长一百五十呎。上铺铁轨三股，而与渡轮及两岸轨道联接。临江一座桥端置有活动跳板，接于桥之横梁，得与渡轮一端之铁栓联锁，用二十四马力之电机起落，俾随水位升降而保平衡。引桥临岸一端设置电力自动栅门，该项栅门于渡轮与活动跳板接联稳固之后始行开启；迨渡轮离开引桥，则铁门自闭。该项铁门开关枢纽设于岸上，且系互相联锁，以期安全。桥墩系用松木圆桩，惟近岸一座则用铁筋混凝土筑造。两岸各设钢质浮船一艘，以为系船之用。浮船及渡轮停泊处则加以浚渫，俾于水位最浅时期，得以保持十六呎之深度也。渡轮长三百六十呎，宽七十二呎，总重二千四百吨，载重一千五百吨，速度每小时十二海里。舱面铺设轨道三股，各长三百呎，各股距离十二呎。铁轨每码重八十五磅。全轮可载四十吨之货车二十一辆，或最长之客车十二辆。该轮将来须设防火器具、救生艇、救生圈带等物，以备五百人之用。此外，尚有应用机器、电线及电灯等之设备焉。

首都铁路轮渡位于我国长江南北两条铁路大动脉的咽喉要道，江南起自江边煤炭港的沪宁码头，江北至津浦铁路轮渡码头，1930 年 12 月 1 日开工，至 1933 年 9 月竣工。全部工程投入经费约 300 万元。铁路轮渡的落成，使得津浦、京沪两路客货车辆可横渡大江，直接行驶，不再有换轮之劳，便利交通至巨。这项轮渡工程，不仅在中国属于创举，即使在亚洲也是首屈一指。1933 年 10 月 22 日，铁路轮渡举行隆重的通航典礼，国民政府主席林森出席通航仪式，第五届全国运动会游泳冠军杨秀琼为通航剪彩，“长江”号渡轮正式服役通航。

1937 年元旦，《申报》记者孙恩霖应邀参观南京，写下了《记首都特快——一日京游》一文，其中对首都铁路轮渡赞美有加：“津浦轮渡，工程伟大，为国内交通界有数之建设。余侪弃轮就埠，则见巨轮，已在眼前，载有列车三四，尚未渡江也。……在昔自沪赴平，抵京必须更换小轮渡江，今则沪平通车，无须舟车上下之烦，是亦铁路运之进步也。”[①]

① 《旅行杂志》1937 年第 11 卷第 2 期。

首都铁路轮渡又名平沪联运车轮渡

1937 年 12 月南京沦陷前夕，铁路轮渡停运，国民政府将“长江”号渡轮连同拆除的部分设备西撤至长江上游汉水石牌附近沉入江底。

1938 年初，日军铁道队使用驳船两艘，上铺轨道，一艘可载 15 吨货车 7 辆，一艘仅载 4 辆，由小火轮拖带，用作渡轮。1940 年，日伪华中铁道公司向上海江南造船厂（该厂被侵华日军占用）订购两艘渡轮，1942 年 3 月第一艘渡轮出厂，投入渡运。该轮长 105.7 米，宽 17.2 米，蒸汽动力 882 千瓦，自重 2053 吨，载重量 1800 吨，甲板上铺 3 股轨道，有效长各为 92.67 米，可载客车 9 辆或者货车 21 辆，取名为“第一金陵丸”。1944 年 3 月第二艘渡轮出厂，投入渡运。该轮长 104.7 米，宽 17.2 米，蒸汽动力 441 千瓦，自重 1754 吨，载重量 1900 吨，甲板上铺 3 股轨道，有效长各为 99.4 米，可载客车 12 辆或者货车 21 辆，取名“第二金陵丸”。两轮采取单船渡运，轮流运转。每天可以渡运 8—10 次。1945 年 8 月日本战败后，两艘渡轮分别改名为“南京”号和“浦口”号，仍采用单船作业形式，每天渡运 8—10 次。[①] 随着南北交通的发展，渡轮和班次也不断增加，至南京解放前夕，铁路轮渡日均可轮渡客货火车 10—14 次、客货车 180—240 辆。

1949 年 4 月国民党撤出南京前，曾计划炸掉南京老江口的火车轮渡栈桥，被中共地下党用机枪扫射制止。火车轮渡一次便能运送一个团的部队和辎重。

① 南京市下关区方志编纂委员会：《下关区志》，方志出版社 2005 年 6 月版。

刘伯承等人都是坐着轮渡过江接管南京的。[①] 据中共地下党南京市委书记陈修良《我们战斗在敌人心脏——南京》一文回忆："我们又组织民船和停泊在下关沿江一带公私营轮船公司的大小机动船只一起出动，很快帮助解放军渡过了所谓天险，特别是老江口栈桥、火车轮渡发挥了很大作用，一次便能运载一个团以上的人马、大炮、战车等。当时，敌人的飞机还在轮番轰炸扫射，但已经无法阻挡我千军万马。从 24 日清晨到中午，经轮渡往返不停运输，胜利地把停留在江北浦口一带的人民解放军35军全体人马渡过了长江，浩浩荡荡进入南京城。"

1949 年 8 月 22 日，首都铁路轮渡管理段更名为长江轮渡管理所，隶属于上海铁路局。此后，除了原来的"澄平"号、"凌平"号、"长江"号、"浦口"号外，先后增置"上海"号、"江苏"号、"金陵"号等多艘渡轮。1962 年 12 月 16 日，毛泽东主席来南京时，其专列就是由"江苏"号渡轮渡过长江的。

1968 年 9 月 30 日，南京长江大桥铁路桥通车，同年 12 月 29 日公路桥也正式通车。从此，客车及直通货物列车改经大桥通过，铁路轮渡只渡非直通的货物列车，渡轮逐步退航。1973 年 5 月 5 日，南京长江大桥及新的枢纽配套工程相继建成，铁路轮渡全部停航，铁路轮渡桥作为战备设施由长江轮渡管理所负

首都铁路轮渡栈桥（远处为南京长江大桥）

① 中共南京市鼓楼区委组织部、中共南京市鼓楼区委党史工作委员会编：《峥嵘岁月——鼓楼红色寻迹》，南京出版社 2021 年 10 月版。

首都铁路轮渡栈桥

责保养。①

首都铁路轮渡是我国最早的火车轮渡，它跨越长江，实现沪宁铁路和津浦铁路联运，大大地方便了客货运输，在民国时期的水陆交通方面发挥了重要作用。

2012 年，下关和浦口两地铁路轮渡桥（首都铁路轮渡）被公布为南京市文物保护单位。

如今，首都铁路轮渡中的下关铁路轮渡栈桥旧址已经成为下关火车主题公园的一个重要组成部分。

① 孙建国：《中国第一条铁路轮渡线——南京下关浦口铁路轮渡》，“下关往事”微信公众号，2022 年 9 月 14 日。

新街口广场

新街口是南京的交通、金融、商业中心，是南京城市发展的晴雨表，它与古城同呼吸，共命运。

新街口地名的出现时间至少可以追溯到明代。明朝徐必达领修、施沛等人协纂《南京都察院志》卷二十一《职掌十四》有“正北司后左北门桥宝字铺、新街口璧字铺、糖坊桥尺字铺”的记载。清朝《重刊嘉庆江宁府志》卷七《山水》明确记载“塘（笔者按：应为糖）坊桥，在新街口北”。清朝《同治上江两县志》卷五《城厢》记载：“右西北第十五甲：新街口东、糖坊桥东、半边街、慈悲社、高家酒馆、管家桥、沈举人巷。”“右西北第二十甲：新街口西、糖坊桥西、故衣廊西、沐府西门。”实际上，新街口最初是指故衣廊与糖坊桥之间的一条街。

1928 年 8 月中山大道破土动工后，新街口被确定为南京市中心。“佥以新街口地方为中山路转角，及子午路、大丰富街、老米桥、糖坊桥等六路交汇地点。车马往来至为繁复，且为城市中心”，[①] 南京特别市政府决定对新街口一带进行拓宽改造。

1929 年 6 月 1 日孙中山先生灵榇奉安大典之后，当月南京特别市政府就提出了放宽新街口交叉道计划，宽度定为 100 米，得到了首都建设委员会的认可。但是，却遭到居住在新街口的市民刘春霆等人的反对，他们要求缩小广场面积。南京特别市政府认为交叉道计划既然已经得到首都建设委员会的通过，“而新都发展迅速，自应一次拆足，以期一劳永逸”，所以没有采纳市民刘春霆等人的建议。[②]

1930 年 7 月，南京市政府、市政会议正式通过新街口广场设计方案，将新

① 《放宽新街口交叉道案》，《首都市政公报》第 63 期，1930 年 7 月 15 日。
② 《放宽新街口交叉道案》，《首都市政公报》第 62 期，1930 年 6 月 30 日。

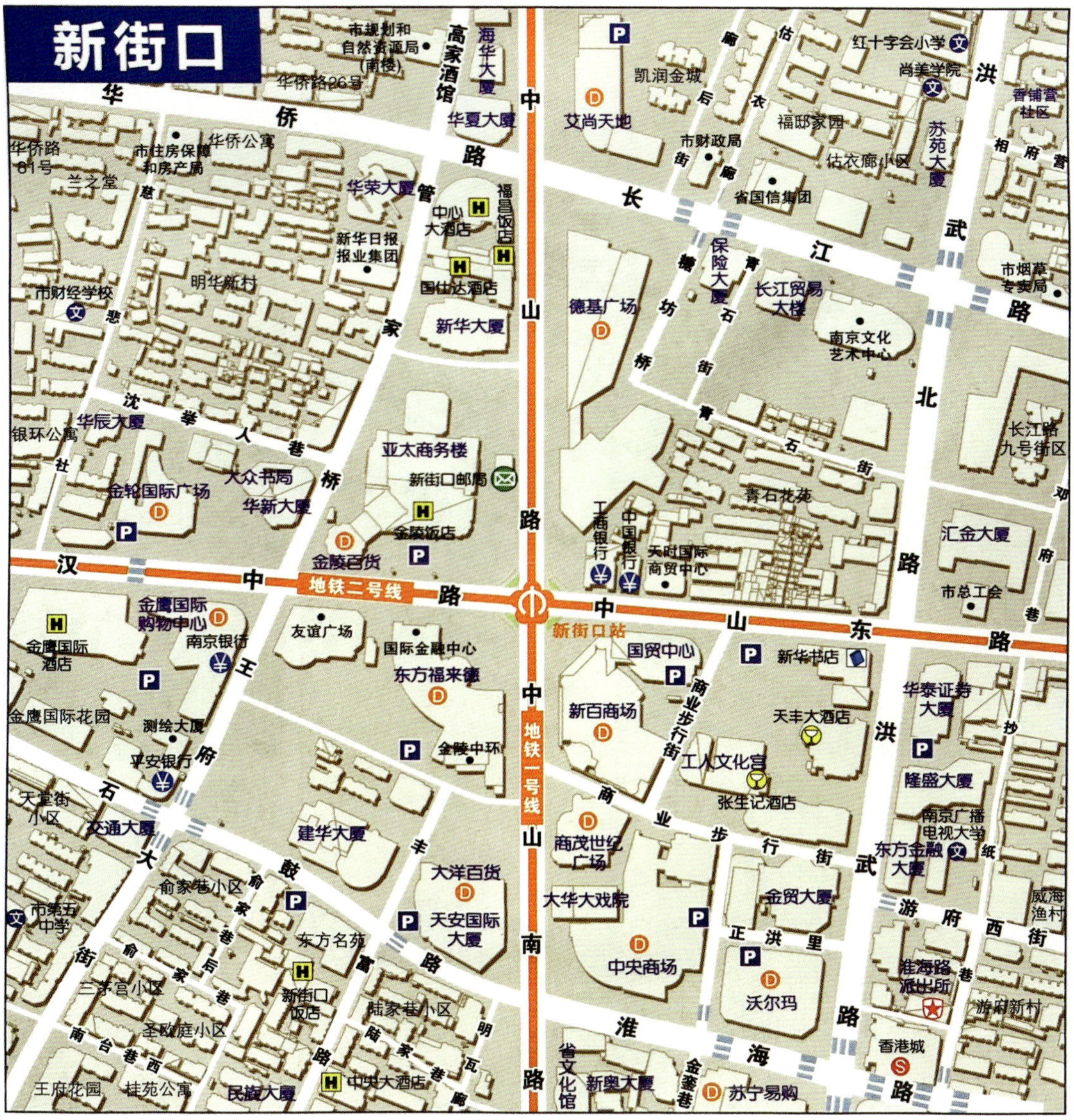

新街口地图（《新南京全图》，中华地图学社 2023 年 2 月修订版）

街口广场确定为方形，宽度定为 100 米，拟征收距广场中心约 150 米之内的土地约 25 市亩，以期适应交通需要及计划设置警亭、铜像、环道、人行道等需要。这一决议经首都建设委员会审议通过，并得到内政部的核准。[①]《首都市政公报》第 71 期（1930 年 11 月 15 日）刊登的《新街口广场建筑简讯》写道："新街口为中山、子午各路交叉地方，本府决定建筑大广场一处，场之中央，恭设总理铜像，周围杂莳花木，并辟极宽之快车道、慢车道、人行便道，该项计划，经由本府函送首都建设委员会审议通过，并咨请内政部核准公告。"《首都市政公报》第 72 期（1930 年 11 月 30 日）又以《新街口广场将建总理铜像》为题对新街口

① 《令饬办理放宽新街口广场征收土地案》，《首都市政公报》第 64 期，1930 年 7 月 31 日。

新街口广场（由南向北拍摄）

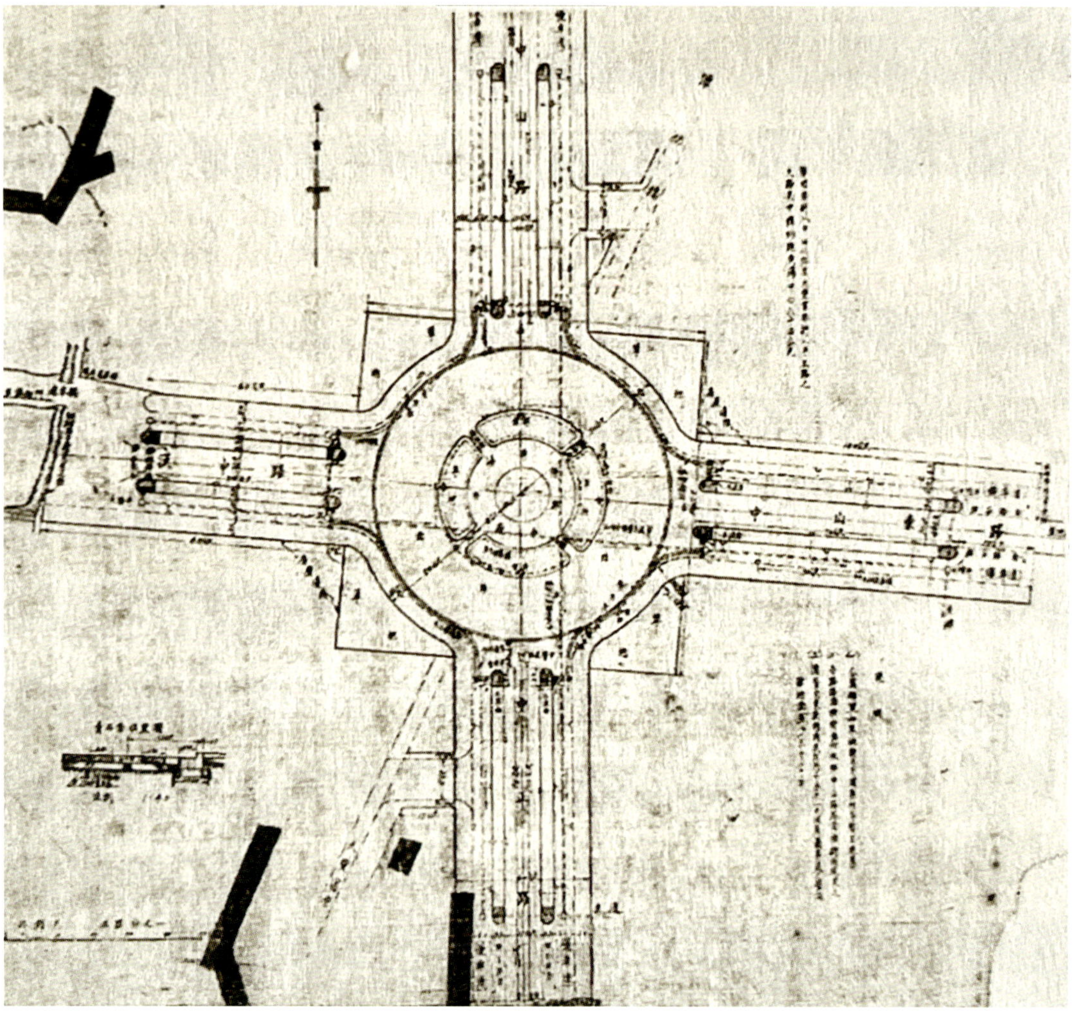

1930 年新街口广场设计图（南京市规划与自然资源局档案馆藏，转引自周琦等著《南京近代建筑史》）

新街口广场鸟瞰（1932年摄，伍联德《中华景象》，1934年版）

改造方案做了报道："本府对建筑新街口广场计划，积极推行，所有该处土地，均已以现金收买，房屋业已拆卸，将来此广场中心，建筑总理铜像，其外为花园，花园之外为人行道、车马道，路旁并遍植树木，务期幽雅宜人，交通便利云。"

据时任南京市工务局局长赵志游报告，新街口广场工程预算费用为63894银元（开工前预支工程款60494.878银元），1930年10月20日上午在南京市工务局会议室开标，谈海营造厂以最低价中标。[①]1930年11月12日孙中山先生64周年诞辰日开工，1931年1月20日完工，整个工程历时3个多月。[②]这是南京市内街道上的第一个广场，故又称第一广场。以新街口广场为中心的新街口

① 《开辟新街口广场案》《令拨新街口广场工程费案》，《首都市政公报》第72期，1930年11月30日。

② 《首都市政公报》第71期（1930年11月15日）有《新街口广场开始建筑》一文，其中提到广场于1930年11月开工，一个月完工。

1932 年 6 月，南京新街口广场竖起“淞沪抗战阵亡将士民众纪念灯塔”

商业圈与尤金·海纳德设计的巴黎惊人的相似，但设计者不知是谁。[①]

新街口广场平面呈正方形，边长 100 米，面积 1 万平方米。内部为直径 16 米的圆形大草坪，向外依次是 8 米宽的环形弹石地面停车场，9 米宽的水泥三合土筑成的花坛，20 米宽的环形沥青车行道，以及 5 米宽的环形混凝土人行道。

1931 年 12 月 10 日，为调查九一八事变真相，国联理事会举行会议通过派遣调查团决议。该团由英、法、美、德、意五国代表组成，英国人李顿为团长，成员有法国克劳德将军、美国麦考益少将、德国希尼博士、意大利马柯迪伯爵等人。1932 年 2 月 2 日，调查团从欧洲出发，于 29 日抵达日本东京。3 月 14 日，调查团抵达中国上海。3 月 27 日，调查团在中国驻国联代表顾维钧的陪同下，乘船抵达南京。国民政府为了表达对代表团的敬意，在挹江门和新街口广场中央搭起欢迎牌楼，高十余丈（33 米），上面亭式，用绿布扎成，四柱均用蓝边白布围绕，中间交接处，则用柏叶扎成长匾，绿白相间颇为美观[②]。在新街口广场中央的牌楼上，右书“欢迎公正严明的国联调查团”；左书“欢迎和平使者国联调查团”。

1932 年一·二八淞沪抗战爆发，中国军队奋勇抵抗。此后，为了纪念第二十九路军和第五军阵亡将士，1932 年 6 月 22 日，在新街口广场中央，由爱国

① ［美］郭伟杰著，卢伟、冷天译：《筑业中国》，文化发展出版社 2022 年 1 月版。笔者认为，新街口广场设计者是南京市工务局。

② 《调查团今日抵京下榻励志社》，《中央日报》1932 年 3 月 27 日。

1935 年，新街口广场中央竖起炸弹模型

新街口广场（着色老明信片）

华侨捐款建起了“淞沪抗战阵亡将士民众纪念灯塔”。

1937 年 12 月日军占领南京之前，新街口广场中央曾经放置过一枚巨大的炸弹模型。这个模型是 1935 年国民政府军事委员会防空委员会成立后，为举办防空展览会而制作的，意在提醒人们警惕日军的空袭。

1938 年，日军在新街口广场中心建造的巨型瞭望塔

1937 年 12 月 13 日南京沦陷，不久，日军将广场中心的炸弹模型移至夫子庙，并涂改炸弹上文字为“建设东亚新秩序”。炸弹被移走后，日军在广场中心建造了一个巨型瞭望塔，此塔高于新街口周边所有建筑，塔顶四方各有一个窗户，可以清楚看新街口四面八方的情形。伪“南京自治会”（南京沦陷后日本扶持的汉奸组织）以民国早期的国旗“五色旗”为伪政府旗帜，与日本国旗串成彩带，悬挂在瞭望塔四角。

1938 年 7 月 7 日，在七七事变爆发一周年纪念日，不知名的人士在新街口广场个别房屋上张贴标语，号召抵抗日本人和日本人扶植的傀儡政权——中华民国维新政府。①

1940 年前后，为了迎接汪精卫傀儡政权的建立，日伪在新街口广场竖起了一个塔楼，挂满了五色旗与日本国旗，上悬“树立中央政权”“东亚民族团结”等标语。1940 年 3 月汪伪国民政府成立后，新街口广场的塔楼上悬挂起汪精卫的巨幅画像，并且悬挂“汪主席是复兴中国的最高领袖”巨幅标语。画像周边的旗帜从“五色旗”换成了汪伪政府带有“和平建国”字样的“青天白日满地红”旗。

1942 年 11 月 12 日，孙中山先生诞辰 76 周年纪念日前夕，汪精卫为笼络民心，粉饰太平，把自 1929 年起一直安放在中央陆军军官学校大礼堂前的孙中山

1940 年汪伪政府成立时，新街口竖起了“树立中央政权”的塔楼

1940 年汪伪国民政府“还都”时的新街口广场

① 陆束屏编著翻译：《日军南京暴行：德国外交文件中记载的南京大屠杀与劫后社会状况》，南京出版社 2022 年 1 月版。

1942 年 11 月 12 日，孙中山铜像矗立在新街口广场中央

1942 年 11 月 12 日之后的新街口广场（背景建筑是东北角的交通银行南京分行）

先生铜像移放到新街口广场中央，将原本宽 8 米的停车场以及宽 9 米的花坛，改造为水泥混凝土路面及植树带，还建造了四座小喷水池。汪精卫移至新街口的这座孙中山先生铜像是孙中山的日本友人梅屋庄吉所铸，一共铸造了四尊，除了南京的这一尊外，其余三尊分别安置在广州黄埔军校、广州中山大学和澳

1945 年抗战胜利后的新街口广场（西南角为邮政储金汇业局和盐业银行）

门国父纪念馆。

1944 年，南京进步学生在丰富路一个号称“白面大王”的毒贩曹玉成家中，搜出一大盒包装精致的海洛因，当即将他捆绑到新街口广场，命令他跪在孙中山铜像前低头认罪。学生们宣布了他的贩毒罪状，当场烧毁海洛因。围观的群众人山人海。当晚，学生们将曹玉成交给伪首都警察厅，由于曹玉成民愤极大，伪首都警察厅将曹枪毙。这是南京人民禁烟禁毒史上取得的一次重大胜利。

南京解放前夕，新街口地区成为南京的交通、金融、商业中心。中山路、中山东路、中正路（今中山南路）、汉中路四条干道汇聚于此，这里终日车水马龙，熙来攘往。雄伟壮观的交通银行、低调奢华的邮政储金汇业局和中国国货银行、阔气的大陆银行和盐业银行、玲珑的浙江兴业银行以及聚兴诚银行等，构成了一个银行区，使这里成为中国的“华尔街”。福昌饭店、大三元菜馆、同庆楼菜馆、三六九菜馆等饭馆林立，灯红酒绿。中央商场、李顺昌服装店等商店云集，不胜枚举。《中央日报》《朝报》《新民报》《扶轮日报》等有影响的报馆，以及大华大戏院、新都大戏院、世界大戏院、中央大舞台等娱乐场所也汇聚在新街口。

1949 年 4 月 23 日，中国人民解放军占领南京。7 月 6 日下午 5 点 30 分，在新街口举行了隆重的阅兵式。刘伯承、张际春、李达、宋任穷、陈士榘等领导人登上阅兵台，检阅了参加阅兵式的队伍。在雄壮的《解放军进行曲》音乐

1949 年南京市民在新街口迎接解放军

1949 年 4 月南京解放后，新街口广场的毛泽东、朱德像

声中，参加阅兵仪式的各兵种队伍绵延不断地从新街口广场通过，整齐的脚步声、隆隆的马达声与广大群众的掌声、欢呼声交织在一起，新街口广场成了一片欢腾的海洋。

“文革”期间，矗立在新街口广场的孙中山先生铜像被转移到中山陵园管理处保存。1985 年 3 月 12 日，又被安放到藏经楼前。

1983 年 5 月，在新街口广场西北角兴建的金陵饭店落成。金陵饭店是新加坡华侨、南京籍人士陶欣伯投资，高 37 层，110.4 米，是当时全国最高的建筑物，也是南京的标志性建筑物。

1989 年，在新中国成立四十周年前夕，南京市人民政府在新街口广场中央竖起了一座“金钥匙”雕塑，由三把金光闪闪的直立的金钥匙烘托着一个银色的圆球，象征着南京人民用科学、民主、法制三件法宝，去开启社会主义现代化事业的大门。直到 1995 年 6 月，“金钥匙”雕塑才被拆除。

1996 年 11 月 12 日，在纪念孙中山先生诞辰 130 周年之际，南京市人民政府重新制作了一尊孙中山先生铜像安放在新街口广场中央。铜像高 5.75 米（连

1983 年的金陵饭店

今日的新街口广场中央孙中山铜像

新街口广场，背景是交通银行南京分行旧址

基座通高 11.12 米），重 6.2 吨。铜像面朝南，身着西装大衣，马甲领带，右手执文明棍，左腿前迈。它以 1912 年孙中山先生在南京就任中华民国临时大总统为背景，撷取孙中山先生为革命奔走、举步出行的瞬间形象，凝固成永久的画面。孙中山先生铜像的竖立，给繁华喧嚣的新街口平添了历史凝重感和文化氛围。

中山大道

1927 年 4 月 18 日，国民政府定都南京。1928 年 12 月 1 日，国民政府在首都建设委员会之下成立国都设计技术专员办事处，特聘美国人亨利·墨菲（一译茂菲）、古力治负责制订首都建设计划。1929 年 12 月，《首都计划》编制完成，该计划将南京的城市道路建设也纳入规划之中，即采用放射形与方格网相结合的布局，以新街口环形交通广场为市区中心，以中山大道、子午路（今中央路）、中正路（今中山南路）、汉中路作为城市干路的基线，其他干路与基线平行或垂直布置。至全面抗战爆发前，南京城内兴建的主次干道总长度达到 149.21 公里，[①] 其中尤以 1929 年 4 月 2 日开通的中山大道最为著名。

一、名称由来

中山大道最初的名称，或者说它的乳名，叫迎榇大道。它是专为迎接孙中山先生灵榇由当时的北平（今北京）西山碧云寺南下奉安中山陵而建造的。据《迎榇大道建筑纪略》记载："南京市本有建筑道路之计划，因奉安总理，赶筑迎榇大道。" [②]

中山大道的正式名称叫中山路，"计自江岸至中山门，共长一万二千公尺，谓之中山路" [③]。1928 年 8 月 12 日举行开工典礼时叫中山路 [④]，1929 年 4 月 2 日举行开路（通车）典礼时也叫中山路 [⑤]。倪锡英《南京》一书写道："从下关进城，最便当的便是走中山路。" [⑥] 国都设计技术专员办事处编写的《首都计划》

---

① 南京市政府秘书处编印：《十年来之南京市政建设》，1937 年 6 月。
② ［民国］总理奉安专刊编纂委员会编：《总理奉安实录》，南京出版社 2009 年 4 月版。
③ ［民国］总理奉安专刊编纂委员会编：《总理奉安实录》，南京出版社 2009 年 4 月版。
④ 《中山路破土典礼志盛》，《南京特别市政府公报》第 18 期，1928 年 8 月 31 日。
⑤ 《中山路昨行开路典礼》，《中央日报》1929 年 4 月 3 日。
⑥ ［民国］倪锡英著：《南京》，中华书局 1936 年 8 月版。

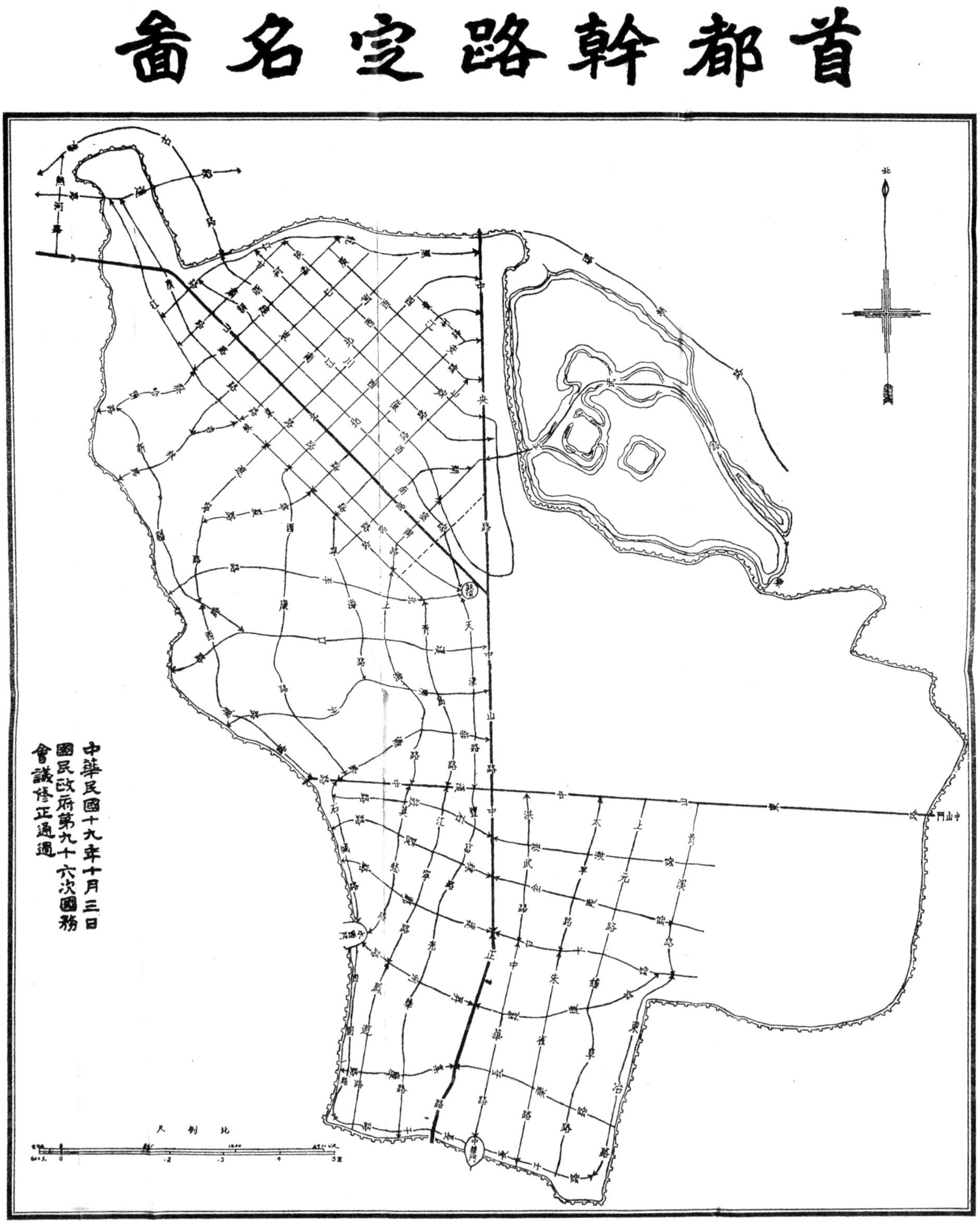

1930 年通过的《首都干路定名图》（南京市市政府秘书处编《新南京》，南京共和书局 1933 年 10 月版）

中的图表，如《南京名胜地点图》《国都界限图》《首都市郊公路暨分区图》等，一律将这条道路称作中山路[①]。它北起下关江边，东出中山门与陵园大道衔接，全长 12001.94 米，设计宽度为 40 米。为了表达对孙中山先生的纪念，除了将这条道路本身命名为中山路外，全线工程各路段及配套工程，大多冠以孙中山先生

① ［民国］国都设计技术专员办事处编：《首都计划》，南京出版社 2006 年 9 月版。

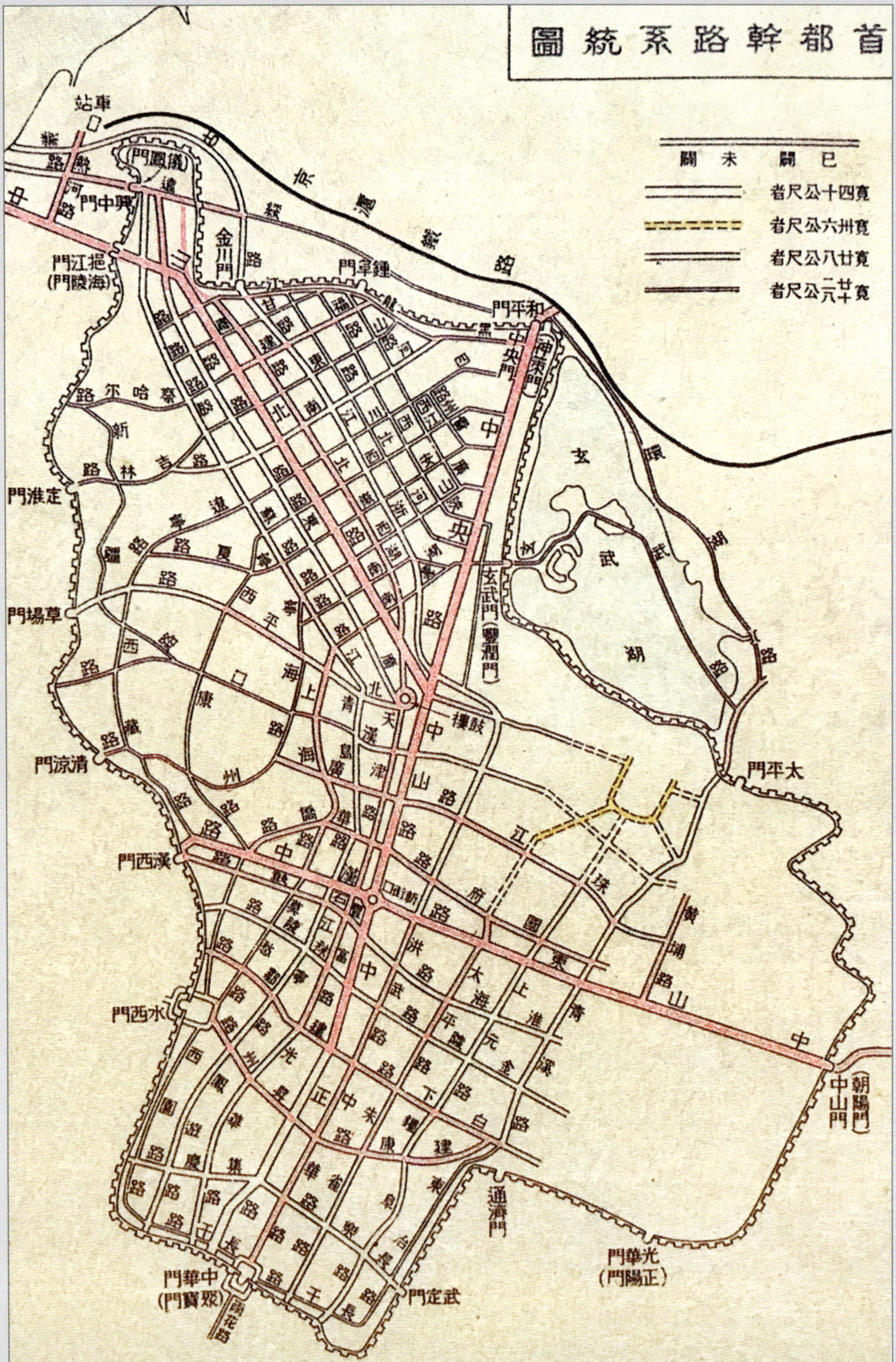

首都干路系统图（1937 年《新南京地图》局部）

市长刘纪文

的名字或号。如，下关码头改称“中山码头”；原来的惠民桥拆除重建后更名为“中山桥”；朝阳门由一个门洞改为三个门洞后，改名为“中山门”；玄津桥北侧的杨吴城濠上新建的一座桥，取名为“逸仙桥”。

显然，中山大道既不是这条道路的最早名称，也不是它的正式名称。它只能算作是一个非正式的名称，或者叫俗称。在1929年出版的第34期《首都市政公报》中，有一篇名为《中山大道暂禁通行》的文章，标题上用的是非正式的名称“中山大道”，而正文用的却是正式的名称“中山路”。这种混用现象在民国出版物上极为普遍。那么，中山大道一名最早出现在什么时候呢？我们从目前接触到的民国时期的材料来看，应当是1928年8月①。它与中山路同时产生。值得注意的是，它有时也出现在正式的文本中。如1929年3月，总理葬事筹备委员会编制的《首都迎榇大道全图》②，就将这条道路明确标示为中山大道。有时，它又被简称为中山道③。中山大道之所以被称作大道，一方面是形容道路宽阔，非寻常巷陌可比。当时人认为：“登上中山路，那气象便伟大了。路面的广阔，就是以全国第一大埠的上海和它去相比，也是匹敌不过的。”④另一方面，与它所承载的政治功能有关。正如南京特别市首任市长刘纪文在1928年8月12日举行中山大道开工典礼上所言：“大道成功，始渐完成总理民生主义中行的问题……南京而无完善大道，不惟无以利行者，又何以慰总理在天之灵？此次共筑大道，实秉承总理遗志，建设艺术化之南京，故即以中山名之，示尊崇之意，亦使行此道者咸知先知先觉惠我于无穷也。”⑤中山大道这一称呼后来被民间广泛采用，直到今天。

中山大道还有一个名字，叫中山马路。《首都计划》写道：“又最近完成之中山马路，由下关直达总理陵墓，联贯下关、鼓楼、新街口、明故宫，及所拟定之中央政治区。”在这里，中山大道的范围被扩大了，它成为中山路与陵园大道（中山门—中山陵）的统称。

在文人的笔下，因中山大道又长又宽，它又被称作中山大路。曹聚仁《南京印象》回忆：南京的“一条又宽又长的马路，一直伸了过去，行人指点我：‘这

① 《为兴筑中山大道告首都民众》，《南京特别市政府公报》第18期，1928年8月31日。
② ［民国］总理奉安专刊编纂委员会编：《总理奉安实录》第134幅插图。该图又名《迎榇路由简明图》。
③ ［民国］总理奉安专刊编纂委员会编：《总理奉安实录》，南京出版社2009年4月版。
④ ［民国］倪锡英著：《南京》，中华书局1936年8月版。
⑤ 《中山路破土典礼志盛》，《南京特别市政府公报》第18期，1928年8月31日。

是中山路，在路的尽头，便是孙中山先生的坟墓。’……中山大路上有成千上万的人在走着，他们都走向孙中山先生的坟墓”[①]。

由于这条道路很长，1930年10月3日国民政府第96次国务会议修正通过的《首都干路定名图》上，以鼓楼、新街口为节点，将这条道路分为三段：由中山码头至鼓楼属于这条路的北段，取名为中山北路；鼓楼至新街口之间属于这条路的中段，叫中山路；新街口至中山门之间，属于这条路的东段，称作中山东路。[②]1935年中华书局出版的《首都志》卷二《街道》，依次列出了这三段道路的名称。1937年出版的《新南京地图》中，专门附有《首都干路系统图》，也是分为三段。90余年过去了，直到今天，这三段路名仍然沿袭未变。

自从中山大道被划分为三段，起了三个不同的名称后，中山大道由俗称演变成这条路的统称，而正式名称中山路反而成为鼓楼至新街口之间一段路的专称了。

二、建设过程

南京自建都以后，人口骤增，房屋缺乏，车水马龙，横街溢巷，“市廛之狭隘，道路之崎岖，娱乐之鄙俚，空气之恶浊”，[③]给人留下负面印象，时人归纳为“四不”：“电灯不明，电话不灵，马路不平，交通不便。”[④]或者叫作“道路不平，电灯不明，电话不灵，河水不清”[⑤]。因此，国民政府定都南京后，将城市道路的建设作为建设城市的第一工作。中山大道是国民政府定都南京后“南京城里的第一大工程”[⑥]，也是民国时期首都道路建设的标志性工程。

1928年8月8日，为确保孙中山先生奉安大典于1929年3月12日孙中山先生逝世四周年纪念日如期进行，南京特别市政府在首都建设委员会之下成立首都道路工程处，专门负责修建中山大道，由市长刘纪文兼任处长。8月12日，在和会街三十三标隆重举行中山大道破土动工典礼。典礼由刘纪文主持，内政

① 曹聚仁：《南京印象》，原载孙季叔编《中国游记选》，上海亚细亚书局1934年9月版，收入《江城子——名人笔下的老南京》，北京出版社1999年1月版。

② 卢海鸣、杨新华主编：《南京民国建筑》，南京大学出版社2001年8月版。

③ 《南京市市政厅宣言》，《南京特别市市政府公报》第1号，1927年6月。

④ 《道路月刊》第26卷第2、3号合刊，1928年3月15日，转引自南京市公路管理处编著《南京近代公路史》，江苏科学技术出版社1990年3月版。

⑤ ［民国］倪锡英著：《南京》，中华书局1936年8月版。

⑥ ［民国］国都设计技术专员办事处编：《首都计划》，南京出版社2006年9月版。又，倪锡英《南京》：“当国民政府建都之初，第一个工程便是开辟新路。……往年大家认为出门是件苦事，坐车会把小肚子颠得发疼。”

1928 年 8 月，中山路（中山大道）破土典礼

部部长薛笃弼等出席并讲话。典礼举行后，施工全面展开。路基土工由南京市工务局经办；路面工程分六段，由南京市工务局，以及椿源锦记营造厂、谈海营造厂、缪顺兴声号营造厂、严永记营造厂、联益工程公司等营造商承建。工

1928 年 8 月，中山路（中山大道）破土典礼

程经费来自爱国华侨购买飞机的捐款，计 150 万元。

中山大道不仅是一项市政工程，更是一项重要的政治工程和形象工程。中山大道的修建，曾引起了南京近代史上规模最大的拆迁风波。在整个全长 12 公里的中山大道修建过程中，许多居民因拆迁费用不足购买新房，于是联合起来反对、请愿乃至游行示威，要求道路改线。但南京特别市政府明确表示中山大道是迎榇大道，由首都建设委员会规划，“要建设先要破坏”[①]“不能不牺牲少数人的利益”[②]。中山大道建设遇到的阻力之大，甚至引起了国民党上层的关注。1928年10月，国民党元老熊式辉亲自视察中山大道工程的进展情况[③]。当时的南京特别市市长刘纪文采取铁腕的手段，对于沿线的房屋，限时拆迁。居民自动拆除的，给予拆迁补偿费；对于坚决不肯拆除的“钉子户”，由政府派人强行拆除，拆除下来的砖瓦等建材，抵充拆迁人员的工钱，多退少补。当时的南京人，“尽有不知道国民政府的主席姓甚名谁，而对于这位拆屋的市长，就是三岁的孩子也知道的”[④]。

中山大道沿线地情复杂：江边至挹江门，池塘连片；挹江门至和会街，是一片高粱、芦苇和竹林；鼓楼一带，是一片草木丛生的岗地；新街口、大行宫一带，房屋众多，街道狭窄，坑洼不平；明故宫遗址，颓垣败壁，瓦砾遍地，处处蓬蒿，茅茨错落，禾黍离离；近中山门地段，荒烟蔓草，竹树丛杂。整个路线内，共征收土地19648平方丈（约21.83万平方米），拆迁房屋3072平方丈（约3.41万平方米），征收土地户数497户。[⑤]中山大道建筑工程原定于孙中

1928—1929年修建时的中山东路

修建中的新街口中山路（《首都计划》）

① ［民国］倪锡英著：《南京》，中华书局1936年8月版。
② 《为兴筑中山大道告首都民众》，《南京特别市政府公报》第18期，1928年8月31日。
③ 《熊式辉察视中山路定今日上午》，《中央日报》1928年10月31日。
④ ［民国］倪锡英著：《南京》，中华书局1936年8月版。
⑤ 《刘市长在中山路开路典礼中之演讲》，《首都市政公报》第34期，1929年4月30日。

山先生逝世纪念日即1929年3月12日之前完工，以确保奉安大典的举行。但是，由于种种原因，导致工程延期。奉安大典也只得延期至6月1日举行。为此，1929年3月11日，南京市市长刘纪文下令免去了工务局局长陈扬杰的职务①。刘纪文在开路典礼上列出了延期的三个原因：首先是天时的关系。1928年冬季，南京连下了三个星期的雪，直接阻碍了工程的进行。其次是地利的关系。南京缺乏材料，一块石头、一桶水泥，都需要从外地运来，而交通运输不便。三是人事的关系。经费短缺，筹措困难，以及工人的工作努力和自己的管理能力等。②

中山大道在1929年4月1日全线试通车后，大道上车水马龙，但因路面还没有浇上柏油，道路容易遭到损坏，所以不久即下令禁止车辆通行③。第一期工程在1929年5月底之前全线浇上柏油，才算真正完工。“1929年4月2日下午，南京特别市市政府在萨家湾举行开路典礼，刘纪文在开路典礼上发表演讲，胡汉民、孙科等到会，日本友人梅屋庄吉、梅屋德子、梅屋千世子也参加了典礼。会后，在阵阵鞭炮声中，全体人员分乘100多辆汽车巡行全线，直达中山陵方散。”

三、交通枢纽

中山大道沟通了南京城东中山门与西北中山码头两个端点，是南京的交通枢纽。

中山大道由南京特别市市政府工务局设计科濮良筹设计。全程设计宽度为40米，1929年5月第一期工程刚完工时，中山大道各段状况不一。

中山北路路幅20米，中间10米是快车道，两侧为各宽4米的土路，土路外侧为各宽1米的排水沟。路面结构为20厘米厚片石基层，10厘米厚泥结碎石层，1厘米厚沥青表面处治层。

中山路仅建成宽10米的快车道。路面结构为20至30厘米厚片石基层，10厘米厚泥结碎石层，1厘米厚沥青表面处治层。

中山东路也仅完成10米宽的快车道。路面结构为25至30厘米片石基层，15厘米厚泥结碎石层，1厘米厚沥青表面处治层。

---

① 《京市工务局长免职》，上海《民国日报》1929年3月14日；又，《首都市政公报》第31期，1929年3月15日。

② 《刘市长在中山路开路典礼中之演讲》，《首都市政公报》第34期，1929年4月30日。

③ 《中山大道暂禁通行》：“中山路自四月一日开放通行后，各项车辆异常拥挤，市工务局以沿路黄泥浆，尚未干透，遽迩通行，恐易损坏，特知照沿路岗警，自即日起，对于来往车辆，暂禁通行云。”《首都市政公报》第34期，1929年4月30日。

1929 年 4 月，刘纪文市长与夫人许淑珍等出席中山路开路典礼

中山大道三块板路型

1929年6月1日奉安大典举行过后，国民政府对中山大道又进行了多次改造修建，路幅达到40米，中间快车道宽10米，铺设柏油路面；两侧游憩道（又称安全岛、分隔带、绿岛）各宽4米，内植树两行，中铺草皮；游憩道两旁，便是各宽6米的慢车道，铺设块石（又称弹石）路面；再外侧是5米的人行道，用水泥铺面；人行道植有行道树。整个道路设有包括窨井、阴沟等在内的排水系统，最终形成由快车道、慢车道和人行道构成的三块板路型。

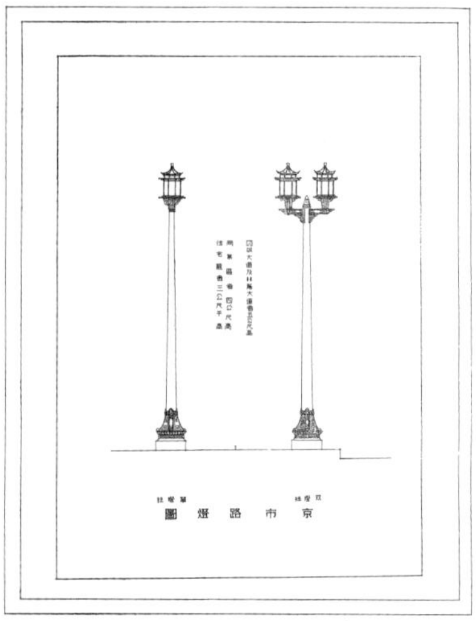

第五十一圖

（第五十一图）

中山大道的路灯设计（《首都计划》）

中山大道建成后，成为南京城内的大动脉[①]。民国时期的中山大道上，常常呈现出这样一幅有趣的场景：

① 《建筑奉安来往道》，《首都市政公报》第34期，1929年4月30日。1929年，总理奉安委员会议决，中山大道在6月1日举行奉安大典这一天，除了“随柩执绋或办事人员外，无论任何人均不得事先履行该路一步。……市府工务局长金肇组考虑之结果，认为中山大道，横贯城之东西，经过各街道甚多，而鼓楼附近两处，新街口、大行宫、黄埔路、商埠局街等六处交叉，尤为往来大道，苟是日绝对不许通过，则社会上将无形停顿”。

第一种是汽车阶级的人们，多为达官贵人，他们在大道中间平广的沥青道（快车道）上行驶，像飞一般的，又轻又快，车轮在柏油面层上急速地推进着，发出嗞……嗞的漫响，真有些令人飘飘然的气概。荆有麟《南京的颜面》一文写道："而况还有机关里的汽车，里面坐着花枝招展的女郎，驰骋在中山路上。"① 谢保康《京居随感》写道："京中中山大路柏油平滑，但只许汽车风驰，而不许人力车奔走。"② 第二种便是马车上的旅客，马蹄击着慢车道上的碎石路面，滴托……滴托地发出一片蹄声，好像奏着进行曲的节拍，十分悠闲而富有清趣。第三种是人力车，当然比马车慢，慢车道上的路程是这样的长，完全靠两条腿来做原动力的车夫，跑不到多少路，便会累得一身大汗，气喘吁吁地，两只脚跟在碎石面上机械似的一上一下，而坐在人力车上的人，在这迂缓的进行中，便会歪倒着头打起瞌睡。第四种是行人，他们在水泥铺就的人行道上慢悠悠地散步或风风火火地疾行。

中山大道的开通，为南京道路工程的全面展开拉开了序幕，南京城市交通落后的状况逐步得到了改善。经过 90 余年的岁月洗礼，今天我们可以自豪地说："北有长安街，南有中山大道。"

四、城市轴线

南京作为六朝古都、十朝故都，历史上曾经出现过多条中轴线：第一条是六朝皇宫台城南面的御道，约与今天的太平南路平行；第二条是南唐皇宫南面的御道，也就是今天的中华路；第三条是明朝皇宫南面的御道，即今天的御道街。还有一条就是民国时期的中山大道。中山大道不仅是南京的交通枢纽，也是民国时期南京的中轴线，被称作"首都第一条大道"，③ 享有历史上御道的地位和作用。

这四条中轴线走向各不相同，也不重叠。前三条中轴线都是直线，呈南北走向（六朝的中轴线不是正南北方向，而是略呈北偏东倾斜）；它们都是以宫城作为原点，与巍峨高大的皇家宫殿一起，凸显封建帝王的皇权、地位和尊严；

① 原载孙季叔编《中国游记选》，上海亚细亚书局 1934 年 9 月版，收入《江城子——名人笔下的老南京》，北京出版社 1999 年 1 月版。

② 谢保康：《京居随感》，原载《人间小品》，上海良友图书公司 1935 年版，收入《江城子——名人笔下的老南京》，北京出版社 1999 年 1 月版。

③ 《刘市长在中山路开路典礼中之演讲》，《首都市政公报》第 34 期，1929 年 4 月 30 日。

中山东路（左上为交通银行南京分行）

中山路（右前方为新都大戏院）

在三条中轴线的两侧，对称排列着重要的官府机构。第四条中轴线，也就是中山大道，近似“之”字形，它的设计原点是中山陵，而不是民国时期的最高权力中枢总统府，但有一点相似的是，在这条中轴线的两侧，散布着众多的民国官府机构。

中山大道改变了中国历史上以君临天下的王朝政治中心作为城市中轴线设

1929 年 6 月 1 日在中山大道上举行孙中山灵榇奉安大典

计原点的传统理念，也改变了南京城市中轴线呈南北走向的传统格局，直接影响到南京城市道路的布局和走向。同时，也改变了南京城倚重秦淮河而疏离长江的局面，它将南京城北、城中、城东有机连接起来，为南京城走出封闭 600 多年的南京明城墙奠定了基础。

直到今天，中山大道依然扮演着南京城市中轴线的角色。

五、政治符号

如前所述，中山大道的正式名称是中山路。据陈蕴茜女士初步统计，民国时期拥有中山路（街巷）的城镇共计 531 个[①]。到目前为止，全国尚存的中山路超过 180 条，堪称我国以人名命名的道路中重名最多的一条路。民国时期全国各地城市相继出现中山路，显然是国民党推行孙中山先生崇拜的结果。在所有这些中山路中，唯有南京的中山路被称作是中山大道，可见其地位非同一般。中山大道与中山陵、中山植物园一起，构成民国首都南京重要而普及化的空间纪念形式，成为南京的政治符号。

民国时期，南京的中山大道尽管是全国最著名的中山路，但并不是全国最早的中山路。实际上，早在孙中山先生逝世后不久，一些地方为表达对孙中山先生的纪念，直接将原有道路改名为中山路或者将新修的马路命名为中山路。如，1925 年孙中山先生逝世后，芜湖立即将主干道——芜湖大马路改名为中山路[②]，以纪念 1912 年孙中山先生莅临芜湖大马路大舞台演讲，并且在《建国方略》中对芜湖的建设提出设想。1925 年 6 月，广州和香港十多万工人举行了震惊中外的省港大罢工。罢工委员会认为，为了摆脱帝国主义的经济控制，振兴实业，必须实现孙中山提出的建设“南方大港”计划，在罢工委员会的号召下，广州各界爱国人士联合成立了“中华各界开辟黄埔商埠促进会”，并决定修筑广州至黄埔的公路。8 月 12 日，廖仲恺主持举行了筑路开工典礼。因为这条路是按孙中山《建国方略》的意图修筑的，故命名为中山公路[③]。1927 年上海特别市政府议决“将闸北中兴路改为中山路，并延长路线北至吴淞，南接龙华，以纪念总理”[④]。1928 年，北京将最初孙中山先生灵榇从中山公园移至香山所经过的东长安门至西长安门之间东西走向的街道定名为“中山街”。

值得注意的是，南京国民政府在设计中山大道时，从奉移孙中山先生灵榇需要出发，将中山陵作为设计原点，而忽略保护明故宫遗址的完整性。“而中

① 陈蕴茜：《民国中山路与意识形态日常化》，《史学月刊》2007 年第 12 期。

② 芜湖县地方志编纂委员会编：《芜湖县志》，社会科学文献出版社 1993 年版。

③ 程清：《读者有心：最早的中山路在广州》，金羊网 2003 年 1 月 11 日。又《广州市志 · 市政建设志》：“民国十四年兴建中山马路（今中山大道）”。1990 年 4 月，经广州市地名委员会批准，该路更名为中山大道，并根据路网变化情况对起止点做了调整。

④ 《中兴路改为中山路》，上海《民国日报》1927 年 11 月 12 日。

山东路，横越故宫旧址，东出朝阳。昔年瓦砾累累者，今则辟为广场，或犁为田畴，又与数载前大异。”[①] 虽然孙中山先生生前对朱元璋颇为推崇，就任临时大总统期间曾去谒陵，但南京国民政府显然忽略了这一历史，让“中山东路及其延伸出城的陵园大道，无情地从明故宫遗址和明孝陵神道中穿行而过，人为地将这两处重要的史迹一分为二，破坏了它们的完整性与唯一性”[②]。“它给南京城造成的真正严峻而不可弥补的损害，是像一把利刃，将明故宫遗址切为南、北两块。”[③] 但这从另一个侧面强化了中山大道在南京至高无上的政治地位，中山大道的政治象征意义得到了充分彰显。

六、线性文化遗产

随着大量新建筑在中山大道两侧夹道而立，中山大道自然而然成为南京重要的线性文化遗产。

1942 年夏天，纪果庵在《两都赋——南京与北京》一文中写道：“（民国）十七年至廿六年十年间，可谓南京建设的猛晋时期。如今我们进挹江门直至新街口一带所见的街道住宅，宽辟整洁，碧绿的梧桐，青翠的冬青，和山西路宁海路一带的德国式住宅竹篱外的蔷薇，大有异国风趣，这些差不多都是那时建筑起来的。”[④]

由鼓楼广场至下关的中山北路沿线，重要民国建筑有：中央银行南京分行（已拆）、国民政府外交部、华侨招待所、国民政府最高法院、国民政府立法院、国民政府监察院、首都饭店、国民政府资源委员会、国际联欢社、国民政府军政部、国民政府交通部、国民政府铁道部（行政院）、国民政府海军部、首都电厂、中山码头。

由新街口广场至鼓楼广场的中山路沿线重要的民国建筑有：中央日报社（已拆）、世界大戏院（已拆）、大三元菜馆（已拆）、李顺昌服装店（已拆）、新都大戏院（已拆）、中国国货银行南京分行、福昌饭店、国民政府司法院·司法行政部、三民主义青年团中央团部。

由新街口广场至中山门的中山东路沿线重要的民国建筑有：聚兴诚银行（已

① ［民国］葛定华著：《金陵明故宫图考》，国立中央大学出版组印，1933 年 5 月。
② 韩文宁：《对民国〈首都计划〉的一点反思》，《南京晨报》2006 年 7 月 23 日。
③ 薛冰著：《南京城市史》，南京出版社 2008 年 7 月版。
④ ［民国］纪果庵著：《两都赋》，辽宁教育出版社 2000 年 1 月版。

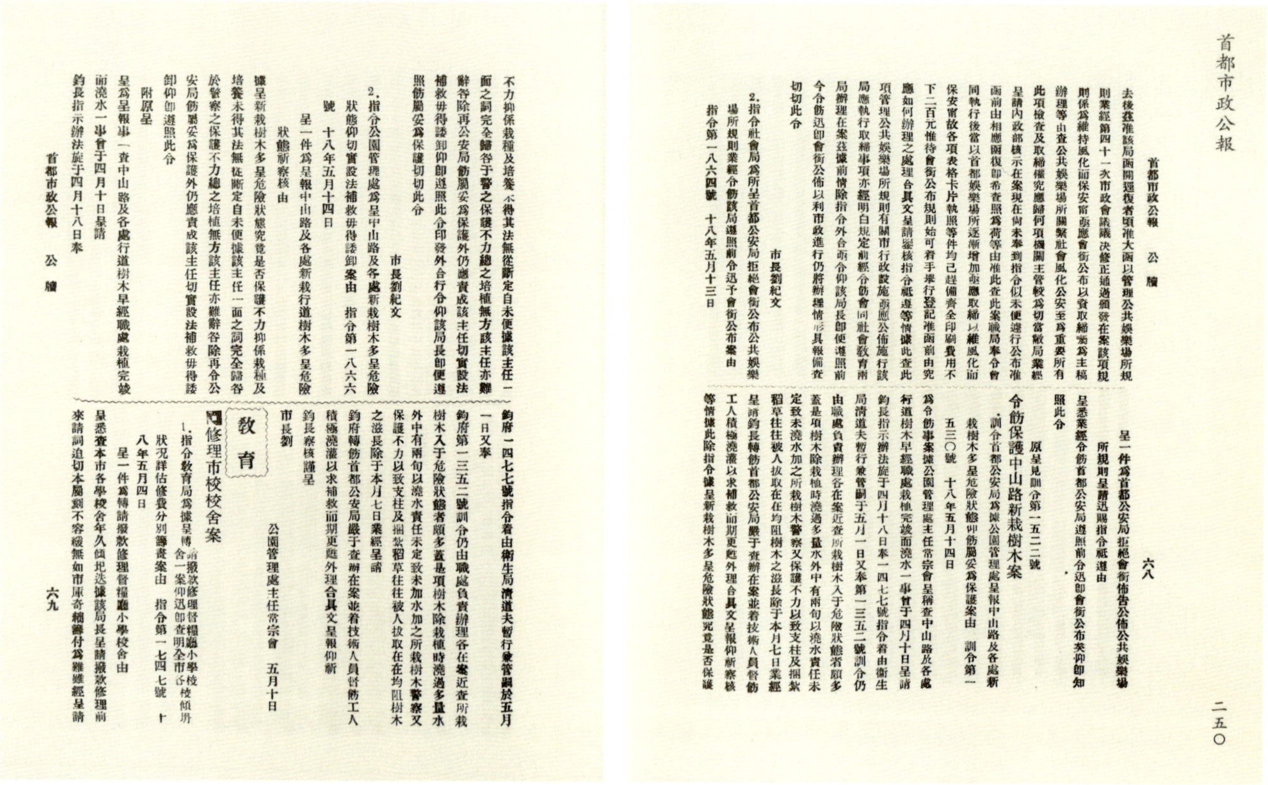

中山路行道树的栽种（《首都市政公报》第 36 期，1929 年 5 月 30 日）

拆）、邮政储金汇业局（已拆）、交通银行南京分行、浙江兴业银行南京分行、中央通讯社、国民政府财政部、国民政府实业部、国民政府盐务局、国民党中央广播电台、中央饭店、中央医院、励志社、明故宫机场（已拆）、中央党史史料陈列馆、国民党中央监察委员会、国立中央博物院等。

在中山大道两侧 500 米之内，几乎囊括了总统府、梅园新村、中央商场等绝大多数重要的民国建筑。中山大道像一根金线，同时将民国历史乃至十朝故都南京的历史串联在一起。六朝皇宫、南唐皇宫、明故宫和清朝行宫遗址旧迹等等，成为这根金线上熠熠生辉的明珠。

中山大道两旁的建筑物，有许多都属于国家工程，等级高，代表了时代潮流；建筑风格各异，殖民式建筑、西方古典式建筑、传统宫殿式的近代建筑、新民族形式建筑、现代派建筑应有尽有，展示了这一时期的科技成就和审美情趣。

中山大道不是普通的道路，它是承载广大民众对孙中山先生的无限景仰之路，也是见证南京历史浮沉兴衰之路，许许多多的故事就发生在中山大道。走在中山大道上，人们仿佛穿越了近代这一段波谲云诡的历史。

1929 年 5 月 28 日，孙中山先生的灵榇由浦口过江，从中山码头沿着中山大

1937 年 12 月之前的新街口广场（由中山路向南拍摄）

20 世纪 40 年代的新街口广场（由东北向西南拍摄）

1942 年 11 月之后的新街口广场孙中山铜像（背景建筑是西南角的邮政储金汇业局）

道运到湖南路国民党中央党部大礼堂讲坛上停灵三天，5月29日至31日，举行公祭。6月1日举行奉安大典这一天，孙中山先生的灵榇由中央党部大礼堂起灵，沿着中山大道出中山门奉安中山陵。在中山大道沿线，各机关团体搭建了许多牌楼，送灵队伍长达五六里，沿途瞻仰送殡的民众达50万人，可谓盛况空前。中山大道见证了奉安大典的宏大场面。

1937年12月13日，南京沦陷，侵华日军在南京进行了长达六个星期的大屠杀。12月17日下午，日军在中山门至总统府沿线举行“入城式”，侵华日军华中方面军司令官松井石根耀武扬威，骑着高头大马进入南京城。中山大道见

1937年12月，在南京中山路上运送抢劫物资的日本兵（《不许可写真》）

1937年12月17日，日军在南京中山东路举行“入城式”（南京民间抗日战争博物馆藏）

中山东路（从中山门上拍摄）

中山北路盐仓桥附近路段

中山北路鼓楼附近路段

证了这一段屈辱的历史。

1938 年 1 月 1 日下午 2 时，在日军的授意下，日伪汉奸组织——南京自治委员会在中山大道的一个重要节点鼓楼广场举行成立大会。这一天，日军和汉奸强迫一大批还未来得及从南京大屠杀恐惧中恢复过来的难民，携带自制的日本旗和五色旗到鼓楼广场参加大会。大会在嘈嘈杂杂中开幕。驻南京的日本军政要员，如侵华日军上海派遣军参谋长饭沼守、南京警备司令佐佐木到一、南京总领事代理福井淳等人，分别在会上发表“祝词”。大汉奸、自治会会长陶保晋发表“成立宣言”。南京大屠杀元凶松井石根特地给自治委员会的成立发来贺电。南京自治委员会是侵华日军在南京建立的第一个傀儡汉奸组织。日军和汉奸在鼓楼广场策划的这一幕闹剧永远被钉在历史的耻辱柱上。

中山大道建成 90 余年来，见证了南京由近代社会向现代都市的转型，是城市魅力所在，是南京由历史走向未来的康庄大道，它不仅展示着近代南京的历史和文化，同时也展现了当代南京都市的繁华。今天的中山大道两侧，高楼林立，商家鳞次栉比，集中了山西路、鼓楼、新街口、大行宫等南京商业、金融的中心。这条散发着浓郁古都特色、现代气息的“金陵第一大道”“绿色长廊”，成为南京有别于其他任何城市的一大亮点。

玄武门

今玄武门位于神策门（今和平门）与解放门之间。

清宣统元年（1909），两江总督兼南洋通商大臣张人骏奉旨举办“南洋劝业会”，为便于中外宾客游览玄武湖，遂在临近会场的明城墙上开辟了这一座城门。张人骏为丰润（今河北唐山丰润区）人，故名丰润门。当时为单孔券门。丰润门与南洋劝业会的东西向主干道丰润路相连，与南洋劝业会会场的中心建筑公议厅遥遥相望。

两江总督张人骏

民国十七年（1928），丰润门更名为玄武门。据史料记载，更改的理由是：“清江督张人骏，直隶丰润人，启此门时，属官阿谀张氏，故定名丰润，现改名为玄武。”[①] 另据 1928

丰润门

① ［民国］方继之：《新都游览指南》，上海大东书局 1929 年 5 月再版。

玄武门

2009 年 8 月 19 日上午，玄武湖公园庆祝开园 100 周年

玄武门鸟瞰（朱偰《金陵古迹名胜影集》，上海商务印书馆 1936 年版）

年 6 月 15 日出版的《南京特别市市政公报》第 14、15 期合刊《市政消息 · 首都城门名称改定》记载：“玄武湖泽被民生，玄武门名副其实。”

1929 年 4 月，南京特别市市长刘纪文亲自函请国民党和政府的要人书写城门匾额，随函还寄去匾额样纸一幅。玄武门由司法院院长蔡元培书写。[①]

1934 年 9—11 月，对玄武门进行改建，将原来的单孔券门改建为中间一孔大、两侧两孔小的三孔券门，仍保持明代的风格。

玄武门自开辟以来，一直是玄武湖公园的主入口。

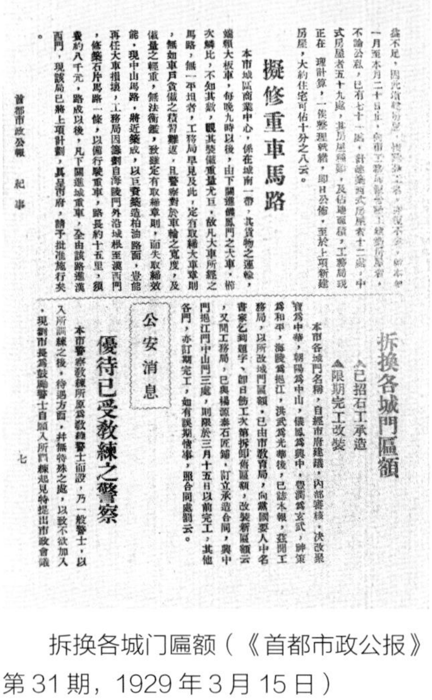

益不足，因此[illegible]，[illegible]，自本年一月至本月二十日止，向市工務局[illegible]房屋者，不論公私，已有七十一處，計建築西式房屋者十二處，中式房屋者五十九處，其房屋種類，及佔地面積，工務局現正在 理計算，一俟整理就緒，即日公佈，至於上項新建房屋，大約住宅可佔十分之八云。

擬修重車馬路

本市城區商業中心，係在城南一帶，其貨物之運輸，端賴大板車，每晚九時以後，由下關進儀鳳門之大車，櫛次鱗比，不知其數，觀其裝儎重量尤巨，故凡大車所經之馬路，無一平坦者，工務局早見及此，定有取締大車章則，無如車戶貪儎之積習難返，且警察對於車輪之寬度，及儎量之輕重，無法衡鑑，致雖定有取締章則，而失取締效能，現中山馬路，將近築成，以巨費築造柏油路面，豈能再任大車損壞，工務局因籌劃自海陵門外沿城根至漢西門，修築石片馬路一條，以備行駛重車，路長約十五里，須費約八千元，路成以後，凡下關進城重車，全由該路進漢西門，現該局已將上項計劃，具呈市府，請予批准施行矣。

拆換各城門匾額

△已招石工承造

△限期完工改裝

本市各城門名稱，自經市府建議，內部審核，決改聚寶為中華，朝陽為中山，儀鳳為興中，豐潤為玄武，神策為和平，海陵為挹江，洪武為光華後，已誌本報，茲聞工務局，以所改城門匾額，已由市教育局，向黨國要人中名書家乞到題字，即日飭工次第拆卸舊匾額，改裝新匾額云，又聞工務局，已與楊源泰石匠鋪，訂立承造合同，興中門挹江門中山門三處，則限於三月十五日以前完工，其他各門，亦訂期完工，如有誤期情事，照合同處罰云。

公安消息

優待已受教練之警察

本市警察教練所原為教練警士而設，乃一般警士，以入所訓練之後，待遇方面，并無特殊之處，以致不欲加入，現劉市長為鼓勵警士自願入所訓練起見特提出市政會議

首都市政公報 紀事 七

拆换各城门匾额（《首都市政公报》第 31 期，1929 年 3 月 15 日）

① 《敦请党国领袖书写城门匾额》，《首都市政公报》第 33 期，1929 年 4 月 15 日。

挹江门

挹江门位于仪凤门（今兴中门）与定淮门之间。它是南京城区通往下关车站、浦口车站、中山码头的交通要道。

明朝时期，南京城内与下关江边的交通主要是通过金川门和仪凤门。随着1899年南京开埠成为对外通商口岸，以及1908年沪宁铁路（上海至南京）、1909年宁省铁路（南京市内小火车）和1912年津浦铁路（天津至浦口）的相继全线开通，下关地区成为交通枢纽和商业中心，人烟辐辏，商旅云集，原有的通往下关的金川门和仪凤门已经难以适应形势发展的需要。

为开辟新的街市，繁荣下关码头岸线，1914年，在南京下关商务局帮办金鼎昌的倡议下，时任江苏省民政长（相当于现在的省长）韩国钧于当年选择在

海陵门

挹江门新姿

仪凤门以南与定淮门之间原来市民挖的一个门洞（俗称土城门）的基础上，新开城门一座，门向朝西，为单孔券门。[①]因韩国钧（1857—1942）是江苏泰州人，而泰州古名海陵，所以仿照清末丰润（今河北唐山丰润区）人张人骏建造丰润门先例，取名海陵门。据民国文献记载："海陵系泰县古名，此门开于韩国钧长苏时，盖韩系泰县籍，因韩而命名海陵也。"[②]海陵门于1915年3月竣工。

海陵门的开辟，对南京下关街市的形成和发展起到了重要作用。

1928年8月，为迎接孙中山先生灵柩奉安中山陵，建造中山大道，将海陵门由一孔扩建为三孔，因"该门一面临江"，故名挹江门。据张其昀《南京之地理环境》记载，1928年9月，为迎接孙中山先生灵柩奉安中山陵，"招工拆卸海陵门城垣四十五公尺（因中山大道宽四十公尺），并修饰两旁缺陷毁之处，所用工费约一千五百元"。[③]

1929年4月，南京特别市市长刘纪文亲自函请国民党和政府的要人书写城门匾额，随函还寄去匾额样纸一幅。挹江门由考试院院长戴季陶书写。[④]

1930年，南京市政府拟建筑挹江门城楼，设计方案得到首都建设委员会的认可。首都建设委员会认为："以此案经交工程、经济两组会同审查，结果以

① ［民国］陈迺勋、杜福堃编：《新京备乘》，北平清秘阁南京分店1934年再版。
② ［民国］方继之：《新都游览指南》，上海大东书局1929年5月再版。
③ ［民国］中国科学社编，顾金亮、吴德广校注：《科学的南京》，东南大学出版社2014年9月版。
④ 《敦请党国领袖书写城门匾额》，《首都市政公报》第33期，1929年4月15日。

紀事

敦請黨國領袖書寫城門匾額

南京城門共計十三・市府以原有各門名稱、類多封建思想、不合革命潮流、在去夏即由前市長何民魂、呈請國府、將城門名稱、含有封建思想及神秘觀念者、一律糾正、經國府明令、改儀鳳門為興中門、海陵門為挹江門、神策門為和平門、豐潤門為玄武門、聚寶門為中華門、朝陽門為中山門、洪武門為光華門、共計七處、改正迄今、已將一載、而各門匾額、依然如故、其最大原因、蓋以拆除城牆之聲浪、迄未稍殺、最近始經美國顧問茂菲之建議、由國府訓令南京市政府、決計停止拆除、劉市長奉令後、以城垣既不拆、則各門名稱、自應即時改正、最近特備就匾額紙樣、函請各黨國要人書寫、計中華門由蔣主席書寫、中山門興中門、由譚組安書寫、和平門由胡展堂書寫、玄武門由蔡元培書寫、光華門由于右任書寫、挹江門由戴季陶書寫、茲將原函錄之如下、敬肅者、竊查本京各城門舊有名稱、類多封建思想、實非革命時代所應存、存前經職府擬具改訂名稱、呈奉國府、交由內政部核議更正具復、令准照辦、并將齊換匾額式樣、飭據工務局繪擬、呈奉核准在案、現在亟應依式製匾、用敢奉上囗囗門匾樣紙一幅、敬祈准賜予灑題、以昭鄭重而示來茲、專肅奉懇、敬請鈞安、劉紀文謹啓、

服務生複試揭曉

本府、此次舉行服務生考試、初試合格人員業於日前發表、至複試錄取人員、揭曉如左、計共七名、現已榜示、並令即日隨同保證人、來府填具保證書、聽候任用、茲錄取者為張奇英、潘捴卿、裴慶臣、劉紹曾、彭梅魂、吳徵植、高運鑄云、

敦请党国领袖书写城门匾额（《首都市政公报》第 33 期，1929 年 4 月 15 日）

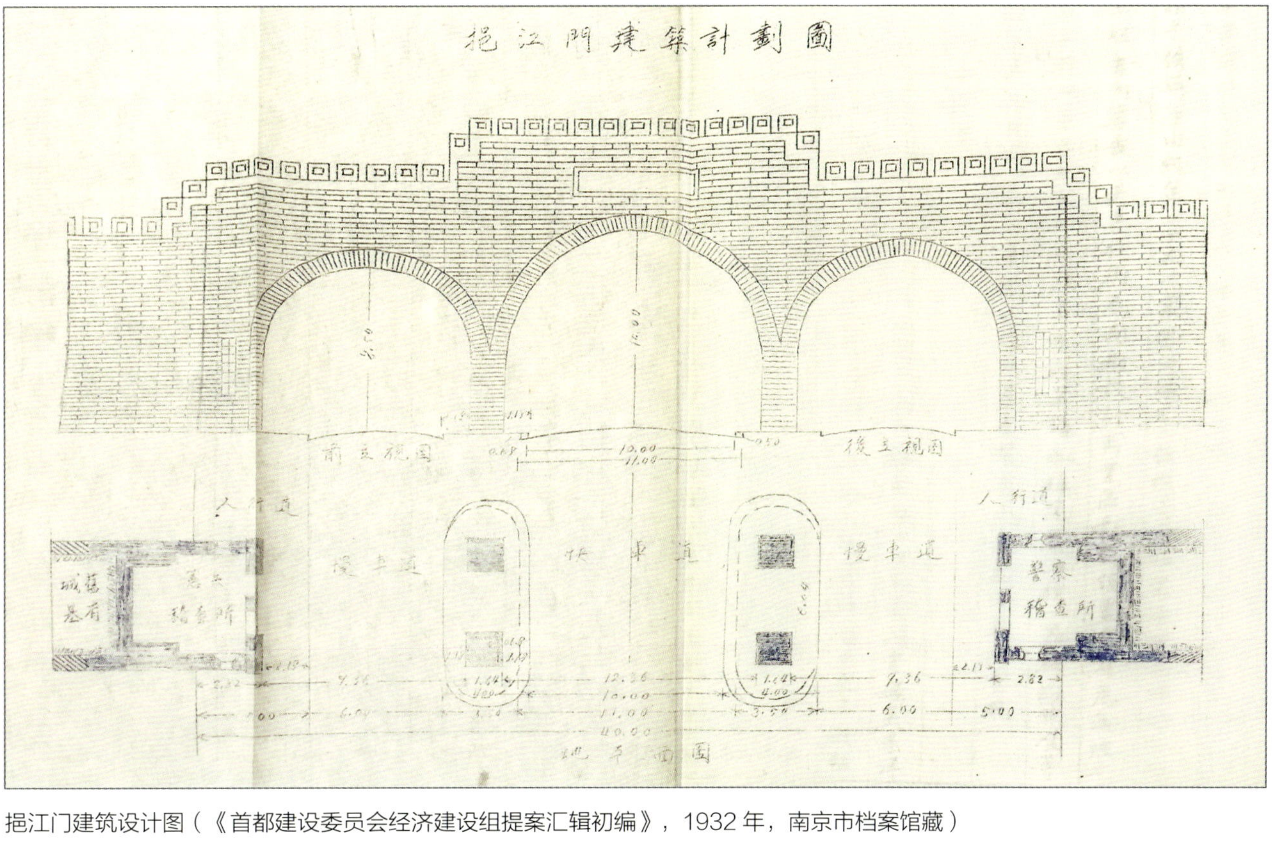

挹江门建筑设计图（《首都建设委员会经济建设组提案汇辑初编》，1932 年，南京市档案馆藏）

挹江门

挹江门明信片

挹江门交通频繁，与本京治安及观瞻有关，均有建筑城门之必要，所拟图案，采取旧法，亦足存旧日伟大建筑，与国都设计，并无妨碍，业经提出第三十次常会议决通过，函达查照。”[①]1931年夏秋之际，南京市工务局建成挹江门城楼。[②]

1931年8月10日，南京市工务局在市政府开标建设挹江门外广场，裕源建

① 《建筑挹江门城门计划》，《首都市政公报》第66期，1930年8月31日。
② 《建筑中之挹江门》，《南京市政府公报》第92期，1931年9月30日。

挹江門外廣場

挹江门外广场（南京市市政府秘书处编《新南京》，南京共和书局 1933 年 10 月版）

挹江门鸟瞰

筑公司以 3.6 万元中标。当年 10 月 10 日之前竣工。该广场长 200 米，宽 60 米，[1] 衬托出挹江门的高大巍峨。

① 《建筑挹江门广场》，《首都市政公报》第 89 期，1931 年 8 月 15 日。

挹江门是由下关入城的重要通道。“当汽车在中山北路疾驰时，遥望巍峨壮丽的挹江门，气派极够雄伟，并不视故都前门为逊色。初来南京的人，对此城垣印象，定有首都伟大之感。”①

民国时期，挹江门设有关卡检查来往行人和车辆。挹江门的中间一门通常是封闭的，留着左右二门以供出入。

建设中之挹江门（《南京市政府公报》第 92 期，1931 年 9 月 30 日）

1937 年 12 月南京保卫战期间，为表示“与南京城共存亡”的决心，南京卫戍司令长官唐生智命令堵塞挹江门，仅留一个小孔供人出入。到了 12 月 12 日南京城沦陷前夕，大批军人和平民想由此逃离南京城，但这里却成瓶颈。据当时首都卫戍司令长官部科长谭道平编述的《南京卫戍战史话》记载：12 月 12 日夜里，离开铁道部首都卫戍司令长官部办公室后，“我们想从挹江门出城，可是走到挹江门，看见两边却布满着铁丝网，中间仅留有一条小径，三十六师的弟兄们，举着步枪，作着瞄准的姿态，禁阻任何人的进出，八十七师、八十八师和其他部队退下来的官兵正向他们吵闹着，中间还夹杂着一片老百姓的哭叫的声音，四处断断续续的零乱的枪声。紫金山上火光冲天，后面的难民们扶老携幼还在络绎不绝地过来”②。

日军拆除挹江门防御工事（1938 年摄）

12 月 13 日，日军攻到挹江门下，挹江门被炮火打得千疮百孔，那些未来得及逃跑的中国军民大多死于日军枪口之下，城门前到处是成堆的尸体。

据侵华日军第十六师团步兵第三十三联队士兵高岛市良 1937 年 12 月 14 日

① ［民国］丁挹文：《首都风景线》，《旅行杂志》1948 年第 22 卷第 5 期。

② 谭道平：《南京卫戍战史话》，东南文化事业出版社 1946 年 5 月版。

进入挹江门的日军

1937 年 12 月被日军炮火摧毁的挹江门城楼

的日记记载：

经过车站向城内扫荡。城外几乎都化为灰烬了，战前一定很繁华吧，而今不见人影。在挹江门外休息，被烧毁了瞭望台的城门被沙袋和铁轨堵住了。城墙上垂下几根绳子，可能是利用绳子和绳网逃走的吧。城墙下难民的衣物丢了一地。有的士兵从河里抓来飘在水面的鱼，早早地享用进城后的美味了。

扛着一面大国旗进入挹江门，城门上写着“12 月 13 日下午 5 时，助川部队占领”。在焦黑的尸体上铺上沙袋走上城楼。不知城楼为何被烧的。焚烧过的尸体散乱在街头，衣服、刺刀、弹药满地都是，还有遗弃的高射炮。电线杆倒了，电线像蜘蛛网似的绊脚，整修好的宽阔的道路也没有可落脚之处。我们的战车拉着缴获的高射炮，威武雄壮地开了过来。草地上有“忠孝、信义、和平、仁爱”八个大字，还画着大大的抗日标语和漫画。海军部、铁道部等林立，海军部成了陆战队本部，飘扬着军舰旗，有水兵在站岗。[1]

1948 年的挹江门

挹江门（1948 年纽约布莱登组织拍摄的视频截图）

南京解放

〔新華社南京二十四日電〕人民解放軍已於二十三日夜十二時，由下關經挹江門開入南京

〔南京廿四日十五點鐘電〕國民黨二十二年反革命中心南京，已於二十三日午夜為人民解放軍解放，國民黨反動統治宣告滅亡。人民解放軍入城後，受到學生和市民的熱烈歡迎，男女學生們紛紛向解放軍獻花致敬。人民解放軍已佈告安民，城內秩序安定，商店照常開門營業。在發起渡江作戰後三天時間內，人民解放軍便攻佔這一全中國第一大城，說明解放軍威力的強大，國民黨匪軍一觸即潰，已經無法再行有組織的抵抗。

南京匪幫全部首要 跌跌爬爬四散逃命

衝破九江江陰間敵……

百萬大軍……

排山倒……

攻克

南京解放的消息

解放军主力由挹江门进入南京城

① ［日］高岛市良：《高岛市良日记》，收入王卫星编《南京保卫战·日方资料》，南京出版社 2022 年 10 月版。

挹江门

1946 年 5 月 5 日国民政府还都南京后，曾经一度将中山北路改为凯旋路，挹江门改为凯旋门，以庆祝抗战胜利。同时将门楼修葺一新，上悬“巩固和平”四字，但很快又恢复挹江门原名。

1949 年 4 月，中国人民解放军主力渡过长江天堑，由挹江门进入南京城，受到南京市民的热烈欢迎。

挹江门现已成为南京主城区的西北大门。

中山门

中山门的前身是明朝十三座京城城门中的朝阳门，它是南京城唯一的东大门。

明代南京京城城墙建于1366—1393年，朝阳门就是建于这一时期。朝阳门是单孔拱券门，城下设水关一座。

清朝同治四年（1865），为加强朝阳门的防御，在城门外加砌近似长方形的月城（即外瓮城），月城城门开在东北面。

1912年1月1日，孙中山在南京就任中华民国临时大总统。离任后不久，孙中山于3月10日与总统府侍从队长郭汉章、秘书长胡汉民等人骑马从朝阳门

中山门

朝阳门（清朝甘熙《灵谷禅林志》）

“钟阜晴云”一景中的朝阳门（明朝朱之蕃编、陆寿柏绘《金陵四十景图像诗咏》）

朝阳门（1888 年，《骆博凯家书》）

朝阳门月城（外瓮城）

1929年6月1日孙中山先生灵榇出朝阳门月城（外瓮城）

出城，到紫金山打猎，首次说出了去世后归葬紫金山的愿望。1925年3月12日，孙中山在北京逝世，遵其遗嘱，总理葬事筹委会选定紫金山中茅山南坡为墓址，这就是今天的中山陵。

1927 年 4 月国民政府定都南京后，认为南京城门名称大多带有封建思想和神秘色彩，不符合时代潮流，决定更改城门名称。1928 年夏天，国民政府改朝阳门为中山门，正阳门改名为光华门，聚宝门为中华门，神策门为和平门，海陵门为挹江门，丰润门为玄武门。其中，将朝阳门改成中山门的理由是：“朝阳二字，系帝制时代口吻，且此门直达总理陵墓，冠以中山二字，经过之人，见之可以唤起其景仰总理之心也。”[①]1929 年 4 月，南京特别市市长刘纪文亲自函请行政院院长谭延闿书写城门匾额。

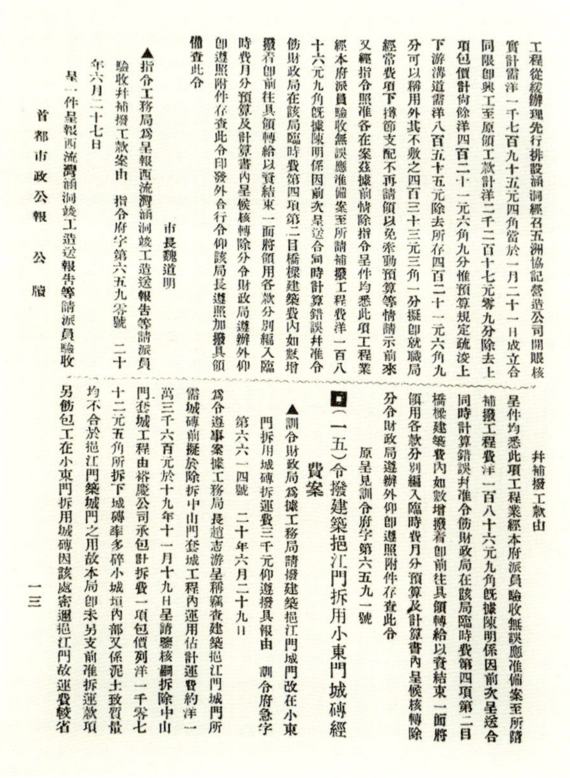
工程從緩辦理先行排設涵洞經召五洲協記營造公司開賬核實計需洋一千七百九十五元四角當於一月二十一日成立合同限即興工至原領工款計洋二千二百十七元零九分除去上項包價計尚餘洋四百二十一元六角九分惟預算規定疏浚上下游溝道需洋八百五十五元除去所存四百二十一元六角九分可以稱用外其不敷之四百三十三元三角一分擬即就職局經常費項下撙節支配不再請領以免牽動預算等情請示前來又經指令照准各在案茲據前情除指令呈件均悉此項工程業經本府派員驗收無誤應准備案至所請補撥工程費洋一百八十六元九角既據陳明係因前次呈送合同時計算錯誤幷准令飭財政局在該局臨時費第四項第二目橋樑建築費內如數增撥着即前往具領轉給以資結束一面將領用各款分別編入臨時費月分預算及計算書內呈候核轉除分令財政局遵辦外仰即遵照附件存查此令印發外合行令仰該局長遵照加撥具領備查此令

市長魏道明

▲指令工務局爲呈報西流灣涵洞竣工造送報告等請派員驗收幷補撥工款案由　指令府字第六五九零號　二十年六月二十七日

呈一件呈報西流灣涵洞竣工造送報告等請派員驗收幷補撥工款由

呈件均悉此項工程業經本府派員驗收無誤應准備案至所請補撥工程費洋一百八十六元九角既據陳明係因前次呈送合同時計算錯誤幷准令飭財政局在該局臨時費第四項第二目橋樑建築費內如數增撥着即前往具領轉給以資結束一面將領用各款分別編入臨時費月分預算及計算書內呈候核轉除分令財政局遵辦外仰即遵照附件存查此令

原呈見訓令府字第六五九一號

■（一五）令撥建築挹江門拆用小東門城磚經費案

▲訓令財政局爲據工務局請撥建築挹江門城門改在小東門拆用城磚拆運費三千元仰遵撥具報由　訓令府急字第六六一四號　二十年六月二十九日

爲令遵事案據工務局長趙志游呈稱竊查建築挹江門城門所需城磚前擬於除拆中山門套城工程內運用估計運費約洋一萬三千六百元於十九年十一月十九日呈請鑒核嗣拆除中山門套城工程由裕慶公司承包計拆費一項包價列洋一千零七十二元五角所拆下城磚率多碎小城垣內部又係泥土致質量均不合於挹江門築城門之用故本局即未另支前准拆運款項另飭包工在小東門拆用城磚因該處密邇挹江門故運費較省

首都市政公報　公牘　一三

拆除中山门套城（《首都市政公报》第 86 期，1931 年 6 月 30 日）

1928 年 8 月，为了适应孙中山先生灵榇奉安大典的需要，由下关江边至中山门全长 12 公里的中山大道破土动工。1929 年 6 月 1 日，孙中山先生灵榇奉安中山陵时，庞大的送灵队伍就是经过这座城门前往中山陵的。

由于中山门单孔券门和城外的月城既不适应交通发展的需要，又不美观，国民政府决定拆除月城，改建中山门。1930 年底至 1931 年初，裕庆公司以 1072.5 银元承包拆除中山门月城（又称中山门套城）工程。1931 年，为迎接 10 月 10 日在南京东郊中央体育场召开的第五届全国运动会，南京市工务局将一个拱券门改筑为三个拱券门。[②]

中山门中间拱券门宽 10 米，高 10.5 米；两侧拱券门宽 8 米，高 9.5 米；三个门之间的两个门墩各厚 3 米；城门进深 15 米。

1937 年 12 月日军进攻南京城时，中山门遭到日军的炮轰，损毁严重。

1937 年 12 月 13 日南京沦陷。12 月 17 日下午，不可一世的日本侵略者竟然利用这座城门作为“入城式”的起点，将国民政府作为终点，侵华日军华中方面军司令官松井石根、上海派遣军司令朝香宫鸠彦等日酋，从中山门骑马进

① ［民国］方继之：《新都游览指南》，上海大东书局 1929 年 5 月再版。

② 朱明娥：《中山门改建原因与时间考》，载曹劲松、卢海鸣主编《南京学研究》（第八辑），南京出版社 2023 年 12 月版。

中山门（南京市市政府秘书处编《新南京》，南京共和书局 1933 年 10 月版）

20 世纪 30 年代中山门鸟瞰

日军从中山门缺口进入南京城

1937 年 12 月被日军毁坏的中山门

入南京城，中山门见证了这一段屈辱的历史。

据时任日军华中方面军司令官、陆军大将松井石根 1937 年 12 月 17 日的日记写道：

1937年12月被日军毁坏的中山门

12月17日（晴朗）

今天举行南京入城仪式。

中午12时30分，我乘汽车出发，下午1时25分抵达中山门外，受到了两军司令官及其参谋的欢迎，下午1时30分以骑马的方式进行入城仪式。

从中山门到国民政府的道路两旁，站满了两军代表部队，他们在师团长的指挥下，列队于道路两旁。我一边检阅部队，一边驱马前行，两军司令官及其参谋随行其后。对于眼前从未经历过的盛大场面，真是感慨万千啊。到达国民政府时已下午2时多了，在那里会见了从下关先行入城的长谷川海军长官。

我们首先互相祝贺，然后一起来到前庭集合，在举行了升国旗仪式后，全体面向东方举行遥拜仪式。我带领全体人员三呼大元帅陛下万岁。由于感慨至极，以至于在高呼第二声时竟因哽咽而发不出声来，于是在呼喊第三声时，我运足力气高亢洪亮地高呼出来。全体人员随同我完成了历史性的庆典仪式。

仪式结束后，师团长以上人员在一起合影留念，然后和各参加列队的队长欢聚一堂，举杯共饮圣上赐予的清酒。这次由海军长官带头三呼大元帅陛下万岁。[①]

12月18日，松井石根按捺不住得意忘形的心情，在日记中写下了两首诗词：

攻克南京有感

灿矣旭旗紫金城，江南风色愈清清。

貔貅百万旌旗肃，仰见皇威耀八纩。

方面军司令官松井石根

1937年12月17日，侵华日军在南京中山门举行“入城式”，骑在马上的第一人为松井石根

侵华日军在中山门举行“入城式”（着色老明信片）

① ［日］松井石根：《松井石根阵中日记》，收入王卫星编《南京保卫战·日方资料》，南京出版社2022年10月版。

侵华日军举行南京“入城式”瓷质筷筒（南京民间抗日战争博物馆藏）

20 世纪 40 年代初的中山门

另南京入城仪式有感

紫金陵在否幽魂，来去妖氛野色昏。
径会沙场感慨切，低徊驻马中山门。

松井石根大将

谨以此二首诗作为登陆战一个段落的结束。今夜可以早早安睡了。百感交集非此时何也。①

抗战胜利后，松井石根因其在南京犯下的大屠杀罪行，被设在日本东京的远东国际军事法庭处以绞刑。这是此时的松井石根所未曾预料到的。

中山门匾额最初是 1929 年 4 月南京特别市市长刘纪文出面函请国民政府行政院院长谭延闿题写的。1943 年 9 月，改为汪精卫题写的石匾。1946 年春，蒋介石下令清除敌伪遗留下来的一切痕迹时，石匾上款“中华民国三十二年九月立”

① ［日］松井石根：《松井石根阵中日记》，收入王卫星编《南京保卫战·日方资料》，南京出版社 2022 年 10 月版。

中山门

与下款“汪兆铭敬题”的字样被凿去，但由汪精卫题写的“中山门”三字却侥幸保留下来。

在朝阳门旧址上改建的中山门自民国以来一直是南京主城区的东大门。

中华东门·中华西门

中华东门、中华西门位于中华门的东西两侧，故名。

中华门的历史可以追溯到五代十国时期杨吴天祐十四年（917）修建的南门，明清时期称聚宝门。它地处南京城南交通咽喉，前临外秦淮河，后依内秦淮河，南北两侧以长干桥和镇淮桥贯通，是南京城的南大门。

聚宝门是南京明城墙十三个城门中保存最完好、规模最宏伟、设计最奇巧、结构最复杂的城门之一。它的平面呈长方形，东西宽 118.5 米，南北长 128 米，占地面积 15168 平方米，高 20.45 米。有三层瓮城，以四道拱门贯通。每道拱门皆为重门，外面一道门皆为从城头上吊放下来的千斤闸，坚不可摧；里面一道为铁皮包裹的双扇木门，牢不可破，如今千斤闸、木门均已无存，仅存闸槽和门位遗迹。在第二道拱门至第四道拱门上方，原来建有木结构绞关亭，现已无存；

从左至右：中华西门、中华门、中华东门（从大报恩寺塔八层拍摄）

但在首道拱门二层藏兵洞的南端东、西两侧墙体上，仍保存有绞关石柱一对。在首道拱门上，原来还建有镝楼一座，现仅存石柱础。聚宝门内瓮城的形制，为明初南京城墙首创。由于内瓮城设置在城门的里边，就有条件设置瓮洞（即藏兵洞），将城门守御这一明显的薄弱部位，变成防御作战中的强点，这是外瓮城所无法做到的。

“长干春游”上部为聚宝门（明朝朱之蕃编、陆寿柏绘《金陵四十景图像诗咏》）

1927 年 4 月国民政府定都南京后，认为南京城门名称大多具有封建思想和神秘色彩，不符合时代潮流，于是决定更改城门名称。[①]1928 年夏，将聚宝门改为中华门。1929 年 4 月，由南京特别市市长刘纪文出面，函请国民政府主席、军事委员会委员长蒋介石题写城门匾额。

随着南京城市人口急剧增长，交通日趋繁荣。据 1929 年 11 月 12 日《申报》报道：“现在中华门一带，街道狭窄，

中华东门、中华西门开辟前的聚宝门（今中华门）鸟瞰（朱偰《金陵古迹名胜影集》）

① ［民国］方继之《新都游览指南》：“意涉迷信，故改为中华门，以表纪念中华民国立国之意。”上海大东书局 1929 年 5 月再版。

聚宝门（今中华门）航拍图（卢思豪拍摄）

中华东门、中华西门刚刚开辟时的聚宝门（今中华门）正面（朱偰《金陵古迹名胜影集》）

中华东门（南京市市政府秘书处编《新南京》，南京共和书局 1933 年 10 月版）

交通不便，往往货物入城，拥挤至一二小时不得通过。各项货物，因为运输的困难，价格也就增高。而且首都人口日繁，这种不便的交通，何能供求相应。”显然，仅有一个通道的中华门难以适应现代城市发展的需求。1933 年，为改善城南交通状况，南京市政府在中华门东、西两侧增辟城门各一，分别命名为中华东门和中华西门，从而缓解了这里的交通压力，避免了聚宝门遭拆除的厄运。对此1933年4月8日的天津《益世报》报道：“首都市政府因中华门内外人烟稠密，进出人数较别门尤多，特将中华门两旁添置两耳门，以便行人往来，一名‘中华东门’，为进口，一名‘中华西门’，为出口，总门则供车马出入。鸠工兴筑半载，现已完成，此亦今岁清明之新点缀也。”[①]

1937 年 12 月 13 日，日军占领中华西门

全面抗战期间，中华东门、中华西门与中华门饱受侵华日军炮火的蹂躏。1937 年 12 月 13 日，中国守军与日军展开殊死搏斗，最后寡不敌众，中华门被日军攻破。中国守军在中华门保卫战中谱写了一曲悲壮的篇章。中华门城堡的镝楼毁于日军的炮火

① 转引自朱明娥著《旷世城垣——南京明城墙》，南京出版社 2018 年 1 月版。

日军进攻中华门

1937 年 12 月 13 日南京沦陷后的中华东门

中华门与中华西门（左）

1938 年 7 月中华西门外

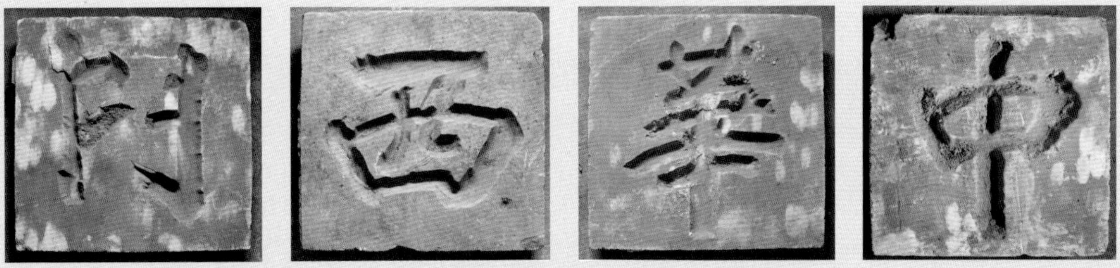

2006 年新发现的中华西门原石额（南京城墙博物馆藏）

1945 年 9 月 11 日，国民党新六军到达南京，在中华东门外受到南京市民欢迎

中华东门（从长干桥上拍摄）

之中。

1954 年，由于中华东门和西门的墙体长期遭水渗透变形，随时都有倒塌的危险，有关部门拆除了中华东门和西门的门券。2007 年，南京市有关部门复建中华东门和中华西门。中华东门和中华西门的高度与中华门瓮城顶部持平，皆为青砖砌筑，清水墙，拱门上方镶嵌的石质匾额皆为新做，镌刻楷书“中华东门”“中华西门”字样。

新民门

新民门位于明代金川门与钟阜门（民国时期称为小东门，而将金川门之东新开的城门误以为是钟阜门）之间，临近金川河畔。门向朝东，单孔，矩形门洞，砖混结构，外表用水泥粉刷，为幸存下来的民国风格城门的代表作。

1930 年 5 月魏道明担任南京市长期间，南京市政会议通过代理工务局长赵志游的提案："在金川门小东门间开辟城门，以便迁移棚户，并请照拨公款二千五百元。"[①] 此后一面设计工程，一面提请首都建设委员会批准实行。但在

新民门（许金晶拍摄）

① 《开辟金川门小东门间城门案》，《首都市政公报》第 61 期，1930 年 6 月 15 日。

新民门内侧（1956 年摄）

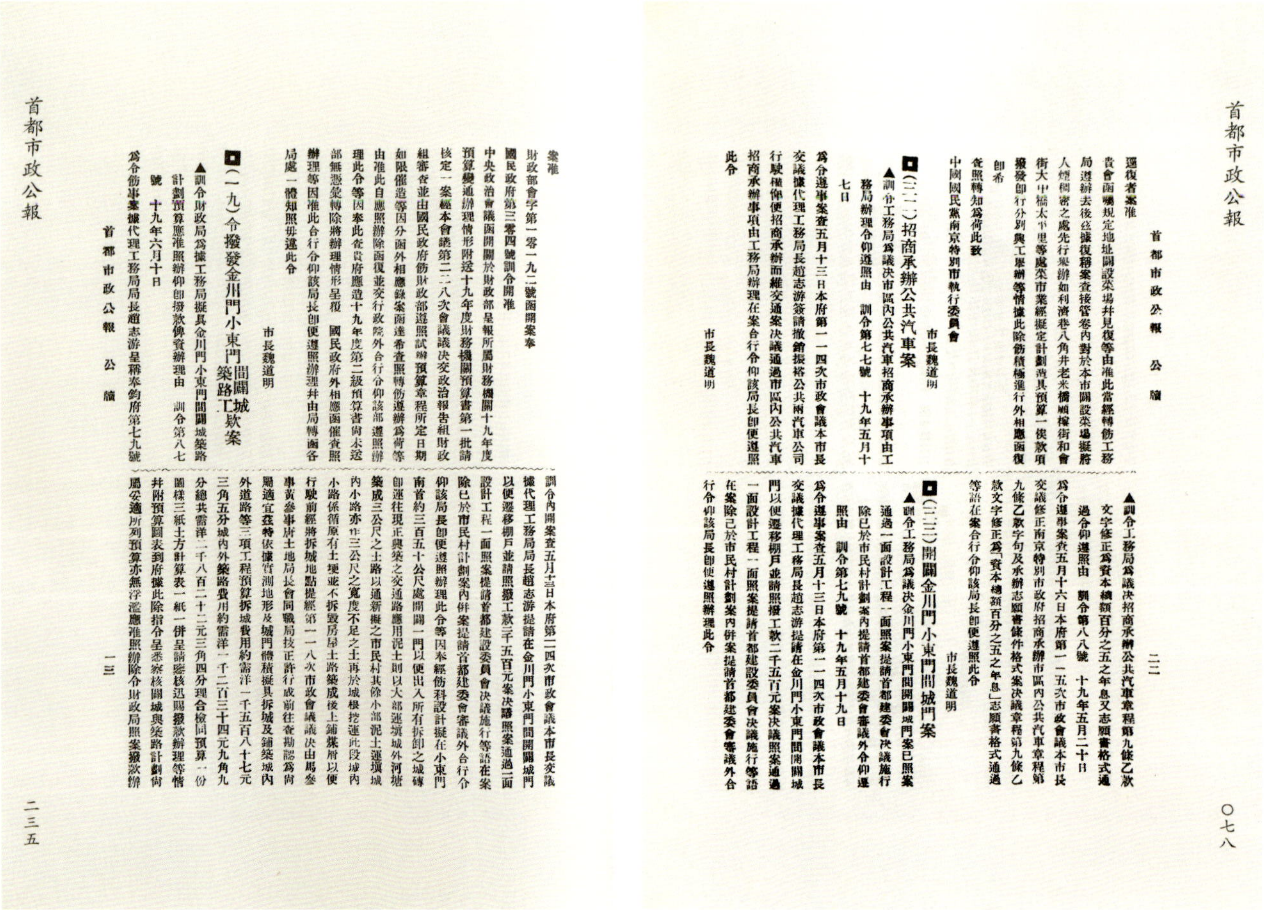
首都市政公報　公牘

還復者案准
貴會函囑規定地址闢設菜場并見復等由准此當經轉飭工務局遵辦去後茲據復稱案查接管卷內對於本市闢設菜場擬將人煙稠密之處先行舉辦如利濟巷八角井老米橋順槐街和會街大中橋太平里等處菜市業經擬定計劃造具預算一俟款項撥發即行分別興工舉辦等情據此除飭積極進行外相應函復即希
查照轉知爲荷此致
中國國民黨南京特別市執行委員會
市長魏道明

■(三二)招商承辦公共汽車案

▲訓令工務局爲議決市區內公共汽車招商承辦事項由工務局辦理令仰遵照由　訓令第七七號　十九年五月十七日

爲令遵事案查五月十三日本府第一一四次市政會議本市長交議據代理工務局長趙志游簽請撤銷振裕公共兩汽車公司行駛權俾便招商承辦而維交通案決議通過市區內公共汽車招商承辦事項由工務局辦理在案合行令仰該局長即便遵照此令
市長魏道明

▲訓令工務局爲議決招商承辦公共汽車章程第九條乙款文字修正爲資本總額百分之五之年息又志願書格式通過令仰遵照由　訓令第八八號　十九年五月二十日

爲令遵事案查五月十六日本府第一一五次市政會議本市長交議修正南京特別市政府招商承辦市區內公共汽車章程第九條乙款字句及承辦志願書條件格式案決議章程第九條乙款文字修正爲「資本總額百分之五之年息」志願書格式通過等語在案合行令仰該局長即便遵照此令
市長魏道明

■(三三)開闢金川門小東門間城門案

▲訓令工務局爲議決金川門小東門間開闢城門案已照案通過一面設計工程一面照案提請首都建委會決議施行除已於市民村計劃案內提請首都建委會審議外令仰遵照由　訓令第七九號　十九年五月十九日

爲令遵事案查五月十三日本府第一一四次市政會議本市長交議據代理工務局長趙志游提請在金川門小東門間開闢城門以便遷移棚戶並請照撥工款二千五百元案決議照案通過一面設計工程一面照案提請首都建設委員會決議施行等語在案除已於市民村計劃案內併案提請首都建委會審議外合行令仰該局長即便遵照辦理此令

二二

〇七八

首都市政公報

案准
財政部會字第一零一九二號函開案奉
國民政府第三零四號訓令開准
中央政治會議函開關於財政部呈報所屬財務機關十九年度預算變通辦理情形附送十九年度財務機關預算書第一批請核定一案經本會議第二二八次會議議決交政治報告組財政組審查並由國民政府飭財政部遵照試辦預算章程所定日期如限催造等因分函外相應錄案函達希查照轉飭遵辦爲荷等由准此自應照辦除函復並交行政院外合行令仰該部遵照辦理此令等因奉此查貴府應造十九年度第二級預算書尚未送部無憑彙轉除將辦理情形呈復　國民政府外相應函催查照辦理等因准此合行令仰該局長即便遵照辦理并由局轉函各局處一體知照毋違此令
市長魏道明

■(一九)令撥發金川門小東門間闢城築路工欵案

▲訓令財政局爲據工務局擬具金川門小東門間闢城築路計劃預算應准照辦仰即撥款俾資辦理由　訓令第八七號　十九年六月十日

爲令飭事案據代理工務局局長趙志游呈稱奉鈞府第七九號訓令內開案查五月十三日本府第一一四次市政會議本市長交議據代理工務局局長趙志游提請在金川門小東門間開闢城門以便遷移棚戶並請照撥工款二千五百元案決議照案通過一面設計工程一面照案提請首都建設委員會決議施行等語在案除已於市民村計劃案內併案提請首都建委會審議外合行令仰該局長即便遵照辦理此令等因奉經飭科設計擬在小東門南首約三百五十公尺處開闢一門以便出入所有拆卸之城磚即運往現正興築之交通路應用泥土則以大部運填城外河塘築成三公尺之土路以通新擬之市民村其餘小部泥土運填城內小路亦作三公尺之寬度不足之土再於城根挖運此段城內小路係循原有土埂並不拆毀房屋土路築成後上鋪煤屑以便行駛前經將拆城地點提經第一一八次市政會議議決由馬參事黃參事唐土地局長會同職局技正許行成前往查勘認爲尚屬適宜茲特依據實測地形及城門體積擬具拆城及鋪築城內外道路等三項工程預算拆城費用約需洋一千五百八十七元三角五分城內外築路費用約需洋一千二百三十四元九角九分總共需洋二千八百二十二元三角四分理合檢同預算一份圖樣三紙土方計算表一紙一併呈請鑒核迅賜撥款辦理等情并附預算圖表到府據此除指令呈悉察核闢城與築路計劃尚屬妥適所列預算亦無浮濫應准照辦除令財政局照案撥款辦

首都市政公報　公牘

一三

二三五

1930 年 6 月《首都市政公报》关于建筑新民门的记载

城墙打开缺口后，因资金不足，城门未建。

1933 年，鉴于“新民门正在江岸主要阵地之左翼依托点附近，与城内交通关系甚大”①，出于首都南京的交通和战备需要，于当年的6月1日与武定门一起，在国民政府行政院大礼堂当众开标。费用来源于铁路客运加价的收入。②1934 年夏竣工。

新民门门额呈拱形，正中位置有“新民门”三字，右读，隶书。朝外的一侧，左右各有一根装饰着四凹槽的门柱，与两侧城墙相连；在“新民门”三字左右几乎平行的位置，各有若干个方形的孔洞。朝内的一侧，在“新民门”三字左右几乎平行的位置，各有七个方形的孔洞，可用于观察和射击。大门朝内一侧左右两边门墩位置皆有门房。该城门保留至今，隶书“新民门”三字依稀可见。

① 《国民政府军事委员会公函》“战字第 1911 号”（1933 年 5 月 5 日），中国第二历史档案馆藏。

② 《以铁路客运加价建筑首都新民、武定、汉中三门》（1934 年），中国第二历史档案馆藏。

中央通讯社

中央通讯社位于南京市中山东路 75 号（原 72 号），与中山东路南京市新华书店隔街相望，是一座典型的西方现代派风格的建筑。

中央通讯社是中国国民党中央设立的新闻通讯社，简称为“中央社”。1924 年 4 月 1 日，该社在广州成立，当时它只是国民党中宣部下属的新闻发布机构，全称为“中国国民党中央执行委员会宣传部通讯社”，社址设在广州越秀路 53 号广东省中央党部内，由梅恕曾担任主任。这一时期，中央通讯社的主要任务是按日给设在欧洲的中欧通讯社供稿，让该社在海外转发。

1927 年 4 月国民政府在南京成立后，广州的中央通讯社迁到南京。同年 6 月 15 日，与在南京创办的中央通讯社合并，社址设在湖南路丁家桥中央党部内。

中央通讯社鸟瞰

1932年5月1日中央通讯社经过改组后，成为一个独立的机构，萧同兹任第一任社长，该社的内设机构最初有编辑、采访、电务、事务四部（组），后来扩大为编辑、采访、英文编辑、征集、电务和事务六部。社址设在新街口寿康里1之3号，有一个特准设立的新闻专业无线电台，向全国播发新闻稿，开创了我国通讯社自行广播新闻电讯的先河。

中央通讯社先后开播了“甲种广播”（CAP）、“乙种广播”（CBP）、“英文广播”（CSP）、“专电广播”（CNP）、“简明新闻广播”（COP）等。该社长期向全国各地的报纸提供新闻稿。胡适对于中央通讯社有这样一段评价：“有了中央社的电讯广播，我的故乡安徽绩溪县也办了报，使全县人民在当天早晨，可以看到和上海、南京报纸上登载的同样新闻。有了中央社，才使国内各地报纸改换了新面目，这是中央社最大的成就。”

1933年，全国新闻界公推戈公振以中央通讯社特派记者的身份，参加在马德里召开的国际新闻会议。紧接着，萧同兹请他担任驻日内瓦特派员，戈公振成为中央通讯社派驻海外工作的第一人。

中央通讯社正式在南京成立后，在全国各地陆续设立了分支机构。到1937年全面抗战爆发前，该社已经建成了上海、北平、天津、西安、汉口、南昌、重庆、成都、贵阳、广州、香港等十余家分社，在其他一些重要城市派驻通讯员，从而形成了一个全国通讯网。同时，该社还与路透社、合众社、哈瓦斯社、海通社进行国际新闻的购买和交换活动。

1937年9月25日，中央通讯社设在洪武路寿康里1之3号的总社社址被日本飞机炸毁，曾经一度搬到中山东路48号馥记大厦（现已被拆除）办公，直到日军占领南京前撤出。全面抗战期间，中央通讯社先后迁到武汉、重庆。抗战胜利后，中央通讯社负责接收敌伪新闻通讯机构。总社还都南京后，又迁到中山东路48号馥记大厦办公。这一时期，中央通讯社有国内机构52个，国外机构25个，人员总数超过3000人。为了改善办公条件，该社在中山东路上乘庵计划建造一座新的七层办公大楼。大楼刚刚开工不久，南京解放，中央通讯社被迫迁往广州，然后又迁往台湾。

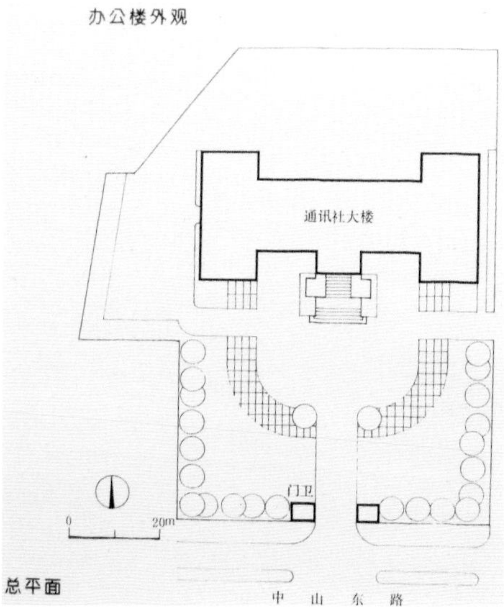

中央通讯社总平面图（杨廷宝绘）

中央通讯社

中央通讯社

中央通讯社

中央通讯社的大楼由天津基泰工程司的杨廷宝建筑师于 1948 年 3 月设计，当年即开始建造，工程尚未完工，国民党政权退出南京。南京解放后，继续施工，1950 年前后竣工。大楼平面为“工”字形，钢筋混凝土结构，中间高七层，两侧高五层。第一层为职员餐厅、库房和小卖部、排字印刷房，汽车可以通过弧形车道直接停靠在入口处阶梯旁；第二层为对外行政办公用房，大楼外有阶梯直接通到第二层；第三、四层为主要办公室；第五层为摄影、暗房和报名用房；第六层为外国记者招待所；顶层是大会议室。建筑面积 10600 平方米。整个大楼造型简洁大方，是解放后南京城里最高的建筑物之一。

大楼自 20 世纪 50 年代初建成后，一直为南京军区后勤部（现东部战区后勤部）使用。

中央广播无线电台

中央广播无线电台，全称为中国国民党中央执行委员会广播无线电台，简称为中央广播电台。它是当时国内最大规模的电台。它的播控中心位于南京市中山东路西祠堂巷8号（原为祠堂巷25号），现为江苏省广播电台所在地；发射台先后设在中央党部大院内（今湖南路10号）和江东门外北河口（今江东门北街33号）。1949年3月由中共地下党编印的《南京概况（秘密）》一书记载：20世纪40年代末，中央广播电台的台长室、工务科、传音科设在祠堂巷25号，收音台设在光华门外，播送机房以及铁塔设在江东门外北圩东门。[①]

西祠堂巷中央广播无线电台播控中心大楼

① ［民国］书报简讯社编：《南京概况（秘密）》，南京出版社2011年1月版。

1927年4月国民政府定都南京后，国民党当局深感“主义急于灌输，宣传刻不容缓”。1928年2月，陈果夫联合叶楚伧、戴季陶等中央委员在中国国民党二届四中全会上提议设立广播电台，获得一致通过。陈果夫以关银1.9万两，向上海美商开洛公司订购500瓦特电力的中波播音机全套，包括5000瓦汽油发电机的自备电源、两座140英尺（约42.672米）高的自立式铁塔及室外发音设备。

在陈果夫的主持下，中央广播无线电台最初勘定湖南路国民党中央党部内西南角的一块空地作为台址，建造机房，设置铁塔。1928年5月施工，由上海大新营造厂装配发射铁塔和建造发射机房，1928年7月中旬竣工。两座新建的高140英尺的铁塔在当年的南京城算是最高的建筑物了。1928年8月1日，中央广播无线电台（呼号XKM，其中X是国际无线电台公会当时指定为中国广播电台专用的字母，KM代表国民党）在中央党部大礼堂举行了隆重的揭幕典礼。蒋介石、陈果夫、戴季陶、叶楚伧等人出席开幕式。这次开幕式也是首播式，中央广播无线电台将会议实况转播出去。国民政府军事委员会委员长、国民党中央政治会议主席蒋介石在开幕式上致辞，戴季陶、陈果夫也相继演讲，对于蒋介石等人的讲话，许多人还是第一次从收音机里听到。

由于新建的电台电力有限，电波覆盖范围很小，陈果夫等人认识到，要适应时代的发展，必须加大中央广播无线电台的电力。1930年，由陈果夫牵头，向德国德律风根公司订购了全套无线电广播设备，包括一台50千瓦功率的中波机、两座高度为125米的铁塔。后来，因为陈果夫等人不接受回扣，德国人很受感动，于是主动增加了25千瓦的电力，这样中波机的功率就增加到75千瓦。陈果夫等人选定南京西郊江东门外北河口作为发射台台址。1931年开工，1932年5月竣工。民国王焕镳编写的《首都志》写道：“大电台益臻美备，不特为我一国之荣，抑且为远东生色。”这座新建的广播电台，被称为“东亚第一，世界第三”，电波遍及海内外。当时日本国内仅有10千瓦的电台五座，全国电台电力总和还不及我国一座，因此称国民党中央广播无线电台为“怪放送”。

中央广播无线电台建立后，成为国民党和国民政府的“喉舌”，陈果夫牢牢掌握了对电台的控制权，电台首任主任是徐恩曾，第二任主任是吴道一。

1932年11月12日孙中山先生诞辰66周年纪念日，新台正式开播。当天，天气晴朗，举行开播仪式，到会的国民党中央要员、中外来宾和记者达1000多人。陈果夫首先致开幕词，详细叙述了该台的发起和筹建经过。接着，吴稚晖、居正、罗家伦、程天放相继致辞表示祝贺。典礼在热烈的气氛中结束。凡是有收音机的地方，都被围得水泄不通。新台呼号 XGOA，频率 680 千赫（后改为 660 千赫）。

据 1934 年制订的播音节目时间表，电台播出时间每天达 11 小时以上，设有新闻节目、政治教育类节目、知识节目、文艺节目、服务类节目等。其中主持儿童节目的播音员刘俊英因嗓音圆润甜美而深受听众欢迎，1935 年，日本《朝

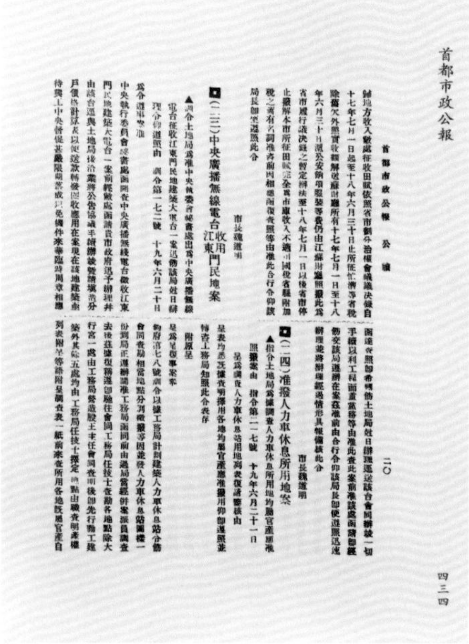
首都市政公報
二〇
(一二三)中央廣播無線電台收用江東門民地案
市長魏道明
(一二四)准撥人力車休息所用地案
四三四

1930 年 6 月中央广播无线电台征用江东门民地案（《首都市政公报》第 63 期，1930 年 7 月 15 日）

中央广播无线电台发射台

中央广播无线电台发射台发射机房正面（1932 年）

中央广播无线电台发射台发射机房侧影（1933 年）

中央广播无线电台开幕典礼（1932 年）

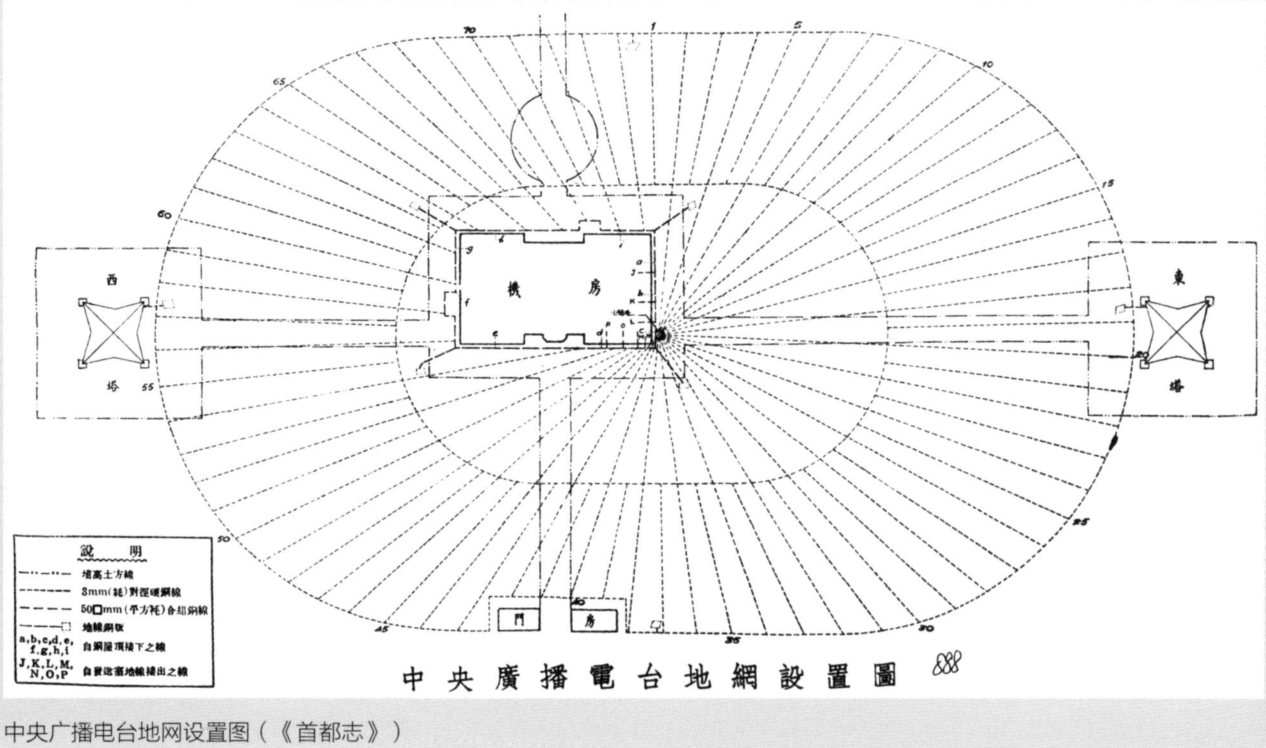

中央广播电台地网设置图（《首都志》）

中央广播无线电台全景（《首都志》）

中央广播无线电台江东门发射台发射塔（《首都志》）

日新闻》称赞她为“南京夜莺”。

中央广播无线电台遇有重大政治活动则全力播出。如1929年5月，孙中山灵柩由北京运来南京举行“奉安大典”期间，电台除了在广播中宣传外，还装置了迎灵宣传列车，沿途到站宣传，播放哀乐，宣传孙中山一生事迹，宣讲三民主义。1931年九一八事变发生后，电台曾邀请一些爱国将领作广播讲话，宣传抗日，鼓励全民抗战。国民政府中央军事委员会副委员长、爱国将领冯玉祥曾多次到电台作广播讲话，呼吁全民团结抗日。1948年3月29日至5月1日，国民党在南京召开“行宪国民大会”，选举“总统”“副总统”。电台进行了实况转播，不断广播投票消息，试图激起各地人民的兴趣。

全面抗战时期，国民党中央广播无线电台西迁重庆，发射台和播控中心落入日军之手。

1940年汪伪国民政府成立后，利用原有的国民党中央广播无线电台进行反共卖国宣传。汪伪政府在成立的当年，鉴于国民政府此前向美国订购的发报机“电力较小，音波不能远及”，即向英国标准公司订购20千瓦短波机（Standard Radio）两架，装设于江东门，以波长19米（15105K.C.）者对美播音；以波长25米（11880K.C.）者对欧播音。“该两短波机之天线，分成两组，一组为定向天线，共有菱形式对美、对欧各二副，对重庆及印度一副。另一组为不定向天线，共有水平半波式天线七副，专对南洋一带及国内各地应用。此项天线之装设，需广大空地，故江东门机房虽占地不多，而天线所占水田达三百余亩。”①

1942 年 11 月初，日军高森部队在中华门外原报恩寺塔附近三藏殿旧址修建“稻荷神社”时，盗掘出土唐代高僧玄奘顶骨和附葬物品。经汪伪行政院文物保管委员会研究部总干事顾天锡专门撰文进行考证确认后，于 1943 年 2 月 20 日在汪伪中央广播无线电台专门报道了唐三藏顶骨所在遗址的发掘经过和出土文物情况。②

1945 年 8 月 10 日下午，日本政府正式向中、英、美、苏四国发出《日本请降照会》，表示接受中、英、美三国于 7 月 26 日发出的《波茨坦公告》，无条件投降。当天晚上 7 点，驻重庆的美国新闻处首先传出日本要投降的消息。驻扎在重庆国民政府大楼对面的美军总部官兵冲上街头，开着摩托车，高呼 VICTORY（胜利）和 LONG LIVE（万岁）的口号。这一消息迅速在全城传开，人们自发地上街游行，鞭炮声响成一片。

当晚 8 时，南京汪伪政府中央广播无线电台（在今天的西祠堂巷），照例要播放日本东京广播电台“大东亚联播”的华语节目。之前，电台的技术员谭保林和苏荷先二人收到重庆的电台广播，得知日本即将投降的消息，热血沸腾，按捺不住喜悦，联系了江东门发射台。在得知没有日本主管值日的情况下，要求江东门发射台的员工在 8 点改播重庆广播电台“日本即将投降”的电讯。发射台立即将这一消息发射出来。南京城顿时沸腾起来，老百姓奔走相告，鞭炮声不绝于耳。

抗战胜利后，国民党中央广播事业管理处派员来南京接收汪伪中央广播无线电台，国民党中央广播无线电台随即迁回南京，发射台仍设在江东门原址，播控中心和办公室仍设在中山东路西祠堂巷，收音台设在中山陵园东区安乐堂村。

1946 年 5 月 5 日上午，南京各界举行隆重的庆祝国民政府还都大会，蒋介石在中山陵和国民大会堂发表讲话。当晚，蒋介石一行来到在西祠堂巷中央广播无线电台。20 时整，中央广播无线电台的广播里响起了蒋介石那浓重的浙江口音：

① ［民国］书报简讯社编：《南京概况（秘密）》，1949 年 3 月内部印刷本。
② 孟国祥著：《南京文化的劫难（1937—1945）》，南京出版社 2017 年 12 月版。

对日八年抗战，赖我全国同胞始终一致拥护抗战国策，服从中央命令，百折不回，再接再厉，浴血牺牲，历久弥坚，卒能获得今日最后胜利，而且取消了一切不平等条约，涤除了我们中华民族百年来的国耻……实在是我们中华民国最值得纪念的一天。但是回想到民国二十六年十二月十三日南京沦陷时，首都同胞惨遭大屠杀的悲剧，我们就应该痛定思痛，时时不忘我们八年来在敌人铁蹄之下所受的奴隶牛马暗无天日的生活，更不能不警惕黾勉、自立自强了……抚今思昔，更觉我们获得胜利之艰难，建国机会之可贵。务希我国全体同胞，同心一德，实事求是，人人以刻苦耐劳、笃实践履自矢，以共同一致、互相合作相勉，务使我中华民族黄帝子孙，永永远远不再受过去八年间那样异族侵凌蹂躏的惨祸与耻辱……恭祝全国军民同胞抗战胜利万岁。

1949年1月底，当国民党军队在三大战役中节节败退的消息传到南京，国民党政府所属各单位纷纷讨论迁留问题，该台下层人员均不同意搬迁去台湾。同年4月23日南京解放前夕，西郊警察分局的地下党员，提前进驻中央广播无线电台，确保电台及时向全世界报道南京解放的消息。

西祠堂巷中央广播无线电台播控中心大楼

1949年4月24日，南京解放后的第二天早晨7点半，国民党中央广播无线电台仍是中波波长660千周，短波波长598.5千周，但呼号由XGOA改称XGOB，台名改为“南京广播电台”。上午11点，播音员蔡美娴受传音科科长蔡骧之命，播出武汉《大刚报》驻南京记者钱文源提供的电话新闻稿：“南京市面平静，新街口至下关一带可以看见三三两两的解放军，被手里拿着‘欢迎解放军’旗子的学生和市民围着谈话。大部分商店尚未开门营业。”南京广播电台播出南京解放的新闻传到北平后，由新华广播电台播出，比新华社的正式新闻稿早了6个小时。5月18日，南京广播电台正式更名为“南京人民广播电台”。①

西祠堂巷8号国民党中央广播无线电台现存主楼一座，保存基本完好。该建筑物建于20世纪30年代，砖木结构，高两层，另有地下一层、阁楼一层。该建筑坐北朝南，长约35米，宽约14米，占地面积约500平方米。外墙贴褐色泰山砖，四面坡顶，屋顶上有老虎窗。主楼朝南的入口处设有一拱形门。

江东门北街33号大院占地约50亩（约3.33万平方米），保存有大门、发射机房、配电房、发射塔和小礼堂等。大门为三开间，中间两根方形水泥立柱较为高大，两旁两根方形水泥立柱较为矮小，中门宽大，可以通行车辆，两边门狭小。铁门保存完好，上面有寓意“中央”“电波”的白色台标。由大门进入院子后，水泥道路两旁的法国梧桐遮天蔽日，正前方首先映入眼帘的是高两层的发射机房，坐北朝南，分为左中右三段，中间高，两边低，左右对称，钢筋混凝土结构。机房入口处台阶两边各有一个铸铁灯柱，宛如直立起来的话筒。机房内保存有各类发射台使用过的仪器、设备和电缆等，在墙角，保存有一方奠基碑，上面竖刻隶书：“上海华中营业公司承建　中华民国二十年十二月　日立”。在发射机房的东西两面，各有铁质发射塔一座，每座发射塔连基座在内高150米，两座发射塔之间相距250米。

1949年中华人民共和国成立后，西祠堂巷8号和江东门北街33号一度成为江苏人民广播电台播音中心和发射基地。如今，当年飘荡在全国各地上空的声音早已音消云散，但西祠堂巷8号国民党中央广播无线电台建筑依然较好，怀旧的人们似乎仍可以从中聆听到绕梁的余音；而江东门北街33号发射机房所在地催生了一个新的地名——电台村。据《南京地名大全》介绍，江东门江东北

① 李扬《我所知道的“南京广播电台”》、蔡骧《改变呼号前后——关于“南京广播电台”的个人回忆录》，收入南京市政协文史和学习委员会编《红日照钟山——南京解放初期史料专辑》，南京出版社1999年4月版。

中央广播无线电台江东门发射台发射机房

路南段西侧的电台村因靠近该电台而得名，1931 年建村。

2013 年，“国民政府中央广播无线电台旧址”（笔者按：应为“国民党中央广播无线电台旧址”）被列为第七批全国重点文物保护单位。2018 年，入选中国文物学会、中国建筑学会联合评选的“第三批中国 20 世纪建筑遗产项目”。

南京电信局

南京电信局又名首都电信局，位于南京市游府西街 8 号（原党公巷 31 号），现为南京市电信局房产。

据 1949 年 3 月中共地下党编印的《南京概况（秘密）》一书记载，南京解放前夕，南京电讯（笔者按：应为信）局局长为计舜廷。地址：太平路党公巷三一号。设备：市内电话五四四三具。组织机构设有人事室、工务处、业务处、驻局宪兵队、驻防警卫队。其中工务处下设材料科、机械科、线路科、第一修养室测量台、第一修养室障碍台、第二修养室测量台。业务处下设话务科、长途电话台、长途电话询问台、无线电话台、报时台、报务科、营业科。在太平路、新街口、中山北路、昇州路、长乐路、萨家湾、下关、下关车站、党公巷、浦口共设有十个营业处。[1]

南京电信局

南京电信局大楼为西方古典式建筑，建于 1918 年，1920 年竣工。坐北朝南，高四层（原为三层，第四层后加），半地下室一层，砖混结构，坡顶。层与层之间砌有腰檐。南北带有阳台。建筑物中央的顶部有一穹顶钟楼。

1937 年全面抗战爆发前，这里是首都电话局的办公楼，大楼内除了办公用房外，安装有共电式电话交换机和自动电话装置，是民国时期南京市的电话运转中心。

① ［民国］书报简讯社编：《南京概况（秘密）》，南京出版社 2011 年 1 月版。

南京电信局

交通部首都电话局窨井盖（于峰拍摄）

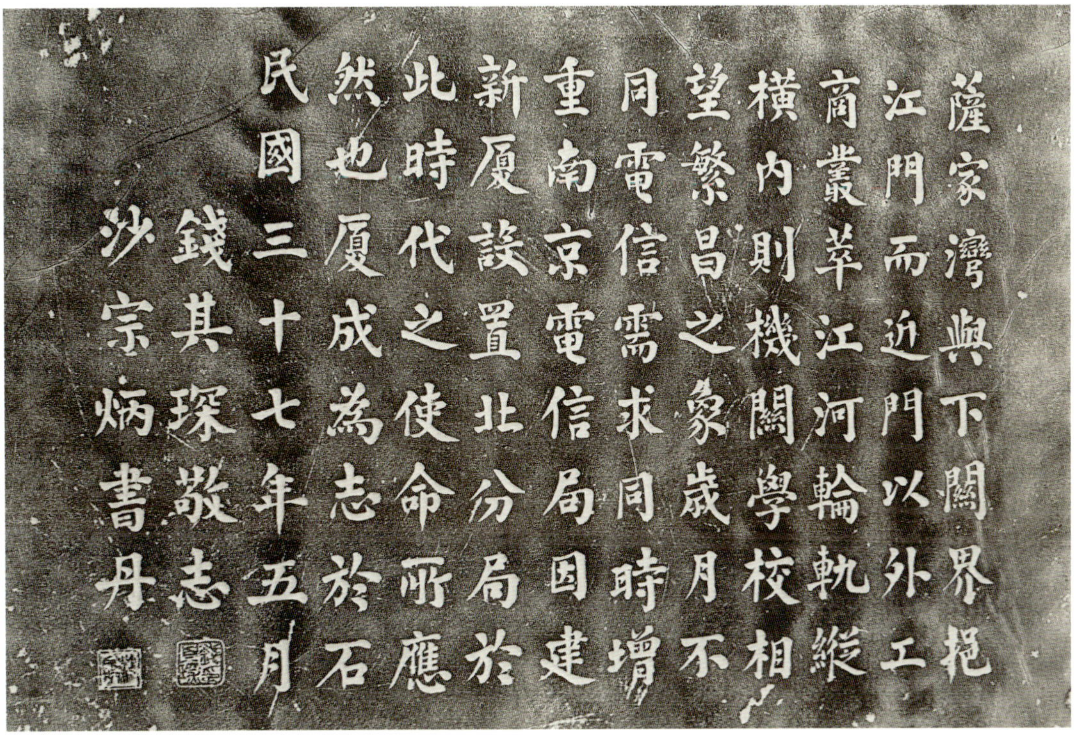

南京电信局城北分局建设碑记（1948 年 5 月）

据当事人王正元先生回忆：1937 年“八一三”淞沪抗战后，首都电话局长途台业务日益繁忙。当时，蒋介石每天都要打电话到前线询问战况，然后下达指示。在战争最为激烈之时，曾发生蒋介石与女话务员之间的冲突。有一天晚上 9 时许，蒋介石对长途台话务员说：“要顾总司令（指顾祝同）电话。”接通时却是朱总司令（指朱绍良）。蒋质问：“我要苏州顾总司令，怎么……”

女话务员反问："你讲没讲苏州？"因蒋介石把地名漏报，再加上蒋的宁波官话，南京籍女话务员把"顾"错听成"朱"。这件事令蒋极为不快。此后，经交通部部长俞飞鹏与首都电话局局长朱一成等人采取措施，为蒋介石的电话提供专人、专线、专机之便，终于满足了蒋介石的要求。①

抗日战争胜利后，南京电报局从太平南路润德里迁到这里，与首都电话局合并，仍称南京电信局。

1948 年 5 月，国民党一手操纵的"行宪国民大会"结束后，新当选副总统李宗仁与妻子郭德洁曾经应南京电信局局长计舜廷之邀，前来参观。电信局派人拍摄了大量照片。然而，这些照片被装扮成报社记者的特务窃走。

1949 年 4 月南京解放前夕，在中共南京秘密地下党组织的领导下，经过全局 1800 名员工的共同努力，维护了通信电路畅通，把通信机器、设备、器材、物资等完整地保存下来，取得了护局斗争的胜利。

1949年4月24日凌晨3点多钟，美联社记者西默·托平和法新社记者比尔·关来到电信局，发送关于南京解放的电报。法新社记者比尔·关的电报只有三个单词："Red Takes Nanking"（红军占领南京）。法新社收到电报后，以为只是个标题，就没有刊发，一直在等待后续内容。而美联社记者西默·托平的电报要长多了。所以，法新社的耽搁，反而使美联社记者西默·托平的电报成为第一个向世界报道南京解放的消息。②南京电信局作为最早向全世界发送南京解放消息的地方而永久地载入史册。西默·托平等新闻记者的电报发出后不久，就发生了南京电信局未经中共中央同意，擅自停止外国记者发送新闻报道的事件，在国际上造成了很大的影响。③

如今，南京电信局旧址一楼被辟为展馆，面积 400 平方米，分为百年电波、红色印记、赓续传承、星辰大海四个板块。2018 年该展馆被评为市级党员教育实境课堂；2021 年入选首批 100 个中央企业爱国主义教育基地名单。

---

① 王正元：《为蒋介石接电话 12 年见闻》，《江苏文史资料》编辑部 1990 年 10 月内部版。

② ［美］西默·托平：《南京失陷》，收入卢海鸣、邓攀编《金陵物语》，南京出版社 2014 年 8 月版。

③ 郑忠、朱月琴：《西方学者个体叙事中的"南京解放"——毕乃德〈1949 年南京通信〉探析》，《南京社会科学》2022 年第 4 期。2017 年 10 月 17 日下午，笔者作为江苏省"五个一批"人才的一员，曾经随团专门赴美国纽约美联社（Associated Press）总部参访。在与美联社接待人员交流过程中，笔者专门提到此事。他们认为西默·托平作为美联社最著名的战地记者之一，已经成为他们的骄傲。笔者在美联社总部的名人墙上，非常欣喜地看到了西默·托平的肖像。

江苏邮政管理局

江苏邮政管理局位于南京市鼓楼区大马路 62 号，西与金陵关相邻。

南京邮政事业始于清朝光绪二十三年正月初一日（1897 年 2 月 2 日），当时镇江邮政局在南京贡院街设立南京邮政支局。光绪二十五年（1899）南京辟为通商口岸后，正式在下关设立南京邮政局。民国元年（1912）中华民国临时政府成立后，改大清邮传部为交通部，大清邮政局为中华邮政局。民国三年（1914），改组全国邮区，以每省设一邮务区为原则，划全国为 21 个邮区，并于省城内设一邮务管理局。南京邮政局改称为江苏邮务管理局，地址在大石桥，管辖除上海及其附近地区以外的整个江苏省，邮务长为英国人李齐（William Walter Peel Ritchie，1879—1969，又译瑞奇）。1914 年，江苏邮区有 447 个不同等级的邮政机构；1921 年底，增加到 1506 个。1914 年，江苏邮区净利润达 3.1 万银元；1921 年，增加到 38.8 万银元。1914 年，江苏邮区共有 1292 名中国员工；到 1921 年，增加到 1731 名。[①]

民国七年（1918），由于人员的增加及业务的发展，遂于下关大马路建造新局。新局大楼由时任邮局帮办、英国人睦兰主持建造，占地面积 2000 平方米，建筑面积 4800 平方米，共有房屋 128 间。据《金陵关 1912—1921 十年报告》记载："日益增长的业务和不断增长的工作人员，需要江苏邮区各地建造更大的办公用房。南京则需要一所规模最大的，而一座新的邮局大楼最近已经建成，花费接近 25 万银元。"新局建筑为钢筋混凝土结构，总平面呈"L"形，包括南楼和北楼两部分，由设在上海的著名建筑设计事务所通和洋行（Atkinson & Dallals Architets and Civil Engineers Ltd.）设计。

沿街的南楼呈东西向布局，正面外墙写有"1918"字样，平面呈矩形，立

① 收入《金陵关十年报告》，南京出版社 2014 年 8 月版。

江苏邮政管理局南楼

1918 年，江苏邮政管理局使用的邮车

面采用殖民主义外廊式建筑风格。地上三层，地下两层，立柱厚檐，平屋顶。楼顶建有一座穹顶的两层塔楼。建筑物的柱侧、檐口、腰线及门楣等处都塑有水刷石浮雕，图案精美。建筑物拐角、底层柱面为普通水泥斩假石粉刷，墙面为水刷石，局部侧面为普通水泥砂浆粉刷。该建筑的外部粉刷成为后来南京各类西式建筑水木作的样板。南楼第一层为邮政大厅，空间宽阔。二层以上为办公室，办公入口位于东侧，楼层为内廊式，由于进深较大，二层中间设中庭，中庭两侧的立柱采用塔司干双柱式。三层中庭设两处采光天井，阳光从屋顶天窗直射到二层。走廊沿天井布置，房间设在建筑四周。大楼四周设有全浇混凝土楼梯，压花方铁栏杆，硬木扶手，宽边踢脚线。南楼沿街立面共有十一开间，一层两端及中间三开间封闭，其余开间底层架空，作为沿街入口。二层以上，除中间一开间的阳台封闭外，其余均完全打开，形成外廊。正立面采用三段式构图，一层方柱近似多立克柱式，柱头点缀盾形或方尖形装饰，沿街入口门楣的顶部有盾形装饰；二楼和三楼的立柱上下贯通，柱头双耳采用回纹式样，类似爱奥尼柱式的旋涡，下方有穗状装饰。二楼和三楼的栏杆略有区别，二楼为宝瓶栏杆，三楼为栅栏式。檐口设女儿墙和齿状装饰带。屋顶是一座可登临的平台。穹顶塔楼就矗立在平台中央，内有木制楼梯，可供人登临远眺。南楼其他立面均开大窗，设窗楣、窗台和窗套，所有外门窗均为木制。建筑外墙为水

江苏邮政管理局南楼

邮递员在江苏邮政管理局门前整装待发

刷石饰面，局部有斩假石。

北楼呈南北向布局，平面为矩形，南侧山墙与南楼的西北角相接。北楼主入口位于东侧，外墙呈“八”字形，门厅凸出于外。楼梯正对门厅，位于平面正中，将北楼分成对称的两个部分。一层原为邮政局印刷厂，二楼是邮政培训学校的学员宿舍。北楼原高为两层，屋顶应为盂莎顶，两侧开老虎窗，现屋顶已拆除，增筑为三层楼。北楼立面采用文艺复兴风格，外墙为水泥砂浆饰面，窗户设窗台和窗套，檐口由二层窗户的锁心石支撑。西立面中间顶部设拱形窗，两侧设八棱柱形烟囱。①

1924 年，“南京邮政总局与邮务管理局俱在下关大马路，分局在城内奇望街，支局分散各处：一在鼓楼，一在北门桥，一在花牌楼，一在讲堂大街，一在浦口大马路”。②

1929 年 4 月，江苏邮务管理局改名为江苏邮政管理局。据《金陵关 1922—1931 十年报告》记载：“近十年来，南京邮务续进不已。以言输送方法，曩则下关邮政管理局与城内分局往来邮件，胥赖京市铁路以资运输；今则邮局自备汽车七辆，专司递送，较前迅捷多矣。至于城内邮局，期初仅有六所，今则增为十四所。此外，尚有信筒一百十九具、信箱十三具、邮票代售所九十三处。”

① 周琦等著：《南京近代建筑史》，东南大学出版社 2022 年 7 月版。
② 俞旭华编辑：《南京居游指南》，南京共和书局、文华学社 1924 年版。

江苏邮政管理局塔楼

江苏邮政管理局远眺（右上方的穹顶塔楼），左上为金陵关

1931—1935 年，江苏、安徽两邮区合并为苏皖邮区，办事机构设在南京，江苏邮政管理局更名为苏皖邮政管理局。在南京市内设内桥、竺桥、丁家桥、汉西门、南门、奇望街、讲堂街、新街口、陵园、鼓楼、三牌楼、京沪车站、津浦车站等支局达 14 所。①

1935 年 7 月 1 日，苏皖邮区因所辖局所多，事务繁忙，又分为江苏、安徽两个邮区，分别设立邮政管理局，苏皖邮政管理局又更名为江苏邮政管理局。②

① ［民国］建设委员会经济调查所编：《中国经济志·南京市》，正则印书馆 1934 年 8 月版。
② ［民国］葛绥成等《增订全国都会商埠旅行指南》（中华书局 1936 年 3 月增订 3 版）仍称“苏皖邮政管理局”。

江苏邮政管理局后院北楼

江苏邮政管理局大楼旧影（20 世纪 20 年代）

1937 年 11 月底，日军逼近南京，江苏邮政管理局工作人员迁至英商轮“万通”号办公，清晨上岸，夜晚回轮坚持工作。12 月 8 日，李奇先撤到上海；12 月 18 日，工作人员全部撤到上海，在上海邮政管理局四楼设临时办事处。1938 年 2 月 16 日，李奇返回南京，拟开设五个邮局；3 月 25 日，江苏邮政管理局全体员工由上海返回南京复邮，管辖无锡、苏州（吴县）、镇江、徐州（铜山）四个一等局和其他二、三等局。当时原江苏邮政管理局房屋被日军“野战军邮便局”侵占，江苏邮政管理局的全体员工只好暂借南祖师庵 7 号办公，但受到日军的严密监视。

1938 年，英国人李齐退休回国，由睦兰继任局长。太平洋战争爆发后，睦兰被日军看管起来，日伪交通部任命本地股长王继生为代理局长，直至日本投降。

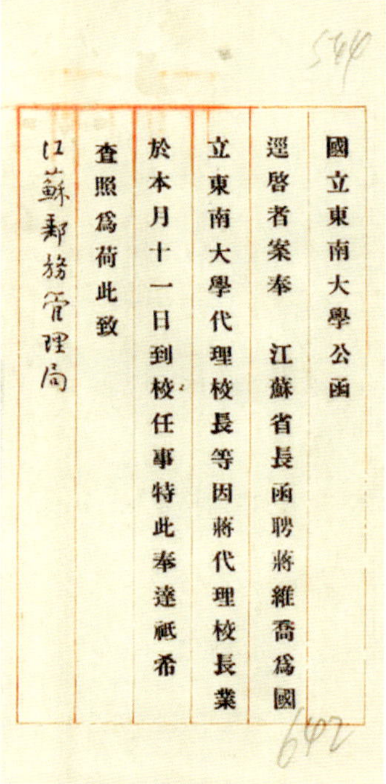

國立東南大學公函
逕啓者案奉　江蘇省長函聘蔣維喬為國
立東南大學代理校長等因蔣代理校長業
於本月十一日到校任事特此奉達祇希
查照為荷此致
江蘇郵務管理局

国立东南大学致江苏邮务管理局的公函

1945 年 8 月 20 日，国民政府交通部“京沪区交通接收委员会”派特派员陈道等 19 人接收江苏邮区，陈道暂充江苏邮政管理局局长。管理局暂设在新街口邮政储金汇业局内，运输部门设于南祖师庵。12 月，迁回下关大马路办公。此后，傅德卫、王良骏相继担任江苏邮政管理局局长，直到南京解放。

1949 年 4 月 30 日，中国人民解放军接管江苏邮政管理局。此后，这里变成南京市邮政机械厂厂房和办公楼。

2006 年，江苏邮政管理局旧址被列为江苏文物保护单位。2009 年，被列为南京重要近现代建筑。

江苏邮政管理局（Getty Images，沃尔特·博萨德拍摄，1931 年）

邮差用板车向下关车站运送邮件

江苏邮政管理局使用的鸿飞邮艇（1935 年）

日军占领南京后，下关大马路上的江苏邮政管理局

建康路邮政支局

在南京市夫子庙地区的北边，太平南路与建康路交界处的南面，有一座西方古典式建筑，这就是民国时期的建康路邮政支局，又名奇望街支局。现为南京市建康路邮电支局，邮政编码为210001。

南京邮电事业发端于清末。光绪二十三年正月初一（1897年2月2日），镇江邮政局在南京贡院街设立南京邮政支局，标志着南京邮政事业的开始。

1899年，南京辟为通商口岸后，邮政事业迅速发展，网点建设由城区扩展到句容、浦口、溧水、六合等地。

建康路邮政支局

建康路邮政支局外景（左）、内景（右）

1922年，江苏邮务管理局在奇望街（今建康路146号）新建邮政支局，称为奇望街支局。该建筑由英国人设计，平面呈“凹”字形，坐西朝东，地上两层，平屋顶，1923年元月1日正式建成开业。1935年，更名为建康路邮政支局，简称为建康路邮局。1947年中华邮政总局成立后，总局设在中山北路的交通部内，而其业务处和联邮处就设在建康路邮局。它是民国时期保存下来的一处重要邮政遗址。据《金陵关1912—1921十年报告》记载：“日益增长的业务和不断增

建康路邮政支局正面

建康路邮政支局

长的工作人员，需要江苏邮区各地建造更大的办公用房。……南京城内一座规模较小的邮局办公楼在江南贡院的基础上成立。”这里所指的邮局是否就是建康路邮局？如果是建康路邮局，那么，其建成时间将提前到1921年之前。

该建筑造型属于欧洲文艺复兴时期的古典形式，楼房正面朝东，南北对称。入口处为花岗石台阶、柱式门廊和五座高大的圆拱门。台阶两侧各建有一座混凝土邮箱。大楼顶部中央建有一座西式圆顶钟台。整个建筑物外墙为水泥拉毛粉刷，窗套为水刷石，门廊上部及装饰柱、阳台，围以水泥宝瓶栏杆。大楼底层为营业大厅，有包裹房、水磨石地坪，布局已作改造；二楼为办公用房，木地板，内廊式布局。此外还有地下室。

这幢建筑是20世纪20年代西方古典建筑形式传入中国的代表作之一。

南京设立邮局之初，当时只有信函、包裹等业务。而120多年后的今天，邮政业务已经涵盖了函件、包件、发行、集邮、代理、特快、邮政物流、储汇等项目。如今，南京邮政已经从夫子庙扩展到南京城内外的大街小巷和广大乡镇。

陵园邮局

陵园邮局位于南京中山陵园风景区西新村 1 号，又称陵园新村一号邮局。始建于 1934 年，是专为民国军政要员居住的陵园新村设置的一座邮局，所以又名陵园新村邮局。当年的邮局正门上悬挂着国民政府主席林森题写的“陵园邮局”四字横匾。

邮局主体建筑为 20 世纪 30 年代风靡一时的中国传统宫殿式的近代建筑，建在一个水泥平台上，坐北朝南，高两层，砖木结构，雕梁画栋，重檐，四角攒尖顶，上覆绿色琉璃瓦。正门宽大，呈矩形，两边是拱形的大窗。邮局东西两侧墙壁连接着高大的院墙，大门正面的平台环绕着水泥斩假石栏杆，左右各

陵园邮局

陵园邮局

有一个出入口，栏杆内有一个水泥制作的仿古重檐旗杆石。因邮局为重檐四角攒尖顶，上下两层共有八个檐角，所以俗称为“八角亭”。

民国时期，出入这里的常常是国民政府的达官显贵或者是他们的家人和佣人。据说宋美龄曾经也来到这里邮寄信件，所以这座建筑又有了一个名字——“美龄宫邮局”。

1937年12月日军攻打南京期间，陵园新村一带成为战场，被炮火化为灰烬，陵园邮局同时被毁。

抗战胜利后，国民政府还都南京。1947年，重建陵园邮局，分为东西厢房和主体建筑，是一座设施功能齐全的邮政局。在陵园邮局的周围，有一圈水磨石仿古护栏。陵园邮局总占地面积约为300平方米，主体建筑面积约为150平方米，殿前是宽敞的月台，殿后有平坦的甬道，内部建有螺旋式扶梯，可循级登至阁楼。室内一角钉着一块牌子，上面写着：

南京市邮政局固定资产
资产目录：100030201；资产名称：陵园局屋；
编号：50；规格程式：砖木；归属：中央二级；
使用日期：1917年（笔者按：应为1947年）12月10日。

附：陵园新村领地人一览表

号数	姓名	号数	姓名	号数	姓名	号数	姓名
1	邮局	2	谭道源	3—4	唐海安	5	孙璞
6—7	吴子祥	8—9	吴铁城	10	卢汉	11	刘允衡
12	朱文中	13	王瀓	14—15	杨公兆	16	公用
17	周雍能	18	居正	19	许崇智	20	黄琴
21	陈诚	22—23	谭慈雅堂	24	公用	25—26	朱世明
27	陈谷声	28—29	孔祥熙	30—31	林森	32—33	邵元冲
34	黄秉衡	35	刘福朗	36—37	陆福廷	38	张文心
39—40	张治中	41	李培夫	42	郑宝熙	43	戴愧生
44—45	张元祜	46—47	蒋作宾	48	范石生	49	郑绍觉
50	李培夫	51	陈光祖	52	朱景暄	53	林云陔
54	余念善	55	林云陔	56—57	顾祝同	58	赵启录
59	陈继承	60	何键	61	刘峙	62	黄杰
63	詹振黄	64	王恕	65	吴开先	66—67	黄毓沛
68—69	杨杰	70—71	蒋鼎文	72	温应星	73—74	刘镇华
75	张迺威	76—77	曹浩森	78	刘衍徽	79	蒋锄欧
80	黄裳	81	刘晏	82	萧道存	83	李文浩
84	徐昌成	85	公用	86	钱大钧	87	张于浔
88—89	杨师谦	90	马亮	91	时子周	92—93	严仁珊
94—95	邵力子	96	杨立生	97	于俊吉	98	刘茂恩
99	朱宗良	100	陈懋解	101	王敬久	102	欧阳豪
103—104	陈济棠	105—106	林翼中	107—108	宋子良	109—110	戴季陶
111	马超俊	112	马沈慧莲	113—114	杨虎城	115	蔡廷锴
116	戴戟	117	陈铭枢	118—119	冯玉祥	120	陈铭枢

陵园邮局

陵园邮局正面

南京解放后，陵园邮局改名为中山陵邮局。在中山陵邮局搬迁到新址孝陵卫街 184 号并改称南京市陵园邮政支局后，这个邮局也就完成了历史使命，成为南京市邮政局职工的宿舍。20 世纪初，邮局主体建筑中还住有三四户人家，只有高耸的重檐琉璃瓦屋顶仍在向人们昭示着它昔日的辉煌。如今的陵园邮局已经修葺一新，成为中山陵园景区的一个重要风景点。

陵园邮局内景

2006 年 6 月，陵园新村邮局旧址被列为江苏省文物保护单位。2013 年 10 月，陵园新村邮局旧址被列为南京重要近现代建筑。

第五章 工商金融建筑

金陵机器制造局

在反映中华民族发展史的北京“中华世纪坛青铜甬道”上，镌刻着这行一行字：

公元 1865 年，乙丑　清穆宗同治四年　南京设金陵机器局。

金陵机器制造局（民国时期叫金陵兵工厂）位于南京市秦淮区应天大街 388 号“晨光 1865 科技创意产业园”内，它与 1865 年李鸿章在上海创办的江南制造总局（Kiangnan Arsenal，英文名意译为江南兵工厂）、1866 年左宗棠在福州

金陵机器制造局局部鸟瞰（王腾拍摄）

金陵机器制造局大门（复建）

创办的福州船政局以及1867年崇厚在天津创办的天津机器制造局齐名，是我国19世纪60年代洋务运动期间创办的四大兵工企业之一。金陵机器制造局是中国民族工业先驱，也是南京第一座近代机械化工厂，开南京引进西方先进科技进行工业生产之先河，也是南京改革开放后“电汽化特”四大支柱产业中“特种产业”的源头。

金陵机器制造局又名金陵机器局、金陵制造局、机器制造局，其前身是1863年李鸿章在上海和苏州创办的洋炮局。清朝同治四年（1865），李鸿章因镇压太平天国有功，由江苏巡抚（治所在苏州）升任署理两江总督，在两江总督驻地江宁（今南京）积极筹划建立一个较大规模的兵工厂，即金陵机器制造局。同年10月30日，在城南聚宝门（今中华门）外西天寺的废墟上破土动工，至1866年8月竣工。直隶州知州刘佐禹担任金陵机器制造局的第一任总办，英国人马格里（又译马格理，Samuel Halliday Macartney，1833—1906）担任督办。设机器厂、翻砂厂、熟铁厂和木作厂，投产时，有工人和士兵约400人，生产枪炮弹药等军火，主要供应李鸿章的淮军使用。此后生产各类先进的武器和炮弹。

据《光绪续纂江宁府志》卷六《实政志》记载：“机器制造局，同治四年立，屋宇皆仿外洋之式营造，以道员一人掌之。购机器于外洋，募洋匠为师，督诸

机器大厂前的李鸿章雕像

督办马格里

总办刘佐禹

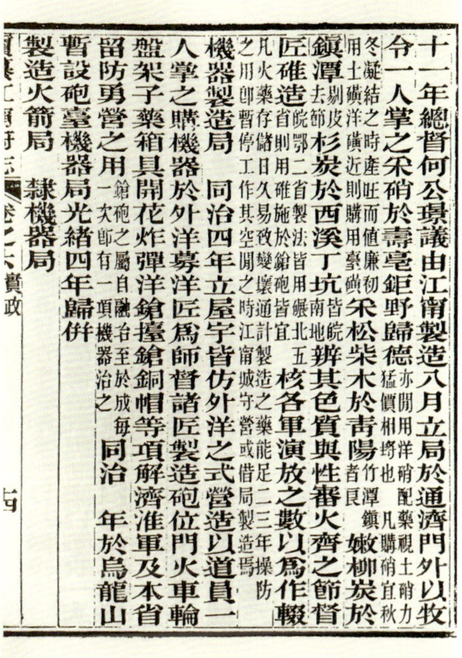
十一年總督何公璟議由江甯製造八月立局於通濟門外以牧
令一人掌之采硝於壽亳鉅野歸德亦開用洋硝配藥視土硝力猛價相埒也凡購硝宜秋
冬凝結之時產旺而值廉初用土礦洋礦近則購用臺礦采松柴木於青陽者良竹潭鎮嫩柳炭於
鎮潭剔皮去節杉炭於西溪丁坑皆皖南地辨其色質與性審火齊之節督
匠碓造皖鄂二省製法皆用碾北五省則用碓施於鎗砲皆宜核各軍演放之數以為作輟
凡火藥存儲日久易致變壞通計製造之藥能足二三年操防之用即暫停工作其空閒之時江甯城守營或借局製造焉
機器製造局同治四年立屋宇皆仿外洋之式營造以道員一
人掌之購機器於外洋募洋匠為師督諸匠製造砲位門火車輪
盤架子藥箱具開花炸彈洋鎗擡鎗銅帽等項解濟淮軍及本省
留防勇營之用鎗砲之屬自融洽至於成每一次即有一項機器治之同治 年於烏龍山
暫設砲臺機器局光緒四年歸併
製造火箭局隸機器局

《光绪续纂江宁府志》卷六《实政志》中关于金陵机器制造局的记载

匠制造炮位、门火、车轮盘架、子药箱具、开花炸弹、洋枪抬枪、铜帽等项，解济淮军及本省留防勇营之用。枪炮之属，自融治至于成，每一次即有一项机器治之。”同书卷七《建置志·署廨》：“机器制造总局在南门外扫帚巷东首，收买民基建造，同治四年兴工，五年七月告竣。计新造机器正屋一所，厅房九十三间，过亭五架，协屋六大间，披厢十间，门楼二所。其年十二月，又就报恩寺坡下菜地续造委员住房一所计十二间，为制造分局。九年十月，复添造铁炉房五大间，汽炉房一所，并砌炉十二座。十一年十月，又添造翻沙厂屋六间，翻沙模炕屋一间，改造洋楼一所，上下二十四间，添造房屋十间，走廊十号。十二年九月，又添造洋匠屋楼房十二间，平房六间，上下走廊四十间，又围墙一周。”常年经费银 11 万余两。

曾国藩参观金陵机器制造局后，在其日记中写道：“制造各机器，皆用火力鼓动机轮，备极工巧。其中如制造洋火铜帽、锯大木如切豆腐，二者尤为神奇。”①

① ［清］曾国藩：《曾文正公手书日记》卷 29，凤凰出版社 2010 年 3 月版。

机器正厂（同治五年建）

机器右厂（同治十二年建）

机器左厂（光绪四年建）

卷铜厂炎铜厂（光绪七年建）

机器大厂（光绪十二年建）局部

金陵机器制造局生产的大炮（1871 年 11 月英国汤姆逊拍摄）

金陵机器制造局生产车间（1871 年 11 月英国汤姆逊拍摄）

同治十年（1871），英国著名摄影师约翰·汤姆逊（John Thomson，1837—1921）来到南京，专门造访金陵机器制造局，写下了《南京的兵工厂》[①]一文，现摘录如下：

这所兵工厂是在李鸿章的主持下创办的。它是中国第一个这样的兵工厂，位于城市南门外大报恩寺琉璃塔的遗址附近。大报恩寺，与这座塔一起，毁于“太平军叛乱”，现在的兵工厂在修建的时候部分地使用了寺和

① ［英］约翰·汤姆逊著，徐家宁译：《中国与中国人影像：约翰·汤姆逊记录的晚清帝国》，广西师范大学出版社 2012 年 11 月版。

塔的砖块。昔日流转于僧院佛堂、充盈于空气之中的沉闷的诵经声，现在被更喧闹的声音替代——引擎的轰鸣、汽锤的撞击，还有试验枪炮的爆炸声。这所兵工厂遵循最先进的科学原理，由马格里博士（Dr.Macartney）担任督办。这是中国古老行事方式的一个惊人的革新。如果说是中国人最早教会了我们火炮的使用（他们说在1232年开封府的攻城战中就使用了这种武器），那么我们一定要热切地报答他们，报答的方式就是让他们了解我们的致命武器是怎么造出来的。这所兵工厂每年能制造上百吨的枪炮和弹药，我毫不怀疑这些产品的巨大效用已经在扑灭甘肃和陕西的回民“叛乱”的过程中得到了证明。在No.18（笔者按：指P983上图）里，我的读者能认出那是一挺机关枪，在它的右边是一个水雷，另外还有火箭管、一堆炮弹、一门榴弹炮、一具火箭筒，以及一门野战炮。这挺机关枪才刚刚制成，并当着我的面进行了试射。一个当地中国工人正在向其中的一位官员他的长官介绍这个装置。这张照片显示出，尽管很多中国人对那些与和平相关的西方科学还是不太感兴趣，但是他们已经开始试着掌握那些与战争有关的部分。

约翰·汤姆逊在同书的《洋枪队》一文中再次提到金陵机器制造局：“这里最让我感兴趣的就是子弹被冲压成型然后由机器装填的过程，还有他们铸造大炮的地方，他们制造的大炮既精确又可靠，可以与我在欧洲见过的最好的大炮相匹敌。”值得称道的是，约翰·汤姆逊留下了南京历史上的第一组照片，其中就有金陵制造局的机关枪、水雷、火箭管、炮弹、榴弹炮、火箭基座、野战炮和生产车间等。

同治十二年（1873），俄国王子也曾访问金陵机器制造局。据《申报》1873年4月25日第4版选录香港3月12日《中外新闻》报道：

俄王子至金陵

二月廿三日，俄王子驾到南京，所有雨花台故址及诸名胜所在，均往游赏。军器局亦往游焉。王子游旌初到时，中国地方官拟备礼相迎，而王子雅不欲多扰，故辞免。然王子于繁华市肆，亦亲往沽物，无妄自尊大意。王子所至，仰丰采者如堵，然亦循循有礼，无稍哗诽者云。

机器正厂（同治五年建）

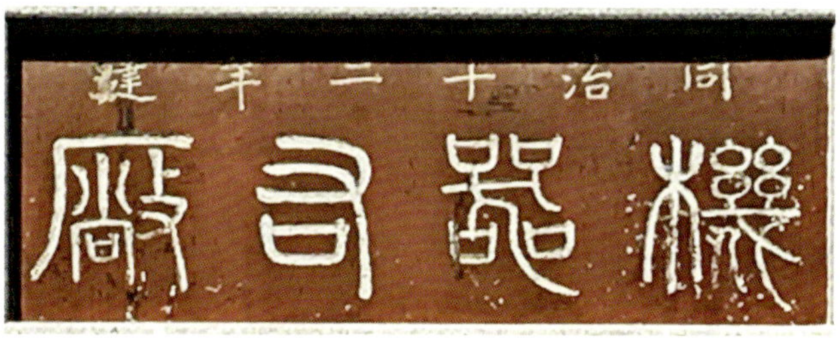

机器右厂（同治十二年建）

机器左厂（光绪四年建）

卷铜厂炎铜厂（光绪七年建）

机器大厂（光绪十二年建）

木厂大楼（光绪十二年建）

为了扩大金陵机器制造局的军火生产力，光绪十一年（1885）五月，李鸿章上奏清政府，请求拨款十万两银元，用于扩建厂房，添置机器，得到批准。光绪十二年（1886）正月扩建工程正式开工，至十三年（1887）四月竣工，“添建厂屋均用外洋坚木，一切造法悉依洋式”；购买西洋机器用银 67310 余两，收买民基、购办料物等用银 23036 余两，装运机器料物用银 2060 余两，人员工资开支 8053 余两。[①] 经过这次扩建，金陵机器制造局已有机器厂 5 座，其中机器正厂厂房 8 间，机器左厂厂房 10 间，机器右厂楼房 12 间，枪子机器厂厂房 24 间，拉铜机器厂厂房 30 间。此外，还有火器厂厂房 36 间，翻砂厂两座 15 间，熟铁厂两座 33 间，木作厂两座 32 间，汽炉 8 座，汽炉房 27 间，大烟囱 8 座，铁水池 1 方，共增加制造枪炮子弹必不可少的各种机器 50 余副，使全局的生产

① ［清］李鸿章：《金陵机器局光绪十二年扩建工程》（光绪十四年五月二十二日），收入江苏省政协文史资料委员会、江苏省国防科学技术工业办公室编《江苏近代兵工史略》（《江苏文史资料》第 28 辑），江苏文史资料编辑部 1988 年出版发行。

规模和厂区面貌大为改观。[①]

光绪十四年（1888）秋天，宾红阁外史与友人庄小春、徐闻韶同游雨花台，顺道游览金陵机器制造局，宾红阁外史写下了《观金陵机器制造局记》一文，现全文抄录如下：

孟秋二十九日清晨，宾红阁外史约庄子小春蹑屐游雨花台，徐子闻韶曰：“仆将有事于机器制造局，能纡道一游，以恢眼界乎？”欣然应之曰：“诺。”乃相偕出聚宝门，行半里许，步渐高，外史曰：“是殆山之麓欤？”徐子曰：“非也，是为报恩塔故址，塔毁于赭寇，积瓦砾如冈，居人就其处结茅，出入所经，介然成路，此处固乌有山哉！”不觉抚今吊古，怃然者久之。

既而入局门，谒总办不得见，见学生某君，导之游诸厂。初至镕铁处，洪炉初出，火焰通红，纳诸钢模，大小皆随其范。顾谓庄子曰：“有是哉，是可悟因材施教之义矣。彼顽铁只块然一物耳，无以范之，不能就方圆，乌足成器物？一经大匠之陶铸，而范围矩矱无不遵循。然则人虽若铁之顽，苟得在上者陶之冶之，镕铸而琢磨之，亦何患本性难驯，终于顽梗哉？”既而至木厂，大者十余围，小者可拱可把，数十人舁置轮上，一推移即已锯成，或作栋梁材，或为舟楫选，从心所欲，断无偭规越矩之虞。夫乃叹惟木从绳，古人定非虚语矣。今世之求材岩谷者，动谓散木无用，不能合于斧斤，致有参天拔地之姿不克一显于世庸，讵知一经斫削，自能曲合于准绳，即木即人，此其明喻也。

观至此，庄子微有倦容，导者曰：“盍再一观机器火轮乎？”外史欣然首肯，强邀同往。至则见大小轮轴不下数百具，盛置于架，或悬于空；其总轮大可数十围，高以二三丈计，一受火气，旋转如风；旁有略小之数轮，因之以转，而各屋诸轮乃无不转焉。不觉恍然曰：“是可以悟涉世之道矣：凡物形方则执滞，而不能动移，桌椅也，砖石也，置诸东则在东，置诸西则在西，断不能因应咸宜，顷刻旋转；轮惟取诸圆象，故能盘旋无滞，得手应心。由是观之，人可自恃孤方，凡事不思圆转欤？且观大轮之摄小轮，亦犹人君之摄大僚，大僚之摄百官也。一人端拱于上，訏谟硕画，运用从心，为之辅弼疑丞者，布化承流，发号施令。由是而庶官以备，庶事以康，

① 卞集：《金陵机器局》，收入江苏省政协文史资料委员会、江苏省国防科学技术工业办公室编《江苏近代兵工史略》。

各司其司，不致丛脞紊乱之咎。元首明而股肱良，股肱良而庶事康，不必证诸古书，盖一触目而即可神会焉。”

自是而进，观格林炮厂、洋枪厂、水雷厂，工匠数百人，各执其事，丁丁斧凿，晷刻不停。其所制成者，匠头皆出以指示。口议指画，不惮精详。我因之重有感矣。国家当承平之日，动谓修文偃武，不复措意于边防，有语以武备不可弛者，辄以为佳兵不祥，万不可有心黩武。一旦疆场有事，而诗书不足以退强敌，未免束手咨嗟，则何若先自绸缪，作未雨撤桑之计乎？犹忆道光之季，泰西方用兵于海上，发匪内讧于粤西，尔时久享治平，父老咸未尝见兵革，一旦衅启，茫乎竟未有端倪。今则战胜之余，士卒俱经百练，纵有昔岁法人之祸，而肉搏血战，士气略不少衰。盖其安不忘危，久经训练，而又炮枪战舰，事事效法西人，故能日渐精良，不致窳败无用也。

顾或者谓中国自有制度，六伐七伐，六步七步，堂堂兵法，自昔为昭，何必奉西人为师，勉强为之步武？嘻，是真迂腐之儒，不达时务者也。中国而苟能闭关谢客，不与西人通则已，中国而既与西人通，安保和局之百年不坏？设或强邻压境，废玉帛而修干戈，彼以枪炮施，我以弓矢应；彼以铁舰来，我以扁舟往，其有不一败涂地，血肉糜烂者几希。然则机器局之设，实大臣谋国之精心，不可视为缓图者也。

时徐子方在会计处坐谈公事，外史乃先偕庄子至雨花台凭吊梁武谈经处，摩挲方正学尽节碑，散步至第二泉，啜茗闲话。阅炊许，徐子寻踪至，乃仍相偕觅归途，则夕阳已下崦嵫矣。[①]

李鸿章在同治四年八月初一日（1865年9月20日）上奏的《置办外国铁厂机器折》中说到建立兵工厂的目的是“有事可以御侮，无事可以示威”，“机器制造一事，为今日御侮之资，自强之本”，至于为何不像以前的“洋炮局”那样，直接冠以“兵工厂”之名，其中别有深意。据雷颐《李鸿章与晚清四十年》，“其原因就在于他认识到‘洋务’迟早要突破‘求强’的‘军工’范围，进入‘求富’的‘民用’领域，这种意识极为超前”。[②]李鸿章在《置办外国铁厂机器折》中说得十分清楚：“臣查此项铁厂所有，系制造之器，无论何种机器，逐渐依法仿制，

① 《申报》1888年9月19日。
② 山西人民出版社2008年1月版。

即用以制造何种之物，生生不穷，事事可通。目前未能兼及，仍以铸造枪炮藉充军用为主。”“臣尤有所陈者，洋机器于耕织、刷印、陶埴诸器，皆能制造，有裨民生日用，原不专为军火而设。”

据统计，光绪二十二年（1896），全年共制造各种炮 62 尊，炮弹 30800 颗，抬枪 140 杆，各种子弹 25 万粒，枪帽大铜火 1250 万粒，炮车 52 辆，铜管门火 86000 枝，小水雷 40 个，水雷信子 1200 枝等。[1] 到光绪二十六年（1900），全年共制造各种炮 194 尊，新式后膛抬枪 280 杆，各种炮弹 73200 颗，子弹 282100 粒，大铜火 600 万粒，炮车 208 辆，门火 1500 枝。显然，光绪二十六年（1900）的生产能力比光绪二十二年（1896）有较大幅度的增长。[2]

清末民国吴友如《点石斋画报》也专门谈到了金陵机器制造局，原文如下：

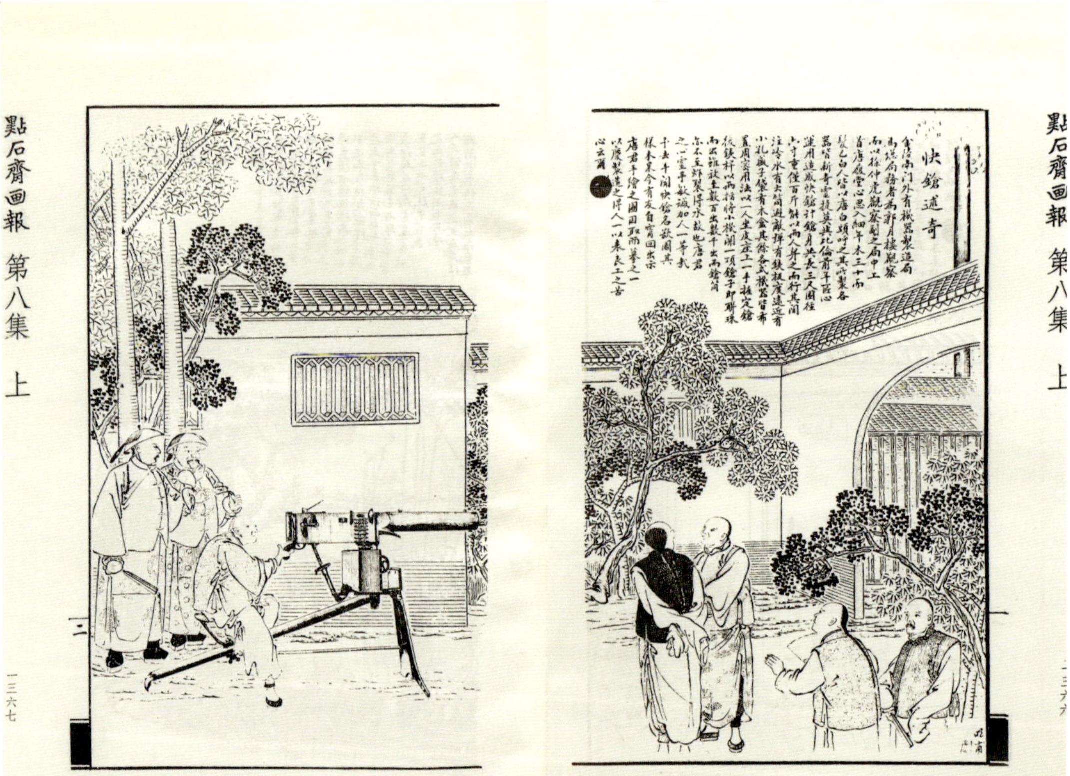

金陵机器制造局（《点石斋画报》）

① 《金陵机器局光绪二十二年制成大宗军火军器清册》（光绪二十三年九月呈报），原件藏中国第一历史档案馆，收入江苏省政协文史资料委员会、江苏省国防科学技术工业办公室编《江苏近代兵工史略》。

②《金陵机器局光绪二十六年春夏秋冬造成枪炮子弹军火清册》（光绪三十年三月呈报），原件藏中国第一历史档案馆，收入江苏省政协文史资料委员会、江苏省国防科学技术工业办公室编《江苏近代兵工史略》。

快枪述奇

金陵南门外有机器制造局焉。总局务者为郭月楼观察，而以徐仲虎观察副之。局中工首唐履堂，心思入细，年未三十而发已白，人皆以唐白头呼之，其所制各器，皆新奇灵捷，莫与伦比。年前匠心运用，造成快枪。计枪身共长三尺，围径六寸，重仅百斤，能以两人舁之而行。其间注冷水有大筒，避敌弹有铁板，度远近有小孔，盛子袋有木盒。其余各式机器，皆布置周密，用法：以一人坐皮座上，一手握定枪后铁杆，以两指将小机关一顶，枪子即联珠而出。虽放至数百出、数千出，而枪筒亦不至炸裂，得水故也。唐君之心灵手敏，诚加人一等哉！予去年闻快枪名，欲图其样未果，今有友自宁回，出示唐君手绘之图，因取而摹之，一以庆制造之得人，一以表良工之苦心云尔。

清末又在武定门外建火药局，据《光绪续纂江宁府志》卷六《实政志》记载：“制造火药局，江宁各营所需火药，向由安庆火药局拨济。同治十一年，总督何公璟议由江宁制造。八月，立局于通济门外，以牧令一人掌之。采硝于寿、亳、矩野、归德。亦间用洋硝配药，视土硝力猛价相埒也。凡购硝，宜秋冬凝结之时，产旺而值廉。初用土磺、洋磺，近则购用台磺。采松柴木于青阳竹潭镇者良，嫩柳炭于镇潭剔皮去节，杉炭于西溪丁坑，皆皖南地，辨其色质与性，审火齐之节，督匠碓造，皖鄂二省制法皆用碾，北五省则用碓，施于枪炮皆宜，核各军演放之数以为作辍，凡火药存储日久，易致变坏。通计制造之药，能足二三年操防之用，即暂停工作，其空闲之时，江宁城守营或借局制造焉。”同书卷七《建置志·署廨》“制造火药局，在通济门外九龙桥，收买民基建造，同治十一年工竣，计房屋五十四间，披屋五间。十二年六月，又添造夫役住房十间，碓房五间。制造火药分局，在通济门外神木庵旧基建造，同治九年六月工竣，计洋屋十三间，头门客厅等屋八间，披屋十二间，过亭门披三厦。”据史料记载，1881年，为供给江防各炮台及留防各营充足的洋火药，继任两江总督刘坤一奏请在金陵制造局内添设一个洋火药局①，厂址选在离金陵机器制造局不远的通济门外九龙桥南，通过瑞生洋行（J.J.Buchheister & Co.）转托英国黑鲁洋行（S.P.HalI & Co.）代购一套日生产能力为一千磅火药的机器，并雇聘该洋行的技师波列士哥德（G.Bracegirale）设计和督

① 刘坤一：《开厂制造洋火药局片》，收入欧阳辅之编《刘忠诚公（坤一）遗集》卷18，文海出版社1979年版。

金陵兵工厂大门

金陵兵工厂全景

金陵兵工厂厂房（20 世纪 30 年代）

金陵兵工厂礼堂（1935 年）

造厂房，1882 年动工，到 1884 年建成，“全厂有高达 40 — 50 呎至 80 呎的烟囱 8 个，从 10 匹到 25 匹马力的机器 4 台、锅炉 6 座、抽水机 4 台”①。建洋火药局共花费 18 万两，日产火药 1000 磅。1908 年并入金陵制造局。“1951 年，在火药局旧址上建立华东军械学校，和南京晨光机器厂同属五机部。1969 年 2 月，华东军械学校搬迁至贺兰山军马场。”②

1906 年，11 岁的孙津川（1895—1928）进入南京金陵机器制造局当童工。他出生在南京中华门外宝塔根一个贫苦工人家庭。满师后，到上海先后进大中华纱厂、兴发机器厂做工。后因替一工伤工人打抱不平而被兴发机器厂开除。1923 年春，孙津川进入上海铁路吴淞机厂当钳工。他后来加入共产党，成为第一任中共南京市委书记。他重视农民运动，在南京浦口九袱洲建立了南京第一个农民党支部。1928 年，由于叛徒告密，孙津川被捕，牺牲在雨花台，年仅 33 岁。

1912 年民国成立后，金陵机器制造局名义上属中央陆军军械司管辖，实则为江苏历任督军所控制。1927 年国民政府定都南京后，金陵机器制造局更名为上海兵工厂南京分厂，厂长陈钦。1929 年 6 月，改隶兵工署直辖，改称为金陵兵工厂，厂长先后是黄公柱、李承干。

1934—1936 年，金陵兵工厂进行了两次大规模的征地扩建工程，共计征地 223 亩（约 14.83 万平方米），其中第一次征地 79 亩（约 5.27 万平方米），第二次征地 144 亩（9.6 万平方米）。土方工程中标厂商为窦永记，附属工程中标厂商为协记。“金陵兵工厂的扩建工程，既包括添修旧有的枪厂、中弹厂、器材厂，也包括新建南弹厂、北弹厂、木厂、工具厂和职工住宅、浴室、物料库、试验室等，还购置了机器设备，以扩充生产能力。全厂共用资金 200 万元，其中建筑费用 408634 元，机器 1046 部，共值 1313212 元，工具仪器 14330 元，交通器材 9353 元，样板样品 41.612 元，图书 8.408 元，家具 30368 元。全厂面貌焕然一新。至此，同治四年（1865 年）建厂以来的老厂房，大部分已拆除，只有下列遗迹还存在：机器正厂，同治五年（1866）建；机器右厂，同治十二年（1873）建；机器左厂，光绪四年（1878）建；卷铜厂，光绪七年（1881）建；炎铜厂，光绪七年（1881）建；镕铜厂，光绪九年（1883）建；机器大厂，光绪十二年（1886）建；木厂大楼，光绪十二年（1886）建；老君庙，光绪十二年（1886）建。老君庙在 1957 年 7

① 《北华捷报》1884 年 4 月 20 日。

② 韦世林：《直卿村故事》（五），《南京史志》2020 年第 2 期。

1934 年建的厂房（在物料库的西边）

物料库（1934 年建）

1936 年建的厂房

“民国念五年建”铭文

1937 年建的厂房

机器大厂与民国楼（1937 年建）

两栋 1937 年建的大楼之间的过街楼

“民国念六年建”铭文

过街楼

锯齿形厂房，现为凡德艺术街区

月拆除，建晨光俱乐部，1882 年 3 月又改建为晨光礼堂。”[①]

在 1927 年至 1937 年间，金陵兵工厂不仅产量大幅度提升，而且质量大幅度提高，其生产的马克沁重机关枪颇受部队士兵欢迎。（详见《金陵兵工厂 1927—1937 年产品及产量表》）[②]

1937 年八一三淞沪抗战爆发后，日军出动飞机对国民政府首都南京进行轰炸，金陵兵工厂也成为日军空袭的重点目标之一，在 8 月的一次轰炸中，金陵兵工厂被炸死炸伤 11 人。随着日军 11 月 12 日攻陷上海，南京危急。11 月 16 日，金陵兵工厂奉国民政府军政部之命西迁重庆，改名兵工署第二十一兵工厂，李承干继续担任厂长，原址被日军占领，先后属于高桥部队、高森部队、贵志部队、稻田部队、松尾部队管辖，1938 年开始生产。

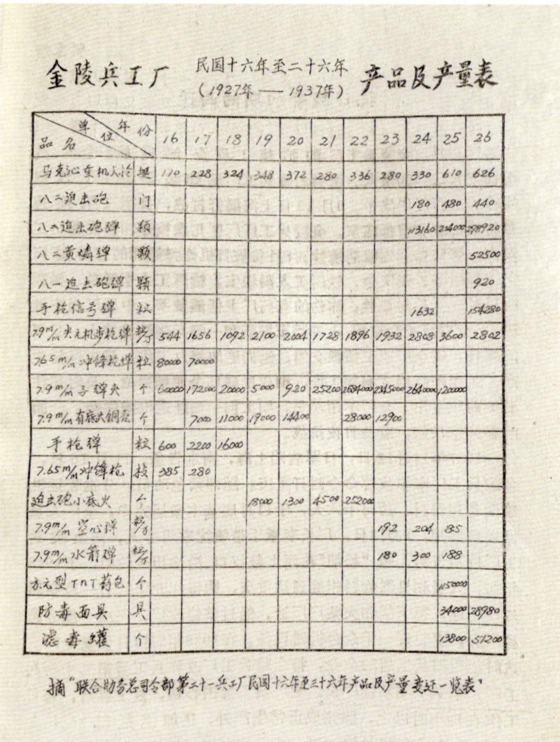

金陵兵工厂 民国十六年至二十六年（1927年——1937年）产品及产量表

品名	单位	16	17	18	19	20	21	22	23	24	25	26
马克沁重机关枪	挺	170	228	324	348	372	280	336	280	330	610	626
八二迫击炮	门									180	480	440
八二迫击炮弹	颗									113160	224000	298920
八二黄燐弹	颗											52500
八一迫击炮弹	颗											920
手枪信号弹	粒									1632		154280
7.9m/m 尖无机步枪弹	粒/万	544	1656	1092	2100	2004	1728	1896	1932	2808	3600	2802
7.65m/m 冲锋枪弹	粒	80000	70000									
7.9m/m 子弹尖	个	60000	172000	20000	5000	920	25200	2684000	2315000	264000	120000	
7.9m/m 有底火铜壳	个		7000	11000	19000	14400		28000	12900			
手枪弹	粒	600	2200	16000								
7.65m/m 冲锋枪	枝	385	280									
迫击炮小底火	个				1800	1300	4500	25200				
7.9m/m 空心弹	粒/万								192	204	85	
7.9m/m 水箭弹	粒/万								180	300	188	
方元型 TNT 药包	个										115000	
防毒面具	具										34000	28980
滤毒罐	个										13800	51200

摘“联合勤务总司令部第二十一兵工厂民国十六年至三十六年产品及产量变迁一览表”

金陵兵工厂 1927—1937 年产品及产量表

1945 年 8 月，日本无条件投降。同年 10 月，李承干派第二十一兵工厂綦江分厂厂长孙学斌等 34 人回到南京，从日军厂长松尾春重手中接管工厂。1946 年 3 月更名第二十一兵工厂南京分厂。1946 年 8 月改称兵工署第六〇兵工厂，9 月 2 日，举行新厂成立大会，孙学斌任厂长，从此重庆第二十一兵工厂与南京第六〇兵工厂各自独立，隶属于兵工署。在 1946 年 9 月至 1949 年 1 月间，该厂生产的主要产品有冲锋枪、步枪、迫击炮等。

据中共地下党编印的《南京概况（秘密）》记载，1948 年 2 月，“兵工署第六十兵工厂（金陵兵工厂）……职工：该厂现有官佐二一四人。生产量：每日产迫击炮弹二万发，手榴弹一万个。每月并产冲锋枪五百支，改装三八式为中正式步枪五万支（一九四八年二月材料）。一九四八年上半年并计划每月仿造冲锋枪一千支。［附注］该厂在徐州设有修械所”。[③]

①② 赵志中：《金陵兵工厂——第六十兵工厂》，收入江苏省政协文史资料委员会、江苏省国防科学技术工业办公室编《江苏近代兵工史略》。

③ ［民国］书报简讯社编：《南京概况（秘密）》，1949 年 3 月内部印刷本。

1948年底淮海战役中期，国民党眼看败局已定，将六〇兵工厂向台湾高雄搬迁，只留下少量无法搬走的旧机器设备以及整座厂房等。

1949年4月23日，南京解放，同月29日，第二野战军接管了该厂。同年10月，二野奉命南下，六〇兵工厂改属第三野战军管辖，命名为军械总厂。1950年8月，工厂改属华东军区。1952年11月，军械总厂改属地方，由原第二机械工业部管辖。1952年底，山西长治三〇七厂搬迁南京，与军械总厂合并，称国营三〇七厂。1957年4月，采用国营晨光机器厂作为第二厂名，对外公开使用。1980年3月，改称南京晨光机器厂。1996年6月，作为全国一百家现代企业制度试点单位之一，正式组建了晨光集团，并更名为南京晨光集团有限责任公司。新中国成立以来，该厂为国防建设和航天事业做出了重要贡献。

2007年，晨光集团华丽转身，变身“晨光1865科技创意产业园”。到2022年6月，入驻企业达300余家，已经成为国内知名的融科技、文化、商业、旅游为一体的综合性时尚消费、创意产业中心，以及具有军工历史文化特色的创意研发集聚区，是南京时尚文化生活的新地标和新名片。整个园区分为创新创业核心区、文化旅游体验区、军工博览展示区和品质生活休闲区四大功能区。①

晨光1865文化创意产业园占地面积21万平方米，有9幢清代建筑、23幢民国建筑、20多幢新中国成立后的建筑，构成国内最大的近现代工业建筑群。这些建筑物至今仍在使用，使得该产业园成为名副其实的近代中国工业建筑的“陈列馆”。

早期的机器正厂、机器右厂和机器左厂虽已拆除重建，但建厂标牌仍保存在重建后的厂房门额上，这些标牌上分别注明同治五年（1866）建机器正厂、同治十二年（1873）建机器右厂、光绪四年（1878）建机器左厂。现存原建筑有：光绪七年（1881）建的炎铜厂、卷铜厂，光绪九年（1883）和光绪十一年（1885）五月建的熔铜房，光绪十二年（1886）建的木厂大楼和机器大厂等。每厂建筑少则一间，多则十余间。这些厂房具有西洋风格，人字形屋顶，三角桁架，门窗上部为拱形青砖清水墙，坚固宽敞。其中机器大厂为两层砖木混合结构，清水砖墙，四坡顶瓦屋面，是金陵制造局中现存最早的一批厂房之一。该建筑东西向，南北长约47.74米，东西长约16.14米，总建筑面积约1584平方米，总高度约8.97米，为纵墙承重体系，墙体为青砖和石灰砂浆砌筑，墙体厚度80

① 赵莉萍：《百年金陵制造 一座晨光1865》，《古都南京》2022年7月第19期。

厘米。一层跨中采用铸铁实心柱承重，柱径为4厘米，楼面采用的张弦梁结构形式是目前已知中国最早的应用案例，比国际上正式提出张弦梁结构概念早近百年。

20世纪30年代起，国民政府对金陵兵工厂的厂房建筑进行了更新和扩建，其建筑风格独领风骚。民国时期的厂房建筑风格大致可以分为三大类：

一是建于1935年的七座二层西式厂房楼群，向南呈“凹”字形分布，以相邻墙面计测，厂房之间东西间隔约10米，南北间隔约8米，架空的过街楼，把整个楼群串联在一起，从任何一座厂房的楼梯进入二楼后，不需下楼就可以通过过街楼道进入其他任何一座厂房，有效地提高了工作效率。这组楼群平均高约16米，东边一组的第一座厂房，其二楼东头朝南开有大门，与依山丘而筑的马路相连，这样，电瓶车、叉车等机动车辆可从此门直接进入二楼，并通过过街楼道，到达楼群中任何一座厂房的二楼内。因此，过街楼为人员流动、零件转运、车辆行驶等提供了便利，不失为一种既经济又科学的工业建筑设计方法。在这组楼群中，有的厂房内还开有用于垂直运输的方口，装有吊斗等简单机械，可以自如地把零件搬运于一、二楼之间，使一、二楼连成一体。随着科学技术的不断更新，这些方口作为工业发展的轨迹而成为历史。为了不挤占工作场地，当时的建筑设计师把厂房一楼的厕所建在了地下室内，这些厕所都有与地面平齐的窗口，既不占面积，又利于通风。此外，工房里靠墙的四周都有明沟，便于清洗地面油污的污水外泄。这组楼群的房顶参照了中国传统建筑的歇山顶风格并加以发展演变而成，有效地解决了通风问题。

二是建于1936年的多跨连续厂房，其房顶上开设有锯齿形天窗，这一独具特色的天窗面北而开，避开了太阳光直射，使厂房内光线柔和，利于工人从事机械加工劳动。锯齿形厂房的内部总高度为8.68米，水泥地墙、洋瓦屋面、洋瓦阴面与木质屋面板相连，其间以油毛毡相隔。厂房主框架置于四面坡形基座上，房顶锯齿外低点处有东西走向的白铁明沟，用于雨水和雪水的排放。厂房四面钢窗呈连续性分布，东西南北均开有大门。厂房内部采用钢架结构，工字钢支柱，支柱内槽置有涡杆，与开启天窗的涡轮相连。开天窗时，只要转动涡杆下端的旋转手柄，就可带动涡轮涡杆系统工作，从而打开离地五米多高的天窗。

三是带“气楼”的厂房。这种被称为“戴帽式”的厂房共有两排，是原来生产机关枪的机枪装配线。所在地两排平房之间的通道，建有数个用于防雨水的连廊，连廊两头与房屋的大门相连，这样，即使是大雨倾盆，零件转运也能安然无恙，从而保证产品的质量。连廊的使用，既满足了加工和装配应相对独立的要求，同时也使两排厂房有机地联系在一起，起到了两排厂房连成一个大厂房的作用，节省了建房资金，具备了科学的实用价值。此外，“气楼”的设计，保证了厂房内的通风和采光，使机器加工产品的油烟灰尘，通过空气对流，有效地从工房内排出，从而保证了房内的空气清新。

金陵机器制造局（兵工厂）厂房建筑，较为典型地反映了近代中国工业建筑的特点，具有重要的历史、科技和文化价值。这些建筑得到了较好的维护和保养，至今仍完好地保持着它的历史风貌。

金陵机器制造局向金陵兵工厂的发展历程，见证了中国民族工业的发展轨迹，是我国由传统手工业向机器大工业发展的活化石。童寯先生在《新建筑与流派》前言中写道：“西式工业建筑始自清末‘洋务运动’。……1865 年清政府在上海设江南制造局，在南京设南京机器局；生产性工业厂房开始用承重砖

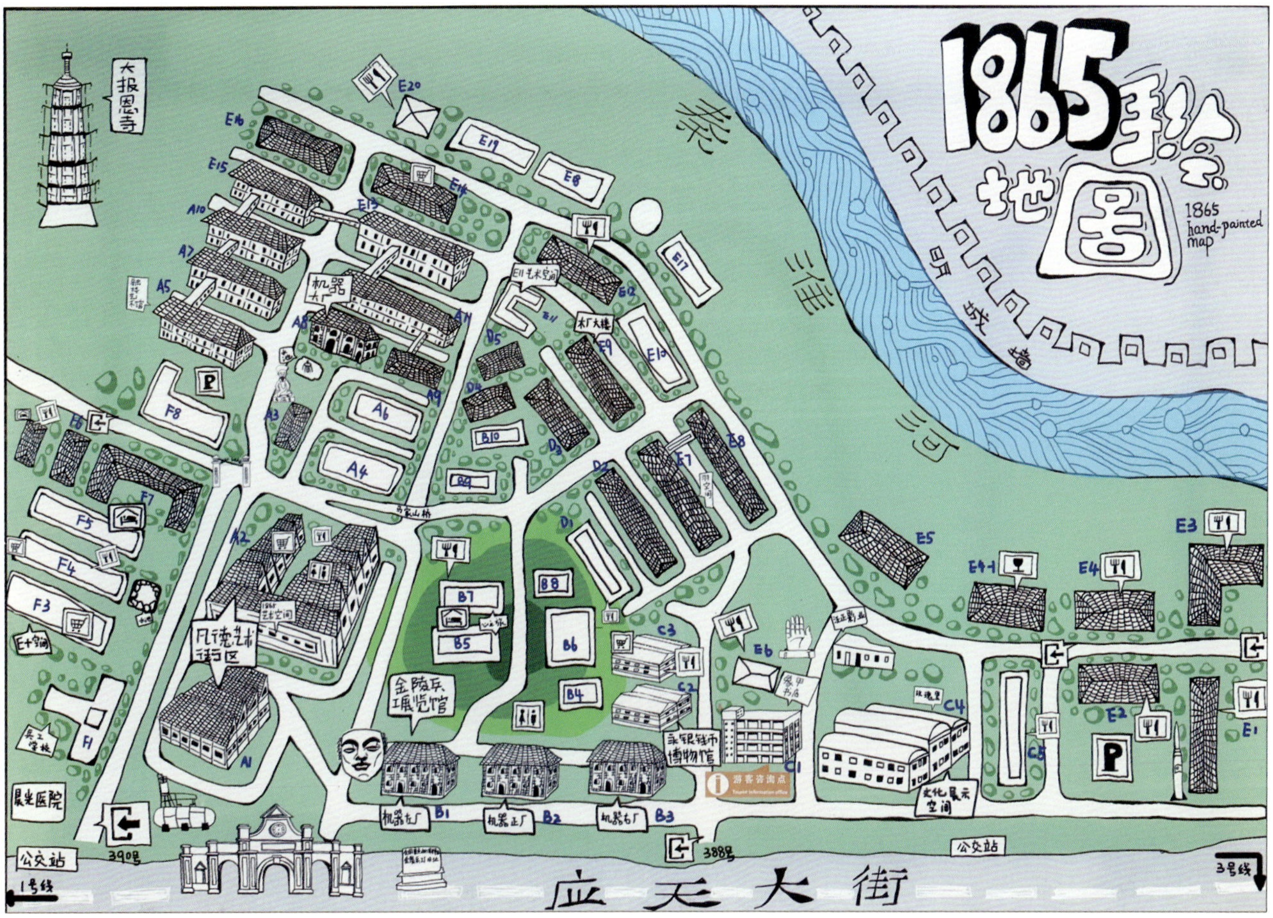

1865 手绘地图（晨光 1865 科技创意产业园提供）

墙、人字屋架结构。”①

2009 年，金陵机器制造局所在的园区成为首批“国防科技工业军工文化教育基地”。2012 年，“晨光 1865 科技创意产业园（金陵机器制造局）”入选“金陵新四十八景”名录。2013 年，金陵兵工厂旧址被列为全国重点文物保护单位。2013 年，“晨光厂近代建筑风貌区”被南京市人民政府列为“南京重要近现代建筑风貌区”。2017 年，“金陵兵工厂”入选由中国文物学会、中国建筑学会联合评选的“第二批中国 20 世纪建筑遗产项目”。2018 年，金陵机器制造局旧址入选首批 20 世纪“中国工业遗产保护名录”。2023 年，以金陵兵工厂为核心的晨光 1865 科技创意产业园成为第一批国家级文化产业示范园区挂牌单位。

① 童寯：《新建筑与流派》，载《童寯文集》第二卷，中国建筑工业出版社 2001 年 8 月版。

浦镇机厂

浦镇机厂坐落在长江北岸的南京市浦口区南门镇龙虎巷 5 号，是南京历史上第一家中外合作企业，现为中车南京浦镇车辆有限公司老厂区所在地。

清朝光绪三十四年（1908），清政府与英、德两国签署《天津浦口铁路借款合同》。根据合同，津浦铁路的修建由英、德两国工程管理公司负责，以山东境内韩庄为界分为两段，德国负责北段（天津至韩庄）共计 626 公里，于 1908 年 6 月开工；英国负责南段（韩庄至浦口）共计 383 公里，1909 年 3 月开工建设。在开工修建津浦铁路的之前，英国方面提出由中英合资在津浦铁路南段建造铁路修理厂，以维修津浦铁路南段行驶的铁路机车车辆，以及制造机、客、货车配件等。工厂建设筹备工作由津浦铁路南段总工程师、英国人德纪

浦镇机厂大门

（T.W.Tuekey）负责，厂址选在长江北岸浦子口城西南隅万峰门内（今南门镇），工厂取名为浦镇机厂，隶属津浦铁路局南段管理局。

浦镇机厂厂房

浦镇机厂于1908年建成投产，当时占地面积25万平方米，厂房两幢，建筑5318平方米，内有42匹马力蒸汽机1部，金属切削机床20台。浦镇机厂虽属清政府官营企业，但经营权、管理权却操纵在英国人手里，从厂长到总监工，都由英国人担任。建厂初期，工人不足百人，新式机床、动力设备及车辆所需要的大小配件，均须向英国购买。由1908年开始，浦镇机厂一直从事配件生产，以及桥梁、轮渡、驳船及机械设备维修工作，至1914年，开始维修铁路机车车辆。1919年，随着津浦铁路的运输日益繁忙，

民国时期的浦镇机厂厂房内设备

浦镇机厂厂房和车间

浦镇机厂内的铁路

为应付需求，浦镇机厂进行了扩建，新建厂房两幢。1923年，津浦铁路局浦口电气厂建成，促进了工厂电动机器设备的添置。[①]

1927年，南京国民政府成立后，英籍厂长奥斯敦被解职，结束了英国人操纵工厂的历史，厂内生产管理事务由中国人自行管理。1929年，浦镇机厂开始组装从国外进口的铁路机车车辆。至1937年，国民政府铁道部设置铁路总机厂，将浦镇机厂、戚墅堰机厂和株洲机厂划归总机厂管理处统一管理，至此浦镇机厂拥有建筑面积达2.03万平方米，机器设备306台。

1937年12月，南京沦陷后，浦镇机厂也被日军占领。1939年4月，伪维新政府行政院与日本兴亚院华中联络部联合成立华中铁道株式会社，浦镇机厂归其管理，更名为“华中铁道浦镇工场”。1945年10月17日，国民政府接收工厂，恢复浦镇机厂原名，隶属于津浦区华中铁路管理委员会，后改隶津浦铁路管理局。1946年，浦镇机厂共检修机车106台，修理客车93辆、货车424辆，组装、翻新联合国善后救济总署由伊朗运来的220辆旧货车，大修货车63辆。

据中共地下党编印的《南京概况（秘密）》记载，1949年南京解放前夕，浦镇机厂有职工1762名，“设备：有机车工场、锅炉工场、机器工场、车辆工场、锻工场、铸工场、工机工场、整料工场，共有机器五〇五架。厂房面积二六二〇六平方公尺。生产量：A.修理能力。每月能修理机车九辆，客车八辆，货车五〇辆（一九四六年实际修理机车一〇六辆，客车九三辆，汽车六四四辆，大修汽车六三辆）。B.铸造能力。能铸铁五五〇吨，铜一〇〇吨”。[②]

1949年4月南京解放后，工厂更名为“济南铁路管理局浦镇铁路工厂”。至1949年底，工厂占地面积32.5万平方米，建筑面积3.5万平方米，各类机械设备495台，职工1459人。

1952年12月，改由铁道部直接管辖，更名为“铁道部浦镇机车车辆工厂”，由修理铁路机车、客车、货车改为主修客车。自1954年起停止铁路机车、货车修理业务，工厂更名为“铁道部浦镇客车修理工厂”。从1958年起，浦镇工厂在修理客车的同时开始制造客车和货车，制造出我国第一辆铁路客车——YZ21型硬座车，填补了国内铁路客车车厢制造的空白。此后，随着国民经济的飞速发展，浦镇车辆不断生产出一列列崭新的列车，为社会主义建设作出重要贡献。

① 《南京浦镇车辆厂志》编委会编：《南京浦镇车辆厂志》（1908—2007），中国铁道出版社2008年8月版。
② ［民国］书报简讯社编：《南京概况（秘密）》，1949年3月内部印刷本。

1975年2月，铁道部由交通部分离独立，工厂重新启用“铁道部浦镇车辆工厂”的名称。

自1978年改革开放40多年来，浦镇车辆厂独领风骚，屡建奇功。在城轨市场，公司生产的城市轨道车辆遍布上海、南京、苏州、杭州、无锡、深圳、东莞、香港等地，同时公司先后获得印度、新加坡、阿根廷、尼日利亚、肯尼亚等16个国家和地区的市场订单，实现了产品和技术、服务的海外输出。公司拥有强大的研发平台和雄厚的制造实力，掌握动车组、城市轨道车辆、现代有轨电车、跨座式单轨、APM（全自动旅客捷运系统）、空铁列车制造和无人驾驶、智能制造、智能物流等核心技术。公司具有完整的产业链，包括不锈钢、铝合金以及碳钢结构的A型和B型地铁列车、现代有轨电车、140千米/小时至200千米/小时

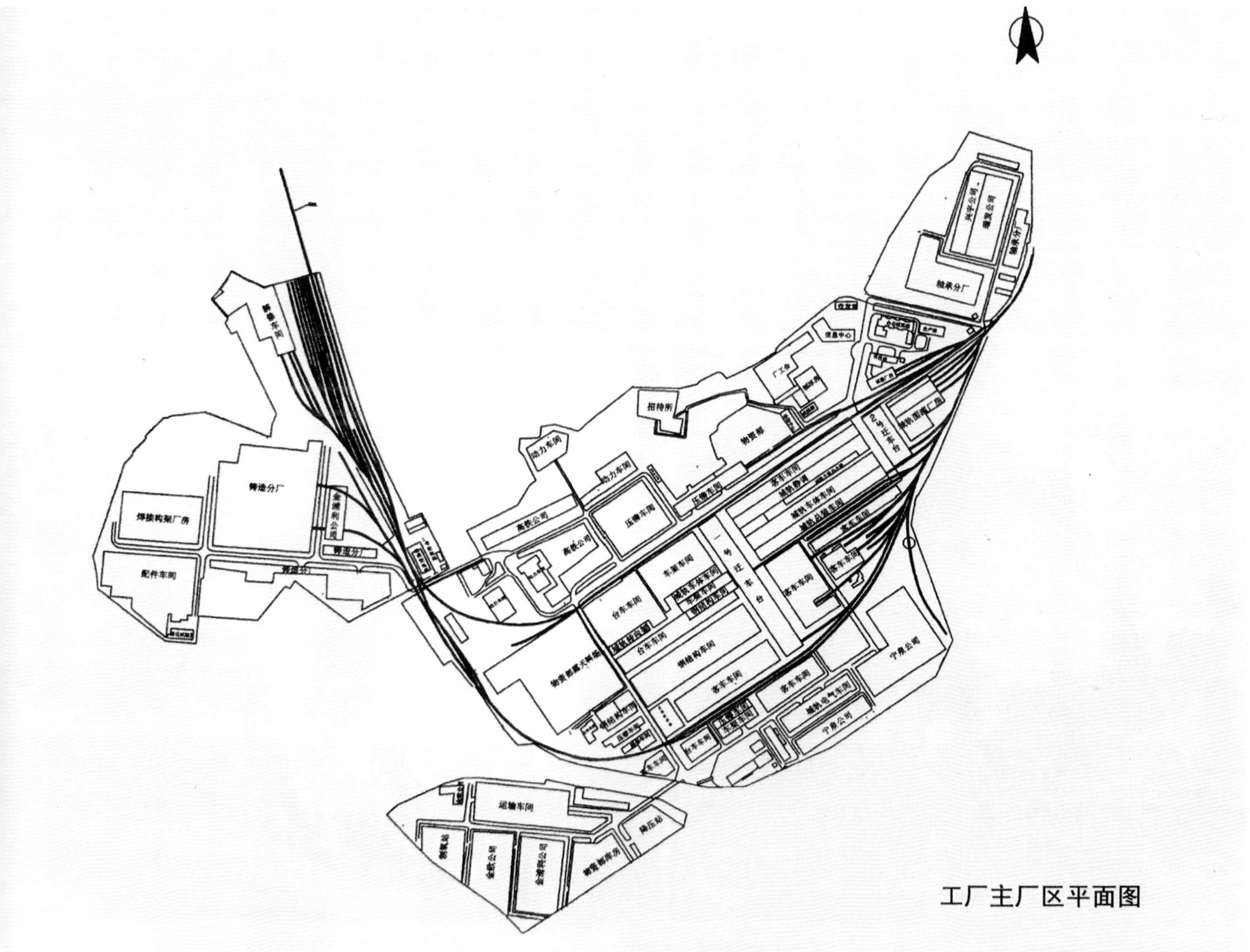

甫镇车辆厂主厂区平面图，见《南京浦镇车辆厂志》（1908—2007）

的 CRH6 型城际动车组、160 千米 / 小时动力集中电动车组、250 千米 / 小时“复兴号”标准动车组、空铁列车、25 型铁路客车、特种车辆以及各种类型转向架、各个速度等级制动机等。

浦镇机厂在中共南京地方史上和中国工人运动史上写下了光辉的一页。

浦镇机厂是中国共产党的一个早期建党活动据点，发起过多次工人运动。1919 年，北京爆发五四运动，很快席卷全国；6 月 9 日，浦镇机厂机匠王荷波组织全厂工人罢工，并在浦镇大街上游行示威，声援北京爱国学生运动。1921 年 3 月，浦镇机厂工人为反对英国监工的压迫，在王荷波领导下成立了南京市第一个工会组织——浦镇机厂中华工会，并于同年 6 月举行了罢工斗争。1922 年秋，创建南京地区第一个中共地方组织——浦镇小组，其中成员多为浦镇机厂的工人。1923 年 2 月 7 日至 9 日，为声援京汉铁路工人“二七”大罢工，浦口、浦镇铁路工人千余人总罢工，史称两浦铁路工人“二七”大罢工。南京市浦口区浦镇浴堂街 34 号，现在的南京工运纪念馆，不仅是南京市第一个工会组织——浦镇机厂中华工会会址，也是 1923 年的两浦铁路大罢工指挥所旧址。

从 1927 年至 1949 年，浦镇机厂中共组织经历了多次的破坏与重建。1930 年 8 月，浦镇中共党员陈兆春、徐立双等人组织工人罢工，9 月，在浦镇、浦口张贴标语，由于叛徒告密，陈兆春等 8 名中共党员被反动警察逮捕，10 月 8 日，牺牲于雨花台刑场。1933 年，中共南京特支书记顾衡来到两浦地区，在白色恐

两浦铁路工人“二七”大罢工指挥所

怖中重建党组织，此后，又遭破坏。1944 年，中共中央华中局城工部派中共党员邵雪岭来到浦镇，恢复地下党支部，组织抗日斗争。1948 年 7 月 2 日，浦镇机厂近 2000 名工人在中共南京市委的领导下，举行罢工和游行示威，取得胜利。南京解放前夕，在中共南京市委的领导下，浦镇机厂工人开展了反搬迁和护厂斗争，使浦镇机厂基本完整地保留下来。[①]

在浦镇机厂革命斗争中，涌现出了一位杰出的中共早期领导人，这就是王荷波。王荷波（1882—1927），中国工人运动的先驱、南京早期中共组织的负责人。山西太原人，生于福州。早年当过水手、工匠。1916 年到南京浦镇机厂做工，因不满英国资本家的剥削，带领工人罢工并取得斗争胜利。1921 年 3 月，组织创建南京浦镇机厂工会，当选为工会会长。1922 年 6 月，加入中国共产党，成为南京地区第一个共产党员，不久创建南京地区第一个中共党小组。1923 年 1 月底，代表津浦路铁路总工会筹备组到郑州出席京汉铁路总工会成立大会，随后又组织津浦路沿线工人举行罢工，有力地支援了京汉铁路工人的“二七”大罢工。在 1923 年 6 月于广州召开的中共三大上，王荷波当选为中央执行委员，后增补为中央局委员。当时，中央局由陈独秀、毛泽东、罗章龙、蔡和森、王荷波五人组成。五人之中，王荷波是唯一的工人党员。1924 年 6 月，赴莫斯科参加共产国际第五次代表大会和赤色职工国际大会。1925 年 1 月，在中共第四次全国代表大会上当选为中央候补执行委员；2 月，当选为中华铁路总工会委员长；5 月，当选为中华全国总工会执行委员。1926 年 2 月，主持召开了全国铁路总工会第三次代表大会；5 月，出席第三次全国劳动大会，继续被选为中华全国总工会执行委员。1927 年春，参与组织领导上海工人第二、第三次武装起义；同年，中共五大于武汉召开，在党的历史上第一次选举产生了中央纪律检查机构——中央监察委员会，王荷波当选中央监察委员会主席；8 月 7 日，中共中央在汉口召开紧急会议，王荷波出席会议并当选为临时中央政治局委员；9 月任中共中央北方局书记；10 月 18 日，由于叛徒出卖，王荷波在北京被捕；11 月 11 日，牺牲于北京。2012 年 7 月 7 日，王荷波纪念馆在南京浦口区行知路 5 号正式开馆。整个纪念馆总投资 350 万元，建筑和展陈面积近 1000 平方米。内容分为“王荷波——首任中共中央监察委员会主席”“中国共产党反腐倡廉建设历程”“浦口廉政文化实践”3 部分，共展出 200 幅照片、20 则故事、40 件实物展示，许

① 王杰、王宇：《浦镇机厂的红色记忆》，《档案与建设》2022 年第 3 期。

浦镇机厂厂长奥斯敦别墅

浦镇机厂厂长奥斯敦别墅南部外廊

浦镇机厂总工程师韩纳别墅

多照片、实物属首次向社会公开。

浦镇机厂至今仍保存有殖民式风格的建筑，以及20世纪典型工业建筑及其配套建筑、两浦铁路工人“二七”大罢工指挥所旧址。在这座具有悠久历史的工厂内北面的老韩山上，现存有殖民式建筑两幢，坐北朝南，占地面积约1500

浦镇机厂厂长奥斯敦别墅北部入口

浦镇机厂总工程师韩纳别墅

平方米，建筑面积1323.30平方米，共有房屋19间，并设有地下室。这两幢建筑物建于1909年，分别是英籍厂长奥斯敦和总工程师韩纳的别墅。其中英籍厂长奥斯敦的别墅高两层，红砖砌筑，坡形屋顶，三面有宽阔的外廊，属于典型的殖民式建筑。总工程师韩纳的别墅也是红砖砌筑，朝南一面有外廊，坡形屋顶。相传1928年蒋介石、冯玉祥曾在此会晤居住。1932年，国民政府行政院院长汪精卫曾在这里居住多日，并且会见了日本间谍川岛芳子（即金璧辉）。1949年后，该别墅先后作为工人疗养院、工人培训、教育场所。1997年，对该别墅进行了一次大规模的保护和维修。1983年，"浦镇车辆厂英式建筑"被公布为区级文物保护单位。1992年，被公布为市级文物保护单位。2002年，被公布为江苏省文物保护单位。2012年，被列为南京重要近现代建筑。

2009年12月28日，南京市文物局向社会公布了"第三次全国文物普查南京新发现"名录，其中包括乡土建筑、工业遗产、文化景观、秦淮河沿线文物等不可移动文物的认定登录工作，第一批12项新发现名单已经被确定为不可移动文物，浦镇机厂旧址为其中之一，至今仍保留了一批20世纪早期的典型工业建筑及其配套建筑。在浦厂现存的历史建筑中，规模最大、最具历史风貌的"大厂房"（现为浦镇车辆厂客车组装车间），面阔82米，进深63米，高12米，可同时容纳12辆机车入库。如今厂房内部已改为钢混结构，但建筑外貌却依然未变。2018年1月，浦镇机厂入选第一批"中国工业遗产保护名录"。

附：工厂隶属关系及厂名沿革情况表[①]

时间	隶属	厂名
1908.08—1912.01	津浦铁路南段工程局（铁路局）	浦镇机厂
1912.01—1928.10	交通部津浦铁路管理局	
1928.11—1931.02	铁道部津浦铁路管理局	
1931.02—1937.02	铁道部津浦铁路管理委员会	
1937.02—1937.12	铁道部总机厂	
1937.12—1938.12	日军铁道派遣团	浦镇工场
1938.12—1939.04	日军华中铁道局	
1939.05—1945.09	华中铁道株式会社	
1945.10—1946.04	交通部京沪区铁路管理局	浦镇机厂
1946.04—1946.07	交通部华中铁路管理委员会	
1946.07—1949.04	交通部津浦铁路管理局	
1949.04—1949.09	中国人民革命军事委员会铁道部济南铁路管理局	浦镇铁路工厂
1949.10—1951.03	济南铁路管理局	
1951.03—1952.12		浦镇工厂
1952.12—1953.06	铁道部厂务局	浦镇机车车辆修理工厂
1953.06—1954.02	铁道部机车车辆修理工厂管理局	浦镇车辆修理工厂
1954.02—1958.09		浦镇客车修理工厂
1958.09—1962.02	铁道部机车车辆修理工厂管理总局	浦镇车辆工厂
1962.02—1965.02		浦镇机车车辆工厂
1965.02—1970.09		浦镇车辆厂
1970.09—1975.01	交通部铁路工业组	铁道部浦镇车辆厂
1975.01—1986.02	铁道部工业局、铁道部工业总局	
1986.02—1989.08	铁道部机车车辆工业总公司	
1989.09—1994.04	中国铁路机车车辆工业总公司	
1994.04—2002.12		中国南车集团南京浦镇车辆厂
2002.12—2007.12	中国南方机车车辆工业集团公司	
2008.01—2015.06	中国南车集团公司	南车南京浦镇车辆有限公司
2015.06— 现在	中国中车集团公司	中车南京浦镇车辆有限公司

① 《南京浦镇车辆厂志》编委会编：《南京浦镇车辆厂志》（1908—2007），中国铁道出版社2008年8月版。

和记洋行

和记洋行（International Export Company），又名和记公司、和记蛋厂、国际出口公司，位于南京鼓楼区（原下关区）宝塔桥西街 168 号。工厂西临长江，金川河穿厂而过。

1842 年，英国强迫清政府签订丧权辱国的《南京条约》后，帝国主义列强纷至沓来，又签订了《天津条约》等一系列的不平等条约，中国对外通商的口岸急剧增加。英国伦敦“合众冷藏有限公司”（又名“万国进出口公司”）的老板韦斯特兄弟（Vestey Brothers）凭借其拥有的先进冷藏设备也来到中国，自 1897 年起，他们先后在汉口、南京、上海、天津、沈阳、哈尔滨、青岛等地设厂，统称“和记洋行”，其中以南京的和记洋行规模最大。

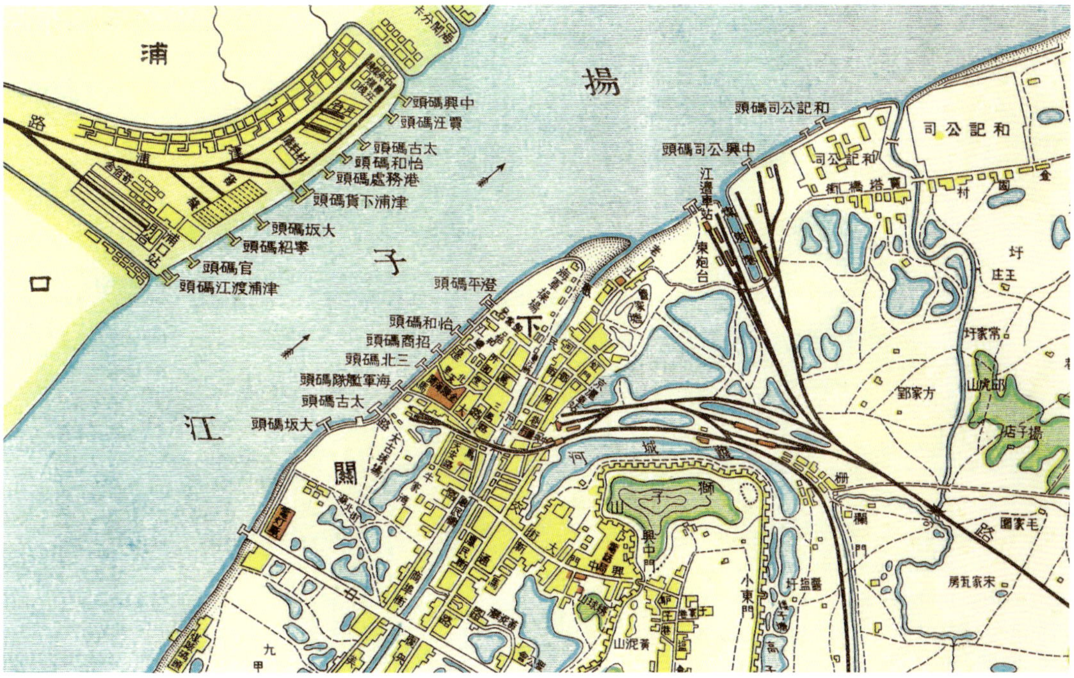

1932 年《南京市区全图》中的和记洋行（右上方）

1899年，南京正式成为通商口岸。1911年，韦斯特兄弟看中了这一江南政治、经济、文化中心，特派大班（洋经理）马凯司（Mackeiyie），买办（华人经理）韩永清、罗步洲来到南京，在下关金川河两岸，宝塔桥以北，东至二仙桥、西至老江口一带征地600余亩（约40万平方米），大兴土木，筹建“江苏国际出口有限公司”，俗称“英商南京和记洋行”。河西为工厂区，河东为饲养养殖区。1913年正式开业。1916年7月8日在香港注册。

和记洋行的营造大致可分为两个时期：第一期为工厂初创时期，第二期为工厂扩建时期。第一期工程始于1912年。工厂购得的土地位于下关宝塔桥，被金川河分隔为南北两片，即宝塔桥南的里厂和宝塔桥北的外厂两个片区。其中里厂用于建设主要厂房及办公楼，外厂则用于建设鸡鸭厂和英籍职工宿舍。[①]1913年，第一期工程已基本完成。建成的建筑大多是砖木结构的简易厂房，安装有数台小型发电机和冷气压缩机等设备。其中机器厂房和冷藏厂房采用了砖木结构和铁皮屋面，已是当时工厂中规模最大的。第二期工程始于1915年，建筑设计由上海协泰洋行（Muller E.J, Consulting Civil Engineer）负责[②]，上海姚新记营造厂以70万两银子的报价参与了和记洋行厂栈房的建设。[③]第二期工程建造的生产建筑包括蛋厂（21号楼）、篮筐车间（11号楼）、炕蛋房、制罐厂、屠宰厂（6号楼）、鸡鸭加工厂、新冰房（17号楼）、听子厂（18号楼）、箱子厂（23号楼）、机器房（16号楼）、大型仓库（5号楼）、炉子间、火腿厂、熬油厂、猪鬃厂、制革厂、羽毛厂、饲养厂、发电间和自来水厂等。1922年，第二期工程全部完工。和记洋行总占地面积达到26.4万平方米。金川河南侧的里厂建造有厂房、办公楼、冷库等建筑，占地面积约为10.9万平方米；北侧的外厂建有鸡鸭厂和英籍职员宿舍，占地面积约为15.5万平方米。两个厂区之间以宝塔桥连接。[④]

南京和记洋行主要经营冰蛋、冻肉、家禽及野味出口业务，下设制蛋厂、杀猪厂、宰牛厂、鸡鸭加工厂、冷气房、厅子房、箱子房、炕蛋房、机器房、炉子间、制罐厂、火腿厂、熬油厂、猪鬃厂、制革厂、羽毛厂、饲养厂，还自

① 江苏省商业厅：《关于前英商和记厂的生产设备情况的资料》，南京天环食品（集团）有限公司档案室藏，转引自周琦等著《南京近代建筑史》，东南大学出版社2022年7月版。
② 郑红彬：《近代在华英国建筑师研究（1840—1949）》，清华大学2014年博士论文，转引自周琦等著《南京近代建筑史》。
③ 姚新记营造厂《说帖》，收入《中山陵档案》编委会编《中山陵档案·陵墓及纪念工程》，南京出版社2016年9月版。
④ 周琦等著：《南京近代建筑史》。

备水厂、发电间、栈桥、趸船码头和小火轮，并有300多个“外庄”（即收购站），形成以南京为中心，辐射到整个长江三角洲乃至中原地区的收购网。1914年第一次世界大战的爆发，给和记洋行的发展创造了极大的机遇。

据《金陵关1912—1921十年报告》记载：“尽管南京目前没有一家真正意义上的现代工厂，但是如果不提和记洋行，本报告将是不完整的。这家公司首先意识到，可以采用冷藏的方式将中国的农副产品推销到欧洲国家。1913年，和记洋行开始在南京营业，在距下关两英里远的河流上游处获取了一大片土地，建造了一座冷气房，并根据公司业绩的发展进行扩建。现在，这家公司占地近500亩，雇用了大约5000名员工，其中近一半是女性。它的厂房中设置了以下车间：收购与鸡蛋加工车间，在这里鸡蛋会被处理成任何一种你能想象的方式，然后用整蛋冷藏保存或以蛋黄、蛋白的形式向国外输出，冷气房的体积达到了100万立方英尺；家禽饲养车间；羽毛加工车间以及牲畜屠宰车间。由该公司的业绩提升量，可以看出欧洲战争期间及战后世界人民对于各类食品的普遍需求。在1919年间，该公司出口国外的贸易额超过了675万两。尽管如此，由于整个贸易行业的不景气，这种需求有了一定程度的减少，导致其1921年的贸易额出现了合理的下降。”

孙中山先生在关于三民主义的演讲中也曾提到和记洋行：“中国因为受外国经济的压迫，每年要损失十二万万元。……照前几天外国的报告，中国出口货中，以鸡蛋一项，除了制成蛋白质者不算，只就有壳的鸡蛋而论，每年运进美国便有十万万个，运进日本及英国的也是很多。大家如果是到过了南京的，一抵下关便见有一所很宏伟的建筑，那所建筑是外国人所办的制肉厂，把中国的猪、鸡、鹅、鸭各种家畜，都在那个制肉厂内制成肉类，运送到外国。”① 又据《金陵关1922—1931十年报告》记载，“查出口货物之中，以和记洋行经营之鸡蛋、蛋品、禽毛及冻家禽与野味为数最大”，“至远洋轮船吨位，则盘旋于五十万吨之间，半为和记洋行所雇之蓝烟囱轮船，半为驶行京粤之间者”，“查出口税内，系以和记洋行缴纳之鸡蛋及蛋品税占多数”。

1927年，北伐军占领南京，和记洋行房产一部分被毁，机器也被移走，生产一度停顿。1928年春恢复生产。20世纪30年代和记洋行的生产业务发展到巅峰。据当时出版的《中国实业志》记载，南京和记洋行“每日屠宰生猪三千头左右，加工鸡鸭两万只左右，蛋制品每天产量160吨，最高达300吨，年产量五万吨，

① 孙中山著：《三民主义》，东方出版社2014年4月版。

超过上海怡和、茂昌、班达等六家大蛋厂的总和”。它是当时南京最大、最现代化的食品加工厂。

南京和记洋行作为外商在南京投资开办的第一家工厂，既是英国资本家利用中国廉价原料和劳动力进行大规模剥削和掠夺的重要场所，同时又是南京人民反帝反封建的前哨阵地。

1925年5月30日，英、日帝国主义国家在上海制造了震惊中外的五卅惨案。消息传到南京，南京人民群情激愤，抵制英国风潮勃发。在中共南京党、团组织的发动下，6月4日，满腔爱国热忱的万余名各界群众包括国立东南大学学生齐集下关游行示威，他们的目标就是要唤起和记洋行工人的罢工。无产阶级革命家、教育家吴玉章回忆：

游行大队到和记工厂的时候，刚刚是正午十二点钟放工，大队围着和记厂差不多成一个半圆形，大喊：

“不要替仇人做工”“大家起来为上海被杀的同胞报仇”“工人自己团结起来”“不要替英国人赚钱，英国人把中国钱赚去了，买洋枪来打中国人”等口号，学生在烈日之下这样愤激，工人就受了很深的感动，晚上又有各校热烈的同学——东大附中的特别多，跑到下关来接洽罢工的事情。①

经过了一天的动员，到6月5日清晨，觉醒的和记洋行工人们向全国发出通电：

（下关和记同人电）申报传全国同胞鉴：英捕残杀同胞，举国同愤，兹公决自今日起，全体罢工，为被迫害同胞后援，谨此电闻。②

一场声势浩大的罢工斗争就此拉开序幕。

6月6日清晨，和记洋行5000余名工人臂缠黑纱，举行游行示威。游行队伍高呼“打倒帝国主义”“劳工神圣”等口号，先绕下关一周，然后经仪凤门入城，到英国、

① 吴玉章：《南京党支部在“五卅”运动中》，《中国青年》1925年第104期。
② 《南京快信》，《申报》1926年6月6日，转引自朱翔《和记洋行与红色南京的历史书写》，收入南京市雨花台烈士陵园管理局等编《雨花英烈精神与“中国共产党为什么能”学术研讨会论文集》，南京出版社2021年12月版。

和记洋行总监办公楼

日本领事馆门前抗议，又到宣抚使和省长公署请愿，下午游行队伍至夫子庙结束。[①]

和记洋行工人提出了缩短工作时间、提高工资待遇等 13 项要求。罢工造成和记洋行 100 多万大洋的损失，英商被迫同意谈判，答应工人提出的绝大部分条件，7 月 17 日，工人复工。大罢工前后历时 42 天，终于获得胜利。和记洋行工人的罢工斗争，在南京人民革命史上写下了光辉的一页。中国共产党著名工人运动领袖邓中夏高度赞扬和记洋行工人的斗争，说“和记蛋厂罢工是南京反对帝国主义运动最壮烈的一举，给予各地影响不小”[②]。时任江苏省水陆警备总司令冷遹（1882—1959）称赞和记洋行工人的罢工斗争“亦可说中国劳工史上已辟一新纪元”。1926 年 5 月 1 日，第三次全国劳动大会在广州召开，刘少奇受大会主席团的委托，做《一年来中国职工运动的发展》的报告，其中提到“南京方面，在五卅后也有热烈的运动，英国和记公司工人罢工而得胜利复工，后因英人不履行条件，而举行第二次罢工，又为帝国主义勾结军阀压迫下去，死伤数十人”[③]。当代著名文学家巴金当年在东南大学附中读书，他亲自参加了对和记洋行工人的发动、募捐活动，1930 年，他以和记洋行工人的罢工斗争为主题，撰写了中篇小说《死去的太阳》一书，再现了那

① 南京市妇女联合会编：《南京百年妇女运动（1921—2021）》，南京出版社 2021 年 12 月版。
② 邓中夏：《中国职工运动简史（1919—1926）》，人民出版社 1953 年 11 月版。
③ 刘少奇：《一年来中国职工运动的发展》，《政治周刊》1925 年第 14 期。

场波澜壮阔的罢工运动。和记工人的这次斗争在南京人民革命斗争史上占有重要地位，领导和记洋行工人罢工运动的宛希俨、曹壮父、严希纯、顾作霖等人先后都走上了革命道路。

1930 年 2 月，中共南京市委委员、和记洋行支部书记邓定海等发动和记洋行工人第二次罢工，这是大革命失败后，中共南京市委领导的一次重要工人运动。

1937 年 11 月至 12 月，在日军对南京的连续空袭中，和记洋行遭到日机轰炸，厂房遭受一定程度的破坏。时任和记洋行主管、工程师希尔兹（P.R.Shields）给英国驻南京大使馆汇报了和记遭空袭破坏的情形。希尔兹在南京沦陷之前，曾协助组建南京安全区国际委员会，但在其公司的敦促下，于 1937 年 12 月 8 日撤离南京。1938 年 6 月，希尔兹回到南京，担任国际救济委员会委员。英国驻南京大使馆在接到希尔兹的报告后，致函上海日本大使馆，代表英国政府提出对南京和记洋行损失进行索赔的要求。

1937 年 12 月 13 日日军占领南京后，和记洋行一度成为南京安全区之外的难民收容所。据侵华日军南京大屠杀史专家朱成山先生考证，和记洋行难民收容所的难民数量虽然缺乏准确的资料，但从南京大屠杀幸存者朱红生、赵家文、张月英、徐廷梁、徐瑞、万秀英、沈文君、窦祥厚、仇秀英、刘荣玲等人的证言来看，仅 12 月 14 日从这里被日军搜捕，押往江边屠杀的难民达数千人之多。而和记洋行占地面积达 600 余亩（40 多万平方米），建筑群庞大，所以这里收容的难民人数应不少于万名。

1938 年 4 月 5 日，湖北汉口世界展望社出版的《世界展望》杂志，刊登了由汪思梦根据一位从南京来的美国人的叙述而译成的《南京大屠杀目击记》。其中写道：“……多数的人因抢登渡船而和渡船一起沉在江底。其余的人沿长江上流逃亡，碰到了日军，被他们用机关枪扫射。……国际出口公司的建筑下面，堆积着二万五千具这样的尸体。”其中的“国际出口公司”就是和记洋行。

南京沦陷期间，和记洋行被迫停产，机器设备被日军搬走或毁坏，厂房被改作日军仓库。直到 1947 年才恢复生产。

1956 年 2 月 20 日，和记洋行因经营不善，将一切财产转让给大华企业公司。同年 6 月 25 日，在和记洋行旧址基础上建立南京肉类联合加工厂。20 世纪 60 年代，产品远销苏联、东欧、东南亚等地。20 世纪 70 年代，产品转向国内市场。1996 年，企业实行现代企业制度改革，更名为“南京天环食品（集团）有限公司”。2003 年，

和记洋行厂房（《南京民国建筑》）

和记洋行厂房（《南京民国建筑》）

和记洋行英籍员工宿舍楼

和记洋行英籍员工宿舍楼

由国有企业改为民营企业。

和记洋行建筑群中，高四至六层的建筑物有16座，钢筋混凝土结构，占地面积13.5万平方米，建筑面积达14.6万平方米。英国总监工办公楼高两层，建于1915年，钢筋混凝土结构，水刷石墙面，建筑面积1677.6平方米，具有英国古典主义建筑风格，历经风雨沧桑，现已修缮一新。和记洋行旧址于1992年被公布为南京市文物保护单位，2002年被公布为江苏省文物保护单位。

2016—2017年，中冶置业集团南京临江老城改造建设投资有限公司在东南大学周琦教授的指导下，按照“修旧如旧”的原则，将剩余的八栋冷库和厂房陆续拆除改建，和记洋行变身为拥有主题酒店、滨江清吧街、冰雪世界、影剧院、工业科技体验馆、屋顶花园农场、婚恋主题街区、餐饮街于一体的商业街区。①

① 冯智勇、于洁尘：《下关滨江打造30万平方米人文旅游休闲聚集地：百年和记洋行将变身商业街区》，《南京日报》2017年2月14日。

中国水泥厂

关于水泥（cement，音译为士敏土），孙中山先生在《建国方略》之《实业计划》中有专门论述。他提出“创建大士敏土厂”时写道：“钢铁与士敏土为现代建筑之基，且为今兹物质文明之最重要分子。在吾发展计划之种种设计，所需钢铁与士敏土不可胜计，即合世界以制造著名之各国所产，犹恐不足供此所求。所以在吾第一计划，吾提议建一大炼钢厂于煤铁最富之山西、直隶。则在此第二计划，吾拟欲沿扬子江岸建无数士敏土厂。长江谷地特富于士敏土原料，自镇江而上可航之水道，夹岸皆有灰石及煤，是以即为其本地所需要，还于其地得有供给也。”[①] 中国水泥厂可谓孙中山先生《实业计划》的一项重要实践。

中国水泥厂位于南京栖霞区龙潭镇水泥厂路185号，是南京有名的“老字号”企业，也是中国早期民族工业的典型代表。

中国水泥厂大门（摄于20世纪20年代，《中国水泥厂志》）

① 孙文著，刘明、沈潜评注：《建国方略》，中州古籍出版社1998年9月版。

龙潭镇地处南京市东北郊，距市区约28公里，位于宁镇山脉中段的北侧。这里石灰石、黏土、煤等原料贮藏丰富，开采方便；沪宁铁路从厂前穿过，又有便民河直通长江，水陆交通便捷；同时，这里毗邻上海、南京，产品销售市场广阔。

19世纪末20世纪初，中国才生产出水泥。最早生产水泥的企业是始建于1889年的唐山细绵土厂（后来更名为唐山洋灰公司、启新洋灰股份有限公司）。上海姚新记营造厂创办人姚锡舟（1875—1944）从自身的建筑生涯中，深知水泥为近代建筑工程所必需的材料，而中国水泥生产，只有天津唐山启新、湖北华记等少数厂家，远远不能满足国内建设事业发展的需要，大多数水泥仰仗从国外进口，造成大量的白银外流。于是，他萌发出创办水泥厂的念头。1921年，姚锡舟联合上海金融界、实业界人士李伯行、聂云台、萨桐荪、陈光甫、吴麟书以及龙潭镇的矿山主屠述三（1878—1950）等28人，筹集白银50万两，选择江苏省句容县龙潭镇（1953年划归南京）作为厂址，建设“中国水泥股份有限公司龙潭工厂”（对外称“中国水泥厂”）。姚锡舟被公推为董事兼总经理，吴麟书为董事长。

工厂于1921年9月3日破土动工，姚新记营造厂承建，1923年春天竣工，总投资113.74万两白银。德国人克思盟被聘为工程师。工厂的旋窑设备等购自

中国水泥厂前面的铁路

德国纳格尔－开姆泼、米亚格、洪堡等名厂，发电及电机设备购自英国拔伯格和德国西门子厂。

中国水泥厂建厂之初，据姚锡舟称“面积合厂基、石山、煤矿统计，周围约一平方英里”（约259万平方米）。当年，工厂门口挂有两块招牌，左边是“中国水泥厂”，右边是“龙潭煤矿管理处”。在高耸的厂房上，也悬挂有两块巨大的横幅招牌，上书“中国水泥厂”字样。工厂内烟囱林立。

1923年4月，中国水泥厂正式投入生产。当时只有一台从德国纳格尔－开姆泼公司进口的规格为直径2.25米、长46米的旋窑，日产水泥500桶（每桶170公斤，共计85吨），1924年7月，开始使用“泰山”牌注册商标。1925年，姚锡舟投标承建中山陵第一部工程（主要包括坟墓、祭堂等），以造价4.43万中标。在中山陵第一部工程中，仅“泰山”牌水泥就需要150吨。

1927年春，中国水泥厂厂房以及从德国进口的另外两条直径2.85米、长60米的湿法旋窑和附属设备全部安装完毕。三台旋窑投入生产后，日产水泥达2500桶（425吨）。

这一年的8月，龙潭战役爆发。8月24日，北洋军阀巨头、五省联军总司令孙传芳调集重兵6万人从江北划子口、大河口一带渡江袭击国民革命军，进而准备进攻南京，栖霞山、龙潭被孙军占据，中国水泥厂成为孙传芳的指挥所。8月30日，国民革命军与孙传芳的军队展开激战，并于当日击败孙军。工厂部分厂房、办公室、宿舍在这场战争中遭到严重破坏，厂外栈桥也被付之一炬。战后经姚锡舟等人的努力，工厂很快恢复生产。

中国水泥厂生产车间

中国水泥厂厂房（摄于 20 世纪 20 年代，《中国水泥厂志》）

龙潭中国水泥厂内的龙潭战役会师亭碑

中国水泥厂

1933 年，中国水泥厂又从德国购进一台日产水泥 170 吨的湿法旋窑，形成由四台湿法旋窑构成的日产水泥约 700 吨的生产能力，成为当时中国最大的水泥生产企业之一。

1937 年 11 月底，日军侵占中国水泥厂。次年 7 月，日商三菱洋行强行租赁该厂，更名为“磐城水泥株式会社南京工场”，进行生产和经营。直至 1945 年 10 月，日商才归还工厂，但机器、厂房损坏严重。经过修理，工厂逐步恢复生产。

1946 年春，国民党高级将领白崇禧来到中国水泥厂，与厂方就纪念 1927 年龙潭战役会师和阵亡将士，共建龙潭会师亭和修葺阵亡烈士公墓之事，进行协商，下午合影留念。同年，邀请国立中央大学教授徐中设计，会师亭建筑群由上山台阶（350 余级）、督师台、会师亭、甬道、纪念碑、旗幡、祭台、环形拱壁组成，1947 年建成后，经常有国民党高级将领前来参观。这组建筑除督师台、会师亭、

中国水泥厂

纪念碑在“文革”期间被毁外，其余基本都保存下来。[①]

1947 年，工厂的产量创建厂以来最高纪录。这一年，生产水泥 98584 吨，全年盈利 121 万余元。

新中国成立后，对该厂进行公私合营，改称中国水泥公司，后恢复中国水泥厂原名，此时的中国水泥厂占地面积达 317.2 万平方米，生产的“石城”牌水泥曾经一度远销海内外。

2002 年 6 月，安徽海螺集团在中国水泥厂基础上进行重组，成立中国水泥厂有限公司。新公司成立后，关闭了所有落后、高污染的湿法旋窑生产线，投资建设了两条 5000 吨 / 天水泥熟料新型干法窑外分解线，公司生产规模从改制前的年产水泥熟料 110 万吨提高到 500 万吨，成为南京市国企“三联动”改制的成功典范和重要的水泥、熟料生产基地。

2018 年 1 月 27 日，中国水泥厂入选首批 20 世纪“中国工业遗产保护名录”。

① 本书编委会：《民国南京边城——龙潭》，中国文史出版社 2011 年 9 月版。

首都电厂

首都电厂位于南京市中山北路576号，毗邻长江和中山码头。

首都电厂的前身是金陵电灯官厂。光绪三十四年（1908），为振兴实业，推进南京城市建设，开阔国人视野，经过两江总督兼南洋通商大臣端方奏请清廷，获准在江宁（今南京）举办中国历史上第一次世界级博览会——南洋劝业会。宣统元年五月十一日（1909年6月28日），端方奉旨调任直隶总督兼北洋通商大臣，张人骏接任两江总督兼南洋通商大臣。时任江南财政局提调许星璧向张人骏提议，苏州、无锡等地都已经有了商办电厂，而江南第一重镇江宁（今南京）没有电厂，只能依靠油灯、蜡烛照明，无论是生活还是经商都十分不便，因此建议在西华门设立电灯厂，为江宁将军府（位于今明故宫遗址）和两江总督府（位

首都电厂与南京下关长江鸟瞰图（1937年）

南洋劝业会牌楼夜景（《南洋劝业会游记》，商务印书馆 1910 年版）

南洋劝业会正门夜景（《南洋劝业会纪念册》第一辑，1910 年）

于今总统府旧址）提供照明，得到张人骏的同意，核准拨官银 20 万两，同时委任许星璧为总办。这是中国第一家官办电厂，定名为金陵电灯官厂（又名江宁电灯官厂）。

金陵电灯官厂最初选址皇城西华门外的旗下街，邻近秦淮河，距离总督府不远。建厂开始，安装三台设计发电量为 100 千瓦的发电机，可支持 1.8 万多盏电灯。1910 年 8 月南洋劝业会在南京城北丁家桥一带召开期间，第一台发电机组完成试运行，南洋劝业会场馆、江宁将军府和两江总督府内相继亮起了灯光。10 月 3 日，我国第一家官办电厂——金陵电灯官厂（位于今逸仙桥东北面的熊猫集团内）正式成立。宣统三年（1911）冬，南京城内电灯用户达 800 家之多。

1912 年，金陵电灯官厂由江苏省实业厅接管，改名为江苏省立南京电灯厂。至 1919 年，西华门发电所共有发电容量 820 千伏安，设有三山街、中正街（今白下路）、三元巷、鼓楼、下关 5 处变电所，变压器 9 台，线路 32 公里，电线杆 1178 根，用户约计 1200 户。当时，下关商埠有居民万余家，商店数千户，皆需安装电灯。而金陵电灯官厂厂址远在明皇城西华门外，“然以区域辽远，用电日增，机力有限，不足应付，灯光暗淡”，① 而且经常断电，无法满足下关商埠的用电需求。下关商民联名呈请交通部，请求将电厂划归商办。

1919 年 12 月 1 日，江苏省立南京电灯厂与美商在上海开设的慎昌洋行签订

① 《建设委员会事业报告·首都电厂》，1935 年内部版。

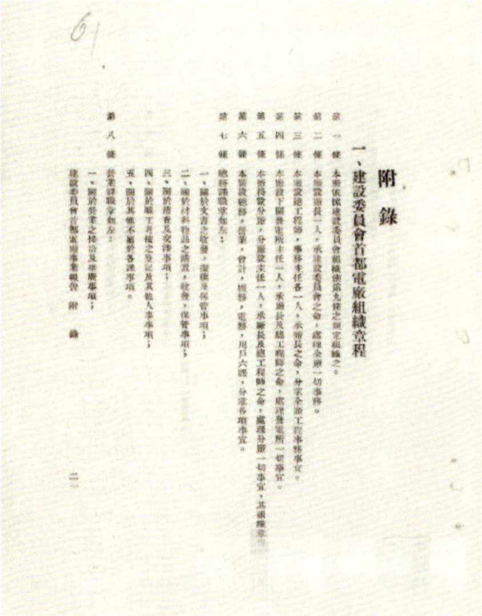
附錄

一、建設委員會首都電廠組織章程

第一條 本廠依照建設委員會組織法第九條之規定組織之。

第二條 本廠設廠長一人，承建設委員會之命，處理全廠一切事務。

第三條 本廠設總工程師，事務主任各一人，承廠長之命，分掌全廠工程事務事宜。

第四條 本廠設下關發電所主任一人，承廠長及總工程師之命，處理發電所一切事宜。

第五條 本廠得設分廠，分廠設主任一人，承廠長及總工程師之命，處理分廠一切事宜，其組織[illegible]

第六條 本廠設總務，營業，會計，材料，電務，用戶六課，分掌各項事宜。

第七條 總務課職掌如左：

一、關於文書之收發，撰擬及保管事項；

二、關於材料物品之購置，收發，保管事項；

三、關於稽查及交涉事項；

四、關於職工考核之登記及其他人事事項；

五、關於其他不屬於各課事項。

第八條 營業課職掌如左：

一、關於營業之接洽及推廣事項；

建設委員會首都電廠事業報告 附錄 二

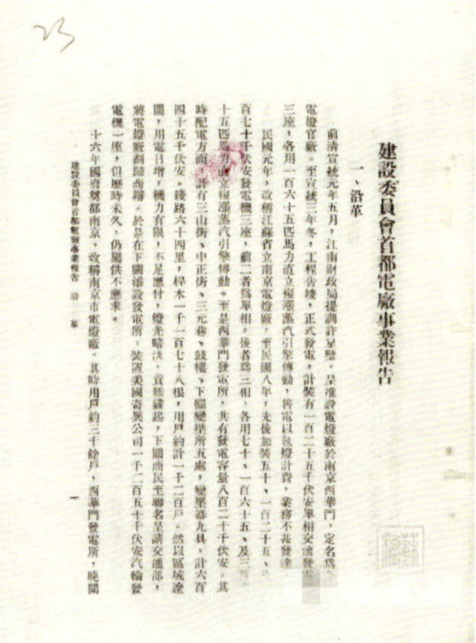
建設委員會首都電廠事業報告

一、沿革

前清宣統元年五月，江南財政局提調許星璧，呈准設電燈廠於南京西華門，定名為[illegible]電燈官廠。至宣統三年冬，工程告竣，正式發電，計裝有一百二十五千伏安單相交流發電機三座，各用一百六十五匹馬力直立複漲蒸汽引擎傳動，將電以包燈計費，業務不甚發達。

民國元年，改稱江蘇省立南京電燈廠，至民國八年，先後加裝五十、一百二十五、一百七十千伏安發電機三座，前二者為單相，後者為三相，各用七十、一百六十五、及[illegible]十五匹馬力直立複漲蒸汽引擎傳動。至是西華門發電所，共有發電容量八百二十千伏安。其時配電方面，計有三山街、中正街、三元巷、鼓樓、下關變壓所五處，變壓器九具，計六百四十五千伏安。綫路六十四里，桿木一千一百七十八根，用戶約計一千二百戶。然以區域遼闊，用電日增，機力有限，不足應付，燈光暗淡，責難叢起，下關商民乃聯名呈請交通部，將電燈廠劃歸商辦。於是在下關添設發電所，裝置美國奇異公司一千二百五十千伏安汽輪發電機一座，但歷時未久，仍屬供不應求。

十六年國府奠都南京，改稱南京市電燈廠，其時用戶約三千餘戶，西華門發電所，晚間

建設委員會首都電廠事業報告 沿革 一

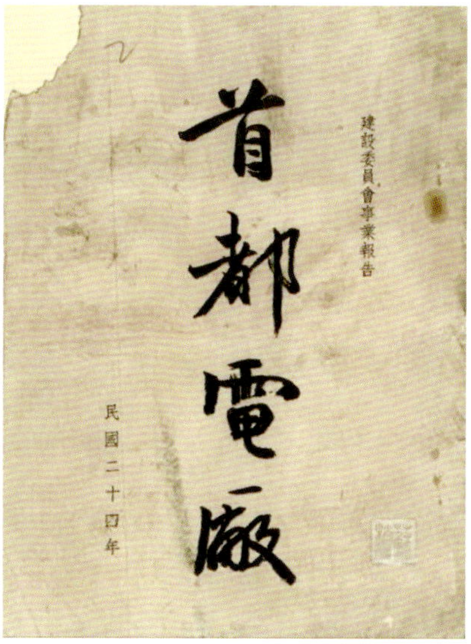
建設委員會事業報告

首都電廠

民國二十四年

《建设委员会事业报告 · 首都电厂》书影（1935 年，江苏省档案馆藏）

购机合同，由该洋行承办安装美国奇异公司制造的一台 1250 千伏安汽轮发电机和一台水管式锅炉。12 月 14 日，时任江苏省省长齐耀琳收到下关商董联名呈文，要求在下关设立分厂，齐耀琳将情况向内务部上报，得到准许。于是，南京电灯厂向下关商埠局购买飞虹码头（今中山码头）与湖北街之间一块 9 亩多（约 6000 平方米）的荒地作为分厂厂址，定名为江苏省立南京电灯厂下关发电所。1920 年秋，设备安装结束，10 月正式发电，与西华门发电所形成“一厂两所”的格局。城里原先建立的电灯厂定名为江苏省立南京电灯厂西华门发电所。总厂办事机构设在西华门。

1927 年，国民政府定都南京，江苏省立南京电灯厂改称南京市电灯厂，当时有用户 3000 余户。次年，改称为首都电厂，都城内外及下关商埠均是其营业范围。1929 年，国民政府聘请美国建筑师墨菲等人制订《首都计划》，其中《电力厂之地址》一章，认为厂址选择，必须遵循经济、技术、公安三方面原则，而现有的首都电厂位置并不理想，所以该规划认为“宜于为此种电厂者，其一为江心洲之北端，其一为夹江之东岸”，保留现有首都电厂，再建一新电厂。然而，在实际运作中，相关部门并未遵照该规划。

由于电力不敷使用，下关发电所于 1929—1930 年先后安装了一台 750 千瓦和一台 1600 千瓦的汽轮发电机组。同时，首都建设委员会在下关发电所东侧购置 50 亩（约 3.33 万平方米）土地，进行扩建。第一期工程于 1931 年正式开工，1933 年 1 月设备安装结束。由德国西门子公司负责设计并提供发电设备，第一

期工程安装两台 5000 千瓦汽轮发电机和两台蒸发量为 28 吨 / 小时的链条炉。至此，南京的用电全部由下关发电所提供，西华门发电所改作他用。第二期工程于 1934 年开工，1937 年全部完工。由首都电厂总工程师陆法曾负责总体设计，发电设备采取招标形式，分别从美国、德国、英国的公司购买。第一台 1 万千瓦汽轮发电机组于 1936 年投入生产发电，第二台于 1937 年秋安装竣工。安装 1 万千瓦发电机组的新厂房，由华盖建筑师事务所的童寯设计，外观简洁明快，错落有致。据《金陵关十年报告》记载，在 1931 年的长江浅水时期，首都电厂在该厂前面的江边建筑钢筋混凝土码头一座，以方便运输物资。

1937 年 9 月 25 日，日军空袭南京，下关发电所成为空袭目标之一，遭到轰炸，主厂房多处中弹，第二台发电机组被炸坏。

日军占领南京后，进驻下关发电所，利用原有设备，进行掠夺性生产，致使设备严重损坏。抗战胜利后，原有装机容量 3 万千瓦的下关发电所，可调出电力只有 8000 千瓦，仅占铭牌出电的 27%。

1948 年，为了适应国民政府还都南京后的需要，下关发电所又增装三台

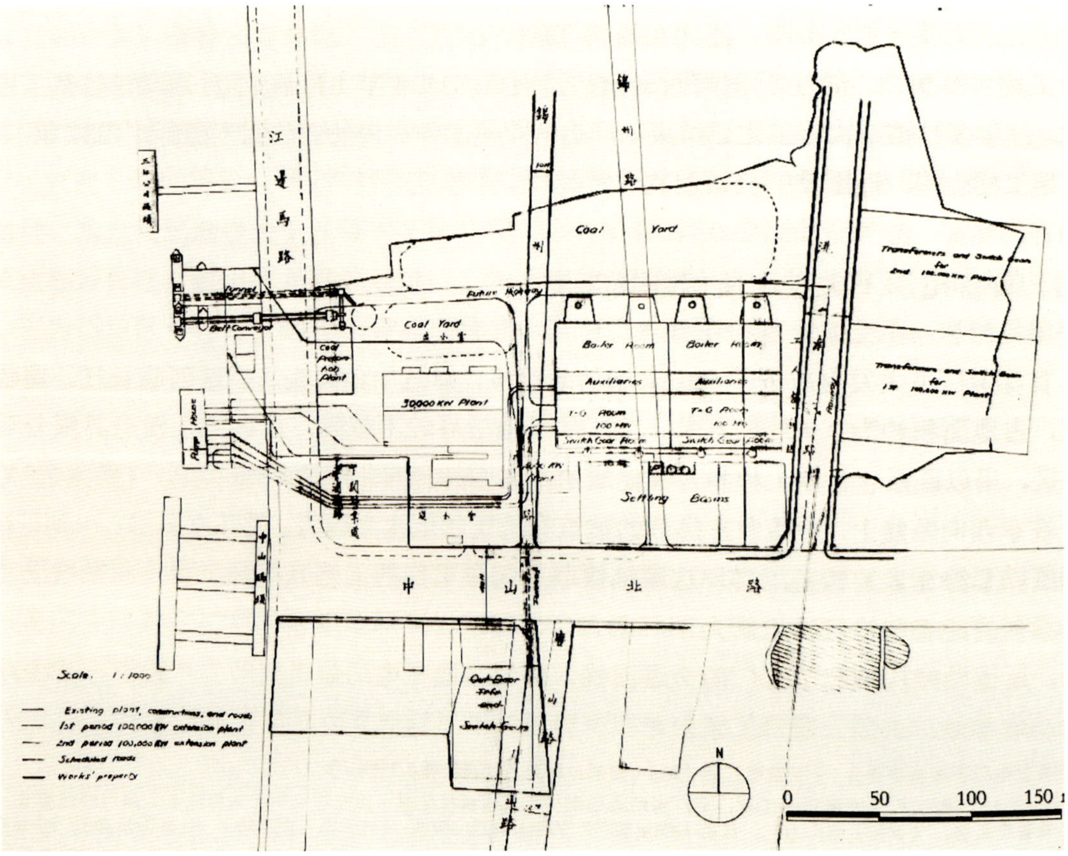

首都电厂新厂设计图（《呈送首都电厂新厂基地形势草图等件请市政府核示》，南京市档案馆藏）

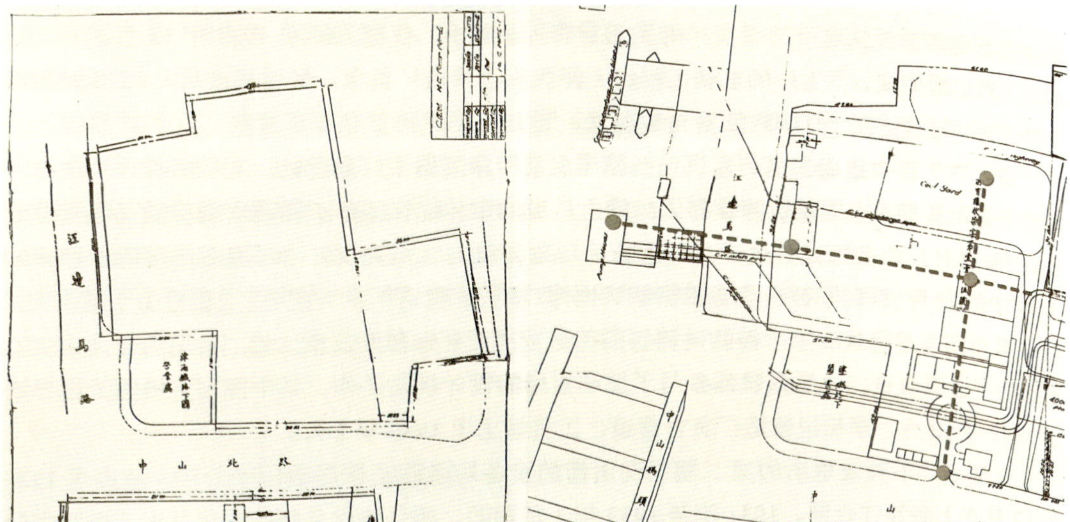

首都电厂鸟瞰（上）、首都电厂设计图（下）

2000 千瓦的汽轮发电机组。至 1949 年 4 月南京解放，首都电厂下关发电所是南京唯一的一家公用电厂，装机总容量为 3.6 万千瓦。

民国时期，首都电厂在南京人民革命史上写下了光辉的一页。

1937 年 12 月日军攻占南京前夕，首都电厂下关发电所由副工程师徐士英带领 50 名工人坚守岗位，为首都送电。12 月 13 日日军攻陷南京后，徐士英率工人退出电厂，但当时交通已断绝，既不能进城，也无舟船可供过江，遂退至和

首都电厂

记洋行内暂避。经日军检查，除有文件证明身份为和记公司雇员者外，下关发电所45名工人惨遭日军集体屠杀。英国《曼彻斯特卫报》记者田伯烈在其所著《外人目睹中之日军暴行》一书中，引用了一位目睹日军暴行的外侨日记："下关电灯厂的工程师吴君向我们讲起一件非常耐人寻味的事情，该厂共有五十四个职工，都勇于服务，直到南京失陷前的最后一天，才停止工作，避入英商（在江边）和记洋行。日军借口该厂属于国营（其实是民营的），便把其中四十三

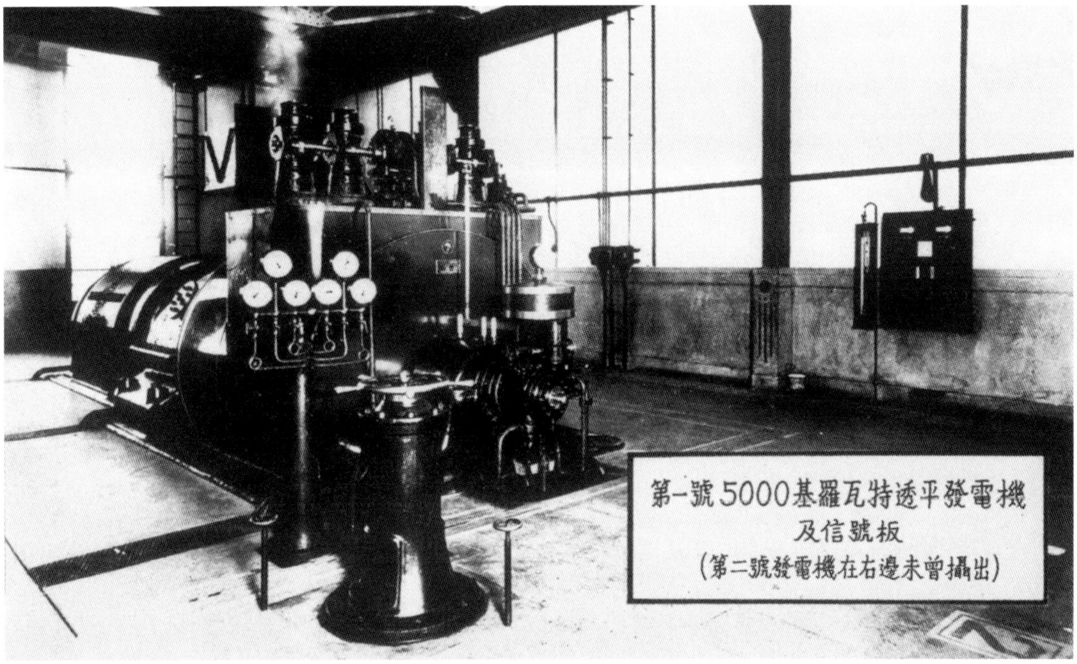

首都电厂下关发电所安装的第一台 5000 千瓦德国西门子汽轮发电机

首都电厂 1 万千瓦新厂

人拖出枪决。日方每天派人到我办公处来缠扰，要找寻那些职工去恢复电力的供给。”《拉贝日记》对此事也有记述：“我已经答应日本人，在寻找电厂工人方面提供帮助，同时我向日本人指出，下关那儿有 54 名发电厂工人曾经被安置在和记洋行。我们现在确认，他们当中有 43 人在三四天前被捆绑着带到了江边，用机关枪枪毙了，据说他们曾经是中国国营企业的员工（其实发电厂是一

首都电厂控制室

家地地道道的私营企业）。将这次处决的消息传递过来的是一个同时被处决的工人，处决时前面有两个人挡住了他，因此他在没有受伤的情况下跳到江里，才幸免于难。”1946年9月，扬子电气有限公司总经理潘铭新为纪念罹难工友，决定在下关发电所大门花圃处，建造“殉难工友纪念碑”。1947年4月17日，“殉难工友纪念碑”落成，时任南京市市长沈怡亲临揭幕。1951年10月1日，为纪念死难工人，下关发电厂建成了“死难工人纪念碑”。这是南京第一座纪念侵华日军南京大屠杀遇难同胞纪念碑。

据中共南京地下党编写的《南京概况（秘密）》记载，1948年6月，首都电厂厂长为陆法曾，工人有335人。发电容量31000千瓦，最高负荷27200千瓦，发电度数10928192度。其设备如下：“a.有锅炉四只，发电一万基罗瓦特的两只，五千基罗瓦特的两只，共能发电三万基罗瓦特。但因这些锅炉均用四十余年，其中一、二号锅炉损蚀很重，一只一万基罗瓦特的锅炉全部坏掉，经修理后，只能发电五千基罗瓦特，故

首都電廠公函

接准
貴處本年五月廿七日下設字第七〇四號公函略以江水日漲通濟門外東水關抽水站二〇〇KVA變壓器即得裝復囑查照辦理等由准此本廠決於十日內前往掉裝相應函復請煩查照為荷此致
南京市下水道工程處
廠長 陸法曾
中華民國卅七年六月一日

1948年6月首都电厂致南京下水道工程处关于东水关变压器的公函（南京市档案馆编《南京城墙档案·水关涵闸的管理与增修》）

20 世纪 50 年代下关电厂

四只锅炉只能发电二万五千基罗瓦特。此外，于一九四八年三月增装二千基罗瓦特发电机三部。b. 一九四七年三月该厂向美国订有三万五千瓦之锅炉一只，一九四八年还准备再向美国订一个五万基罗瓦特锅炉，两锅炉预计于一九五〇年才能运回。”“中国建设银公司握有百分之七十的股权，经济部握有百分之三十的股权。该厂系清末官费设立，民国后属江苏省政府，后移交南京市政府。一九二八年由国民党反动政府接收，一九三七年以百分之七十股权卖与建设银公司，由建设银公司所属扬子电气公司经营。一九四八年与该公司所属的戚墅堰电厂、汉口既济水电公司合得美帝经济总署中国分署一千二百万美元的贷款，并以美商慎昌洋行为设计工程公司。”①

1949 年 4 月南京解放前夕，中共南京市委派共产党员鲁平与首都电厂地下党取得联系。鲁平多次来到下关电厂“小红楼”，与厂长陆法曾的堂弟陆佑曾工程师商讨护厂斗争。此时，国民党政府出于军事上的需要，从 3 月份开始封江，

① ［民国］书报简讯社编：《南京概况（秘密）》，1949 年 3 月内部印刷本。

并采取烧、炸、沉等办法对长江下关段两岸的船只进行破坏，有的则被赶进内河停靠。同月，下关发电所秘密成立了工人护厂纠察队。从4月21日起，大批国民党军队开始溃退。为了防止特务破坏，护厂工人将发电所围墙通电，把工厂的前后铁门关死，不许外人进入厂区，同时迫使驻厂国民党宪兵撤走。护厂工人分成两班，连续开机发电，并抽出一部分工人护厂巡逻，加强戒备，以实际行动迎接南京解放。4月22日，首都卫戍总司令部下令首都电厂为战时需要，任何情况下均不得中断供电，违者以耽误战机论处。首都电厂以运煤为由，要求保留“京电”号小火轮，否则无法保证战时发电。于是首都卫戍总司令部和中央宪兵司令部联名在“京电”号轮上贴了一张不得动用运煤船的布告，遂使“京电”轮得以保存下来。

4月23日晚9时，首都电厂工人驾驶着“京电”号轮船从浦口码头满载着第一批中国人民解放军（三十五军先遣部队）渡过长江。4月25日，“京电”轮又从浦口迎接邓小平、陈毅过江到达中山码头，进入南京。渡江战役中，“京电”轮英勇往返，共运送了包括邓小平、陈毅等总前委领导同志在内的数千名解放军指战员，成为名副其实的“渡江第一船”。该轮现收藏在渡江胜利纪念馆。①

1949年4月23日南京解放后，首都电厂回到人民怀抱。同年5月，首都电厂下关发电所改称南京电厂下关发电所，继续发挥着重要作用。1950年6月，改称南京下关发电厂。8月2日，该电厂全体职工由于反轰炸和护厂斗争成绩显著，受到南京市政府嘉奖，被授予“发扬工人阶级团结友爱，坚决粉碎敌人的破坏”的锦旗。

自20世纪50年代初到1990年，下关发电厂向全国15个省、市、自治区的54个电业部门输送和培训了1361名电力人才，被誉为“培育电业人才的基地”，为中国电力事业做出了突出贡献。

由于南京城市经济建设的发展，对电力的需求日益加大，自1957年起，下关发电厂不断扩建，至1999年，工厂占地面积达17.88万平方米。1997年电厂开始改造，至1999年，电厂装机容量达到25万千瓦，是改造前的2.4倍，确保了南京地区乃至江苏省的安全稳定供电。2002年12月，下关发电厂划归中国大唐集团有限公司，改名大唐南京发电厂，不断加速自身发展和技术革新步伐，

① 中共南京市鼓楼区委组织部、中共南京市鼓楼区委党史工作委员会编：《峥嵘岁月——鼓楼红色寻迹》，南京出版社2021年10月版。

津浦铁路下关营业处（俗称首都电厂小红楼）

津浦铁路下关营业处（俗称首都电厂小红楼）今貌

装机容量和规模不断扩大。从2004年7月开始，大唐南京发电厂实施搬迁扩建工程。[①]2009年，该电厂搬迁至南京市栖霞区龙潭街道马渡村，成为中国大唐集团有限公司旗下历史最悠久的火力发电企业。

2014年，鼓楼区委区政府在原电厂码头基础上翻扩建民国首都电厂旧址公园，公园位于鼓楼区中山北路与江边路交叉口大唐南京发电厂西侧长江岸边、中山码头北侧，占地近1万平方米，建筑面积约3922平方米，由老码头、水上景观平台、展览馆和市民互动区等组成，完整保留了电厂运煤码头、塔吊、输送机和栈桥等遗迹，展现了这座百年老厂的历史变迁。

在首都电厂遗址上，现存建筑有建于1946年的办公楼（俗称小红楼）一座，实际上它是津浦铁路下关营业处，已被列为江苏省文物保护单位。另外，还有五座厂房等。

首都电厂作为20世纪的工业遗产，具有独特的历史、文化和科技价值。

① 中国大唐集团有限公司：《大唐南京发电厂：百年电厂的前世今生》，“学习强国”中央企业学习平台，2019年7月3日。

首都水厂

首都水厂[①]，又叫首都自来水厂、北河口水厂，位于南京市鼓楼区江东街道清河社区水厂街7号。

南京设立自来水公司始于光绪三十二年（1906）李光瑜、舒继芬筹办的“商办金陵自来水有限公司”。当时在《申报》等报纸上刊登广告，拟募集股银30万两，在社会上拟募集股银30万两，合计60万两，年息8厘，在南京铺设自来水管，建立自来水厂。由于种种原因，未能开展下去。

1912年，为配合津浦铁路及浦口火车站的建设需要，浦口铁路水厂建立，开创了南京使用自来水的先河。

1927年4月南京国民政府成立后，南京成为“首善之区”，人口骤增，在市区建立自来水厂一事重新摆上议事日程。因为当时南京市民饮水大多取自外秦淮河或城内井水，既不卫生，又不方便。为了解决城市居民饮水及消防用水问题，南京市政当局于1929年春着手筹划，并于当年6月奉国府令核准发行特种建设公债300万元，暂以其中200万元作为建设首都自来水之用。8月，第二次出任南京特别市市长的刘纪文督促南京市工务局成立南京市自来水工程筹备处，由金肇祖任专员，王华棠为助理，负责筹备自来水建设工程事宜，包括水源的选择、水厂地点的确定、水质的化验、蓄水池地点的选定、设备的选购以及相关工程建筑的实施与监督等。

1929年12月，国民政府制订的《首都计划》正式颁布，其中《自来水计划》一章专门论述南京城市饮水问题，指出“自来水厂之设置，实不容稍缓”。在“水源之选择”上，《首都计划》通过调研比较了三岔河（笔者按：即三汊河）、护

① 2021年3月16日上午，晴，经杨传兵君联系，笔者携杨传兵、程瑶、严行健三位同仁，考察首都水厂旧址，这是笔者时隔多年再次考察该厂。该厂厂长祖振权和朱培元、王志康、范主任陪同考察并讲解。

申報
大清光緒三十二年八月十一日共三張
商辦金陵自來水有限公司續招股份
聲明
陸翔熊靴鞋號告白

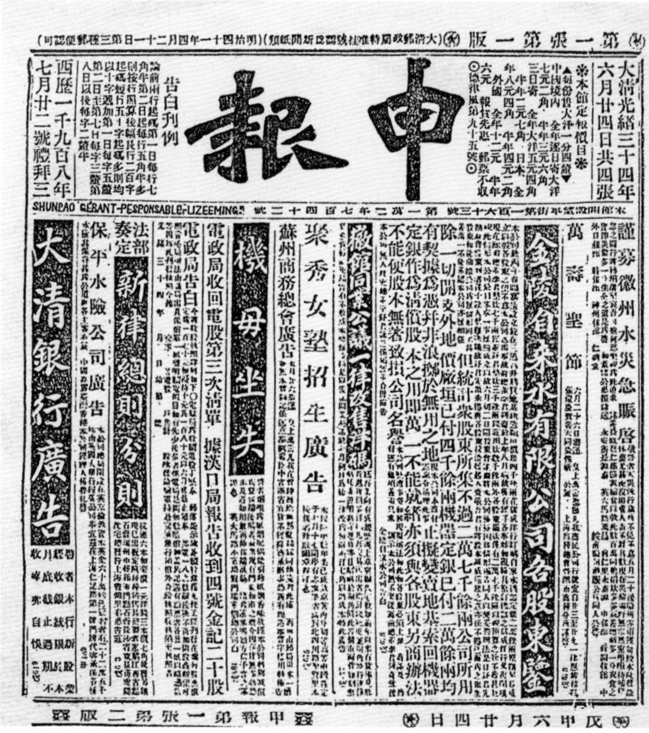

申報
大清光緒三十四年六月廿四日共四張
金陵自來水有限公司各股東鑒
大清銀行廣告
蘇州商務總會廣告

光绪三十二年（1906）《申报》刊登的“商办金陵自来水公司”招股广告　　金陵自来水有限公司招股广告（南京水务历史展览馆藏）

城河和太湖及城内各井水后，认为“扬子江水，实未可云清洁，惟幸该江上游，无若何重大市镇，密迩南京，污浊程度，尚不甚高；且用适量之矾及氯气，去其秽质及有害之微生物，固亦可用；又其地距城不远，各费俱可省节，故自来水水源，以此处为最良”；在“水厂地点”上，该规划认为“查南京扬子江岸各地，其最宜于为取水地点者，莫如江心洲之北，距离洲端约三百公尺之处”；对于“水之储蓄”，该规划认为“以南京论，水塘（蓄水池）宜设筑于紫金山之北崖，……至于水塔，则宜建于清凉山顶”。

1930 年 3 月，南京市政府正式成立自来水工程处，负责督促工程之进行。以金肇祖为处长，尤巽照为工程师，技术员有陈松庭、吴观海等。在水源选择上，自来水工程处基本上采纳了《首都计划》；而水厂地点和蓄水池、水塔的建设，并未完全按照《首都计划》执行。水厂地点选择了汉西门外江边的蒲包洲，这里地质稳定，紧靠夹江上游，水质清洁，不仅无湍急漩涡以及江岸坍塌的危险，而且终年没有江水结冰阻塞的忧虑，加之靠近江边，取水、排水都十分便利，距离清凉山供水池也非常近。因此，南京自来水工程处收购了蒲包洲 100 亩（约 6.7 万平方米）土地作为第一期水厂的厂址范围。在水厂的布局与设置方面，工程处将收购的 100 亩土地划出 60 亩建造第一期自来水建设工程，包括进水间、进水井、码头、驳岸、动力室、混水机室等厂内建筑设施；在清凉山顶建蓄水池、看守室、开关室，河道处设置高架管桥。在水厂中专设快滤池、清水池等自来水处理设备等，确保清洁的自来水最后通过高压输送到清凉山山顶蓄水池和南京城内居民住户家中。①

在首都建设委员会及南京市政府的监督之下，由谦信机器有限公司承建首都自来水厂，1930 年 10 月开工。铁管及其他建筑材料从比利时、法国购买。② 然而，由于经费困难，以致工程再三拖延，濒于停顿。

1932 年 4 月石瑛继任市长后，鉴于市内人口日增，自来水供应刻不容缓，于是决定实施局部供水计划，以应急需。经过一年建设工作，1933 年 4 月，南京第一座水厂——北河口水厂初步建成，快滤池正式向南京城内局部地区供应沉淀消毒一次净化的自来水，由此开启了南京城内居民饮用自来水的历史。据文献记

1931 年 8 月，工程师沈宜甲在法国监试购买的自来水管材

① 郑忠：《〈首都计划〉与民国南京自来水工程建设》，《南京钟山文化研究》2018 年第 2 期。
② ［清末民国］金陵关税务司编：《金陵关十年报告》，南京出版社 2014 年 8 月版。

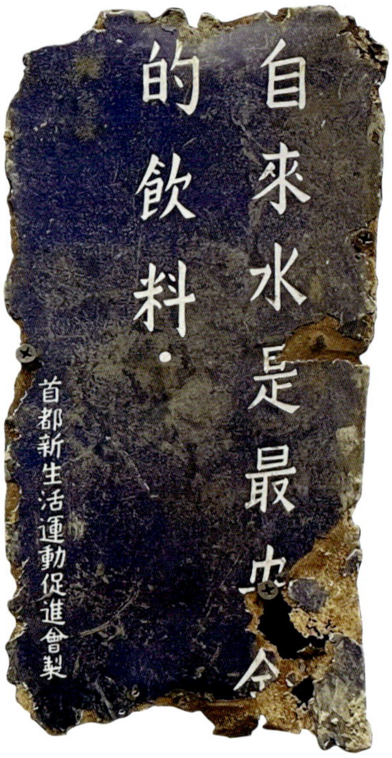

“自来水是最安全的饮料”宣传标语（南京民间抗日战争博物馆藏）

首都水厂施工场景

载：“最初每日给水能率为四万立方公尺。惟开办伊始，用户不多，现在给水量仅三千立方公尺。其净水方法，用空气净水法及沉淀法，尚无快滤慢滤等池之设备。当浑水进沉淀池及清水离沉淀池时，概用级式空气净水法以冲净之。在沉淀池中，则用硫酸矾以沉淀之。沉淀池计一个，容量为八千四百立方公尺。清水池亦一个，容量为七千五百立方公尺。抽水机计有离心式六座，口径为三百公厘及三百五十公厘者各三座，每座每日抽水量约为二万立方公尺。其动力用电气及柴油两种。全市水管共长三万三千七百十公尺，装有水表五十一个，龙头一百八十个，开禁水关三百三十一个。每立方公尺之水价，依用量之多寡，自一角至二角不等。”①

首都水厂自筹备建设至正式局部供水，前后历时3年零8个月，它结束了南京市无自来水的历史，是国内第一座完全由中国人自己设计建造的自来水厂，开启了我国独立自主建设现代水厂的先河。除了主要机器设备、管材水表由工程师沈宜甲购自国外，水厂及其供水系统均由中国人借鉴当时欧美各国先进的给水技术和管理方法，自行设计，自行施工，不但出厂水质良好，而且制水工艺与当时国外水平相当。

自来水局部供水后，南京市工务局将水样送往内政部卫生署及全国经济委员会

① ［民国］建设委员会经济调查所编：《中国经济志·南京市》，正则印书馆1934年8月版。

中央卫生设施实验处分别化验，通过与秦淮河水、东关头水、市政府井水、中正街井水、中山桥头江水相比较，自来水“清洁，杂质甚少，细菌最少，适于饮用”，“自来水质实在南京市原有一切饮料之上，其裨益于南京市民之健康，殊非浅鲜”[①]。

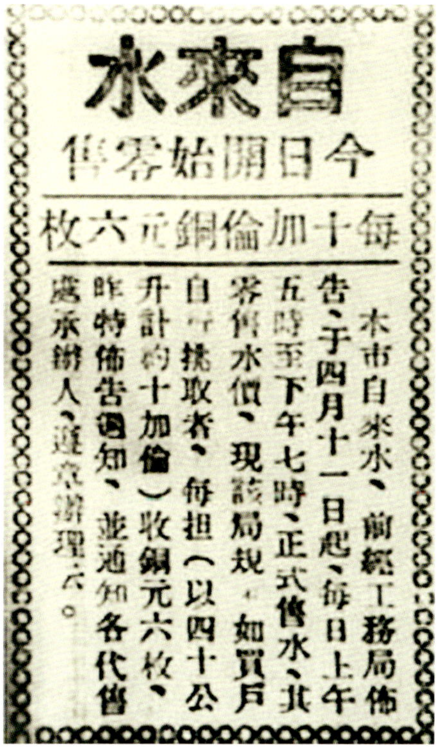
自來水
今日開始零售
每十加倫銅元六枚
本市自來水、前經工務局佈告、于四月十一日起、每日上午五時至下午七時、正式售水、其零售水價、現該局規定、如買戶自行挑取者、每担（以四十公升計約十加倫）收銅元六枚、昨特佈告週知、並通知各代售處承辦人、遵照辦理云。

《中央日报》上的自来水销售广告，1933 年 4 月 11 日开售

开始时，自来水管网十分有限，据 1933 年 10 月 1 日南京共和书局出版的《新南京》第八章《公共卫生·（庚）自来水》记载，当时建成的给水工程水管经过地点有“水管由水厂经清凉门至清凉山蓄水池”“清凉山经汉中路至兴中广场”“兴中广场向东经逸仙桥至黄埔路”“兴中广场向北经鼓楼、铁道部至中山桥”“下关永宁街至邓府巷”“中山北路经中央党部前湖南路、高楼门至十庙口”“保泰街经成贤街、碑亭巷至中山东路”“中正路、半边街经大仓园、国府路至上元路”“太平路经朱雀路至贡院前街”“兴中广场向南经中正路、白下路至太平路口”“中华路全路”，共计 11 条管线，主要供政府机构和机关要员饮用。首批水厂用户只有 29 户，另外在市区设有 25 座水站供市民购买。在今天北河口水厂的南京自来水历史展览馆里，有一份民国《中央日报》刊登的售水公告，内容如下：

自来水今日开始零售

每十加仑收铜元六枚

本市自来水，前经工务局布告，于 4 月 11 日起，每天上午 5 时至下午 7 时，

自来水厂动力室和储藏室（《新南京》，1933 年）

自来水厂动力室内部机器（《新南京》，1933 年）

① ［民国］南京市市政府秘书处编：《新南京》，南京共和书局 1933 年 10 月版。

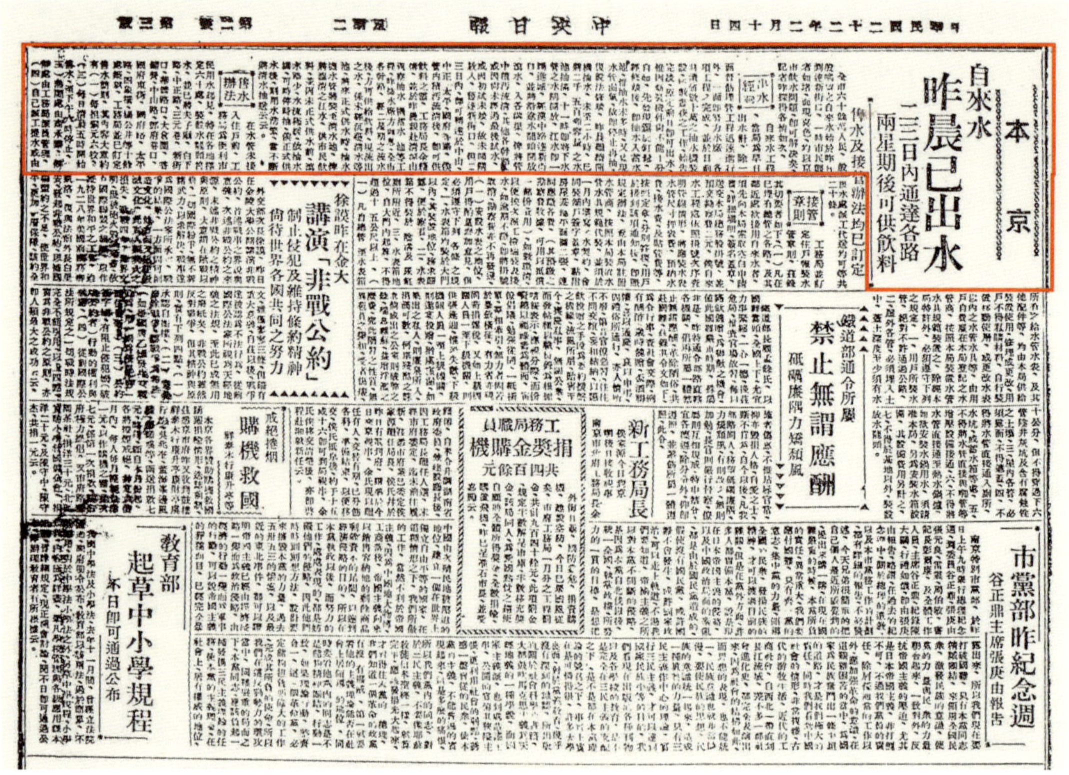
中央日報
中華民國二十二年二月十四日 星期二
第二張 第三版

本京
自來水昨晨已出水
一二三日內通達各路
兩星期後可供飲料
售水及接水辦法均已訂定

禁止無謂應酬
鐵道部通令所屬
砥礪廉隅力矯頹風

徐謨昨在金大
講演「非戰公約」
制止侵犯及維持條約精神
尚待世界各國共同之努力

工務局職員捐獎金購機
共四百餘元

新工務局長

購機救國

市黨部昨紀念週
谷正鼎主席張庚由報告

教育部
起草中小學規程
本日即可通過公布

1933 年 2 月 14 日《中央日报》关于自来水出水的报道

正式售水，其零售水价，现该局规定：如买户自行挑取者，每担（以四十公升计约十加仑）收铜元六枚，昨特布告通知，并通知各代售处承办人，遵章办理云。

其中四十公升即 0.04 立方米的自来水要收 6 个铜板，算下来每立方米则要 150 个铜板，可以说水费是相当昂贵。“公共机关水价，照平常用户八折计算。自二十二年四月供水起，截至年底止，计共出水九十五万四千六百三十九立方公尺，收入九万四千五百四十八元。接水户数，仅三百五十户。当二十三年三月调查时，业已增至五百户，并拟添设水站十处。水质一经制炼，匪特适宜于饮料之用，且亦宜作为工业用水。”①

自来水厂投产后定名为自来水管理处供水课，对外称首都水厂。随着南京城市发展和人口数量的增加，自来水用户也不断增加，原有的自来水建设工程设备无法满足日益增长的用水需求。为了适应南京市民生活以及工业生产发展用水的需要，南京市工务局对自来水厂又进行了扩建。“截止二十四年之初，用户只

① ［民国］建设委员会经济调查所编：《中国经济志·南京市》，正则印书馆 1934 年 8 月版。

一千六百余户，每月水费收入三万一千余元，现在（笔者按：1937 年 6 月）用户已增加至四千余户，水费收入，每月达六万三千余元，至出水量二十四年度总出水量为三百五十余万立方公尺，二十五年度增至四百九十八万立方公尺。……为谋适当饮料，及充分之供给起见，现已筹得的款，扩充水厂设备，增设沉淀池及快滤池各一所，已开始进行矣。”①

1937 年 12 月南京沦陷后，水厂被日军占领，由日伪勾结成立的华中水电股份有限公司经营。日伪统治期间，水厂部分设备受损，市内管网破坏严重，后经两次较大规模修复，于 1941 年 4 月完成战前计划的施工项目，并开始供应经过沉淀、过滤两级净化的自来水。

首都水厂原设计制水能力为4万吨/日，抗战胜利后，经1947年至1948年扩建，制水能力达到 6.7 万吨 / 日。

据中共地下党编印的《南京概况（秘密）》记载，1948 年 6 月，北河口水厂负责人为自来水管理处处长吴杭勉，工人有 200 余人。该水厂在清凉山建有蓄水池，在下关、中山门、北极阁、大光路建有四处压水站，出水量每日 6.7 万吨，用水人口 8873 户。就设备而言，“a. 引水方面：一二〇〇公厘进水管一道。抽水机四具，其中六十八匹马力者三具，二五〇匹马力者一具。四部抽水机每天可引水八万公吨，因机器陈旧，现每天只能开动三部，吸水量在七万公吨以下。b. 净化方面：有混合池二座，沉淀池两座，总容量为七〇〇〇公吨。快滤砂池六座，每日可滤水六六〇公吨，二七〇〇公吨容量的清水池一座。c. 输水方面：高压打水机四具，三〇〇匹马力者三具，八〇〇匹马力者一具，每天可输水约七万公吨。另有四个压水站。该厂因机器使用日久，设备不敷，负荷已达饱和点，用水量往往超过额定水量，因之较高地区，如下关、鼓楼等地，时常发生断水现象。曾计划于一九四八年底提高出水量为八千公吨，另成立设计室，请外人毛理尔参加该厂工作。”②

新中国成立后，首都水厂改名为北河口水厂，经过多次大规模改造，尤其是 1987 年至 2006 年的六次挖潜改造，以及生产工艺和技术的改进，制水能力从 30 万吨 / 日发展到总规模 120 万吨 / 日，北河口水厂进入大型水厂的行列。如今，北河口水厂是南京市最大的自来水厂，同时也是国内规模最大的自来水厂之一，承担了全市一半以上的供水任务，其出厂水质高于国家饮用水标准。

① 《十年来之南京市政建设》，《南京市政府公报》第 178 期，1937 年 6 月。
② ［民国］书报简讯社编：《南京概况（秘密）》，1949 年 3 月内部印刷本。

1935 年的首都水厂

1937 年秋，水厂扩建工程告竣

1937 年秋，水厂扩建工程告竣

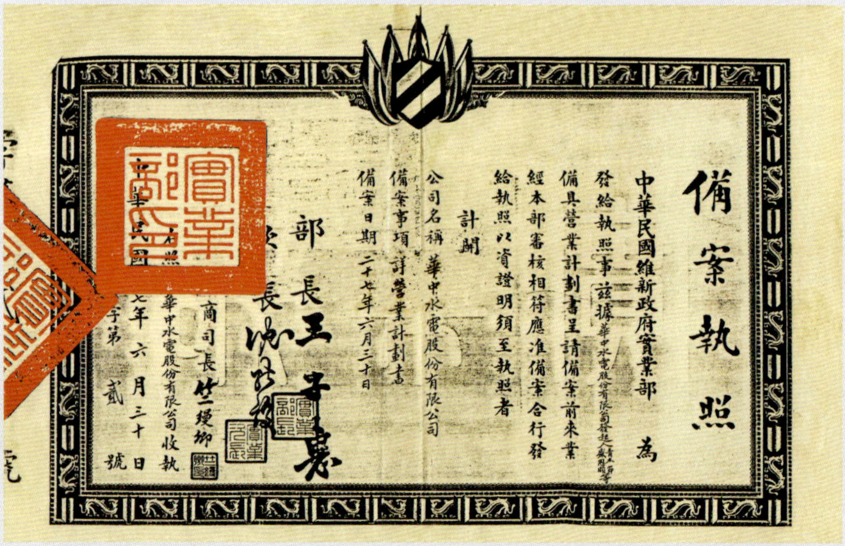

備案執照

中華民國維新政府實業部　為

發給執照事茲據華中水電股份有限公司[illegible]

備具營業計劃書呈請備案前來業

經本部審核相符應准備案合行發

給執照以資證明須至執照者

計開

公司名稱　華中水電股份有限公司

備案事項　詳營業計劃書

備案日期　二十七年六月三十日

部　長　王子惠

次　長

商司長　竺[illegible]卿

華中水電股份有限公司收執

中華民國二十七年六月三十日

字第貳號

1938 年中华民国维新政府颁发给日伪勾结成立的华中水电股份有限公司的营业执照

1946 年南京市自来水管理处产业工会全体职工欢送杨处长永广迎沈处长觐震摄影纪念（南京水务历史展览馆藏）

1947 年南京市自来水管理处产业工会全体摄影纪念（南京水务历史展览馆藏）

1949 年南京市自来水管理处全体员工欢送吴迎刘处长摄影纪念（南京水务历史展览馆藏）

办公楼（现为展览馆）

快滤池外景

快滤池内景

货栈

水塔，右为快滤池

混水机室外景

混水机室内景

全市自来水干管系统图（1947 年 10 月 15 日，南京市规划与自然资源局档案馆藏）

北河口水厂现隶属于南京城建控股集团自来水公司管辖。如今，在厂内建有南京水务历史展览馆，以大量图片、文物、复原场景，展示了南京人自古以来的取水工具以及水厂初期的古老装备和历史。厂内还保留有五栋民国建筑和部分供水设备，五栋老建筑分别是首都水厂的办公楼（建于 1939 年）、快滤池（建于 1941 年）、货栈（建于 1931 年）、水塔（建于 1941 年）和混水机室（建于 1931 年）。其中室内快滤池还在使用中，老办公楼已成为南京水务历史展览馆，混水机室、水塔仍在厂区的日常生产中发挥着作用。

2018 年，“国民政府首都水厂”入选首批 20 世纪“中国工业遗产保护名录”。

永利铔厂

永利铔厂位于南京江北新区大厂街道葛关路 189 号。

永利铔厂是我国化学工业的摇篮，也是我国民族工业的一面旗帜。我国第一袋化肥以及第一套合成氨、硫酸、硝酸等装置都在这里诞生。它是当时亚洲最大、具有世界先进水平的联合化工企业。

1956 年 2 月，毛泽东同志在接见黄炎培时说："讲到中国的民族工业，有四个人不能忘记：重工业不能忘了张之洞，轻纺工业不能忘了张謇，化学工业不能忘了范旭东，运输航运业不能忘了卢作孚。"其中范旭东有"中国化学工业之父"之称，他就是永利铔厂的主要创始人。

矗立在南京化学工业公司广场的范旭东先生铜像（《永利铔厂》）

范旭东（1883—1945），湖南湘阴人。原名源让。曾就读于日本帝国大学化学系，后由财政部公派至欧洲考察盐政和制盐厂制盐设备。1914年，在天津塘沽创办中国第一家精盐公司。1924年，在天津塘沽创办近代中国最大的制碱厂——永利碱厂。他并未满足于永利碱厂的成功。他深知，酸和碱是化学工业的两个“翅膀”，于是决心创办中国人自己的制酸厂。从1929年开始，他多次向实业部呈文，提出发展纯碱、硫酸、合成氨、硝酸等工业的计划。1933年11月，他呈文国民政府实业部，请求允许建立兼产合成氨、硝酸、硫酸、硫酸铵的硫酸铔厂；当年12月8日，实业部转发行政院第136次会议决定，批准范旭东建立硫酸铔厂。1934年，范旭东改组永利制碱公司为永利化学工业公司，选中六合卸甲甸作为永利铔厂的厂址所在地，任命侯德榜为公司的总工程师和永利铔厂厂长，全面负责铔厂的筹建工作。铔厂主要设备购自美、英、德等国。

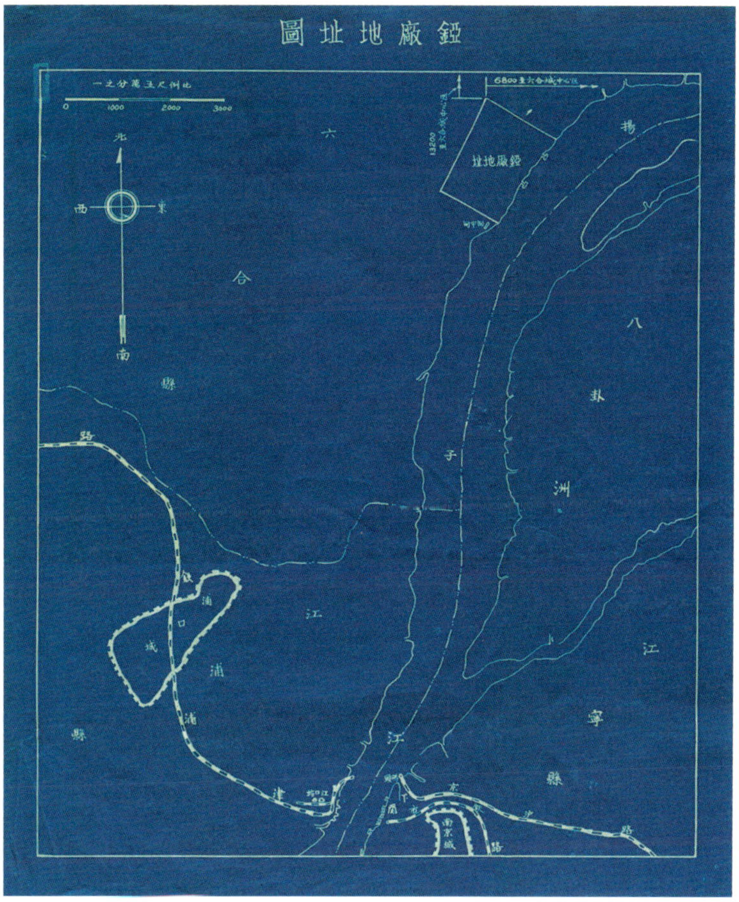

永利铔厂选址图

1934年7月，永利铔厂正式开工建设。施工队伍首先进场平整土地。1935年1月，兴建江边码头，厂基填土工程完成，并修筑了公路，铔厂的建设也在进行中；2月，美国氮气工业公司三名技师来华，监督厂屋机件建设；5月，国外订购设备陆续运抵南京，开始组装；9月底，两座大气柜、起重码头均已落成；同年底，建成铁工厂、翻砂厂，安装贮铔液桶七座、储硫酸桶两座。与此同时，派往国外实习的技术人员陆续回国，从事各机件的安装工作。1936年12月，贮气柜、压缩部、合成部、精炼部、硝酸厂、硝酸铔厂、冷水塔等工程全部完成。[①]1937年1月，南京永利铔厂正式竣工。竣工后的铔厂由

① 李琳：《永利铔厂》，收入卢海鸣、杨新华主编《南京民国建筑》，南京大学出版社2001年8月版。

建设中的永利铔厂（1935 年秋，《南京民国建筑》）

氨厂、硫酸厂和硫酸铔厂三部分组成，以其巨大的规模和一流的人才、技术令中外瞩目，外国人把它和美国的杜邦公司相媲美，称它为“远东第一大厂”。它的建成，奠定了中国化肥工业的基础，打破了英德垄断中国市场的局面。同时，铔厂的建成也带动了六合卸甲甸一带的发展，该地区也因永利铔厂的建立，被称为“大厂”。当时的报道曾这样描述：“由下关乘该公司汽轮到厂参观，则于船中遥望卸甲甸数千公尺江岸硫酸铔厂建筑物，连云江上，气象森森，令人对中国化学工业前途，有特殊兴奋焉！”

1937 年 1 月 26 日，永利铔厂生产出第一批合格硫酸；1 月 31 日，生产出第一批合格液氨；2 月 5 日，生产出第一批硫酸铵（即氮肥，俗称肥田粉），打破了中国不能生产化肥的历史。不久硝酸装置也试车成功，日产硫酸铔 250 吨，硝酸 40 吨。永利铔厂的投产成功，揭开了中国化学工业崭新的一页。然而，永利铔厂开工不到半年，全面抗战爆发。范旭东随即授意侯德榜，将工厂由原来生产化肥改为生产炸药原料、地雷壳、军用铁锹和飞机尾翼等军需品，以支持抗战。

1937 年八一三淞沪抗战爆发后，日本侵略军进逼南京，先后多次采用威逼利诱的手段，向范旭东提出“合作”管理永利铔厂。范旭东表示“宁举丧，不受奠仪”，予以严词拒绝。

日军恼羞成怒。1937 年 8 月 21 日、9 月 27 日和 10 月 21 日，日军三次出

永利錏厂合作氨部（1936 年，《南京民国建筑》）

永利錏厂硫酸部外景（1936 年，《南京民国建筑》）

永利錏厂硝酸部（1936 年，《南京民国建筑》）

永利錏厂煤气厂外景

建成后的永利铔厂厂房

永利铔厂职员宿舍（1937 年）

永利铔厂专家宿舍

永利铔厂厂区大道（1937 年）

永利铔厂运送设备的轮船

永利铔厂建厂时运送进口设备的货轮

动飞机对永利铔厂进行了疯狂的轰炸，木工房、铁工房、硫酸厂、触媒车间、动力车间、大气柜等先后中弹，厂房设备遭到严重破坏，迫使永利铔厂全面停止生产。《拉贝日记》1937 年 10 月 24 日提及永利铔厂时写道：“永利铔厂在上次轰炸时受到了严重破坏，已不再需要用电厂的电了，因为该厂已不得不停

永利錏厂全景（1937 年，《南京民国建筑》）

1934 年 9 月 18 日，范旭东（前排右五）与本厂职工及实业部、资源委员会来宾合影

使用“红三角”注册商标的永利錏厂化肥产品

产。”在日军迫近南京前夕，范旭东按照国民政府的要求，宣布凡是能够带走的机器、零件、设备和图纸、资料等，全部转运至四川，搬不走的埋藏起来，或扔进长江，或付之一炬，厂里的主要技术人员随厂西迁。

1937 年 12 月 14 日，日军占领永利錏厂。1938 年初，日本军方委托日本三井物产公司和东洋高压工业社，吞并永利錏厂。1939 年，以中日合办名义，将永利錏厂改名为“永利化学工业株式会社浦口工业所硫铵工场”，并在东西南北四个厂门各建碉堡一座。1942 年太平洋战争爆发后，日军将生产硝酸的全套设备，包括 8 座吸收塔、1 座氧化塔、1 座浓硝塔，共计 28 套设备 1482 件，拆运到日本九州，安装在大牟田东洋高压株式会社横须工厂，用于军工生产。

抗战胜利后，侯德榜在接收永利錏厂时，发现硝酸厂只剩下空楼一座，所有的硝酸设备被日本侵略者盗运回国。侯德榜非常气愤，他在《大公报》上发表了《向日本拆回被劫去的硝酸装置》一文，得到了社会各界的广泛声援和支持。1947 年 7 月，他前往日本，经过与盟军司令麦克阿瑟和远东经济委员会的多次

遭受日军轰炸的永利铔厂厂房和设备

被日本劫掠的硝酸设备由“海鄂”轮运抵国内码头

交涉，最终如愿以偿。1948 年 3 月 27 日，包括硫酸塔在内的 1482 件设备，终于由“海鄂”号装载回国，4 月 11 日，到达永利铔厂码头，硝酸塔经过重新安装后投入生产。

1948 年底，国民党当局眼看大势已去，计划将永利铔厂搬迁至广州或台湾。

永利铔厂被劫硝酸设备索回后重新安装投入生产

若不愿意搬迁，则全部炸毁。永利铔厂的产业工会和工人在中共地下党组织的领导下，和厂长李承干一起，与国民党当局开展了针锋相对的“护厂保家”斗争，最终顺利地保住了工厂。1949年4月21日下午，人民解放军第三十五军一〇四师炮兵团带着毛泽东主席关于“对付永利铔厂守敌，只能诱至野外歼灭，不能强攻，不能硬打。如果毁坏了永利铔厂，就等于毁了半个南京城”的指示，占领了凤凰山，经短暂战斗，顺利进驻永利铔厂。①

新中国成立以后，永利铔厂为抗美援朝战争捐献飞机一架、大炮一门，并将捐献的飞机大炮骄傲地命名为“铔厂工人”号。

早在1950年，侯德榜主动向人民政府提出公私合营。1952年6月，永利铔厂成立公私合营委员会，更名为公私合营永利宁厂。1958年1月1日，正式更名为南京化学工业有限公司。公司合营后，该公司先后创造了30多项“中国化工之最”。1965年，改名为南京化肥厂。2005年，成立中国石化集团南京化学工业有限公司，成为世界500强企业——中国石化集团的全资子公司。

① 程薇薇、王伟著：《永利铔厂故事》，南京出版社2020年12月版。

1958 年 1 月，永利宁厂（原永利铔厂）与南京磷肥厂等单位合并组建南京化学工业公司

永利铔厂现存工业遗产有机器设备、技术人员住宅、工人宿舍以及日本人建的碉堡等。其中，1936 年从德国博尔西克（BORSIG）公司购买的循环压缩机，是生产中国第一袋化肥——“红三角”牌肥田粉的关键设备，它连续工作了 52 年，直到 1987 才光荣“退役”，如今矗立在厂区的门口。1936 年从美国购买原材料安装建造的 8 台一组硝酸吸收塔及厂房，开启了我国硝酸规模化生产的序幕，这座硝酸塔在生产线上正常运转了近 70 年，直到 2011 年 5 月才停止使用。五栋洋房位于南化氮肥厂厂区内，原为永利铔厂高级职员宿舍，专供外籍人员居住，由基泰工程司关颂声、朱彬、杨廷宝负责设计，砖木结构，青砖清水墙，四坡顶，四栋建于 1936 年，一栋建于 1946 年，总面积 1675 平方米，耗资 18.04 万元，是永利铔厂的标志性建筑之一，如今的南化公司厂史陈列馆就设在这些“洋房”中。南化三村 36 幢 404 套职工宿舍，位于大厂街道西厂门广场附近，10 套或 11 套构成一排，始建于 1935 年，砖木结构，高两层，青砖黑瓦，二层为带有老虎窗的阁楼，每间房子内部都有

永利铔厂专家宿舍

1953 年兴建的联排式别墅

狭窄陡峭的楼梯通往阁楼，每套面积约 50 平方米。南化六村 9 幢 72 套技术人员宿舍，位于大厂街道凤凰路南侧、卸甲甸广场与西厂门广场之间，始建于 1953 年，沿袭近代建筑风格，砖木结构，为青砖黑瓦的联排式别墅。

从永利化学工业公司硫酸铔厂到中国石化集团南京化学工业有限公司，80 多年来，该厂薪火相传，创造了一个又一个中国化学工业“全国之最”。2018 年 1 月，永利铔厂被列入首批“中国工业遗产保护名录”。

江南水泥厂

江南水泥厂位于南京市栖霞区栖霞街道摄山镇88号。

1931年九一八事变后，唐山启新洋灰股份有限公司为了在南方开辟市场，就近生产，由陈范有通过北洋大学同学陈立夫的关系，经蒋介石同意，于1935年派遣技术专家赵庆杰到南京栖霞山附近选定厂址。

1935年，河北唐山启新洋灰公司在天津成立江南水泥股份有限公司董事会，颜惠庆为董事长，袁世凯之子袁心武为主任常务董事，王仲刘、陈范有为副主任、常务董事，陈范有任总经理，共筹集资金240万银元，选择南京栖霞山东麓的摄山渡作为厂址，以建立“模范农场”的名义，征购土地，筹建水泥厂，取名为江南水泥股份有限公司栖霞工厂，占地面积5000平方米，设计规模为年产水泥20万吨。电器设备由德国禅臣洋行提供，水泥设备由丹麦史密芝公司提供。

1937年1月发行的江南水泥厂股票

江南水泥厂建筑工程全影（1937 年 6 月，南京市档案馆藏）

江南水泥厂建筑工程全影（1937 年 7 月，南京市档案馆藏）

江南水泥厂（1937 年 7 月）

建筑设计由施求麟负责，1935 年 7 月动工兴建，1937 年 10 月竣工，11 月试机，为当时国内规模最大、设备和工艺最先进的水泥厂。①

然而，随着中国守军在淞沪抗战的失利，日本侵略者逼近首都南京附近的栖霞山麓。岂料江南水泥厂的首次试机，也成了 1949 年南京解放前工厂的最后一次开机。

1937 年 12 月 13 日南京沦陷前后，江南水泥厂成为南京最大的难民营，收容难民包括中国军队伤病员达 3 万多人。当时，德国和日本同为轴心国成员，丹麦是中立国，董事会利用这种特殊关系，以外国人来应对日本人，进而保护工厂财产。董事会聘请德国人卡尔·京特（又译昆德，Karl Günther，1903—1987）担任代理厂长，他与丹麦人贝恩哈尔·阿尔普·辛德贝格（又译辛波，Bernhard Arp Sindberg，1911—1983）和留厂职工一起，一方面奋力保护工厂，

① 陈克潜、陈克澄著：《风雨如磐忆江南》，苏州大学出版社 2016 年 11 月版。

江南水泥厂生产区大门。为避免日军骚扰，保护厂产和难民，门口挂出了“德丹国合营江南水泥厂”的牌子。右为京特博士

丹麦人辛德贝格在江南水泥厂难民区

江南水泥厂难民营内的难民

另一方面英勇救助了成千上万难民免遭日寇屠杀和蹂躏，江南水泥厂也成了保护南京军民的“诺亚方舟”。[①]

在日伪统治时期，工厂坚持不资敌、不开工，八年间未曾为日军生产过一

① 夏蓓：《京特：诺亚方舟的护航者》，《南京史志》2016年第2期。

吨水泥。最后招致日方拆毁机器设备，工厂被洗劫一空。

抗战胜利后，工厂重建，又向丹麦进口设备，1948年底，工厂安装完毕。由于输电线路迟迟得不到解决，直到1949年4月南京解放时，也未能投入生产。

1950年江南水泥厂点火生产（南京市档案馆藏）

1950年9月，在人民政府的扶持下，江南水泥厂正式投入生产，终于生产出第一批水泥，为新中国建材事业的发展发挥了重要作用。江南水泥公司创始人、总经理陈范有为其商标起名“金轮”牌，希望工厂水泥像金轮一样滚动起来，为国家建设添砖加瓦。

1966年，工厂改名为“红旗水泥厂”。1972年恢复原名。

20世纪80年代的江南水泥厂，占地面积328万平方米，各类建筑面积16万平方米，以生产“五羊”牌水泥和“钟山”牌水泥驰名中外。

2012年12月，江南水泥厂老厂区停工停产。在投产的63年中，江南水泥厂为国家建设的特殊需要研制、生产了36个品种水泥，为我国水泥行业填补了多项空白。

2012年，江南水泥厂旧址被公布为南京市文物保护单位，厂区内有16幢民国建筑，包括卡尔·京特故居、小黄楼（俱乐部）、甲乙丙丁住宅等；还有建厂初期水泥旋窑、栈房、筒仓，以及窄轨火车、职工生活区。建筑面积6221.9平方米。

2012年4月，“江南水泥厂民国时期建筑风貌区”被列为南京首批10处重要近现代建筑风貌区之一。

2018年1月27日，江南水泥厂入选20世纪“中国工业遗产保护名录”（第一批）。

根据南京市规划局《江南水泥厂民国住宅区历史风貌区保护规划》，厂区内的16栋民国建筑得到原汁原味的保护，昔日工厂住宅区将变身为文博展览、创意产业和民国体验游基地。《规划》将这一风貌区定位为抗战文化旅游的创新区、民国文化展示的集聚区、创意文化产业的示范区。要求保护其独特的“联

江南水泥厂一角

1936 年的江南水泥厂俱乐部

江南水泥厂俱乐部

江南水泥厂民国建筑

江南水泥厂民国建筑

排住宅与独栋建筑、办公建筑与居住建筑”相互交融的历史格局。

2017 年 6 月 27 日，笔者与南京城墙博物馆马麟馆长等友人实地考察发现，在江南水泥厂风貌区内保存的 16 栋民国建筑，可分为办公和住宅两类，如建厂初期办公及外籍人员娱乐场所的锥顶小黄楼、四方形的两层瞭望塔、难民医院、甲乙丙丁宿舍楼等，建筑多为砖混结构。在经历 70 多年的岁月洗礼和近年来的两次火灾后，江南水泥厂的厂房部分被毁，大部分现存民国建筑也都成了危房，需要进行全面维修和保护。令人欣慰的是，在厂区内，主干道两侧栽植的法国梧桐浓荫蔽日，形成一条绿色的长廊；在每一栋建筑前面，都载种龙柏两株，锥顶小黄楼前面栽种了成排的龙柏，如今枝繁叶茂，形成独特的景观。

江南水泥厂瞭望塔

自 2020 年 3 月 30 日开始，南京市园林规划设计院有限责任公司对江南水泥厂开始进行修缮和整治设计工作。根据《江南水泥厂民国建筑“修旧如旧”抢救性保护方案》，对江南水泥厂整体采取“有机保护、渐进更新、合理利用”的手法，辅以风貌区新功能，以保护促发展，以发展促保护。江南水泥厂旧址民国建筑修缮的内容包括甲等招待所两栋（其中包括京特故居）、乙等招待所两栋、难民营诊疗所、培训学校、小黄楼（国际友人救护难民区难民旧址）等七栋，共计约 2806 平方米。同时，对文物本体相邻周边，根据现场情况，进行适当环境整治，体现良好整体风貌。2021 年 7 月，经过修缮整治后的江南水泥厂，逐渐褪去尘封的旧衣，部分文物建筑及周边环境修葺一新。

江南水泥厂的兴衰起伏，见证了南京乃至中国近代工业艰难曲折的发展历程。

中央无线电器材厂

中央无线电器材厂（又称中央无线电器材公司），位于中央地质陈列馆东侧。该厂坐南朝北，建筑物由北向南依次排列。现位于南京市玄武区中山东路301号中国电子信息产业集团熊猫电子集团有限公司内。

民国时期，国民政府资源委员会在南京设有五个厂：中央无线电器材厂（今熊猫电子集团前身）、中央有线电厂（今紫金集团前身）、中央电工器材有限公司南京电照厂（今华东电子集团前身）、中央电瓷厂（今南京电气集团前身）和马鞍山机器厂，在当时均属高科技的电力电子工业企业。①

中央无线电器材厂前身为1936年诞生于湖南长沙的电器工厂，全面抗战期间辗转多地。抗战胜利后迁到南京。据中共地下党情报，该厂曾与美国飞鸽公

中央无线电器材厂前楼

① 政协南京市栖霞区委员会编：《栖霞记忆：工业遗存的回顾与保护》，南京出版社2021年12月版。

中央无线电器材厂主楼

中央无线电器材厂鸟瞰

司签订合同，用飞鸽公司零件，安装收音机 1 万台。[①]

1946 年国民政府还都后，该厂一度由美军顾问团使用。

1948 年 12 月，蒋介石专门召见资源委员会委员长孙越崎，下令将资源委员会在南京的五个厂，包括中央无线电器材厂迁往台湾，并派京沪杭警备司令汤恩伯督办。在中共地下党的策划下，早有弃暗投明打算的孙越崎，一方面通知五个厂的负责人着手拆迁，将工厂设备运至下关码头；一方面以轮船无法靠岸为由拖延时间。1949 年 1 月 21 日，蒋介石宣布下野。孙越崎立即通知五厂负责人停止设备迁台，并要求把已经准备装船迁往台湾的部分机器设备全部迁回各厂，重新安装起来。经过一系列惊心动魄的斗争，中央无线电器材厂的设备较好地保存下来，为新中国成立初期我国无线电事业的迅速恢复和发展奠定了基础，也是南京改革开放后“电汽化特”四大支柱产业的“电子产业”源头之一。

1949 年 4 月南京解放后，南京市军管会接管中央无线电器材厂，此后改名为南京无线电厂（714 厂），被称为中国电子工业的摇篮。1952 年，国营南京无线电厂组装生产出“红星牌”501 型五灯超外差式收音机，这也是新中国第一台品牌收音机。1953 年，在“红星 501”的基础上，利用南京电子管厂研发出来的产品，成功研制出新中国第一台全国产化的电子管收音机——“红星”牌

① ［民国］书报简讯社编：《南京概况（秘密）》，1949 年 3 月内部印刷本。

中央无线电器材厂主楼（许宇翔提供）

502 型电子管五灯中短波超外差式收音机，结束了我国收音机依靠进口散装元件装配的历史。1956 年，“熊猫”品牌创建，五灯电子管收音机问世。1958 年，南京无线电厂在高端产品上再接再厉，研制出“熊猫”牌 1501 型收音、电唱、录音三用落地式特级机，1959 年运送到北京，作为国庆十周年献礼。

1976 年，在南京无线电厂基础上成立的熊猫电子集团有限公司，是中国最大的综合性电子骨干企业。1999 年进行资产重组，成为股权多元化的熊猫电子集团有限公司。2007 年 5 月，熊猫电子集团有限公司被中国电子信息产业集团有限公司重组，称为南京中电熊猫信息产业集团（简称“南京中电熊猫”）。

中央无线电器材厂旧址民国时期的门牌号码是珠江路 374 号。目前熊猫电子集团有限公司厂区内还保存有一栋三层办公大楼。这是原来的中央无线电器材厂的办公楼，原高两层，1949 年新中国成立后加盖了一层，变成了三层楼。该楼坐南朝北，西方现代派建筑风格，建于 1946 年前后，现为南京市文物保护单位。2022 年进行重新装修，南京中电熊猫总部入驻。

南洋劝业会

清朝宣统二年四月二十八日至十月二十八日（1910年6月5日至11月29日），清政府在南京举办的南洋劝业会，是我国首次举办的大型国际博览会。会场呈椭圆形，宽1公里，长4—4.5公里，东抵易家巷，南抵丁家桥，西抵将军庙口，北抵公园。周围建筑轻便铁路，外以竹围为界，占地面积共计1000亩。共建有13个本馆（两江总督署建立）、14个省馆和7个特别（专业）馆，并分设有商店、茶楼、酒肆无数。[①] 全国22个省和国外14个国家参加展览，参展展品共分24

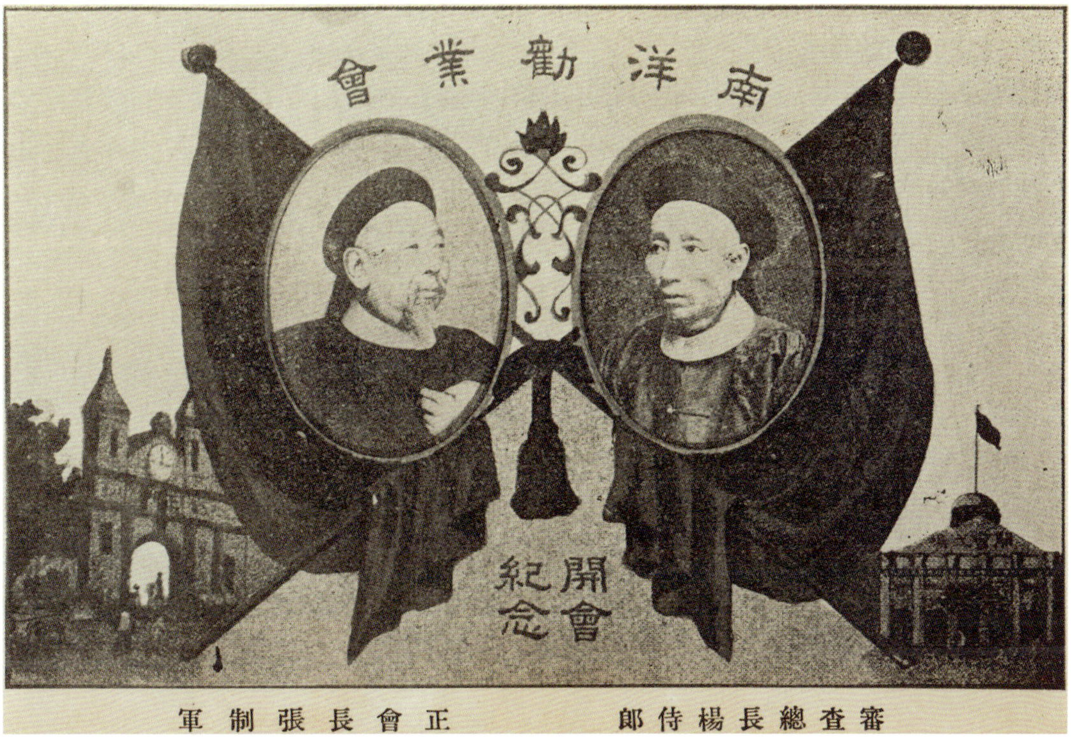

南洋劝业会开会纪念（《南洋劝业会游记》，商务印书馆1910年版）

① 《南洋劝业会观会指南》，转引自苏克勤校注《南洋劝业会文汇》，上海交通大学出版社2010年5月版。

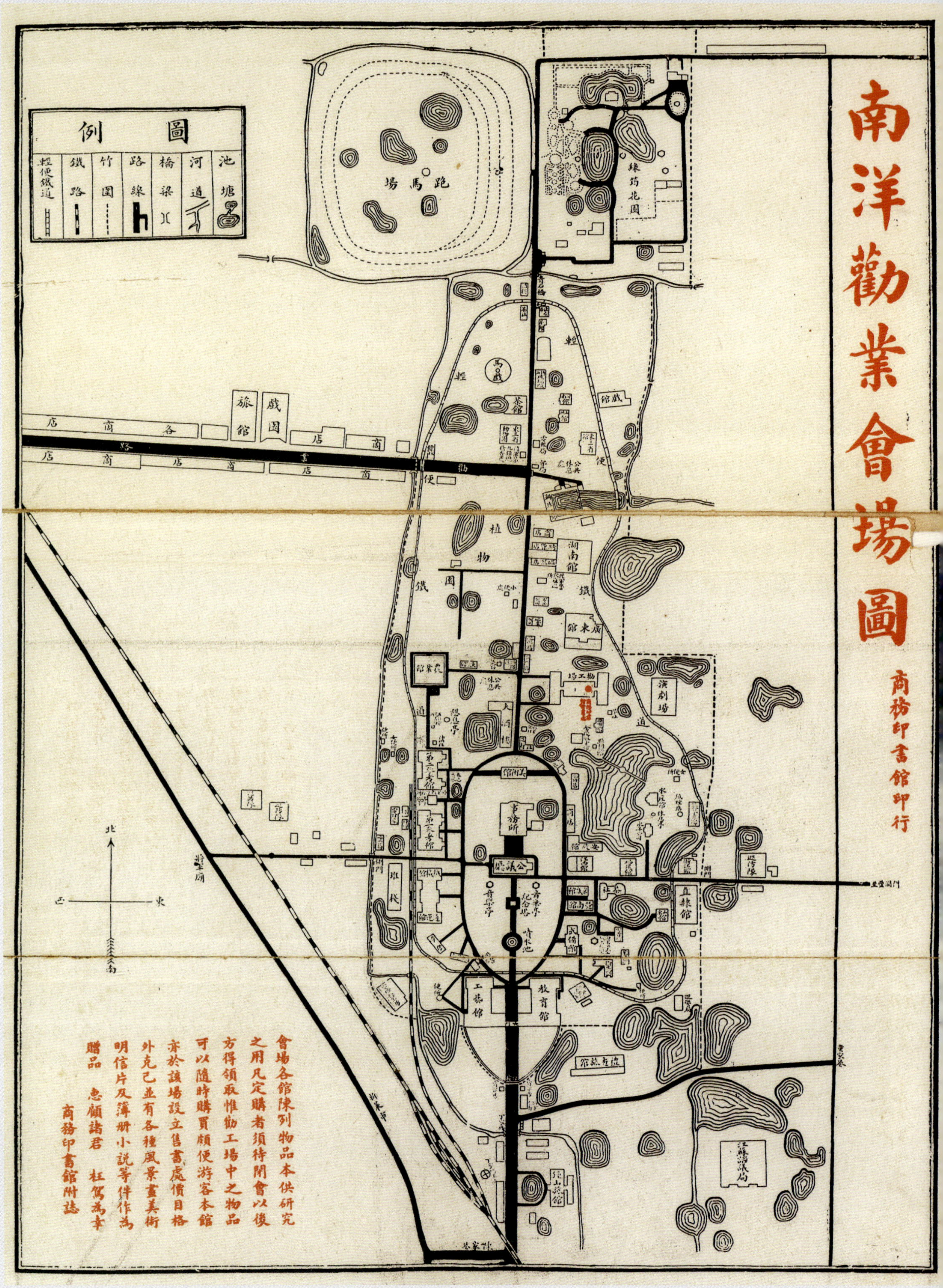

南洋劝业会场图（《南洋劝业会游记》，商务印书馆 1910 年版）

南洋劝业会开幕式明信片

南洋劝业会农业馆

南洋劝业会侧门（《南洋劝业会游记》，商务印书馆 1910 年版）

部 444 类，总计约 100 万件。宏大富丽的规模、巧夺天工的场地点缀、异彩纷呈的展馆造型、琳琅满目的参展展品、丰富多彩的名家论坛，以及剧院、游艺场、马戏团和专供参观用的小铁路等娱乐设施，对于振兴工商业，推动南京城市建设，开拓国人视野，促进中外交流，都起到了开风气之先的作用。1929 年的西湖博览会、2010 年的上海世博会堪称其延续。

南洋劝业会遗留下来的遗物、遗迹，有一个桥亭、一对貔貅，以及劝业村、劝业路等地名。

桥亭，又称独柱亭，俗称水泥阳篷，现位于南京工业大学虹桥校区内。

桥亭建于 1910 年 6 月南洋劝业会开幕之前，由湖北水泥厂用自产的水泥建造。它原来位于南洋劝业会建筑之一水竹居之东的大水池上的桥中央，处在水族馆与劝工场之间。

桥亭支立如伞，所以又名独柱亭，篷高 6 米，直径 5 米。在当时有两大功用：

一是湖北水泥厂以其作为实物广告，展示水泥的用途，以推销当时在中国刚刚诞生的水泥。据清宣统二年五月十二日（1910 年 6 月 18 日）《申报》刊登

桥亭（程瑶拍摄）

貔貅（程瑶拍摄）

的“湖北水泥厂广告”云：“本厂出货以来，中外商人购用均为推中国水泥第一（即西塞门汀土）。今在南洋劝业会场用自出水泥，建造桥亭一处，以供众览，并留为本厂纪念。现在各处订购者纷纷不绝，实有应接不暇之势，业已添订机器，每日出货至一千桶之数。如有需用水泥者，请向本厂上海、汉口批发，所订购不误。远处或电购，或函购，本批发所当代为运送。”①

二是供参观者休憩。据《东方杂志》主编孟森撰写的《南洋劝业会游记》介绍：“（水族）馆外为一大池，隔池可达劝工场。湖北水泥厂在池上建一桥，材料用大冶县所出水门汀。桥凡三洞，两端有高下，中为独柱亭，支立如伞，两旁栏杆具备。亭中陈列寿器一具，狮子一对，高塔模型一座，坚逾石板，见者几不知为水泥也。桥下有大小不一铁路枕木数段，一半露出铁丝，上书‘本厂发明水门汀，可为铁路枕木之用’。由此观之，水泥之功用，不亦大乎？”诗人王濑岩在《南洋劝业会杂咏》之《水竹居》注云：“（水竹）居之三面皆竹，惟东面临大池，广可十亩。湖北水泥厂用大冶水门汀为材料，于池上建一桥。桥凡三洞，两端有高下，中为独柱亭，支立如伞，两旁有阑，居主人于池上备一小画舫，供客载酒。时予偕剡溪刘生仲雅，对饮舫中。仲雅吹洞箫，弄明月，夜将半，挟醉而归。”

水泥是近代建筑工程所必需的材料。19 世纪末 20 世纪初，中国才生产出水泥。直到 1923 年 4 月，中国水泥厂才生产出南京第一桶水泥。桥亭不仅是一百多年前南洋劝业会留存至今的重要遗物之一，也是水泥在南京最早使用的实物见证。

① 转引自苏克勤、余洁宇编著《南洋劝业会图说》，上海交通大学出版社 2010 年 5 月版。

中国银行南京分行

中国银行南京分行（又名珠宝廊中国银行新建行屋），又称南京中国银行，位于白下路23号（原33号），曾为中国财产保险有限公司城南分公司和中国工商银行租用，现在处于闲置状态。

中华民国成立后，1912年2月5日，将上海大清银行改为中国银行，由官商合营，吴鼎昌、薛仙洲任中国银行正、副监督。2月14日，中国银行南京分行在南京珠宝廊成立，经理邹呈桂，后为许钟衡，同年12月撤销。

1914年1月3日，中国银行南京分行再度成立，仍在原址。1916年，兴建大楼，1933年重建大楼，占地面积3746平方米，建筑面积5709平方米，经理

中国银行南京分行

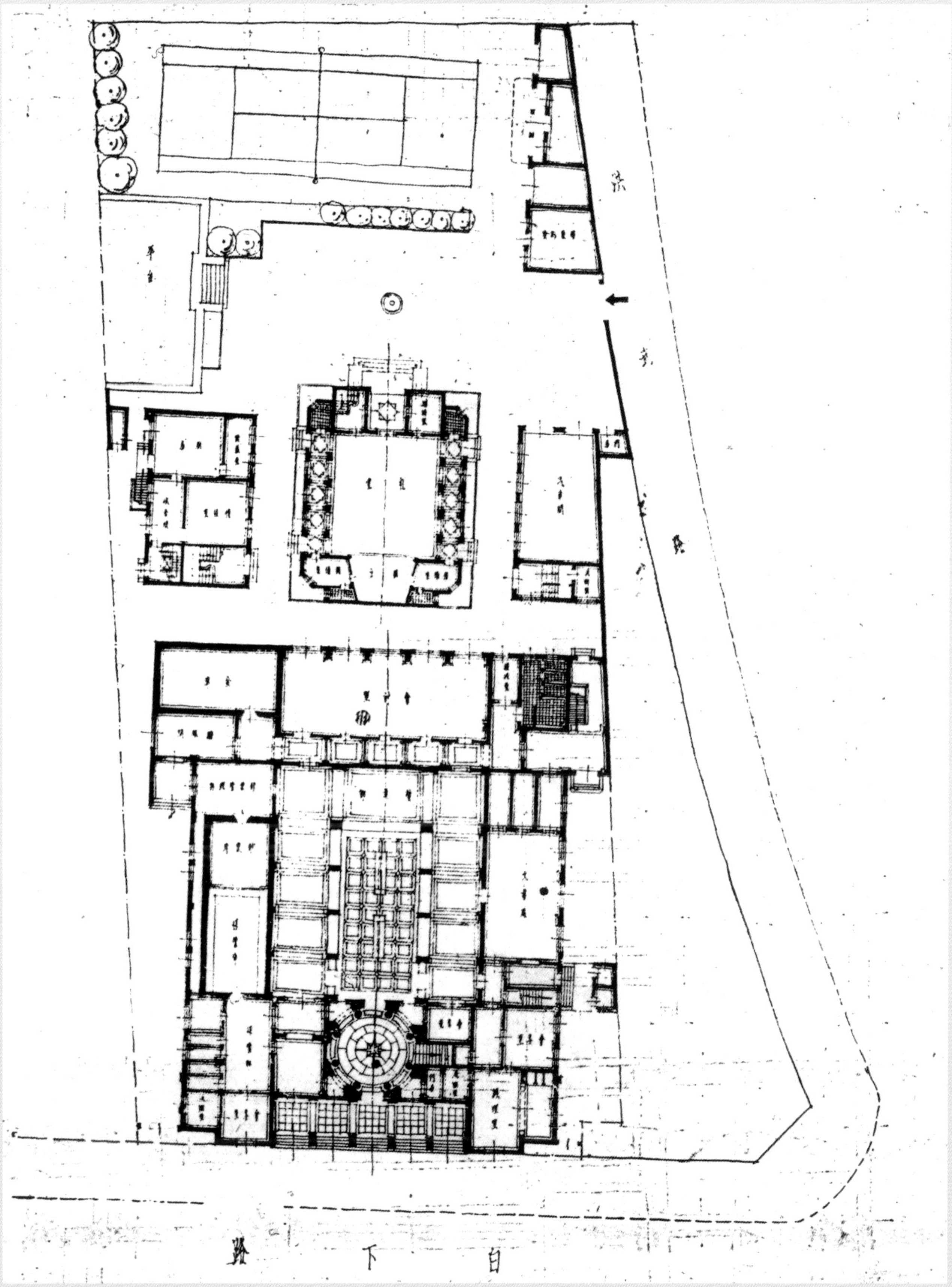

中国银行南京分行总平面图

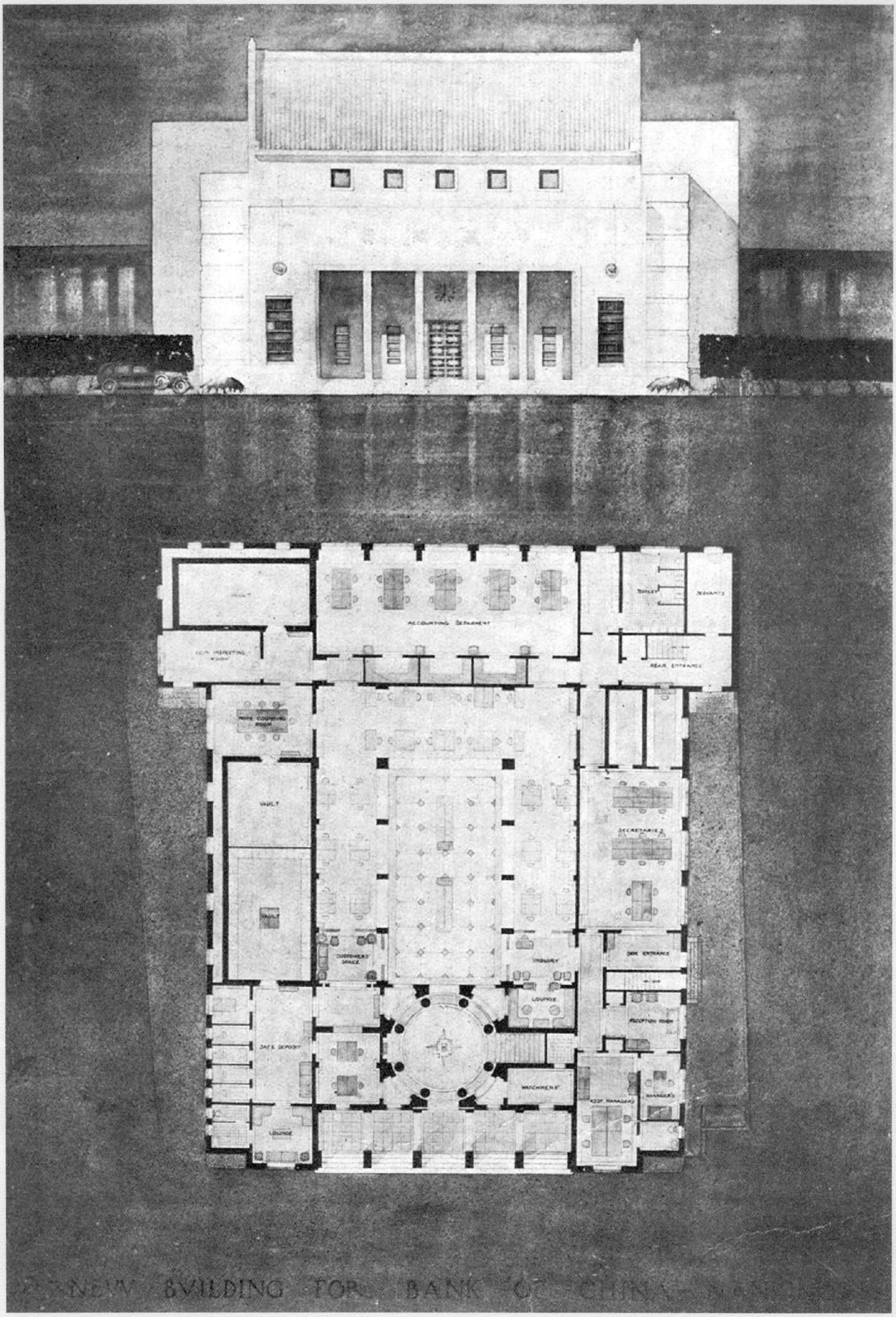

中国银行南京分行行屋效果图

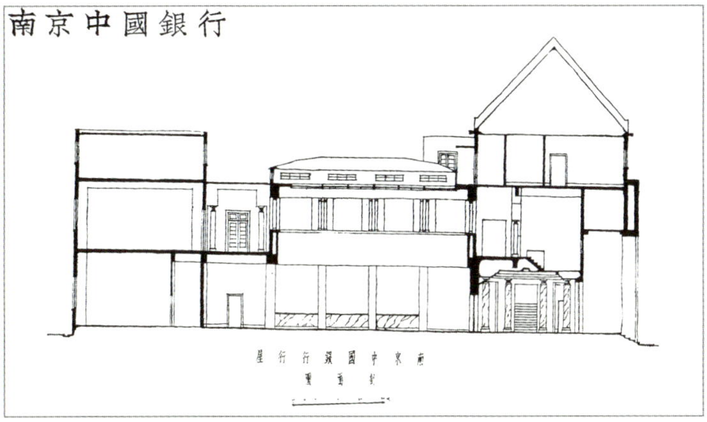

中国银行南京分行行屋剖面图

中国银行南京分行行屋正面图

中国银行南京分行

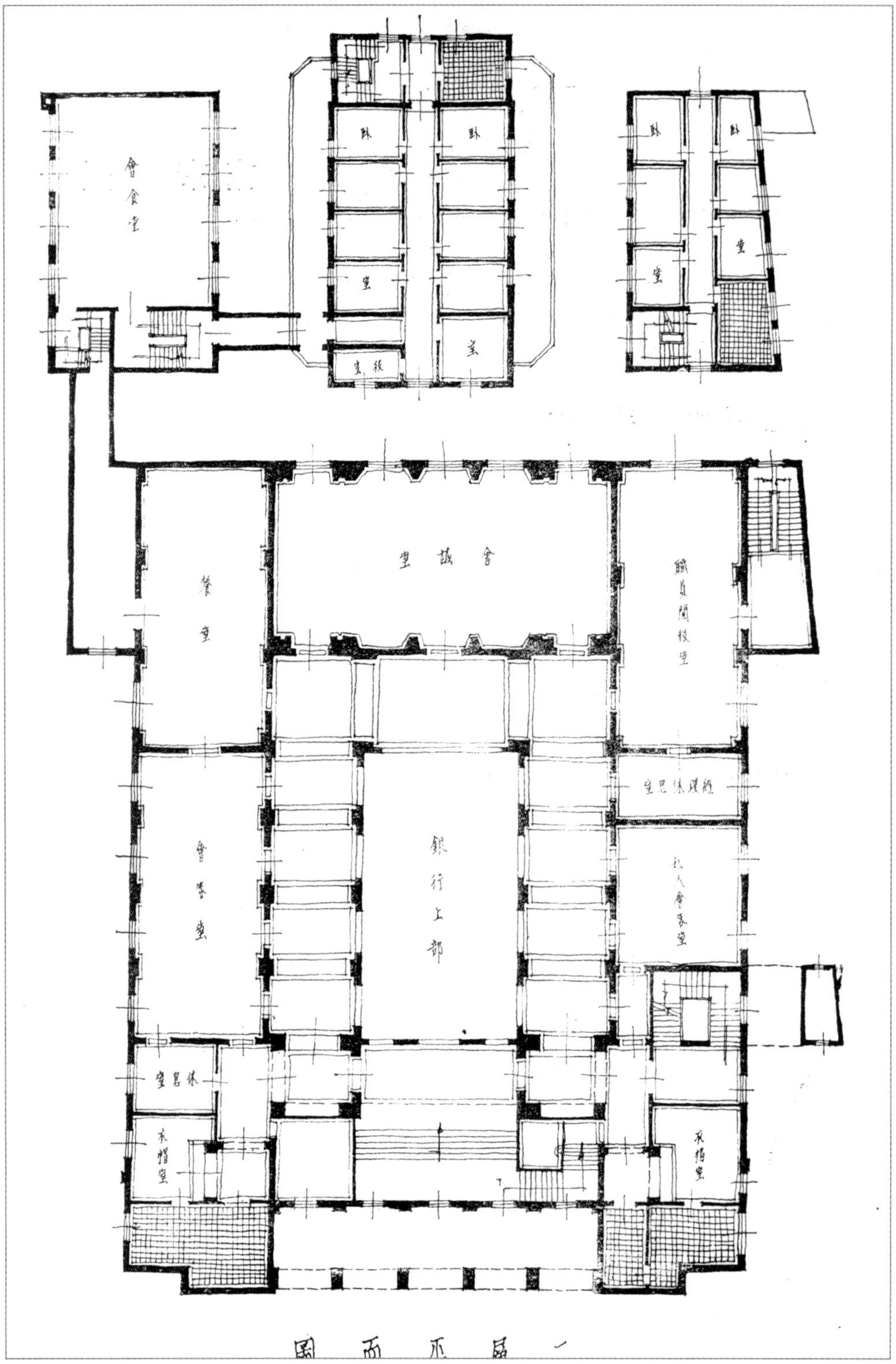

一层平面图

为吴震修。1937 年南京沦陷前，中国银行西撤至武汉，后来转道香港到上海，在法租界设立办事处。1945 年抗战胜利后，中国银行迁回南京，先于建康路复业，次年 4 月 1 日，迁回白下路原址办公。著名京剧演员梅兰芳在抗战胜利后，来南京演出期间，曾居住在中国银行南京分行内。

中国银行南京分行主要业务是国际汇兑、存款、放款、发行兑换券等，业务往来以政府机关为多。

二楼回廊

中国银行南京分行礼堂立视图

中国银行南京分行大门

中国银行南京分行行屋坐北朝南，钢筋混凝土结构，高三层，建筑面积2800平方米；后面有礼堂。整个建筑由建筑师陆谦受、吴景奇设计，上海新亨营造厂承建，1933年建成。在设计施工过程中，考虑到中国银行的地位非同一般，所以在内部采用壁画做装饰，并有很好的举办宴会和招待贵宾的设施，这是其与众不同之处。内部中央为一长方形天井，营业厅直接从屋顶天窗采光，光线分布匀和。这种天窗同时还兼有通气的功能。天井四周有回廊，设有营业厅、会客厅、经理室、会议厅、餐厅和职员宿舍，平面布局合理。建筑物的外部墙面采用褐色泰山面砖，嵌缝用砖色水泥，勒脚用苏州石打光。屋顶用中国式小青瓦，屋脊用人造石，脊饰漆金色。外墙上“中国银行”四个大字用古铜制作，古朴典雅。整个大楼造型适用，布局合理，外观和谐。

1949年4月南京解放后，经过整顿，中国银行南京分行于当年6月10日恢复营业。

2017年12月2日，中国银行南京分行旧址入选由中国文物学会、中国建筑学会联合评选的“第二批中国20世纪建筑遗产项目”。

交通银行南京分行

交通银行南京分行又称南京交通银行，简称京行，坐落在新街口广场东北角的中山东路 1 号，现为中国工商银行南京第一金银交易中心所在地。

交通银行成立于 1908 年，总行设在北京（1928 年总行迁到上海），在国内外设有分支机构。该行以协助发展全国实业为其专业范围，经营工矿交通及公用事业贷款，主要业务有存款、放款、汇兑、储蓄、发行兑换券等。

1910 年，交通银行开始在南京马府街设立江宁试办分行，简称陵行。1913 年，改在下关龙江设立浦口分行，简称浦行。1916 年，迁至下关大马路东新屋，称为新浦行，简称宁行。1917 年，宁行移至城内中正街（今白下路）。1925 年，

交通银行南京分行

正在建筑中的交通银行南京分行

新街口广场与交通银行（左）

1935 年 7 月 2 日，交通银行南京分行落成开幕（《交通银行画史》，上海书画出版社 2008 年 1 月版）

移址下关。1927 年，迁到白下路。1935 年，迁至新街口新址办公，称为京行。

新街口交通银行由上海缪凯伯工程司（Miao Kay Pah Consulting Co.）设计，上海新亨营造厂承建，1933 年 7 月动工，1935 年 7 月竣工，工程造价约 20 万元。该建筑为钢筋混凝土结构，平面近似矩形，地上三层，地下一层。占地面积 1858 平方米，建筑面积 4187 平方米。

该建筑造型为西方罗马古典建筑形式。大楼正面朝南，门口有四根高达九米的爱奥尼亚式巨柱直抵二楼；大楼外部东西两侧各配有六根式样相同的檐柱。柱脚勒线及顶部塑花柱帽做工精美。大楼外墙面采用水泥斩假石，做工细腻。入口处的三座双门皆包金属，金光闪闪；墙上窗户均镶有大理石窗套。屋脊部位有多层线角衬托。整个建筑显得坚固挺拔，浑厚凝重，显示了银行业主的雄厚资本和经济实力。

1937 年 12 月南京沦陷后，这里被日军占据，成为日军上海派遣军司令部驻地。根据《拉贝日记》中收录的《与日军参谋部参谋长在南京（交通银行）的会晤纪要》记载：1937 年 12 月 15 日中午，南京安全区国际委员会主席拉贝带

交通银行南京分行正面

交通银行南京分行西侧面

着委员会的秘书斯迈思、总稽查施佩林，前往交通银行，拜会了日军参谋长，日本大使馆福田德康参赞担任翻译。现将双方谈论的话题引述如下：

1．在城内搜索中国士兵。

2．在安全区入口处设置日本岗哨。

3．居民应尽快重新回到自己的家中。

4．如何处理已经解除武装的中国士兵，您交给日军办理，您可以相信日军是有人道主义的。

5．中国警察可以在安全区内巡逻，但必须解除武装，仅携警棍。

6．贵委员会在安全区储备的1万担米可以供难民使用，但是我们的日本士兵同样也需要米，必须允许他们在区内购买粮米。（关于区外储备的粮米，没作明确表态。）

7．电话和水电供应必须恢复。我们定于今天下午和拉贝先生视察这些设施，我们将在视察后制定相应措施。

8．从明天起将对城市进行清理，我们急需劳工，请委员会在这方面提供帮助。我们明天需要100个～200个劳工，干活付酬。

签名：刘易斯　S.C.斯迈思

南京安全区国际委员会秘书

南京沦陷后，交通银行南京分行一度是南京特务机关所在地

事实上，日军毫无人道可言，也根本没有信守诺言，他们只不过是在同以拉贝先生为首的南京安全区国际委员会虚与委蛇而已，连续六周的血腥大屠杀就是最好的注脚。

此后，交通银行南京分行一度成为日伪南京特务机关所在地。1938 年 10 月 19 日，南京市民张荣炳等人为修复兴中门城墙漏洞，联名致函日军南京特务机关，请求给予修复。[①] 中华民国维新政府在日军的授予下，令伪南京特别市政府工务局主持修复了兴中门段城墙。

1941 年 1 月汪伪中央储备银行（又称中央银行）成立后，这里成为该行行址，当时在顶部平台中间又增建一座两层建筑。

汪伪统治南京期间，国民党军统局南京站站长周镐在汪伪第 3 号人物周佛海（汪伪政府财政部部长、中央政治委员会秘书长、中央储备银行总裁、行政院副院长、上海市市长，汪伪第 1、2 号人物是汪精卫、陈公博）的默许下，在

① 南京市档案馆编：《南京城墙档案·城墙的修缮与堵塞（上）》，南京出版社 2020 年 9 月版。

这里设置秘密电台并导演过接收南京的戏剧性一幕。

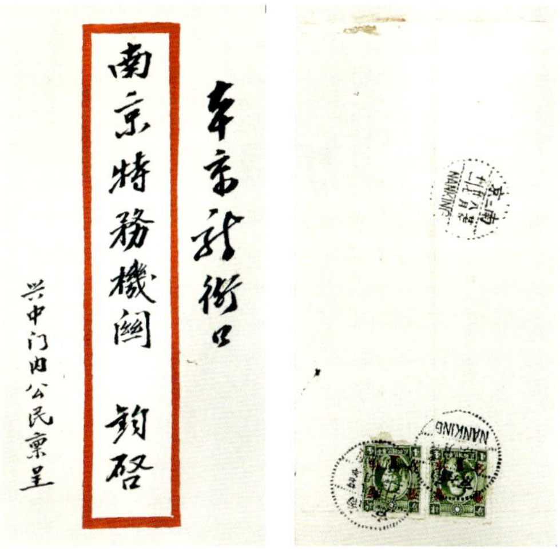

《市民张荣炳等为修复兴中门城墙漏洞致日军南京特务机关的呈文》信封（南京市档案馆藏）

周镐（1909—1949），字道隆，又名周继文、周治平，湖北罗田人。早年曾在军统任职。1943 年初，受国民党军统局戴笠的派遣，从重庆潜伏南京，被周佛海安插在汪伪中央军事委员会军事处第六科任少将科长，后任少将参议，住在白下区二条巷蕉园 5 号（现已拆除）。他活跃在汪伪首都上层军界人物中，专门负责周佛海与重庆国民党方面的情报联络工作。他在汪伪中央储备银行大厦内，架设了一座秘密电台，每到夜里，就将搜集到的伪政权的政治、经济、军事、外交等方面的情报通过无线电波给重庆方面发送过去。

1945 年 8 月日本宣布投降前后，蒋介石因在重庆，来不及接收各地的日伪军占据的区域，为争夺抗战胜利果实，一方面于 8 月 11 日电令八路军朱德总司令，要其军队就地驻防待命；另一方面命令各地伪军“负责维护治安，保护人民”。12 日，蒋介石的侍从室又电令大汉奸周佛海为国民政府军事委员会京沪行动总队总指挥，周镐为南京指挥部的指挥。14 日，又任命汉奸任援道为南京先遣军司令，负责南京、苏州一带的治安。

潜伏在汪伪首都的军统南京站站长周镐，通过地下电台得到《波茨坦公告》发布的消息和重庆方面的指令，开始秘密筹划接管南京日伪政权的工作。8 月 16 日，未经重庆方面认可，他公开宣布成立国民政府军事委员会京沪行动总队南京指挥部，并将指挥部设在汪伪中央储备银行，其机构和组成人员如下：

指挥：周镐（汪伪中央军委会少将科长，军统南京站站长、军统少将）

参谋长：祝晴川（汪伪中央军委会委员、常务参谋次长、汪伪中将）

参议：姜西园（汪伪中央军委会委员、海军部次长、海军学校校长、汪伪海军中将）、刘夷（汪伪中央军委会参赞武官、汪伪中将）、张海帆（汪伪中央军事委员会参赞武官、陆军部特务团团长、汪伪中将）

秘书处处长：崔象山（汪伪中央军委会陆海空军同袍社秘书主任、汪伪少将）

总务处处长：王芝堂（汪伪中央军委会参赞武官、汪伪少将）

新闻处处长：沈三北（汪伪中央军委会科长、汪伪少将）

军械处处长：洪侠（汪伪中央军委会参赞武官、汪伪中将）

副官处处长：白景丰（汪伪航空训练处副处长、汪伪空军少将）

行动处：杨叔丹（汪伪财政部警士队队长、汪伪警察上校）

当天，周镐召集上述指挥部人员开会，商定行动步骤。首先决定接管汪伪《中央日报》和由周佛海控制的《中报》这两家南京的大报，封存汪伪中央储备银行金库，然后又派人分别控制了中山东路上的汪伪财政部、宪兵队、汪伪中央电台等重要机关，并通知全市另外的几家新闻机构，听命南京指挥部的统一指挥，不得擅自妄动。

当晚，由杨叔丹率领的汪伪财政部警士队，由张海帆率领的汪伪陆军部特务团，开始封锁南京的交通港口和车站。同时，周镐命令汪伪军、警、宪、政界的负责人到指挥部报到待命，并由指挥部行动处执行对主要汉奸的逮捕任务。被逮捕的汉奸中，主要有伪中央常务委员梅思平、缪斌，伪司法行政部部长吴颂皋，伪陆军部部长萧叔宣（因拒捕被子弹击中腿部，失血过多和枪弹中毒而死），伪南京市市长周学昌，伪首都警卫师师长、中央陆军军官学校校长鲍文沛等，一共47名，统统关押在汪伪中央储备银行大楼的地下室里。时值夏季，地下室闷热难当，汉奸们惶惶不可终日。

8月16日夜，周镐在指挥部里通宵工作，起草给日酋冈村宁次的受降书、电台讲话稿和指挥部的文件、通告以及第二天的报纸清样。8月17日，南京出现了两张面目一新的报纸《建国日报》（即原汪伪《中央日报》）和《复兴日报》（即原周佛海任董事长的《中报》），分别报道了南京指挥部成立及周镐定于17日正午12时于汪伪中央广播电台作重要讲话的消息，还刊登了由周镐起草的南京指挥部（胜字第一号）布告，全文如下：

京沪行动总队南京指挥部布告（胜字第一号）

我中、英、美、苏四国政府，业已接受日本政府之请求，准其无条件停战。抗战大业，于以完成，世界和平，从斯奠定。是皆我蒋委员长八年以来，坚苦卓绝之领导，前方将士之用命，后方民众之协力所致。现值嬗递之时，凡我同胞应守秩序。匪类乘机扰乱，极须严防。尤其沦陷区域，更当静候

交通银行南京分行（1938 年）

汪伪中央储备银行（20 世纪 40 年代）

政府整理。本指挥奉命绥靖地方，维持现状。除各地部队，蒋委员长已有命令广播，应恪遵并听候命令外，兹经临时规定各项如左：

一、日本军民，应静候政府处置。无论何人，对之不得任意侮辱、伤害。纵然有非法活动时亦应及时向本部报告，听候核办，不得擅自处置。

二、各地原有宪警机关，及各地负责官员，应各就所在地，保护地方，维持秩序。

三、原有各机关，各级公务人员，应照常办公，不得擅离职守，并切实保管档案及公有款产物件，听候接收。

四、凡服务公用事业者，无论中外人员，概须一体尽力，维持原状，如有擅离，即作破坏地方秩序论。

五、各民团及私人藏有武器者，限于五日内，由负责人携同原有证明文件，至本部登记（新街口原中央储备银行）。

六、商会工会应领导工商人等，保持常态，不得藉词停止交易工作，尤不得高抬市价。

七、银钱两业，应各照常营业，调剂市场金融，惟各伪机关及各公务员之存款不得支付，听候查明办理。

八、中储券暂仍准予流通，听候政府调整。

九、粮食及主要物品，绝对禁止囤积居奇。

十、如有造谣生事，图扰乱地方市面，及有不法行为妨害秩序者，准由民众呈报本部经查属实，严惩不贷，但不得挟嫌诬栽。

右列各项如有故意于违者，本部为维持治安计，当按军法惩究。合及布告周知，务各恪遵，切切此布。

中华民国卅四年八月十七日

指挥　周镐

中午12时，周镐到中山东路西祠堂巷汪伪中央广播电台作广播讲话，向市民宣告抗战胜利的消息，同时宣布南京日伪政权已由南京指挥部接管，南京指挥部负责维持社会治安，行使政府职权，希望社会各界和广大市民要遵守秩序，等候国民政府还都南京。接着，周镐又带着行动处武装人员赶到汪伪中央陆军军官学校，集合全体军官学员训话，称其受蒋委员长之命令，代表南京指挥部接管南京一切军政机构，学员必须留在校内待命，并宣布了逮捕鲍文沛的命令。周镐希望通过以上行动，来稳住当时南京城内的这支重要武装力量。

正当周镐主持的接管工作有条不紊地进行时，南京的局势出现了骤变。汪伪国民政府主席陈公博的卫士团在颐和路34号“主席官邸”四周构筑临时工事，架设路障，与南京指挥部行动处的武装人员发生冲突，爆发了局部巷战。18日上午，汪伪中央军校300多名全副武装的军官学员，聚集到新街口广场，抗议南京指挥部抓捕鲍文沛，还架起机关枪对准了指挥部所在的汪伪中央储备银行大楼，一时间，气氛十分紧张。周镐自知不是对手，被迫释放了鲍文沛等汉奸。但这时的南京城已经处于失控状态。到了下午，侵华日军司令官冈村宁次派参谋小笠原中佐到指挥部，请周镐到日军司令部商谈解决办法。周镐一到日军司令部就被已经投降但尚未缴械的日军软禁起来。

周镐被软禁以后，日军将被关押的汉奸全部释放，宣布解散南京指挥部，指挥部里的人员虽然拒绝了这一命令，但还是被迫迁出了汪伪中央储备银行大楼，南京再次出现了由日伪军负责维持社会治安的局面。南京的一些汪伪派系报纸死灰复燃，纷纷登出了这样的标题新闻：《一日皇帝周镐昨日被日军缴械》《南京指挥部作鸟兽散》…… 周镐主持领导的南京指挥部，只存在了三天，就被日伪蒋联合扼杀了。不久，日军将周镐交给蒋介石新任命的南京先遣军司令官任援道处理，后来任援道又将周镐转交给军统局关押审查。周镐于1946年3月出狱，后来加入了中国共产党。

抗战胜利后，交通银行南京分行一度被中央银行南京分行占用。不久，在原址恢复营业。

1946年10月，由于蒋介石假和平、真内战，一意孤行地要召开所谓的“制宪国大”，导致国共和谈面临破裂。10月下旬，第三方面代表张君劢、沈钧儒、梁漱溟等21人由上海抵达南京，在国共两党之间奔走斡旋，希望国共两党能够恢复和谈。在交通银行大厦，第三方面代表与中共代表周恩来、李维汉，以及国民党代表孙科等人频频接触，惜已回天无术。

1949年4月南京解放后，这里成为中国人民银行南京分行所在地。1984年1月1日中国工商银行成立后，这里又成为中国工商银行南京分行的办公大楼。

交通银行南京分行大楼是中国近代建筑史上采用标准西方古典式构图的典型实例之一。整座建筑东西两侧和正面以16根巨大的古希腊爱奥尼亚式立柱环

交通银行南京分行

绕，内部雕刻精美、线条丰富，体现出浓厚的西方古典主义建筑特色。从诞生之日起，它一直是南京新街口地区的标志性建筑之一。

2009年开始，在东南大学建筑学院教授周琦主持下，按照“修旧如旧”和最小干预原则，对该建筑进行重新修缮，在顶部新加了玻璃“金字塔”。每当夜幕降临时，探照灯从内部打出，大楼就如同市中心一颗玲珑剔透的钻石，与金陵饭店、德基广场交相辉映，成为新街口广场的视觉中心。

不为人知的是，在整栋建筑内部，有一个民国时期的老金库。金库分为两间，都是当年储存现金的地方，大钢门购自当时大名鼎鼎的万事利公司，厚约40厘米，重约6吨，锁头22个。金库还是一个小型金融博物馆，展示从清朝乾隆年间到20世纪90年代银行发行的各种存单、金融票据等。

1990年，交通银行南京分行大楼旧址被国家建设部、国家文物局评为近代优秀建筑之一。1992年，被列为南京市文物保护单位。2002年，被列为第五批江苏省文物保护单位。2009年12月，入选中国文物学会、中国建筑学会联合评选的“第四批中国20世纪建筑遗产项目”。

中国国货银行南京分行

中国国货银行南京分行坐落在南京中山路 19 号（原中山路 9 号），现为南京市邮局新街口支局。

中国国货银行是国民政府定都南京后新成立的一家官商合办银行。它的设立，源于 1928 年一部分工商业者和金融界人士的倡议，旨在提倡国货，振兴民族工业。1928 年 7 月成立筹备委员会，开始筹备，次年改筹备委员会为筹备处，公推孔祥熙为筹备主任，修改招股章程，定资本总额为 2000 万元，政府提倡，国民集资组建，官股占 2/5，商股占 3/5，先收 1/4，计 500 万元，开始营业。章程呈经行政院行政会议决议通过，转呈国民政府核准备案。1929 年 11 月 1 日，中国国货银行在上海召开成立会议，选举孔祥熙为董事长，宋子良为总经理，

中国国货银行南京分行

中国国货银行南京分行刚刚落成时情景（《中国建筑》，1936 年第 4 卷第 28 期）

11 月 15 日在上海正式开业，南京特别市市长刘纪文专门发去贺电，载入 1929 年 11 月 30 日南京特别市政府编印出版的《首都市政公报》第 48 期。

中国国货银行总行设在上海，在南京、汉口、广州、重庆、香港等地设立分行。它与中国通商银行、四明商业储蓄银行、中国实业银行合称为“小四行”。

它除了经营汇兑、存款、放款、储蓄、信托等商业银行业务外，还兼营投资事业。1936 年建造国民大会堂时，因工程费用超支，经筹备处主任褚民谊出面，吴稚晖担保，中国国货银行南京分行以月息 1 分的利息借贷 10 万元，支持大会堂的建设。

中国国货银行于 1930 年 12 月 1 日在南京设立支行；次年 7 月改为南京分行，经理罗讷齐。1937 年 11 月 24 日，中国国货银行南京分行迁往武汉。1938 年 5 月迁往上海。抗战胜利后，迁回南京中山路原址办公。1949 年 6 月歇业。

该银行建筑始建于 1934 年，由当时公利工程司建筑师奚福泉设计，成泰营造厂承建，1935 年 4 月开工，1936 年元月竣工，工程造价 14.6 万元。大楼共六层，另有地下室一层，钢筋混凝土结构，平屋顶，占地面积 1920 平方米。连同其附属建筑在内，总建筑面积 4022 平方米。它与毗邻的福昌饭店同为南京最高的近代建筑。

据该建筑的设计师奚福泉《国货银行南京分行工程略述》一文介绍："国货银行南京分行位于南京中山路新街口东北角，高凡六层，用钢筋混凝土构造。除银行自用下层及搁层外，以上各层均作出租办公室，另有扶梯及边门出入，沿中山路墙面均用人造石，银行正面廊建有方大石柱，高达二层，上接挑台石栏，银行内部护壁及墙面均做嵌铜条磨石子，平顶均做彩画，综合现代建筑之趋势而仍不失中国原来之风味。全部造价包括暖气水电工程及升降机，共计国币十八万元。承包者，成泰营造厂。"①

建筑物正面朝东，外观对称，入口处为大门廊，建有八根方形混凝土立柱，上接挑台石栏，下部为承台式仿石柱础。外墙采用人造石饰面。整个建筑立面庄重、坚实，具有西方现代建筑特征。同时，这幢建筑物的拼花窗棂、花格钢窗以及顶部的水泥塑饰等，均带有中国传统式的装饰。这幢建筑物采用西方现代建筑的平面组合与梯形构图，在局部地区重点施以中国传统构件装饰，并辅以适当的传统花纹图案，堪称中国近代建筑史上新民族建筑形式的重要范例。大楼的底层为大厅，设有办公银柜、经理室、会客室等。二层至五层平面布局相同，中部为大天井采光，天井周围为内廊和办公室。在大楼外墙的东南角，镶嵌有花岗岩的奠基碑，上面的碑文在"文革"期间遭到损毁，但仍依稀可辨。碑文右读，竖书，楷体，内容如下：

① 《中国建筑》1936 年第 4 卷第 28 期。

中国国货银行南京分行（黄色的大楼）

从新街口广场看中国国货银行南京分行（1946 年）

“南京中国国货银行奠基纪念”碑

南京中国
国货银行
奠基纪念
董事长孔祥熙
总经理宋子良
中华民国二十四年□月□日

1940年3月30日汪伪国民政府成立后，曾将宣传部设在该银行。

20世纪40年代，南京市银行商业同业公会就设在国货银行内，负责人为程觉民。

1948年11月11日，中华民国全国工业总会在香铺营中央文化运动委员会中正堂召开成立大会，将总会的办公地址设在国货银行内。2005年6月，台湾“中

中国国货银行南京分行

华全国工业总会”一行30余人专程来宁寻访旧址。[①]

1949年4月南京解放后，南京市军管会财经委员会金融部接管该地。因人民银行（后更名中国银行）占据的中山南路148号原邮政储金汇业总局南京分局大楼属于邮电系统财产，经过协商，金融部让出中山路19号中国国货银行大楼。1950年12月1日，南京市邮政局成立，办公地点就设在国货银行大楼内，张亚平任局长，张祖增任副局长。[②]

1992年，“中国国货银行旧址”被列为南京市文物保护单位。2002年，被列为江苏省文物保护单位。2009年，被列为南京重要近现代建筑。

① 2005年6月，台湾“中华全国工业总会”一行30人来宁寻访中国国货银行旧址。南京市台办为做好接待工作，台办赵主任和小滕专程登门到成贤街43号大院拜访笔者，了解中国国货银行的情况，笔者予以热情接待。他们赠以时任中国国民党主席连战先生接受中共南京市委书记赠送笔者主编的《南京民国建筑》（南京大学出版社2001年版）一书的照片。

② 南京市政协文史和学习委员会编：《红日照钟山——南京解放初期史料专辑》，南京出版社1999年4月版。

中南银行南京分行

在南京市太平南路与白下路交会处，有一座古朴典雅的民国建筑，这就是中南银行南京分行。

中南银行南京分行位于白下路155号（原173号）。该行原为商业银行，1917年6月5日创立，总行设在上海汉口路110号。1921年7月5日正式开业。创始人是南洋华侨企业家黄奕柱（1868—1945），他是福建南安人，早年家贫辍学，赴南洋谋生。后“专营糖业，历三十年”，发家致富。总经理胡笔江。因该行是中国金融、工商界人士和南洋华侨合营，故名。

中南银行南京分行

中南银行南京分行鸟瞰（1932 年摄，伍联德《中华景象》，1934 年版）

1929 年 3 月，中南银行在南京白下路与太平路口设立办事处。1933 年 8 月 1 日，改为南京支行，经理章叔淳。1937 年迁至武汉，次年迁至重庆。抗战胜利后，改为分行。1946 年 3 月 19 日，在原址恢复营业。该行的业务，除经营汇存款、放款、发行兑换券外，还兼办理储蓄、信托、仓库、房地产和证券交易。该行于 1952 年 10 月歇业。该行规模在当时国内商业资本银行中首屈一指。资本雄厚，遍设分行，业绩骄人。

中南银行南京分行行址建于 1929 年，占地面积 631 平方米，建筑面积 2247

汪伪时期中南银行成为实业部所在地

中南银行南京分行（1946 年）

中南银行南京分行

中南银行南京分行

平方米。高三层，钢筋混凝土结构。外墙贴黄褐色泰山砖。入口处顶部有钟楼，底层营业大厅高大宽敞。

1941 年 8 月 16 日，汪伪国民政府成立实业部，将这里作为办公地点。

新中国成立后，这里曾经被用作朝阳饭店。1987 年 2 月，这里又被改作交通银行南京支行白下路分行。

2006 年，中南银行南京分行旧址被列为南京市文物保护单位。

上海商业储蓄银行南京分行

上海商业储蓄银行南京分行，简称上海银行，位于南京市建康路 145 号（原为朱雀路 113 号），现为中国工商银行城南办事处。

上海商业储蓄银行与浙江兴业银行、浙江实业银行、新华信托储蓄银行均为江浙资本家集资创建，合称“南四行”。总经理为陈光甫。陈光甫（1881—1976），金融家，原名辉祖，后易名辉德，字光甫，以字行世。江苏镇江人。1909 年毕业于美国宾夕法尼亚大学，次年回国，创造了中国金融史上的多个“第一”，被誉为“中国最优秀的银行家”“中国的摩根”。他还是中国现代旅游业的鼻祖，创办了中国最早的旅行社和旅游杂志——中国旅行社和《旅行杂志》（1955 年更名为《旅行家》）。

上海商业储蓄银行南京分行

上海商业储蓄银行成立的时间在“南四行”中为最早。其总行于 1915 年 6 月在上海建立。1917 年，在南京开设下关办事处；1921 年 7 月，改为南京分行。1924 年，行址在北门桥。[①]1933 年 4 月 10 日，迁至建康路自建行屋营业，经理李桐村。

1937 年 11 月 27 日，迁往武汉；1938 年 6 月，迁往重庆；抗战胜利后，1945 年 12 月 15 日，在建康路原址恢复营业，并在下关鲜鱼巷 56 号、中山东路 275 号、中山北路 286 号分别设有下关办事处、大行宫办事处和珠江路办事处。1952 年 10 月歇业。

该行主要经营汇兑、存款、放款，兼营储蓄、

① 俞旭华编辑：《南京居游指南》，南京共和书局、文华学社 1924 年版。

信托和仓库等业务。据1948年6月对南京14家商业银行的存款统计，上海商业储蓄银行南京分行的存款额名列第一。

20世纪30年代，由于受到日本占领东北和世界经济危机的影响，中国的农村地区受到巨大冲击。该行的总经理陈光甫是金陵大学校董之一，而金陵大学以农学著称，众多农学家对于农业贷款富有真知灼见，所以该行积极与金陵大学合作，将投资目标投向广大农村，逐步推行农村贷款计划。1932年，著名农学家邹秉文（1893—1985）任上海商业储蓄银行副总经理兼农业合作贷款部主任。1933年6月，该行在南京、郑州和长沙三个分行设立农业合作贷款分部，采取运销合作、信用合作、农业仓库、农民抵押贷款所、合作事业的方式开展贷款活动。该行开展的农业信贷活动，促进了农村地区的金融流通，使当地农业技术得到改良，农作物质量得到提高，农村公共卫生事业也得到一定的发展。①

陈光甫在美国留学期间，目睹国外旅游业的发展状况，看到中国旅游业市场存在巨大的商机，遂于1923年8月1日在上海商业储蓄银行开设旅行部（1927年6月1日改为中国旅行社），随后在全国各地设立分社和招待所，其中1933年在建康路上海商业储蓄银行南京分行挂牌设立中国旅行社南京分社（门牌号码为朱雀路113号，电话号码23053），1934—1935年在南京中山北路投资开设首都饭店。

1937年12月13日南京沦陷后，这里成为侵华日军第十军司令部。据时任日军第十军法务部长小川关治郎日记记载：12月14日，“不久我们到达了司令部。这是一栋四层楼的西式建筑，原来是上海商业储蓄银行的大楼。我立刻去司令官的房间表示祝贺（司令官今天早晨从洪蓝埠比我们早30分钟出发）。实际上我找不到词汇来表达我对日军武威的赞美。去对司令官表示祝贺时，司令官叫我上屋顶眺望整个南京城，并说要把他的望远镜借给我，让我好好地看看。我立刻从司令官那里拿了一副望远镜跑上了屋顶。眺望着南京城，我更加为能够攻克这一雄伟首都的日本的武威而激动不已。何况这次进攻只用了两三天的时间啊，我的激动真是难以言表。我的宿舍被定在司令部一楼的一间房间，这间房间很不错，但不适合做饭。只在这里住两三天而已，所以对于各种不便只好忍受一下。不过，这里的设备还是下了点功夫的。从屋顶上眺望南京城，宽阔的街道上到处烟火冲天，这种情景真的只有在战场上才能见到。用自己的眼

① 姜庆刚：《邹秉文有关农村合作运动书信几则》，《钟山风雨》2020年第4期。

上海商业储蓄银行南京分行

上海商业储蓄银行南京分行挂牌设立中国旅行社南京分社（《首都环游》20卷3号）

五二〇运动时，学生在银行门前抗争

睛眺望战场的真实情景，这种机会可以说是千载难逢。市街各处围着铁丝网，很多地方还挖了很深的战壕，上面堆着高高的土，是为了防空袭，和银座周围的地铁出入口一样，足见几百万的市民是何等惧怕日军的进攻。现在这几百万

上海商业储蓄银行 南京分行

市民都不知逃到哪里避难了，这里变成了一座空城。这种情景就和大阪一样，都市里的市民一个不留地逃走避难去了。不难想象那种混乱的局面，贵重的物品自然不用说了，可以带的东西一件不留地带在身上外逃避难”[①]。时任日军第十军司令部参谋山崎正男也记载该银行“现代化大厦里有先进的设施”，他上午 11 点 30 分到达，下午在此迎接第十军司令官池谷、早坂入住。[②]

上海商业储蓄银行南京分行外貌与 1932 年兴建的上海商业储蓄银行极为相似。建筑高四层，门厅高五层，钢筋混凝土结构，建成于 1933 年。占地面积 1139 平方米，建筑面积 3560 平方米。现基本保持原貌。

① ［日］小川关治郎：《小川关治郎日记》，收入王卫星编《南京保卫战·日方资料》，南京出版社 2022 年 10 月版。
② ［日］山崎正男：《山崎正男日记》，收入王卫星编《南京保卫战·日方资料》，南京出版社 2022 年 10 月版。

浙江兴业银行南京分行

浙江兴业银行南京分行位于中山东路3号，现为中国银行新街口支行。

清朝光绪三十一年（1905），修建沪杭铁路总理汤寿潜等发起创办浙江铁路公司，自办沪杭甬铁路。次年10月，公司附设铁路银行。光绪三十三年（1907），获准在杭州设立浙江兴业银行。1914年，迁至上海。

1931年8月20日，南京分行在白下路昇平桥开业，经理杨荫溥，主要业务有汇兑、存款、放款、储蓄和发行兑换券。[①]1937年7月12日，迁至中山东路

浙江兴业银行南京分行（屋顶竖有旗帜者）

① ［民国］建设委员会经济调查所编：《中国经济志·南京市》，正则印书馆1934年8月版。

浙江兴业银行南京分行

日伪统治南京时期，这里是南京宪兵分队驻地

浙江兴业银行南京分行

3号自建新行屋内营业。抗战期间，南京分行先是迁往武汉，后迁至上海，这里成为日伪南京宪兵分队驻地。抗战胜利后，1946年3月1日，在原址复业。

该行是商业银行，为江浙资本家创建。它与浙江实业银行、上海商业储蓄银行、新华信托储蓄银行合称“南四行”。

该行行屋建成于1937年，高四层，钢筋混凝土结构，占地面积1869平方米，建筑面积1575平方米，属于西方现代派建筑。它与相邻的西方古典主义建筑形式的交通银行南京分行相映生辉。

2006年，“浙江兴业银行旧址”被列为第三批南京市文物保护单位。2010年，被列为南京重要近现代建筑。

第六章 公共活动和娱乐服务建筑

国民大会堂

国民大会堂位于南京长江路（原名国府路、林森路）264号，它是民国时期全国规模最大、设施最为先进的会堂。

早在1933年，国民政府为筹备原定1935年3月在南京召开的国民大会，计划在首都南京建造国民大会会场。经行政院第一百三十次会议决议，由内政部拟具方案及经费概算。经内政部部长黄绍竑提议，国民党中央执行委员会第一百次常务会议讨论决议：一、国民大会会场设在明故宫行政区基地；二、会场建筑以能容纳2500人的议席为准；三、会场建筑费定为100万元至200万元；四、征求建筑图案及聘请专家审查费1万元，并在党务费第一预备费项下拨用。此后，国民党中央执行委员会第115次常务会议指定委员，策划兴建。后因在

国民大会堂

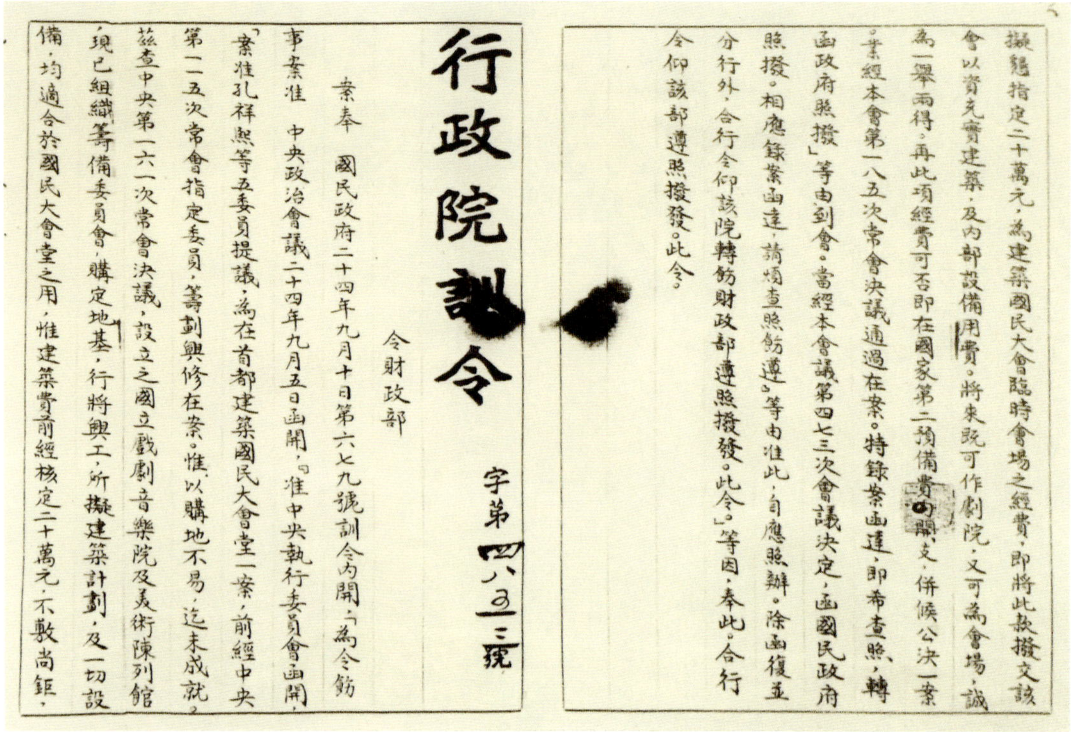
行政院訓令

字第四八五三號

令財政部

案奉 國民政府二十四年九月十日第六七九號訓令內開：「為令飭事。案准 中央政治會議二十四年九月五日函開：『准中央執行委員會函開：「案准孔祥熙等五委員提議，為在首都建築國民大會堂一案，前經中央第一一五次常會指定委員，籌劃興修在案。惟以購地不易，迄未成就。茲查中央第一六一次常會決議，設立之國立戲劇音樂院及美術陳列館，現已組織籌備委員會，購定地基，行將興工。所擬建築計劃，及一切設備，均適合於國民大會堂之用，惟建築費前經核定二十萬元，不敷尚鉅，擬懇指定二十萬元，為建築國民大會臨時會場之經費，即將此款撥交該會，以資充實建築，及內部設備用費。將來既可作劇院，又可為會場，誠為一舉兩得。再此項經費可否即在國家第二預備費內開支，併候公決一案。業經本會第一八五次常會決議通過在案。特錄案函達，即希查照，轉函國民政府照撥」等由到會。當經本會議第四七三次會議決定，函國民政府照撥。相應錄案函達，請煩查照飭遵』等由准此，自應照辦。除函復並分行外，合行令仰該院轉飭財政部遵照撥發。此令。」等因，奉此。合行令仰該部遵照撥發。此令。

行政院准予孔祥熙等五委员将国立戏剧音乐院和国立美术陈列馆充作国民大会堂的训令（中国第二历史档案馆藏）

明故宫一带购地遇到困难，导致筹建国民大会会场的动议拖延下来。

1935 年，国民党中央执行委员会第一百六十一次常务会议通过决议，设立国立戏剧音乐院和美术陈列馆。同年，孔祥熙等五人提议：在首都建筑国民大会堂，可以国立戏剧音乐院和美术陈列馆充用，这样既可作剧场，又可作会场，诚为一举两得。他们的提案获得国民政府的批准。于右任、孔祥熙等 19 人被推为筹备委员，褚民谊任筹委会常务主任。建筑地址选在国府路石板桥转角（今长江路）。

1935 年，国立戏剧音乐院和美术陈列馆筹委会公开招标，征集院馆工程的设计方案和营造商。经筹委会于 1935 年 8 月评定，设计方案以公利工程公司（Kun Lee Engineering Go.）建筑师奚福泉的为首选，天津基泰工程司关颂声、上海华盖建筑师事务所赵深的设计方案分列二、三名；营造商为上海陆根记营造厂，该营造厂以 377229 元（其中国立美术陈列馆 62343 元，国立戏剧音乐院 314886 元）的最低标价中标。1935 年 11 月 23 日，筹委会常务主任褚民谊与承建商上海陆根记营造厂签订合同，限期 10 个月完工。11 月 29 日，举行奠基典礼，司法院院长居正、国民党中央监察委员吴稚晖、行政院秘书长褚民谊等数百人出席。

奠基礼由居正主持，褚民谊报告筹备经过。

在施工过程中，陶记工程师事务所李宗侃建筑师，根据国民政府制定的《首都计划》中提出的首都建筑“要以采用中国固有之形式为最宜，而公署及公共建筑物，尤当尽量采用”的原则，对原设计方案作了局部修改。原来的工程造价为40万元，后由于施工经费不足，国民政府又追加经费36.5458万元。1936年5月5日，国民大会堂正式竣工。

国民大会堂坐北朝南，左右对称，占地面积3400平方米，建筑面积5100平方米。主体建筑地上四层，地下一层。分前厅、剧场、表演台三部分。前厅为砖混结构，中部剧场为钢筋混凝土柱网结构，型钢屋架。

前厅部分设有井楼，一楼两侧设有售票处、办公室、衣帽间；二楼为休息室；放映室设在顶楼。各层都设有厕所、贮藏室。前厅为平顶屋面。

剧场部分设在建筑物的中央，表演台的台口为圆弧形，台前设有奏乐池；表演台的底部以及后台设有演员化妆室和演员休息室。楼上下共设有2500多个观众席。剧场顶部为人字屋顶，钢屋架。

国民大会堂内制冷、供暖、通风、消防、盥洗、卫生等设施齐全，堪称一流。

国民大会堂的造型属于西方近代剧院风格，建筑立面采用了西方近代建筑

国民大会堂设计效果图（《中国建筑》1937年第28期）

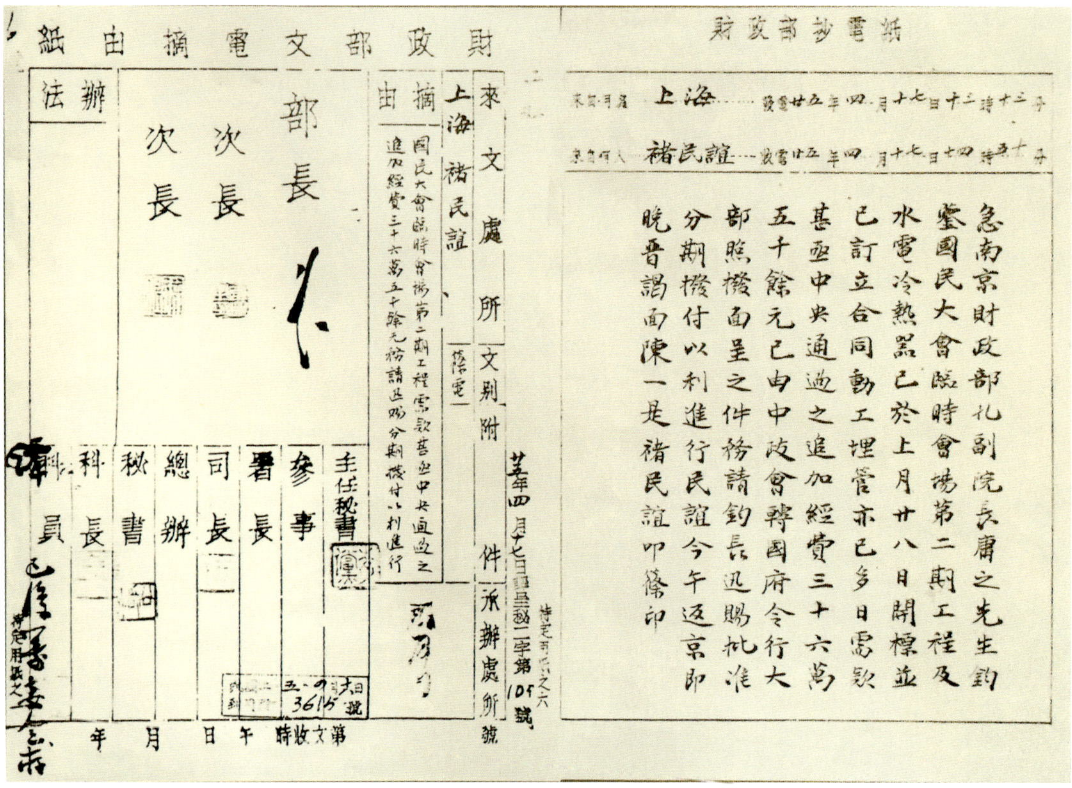

財政部電文摘由紙

來文處所：上海 褚民誼

摘由：國民大會臨時會場第二期工程需款甚亟中央通過之追加經費三十六萬五十餘元務請迅照分期撥付以利進行

部長 次長 次長

主任秘書 參事 署長 司長 總辦 秘書 科長 科員

財政部鈔電紙

上海

褚民誼

急南京財政部孔副院長庸之先生鈞鑒國民大會臨時會場第二期工程及水電冷熱器已於上月廿八日開標並已訂立合同動工理管亦已多日需款甚亟中央通過之追加經費三十六萬五千餘元已由中政會轉國府令行大部照撥函呈之件務請鈞長迅賜核准分期撥付以利進行民誼今午返京即晚晋謁面陳一是褚民誼叩篠印

1936 年 4 月，褚民谊请求追加国民大会堂第二期工程经费 36.5 万元致财政部的函（中国第二历史档案馆藏）

国民大会堂

国民大会堂（约 1935 年，赵元任摄，《赵元任影记：好玩儿的大师》）

常用的勒脚、墙身、檐部三段划分的方法，简洁明快；但在檐口、门厅、雨篷等处，都巧妙地运用了民族风格的装饰。“国民大会堂”匾额是由当时的国民政府主席林森所题。

国民大会堂建成一年多，南京沦陷，大会堂被日伪占用。其中大会堂主体被汪伪宪政实施委员会占用，大会堂两侧被汪伪中央军事委员会情报室（后改为报道室）占用。

1938年11月底，在日本侵略者的授意下，敌占区的各路大小汉奸汇聚在国民大会堂，参加所谓的“华中七省市代表促进树立中央政府大会”，谋划取代重庆国民政府，建立新的傀儡政权。据说，为了在主子面前制造人气，伪维新政府的汉奸们花钱收买了许多老百姓充当听众。当时滞留在金陵女子文理学院的美国友人魏特琳女士在12月2日的日记中写道：“下面这件事或许是谣言，但也可能是真的：在过去3天，在南京召开了全国人民会议。会议期间，以个人名义出席者，每人每天可以得到1美元，作为省代表出席者，则可以得到50美元。这都是临时政府的所作所为。我的同事说，她曾和一位护士交谈过，这位护士参加了3天的会议，得到了3美元。”①

为了掩饰日军在南京犯下的滔天罪行，抹去中国民众尤其是南京民众的创伤记忆，直接听命于日本南京特务机关的南京宣抚班绞尽脑汁，甚至利用佛教作为工具，加强对南京民众进行宣抚。1939年4月，在日本特务机关的授意下，“日华佛教联盟南京总会”在国民大会堂举行成立仪式，出席会议的有日本佛

1940年行走在国民大会堂前的日军（泷藤治三郎《南京的全眺》）

汪伪政府成立时的国民大会堂（1940年）

① ［美］明妮·魏特琳著，南京师范大学大屠杀研究中心译：《魏特琳日记》，江苏人民出版社2000年10月版。

教联合会、南京佛教会、安清同盟会、中华理教总会、西藏班禅喇嘛教、蒙古活佛等团体的代表。①

1941 年，身为汪伪宣传部委员的剧作家陈大悲，在汪伪国民政府宣传部的授意下，为了迎接汪伪国民政府“还都南京”的周年庆典，专门创作了新剧目《花烛之后》，在国民大会堂等地巡回演出，用来掩盖日军在南京犯下的暴行，宣扬中日友善，以达到粉饰太平的目的。据当时远东剧团的相关资料显示：“四月三日，在本团招待中日各机关长官参观彩排《花烛之后》；四月四日晚在中央广播电视台播送话剧；四月八日、十日在国民大会堂公演《花烛之后》；四月十一日在中央广播电台播送歌曲；四月十二日、十三日复在国民大会堂公演《花烛之后》；四月三十日在冬夜海运汽船公司表演；四月二十七日至五月十三日在苏州、杭州、无锡、镇江等处公演《花烛之后》，于五月十四日归返南京。五月二十四日、三十日在中央广播电台播送歌曲及话剧。”②

1943 年冬天，在日伪统治下的南京，中共地下党组织曾经领导爱国进步学生发动过一场轰轰烈烈的“消毒”运动。时在南京中央大学电机系读书的江泽民同志也参加了这场运动。这场运动的主要发生地就在国民大会堂门前的广场。江泽民同志在 1998 年 7 月 17 日撰写的《忆厉恩虞同志》一文中写道：“在一个非常寒冷的夜晚，我们几千学生高呼禁毒口号，游行到夫子庙一带，冲砸了所有的鸦片烟馆，把醉生梦死的吸毒者揪了出来，其中不少是敌伪官员，还抄出了大量鸦片、毒品和烟具。我们在国民大会堂广场前焚烧收缴的鸦片、毒品和烟具，同学们围着熊熊的篝火，齐声高唱《毕生歌》：‘同学们！大家起来！担负起天下的兴亡！听吧！满耳是大众的嗟伤；看吧！一年年国土的沦丧。我们是要选择战还是降？我们要做主人去拼死在疆场……’在我们后面，日本宪兵队持枪列队，虎视眈眈地对着我们。大家悲愤满腔，情绪激昂，毫无畏惧。其情其景，大长了中国人民的志气，也唤起了群众的觉醒。”之后，3000 余名学生进入大会堂开会，学生领袖厉恩虞、王嘉谟主持会议并讲话，他们疾呼：“中国人不要醉生梦死，青年们要团结起来，勇敢地向黑暗势力作斗争。”在会上，厉、王提出了建立“首都学生消毒总会”的主张，得到一致赞成。③

① ［民国］南京特务机关编：《南京市政概况》，1942 年未刊本。

② 《远东剧团》，收入秦孝仪主编《中华民国重要史料初编·对日抗战时期第六编·“傀儡组织”（三）》，台北中国国民党中央委员会党史委员会 1981 年版。

③ 江泽民：《忆厉恩虞同志》，《南京日报》1998 年 9 月 16 日。

1946 年《复兴后的首都》杂志封面上的国民大会堂

抗战胜利后的第二年，即 1946 年 5 月 1 日，国民政府正式公布还都令，宣布 5 月 5 日自陪都重庆“凯旋南京，以慰众望”。国民政府之所以选在 5 月 5 日还都，因为这一天是 1921 年孙中山先生在广州宣誓就任非常大总统 25 周年的日子。这一天，南京城里搭起了许多松枝牌楼，旌旗招展，一派节日气氛。

上午9点，蒋介石带领国民政府文武百官拜谒中山陵后，10点30分，驱车来到国民大会堂，出席在这里举行的“首都各界庆祝国民政府还都大会”。蒋介石在会上回顾了八年抗战的艰辛历程，发表了颇有鼓动性的讲话。

抗日战争胜利后，国民大会堂的房屋及内部各项设施均已破烂不堪。1946年8月10日，国民政府对大会堂进行了全面修缮，12月，修建工程全部完工。

1946年7月，国民党在美国的支持下发动内战。可是出师不利，在泰兴一地就被人民解放军消灭了一个整旅。接着，人民解放军在苏中七战七捷，歼灭国民党军队7个整旅，俘虏5万多人，打破了国共交战中国民党军队战败的历史纪录。同年9月，国民党在南京召开师长参谋长会议，会场就设在国民大会堂。蒋介石到会讲话，他一开口就按捺不住心头的怒火，痛骂各级指挥官“不学无术”“大意轻敌”“官兵战志不坚”。据说他讲话时右手握拳，搁在桌面上，脸色由白变青，眼睛显得又红又冷，在座的国民党将军们都吓得不寒而栗。美军顾问团团长鲁克斯讲话时，更是不给与会的国民党将军留一点面子，他用讽刺的口吻说，国民党军队使用的是世界第一流的武器，却打不过武器落后的共产党军队，实在是丢人现眼，等等。会议开了三天，与会的将军们个个垂头丧气。

1946年11月15日，在美国特使马歇尔和美国驻华大使司徒雷登导演下，蒋介石不顾中国共产党和民主同盟的反对，决心撕毁政治协商会议决议，在南京强行召开国民大会。因大会任务是制定《中华民国宪法》，所以又称“制宪国大”。与会代表1381人，绝大多数是国民党党员。大会讨论了建都问题，决定以南京为都。制定的《中华民国宪法》共14章175条，其特点是取消人民民主自由的保障，总统有权以法律限制人民的权利；违背政协决议的联合政府责任内阁制原则，实行总统独裁制；立法委员不由选民直接选举，改由法律定之，行政院受总统指挥；违反政协决议的地方自治、少数民族自治原则，实行中央集权。12月25日，大会通过《中华民国宪法》，宣告闭幕。实际上，“宪章早已由政协拟好，此次国大代表不过画诺而已”。①

监察院院长居正的国大代表证

就在“制宪国大”召开的第二天，即11月16日，周恩来在

① 老芝：《国大花絮》，原载《论语》半月刊《新京话》专栏第121期，1947年1月16日，转引自姚颖《京话》，南京出版社2018年4月版。

南京梅园新村举行记者招待会，散发书面声明，表示中国共产党坚决反对国民党政府一手包办的违背政协决议和全国民意的分裂的“国大”，并称“和平之门已被国民党一手关闭”。21日，中共中央发言人声明中国人民不承认伪宪。28日，周恩来在关于时局问题答新华社记者时说：“蒋政府的‘国大’与‘宪草’既未经政协一致同意，又无联合政府召集，更无中共及真正民主党派的代表参加制定，故不论这所谓‘国大’已经开过，这所谓‘宪法’已经通过，其性质依然是蒋记国大，蒋记宪法，我们及全国民主人士决不会承认它为合法为有效。”

国民大会堂（1947年）

蒋介石为使其统治合法化，迫不及待地筹备召开“行宪国大”，决定1948年为“行宪年”。所谓“行宪”，就是开始实行所谓民主宪政，并按照《中华民国宪法》选举总统，实行总统制。“行宪国大的中心议题就是选举总统、副总统。”1947年11月，国民党政府成立了以孙科为主任的国民大会筹备委员会，在国民党中央成立了“选举指导委员会”，具体负责大会代表的选举和筹备事宜。由于国民党内部派系矛盾重重，国民党与民社党、青年党之间明争暗斗，致使“国大”代表迟迟选举不出来，“国大”不得不延迟到翌年的3月29日才召开。

为了适应行宪国民大会的需要，1948年，国民政府对国民大会堂内部进行了装修改造，将观众席增加到3400多个，每个座椅的椅背设有3个按钮（自动表决器），电线通入地下，通向主席台两侧的电灯显示器。大会堂还有通风、冷暖气设备。会场开阔，走廊宽敞，灯光明亮，设施齐全。在大会堂的西墙内，建有一条暗道，通到蒋介石专用的休息室前面的走道。这条暗道仅容一人进出，为蒋介石进出会场专用。暗道内有电灯，平时锁闭，因此鲜为人知。

1948年3月29日，“行宪国大”在南京国民大会堂举行，出席大会的代表有2700多人。蒋介石主持会议并致开幕词。4月19日，国民大会选举总统，蒋介石、居正为候选人。最后蒋介石以2430票（出席代表2734人）的绝对优势当选为“中华民国总统”。其后，国民党内部各派经过激烈的争夺，大会经过4次投票，于4月29日选出李宗仁为副总统。“行宪国大”一共开了1个月零4天，

1948 年“行宪国民大会”召开时的国民大会堂情景

1948 年“行宪国民大会”会场

1948 年“行宪国民大会”会场

1948 年召开“行宪国民大会”时的国民大会堂

1948 年“行宪国民大会”会场（中国第二历史档案馆藏）

1948 年 4 月 19 日，蒋介石当选总统时的记分牌

5月1日结束，共花费金圆券999亿元。

从准备工作到开会期间，国民党召开的“国大”丑态百出，演出了许多闹剧：

一是这次国民大会是在国民党严重危机的形势下召开的。国民党内部矛盾重重，各派系展开了激烈的明争暗斗。会前，发生了“代表资格”问题的争斗。由于民众普遍厌恶，纷纷弃选，导致选举结果与国民党中央的愿望相反，各地未经国民党中央提名而由“选民”选出的代表就有600多名，不仅国民党中央提名代表有许多落选，民社党、青年党两党代表也被挤掉大半。为此，国民党中央命令未经签署而当选的国民党员，把名额让给签署的党员和民社、青年两党。但这批花了大量血本贿选弄来“代表资格”的“民选代表”，纷纷以“国法”对抗“党纪”，拒不退让。他们纷纷来南京请愿，联合向国民党中央施加压力。天津一个“民选”代表赵遂初，因不服国民党取消其代表资格，找到一名记者，联合上演“抬棺示威”的闹剧，把棺材抬到国民大会堂门口示威，声称“不进会场就进棺材”。另有颜洋滋等8位丧失资格的代表到会堂绝食，以示抗议。蒋介石亲自出来训话也无济于事，3月29日晨，国民党当局只得派军警和卡车拖走绝食者，拉走棺材，始得开会。事后，国民党当局作出妥协，对除名的“国大”代表另行安排，为他们特设一个委员会，同享“国大”代表待遇，才平息了众怒。

开会以后，因为各派争权夺利，互不相让，选举主席团就用了一个星期时间。会场上更是乌烟瘴气，有“呼呼入睡的”，“有养神的，有闲谈的，有吃花生的，有脱鞋弄足的，有梳头的”。会场内嘘声、叫声、打骂声不断，有时甚至闹到“全场鼎沸，人人离席，拂袖挥拳，大打出手”。

二是副总统的竞选，一波三折，集中反映了蒋介石、李宗仁之间的矛盾。“行宪国大”共推出李宗仁、孙科、于右任、程潜、莫德惠、徐傅霖6人为副总统候选人，经过4轮投票，李宗仁以1438票对1295票险胜孙科，当选为国民政府第一届副总统。

在副总统的竞选过程中，为了替孙科拉选票，在蒋介石的指使下，中央党部、同学会，政府机关、宪兵、警察、中统、军统一起出动，威胁利诱，无所不用，甚至半夜三更还去代表住所敲门访问，申明总裁之意，从者有官有钱，违者自毁前途。李宗仁的做法却不一样，他带着夫人郭德洁走遍各代表住所，不论熟识与否，亲递名片一张，握手寒暄，代表们进场投票时，李宗仁夫妇迎立于大门一侧，向代表亲切致意，态度极为谦恭，以至于因握手使劲太大，回到寓所

1948 年 5 月 20 日，参加就职典礼的蒋介石、李宗仁步入国民大会堂

蒋介石宣誓就职

蒋介石与部分代表合影（中国第二历史档案馆藏）

1948 年 5 月第一届国民大会秘书处同仁合影（中国第二历史档案馆藏）

手膀肿痛，连举手都困难了。孙科夫妇虽也曾模仿李宗仁的做法，但毕竟放不下架子，握手时也有气无力。比较之下，令人感到李为人更为谦虚诚恳，加上蒋手下陈立夫等人以势压人的幕后动作，徒增代表反感，结果会场上出现了“党要支持，我偏不选他”“我们支持党所不支持的人”的愤激口号，舆论界把同情放在受压制的李宗仁方面。李宗仁、于右任、程潜建立竞选联合阵线，共同反对“由中央提名”。李宗仁巧妙地利用这一逆反心理，展开宣传攻势，会前会后大谈其竞选主张“革新政治，实行民主主义，清算豪门资本，实施土地改革，保障人民四大自由”等等，还慷慨陈词，表示不怕戴红帽子！李宗仁的这些话时常博得掌声。4 月 29 日进行第四次选举，29 日晨，李、孙两对夫妇各自拿出最后的心机和气力，早早来到会场迎候各位代表。尽管蒋介石亲自坐镇指挥，孙科仍败北，李宗仁以微弱的多数取得了副总统职位。

三是蒋介石、李宗仁的矛盾公开化。1948 年 5 月 20 日，蒋介石、李宗仁在这里正式宣誓就任“总统”“副总统”。其后，组成了“行宪”后的政府，由翁文灏、孙科、王宠惠、张伯苓、于右任分任行政、立法、司法、考试、监察五院院长。据李宗仁回忆，在就职典礼前，李宗仁曾询问蒋介石穿什么衣服，蒋介石说穿西服。李宗仁连忙请上海有名的西服店赶制了一套燕尾服。孰料在就职典礼前一天，蒋介石突然来了一纸手谕，说改穿军常服，李宗仁只有遵命。然而，在国民大会堂举行的就职典礼上，蒋介石却身穿“长袍马褂，旁若无人地站在台上”，李宗仁则遵命“穿一身军便服伫立其后”，“像一个大副官，形象十分难看”。显然，这是蒋介石为报复李宗仁，故意使其难堪。结果在就职大典上，李宗仁穿着挂满勋章的军服出席，站在蒋介石后方时，活像是蒋介石的侍卫或副官，毫无副总统的形象。蒋、李二人关系不和在当时已经台面化。蒋介石、李宗仁的就职大典各国驻中华民国使节均有出席，各方宾客共有大约 3000 人。此后，蒋、李矛盾不但没有任何缓和，反而进一步激化。

新中国成立后，国民大会堂回到人民的怀抱，由南京市军管会房地产管理处接收，此后由市委秘书处接管，改名为人民大会堂，并成立管理处，成为南京市委秘书处的直属单位。

1949 年 5 月 1 日，南京刚刚解放一个星期，来自第二野战军和第三野战军的一批指战员与战斗在敌人心脏的地下党员在人民大会堂举行了会师大典。刘伯承、邓小平、饶漱石、陈毅、粟裕、谭震林、刘晓、宋任穷等二野、三野的

国民大会牌坊与国民大会堂（1948 年）

国民大会牌坊与国民大会堂（1948 年）

国民大会堂的投票器、座椅等至今仍保存在南京人民大会堂顶楼

领导，以及南京地下党市委书记陈修良、副书记刘峰均出席了大会。这次会议开了约 5 个小时，直到次日凌晨才结束。

1949 年 9 月 17 日至 18 日，为了指导整党工作，邓小平应中共南京市委的要求，以《论忠诚与老实》为题，在这里给 4000 多名党支部书记和排以上干部上了一堂生动的党课。

1954 年 3 月 20 日，毛泽东主席曾经莅临南京人民大会堂发表重要讲话，他这次讲话的部分内容，后来被编入《毛泽东选集》第 5 卷中。

1985 年，南京建筑二公司对大会堂内部进行了全面整修。1999 年以后，南京市人民政府对其进行了多次装修，现保存良好。如今的人民大会堂，是江苏省和南京市召开重要会议、举行庆典活动和文艺演出的重要场所，也成为国内外宾客召开各类会议和开展各种社交活动的理想场所。

1992 年，国民大会堂旧址被列为南京市文物保护单位。2002 年，又被列为江苏省文物保护单位。2006 年，被列为第六批全国重点文物保护单位。2017 年，国民大会堂旧址入选由中国文物学会、中国建筑学会联合评选的“第二批中国 20 世纪建筑遗产项目”。

励志社

在南京市中山东路 307 号，有一座由三幢清代宫殿式建筑构成的院落，这就是国民党励志社总社（简称励志社）所在地，现为钟山宾馆。

励志社的前身是黄埔同学会励志社，创立于 1929 年 1 月 1 日，它是蒋介石模仿日本军队中的“偕行社”组织亲手创办的。社长由蒋介石兼任，社址设在南京黄埔路中央陆军军官学校（今东部战区机关大院）内，社员以该校学生为主。1931 年，社址迁到中山东路 307 号现址办公。励志社当时被认为是一个尖、卡、斌机构。尖者，不大不小；卡者，不上不下；斌者，不文不武。说它不大，它比不上国民党其他党政机关；说它不小，它在全国都有分支机构；说它不上，它仅仅是一个服务机构；说它不下，因为社长是蒋介石；说它不文，它的工作

励志社鸟瞰（王腾拍摄）

励志社

人员都穿军装，主管文官升降的考试院铨叙部不认账；说它不武，专司武官铨叙人事的国防部第一厅根本不把它的工作人员当作武官看待。然而，这种四不像组织，却为蒋介石、宋美龄所倚重。在抗战胜利后，它发展到顶峰，总干事为黄仁霖（1901—1983），下辖四处一室：秘书室下设人事、文书、招待三科，其中招待科负责管理设在全国各地的分社或招待所；第一处下设事工科，管理社员、体育、卡通、电影、美术、音乐六股和问讯处；第二处下设展业、事务、保管、建筑四科；第三处下设出纳、账务、审计三科；第四处负责管理卫岗牛奶厂、下关冰厂、青龙山煤矿、龙潭煤矿、跑马场以及中西菜部。

励志社总干事黄仁霖

励志社作为砥砺军人学行、联络军人感情的机关，在社中订有“十诫”，由蒋介石亲自书写，悬挂在墙上。十诫包括不赌博、不饮酒、不说谎、不吸烟、不借钱等。该社备有客房数十间，无论社员与否，均可租赁。[①]

励志社的主要任务一方面是充当蒋介石的内廷供奉机构，另一

① 姚颖：《立法院议授勋》，原载《论语》半月刊《京话》专栏第31期，1933年12月16日，转引自姚颖《京话》，南京出版社2018年4月版。

方面是接待外国来华军政人员，特别是美军顾问团。据蒋介石的特勤总管黄仁霖20世纪80年代初写的回忆录《我做蒋介石‘特勤总管’四十年》记载：励志社为蒋介石提供各种特勤服务。蒋介石的每一次出行，每一个住所，都由黄仁霖负责安排，因此，他深得蒋介石夫妇的信任，成为“他们家庭中的一分子”。

励志社的三幢宫殿式建筑，建于1929年至1931年间，由当时从美国宾夕法尼亚大学建筑系学成回国的范文照建筑师事务所的范文照、赵深设计，陆根记营造厂承建。① 建筑费用15万元，是上海银行界在蒋介石与阎锡山、冯玉祥

1929年1月1日，蒋介石夫妇与励志社全体职员合影

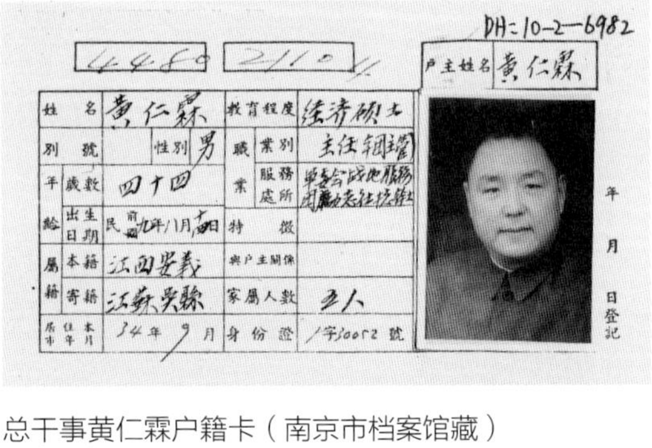

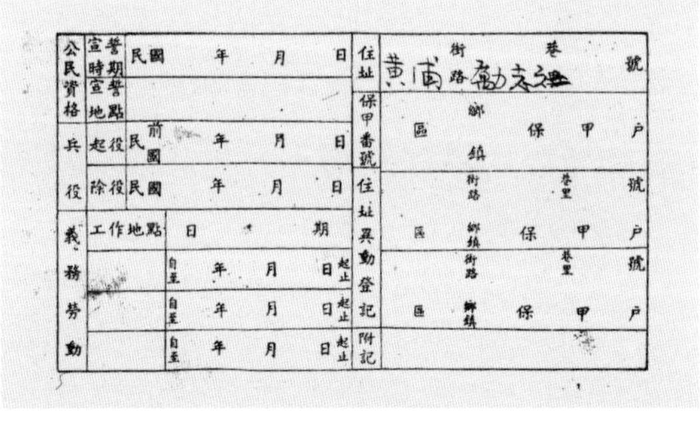

总干事黄仁霖户籍卡（南京市档案馆藏）

① 2005年11月1日，成泰营造厂老板之女成裘丽向笔者介绍，1号楼为其父亲经营的成泰营造厂承建，大楼西侧有石碑可证。

励志社航拍图（《良友》1936 年第 16 期）

励志社航拍图

进行中原大战时，捐给宋美龄犒赏蒋军官兵的一笔巨款的剩余款项。励志社总社三幢建筑物的内部设施齐全，有多功能礼堂、剧院、办公室、餐厅、浴室、宾馆式客房和理发室等，“内部采用西方建筑之长，而增添东方色彩之美，外部则完全模仿宫殿式，本京以东方色彩称胜者，当以该社为最也”①。此外，励志社内还有网球场、手球场、排球场、田径运动场、跑马场等。

1936 年的励志社大门

励志社三幢大屋顶宫殿式建筑呈“品”字形分布，由西向东，分别是大礼堂、1 号楼、3 号楼，均坐北朝南。

大礼堂，建于 1931 年，主体为钢筋混凝土结构，而梁、椽、挑檐则是木结构。高三层，平面为方形，三重檐，第一层正南门入口处是歇山顶，第二层是庑殿顶，顶层为四隅攒尖顶。建筑面积 1360 平方米，可容 500 人就座。内部按照当时比较现代的剧院布置，设有表演台、门厅、休息室、观众席（上下两层）及其他服务设施。在其四周还建有附属用房。

1 号楼，建于 1929 年，砖木结构，建筑面积 2050 平方米。中间高三层，平面为“一”字形，庑殿顶；两翼高两层，歇山顶。东西对称。烟色筒瓦屋面，绿色屋脊。大楼入口处建有门廊，红漆廊柱。大楼底层墙面为水泥斩假石，第二层以上为清水勾缝。在大楼东南墙角，镶嵌有正方形石碑一块，上刻“励志

① 《十年来之南京》，南京市政府秘书处编印，1937 年 6 月 1 日。

励志社大礼堂（《首都新东方式的建筑美》，《东方杂志》1935 年第 32 期）

社　民国十八年志　立人立己　革命革心　蒋中正与励志社同仁共勉”字样。据说，蒋经国曾经在 1 号楼 301 室居住长达一年之久。

3 号楼，建于 1930 年，砖木结构，建筑面积 1846 平方米。平面呈“工”字形，屋顶结构与 1 号楼相反，中间高三层，歇山顶；两翼高三层，庑殿顶。东西对称。烟色筒瓦屋面，脊檐饰有瑞兽，檐口梁枋施以彩绘。屋顶建有壁炉烟囱，烟囱上部做成宫殿式屋顶。

1 号楼和 3 号楼内部均呈中廊式布局，两边是带有独立卫生间的客房，它们是当时接待贵宾住宿之处。

励志社建成后，成为蒋介石、宋美龄夫妇以及国民政府要员的休闲、娱乐

励志社大礼堂

励志社大礼堂

励志社 1 号楼

励志社 1 号楼

励志社 3 号楼

励志社 1 号楼奠基碑

场所。蒋、宋夫妇经常到励志社观看梅兰芳、厉慧良等京剧表演艺术家演出的京剧。梅兰芳的压轴戏有《生死恨》《霸王别姬》等，厉慧良演出的戏有《岳母刺字》。而蒋、宋夫妇在励志社举行宴会时，由马思聪、戴粹伦、黎国荃、王人艺、陈健等著名小提琴手加盟的励志社管弦乐队，曾在宴会上伴奏助兴[①]。

张学良多次到南京，有时就住在励志社的特别客房内。即使不住在励志社，他也常到励志社打网球或骑马，由此与励志社总干事黄仁霖结下“不寻常的友谊”。

1929 年 6 月 1 日孙中山先生奉安大典前后，各国政府和海内外人士赠送了许多珍贵的纪念品，总理奉安委员会在南京毗卢寺设立了收礼处，以刘云逵为主任，佐以办事员十余人分股收礼。奉安大典结束后，将这些礼品与中央党部、葬事筹备处、北平迎榇专员办事处、陵墓拱卫处所收礼品，全部陈列在励志社，

① 侯鸣皋著：《蒋介石的内廷供奉机构——励志社内幕》，南京出版社 1989 年 6 月版。

“俾众观览”。“奉安二日后，由中央及国府委员、各部部长、总理家属假励志社开招待各界及华侨参加大典代表暨总理亲故茶会。”①礼品的展览地点和茶会的举办地点应该在1号楼。

1930年4月14—23日，第一届中国童子军大检阅大露营在南京小营举行，戴季陶任营长，张忠仁任总指挥，共有3575人出席，蒋介石、宋美龄、吴稚晖、蔡元培等出席开幕式。其间，蒋介石、宋美龄夫妇在励志社招待全体童子军，与他们共进晚餐，以示嘉勉。

1930年4月15—17日，主导首都建设的最高行政机关——首都建设委员会（1929年6月—1933年4月）在南京励志社召开第一次全体委员会会议，这是首都建设委员会存在4年多时间里召开的唯一一次全委会。当时首都建设委员会委员总数55人中有40多人参加会议，加上列席的顾问、专家、来宾与记者，总与会人数达300人。②蒋介石、胡汉民、王宠惠等国府要员出席致辞，蒋介石主持开幕式并致辞，张静江受蒋介石委托担任大会主席。会上，孙科、孔祥熙、刘纪文等委员共提出77项提案，涉及首都南京建设各方面，其中有47项获得通过③。据《中央日报》1930年4月16日《首都建设委员会第一次全体大会上午开幕》报道，此次会议“颇极一时之盛”。这次会议对于南京的城市规划和建设具有重要作用。④

1931年12月10日，为调查九一八事变真相，国联理事会举行会议通过派遣调查团决议。该团由英、法、美、德、意五国代表组成，英国人李顿为团长，成员有法国克劳德将军、美国麦考益少将、德国希尼博士、意大利马柯迪伯爵等人。1932年2月2日，调查团从欧洲出发，于29日抵达日本东京。会见日本天皇、日本首相等政府高官及工商界人士。3月14日，调查团抵达中国上海，考察了日军占领的闸北、江湾和吴淞等战区。3月27日，调查团在中国驻国联代表顾维钧的陪同下，乘船抵达国民政府所在地南京，当晚下榻励志社。据《调查团今日抵京下榻励志社》记载，（励志社）“大门对面，悬中西文标语两则，用白布书写，华文绿色，英文红色，右边文为‘中华人民宁为公理而死，不受

① ［民国］总理奉安专刊编纂委员会：《总理奉安实录》，南京出版社2009年4月版。

② 秦孝仪主编：《革命文献》第88辑，台北中国国民党党史编纂委员会1984年版，转引自董佳《民国首都南京的营造政治与现代想象（1927—1937）》，江苏人民出版社2014年6月版。

③ ［民国］首都建设委员会秘书处编：《首都建设委员会第一次全体大会特刊》，首都建设委员会秘书处1930年版。

④ 王俊雄：《国民政府时期南京首都计划之研究》，台湾成功大学建筑研究所2002年博士论文。

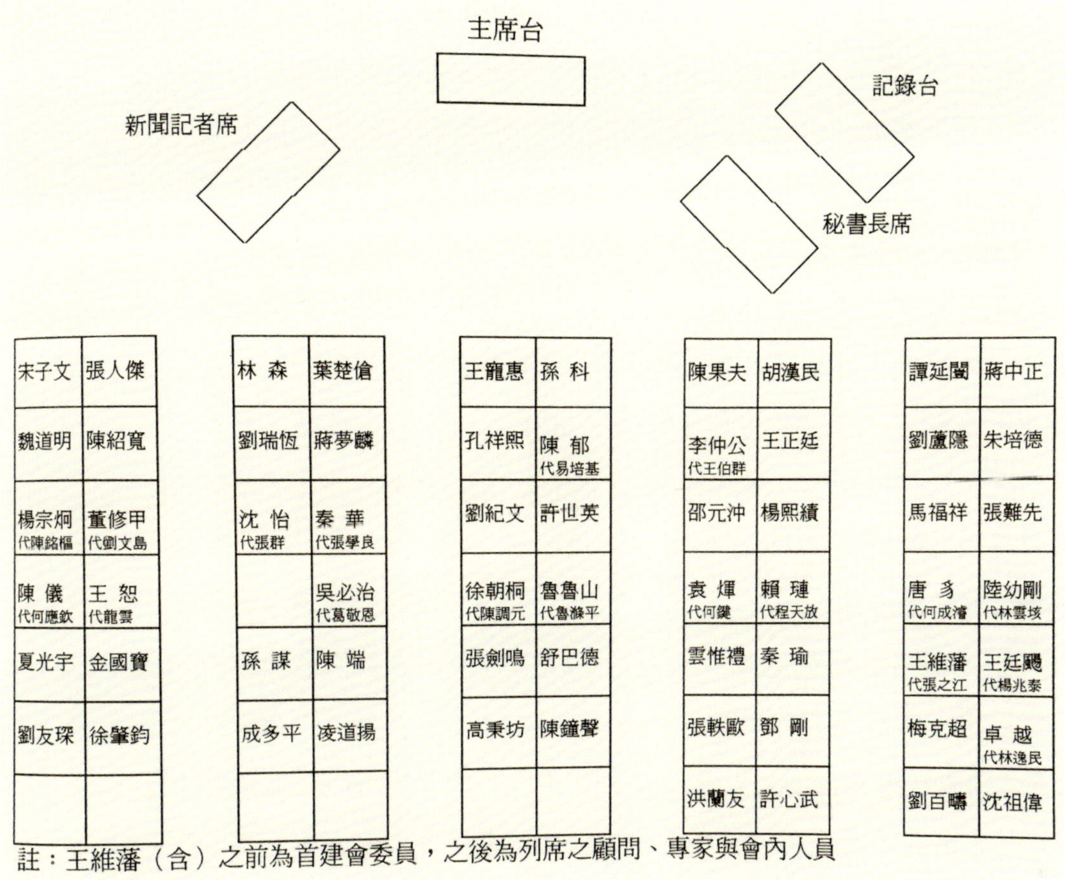

1930 年首都建设委员会第一次全体委员会会议座位图（王俊雄《国民政府时期南京首都计划之研究》，台湾成功大学建筑研究所 2002 年博士论文）

强权屈辱’，左边文为‘欢迎主张正义的国联调查团’”，“大门外之铁栏杆短墙上，每墙垛交悬党国旗两面，中挂励志社徽磁牌，墙上并缀以红绿电灯”。[①]3 月 30 日，蒋介石以军事委员会委员长身份会见调查团。当晚，南京市政府、中央党部在励志社会议厅举行简短的欢迎仪式，并设宴款待调查团，调查团人员悉数出席。当晚的宴请体现了中国特色，菜品均为中国菜，宴会过程中，“奏中国乐，并请老人舞剑”，气氛十分融洽。3 月 31 日，蒋介石接见代表团一行，并于当晚在励志社设宴招待来宾。国联调查团在南京期间，与国民政府当局要员多次会晤，彼此交换意见，并了解有关中日纠纷之真相及今后之解决办法。4 月 1 日上午，南京新闻界将《敬告和平使者国联调查团》一文以及日军在东北与上海的暴行“实地写真”，当面交给李顿。下午，顾维钧将《南京国民政府意见书》交给李顿。当晚，国联调查团从下关码头乘坐英国轮船赴汉口参观访问。

1932 年 8 月 16 日，在南京励志社举行中国第一次全国体育会议，8 点准时

① 载《中央日报》1932 年 3 月 27 日。

召开，会议由教育部部长朱家骅主持并致开幕词。

1933年1月22日，段祺瑞（1865—1936）应蒋介石之邀抵达南京浦口火车站，同行者有前陆军总长吴光新、前第九师长魏宗瀚、侄段宏纲等人。段祺瑞乘轮船渡江至下关码头，蒋介石亲自登船迎接。段祺瑞乘坐蒋介石汽车进城，下榻励志社。《申报》《中央日报》等各报记者得消息后，纷纷等候在励志社，采访段祺瑞。采访中，段祺瑞表达了抗日立场，称："当此共赴国难之际，政府既有整个御侮方针和办法，无论朝与野，皆应一致起为后援，瑞虽衰年，亦当勉从国人之后。"又称："不到南京已十余年，此来耳目所及，焕然一新，自蒋总司令以次诸君，均朝气勃发，尤深钦佩。"当日11时，乘车往中央陆军军官军校答拜蒋介石，谈半小时，返回励志社。中午12时，国民党中央委员张群、三省剿匪总司令部秘书长杨永泰、江西省政府主席熊式辉等，以段氏跋涉远来，途中颇为辛劳，在中央饭店设宴款待段祺瑞一行。晚7时，蒋介石盛宴招待，于右任、戴季陶、张群、钱新之、许世英等均被邀陪席。1月23日，段祺瑞清晨起床，8时早餐，励志社预先备精美素食。上午，张群、宋子文等到访，谈甚久。中午，何应钦、朱培德等在励志社为段洗尘。下午，戴季陶、居正等到访。晚上，皖同乡会张治中、吴忠信、许世英等公宴段祺瑞于励志社。

段祺瑞与孙中山政见不和，自孙中山在北平逝世并奉安南京后，从未一睹遗容。但在南京期间，为瞻仰孙中山遗容，却主动提出前往中山陵谒陵。1月23日下午2时半，段祺瑞与蒋介石及吴光新同乘318号汽车赴中山陵谒陵，同往者有魏宗瀚、段宏纲、戴季陶、许世英、居正、张群等十余人。到达陵园后，段祺瑞虽年事已高，但精神尚健，坚持步行。到达半途，经大家劝告，方才改乘轿舆。到祭堂后，段祺瑞向孙中山遗像行一鞠躬礼，并献花圈，继而进墓室瞻视。谒陵毕，由蒋介石相扶而行，回励志社休息。南京之行是段祺瑞自1917年南京之行后的第二次，时隔竟16年。1月24日晨8时，段祺瑞等抵达上海，张群陪送。

1933年10月，在南京举行的第五届全运会中，曾经参加过洛杉矶奥运会的中国奥运第一人、短跑王刘长春大放异彩。1935年元月，交通部部长朱家骅爱惜人才，将刘长春安排到交通部职工事务委员会工作，好让他有更多的时间练习跑步。刘长春当时就住在3号楼二楼的一个整洁的套间，食宿费全免。每天下午4点下班后，刘长春便在励志社的运动场上练习跑步。①后来刘长春在《良友》杂志上发表文章《运动场上十二年》，回忆这一段生活时写道：

我在南京住在励志社，每天下午4时下班，便在社中练习短跑。短跑在我本来是很有趣的，可是在那里既没有指导的人，也没有别的人和我一道练习，没有同志，也没有竞争，天天地独往独来，在兴味上便少不免要大打折扣了。在练习当中，成绩记录曾达到百公尺是十点三秒，不过这也是偶然的罢了。

在京除每天办公、练习跑步之外，有空的时候只有看看电影，或是打打桌球，这是我视为最有兴趣的。夫子庙是南京的人们视为消遣的中心，我却不感兴趣。②

2008年8月8日北京奥林匹克运动会之前，电影《一个人的奥林匹克》就是以刘长春为原型拍摄的。

1935年10月10日，南京举行第一次集团结婚（即集体婚礼），这是继当年4月3日上海在江湾市政府大礼堂举行中国首届集团结婚之后的一次重大活动，地点就选在励志社。集团婚礼以简单、经济和庄严为宗旨。当时，新娘化妆室设在西餐部，证婚人是南京市市长马超俊。为了保证婚礼的顺利进行，事前全体新人进行了一次预演，总导演是黄仁霖。这次婚礼简单而又隆重。先由市政府乐队奏乐，证婚人、主婚人、介绍人相继就座；接着由手提宫灯花篮的8个小天使作为前导，一对对新人随之鱼贯而入，新郎身穿蓝袍黑马褂，新娘身着软缎旗袍，头披白色婚纱，手捧鲜花，按照排列顺序登台。在大礼堂先向孙中山像三鞠躬，然后新郎新娘相互两鞠躬，再向证婚人一鞠躬。证婚人致辞，颁发结婚证书。最后新人步出大礼堂，到室外摄

励志社集团婚礼

① 金萍：《“短跑王”刘长春曾在南京当公务员》，《金陵晚报》2008年7月3日。

② 《良友》画报丛书编委会编：《民国名人自传》，上海科学技术文献出版社2015年1月版。

影留念。参加这次集体婚礼的每对新人平均花费不超过60元，公家花费约为1000元。此后，集体婚礼在全国进一步推广开来。

1936年1月，冯玉祥就任军委会副主任后，曾经到励志社就餐并即席发表演讲。据冯玉祥将军的部下尹心田《跟随冯玉祥将军见闻录——尹心田见闻录》记载：3月27日，“今天和（周）茂藩、（刘）致军陪先生去励志社会餐，先生的即席演说真是精彩极了，他从国内谈到国外，从中央谈到地方，讲形势，讲时弊，特别在谈到必将到来的中日一战时，透彻分析了敌我的态势及优劣，说对付日本的最好办法是‘持久的游击战’六个大字……洋洋洒洒，讲了一个多小时。大家全神贯注地听，很少有人动筷子。都说这是上‘陆大’以来听到的最精彩的一课”。[①]

20世纪30年代初期，汪精卫担任国民政府行政院院长，褚民谊随之出任行政院秘书长。据杨心佛《金陵十记》一书记载：褚民谊体格健壮，精神饱满，面色红润，长髯飘胸，他曾在励志社宣传太极拳的功能，以身示范，亲自辅导，轰动一时。当时，“公教人员”争学太极拳成风。

七七事变爆发后，全国出现了团结抗日的新气象。1937年8月7日晚上，国民政府在励志社大礼堂召开国防联席会议，党政军要人蒋介石、林森、汪精卫、张继、居正、于右任、戴季陶、孙科、陈立夫、程潜、何应钦、白崇禧、冯玉祥、阎锡山、唐生智、陈调元等41人出席。蒋介石主持会议并首先致辞，参谋总长程潜报告当天上午在国府礼堂召开国防会议的情况，军政部部长何应钦报告卢沟桥事变以来的战况，军委会办公厅副主任吴思豫报告敌我态势及我方四个战区和预备军的划分。会议经过讨论，正式确定了“全面抗战，抗战到底”的抗战国策和“持久消耗战略”；同时，还议决开辟淞沪战场、封锁江阴长江江面等。会议进行了3个多小时，结束时，已经是夜里11点多钟。这次国防联席会议，是我国抗战史上的一次重要会议，对八年全面抗战产生了积极影响。8月8日，蒋介石发表《告抗战全体将士书》，将前一天国防联席会议的精神宣示中外。[②]

日军进攻南京前夕，励志社被涂上了保护色，直到南京沦陷后仍未改变。据1938年6月重返南京的金陵女子文理学院英文教师、加拿大人佛洛伦丝·埃达·柯克（1902—1994，中文名克馥兰）《访问南京随记》记载：“励志社漆

① 尹家衡：《我所知道的冯玉祥将军》，《钟山风雨》2011年第5期。
② 经盛鸿：《确立中国全面抗战国策的国防联席会议》，《钟山风雨》2015年第2期。

南京沦陷期间，励志社一度成为伪维新政府绥靖军官学校

设于励志社的伪维新政府绥靖军官学校

了一层深灰色，看上去悲哀得很。”[①]

1938 年 3 月，大汉奸梁鸿志在日本人的授意下，在南京成立“中华民国维新政府”。同年 12 月 3 日，伪“绥靖军官学校”在南京成立，由伪维新政府绥靖部部长任援道任校长，学校就设在励志社，学员宿舍设在中央党史史料陈列馆。学员身着日式军服，按照日式科目训练，活像日军。

1941 年 9 月，汪伪国民政府“中央陆军军官学校”正式成立，作为培养训练傀儡军队骨干的基地，校址便设在励志社。汪精卫任校长兼校务委员会主席，刘启雄为校务委员兼教育长，校训是汪精卫亲笔书写的“智深勇沉”。汪精卫曾在这里与不少汉奸头目以及日本高级官员会晤，掌握该校的实权。

1945 年 9 月 8 日正午 12 时，何应钦作为中国战区最高统帅蒋介石接受日军投降的总代表，由湖南芷江飞抵南京，随即在冷欣的陪同下，赴励志社休息用餐。同日晚，何应钦在励志社举行中外记者招待会，指出盟军最高统帅麦克阿瑟将军已于 9 月 2 日在泊于东京港的“密苏里”号战舰上举行了签降仪式，同时他宣布中国战区将于 9 月 9 日在南京黄埔路中央陆军军官学校大礼堂内举行签降仪式。9 月 9 日上午 9 时，中国战区日本投降签字仪式结束后，当天中午，何应钦在励志社举行酒会，宴请中外来宾，共同庆祝抗日战争的伟大胜利。

1945 年 11 月 6 日，国民政府成立战争罪犯处理委员会。1946 年 2 月 15 日，战争罪犯处理委员会在励志社大礼堂设立国防部审判战犯军事法庭，专门审讯侵华日军战争罪犯，审判长石美瑜（少将军衔）。审判谷寿夫时的审判官是宋书同、

① 陆束屏：《血腥恐怖金陵岁月——金陵女子文理学院中外人士的记载》，南京出版社 2013 年 12 月版。

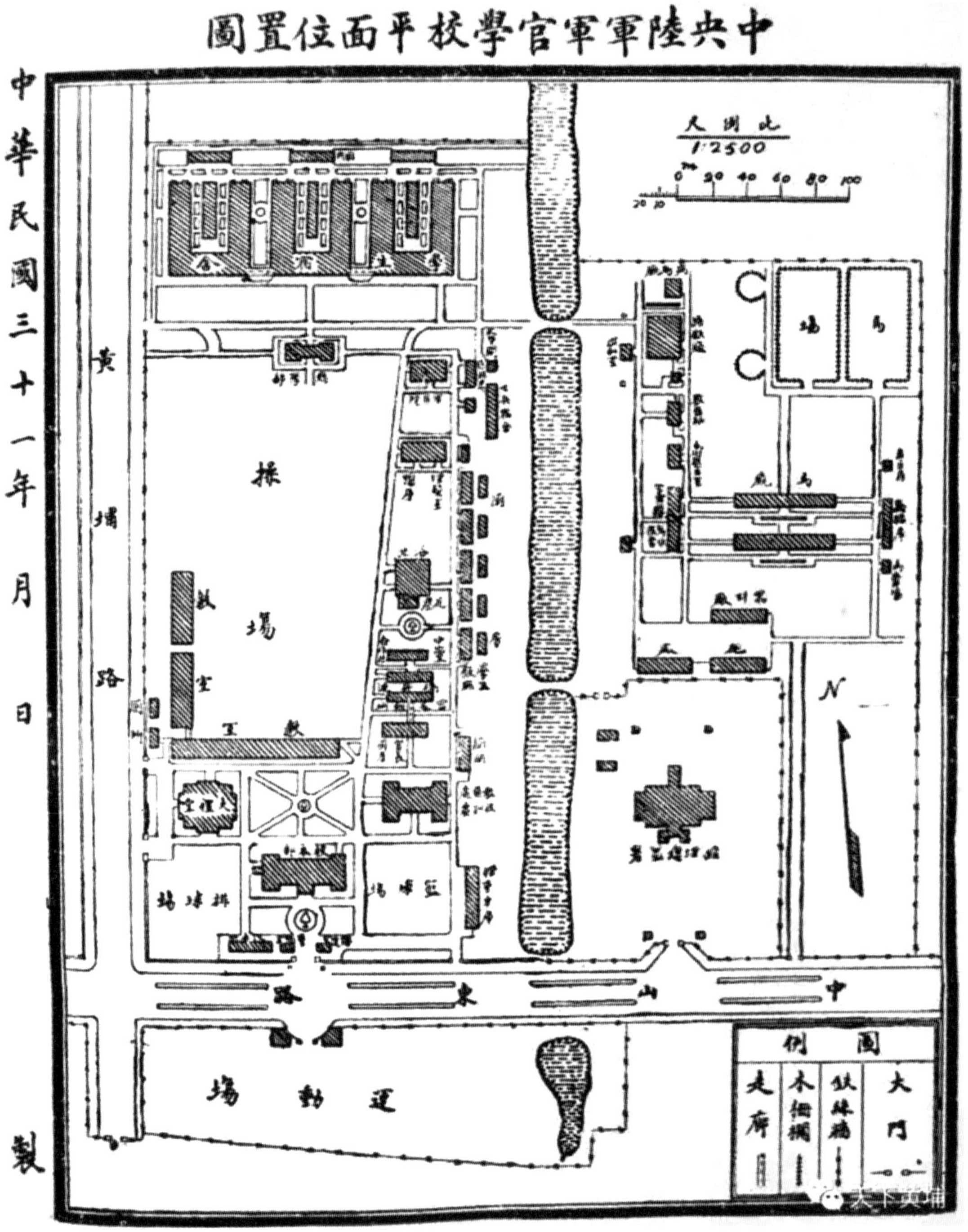

汪伪“中央陆军军官学校”平面位置图（1942 年）

李元庆、葛召棠、叶再增；[①] 审判酒井隆时的审判官是张体坤、龙钟煌、李元庆、孙建中；审判向井敏明、野田岩时的审判官是孟传大、高其迈、包启黄、胡连云。

根据国际惯例，甲级战犯由设在日本东京的远东国际军事法庭审判。乙、丙级战犯，则直接由受害国家的法庭审判。在中国人民的强烈要求下，国民政

① 葛文泉：《我的父亲葛召棠》，《南京大屠杀史研究》2008 年第 1 期。

国防部审判日本战犯军事法庭设在励志社大礼堂

国防部审判日本战犯军事法庭设在励志社大礼堂

国防部审判战犯军事法庭审判长石美瑜

府向远东国际军事法庭提出，要求将南京大屠杀的主犯以及其他在中国犯下滔天罪行的罪犯引渡到中国来，接受中国人民和政府的审判。日军第二十三军司令官、攻占香港的杀人狂酒井隆，制造南京大屠杀的元凶、日军第六师团长、乙级战犯谷寿夫，在南京紫金山下进行“杀人比赛”的向井敏明、野田岩（又名野田毅），用一把名叫“助广”的军刀屠杀300余名中国人的刽子手田中军吉等，被引渡到中国，先后在国防部审判战犯军事法庭受到审判，分别于1946年、1947年、1948年被判处死刑，在南京执行枪决，得到了应有的下场。

1946年10月31日蒋介石59岁生日，南京市市长沈怡及社会各界名流在励志社1号楼为蒋介石祝寿。

1946年9月9日，国民政府举行还都后的第一次体育节。当天上午9点，在励志社与总理陵园之间举行爬山比赛；下午3点在励志社网球场举行网球比赛；下午4点分别在励志社篮球场、大礼堂举办篮球比赛和国术表演。①

① ［民国］杨汝熊：《还都后南京市体育的推进（上）》，《首都教育》创刊号，首都教育出版社1946年12月25日编印。

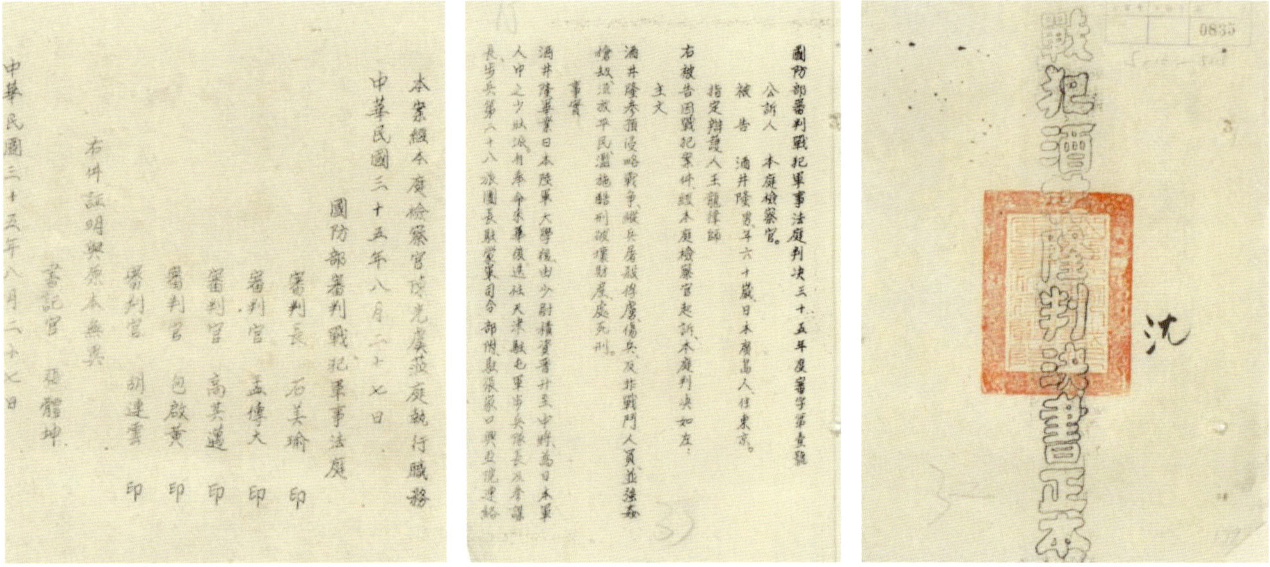

本案經本庭檢察官陳光虞蒞庭執行職務
中華民國三十五年八月二十七日
國防部審判戰犯軍事法庭
審判長 石美瑜 印
審判官 孟傳大 印
審判官 高英遠 印
審判官 包啟黃 印
審判官 胡建雲 印
右件證明與原本無異
書記官 [illegible]體坤
中華民國三十五年八月二十七日

國防部審判戰犯軍事法庭判決三十五年度審字第壹號
公訴人 本庭檢察官。
被 告 酒井隆 男 年六十歲 日本廣島人 住東京。
指定辯護人王龍律師
右被告因戰犯案件，經本庭檢察官起訴，本庭判決如左：
主文
酒井隆參預侵略戰爭，縱兵屠殺俘虜、傷兵及非戰鬥人員，並強姦、搶劫、濫施酷刑、破壞財產，處死刑。
事實
酒井隆畢業日本陸軍大學，歷由少尉積資晉升至中將，為日本軍人中之少壯派，有奉命來華，復進駐天津駐屯軍步兵隊長及參謀長、步兵第二十八旅團長、駐蒙軍司令部附、駐張家口與宣[illegible]連絡

戰犯酒井隆判決書正本
沈

酒井隆判决书（江苏省档案馆藏）

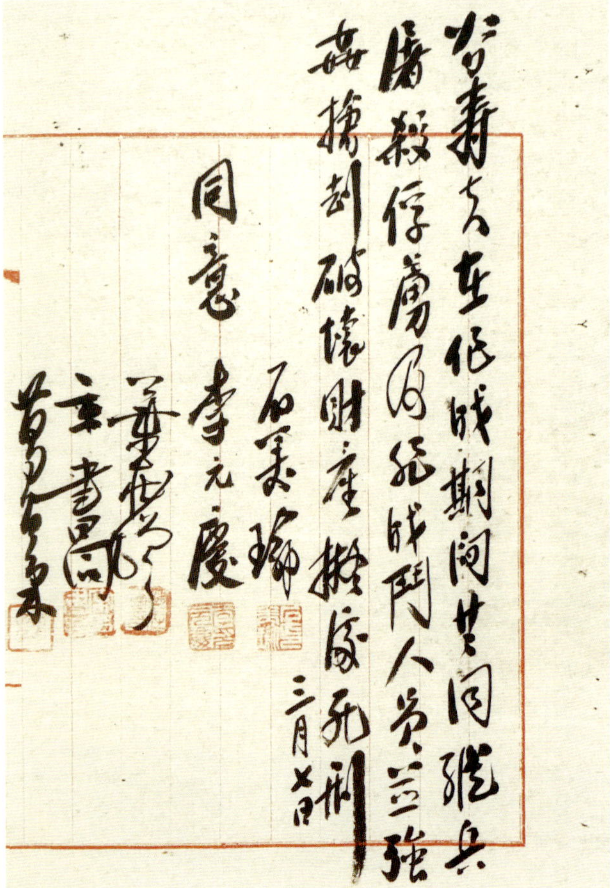

谷壽夫在作戰期間共同縱兵
屠殺俘虜及非戰鬥人員並強
姦搶劫破壞財產擬處死刑
同意
石美瑜
李元慶

谷寿夫判决书底稿（侵华日军南京大屠杀遇难同胞纪念馆藏）

1947 年，谷寿夫被押送雨花台处决

1947 年，向井敏明、野田毅和田中军吉在雨花台被处决

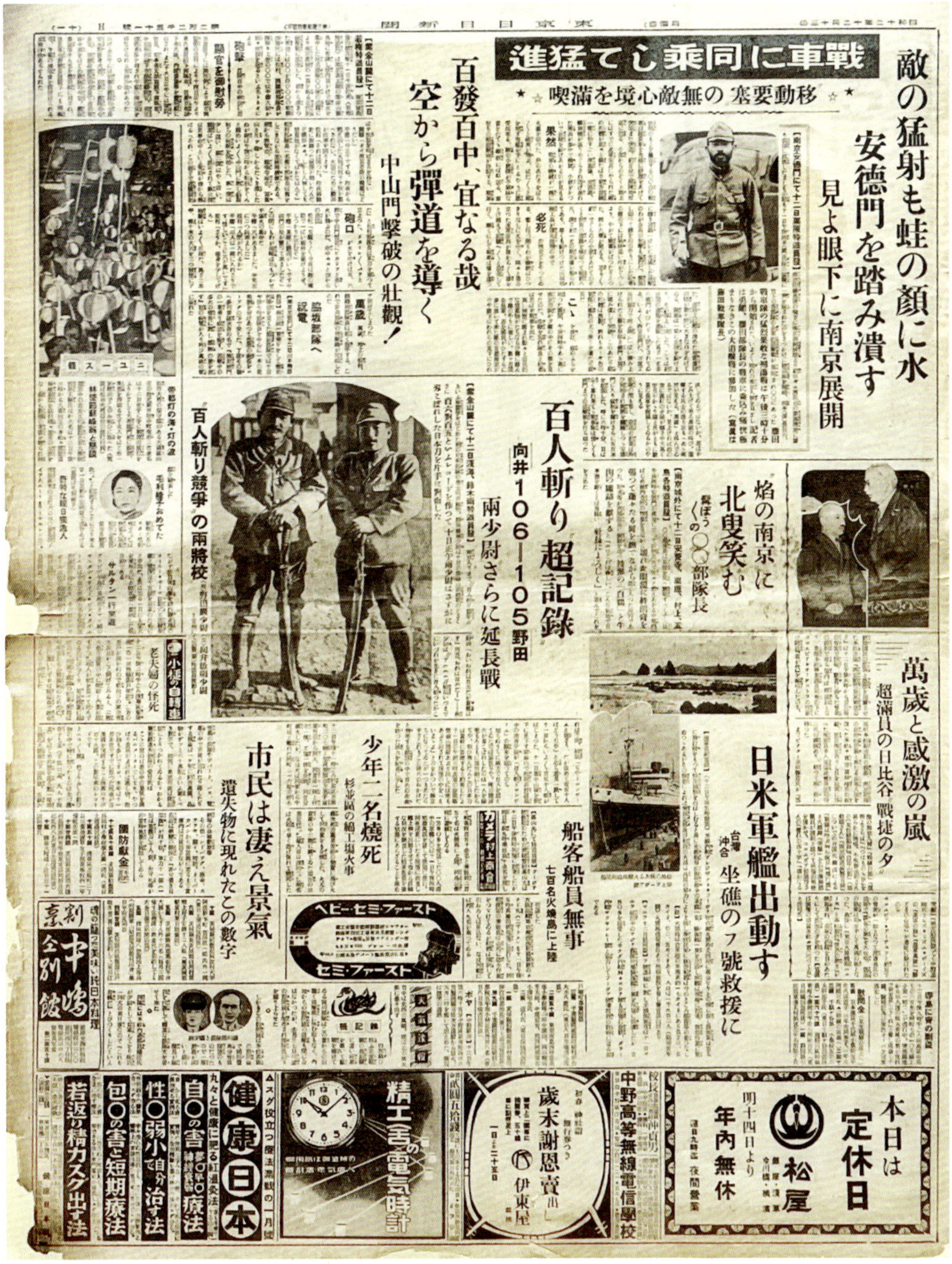
東京日日新聞

戰車に同乘して猛進

移動要塞 無敵心境を滿喫

敵の猛射も蛙の顔に水 安德門を踏み潰す

見よ眼下に南京展開

百發百中、宜なる哉 空から彈道を導く 中山門擊破の壯觀！

百人斬り超記錄 向井106—105野田 兩少尉さらに延長戰

『百人斬り競爭』の兩將校

焰の南京に 北叟笑む ○○部隊長

萬歲と感激の嵐 超滿員の日比谷戰捷の夕

日米軍艦出動す 台灣沖合 坐礁のフ號救援に

船客船員無事 七百名火燒島に上陸

少年二名燒死 杉並區の綿工場火事

市民は凄え景氣 遺失物に現れたこの數字

本日は定休日 松屋 明十四日より 年內無休

中野高等無線電信學校

歲末謝恩賣出 伊東屋

精工舍の電氣時計

健康日本

若返り精力スク出す法

《东京日日新闻》“百人斩”报道（南京民间抗日战争博物馆藏）

1947年8月1日的午夜，正在中和桥上纳凉的国民党空军士兵王守本、葛发田，被美国兵抛入秦淮河中溺水死亡。将王守本和葛发田扔进河中的是美军宪兵队长阿尔瑞，而司机、宪兵上士赛凡尼因未能及时阻止，亦被列为此案的嫌疑人。8月4日，《中央日报》发布了《本京美军肇事案外交部极为注意》的消息。8月13日的《中央日报》发表了一篇题为《中和桥案调查完竣美方表示准期公审》的新闻。新闻里说：“美军顾问团发言人称：本案之审讯必力求公正，

南京市市长沈怡及社会各界名流在励志社为蒋介石祝寿（1946 年）

并于短期内结束，美军当局于审讯肇事二美兵前，并将如何进行控诉美国政府及要求赔偿损失之程序，详细告知死者家属。审讯时并为死者家属准备到庭之交通工具。此间美军顾问团工作人员自动捐助死者之安葬费，每家两百万元，业经交二死者家属。……中和桥案，地方法院已得到美方关于四美人身份的覆文，惟内容依然含糊。除了说明已承认犯罪之二美军的身份外，其他二人则称之为证人，是否军人，则未明白表示。”8 月 15 日，由美军顾问团组成的军事法庭在励志社大礼堂开始公审中和桥命案的犯罪嫌疑人，被告阿尔瑞和赛凡尼以杀人罪被提起公诉。军事法庭的审判持续了 4 天，共审 4 次，最后阿尔瑞被判处无期徒刑，回国执行；赛凡尼被判无罪释放。9 月 21 日《中央日报》第五版发表了题为《赛凡尼判决　鲁克斯审阅中》的新闻报道：“中和桥命案中对帮凶嫌疑犯赛凡尼上士无罪释放之判决，尚须呈报此间美军顾问团团长鲁克斯将军裁定后方正式生效。”国民政府对此判决结果居然没有异议，实在是匪夷所思。

1947 年，陆小曼出席侄子和侄媳妇邱沈钧和陆宗麟在南京励志社举办的婚礼。①

1949 年 4 月 23 日，中国人民解放军三野八兵团三十五军率先入城，将军部设在励志社，中共地下党南京市委书记陈修良、副书记刘峰便是在这里与党组

① 邱权：《我家珍藏陆小曼文物遗产的经过》，《世纪》2022 年第 3 期。

织会师的。

南京解放后，这里由市军管会交际处接管，成为交际处第一招待所。这年的9月5日，南京市第一届各界人民代表大会在励志社大礼堂隆重开幕，邓小平、宋任穷等到会做报告。[①]

1949年，这里成为华东军区干部子弟学校及幼儿园。1953年，成为中苏友好交际处。1956年1月，改成江苏省级机关招待所，因位于中山东路307号，故对外统称“307招待所”。1991年，更名为钟山宾馆。1997年，更名为江苏省会议中心（钟山宾馆）。

励志社建筑群代表了当年南京建筑的一种潮流，即在传统大屋顶宫殿式建筑外壳中，包容了现代的使用空间。它反映了设计者娴熟的职业技能，同时也反映了当时人们对传统文化的推崇。这种将传统的建筑形式与现代的功能、技术和建筑材料有机结合在一起的建筑方法曾在南京风靡一时，后因造价太高而被其他的建筑形式取代。

1991年，励志社建筑群被国家建设部、国家文物局评为近代优秀建筑。1992年，又被评为南京市文物保护单位。2002年，被列为江苏省文物保护单位。2013年，被列为第七批全国重点文物保护单位。

① 南京市政协文史和学习委员会编：《红日照钟山——南京解放初期史料专辑》，南京出版社1999年4月版。

国际联欢社

国际联欢社社址坐落在南京中山北路259号（原中山北路671号），现为南京饭店。

国际联欢社隶属于外交部，是一个以各国驻华外交使团成员为主，并有中国外交界人士参加的旨在联络国际人士感情的团体。它成立于1929年，最初活动场所设在三牌楼将军庙。后来由于参加人数增多，原址不敷使用，该社社员、美国驻华大使馆参事兼总领事佩克（Willys Ruggles Peck，又译作裴克，1882—1952）倡议另择新址重建一处活动场所。为此，他除了向社员筹集资金和向外国商人募捐外，又请求国民政府外交部参与合资兴建。时任行政院院长兼外交

国际联欢社

部部长汪精卫为了控制国际联欢社的财产权和监管权，遂指派外交部以“不使国库增加新负担，而主权不致旁落”为由，于1935年6月具文呈请行政院批准拨款12万银元建造国际联欢社新址，后经行政院和国民党中央执行委员会审查通过。同年12月，在三步两桥附近的中山北路沿街购地17.05亩（约11366.7平方米），由基泰工程司建筑师梁衍设计，裕信营造厂承建，1936年完工。工程造价15.96万元。计有主楼一幢128间，西式平房三进。在大门入口处外墙面上，嵌有两块磨光黑色青岛石的奠基碑，分别用中英文艺术字体书写着“国际联欢社　基泰工程司设计　民国二十五年”“Club NanKing International　Kwan，Chu & Yang Architects & Engineers　1936”字样。

国际联欢社主楼为钢筋混凝土结构，高三层，大楼的造型设计采用西方现代派手法，立面入口设计成半圆形雨篷，中间突出部分以框架柱与弧形钢窗有机结合，用以加强立面效果。门厅部分采用新颖的装饰材料。房屋立面的柱套、门套选用磨光黑色青岛石贴面，墙面以檐口线和窗腰线等横向线条为主，立面

国际联欢社鸟瞰

整洁，高低有序，错落有致。该建筑内部装饰豪华，外部别具一格，是当年南京著名的建筑之一。

国际联欢社作为国民政府创办的现代机构，是首都南京的国际交流中心，其会员包括中国的精英分子和外国人。它具有一定的特权。比如国民政府开展新生活运动，其中一项就是禁止在公共场合跳舞，但是国际联欢社不受其限制。1938 年 2 月，美国《国家地理》杂志刊登德国越洋通讯社记者朱利叶斯 · 艾格纳（Julius Eigner）写于 1937 年底的文章中称："南京并不缺少社交活动。尽管蒋介石和其夫人发起的'新生活运动'实施了一系列禁令，其中包括禁止在公共场所跳舞。然而，国际联欢社是个例外，它位处中国外交部建造的一座现代风格的建筑里，是在南京的中外人士可进行非正式交往的社交中心。这里允许举办每周一次的下午茶和舞会，每周有四天在晚餐后也可以跳舞。但音乐必须在 12 点钟之前停止，不过周六除外，那时南京的'灰姑娘们'被允许有一小时的自由时间。星期六晚上，国际联欢社里的活动是真正与国际接轨的，有着上海和中国其他条约港口城市都缺乏的友好氛围。外交部建设的高尔夫俱乐部也是如此，它坐落在美丽的钟山山谷中，距离市中心约半小时车程。"①

1937 年 5 月 16 日，爱国教育家马相伯（1840—1939）98 岁生日这一天，于右任联合国民政府要员及诸弟子，在国际联欢社为马相伯举行了隆重而热烈的祝寿活动，成为轰动一时的盛事。

1937 年 11 月 25 日晚上 6 点，距南京沦陷不到一个月，南京市市长马超俊邀请滞留在南京的欧美人士，如拉贝、魏特琳等人，参加在国际联欢社举行的茶话会。会上，马超俊约定，留在南京的外国人每天晚上 6 点至 7 点至北平路 69 号中英文化协会聚会，在那里，外国人可以与中国领导人或者他们的代表接触，了解最新战况。

南京沦陷期间，国际联欢社大门口的围墙两边分别挂上了"东亚俱乐部"和"中华旅日同学会"两块招牌。

1940 年 3 月 20 日至 22 日，叛国投敌的国民党副总裁汪精卫在日本政府及军方的授意下，在国际联欢社召开了"中央政治会议"。一时，陈公博、周佛海、褚民谊、梅思平、王克敏、梁鸿志等各路汉奸代表 30 人云集于此，上演了一幕

① ［德］朱利叶斯 · 艾格纳撰，汪晓茜、于梦涵译：《南京的兴衰》，载曹劲松、卢海鸣主编《南京学研究》（第七辑），南京出版社 2023 年 6 月版。

国际联欢社（摄于 1937 年，1938 年 2 月美国《国家地理》）

南京沦陷期间国际联欢社成为东亚俱乐部

令人啼笑皆非的闹剧。汪伪“中央政治会议”通过了伪国民政府成立大纲案，确定政府名称仍为“国民政府”，并以“还都”名义定都南京，国旗为青天白

汪伪中央政治会议在国际联欢社召开

汪伪中央政治会议在国际联欢社召开

日满地红旗，但为宣传反共救国，另附加标帜，成立日期定于3月30日，以原国民政府考试院作为伪国民政府的办公地点。3月30日上午9时，汪精卫在考试院大礼堂宣读《国民政府还都宣言》后，汪伪国民政府正式成立，并举行“还都”典礼，汪伪群奸至此正式粉墨登场。

抗日战争胜利后，国民政府还都南京。各国驻华大使馆和公使馆也相继迁到南京，其中，1946年7月13日设立的古巴公使馆、1946年10月8日设立的丹麦公使馆均设在国际联欢社内。

1946年10月，周恩来抵达南京出席政治协商会议。国民政府行政院院长孙科在国际联欢社设午宴招待参加会议的代表共37人。①

1946年，国民政府外交部决定在国际联欢社原有房屋基础上，扩建一座餐厅及附属用房，并就此事在《中央日报》《大刚报》上登报招标，投标的有华业、弘毅、华北、王荣记、鲁创、顺源、森记、金陵、同益、新星记十家营造厂；同年11月26日，在外交部礼堂当众开标，华业营造厂以国币2.462252亿元的报价中标。最后实际上是由外交部与弘毅营造厂签订《外交部国际联欢社新建房屋工程合同》，签约时间是1946年12月12日，工程总价为国币3.6亿元。新增建筑面积1100平方米，扩建的餐厅（现为南京饭店商店、客房和办公楼）为钢筋混凝土结构的二层楼，由基泰工程司建筑师杨廷宝设计，1947年8月竣工。

① 秦风编著：《民国南京1927—1949》，文汇出版社2005年1月版。

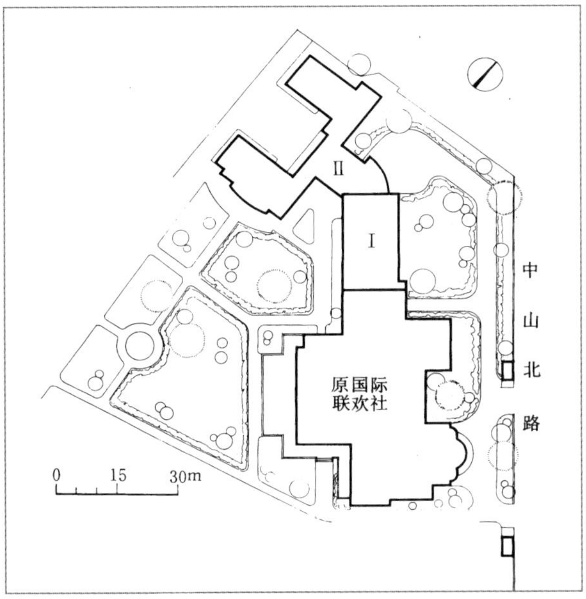

国际联欢社（包括扩建工程）平面图（杨廷宝绘）

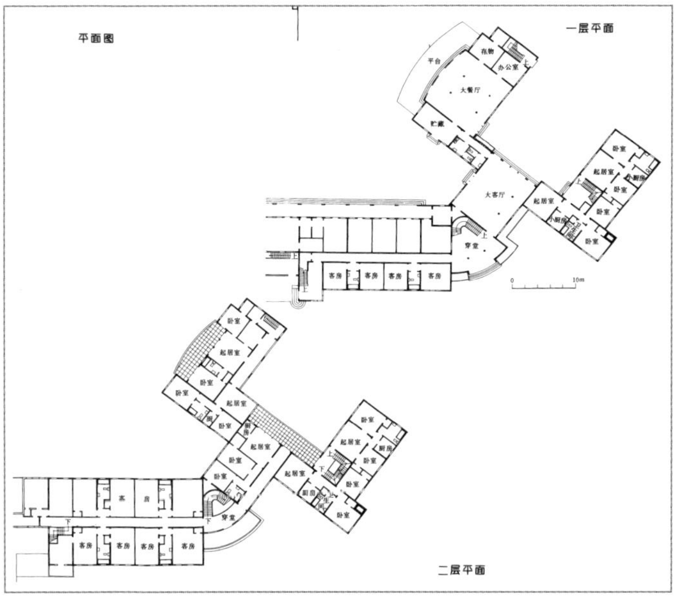

国际联欢社扩建工程一层、二层平面图（杨廷宝绘）

扩建部分的餐厅及附属用房，与原有建筑衔接处以一扇形门厅过渡，两者珠联璧合。扩建后的国际联欢社建筑面积 5129 平方米，占地面积 11054 平方米。

1947 年，国立音乐院的学生吴文季将一份西康民歌《跑马溜溜的山上》（原名《溜溜调》）的简谱交给老师伍正谦。吴文季曾经在驻西康的部队中服役，搜集到了这首当地流传很广的歌曲。伍正谦又将谱子交给系主任江定仙。江定仙配好伴奏后，将《跑马溜溜的山上》改名为《康定情歌》。在国立音乐院师生联欢会上，伍正谦演唱《康定情歌》，吴文季用手风琴进行伴奏。随后，歌唱家喻宜萱在国际联欢社举办的个人演唱会上演唱《康定情歌》，使其在满场烛光中一炮而红。①

1949 年 4 月南京解放后，这里由南京市军管会外侨事务处接管。同年 10 月，转市军管会交际处使用，成为接待中外来宾的主要活动场所。10 月以后，市军管会交际处同时以南京市人民政府交际处名义对外开展工作。

1991 年，影片《大决战》摄制组在此拍摄了三国（中、苏、美）四方（苏、美及国共双方）在此召开会议的情景，再现了国际联欢社当年的地位和风采。

1991 年，有关部门在基本保持原貌的基础上，将大门稍加改建，门前增建了一座喷泉水池，在门头上用霓虹灯制成“南京国际俱乐部”七个大字，颇为引人注目。

① 《〈康定情歌〉与南京国立音乐院的不解之缘》，《金陵晚报》2017 年 8 月 23 日。

国际联欢社扩建工程

国际联欢社扩建工程

国际联欢社扩建工程

1992 年，国际联欢社旧址被列为南京市文物保护单位。1995 年，被列为江苏省文物保护单位。2009 年 12 月，入选中国文物学会、中国建筑学会联合评选的“第四批中国 20 世纪建筑遗产项目”。

公余联欢社

公余联欢社，又称文化会堂，坐落在南京市香铺营29号、31号（今洪武北路129号），原有建筑物六幢，建筑面积2452.5平方米。20世纪90年代，由南京市房地产经营公司经营。1993年12月，因洪武北路道路拓宽工程，拆除建筑面积246.4平方米，主体建筑犹在。2002年，这里是南京艺术学院和江苏省演艺集团联合开办的南京艺术学院尚美学院办公楼。2016年2月出新后，成为“1913私人制街区”的一部分。

公余联欢社的主楼为典型的西洋风格建筑，高两层，乳黄色拉毛墙面，红色屋顶，门头山花雕刻有精美的动植物花纹。竣工于1934年之前，内有小剧场一座。

公余联欢社

公余联欢社

公余联欢社聘请溥侗为戏剧部门负责人，戏剧部门下设京剧、昆曲、话剧三组，组长分别为王仲钧、甘贡三、张道藩，由于集中了京、昆、话剧各方面业余优秀演员，戏剧部门各组表现活跃，会员多达800余人，在南京文化界颇有名气。会员中的知名票友有陶一庵、杨畹侬、甘南轩、甘长华、魏新绿、张善芗、吴金声、刘学刚等。[①]

全面抗战爆发之前，国民党要员张道藩经常召集一批人在小剧场中排练和演出一些大小剧目，其中就有他本人撰写的剧本《自娱》和《自救》。

张学良也曾来该社观看昆曲演出。昆曲组除组长甘贡三外，成员有徐炎之、张善芗夫妇（徐氏夫妇后去台湾，成为昆曲在台湾的传播者），以及刘孟起、王道之、薛天汉、马伯夷、吴金声、吴南青、张树声、甘南轩、甘长华、甘聚华、甘汝敏（露）、甘纹轩等人。据民国报刊记载："首都公余联欢社，自褚民谊先生等发起创办，一载以来，内部组织完备，成绩极佳，就昆曲一部而论，除每晚度曲而外，每月有定期彩串及同期各演一次，极为发达，所有大小配角，概由社员担任，右影即系该昆曲股社员之一部分也。徐炎之君摄赠。"[②]

① 赵子云：《话说消失了的南京老地名》，《南京钟山文化研究》2020年第6期。
② 沈旻、沈岚著：《图说老南京》，东南大学出版社2020年7月版。

首都公餘聯歡社，自褚民誼先生等發起創辦，一載以來，內部組織完備，成績極佳，就崑曲一部而論，除每晚度曲而外，每月有定期彩串及同期各演一次，極為發達，所有大小配角，概由社員擔任。右影即係該崑曲股社員之一部分也。

徐炎之君攝贈

1935 年有关公余联欢社的报道

1934 年，著名文学家丁玲被囚禁在南京期间，张道藩曾经派车将丁玲接到公余联欢社，请她撰写剧本，被丁玲拒绝。

1935 年 7、8 月，长江、黄河发生特大水灾，湖北、湖南、安徽、江西、山东、河南、河北、江苏八省受灾最为严重，共有 241 个县 2200 万人受灾。梅兰芳应国民政府行政院秘书长褚民谊的邀请，于这年的 9 月 1 日早晨 7 点与秘书李斐叔由上海抵达南京下关车站，受到南京各界以及新闻记者百余人的欢迎。当晚，国民政府救济水灾委员会和教育部在香铺营公余联欢社宴请梅兰芳。褚民谊首先介绍了水灾情况，接着，梅兰芳致答词。他说，在英国得知国内水灾，甚为关心。在南京即将举办的义演中，只要能多为灾区人民筹集到一文钱，就能让灾区人民多争取一分实惠。“凡本人力所能及，义不容辞，深望诸位先生及社会热心人士共同努力，共襄义举，本人谨代表各省灾民向诸位道谢。”梅兰芳的一番肺腑之言，使在场的人深受感动，大家报以热烈的掌声。从 9 月 11 日至 16 日，梅兰芳剧团先后在南京中华路府东街福利大戏院和新街口新都大戏院连续六天演出，演出剧目有《霸王别姬》《凤还巢》《宇宙锋》《生死恨》《奇双会》《费贞娥刺虎》等，每晚 8 点开始，票价分为 1 元、2 元和 3 元，共得门票收入

3 万元，全部捐赠给救济水灾委员会。①

1936 年，金陵大学中文系教授、著名戏剧家陈中凡先生应邀至公余联欢社，登台演出昆剧《贵妃醉酒》，一时成为美谈。据缪含介绍："1936 年暑期，陈老应公余联欢社邀请演出昆剧《贵妃醉酒》，先严欣然携我偕往香铺营文化会堂观赏，演出颇为精彩。作为蜚声国内外的著名学者，平素庄严儒雅，竟然粉墨登场，在红氍毹上扮演风流皇帝，演技娴熟。若非先严从旁揭示，无从分辨庐山面目。演出后，一时士林传为佳话。"②

1937 年七七事变爆发后，南京各界抗日情绪高涨，其中新闻界更是热火朝天。南京报界的一些青年记者决定举行一次话剧公演，收入全部捐给前方。他们拜访了当时寄居在丹凤街 10 号的著名戏剧家田汉，请他写抗日剧本。田汉一口答应下来。他冒着酷暑，夜以继日，几天时间就写出了四幕话剧《卢沟桥》。接着他动员名导演马彦祥、洪深进行指导，并联系组织南京、上海专业话剧人士，与记者们共同排练，排练的地点就是公余联欢社的小礼堂。经过短时间的紧张排练后，选择了南京著名的四大剧场——大华大戏院（大华电影院）、世界大戏院（延安剧场）、首都电影院（解放电影院）和新都大戏院（胜利电影院），作为救亡剧《卢沟桥》的演出场所，此后连续进行了四天义演，每日两场，台上台下群情激昂，"打倒日本帝国主义""保卫华北，收复失地"的呼声一浪高过一浪。在田汉的带领下，所有参加义演的人员伙食费、车费都是自己解决。从上海赶来的洪深、马彦祥、胡萍也不例外。《卢沟桥》的抗日呼声响彻南京上空。③

南京沦陷期间，公余联欢社被傀儡团体（或者叫汉奸组织）"中日文化协会"占用。该协会于 1940 年 7 月 28 日在南京成立。总部设在公余联欢社，另在上海、武汉、蚌埠设立分会。中方名誉理事长为汪精卫，日本方面先由阿部信行大使任名誉理事长（1941 年阿部离任后，改为本多熊太郎大使），褚民谊任理事长，博式悦任总干事。中日文化协会的成员有在华的日本政要、文化特工，如津田静枝、儿玉谦次、船津辰一郎、伊东隆治、松村雄藏、松方义三郎等；还有汪伪政要和文化"名流"，如林柏生、褚民谊、傅式悦、陈群、王揖唐、陈公博、梁鸿志、温宗尧、赵正平、江亢虎、李圣五、丁默邨、樊仲云、张资平等。中

① 于曰良：《梅兰芳的赈灾义演感动南京人》，《金陵晚报》2008 年 12 月 5 日。
② 吴新雷编：《学林清晖——文学史家陈中凡》，南京大学出版社 2003 年 1 月版。
③ 赵子云：《田汉金陵留踪迹》，《金陵瞭望》2008 年第 8 期。

日文化协会以日方提出的“日中经济提携、善邻友好、共同防共”三原则为其工作基调，以“发扬东方文明以期达到善邻友好为宗旨”，主要从文化上为日本效力。在成立典礼上，阿部信行和汪精卫出席并讲话。汪伪政权甚至将公余联欢社内举行会议的场所分别冠名为“和平堂”“兴亚堂”和“建国堂”，以表达对日本主子的效忠。

中日文化协会从事的“文化”活动内容很多，如组织设立中日文化协会学术研究会；出版《中日文化》月刊、《译丛》月刊，以及“中日文化协会丛书”；邀请日本政要和文化人士来南京讲学和作报告；主办日语学校，组织中日语演说竞赛；襄办东亚佛教大会；举行各类展览会等。借此粉饰太平，消弭中国人民的抗日斗志，以达到奴化中国人民的目的。

1941 年 4 月 4 日下午，该协会邀请日本驻汪伪政权大使本多熊太郎在该会和平堂举行演讲，题目为《世界形势与中日关系》，被邀出席听讲的中日各机关头目有 300 余人。1941 年 4 月 6 日上午，该协会在和平堂为中日语文补习学校补行开学典礼，汪伪驻日大使褚民谊、教育部部长赵正平、内政部次长江亢虎，以及日本大使馆清水董三出席。1941 年 4 月 10 日、11 日，应褚民谊的邀请，石川四郎在建国堂演讲《地理的环境与历史的命运》。1942 年 4 月，该协会举办“东亚文艺复兴运动周”活动，安排有《中日文化交流与东亚新文化之建设》等专题报告会；汪伪权奸也多有表演，如林柏生的《东亚文艺复兴曙光》、褚民谊的《东亚文艺复兴的先决条件》、陈群的《东亚文艺复兴运动与大亚洲主义精神》等。①

中日文化协会下设有艺术组剧艺股，主要职责是负责昆曲、平剧以及话剧的研究，平时也兼表演和练习等项。自 1941 年 7 月中日文化协会成立至 1942 年 4 月汪伪政权“还都”两周年之间的主要活动有：“七月二十七、八、九、三十为庆祝本会周年纪念，本股举行京昆戏剧表演；九月二十四日晚，为欢迎褚大使归国，本股特要求本京名票，表演京昆戏剧；十月二十七日，首都各团体欢迎褚民谊先生重长外部游艺会，本股各职员，参加表演；十一月廿一日晚，为弘法大师铜像树立典礼，本股参加京昆表演；一月廿五日下午二时，本会为欢迎名誉理事长重光大使及德意二国大使，在和平堂表演京昆戏剧。本股同仁，将平时心得之作，搬演于红戏毯上；四月一日，本会为庆祝国府还都二周年纪

① 孟国祥著：《南京文化的劫难（1937—1945）》，南京出版社 2017 年 12 月版。

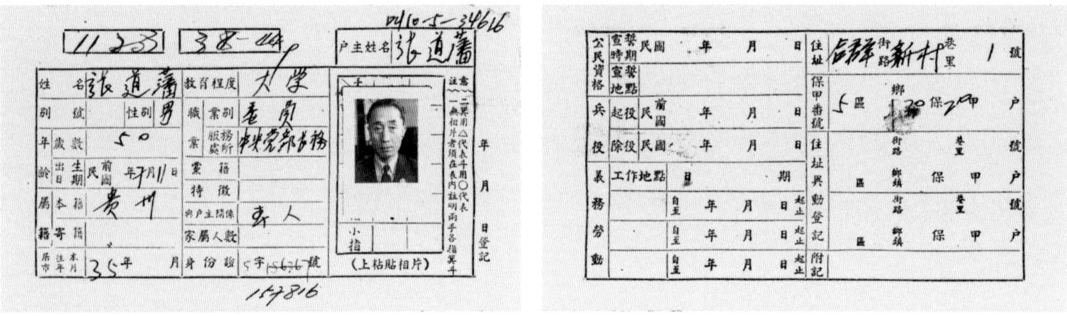

张道藩户籍卡（南京市档案馆藏）

念，举办戏剧音乐体育游艺大会，并请友邦柔道名家表演，及友邦军乐队，演奏军乐；四月廿二日，为东亚文艺复兴运动周，本股举办昆剧表演。”① 其中包括 1942 年 1 月 25 日下午 2 点，为欢迎名誉理事长重光葵大使及德、意二国大使，在公余联欢社和平堂表演京昆戏剧。文中特地强调“本股同仁，将平时心得之作，搬演于红戏毯上”，谄媚之情，溢于言表。

1945 年抗战胜利后，国民党中央文化运动委员会主任委员张道藩接收该建筑物，仍拨给公余联欢社使用，同时，兼作中央文化运动委员会的办公场所。

据缪印堂先生回忆，抗战胜利后，这里放映的电影很有特色，几乎都是英、美等国拍摄的黑白文艺片，如《哈姆雷特》《孤星血泪》《翠堤春晓》等，常常是场场爆满，观众大多数是文化界人士和大、中学校的学生。2020 年 6 月，93 岁高龄的蒋赞初先生告诉笔者，他曾经在文化会堂看过 20 多场电影，因为这里的票价便宜。

1946 年 9 月 9 日，国民政府举行还都后的第一次体育节，此前 9 月 8 日晚上 8 时，在公余联欢社举行了国民体育座谈会。②

1947 年 6 月 6 日，水利部曾经在这里举行全国水利会议，同时举行纪念大禹的典礼，出席会议的代表有陈果夫等 120 余人，水利部部长薛笃弼主持会议。

1947 年 10 月 10 日，为庆祝“国庆”36 周年，相关部门曾经在这里举办过综合性的“国庆美展”，其中包括邮票展览，这是南京历史上的第一次公共邮展。③

20 世纪 40 年代，国民党控制的社团之一——“五权宪法学会”就设置在这里。张知本任理事长，夏勤、任卓宣等九人任常务理事。

① ［民国］中日文化协会编：《本会艺术组各股工作报告》，载《中日文化协会两周年纪念特刊》，1942 年内部发行。
② ［民国］杨汝熊：《还都后南京市体育的推进（上）》，《首都教育》创刊号，首都教育出版社 1946 年 12 月 25 日编印。
③ 史炳清主编：《邮票与南京》，南京出版社 1997 年 12 月版。

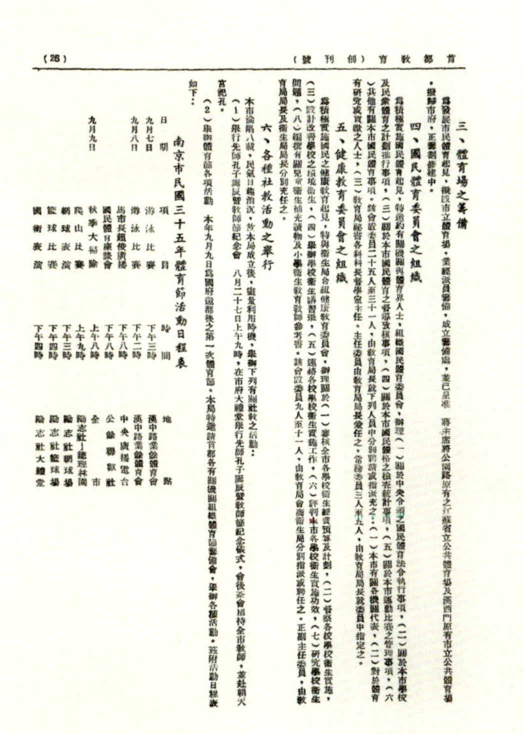
(26) 首都教育（創刊號）

三、體育場之籌備

爲發展市民體育起見，擬設市立體育場，業經派員籌備，成立籌備處，並已呈准 蔣主席將公園路原有之江蘇省立公共體育場及漢西門原有市立公共體育場，撥歸市府，正籌劃修建中。

四、國民體育委員會之組織

爲積極實施國民體育起見，特邀約有關機關與體育界人士，組織國民體育委員會，辦理（一）關於中央令頒之國民體育法令執行事項，（二）關於本市學校及民衆體育之計劃推行事項，（三）關於本市國民體育之督導考核事項，（四）關於本市國民體格之檢查統計事項，（五）關於本市運動比賽之管理事項，（六）其他有關本市國民體育事項。該會設委員二十五人至三十一人，由教育局長就下列人員中分別聘請或指派充之：（一）本市有關各機關代表，（二）對於體育有研究或貢獻之人士，（三）教育局秘書各科科長督學室主任。主任委員由教育局長兼任之，常務委員三人至五人，由教育局局長就委員中指定之。

五、健康教育委員會之組織

爲積極實施國民之健康教育起見，特與衛生局合組健康教育委員會，辦理關於（一）審核全市各學校衛生經費預算及計劃，（二）督察各校學校衛生實施，（三）設計改善學校之環境衛生，（四）舉辦學校衛生講習班，（五）連絡各校學校衛生實施工作，（六）評判本市各學校衛生實施功效，（七）研究學校衛生問題，（八）編撰有關兒童衛生補充讀物及小學衛生教育教師參考書。該會設委員九人至十一人，由教育局會商衛生局分別指派或聘任之。正副主任委員，由教育局局長及衛生局局長分別充任之。

六、各種社教活動之舉行

本市淪陷八載，民氣日趨消沉，故本局成立後，儘量利用時機，舉辦下列有關社教之活動：

（1）舉行先師孔子誕辰暨教師節紀念會 八月二十七日上午九時，在市府大禮堂舉行先師孔子誕辰暨教師節紀念儀式，會後茶會招待全市教師，並赴朝天宮祀孔。

（2）舉辦體育節各項活動 本年九月九日爲國府還都後之第一次體育節，本局特邀請首都各有關機關組織體育節籌備會，舉辦各種活動，茲附活動日程表如下：

南京市民國三十五年體育節活動日程表

日期	項目	時間	地點
九月七日	游泳比賽	下午三時	漢中路業餘體育會
九月八日	游泳比賽	下午二時	漢中路業餘體育會
	馬市長廣播	下午八時	中央廣播電台
	國民體育座談會	下午八時	公餘聯歡社
九月九日	秋季大掃除	上午八時	全市
	爬山比賽	上午九時	勵志社—總理林園
	網球表演	下午三時	勵志社網球場
	籃球比賽	下午四時	勵志社籃球場
	國術表演	下午四時	勵志社大禮堂

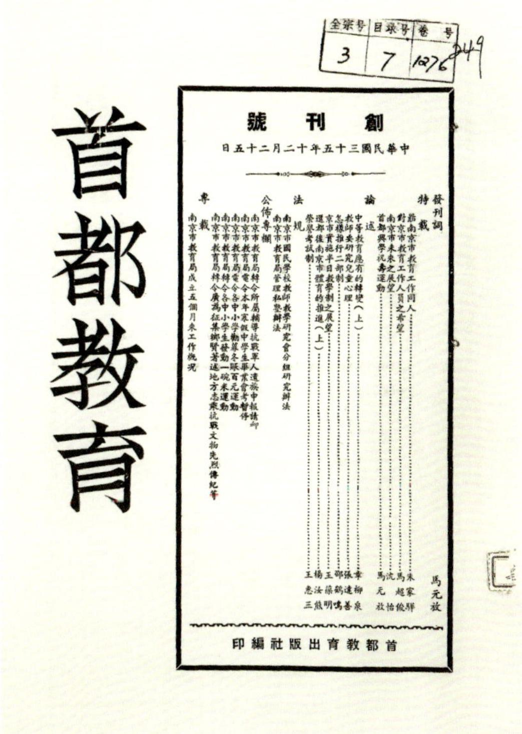
全宗号 3 目录号 7 卷号 1276 249

首都教育

創刊號

中華民國三十五年十二月二十五日

發刊詞 …… 馬元放

特載
爲南京市教育工作同人 …… 朱家驊
對京市教育工作人員之希望 …… 馬超俊
南京市未來之展望 …… 沈怡
首都興學祝壽運動 …… 馬元放

論述
中等教育應有的轉變（上） …… 章柳泉
教師要研究兒童心理 …… 張逵善
怎樣推行二部制 …… 邵鶴鳴
京市實施半日教學制之展望 …… 王藻明
還都後南京市體育的推進（上） …… 楊汝熊
榮譽考試制 …… 王惠三

法規
南京市國民學校教師教學研究會分組研究辦法
南京市教育局管理私塾辦法

公佈專欄
南京市教育局轉令所屬輔導抗戰軍人遺族申報請卹
南京市教育局電令本年寒假中學生畢業會考暫停
南京市教育局電令各中小學勸募冬賑百元運動
南京市教育局轉令各中小學生發動一碗米運動
南京市教育局轉令廣爲征集鄉賢著述地方志乘抗戰文物先烈傳紀等

專載
南京市教育局成立五個月來工作概況

首都教育出版社編印

公余联欢社举行的活动（《首都教育》创刊号，1946 年 12 月 12 日）

1948 年 11 月 11 日，中华全国工业总会在这里的中正堂召开成立大会，会址则设在中国国货银行（今南京中山路 19 号）。

1949 年 4 月南京解放后，公余联欢社由南京市军管会文艺处接收，后来曾先后成为江苏省歌舞剧院、南京艺术学院尚美学院等机构所在地。

2005 年 6 月，台湾“中华全国工业总会”一行 30 人来南京寻根，专门参观该会 1948 年 11 月 11 日在南京的成立地点——国府路香铺营中央文化运动委员会和办公地点——中国国货银行。

华侨招待所

华侨招待所又称中央党部华侨招待所[①]，位于南京市中山北路81号，现为江苏议事园。

在孙中山先生推翻封建帝制、建立中华民国临时政府过程中，海外华侨从财力、人力、物力上都为革命做出了巨大贡献。孙中山曾说过“华侨为革命之母”。1927年南京国民政府成立，1928年至1929年先后颁布《华侨投资国内矿冶业

华侨招待所主楼

① ［民国］南京市市政府秘书处编：《新南京》，南京共和书局1933年10月版。

奖励条例》《华侨回国兴办实业奖励办法》《特种工业奖励法》等政策法规，对华侨在国内兴办实业和各种公益事业给予特别奖励和保护，其中还有一个重要的举措就是筹建华侨招待所。

据南京特别市政府秘书处编印的《首都市政公报》第33期《划辟中山路旁余地建筑华侨招待所案》记载：国民政府文官处函请首都市政府，划拨中山路旁10亩地，以作建筑华侨招待所之用。市长刘纪文于1929年3月19日训令土地局调查后，迅即派人与中央执行委员会委员陈果夫商定，“该地即照业主原购价每方二十二元收用”。[①]

华侨招待所由建筑师范文照设计，新锡记营造公司以14.4742万元中标承建，1930年5月10日开工，1931年5月20日竣工。[②]整个工程完工后，总造价达到24.023414万元，比最初预算15万元超出约9万元。

华侨招待所为钢筋混凝土结构，筒瓦屋面，雕梁画栋，飞檐翘角。平面呈“日”字形，轴线对称，前部高三层，庑殿顶；后部高两层，平顶；中间有两处天井。

华侨招待所施工场景

① 《划辟中山路旁余地建筑华侨招待所案》，《首都市政公报》第33期，1929年4月15日。

② 《华侨招待所昨晨举行落成典礼：蒋主席致词望侨胞努力建设工作，中委陈果夫报告筹备之经过情形》，《中央日报》1931年5月21日。

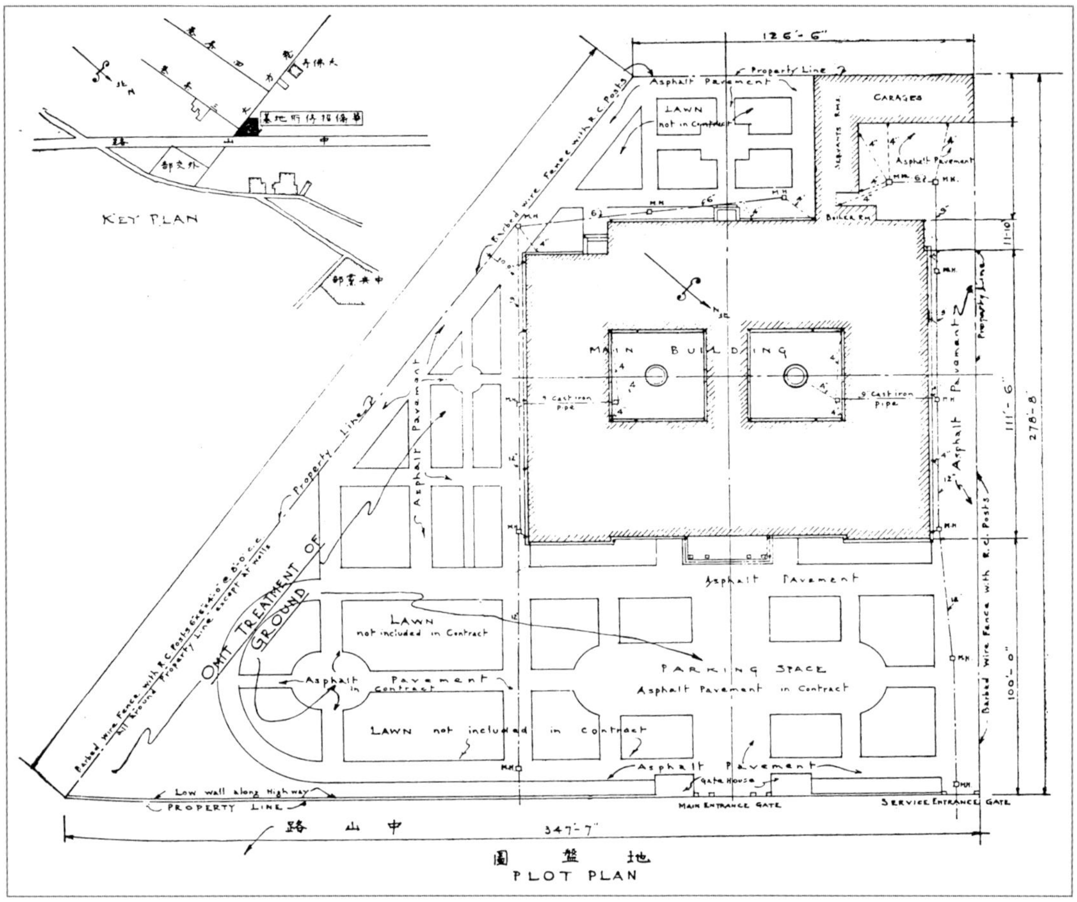

华侨招待所地盘图（《建筑月刊》1933 年第 1 卷第 5 期）

“第一层为礼堂、会客室、阅报室、休息室、弹子房、游艺室、食堂，第二、三层为宿舍、浴室、厕室，以及杂役室。”[①] 华侨招待所之所以前后高度不一，主要原因是工程经费不足。陈果夫在竣工报告中指出：“惟礼堂及东西两厢房屋，底脚均极稳固，将来经济充裕，或应用不敷时，仍可加高至三层，以与正面相等。”[②]

华侨招待所是民国时期南京盛行的中西合璧的中国传统宫殿式的近代建筑，外立面采用中国传统样式，分基座、墙身和屋顶三个部分。一层为基座部分，外饰水刷石，表面仿石材勾缝，主入口采用卷棚门廊形式。二、三层为墙身部分，窗间墙设方形壁柱，窗下有勾栏状浅浮雕。

在 1931 年 5 月 20 日上午的落成典礼上，蒋介石、陈果夫、余井塘、曾养甫及宾客 500 余人出席，《中央周刊》报道蒋介石致辞如下：

① 《华侨招待所举行落成典礼》，《中央周刊》1931 年。

②《华侨招待所昨晨举行落成典礼：蒋主席致词望侨胞努力建设工作，中委陈果夫报告筹备之经过情形》，《中央日报》1931 年 5 月 21 日。

总理革命四十年，得侨胞赞助之力颇多，故中国得造成同一之基础，今日华侨招待所成立，余有无穷之感想，（一）本党革命成立，侨胞之力实居第一位，（二）政府奠都南京后，无时无刻不以侨胞为念，首都建设，甫在开始之时，中央党部、国民政府之新址，均未建造，而华侨招待所，已首先落成，于此可见本党敬重华侨之意，盖无微不至，希望以后侨胞，更能拥护中央，一致努力建设工作云云。①

华侨招待所建成后，最初被用作国民政府侨务委员会的招待所，但其他许多国民党中央的重要会议和活动也曾经在此举办。

1931 年 12 月 10 日，为调查九一八事变真相，国联理事会举行会议通过派遣调查团决议。1932 年 3 月 14 日，以英国人李顿为团长的调查团抵达中国上海，考察了日军占领的闸北、江湾和吴淞等战区。3 月 27 日，调查团在中国驻国联代表顾维钧的陪同下，乘船抵达国民政府所在地南京，受到国民政府当局的热烈欢迎和盛情款待，当晚下榻励志社。第二天，国联调查团拜访国民政府主席林森、行政院院长汪精卫和外交部部长罗文干。28 日中午，汪精卫在铁道部设午宴招待国联调查团。晚上 8 点，外交部部长罗文干在华侨招待所宴请国联调查团一行。国联调查团在南京期间，与国民政府当局要员多次会晤，彼此交换意见，并了解有关中日纠纷之真相及今后之解决办法。4 月 1 日，国联调查团从下关码头乘坐英国轮船赴汉口参观访问。②

1934 年 9 月 15 日，“中国美术会成立展览会”在华侨招待所举办。至 1936 年 11 月，中国美术会共计在华侨招待所举办了五届展览会，有力地推动了美术事业的发展。③

我国新闻摄影先驱黄英（1899—1934），历任民国中央宣传委员会电影股总干事、中央电影事业指导委员会委员、电影剧本审查委员会委员、中央电影摄影场场长、中国教育电影协会理事、国际新闻摄影社社长等职。1929 年 5 月 28 日至 6 月 1 日，在孙中山先生灵榇从北平西山碧云寺奉安南京中山陵举行葬礼的过程中，黄英负责奉安大典的摄影工作。在灵榇专列前面加开了一列迎榇

① 《华侨招待所举行落成典礼》，《中央周刊》1931 年。
② 苏艳萍：《1932 年国联李顿调查团参访中山陵园始末》，《南京钟山文化研究》2017 年第 3 期。
③ 司开国：《华侨招待所与民国首都的美术记忆》，《美术研究》2013 年第 2 期。

宣传车，黄英带的电影队、摄影队，在沿途的北平、天津、沧州、德州、济南、泰安、兖州、临城、徐州、符离集、蚌埠、明光、滁州等站台，拍摄了各地民众迎榇的场景。大型纪录影片《孙中山出殡》，专题画册《奉安大典写真》《孙中山先生奉安写真册》都倾注了他的心血。1934年10月24日，他因扁桃腺发炎、发烧引起腹膜炎，在中央医院医治无效而去世。11月5日下午3时，国民党中央宣传委员会在华侨招待所为他举行追悼会，200余位社会各界人士前来凭吊，孙科、陈立夫、于右任和暨南大学常务校董马超俊等人，以及中宣会、京沪各电影公司皆敬送花圈、挽联。追悼会由国民党中央宣传委员会主任委员邵元冲主持，主任秘书方治和各界来宾先后致辞，大家一致肯定黄英在中国摄影界、电影界的地位和杰出贡献。追悼会后，家人将其灵柩运回老家广东南海安葬。①

1935年10月25日，中苏文化协会成立大会在此召开，200多位中外来宾出席。国民政府立法院院长孙科任会长，蔡元培、于右任、陈立夫、鲍格莫洛夫、颜惠庆、卡尔品斯基任名誉会长。该协会为联合苏联制约日本起到积极作用。

1937年12月，这里成为南京安全区难民收容所之一。12月16日，侵华日军从避难于此的难民中间，搜捕所谓的有当兵嫌疑者5000余人，押解至下关中山码头，用机枪集体射杀后，弃尸江中。1938年1月3日，此处仍然收容难民有1100人。②

南京沦陷期间，在日本的扶持下，这里先是傀儡政权——中华民国维新政府的外交部所在地，部长为陈箓。后来又成为傀儡政权——汪伪国民政府的中央党部所在地。

汪伪中央党部

抗战胜利后，这里曾是国民党接洽日军投降的先遣机构——前进指挥所驻地。

1945年8月15日日本宣布无条件投降后，当天上午，蒋介石以盟军中国战区最高统帅的名义，致电在南京的侵华日军中国派遣军总司令冈村宁次，指示日军六项投降原则，命令其通令所属日军停止一切军事行动，并派代表到江西玉山（后改为湖南芷江）接受中国陆军总

① 周利成：《我国新闻摄影先驱——黄英》，《钟山风雨》2022年第1期。
② 朱成山：《考证南京难民收容所》，《江苏地方志》2005年第4期。

司令、一级上将何应钦之命令。8月21日，冈村宁次奉命派遣总参谋副长今井武夫率领中校参谋桥岛芳雄、少校参谋前川冈雄、译员木村辰男等人乘坐飞机前往湖南芷江中国陆军总司令部所在地，洽谈投降事宜。23日，何应钦会见今井武夫，指出将在8月27日派遣冷欣中将前往南京，设立前进指挥所。8月25日，何应钦接到冈村宁次的电报，称已为前进指挥所的到来做好了准备。

8月26日，前进指挥所官兵159人及新六军前进指挥所官兵52人，齐集芷江，由何应钦训话。

27日上午9时20分，前进指挥所的全体官兵，携带无线电台1部、指挥车2辆，分乘7架飞机，由芷江机场起飞。下午2时40分，飞机在南京大校场机场陆续降落。到达南京的有前进指挥所高级军官冷欣、林秀栾、黄瀛、曹大中、陈倬、宫其光、李人士、陈容太等人，以及新六军副军长舒适存，还有参议顾毓琇、刁作谦、邵毓麟、龚德柏等人，日军总参谋副长今井武夫等人到机场迎接。冷欣等人下飞机后，驱车前往华侨招待所。下午5时左右，今井武夫带领桥岛、前川两参谋以及译员木村辰男，到华侨招待所拜会冷欣，商谈何应钦发布的第一至四号备忘录实施情况。冷欣又当面交给今井3件备忘录（第五至七号），令其签收并认真执行。当晚，冷欣在华侨招待所设立前进指挥所，指挥所下设一、二、三、四、特科、政治、总务、警卫八个组。

28日上午8时，冈村宁次在总参谋副长、陆军少将今井武夫和陆军中佐参谋小笠原清陪同下，来到冷欣下榻的萨家湾1号孙科公馆拜会冷欣。冷欣当面向冈村宁次交付了何应钦的备忘录（第八至十三号）。当天下午2时，冷欣在华侨招待所召集前进指挥所负责人开会，介绍了他同冈村宁次会谈的情况以及何应钦致冈村宁次第八至十三号备忘录的内容，要求大家做好自8月30日起新六军空运到南京后的部署方案和预定于9月9日在南京举行的中国战区签字受降仪式的准备。①

前进指挥所从8月27日成立，到9月9日中国战区日本签字投降仪式结束，前后存在虽然只有十多天时间，但却在与冈村宁次会谈、传达中国陆军总司令部命令，以及筹备中国战区日本投降签字仪式方面做了重要工作，发挥了巨大作用。华侨招待所作为前进指挥所驻地，也就成为具有历史纪念意义的场所。

抗战胜利后，被日本占领50年的台湾回归祖国。台湾各界人士自发成立“台

① 胡菊蓉著：《中国战区受降始末》，南京出版社2016年8月版。

华侨招待所主楼

湾光复致敬团”，来南京拜谒中山陵，表达认祖归宗的赤子之心。1946 年 8 月 30 日，“台湾光复致敬团”代表们一行到达南京下关车站，受到热烈欢迎。随后下榻华侨招待所。“台湾光复致敬团”共有十人，分别是林默堂、黄朝清、叶荣钟、张吉甫、林叔衡、林为恭、姜振骧、钟番、陈逸松、李建兴；另有台湾著名爱国诗人丘逢甲之子丘念台和陈炘、林宪、李德松、陈宰衡五人担任职员。8 月 31 日，致敬团拜谒中山陵，团员叶荣钟《南京谒中山陵》一诗写道：“云海茫茫路几千，首都今日拜先贤。瓣香默祷邦基固，不诉心酸五十年。”①

1947 年后，时任国民党中央党部秘书长吴铁城将华侨招待所改为营业性机构。它是首都南京的重要宾馆之一。1948 年 3 月 19 日至 5 月 1 日，国民党在南京举行“行宪国大”，选举总统、副总统。孙科、于右任、李宗仁、程潜、莫德惠、徐傅霖六人获得副总统候选人的正式竞选资格后，竞选活动随即进入高潮。为了争取选票，每位候选人都使出了浑身解数。从 4 月 20 日起，孙科除了在华侨招待所分批宴请代表之外，还包了龙门酒家。与此同时，李宗仁包了安乐酒家，程潜包了中央饭店孔雀厅，凡是挂着国民大会代表证章的人，早中晚三餐，一律免费招待，中西餐随便。程潜、于右任和莫德惠、徐傅霖，没有李宗仁、孙科阔绰，但对各省头面人物也都请了酒席。除请吃喝外，南京的新都、大华几

① 《70 年前台湾光复致敬团曾拜谒中山陵》，《南京日报》2016 年 11 月 14 日。

家大电影院亦每日有包场招待代表，戏院、舞厅每日有专场为代表开放。“国大代表”一时身价百倍，荣耀异常。只是苦了于右任，请了一两次客，便支持不住，只好发挥自己的书法强项，午夜挥毫，每位代表送一张墨宝。[1]

华侨招待所主楼入口处

1949年4月23日南京解放，华侨招待所由南京市军管会交际处接管，成为交际处第二招待所（励志社为交际处第一招待所）。5月13日、15日、16日、17日，南京市军管会主任刘伯承、副主任宋任穷分别召集工人代表、学生会负责人、科学文化工作者、工商界代表在华侨招待所举行座谈会，宣传党的方针政策，以期团结全市各界群众。

此后，华侨招待所改名为江苏省招待所、江苏省人大常委会办公楼、江苏议事园。

2006年，华侨招待所被列为南京市文物保护单位。

① ［民国］范芷广编：《中国政治秘闻》（第1辑），千秋出版社1948年6月版。

大华大戏院

大华大戏院，俗称大华电影院，位于南京中山南路67号（原中正路66号），紧邻新街口闹市区，它是民国时期南京规模最大、标准最高的一家戏院，也是首都南京最为时尚的建筑之一。新中国成立后至2013年，曾经改名为大华电影院、军人电影院。

该建筑始建于1934年，1936年竣工。由美籍华人司徒英铨集资建造，基泰工程司杨廷宝设计，上海建华建筑工程公司承建。总造价50万元。据刊登在1936年5月28日《中央日报》第一版的大华大戏院广告写道："大华大戏院，

大华大戏院

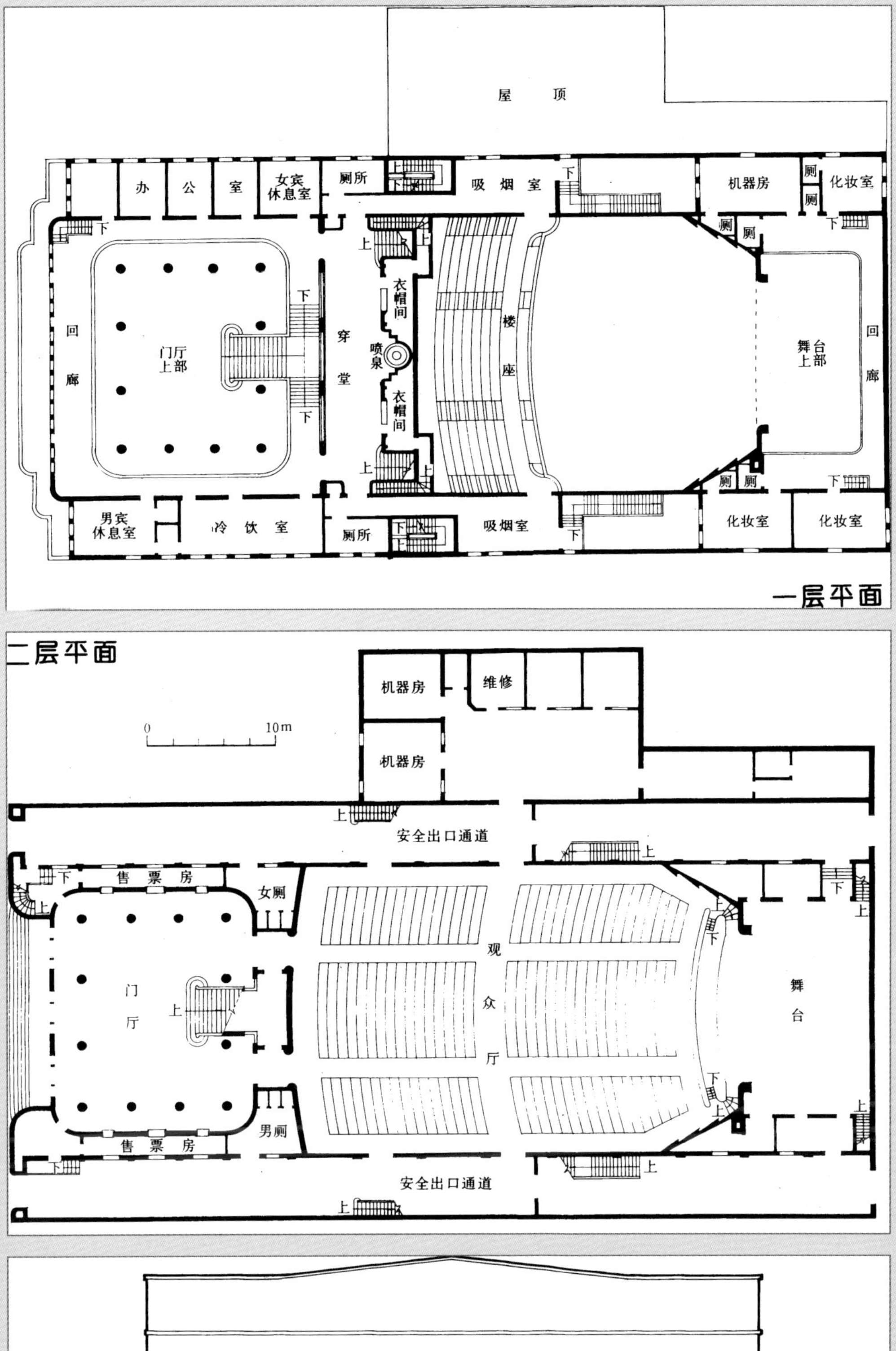

大华大戏院设计图（《杨廷宝建筑设计作品集》）

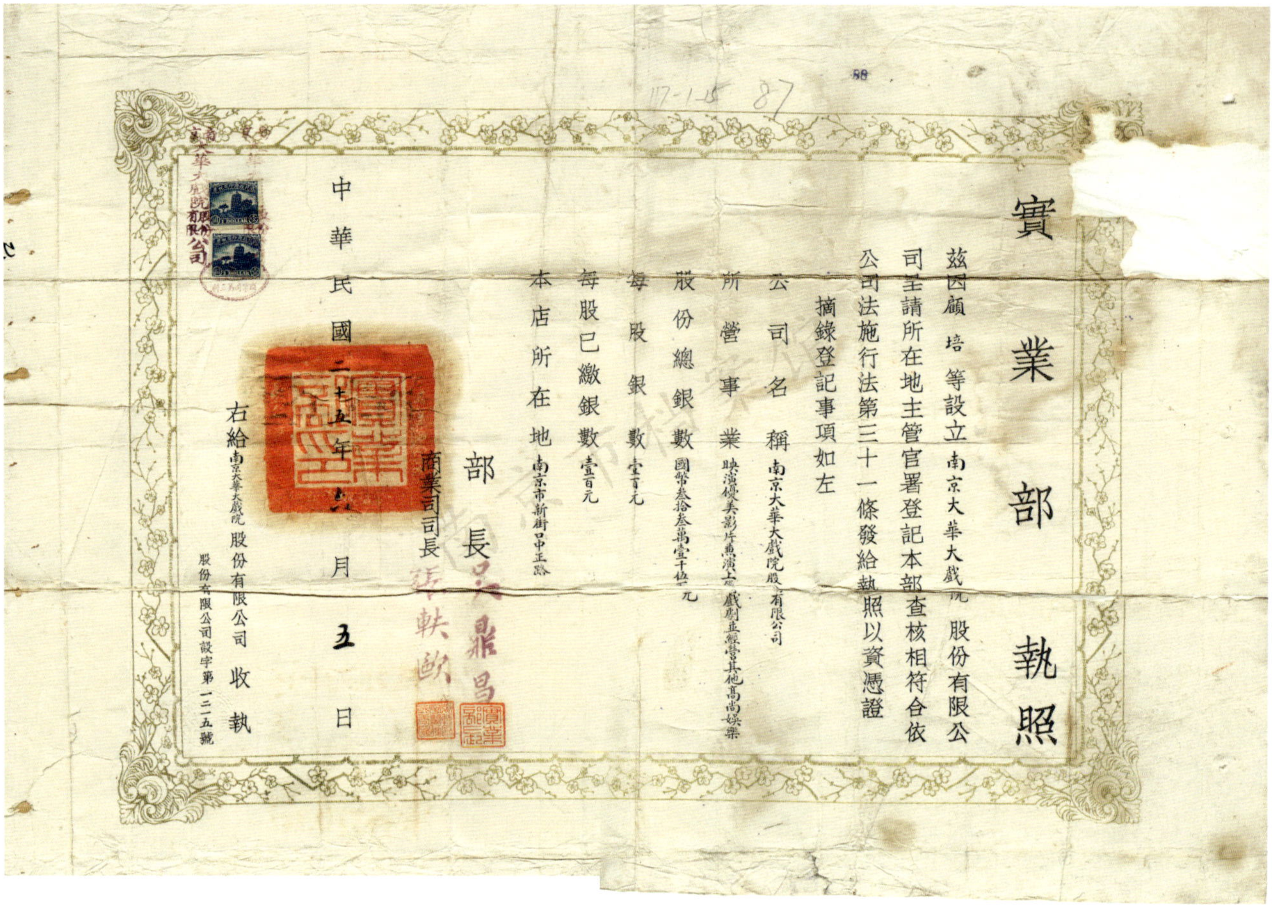
實業部執照

茲因顧培等設立南京大華大戲院股份有限公司呈請所在地主管官署登記本部查核相符合依公司法施行法第三十一條發給執照以資憑證

摘錄登記事項如左

公司名稱 南京大華大戲院股份有限公司

所營事業 映演優美影片兼演上[illegible]戲劇並經營其他高尚娛樂

股份總額數 國幣叁拾叁萬壹千伍百元

每股銀數 壹百元

每股已繳銀數 壹百元

本店所在地 南京市新街口中正路

部長 吳鼎昌

商業司司長 張軼歐

中華民國二十五年六月五日

右給南京大華大戲院股份有限公司收執

股份有限公司設字第一一二五號

1936 年 6 月国民政府实业部颁发的大华大戏院营业执照（南京市档案馆藏）

今夜八时半开幕，明日起开始营业。”票价日场楼下四角，楼上七角、一元、一元二角；夜场楼下六角，楼上九角、一元二角、一元五角。

戏院坐东面西，门面迎街，是一座中西合璧式的建筑。外部采用立体式样。正立面上层为招牌幕墙和横向排列的采光高窗；下层为雨篷和大门，大门分三道通向门厅；大门左右两侧各有一条疏通人流的通道。

门厅高两层，由 12 根大红圆柱支撑，这些圆柱的柱顶和柱脚都有起突变化，暗示传统的柱头与柱础。门厅内迎面正中设有一个宽大的台阶通向二楼休息平台，左右各有一个门道通向观众厅。门厅左右两侧分别是小卖部和售票处。门厅内的天花、墙壁、梁枋彩绘以及栏杆扶手雕饰等，具有丰富的层次变化和浓郁的东方民族特色。

大戏院长 66 米、宽 33 米，观众厅长 35 米、宽 23 米，分为上下两层，完全按照现代剧场的视觉、声学要求布置舞台、天花板、墙壁和楼座，可同时容纳观众 1000 余人。

1936 年 5 月 28 日《中央日报》刊登的大华大戏院开业及首映《百鸟朝凤》的报道（南京市档案馆藏）

1937 年的大华大戏院（Julius Eigner 摄影，1938 年 2 月美国《国家地理》）

大华大戏院门厅（《杨廷宝建筑设计作品选》）

大华大戏院观众厅（《杨廷宝建筑设计作品选》）

整个戏院为钢筋混凝土结构，局部采用砖墙承重，占地面积 2300 平方米，建筑面积 3728 平方米。观众厅上部为钢屋架，戏院内还装有冷暖供应设备。

这幢建筑的内部空间设计匠心独运：入口处是压低、出跳的宽大雨篷；进入门厅后，空间变高、变大，令人豁然开朗；再进入观众厅后，一个更大的空间展现在眼前。整幢建筑平面布局合理，造型典雅细腻，堪称杨廷宝早年的杰作之一。当时有复古、时尚等各种建筑思潮，而大华大戏院一改传统戏楼追求对称的风格，设计上偏向西方横平竖直的线条讲究，夸张对比的造型彰显了娱乐建筑的动感。

据阿垅 1939 年撰写的战争题材作品《南京》（又名《南京血祭》）一书描绘："大华戏院是首都最好的一家戏院，美丽、幽雅、气魄雄大，有贵族风度。四根深红色的柱子，使人仿佛走进了神话里的宫殿。以蓝、绿两色为全色的图

大华大戏院明信片

案画满了天花板，人走在地面，有一种走在春天的树林那样的舒适感。地磨得光滑，蜂蜜的颜色，象大理石铺成的，镶嵌着细致的金属线条。”

大华大戏院是民国时期中上流社会的重要娱乐场所之一。它与新都大戏院、国民大戏院、首都大戏院并称为民国首都南京四大著名影院。1936 年 5 月 28 日开业当晚，放映了美国米高梅公司 1936 年度的歌舞滑稽影片——《百鸟朝凤》。开业不久，梅兰芳就在此演出京剧。

1937 年，好莱坞影片《罗密欧与朱丽叶》在此上映，大受欢迎。

1937 年 7 月卢沟桥事变发生后，著名剧作家田汉在寄居的丹凤街 10 号创作出话剧《卢沟桥》，经过紧张的排练后，于 8 月 9 日在大华大戏院首映。演员除了从上海请来的明星胡萍、王莹之外，都由南京的新闻记者担任。刚刚于 7 月 31 日出狱的沈钧儒、史良等救国会七君子也来观看演出。此后，该话剧在大华大戏院、世界大戏院、首都大戏院和新都电影院轮流上演，每日两场，连续演出四天。此戏剧与 8 月 7 日在上海首次上演的由左翼作家集体创作的《保卫卢沟桥》，共同成为“抗战戏剧”的开山之作。

在这里上演的一幕幕电影、戏剧，给观众留下了终生难忘的回忆。

全面抗战期间，大华大戏院遭到日军飞机的轰炸，屋顶被炸了一个大洞，建筑物的木结构发生了倾斜。大戏院一度被日伪合办的“中华电影公司”控制。

1949 年以后，改名为大华电影院，其间一度改称为军人电影院，专门为军

大华大戏院外景

大华大戏院内景

人放映电影。

1951年，大型歌剧《碧海红旗》上演，开启了大华红色舞台剧的历史。1966年，几内亚国立佐利巴歌舞团在大华连演数场，成为全国热议的文艺界大事。在大华电影院开业后的数十年间，先后迎来了袁雪芬、刘长瑜、竺水招、徐玉兰、王文娟、才旦卓玛等艺术家。陈毅元帅曾经在大华做过形势报告。捷克斯洛伐克军事代表团访问我国时，国防部决定在南京召开欢迎会，会场就设在大华，彭德怀元帅曾在这里主持欢迎会。而刘伯承元帅也曾到此来观影过。

1964年，有关部门曾对屋面进行过修缮；1973年，进行了一次大修，将木架换成了钢架；1986年，进行了大规模的内部改造；1993年，又进行了内部局部改造，将内部空间进行了分割，增设了二楼的平台。

随着日月的递迁，大华大戏院门窗上的油漆早已磨损殆尽，底层门厅处的水磨石地坪有多道不规则的裂缝，墙面多处起皮、开裂。由南京市房屋安全鉴定处出具的一份安全鉴定报告显示，裂缝、霉变、脱落、空鼓、风化，是目前大华建筑主体的最大问题。2009年，大华电影院在东南大学建筑学院周琦教授和观筑历史建筑文化研究院陈卫新设计师的共同主持下，经过全面整修后，重新恢复“大华大戏院”原名。

1992年，该建筑被列为南京市文物保护单位。2002年，被列为江苏省文物保护单位。2018年，入选由中国文物学会、中国建筑学会联合评选的“第三批中国20世纪建筑遗产项目”。

首都大戏院

首都大戏院，俗称首都电影院，位于南京夫子庙贡院街 84 号（原贡院东街 28 号）。它与当时夫子庙著名的饭店大三元酒菜庄相邻。

首都大戏院建于 1931 年。因大戏院建在南京，而南京是中国的首都，故名首都大戏院。

首都大戏院是把电影从室外引到室内放映的中国第一批影院之一。其建筑时间之早、规模之大，在当时都是全国数一数二的。它是民国时期首都南京的四大著名影院之一。

首都大戏院的设计师是李锦沛。建筑面积 850 平方米，坐北朝南，左右对称。主体建筑是钢筋混凝土结构，水磨石地面。从外观上看高三层，平顶，属于西方现代派建筑。内部分前厅、剧场、表演台三部分。剧场部分设在建筑物的中央，楼上下共设有 1357 个观众席。入口处门厅位置有巨大的钢结构雨篷，延伸到人行道上。雨篷上横书“首都大戏院”五字。

首都大戏院

首都大戏院开业之时，曾在当时的《中央日报》上刊发广告，上面写着“首都最堂皇的剧场，东方最富丽的天国”广告语。民国时期，这里经常放映国产大片和进口的新片，吸引了上至国民政府的军政要员以及社会名流，下至平民百姓的社会各阶层人士频频光临。

1937 年卢沟桥事变发生后，田汉与南京

首都大戏院

1935 年，首都大戏院上演胡蝶新作《兄弟行》

南京沦陷期间的首都大戏院

首都大戏院

报界同人组织并成立了“首都报人慰劳抗敌将士公演委员会”。田汉在两周内创作出四幕话剧《卢沟桥》，请马彦祥、洪深指导，组织宁、沪两地的戏剧工作者排演，在大华大戏院、世界大戏院、首都大戏院和新都大戏院每天上演两场，共演出 4 天。卢沟桥事变给中华民族造成了极大创伤，演出过程中演员的精彩表演激发了观众的爱国热情，剧场上下回响着口号：“保卫华北，把敌人赶出去！”[①]

南京沦陷后，首都大戏院被日商占用。[②]更名为中华大戏院，放映中外影片。汪伪时期，该戏院一度人气旺盛，史称：“其中以中华地处适中，营业亦居全城冠，可称电影院之巨擘。”[③]

1949 年 4 月南京解放后，首都大戏院更名为解放电影院。20 世纪七八十年代，解放电影院是南京人最爱去的影院之一。那时电影院里还没有空调，夏天，头顶的吊扇呼啦啦转个不停，那画面至今还留在许多人的记忆里。2005 年，解放电影院停业。此后一楼成为夫子庙小商品市场，二楼、三楼保留为南京影剧公司老电影拷贝库和内部放映厅。

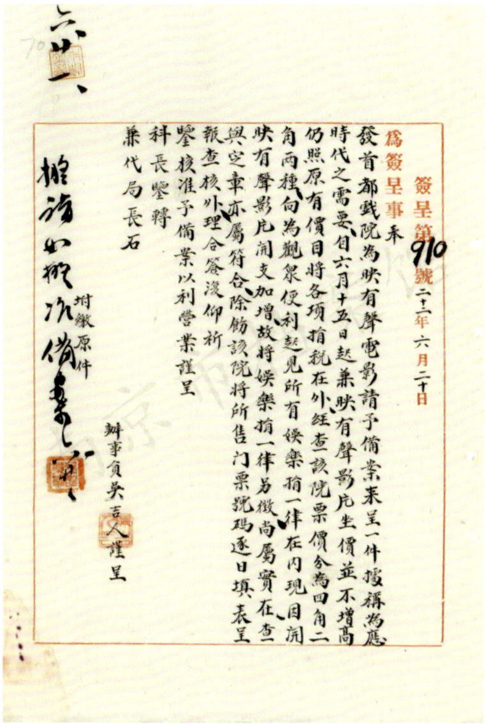
簽呈第910號　二十三年六月二十日
為簽呈事。案奉
發首都戲院為映有聲電影請予備案來呈一件，據稱為應
時代之需要，自六月十五日起兼映有聲影片，生價並不增高，
仍照原有價目，將各項捐稅在外，經查該院票價分為四角、二
角兩種，向為觀衆便利起見，所有娛樂捐一律在內，現因開
映有聲影片，開支加增，故將娛樂捐一律另徵，尚屬實在。查
與定章亦屬符合，除飭該院將所售門票號碼逐日填表呈
報查核外，理合簽請
鑒核，准予備案，以利營業。謹呈
科長鑒轉
兼代局長石
辦事員吳吉人謹呈

1934 年 6 月 20 日首都大戏院放映有声电影的档案（南京市档案馆藏）

2014 年 8 月，作为南京中国科举博物馆的配套项目，根据修旧如旧的原则，有关部分对其进行了保护性修缮，并改建为民国电影博物馆。

2019 年 11 月，首都大戏院被南京市人民政府公布为“南京历史建筑”。

① 张光芒等著：《南京百年文学史》，江苏凤凰文艺出版社 2021 年 8 月版。

② ［民国］陆咏黄：《丁丑劫后里门闻见录》，收入《南京文献》第 1 册第 3 号，南京市通志馆 1947 年 3 月印行。

③ 《中报周年纪念特刊·新南京》，1941 年出版。

国民大戏院

国民大戏院，俗称国民电影院，位于南京市杨公井 25 号（原杨公井 16 号），新中国成立后曾为江苏人民大剧院，现为光阳大舞台 · 人民剧场。

国民大戏院建于 1928—1929 年，由新金记康号营造厂承建，占地面积 1508 平方米，黄色外墙。是南京现存最早的电影院。

国民大戏院于 1929 年 5 月 5 日正式对外营业，首映电影是《万世流芳》。1929 年 4 月 26 日《中央日报》刊登的《国民大戏院将开幕》报道，全文如下：

国民大戏院

国民大戏院正面图（1928 年 6 月 1 日）

国民大戏院正面图（1928 年 7 月）

> 国民大戏院，为首都空前之大影戏院，资本数十万，位于杨公井，今已落成，建筑华丽，规模宏大，较之欧美各大戏院不相上下，现定本月二十五日开成立大会，选举董事及监察人，五月五日（即孙总统就职纪念日）正式开幕，是日，演世界最近佳片《万世流芳》，续演《七重天》等十大巨片，更不惜重金，选映世界著名佳片，另有优美音乐，以增兴趣。座位舒适，配置得宜，其他如电扇，水汀，排□，衣帽室，及会客厅等，亦应有尽有，座位能容一千五百人，查近时上海亦无此大规模之戏院云。

国民大戏院的票价一度是南京所有电影院中最高的。据 1933 年 10 月 1 日出版的《新南京》一书记载，当时首都南京共有 6 家电影院，杨公井国民大戏院票价“自三角到六角”，新街口世界大戏院票价“自三角到四角”，贡院街首都大戏院票价“自三角到五角”，新姚家巷南京大戏院、朱雀路明星大戏院、蔡家花园京华大戏院票价均为“自二角到三角”。[①]

國民大戲院將開幕
國民大戲院，爲首都空前之大影戲院，資本數十萬，位於楊公井，今已落成，建築華麗，規模宏大，較之歐美各大戲院不相上下，現定本月二十五日開成立大會，選舉董事及監察人，五月五日（即孫總統就職紀念日）正式開幕，是日演世界最近佳片「萬世流芳」續演「七重天」等十大巨片，更不惜重金，選映世界著名佳片，另有優美音樂，以增興趣，座位舒適，配置得宜，其他如電扇，水汀，排間，衣帽室，及會客廳等，亦應有盡有，座位能容一千五百人，查近時上海亦無此大規模之戲院云。

1929 年 4 月 26 日《中央日报》刊载《国民大戏院将开幕》的新闻

国民大戏院是民国时期南京的著名电

① ［民国］南京市市政府秘书处编：《新南京》，南京共和书局 1933 年 10 月版。

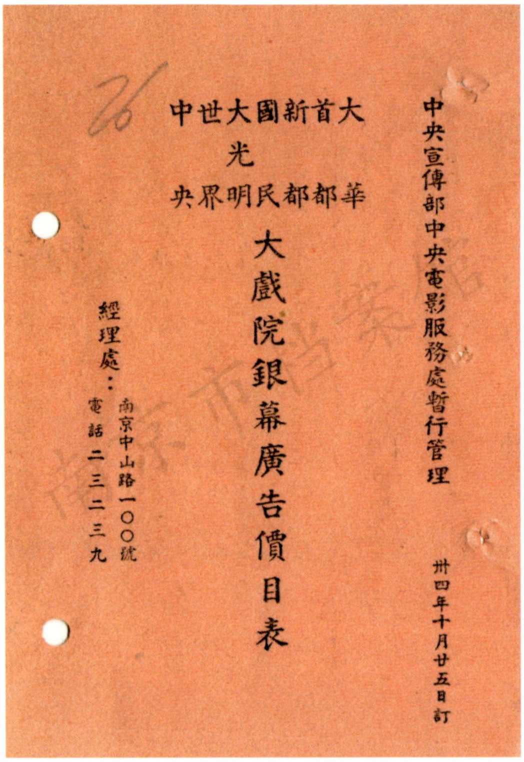
26

中央宣傳部中央電影服務處暫行管理

大華 首都 新都 國民 大光明 世界 中央

大戲院銀幕廣告價目表

經理處：南京中山路一〇〇號 電話二三二三九

卅四年十月廿五日訂

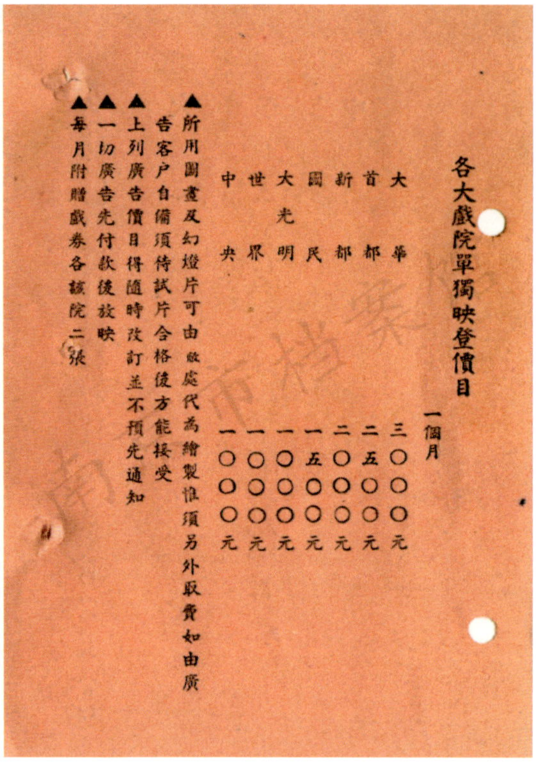
各大戲院單獨映登價目

	一個月
大華	三〇〇〇元
首都	二五〇〇元
新都	二〇〇〇元
國民	一五〇〇元
大光明	一〇〇〇元
世界	一〇〇〇元
中央	一〇〇〇元

▲所用圖畫及幻燈片可由敝處代為繪製惟須另外取費如由廣告客户自備須待試片合格後方能接受
▲上列廣告價目得隨時改訂並不預先通知
▲一切廣告先付款後放映
▲每月附贈戲券各該院二張

1945 年 10 月南京各大戏院票价（南京市档案馆藏）

影院之一。到 1948 年，南京著名电影院有大华大戏院、新都大戏院、国民大戏院、首都电影院（首都大戏院）、世界电影院（世界大戏院）、中央大舞台、大光明电影院、明星电影院。据 1948 年 9 月《中央日报》载：“南京现共有电影院八家，较大者四家，院内可容一千五百人以上；较小者四家，只能容观众数百人。此外，有平剧院四、话剧院二、越剧场三、评剧场二、维扬戏场四、戏茶厅五、音乐茶座四、杂剧场与鼓书场各全部影剧业从业人员总计二百三十余人。”①

1949 年新中国成立后，国民大戏院改名为人民剧场，后更名为江苏人民大剧院，隶属于江苏省演艺集团。经过多次修缮后，至今仍在营业。

① ［民国］书报简讯社编：《南京概况（秘密）》，1949 年 3 月内部印刷本。

扬子江饭店

扬子江饭店，民间讹称扬子饭店，位于南京市鼓楼区宝善街 2 号（今中山北路 599 号），现为南京颐和扬子饭店。

在南京所有的饭店中，扬子江饭店是南京在 1899 年作为通商口岸正式对外开放后，较早的一家由西方人开的饭店。

1899 年，南京正式开埠通商，下关地区的商店、码头、道路、桥梁等陆续兴建，一时热闹非凡。扬子江饭店拔地而起，成为下关地区众多西洋建筑中的代表作。

扬子江饭店

扬子江饭店（邓攀《南京百年影像（1840—1949）》）

扬子江饭店是英国人法尔里（海关稽查员）出资申请购地并建造经营。[①] 申请土地面积为7.9247亩（约5283.13平方米），建有西式三层楼房一幢43间，西式两层楼房一幢32间，新式平房一幢5间，旧式平房三幢5间。主体建筑坐北朝南，地上三层，地下一层，砖木结构，占地面积3000平方米，建筑面积2429平方米，面阔34米，进深28米。整幢建筑以明代城墙砖为主要建筑材料，并按照西洋圆拱发券方式砌筑。建筑造型为法国17至18世纪式样，外观雄伟朴实，内部豪华气派。该建筑坐北朝南，木楼梯，木地板，木屋架。青砖墙壁，红色铁皮屋顶。其方底台式屋顶及高低错落的老虎窗颇具西洋风味。

从建筑物墙面上遗留下来的“1912—1914”铭文字样，可知它的确切建造时间。刘先觉、杨维菊《南京近代建筑概说》一文认为：“下关的扬子饭店（1914—1915）则是就地取材利用城砖砌筑欧洲折衷主义建筑式样的例子。”[②] 该建筑的维修保护主持人周琦先生认为，其建筑风格属于法国乡村式。[③]

扬子江饭店的主要建筑材料明代城墙砖来自何处？据20世纪居住在下关宝

① 南京市下关区地方志编纂委员会：《下关区志》，方志出版社2005年6月版。
② 周琦《南京近代建筑史》（第369页）一书认为：扬子江饭店采用的是法国古堡复兴式于外廊式相结合的形式。
③ 2023年9月26日下午本书提纲专家座谈会的发言。

1929 年 5 月 29 日孙中山灵榇经过扬子江饭店（《总理奉安实录》）

善街的卢裕财老人回忆：他家几代都是船民，盖公馆那阵子他的父母带着他给洋楼运送城墙砖。砖都是从浦口点将台那里拆下来的，拆装上船后，沿着江北那条河到长江，再从三汊河转入惠民河，停靠在复兴桥（即现在的中山桥，已拆除）卸下城砖。“洋人很鬼奸，要求城砖大小尺码全部一样，有专人验收，不合格的一律不要。这些城砖也有少部分来自城里。”①

扬子江饭店建成后，不仅是下关地区最好的饭店，也是南京为数不多的高档饭店之一。中外各界名流纷至沓来。

1921 年，法尔里病故，其妻李张氏改嫁和记洋行稽查员、英国人威廉·柏耐敦（又译作柏耐登），改名杰西·柏耐敦继续经营。

1927 年 4 月北伐军占领南京后，发生“南京事件”，扬子江饭店作为外侨财产遭到了北伐军士兵的抢劫。

1929 年 6 月 1 日，国民政府举行孙中山先生灵柩奉安大典前后，扬子江饭店与国际俱乐部等地成为外交部招待各国专使的定点宾馆。②

1930 年 10 月 12 日，南京市市长魏道明训令南京市财政局派员征收拖欠房

① 《明城砖垒起昔日扬子饭店》，《金陵晚报》2007 年 9 月 9 日。
② ［民国］总理奉安专刊编纂委员会编：《总理奉安实录》，南京出版社 2009 年 4 月版。

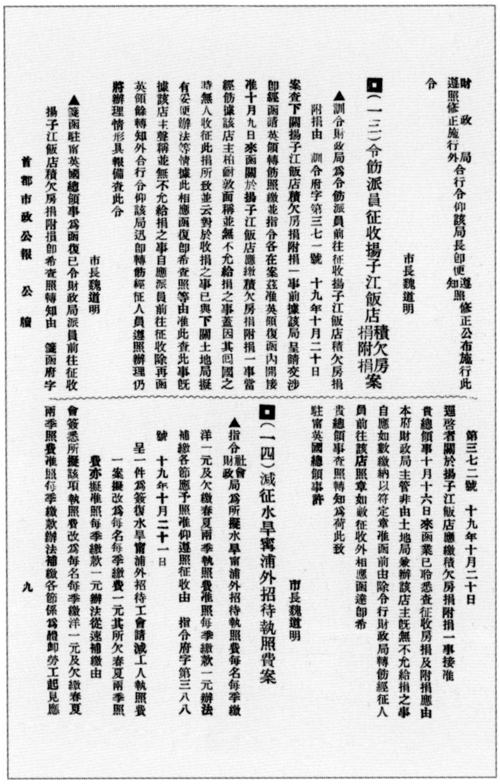

財政局遵照修正施行外合行令仰該局長即便知照遵照修正公布施行此令

市長魏道明

■（一三）令飭派員征收揚子江飯店積欠房捐附捐案

▲訓令財政局爲令飭派員前往征收揚子江飯店積欠房捐附捐由　訓令府字第三七一號　十九年十月二十日

案查下關揚子江飯店積欠房捐附捐一事前據該局呈請交涉即經函請英領轉飭照繳並指令各在案茲准英領復函內開接准十月九日來函關於揚子江飯店應繳積欠房捐附捐一事當經飭據該店主柏耐敦面稱並無不允給捐之事蓋因其回國之時無人收征此捐所致並云對於收捐之事已與下關土地局擬有妥便辦法等情據此相應函復即希查照等由准此查此事既據該店主聲稱並無不允給捐之事自應派員前往征收除再函英領餘轉知外合行令仰該局迅即轉飭經征人員遵照辦理仍將辦理情形具報備查此令

市長魏道明

▲箋函駐甯英國總領事爲函復已令財政局派員前往征收揚子江飯店積欠房捐附捐即希查照轉知由　箋函府字第三七二號　十九年十月二十日

逕啓者關於揚子江飯店應繳積欠房捐附捐一事接准貴總領事十月十六日來函業已聆悉查征收房捐及附捐應由本府財政局主管非由土地局兼辦該店主既無不允給捐之事自應如數繳納以符定章准函前由除令行財政局轉飭經征人員前往該店照章如數征收外相應函達即希貴總領事查照轉知爲荷此致

駐甯英國總領事許

市長魏道明

■（一四）減征水旱甯浦外招待執照費案

▲指令社會財政局爲所擬水旱甯浦外招待執照費每名每季繳洋一元及欠繳春夏兩季執照費准照每季繳款一元辦法補繳各節應予照准仰遵照征收由　指令府字第三八八號　十九年十月二十一日

呈一件爲簽復水旱甯浦外招待工會請減工人執照費一案擬改爲每名每季繳費一元其所欠春夏兩季照費亦擬准照每季繳款一元辦法從速補繳由

會簽悉所擬該項執照費改爲每名每季繳洋一元及欠繳春夏兩季照費准照每季繳款辦法補繳各節係爲體卹勞工起見應

首都市政公報　公牘　九

扬子江饭店欠捐案（《首都市政公报》第 71 期）

关押在南京老虎桥第一模范监狱的牛兰夫妇

捐等款项，并通过英国驻南京总领馆通知店主威廉·柏耐敦本人，威廉·柏耐敦表示回国之时，无人征收，愿意立即补缴。[①]

1931 年 6 月 15 日，第三国际远东局负责人牛兰及其妻子汪得利在上海公共租界被英国巡捕逮捕。牛兰（Hilaire Noulens，1894—1963），真实姓名是雅可夫·马特耶维支·鲁特尼克，1894 年出生于乌克兰的一个工人家庭。俄国十月革命时攻打东宫的著名指挥官。牛兰夫妇是经验丰富的“契卡”（非常委员会）人员。他们被捕前不久，中共特科负责人顾顺章 4 月 26 日在汉口被捕叛变。8 月 14 日，牛兰夫妇被认定为国际间谍，秘密引渡给国民党当局，先是被拘押在道署街（今瞻园路）中央宪兵司令部看守所监狱，后被关进江苏第一监狱（老虎桥监狱）。1932 年 12 月 17 日，宋庆龄与蔡元培、杨杏佛、黎照寰等人在上海成立著名的“中国民权保障同盟”，不遗余力地营救牛兰夫妇出狱。

1933 年 3 月，著名革命者陈赓、罗登贤、廖承志、陈藻英、余文化五人在上海相继被捕。经过“中国民权保障同盟”的呼吁，4 月 1 日，廖承志被释放，

① 《扬子江饭店欠缴房租案》，《首都市政公报》第 71 期，1930 年 11 月 15 日。

扬子江饭店

扬子江饭店维修效果图（周琦《南京近现代城市与建筑遗产保护》）

扬子江饭店

但其余四人被押解南京。[①]

1933年4月5日，宋庆龄率"中国民权保障同盟"代表团成员杨杏佛、沈钧儒等人抵达南京，此行的目的是探望牛兰夫妇，营救被捕的革命者。宋庆龄一行到达南京后，下榻扬子江饭店。当天下午，国民政府行政院院长汪精卫、司法行政部部长罗文干来到扬子江饭店拜访宋庆龄等人。当晚，宋庆龄一行前往南京卫戍司令部看望被捕的陈赓、罗登贤、陈藻英、余文化四位革命者，并探视被关押在南京大石桥江苏第一监狱的牛兰夫妇。后来，在宋庆龄等人营救下，对蒋介石有救命之恩的陈赓获得释放，牛兰夫妇也于1937年12月8日日军攻占南京前夕被释放出狱，此后辗转回到苏联。

1944年10月10日下午，著名文学家、《中国现代文学史》主编唐弢由上海抵达南京，冒雨入城，下榻扬子江饭店，写下了《帝城十日》一文，[②]成为人们了解南京沦陷后期情况的重要参考资料。

柏耐敦夫妇于全面抗战爆发后逃到上海避难。1946年国民政府还都南京后，威廉·柏耐敦致函南京市市长，委托经理梅广仁恢复饭店的经营。恢复营业的扬子江饭店在当时南京255家旅馆中，属于三家特级旅馆之一，共有客房28间，其中甲级房间2间，乙级14间，丙级12间。

1950年，柏耐敦携中国妻子移居上海，饭店由南京市政府交际处租用。

1954年3月6日，威廉·柏耐敦去世，扬子江饭店的产权归其妻子杰茜·柏耐敦（已经加入英国国籍）所有。杰茜·柏耐敦向上海市第一中级人民法院申

① 《宋庆龄与南京扬子饭店》，《扬子晚报》2002年8月30日。
② 原载1944年11月《万象》，转引自丁帆主编《江城子——名人笔下的老南京》，北京出版社1999年1月版。

诉继承遗产，后外交部以“契证不全”为由，予以代管。当年10月，宣布土地收归国有，杰茜·柏耐敦缴纳地租后准予继承。1965年，杰茜·柏耐敦去世，上海市高级人民法院在报纸上刊登广告，未见有持合法证件的人来继承饭店。1968年，上海市高级人民法院将扬子江饭店裁定为绝产，由南京市房地产管理局接收。[①]

新中国成立后，这里长期是南京市公安局下关分局所在地。

2016—2017年，扬子江饭店由东南大学建筑学院教授周琦主持，进行全面的维修保护。2017，经过观筑历史建筑文化研究院陈卫新设计师的室内展陈设计，这里变成南京唯一的古堡式酒店——南京颐和扬江饭店，焕发出新的活力。

1992年，“扬子饭店旧址”被列为南京市文物保护单位。2002年，“扬子饭店旧址”被列为江苏省文物保护单位。2009年12月，“南京扬子饭店旧址”（笔者注：应为扬子江饭店旧址）入选中国文物学会、中国建筑学会联合评选的“第四批中国20世纪建筑遗产项目”。2012年，“扬子饭店旧址”被列为南京重要近现代建筑。

值得一提的是，扬子江饭店曾收藏明故宫文物。朱偰在1936年上海商务印书馆出版的《金陵古迹名胜影集》图48“明故宫玉陛”说明文字中写道：“二十年前，明故宫遗物尚多。扬子江饭店主人之妻，系中国人，曾在今飞机场一带廉价购得玉陛石狮多具，运至饭店存放，不见其攸关民族文献也。”

① 南京市下关区地方志编纂委员会：《下关区志》，方志出版社2005年6月版。

中央饭店

中央饭店坐落在南京中山东路 237 号（原为中山东路 303 号）。最初的设计是七层大楼，因其位于国民政府（即总统府）大院的正前方，有关当局认为建筑楼层过高会对国民政府大院的安全构成威胁，所以只批准建造三层。

中央饭店坐北朝南，为西式风格的建筑。平面呈“回”字形，中间是方形天井。建于 1929 年，1930 年 1 月正式开业，老板为江政卿。中央饭店占地面积 5650 平方米，建筑面积 10057 平方米，设备应有尽有，以西餐著名，它是 20 世

中央饭店

纪 30—40 年代首都南京最负盛名的饭店之一。

江政卿

钟兴正《首都胜览》写道："首都旅馆，多在下关江边大马路及城内大行宫、中正街一带。各旅馆均遣人往车站、轮埠接待旅客。较大者如大行宫之中央饭店、下关之惠龙等，设备清雅，唯房金较昂。普通自数角至数元不等，视房间宽狭及陈设如何为定。餐费每客自数角至一二元之谱，茶役酒资听从客便，并无定例。"[①] 倪锡英《南京》一书写道："在南京，设备最完、规模最大的旅馆只有两家，一家是中山路上的中央饭店，一家是太平路上的安乐酒店，中央饭店完全是西式的建筑，设备应有尽有，除了旅社外，还附有中西菜社、弹子房、理发馆等，可是房价很贵，每天最低的房价自三元起，大房间要三四十元，这种旅馆是专供有钱的旅客享受的。"[②] 同书中，作者还指出，南京的西菜，以励志社、青年会及中央饭店最有名。

1930 年 11 月，张学良应蒋介石之邀来南京，受到高规格的接待。他本人被安排下榻在财政部部长孔祥熙的铁汤池官邸，其随行人员则被安排住在中央饭店。

1931 年 12 月，蒋介石虽然宣布下野，辞去国民政府主席职务，但仍担任军

中央饭店与总统府鸟瞰（从新城市广场 58 楼拍摄）

中央饭店鸟瞰（从新城市广场 58 楼拍摄）

① 载《旅行杂志》1930 年第 4 卷第 10 期。

② ［民国］倪锡英著：《南京》，上海中华书局 1936 年 8 月版。

中央饭店

20 世纪 40 年代的中央饭店

事委员会委员长一职，掌握国民政府的实权。为了平息各校学生对东三省沦陷的愤怒，他授意教育部召集各大学校长及学生代表等来南京聆训。当时来南京的各大学校长有北京大学的胡适、清华大学的梅贻琦、中央大学的段锡朋、金陵女子文理学院的吴贻芳、交通大学的黎照寰、暨南大学的何炳松、东吴大学的吴经熊等，代表们被安排住在中央饭店。

1932 年 9 月 15 日，在上海组建的“良友全国摄影旅行团”当天由上海出发，首站就是南京。据该团主任梁得所《全国猎影记之一》写道：到了南京下关车站，乘汽车入住中央饭店。“九月十八日朝，我们结算旅馆的账。房租一项有折扣，壁间牌子上已标明‘国难期内，照码六折’。”①

1933 年 10 月 10 日，第五届全国运动会在南京召开。10 月 20 日，全运会结束后，陈立夫、吴铁城等国民党要员在中央饭店设宴招待东北选手及东北旅京民众代表 90 余人。吴铁城讲完话后，东北选手委托东北大学代理校长王卓然向各省区运动员发出情深意切的告别书：“诸位各个有家归去，我们还是随地漂流。这首都的一草一木，都象对我们含有无限的感情，诸位的一言一笑，都象对我们有着深厚的意味……我们不仅希望土地不致再失，而且希望还我大好河山。”② 因为东北沦入日寇之手，与会东北选手无家可归，所以与会者伤感不已，面对满桌美味佳肴，大家难以下咽。

1934 年 12 月 10 日至 14 日，国民党四届五中全会在南京中央党部召开。参加会议的中央执行委员和监察委员共 106 人，“各委员住所大多集中于中央饭

① 《良友》画报丛书编委会编：《民国猎影记》，上海科学技术文献出版社 2015 年 1 月版。

② 赵子云：《民国第五届全运会话旧》，《江苏地方志》2008 年第 3 期。

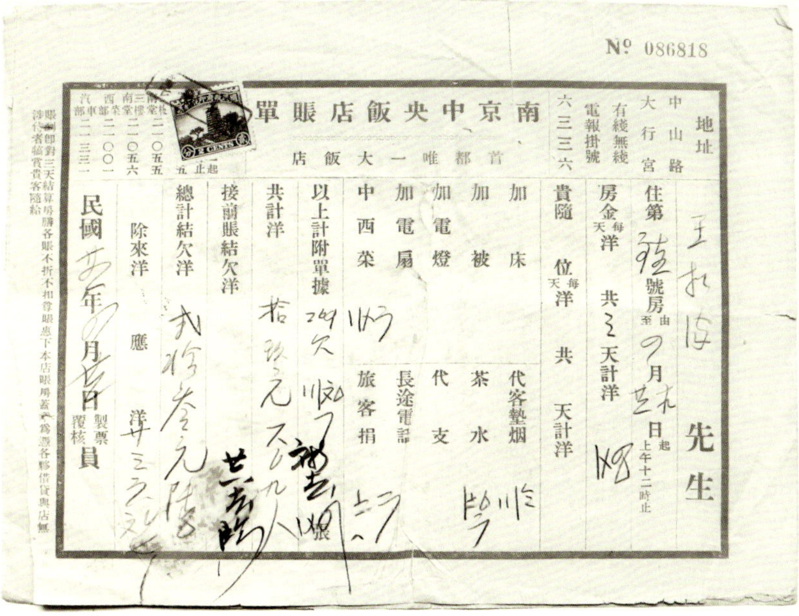
№ 086818

南京中央飯店賬單

首都唯一大飯店

地址 中山路 大行宮

有綫無綫電報掛號 六三三六

總樓櫃枱 二〇五五 起 二〇五五 止

三樓餐堂 二〇五五

南菜部 二〇五六

西菜部 二〇〇一

汽車部 二三三一

先生

住第 號房 由 月 日起 至 月 日上午十二時止

房金每天洋 共 天計洋

貴隨位每天洋 共 天計洋

加床

加被

加電燈

加電扇

中西菜

以上計附單據 張

代客墊烟

茶水

代支

長途電話

旅客捐

共計洋

接前賬結欠洋

總計結欠洋

除來洋

應洋

民國 年 月 日

製票

覆核員

賬單即對三天結算房膳各賬不折不扣尊眼惠下本店賬房蓋章爲憑各夥借貸與店無涉付者請賞貴客隨給

1935 年中央饭店的账单（钱长江收藏）

店或安乐酒店”[①]。

1936 年，绥远抗战爆发，南京妇女界掀起援助高潮。在南京妇女救国会负责人曹孟君的领导下，200 多人参加了在中央饭店召开的援助绥远军民抗日大会，其中甚至有部分国民党元老。[②]

1936 年 11 月 22 日，国民党以“危害民国”的罪名，逮捕了沈钧儒、章乃器、邹韬奋、史良、李公朴、王造时、沙千里七位全国各界救国联合会的领导人，这就是轰动一时的“七君子事件”。七君子被捕后，全国人民以及海外爱国华侨纷纷向国民政府提出抗议。1937 年 7 月 7 日，卢沟桥事变爆发，反抗日本侵略、实施全面抗战的呼声在全国范围内再次达到高潮。国民政府被迫宣布抗战。在这种形势下，7 月 30 日，位于苏州的江苏高等法院裁定将七君子交保开释。沈钧儒在 1946 年与报人徐铸成谈起这段往事时说：“记得我们出狱以后，即被接到南京，参加最高国防会议，季鸾（笔者按：《大公报》总编辑张季鸾注）先生特地在南京中央饭店门口迎接我们，还关心我们和蒋先生谈话的结果。”

中央饭店茶杯（南京民间抗日战争博物馆藏）

① 姚颖：《五中全会侧写》，原载《论语》半月刊《京话》专栏第 56 期，1935 年 1 月 1 日，转引自姚颖《京话》，南京出版社 2018 年 4 月版。

② 中共南京市委党史资料征集编研委员会办公室、南京市档案馆：《南京党史资料》第 16 辑，南京工学院出版社 1987 年 3 月版。

1937年8月上旬，蒋介石邀请中共和红军代表到南京参加最高国防会议，周恩来先期来到南京。朱德、叶剑英与云南省军政负责人龙云于9日乘坐同一架飞机由西安飞抵南京。一下飞机，就被蒋介石的代表、军委会办公厅副主任姚琮以及军政部部长何应钦等人接到中央饭店，品尝了一顿别有风味的西餐。[①]

1937年12月13日南京沦陷后，日军第十六师团以国民政府作为师团司令部，以中央饭店作为师团司令部宿舍。第十六师团长、陆军中将中岛今朝吾在中央饭店写下了15日、17日两天的日记，现摘录如下：

12月15日　天气晴暖　于中央饭店

虽已有部分部队入城扫荡，但是今天将重新以入城仪式的方式来表示南京攻略战告一段落。

在不影响各队完成善后处理的情况下，代表部队列队，在师团司令部、各部队长率领下，于下午1时30分由中山门入城。

决定以国民政府的建筑物作为师团司令部。进入国民政府后升起日章旗，各部队长及军官参加，三呼大元帅陛下万岁。今天才是真正的举杯祝贺。

下午4时许进入中央饭店，师团司令部宿舍设在这里。

扫荡败残兵。

从13日夜里起，认为有必要对各方面进行扫荡，军向各师团分配了各自的扫荡地区。

虽然应从15日开始扫荡，但因入城伊始，首先要安排好宿舍，然后全员轻装出发实施扫荡。15日安排宿营的应急设备。

决定16日、17日两天进行扫荡，为两个旅团划分了各自的扫荡区域，命各队派一支部队各自沿平行的街道前进，行至狭路的出口时宿营，次日再按原路返回宿营地。其后又从两个旅团各抽出一个警备大队，让其增援其他两个大队。为此，让他们在城内外就近宿营待命，以便随时实施增援。

（12月16日　无日记）

12月17日　晴天转冷　中央饭店

① 侯鸣皋著：《蒋介石的内廷供奉机构——励志社内幕》，南京出版社1989年6月版。

下午1时30分，举行方面军司令官及各军司令官从中山门入城仪式，开始入城，各师团及其他部队选派的代表列队行进至预先准备的会场——国民政府，举行升旗仪式、三呼大元帅陛下万岁，最后以庆祝宴会告终。

海军方面参加的是司令官长谷川（清）中将。

迄今，南京一带格外暖和，但下午天气突然变冷，入夜下了小雪。①

南京国际红十字会委员会主席、美国人约翰·马吉牧师曾经到中央饭店，拜见居住在这里的中岛今朝吾，请求日酋准许南京国际红十字会将国民政府军政部的伤兵运送到设在外交部的红十字会医院，以便提供必要的人道主义援助，遭到日酋的拒绝。

1938年12月汪精卫投敌叛国后，重庆国民政府策划了多起刺杀汪精卫的行动。1940年，汪伪国民政府在南京成立，军统特工黄逸光、黄征夫奉命刺杀汪精卫。他们于这年的12月化装成平民，来到南京，住进了中央饭店304房间。黄逸光膀阔腰圆，武功高强，曾赤手空拳打死过老虎，他是广东人，曾经担任过徒步旅行团团长，全面抗战爆发前受到过时任行政院院长汪精卫的接见，并且还合影留念，所以他们密谋在汪精卫接见时行刺。孰料，他们一到南京，汪伪特务头子李士群就得到打入军统内部的汪伪特工情报，对他们的行动了如指掌。汪伪特工立即对他们二人进行跟踪监视，发现与情报吻合，于是采取行动，趁他们二人没有任何防备时，破门而入，在中央饭店将他们活捉。12月17日，在雨花台将他们杀害。

抗战胜利后，梅兰芳剧团来南京演出期间，除梅兰芳居住在白下路中国银行南京分行外，剧团人员全部居住在中央饭店，首都警察厅还特许剧团的管事李春林和金少山吸大烟，接待可谓优渥有加。

1946年，郭沫若曾经住在中央饭店，并写下了《南京印象》系列文章，发表在1946年7月7日至8月25日的上海《文汇报》副刊“世纪风”上。

1946年11月“制宪国大”召开前夕，海外华侨领袖、洪门致公党主席司徒美堂就住在中央饭店。后来见国共会谈破裂，司徒美堂改变了出席会议的主意，美国大使司徒雷登前往说项也未能奏效。

1948年3月29日，国民党“行宪国大”在南京国民大会堂召开。参加总统

① ［日］中岛今朝吾：《中岛今朝吾日记》，收入王卫星编《南京保卫战·日方资料》，南京出版社2022年10月版。

竞选的有蒋介石和居正两人。4月19日，蒋介石以2430票（出席代表2734人）当选为“中华民国总统”。至于居正的“陪选”总统，几近于儿戏。据史料记载：“居正之被推为总统候选人，可以说一半是开玩笑弄成的。”[①]而这个玩笑的发生地就在中央饭店。

史载，在“行宪国大”召开前夕，湖北代表在中央饭店开会，商讨协助程潜竞选副总统，居正以同乡身份到会，“某代表灵机一动，当众提出：‘我们拥护居觉老出来竞选总统吧！’接着，为居正在党的历史及其功绩，作了一番淋漓尽致的崇扬，马上引起在座者的附议”，“当时，另有一位代表，脑筋更清楚些，他认为居正竞选之意义，并不在于当选与否，而在于民主的象征”，“是提倡民主，更显得蒋主席的伟大！”居正高兴了几天，便感到了党内的压力，赶紧又发表一个声明，说他的竞选，“不是为竞选而竞选的竞选”，他因“不揣庸朽，偶听朋友劝告，出而竞选总统”，遂至惹得“识者已窃笑矣”；国民党全会既已“郑重决议，一致恳请总裁出而应选为第一届总统候选人，舆论既有所归，党论衷于一是，余身为党员，应即服从党议，再不作竞选言说”。然而他这时候往回缩，岂不是让蒋介石脸面上过不去？所以终于还是得登台“陪选”。有些投票者，“在居正两字的中间，小书一个‘不’字，更成为选举中的一件趣事”。但居正的“陪选”，对于这次“选举”，则不失为一条趣闻。[②]

“行宪国大”选举副总统期间，程潜包下了中央饭店的孔雀厅，从4月20日起，凡是挂着国民大会代表证章的人，早中晚三餐，一律免费招待，中西餐随便。[③]

1949年4月22日南京即将解放前夕，南京卫戍总司令部请马青苑将军出面，邀请社会名流，组织“南京治安维持委员会”，做好国民党军队从南京撤退、解放军还未来得及进城时这一段“真空时期”的治安维持工作，并拨给经费、车辆和2000多名警察。马青苑联络金陵大学校长陈裕光、金陵女子文理学院校长吴贻芳等人，于1949年4月23日凌晨在南京张贴《南京治安维持委员会成立启事》，宣告“南京治安维持委员会”成立，办公地点就设在中央饭店。现将启事全文转录如下：

---

①②③ 范苋广编：《中国政治秘闻》（第1辑），千秋出版社1948年6月版。

中央饭店

南京治安维持委员会成立启事

现因军事，南京各机关部队已经撤离，在接收部队尚未入城期间，为维护南京人民治安计，由南京人民共同组织“南京治安维持委员会”，维持共有治安，以待接收部队之和平接收，望全市同胞共同努力，实现和平。此启。

办公地址：中山东路中央饭店。

4 月 24 日，马青苑、陈裕光、吴贻芳等“南京治安维持委员会”成员去见解放军的首长，希望军队尽早接收南京。数日之后，他们受到刘伯承、邓小平、陈毅等人接见。4 月 25 日南京市军事管制委员会成立，“南京治安维持委员会”随后结束使命。

民国时期，中央饭店东侧有一栋西式二层建筑——正元实业社，名义上是经营无线电器材，实际上是中统特务机关所在地，专门负责搜集、汇集各种情报。1931 年 4 月 25 日星期六，中统特务头子徐恩曾照例到上海度周末，其机要秘书、中共潜伏党员钱壮飞在晚上 10 点左右接到几份发自武汉的加密电报，得知中共中央特科负责人顾顺章叛变，立即派女婿刘杞夫将情报送给上海的李克农，周恩来果断做出转移的决定，从而使中共在上海的党中央机关免遭破坏。钱壮飞则因身份暴露，不得不撤离南京。

美国合众通讯社曾经一度设在中央饭店。①

1949 年 4 月 23 日南京解放后，中央饭店被部队接收，后成为部队家属宿舍，后来在顶楼加盖了一层。1995 年，南京军区后勤部鉴于港台同胞、海外侨胞对中央饭店一往情深，将住户迁出。同年，山东志成（香港）装饰工程公司在保持原貌的基础上，按照三星级宾馆标准进行改造装潢并安装中央空调，8 月 18 日竣工。9 月 19 日，中央饭店重新开业。② 无党派爱国民主人士、全国人大常委会副委员长程思远先生为中央饭店题写了店名。

如今的中央饭店，除了楼顶加盖了一层外，朝南迎街客房的铸铁阳台均为民国时期的原物；楼内的楼梯、扶手和栏杆以及大部分客房的地板也保持了原状。建筑总面积达 10318 平方米，拥有各种客房 117 间，配套设施一应俱全，成为港台同胞和海外侨胞怀旧寻根的重要场所。

2006 年 6 月，中央饭店旧址被列为第三批南京市文物保护单位。

2019 年 11 月 28 日，中央饭店改隶中国融通旅业发展集团有限公司，成立了南京融通中央饭店有限责任公司。

① 贝建华：《首都游览指南》，大明印书馆 1946 年 11 月版。
② 倪锦亚：《南京中央饭店加固改造》，《建筑结构》2001 年第 3 期。

福昌饭店

福昌饭店位于南京市中山路 75 号，紧邻新街口广场。民国时期，它以南京第一高楼的形象，与中央商场、大三元菜馆、同庆楼菜馆、三六九菜馆、李顺昌服装店、新都大戏院、世界剧场、交通银行、浙江兴业银行、聚兴诚银行、邮政储金汇业局共同将新街口地区打造成南京最著名的商业中心。

20 世纪 30 年代，德国礼和洋行（Carlowitz & Co）代理人之一丁福成在南京设立福昌贸易行。1930 年，在南京做到大批生意，得到佣金约 10 万元。1931 年，由于礼和洋行需要房屋，就在南京中山北路 84 号造了一幢独立洋楼。1933 年，又在南京双石鼓路双石新村建筑了几幢独立花园洋房，专事出租。1934 年，在南京三步二桥建筑了自己的住宅，同年从财政部做到了一批大生意（即成功销售瑞典制造的卜福斯山炮和卜福斯高射炮）。1935 年，丁福成出资在当时的南京市中心新街口兴建一座大楼，取名“福昌饭店”，意为“福泽四海，昌隆四方”。同时德国礼和洋行也拥有一部分股份。饭店由上海华盖建筑师事务所设计，顺源营造厂承建。建筑物主体高六层，砖混结构，占地面积 248 平方米，建筑面积 1483 平方米，平面布局根据现有地形设计成梯形，沿街东立面宽 16.98 米，西立面宽 16.5 米，北立面宽 14.45 米，南立面宽 16.8 米。[①]

福昌饭店

① 周琦等著：《南京近代建筑史》，东南大学出版社 2022 年 7 月版。

福昌饭店（右边最高的建筑）

迎街立面采用线条装饰，通过组合钢窗和墙体，构成竖向线条，给人以高耸挺拔、简捷明快的感觉，是20世纪30年代西方现代派建筑的代表作之一，也是民国时期南京新街口地区的地标性建筑之一。

福昌饭店于1936年10月1日正式营业。其房屋建筑价值4.05万元，地皮价值6756元。①

福昌饭店在南京饭店中堪称一流。其内部装饰广泛采用了当时已有的新材料，车库、餐厅、客房等功能设施一应俱全，饭店安装的手摇式电梯是美国奥蒂斯（OTIS）公司20世纪30年代的最新产品。当时整个南京城只有两部：一部在国民政府办公大楼子超楼内，另一部就在福昌饭店。福昌饭店开业后，一时间商贾云集，达官贵人纷至沓来。国民党政府为了与德国顾问联络感情，加深友谊，时常举行盛大宴会，今天这一机关，明天那一个机关，不是在夫子庙中餐招待，便是在新街口福昌饭店和德国饭店西餐招待。

1937年12月2日晚上8点，中英文化协会主席杭立武在福昌饭店举行告别晚宴，拉贝等人应邀参加。日军攻占南京前夕，南京守军野战救护处处长金诵盘等人曾经一度住在福昌饭店。据野战救护处军医蒋公穀（1892—1943）《陷

① 《请查复新街口福昌饭店房屋造价低价由》，南京市档案馆藏。

京三月记》记载：

七日 ……南城一带的炮声，较昨日更清晰了。因为同各方联络的便利，而且办公室亦较安全，我们便于今晚移住福昌饭店。

八日 晚7时，在福昌饭店膳厅请各院长聚餐，商量伤兵收容及转运的办法；在座的尚有各军师长及外侨二人。谈论的声浪，往往为大炮与机关枪的声响所乱。忽然轰天一声响，掠着长空飞过，连福昌那样坚固的建筑，也被隆隆地震动了。有的揣测着说是炮声，也有说是地雷的，但大家始终吃不定是什么声响。九时许，随着处长站在福昌最高一层的屋顶上，瞻望南城，尽湮没在迷漫的烟雾里。大炮与机关枪的声息，连续着不断。大概是炮弹的炸裂吧，不时可以看到红光冲起，划破这一片幽暗。中山路上，暗无灯光，只有我们救护队的若干小队，手里提着桅灯，担架了伤兵，陆续地向北城运输。正看得出神，突然一个炮弹，倏地横飞过顶；于是处长说："我们还是下楼去吧。"福昌主人丁福成君，夜间到我们房间来了好几次。他力劝处长同他一起离京出走，差不多说到天亮，但无论什么利害，总不能摇撼处长忠勇的意志。最后，向他说："你的财产，既已委托有人（托德侨史排林管理），自以早早离开为是。至于我，是负着重大责任的人，断不能自由自在的出走。倘我现在跟你到汉口，这叫做逃，逃的人生命是有了，再拿什么面目去见人呢？生死成败，早置之度外，请你不要代我着急。但是你的盛意，我是很感谢的。倘若你到了汉口，请你代我向部长当面报告，那我益发感激不尽了。"当下便很坚决地断然回绝了。

十日 起床，才悉福昌的厨夫、侍役，亦都跑开了，已不能供给膳食，只得买了几团粢饭来充饥。自来水竟完全绝流了，无水洗脸，倒还可以勉强，可是便桶不通，弄得满室熏臭，这真是无法解决的。①

1937年12月9日，福昌饭店主人丁福成外出避难，经汉口转向昆明。因福昌饭店有德国洋行的股份，他将饭店交给德商上海保险公司代表、南京安全区国际委员会委员爱德华·施佩林（又译史波林、史排林、斯波林）代管。12月19日，南京安全区内落下了第一批炸弹，地点在福昌饭店、世界剧场附近，共

① [民国]蒋公毅著：《陷京三月记》，南京出版社2006年9月版。

福昌饭店（右）

有 21 人死亡，约 12 人受伤。负责管理该饭店的施佩林被玻璃的碎片击中，受了轻伤。

日军占领南京后，福昌饭店虽有德国人的股份，但也未能幸免，饭店的保险柜被砸开，整整一层楼的饮料、床铺、被子、衣物、银餐具等被抢走。

南京沦陷期间，福昌饭店被汪伪政府接管，成为军政要员聚会、议事的场所。抗战胜利前夕，重庆方面国民党代表与日本驻中国派遣军司令官松井石根曾在福昌饭店密谈在华日军的受降事宜。1945 年 8 月抗战胜利后，丁福成由昆明回到南京，整理私有财产，把福昌饭店出租给联合国善后救济总署南京办事处。

新中国成立后，饭店于 1949 年至 1952 年由大建公司承租，做办公用房。1952 年起，由南京市人民政府交际处承租，作为重要的内外宾接待场所。1956 年，更名为南京胜利饭店。它的西餐是南京城中最出色的，著名画家宋文治在用餐之后欣然提笔：“正宗欧式大菜，食在胜利饭店。”此话传播开来，当时在民间就已经有“食在胜利”的说法。1966 年，溥仪、溥杰兄弟来南京，也曾住在此处。1992 年，重新改造开业，并恢复旧名。

1989 年 9 月 15 日，89 岁的中国科技史专家、英国剑桥大学李约瑟教授（1900—

福昌饭店大门

福昌饭店

1995）与 85 岁的长期助手和合作者、南京人鲁桂珍女士（1904—1991）结婚。他们每次来南京，都住在福昌饭店。鲁桂珍出生在秦淮河畔，父亲鲁仕国经营一家书店，后为药商。①

2006 年 6 月，“福昌饭店”被列为南京市文物保护单位。2011 年 9 月，“福昌饭店”被列为南京重要近现代建筑。2011 年 12 月，“福昌饭店旧址”被列为江苏省文物保护单位。

① 龚永泉：《南京女儿鲁桂珍》，《钟山风雨》2011 年第 5 期。

首都饭店

首都饭店位于南京市中山北路178号（原为中山北路466号），现为华江饭店。该建筑是民国时期南京最豪华的宾馆，是国民政府军政要员及国外宾客下榻之处。

该建筑由中国旅行社投资兴建，华盖建筑事务所童寯设计，大华复记建筑公司和联合成记营造厂建造，它是中国旅行社出资建造的规模最大的招待所。

首都饭店

首都饭店（《旅行杂志》1935 年第 9 卷第 9 期）

首都饭店（Pierre Verger 摄于 1937 年，1938 年 2 月美国《国家地理》）

首都饭店 1934 年夏开工建设，1935 年竣工。1935 年 8 月 1 日正式开业。[①] 占地面积 1376 平方米，建筑面积 926 平方米，工程总造价 20.72 万元。整个建筑为钢筋混凝土结构，采用了西方现代派造型，根据建筑功能与所处地形的特点，建成不对称的形式。平面布局比较灵活，大楼平面呈“八”字形，周围用名贵

① 中国旅行社：《南京首都饭店》，《旅行杂志》1935 年第 7 期。

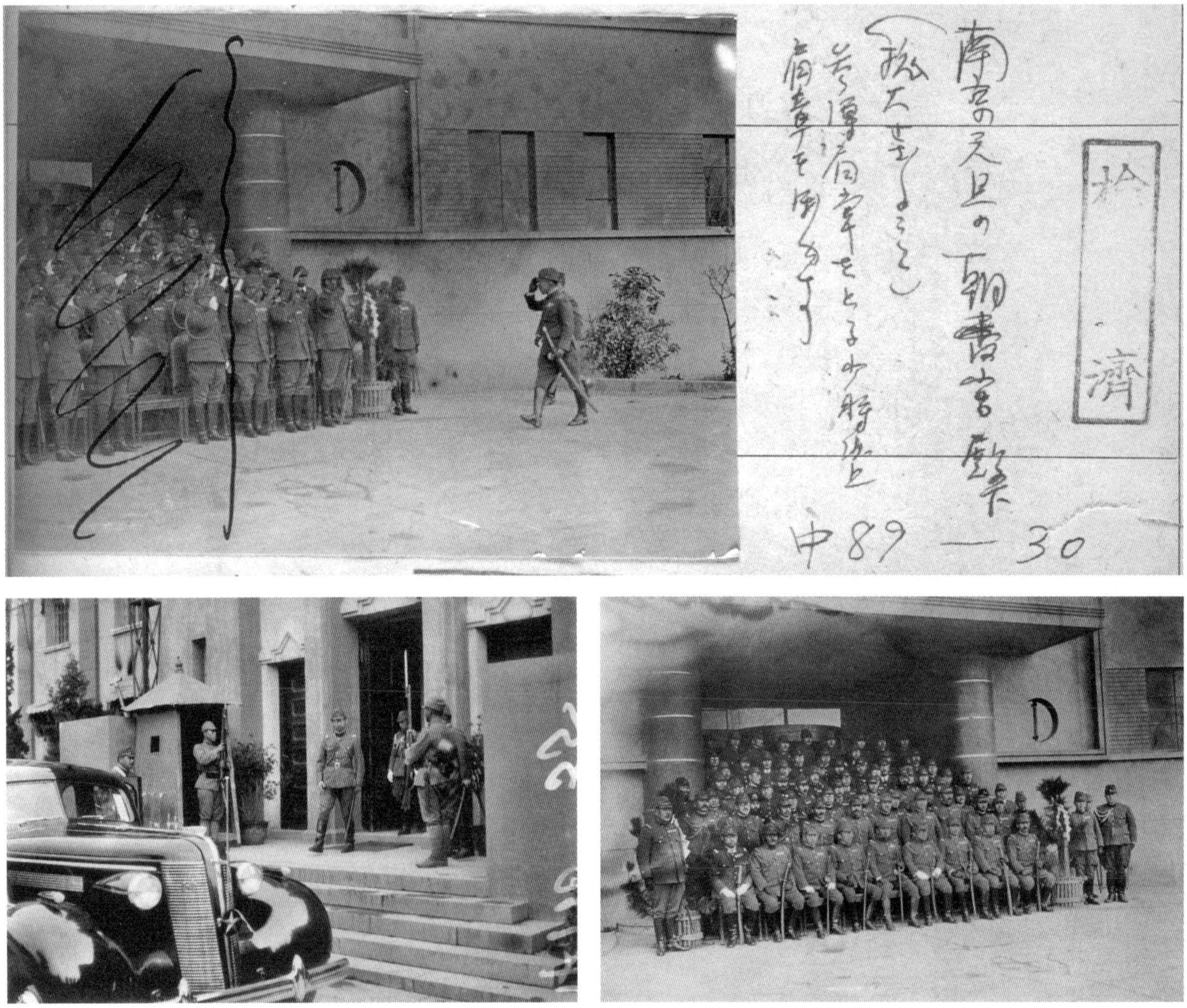

1938 年元旦，朝香宫鸠彦等日酋在首都饭店合影（《不许可写真》）

树木点缀园景，正面为椭圆形广场，中部设有花坛，建筑物后面设有两个标准的网球场。

大楼的主体为对称的两翼，中部为厅楼，高四层，两翼为三层。立面主要以窗和墙体组成线条，构思新颖，简洁明快，在同期建筑中独领风骚。1936 年，首都饭店将原四层的阳光室、屋顶花园改造为客房。[①]

1937 年，在日军空袭威胁下，为躲避日机的轰炸，首都饭店的水泥墙被涂上了黑漆伪装。[②]

① 《首都中山路首都饭店加建房屋——四层加建客室平面图、屋顶平面图》，1936 年，南京市规划与自然资源局档案馆藏。

② ［德］朱利叶斯·艾格纳撰，汪晓茜、于梦涵译：《南京的兴衰》，载曹劲松、卢海鸣主编《南京学研究》（第七辑），南京出版社 2023 年 6 月版。

1937 年 12 月 2 日，日本裕仁天皇任命其叔父朝香宫鸠彦为上海派遣军司令官。12 月 13 日，南京沦陷。17 日，日军举行“入城式”，朝香宫鸠彦与侵华日军华中方面军司令官、南京大屠杀元凶松井石根进入南京城。当日，朝香宫鸠彦与松井石根入驻首都饭店。[①] 朝香宫鸠彦将上海派遣军司令部设在首都饭店。12 月 25 日，任命嗜血成性的第十六师团长中岛今朝吾“负责维护公共治安”，使南京大屠杀暴行进一步扩大。1938 年 2 月，朝香宫鸠彦返回日本。2 月 14 日，日军大本营下达改编上海派遣军为华中派遣军的命令。

1946 年，首都饭店成为盟军招待所（《首都环游》20 卷 3 号）

1938 年，首都饭店被日本掌控的华中铁道株式会社强占，改称为亚细亚ホテル（中文意思是：亚洲饭店），由日本人经营，主要接待日本客人居住。瑞典地质学家安特生博士曾经在此居住，南京沦陷后，安特生博士存放在首都饭店的两只箱子被转移到德国大使馆保存。当年在该饭店发生一起爆炸案件，但是爆炸装置没有爆炸，肇事者逃脱。[②]

1945 年抗战胜利后，在国民党前进指挥所协助下，中国旅行社从日本人手中收回首都饭店，12 月前后交由国民党战地服务团使用。[③] 此后一度被励志社租用，成为美军招待所。

1948 年 12 月 17 日，励志社解除租约，将首都饭店交还给中国旅行社。12 月 22 日，首都饭店恢复开业。[④]

据《南京首都饭店》一文记载：“首都饭店之设计，依据科学化，采取立体式，纯用钢骨水泥建筑，东西长八十步，南北阔三十步，略作八字形，如两翼展开，高虽上下三层，而外观已极尽美丽庄严。屋之前后左右，均有广场，可以畅通车马。

① ［日］松井石根：《松井石根阵中日记》，收入王卫星编《南京保卫战·日方资料》，南京出版社 2022 年 10 月版。
② 陆束屏编著翻译：《日军南京暴行：德国外交文件中记载的南京大屠杀与劫后社会状况》，南京出版社 2022 年 1 月版。
③ 《为我社首都饭店经协助收回并指定为盟军招待所将日商遗下什物造清册请备案的呈文》（附清册），1945 年 12 月 4 日，南京市档案馆藏。
④ 《关于请社会局准中国旅行社附舍南京首都饭店复业发给登记证》，1948 年 12 月 21 日，南京市档案馆藏。

南京首都飯店

↑首都飯店建築宏偉，此為外表之壯觀。

↑餐廳中附設酒吧，二三知己，舉杯敘歡，最為理想。

↑進大門後，接待室之一角。

↑套房設備完善，寬暢舒適，兼而有之。

↑雙人房間有陽台，壁櫥，及私人浴室。

↑餐廳宏暢和美，潔淨整齊，進食其中，心曠神怡。

↑套房中之坐起室，佈置新烈簡單，極感舒適。

首都饭店（《旅行杂志》1949 年第 23 卷第 2 号）

首都饭店

园地广袤，花木扶疏，尤足资旅客之颐养。至于室内空气、光线两者，尤极充足，洵裨于摄生栖息之佳所也。底层除经理室、办公室、会客室、大客厅、穿堂、衣帽贮藏室、厨房、酒吧间、餐室、备餐室、理发室外，尚有锅炉房、平台等。卧室则在底层东段与第二层、第三层中。屋顶为花园，凭栏远眺，南京全市在望，饭后徘徊散步其间，足使心旷神怡，胸襟为之一畅。至于网球场及其他设备，正在筹划中。房间大小凡四十六，计二床套房连阳台者二，二床房连阳台者五，双床房连阳台者三，二床房间八，双床房间十二，单床房间十四，单床小房间二。每一房间之内，均有浴室瓷盆、衣柜、写字台、新式桌椅，以及化妆台、抽水马桶等。”[①] 在饭店的服务管理方面，由留学美国的旅馆专家、中国旅行社总社襄理周良相担任总经理，“首都饭店所雇招待侍役，靡不先为训练，对于各国之习尚，中外人士之心理，悉心考察，施以相当之知识，及应如何招待服务之工作。本社并聘有旅馆专家 Mrs.Tonkin-Guiillarmod（笔者按：桂拉莫女士）管理一切”；在饮食卫生方面，首都饭店“聘有经验之名厨，精制各式菜肴，价廉而味美，适口而卫生，即沪上著名之中西菜馆，亦较逊一筹”。《旅行杂志》1949 年第 23 卷 2 月号刊登首都饭店重新开业的 7 张照片，配以文字说明：“本

① 原载《旅行杂志》1948 年第 22 卷第 11 期，收入邢定康、钱长江编《金陵屐痕》，南京出版社 2015 年 10 月版。

社所创办的南京首都饭店，设备与服务，向来力求精选，在战前承中外人士谬赞，认为首都最高尚之旅馆，现已复业，内部优点一仍其旧，尚祈各界人士源源赐顾是幸。”同年，阎锡山来南京时，曾经一度居住在首都饭店。

1951年，中国旅行社将首都饭店出售以弥补亏损，首都饭店归部队管理。1989年12月，更名华江饭店。2019年11月，华江饭店更名为南京君通华江饭店，隶属于中国融通集团。①

1992年，首都饭店旧址被列为南京市文物保护单位。2002年，被列为江苏省文物保护单位。2018年，首都饭店旧址入选“第三批中国20世纪建筑遗产保护项目”。

① 林春华：《首都饭店今昔沿革》，《南京史志》2022年第1期。

第七章 驻华使馆

美国大使馆

美国大使馆位于南京市西康路 33 号（原 18 号），周围高墙环绕，绿树成荫，鸟语花香。

1928 年，美国政府与南京国民政府建立正式外交关系。1936 年 9 月，美国政府任命詹森为首任特命驻华全权大使。抗战前的美国大使馆设在上海路 82 号（现为部队招待所）和南东瓜市 1 号（原上海路 84 号，现为南京市第二幼儿园）。

抗战胜利后，1946 年 7 月，美国政府任命曾经担任燕京大学校长的司徒雷登（John Leighton Stuart，1876—1962）为特命驻华全权大使，接替詹森。大使

美国大使馆鸟瞰（王腾拍摄）

美国大使馆馆舍（1937 年，美国国会图书馆藏）

美国大使馆馆舍

美国大使馆馆舍

太平洋战争爆发后，日军扯下美国大使馆内的美国国旗

美国大使馆馆舍

馆馆址迁到西康路，原上海路馆舍改为大使馆新闻处。

西康路美国大使馆馆舍占地面积42375平方米，建筑面积9020平方米，建有砖木混凝土结构的两层楼房五幢115间，西式平房22幢96间，旧式平房一幢4间，简易房七幢10间，共计225间。

美国大使馆馆舍

美国大使馆用砖砌成围墙，分割成三部分，即前院、后院和西院。前院的主楼现为8号楼，是大使馆的办公楼，另外建有一些平房作为附属用房。后院建有三幢两层西式洋房，为武官宿舍（现编号为1、2、3号楼）。西院是汪精卫公馆的老房子，改作大使馆俱乐部的活动场所。①

进门的庭院正中间，有一幢中间高三层、两边高两层的西式楼房，另有地下室一层。现在的编号为8号楼。砖石结构，坡屋顶，建于1946年左右。这是大使馆的主体建筑。

在8号楼后边的山坡上，是三幢造型相同、规模相等的西式楼房，依山坡地势而建，由东向西并排而立，横轴位置相对略偏，现在的编号由东向西依次是1、2、3号楼。这三幢楼房建于1946年，属于公寓式建筑，砖石结构，高两层，另有地下室一层，每幢楼房建筑面积936平方米。正立面中部为门廊、阳台，水泥拉毛墙面，斩假石台阶及外勒角，小窗格落地式组合钢门窗。四面坡屋顶，屋脊两侧及后部竖有用来取暖的壁炉烟囱。房屋平面呈“凹”字形，底层正面和侧面为起居通廊，中部为客厅和办公室，后部为厨房、餐厅。卧室、盥洗间布置在楼上。地下室为锅炉房及贮藏室，室内装饰豪华，房间为硬木席纹地板，木质墙裙，石膏塑花天棚，木楼梯，通廊为彩色缸砖地面。

每幢大楼后面建有三幢平房，这是随从人员及仆役的住所，每幢建筑面积96平方米，砖木结构，灰板条天花板，普通木地板。现已无存。

主楼的右前方，有一座当年的基督教祭台，在钢筋混凝土的墙壁中砌出一个巨型的蜡烛形状。祭台顶上爬满了紫藤，周围绿树掩映，隐约能让人体会到西方人对宗教的虔诚。

抗日战争胜利后，美国大使馆于1946年4月由重庆迁来南京。由于美国在

① 田艳丽：《1952年中共江苏省委重建始末》，《南京晨报》2012年11月23日。

美国大使馆 1 号楼

美国大使馆 2 号楼

美国大使馆烛台正面

美国大使馆烛台背面

美国大使馆 3 号楼

司徒雷登在大使馆内

国共对立双方中充当调停人的角色，因而美国大使馆也就成了世人瞩目的焦点。

为了国内和平，避免内战爆发，周恩来曾经到这里寻求美方调解国共争端，然而，由于美国政府支持国民党大打内战，使得美国驻中华民国大使馆一度扮演了极不光彩的角色。

1946 年 12 月 24 日圣诞节之夜，北平发生了美国士兵强奸北大女学生沈崇事件。消息传来，南京掀起了抗议美军暴行的怒潮。1947 年 1 月 2 日下午，国立中央大学、金陵大学等学校的数千名学生冒着刺骨寒风，来到美国大使馆门前举行游行示威，高呼“抗议美军暴行”“严惩凶手”“美军撤回国去”等口号，向美参赞巴德华递交致司徒雷登书，抗议美军残害中国同胞之暴行，并要求美政府停止军火运华，助长中国内战，亦请司徒雷登公开答复。3日，学生再次游行，游行队伍用汉语及英语沿途高呼“美军滚出去”等口号，来到美国大使馆，美国大使司徒雷登被迫接见学生代表，学生代表提出三点要求：（一）严惩凶手；（二）公开向中国人民道歉；（三）立刻撤退驻华美军。司徒雷登答应于得到正式报告后立刻答复，并向美政府报告同学之意见。游行至此始毕。

1949年1月，蒋介石下野，李宗仁任代理总统。美国大使司徒雷登支持李宗仁的改革。4月20日国共谈判破裂，随后解放军横渡长江，占领南京，一个改天换地的时代来临了。

南京解放后，美国大使馆再度成为全世界关注的焦点。司徒雷登有三种选择：一是随国民党政权南迁广州；二是滞留南京；三是回华盛顿述职。他毫不犹豫地选择了留在南京。从1949年5月到6月，司徒雷登及其助手傅泾波与两位昔日燕京大学的学生——南京市军管会外事处处长黄华及其副手刘克夷进行了三次接触，此外，又通过民革和民盟的陈铭枢、罗隆基、张东荪等人，向中共转达他个人对中美关系的立场。然而，在当时的情况下，他的努力注定以失败告终。8月2日，司徒雷登被迫离开南京，结束了他在中国50多年的生涯。

8月19日，《人民日报》头条发表了毛泽东起草的《别了！司徒雷登》一文，给予辛辣讽刺。1950年2月18日，美国大使馆降下星条旗，最后一名外交官培根黯然离开南京返回美国。

1952年底至1953年初，苏南行政区、苏北行政区和南京市顺利合并，成立中共江苏省委、江苏省政府，省会设在南京。经过协商，决定省委办公厅就放在西康路33号原美国驻华大使馆（现为西康宾馆）；省委各部委集中放在中山北路32号原国民党外交部大楼（现为江苏省人大常委会办公地点）；省政府放在长江路原总统府。同时，请南京市委将其当时正在使用的北京西路原美国军事顾问团住的A、B两座大楼腾出来，与华东军区当时正在使用的中山北路81号原国民党华侨招待所及中山东路307号原国民党励志社两处房子对换，作为省委招待所和来往干部招待所。省委办公厅设在大使馆前院主楼（8号楼）中。主楼正门是三层楼，进入后是一个大客厅，其左边为两层楼房，二楼是四位书记和正副秘书长与机要秘书办公的地方，中间还有一大间为省委会议室，一楼是秘书处、人民来信处、文印科办公的地方。大客厅右边与后面各有一个大厅作为省委召开人数较多会议的会场。机要科设在正门的二楼与三楼，行政处设

1946 年夏，司徒雷登与周恩来在大使馆内会谈

在前院的一些平房里办公。整个办公厅都集中在西康路 33 号的前院里。1952 年 11 月 1 日，中共江苏省委正式发出“省委业已成立”的通知，并于南京西康路 33 号开始办公。11 月 7 日，省委在南京新街口羊皮巷东风剧场召开成立大会，省委各部委负责人和各地、市委书记出席了大会。会议由省委第一书记柯庆施主持，宣布江苏省委成立并宣读了中央批准的江苏省委组成人员和各部委负责人名单。[①]

1992 年 3 月，美国大使馆旧址被列为南京市文物保护单位。2002 年 10 月，被列为江苏省文物保护单位。2013 年，被列为第七批全国重点文物保护单位。

如今，大使馆旧址外貌依然，而内部结构经过改造，成为江苏省省级机关招待所，又称西康宾馆。

① 田艳丽：《1952 年中共江苏省委重建始末》，《南京晨报》2012 年 11 月 23 日。

英国大使馆

英国大使馆坐落在南京市鼓楼区虎踞北路 185 号，现为南京双门楼宾馆。

早在清末，英国就在南京设有领事馆。

1935 年 6 月，英国将驻华公使馆升格为驻华大使馆，以公使贾德干为驻华大使。国府还都后，1946 年 8 月，英国任命施蒂文为驻华大使。馆址因袭未变。

英国大使馆馆舍建于 1916 年，英国建筑师设计，占地面积约 29 亩（1.93 万平方米），1924—1925 年扩建后，占地面积达到 2.88 万平方米。有西式两层楼房九幢 17 间，西式平房十幢 56 间及中式平房等，共有房屋 253 间，总建筑面积 5456 平方米。1949 年以后，因拓宽马路等原因，拆除了其中大部分建筑，现仅存一座使馆办公楼和一座住宅楼。使馆的前后有大片绿地，整体犹如一座典雅的英式庄园。

使馆办公楼，编号为 1 号楼，因外墙粉刷成乳白色，俗称“白楼”。它是一幢英国古典式的建筑，造型典雅气派。正门朝南，高两层，砖混结构，建筑面积约 950 平方米。办公楼建在高阶平台之上，立面为西方古典柱廊式造型，台阶为青石砌造，柱廊上部设计成宽边塑花纹的滴水沿，房屋转角处为三根圆柱鼎立的造型。办公楼内部装潢考究，设施齐全，中间为穿堂，穿堂交汇处为沉井式采光窗。

使馆住宅楼，俗称“红楼”。它宛如一座欧洲乡村别墅，砖木结构，高一层，建筑面积约 750 平方米。墙面采用深褐色卵石砂浆粉刷，木制挑檐，木构架屋顶，红瓦屋面，圆拱门，窗台下设有铁制花台。入口处为柱式门廊，花岗岩台阶，室内为内廊式结构，中部设有台阶通向顶层。

1937 年 12 月 13 日南京沦陷后，英国大使馆也遭到日军的洗劫。据日军第十六师团步兵第三十三联队士兵高岛市良 12 月 14 日的日记记载：“宽敞的

英国领事馆

英国大使馆

英国大使馆办公楼

英国大使馆办公楼

英国大使馆办公楼内景

英国大使馆住宅楼

官邸内，雄伟的建筑上飘扬着英国国旗，挂着‘大英国驻中华民国大使公馆’的牌子。这就是每次对我们的作战做出奇怪的不利举动的英国大使居住的公馆么？……因为有电话机，于是将其塞进放地图的包里带了回来。手榴弹丢得到处都是。”①

20 世纪 50 年代至 60 年代，这里是苏联专家和留学生招待所，70 年代后，改为南京双门楼宾馆。

英国大使馆现存两幢建筑保存良好。1992 年，英国大使馆旧址被列为南京市文物保护单位。2002 年，被列为江苏省文物保护单位。2013 年，被列为第七批全国重点文物保护单位。

① ［日］高岛市良：《高岛市良日记》，收入王卫星编《南京保卫战 · 日方资料》，南京出版社 2022 年 10 月版。

荷兰大使馆

荷兰大使馆位于南京市鼓楼区老菜市 8 号（原老菜市 29 号）。

1935 年，荷兰与南京国民政府建立公使级外交关系。1936 年 3 月，荷兰政府任命傅思德为驻华公使馆特命全权公使。9 月 17 日，傅思德来宁履任；19 日，向国民政府主席林森呈递国书。最初荷兰公使馆位于南东瓜市 3 号，紧邻美国大使馆。1937 年，因其内部空间不敷使用而进行了扩建，又因抗战爆发，改建工程半途而废。

抗战胜利后，荷兰大使馆迁回南京，使用老菜市 29 号作为馆舍。1947 年 3 月 29 日，中荷两国政府将公使馆升格为大使馆后，荷兰政府任命艾森为首任驻华特命全权大使，仍以此为大使馆馆址。直到 1949 年 9 月 22 日，荷方人员撤

荷兰大使馆馆舍

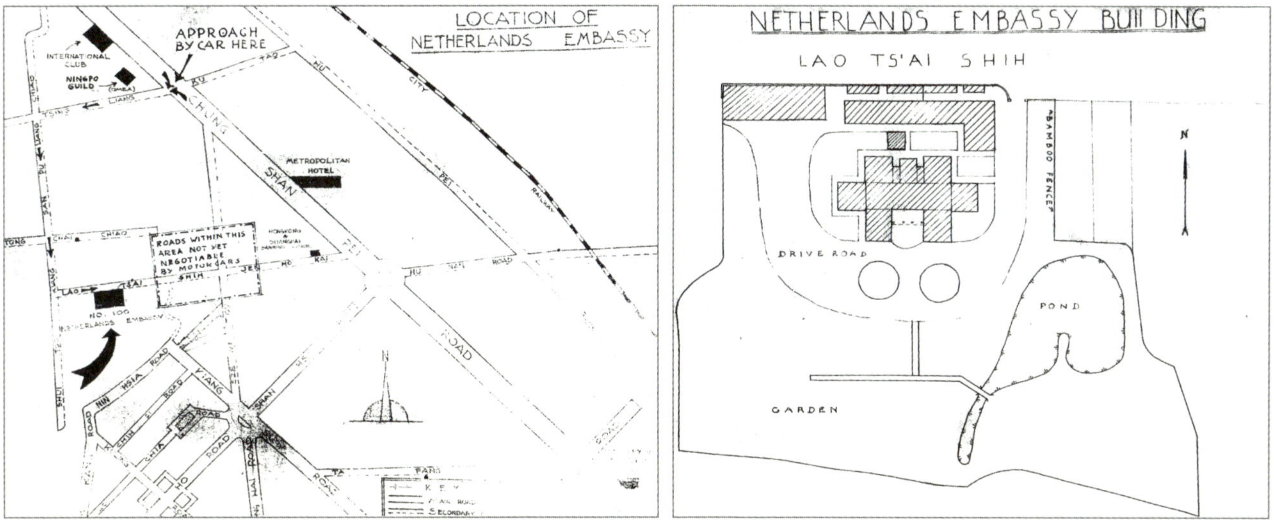

荷兰大使馆总平面图

荷兰大使馆馆舍

荷兰大使馆馆舍

1949 年 9 月 22 日，荷兰大使馆工作人员撤离前的合影

离南京。

从 1947 年签署的“买卖房地产契约”和“土地所有权状”可以得知，老菜市 29 号是荷兰使馆从名叫萧成夫的将军手中购买的，见证人是抗日名将萧之楚。购买金额是国币十亿三千两百万元（折合 86000 美元）。其占地面积 7068 平方米，建于 1946—1947 年，有砖木混凝土结构的中西合璧式三层楼房一幢 12 间，

两层一幢8间，西式平房七幢16间，简易房1间，共计37间，房屋建筑面积为1019平方米。现存的主楼高三层，砖混结构；灰色筒瓦，每个筒瓦上都有一个五角星；外墙采用的是青砖清水砌筑，檐口处砌有一圈“寿”字纹水泥花砖。室内铺设的水磨石地砖上也有变体的“寿”字纹。

1955年11月18日，该处房产由南京市人民政府回购，分配给南京电子管厂（772厂，又名南京三乐电子信息产业集团有限公司）使用，既做过办公室和仓库，还做过江苏省体工大队的宿舍，也居住过不少居民。2007年，转交给南京安居集团。2015年下半年，在南京大学建筑与城市规划学院冷天博士的主导下，对其进行了修缮，2016年对外开放。2017年，经过观筑历史建筑文化研究院陈卫新设计师对室内进行展陈设计后，该建筑以崭新的形象对外开放。

据《金陵晚报》2014年6月11日《荷兰大使馆旧址修缮工程重启——跨国调查考证前主人“神秘将军”很可能是明星萧蔷的祖父》一文报道，2012年5月30日，荷兰驻沪总领事鄱佩德一行专程来宁，参访该使馆旧址，此后提供了不少有关民国时期该建筑的材料。

2006年6月，荷兰大使馆旧址被列为第三批南京市文物保护单位。2010年，被列为南京重要近现代建筑。2011年12月，被列为江苏省文物保护单位。

日本大使馆

日本大使馆位于南京市北京西路1号、3号，紧邻鼓楼西南角，现为南京武警支队和南京武警消防总队驻地。

中日两国之间的正式外交始于明治六年（1873）。当时，日本派遣二等特命全权公使山田显义出使中国。到1935年为止，日本共派出43任驻华公使。1935年5月17日，日本将设在鼓楼附近的驻华公使馆提升为大使馆，至七七事变前，来华担任临时代理大使或特命全权大使的共有崛内干城、有吉明、若杉要和川越茂四人。他们都常驻上海。七七事变后，日本大使馆撤销。

鼓楼公园的上方为日本大使馆（总领事馆）

日本总领事馆

日本总领事馆馆舍

日本总领事馆的旗杆

1937 年 12 月日军攻占南京后，日本将原来设在中正街（今白下路）的总领事馆，搬迁至大使馆旧址办公。

1940 年，汪伪国民政府成立后，日本在鼓楼原址恢复设立大使馆，门牌上书“大日本帝国大使馆”。与此同时，将总领事馆迁至中山路原国民党中央日报社社址。汪伪时期，日本派出的所谓特命全权大使有阿部信行、本多熊太郎等人，他们常驻南京。1944 年 6 月 14 日，大使馆派遣高等官、判任官、雇员等 100 余人，前往北平、天津、唐山、济南、太原、开封、宁波、南通、南京、扬州、苏州、常州、无锡、杭州、蚌埠、徐州、泰州、汉口、芜湖、安庆、九江等地伪政权任职。

1945 年日本投降后，大使馆不久也关闭。①

抗战胜利之前的中国，饱受日本帝国的欺凌。不甘沉沦的人们，经常冲破重重阻力，前往日本驻南京公使馆（大使馆、总领事馆），举行游行示威之类的抗议活动。

1925 年 12 月 26 日，南京各界群众团体召开反对日本出兵满洲大会。会后，

① 蔡德金、李惠贤：《汪精卫伪国民政府纪事》，中国社会科学出版社 1982 年 7 月版。

日本大使馆

群众冒雨游行，前往五省联军总司令孙传芳所在的公署请愿，并到日本总领事馆示威，愤怒的群众捣毁了馆门、电灯，冲破铁门而入，迫使日领事接受了南京各界群众的抗议。

1926 年 5 月下旬，金陵大学、国立东南大学与其他中学的学生一起，举行了声势浩大的纪念五卅运动一周年示威游行。游行队伍来到日本驻中华民国公使馆门前，举行抗议活动。

1935 年北平一二・九学生运动爆发后，南京学生的抗日救国运动一浪高过一浪。1936 年 6 月 10 日，南京中学学生联合五卅中学部分学生，乘军警不备，冲到位于鼓楼的日本驻中华民国大使馆门前，举行示威活动，痛斥日军侵占中国领土的强盗行径。日本驻中华民国大使恼羞成怒，立即向国民政府提出“抗议”。国民政府为了平息日本人的怒气，派兵进入南京中学，拘押全体学生，之后，宣布解散南京中学。

南京沦陷期间，以拉贝为首的南京安全区国际委员会的国际友人们，频繁出入日本大使馆或致函日本总领事，抗议日军在南京的暴行。

1937 年 12 月 20 日，日军华中方面军司令官、陆军上将松井石根前往日本大使馆，看望日方人员。据《松井石根阵中日记》记载：“12 月 20 日（晴） 今天去了大使馆，会见了新近到任的领事馆人员，并向他们询问了目前形势。据说 7 月份大使馆撤退时，委

日本大使馆内的升旗仪式

托支那方面照看的我使馆的部分建筑遭到了抢劫，其他基本保存完好，特别是大使馆建筑和财产完好无损，令人十分佩服支那人所采取的保护措施。”①

1938年2月，日方为缓和与在南京的西方人的关系，消除日军南京大屠杀暴行在国际上的负面影响，多次在日本大使馆举行宴会。②

2月1日，日本总领事馆日高信六郎参赞与本间雅晴少将，邀请所有在南京的西方外交使团人员到日本大使馆共进晚餐，参加人员有德国大使馆参赞莎芬贝格、领事秘书霍特，英国领事捷夫雷和档案员威廉斯，美国大使馆爱利生和副领事博希，出席宴会的还有武藤章大佐等许多日本军官。宴席共有三桌，每桌大约10人，日方以艺妓和清酒相伴，与宴者酒后载歌载舞。日方希冀以豪华的盛宴缓和日军暴行给西方人带来的负面影响。

2月3日，日高信六郎参赞再次邀请在南京的西方外交官到日本大使馆，这次宴会没有日本军方人员参加，只有福井总领事和一名随员出席。晚宴有美味佳肴和优质葡萄酒。

2月5日，新到任的日本驻南京警备司令（日军第十一师团步兵第十旅团长）天谷直次郎少将在日本大使馆举行茶话会，邀请在南京的德国大使馆驻南京办事处、美国大使馆、英国领事馆等外交使团人员参加。天谷直次郎少将发表了冗长的讲话，由福田参赞翻译成结结巴巴的英语。天谷在讲话中指责西方人充当法官的角色，煽动中国人抵抗日本人，干涉日本对华政策。

2月8日下午4点，所有在南京的外国人应邀到日本大使馆大餐厅参加军乐音乐会。专程从东京来到南京的日本军乐队由42人组成，阵容强大，指挥是于保沼大尉。外国使节落座后，四位艺伎上茶，发放节目单，接着演出开始。演奏完四支乐曲后休息，门廊上摆满了小吃，桌上有蛋糕、糖果、烘焙食品、水果等。这时艺伎再次上茶、点烟，许多新闻记者拍照摄影，通过报纸、电影展示日本人与西方人在南京“友好合作”的场景。

1939年，这里曾发生震惊中外的“毒酒案”。事情的经过是这样的——1939年6月10日傍晚，日本大使馆举行宴会，欢迎日本外务次官清水。前来赴宴的日本侵略军首脑和伪维新政府的显要梁鸿志、温宗尧等人频频举杯，共庆

① ［日］松井石根：《松井石根阵中日记》，收入王卫星编《南京保卫战·日方资料》，南京出版社2022年10月版。
② 陆束屏编著翻译：《日军南京暴行：德国外交文件中记载的南京大屠杀与劫后社会状况》，南京出版社2022年1月版。

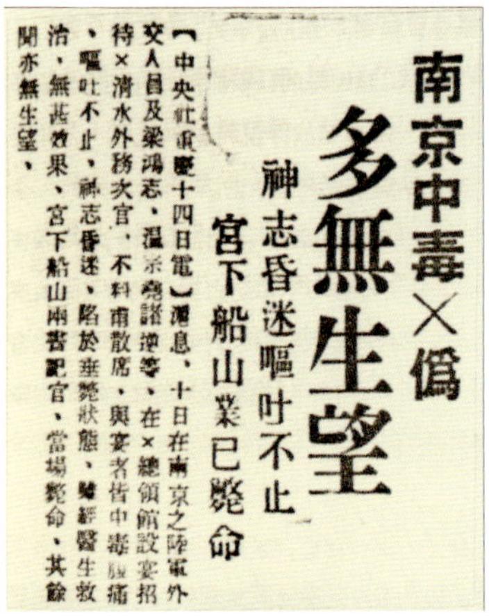
南京中毒×僞
多無生望
神志昏迷嘔吐不止
宮下船山業已斃命
【中央社重慶十四日電】滬息、十日在南京之陸軍外交人員及梁鴻志、溫宗堯諸逆等、在×總領館設宴招待×清水外務次官、不料甫散席、與宴者皆中毒腹痛、嘔吐不止、神志昏迷、陷於垂斃狀態、雖經醫生救治、無甚效果、宮下船山兩書記官、當場斃命、其餘聞亦無生望、

1939 年《申报》对 " 毒酒案 " 的报道

日本大使馆馆舍

日本大使馆馆舍入口处

日伪“亲善”。不料，一杯酒下肚后，这些家伙一个个头昏脑涨，呕吐不止，神志昏迷，其中宫下、船山两名书记官当场毙命。这就是曾经轰动一时的南京“毒酒案”。这起“毒酒案”是在日本大使馆当仆人的中国人詹长炳、詹长麟弟兄两人奉国民党军统局之命所为。“毒酒案”给日伪极大震慑。

日本驻中华民国大使馆约建于 20 世纪 20 年代至 30 年代，占地面积 12.7418 亩，约 8494.53 平方米。抗战胜利后，作为敌伪财产被国民政府没收，用作外交部的宿舍。原有西式楼房三幢，西式平房四幢。1949 年后，这里成为南京市消防大队所在地。平房被陆续拆除。1976 年，3 号院内的一幢两层楼房被拆除；1992 年，为了建设消防大楼，1 号院内的一幢楼房也被拆除。现仅剩 3 号院内的一幢点式楼（门牌号码北京西路 3—1 号）。该楼为砖混结构，高四层，建筑面积 540 平方米。房屋坐南朝北，大楼正面设有八字形砖砌楼梯直通二楼。在八字形楼梯正中下方，设有一门。各层布局大致相同：中部右侧为木制楼梯，厕所、盥洗室、客厅、卧室、办公室分布在楼梯四周。房间内为木质条形地板、墙裙、板条天花及隔断，北立面建有外廊。每层设四根砖砌方柱，屋顶为木结构人字屋架，立面砌女墙，外墙面用水泥砂浆粉刷，门窗外侧加水泥装饰护套。外廊柱面、挑梁头、门头塑花及栏杆的细部设计，受巴洛克风格的影响。该建筑有改建加层的痕迹。

2019 年 10 月，日本大使馆旧址被列为第八批全国重点文物保护单位。

法国公使馆

法国公使馆在南京现存的馆舍位于高云岭 56-1 号（原为湖南路 8 号）。

南京国民政府成立后，法国政府与国民政府建立公使级外交关系。1930 年 7 月 1 日，法国新任驻华公使韦尔敦到南京履任。次日下午 5 时，南京市市长魏道明在市政府（即江南贡院）设宴款待，并请法国驻宁领事、副领事及夫人参加。国民党中央委员李石曾、刘庐隐，司法院院长王宠惠、外交部部长王正廷，各部部长、次长、司长，中央大学校长张乃燕等，宾主共 40 余人，直至晚 7 时许，才尽欢而散。[①]

法国公使馆高两层，砖木结构，法式风格。全面抗战爆发后，被迫关闭。抗战胜利后，这里一度成为军统特务头子戴笠和国民党将领胡宗南的公馆，直到戴笠坠机身亡。这一处建筑于 1992 年被列为南京市文物保护单位，2002 年被列为江苏省文物保护单位。现为江苏省民政厅干部培训中心和江苏省新闻出版局办公用房。

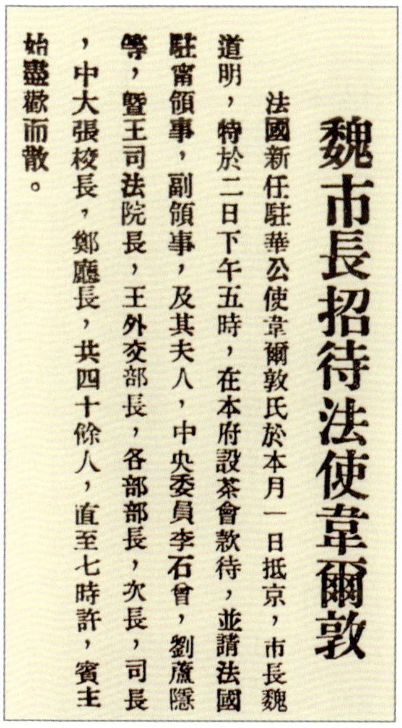
魏市長招待法使韋爾敦

法國新任駐華公使韋爾敦氏於本月一日抵京，市長魏道明，特於二日下午五時，在本府設茶會款待，並請法國駐甯領事，副領事，及其夫人，中央委員李石曾，劉蘆隱等，暨王司法院長，王外交部長，各部部長，次長，司長，中大張校長，鄭廳長，共四十餘人，直至七時許，賓主始盡歡而散。

魏道明招待法国公使（《首都市政公报》第 64 期）

抗战胜利后，1946 年 1 月，法国政府任命梅里霭为首任驻华特命全权大使，当月 17 日来华履任，先后租用南京高楼门 56 号、金银街 17 号以及宁夏路 6 号为大使馆馆舍。

高楼门 56 号，是国民政府军事委员会办公厅主任、军统局局长贺耀组于 1937 年前以贺贵严化名购地 1378.5 平方米兴建的公馆。有砖木混合

① 《魏市长招待法使韦尔敦》，《首都市政公报》第 64 期，1930 年 7 月 31 日。

高云岭 56-1 号法国公使馆馆舍

结构的两层花园楼房一幢 20 间，三层花园式楼房一幢 6 间，西式平房八幢 24 间，共计 50 间。现已拆除。

高云岭 56-1 号法国公使馆馆舍

金银街 17 号，是国民政府立法院副院长刘健群于 1945 年购地 2054.4 平方米兴建的公馆。有砖木混合结构的西式三层花园楼房一幢 11 间，西式平房 2 间，厨房 1 间，厕所 1 间，汽车房 1 间，共计 17 间。现为居民住宅。

宁夏路 6 号（原为 4-1 号），是国民政府立法委员周兆棠于 1937 年前以其妻凌维娜之名购地 679.1 平方米兴建的公馆。有砖木混凝土结构的西式两层花园楼房一幢 16 间，厕所 3 间，厨房 1 间，共计 20 间。现为居民住宅。

比利时公使馆

比利时公使馆位于南京市高楼门 42 号。

国民政府定都南京后，英国、美国、法国、苏联、日本、德国、荷兰等国纷纷在南京设立使领馆，比利时也不甘落后。1936 年，比利时在南京鼓楼高楼门 42 号设立公使馆。这里原是国民党高级将领、民革主要创始人李济深幕僚黄庭光的房产。这是一个带有独立院落的别墅，建于 20 世纪 30 年代。主楼是一幢西式砖木结构建筑，建筑面积 336 平方米，高两层。底层有半圆形外廊，其上部为阳台。外廊和阳台周围有水泥塑花栏杆。墙壁用青砖砌筑，清水勾缝；室内为木地板，灰板条天花。建筑物东侧平面为多边形。屋顶有阁楼，建有壁炉烟囱和老虎窗。整座建筑为欧洲乡村别墅风格。1936—1937 年，比利时公使馆租用。1937 年全面抗战爆发后，公使馆被迫关闭。

这座建筑至今保存较好，由黄庭光的外甥赵耀池总工程师居住。

1948 年 6 月，比利时政府任命赖恺为首任驻华特命全权大使，到南京履任后，租用湖南路 3 号（原为 15、17 号）、人和街 11 号和拉萨路 5 号（原为峨嵋岭 11 号）为使馆馆舍。

湖南路 3 号，是上海沪丰面粉厂董事长林贤长于 1936 年以凌显常化名兴建的寓所，有砖木混凝土结构的西式两层花园楼房两幢 11 间，简易房 1 间，共计 12 间，房屋建筑面积 335.2 平方米。现已拆除，成为南京湖南路凤凰国际书城的一部分。

人和街 11 号，是国民政府粮食部部长、贵州省府主席谷正伦于 1936 年前以谷纪常之化名购地兴建的公馆，有砖木混凝土结构的两层花园式楼房一幢 22 间，西式平房两幢 10 间，中式平房 2 间，共计 34 间。房屋建筑面积 706.5 平方米。现已拆除。

比利时公使馆馆舍

拉萨路 5 号，是国民政府行政院秘书长蒋梦麟于 1945 年以蒋陶曾谷之化名购地兴建的公馆，有砖木混凝土结构的西式两层花园楼房一幢 14 间，西式平房 1 间，厕所 3 间，汽车房 1 间，共计 19 间，房屋建筑面积 382.7 平方米。现已拆除。

2012 年，比利时公使馆以“高楼门 42 号民国建筑”之名被南京市人民政府列为南京市文物保护单位。2009 年，“比利时公使馆旧址”被南京市人民政府被列为南京重要近现代建筑。

第八章 官邸故居

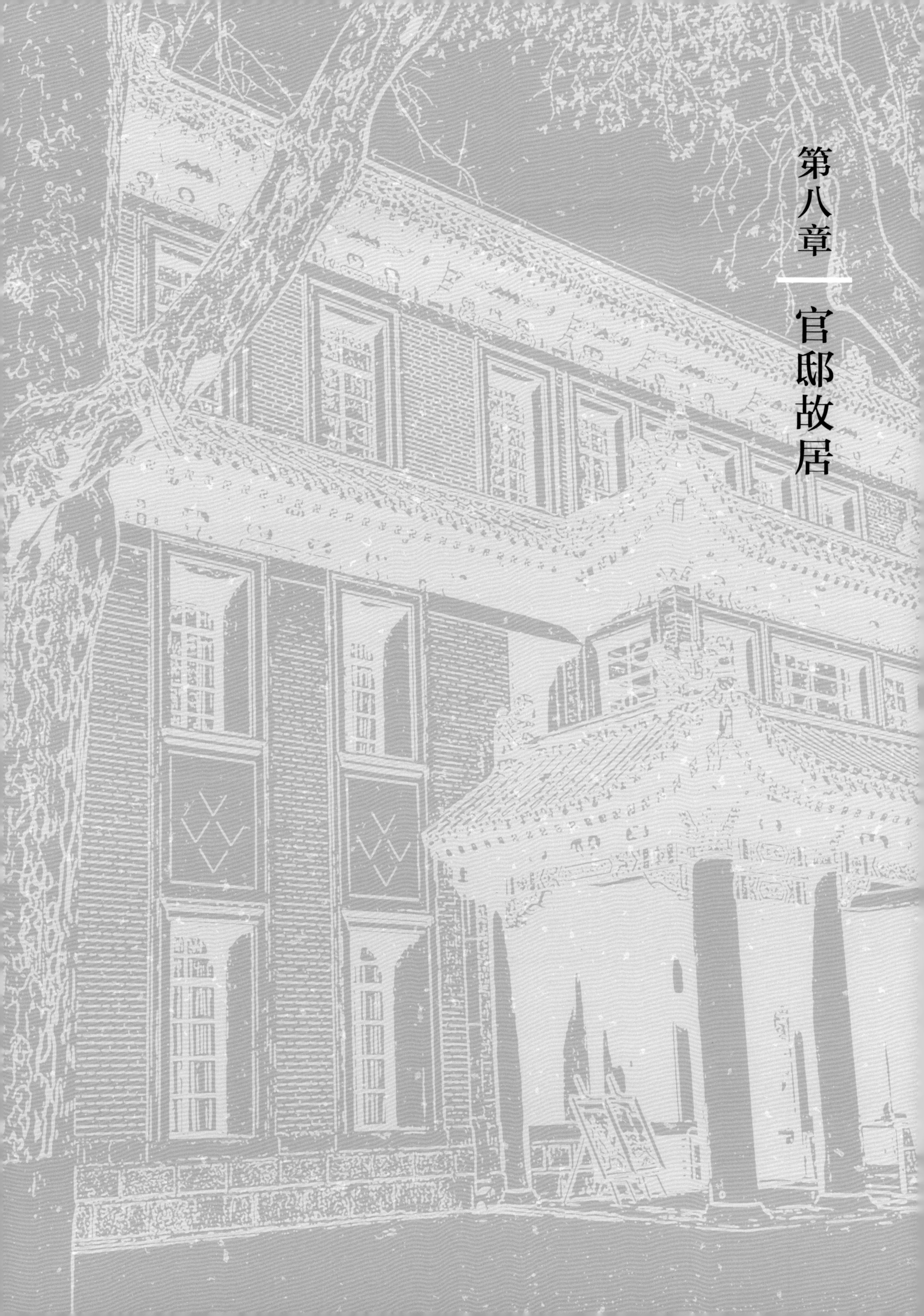

憩庐

蒋介石是国民政府的最高领导人，长期担任军事委员会委员长、国民党总裁、革命军总司令、国民政府主席等职务，集大权于一身。他在全国各地拥有多处公馆别墅，如江西庐山美庐、四川重庆曾家岩官邸、浙江杭州西湖澄庐、山东青岛八大关别墅等。南京作为国民政府首都所在地，蒋介石建有憩庐（黄埔路官邸）、美龄宫（小红山主席官邸）和蒋介石温泉别墅（汤山主席官邸、蒋介石第三别墅）三处公馆别墅。

憩庐

憩庐，又称主席官邸，位于黄埔路3号东部战区机关大院内。在1937年侵华日军占领南京前，这里是蒋介石、宋美龄夫妇在南京的主要居住场所。憩庐是一个颇富有诗意的名字，憩者，休息之意。到了1948年，蒋介石“当选”总统后，世人习惯称之为总统官邸，又因憩庐位于黄埔路的尽头，所以又称为黄埔路官邸。

今天的东部战区机关大院，20世纪20年代至30年代为中央陆军军官学校（前身为孙中山先生在广州建立的黄埔军校）；抗战胜利，国民政府还都南京，这里一度又成为国民政府国防部和陆军总司令部。

憩庐是一座高两层的西洋式建筑。外墙用红砖砌造，这在青砖流行的民国时期显得尤为与众不同。憩庐占地面积27平方丈（约810平方米），1929年7月12日开工，同年10月14日落成。建筑费用16026.84元，内部卫生设施等耗银5187两。

憩庐有一个显著特点，就是门特别多。据说，当年在设计这座建筑物的时候，考虑到暗杀等诸多不利因素，有意而为之。初入憩庐之中的人，往往不易辨别方向，所以，这座建筑物又有“迷楼”之称。

众所周知，蒋介石曾经担任黄埔军校校长，并以此起家，走上最高统治地位。可见，蒋介石将自己的居宅——憩庐建于中央陆军军官学校之中，与蒋介

憩庐外景

石兼任该校校长、对该校有特殊的感情不无关系。同时，安全因素也是其中的一个重要原因，军校学生对蒋介石的忠诚是令生性多疑的蒋介石放心的。此外，蒋介石还可以借此表示对军校学生的信任和亲近。

憩庐坐北朝南，高两层。大门口有一个方形的拱形门廊，汽车可以直接开到门廊内，免了日晒雨淋之苦。在门廊的南面，有一棵巨大的雪松。

进入一楼，迎面是一条走廊，走廊的东侧第一间是客厅，客厅内的墙壁上悬挂着孙中山先生和蒋介石的巨幅合影照片，孙中山先生身着中山装端坐着，蒋介石身佩长剑站在孙中山先生的身后。照片两旁悬挂着孙中山先生亲笔书写的条幅："安危他日终须仗；甘苦来时要共尝。介石吾弟嘱书 孙文。"这间客厅的东面，是一个大餐厅，蒋介石不时在这里招待亲信和贵宾。过道的西侧是一间小客厅，旁边是蒋介石的办公室。办公室分为内外两间，国民政府的许多公文都是蒋介石在这里批阅的。这里也是蒋介石与国民党军政要员会谈的一个重要场所。

上了二楼，中间是一条走廊，走廊东侧是一间大卧室，卧室的北端有盥洗间和卫生间，卧室的东面是一个露天平台。走廊西侧是蒋介石、宋美龄夫妇的书房。

憩庐是蒋介石、宋美龄夫妇在南京最主要的住宅，这幢建筑物见证了中国历史的巨大变迁。

1936年12月西安事变和平解决后，蒋介石、宋美龄夫妇等人于26日飞到南京，受到南京各界的欢迎。当天下午，国民党党政军要员争先恐后地前往憩庐，向蒋介石请安，以期博得蒋介石的好感和信任。昔日安宁静谧的憩庐，一时间车来人往，热闹非凡。

然而，一年后，侵华日军占领南京，憩庐作为中国最高当局领导人的居所也是在劫难逃，日军随军记者拍摄了一批憩庐被洗劫的照片发回日本国内，以炫耀日军的战绩和武功。憩庐蒙受了莫大的耻辱。

抗战胜利后，憩庐重新回到了它的主人的怀抱。这里对于蒋介石来说，是仅次于总统府的活动场所。

1946年6月23日，殴打上海人民和平请愿代表团的"下关事件"发生后，造成了不良的社会影响，蒋介石非常恼火。6月25日，蒋介石了解到事件的真相是由南京市党部主委马元放组织，中统局局长叶秀峰参与指挥后，当晚命令

憩庐被日军洗劫后的场景

憩庐被日军占领

蒋介石在憩庐内办公（1946 年 6 月美国《时代》杂志拍摄）

1945 年底，蒋介石在憩庐接见美国特使马歇尔

蒋介石夫妇在憩庐（1946 年 6 月）

蒋介石与宋子文在憩庐合影（1946 年 6 月）

侍从室二室六组组长唐纵召叶秀峰、马元放来晋见。叶秀峰早到一步，被怒气冲天的蒋介石一顿臭骂，蒋介石下令立即停止采取这种愚蠢的手法，吓得紧随其后的马元放干脆没敢进门去见蒋介石。蒋介石在当天的日记中也特别记述此事，称自己痛斥了“党部人员之无知，作事徒增政府困难”，同时哀叹，“痛心极矣”。①

憩庐（1946年6月美国《时代》杂志拍摄）

1946年11月15日，蒋介石不顾中国共产党和民主同盟的反对，在南京强行召开国民大会。大会任务为制定《中华民国宪法》，又称“制宪国大”。与会代表1381人，绝大多数是国民党党员。12月25日，大会通过《中华民国宪法》，宣告闭幕。其间的11月18日下午4点，宋美龄在官邸举行茶会，招待出席国民大会的女代表50余人。宋美龄“即席致词，勉各代表团结合作，在制宪方面对妇女有所贡献……至五时许始尽欢而散”。②

1947年1月31日下午5时许，蒋介石在官邸宴请监察院全体监察委员晚餐，到场人员有监察院院长于右任、秘书长李崇实和委员刘成禺、严庄等30余人。③

1947年8月24日，美国总统特使魏德迈离开中国前，蒋介石在憩庐为他举行了欢送茶会。会上，魏德迈向与会国民党高级官员宣读了一份访华声明，指责蒋介石政府麻木不仁，贪污无能，声称中国的复兴有待于富有感召力的领袖。弄得想巴结美国政府的蒋介石灰着脸，下不了台。

据《李宗仁回忆录》记载：1948年3月25日，他请求拜见蒋介石，蒋介石于黄埔路官邸接见。寒暄既毕，李宗仁便向蒋报告自己决心竞选副总统，希望有所指示。蒋介石说，选举正、副总统是民主政治的开端，党内外人士都可以自由竞选，他本人将一视同仁，没有成见。得到蒋介石这项保证，李宗仁乃高兴辞别。4月3日晚，蒋介石见李宗仁执意参选，又在黄埔路官邸单独召见他，

① 杨奎松：《蒋介石与战后国民党的“政府暴力”——以蒋介石日记为中心的分析》，《新华文摘》2011年第20期。
② 《民报》1946年11月18日。
③ 《民报》1947年2月2日。

责令其退出竞选，并声言："我不支持你，你还能选得到？"但李宗仁并未退让，最终击败孙科，当选为副总统。

据《中央日报》1948年5月2日署名"本报记者"撰写的《流水落花春去也，杜宇声声不如归》一文报道：国民党行宪大会闭幕的5月1日，国民政府考试院副院长、总统府资政周钟岳与大会秘书长洪兰友，作为国民大会第一次会议主席团推举的代表，一同前往黄埔路蒋介石官邸，递送总统当选证书；于斌大主教和副秘书长刘东岩、崔心一行三人，一同前往李宗仁公馆送递副总统当选证书。"早上8点多钟，周钟岳和于斌早早坐在国民大会堂后台的秘书长房间内。周钟岳身着长袍马褂，佩勋章，右肩斜挎橙黄色绶带。"上午9点20分，周钟岳与洪兰友乘坐洪兰友车，5名记者随后乘坐周钟岳车，前往黄埔路蒋介石官邸。抵达官邸后，记者因手续不全，不得入内，被引入别室休息。周钟岳与洪兰友入内，蒋介石身穿戎装迎接。周钟岳向蒋介石递呈总统当选证书，并上前行礼鞠躬。蒋介石分别与周、洪二人握手致谢，称"请谢谢国民大会同仁，本人今后一定秉闻人民公意，尽心协力，报效国家"。因上午10点15分要举行大会闭幕式，二人随即告辞。

美国驻华大使司徒雷登曾说过这样一句话：蒋介石在1948年下半年，亲自导演了一系列的希腊式悲剧。他指的就是蒋介石在三大战役中的失利。

1948年9月至1949年1月，辽沈战役、平津战役、淮海战役期间，蒋介石每天从这里发出大量的战令，无奈回天乏术，蒋介石、宋美龄如坐针毡、彻夜难眠。1948年11月，蒋家王朝每况愈下，在内外交困中，宋美龄访美争取外援。出行前，她似乎预感到形势的发展已经不可逆转，对侍卫长俞济时说："将来离京时，官邸家具，照旧放置，不可搬动。"

1948年11月，蒋介石秘密在公馆召见了保密局局长毛人凤和军统特务沈醉，向他们布置了暗杀李宗仁的任务。蒋介石说：共产党迟早是可以打败的，而内部的捣乱比共产党更难对付，所以只有采取这个办法，好使内部团结起来，一致对外。[①]

1948年12月31日晚，蒋介石召集李宗仁、五院院长和国民党中常委40多人到憩庐"便餐一叙"。据程思远先生回忆："吃饭时空气非常沉闷。蒋在饭后说：'最近外面对和谈提出了许多主张，我以为应对此有所表示。现有一篇

① 沈醉：《我这三十年》，湖南人民出版社1983年3月版。

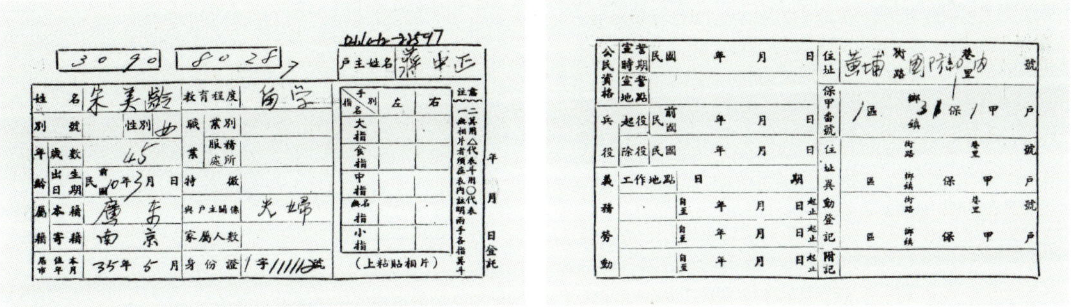

3090 80287
04-02-22547
户主姓名 蒋中正
姓名 宋美龄 教育程度 留学
别号 性别 女 职业 业别
年龄 岁数 45 服务处所
出生日期 民前10年3月 日 特征
属籍 本籍 广东 与户主关系 夫妇
寄籍 南京 家属人数
居住本市年月 35年5月 身份证 1字111110号
手别 左 右
大指 食指 中指 无名指 小指
（上粘贴相片）
年 月 日登记

公民资格 宣誓时期 民国 年 月 日
宣誓地点
兵役 起役 民国前 年 月 日
除役 民国 年 月 日
住址 黄埔街路 国防部内巷里 号
保甲番号 1区 31乡镇 1保 1甲 户
住址异动登记
义务劳动 工作地点 日期
附记

宋美龄户籍卡上的住址是国防部内，即憩庐

文告，请岳军当众宣读，希望大家表示意见。’席上谷正纲反对发表此一文告，认为不能以下野来求和，说到沉痛时竟号啕大哭，CC 分子亦从而附和之。蒋介石不耐烦，摔了一只茶杯愤然地说：‘我所以愿下野，不是因为共产党，而是因为党内的某一派系。’言外之意，是白崇禧迫他下野的。”1949 年 1 月 1 日，蒋介石的元旦文告照原文发表了。蒋在文告中说：“个人的进退出处，绝不萦怀，而一惟国人的公意是从。”①

1949 年 1 月 21 日上午，蒋介石宣布下野，由李宗仁任代总统。这天上午 10 时，蒋介石赴美龄宫凯歌堂做祈祷；中午在憩庐邀请五院院长聚餐；下午，

憩庐（左，王腾拍摄）

① 程思远：《李宗仁先生晚年》，文史资料出版社 1980 年 10 月版。

蒋介石满怀忧伤和懊恼离开憩庐，在明故宫机场乘坐“美龄”号专机离开南京，直到1975年在台湾去世，从此再也没能回到民国的“首都”，回到他心爱的憩庐。

1949年4月南京解放。原国民政府国防部大院成为华东军政学校的校园。1950—1957年，憩庐一直是新中国成立前后南京市第一任市长、中国人民解放军军事学院院长、军事家、政治家、中国人民解放军创建人和领导人之一、中华人民共和国元帅刘伯承（1892—1986）的住宅和办公楼。刘伯承在憩庐居住期间，在二楼平台的东侧又加盖了一间办公室。刘伯承回到北京后，憩庐成为华东军区和南京军区首长的办公楼。

小红山官邸

小红山官邸坐落在南京市中山门外四方城以东200米处的小红山之巅，门牌号码是中山陵9号。它的名称有“蒋主席小红山别墅”“小红山官邸”“主席小红山官邸”“蒋主席别墅”“南京主席官邸”“国民政府主席官邸”“国府主席公邸”“主席公邸”“蒋主席公邸”“国府主席住宅”等。因20世纪30至40年代，蒋介石、宋美龄常在这里做礼拜，民间俗称之为“美龄宫”。1950年，小红山官邸曾一度改为老干部疗养院，后来又划归东郊宾馆。“文革”期

小红山主席官邸

间，为避讳“美龄”之名，曾将附近的9路公交车站“美龄宫”改为“梅岭宫”。1984年，以“美龄宫”之名正式对外开放，并挂上“美龄宫”匾额。2004年，一度更名为“宋美龄别墅”。

相传民国十八年（1929）6月1日，宋美龄随蒋介石参加孙中山“奉安大典”时，见位于陵园大道上的小红山环境清幽，便建议蒋在此兴建房舍，以便公务之暇休憩和谒陵途中歇脚。蒋欣然首肯。

1930年秋，蒋介石（时任国民政府主席、军事委员会委员长。1931年12月15日，蒋介石辞去国民政府主席职务，由林森继任）向总理陵园管理委员会提出兴建此官邸。当年10月24日，在孙科主持的总理陵园管理委员会第二十四次会议上，第17项议题是“蒋主席拟借陵园小红山建筑别墅案”，议决“照办”。小红山官邸建于1931年。由南京市政府工务局局长赵志游设计，技正陈品善具体负责办理。当时预算造价为26.141万银元。1931年冬，官邸工程全面开工，由新金记康号营造厂负责承建；华东工程公司负责卫生设备、暖气设备和自来水工程；画家刘既漂负责内部装饰；祥丰公司负责电灯电铃；北平明远局负责彩画。根据1932年新金记康号营造厂提供给南京市政府工务局《主席公邸正屋建筑工程说明书》：“全部工程计分二部：第一部为公邸正屋，第

小红山官邸鸟瞰（《首都志》）

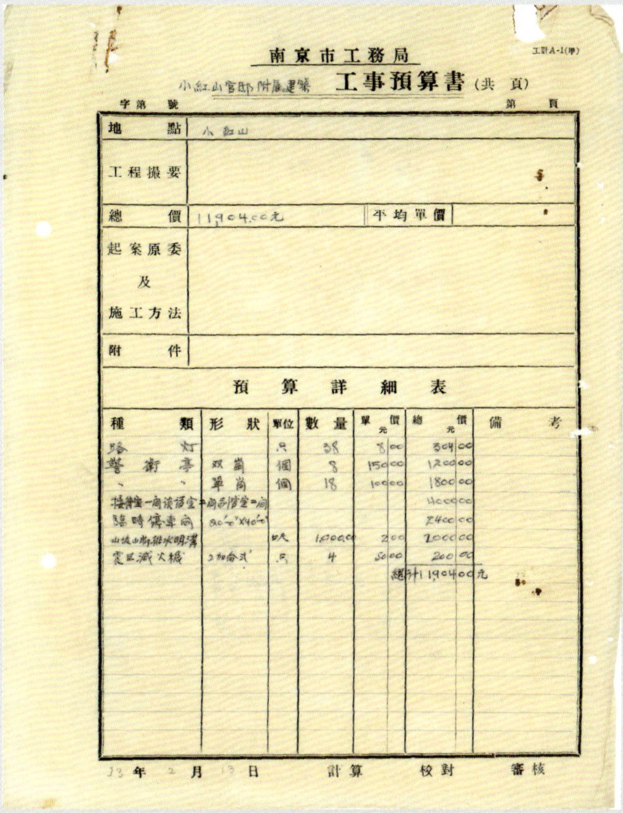

南京市工務局

小紅山官邸附屬建築 工事預算書（共 頁）

地點	小紅山
工程撮要	
總價	11904.00元
起案原委及施工方法	
附件	

預算詳細表

種類	形狀	單位	數量	單價	總價	備考
路燈						
警衛亭	雙崗	個	8	150.00	1200.00	
、、	單崗	個	18	100.00	1800.00	
					總計11904.00元	

年 月 日 計算 校對 審核

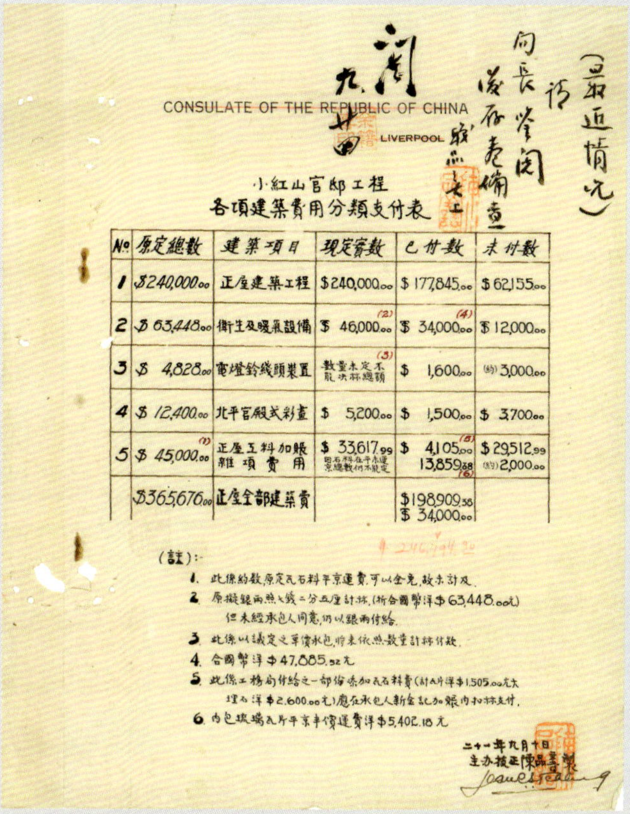

CONSULATE OF THE REPUBLIC OF CHINA LIVERPOOL

小紅山官邸工程

各項建築費用分類支付表

No	原定總數	建築項目	現定實數	已付數	未付數
1	\$240,000.00	正屋建築工程	\$240,000.00	\$177,845.00	\$62,155.00
2	\$63,448.00	衛生及暖氣設備	\$46,000.00 (2)	\$34,000.00 (4)	\$12,000.00
3	\$4,828.00	電燈鈴綫頭裝置	(3) 數量未定不能決標總額	\$1,600.00	(約) 3,000.00
4	\$12,400.00	北平宮殿式彩畫	\$5,200.00	\$1,500.00	\$3,700.00
5	\$45,000.00 (1)	正屋工料加賬雜項費用	\$33,617.99 因石料在平未運京總數仍不能定	\$4,105.00 (5) 13,859.88 (6)	\$29,512.99 (約) 2,000.00
	\$365,676.00	正屋全部建築費		\$198,909.38 \$34,000.00	

（註）：-

1. 此條約數，原定瓦石料平京運費，可以全免，故未計及.
2. 原擬銀兩照七錢二分五厘計算，（折合國幣洋\$63,448.00元）但未經承包人同意，仍以銀兩付給.
3. 此條以議定之單價承包，將來依照數量計算付款.
4. 合國幣洋\$47,885.52元
5. 此係工務局付給之一部份添加瓦石料費（計瓦片洋\$1,505.00元大理石洋\$2,600.00元）應在承包人新金記加賬內扣除支付.
6. 內包琉璃瓦片平京車價運費洋\$5,402.18元

二十一年九月十日

主办技正陳品善製

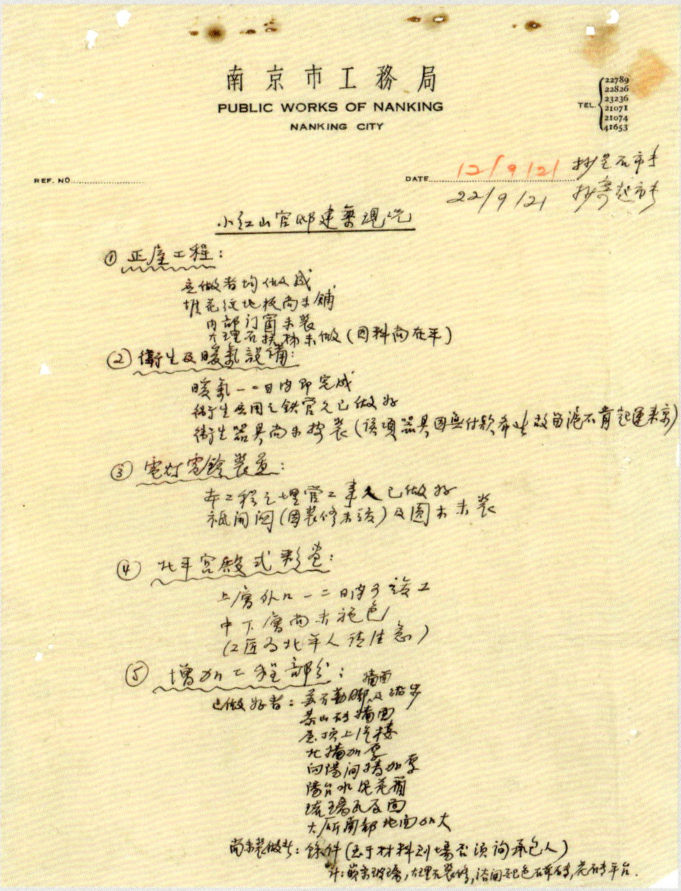

南京市工務局

PUBLIC WORKS OF NANKING

NANKING CITY

TEL. 22789 22826 23236 21071 21074 41653

REF. NO. DATE

小紅山官邸建築現况

① 正屋工程

② 衛生及暖氣設備

③ 電燈電鈴裝置

④ 北平宮殿式彩畫

⑤ 增加工程部份

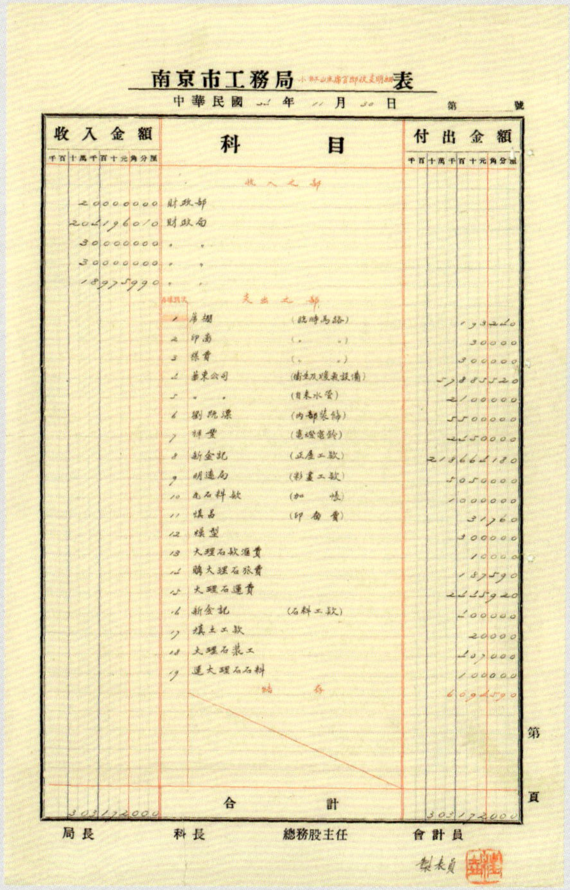

南京市工務局 表

中華民國 年 月 日 第 號

收入金額	科目	付出金額
	收入之部	
	支出之部	
	合計	

局長 科長 總務股主任 會計員

南京市工务局有关小红山官邸工程费用的材料（《中山陵档案》）

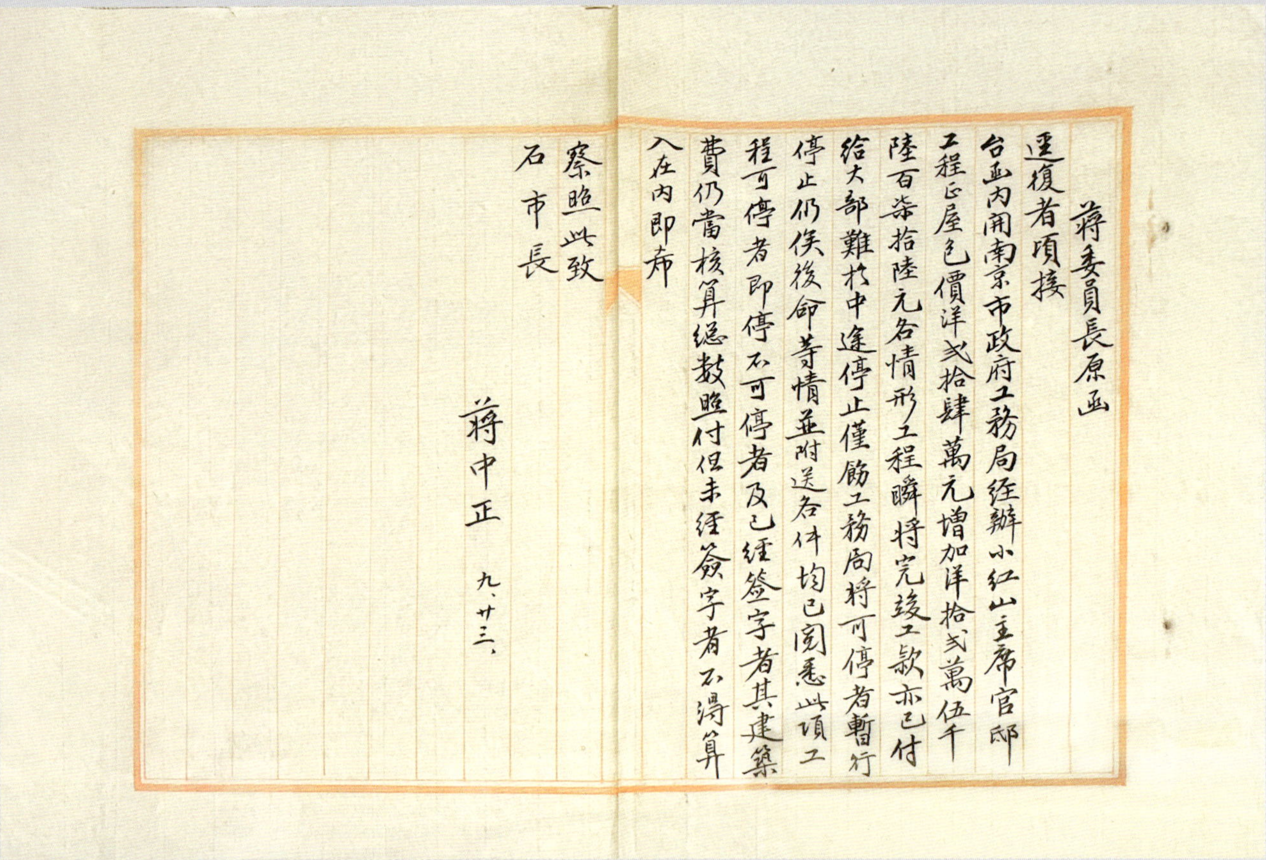

蔣委員長原函

逕復者頃接

台函內開南京市政府工務局經辦小紅山主席官邸工程已屋包價洋弍拾肆萬元增加洋拾弍萬伍千陸百柒拾陸元各情形工程瞬將完竣工款亦已付給大部難於中途停止僅飭工務局將可停者暫行停止仍俟後命等情並附送各件均已閱悉此項工程可停者即停不可停者及已經簽字者其建築費仍當核算總數照付但未經簽字者不得再入在內即希

察照此致

石市長

蔣中正 九、廿三、

蒋介石致南京市市长石瑛增加工程款 12 万余元的函（摄于美龄宫）

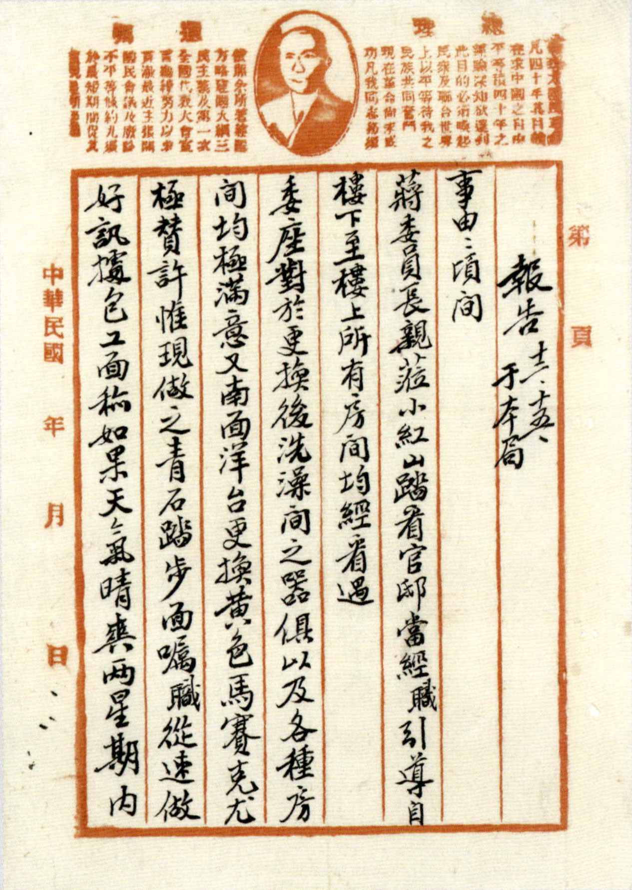

報告

事由：頃間

蔣委員長親蒞小紅山踏看官邸當經職引導自樓下至樓上所有房間均經看過

委座對於更換後洗澡間之器俱以及各種房間均極滿意又南面洋台更換黃色馬賽克尤極贊許惟現做之青石踏步面嫌職從速做好執攘色工面稱如果天氣晴爽兩星期內

中華民國 年 月 日

1932 年主席官邸彩画工程合同（摄于美龄宫）

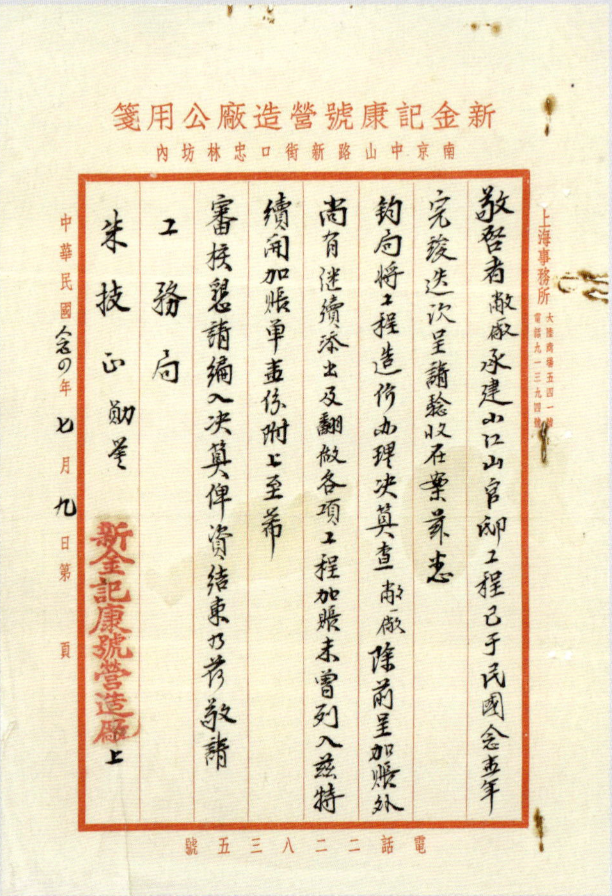

新金記康號營造廠公用箋

南京中山路新街口忠林坊內

上海事務所

敬啓者敝廠承建小紅山官邸工程已于民國念五年完竣迭次呈請驗收在案茲悉

鈞局將工程造價辦理決算查敝廠除前呈加賬外尚有繼續添出及翻做各項工程加賬未曾列入茲特續開加賬單壹份附上至希

審核懇請編入決算俾資結束乃荷敬請

工務局

朱技正 勛鑒

新金記康號營造廠 上

中華民國念四年七月九日 第 頁

電話二二八三五號

蒋介石视察小红山官邸的档案（《中山陵档案》）

二部为门楼、事务、警卫等室，汽车间及马路、花园布置等等。”小红山官邸后来的造价远远大于预算，超过36万银元，因此多遭非议，以至一度停建，直到1934年才竣工。①

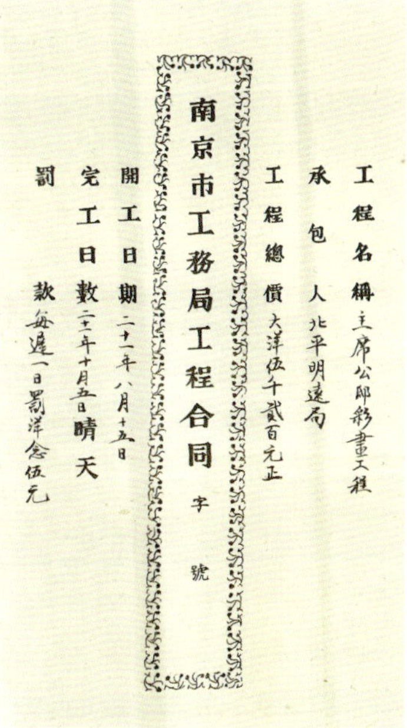
工程名稱 主席公邸彩畫工程
承包人 北平明遠局
工程總價 大洋伍千貳百元正
南京市工務局工程合同 字號
開工日期 二十一年八月十五日
完工日數 二十一年十月五日 晴天
罰款 每遲一日罰洋念伍元

新金记康号1935年的催账函（《中山陵档案》）

小红山官邸占地面积120亩（8万平方米），在建设过程中，蒋介石因政治斗争需要而被迫辞去主席一职，所以此宅便成了政府高官拜谒中山陵的途中驿站，供当时高级官员谒陵时过境休息用。小红山官邸由主楼、警卫室、事务室、汽车库、花园等组成。

入口设门卫用房，进入后便是橄榄形环状车道，汽车可由此驶抵官邸。

主楼耸立在小红山的山顶，高三层，另有地下室，依山而建，正门向南，建筑面积2000余平方米。从外部看，是仿中国传统的宫殿式建筑，歇山顶，屋面覆盖绿色琉璃瓦，雕梁画栋，飞檐翘角，巍然矗立，富丽堂皇。屋面在阳光映照下，流光溢彩；外墙用现代手法，贴暗红色泰山面砖，勒脚外部采用斩毛人造石头，“大方脚及勒脚墙至地平线止，均用城砖”；②而其内部设施完全西化，建筑材料都是西式建筑中常用的钢筋混凝土，其中钢筋由美国进口，大理石分四次从北平运来。这座建筑，中西风格合璧，可谓达到了建筑学上的最高境界——坚固、实用、美观。

从空中俯瞰，小红山官邸就像是一条镶嵌着绿宝石的珍珠项链。环绕在小红山官邸周围的盘山公路就像一串珍珠，而小红山官邸主楼就像是绿宝石。

20世纪30年代初期的官邸门卫室

1937年八一三淞沪抗战爆发的当天，为了防止可能发生的日机的轰炸，总理陵园管理委员会发出紧急函告，要求陵园内所有建筑一律在两日之内涂成灰黑色。③小红山官邸也被涂抹上沉重的黑色，迎来了历史上最为黑暗的一页。

据《拉贝日记》记载，1937年10月17日，

①② 《中山陵档案》编委会编：《中山陵档案·官邸别墅》，南京出版社2017年11月版。

③ 《为时局严重防空紧要凡各户房屋墙壁如有红白黄等色限两日内一律刷为灰黑色致陵园各户通函（1937年8月13日）》，南京市档案馆藏。

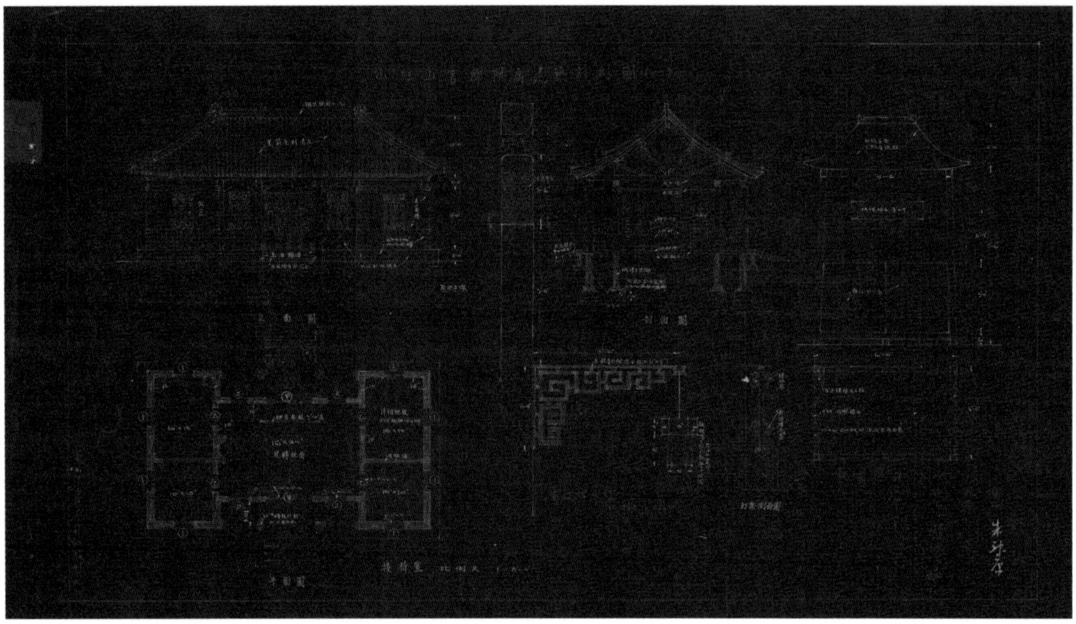

小红山官邸附属建筑（门卫室）平、立、剖面图（《中山陵档案》）

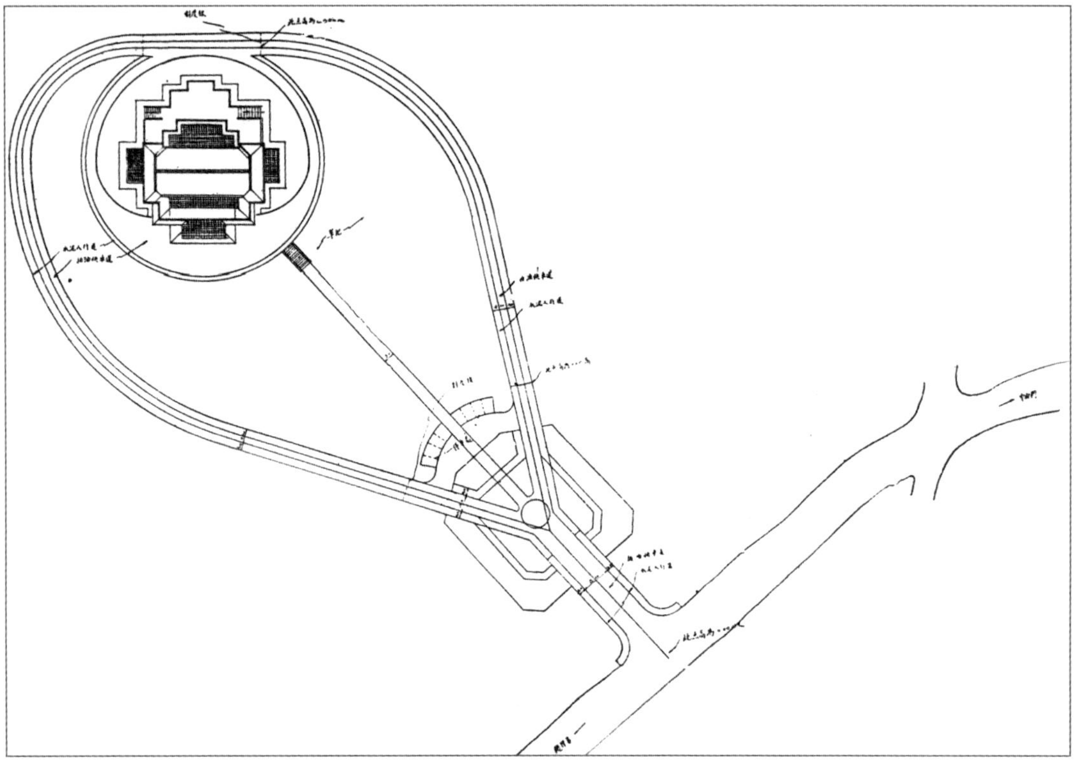

小红山官邸平面图（《建筑月刊》1934 年第 2 卷第 5 期）

星期天，天气晴朗，万里无云。日机没有来轰炸南京。德国人拉贝与友人驱车前往中山陵游玩，路过此地时，惊讶地发现：“位于小红山的主席官邸还从没有人住过，它从下到上刷成了黑色，看上去真可怜！”而《魏特琳日记》记载，11 月 1 日下午，美国友人、金陵女子大学教授魏特琳女士与程瑞芳等人乘坐小

小红山官邸

小红山官邸全景

小红山官邸（《建筑月刊》1934 年第 2 卷第 5 期）

小红山主席官邸全景

汽车去灵谷寺秋游，路过美龄宫，带上了金女大校长吴贻芳送给宋美龄的一件厚睡衣。

南京沦陷期间，小红山官邸也遭到损毁。1937 年 2 月 15 日，留守在南京的德国大使馆参赞莎芬贝格获得日本人批准，开车前往中山陵园景区，“归途上，我们去了国民政府主席林森的官邸，这座建筑并没有被烧毁，尽管炮火对建筑的外表造成巨大的破坏，往后有可能修复。建筑看起来很可怕，也确实令人遗憾。难以令人置信的是，楼上大客厅富丽堂皇的大理石地面上横陈着一匹马被人食用后残存四分之三的躯体。由此也可以解释美丽的大理石楼梯遭受严重破坏的原因”。[①]1939 年 1 月 22 日至 2 月 3 日，日军华中派遣军随军记者中村六一对南京进行实地考察后写道：“离开那里上紫金山参观中山陵，因为途中小山坡

① 转引自陆束屏编著翻译《日军南京暴行：德国外交文件中记载的南京大屠杀与劫后社会状况》，南京出版社 2022 年 1 月版。

小红山官邸

小红山官邸被误认是林森官邸（1938 年日本吉田初三郎画）

上有蒋介石的别墅，所以进去看了看。可能是因为曾有残敌据守而遭到皇军的攻击，这里被炮弹炸得一塌糊涂。不过，绿瓦屋顶下，钢筋混凝土建造的白壁殿堂，占尽了秀丽风景。俯瞰而去，南京全景尽收眼底。可以想象蒋介石和宋美龄在此大摆宴席，各国使节冠盖如云赴宴的盛况……客房、卧室、洗澡间等均遭破坏，已经面目全非了。到处都是碎砖烂瓦和纸屑，简直让人无法立足。”①

抗战胜利后，1946 年，南京市工务局委托富有建筑经验的馥记营造公司对小红山官邸进行全面的维修和改建，同年 10 月馥记营造公司绘制出一份维修图和一份 18 亿元法币的估价单，经南京市市长马超俊呈请蒋介石同意，正式动工。其中最大的工程是将大厅改筑成教堂式的礼堂，作为蒋介石、宋美龄做礼拜和休息、会客的场所。1947 年 10 月，内部修理工程完成，取名为“基督凯歌堂”。

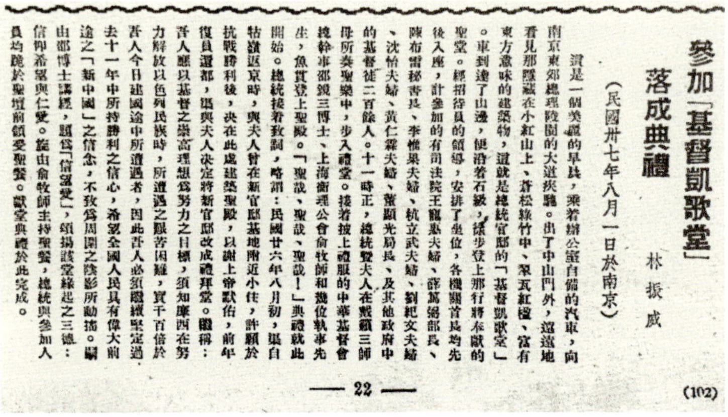
參加「基督凱歌堂」落成典禮

林振威

（民國卅七年八月一日於南京）

這是一個美麗的早晨，乘著辦公室自備的汽車，向南京東郊總理陵園的大道疾馳。出了中山門外，遠遠地看見那隱藏在小紅山上、蒼松綠竹中、翠瓦紅樑、富有東方意味的建築物，這就是總統官邸的「基督凱歌堂」。車到達了山邊，便沿著石級，緩步登上那行將奉獻的聖堂。經招待員的領導，安排了坐位，各機關首長均先後入座，計參加的有司法院王寵惠夫婦、薛篤弼部長、陳布雷秘書長、李惟果夫婦、杭立武夫婦、劉紀文夫婦、沈怡夫婦、黃仁霖夫婦、董顯光局長、及其他政府中的基督徒二百餘人。十一時正，總統暨夫人在戴籟三師母所奏聖樂中，步入禮堂。接著披上禮服的中華基督會總幹事邵鏡三博士、上海衛理公會俞牧師和幾位執事先生，魚貫登上聖殿。「聖哉、聖哉、聖哉！」典禮就此開始。總統接著致詞，略謂：民國廿六年八月初，渠自牯嶺返京時，與夫人曾在新官邸基地附近小住，許願於抗戰勝利後，决在此處建築聖殿，以謝上帝默佑，前年復員還都，遂與夫人决定將新官邸改成禮拜堂。繼稱：吾人應以基督之崇高理想為努力之目標，須知摩西在努力解放以色列民族時，所遭遇之艱苦困難，實千百倍於吾人今日建國途中所遭遇者，因此吾人必須繼續堅定過去十一年中所持勝利之信心，希冀全國人民具有偉大前途之「新中國」之信念，不致為周圍之陰影所動搖。繼由邵博士講經，題為「信望愛」，頌揚該堂緣起之三德：信仰希望與仁愛。旋由俞牧師主持聖餐，總統與參加人員均跪於聖壇前領受聖餐。獻堂典禮於此完成。

— 22 —

(102)

有关基督凯歌堂落成典礼的报道（1948 年）

小红山官邸凯歌堂

① ［日］中村六一：《中支视察行》，收入张宪文、王卫星编《南京大屠杀史料集》第 61 册《日军官兵日记与回忆》下，江苏人民出版社 2010 年 11 月版。

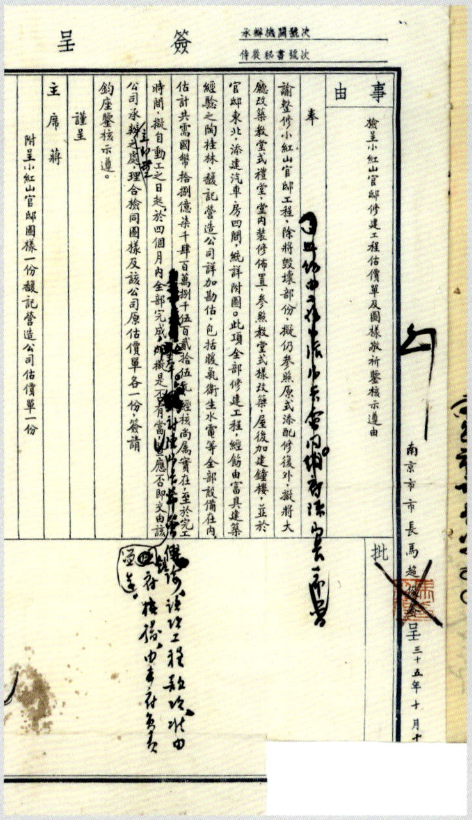

簽呈

承辦機關號次

侍從秘書號次

事由：檢呈小紅山官邸修建工程估價單及圖樣敬祈鑒核示遵由

奉

諭整修小紅山官邸工程，除將毀壞部份，擬仍參照原式添配修復外，擬將大廳改築教堂式禮堂，堂內裝修佈置，參照教堂式樣改築，屋後加建鐘樓，並於官邸東北，添建汽車房四間，統詳附圖。此項全部修建工程，經飭由富具建築經驗之陶桂林馥記營造公司詳加勘估，包括暖氣衛生水電等全部設備在內，估計共需國幣拾捌億柒千肆百萬捌千伍百貳拾伍元，經核尚屬實在，至於完工時間，擬自動工之日起，於四個月內全部完成，擬是否有當，應否即交由該公司承辦之處，理合檢同圖樣及該公司原估價單各一份，簽請

鈞座鑒核示遵。

謹呈

主席 蔣

附呈小紅山官邸圖樣一份馥記營造公司估價單一份

南京市市長馬超俊 呈 三十五年十月

批

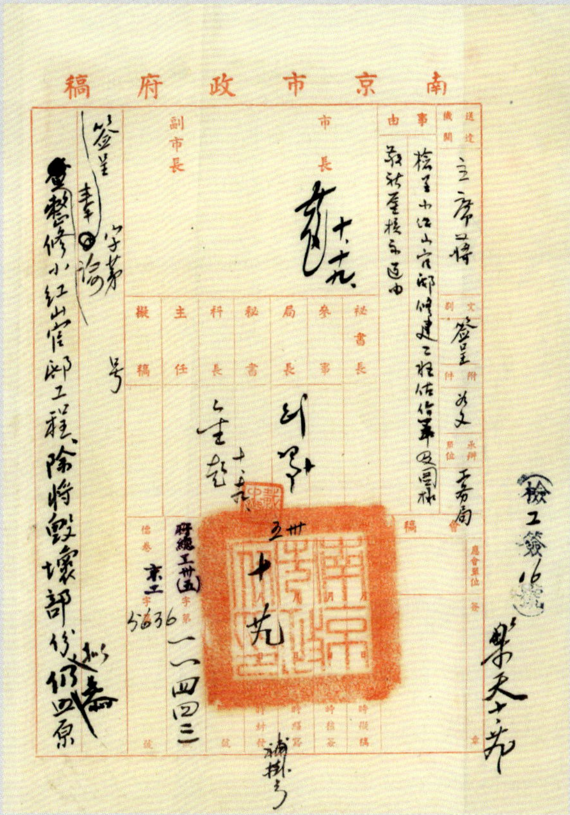

1946 年 10 月维修小红山官邸档案

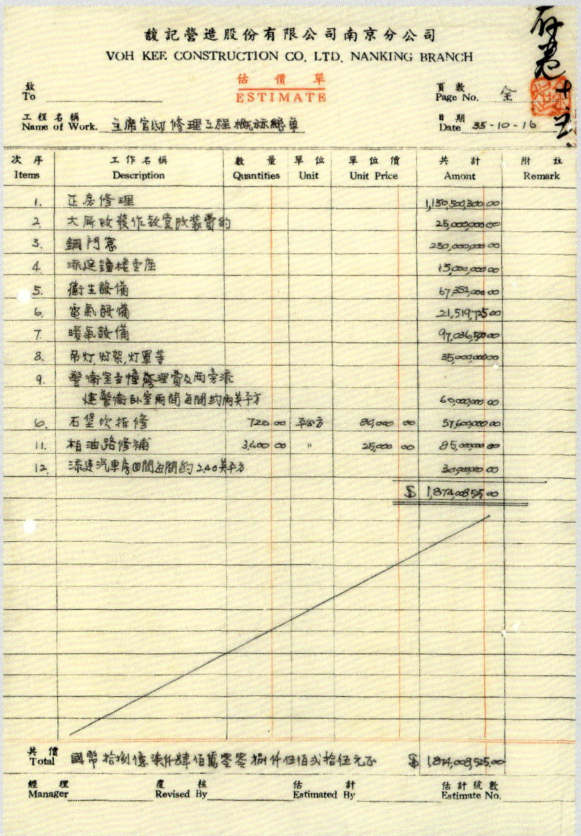

馥記營造股份有限公司南京分公司

VOH KEE CONSTRUCTION CO. LTD. NANKING BRANCH

估價單

ESTIMATE

致 To

頁數 Page No. 全

工程名稱 Name of Work. 主席官邸修理工程概算總單

日期 Date 35-10-16

次序 Items	工作名稱 Description	數量 Quantities	單位 Unit	單位價 Unit Price	共計 Amont	附註 Remark
1.	正房修理				1,150,500,300.00	
2.	大廳改裝作教堂式裝費約				25,000,000.00	
3.	鋼門窗				230,000,000.00	
4.	添建鐘樓壹座				15,000,000.00	
5.	衛生設備				67,352,000.00	
6.	電氣設備				21,519,725.00	
7.	暖氣設備				97,036,500.00	
8.	吊灯，灯架，灯罩等				35,000,000.00	
9.	警衛室重行修理費及兩旁添建警衛臥室兩間每間約兩英平方				60,000,000.00	
10.	石堡坎拆修	720.00	平公方	80,000.00	57,600,000.00	
11.	柏油路修補	3,400.00	〃	25,000.00	85,000,000.00	
12.	添建汽車房四間每間約2.40英平方				30,000,000.00	
					$ 1,874,008,525.00	

共價 Total 國幣拾捌億柒仟肆佰萬零捌仟伍佰貳拾伍元正 $1,874,008,525.00

經理 Manager 覆核 Revised By 估計 Estimated By 估計號數 Estimate No.

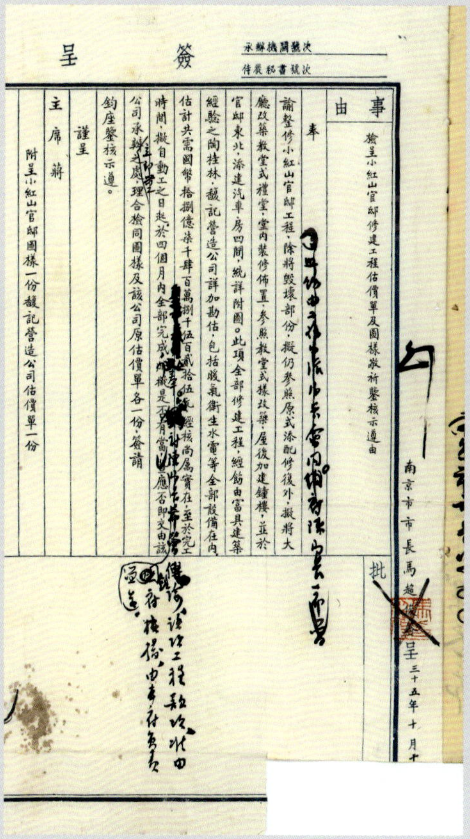

1946 年小红山官邸维修档案和工程报价（《中山陵档案》）

据史料记载，蒋介石亲临题写匾额“耶稣降世一九四七年十月 基督凯歌堂 蒋中正题”，并悬挂在一楼入口处。1948年8月1日，举行落成典礼。①

小红山官邸坐南朝北，第一层入口处是一个非常紧凑的门厅，左右有接待室、衣帽间；正对入口处中央的是通往二楼的楼梯；楼梯的两边各有一个门，通往负一楼。负一楼是秘书和警卫人员的办公室和卧室，还有厨房、餐厅、洗衣室、卫生间、锅炉房、杂物室等。

第二层设有大厅、客厅、饭厅、书房、秘书室、配膳房；穿过第二层的大厅，可以来到“凸”字形的露天平台上，平台以花色瓷砖墁地，周围围以汉白玉雕花栏杆。小红山官邸南侧的栏杆颇有特色。这些栏杆一律用汉白玉雕刻而成，在民国建筑中十分罕见，而且共有34根，每根栏杆的顶端都雕有一只凤凰；令人称奇的是，小红山官邸内的灯珠也是34根，房屋屋顶所用的每一个水滴上都是凤凰。相传宋美龄是1898年3月4日出生，34根栏杆和34只凤凰寓意着这是蒋介石送给宋美龄的一件“生日礼物”。所以，小红山官邸可以被看作是一座十足的女性化建筑，称之为“凤宫”亦不为过。

第三层有客厅、卧室、餐厅、厨房、礼拜堂等。礼拜堂南面有一个长方形露台，礼拜堂西面有一个卧室，卧室的外面也有一个长方形的露台，周围围以汉白玉雕花栏杆，栏杆的顶端都雕刻着凤纹。三楼的室内陈设考究，地上铺有紫红色地毯，墙上挂着名人字画。其中客厅在全面抗战后被蒋介石下令改造为举行宗教活动的场所——基督凯歌堂，也就是用来祈祷用的礼拜堂。凯歌堂，语出《晋

小红山官邸凤纹柱头

① 载《天风》1948年第6期。

小红山主席官邸的露台

书·乐志上》："其有短箫之乐者，则所谓王师大捷，令军中凯歌者也。"蒋介石从小跟母亲王采玉礼佛，长大后崇尚宋明理学，与宋美龄结婚后又信了基督，可谓不中不西。蒋介石、宋美龄夫妇都是基督教徒，据说每逢星期天上午，他们常常和国民政府高级官员中的一些基督徒一起在这里做礼拜。据记载，美国驻华大使司徒雷登、美国特使马歇尔夫妇也曾享受到最高礼遇——到基督凯歌堂做礼拜。在这里，蒋介石、宋美龄夫妇与他们就美国援华、国共合作等许多重大问题进行了磋商。

1949年1月21日上午，蒋介石宣布下野，由李宗仁任代总统。这天上午10时，蒋介石赴小红山官邸凯歌堂做完他在南京的最后一次祈祷，成为他在美龄宫的绝唱。

1950年，小红山官邸由中山陵园管理处接收为公产。1951年拨借给南京市卫生局。1956年划拨东郊宾馆管理。这里一度作为接待国家领导人和外国元首的国宾馆，接待过朱德、刘少奇、邓小平、杨尚昆、王震等党和国家领导人，以及越南胡志明主席、柬埔寨西哈努克亲王等外国元首。

1981年，东郊宾馆在此设立梅岭宫服务部，对外提供简单餐饮、旅游购物等服务；1984年3月正式对游客开放。1990年9月，小红山官邸划归金陵饭店管理。

小红山官邸外景

小红山官邸

小红山官邸（曾叫宋美龄别墅）正门入口

小红山官邸楼梯

小红山官邸一楼入口处内景

小红山官邸基督凯歌堂

小红山官邸建成初期，周围一片荒凉，杂草丛生，野树乱长。经过精心的绿化后，周围的环境有了根本性的改观，成为中山陵园的一处重要景点。

如今，小红山官邸内的一切都照原样布置，凯歌堂、蒋介石办公室、宋美龄卧室等陈设，让人浮想联翩。自 1984 年 3 月 25 日正式对外开放以来，海内外游客络绎不绝。

前些年，国民党政府国防部部长白崇禧之子、台湾作家白先勇先生参观过小红山官邸后，在此设宴招待亲朋好友，回忆起当年随其母亲前来拜见宋美龄时的历历往事，对比眼前的物是人非、人去楼空的情景，不由得发出了“宫花寂寞红”的感慨。①

1991 年，小红山官邸以“国民政府主席官邸旧址”之名被国家建设部、国家文物局评为近代优秀建筑。1992 年，被列为南京市文物保护单位；2001 年 7 月，升格为全国重点文物保护单位。2015 年，被国家文物局评为“第二届（2014 年度）全国十佳文物保护工程”。

1949 年新中国成立后，小红山官邸先后由南京市卫生局、东郊宾馆、金陵饭店等单位管理。2012 年，由中山陵园管理局接管。同年 12 月，进行大修，采取尊重历史、最小干预、修旧如旧的原则，复原建筑的历史原貌及原“主席官邸”的场景和布局功能。地下室则根据 1931 年建筑设计平面图恢复原有场景。近年来，为满足广大游客的需求，中山陵园管理局在官邸中设有小红山官邸史料陈列展、宋美龄书画展等展览。②

---

① 白先勇：《安抚马歇尔》，收入白先勇编著《白崇禧将军身影集》，广西师范大学出版社 2012 年 5 月版。

② 2008 年 9 月 20 日下午，晴朗。香港凤凰卫视《凤凰大视野》节目主持人王鲁湘邀请笔者做一档“民国建筑·美龄宫”的节目。在做节目过程中，笔者介绍道：美龄宫的平面布局就像是一个镶嵌着蓝宝石的项链，美龄宫南侧的晒台周围一圈汉白玉栏杆的柱头都雕刻着凤凰，美龄宫屋顶的滴水也装饰着凤凰。王鲁湘先生脱口而出：这不就是“凤宫”吗！并戏称南侧的晒台为“观凤台”和“凤凰台”。

汤山主席官邸

汤山主席官邸，又名蒋介石第三别墅，俗称为汤山温泉别墅，位于南京市江宁区汤山街道温泉路3号。

汤山主席官邸坐落在小巷深处，高墙围护，绿树掩映。中西合璧式的主楼建筑面朝东南，高两层。主楼为悬山顶，上覆咖啡色筒形琉璃瓦，墙壁用大理石砌造，整个建筑显得坚固庄重，古朴典雅。入口处直通第二层，第一层半露出地面，半处于地下，这样，浴池的水平面低于汤山山麓泉眼的海拔高度，温泉的泉水一年四季都可以不断地流入温泉浴池内。楼上正中是客厅，两侧分别

汤山主席官邸

是卧室、卫生间、办公室、餐厅、活动室，室内陈设古色古香，华贵典雅。从客厅后面的过道可以下到一楼，一楼内依次为总统池、美龄池、卫士池、随员池。在总统池门口，辟有一个地下暗道，其出口处在距离 80 米外的国民党陆军大学内（现为 73665 部队）。相传是蒋介石吸取西安事变在骊山被捉的教训，采取的一项鲜为人知的对策。院内有汽车库、伙房、小平房等附属建筑。主楼建筑面积 160.38 平方米，其中楼上使用面积 136.5 平方米，楼下使用面积 146 平方米。汤山主席官邸是专供蒋介石夫妇休憩沐浴之所。关于它的前身，多年来流行的说法是陶庐。

陶庐原是陶保晋的私有房产。陶保晋，又名锡三、席三，南京人。清末毕业于南京格致书院。后赴日本法政大学留学。1909 年，任江苏谘议局议员、省法政学校校长。1913 年，当选为江苏省众议院议员，兼业律师并兼任江宁县律师公会会长。1923 年，被推选为世界红卍字会南京分会会长。国民政府定都南京后，退出政界，从事慈善事业，在社会上颇有影响。他与齐燮元是至交。1937 年 12 月南京沦陷后，他于 1938 年元旦出任日伪汉奸组织——南京自治委员会会长。1938 年，出任大民会副会长。1939 年 8 月，在伪维新政府立法院院长温宗尧的拉拢下，出任立法委员。1940 年 3 月汪伪国民政府在南京成立后，他继任立法委员，直到 1942 年 12 月被汪精卫撤职为止。日本投降后，他被军统特务拘捕，以汉奸罪处以有期徒刑 2 年，没收私有财产，陶庐也在罚没之列。1948 年 4 月，陶保晋刑满获释，6 月死于南京。

1946 年，国民政府还都后，成立了以张溥生为主任的“汤山筹备处”，将陶庐作为汉奸逆产予以没收。这时的陶庐已经破坏不堪。在蒋介石的关注下，陶庐的修建工程始于 1946 年秋季，至 1947 年 3 月告一段落。修复后的陶庐有楼房 5 间，平房 10 间，占地面积 4 亩 8 分 1 厘 2 毫（约 3200 平方米）。

近年来有一种新的说法，认为温泉路 3 号的前身是国民党元老张静江公馆，陶庐位于温泉路 1 号。

张静江（1877—1950），名人杰、增澄，佛号饮光，别号卧禅，吴兴南浔（今浙江湖州）人。少年时在一次救火中从屋上跌下，落下终身残疾，成了跛足，故称跷脚二先生。21 岁时，其父以银 10 万两捐得二品候补道衔。清光绪二十八年（1902），任一等参赞，随驻法

张静江

公使孙宝琦出国。1905 年，他在赴法轮船上邂逅孙中山，开始从事反清斗争，为孙中山出谋划策，并倾家产资助革命。他还与孙中山约定汇款的暗号：A、B、C、D、E，分别代表 1 万、2 万、3 万、4 万、5 万元。当时孙中山因与其是萍水相逢，对其言语并不信以为真。分手之时，张静江留给孙中山一封信，让他到美国后去找纽约市第五街 566 号他所开办的通运公司，领取资助革命的活动经费 3 万元。孙中山将信将疑，至美国后把信交与黄兴，让其办理，以探真假。结果钱分文不少，如数领取。此举令孙中山大为惊奇，认为遇到了革命“奇人”。自此以后，每遇革命款项不济，孙中山便想到了张静江的汇款之约，而张每次均能按时如数将款寄到。

张静江与蒋介石交往密切，曾是蒋介石加入中华革命党的监誓人。蒋介石当上黄埔军校校长，与他的力荐有很大关系。1925 年，张静江任广州国民政府委员，在国民党第一次全国代表大会上，当选为中央执行委员。在孙中山逝世后召开的国民党第二次全国代表大会上，又当选为中央监察委员，被称为“国民党四大元老”（另外三位是蔡元培、吴稚晖、李石曾）之一。

孙中山逝世后，张静江为蒋介石攫取党政最高权力不遗余力。蒋介石担任国民革命军总司令与他的支持是分不开的。他先后任浙江省政府主席、国民政府建设委员会委员长。1929 年，在杭州主持举办“西湖博览会”，曾轰动一时。张静江始终遵循孙中山先生“实业救国”的遗训，以极大的热情和精力投入到国家的建设事业中。张静江是蒋介石的盟兄，蒋介石的发迹是和张静江的大力扶持分不开的。1927 年四一二反革命政变后，致力于国计民生和经济建设的张静江与大权独揽、独裁中国的蒋介石矛盾日深，20 世纪 30 年代中后期，他渐渐地离开了中央政治的核心。全面抗战爆发后，张静江先避居汉口，后经香港赴瑞士、美国，寓居纽约。1950 年 9 月 3 日，病逝于纽约。

孙中山称他为“二兄”“革命圣人”；蒋介石称他为“革命导师”；陈果夫称他为“党国理财第一人”；毛泽东称他是“有经济眼光”的人。

张静江公馆大约建于 20 世纪 20 年代。据当地老人回忆，起初的围墙是竹篱笆。蒋介石定都南京后，张静江将公馆赠送给蒋介石，从此成了“主席官邸”，围墙由竹篱笆变成了下半部石头、上半部砖头的砖石墙体，将近有两人高。据汤山炮校费仲兴教授调查，至今当地还有一些上了年纪的居民将这里称作“张公馆”或“张瘸子公馆”。

从1946年南京市工务局绘制的《汤山陶庐及官邸附近地形图》上可以看出，汤山主席官邸北面约50米处是陶庐，再往北约30米处是国民党陆军大学；往西是汤山；东北面是京杭国道（今宁沪公路）。

在这里，蒋介石夫妇除了洗温泉外，还常常招待宾客，举办秘密会议。20世纪30年代，国民政府主席林森的生活比较简朴，珠江路如意里公馆的卫生设施比较陈旧，到了冬天，洗澡就成了问题。蒋介石为了拉拢这位“虚位”国家元首、“好好先生”，曾经将自己的汤山主席官邸让出来给林森使用，林森欣然笑纳，每周都要去洗一两次澡。

全面抗战爆发前，汤山浴池除了汤山主席官邸外，划分为三个等级，最好的是汤山俱乐部，专供政府官员沐浴休憩，也是蒋介石软禁国民党元老胡汉民、李济深的场所；其次是陶庐，专供商人富贾沐浴，澡资每次五六角至一元不等；再次是平民沐浴的公共温泉。

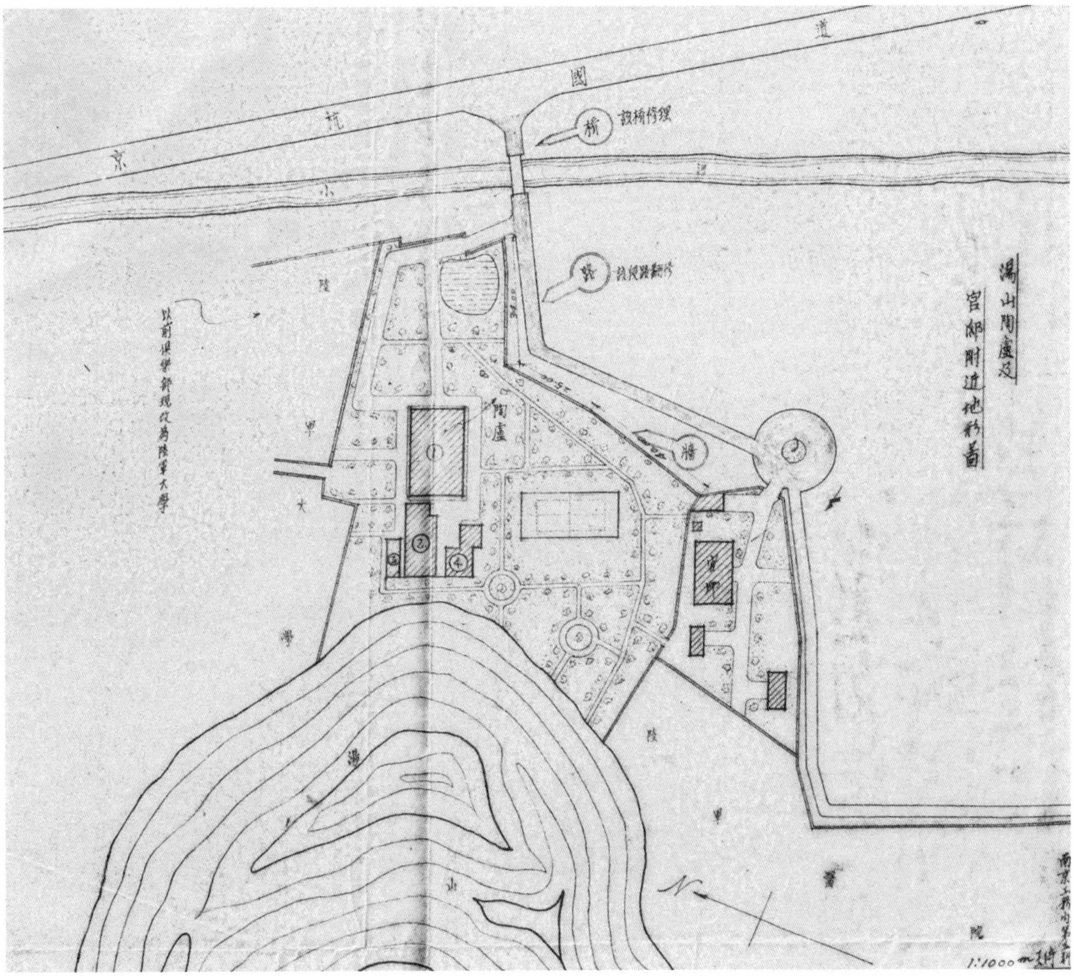

汤山陶庐及官邸附近地形图（南京市档案馆藏）

汤山主席官邸被日军占领（大阪《每日新闻》1937 年 12 月 6 日）

1937 年 12 月 13 日日军攻占南京前，汤山主席官邸已沦入日军之手。1937 年 12 月 6 日的大阪《每日新闻》以《汤山的蒋介石别墅已占领》作为大幅标题报道说，5 日下午 5 时，日军“占领了素称豪华的蒋介石第三别墅，现正在对附近丘陵地带抵抗之敌进行猛攻。汤山是一处温泉地，除蒋介石别墅外，其他支那要人的别墅也很多，因他们的汤山会议而出名”。12 月 15 日，侵华日军华中方面军司令官松井石根抵达汤山，他在日记中写道：“今天，我还在汤水镇。此地有蒋介石的别墅，还是有名的温泉浴场。蒋介石的别墅已被战火完全烧毁，不过还残留着俱乐部的部分建筑物。于是，泡了一次久违的温泉。”[①] 松井石根所说的汤水镇就是今天的汤山镇。

八年全面抗战中，汤山主席官邸与陶庐、汤山俱乐部等均被日军占用，成为藏污纳垢之所。抗战胜利后，1946 年 2 月，南京市工务局奉命修缮汤山主席官邸，历时近 3 个月完工。当年 4 月 22 日，南京市工务局致函首都电厂：“查本局修理汤山主席官邸工程，业将次第完成，所有内部电灯急须派工接火，相应函达，即希查照办理为荷。”4 月 27 日，联合后方勤务总司令部通知南京市政府，让他们去总司令部领取修理费 596 万元。

① ［日］松井石根：《松井石根阵中日记》，收入王卫星编《南京保卫战·日方资料》，南京出版社 2022 年 10 月版。

汤山主席官邸旧影

汤山主席官邸

据当地老人说，蒋介石、宋美龄夫妇常来这里沐浴。也有人说，蒋介石经常到汤山俱乐部洗澡。相传蒋介石每次来洗澡的时候，从南京中山门到汤山镇，沿途布满了明岗暗哨。老百姓一见到这架势，就相互提醒："别乱跑，老蒋又来洗澡了。"这是因为有一次，坟头村有个村民蹲在路边山坡上一座荒坟后面出恭，他见到马路上有五六辆小汽车，于是探头张望，警卫人员以为是埋伏的刺客，甩手一枪，这个人就成了屈死鬼。

如今，陶庐与汤山俱乐部这两处建筑物都已荡然无存，唯有汤山主席官邸保存至今。1949年4月南京解放后，汤山主席官邸收归江苏省省级机关事务管理局管理。1986年7月26日，移交给南京市市级机关事务管理局管理，取名为"蒋介石温泉别墅"。

2002年10月22日，汤山主席官邸以"蒋介石温泉别墅"之名，被列为第五批江苏省文物保护单位。

谭延闿公馆

谭延闿公馆位于南京市成贤街 112 号 1 栋。

谭延闿（1879—1930），字组安、组庵，号无畏、切斋，湖南茶陵人。他出身于官僚家庭，父亲谭钟麟曾任陕西巡抚、陕甘总督、闽浙总督、两广总督等职。谭延闿是清朝光绪年间的进士，与陈三立、谭嗣同并称“湖湘三公子”。辛亥革命长沙光复后，被推举为湖南军政长和参议院议长。后三任湖南都督。他于 1912 年加入国民党。1927 年后，依附蒋介石，历任湖南省省长、国民革命军第二军军长、国民党中央政治委员会主席、国民政府主席、行政院院长等职。谭延闿深谙为官之道，从三次任湖南总督到担任国民政府主席、出任第一任行政院院长，位高权重，堪称民国政坛的不倒翁。不仅如此，他的书法名满天下，享有民国四大书法家之首的美誉。

谭延闿公馆门廊

谭延闿公馆坐北朝南，建于 1927 年，砖木结构，高两层，坡形屋顶。入口处朝南方向伸出一个长方形的门廊，装饰着西方古典式立柱。

当年的谭公馆是一座单门独院式小洋楼。据居住在这里的居民朱莲英介绍，公馆门口本来有一个小池塘，后来被填平了，现在是一片空地；空地东南方还有一座假山，现在也早已不知去向，取而代之的是一幢五层居民楼。

历经大半个世纪的风雨，谭延闿公馆周围虽然竖起了一幢幢楼房，但是我们走近这座公馆，仍然不难感受到它鹤立鸡群的魅力。

谭延闿

2009 年 4 月，南京市人民政府将“谭延闿故居”列为“南京重要近现代建筑”（编号 2009032）。2009 年 12 月，南京市文物局将其列为南京市不可移动文物。

2022—2024 年，南京市市级机关事务管理局按照“修旧如旧”原则，对谭延闿公馆进行了全面的维修保护。

谭延闿公馆

谭延闿公馆

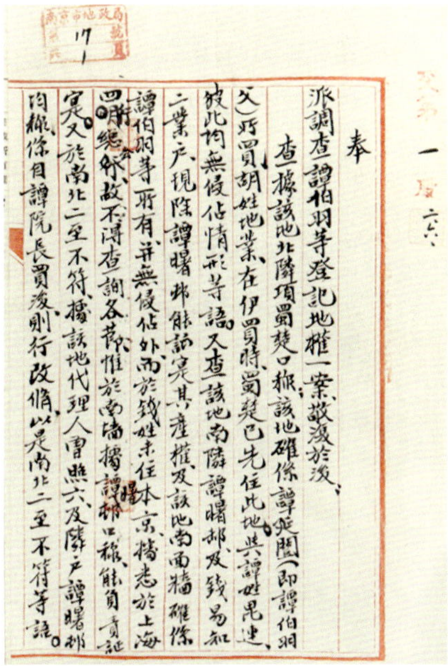

奉
派調查譚伯羽等登記地權一案，茲復於後，
查據該地北隣項蜀楚口稱，該地確係譚延闓（即譚伯羽父）購買胡姓地業，在伊買時，蜀楚已先住此地，與譚姓毗連，彼此均無侵佔情形等語。又查該地南隣譚曙邨及錢易知二業户，現除譚曙邨能認定其產權及該地南面牆確係譚伯羽等所有，並無侵佔外，而於錢姓未住本京，據悉於上海四明邨，故不得查詢各節。惟於南牆據譚曙邨口稱，能負責証實。又於南北二至不符，據該地代理人曹熙六及隣户譚曙邨均稱，係自譚院長買後則行改脩，以是南北二至不符等語。

谭延闿公馆房产档案

谭延闿公馆背影

李宗仁公馆

李宗仁（1890—1969），字德邻，广西临桂人。早年毕业于广西陆军小学。1922 年，在玉林组织定桂军，任司令。1924 年，与白崇禧、黄绍竑联合建立定桂讨贼军，打败桂系军阀陆荣廷。次年，统一广西，成为新桂系首领，并加入国民党。1926 年 2 月，出任国民革命军第七军军长；7 月，率军北伐。1927 年，参加南京龙潭战役，击败五省联军总司令、直系军阀孙传芳，后又在长江中游击败唐生智的军队。1928 年，任第四集团军总司令。1929 年，在武汉发动反蒋斗争，失败后，逃回广西，后去香港。1930 年，联合冯玉祥、阎锡山反蒋，再次失败。1931 年，国民党宁粤分裂，李宗仁出任粤方军委常委。1932 年，任广西绥靖主任。1936 年 6 月，联合广东陈济棠发动事变，任抗日救国第一军团副总司令，失败后，任第五路军总指挥。全面抗战期间，任第五战区司令长官，先后指挥徐州会战、武汉会战等，在山东台儿庄和随枣战役中，重创日军，晋升为上将。1945 年，任军委会委员长汉中行营主任。抗战胜利后，任北平行营主任。1948 年，在国民党一手操纵的“国大”竞选中，击败竞争对手孙科等人，担任副总统。1949 年 1 月，蒋介石下野后，出任代总统，主持与中共的和谈。和谈失败后，李宗仁从南京辗转香港，前往美国。1965 年 7 月回国，受到毛泽东、刘少奇、周恩来、朱德等国家领导人的接见，四年后病逝于北京。

李宗仁（中）当选副总统后，何应钦（左）向其表示祝贺

今天，当我们来到傅厚岗 30 号（原为 68 号）省级机关幼儿园，看到活泼可爱的孩子们在这里无忧无虑地玩耍时，很难联想到

李宗仁公馆

李宗仁公馆大门

这里曾经是国民党代总统李宗仁的公馆。

据房产资料记载，李公馆有门房一座、楼房一座、平房两座。第一进为一幢新式三层楼房，面积 13.73 平方市丈（约 152.54 平方米），共有 14 个房间，居室、书房、会客室、餐厅、浴室、阳台一应俱全，室内装饰舒适典雅。楼房底下还有地下室一间。第二进是一座新式平房，西头是厨房，中间是书房，东面是寝室。第三进也是一座平房，为工友居室，西有凉台，东有厕所。整个公馆前后进之间以走廊相连。

李公馆的最早主人是国民党陆军中将姚琮。姚琮（1891—1977），原籍浙江瑞安，保定速成学堂毕业。1926 年，任黄埔军校教官。1927 年后，历任国民革命军总司令部副官长、南京特别市公安局局长、首都警察厅厅长、温州警备司令、军委会办公厅副主任、总统府战备顾问委员会委员等要职。1948 年逃往广州，1949 年赴台湾，1972 年 10 月 5 日在台北病逝。

1934 年 7 月，姚琮担任首都警察厅厅长时，开始建造这幢公馆。公馆总建筑面积 227.1 平方米。姚琮原来设想公馆的第一进楼房供自己使用，第二进平房作为厨房和厨师的居室，第三进平房留给子女居住。然而，就在第三进平房墙壁建成的时候，全面抗战爆发，姚琮将家眷送到内地避难，公馆被空置出来。

1937 年 8 月上旬，蒋介石在南京召开国防会议，邀请中共和红军代表周恩来、朱德、叶剑英参加。童小鹏、李涛、张文彬作为随员被姚琮安置在公馆内居住。

南京沦陷后，姚琮公馆被侵华日军侵占。日军将房屋续修完工，并增修了一座防空洞。1945 年抗战胜利后，姚琮回到南京，接收该公馆。次年，姚琮将公馆出租给捷克大使馆使用1年，期满后收回房子。随即，又出租给励志社改作美军招待所之用，订约1年，一次收取房租法币1亿多元。此后，因为李宗仁在南京没有房产，而姚琮在南京高楼门等处有多处房产，因此，李宗仁与随员于1947年搬入其中，姚公馆从此被称作李公馆。

李宗仁和夫人郭德杰搬进这幢公馆后，宁静的李公馆被推上了风口浪尖。1948年，在国民党一手操纵的“国大”竞选中，李宗仁宣布竞选副总统。

据程思远回忆:“李宗仁所以要竞选‘副总统’,完全是出自司徒雷登的策动。”当时,美国大使司徒雷登认为,蒋介石“资望已日趋式微”,而李宗仁“资望日高”,因此便将“注意力从蒋介石转移到李宗仁了”。这使李宗仁备受鼓舞,执意竞选“副总统”。“李宗仁认为蒋介石必然失败。竞选如成功，遇有机会即可同中国共产党和谈收拾残局。”也就是说，李宗仁要在“副总统”的位子上等待机会，准备从蒋介石的手中接收国民党的军政大权。但蒋介石对李宗仁的这一政治意图显然缺乏考虑，因此当李宗仁就竞选一事向其征询意见时，蒋介石起初并无异议。①

1948年1月8日，李宗仁便率先对外界宣布其竞选副总统的意向，开始了竞选活动。李公馆成了李宗仁竞选的大本营。白崇禧、黄绍竑、程思远、李品仙等桂系将领频频来到李公馆密会。

在李宗仁击败竞争对手孙科等人担任副总统后，达官贵人纷至沓来，李公馆热闹非凡。但喧闹之中却隐藏着杀机。蒋介石尽管与李宗仁表面上很亲热，并且拜过把兄弟，还曾立下誓言：“谊属同志，情切同胞，同心一德，生死系之。”实际上，蒋介石对李宗仁危及他的统治地位深感不安。据曾经担任军统特务的沈醉晚年回忆，自从李宗仁住进傅厚岗这幢公馆后，国民党保密局（其前身为军统）局长毛人凤、军统特务沈醉曾秉承蒋介石的旨意，密谋暗杀李宗仁。他们在李宗仁身边安置了内线，李宗仁的一举一动都在保密局特务的掌控之中。同时，保密局的特务们专门制定了一套严密的暗杀方案。

首先，特务们在李宗仁公馆附近的马路拐角处开设了一个旧书摊，便于观察李宗仁的行踪。在旧书摊，特务们准备了一支汤姆生机枪和几颗炸弹，只等蒋介石一声令下，便在李宗仁出门时进行狙击，或者站在围墙外面的变压器上向李宗仁公馆内射击。狙击手使用的子弹都是装了剧烈毒药的，射入人体后便

① 程思远：《李宗仁先生晚年》，文史资料出版社1980年10月版。

会使人不治而亡。

其次，为了防止李宗仁突然离开南京，特务们在光华门外通往飞机场的一条小街上开了一家小杂货店，特地装了一部电话，只要发现李宗仁离开南京，就由毛人凤通知随时做好战斗准备的两架战斗机尾随李宗仁的座机，将其击毁，从而借口飞机失事达到暗杀李宗仁的目的。

此外，为了防止李宗仁乘坐火车或汽车离开南京，特务们在火车站和汤山附近的公路上都设下了埋伏。

后来，由于美国的态度、桂系白崇禧握有重兵等种种原因，这一暗杀行动胎死腹中。但从这一事情中，我们不难发现国民党在政权行将就木前内部存在的尖锐矛盾。1965年，李宗仁从海外归来后，当年担任执行暗杀任务的原军统特务沈醉向李宗仁说起这段暗杀内幕时，李宗仁脸色骤变，如梦初醒，后怕不已。[1]

李宗仁生活上有两大突出的嗜好：一是爱抽烟，而且抽的都是名贵的三五、大炮台和美丽牌香烟，每天两三听（每听50只），会客室茶几上的烟灰缸里经常塞满了烟头。二是喜欢养花种草，在公馆的会客室，时时都有几盆姹紫嫣红的花草，令人赏心悦目，精神振奋。李宗仁清晨起床后的第一件事就是嘴里叼着一根香烟，料理花草，或松土、或浇水、或剪枝、或除叶。在这座公馆里，李宗仁一如既往地保持着自己的嗜好。

1948年12月17日，迫于美国的压力以及辽沈战役、平津战役的失利，蒋介石派张群、张治中、吴中信三人到李公馆拜访李宗仁，告诉李宗仁他有下野之意，由李出来主持和谈。李宗仁听后，十分欣喜。待来人走后，立即派程思远打电话告知驻扎在汉口的华中“剿总”总司令白崇禧，白崇禧听后，多次打电话到李公馆，要李宗仁坚持由副总统继任总统，而不是代理总统。“因为名不正则言不顺，言不顺则令不行，古往今来，无不如此。”

1949年元旦，蒋介石迫于国内外的压力，发表元旦文告，声称“引退”，但并没有马上下野。据《李宗仁回忆录》记载：1月4日，蒋介石亲临李宗仁公馆，与李宗仁进行了短暂的会晤，表明自己下野的态度，让一向被“召见”的李宗仁深感意外。

到了1月17日，美国驻华大使司徒雷登看到蒋介石发表文告后迟迟没有动静，便秘密前往李宗仁公馆，商讨对策。尚未落座，就生气地说：“蒋介石先

① 沈醉：《我这三十年》，湖南人民出版社1983年3月版。

生也太不识时务了。作为一个绅士，我简直为他这种厚颜无耻的行为感到羞惭。《文告》发表半个多月，可他还是赖在总统的位子上不肯滚蛋。”

1949年1月21日上午，蒋介石宣布下野。1月22日，李宗仁正式出任代总统。在这座公馆里，李宗仁多次召集桂系高级将领白崇禧、李品仙、黄绍竑、程思远、夏威等人，商讨国共和谈的大计。当人民解放军积极备战渡江战役之时，国共双方在北平的和谈也进入最后阶段。经过半个月的磋商，1949年4月15日，中共代表团在尽可能采纳南京政府代表团提出的意见后，提出8条24款的《国内和平协定最后修正案》，宣布4月20日为最后签订日期。南京政府代表团于4月16日派黄绍竑、屈武将协定草案带回南京。当天下午4时，在李宗仁公馆召开了一个小型会议，参加者有李宗仁、白崇禧、何应钦、黄旭初等人。但由于桂系将领内部意见不一，再加上蒋介石暗中仍操纵实权，李宗仁的和谈努力受到重重阻挠，最后和平谈判完全破裂。据黄绍竑回忆：“他们听了我的报告和看了文件，大家都默然久之。何应钦说，这个重大文件要拿回行政院开会研究讨论才好回复——不但何应钦、白崇禧的神色不好，就是李宗仁也默默无言。”①另据在场者之一黄启汉回忆：黄绍竑提醒大家，我们（指国民党）现在所处的地位，既不是1925年时的地位，也是同于1937年时的地位了。大势如此，谁能改变？白崇禧一听黄的讲话，一面翻阅黄带来的《国内和平协定最后修正案》。他看完之后，怒气冲冲地对黄绍竑说：“亏难你，像这样的条件也带得回来！”他站起来向外走了。李宗仁则默不作声。②

1949年4月23日清晨，天还未亮，在中国人民解放军渡江的隆隆炮声中，彻夜未眠的李宗仁“略进早餐”，“仓皇辞庙”，匆匆忙忙地离开了公馆，前往明故宫机场，乘坐飞机离开了南京。

李宗仁离开公馆后，无主的李公馆立即遭到严重破坏。公馆内的全部地板、门窗、卫生设备、水电设备损失殆尽，只剩下一个躯壳，部分屋顶甚至被揭。解放后，南京市政府拨款对公馆进行了重新维修。从1951年起，李公馆几易其主。李宗仁公馆现为江苏省文物保护单位。

1966年5月，经周恩来总理安排，党中央批准，李宗仁前往华东五省市游览，

① 黄绍竑：《黄绍竑回忆录》，广西人民出版社1991年5月版。

② 黄启汉：《一九四九年“和谈”的回忆》，收入中国人民政治协商会议全国委员会文史资料研究会编《文史资料选辑》第67辑，中华书局1980年1月版；中共南京市委党史工作办公室编：《南京解放史（1945—1949）》，中共党史出版社2019年4月版。

陪同者除了李宗仁夫人胞弟外，还有程思远、黄绍竑、陈此生、刘斐、黄琪翔（夫人郭秀仪）、中央统战部干部宋垫、警卫秘书杨贵等十余人。李宗仁来到南京后，下榻东郊宾馆2号楼。他出席了在三牌楼南京饭店（原国际联欢社）举行的欢迎宴会，去长江路人民大会堂观看了江苏省歌舞团的文艺演出。出于怀旧，他专门探访了傅后岗公馆。当时，因为公馆里面住着某机关的三四户人家，他不想惊动里面的居民，命人将小汽车停在外面的小马路上。李宗仁下车，手里拄着拐杖，站在门外，望着小楼陷入沉思，此时此刻的李宗仁，对于曾经居住过的公馆，真可谓别有一番滋味在心头。[①]

① 吴红梅：《李宗仁的南京散心之旅》，《钟山风雨》2009年第2期。

于右任公馆

于右任在南京有多处公馆，其中重要的有两处：一处位于中山北路 43 号（原为 123 号），一处位于宁夏路 2 号。

中山北路 43 号公馆是 1929 年 4 月于右任当选为国民党第三届中央执行委员后，以于其秀之名购地 3041.3 平方米兴建的住宅。当时建造西式两层洋楼一幢 8 间，中式平房三幢 13 间，西式平房两幢 4 间，汽车房 1 间，共计六幢 26 间，房屋建筑面积 481.1 平方米。

于右任公馆（中山北路 43 号）

于右任公馆（宁夏路 2 号，崔龙龙拍摄）

宁夏路2号门朝东南，占地面积2835.6平方米，建筑面积662.3平方米，有三层洋房一幢，平房六幢，共计三幢31间。其中主楼为砖混结构，一楼有门廊，二楼有露天阳台，三楼有老虎窗采光，室内木地板。人字顶，上覆青灰瓦。这处房屋是冯云亭在20世纪30年代以冯华堂的名义购地建造的。冯云亭，陕西人，早年曾追随于右任的部属胡笠僧参加靖国军。胡死后，其部队被改编为冯玉祥的国民军。1929年12月，冯云亭任军长。1930年蒋、冯、阎中原大战前夕，冯云亭离开部队，到南京经商，从事房地产买卖。全面抗战爆发后，他回到陕西，抗战胜利后又到南京，继续重操旧业。宁夏路2号便是他拥有的资产之一。

监察院院长于右任

此外，于右任还以于伯循之名在古平岗5号和7号、芦席营40号之1、紫竹林1号等处，建房屋七幢27间。

于右任（1879—1964），名伯循，字诱人，后以“诱人”谐音“右任”为名。曾用名刘学裕、原春雨。别署神州旧主、骚心、剥果、半哭半笑楼主、啼血乾坤一杜鹃、关西余子、髯翁、太平老人等，陕西三原人。清光绪年间举人。1904年，因讽喻时政，遭清廷通缉，潜逃上海，入震旦学院，肄业。1905年，协助马相伯创立复旦公学。1906年赴日本，加入中国同盟会。1907年归国后，在上海创办《神州日报》。1909年起，相继创办《民呼日报》《民吁日报》《民立报》，宣传革命。1912年，任南京临时政府交通部次长，代理部务。1918年返陕西，任靖国军总司令。1922年，出任上海大学校长。1924年起，连续当选国民党第一届至第六届中央执行委员。1926年12月，任陕西省政府主席。1927年，任国民军联军驻陕总司令、国民政府常委、军委会常委。1928年，任审计院院长、故宫博物院参事。1931年起，任监察院院长；1938年，任国防最高委员会常委。1949年去台湾，任国民党中央评议委员。

于右任一向风流倜傥，不拘小节。他很爱聊天，平日里于公馆总是高朋满座，谈笑风生。兴致高时，于右任还会留客人打牌、搓麻将，以此作为消遣，从不计较输赢。他爱好园艺，除了外出观看园艺展览外，他在庭院里种了不少奇花异草。他讲究饮馔，经常邀约友人去著名餐馆品尝风味佳肴，博得“美食家”的雅号。他爱吃羊肉，擅长烹调，喜欢亲自动手烹制羊肉待客。他兴趣最大、花费时间最多的是习帖练字和看书写诗，长年搜求历代碑刻和名家法帖，重视祖国书法艺术。他尤其擅长草书。1932年12月，他在上海静安寺路静安别墅发

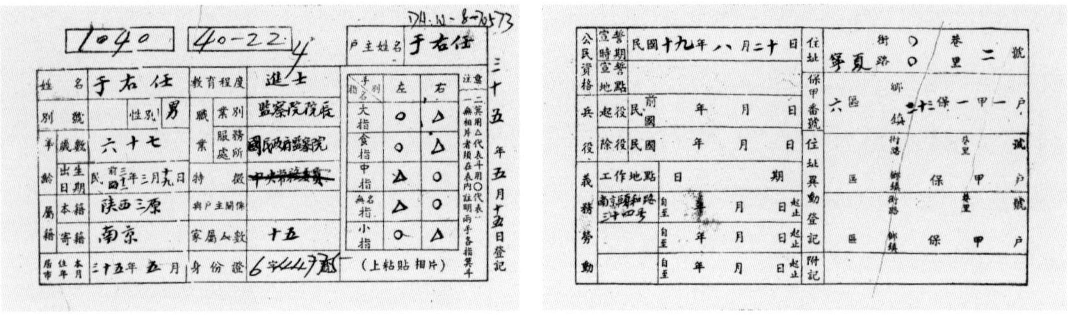

监察院院长于右任户籍卡

起成立“标准草书社”，邀集同好，切磋书法，亲自领衔，自任社长。该社以“易识、易写、准确、美丽”为原则，以“整理中国草书，推广标准草书”为宗旨，创办《草书月刊》；1936年，编撰出版《标准草书千字文》。他因首创“标准草书”，被誉为“当代草圣”“近代书圣”。1946年，该社随于右任迁到南京宁夏路2号，从此与南京结下不解之缘。1949年于右任赴台后，标准草书社偃旗息鼓。

于右任还以美髯传誉于世。据于公馆的服务人员回忆，于右任的须髯长达1尺6寸8（约56厘米），晚上睡觉时，时常要打结放到枕头下边。于右任这银白的长髯，再加上他伟岸的身材，使人见之犹如神仙下凡。

于右任多年来经常是一面会客，一面题字。1937年8月14日，应国民政府军事委员会委员长蒋介石的邀请，中共中央决定派朱德、周恩来和叶剑英赴南京参加国防会议，共商对日作战军事大计。8月中旬，朱德、周恩来曾联袂登门拜访于右任。据于右任的部下马文彦回忆，那天下午，他们畅谈了很长时间，议题广泛，气氛融洽。于右任热情诚恳而又周到地款待了来自陕北的贵宾，最后共用了晚餐。临告辞之前，周恩来特地提到中共方面拟在南京创办一份《新华日报》。他盛赞于右任是中国最早用报纸鼓吹革命的报人，是名主笔、老记者，又是当代大书法家。值此国共再度携手合作、共同抗日之际，拟请赐写此报报头，不知可否？于右任欣然应允。随即伏案挥毫，先后写了19幅之多方觉满意。1938年1月11日，中共机关报《新华日报》在武汉创刊时，使用的就是于右任题写的报头。位于太平南路的民国时期著名饭店“安乐酒家”四个字也是于右任题写的。

1937年底，日寇占领南京，于公馆被日伪占用。

抗战胜利后，国民党上演了一场“五子登科”的丑剧，其中房子尤其是各衙门抢夺的对象。监察院于1946年5月5日迁回南京。当1946年初于右任随同国民党政府还都之时，南京的房子已是十分紧张，鹊巢鸠占的情况比比皆是。于右任的几处房产都被其他单位和个人占用，他只好租下了宁夏路2号房产。自1946年5月起，以月租金120万元（实值120元）的价格，从退役经商的冯云亭手中租住，直至1948年7月底期满。期满后于右任并没有迁出，一直到南京解放，于右任在这里居住了将近3年。

随着于右任的到来，宁夏路2号的会客室和写字室里恢复了昔日的喧闹，政府官员、各界名流云集其间，其中不乏求字者。据说有一次，一位附庸风雅之人向于右任要字，于氏推脱不过，信手涂写出“不可随处小便”六个字。翌日，此人专程至于府叩谢于氏赐给座右铭，并随手抖开装裱好的字幅，只见上面六个大字竟成了“小处不可随便”的精言。于氏化嗔为喜，冰释前嫌。

然而，蒋介石对于右任的字并不十分看重。他觉得于氏草书寒酸气十足，毫无雍容华贵的气象。因此，1948年蒋介石在南京就任总统时，不愿请于右任题写“总统府”几个大字，最后由周钟岳以馆阁体书之。

于公馆最热闹的时候是在1948年于右任竞选“副总统”之时。当时参加竞

于右任（右）与居正（中）、孙科（左）

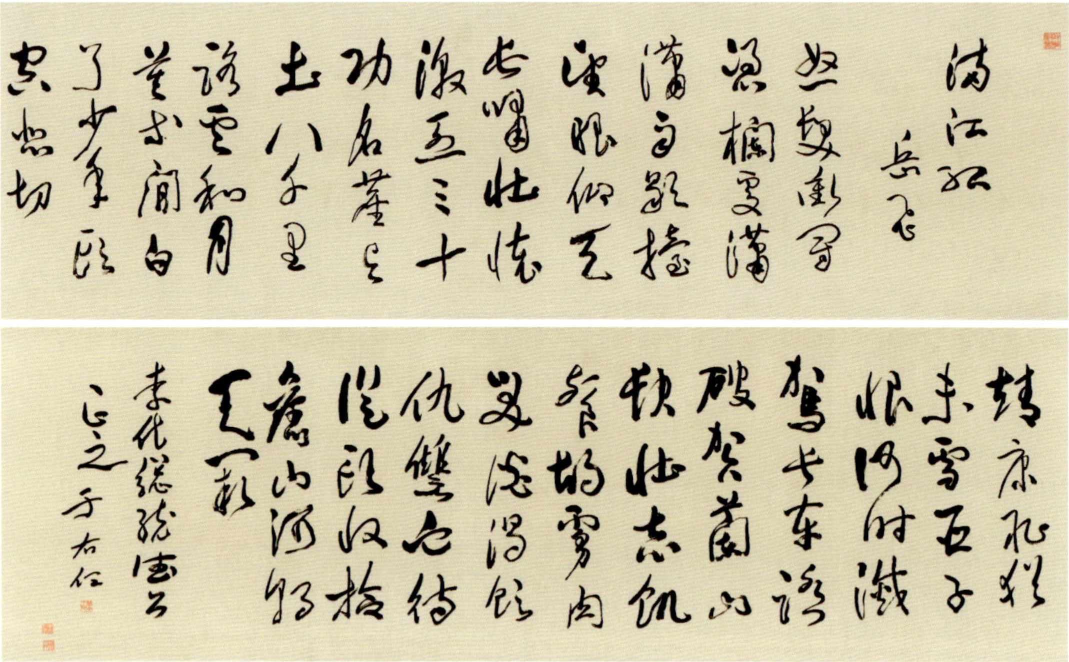

于右任书岳飞《满江红》赠李宗仁代总统

选副总统的，国民党内有孙科、李宗仁、于右任、程潜四人，此外还有民社党的徐傅霖以及东北耆老、无党派的莫德惠。这时上海的钱新之、杜月笙，四川的康心如、康心之兄弟都来为于氏助威，于公馆成为筹划竞选副总统的秘密场所之一，车来人往，门庭若市。于右任经济实力不如李宗仁、孙科等人，他别出心裁，书写了许多幅字赠送给“国民大会代表”以联络感情，常常挥毫至深夜。4 月 23 日，“国大代表”正式投票选举，于右任以第四名 493 票遭淘汰。

1949 年 4 月南京解放前夕，周恩来派屈武来南京，带口信给于右任：“解放军决定本月渡江，占领南京，希望于先生在南京不要动，到时候我们会派飞机接你来北平，将来同张澜、李济深和沈钧儒等一道组织新政权。”4 月 20 日子夜至 21 日，当渡江战役的隆隆炮声响彻南京上空时，国民党军政要员眼见大势将去，作鸟兽散。于右任按捺不住内心的喜悦，等待着南京的解放。然而，就在 21 日早晨，几名国民党特务突然闯入于公馆，胁迫其坐上汽车，急驰明故宫机场，飞往上海，旋即飞往台湾。

于右任被执去台后，郁郁寡欢。他渴望两岸早日统一，希望能在有生之年重返故园。然而，这一良好愿望终未能实现。1964 年 11 月 10 日，于右任怀抱终天之恨溘然长逝，终年 86 岁。

于右任晚年寓居台北时，曾仿楚辞体作哀歌《望大陆》（又名《国殇》）

三章以表明自己的心境：

> 葬我于高山之上兮，望我大陆；大陆不可见兮，只有痛哭！
> 葬我于高山之上兮，望我故乡；故乡不可见兮，永不能忘！
> 天苍苍，野茫茫；山之上，国有殇。

数十年来，中山北路和宁夏路的于公馆几易其主，但是院中的花、草、树木年复一年地成长着，看看这些生生不息的花草，我们不难想象于老生前是如何的喜爱园艺了。

宁夏路2号于右任公馆现为江苏省文物保护单位。

戴季陶公馆

戴季陶

戴季陶在南京慈悲社、百步坡和华侨路有多处公馆，现在保存下来的有华侨路81号公馆。

华侨路81号公馆占地面积23679.1平方米，建筑面积860平方米，有楼房六栋22间。公馆主楼高两层，坐西朝东，砖混结构，青砖清水墙，坡屋顶，顶覆青色平瓦。大门入口处有方柱门廊，门廊上为简易阳台。

戴季陶（1891—1949），名传贤，字季陶。四川广汉人。早年到日本留学，追随孙中山。1917年，孙中山在广州成立大元帅府，他成为大元帅府的秘书长。黄埔军校成立后，他成为政治部的教官。五四运动时期，他曾经宣传过马克思主义。他还将印度圣雄摩诃塔摩翻译成甘地（意

戴季陶公馆

戴季陶公馆背面

戴季陶公馆大门

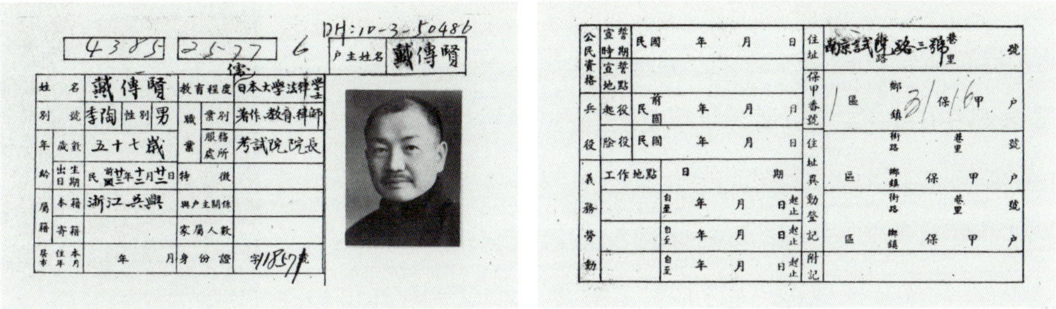

4385　2577　6　DH:10-3-50486

户主姓名　戴傳賢

姓名	戴傳賢		教育程度	日本大學法律學士
別號	季陶	性別 男	職業 業別	著作.教育.律師
年齡 歲數	五十七歲		職業 服務處所	考試院院長
年齡 出生日期	民國前廿二年十二月廿三日		特徵	
屬籍 本籍	浙江吳興		與户主關係	
屬籍 寄籍			家屬人數	
居住本市年月	年　月		身份證	字11857號

公民資格	宣誓時期	民國　年　月　日	住址	南京試院路三號 巷里 號
公民資格	宣誓地點		保甲番號	1區　鄉鎮 31保 16甲　户
兵役	起役	民國前　年　月　日	住址異動登記	街路　巷里　號
兵役	除役	民國　年　月　日	住址異動登記	區　鄉鎮　保　甲　户
義務勞動	工作地點	日期	住址異動登記	街路　巷里　號
義務勞動		自至　年　月　日起止	住址異動登記	區　鄉鎮　保　甲　户
義務勞動		自至　年　月　日起止	附記	
義務勞動		自至　年　月　日起止		

考试院院长戴季陶户籍卡

思是敢于从地狱救世救人，普度众生），这一名称沿用至今。孙中山先生去世后，他首先提出反对孙中山先生“联俄联共，扶助农工”的三大政策，支持蒋介石发动四一二反革命政变，他跟蒋介石的关系非同一般，是蒋介石的“文胆”和幕后参谋。蒋介石曾称赞戴季陶：“兄之待我者，私爱之厚，道义之深，有过于孙先生与静江之待吾者。”1927 年南京国民政府成立后，戴季陶历任国民政府委员、考试院院长、国民党中央宣传部部长、国史馆馆长等职。1949 年，因对国民党前途失望，于 2 月 11 日在广州寓所服药自杀。

戴季陶公馆现为居民住宅。2006 年，被列为南京市文物保护单位。

孙科公馆

孙科（1891—1973），字哲生，孙中山先生之子。广东香山（今广东中山市）人。早年随母亲徙居檀香山（今美国夏威夷），先后入美国加利福尼亚大学和哥伦比亚大学学习，分别获得学士和硕士学位。1917年回国，适逢孙中山先生在广州开展护法运动，孙科历任大元帅府秘书、广州治河督办、广州特别市首任市长、中国国民党临时中央执行委员、中央银行董事等职。1925年广州国民政府成立后，历任国府委员、广东省政府委员兼广东建设厅长、广东省政府代主席。1926年，当选为国民党第二届中央执行委员，不久，兼任青年部部长。1927年南京国民政府成立后，历任国府委员、财政部部长、铁道部部长、考试院副院长、行政院院长、国民政府副主席兼立法院院长、建设委员会常委、“制宪国大”代表和主席团成员、宪政实施促进会会长等，同时还担任中国航空工业理事长，全国经济委员会常委，中苏文化协会会长，上海交通大学校长，岭南、国民、大夏、暨南、中国等大学董事长，并当选为中国国民党第三、四、五届中央执行委员、常务委员，第六届中央委员、中央常委。1949年，孙科离开南京，移居美国。1964年，回到台湾，历任“中美文化教育基金会”董事长、“总统府”资政、“考试院”院长等职。1973年9月13日，孙科在台湾病逝。孙科著有《都市规划论》《中国之前途》《八十略述》等。

孙科

孙科在南京的公馆至少有五处：一处在中山北路254号原铁道部大院内；一处位于中山陵8号（原7号）；一处是鼓楼新村15号（原13号）；一处在原武夷路7号；还有一处在陵园新村，毁于1937年的日军炮火。

中山北路254号

提到孙科，不得不提到孙中山先生。孙中山与原配夫人卢慕贞生有一子二女，孙科是孙中山先生的长子。由于这一层关系，加上孙科本人的勤奋努力，他在国民政府中很快崛起。1928 年，年龄不到 40 岁的孙科从国外考察回来，出任国民政府委员、铁道部部长、考试院副院长。在此期间，他主持建造了中国传统宫殿式风格的铁道部大楼，并在铁道部大院内修建了部长官邸。

铁道部部长官邸俗称“孙科楼”，与铁道部大楼的风格迥然不同，属于西班牙风格建筑，这与孙科深受欧风美雨的熏陶有关。部长官邸由上海华盖建筑师事务所建筑师陈植、童寯、赵深设计，砖混结构，建筑面积 529 平方米，使用面积 335 平方米。大楼造型别致，左右呈不对称状，左边为两层，右边为三层。楼顶覆盖红色筒瓦和板瓦，一仰一覆，天衣无缝。墙壁呈乳黄色，采用弹涂工艺做成，富有立体感。

孙科楼的大门呈拱形，上面是个西式风格的多柱式阳台。大门有三道，第一道是雕花镂空的铸铁大门，第二、三道是木门，这在近代官府中是不多见的。在孙科楼的后面，还有一个露天的喷水池，反映了这幢公馆的设计独具匠心。

孙科楼室内装饰雍容典雅，会客室、餐厅、卫士室、卧室、盥洗室、壁炉等设施一应齐全。地板铺设的地面给家庭增添了几分温馨。通向二楼的楼梯台阶为上等的汉白玉石头砌造，时隔 90 年，至今完好如初。

据《周佛海日记》记载，汪精卫在 1932 年 1 月出任行政院院长时，在南京没有官邸。孙科为了迎合汪精卫，将自己的这幢公馆腾出来，让给汪精卫夫妇居住。1937 年日军占领南京后，日本驻中国派遣军总司令西尾寿造占住孙科楼，兴建了臭名昭著的南京五台山靖国神社。西尾寿造离任后，汪伪政权将孙科楼

孙科公馆

变成了“迎宾馆”。1943 年 1 月 11 日，汉奸周佛海苦心经营的西流湾 8 号公馆不慎失火，汪精卫为了安慰他，批准他全家搬进“迎宾馆”。周佛海入住后，认为其“建筑虽胜于旧居，然究不若旧居之安适”。尽管如此，周佛海、杨淑慧夫妇在当年 1 月 12 日搬入后，一住就是 1 年零 4 个月，直至 1944 年 5 月 16 日才搬回在原址重建的西流湾公馆。

当年的孙科楼有一个相当大的庭院，四周院墙环绕，院内花木扶疏。漫步其中，心旷神怡。可惜今天已经不复存在了。南京解放后，孙科楼由于年久失修，楼板腐蚀严重，铁门、铁窗锈迹斑斑，墙壁斑驳陆离，室内霉味扑鼻。2010 年前，当时的南京政治学院对其进行了全面维修，成为部队干休所。

2006 年，该建筑被列为南京市文物保护单位。2008 年，该建筑以“行政院长官邸旧址”之名被列为南京重要近现代建筑。

中山陵 8 号

中山陵 8 号公馆坐落在中山陵西南约 600 米处，俗称延晖馆，寓意“延续福泽光晖”，是孙科在出任国父陵园管理委员会主任委员期间所建，现为东苑宾馆。

延晖馆建于 1948 年，由基泰工程司建筑师杨廷宝设计，上海陶馥记营造厂承建。高两层，混合结构。前后各有一个半圆形凉台，楼房平面状如风车。楼

延晖馆

延晖馆背面

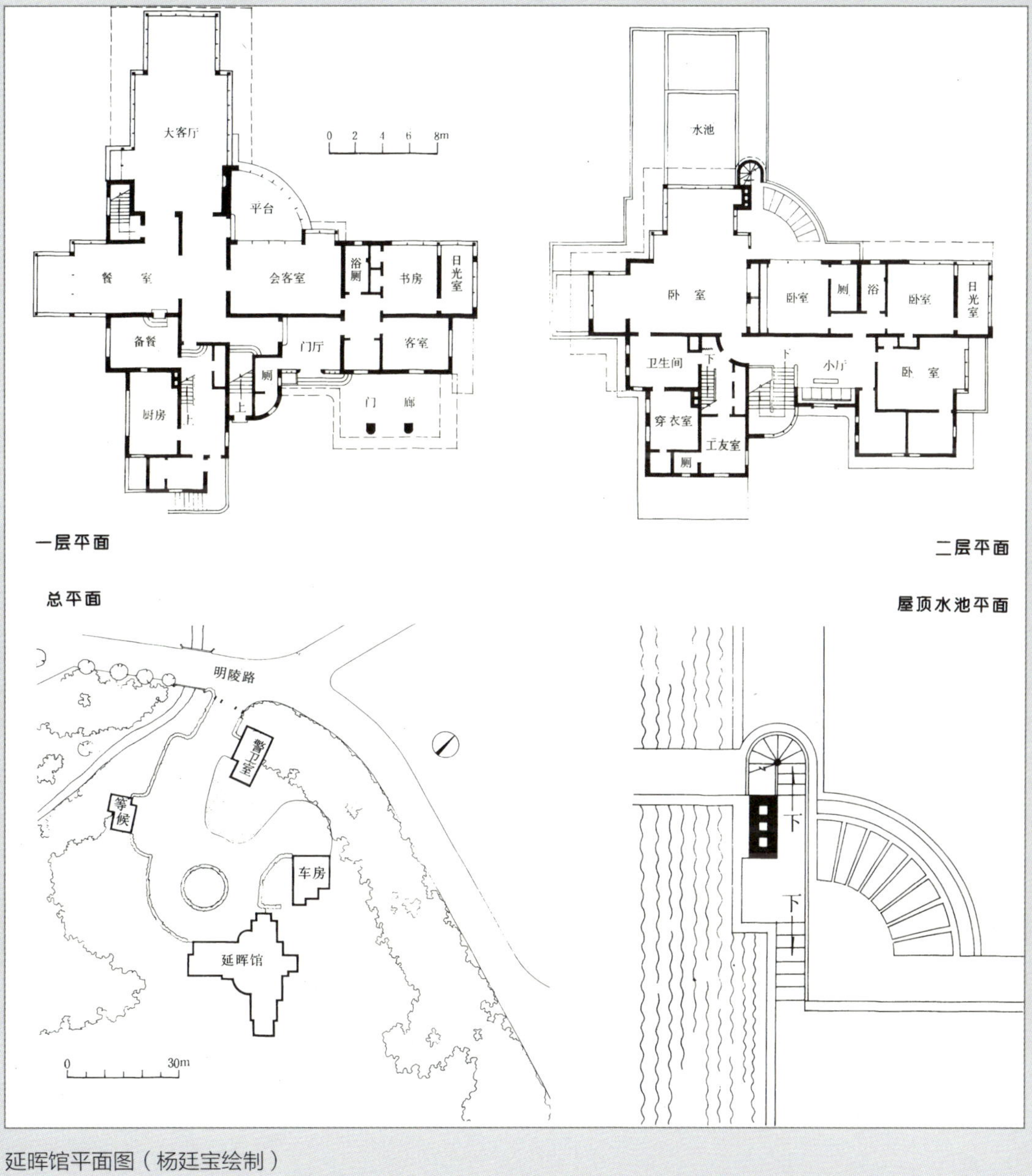

延晖馆平面图（杨廷宝绘制）

房外观采用西方现代派建筑手法，造型呈简洁的几何形组合，配以弧形平台与花架，形成虚实相间、明暗对比的效果。

延晖馆模型图（2021 年 11 月，江苏省美术馆“杨廷宝：一位建筑师和他的世纪”展览）

延晖馆占地面积 40 余亩（约 2.52 万平方米），建筑面积约 1000 平方米。前院开阔，设有警卫室、车库、停车场等。入口朝西北，采用玻璃砖作墙面，门厅光线明亮而柔和。孙科对园林布置、农艺设计及房屋建筑图样设计都有浓厚的兴趣，平生最大的爱好是游山玩水。所以在这栋公馆中，主楼的东南面种植了大面积的花草树木，环境幽雅恬静。公馆前有门廊，底层有大客厅、会客室、餐厅、客房、厨房、卫生间及其他辅助用房；二楼有一间主卧室，三间次卧室及小厅、卫生间等。室内地板、门窗以及书房内的壁橱，全用进口高级木料制成，至今完好。门锁、门把守、

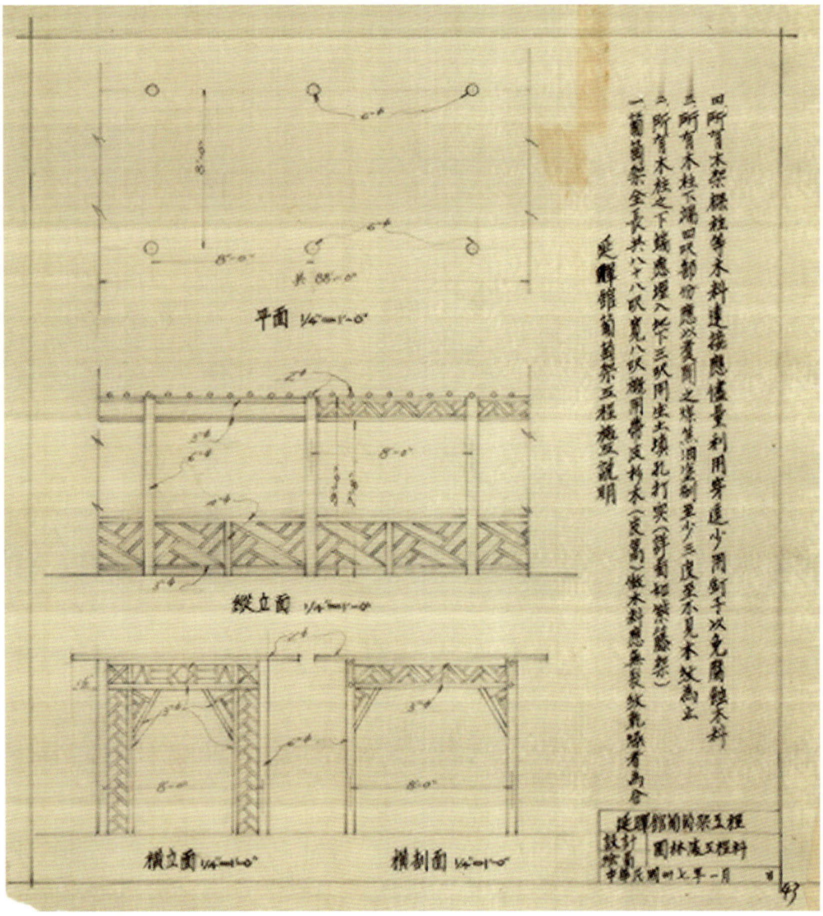

延晖馆葡萄架工程

窗插销等物全是紫铜制作，系从美国进口。卫生间的设备也是美国制造。由于当时尚无空调设施，所以在朝南的主卧室平屋顶上，还设有一个深约1米的水池，水位由浮球阀自行控制，它除了用于室内保温隔热之外，还有利于屋面的保护和防渗漏。从底层通过专门楼梯可达半地下室。

1949年7月，宋庆龄应毛泽东、周恩来的邀请，赴北京共商成立新政协事宜，途经南京逗留数日。她是由廖梦醒和一位女秘书陪同的。当时，她们由南京市军管会交际处接待，下榻孙科公馆。

此后，刘伯承元帅和许世友将军也曾先后在此居住过。

1992年，中山陵8号孙科公馆被列为南京市文物保护单位。2002年，被列为江苏省文物保护单位。

鼓楼新村15号

鼓楼新村15号公馆，是孙科在行政院院长任上所建。占地面积904.7平方米，建筑面积320.7平方米。有砖木结构的西式两层楼房一幢，还有门房、车库等附

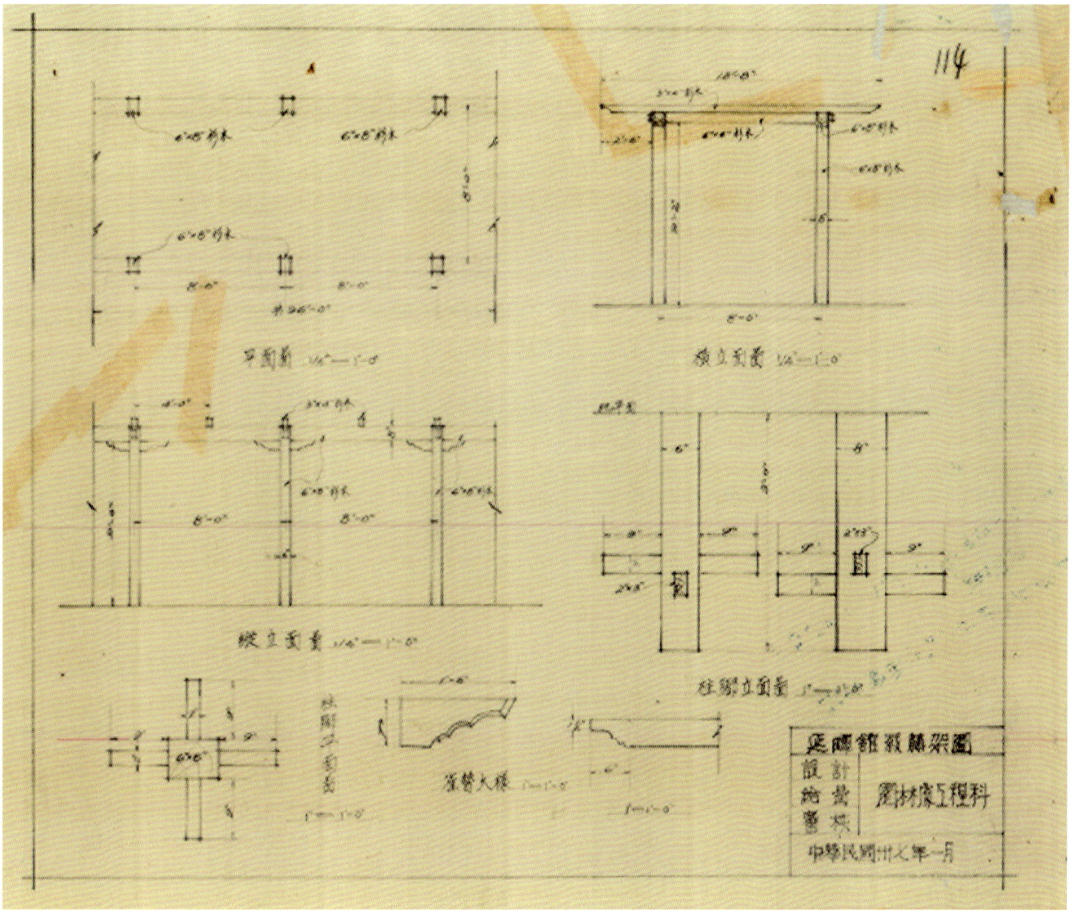

延晖馆紫藤架图

属建筑。现为南京大学使用。据1938年出生的孙穗芳（孙科女儿）回忆，她和母亲曾住在鼓楼新村："我在南京大概生活了1年时间，当时我上四年级的时候，就是在南京美国学校读的。""现在还记得当时门口有卫兵站岗，我出去上学也都是有专车接送，而且那时经常有许多名人到家里做客，不过那时我都没有概念的。"①

武夷路7号

孙科在原武夷路7号还有一幢公馆。

1946年5月10日，总理陵园管理委员会主任委员孙科在南京武夷路官邸，召集吴铁城、马超俊、刘纪文等人，召开国民政府还都南京之后的首次总理陵园管理委员会常委会议，报告了本会接收中山陵的情形、园林工作概要等，并讨论通过了《国父陵园管理委员会组织条例》，以及恢复陵园内被毁建筑物、处理警卫房屋被占用、拨款建造陵园内工人宿舍等事宜。

同年7月15日，国父陵园管理委员会正式成立。这天上午，在武夷路孙公馆内，举行了国父陵园管理委员会第一次常委会议。孙科、戴季陶、陈果夫、马超俊出席，孙科主持会议。会议推举吴稚晖、何应钦、丁惟汾、陈树人四人为国父陵园管理委员会委员，孙科为主任委员。8月，国民政府批准孙科为国父陵园管理委员会主任委员。此后，孙科曾不止一次地召集国父陵园管理委员会成员在其公馆召开会议，商讨有关中山陵的保护、修缮等事宜。遗憾的是，该公馆现已无法确认。

① 刘磊：《孙中山孙女：铜像放总统府最合适》，《南京晨报》2009年8月27日。

宋子文公馆

南京城北鸡笼山（又称北极阁）山巅只有两个门牌号码：一个是位于北极阁2号的国立中央研究院气象研究所，也就是今天的江苏省气象科技服务中心；另一个是北极阁1号宋子文公馆。白天，在宋公馆二楼平台上四望，可见钟山如屏，大江如带，后湖如镜，风景佳绝；夜晚，可以俯瞰城内的万家灯火，令人赏心悦目。

宋子文（1894—1971），广东文昌（今海南文昌）人，生于上海。与宋霭龄、宋庆龄、宋美龄、宋子良、宋子安为同胞兄妹。他是宋霭龄、宋庆龄的弟弟，

宋子文公馆

宋美龄、宋子良、宋子安的哥哥。他在上海圣约翰大学毕业后，留学美国哈佛大学和哥伦比亚大学，获得经济学硕士学位。1917 年回国，曾任孙中山先生的英文秘书。1923 年，任两广盐务稽核所所长。次年，担任中央银行行长。1925 年，任广东国民政府财政部部长。1926 年，任国民党中央执行委员、国民政府委员、商业部部长。1927 年南京国民政府成立后，出任财政部部长、中央银行总裁。1932 年，先后任行政院副院长、代院长。1935 年，改任中国银行董事长。1942 年，任外交部部长。1945 年，任行政院院长。1947 年起，先后担任广东省政府主席兼绥靖公署主任等职。1949 年后去美国。

宋子文

宋子文公馆由天津基泰工程司的建筑师杨廷宝设计。建筑商是南通人陶桂林主持的馥记营造厂。宋公馆建于 1933 年左右。大院院门朝西南，进入院内，只见庭院中间一株雪松亭亭玉立。从西南面入口处看宋公馆只有两层，从东北面看有三层。宋公馆为钢筋混凝土结构，建筑面积 720 平方米。平面呈曲尺形，依山而建，错落有致。1932 年 10 月，朱偰《金陵览古》一文写道："仰望鸡笼山上权贵别墅，则电火灿烂，新乐悠扬，盖方酒绿灯红，度其温柔乡之生活也。"①

宋公馆底层用毛石砌造，显得极为坚固；上面两层用砖砌，表面采用弹涂工艺粉刷而成，立体感极强。公馆最为特别之处是其屋顶，远望上去仿佛是用茅草盖成，所以俗称其为"茅草屋"。民国文人倪锡英写道："半山里有一座茅草顶盖的楼房，这是从前的财政部长宋子文氏的私邸，虽然外观是一所茅屋，而内部的陈设，却是极尽华丽，点缀在半山丛林间，别饶清趣。"②民间盛传"屋上盖的不是茅草，而是冬暖夏凉的美国货"③。据笔者多次实地调查，宋公馆的屋顶是用进口白水泥拌黄沙铺在荻芦上盖成，上下共有三层，每层厚约两厘米，最上面一层做成蜂窝状，所以给人形成了茅草屋的错觉。这种特殊的屋顶处理方法，具有隔热、保温、防火、防雨水渗漏等功效，而且能够保持室内冬暖夏凉。

宋子文自恃是皇亲国戚，自认为比蒋介石聪明，看不起蒋介石，不大听蒋介石的话。他不仅敢插手蒋介石的政治事务，而且对蒋介石的军队事务也敢指手划脚，甚至敢和蒋介石拍桌子对骂。蒋介石对他无可奈何。他的个人生活十

① 收入杨新华主编《朱偰与南京》，南京出版社 2007 年 4 月版。
② ［民国］倪锡英著：《南京》，上海中华书局 1936 年 8 月版。
③ ［民国］周镜泉：《南京游记·京城漫步——金陵览胜之二》，《旅游天地》1949 年第 1 卷第 1 期。

足的洋化。公馆的陈设全部是舶来品。他手下的高级随员与他商谈公事要用英语，批公文也用英语。遇到妹妹宋美龄的时候，也是用英语会话，常将妹夫蒋介石冷落在一旁。

宋公馆的入口处设在二楼的西北面。室内装饰富丽堂皇，摆设各不相同。既有西式布置，又有中式陈设。公馆底层是侍卫和杂役人员住房、厨房及辅助用房，有卫生间；二楼有会客室（会客室有壁炉一个）、餐厅、书房和侍卫室；三楼朝北一间大房间是宋子文夫妇的居室，朝东一间小房间是子女的居室，三楼还有浴室、盥洗室、储存室等。公馆室内顶部采用喷灯工艺建成，一道道横

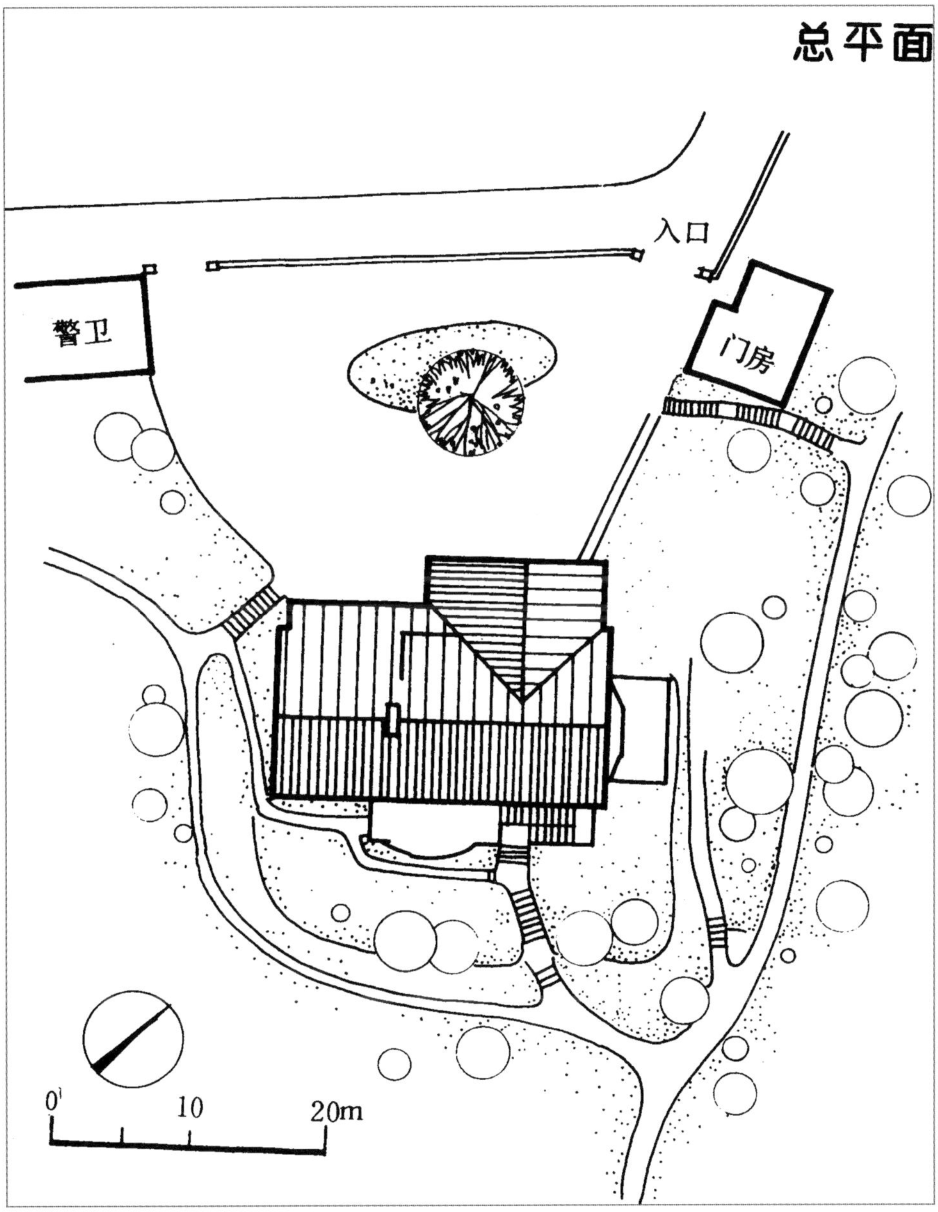

宋子文公馆总平面图（杨廷宝绘）

宋子文公馆墙壁局部

宋子文公馆屋顶

宋子文公馆入口

宋子文公馆一楼内景

梁看似木头，实是用水泥精雕细琢而成，为国内建筑所罕见。

宋公馆既是宋子文全家的居住场所，又是宋子文接见各方面人士的重要场所。

20世纪20年代至30年代，宋子文担任财政部部长期间，曾在公馆接见德国礼和洋行（Carlowitz & Co.）在南京的代理人丁福成。据丁福成在《德商礼和洋行在华经营军火活动情况》一文中回忆："财政部方面，订购军用物资，必须由宋子文亲自接洽，但他不是轻易可以见到的。他忽而上海，忽而南京，行踪不定。宋过去对订购军用物资，不愿与洋行代表接洽，于是我要见到他，首先便得通过他的机要秘书邓勉仁和张远南二人。有一次我有桩重要业务必须与宋子文面洽，多次直接请求接见未成，接着，走了邓勉仁的路子，还是碰了钉子。

后来与张远南商洽，他是日本士官学校毕业生，是宋妻张乐怡的胞兄，财政部税警总团团长，我与他的关系是由张远东的介绍而建立的（张远东是个建筑师，我为要建造房屋，时与张远东往来）。张远东性颇爽直，立即答应陪我去见宋子文，会见的地点不是财政部办公室，而是早晨八点以前在宋的‘官邸’。在接见时，我以瑞典卜福斯炮厂驻华代表身份，主要洽商订购山炮、高射炮，签订合同。张远东直接对宋子文说，今后我还时常要来求见。宋认为我是卜福斯炮厂代表，与上海洋行无关，便答应我以后要见，事前可先通电话，约定接见地点和时间，仍以早晨八点前在官邸为宜。后来我与宋子文多次接见，便先一日用电话约定，有时约定在上海，有时约定在南京。”

1936年12月12日西安事变发生后，蒋介石被扣留。为营救蒋介石，南京国民政府内主和派宋美龄、宋子文、孔祥熙等强烈要求南京与西安谋求某种妥协，以缓和局面。一时间宋公馆人来车往，不绝于途，冠盖云集，密会频繁。国民党达官贵人各怀心思，行色匆匆，进出宋公馆，最后形成以宋氏姐弟为核心的主和派政治集团，与以军政部部长、参谋总长何应钦为首的主战派分庭抗礼。

自从蒋介石在西安被扣后，宋美龄急于了解中共的态度，经过宋庆龄的介绍，中共地下党领袖潘汉年从上海来到南京，秘密住进宋公馆。潘汉年收到12月18日的《中共中央关于西安事变致国民党中央电》，立刻把它交给宋子文转送国民党中央。他还以共产国际和中国共产党代表的特殊身份，从旁支持宋美龄等力排众议，主张和平营救蒋介石。当他接到毛泽东19日的密电后，又把刚刚译出的《中华苏维埃中央政府及中共中央对西安事变的通电》立刻交给宋子文，并说：宋委员最了解张学良将军，他一定会热情欢迎您去西安的。宋子文认为潘汉年这个话反映了中共的意向，就在同以何应钦为首的主战派进行辩论后，获准“以私人资格前往西安”。

毛泽东在21日又致电潘汉年，提出同南京国民政府谈判的五项条件，要他立刻向陈立夫等提出，并且表示：“在上述条件有相当保证时，劝告西安恢复蒋介石先生之自由，并赞助他团结全国一致对日。”潘汉年立刻向陈立夫等提出，并且从旁力劝宋美龄去西安。潘汉年的活动对促成宋子文、宋美龄西安之行发生重要影响，对南京与西安的谈判起了很好的推进作用。22日，宋美龄接到张学良欢迎她前往西安的电报后，立刻在端纳、宋子文等人陪同下飞赴西安。张学良在见到宋子文时，坦率地告诉他：只要蒋答应张学良、杨虎城通电中的八项主张，东北军、十七路军和红军将一致同意释放蒋介石。随后张学良陪同宋子文一起去见蒋介石。周恩来也明确转告宋子文：中共并未参与此事，对西安事变主张和平解决，希望宋子文劝说蒋介石改变政策。第二天，宋子文飞回南京。

经过周旋，西安事变得到和平解决。12 月 25 日下午 4 时，蒋介石、宋子文、宋美龄、端纳在张学良的陪同下，飞离西安，5 时 20 分到达洛阳，在洛阳住了一夜。12 月 26 日上午 9 时 45 分，从洛阳起飞，12 时 20 分飞抵南京。由此，宋子文赢得蒋介石的信任。

与此形成鲜明对比的是，张学良于 12 月 26 日护送蒋介石一行返回南京后，一下飞机，蒋介石便背信弃义，将张学良及其随从共 11 人软禁在宋子文公馆，派重兵看守。12 月 27 日晚，张学良最后一次见到蒋介石。据《蒋介石日记》记载，12 月 27 日，“晚见汉卿。彼犹强余以实行改组政府，而毫无悔祸之心。余乃以善言慰之，并实告以军法会审后，请求特赦，并予以戴罪图功之意。彼乃昂昂然而去”。

此后，蒋介石通过宋子文之口，诱逼张学良写下了“负荆请罪”的信。12 月 31 日上午，国民政府组织高等军事法庭审判张学良，李烈钧任庭长，判处张学良有期徒刑 10 年。同时，张学良在宋子文公馆的卫队被解除武装。随后，张学良被转移到中山陵园内的孔祥熙别墅内看押起来。从此之后，张学良开始了漫长而又悲壮的幽禁生涯。1992 年，《少帅春秋》在宋公馆拍摄，再现了北极阁这段风云变幻的历史。

抗战期间，宋子文公馆被日伪占用，成为宴会、会议和疗养的场所。汪伪大汉奸周佛海在 1941 年 10 月 19 日的日记中写道：“晚与淑慧（笔者按：周佛海妻杨淑慧）宴请汪先生夫人（笔者按：汪精卫妻陈璧君）及其家族于北极阁宋子文故宅。旧地重游，感慨无量。”汪伪中央政治委员会也常在此开会。

1943 年 12 月 19 日上午 9 时至 11 时，汪伪国民政府主席汪精卫到日本在南京设立的陆军医院（今东南大学四牌楼校区）施行手术，取出被爱国志士孙凤鸣刺杀时留在背部 8 年零 1 个月 20 天的子弹。20 日上午 10 点出院，住进北极阁宋子文公馆疗养。当天下午，日本陆军总医院医

张学良

学博士桃井中将及军医部部长后藤少将前往北极阁探视汪精卫。汪精卫在这里一直住到元旦前夕才病情好转，但仅仅是回光返照而已。1944 年 11 月 10 日，一代巨奸汪精卫病死于日本名古屋。

南京解放前后，宋公馆基本未遭到破坏。据南京市军管会交际处副处长张意远《在市军管会交际处工作的回忆》记载："位于北极阁山上的宋子文公馆及明孝陵附近的孙科公馆均为花园别墅，我们以代管的性质作了接收。公馆内留有一般家具陈设，宋子文公馆大客厅内留有几套高档皮制沙发，均包装好而未及运走。"①

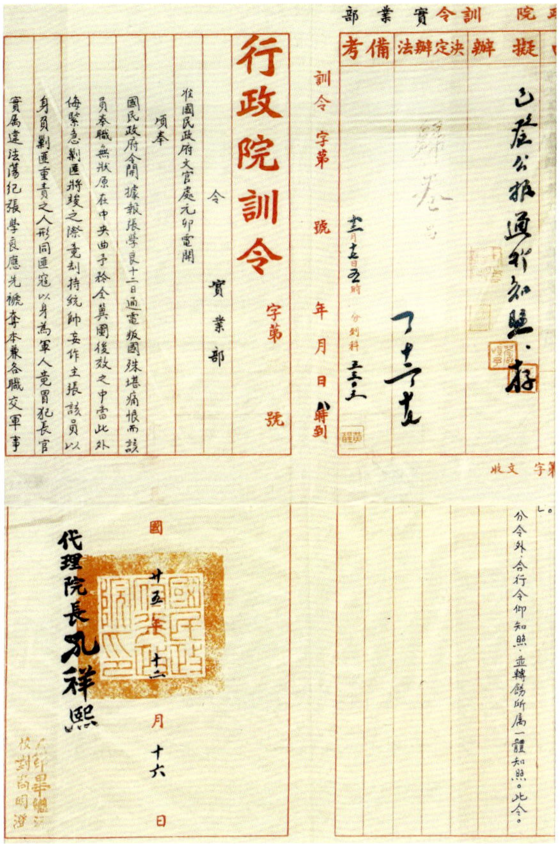

行政院訓令 字第 號

令 實業部

准國民政府文官處元卯電開

頃奉

國民政府令開：據報張學良十二日通電叛國，殊堪痛恨。而該員奉職無狀，原在中央曲予矜全，冀圖後效之中。當此外侮緊急，剿匪將竣之際，竟劫持統帥，妄作主張。該員以身負剿匪重責之人，形同匪寇，以身為軍人，竟冒犯長官，實屬違法蕩紀。張學良應先褫奪本兼各職，交軍事

分令外，合行令仰知照，並轉飭所屬一體知照。此令。

代理院長 孔祥熙

國 廿五年 十二 月 十六 日

行政院处分张学良的训令（1936 年 12 月 17 日，摄于延安革命纪念馆）

解放后，刘伯承担任南京市第一任市长期间，曾住在这里。他在公馆的西北侧与书房交接处，加筑了上下两间房子，上设平台。登上平台，放眼望去，近处是金碧辉煌的鸡鸣寺和蜿蜒曲折的南京城墙，远处是烟波浩渺的玄武湖和宛如蟠龙的紫金山，山水城林交相辉映，湖光山色尽收眼底，令人心旷神怡。据王平、邓攀、缪慧、余静《刘太行忆父亲刘伯承南京往事》一文记载："1950 年底，我们家从重庆搬到了南京，住在城东北极阁的一幢二层小楼里。当时是弥群和雁邻（笔者注：刘太行三妹、四妹）跟着父母在南京，我和解先（笔者注：刘太行二妹）一直留在北京读书，只有寒暑假来南京。""我们家搬到南京的最初几年，我就是寒暑假才回南京。对北极阁的那个家我印象很深，那时山上的风景特别好，到处绿树成荫，有许多白鹭栖息其间，站在家门口的空地上，可以看见鸡鸣寺，也能远望紫金山。离我们家不远有个气象台，附近还驻扎着一个警卫排，大人们不在家的时候，我们这些孩子就去警卫排搭伙吃饭。因为住在山上，家里的水要靠一个泵先抽上来，所以每次需要用水时，都要先给山下的一个值班室打电话，等水抽上来了，再打电话通知值班的师傅关闭水泵。"② 刘伯承的长子刘太行还回忆：刘伯承不吸烟、不喝酒、不玩牌、

① 转引自南京市政协文史和学习委员会编《红日照钟山——南京解放初期史料专辑》，南京出版社 1999 年 4 月版。
② 《南京晨报》2012 年 10 月 11 日。

20世纪50年代南京市市长刘伯承与妻子汪荣华合影（中共南京市委党史工作办公室编《刘伯承在南京》，中央文献出版社 2012 年 10 月版）

不跳舞，有时听点音乐，如黄梅戏、《春江花月夜》《二泉映月》，在记忆中，他几乎所有时间都在看书。父亲生活很有规律，经常在北极阁附近或中山陵一带散步，在南京的几年里，几乎把南京周边走遍了。1959 年 1 月 19 日，父亲带着其他孩子移居北京。

“青山依旧在，几度夕阳红。”如今的宋子文公馆依然像当年一样雍容典雅，豪华气派。2008 年 3 月 25 日上午 11 时，宋子文长女冯宋琼颐阔别故居 60 载，在长子冯英翰、次子冯英祥的搀扶下，故地重游，此时院内的樱花吐艳。她从楼下走到楼上，仔细审视每一个房间，每一处阳台，努力寻找对过往的记忆，感慨万千：“人到这个年纪，分外想家。”“这间是厨房，那间是父母房间……”“1947 年、1948 年间，我在这里住过。”学生时代的她，大部分时间是在上海和广州度过的，只有暑假时才在南京小住，在北极阁周围散步、瞻仰中山陵、在紫金山的空旷地带学开吉普车……“那时房子周围的树没有这么多，城市也不像现在这么繁华。”①

宋子文公馆现由西康宾馆管理，属于省政府接待处，2002 年 10 月，“宋子

① 刘晓：《阔别 60 载，宋子文长女冯宋琼颐女士昨返故居——“人到这个年纪，分外想家”》，《南京日报》2008 年 3 月 26 日。

文住宅旧址”被列为江苏省文物保护单位。遗憾的是，宋子文公馆至今未对外开放。前来参观的游客，只能隔着高高的围墙，遥想其当年的风采。[①]

① 2008年9月23日上午，晴朗。香港凤凰卫视《凤凰大视野》节目主持人王鲁湘邀请笔者做一档“民国建筑·宋子文公馆”的节目。在拍摄过程中，我们惊喜地发现，宋子文公馆底层毛石墙与二三层墙身之间，镶嵌了一圈明城墙砖，宛若裙边。这些城墙砖上，铭文历历在目，有“常州府”“江阴县”“洪武七年 日”等字样。靠近二楼窗台位置，所用明城墙砖均被磨薄一厘米左右，以利泄水。在公馆的四个转角处，也砌了若干块明城墙砖，使公馆更加具有历史底蕴和耐人寻味。

孔祥熙公馆

民国时期，孔祥熙作为蒋、宋、孔、陈四大家族的重要成员之一，是国民党中炙手可热的人物，他在南京城内高楼门、香铺营、铁汤池财政部（今中山东路128号）以及东郊中山陵园风景区内，拥有多处公馆别墅，其中高楼门80号是孔祥熙在南京的主要居住地点。

孔祥熙（1880—1967），字庸之，山西太谷人。早年肄业于通州潞河书院，后留学美国，入美国奥柏林大学（又译为欧柏林大学，Oberlin College）、耶鲁大学读书。1907年回国，创立铭贤学校，任校长。1913年，追随孙中山东渡日本，任日本中国青年会总干事。回国后，受阎锡山之邀，出任山西省都督署顾问。1924—1925年，任中俄交涉事宜公署驻奉天代表、坐办，西北边防督办公署参议。

孔祥熙公馆大门

北伐期间，担任广东财政厅厅长、武汉国民政府实业部部长。1927 年南京国民政府成立后，出任侨务委员会委员。此后历任工商部部长、实业部部长、全国经济委员会委员、行政院副院长、中央银行总裁、财政部部长、行政院院长、行政院副院长。从 1931 年起，历任国民政府委员，并任国民党第三至第六届中央执行委员。1947 年 4 月，蒋介石改组国民政府，孔祥熙离沪赴美“养病”。1967 年 8 月 16 日，于美国纽约去世。

孔祥熙

1928—1930 年孔祥熙担任国民政府工商部部长期间，在高楼门 80 号兴建了一座中西合璧的公馆。公馆高两层，砖木结构，外墙为黄色，大圆拱窗，坡屋顶，上铺红色筒瓦，整个建筑造型复杂多变。公馆内有两间卧室、两间会客厅和两间办公室，内部设施齐全。一条甬道直通到大院门口，两旁各有一排厢房，供警卫人员居住。在公馆的客厅和办公室里，悬挂着多幅油画，还有谭延闿、于右任书写的条幅。公馆高墙环绕，内有一个巨大的院落，绿树掩映，环境幽雅。

1933 年 4 月，孔祥熙以国府委员身份出任中央银行总裁，同年 11 月，接任

孔祥熙公馆

财政部部长一职，掌控了国民政府的财政、金融大权，这一掌就是12年。1935年11月，他针对国际市场银价高涨、白银大量外流的现状，适时推行币制改革，取消银元作为流通货币，采用中国、中央、交通、农业四大银行发行的钞票——法币，作为统一的流通货币。从此银元退出流通舞台。这一举措稳定了金融市场，有利于国民经济发展。高楼门公馆可以说是孔祥熙推行法币政策的重要酝酿场所。

孔祥熙的生活习惯比较有特色。他一般睡到上午10点钟才起床。与其他的民国要员不同的是，孔祥熙很少会客，一般也不出门。他起床后，喝一碗蛋白燕窝汤，吃点高级点心，随便看看《中央日报》和《新闻报》之类的报纸。中午吃一碗山西风味的拉面，或者吃点主食，生熟冷热都有，吃过后，稍事休息，下午1点半去中山东路128号财政部办公。兼职各机关如中央银行的例行公事，都集中到财政部来办理。下午3点，家里派人送一碗乳汁莲子羹到他办公室。下班时间没有定数，有时7点半回家吃饭，休息到八九点钟，又去办公，到深夜1点钟才回到家，然后喝一小碗人参鸡汤和家中厨师自制的山西煎饼一盘。

孔祥熙每天在午饭前都要洗一次澡，有专人负责擦背修脚。每周都要到汤山温泉去沐浴一次，有时是蒋介石约他一道去的。孔祥熙比较胖，血压高，平时不喜欢饮酒，喜欢抽烟。可是当着夫人宋霭龄面就不敢抽烟了。宋霭龄比较泼辣，家里的规矩都是她定的，可以说孔祥熙还是比较惧内的，说他是妻管严一点也不过分。

孔祥熙字庸之，就像他的字一样，表面上显得庸庸碌碌，实际上精明过人。与宋子文经常顶撞蒋介石截然不同，孔祥熙唯蒋介石之命是从，再加上夫人宋霭龄与宋美龄这一层裙带关系，使他深得蒋介石宠幸，长期在民国政坛上左右逢源，跻身四大家族之列。

孔祥熙有四个儿女，大儿子孔令侃、大女儿孔令仪、二儿子孔令杰、二女儿孔令俊。四个子女中，大女儿生活奢华，但比较安分；二儿子孔令杰出洋留学。大儿子孔令侃和二女儿孔令俊投机倒把、仗势欺人、大事敛财，可谓劣迹斑斑。儿女们都已经成人，多数时间住在上海，南京的高楼门公馆平时只有孔祥熙一人居住。

国民政府定都南京后，党国要人，大多数人玩政治在南京，搞经济在上海；幕前在南京，幕后在上海；办公在南京，玩乐在上海。每逢周末，京沪道上，

南京沦陷期间，高楼门 80 号孔祥熙公馆变成“大日本海军武官室”

冠盖如云，孔祥熙也不例外。他平时都住在南京高楼门的公馆中，每到周末，下午 5 时乘火车去上海，星期天乘坐夜车回南京，以便星期一早上参加总理纪念周活动。

1937 年 12 月 12 日西安事变发生时，孔祥熙正在上海的家中。他下午得到消息后，很为蒋介石的安全担忧。当晚，他乘坐夜车返回南京。13 日早上，在高楼门公馆紧急约见了苏联大使馆鄂山阴秘书，希望他转告苏联大使，设法出面保护蒋介石的安全。他指出：“蒋如被杀，势必迫使中国投靠日本，以中国人力物力供给日本军阀，做侵略资本，对亚洲对苏联都是严重威胁，希望苏联设法保全蒋的生命，其他问题事后从长计议。”当天，鄂山阴秘书又来到高楼门公馆，说已报告大使转电莫斯科。孔祥熙所做出的努力不管有没有起到作用，他反对武力讨伐、主张和平解决西安事变的态度为他赢得了蒋介石的永久信任。

南京沦陷期间，高楼门 80 号孔祥熙公馆变成“大日本海军武官室”。

今天的孔祥熙公馆，旧貌依然，现已被列为江苏省文物保护单位。徜徉其间，让人思绪不禁穿越时光的隧道，飞回到 90 多年前……

陈果夫·陈立夫公馆

在千姿百态的民国公馆中，有一处兄弟二人毗邻而居的公馆，这就是位于南京常府街30号（原为18号）陈果夫、陈立夫公馆。

陈果夫（1892—1951），原名陈祖焘，字果夫，浙江吴兴（今浙江湖州）人。幼年在长沙明德学堂读书。1907年，入浙江陆军小学堂，受叔父陈其美革命活动影响，加入同盟会。1911年，入南京陆军第四中学。辛亥革命爆发后，赴武汉参加革命军，后随陈其美参加讨袁斗争。1918年起在上海经商，与蒋介石等从事交易所投机买卖。1924年黄埔军校创办后，在上海为军校招募新生兼采购物资。1926年，当选为国民党第二届中央监察委员，任国民党中央组织部代部长，排斥共产党人和国民党左派。1927年春，积极参与蒋介石“清党”反共。他曾数度出任国民党中央组织部部长，是第三、四、五、六届国民党中央执行委员、

陈果夫公馆（左）、陈立夫公馆（右）

陈果夫

中央常务委员、中央政治会议委员，长期掌管国民党党务。他培植亲信，排斥异己，控制各级党部，竭力把国民党变成蒋介石进行独裁统治的工具。与其弟陈立夫组织“中央俱乐部”（Central Club），后来成为一个很有权势的CC系。他们把中央组织部调查科扩充成为一个庞大的特务系统，后来发展成为中国国民党中央执行委员会调查统计局（简称“中统”），从事反对共产党、迫害进步人士的活动，并对付国民党内反蒋派系的抗争。陈果夫在国民党政府中历任要职：1928年，任国民政府委员兼监察院副院长；1932年，任导淮委员会副委员长；1933年，任江苏省政府主席；1938年，任中央政治学校教育长；1939年，任军事委员会委员长侍从室第三处主任。先后担任中国农民银行董事长、中央合作金库理事长、土地开发公司理事长、中央财务委员会主任委员等职。1949年去台湾。

陈立夫（1900—2001），原名陈祖燕，曾化名李融清、辜君明。陈立夫早年就读于上海南洋路矿学校中学部。1917年8月，考入天津北洋大学采矿科。1923年毕业后，赴美留学。1925年，毕业于美国匹茨堡大学，获矿冶工程硕士学位。同年回国，前往广州，出任黄埔军校校长办公室机要秘书、国民革命军总司令部秘书处机要科科长、秘书处处长。1927年南京国民政府成立后，历任国民党中央宣传部设计委员，中央组织部调查科（“中统”前身）主任，国民政府建设委员会秘书长，训练总监部政训处处长，国民党第三、四、五、六届中央执行委员，中央党部秘书长，中央组织部部长，中央政治学校代教育长，军事委员会调查统计局（简称“军统”）局长。全面抗战期间，历任教育部部长、社会部部长、三民主义青年团中央临时干事会干事和常务干事等。1947年，出任国民党中央政治委员会秘书长。次年，出任立法院副院长。1949年赴台湾。

陈立夫的一生并非一帆风顺。1950年7月26日，陈立夫被蒋介石解除职务，从此疏远政治。1950年8月，陈立夫举家赴欧洲，旋即定居美国新泽西州。后应蒋介石之邀，于1968年回到台湾定居，任“总统府”资政、国民党中央评议委员、中华文化复兴运动推行委员会副会长、孔孟学会理事长等。著有《孟子之政治思想》《四书贯要》《成败之鉴》等。

陈立夫

常府街原是明朝开国元勋、开平王常遇春的王府所在地。历经600多年的变迁，常氏王府已经消失得无影无踪，但常府街这个地名却成了历史的见证。

陈果夫、陈立夫公馆建于1935年。常府街28号、30号、30号之一、30号之二都在其兄弟二人的公馆范围内。两人的公馆占地面积3085.4平方米，建筑面积2143.7平方米，共计有建筑物八幢77间。在建造公馆的时候，陈立夫任国民党中央组织部部长、比他大8岁的兄弟陈果夫任江苏省政府主席。地位显赫的二陈将公馆建在一起，这在民国公馆中堪称特例，也说明陈果夫、陈立夫兄弟二人感情非同一般。

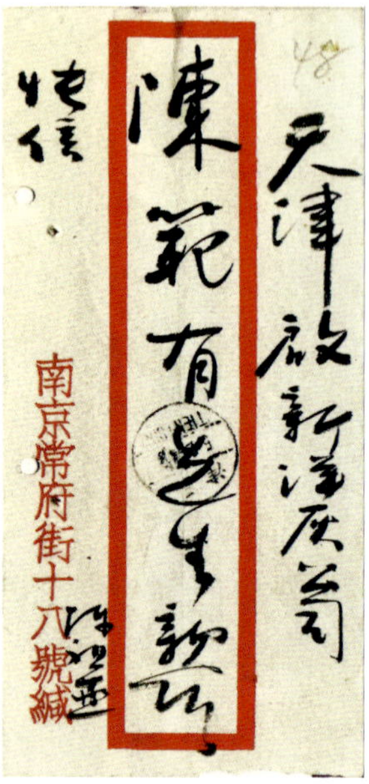

陈立夫给同学、江南水泥厂创始人之一陈范有的信（南京市档案馆藏）

公馆的大门门口原有一间约14平方米的门房。与门房并列的是一幢高三层的西式楼房，为秘书和警卫人员的办公和居住用房，现在已经没有了。再往里走，可以看到一个庭院，当年庭院中间有一个小池塘，院子里栽满了花草树木和瓜果。陈果夫在1936年7月的日记中写道：“园中瓜果生长迅速，逐日改观，家人顾而乐之，每日必望一次，此中生气与情感，惟乡间有之，城市中人，罕知享受。”而陈氏兄弟的孩子们常常在院子里捉虫子、挖蚯蚓、逮蟋蟀、捕青蛙，甚至连蜘蛛也成了孩子们的玩物。可以想见，陈氏兄弟的公馆闹中取幽，颇有城市园林之妙。

庭院内的两幢西式楼房，东面的一栋高三层，西面的一栋高两层，均是砖木结构，青砖清水墙，坡屋顶。陈果夫家中人口较少，只有夫妇两人带着一个女儿，住在西面的一栋面积较小的二层楼；其弟陈立夫因为家中人口多，住在东面的一栋面积较大的三层楼。在两幢主楼后面，有一排平房，被用作仓库、汽车房、厨房和泡菜间等。陈果夫公馆一楼是会客室，二楼是居室和盥洗室。陈立夫公馆一楼也有一个大会客室，还有两个小的会客室；二楼是陈立夫夫妇和母亲的居室、盥洗室；三楼是孩子们的居室。

二陈是中国近代史上显赫一时的蒋、宋、孔、陈“四大家族”的第一代成员。他们的父亲陈其业和两位叔父陈其美、陈其采均为资产阶级革命家，对陈果夫、陈立夫的影响颇大，叔父陈其美与蒋介石又是拜把子兄弟，所以陈果夫、陈立夫能够跻身国民党高层绝非偶然。他们兄弟二人作为国民党CC系的头目，为国民党的组织建设和党务建设立下汗马功劳，当年可谓权倾天下，有“蒋家天下陈家党”之说。

陈果夫公馆

陈立夫公馆

修缮后的陈果夫公馆（左）、陈立夫公馆（右）

陈果夫公馆与后面平房之间的过道

当年的二陈公馆，门庭若市，拜访者需要排队才能见到二陈一面。当年陈立夫进出门坐的是一辆黑色帕卡德牌轿车，而陈果夫坐的是一辆绿色别克牌轿车。

陈果夫的秘书袁英林在一篇回忆录中回忆：“二陈两家公馆，都各有秘书室。陈立夫有四个秘书，都是他的同乡亲戚。陈果夫有三个秘书，我是其中之一，另外一个陈世杰，是他的外甥，还有一个梁渊，是他外甥女婿的弟弟。秘书的日常工作是办理来往函电，转送来往文件，接待来访客人，随从外出记录。各家秘书室，各自办理各家的事，互不相干，必要时也有些联系。据我三年多时间的观察，平日两家生活，都比较俭朴，没有铺张浪费的现象，像一个普通家庭。

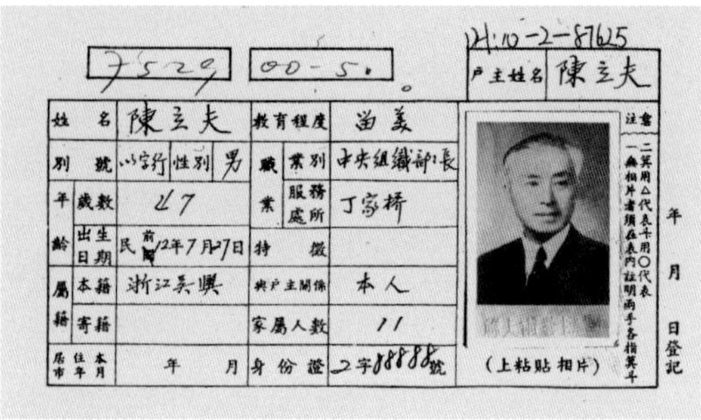
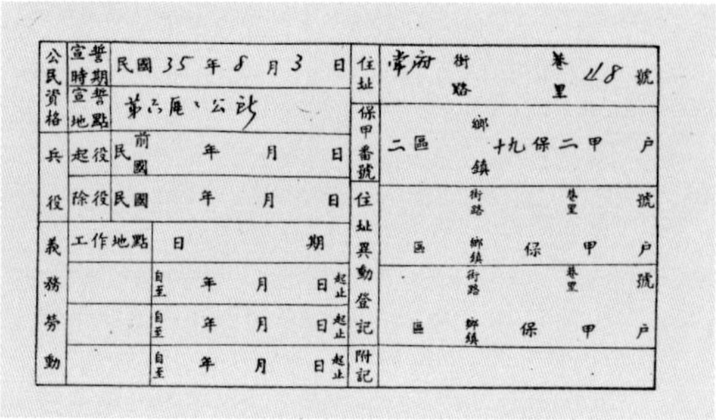

陈立夫户籍卡

门前无警卫，只有一名传达。外出时，一部小汽车，一个司机，一个随从副官。不像孔祥熙那样，每一个行动，小包车几部，随行人员一群，前呼后拥，夸耀示众。”

陈果夫作为阵亡将士公墓筹备委员会常委，曾经在公馆召开关于公墓的会议。南京市档案馆馆藏档案有这样一段记载，全文如下：

建筑阵亡将士公墓筹委会临时谈话会

地点：本京常府街十八号陈宅

时间：二十五年六月二十七日下午四时

出席者：陈果夫　夏光宇　叶楚伧

列席者、纪录：张熙麟

决议：

一、本会所存经费，以国币十万元为公墓基金，呈请中央执委会备案，并请指定基金保管委员。

二、干事许政及专员梁鼎铭加发一个月薪水，并请中央执委会酌予任用。[①]

全面抗战时期，陈果夫、陈立夫随国民政府西迁陪都重庆。二陈公馆被日本人占用。抗战胜利后，二陈又搬回到原来的公馆居住，直到1949年4月南京解放。

1949年后，陈立夫公馆先后成为南京空军高干招待所、四五四医院小儿科特护病房和门诊部、四五四医院宿舍等。

① 转引自周学鹰主编《国民革命军阵亡将士公墓图志》，南京大学出版社2020年12月版。

2003年12月30日下午，陈立夫的儿子、台湾立夫医药研究文教基金会董事长陈泽宠携妻子林颖故地重游，看到曾经居住过的故居旧貌依然，心情非常激动而又万分感伤。回到台湾后，撰写了《我的家》一文，其中写道："那一天下午我又再次'返童了'。这是我的家！"2016年3月，林颖再次故地重游，看到公馆破旧不堪，内部被拆得乱七八糟，伤心得几乎落泪。[①]

1945年陈立夫全家摄于公馆

陈果夫因为体弱多病，于1951年去世。而陈立夫在2001年2月8日去世，活了103岁。他晚年首创的"中国文化统一论"，奠定了陈立夫在两岸关系中的特殊地位，因而被台湾媒介奉为"促进两岸交流与和平"的"基磐"，他后来还当选"海峡两岸和平统一促进会"名誉会长。1994年，陈立夫赠送海协会会长汪道涵一幅墨宝写道："求统一不谈小节，为和平先天至诚。"再次表达了渴求祖国统一的急切心情。陈立夫的所作所为赢得了海峡两岸人民的广泛尊敬。

2006年6月，二陈公馆以"常府街30号民国建筑"之名被列为南京市文物保护单位。

① 《陈果夫陈立夫旧居藏身常府街28号：两栋破旧小楼荒废已久，文保专家呼吁立即保护性利用》，《现代快报》2016年3月31日。

白崇禧公馆

“少小离家老大回，乡音无改鬓毛衰。儿童相见不相识，笑问客从何处来。”唐朝诗人贺知章的《回乡偶书》这首诗，用来形容台湾作家白先勇先生 1987 年来南京的心情是最恰当不过了。白先勇就是白公馆主人白崇禧之子。

白崇禧（1893—1966），字健生，广西临桂人，回族。保定军官学校毕业。1924 年，任国民革命军第七军参谋长。国民政府成立后，历任军委会常委、第四集团军副总司令、军委会副总参谋长、军训部部长、国防部部长、战略顾问委员会主任委员兼华中“剿总”总司令等职。1949 年赴台湾。

白公馆坐落在大悲巷雍园 1 号（边门门牌为大悲巷 11-1 号），占地面积 388.9 平方米，共有房屋三幢 16 间，建筑面积 266.3 平方米。公馆四周为高达 2.6 米的围墙环绕，院内有两幢洋楼，东西错位，南北相对而立，均为砖木结构，

白崇禧公馆大门

白崇禧公馆

红砖砌筑。此外还有副官、卫士和佣人的住房，以及门房和车库等建筑。

当年的白公馆，与南边的梅园新村遥遥相望。周围有浓郁的水杉林和绿色的草坪，还有几口清澈的水塘，水中鱼儿嬉戏，水边鸡鸭成群，好一派田园风光！

白崇禧公馆原是一位富商的房产。1947 年，身为国民政府国防部部长的白崇禧嫌兰园 9 号的住宅面积太小，便托人租下雍园 1 号，稍加装修，成为他在

白崇禧

白崇禧与夫人马佩璋

1946 年 7 月白崇禧全家在南京合影

南京主要的居住、活动场所。

白公馆虽然处在一个幽雅宁静的地方，但是，自从白崇禧全家搬入以后，这座公馆变得热闹起来。

白崇禧与夫人马佩璋都是回民，他们育有七儿三女。白崇禧的哥哥、嫂子、三姑妈等人也随他在南京生活。据说，白公馆的西楼住着白崇禧一家人，他和夫人住在西楼的二楼。白崇禧的卧室布置得比较简洁：一张双人床，一个衣帽架，外加墙上挂着的一幅白崇禧手握佩剑的戎装照；二楼的客厅，兼做白崇禧的书房。白崇禧平生不爱抽烟，但爱读书，闲暇之余常常是手不释卷，这在民国军政要员中是不多见的。白崇禧的儿女们住在西楼的一楼，平时，儿女们都分散在上海、武汉等地，倒也不显得拥挤，可是一到节假日，儿女们全部回来了，就显得比

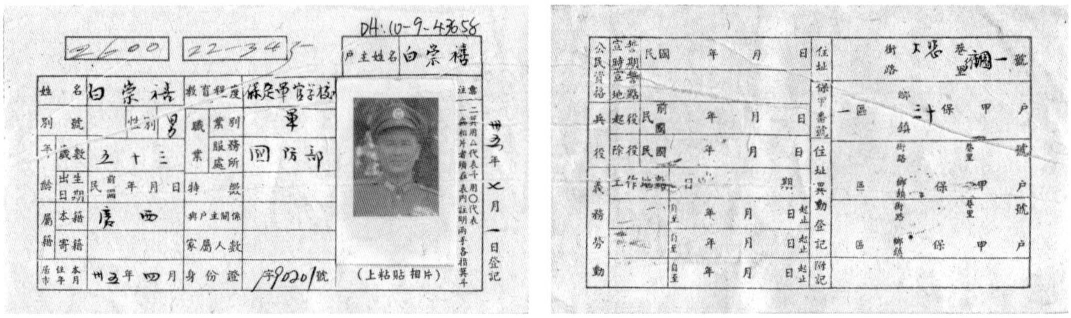

白崇禧户籍卡（南京市档案馆藏）

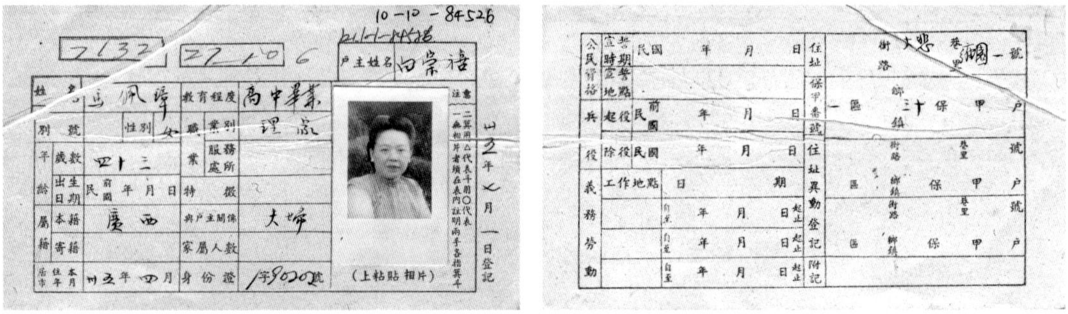

马佩璋户籍卡（南京市档案馆藏）

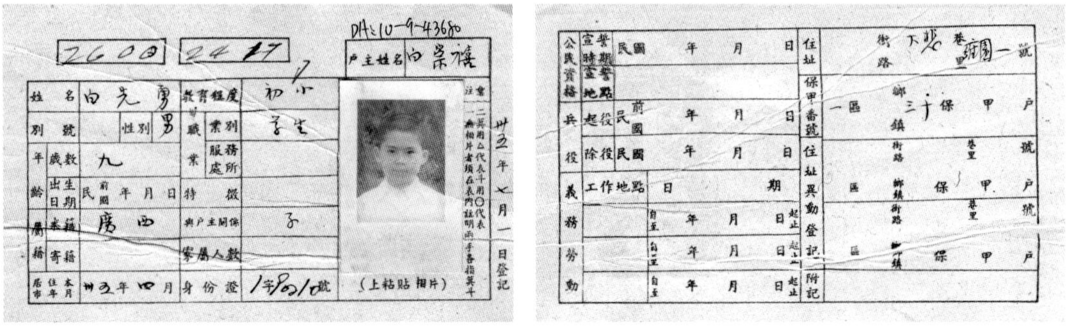

白先勇户籍卡（南京市档案馆藏）

较局促了。

白崇禧公馆的东楼是白崇禧哥哥、嫂子一家人和三姑妈等人居住的地方。白崇禧对兄长和姑妈极为关心和孝顺，常过去向哥嫂问好、向姑妈问安。

李宗仁（右）与白崇禧

在国民党军政要员中，人们习惯将桂系将领李宗仁、白崇禧合称为“李、白”；又因白崇禧足智多谋，人称“小诸葛”。1948年4月，国民党一手操纵的“行宪国大”召开，李宗仁与孙科、程潜、于右任、莫德惠、徐傅霖六人参加副总统竞选。副总统选举前后进行了四轮投票，最后李宗仁以1438票当选。在选举过程中，白崇禧公馆与李宗仁公馆共同成为桂系军阀的大本营，白崇禧为李宗仁顺利当选副总统立下了汗马功劳。

李宗仁的当选，惹恼了蒋介石。蒋介石采取了报复计划。他将白崇禧从国防部部长的宝座上给拉下来，派何应钦接替白担任国防部部长，而将白崇禧调为华中“剿总”总司令，驻扎在汉口，让李、白各处一方，分而治之。白崇禧深知蒋介石的用意，采取消极行动，表示反对。1948年6月6日，白崇禧在家中与李宗仁、程思远一起吃了一顿午饭后，便遛到上海去了，经过蒋介石数次派人到上海劝慰方才走马上任。

1949年4月，在中国人民解放军发起渡江战役前的一段时间里，国民党高级将领频频在白公馆秘密聚会，商讨对策。4月5日，被上海报纸称作“神秘客”的中共方面代表朱蕴山、李民欣持着李济深写给白的亲笔信，来到白崇禧公馆，劝白崇禧支持李宗仁签订和平协议，白崇禧热情地接待了他们，并将他们秘密安置在公馆旁的简易活动房屋内予以保护起来。

4月17日、18日，白崇禧与其他桂系高级将领聚集在李宗仁公馆，商量是否签订和平协议的事宜，白崇禧始终反对李宗仁签订和平协议，致使会议不欢而散。4月19日，身为战略顾问委员会主任委员兼华中“剿总”总司令的白崇禧看到国民党政权行将就木，匆匆忙忙地赶往汉口华中“剿总”总司令部。四天后，南京解放，从此，白崇禧再也没有回到自己在南京的公馆。

南京解放后，白崇禧公馆被江苏省有关部门接管。20世纪50年代，将两座东西错位的洋楼分割在南北两个院子中。后来，经过多次维修，在原来的两层楼房上增修了三楼的小阁楼。

白崇禧公馆

1987 年，白崇禧之子、台湾作家白先勇访问南京时，故地重游，来到他和父母及兄弟姐妹们曾经居住过的白公馆，回忆起童年在这里度过的时光，感慨良多。回去后，他在《石头城下的冥思》一文中写道：“我是民国三十七年冬离开南京的，在中山码头上船，滚滚长江，一别就是三十九年。1987 年再回大陆，上海苏杭，访旧有之，更多的是赏心乐事。可是重返故都，心情不同，火车才一进站，眼底江山，已经感到满目凄凉起来。找到了南京旧居，大悲巷雍园 1 号的房子依然无恙，连附近的巷陌、比邻的梅园新村也没有多大变动……”①

白先勇先生的心情实际上代表了众多南京民国公馆主人及其后人的共同心情。当我们看到当年呼风唤雨的白公馆如今已是物是人非，怎能不发出“旧时王谢堂前燕，飞入寻常百姓家”的感叹！

2006 年，白崇禧公馆被列为南京市文物保护单位。2010 年，被南京市人民政府列为南京重要近现代建筑。

---

① 卢海鸣：《南京白崇禧公馆考证经过》，《总统府展览研究》2012 年第 4 期。

陈布雷公馆

陈布雷在南京有两处公馆，一处是颐和路 6 号，另一处是江苏路 15 号。

陈布雷（1890—1948），名训恩，字彦及，笔名布雷、畏垒。浙江省慈溪县（现属余姚市）人。1907 年，入浙江高等学堂（浙江大学前身）就学。1911 年毕业，同年秋，应上海《天铎报》之聘，任撰述，开始用“布雷”为笔名。1927 年，与潘公展同至南昌见蒋介石；同年加入国民党；4 月，出任浙江省政府秘书长；5 月，任国民党中央党部秘书处书记长。1928 年，辞去中央党部秘书处书记长职，赴上海任《时事周报》总主笔，创办《新生命月刊》。1929 年 8 月至 1934 年 4 月，任浙江省教育厅厅长。1934 年 5 月，任国民党军委会南昌行营设计委员会主任。1936 年至 1945 年，任国民党中央政治会议副秘书长、蒋介石侍从室第二处主任、中央宣传部副部长、国民党中央委员。1946 年，任国府委员。1947 年，任总统府国策顾问，代理国民党中央政治委员会秘书长。1948 年 11 月 13 日自杀身亡，终年 59 岁。

全面抗战爆发前，蒋介石的国策顾问、首席幕僚陈布雷全家一直居住在颐和路 4 号（今 6 号）寓所。这里是国民政府实业部实业司司长徐廷瑚的私宅，建于 1936 年，有两幢西式洋房，砖木结构，占地面积 989.01 平方米，一幢三层，另一幢两层。另有西式平房等。

“行宪国大”会议期间，陈布雷在投票（中国第二历史档案馆藏）

南京沦陷后，陈布雷举家内迁重庆。陶希圣《记陈布雷先生》回忆：“三十五年一月，我的大女儿在上海结婚，布雷先生托我，路过南京时，转托马星樵（笔者按：马超俊）市长，务必设法，把颐和路的住宅取租。他说：‘那所房子，我战前住久了。现在还都，我仍想住那里。’我为此，由上海转南京见马市长。马市长对我说：‘颐和路4号已经被人拿去了，我一定另找一所适当的房子，租给布雷住。’马市长接着说：‘布雷的事不好办，若由政府贴补一笔钱押租一所房子，他不愿意。但今日南京租房子不容易。押租与行租都大，布雷一时筹不出。’”

陈布雷直至1946年3月24日才携眷搭机东归。东归之日，原先租住的南京颐和路4号寓所已为他人捷足先登，一时无处安身，只好旅居上海达3个月之久，于6月底始得返回南京，经当时南京市市长马超俊帮助，在湖南路租了一栋房屋。当时的湖南路实际上就是今天的江苏路，该路北起宁夏路，南至宁海路广场，全长814米，始建于1930—1934年间。而今天的湖南路过去叫作中央党部路，因国民党中央党部位于这条路上而得名。

据陈布雷的幕僚回忆，当年陈布雷居住的湖南路官邸门牌号码是508号（今江苏路15号），建于1936年，占地面积1.0917亩（727.8平方米），建筑面积306.5平方米。这是一幢普通的两层楼房，砖木结构，青砖清水墙，坡屋顶，楼下有一会客室，兼作陈布雷的就餐和阅报室。陈布雷与妻子王允默住在楼上。按照陈布雷的工作习惯，寓所内设有一个小型的工作班子，有秘书、书记、副官、

陈布雷公馆（今颐和路6号）

陈布雷公馆（今江苏路 15 号）

陈布雷公馆（今江苏路 15 号）

陈布雷（穿长衫者）与幕僚

厨师、司机等三五人，这些人均住在官邸内。陈布雷一向深居简出，生性不喜炫耀，不爱抛头露面，在大庭广众之中尤其小心谨慎，站不挺胸，总是走在旁边轻轻地侧身而过，唯恐有所得罪。陈布雷身体一向孱弱，繁巨的工作，长期紧张的脑力劳动，使他患上了严重的神经衰弱症，失眠便成了他的家常便饭。抗战胜利前后，他已感到体力日蹙，不堪工作，曾不止一次萌发自尽之念。1948 年 11 月，陈布雷在官邸自杀，这一事件使湖南路一时间成为举世瞩目的地方。

2008—2009 年，江苏路 15 号陈布雷公馆经过维修后，外部结构保持未变，内部构造彻底翻新。2008 年，被南京市人民政府列为南京重要近现代建筑。

翁文灏公馆

翁文灏

翁文灏（1889—1971），字詠霓，别名存璋、永年，浙江鄞县（今属宁波市）人。清末留学比利时，专攻地质学，获理学博士学位，1912年回国。1913年，翁文灏与丁文江等一同创办了北洋政府地质调查所（后改名为实业部地质调查所），一面从事地质研究，一面招收中学毕业生入学，培养地质人才。这是我国第一个从事地质研究和培养地质人才的机构，翁文灏任该所所长。同时，又担任北京大学地质学教授、清华大学代理校长、焦作工学院常务校董等职。

1932年11月，国民政府成立了负责拟制全国国防之具体方案、计划以国防为中心之建设事业、筹拟关于国防之临时处置的国防设计委员会（即资源委员会的前身），由蒋介石亲自兼任委员长，实业部地质调查所所长翁文灏任秘书长。

1935年4月，国防设计委员会与兵工署资源司合并成立隶属军事委员会的资源委员会，翁文灏继续担任秘书长。其工作中心也由国防调查与设计，改为创办与国防有关的工矿事业。

1936年初，在广泛调查基础上，资源委员会组织相关专家，根据国防需要和可能的经济力量，研究制订了一项《重工业五年建设计划》，同年7月开始付诸实施。

1937年日本发动全面侵华战争后，为建立巩固的后方经济基础，支撑持久抗战，翁文灏出任负责国防工业的军委会第三部部长兼工矿调整委员会主任委员，负责组织和协助组织沿海重要厂矿西迁。

1938年1月，翁文灏任经济部部长兼资源委员会主任委员和工矿调整处处长，负责军需生产。1943年，任战时生产局局长，全面主持西部大后方经济建设，为战时西部开发做出了重要贡献。在翁文灏主持和推动下，抗战时期特别是抗战前期，西部后方工业出现了蓬勃发展的态势，各省经济获得了重大发展。以数量计，到1944年，后方四川、湖南、广西、云南、贵州、陕西及甘肃七省工厂数量，已占大后方工厂总数的88.63%。从业别上统计，后方3700余家工厂中，属于重工业范围者占30%左右；以资本而论，重工业占50%左右。在地区分布上，四川占44%，湖南占13.34%，陕西占10.24%，广西占7.77%，甘肃占3.69%，贵州占2.98%，云南占2.82%；以资本计算，四川占58%，云南次之，占10.8%，广西占7.89%，陕西占5.43%，浙江占4.71%，湖南占3.91%，贵州占3.38%，甘肃占3.19%。以民营企业为例，1936年，内地诸省共有民营企业还不到300家，战争爆发后历年新设数量为：1937年60家，1938年183家，1939年346家，1942年1077家，1943年977家，1944年533家。①

1945年，翁文灏当选为国民党中央执行委员、国民政府行政院副院长，后又兼任资源委员会委员长。

1948年后，翁文灏历任行政院院长、总统府秘书长等职。在这期间，他一直没有中断对我国资源的调查和研究，如对甘肃油矿局，天府、南桐等煤矿都进行了深入的调研。1949年春，翁文灏脱离蒋介石集团，移居香港，后移居法国巴黎。

1951年，经毛泽东、周恩来的邀请，翁文灏回国。他曾任中国人民政协第二届、第三届全国委员会委员，中国国民党革命委员会中央委员、常务委员等职。他仍专注于祖国的地质事业。他对地质学造诣很深，对著名的大陆漂移说和燕山造山运动的阐述与发展贡献卓著，为祖国地质事业和地质科学奠定了基础。他先后撰写《中国矿产志略》《中国矿业纪要》《甘肃地震考》《地震》《椎指集》等著作。翁先生一生喜好藏书，生活朴素，去世后，他的所有藏书连同一生积蓄都上交了国家。

翁文灏公馆位于南京市五台山百步坡1号和1号之一，与五台山体育馆相邻。1946年，翁文灏住在琅琊路17号，他以行政院副院长身份兼任国民政府资源委员会委员长后，在五台山百步坡购得土地1884.9平方米。1948年2月24日，以翁詠霓之名，在百步坡1号建造西式两层楼房一幢12间、平房三进7间、玻璃花房1间、汽车房1间、地下室1间、防空洞1间、门房1间，房屋占地面

① 李学通：《翁文灏与民国时期的西部开发》，收入《中国历史上的西部开发——2005年国际学术研讨会论文集》。

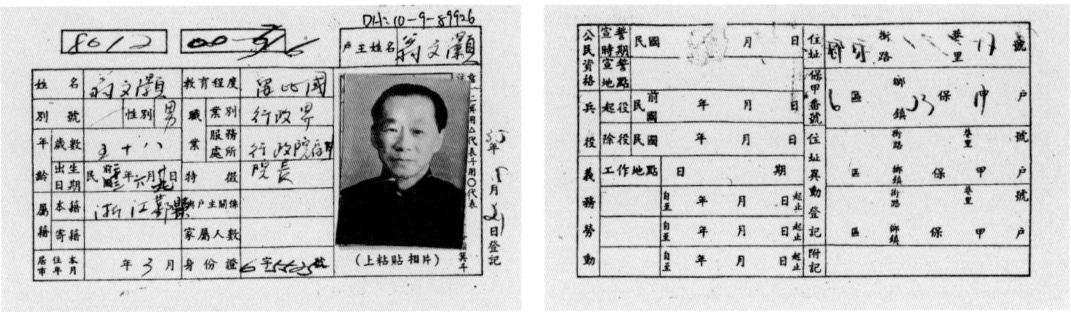

行政院副院长翁文灏琅琊路 17 号的户籍卡

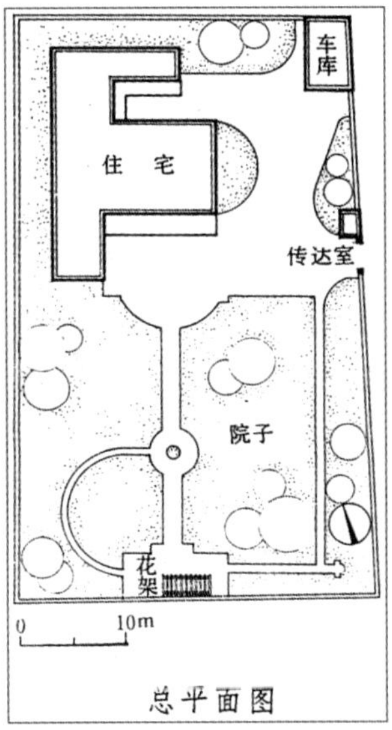

翁文灏百步坡公馆总平面图

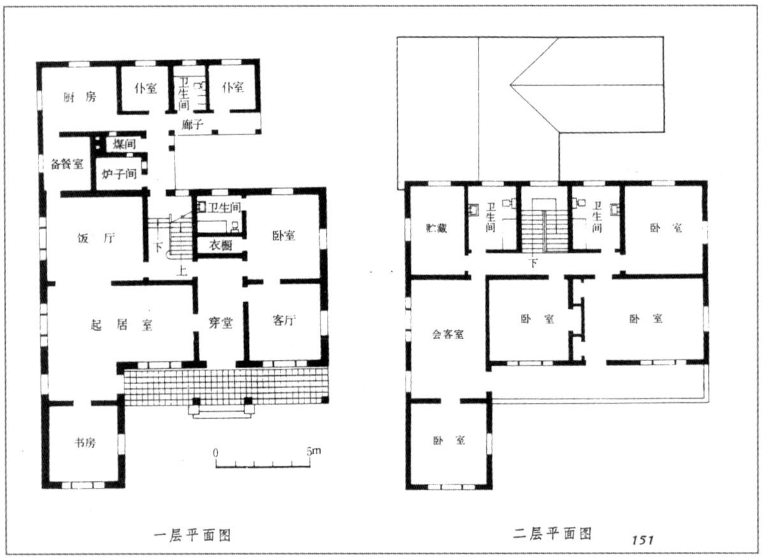

翁文灏百步坡公馆一、二层平面图

积为 534.3 平方米。由建筑师杨廷宝设计，陆福顺营造厂承建，总工价 11 亿 5 千万元法币。公馆主楼面朝东南，为西式两层楼房，平面呈曲尺形，砖混结构，坚固美观。底层有客厅、餐厅、起居室、书房等，底层的北侧有厨房、锅炉房和工作人员用房。二楼为卧室。在百步 1 号之一，还有西式平房一进 3 间，占地面积 46.7 平方米。

居住在五台山百步坡公馆的一年多时间里，翁文灏在官场上可谓一帆风顺。他由行政院副院长兼资源委员会委员长一职，晋升到行政院院长、总统府秘书长。可谓一人之下，万人之上。尽管翁文灏殚精竭虑，想挽救摇摇欲坠的国民党政权，但国民党政权已是腐朽不堪。在蒋介石授意下，翁文灏采取的一系列措施，不仅未能缓解国统区的危机，反而加速了国民党政权的灭亡。

据台北故宫博物院那志良《我与故宫五十年》一书回忆：1948 年 11 月 10 日，随着国民党军队在战场上节节失利，故宫南迁文物是否运往台湾摆到

翁文灏百步坡公馆

议事日程上来。翁文灏在百步坡寓所中，召集王世杰、朱家骅、傅斯年、徐鸿宝、李济、杭立武等人，举行密会，大家达成共识，将国立故宫博物院、国立中央博物院筹备处、国立中央图书馆、国立中央研究院的文物、图书迁往台湾，由教育部政务次长杭立武任文物迁运小组组长。随后，文物、图书迁台工作正式启动。

翁文灏公馆现为五台山体育中心使用，外部墙壁粉刷一新。2006 年，翁文灏公馆被列为南京市文物保护单位。

何应钦公馆

在南京大学鼓楼校区这座充满中国古典式风格建筑的美丽校园里，有一座西式风格的小洋楼，显得分外耀眼，这就是何应钦公馆。

何应钦

何应钦（1980—1987），字敬之，贵州信义人。国民党陆军一级上将。日本陆军士官学校毕业。1916 年回国。1924 年任黄埔军校总教官。1930—1944 年，任国民政府军政部部长，同时还兼任第四战区司令长官、军委会参谋总长等职。1944 年 11 月后，历任同盟国中国战区中国陆军总司令、重庆行营主任、国防部部长、行政院院长等职。1949 年赴台湾。

何应钦公馆原来的门牌号码是斗鸡闸 4 号，是一个单门独院的别墅式建筑，原在金陵大学（今南京大学鼓楼校区）校园的西南面。公馆始建于 1934 年，由

何应钦公馆

沈鹤甫设计，辛峰记营造厂建造。可惜的是，全面抗战期间毁于兵火。焚毁原因已经成为一个历史之谜。1945 年 8 月 15 日日本宣布无条件投降后，何应钦以中国战区陆军总司令的名义飞抵南京，主持中国战区侵华日军签字受降仪式，走向了人生中辉煌的顶点。同时，以其夫人王文湘的名义在原址上重新建造公馆，1946 年 3 月竣工。公馆占地面积 9.582 亩，约 6388 平方米，有两层西式楼房一幢，四层西式楼房一幢，平房两座，共计四幢 31 间。

何应钦公馆在众多民国公馆中赫赫有名，在某种程度上来讲，是“公馆政治”的产物。所谓“公馆政治”实际上就是在公馆中操纵政治，与宫廷政治具有异曲同工之妙，只不过场所不同而已。

1936 年 12 月 12 日，张学良、杨虎城发动西安事变的消息传到南京后，引起南京国民党统治集团的极大震动。何应钦公馆一时间成为世人瞩目之地。当天下午，在国民政府内被认为是仅次于蒋介石的第二号实力派人物、时任军政部部长何应钦，在公馆中成立了临时办公处，代替军事委员会行使职权。在南京的国民政府军政要员戴季陶、居正、吴稚晖、李烈钧、孙科、冯玉祥、朱培德、叶楚伧、陈璧君、陈公博等人应何应钦之邀，行色匆匆地来到这里，秘密聚会，

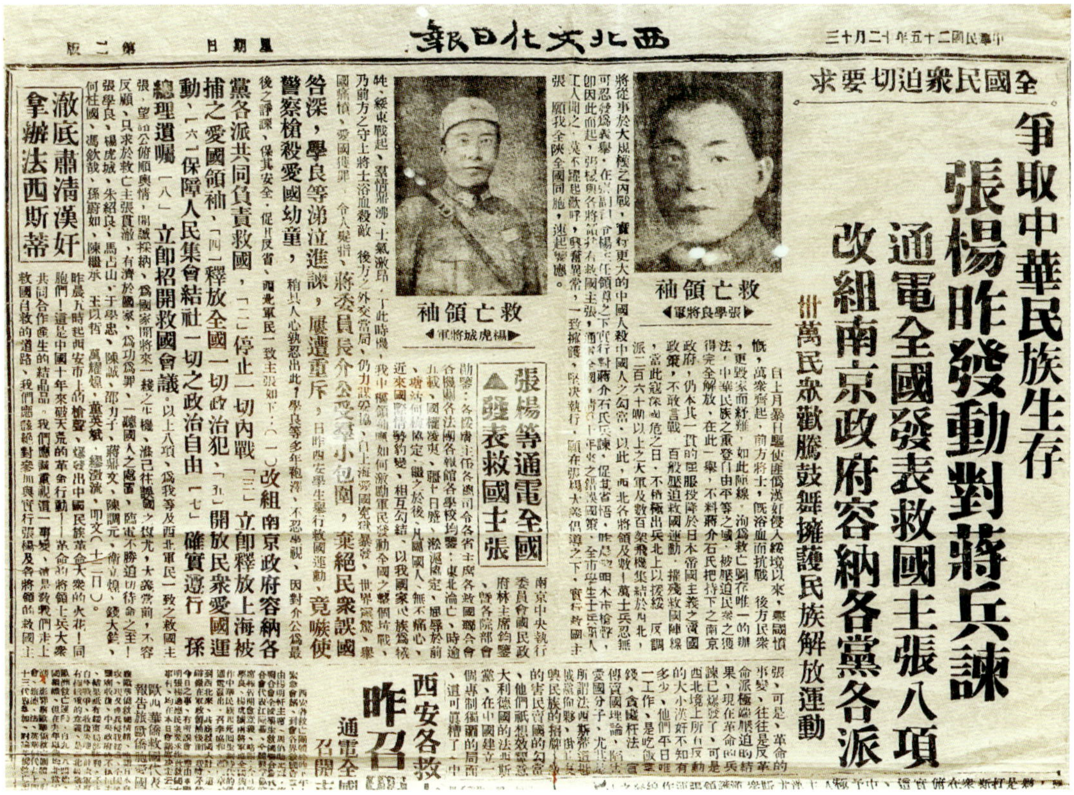
西北文化日報
中華民國二十五年十二月十三日
星期日 第二版
全國民衆迫切要求
爭取中華民族生存
張楊昨發動對蔣兵諫
通電全國發表救國主張八項
改組南京政府容納各黨各派
卅萬民衆歡騰鼓舞擁護民族解放運動
救亡領袖 張學良將軍
救亡領袖 楊虎城將軍
張楊等通電全國發表救國主張
答深，學良等涕泣進諫，屢遭重斥。
警察槍殺愛國幼童
總理遺囑
徹底肅清漢奸
拿辦法西斯蒂
西安各救
昨召

西安事变报道（1936 年 12 月 13 日《西北文化日报》局部，摄于延安革命纪念馆）

商讨对策。据《冯玉祥日记》记载，12日下午，在何应钦家中一楼会议室，“一、协和（笔者按：李烈钧）主张安全介石为主。二、陈璧君主安全。三、陈公博亦然。四、朱益之主打。五、何敬之主打。六、叶楚伧主打。七、戴季陶主打。”何应钦、戴季陶、叶楚伧等人认为张学良劫持统帅，十恶不赦，主张以武力讨伐；李烈钧、孙科、冯玉祥等人则为蒋介石的安全担忧，主张和平解决。最后，以何应钦为首的“讨伐派”占了上风，何应钦被任命为“讨逆军总司令”，负责指挥军队，准备讨伐。①

1936年12月25日，在中国共产党等多方面的调停下，西安事变得到和平解决，蒋介石被释放。西安事变成为蒋、何关系的转折点，何应钦在西安事变期间的表现深为蒋介石所嫉恨，从此，蒋介石培养陈诚以取代何应钦的角色。

1937年七七卢沟桥事变爆发后，蒋介石不在南京期间，国民政府当局在南京主持大计的军政部部长何应钦与参谋总长程潜、军委会警卫执行部主任唐生智、军委会委员长侍从室主任林蔚，以及各部重要幕僚等，每晚在何应钦公馆举行会报一次，讨论时局及应对措施，每一次会报，总要开到午夜一两点钟。②

1937年8月15日下午1点10分，日军开始对南京进行空袭，明故宫机场、大校场机场等军事设施，以及八府塘、第一公园、大行宫、新街口等商业区与人口密集区遭到日军轰炸和扫射，造成重大平民伤亡。在日军战机空袭南京的当日，中共代表周恩来、叶剑英、李克农等人正在南京与国民政府谈判。那天下午，周恩来在斗鸡闸公馆地下室里，镇静自若地躲避日机空袭。

1937年12月南京沦陷后，何应钦公馆成为日军秋山支队司令部驻地。

相传1945年8月15日日本宣布无条件投降后，与何应钦私交颇深的侵华日军总司令冈村宁次大将曾经住在何公馆中“避难”。冈村宁次在蒋介石、何应钦等人的庇护下，最终逃脱了中国人民的正义制裁。

1948年11月16日，在蒋家王朝即将覆灭前夕，国民党军政要员纷纷寻找出路，准备远走高飞。时任行政院院长何应钦的女儿何丽珠将该公馆的大部分房间租给美国大使馆，租期为1949年1月1日至6月30日。

1949年4月23日中午，国民党政府行政院发言人在中国人民解放军兵临长江之际，于何应钦公馆召开记者招待会，宣布中华民国政府“撤离”南京。

---

① 中国第二历史档案馆编：《冯玉祥日记》，江苏古籍出版社1992年1月版。

② 谭道平编述：《南京卫戍战史话》，东南文化事业出版社1946年5月版。

何应钦公馆

何应钦公馆入口处

南京解放后，何应钦公馆由人民政府接管。当时，公馆里留有冰箱一只、STRAUSS（施特劳斯）钢琴一架、双人床一张、地毯一条、沙发一只……

1959年初，由于南京大学需要扩建，于是拆掉了何公馆的围墙，并将何公馆围在了校园之内。1961年10月，南京大学为建造物理楼，又陆续拆除了公馆西南面的一幢两层楼房和一座三间平房。从此，何应钦公馆仅存楼房一幢，平房一座。

现存楼房是公馆的主楼，为西班牙风格的建筑，坐北朝南。笔者2008年11月27日上午陪同南京电视台拍摄《文化南京》节目，并做实地调查发现，公馆从外表上看只有两层，实际上有四层。坡屋顶，上铺蓝色琉璃筒瓦。拱门拱窗，黄墙。一楼右手是一间大型的会议室；二楼是何应钦夫妇和子女的卧室；三楼是阁楼，疑是来宾的临时居室和贮藏室；四楼是一个瞭望室，每一面都有一扇窗户，可以观察周围的动静。这栋楼的背后有一个披屋，可能是佣人的居室。

如今，见证了半个多世纪人世变迁的何应钦公馆以及门前的两株高大雪松已经远离了政治的中心，成为南京大学学子们留影时常常选择的背景。

2016年，何应钦公馆被列为江苏省文物保护单位。

何应钦公馆现为南京大学国际交流与合作处、南京大学台港澳事务办公室所在地。①

① 应南京大学外事接待办公室邀请，2008年11月22日晚上7点半至10点，笔者在何应钦公馆一楼会客厅，给来自台湾的约50名师生做了一场《品味南京》讲座。笔者从三国时期吴大帝孙权派卫温、诸葛直到台湾讲起，一直讲到民国南京的建筑，受到师生的一致好评。23日上午9点，笔者应邀陪同台湾师生游览总统府，并给他们现场讲解。

阎锡山公馆

阎锡山在南京的公馆有三处，分别为玄武区上乘庵 16 号、高楼门 51 号和鼓楼区颐和路 8 号（原颐和路 6 号）。上乘庵与高楼门两处，均因 20 世纪末至 21 世纪初的扩路动迁，踪迹全无。现仅存颐和路 8 号公馆。

颐和路 8 号公馆坐北朝南，建于 1936 年，占地面积 2441 平方米，建筑面积 881 平方米。主体建筑为中西合璧式两层楼房，钢筋混凝土结构。建筑师陆谦受设计。其院落形式为前后院式，还有小侧院。前院内中央有一株参天雪松，枝繁叶茂。沿着公馆四周的院墙下，是由太湖石不规则地堆砌成的假山。北侧

颐和路 8 号（《南京住宅区住宅》，《中国建筑》1936 年第 26 期）

入口处有一个宽大的门廊。另有门房、西式平房、厨房、汽车房等附属建筑。

阎锡山

抗战胜利后，这里成为励志社的高级招待所。1949 年 4 月 14 日，李宗仁拨给阎锡山居住，阎仅住 7 天，便于 4 月 22 日下午，仓皇登机飞离南京。

阎锡山（1883—1960），字伯川，山西五台人。1911 年武昌起义后，被推举为山西都督。1914 年，任山西省省长、督办、督军等。1927 年后，任国民政府委员、军委会常委、第三集团军总司令、山西省政府主席、平津卫戍司令、内政部部长、蒙藏委员会委员长、国民党第三届中央执行委员、陆海空军总司令部副总司令等职。1932 年，任太原绥靖公署主任。1937 年，任第二战区司令长官兼预备军总司令。1938 年，任山西省政府代主席。1944 年，任山西省政府主席。1945 年，当选为国民党第六届中央执行委员。1947 年，任太原绥靖公署主任、立法院山西选举事务所主任委员。

1949 年初，在中国人民解放军强大军事压力和政治攻势之下，阎锡山盘踞的太原成为一座孤城，人心动荡，兵无斗志。人称“山西土皇帝”的阎锡山摆出强硬姿态，拒绝和谈。他一面叫嚣要与太原共存亡，一面暗中指使他在南京

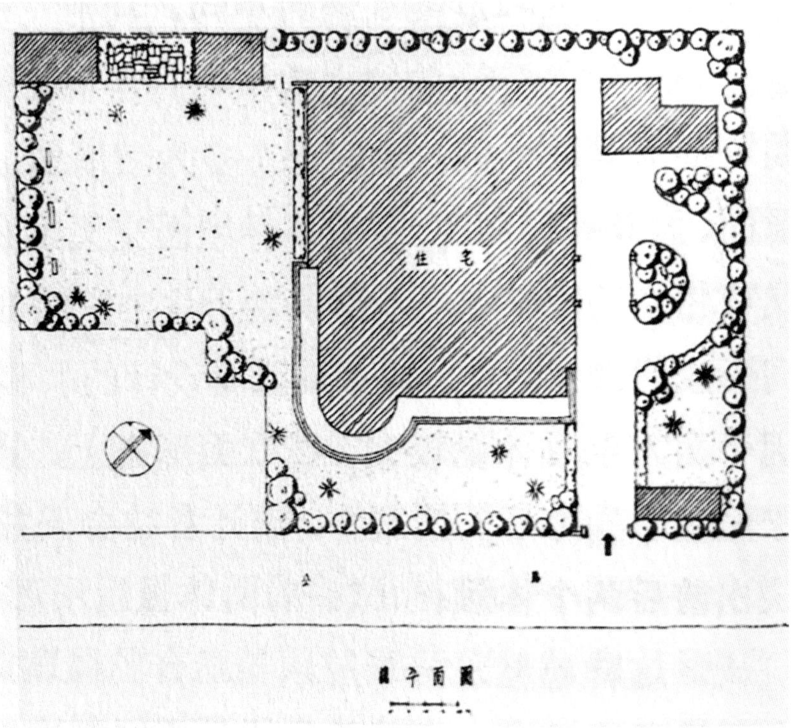

颐和路 8 号总平面图（《南京住宅区住宅》，《中国建筑》1936 年第 26 期）

政府中的亲信贾景德、徐永昌等人建议李宗仁邀其赴南京共商“党国大事”，给他逃离太原一个借口。李宗仁明知如此，也假装行事，于3月28日致电阎锡山：“和平使节将于三十一日飞平，关于和平大计，深欲事先与兄奉商，敬祈即日命驾入京，藉聆教益。”次日，阎锡山急乘飞机赶往南京，下榻在首都饭店（今华江饭店）。3月31日，代总统李宗仁在总统府子超楼举行茶话会，商谈成立“和谈指导委员会”以及其他问题。阎锡山出席了这次会议，坚决主张“和谈开始之前，双方就地停战”。4月11日，阎锡山、居正二人受李宗仁之命赴浙江溪口谒蒋。次日回南京参加“和战会谈”。阎锡山还一再前往美国驻华大使馆拜会司徒雷登，要求美国出兵协助保卫长江，拨款援助国民党政权。司徒雷登以“不干涉内政”为由婉言拒绝。

阎锡山公馆

阎锡山公馆

4 月 8 日，国共谈判开始，但未取得实质性进展。太原战事随之日趋激烈，长江以北大部分地区都被人民解放军占领，阎锡山不敢再回太原，他请求李宗仁拨给住宅。4 月 14 日，阎锡山搬进颐和路 8 号官邸。他整日不断地去上乘庵 22 号太原绥靖公署驻京办事处打电话到太原，遥控指挥，督促死守。4 月 19 日，山西省主席梁化之报告：徐向前下达了总攻击令。阎锡山仍执迷不悟，电令死守，用部下为自己充当炮灰。但太原很快就被解放军攻克。

4 月 20 日，毛泽东、朱德向中国人民解放军下达渡江命令，第二、三野战军在东起江阴、西至湖口的 500 公里长的长江上，分三路强行渡江。阎锡山从总统府匆匆赶回颐和路官邸，收拾细软，料理退路。次日，阎锡山在公馆烦躁不安地度过了难熬的一夜，渡江战役的隆隆炮声将他不时惊醒，令他彻夜难眠。眼看蒋家王朝大势已去，阎锡山满怀悲叹，于 22 日下午匆匆驱车前往南京大校场机场，在几个随同的搀扶下，登上陈纳德派的专机飞往上海；26 日，又飞往广州。6 月，在广州就任行政院院长兼国防部部长；10 月，去重庆、成都；后去台湾。

1949 年 4 月南京解放后，原颐和路 6 号的励志社招待所被南京市军管会交际处接收。同年 10 月下旬，中华人民共和国副主席宋庆龄，由全国妇联罗叔章陪同，从北京返回上海，途经南京，南京市军管会交际处安排她们下榻在这里。

颐和路 8 号于 1992 年被列为南京市文物保护单位，现在是江苏省文物保护单位。

刘峙公馆

刘峙公馆位于南京市秣陵路 21 号。

刘峙

刘峙（1892—1971），字经扶，别号天岳，江西吉安人。1914 年考入保定陆军军官学校第二期。1916 年军校毕业后，南下广州，历任粤军连长、营长、支队长。1924 年，任黄埔军校战术教官。1926 年，任国民革命军第一军第二师师长。1928 年，任第一集团军第一军团总指挥兼第一军军长。1929 年，当选为国民党第三届中央执行委员后，任湖北各部队编遣特派员、河南省政府主席、国民政府委员。1931 年，当选为国民党第四届中央执行委员。1933 年，任赣粤闽湘鄂“剿匪”军北路总司令，后任驻豫特派绥靖公署主任、河南省保安司令、河南省政府保安处处长等职。1935 年，授二级陆军上将衔。1937 年全面抗战爆发后，任第一战区第二集团军总司令。1938 年，任鄂湘川黔边区主任兼第五预备军司令。1939 年，任重庆卫戍司令部总司令。1945 年，任第五战区司令长官。1945 年 5 月，当选为国民党第六届中央执行委员。1946 年，任郑州绥靖公署主任、国民政府战略顾问委员会委员、“行宪国大”主席团成员。1948 年，任徐州“剿总”总司令，因淮海战役失败而被撤职。1949 年 7 月，移居香港九龙。1950 年 10 月，迁居印度尼西亚。1953 年 11 月去台湾。翌年，任台湾“总统府”国策顾问等职。

刘公馆是 20 世纪 30 年代刘峙以其夫人杨丽庄的名义在南京置建的房产。占地面积 2938.9 平方米，建筑面积 2411.1 平方米。共有 18 幢造型统一的南北向小楼，每幢 9 间房间，计有 162 间。均为西式两层楼房，砖木结构，木门窗，木地板，一楼门廊，二楼露天阳台。青平瓦屋面，外墙原为青砖清水，后来房管部门维修时，用水泥加固。

刘峙公馆

刘峙公馆

刘峙公馆

刘峙公馆楼梯

刘峙公馆现为居民住宅和24小时书店。

2009年4月，刘峙公馆以“秣陵路民国时期建筑群”（编号2009042）之名被列为南京重要近现代建筑。

周至柔公馆

周至柔公馆位于南京市琅琊路 9 号。

周至柔（1899—1986），名百福，字至柔，浙江临海人。浙江省立第六中学毕业。1919 年考入保定陆军军官学校第八期步兵科。1924 年南下广州，任黄埔军校上尉教官，参加了东征和北伐。1931 年后，任国民革命军陆军第十四师师长、第十八军副军长。1933 年，出访欧美，考察各国航空事业。1934 年起，任国民党中央航校教育长、校长。1935 年，任航空委员会主任。全面抗日战争时期，兼任空军作战前敌总指挥部总指挥，指挥空军对日作战。1946 年，任国防部参谋总长，兼任蒋介石侍从室第一处主任；同年，航空委员会改组为空军总司令部，任空军总司令。1949 年去台湾，任台湾“国防部”参谋总长、“行政院设计委员会”委员、“国防部兵工委员会”主任委员。1954 年任“国防会议秘书长”。1957 年调任“台湾省主席”，兼任“台湾保安司令”“民防司令”。1962 年改任“总统府”参谋长。1966 年 9 月以后相继任“总统府”战略顾问、“总统府侍从室”主任、“国家建设研究委员会”主任委员。

周至柔

周至柔公馆占地面积 1525.6 平方米，建筑面积 698.2 平方米。有西式三层

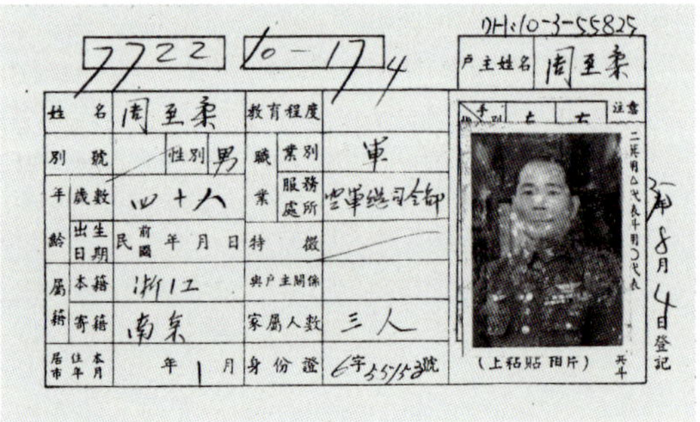
DH:10-3-55825
7722　10-17　4
户主姓名 周至柔
姓名 周至柔　教育程度
别號　性别 男　職業 業别 軍
年齡 歲數 四十八　服務處所 空軍總司令部
出生日期 民國前 年 月 日　特徵
屬籍 本籍 浙江　與户主關係
寄籍 南京　家屬人數 三人
本市居住年月 年 1 月　身份證 6字55153號
（上粘貼相片）
38年8月4日登記

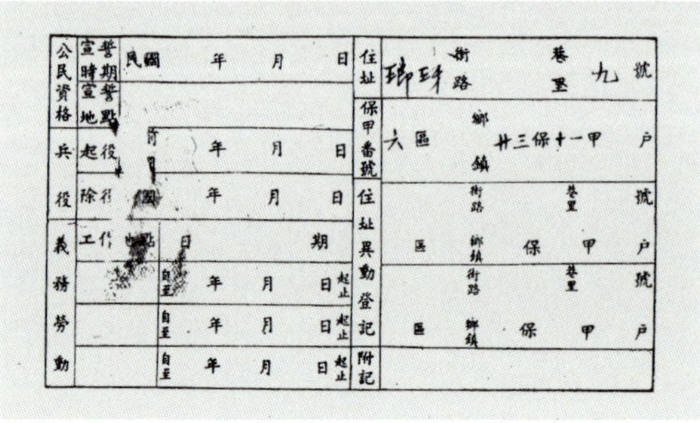
公民資格 宣誓時期 民國 年 月 日
宣誓地點
兵役 起役 年 月 日
除役 年 月 日
義務勞動 工作地點 日期
自至 年 月 日 起止
自至 年 月 日 起止
自至 年 月 日 起止
住址 琅琊 街路 巷里 九 號
保甲番號 六區 鄉鎮 廿三保十一甲 户
住址異動登記 街路 巷里 號 區 鄉鎮 保 甲 户
街路 巷里 號 區 鄉鎮 保 甲 户
附記

周至柔户籍卡

周至柔公馆

周至柔公馆

洋楼一栋，院内还建有门房、汽车房、厨房、厕所等附属建筑，共计六栋25间。公馆主楼为砖混结构，米黄色外墙，复合型人字顶，灰黑色平瓦屋面。现为民居。

2006年6月，周至柔公馆被列为南京市文物保护单位。

薛岳公馆

薛岳公馆位于南京市江苏路23号。

薛岳（1896—1998），字伯陵，广东乐昌人。早年先后就读于广东陆军小学堂、武昌陆军第二预备学校。1911年，加入同盟会。1918年保定陆军军官学校肄业后，任援闽粤军参谋、连长。1921年，任广州革命政府警卫团营长。1922—1925年任粤军团长、师参谋长、副师长。1926年，任国民革命军第一军第一师副师长、师长，参加北伐战争。1927年夏，回广东任新编第二师师长；12月，参与镇压广州起义，旋任第四军副军长。1928年，率部参加第二期北伐，后在部队裁减时辞职闲居九龙。1930年，蒋冯阎战争中，任第一方面军师长，失败后被李宗仁任命为柳州军校校长。1933年6月，任国民党军第五军军长。此后，相继任南昌行营北路军第三路军副总指挥、第六路军总指挥和第二路军前线总指挥，参加对中央革命根据地的第五次“围剿”，并尾追长征中的中国工农红军于湘、黔、滇、川等省。因其率部追击红军路程最长，受到蒋介石的表扬。1937年七七卢沟桥事变爆发后，任第十九集团军总司令，参加淞沪会战，所部在蕰藻浜地区坚守阵地半个月，重创日军。1938年6月，任第九战区第一兵团总司令，所部在武汉保卫战中获万家岭大捷，歼日军约四个团。

1939—1945年，先后任第九战区副司令长官、司令长官，指挥大兵团与日军进行三次长沙会战，动员民众破坏交通，派兵在敌后袭击敌人补给线，利用地形部署兵力节节抗击，集中兵力适时反击，广大官兵英勇作战，击退了日军进攻。1944年2月，晋升为陆军二级上将；5—8月，指挥长衡会战，所部以劣势装备抗击日军进攻，使日军付出重大代价后才攻陷长沙、衡

薛岳

薛岳公馆全景

薛岳公馆全景

阳。1946 年 5 月，任徐州绥靖公署主任，执行蒋介石的内战政策，指挥所部进攻华东解放区，遭到失败。次年 5 月，调任国民政府参军长。1949 年 1 月，任广东省政府主席，与广州绥靖公署主任余汉谋一起扩编部队，同白崇禧集团联合，企图阻止人民解放军解放广东。在人民解放军发动的广东战役中败北后，12 月任海南防卫总司令，以 10 万兵力企图凭借海峡固守琼岛（今海南省）。1950 年 3—5 月，在所部行将被人民解放军发起的海南岛登陆战役歼灭之际，逃往台湾。此后任“战略顾问委员会”战略顾问等职，晋为陆军一级上将。

薛岳公馆是薛岳于 1936 年化名薛昭明购地建造。占地面积 795.6 平方米，建筑面积 773.9 平方米，有西式两层洋楼一栋 13 间，新式平房一栋 1 间。建筑物坐南朝北，砖木结构，坡屋顶。

2008—2009 年，南京市国土局下属的宁颐房地产公司按照“修旧如旧”的原则，在不破坏薛岳公馆外部建筑框架的前提下，将公馆修缮一新。2008 年，南京市人民政府将其公布为南京重要近现代建筑。

熊斌公馆

熊斌公馆位于南京市江苏路 27 号、29 号。

熊斌（1894—1964），字哲明，湖北大悟人。1909 年，入广西陆军干部学校步兵科。次年，任陆军第二十镇差遣委员，旋入奉天东三省讲武堂。1911 年武昌起义后，南下任湖北军政府北伐第一军参谋。次年 4 月，任北京国民政府参谋本部第二局参谋；8 月，奉派赴天津欢迎孙中山入京。1914 年，调北京陆军大学第四期学习，后调任河南督军公署顾问兼军官战术研究会主任教官。1923 年，任陆军检阅使署顾问兼高级军官教导团教育长。1924 年，第二次直奉战争爆发，任讨逆军第三军作战科长兼陆军十一师参谋长。此后，冯玉祥、胡景翼、孙岳合组国民革命军，冯玉祥任国民革命军总司令兼第一军军长，熊任第一军参谋长兼执政府参议。12 月，奉冯玉祥之命到天津欢迎孙中山北上。次

熊斌公馆全景

熊斌公馆

熊斌公馆背面

年 5 月，调任西北边防督办公署中将参谋长；12 月，任北洋政府陆军部次长，不久卸职。1926 年，冯玉祥于五原誓师，就任国民革命军联军总司令，熊斌任国民革命军联军总司令参赞。1927 年 5 月，冯玉祥于西安就任国民革命军联军第二集团军总司令，熊任第二集团军总参议。后作为冯玉祥部驻南京国民政府代表，历任国民政府军事委员会委员、东北特别委员会委员、国民政府军事各部编制起草委员会副主席、军政部航空署署长等职。1930 年，参加中原大战，任冯玉祥部前敌总司令部参谋长。此后，历任参谋本部次长、军令部次长、陕西省政府主席、北平市市长等职。

江苏路 27 号熊斌公馆是 1934 年 5 月熊斌以其妻子卢韵琴名义购建。占地面积 1031 平方米，有西式两层楼房一栋 16 间，门房 1 间，汽车房 2 间，厕所 3 间，厨房 1 间，共计 23 间。

江苏路 29 号熊斌公馆是 1937 年上半年熊斌以其妻子卢韵琴名义购建。占地面积 1047.5 平方米，由南京义联营造厂承建，造价 1.4 亿法币。有西式楼房两栋（一栋是两层，一栋是三层），西式平房一幢，中式平房一幢，共计 21 间，建筑面积 746.5 平方米。

熊斌公馆最引人注目之处，就是它那又高又尖的哥特式建筑风格的屋顶，显得高耸挺拔。

2008—2009 年，南京市国土局下属的宁颐房地产公司按照“修旧如旧”的原则，在不破坏熊斌公馆外部建筑框架的前提下，将公馆修缮一新。2008 年，南京市人民政府将其公布为南京重要近现代建筑。

杭立武公馆

杭立武公馆位于南京市琅琊路13号（原琅琊路11—13号）。

杭立武（1903—1991），原籍浙江杭州，生于安徽滁县（今安徽滁州）。1913年，进入滁县的一所教会学校，后考入金陵大学附属中学。毕业后，入金陵大学政治系读书，1923年毕业。1925年，参加安徽省公费留英考试，以第一名的成绩被派往英国伦敦大学深造，其间赴美国威斯康星大学担任名誉研究员，获得硕士学位。1929年，获伦敦大学政治学博士学位；同年回国，任考试院编纂兼考选委员会编译室副主任。1930年，任国立中央大学政治系教授兼主任。旋即被蔡元培聘为国立中央研究院社会科学研究所名誉研究员。1931年，任管理中英庚款董事会总干事；同年，与从美国留学归来的陈越梅结为夫妇。陈越梅，浙江宁波人，其长兄陈裕光时为金陵大学校长，弟弟陈裕华为中央大学教授，弟媳黄丽明当年已是金陵女子文理学院体育系主任。陈家的美国教会背景使他成为美、英、法、意、德、比等国驻南京使领馆的座上客。蒋介石几次给予召见，听取杭对时局的意见。1932年，创立中国政治学会并兼任总干事。

1933年，在南京创立中英文化协会，担任协会主席兼秘书长。1936年，兼任金陵大学理事会理事长。1937年，与拉贝等人士组建南京安全区国际委员会，在南京大屠杀期间保护了大量难民。同年底，负责抢运国立故宫博物院和国立中央博物院筹备处文物至四川，使我国的国宝免遭日寇染指。

全面抗战期间，杭立武任国民参政会参议员、美国联合援华会会长。1944年，任国民政府教育部常务次长。

1948年，当选为国民大会代表；同年，开始负责运送国宝到台湾。1948年12月21日，海军总司令桂永清派出

杭立武（左）与白崇禧

杭立武公馆

杭立武公馆大门

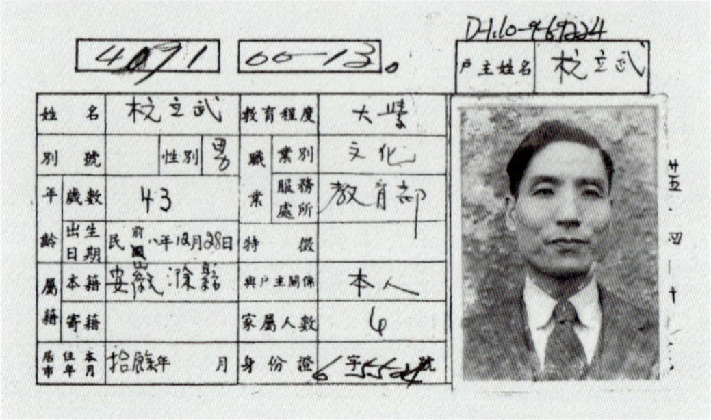

4091　00-13　D1.10-9(6)1224

户主姓名	杭立武

姓名	杭立武	教育程度	大學
別號	性別 男	職業 業別	文化
年齡 歲數	43	職業 服務處所	教育部
年齡 出生日期	民國前八年12月28日	特徵	
籍屬 本籍	安徽滁縣	與户主關係	本人
籍屬 寄籍		家屬人數	6
居住本市年月	拾[illegible]年　月	身份證	[illegible]字[illegible]號

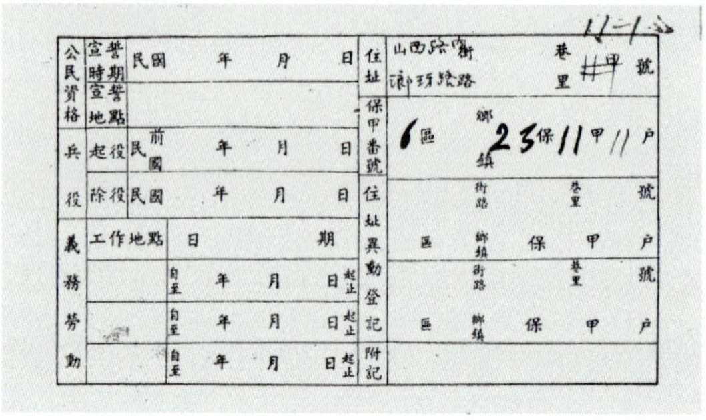

11-1

公民資格 宣誓時期	民國　年　月　日	住址	山西路[illegible]街　巷里　#甲號
公民資格 宣誓地點		保甲番號	6區　鄉鎮 23保 11甲 11戶
兵役 起役	民國前　年　月　日	住址異動登記	街路　巷里　號
兵役 除役	民國　年　月　日	住址異動登記	區　鄉鎮　保　甲　戶
義務勞動 工作地點	日期	住址異動登記	街路　巷里　號
義務勞動	自至　年　月　日起止	住址異動登記	區　鄉鎮　保　甲　戶
義務勞動	自至　年　月　日起止		
義務勞動	自至　年　月　日起止	附記	

杭立武户籍卡

国民党海军“中鼎”号运输舰秘密驶进南京下关码头，将第一批712箱文物运往台湾基隆，最后存放在台中糖厂仓库。1949年1月6日到1月9日，第二批2646箱文物运往基隆。1月30日到2月22日，第三批1248箱文物也运到了台湾。时至今日，历经两次迁运过程的故宫文物，仍然完好保存于北京、台北两地。

1949年杭立武到台后，任“教育部”部长，筹建台北故宫博物院。1951年，受聘为“总统府”国策顾问。1972年，任“国立政治大学”国际关系研究中心主任。著有《国民政府时代之中英关系》《将来之大战》等。

该公馆建于1930年杭立武任国立中央大学政治系教授兼系主任期间。公馆大院门朝北，东与顾祝同公馆毗连，北与澳大利亚大使馆隔街相望。公馆占地面积1015.9平方米，建筑面积349.2平方米。主楼坐西朝东，高两层，砖混结构，青砖清水墙，顶覆青色平瓦。院内另有西式平房三栋，共计四栋20间。现为江苏省机关事务管理局住宅。

2006年，杭立武公馆被南京市政府列为南京市文物保护单位。

黄镇球公馆

黄镇球公馆位于南京市宁海路15号。

黄镇球（1898—1979），字剑霆（剑灵），广东梅县人。早年参加过反对袁世凯帝制的战争，后来又追随过孙中山先生，因作战勇敢足智多谋，被人称为“老虎仔”，是粤军的著名将领。他是我国消极防空和积极防空的创始者。13岁考入广东陆军小学，毕业后升入湖北陆军第二预备学校。后入保定陆军军官学校第6期学习。1931年，赴德国学习防空。1934年，回国筹建中央防空学校并就任校长。1936年，任防空委员会副主任委员。1937年，任首都防空司令部副司令。1938年，任航空委员会防空厅厅长。1939年，任军政部防空总监。

黄镇球公馆

黄镇球公馆

黄镇球创办中国防空体系，建立防空情报网，培训大批防空人才。1946 年 5 月，任联勤总司令。1947 年，任广东绥靖公署副主任、广东保安司令。1949 年后到台湾。著有《防空讲话》《防空十二年》等。

宁海路 15 号系黄镇球以其妻甘帼英之名于 1936 年所购。据《梅县文史资料》记载，甘帼英是广东南海人，与黄镇球育有二子六女。黄公馆占地面积 1035 平方米，有建筑物三幢 17 间。其中砖木混凝土结构的花园楼房一栋 13 间，高两层，带地下室；西式平房一栋 3 间，汽车房 1 间。主楼建筑面积 320.3 平方米。该公馆由华盖建筑师事务所赵深设计，中华兴业营造厂张时行承建。

1948 年 4 月 19 日，瑞士公使馆租用宁海路 15 号和珞珈路 46 号两处寓所作为馆址，1949 年 4 月南京解放后退租。黄镇球公馆现为南京市国土局下属的宁颐置业公司房产。

2008 年，南京市人民政府将其公布为南京重要近现代建筑。

竺可桢故居

竺可桢故居位于南京市珞珈路48号（原为珞珈路22号），占地面积200余平方米，建筑面积244.88平方米，有两层西式楼房一栋（上下各4间，共8间），砖木混凝土结构，青砖清水墙，坡屋顶，上覆青色平瓦。

竺可桢

竺可桢（1890—1974），又名绍荣，字藕舫，浙江绍兴人。1918年，获得美国哈佛大学气象学博士。1927年，任东南大学地学系主任。1928年，出任国立中央研究院气象研究所所长。1936年，出任浙江大学校长，直至1949年为止。中华人民共和国诞生后，竺可桢长住北京，

竺可桢故居

担任中国科学院第一任副院长，同时担任中国科学技术协会副主席，中国气象学会理事长、名誉理事长，中国地理学会理事长等职。1974年2月7日，因肺病在北京逝世，享年85岁。

20世纪50年代竺可桢全家福

竺可桢故居建于20世纪30年代，是他担任中央研究院气象研究所所长时，所建的私人房地产。竺可桢在此居住到1936年受命出任浙江大学校长止。1949年新中国成立后，竺可桢的大儿子竺津和女儿竺宁等在此居住。竺津在南京从事教育工作，与同校女教师孙祥清结婚后，这里成为他们的家。1961年，竺津因蒙冤在南京浦口石佛寺看守所病死，竺可桢万分悲痛。1965年7月，竺可桢在北京致函南京市政府，将该处房产捐献给国家。①

竺可桢故居现为民居，保存较好。2009年，被南京市人民政府列为南京重要近现代建筑。

① 《著名科学家竺可桢之子的悲情人生》，“雨丝”微信公众号，2021年7月9日。

朱家骅故居

朱家骅故居位于南京市赤壁路17号。

朱家骅

朱家骅（1893—1963），字骝先、湘麐，浙江吴兴（今湖州）人。早年参加辛亥革命。1914年初赴德国矿科大学研究地质，1917年回国，在北京大学教德文。不久，公费赴瑞士研究地质学，1920年，转学到德国柏林洪堡大学学习，1922年获博士学位，1924年回国，在北京大学地质系担任教授兼德文组组长。1925年，曾参加北京学生声援五卅等爱国运动，后受北洋政府通缉，回原籍躲避。1926年，到广东协助戴季陶创建中山大学，任校务委员、代理校务委员长。1927年4月，出任广东省政府委员兼民政厅厅长；8月，任广东省教育厅厅长兼中山大学副校长；同年冬，回浙江任省政府委员兼民政厅厅长。1929年，出席国民党第三次全国代表大会，当选为中央执行委员和中央政治会议委员。1930年，任中央大学第二任校长（首任张乃燕）。1931年，任管理中英庚款董事会董事长、教育部部长。1932年，任交通部部长兼全国经济委员会委员。1935年，在南京创办中德文化协会。1936年，任国立中央研究院总干事、浙江省政府主席。1938年，任国民党中央执行委员会秘书长兼党务委员会主任委员、中央调查统计局局长。1939年，

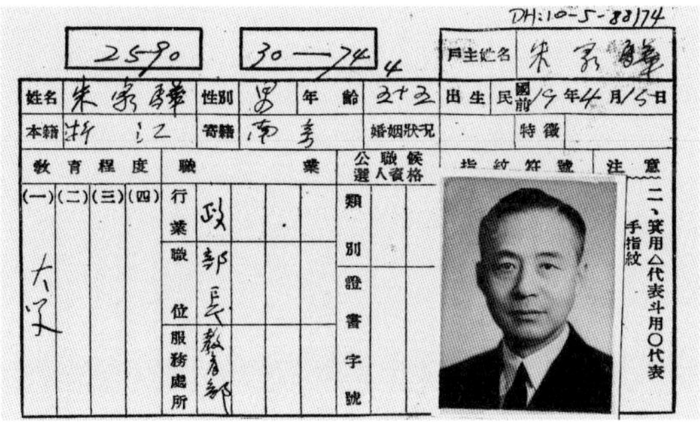
DH:10-5-88174
2590　30—74
戶主姓名 朱家驊
姓名 朱家驊　性別 男　年齡 五十五　出生 民國前19年4月15日
本籍 浙江　寄籍 南京　婚姻狀況　特徵
教育程度：大學
職業：行業 政；職位 部長；服務處所 教育部
公職候選人資格：類別　證書字號
指紋符號
注意：二、箕用△代表斗用〇代表　手指紋

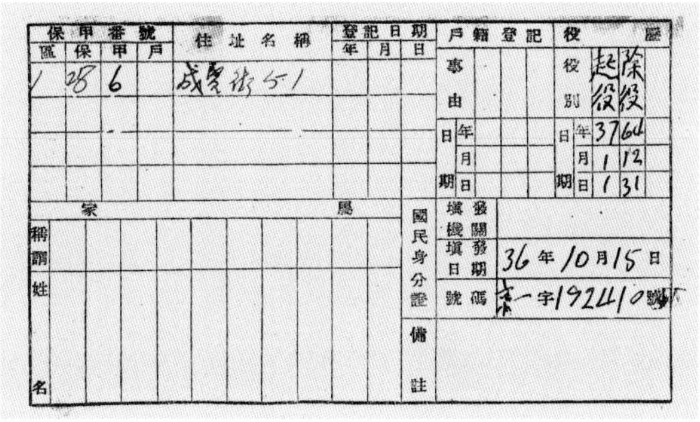
保甲番號：區 1　保 28　甲 6　戶
住址名稱：成賢街51
登記日期：年 月 日
戶籍登記事由
役別：起役　除役
日期：年 37　64；月 1　12；日 1　31
家屬：稱謂　姓名
國民身分證：填發機關；填發日期 36年10月15日；號碼 京一字192410號
備註

朱家骅户籍卡（填写的住址是教育部，南京市档案馆藏）

朱家骅故居

朱家骅故居

任国民党中央组织部部长。1944 年，再任教育部部长。1948 年，当选为国立中央研究院院士。1949 年，在广州出任行政院副院长，不久，随国民党政府去台湾，在台湾曾任“总统府”资政。

朱家骅故居占地面积 1900 平方米，建筑面积 385.2 平方米。是 20 世纪 30 年代由上海市教育局局长李熙谋购地置建。有西式三层楼房一栋 12 间，平房两进 4 间。故居主楼为砖混结构，米黄色外墙，坡屋顶，上覆红色平瓦。现为居民住宅。

1993 年，朱家骅的养女朱国英（即张静江的九女儿张乃理）从美国回国探亲，时已 80 多岁，她携子女专程到浙江南浔的张静江老宅寻根归宗，同时也不忘到南京鼓楼区赤壁路 17 号朱家骅故居摄影留念，她曾在这里度过一段美好的童年时光。

2008 年，朱家骅故居被南京市人民政府列为南京重要近现代建筑。

陈裕光故居

陈裕光故居坐落在南京市汉口路 71 号，位于青岛路与汉口路交会处。

该建筑原为陈烈明的私宅，建于 1920 年。占地面积 1795 平方米，建筑面积 575.5 平方米，有西式三层楼房一栋 16 间，西式两层楼房一栋 3 间，共计 19 间。现存主楼一栋，高三层，砖木结构，木地板，木楼梯，青砖清水墙，坡屋顶，上覆青色平瓦。顶楼有老虎窗，一楼下面有地下室。1941 年，陈烈明将私宅赠给其子陈裕光。在建造这所房子的时候，除了院子里挖了一口井以外，还特地在室内的西北角，设计了一个用于收集雨水的蓄水池，也就是报纸上所说的“神秘水池”。它通过预设在房屋各处通往屋顶的管道，在下雨的时候将落在房顶

陈裕光故居

上的雨水收集储备起来，主要是用来洗洗刷刷和拖地。为此，蓄水池的取水口设在厨房里，上面有一个木盖，用水时将木盖打开，然后将桶放下去打水，就像从水井中取水一样。

1947 年陈裕光在电台讲话时留影（《诚真勤仁　光裕金陵——金陵大学校长陈裕光》）

陈烈明，浙江宁波人，近代著名建筑商。1897 年在南京创办的陈明记营造厂，是南京本地著名的一家建筑公司。承建的工程主要有金陵大学、太平路圣保罗教堂、金陵神学院等。生有子女八人，陈裕光为长子。

陈裕光（1893—1989），号景唐。浙江宁波人。1905 年，入南京汇文书院附属中学成美馆求学，1911 年毕业，入金陵大学化学系，1915 年毕业。1916 年，由金陵大学文怀恩副校长推荐，入美国克司工业大学，学习化学工程。1917 年，转入美国哥伦比亚大学深造，攻读有机化学，1922 年获哲学博士学位。留学期间，曾担任留美中国学生会会长，并加入美国化学会。1922 年夏回国后，先后担任北京高等师范学校（1923 年改名北京师范大学）教授兼理化部（系）主任、总务长兼学校评议会主席、代校长。1925 年，被聘为金陵大学化学教授。1927 年 11 月，陈裕光因出身金大，留学美国，与金大渊源较深而被金陵大学校董会推荐为校长，成为金陵大学第一任中国校长，也是第一位担任教会大学校长的中国人，直到 1951 年 3 月辞职。在担任金陵大学校长期间，陈裕光积极协助国民政府收回教育权，支持学生的爱国运动，将文理科发展为文学院和理学院，农林科发展为农学院，同时建立中国文化研究所，为金陵大学的发展做出了巨大贡献。

1950 年 10 月，陈裕光奉调赴苏州，入华东革命大学政治研究院学习。1951

DH:10-2-85774

户主姓名 陳裕光

姓名	陳裕光	教育程度	大學
别號	景唐　性别 男	職業 業别	教育
年齡 歲數	53	職業 服務處所	金陵大學
年齡 出生日期	民前19年3月8日	特徵	
屬籍 本籍	浙江	與户主關係	户主
屬籍 寄籍	本市	家屬人數	九
居住本市年月	年　月	身份證	6字4408號

年　月　日登記

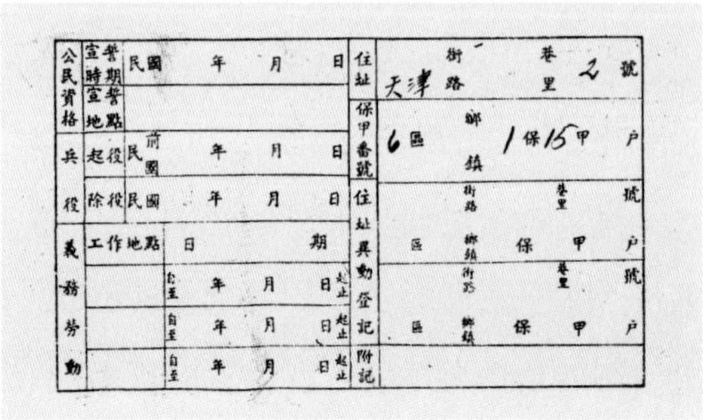

公民資格	宣誓時期	民國　年　月　日	住址	天津路 2 號
	宣誓地點		保甲番號	6 區　鄉鎮　1 保 15 甲　户
兵役	起役	民國　年　月　日	住址異動登記	街路　巷里　號
	除役	民國　年　月　日		區　鄉鎮　保　甲　户
義務勞動	工作地點	日期		街路　巷里　號
		自至　年　月　日起止		區　鄉鎮　保　甲　户
		自至　年　月　日起止		
		自至　年　月　日起止	附記	

陈裕光户籍卡（填写的住址是金陵大学，南京市档案馆藏）

陈裕光故居入口

陈裕光故居

年 5 月，任华东军政委员会教育部图书仪器清理处主任。1952 年 4 月，任上海私营工商贸易行化学顾问。1956 年 3 月，参加上海市轻工业研究所的前身——轻工业局试验室的筹建工作。1958 年，担任上海市轻工业研究所化学顾问。1980 年，被选为上海市政协委员。1987 年，被聘为南京大学校务委员会顾问。1989 年 4 月 19 日，在南京去世，享年 97 岁，葬于南京迈皋桥基督教公墓旁。

在陈裕光去世前一年，金陵大学校友左天觉从美国回来看望他，谈到金陵大学有没有可能复校。左天觉告诉他，复校是不可能了，不如办一个“金陵研究院”。陈裕光接受了这个建议。他决定把自己在汉口路 71 号的住宅捐出来，作为基金，用于教育事业。这所房子，是陈裕光的父亲陈烈明留给他的遗产，1949 年 4 月 南京解放后，南京大学校长匡亚明、曲钦岳曾在此居住。1986 年 5 月，地方政府落实政策退还汉口路 71 号寓所给他，陈裕光搬回南京居住。同年 6 月，全国政协副主席吕正操代表全国政协主席邓颖超前来看望陈裕光。三年后，陈裕光去世，他的儿女们遵照他的遗嘱，于 1996 年 5 月将汉口路 71 号房产变卖成 500 万元人民币，捐赠给南京农业大学金陵研究院，实现了他的遗愿。1996 年 4 月 18 日，这里成为爱德基金会用房。

陈裕光在担任金陵大学校长期间，学校将平仓巷 5 号分配给他作为校长寓所。1932 年 8 月 4 日，中国化学会成立，他被选为第一任会长。据他回忆，学

1947 年 12 月 30 日晚，陈裕光（前排中）和夫人鲍敏与毕业生合影于平仓巷 5 号校长寓所门口（《诚真勤仁　光裕金陵——金陵大学校长陈裕光》）

1988 年 5 月，陈裕光与家人在汉口路 71 号寓所合影（《诚真勤仁　光裕金陵——金陵大学校长陈裕光》）

会成立后，最初的通讯集会、办事处就在校长寓所中。[①]

值得一提的是，在美国作家赛珍珠创作《大地三部曲》的日子里，她与丈夫布克（又译卜凯，金陵大学农学院教授）同一路之隔的陈裕光家走动十分频繁，两家或更多的人家经常聚会。陈裕光的子女陈农文、陈佩丽、陈农安，当时刚入小学或还在幼稚园里受教，常常会成为聚会的“明星”。布克、赛珍珠夫妇总喜欢带上陈农文兄妹，或去踏青，或去赏枫。而逗人的陈农文和陈农安两兄弟，也因此成为《大地三部曲》的“主角”，他们都成了《儿子们》中的“儿子”。[②]

2008年，观筑历史建筑文化研究院设计师陈卫新先生应邀主持陈裕光故居的建筑修缮和室内设计。2009年，陈裕光旧居被南京市人民政府列为南京重要近现代建筑。2011年12月，陈裕光旧居被江苏省人民政府列为江苏省文物保护单位。

① 陈裕光:《关于回忆稿的主要修改意见》（癸），转引自王运来著《诚真勤仁 光裕金陵——金陵大学校长陈裕光》，山东教育出版社2004年11月版。

② 王运来著：《诚真勤仁 光裕金陵——金陵大学校长陈裕光》，山东教育出版社2004年11月版。

徐悲鸿故居

徐悲鸿故居位于南京市玄武区傅后岗4号（原为6号），建于1932年12月。这座两层小楼精巧别致，有客厅、餐厅、卧室、画室、浴室以及卫生间等，还有宽敞的庭院。当年庭院里植有两株高达数丈的白杨树，周围是用竹篱笆围成的高墙。如今，竹篱笆围墙已经无存。

徐悲鸿

徐悲鸿（1895—1953），原名寿康，改名黄扶，更名悲鸿，江苏宜兴人。自幼随父习画。17岁起任中学图画教员。1914年，入复旦大学。1917年，赴日本学西洋画。1918—1927年，留学法国学素描和油画，其间曾赴德国柏林美术学校学习两年。1928年，徐悲鸿受聘为南京国立中央大学艺术系教授，兼任上海南国艺术学院绘画系主任，此后曾任北平艺术学院院长。次年5月，偕夫人蒋碧薇由上海移居南京，先住在石婆婆庵一幢大杂院式的宿舍里，只有两个房间。两三个月后，搬进鼓楼附近的丹凤街国立中央大学宿舍。这是一幢两层的旧式楼房，每层有八个房间，住有四户人家，徐悲鸿夫妇和谢寿康住在楼上，何兆清夫妇和曾昭抡住在楼下。徐悲鸿分得其中的四间房子，蒋碧薇的父母也与他们同住在一起。房子显得比较拥挤，家里没有作画的地方，徐悲鸿只好跑到中央大学艺术系为他准备的两间画室里作画。

1931年，在吴稚晖、钮永建、李石曾、黄膺白等人的倡议帮助下，徐悲鸿在杂草丛生的傅后岗购买了两亩荒地，次年，凑钱修建了一座带有庭院的西式两层楼房。这幢楼房的设计者是一位姓卞的工程师，他的妻子是徐悲鸿的学生。

新居一进门就是一个很大的庭院，两棵高大的白杨树，正好就在画室的右边，遮挡着西晒的太阳。蒋碧薇在院子里，种植了梅、桃、蔷薇和碧桃等花木；在大门通往正屋的水泥路两侧，栽植了几株垂柳；在沿马路和左右两边的围墙里面，间杂种植着洋槐和梧桐。这些花草树木将庭院点缀得姹紫嫣红，令人赏心悦目。楼房进深有10米。入口处有一门廊，门廊上为阳台。进入楼内，右边是徐悲鸿的画室，进深10米，宽约8.33米，室高约5.33米，完全是按照徐悲鸿绘画时的需要设计。室内有一盆雨花石，据说“徐悲鸿喜蓄雨花台石子，彼最爱其中三枚：一浑圆形，黑白纹交互成太极图；一云中白鹤，翱翔如生；一松鼠偷葡萄，绝肖”[①]。左边上下两层房屋，迎门一座楼梯，楼上两间分别是卧室和浴室，楼下是前客厅后餐厅。佣人的住房有两处，一处是大门口右边的门房，另一处是建房时搭在后院的临时工棚。

徐悲鸿故居

徐悲鸿搬入新居时，九一八事变发生一年有余，国难深重，民不聊生。面对这种国情，徐悲鸿将新居取名为“危巢”，取“居安思危”之意。他在《危巢小记》里写道：“古人有居安思危之训，抑于灾难丧乱之际，卧薪尝胆之秋，敢忘其危？是取名之义也。”然而，由于蒋碧薇认为不吉利，只好作罢。

众所周知，徐悲鸿与蒋碧薇婚后性情不太融洽。随着时间的推移，两人之间的差距越来越大。蒋碧薇醉心于应酬享受，徐悲鸿则是潜心于绘画艺术。相传，当时徐悲鸿在中央大学艺术系任教，有女学生孙多慈，聪颖绝伦，甚得徐悲鸿赏识。徐悲鸿给予特别教育，师生感情甚笃。蒋碧薇得知后，诉诸校长，要求斥退孙多慈，一时弄得满城风雨，夫妻关系交恶，成为后来离婚的导火索。更令徐悲鸿气恼的是，新居建成后，孙多慈以学生身份送枫苗百株作为点缀庭院之用，这本是很寻常的事，岂料蒋碧薇得知后，大发雷霆，并且令佣人将枫苗折为薪火。徐悲鸿悲痛之余，称新居为“无枫堂”，画室为“无枫堂画室”，并刻“无枫堂”印章一枚以怀旧情。

“无枫堂”的日子对徐悲鸿来说是漫长而又难熬的，徐、蒋关系每况愈下。

① 郑逸梅著：《艺林散叶》，北方文艺出版社2019年8月版。

徐悲鸿故居
FORMER RESIDENCE
OF XU BEIHONG

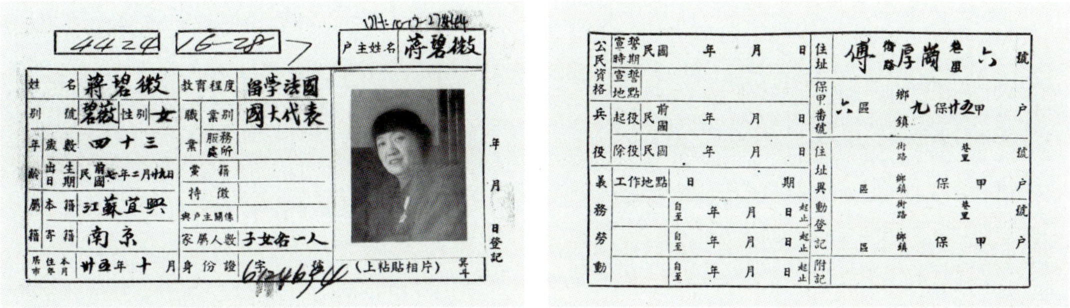

4424 16-28
户主姓名 蒋碧微
姓名 蒋碧微
别號 碧薇 性别 女
年龄 歲數 四十三
出生日期 民前七年二月廿九日
本籍 江蘇宜興
寄籍 南京
居住本市年月 廿五年十月
教育程度 留學法國
職業 業别 國大代表
服務處所
黨籍
特徵
與户主關係
家屬人數 子女各一人
身份證 6124694
（上粘貼相片）
年 月 日登記

公民資格 宣誓時期 民國 年 月 日
宣誓地點
兵役 起役 民前國 年 月 日
除役 民國 年 月 日
義務勞動 工作地點 日期
自至 年 月 日 起止
自至 年 月 日 起止
自至 年 月 日 起止
住址 傅厚崗 六號
保甲番號 六區 鄉鎮 九保廿五甲 户
住址異動登記 區 鄉鎮 街路 巷里 保 甲 號 户
附記

蒋碧薇户籍卡（南京市档案馆藏）

徐悲鸿故居

1933 年，徐悲鸿赴欧洲举办中国近代名画家作品展。1935 年，担任广西省政府美术顾问，在桂林创办美术馆和桂林艺术专科学校。

全面抗战期间，徐悲鸿随中央大学西迁重庆，在磐溪成立的中国美术学院任教。蒋碧薇紧追不舍，但因和好无望，两人长期分居，宛如陌路。此后，徐悲鸿再也没有回到这里居住。蒋碧薇将傅后岗住宅委托给德国友人李田丹夫妇照料，后来，李氏夫妇西迁，又将房子交给老佣人李垣看管。因此，傅后岗住宅在南京沦陷期间，除了庭院内两棵高大的白杨树被砍以及屋内的东西荡然无存之外，房屋基本保存良好。

1945 年 8 月 15 日日本投降。不久，由著名爱国人士沈钧儒律师作证，徐、蒋协议离婚。据说，蒋碧薇提出的离婚条件中除了索要大量字画和巨额款项之外，还有一个条件就是要求徐悲鸿把傅后岗的住宅也让给她。徐悲鸿为避免与之纠缠，慨然应允，不久与廖静文办理了结婚手续。

同一年，蒋碧薇由重庆返回南京，因李垣将房子私自出租给英国驻华大使馆的武官，蒋碧薇只好暂住在香铺营国民党中央文化运动委员会委员长张道藩的办公楼上，直到 1946 年 11 月才搬回傅后岗家中居住。1946 年，徐悲鸿任北平艺术专科学校校长。蒋碧薇回到家中，感到相当的冷清，回忆起前尘往事，不禁发出了“华屋依旧，人事全非”的感叹。同年，在张道藩的助选下，蒋碧薇当选为“国大代表”，并获蒋介石颁发的勋章。1949 年 1 月 24 日，蒋碧薇离开南京，与张道藩去台湾。1958 年与张道藩分手。撰有《我与徐悲鸿》《我与张道藩》。

新中国成立后，徐悲鸿故居成为南京师范大学的房产。2003 年，徐悲鸿故居经过维修，被辟为徐悲鸿纪念馆。2008 年，徐悲鸿故居被列为南京重要近现代建筑。2020 年，徐悲鸿故居经过再次维修，正式对外开放。

高二适故居

高二适

高二适故居位于南京市秦淮区三条巷六合里 3 号，现为其后人和其他居民居住。

高二适故居是一座西式小洋楼，原高两层，后增建为三层。这座洋楼，原是国民政府立法委员杨幼炯的官邸，名曰“齐园”。1948 年，高二适迁居于此，直到 1977 年去世，前后居住将近 30 个春秋。

高二适（1903—1977），名锡璜，字适父，号舒父、舒凫，江苏东台人。18 岁时出任东台县立达国民学校校长。1928 年，入上海正风文科学院读书。次年，入北平研究院国学门为研究生。1935 年，应国

高二适故居

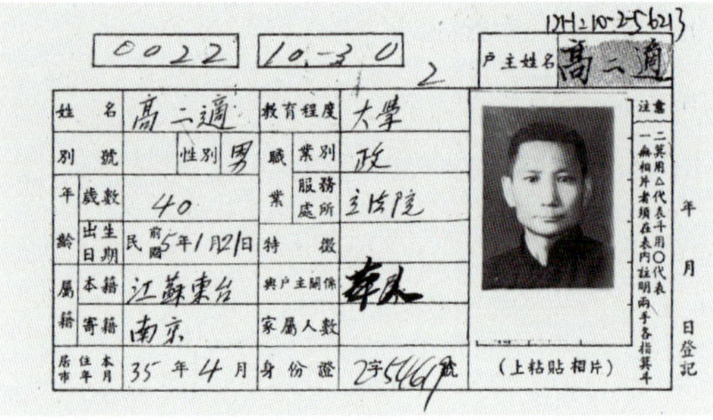
0022　10-3-0　2
户主姓名　高二適
姓名　高二適　教育程度　大學
別號　性別　男　職業　業別　政
年齡　歲數　40　服務處所　立法院
出生日期　民前5年1月21日　特徵
屬籍　本籍　江蘇東台　與户主關係　本人
寄籍　南京　家屬人數
本市居住年月　35年4月　身份證　2字5461號
（上粘貼相片）
注意　一、二、其用△代表十，用○代表一無相片者須在表內註明兩手各指箕斗
年　月　日登記

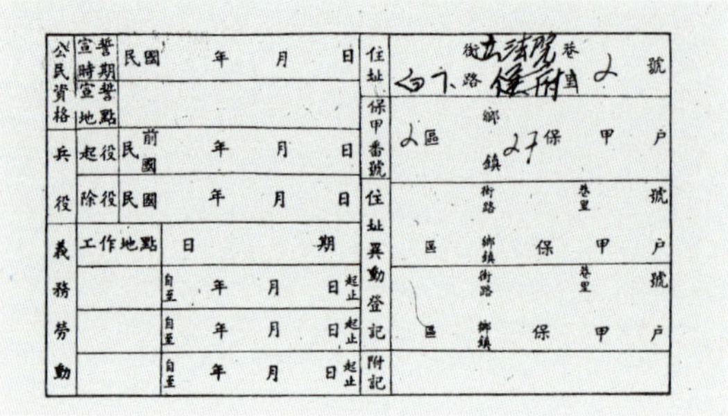
公民資格　宣誓時期　民國　年　月　日
宣誓地點
兵役　起役　民前國　年　月　日
除役　民國　年　月　日
義務勞動　工作地點　日期
自至　年　月　日起止
自至　年　月　日起止
自至　年　月　日起止
住址　立法院　街巷　白下路　保府里　2號
保甲番號　2區　鄉鎮　27保　甲　户
住址異動登記　街路　巷里　號　區　鄉鎮　保　甲　户
街路　巷里　號　區　鄉鎮　保　甲　户
附記

高二适在立法院供职的户籍卡

民政府侨务委员会委员长、岭南派画家陈树人的邀请，到侨务委员会任职，与章士钊、于右任、胡汉民、柳诒徵等人相识，并与章士钊结为忘年交。七七事变后，转任立法院秘书。又曾在重庆朝阳文学院、南京建国法商学院、南京第三中学任教。新中国成立后，在上海、南京多所中学和专科学校任语文教员。1953 年，任职华东水利学院图书馆。1963 年起，被聘为江苏省文史馆馆员。1977 年 3 月 15 日夜，高二适因冠心病发作，在家中去世，享年 75 岁。

高二适擅长草书，他将章草的严谨、今草的典雅、狂草的飞动融为一体，创制出“亦章亦今亦狂”的独特书法风格。

1965 年，在有关王羲之《兰亭序》真伪之争中，高二适在三条巷住宅中，针对郭沫若撰写的《由王谢墓志的出土论到〈兰亭序〉的真伪》一文中提出的“后世依托”之说，撰写了《〈兰亭序〉的真伪驳议》一文表示异议。该文经章士钊转交给毛泽东主席。毛泽东主席看后，分别致函章士钊和郭沫若，在致章士钊的信中写道：“高先生评郭文已读过，他的论点是地下不可能发掘出真、行、草墓石。草书不会书碑，可以断言。至于真、行是否曾经书碑，尚等地下发掘证实。但争论是应该有的，我当劝说郭老、康生、伯达诸同志赞成高二适一文公诸于世。”在致郭沫若的信中写道：“章行严先生一信，高二适先生一文均寄上，请研究酌处，我覆章先生信亦先寄你一阅。笔墨官司，有比无好。未知尊意如何？”高二适的文章在 1965 年 7 月 23 日的《光

高二适故居

明日报》上全文发表，同年7月份的《文物》杂志也全文影印了高二适的手迹。高二适的文章发表后，以其见解独到、论据充分而轰动一时。高二适为此给自己的住宅取名“证草圣斋”，还专门刻了一方印章。

在三条巷住宅中，高二适创作了大量的书法作品，撰写了《柳子厚与刘禹锡论周易九六论书后题》《新定急就章及考证》《刘梦得集校录》《高二适书法选集》等作品。

如今，在南京市浦口区珠江镇求雨山文化园内，建有高二适纪念馆。纪念馆由展厅、碑廊、铜像、墓地四部分组成。该馆与林散之纪念馆、萧娴纪念馆以及胡小石纪念馆共同构成了南京的一道独特人文景观，成为国内外书法界人士和爱好者共同向往的地方，被誉为“当代兰亭”。

2006年6月，高二适故居被列为南京市文物保护单位。2010年9月，被列为南京重要近现代建筑。

杨廷宝故居

杨廷宝（1934年）

杨廷宝故居位于南京成贤街104号，它是杨廷宝自己设计建造的住宅。这座房子建好后，杨廷宝给自己的住宅起了一个富有诗意的名字——成贤小筑。

杨廷宝（1901—1982），字仁辉，河南南阳人。1915年，入北平清华学校，1921年在清华学校毕业后，入美国宾夕法尼亚大学美术学院学习建筑。20世纪初是宾夕法尼亚大学建筑学专业的辉煌时期，也是美国建筑教育从古典到现代的过渡时期。受法国巴黎美院教育思想的影响，宾大建筑教育非常强调建筑构造与建筑绘画等方面的基本功训练，并且注重建筑设计原理方面的指导与建筑师必备品质的培养，促使学生对于形式、色彩和比例关系具有准确的美学判断。杨廷宝就学时，成绩优异，多次荣获全

杨廷宝故居

美大学生建筑设计竞赛大奖。毕业后，杨廷宝先在其导师保罗·克瑞的事务所实习工作一年半。1926年，赴欧洲考察建筑。1927年回国，加入关颂声、朱彬等人创立的基泰工程司。1940年起，他兼任国立中央大学建筑系教授。1949年以后，历任南京大学工学院建筑系主任，南京工学院建筑系主任、副院长、建筑研究所所长，江苏省副省长等职。他在建筑设计中十分重视中国国情，注重整体环境，吸取并运用中西建筑传统经验和手法，并在长期创作实践中对现代中国建筑风格做出不懈的探索。他的建筑作品表现出洗练凝重的风格。在建筑教育上，他特别重视学生的基础知识、基本功和设计方法的培养和训练，提倡向实际学习，培养了大批建筑人才。他的著作有《杨廷宝建筑设计作品集》《杨廷宝论述与作品选集（1927—1997）》《杨廷宝全集》等。

民国时期，一批从欧美留学归国的建筑师云集当时的国民政府首都南京，形成了我国第一代建筑师群体。他们既受到欧风美雨的沐浴，又经受了中国传统文化的熏陶，在建筑设计中，他们以现代的科学知识和良好的专业素养成功地将中西方文化有机地结合在一起，设计出形式多样、富有震撼力的杰作。南京的近代建筑除了极少数为外国建筑师司莫尔、帕斯卡尔、墨菲等人设计外，大多数是我国建筑师自行独立设计。这与外国建筑师霸占上海建筑市场的情况形成了鲜明对比。这些建筑师中代表性的人物有吕彦直、杨廷宝、童寯、刘敦桢、赵深、陈植、陆谦受、范文照、过养默、赵志游、梁衍、徐敬直、刘福泰、卢树森、李锦沛、董大酉等，而杨廷宝堪称其中的佼佼者。

成贤小筑建于1946年10月，同年底完工。高两层，墙身是用城砖等旧材料建造，双坡屋顶。一楼东侧为书房，西头客厅、餐厅相连，布置紧凑，可用布帘分隔，使用方便。室内设有挂镜线，便于悬挂长条中国字画。二楼为卧室，共有三间，并有洗手间、储藏间。入口门廊与厨房突出于主体建筑之外。整个庭院占地面积1012.9平方米，住宅建筑面积292.7平方米，院内有水井一口，用于浇灌院内的花草树木。院内还建有门房、汽车间和厨房。

杨廷宝一生主持、参加、指导设计过120多项的建筑工程，作品遍及南京、上海、北京、四川等地。其中在南京设计的各种建筑就占30项左右，如国立中央大学（大门、图书馆、牙科医院）、紫金山天文台、中央医院、中央体育场、中央研究院（地质研究所、历史语言研究所、总办事处、社会科学研究所）、谭延闿墓、音乐台、管理中英庚款董事会办公楼、国民党中央党史史料陈列馆、

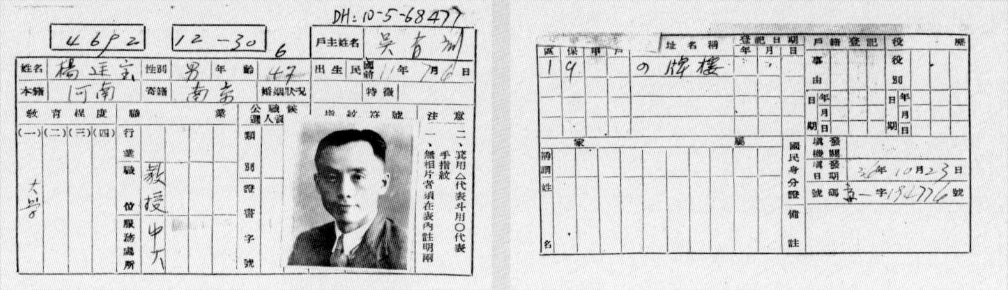

杨廷宝户籍卡

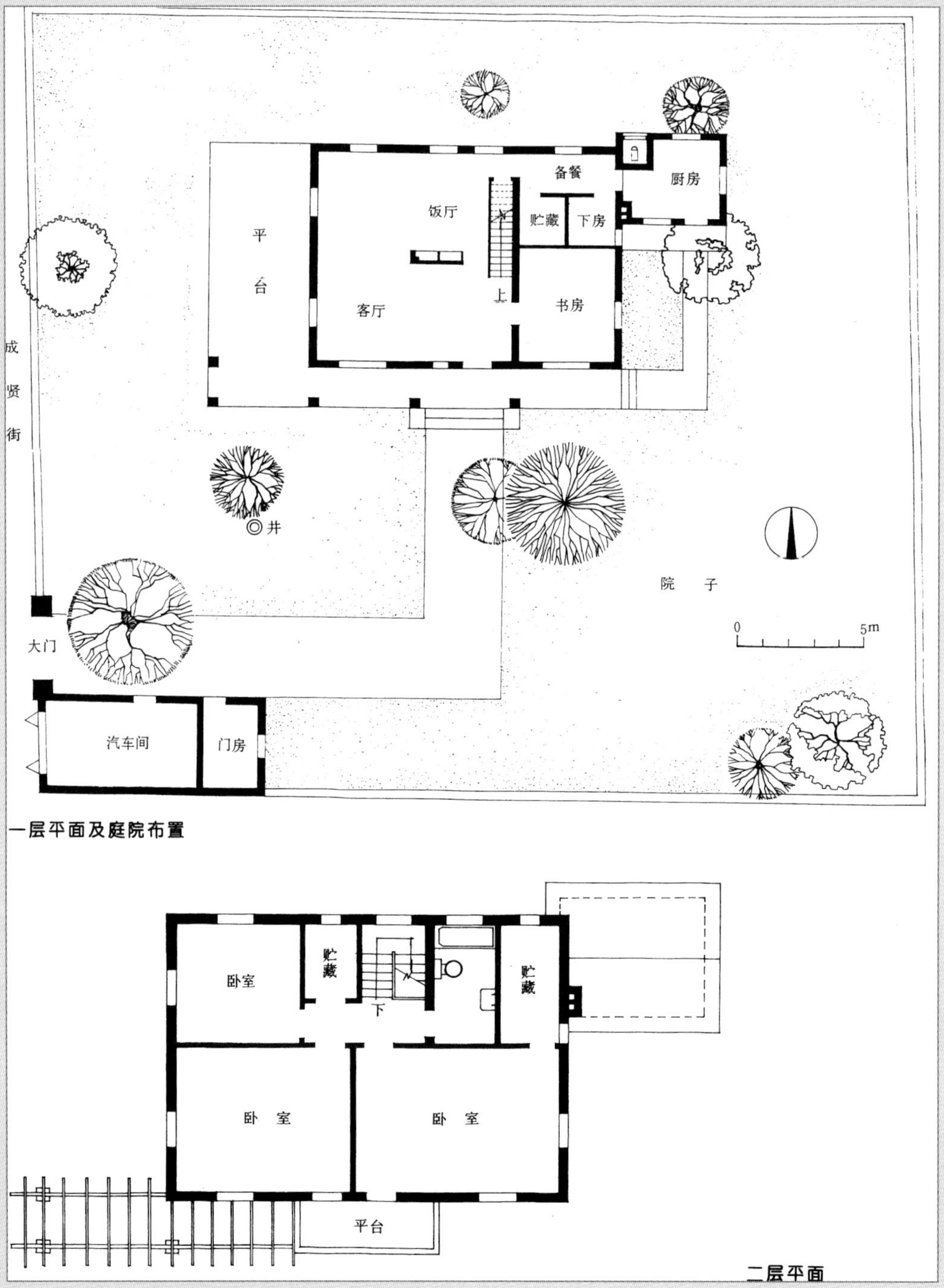

杨廷宝故居一、二层平面和庭院图

杨廷宝和夫人在庭院内合影

杨廷宝故居外景

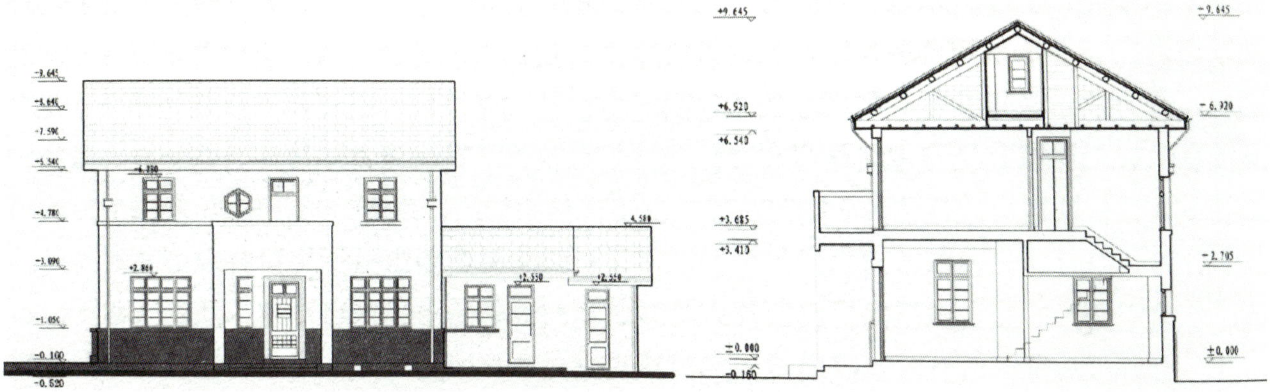

杨廷宝故居立、剖面图（东南大学周琦工作室）

杨廷宝故居入口处

杨廷宝故居

国民党中央监察委员会、大华大戏院、金陵大学图书馆、北极阁宋子文公馆、下关火车站扩建工程、招商局候船厅、公教新村、资源委员会、延晖馆、中央通讯社、大校场机场民航候机楼、雨花台烈士纪念馆等。

正是在这幢简朴的楼房中，杨廷宝设计出许多南京近代建筑的传世之作，我们可以列出一长串名单：

项目名称	项目地址
❶南京中山陵园邵家坡新村合作社	中山陵园
❷南京中央体育场	江苏省南京市南京体育学院校园内
❸南京中央体育场－田径场	江苏省南京市南京体育学院校园内
❹南京中央体育场－游泳池	江苏省南京市南京体育学院校园内
❺南京中央体育场－篮球场	江苏省南京市南京体育学院校园内
❻南京中央体育场－国术场	江苏省南京市南京体育学院校园内
❼南京中央体育场－棒球场	江苏省南京市南京体育学院校园内
❽南京紫金山天文台	江苏省南京市紫金山
❾南京中央医院	江苏省南京市玄武区中山东路 303 号
❿南京原国民党政府外交部办公楼	江苏省南京市鼓楼区中山北路
⓫南京谭延闿墓	中山陵园
⓬南京中央研究院地质研究所	江苏省南京市玄武区北京东路 39 号
⓭南京中山陵音乐台	中山陵园
⓮南京国立中央大学图书馆扩建工程	四牌楼 2 号
⓯中央大学南校门	四牌楼 2 号
⓰南京管理中英庚款办公楼	江苏省南京市鼓楼区山西路 124 号
⓱南京原国民党中央党史史料陈列馆	江苏省南京市玄武区中山东路 309 号
⓲原国民党中央监察委员会办公楼	江苏省南京市玄武区中山东路 311 号
⓳南京大华大戏院	江苏省南京市白下区中山南路 67 号
⓴南京金陵大学图书馆	江苏省南京市鼓楼区汉口路 22 号
㉑南京国立中央大学附属牙科医院	四牌楼 2 号
㉒李士伟医生住宅	江苏南京市鼓楼区武夷路 4 号
㉓南京中央研究院历史语言研究所	江苏省南京市玄武区北京东路 39 号
㉔南京电厂办公楼	
㉕南京寄梅堂方案	
㉖南京下关车站扩建工程	江苏省南京市鼓楼区龙江路 8 号
㉗南京公教新村	江苏省南京市玄武区北京东路 51 号
㉘南京正气亭	江苏省南京市玄武区中山陵园明孝陵东北
㉙南京成贤小筑	江苏省南京市玄武区成贤街 104 号
㉚南京儿童福利站	江苏省南京市玄武区太平路东太平公园（郑和公园）附近
㉛南京楼子巷职工宿舍	江苏省南京市鼓楼区楼子巷
㉜南京原国民党盐务总局办公楼	江苏省南京市中山门附近
㉝南京基泰工程司办公楼扩建工程	江苏省南京市建邺区石鼓路与中山路交叉口
㉞翁文灏寓所	江苏南京鼓楼区百步坡
㉟南京国际联欢社扩建工程	江苏省南京市鼓楼区中山北路 259 号
㊱南京北极阁住宅（宋子文公馆）	南京玄武区北极阁街 1 号
㊲南京新生俱乐部	江苏省南京市玄武区小营
㊳南京招商局候船厅及办公楼	江苏省南京市鼓楼区江边路 19 号
㊴南京祁家桥俱乐部	南京鼓楼区祁家桥街 1 号
㊵南京原国民党资源委员会办公楼	江苏省南京市鼓楼区中山北路 200 号
㊶南京中央研究院社会科学研究所	江苏省南京市玄武区北京东路 39 号
㊷南京延晖馆（孙科住宅）	江苏省南京市玄武区中山陵园
㊸南京中央研究院化学研究所	江苏省南京市玄武区北京东路
㊹南京中央研究院九华山职工宿舍	江苏省南京市玄武区北京东路
㊺南京原国民党中央通讯社办公楼	江苏省南京市中山东路 75
㊻南京结核病大楼	江苏省南京市鼓楼区广州路
㊼南京中华门长干桥改建	江苏省南京市中华门外护城河上
㊽南京华东航空学院教学楼	江苏省南京市玄武区童卫路
㊾南京大学东南楼	江苏省南京市鼓楼区汉口路 22 号
㊿南京工学院校园中心区规划设想	江苏省南京市玄武区四牌楼 2 号
51 南京工学院五四楼	江苏省南京市玄武区四牌楼 2 号
52 南京工学院五五楼	江苏省南京市玄武区四牌楼 2 号
53 南京工学院动力楼	江苏省南京市玄武区四牌楼 2 号
54 南京工学院中大院扩建工程	江苏省南京市玄武区四牌楼 2 号
55 南京工学院大礼堂扩建工程	江苏省南京市玄武区四牌楼 2 号
56 南京工学院沙塘园学生宿舍	江苏省南京市玄武区四牌楼
57 南京工学院沙塘园食堂	江苏省南京市玄武区四牌楼
58 南京长江大桥桥头建筑	江苏省南京市
59 南京民航候机楼	江苏省南京市秦淮区大校场路
60 南京雨花台红领巾广场	江苏省南京市雨花区雨花台烈士陵园内
61 南京雨花台烈士陵纪念碑方案	
62 南京雨花台烈士纪念馆方案	江苏省南京市雨花区雨花台烈士陵园

杨廷宝在南京设计的作品一览表（2021 年 11 月，江苏省美术馆“杨廷宝：一位建筑师和他的世纪”展览）

1946年，设计中山北路259号（原671号）国际联欢社（今南京饭店）餐厅和附属用房的扩建工程；

1946年，设计南京北京东路51号公教新村。

1946年，设计南京下关区龙江路8号下关火车站扩建工程；

1947年，设计南京中山北路200号（原为虹桥20号）资源委员会办公楼；

1947年，为国民政府行政院副院长兼国民政府资源委员会委员长翁文灏设计五台山百步坡公馆；

1947年，设计南京下关江边路19号招商局候船厅；

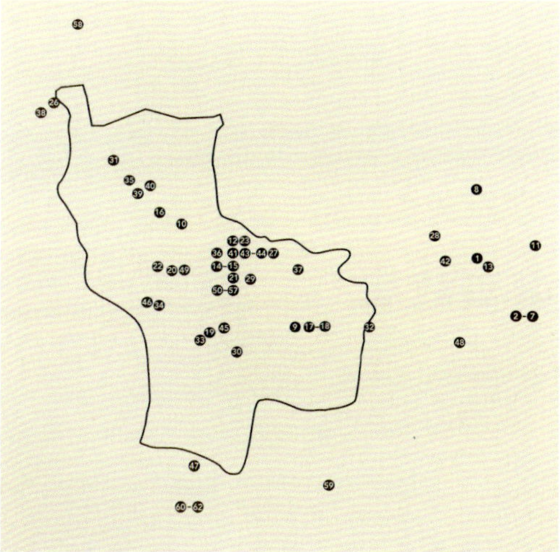

杨廷宝在南京设计的作品分布图（2021年11月，江苏省美术馆“杨廷宝：一位建筑师和他的世纪”展览）

1947年，设计南京祁家桥1号祁家桥俱乐部；

1948年，为国父陵园管理委员会主任孙科设计中山陵8号公馆，俗称延晖馆；

1948年，设计南京结核病医院大楼；

1948年，设计南京中山东路中央通讯社大楼；

……

1949年4月南京解放后，杨廷宝在这座简朴的住宅中继续为新中国的建筑事业殚精竭虑。他先后设计了北京王府井百货大楼、北京和平宾馆、徐州淮海战役革命烈士纪念塔、南京大校场机场民航候机楼、南京雨花台烈士纪念馆、南京雨花台红领巾广场、北京火车站、南京华东航空学院教学楼、南京工学院校园建筑、南京长江大桥桥头建筑、南京民航候机楼等精品力作，同时在东南大学教书育人，为新中国培养了一大批建筑人才，可谓桃李满天下。

如今，杨廷宝虽然早已离我们而去，但他自己设计的住所以及他设计的众多风格各异的作品就像苍穹中闪烁的群星，依然放射出耀眼的光芒。

童寯故居

童寯故居位于南京市秦淮区文昌巷 52 号。

童寯

童寯（1900—1983），字伯潜，满族人。奉天盛京（今辽宁沈阳）人。父亲童恩格为著名教育家。童寯自幼熟读四书五经。1921 年，童寯入清华学校学习。1925 年毕业后，赴美国宾夕法尼亚大学建筑系留学。求学期间，曾获全美建筑系学生设计竞赛一、二等奖。1928 年毕业，获建筑硕士学位。后在费城、纽约的建筑师事务所工作两年。1930 年，童寯赴欧洲考察建筑后回国，经梁思成推荐，1930—1931 年任东北大学建筑系教授和系主任。1932—1952 年，童寯在上海与建筑师赵深、陈植共同组成华盖建筑师事务所，主持绘图室工作。该所设计工程近

童寯故居大门

200项，其中，三人合作设计的有南京外交部大楼、大上海大戏院、上海浙江兴业银行大楼等。1944年起，童寯先后在重庆和南京兼任国立中央大学工学院建筑系教授。1949年，国立中央大学改称南京大学，1952年，南京大学工学院改组为南京工学院，童寯继续担任建筑系教授，直至去世。

童寯参加设计的工程约100项，遍及南京、上海、四川、贵州等地。其中，在南京设计的建筑除了上述的外交部大楼外，还有首都饭店、金城银行别墅（后来的马歇尔公馆、南京安全区国际委员会总部）、首都电厂、中山文化教育馆、中央地质调查所地质矿产陈列馆、朝天宫故宫博物院南京古物保存库、美军顾问团公寓（又称AB大楼）、公路总局办公楼等。他在建筑创作上，反对因袭模仿，坚持创新，作品比例严谨，质朴端庄。童寯设计的作品被称为“伦理中国式，技术西方式”，足见他对中西建筑融会贯通的程度。童寯对中外建筑历史、近现代建筑和各流派建筑理论的研究，做出了重大贡献。特别是对中国古典园林的研究，他情有独钟。为了搜集第一手资料，他实地考察，绘图摄影，足迹遍及大江南北，他撰写的《江南园林志》被公认为是我国研究古典园林的典范之作。

童寯故居大门朝北，整个宅院占地面积414平方米。主建筑建筑面积133平方米，坐北朝南，局部为两层，其余皆为一层。该建筑始建于1947年6月，是由童寯本人亲自设计，为英国别墅风格，砖木混合结构，红砖清水外墙，毛石墙基座，斜屋屋顶覆盖红色平瓦。朝南为大面积白色玻璃窗，自然采光充分，空间流畅；北侧设有门房。房屋四周为庭院，前院有葡萄架，后院有紫藤架，院内还种植有桂花、夹竹桃、海棠、火焰松等植物，整个庭院树木扶疏，环境宜人。童寯称呼自己设计的住宅为“陋室”。

童寯故居一楼为客厅、餐厅等，二楼为童寯的卧室。据雷雨《文昌巷》一文介绍，童寯的文昌巷陋室是专门为其夫人关蔚然设计。童寯夫妇恩爱，其夫人关蔚然1956年去世后，他未再续弦，夫人生前的房间摆设，依然保持原貌。①

在这幢建筑物中，童寯除了继续从事建筑设计以外，主要把精力放在教书育人和潜心著述上，他在为新中国培养了大批的建筑专门人才的同时，还著有《造园史纲》《东南园墅》（英文版）及《近百年西方建筑史》《日本近现代建筑》《新建筑与流派》《外国建筑教育》《建筑科技沿革》《中国雕塑史》《中国建筑史》《中国建筑的外来影响》《中国建筑的特点》《中国建筑艺术》《新建筑世系谱》

① 《南京日报》2020年7月17日。

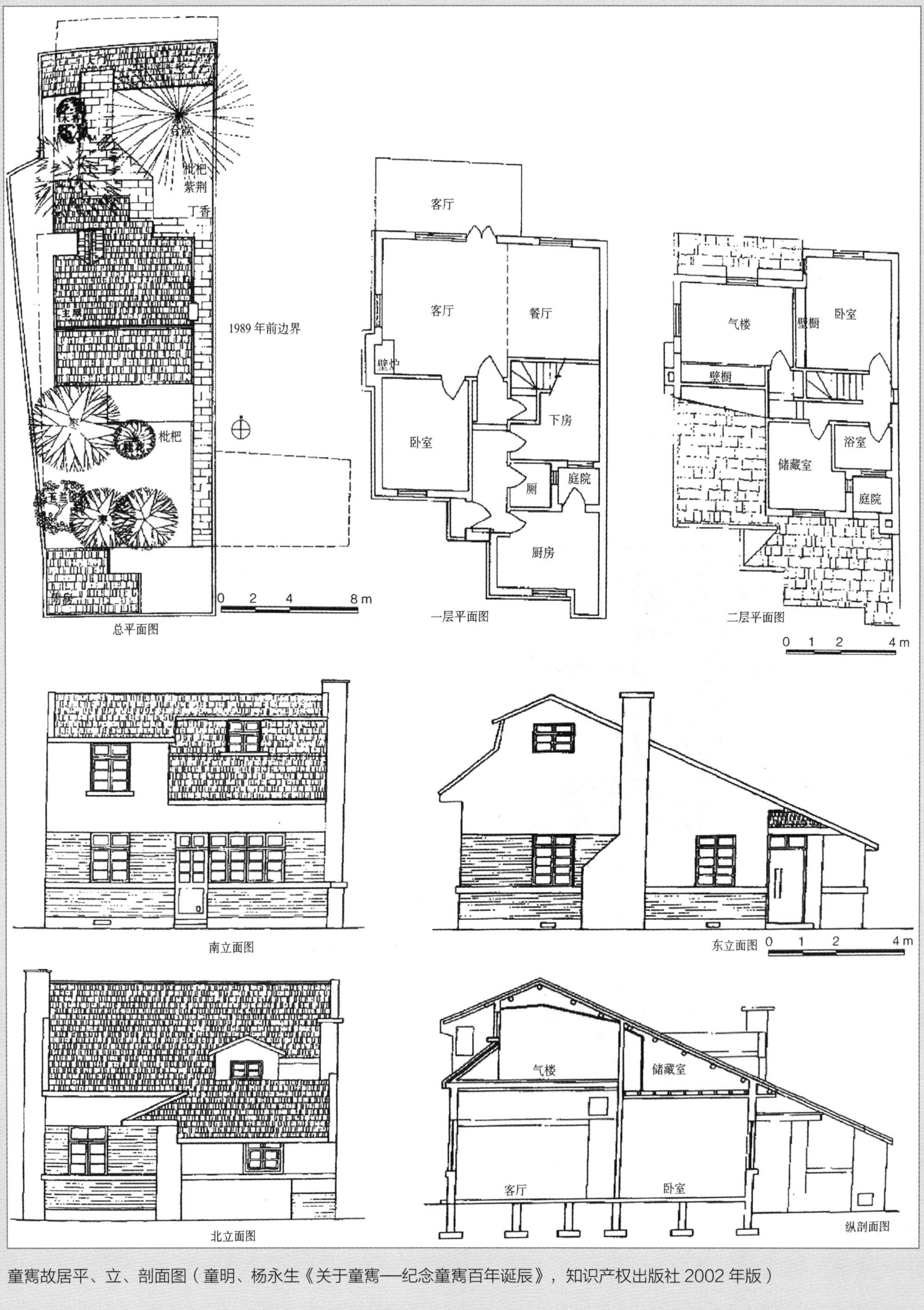

童寯故居平、立、剖面图（童明、杨永生《关于童寯—纪念童寯百年诞辰》，知识产权出版社 2002 年版）

童寯故居庭院

童寯故居

童寯故居一楼会客厅

童寯故居一楼餐厅

童寯故居二楼会客室

童寯故居

《建筑科技沿革》《随园考》《建筑教育史》《日本近现代建筑史》《苏联建筑》《中国园林对东西方的影响》等大量论著。

童寯去世后，其后人一直居住童寯故居中。

1992 年，童寯故居被列为南京市文物保护单位。2002 年，被列为江苏省文物保护单位。2009 年，被列为南京重要近现代建筑。

2022 年 1 月，经过多方长达 20 年的共同努力，童寯纪念馆建设正式动工。由童家后人、东南大学和秦淮区政府三方合力打造的童寯纪念馆，包括东部童寯住宅、西部附属建筑两个组成部分，通过收集、整理、展示、研究等功能，转型为中国近现代建筑的一个重要研究中心；同时，通过环境整治，带动周边地区的品质提升，更好地保护童寯住宅整体。

晚年童寯与童村在院内合影

赛珍珠故居

在南京汉口路22号全国著名的高等学府南京大学校园里，有一座漂亮的小洋楼（原来的门牌号码是平仓巷3号），这就是世界著名的文学家、诺贝尔奖获得者赛珍珠的故居。该楼坐西朝东，砖混结构，高两层，楼顶建有老虎窗，另建有地下室。大门口建有门廊，门廊上有阳台。正是在这座小楼里，赛珍珠前后居住了将近13年，完成了大量以中国农村为题材的作品。

赛珍珠(Pearl Sydenstricker Buck，1892—1973)，原名珀尔·塞登斯特里克·巴克，出生在美国弗吉尼亚州。父亲赛兆祥为在华长老会传教士。她出生刚4个月便被父母带到中国清江浦（今江苏淮阴），1894年，随父母移居镇江。先后

赛珍珠故居

在镇江市私立崇实女子中学（今镇江市第三中学）和上海读书。她在中国长大，深受中国传统文化熏陶。赛珍珠小时候爱读中国古典小说。她对《水浒传》里的梁山好汉如数家珍，能背诵《红楼梦》里的诗词，还读了《野叟曝言》《镜花缘》《太平广记》等。她因崇拜中国清末名妓赛金花而取名赛珍珠。17 岁时，她回到美国，进入弗吉尼亚州伦道夫—梅肯女子学院（Randolph–Macon College）学习心理学，毕业后又返回中国。1917 年春，她在镇江崇实女子中学教书时，与早在 1915 年来华的美国农业经济学家、康奈尔大学教授布克（又译约翰·洛辛·卜凯、巴克，John Lossing Buck，1890—1975）结婚。

1901 年赛珍珠（左一）全家照

1919 年，赛珍珠随丈夫布克来到金陵大学（今南京大学的前身）任教，住进了鼓楼附近平仓巷这座单门独院的小洋楼中。赛珍珠夫妇的婚姻生活从一开始就并不幸福，不过这场婚姻还是维持了 18 年，而且绝大部分时间是在南京度过的。当时赛珍珠的丈夫布克教授任金陵大学农学院教授，创办了农业经济系，主讲农业经济学和农场管理学等课程。1929 年，金陵大学农学院在美国农业部的资助下，由布克主持进行了中国农村经济调查，前后历时九载，共调查全中国 22 省、168 个地区、16786 个田场、382560 个家庭。由于布克等人的勤奋工作，使得当时金陵大学与国立东南大学（后来的国立中央大学）并列为中国现代农业教育和科研中心。

1944 年，布克回国。在近 30 年里，他对中国农业经济进行了开创性的调查

1917 年，赛珍珠与布克结婚

赛珍珠故居

年轻时的赛珍珠

研究，用英文发表了《中国农家经济》《中国土地利用》等经典之作，使康奈尔大学农业经济系举世闻名。其中的《中国土地利用》一书，就是在赛珍珠的鼓励支持下完成的。据英国学者谭如波研究：“1927 年，美国农业部的贝克博士建议应在中国进行土地利用的研究。这是受到约翰·巴克在南京授课经历的启发，还是自己想到的，就无从得知了。赛珍珠敦促丈夫承担这一他们已开始进行的研究，并将其扩展为更广泛的考察。赛珍珠的哥哥为此贡献出在当时是相当大数额的5000美元。她父亲同意写‘人口’一章（但他在未完成前便过世了）。这样，约翰·巴克组织起到那时为止最重要而且深入和广泛的关于中国土地使用的考察。考察的结果于 1937 年成书出版，名为《中国土地利用》，共 494 页。……虽然此书以其丈夫的名字出版，但是书的第一章‘中国农业’为赛珍珠所写。尽管是她建议进行这一考察并写了书的一部分，但她的名字只在书中的第一章关于《大地》一书的脚注中提到一次。”

就在布克事业如日中天的时候，赛珍珠还是一个默默无闻的平凡女子。她除了相夫教子外，还在金陵大学外语系授课，同时又在国立东南大学外语系兼课。据当年曾与赛珍珠同在国立东南大学外语系授课的文学家梁实秋回忆：“民国十五年秋我应聘到东大授课，当时的外文系主任是张欣海先生，也是和我同时到校的，每于教员休息室闲坐等待摇铃上课时，辄见赛珍珠施施然来。她担任的课程是一年级英文。她和我们点点头，打个招呼，就在一边坐下，并不和我们谈话，而我们的热闹的闲谈也因为她的进来而中断。有一回我记得她离去时，张欣海把烟斗从嘴边拿下来，对着我和韩湘玫似笑非笑地指着她说：‘That woman……’这是很不客气的一种称呼。究竟‘这个女人’有什么足以令人对她失敬的地方，我不知道。我觉得她应该是一位好的教师。听说她的婚姻不大美满，和她丈夫不大和谐。她于一八九二年生，当时她大概是三十六岁的样子。我的印象，她是典型的美国中年妇人，肥壮结实，露在外面的一段胳臂相当粗圆，面团团而端庄。很多人对于赛珍珠这个名字不大能欣赏，就纯粹中国人的品位来说，未免有些俗气。赛字也许是她的本姓 Sydenstricker 的部分译音，那么也就怪不得她有这样不很雅的名字了。”

赛珍珠在中国度过少年时代，受到中国古典文化的教育。1914 年，赛珍珠从美国伦道夫－梅肯女子学院毕业以后重返中国。由于她长期生活在中国，并

赛珍珠故居一角

赛珍珠在书房

1930 年，赛珍珠与养女詹妮丝在金陵大学寓所

且与丈夫布克一道在中国北方农村进行过调查考察，广泛地接触到了中国的下层民众，对中国了解颇深。她在金陵大学和国立东南大学教授外语课的同时，不甘平庸，选择了以反映中国社会生活的小说作为自己文学创作的方向。她从1922 年开始文学创作生涯，一生创作的作品有 100 余部之多，大部分为畅销书，其中有相当一部分是以中国农村为题材的作品。许多人认为，“在描写中国题材而产生巨大影响的西方作家中，除马可・波罗外，赛珍珠应推第一”。①

在南京的这幢小洋楼中，她撰写了处女作《放逐》（1923 年出版）。1927 年 4 月北伐军攻克南京时，社会失去了控制，对于许多外国人来说真是危机四伏，所以她沦落为“洋难民”，离开了南京。当 1928 年夏回到南京的家园时，尽管整座院落成了马厩和“公厕”，但她却在一个小壁橱里惊喜地翻出一个木箱。士兵和劫匪掠走了她的大半家产，却把这个木箱留了下来，箱中完好无损地放着她为纪念去世的母亲而写的《凯丽的传记》一书的手稿——这部手稿排成铅字时书名改成了《异邦客》。不久，她又在南京创作出《东风・西风》。此后，她在南京完成了她的成名作——中国题材的“大地三部曲”中的首部作品《大地》（*The Good Earth*，1931 年出版），这部小说叙述的是旧中国的农民王龙从一无所有到成为一个富户的故事。赛珍珠以同情的笔触和白描的手法，塑造了一系列勤劳朴实的中国农民的形象，生动地描绘了他们的家庭生活，以饱蘸同情心

① 刘海平：《总序・赛珍珠和她的中国情结》，载［美］赛珍珠著，丁国华、吴银根、刘锋译，张子清校《龙子》，漓江出版社 1998 年 3 月版。

的笔写出了“农民灵魂的几个侧面”。《大地》最初的名字叫《王龙》，1931 年，美国的约翰·戴公司（The John Day Company）负责人、《亚细亚》杂志主编约翰·沃尔什（John Walsh，她后来的丈夫）认为名字不易为人接受，建议改名为《大地》。1931 年春，这部以中国农村为题材的小说给世界人民尤其是美国人民留下了深刻而又难忘的印象，成为 1931 年和 1932 年全美最畅销的书，并被 60 多个国家翻译出版，是被翻译最多的文学作品之一。许多美国人说：“认识和了解中国，是从读《大地》开始的。”此后，她在南京又创作出《儿子们》（*Sons*，1932 年出版）、《分家》（*A House Divided*，1935 年出版）等多部重要作品，从而奠定了她在世界文学史上的不朽地位。1932 年，她获得美国普利策文学奖。

在南京，她还将中国四大古典名著之一的《水浒传》翻译成英文出版。她着手翻译《水浒传》是在 20 世纪 20 年代中后期。当时南京出售的《水浒传》有好几个版本，有的只有 70 回，有的长达 120 回。赛珍珠选择了 70 回本的《水浒传》，因为她觉得这一版本最好，自始至终贯穿着与官府反抗到底的思想，而较长的版本结尾大多是好汉们被朝廷招安。在耗时 5 年之后，她终于将《水浒传》翻译成英文，但书名的翻译让她颇费脑筋。她先后试用过《侠盗》《义侠》等书名，但自己都不满意。直到出版前不久，她突发灵感，想到了《论语》中“四海之内，皆兄弟也”这一名言，于是便以 *All Men Are Brothers*（意思是《四海之

1934 年好莱坞米高梅电影公司拍摄的《大地》电影海报（摄于南京大学赛珍珠纪念馆）

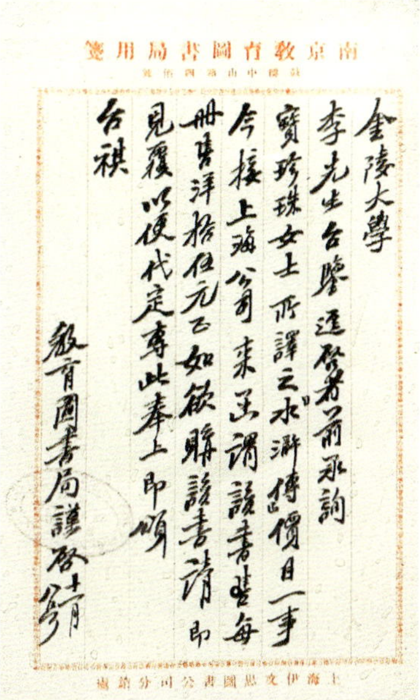

南京教育圖書局用箋

金陵大學
李先生台鑒逕啟者前承詢
寶珍珠女士所譯之水滸傳價目一事
今接上海公司來函謂該書每
冊售洋拾伍元正如欲購該書請即
見覆以便代定專此奉上即頌
台祺
教育圖書局謹啟 十二月

上海伊文思圖書公司分銷處

南京教育图书局征询金陵大学图书馆馆长李小缘是否订购赛珍珠所译《水浒传》英文版的函

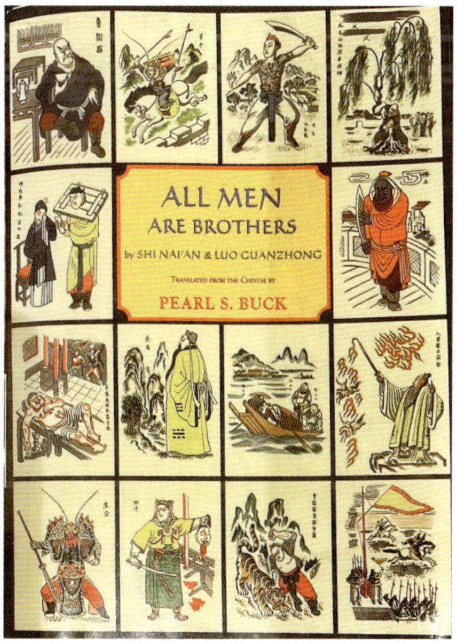

赛珍珠所译《水浒传》英文版书影（摄于南京大学赛珍珠纪念馆）

内皆兄弟》，1933 年出版）为名。这是《水浒传》的第一个英文全译本。[1]

1933 年 11 月 28 日，作家兼翻译家章伯雨曾经前往拜访赛珍珠，后来写成《勃克夫人（Mrs. Pearl S. Buck）访问记》。章伯雨写道：在一个连绵阴雨后的秋日晴天下午黄昏时分，他来到赛珍珠家——“站在一座因为生了白蚁而在大加修理的，还有两个油漆匠在户外修饰窗棂的精美洋楼前”。赛珍珠不在家。女佣人说赛珍珠通常上午在楼上写作，什么人也不让上楼；下午外出办事、访友。他刚要走，就见到“一个戴着宽边帽子，穿着一件夹大衣的看来不过三十左右的西洋少妇模样的女人慢步地走来”。章伯雨自我介绍后，赛珍珠亲切而愉快地将他引进会客室，“这间精致的会客室，里边四周围的书架上摆满了很整齐的硬皮书籍，壁上挂着几幅中国画，一个靠在烛台下的桌上排列着一堆大的小的各种颜色的印章，她请我坐下后便在我对面的一张座椅上坐下，这里的温暖好似四月天气，是沿着四面墙壁上爬伏着的热水汀发出的暖气。她已脱去大衣和帽子，她更显着不如我想象的那样苍老，虽然她已是过了四十岁的人，但年岁好像并没有折磨了她的使我惊奇的美丽容貌，而且从她幽静的态度和从容的谈吐中增加了我认为她是真是的具有东方女性的性情的心理”。[2]

1934 年，赛珍珠回到美国定居。次年，她与布克离婚，与约翰·沃尔什结婚，但她对中国、对南京仍充满了怀旧之情，常常有想家的感觉。赛珍珠曾说：“我一生到老，从童稚到少女到成年，都属于中国。”“我的第二祖国是中国。……中国人的生活这么多年来也就是我的生活。他们的生活必将永远是我生活的一部分。”她回忆在南京生活的片段时写道：“在这里，我生活的一部分是在金陵大学、东南大学和后来的南京大学教书，教授英国文学……我住在南京的一所旧砖瓦房里，房子四周是一座我喜欢的大花园。在那里，我种树栽花，我丈夫培植蔬菜。我们在花园里工作，夏天在这里进餐，朋友们带着孩子同我们一起在这里游憩。”她认为，南京让她获得了诺贝尔奖，也让她失去了爱情。但她并不后悔，因为这就是生活。

鲜为人知的是，在 1929 年 5 月底 6 月初举行孙中山先生奉安大典期间，赛珍珠在家中腾出地方，让中国驻美大使施肇基博士和为孙中山先生遗体作防腐处理的泰勒博士住了进来。徐志摩、梅兰芳、胡适、林语堂、老舍等人都曾是

① 卢海鸣：《赛珍珠与南京》，收入《赛珍珠纪念文集》，吉林文史出版社 2003 年 8 月版。
② 收入郭英剑编《赛珍珠评论集》，漓江出版社 1999 年 4 月版。

她家的座上客。而在日军进入南京城之前的1937年10月14日，留在南京的西方友人贝德士、斯迈斯、威尔逊、米尔斯、考德威尔、汤姆森、布兰农7人搬进了赛珍珠故居（当时因为赛珍珠与布克已经离婚，所以称为布克家）。据南京大屠杀的亲历者魏特琳女士回忆：“选择这所房子是因为它有收音机、一个不错的炉子和一个很好的防空洞。”12月1日，拉贝、克勒格尔、施佩林等南京安全区国际委员会的委员以及当时的南京市市长马超俊等人曾经在赛珍珠故居商量成立南京安全区事宜。12月13日南京沦陷后，拉贝、贝德士、魏特琳等一批富有正义感和同情心的国际友人曾经在赛珍珠故居中频频聚会，商讨对付日军、拯救无辜难民的良方妙策。12月25日，贝德士、魏特琳、程瑞芳、邬静怡等人在这里度过了日军入城后的第一个圣诞节。①

1938年，赛珍珠荣获诺贝尔文学奖（简称“诺奖”），成为美国历史上第一个获得诺奖的女性，也是第一个以反映中国社会状况为题材的诺奖获得者。瑞典文学院在颁奖词中给予她的评语是：“因其对中国农民生活的丰富而真实的史诗般的描写”，“为西方世界打开一条路，使西方人用更深的人性和洞察力，去了解一个陌生而遥远的世界”。中国人民的朋友海伦·斯诺夫人说她就是读了《大地》后才来到中国。②赛珍珠的作品被誉为“传记文学的杰作”。

赛珍珠自20世纪30年代离开中国后，一直没有回过她心目中的第二故乡——中国。

1937年抗日战争全面爆发，赛珍珠十分关注中国的命运，在美国撰写了长篇小说《龙子》（*Dragon Seed*，1942年出版）。《龙子》主要描写1937—1941年南京城西一个小村庄里林郯一家在日军侵华时的悲惨遭遇以及他们奋起抗击的故事。《龙子》是赛珍珠20世纪40年代作品中最受中国人瞩目的一部，也为赢得美国对中国抗战的支持并且对于美国取消排华法案都起到了一定的作用。③

1942年，我国表演艺术家王莹和丈夫谢和赓赴美留学深造，同时肩负抗日宣传的使命。赛珍珠给予大力支持，她极力推荐王莹这位中国的“海伦·赫斯”到白宫演出。演出当天，她一身盛装，亲自为王莹报幕。王莹用流利的英语表

① 邬静怡：《东西方相会》，收入陆束屏《血腥恐怖金陵岁月——金陵女子文理学院中外人士的记载》，南京出版社2014年12月版。

② Helen Foster Snow：*My China Years*，New York：William Morrow，1984.

③ 顾钧：《在文学与宣传之间——赛珍珠〈龙子〉》，《中华读书报》2020年1月22日。

赛珍珠墓地（摄于南京大学赛珍珠纪念馆）

赛珍珠故居

赛珍珠故居大门

赛珍珠故居一楼内景

赛珍珠故居二楼内景

赛珍珠故居三楼内景

演街头剧和抗战歌曲，获得圆满成功，观看演出的罗斯福总统由于下肢瘫痪坐在轮椅上，不便上台，特意让他的夫人代表他与王莹合影，表示对王莹的祝贺。赛珍珠还为林语堂《吾国与吾民》在美国出版做了大量工作。

在费城绿山农庄赛珍珠别墅，“藏书室里，摆放着一张三屉书桌，殷殷的纹路还散发着古远的木香。这是赛珍珠不远数万里，漂洋过海，几经辗转，特意从南京运来的。就是在这张书桌上，她写出了不朽之作《大地三部曲》。正是因了这部著作，使她成为美国历史上，连获普利策和诺贝尔两项大奖的惟一女作家，数年无人可与之比肩”。“小说《大地》的原稿平平展展地放在书桌上。主人使用过的那台老式英文打字机，也静静地伏在原稿的旁边，如同驰骋疆场归来的猛士，在那里歇息”。①

到了晚年，赛珍珠思“乡”心切，盼望着能够故地重游。因为在中国的土地上还埋葬着她的父母、两个哥哥和两个姐姐。1972 年，中美关系解冻。在美国总统尼克松访华前夕，赛珍珠接受了美国国家广播公司（NBC）的采访，她说：“我虽然从未见过毛泽东，但我认识周恩来。他是一个才华横溢的人。我最近曾给他写信，期待 5 月间对他访问。”倘若赛珍珠能够成行的话，南京无疑会是她中国之行的重要一站，故地重游的赛珍珠一定会发出无限的感慨。令人遗憾的是，这一时期的中华大地，意识形态尚处于“文革”后期的隆冬严寒之中，赛珍珠被认为是个反动文人、帝国主义文化侵略的急先锋，因此她的访华申请遭到了拒绝。②这对于有着很深的中国情结的赛珍珠来讲，不啻一个沉重的打击。一年后的 1973 年 3 月 6 日，她在郁郁寡欢中去世，享年 81 岁。她去世后，在其墓碑上按其遗愿仅刻有中文“赛珍珠”三字。

赛珍珠去世后，美国总统尼克松在她的葬礼悼词中，称赞赛珍珠是“一座沟通东西方文明的人桥……一位伟大的艺术家，一位敏感、富于同情心的人”。③1998 年 10 月 17 日，美国前总统乔治·布什访问南京大学并接受南京大学名誉博士学位。次日上午，他专门参观赛珍珠故居，以表示对这位已故伟大作家的怀念。布什和千千万万美国人一样，正是从赛珍珠的作品中，获得了对中国的最初印象，并萌生了对中国的好感和向往。

赛珍珠在 81 年的人生旅途中，有将近一半的岁月是在中国度过的。她在淮

① 曹积三：《绿山农庄的赛珍珠》，《中华读书报》2021 年 11 月 10 日。
②③ 刘海平：《总序·赛珍珠和她的中国情结》。

阴、镇江、上海、宿州、南京等地都留下了活动的踪影。南京是赛珍珠人生旅途的一个重要驿站，在这里，她由一个默默无闻的平凡女性成长为举世闻名的作家。赛珍珠尽管已经去世将近半个世纪，但中国人民并没有将她遗忘，南京人民同样没有遗忘这位为中西方文化交流做出过巨大贡献的伟大女性。2000 年 5 月 31 日，南京大学为了纪念赛珍珠校友为中西文化交流所做出的杰出贡献，举行了隆重的“赛珍珠故居纪念牌”揭牌典礼仪式。2012 年，观筑历史建筑文化研究院设计师陈卫新应邀主持赛珍珠故居的室内修缮和展陈设计。同年 5 月 19 日，为迎接南京大学 110 周年校庆暨纪念赛珍珠 120 周年诞辰，赛珍珠故居正式以南京大学赛珍珠纪念馆之名对外开放。今天的南京大学赛珍珠纪念馆，已经成为中外人士瞻仰、缅怀赛珍珠文学成就的重要场所。

2006 年，赛珍珠故居被列为江苏省文物保护单位。

拉贝故居

南京市广州路小粉桥 1 号拉贝故居是一座普普通通的建筑，也是一座富有传奇色彩的建筑。20 世纪 90 年代，在南京城市建设过程中，为了拓宽鼓楼至广州路之间的天津路和小粉桥，缓解中山路的交通压力，这座很不起眼的建筑差一点成了推土机下的牺牲品。那么，是什么力量使它得以留存下来？这就是故居主人拉贝的光辉。

约翰·拉贝（John H.D.Rabe，1982—1950），出生于德国汉堡。早年丧父，初中毕业后离开学校，在一家出口商行当学徒。不久，前往非洲，在一家英国公司工作，学了一口流利的英语。1906 年，因染疟疾回国。1908 年到中国，次年，在北京与青年时的女友结婚。他作为德国西门子公司的雇员，先后在北京、天津、南京等地经商。拉贝和他的家人在中国生活了整整 30 年，他的子女和外孙女均出生在中国。他们与中国人民结下了亲密的友谊。他是一个虔诚的基督教

拉贝故居大门

徒，对20世纪20—30年代处在内忧外患中的中国人民抱有深切的同情。1931年，拉贝担任西门子公司驻南京办事处经理。1934年，他在南京建立了一所德国学校，任该校理事会理事长。1937年日军进攻南京前夕，他和十几位外国传教士、教授、医生、商人等共同发起建立南京安全区，并担任南京安全区国际委员会主席。他和一些留在南京的国际友人在当时极其危险艰难的战争环境中，四处奔走呼号，奋不顾身地抗议和尽其所能地阻止侵华日军对中国人民的疯狂施暴，被南京人视为“活菩萨”。他们设立的南京安全区为大约25万中国平民提供了暂时栖身避难的场所。在他自己的住宅和庭院里，也挤进了数百名中国难民，并受到保护。他还在他的日记和其他文字中记述了侵华日军在南京犯下的一桩桩令人发指的暴行。1938年2月，西门子洋行将拉贝召回国，把他调到西门子公司在柏林厂家的管理部门工作。拉贝回到德国以后，连续举行了数次报告会，揭露日军在南京的罪恶行径，因而被盖世太保逮捕，并禁止他再发表类似的演讲。拉贝于1948年65岁时退休，1950年1月5日去世。

拉贝

广州路小粉桥1号（原为小桃园10号）拉贝故居，原是金陵大学（今南京大学）农学院院长、中国农业改进所所长谢家声的房产。1934年，谢家声以其妻子谢汤氏之名，申请土地兴建而成。占地面积2.858亩，约为1905平方米。计有西式砖瓦结构的两层楼建筑一栋13间，西式平房一进6间，汽车库2间，共计21间。房屋建成后，谢家声因另外还有一处房产，就将这处房产租给了拉贝。拉贝是1931年11月2日来到南京的，当时租住在下关一个简陋的房子里。后来迁到这里，一直居住到1938年2月回国。其间，他的夫人、女儿和孙女儿曾经多次来南京与他团聚。至于拉贝是如何租下这座房子，又是何时搬入的，已经无从查考了。

拉贝故居院门朝东，主楼坐北朝南，入口处有一门廊，门廊上有阳台。青砖清水墙，坡屋顶，上覆红瓦，屋顶有老虎窗。一楼是会客室和餐厅，二楼是拉贝的书房、卧室和浴室，在二楼之上有一个小阁楼。

1936年11月底，拉贝的同胞、德国前驻华大使埃尔温·维克特来到南京拜访拉贝的时候，拉贝公馆给他留下了较深的印象。他在《约翰·拉贝其人》一文中回忆道：“经过南京市雄伟的城门，来到了拉贝的家。这是一座简陋的别墅，副楼是办公室。……并且在客人的房间里为我铺了一张床。他们留我在他家过了一个星期，比我原计划的还要长。我们一块儿去电影院看了一部美国电影。

西门子公司南京办事处（拉贝故居）

拉贝与秘书韩湘琳

晚上我们总是坐在客厅里，听拉贝讲述他在中国的岁月，关于中国人的情况，中国人的思维方式和他们的行为举止，拉贝还介绍了中国许多奇特的国内政策和蒋介石的政府以及这个国家的腐败情况，德国的军事顾问当然也是话题之一。”

在这里，拉贝度过了一段快乐的时光，事业蒸蒸日上，周围居民对他热情友善。然而，日军进攻南京的枪炮声和飞机的轰炸声打破了拉贝宁静的生活。

1937 年 12 月至 1938 年 1 月南京大屠杀期间，为了防止日军的炮弹袭击和飞机轰炸，拉贝在院内挖了一个防空洞，并在院子里撑起一块长 6 米、宽 3 米的帆布，上面画有卐字和德国国社党（即纳粹党）党旗。拉贝故居——这座在《拉贝日记》中被称作“小桃园”或“农科作物系”的院子里安置了大约有 300 名难民，最多的时候安置了 602 名难民。难民们认为拉贝家是最安全、最保险的地方。从此，拉贝故居又有了一个新的名字——西门子难民收容所。

当拉贝在家的时候，他会利用自己是德国人（德国与日本在二战时同为轴心国成员）的特殊身份，冒着生命危险痛斥翻墙而入的日本兵。然而，当拉贝外出处理各种事务的时候，他家里的安全状况则非常糟糕。他在家门口张贴的日文布告根本起不了作用，大部分日本兵照样翻墙而入，抢劫财物，强奸妇女，为所欲为。最为典型的一次是 1937 年 12 月 19 日，当晚 6 时，6 名日本兵趁黑翻墙进入拉贝的院子里。拉贝用手电筒照着其中一名日本兵的脸，这名日本兵恼羞成怒，拔出手枪，对准拉贝。拉贝临危不惧，用自己的卐字袖章镇住了这名日本兵，并喝令所有的日本兵从墙上原路爬出去。诸如此类的事例还有很多。1938 年 1 月，拉贝给住在天津女儿家中的妻子多拉的信中写道：“我整天都在总部里，即国际委员会的办公室里为难民区工作，这里离德国大使馆不远。我还是住在小桃园的家里，在这里我已经挡住了日本兵的骚扰恐怕有100次了。”

南京安全区国际委员会成员在安全区总部合影（1937年，南加利福尼亚大学图书馆藏）

在拉贝家避难的难民中，有很多孕妇，其中有两个孕妇，12月28号、29号，分别在草棚中生下了一个男孩和一个女孩。当时生下孩子的时候，没有医生，没有护士，没有接生婆，甚至连小孩子的衣服都没有，只有几块肮脏的破布。拉贝看了非常辛酸，他用自己和妻子的爱称，给他们分别取名为约翰尼和多拉，并送给每对夫妇10元钱。这两个幸运的孩子如果今天还健在的话，应该是快90岁的老人了。

在拉贝故居里面，曾经还收容过一名受伤的国民党飞行员，叫王光汉，当时躲在二楼。有一次日本兵到拉贝家来骚扰，当时是想抓妇女，几个妇女就往二楼跑。在跑的过程中，幸亏拉贝听到动静，从二楼走了下来，否则日本兵如果追到楼上去，发现了有国民党飞行员的话，后果不堪设想。后来拉贝在离开中国的时候，王光汉化装成拉贝的佣人，跟着他离开了南京。

1938年的新年，在拉贝家的院子里，难民们排着整齐的队伍向拉贝三鞠躬，献给他一块大红绸布，上面写着“您是几十万人的活菩萨”。难民们用这种虔诚的语言来表达他们对拉贝救命之恩的感激。

拉贝亲身目击南京大屠杀所写的真实记录——《拉贝日记》（又名《敌机飞临南京》），就是在这座建筑物中完成的。其中所记述的，都是拉贝的亲历亲见亲闻。这些文字对中日交战双方的实际情况和政治是非作了客观公正的评价。拉贝的祖国在第二次世界大战中是日本的盟国，他本人是德国国社党南京小组的负责人。这就使他的记述具有别人难以代替的特殊作用。当然，由于拉贝当时活动的范围主要在南京安全区内，又只是他个人和他周围人的所见所闻，这部日记不可能对日军南京大屠杀的全过程作出完整的系统地论断和估计。尽管如此，《拉贝日记》仍然具有很高的史料价值，它是对侵华日军制造这一惨绝人寰的大屠杀的血泪控诉，是对日本军国主义者犯下的严重罪行的有力证词。

1938年2月底，拉贝奉西门子公司之命，离开南京。4月，回到德国以后，

拉贝故居

他多次发表演讲，揭露日军在南京烧杀淫掠的残暴行径。德国纳粹当局考虑到和日本的战略伙伴关系，命令秘密警察“盖世太保”将拉贝逮捕，勒令他以后封口。到了 1950 年的时候，拉贝在德国的柏林去世，在去世前几年，因为德国是第二次世界大战的战败国，当时柏林的生活情况极为糟糕，面包、食品极为缺乏。当中国人民尤其是南京人民知道拉贝所处的境况以后，纷纷捐款捐物。

从 1945 年开始，就不断地给拉贝寄钱，寄食品，帮助拉贝度过了人生中最后一段难关。这也说明中国人民是知恩图报的。

拉贝回国后，这座房屋随之也换了新的主人。1947 年，谢家声将这处房产出租给美国基督教宣教会。1949 年 10 月，又出租给华昌木行。1951 年，出租给美国圣公会。此后，便成为南京大学教师住宅。

南京人民始终怀念约翰·拉贝先生，并把他看作是正义的代表和仁爱的典范。1997 年 3 月 28 日，中央电视台向全国人民介绍了这座具有历史意义和纪念意义的建筑。同年 5 月，拉贝的墓碑被从柏林运到南京，安置在南京江东门外侵华日军南京大屠杀遇难同胞纪念馆内，供世人瞻仰。2003 年 9 月，时任德国总统约翰内斯·劳在访问南京大学时，得知拉贝事迹，回国后，亲自推动和促进拉贝故居修缮、改建计划。如今，拉贝故居已经辟为南京大学拉贝与国际安全区纪念馆和南京大学拉贝国际和平与冲突化解研究交流中心，并在庭院内竖起了一尊栩栩如生的拉贝先生半身雕塑。

拉贝虽然远离我们而去，但在南京，有关“活菩萨”拉贝 80 多年前拯救南京难民的故事仍在广泛流传。

2006 年 6 月 5 日，拉贝故居被江苏省人民政府列为江苏省文物保护单位。2014 年，被国务院列为第一批国家级抗战纪念设施、遗址名录。2009 年 12 月，拉贝故居入选中国文物学会、中国建筑学会联合评选的“第四批中国 20 世纪建筑遗产项目”。2013 年，被列为第七批全国重点文物保护单位。

马歇尔公馆

马歇尔

在近代建筑争奇斗艳的南京市颐和路公馆区一带，宁海路 5 号显得格外引人注目。它之所以如此，有一个重要原因，就是在这座卓尔不群的中国传统宫殿式的建筑中，曾经居住过美国驻华特使马歇尔。

乔治·卡特利特·马歇尔（George Catlett Marshall，1880—1959），美国西点军校毕业。1924—1927 年任驻华武官，在天津美军中任职。后历任美国陆军部作战司司长、副参谋总长等职。1939—1945 年，任美军总参谋长，多次随美国总统出席美、英、苏、中首脑会议和盟国军事会议，制定重大作战计划。1945 年，辞去参谋总长职务。1945 年 11 月，以美国总统杜鲁门的特使身份来华“调处”国共冲突，参与国共谈判。1946 年 6 月，蒋介石发动全面内战；8 月 10 日，马歇尔、司徒雷登发表联合声明，宣布“调处”失败。1947 年 1 月，马歇尔奉召回国，出任国务卿，其赴华使命至此结束。马歇尔回美后，提出复兴欧洲的“马歇尔计划”。1950—1951 年出任国防部部长。1959 年，马歇尔病逝。

这座公馆 1935 年由建筑师童寯设计，1936 年建成。占地面积 4.17 亩，相当于 2779.8 平方米，建筑面积 748 平方米。主楼是一座两层 11 间的中式仿古建筑，砖混结构，歇山顶，上覆琉璃瓦。主楼前有宽敞的庭院，庭院内，有新式平房一进 6 间，厨房 1 间，厕所 4 间，还有豪华坚固的防空洞一座。

走进公馆的大门，我们会发现公馆内的小径是用鹅卵石铺成，在小径上面用红、黑、白三色鹅卵石拼成了鹰、狮、虎和鸟四种飞禽走兽图案，当年公馆主人用意何在，如今已不得而知。

这座公馆最初是金城银行别墅，1937 年 1 月，金城银行以法币 65000 元出售给美国代理方——中央信记局南京分局。此后又成为国民政府要员张群的官邸。

马歇尔公馆

在日军逼近南京之前的1937年11月23日，时任国民党中央政治委员会秘书长、外交专门委员会主任委员张群，邀请所有在南京的外国人在公馆举行了一次会议。南京市市长马超俊、卫戍司令唐生智、警察局局长王固磐等人出席。张群表示，将采取一切必要的措施来保护外国人的生命财产安全。当晚出席会议的人员约有50人，有各大使馆的代表、外国商业机构的代表、教师、传教士和一些记者。会上决定，以后每晚8时30分至9时30分在国际俱乐部（后来改为每晚6时至7时在中英文化协会）向外国人通报最新情况。此后不久，张群将官邸交给德国大使馆使用。

1937年11月29日，南京安全区国际委员会成立，选举拉贝为主席。德国大使馆随即将这幢楼房转交给南京安全区国际委员会。为了预防日军的骚扰，拉贝让人在宁海路5号钉上了有他名字的木牌，悬挂起德国国旗。12月2日，拉贝等人将南京安全区国际委员会总部迁到这座外表美观、设施豪华的"宫殿"中。为了防止日军的空袭，又在院内的草坪上，铺上了安全区区旗（红圈里套红十字）。自12月8日起，由于原先召开记者招待会的中英文化协会所在地对难民开放，记者招待会改在宁海路5号举行。12月13日，日军攻入南京城的当天，以拉贝为首的南京安全区国际委员会委员们立即赶到这座建筑物中，并在10分钟内就确定成立国际红十字会南京分会，选举美国人约翰·马吉牧师为主席，拉贝、福斯特、魏特琳、贝德士、斯迈思、威尔逊等人为委员。一个组织

马歇尔公馆里的难民

南京安全区国际委员会主席约翰·拉贝的告别茶会（1938 年，南加利福尼亚大学图书馆藏）

约翰·拉贝（中）等人在宁海路 5 号南京安全区国际委员会总部（1937 年 12 月，南加利福尼亚大学图书馆藏）

在如此短的时间内就成立起来，令人称奇。当年这里设有三部电话，号码分别为 32346、31641 和 31961。在安全区总部存在的日日夜夜里，这里常常是通宵灯火不熄、电话铃声不断。安全区国际委员会主席拉贝以及全体成员为保护难民、掩埋遇难者的尸体等，频繁出入于总部，与灭绝人性的日军进行了艰苦卓绝的斗争。令人愤慨的是，1938 年 1 月 11 日中午 12 时 30 分左右，日军包围了这个地方，四到五个日本兵搜查了整栋建筑，说是找坏人，在搜查一遍后，没有找到他们想要的人，就走了。下午 1 点 30 分，日军再次包围了这个地方，一些日本兵翻墙进入院子，再次搜查了这栋房子。1 月 17 日，德国大使馆南京办事处领事秘书罗森就日军非法闯入一事向南京代理日本总领事福井淳提出书面抗议，并向德国大使馆、领事馆做了汇报。

1938年2月18日，南京安全区国际委员会结束使命，从即日起，以“南京国际救济委员会”名称开展工作。

抗战胜利后，1945年11月美国总统杜鲁门派遣马歇尔特使来华，“调处”国共冲突，参与国共谈判。1946年1月7日，成立了由马歇尔、张群（后改为张治中、徐永昌）、周恩来组成的“三人会议”以及由三方代表组成的北平军事调处执行部。在华“调处”期间，马歇尔一方面促成国共双方于1946年1月10日签订了《关于停止国共军事冲突办法的协议》、2月25日签订了《关于军队整编及统编中共部队为国军的基本方案》、3月27日签订了《东北停战协议》和《政协五项协议》，另一方面想要中国共产党交出武装。

1946年5月3日，周恩来率领中共代表团由重庆抵达南京，住进梅园新村30号、35号和17号，继续同国民政府进行和平谈判。马歇尔也与此同时住进了南京宁海路5号。从此，这里以马歇尔公馆闻名遐迩。国、共、美两国三方在此频频会晤，进行和平谈判。当年的马歇尔公馆，常常是门庭若市。为了寻求和平，中共代表团团长周恩来经常拜会马歇尔，他乘坐的黑色轿车就曾多次停在公馆的门外。而蒋介石为了与马歇尔联络感情，也曾经亲自光临宁海路5号拜会马歇尔。

1946年6月，蒋介石发动全面内战。8月10日，马歇尔与美国驻华大使司

马歇尔公馆大门

徒雷登发表联合声明，宣布“调处”失败。1947 年 1 月马歇尔奉召回国，出任国务卿。美方代表退出三人小组及军调部，马歇尔赴华使命至此结束。宁海路 5 号随着马歇尔的离去而归于宁静。

据说马歇尔在回国前，曾于 1946 年 12 月在公馆宴请中共代表团驻京办事处成员。他曾经为他的一位副官和金陵女子文理学院的中国女学生主婚。席间，他不无幽默地自嘲道：“我在中国完成的惟一任务就是给他们俩主婚。”

1949 年 4 月南京解放后，马歇尔公馆被中国人民解放军接管。马歇尔公馆因为一度成为国共两党和谈代表频频出入的重要场所而被载入史册，

2002 年 10 月 22 日，马歇尔公馆被列为第五批江苏省文物保护单位。

美军顾问团公寓

美军顾问团公寓位于南京市北京西路67号和69号（原为北平路73号），处在北京西路与西康路交会处的东南角，现为东部战区西苑宾馆和华东饭店。

美军军事顾问团是美国在华的一个独立机构，直属于美国最高军事指挥部门。它成立于1946年2月26日，团长先是鲁克斯中将，继任者是巴大维中将，参谋长为白克宁准将。总部设在国民政府国防部大院内，在上海还设有办事处。随着形势的变化，1948年9月17日，改组为驻华美军联合军事顾问团，该团下辖陆军、海军、空军、联合勤务四个顾问组和联合参谋顾问处。顾问团的人数，据1948年11月该团发言人称有1200人，事实上为2000人至3000人。美军顾问团在中国参与、从事了一系列军事活动，例如，推行美式军事教育，训练国民党军队；经常以备忘录形式向委员长、国防部长、参谋总长提出建议，或者通过中美联席会议，传达贯彻美方意图；通过检查督促，实现美方各项决定；以航空测量为名，搜集中国军事、经济和科学情报等。美国政府企图通过这一系列的活动，挽救濒临崩溃的国民党政权，把中国变成它的“保护地”，结果是徒劳无益。1949年1月26日，美国总统杜鲁门不得不宣布召回巴大维，次日宣布撤回美军顾问团。[①]

顾问团公寓因分为A、B两幢大楼，俗称AB大楼。公寓占地面积约2.4万平方米。由国民政府购地所建。1935年，由上海华盖建筑师事务所建筑师童寯设计，新金记康号营造厂承建。1936年开工。因全面抗战爆发，工程暂停，直到1946年国民政府还都南京后才竣工。竣工后，被作为励志社南京第一招待所，专门供美军顾问团成员和家属居住。

这两幢公寓呈一字形东西排列，西面是甲种公寓（A楼），东面是乙种公寓（B

① 朱宝琴、黄万荣：《美军顾问团在南京》，《南京史志》1992年第3期。

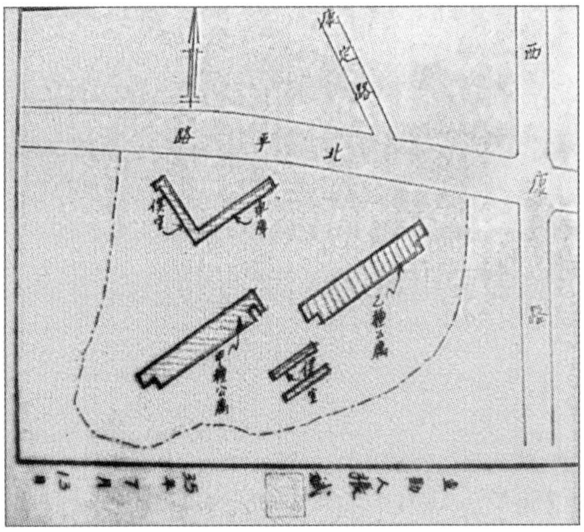
美军顾问团公寓平面勘测图（1946 年 7 月）

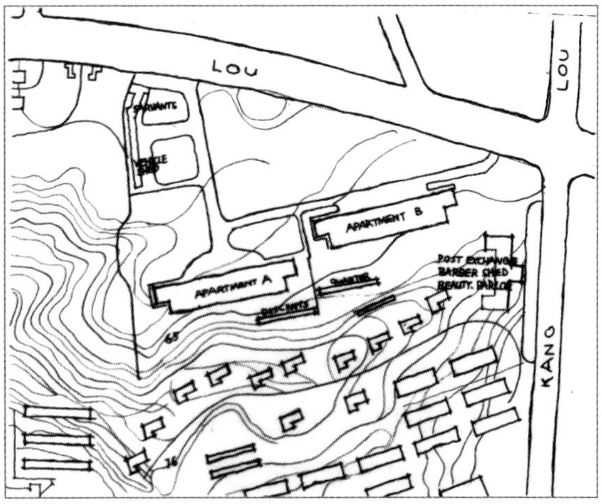

美军顾问团公寓总规划图（南京市档案馆藏）

美军顾问团公寓旧影（《童寯文集》第二卷）

楼），造型一致。高四层，钢筋混凝土结构。每幢公寓东西长 105 米，南北宽 18.39 米。建筑面积约 1.5 万平方米。公寓外观为平顶屋面，立面造型简洁，大面积的带状钢窗形成横向分隔，是较为典型的西方现代派建筑；公寓内部底层设有大厅、办公室、餐厅、酒吧等，二至四层为成套公寓式房间，每个房间都有卧室、起居室、厨房、卫生间，室内设施齐全，舒适方便。在两栋公寓的中间位置的北边和南边，有车库和仆人宿舍。

1947 年 8 月 1 日晚，两名在南京中和桥乘凉的国民党士兵王守本、葛发田被美国士兵扔到桥下溺水身亡。8 月 4 日，《中央日报》以《本京美军肇事案外

美军顾问团公寓 A 楼

美军顾问团公寓 B 楼

交部极为注意》为题，发了一条 120 多字的新闻稿。8 月 15 日，案件由美军顾问团组成的军事法庭进行审理。由美军顾问团组成的军事法庭在励志社审判持续了四天，共审四次，最后主犯阿尔瑞被处以无期徒刑，回国执行；从犯赛凡尼被判无罪释放。9 月 21 日，《中央日报》第五版发表《赛凡尼判决　鲁克斯审阅中》的简短新闻说："中和桥命案中对帮凶嫌疑犯赛凡尼上士无罪释放之判决，尚须呈报此间美军顾问团团长鲁克斯将军裁定后方正式生效。""中和桥命案"的两名肇事美军士兵就这样逍遥法外。

1949 年南京解放之初，这里是中共南京市委所在地。1950 年，由华东军区、第三野战军司令部招待处接管。1952—1955 年底，这里成为苏联军事顾问团南京军区分团所在地，俗称苏联专家招待所。1969 年 8 月，改称南京军区华东饭店。后来，将 A 楼（甲种公寓）称作华东饭店，B 楼（乙种公寓）称作西苑宾馆。

这里曾经接待过周恩来、邓小平、叶剑英、陈毅、彭真、罗瑞卿、胡耀邦、李先念、杨尚昆等党和国家领导人，还接待过柬埔寨西哈努克亲王、朝鲜金日成主席等外国元首。

美军顾问团公寓是中国近代建筑发展的一个重要实例。1992 年，美国军事顾问团公寓旧址被列为南京市文物保护单位。2011 年，被江苏省人民政府公布为江苏省文物保护单位。

汪精卫公馆

汪精卫

20 世纪 30 年代初，国民党军政要员在首都南京竞相大兴土木，修建公馆别墅。时任国民政府行政院院长汪精卫寄居在今天中山北路 154 号的“孙科楼”内，没有自己的官邸。他不甘落后，于是从银行贷款，选择中山门外陵园西村兴建了一幢精巧别致的别墅，院内还建有一个名叫“咪咪”的游泳池。可惜好景不长，汪精卫夫妇没能享用几年，全面抗战爆发，陵园别墅毁于日本飞机的狂轰滥炸之下。

南京沦陷前，汪精卫随同其他国民党官员一起避难四川。他高谈对日讲和的论调。1938 年底武汉、广州沦陷后，汪精卫这个曾经舍身刺杀清朝摄政王的反清英雄，对抗战前途悲观失望，不久，投敌叛国，沦为民国历史上可耻的第一号大汉奸。

1940 年 3 月 30 日，汪精卫在日本帝国主义的卵翼下，于南京建立傀儡政权。他初任汪伪国民政府代主席兼行政院院长，同年 11 月 29 日，自任主席，搬进颐和路 38 号（现为西康路 46-2 号）公馆居住。

汪精卫公馆原是大汉奸褚民谊的官邸，褚民谊自称与汪精卫是“葭莩之亲”，他的妻子陈舜贞是陈璧君母亲卫月郎的养女，与陈璧君姐妹相称。褚民谊凭借汪精卫的提携，全面抗战爆发前曾任行政院秘书长，叛国投敌后，担任汪伪政府“行政院副院长”“外交部长”等要职。为了报答汪精卫的知遇之恩，遂将这栋公馆献给汪精卫以表忠心。

这座公馆建于 1936 年，占地面积约 1600 平方米，内有西式楼房一幢、西式平房 10 间、车库 2 间，总建筑面积 1218.2 平方米。其中主楼高三层，属于西方现代派建筑风格，钢筋混凝土结构。公馆平常铁门紧闭，四周岗哨林立，防范严密。公馆的庭院较小，进门右侧是门卫室。院内有一座车库。主楼底层有

汪精卫公馆

日酋与汪精卫在汪公馆会谈

会客室、办公室；二楼中间是一间大会客室，四周有四间卧室；三楼是卧室。公馆内部设施应有尽有，室内陈设颇为考究，汪精卫夫妇一直居住在这里。

汪公馆既是汪氏夫妇的居所，又是汉奸的巢穴。周佛海、陈公博、褚民谊、陶希圣、李士群、丁默邨、高宗武、周隆庠、梅思平等汉奸经常出入汪公馆，密谋卖国求荣的勾当；日本文武官员影佐祯昭等人更是肆无忌惮地频频拜会汪精卫，对其威逼利诱，软硬兼施。

1938年1月1日下午2时，在日军的授意下，日伪汉奸组织——南京自治委员会在鼓楼广场举行了成立大会。这一天，日军和汉奸强迫一大批还未来得及从南京大屠杀恐惧中恢复过来的难民，携带自制的日本旗和五色旗到鼓楼广场参加大会。大会在冷冷清清中开幕。驻南京的日本军政要员，如侵华日军上海派遣军参谋长饭沼守、南京警备司令佐佐木到一、南京总领事代理福井淳等人，分别在会上发表“祝词”。大汉奸、自治会会长陶锡三发表“成立宣言”。南京大屠杀元凶松井石根特地给自治委员会的成立发来贺电。汪精卫公馆一度成为自治委员会的秘密开会地点。①

据汪精卫的贴身卫士许少泉《我所了解的汪精卫——侍卫官十年杂记》一文回忆：日军为了利用汪精卫，达到灭亡中国的罪恶目的，在汪精卫住进这座豪华的公馆后，加强了对他的“保护”。颐和路34号（现为46号）公馆对面，驻扎了从日军中挑选出来的20多名宪兵。由于汪精卫投敌卖国，自知不会见恕于国人，生怕遭到暗算，所以平时进出门总是卫士、侍从、警察前呼后拥。还

① 陆束屏编著翻译：《日军南京暴行：德国外交文件中记载的南京大屠杀与劫后社会状况》，南京出版社2022年1月版。

有化装成中国便衣的日本宪兵也混在人群中以防不测。汪精卫的卫士团、侍从室的武器，均是汪精卫的大儿子汪孟晋从德国购进的最新家伙。①

汪精卫之子汪之婴（左）与姐姐汪兆娥（中）在公馆中

1942 年 2 月 19 日，汪伪中央政治委员会第 82 次会议在此召开，汪精卫在会上提议并通过决议，将每月 8 日定为“保卫东亚纪念日”，要求所辖地区的“各娱乐场所，除电影院外，均停业；除亲友便饭外，各宴请会均停止，以普及实行同甘共苦之意旨”。汪伪中央宣传部紧密跟进，决定将梁鸿志维新政府 1939—1940 年在鼓楼广场东南侧保泰街口竖立的“维新政府初周纪念”塔改建为“保卫东亚纪念”塔。据汪伪《民国日报》报道：该塔改建工程聘请专家设计，周顺兴志号营造厂承建，采用中国宫殿建筑形式，富有东方色彩。该塔的上部，仍为单檐歇山顶方亭。塔身南北两面换成了“保卫东亚纪念”标语，东西两面则有“厉行新国民运动”标语。②

1942 年 5 月 12 日是汪精卫的 60 岁生日，各路汉奸前来公馆祝寿，大厅里摆满了琳琅满目的寿幛和货礼。汪伪警察总监苏成德（1900—1947）手捧一尊汪精卫石膏像作为寿礼。由于献媚心切，竟失手将石膏像跌碎。满座为之大惊失色，苏氏更是脸色煞白，跪在地上。汪精卫也号啕大哭，惊呼：“完了！完了！我的一切都完了，身名俱裂了！”一场闹剧就这样不欢而散。

1943 年 5 月 31 日凌晨，国立中央大学近千名学生，针对反动校长樊仲云采用法西斯手段监视学生运动，并勾结私商贪污学生伙食费，前往汪精卫公馆请愿，高呼“我们不要贪污分子当校长”等口号，要求汪精卫接见。汪精卫在睡梦中被吵醒，只得在公馆接见学生，答应派员处理。此后，汪精卫派伪教育部部长李圣五、伪宣传部部长林柏生与学生谈判，并于几天后撤除了樊仲云的校长职务。

1943 年 12 月，汪精卫在南京日本陆军医院（今东南大学四牌楼校区）进行手术，取出多年前被晨光通讯社记者孙凤鸣行刺时留在体内的子弹导致后遗症

① 华东七省市政协文史工作协作会议编：《汪伪群奸祸国纪实》，中国文史出版社 1993 年 10 月版。
② 周安庆：《南京鼓楼广场历史变迁》，《江苏地方志》2019 年第 1 期。

汪精卫公馆大门与主楼

发作，疼痛难忍。次年 3 月，他不得不东渡日本，请求日本主子给予治疗。尽管日本方面组织了斋藤真、高木宪次、名仓重雄、胜沼精葳、黑川利雄等 11 人的主治医生团队，无奈回天乏术。同年 11 月 10 日，汪精卫在名古屋帝国大学附属医院里一命呜呼。从此汪公馆萧条冷落。

抗战胜利后，汪精卫的老婆陈璧君被关押起来，汪公馆作为“逆产”由国民党战地服务团接收。因其距离西康路 33 号（原 18 号）美国大使馆仅数步之遥，所以很快被改作美军军官俱乐部。

1949 年 4 月 23 日南京解放后，这里成为美国前外交官和夫人们每天聚会的场所。美国大使司徒雷登在 4 月 30 日的日记中写道：“晚餐后大家玩一些字谜游戏。”

2006 年，汪精卫公馆被列为南京市文物保护单位。

周佛海公馆

周佛海公馆坐落南京市西流湾9号（原8号），院落另一门为中山北路150-1号。

周佛海（1897—1948），湖南沅陵人。1917年赴日本第七高等学校学习。1921年7月，回国参加中共一大，会后回日本继续求学。1922年入京都帝国大学经济系。1923年回国，到广州出任国民党中央宣传部秘书，同时兼任广东大学教授。1924年冬，脱离共产党，加入国民党。1929年后，历任国民党政府训练总监部政治训练处处长、江苏省政府委员兼教育厅厅长。1931年，当选国民党第四届中央执行委员。1935年，任国民党中央党部民众训练部部长。1937年全面抗战爆发后，出任蒋介石侍从室副主任兼第五组组长，国民党中央宣传部副部长、代理部长等职。组织“低调俱乐部”，与抗日唱反调。1938年2月，离开重庆，经河内到香港潜入上海，随汪精卫投敌。1940年后，历任汪伪国民党中央执行委员、汪伪政府警政部部长、行政院副院长兼财政部部长、上海市市长等职。1943年，通过戴笠等人联络重庆国民政府要求戴罪立功。1944年3月，汪精卫去日本治病期间，代理行政院院长一职。汪精卫病死后，周佛海任军事委员会副委员长等职。日本投降后，曾被蒋介石任为上海行动总队总队长，后在舆论压力下被捕。1945年9月30日，周佛海被押送重庆，次年9月押到南京。1946年10月21日，首都高等法院第一法庭对周佛海进行公审。11月7日，国民党南京高等法院以“通谋敌国、图谋反抗本国”罪行，判处周佛海死刑。次年3月，蒋介石发布特赦令，以“响应反正”“戴罪图

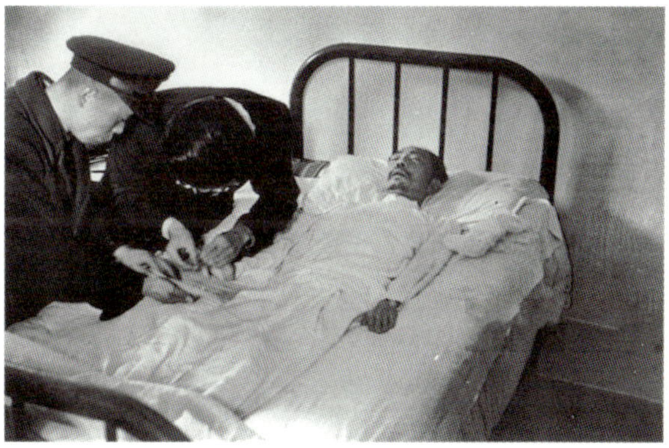

1948年，周佛海病死于南京狱中，由法医确认他的死亡

功”“以观后效”为由，将周佛海“减为无期徒刑”。1948年2月28日，周佛海因心脏病死于南京老虎桥狱中。

周佛海公馆初建于1932年4月，当年11月竣工后，周佛海一家随即入住。周佛海给自己的公馆起名“恒庐”。建造此公馆时，正是一·二八淞沪抗战爆发不久之后，为了防止日军空袭，周佛海专门建造了一座大地下室，这也是周公馆的特别之处。地下室共有三间，位于庭院内的花坛下面。周佛海不无得意地说：“当时南京住宅中有地下室的，实在很少。二十六年八一三事件发生以后，大家才临时赶着建造的。”

1937年全面抗战爆发后，顾祝同、朱绍良、梅思平、陶希圣、罗君强、熊式辉、胡适、陈布雷、陈立夫、张君劢、高宗武等人，常来此躲避空袭。“每日必来的，就是高宗武。”顾祝同、熊式辉、朱绍良、李明扬、陶希圣、罗君强、梅思平等人先后搬到地下室居住。他们常常讨论时局，与抗日唱反调，鼓吹“战必大败，和未必大乱”的投降主义言论，对中日战争前景持悲观情绪。胡适给这个非正式的小集团起了个名字，叫“低调俱乐部”，以表示其成员们对当时国民党主战派及民众的抗战热情的不满。他们表面上主张“和平”，实际上是为投降卖国做准备。这个小集团后来有许多人沦为汉奸，就是最好的注脚。

1937年8月23日，被开除党籍的中共早期领导人陈独秀在老虎桥监狱中被国民政府提前获释。8月29日，同为中共一大代表的周佛海专程看望陈独秀，据当天的《周佛海日记》记载：“渠于日前出狱，别十五年矣，相见唏嘘，谈两个小时辞出。”8月30日，周佛海邀请陈独秀到西流湾公馆用餐。9月2日，周佛海再次邀请陈独秀到家中。此后，陈独秀多次应邀到周公馆。周佛海邀请陈独秀加入“低调俱乐部”，陈独秀予以敷衍。①

全面抗战期间，周佛海在西流湾8号公馆的地下室中设置了一部与重庆秘密联络的电台，1942年以后，这部地下电台被日本情报机关侦察出来，并受到监视。当这一情况由周佛海的日语翻译彭盛木（军统特务）透露给周佛海时，他吃了一惊。周佛海不露声色，一方面暗中布置军统电台工作人员迅速撤离，一方面考虑家中电台的处置办法。最后决定以失火为幌子，让自己的官邸与电台一起烧毁。周佛海在其1943年1月11日的日记中，记载了这次官邸失火的情况。事后，周佛海还煞费苦心地写了一篇文章，题为《走火记》，刊登在

① 庞瑞垠著：《陈独秀在狱中》，香港文学报出版社2019年5月版。

1943 年 2 月上海出版的《古今》半月刊第 16 期上，以消除日本人的怀疑。《走火记》一文写道：“这所房屋，地点极佳，环境也很优美。三面环塘，风景非常秀丽。这块地皮，是民国十八年买的。那时我和贺贵严（笔者按：贺耀组）及谷纪常（笔者按：谷正伦）三人，凑了一些小款，置了一些地皮。这块地皮，也在其中。后来因为我要起房子，所以纪常便带我到这里来看。当时是一片竹林，

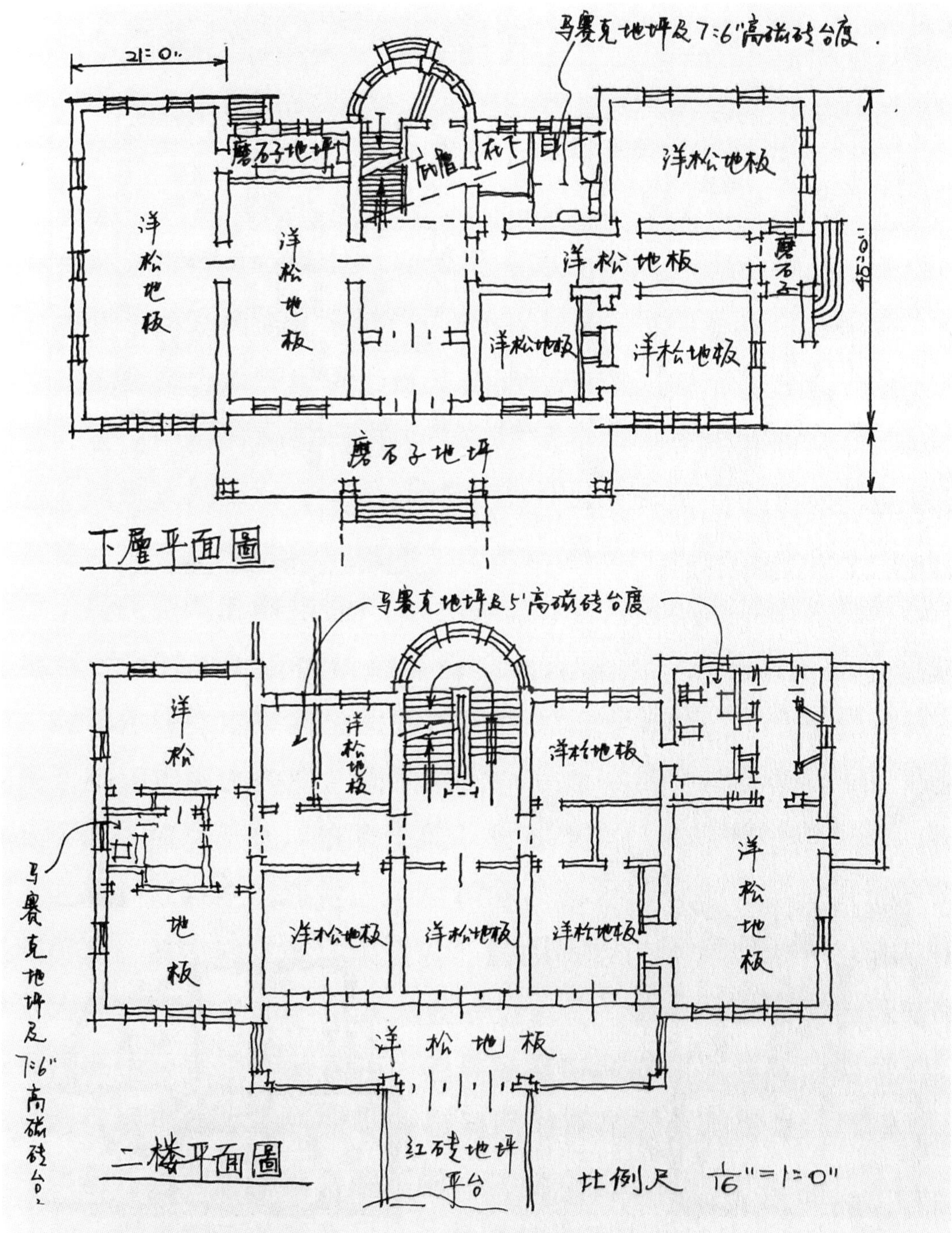

周佛海公馆平面图（南京市档案馆藏）

周佛海公馆

池堤上满栽垂柳。翠竹垂杨，映着春水绿波，好像一幅图画 。我当时高兴极了，便决定在这里建筑一所房屋。于是便在二十一年四月底动工，十一月完成，我们于十二月迁入的。”

具有讽刺意味的是，周佛海的“恒庐”并没有能够永恒地存在下去。1943年1月11日，一场“突如其来的大火”将“恒庐”焚毁。周佛海、杨淑慧夫妇在1月12日搬入铁道部孙科公馆，一住就是1年零4个月。

同年，周佛海在旧址上重建公馆。1944年春天竣工。新建的周公馆占地面积17.2269亩，约11483.5平方米，建筑面积2757.8平方米。院内有两栋西式楼房，一栋高两层，一栋高三层，青砖清水墙，在檐下、凉台栏杆等处略施装饰。共有房屋22间，另有厨房6间、厕所6间。此外，还有西式平房六进28间。1944年5月16日，周佛海、杨淑慧夫妇从铁道部孙科公馆搬回重建的西流湾公馆。

抗战胜利后，周佛海公馆以汉奸和敌伪“逆产”被国民政府没收。1947年4月，成为国民政府战略顾问委员会的办公场所，后来改为国民党高级将领招待所。如今该公馆还有一栋高三层的楼房保存较好，但周围的环境一度破败不堪。

2006年，周佛海公馆被南京市人民政府列为南京市文物保护单位。

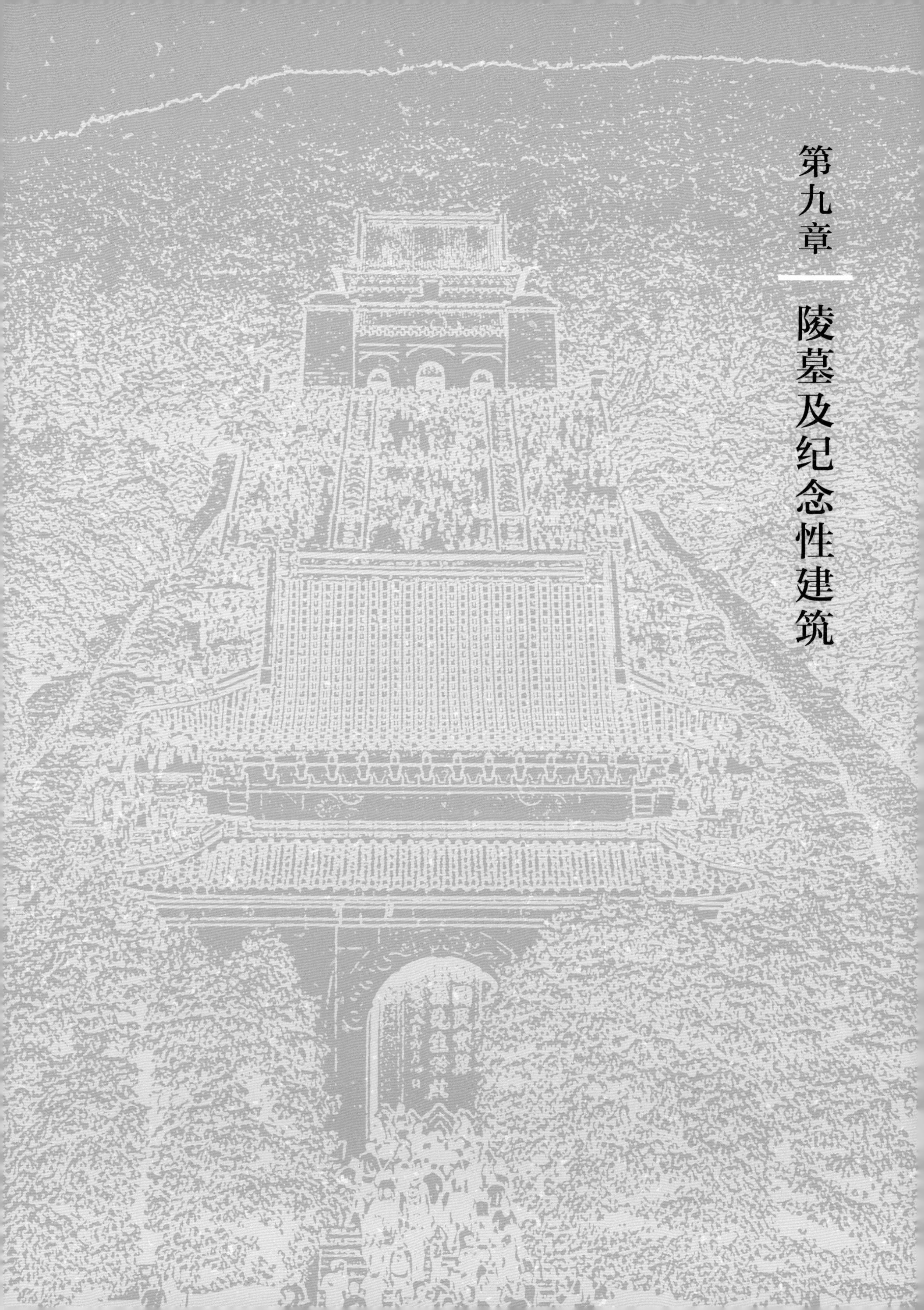

第九章 陵墓及纪念性建筑

中山陵

中山陵位于紫金山的中茅山南坡，里面沉睡着一位中国近代最伟大的人物——孙中山。90多年来，它每年都吸引着数百万的海内外同胞和国际友人前来瞻仰、拜谒。

总理陵园地形全图（《总理陵园管理委员会报告》）

中山陵（赵浏兰拍摄）

一、选址

中山陵的墓址是孙中山先生生前选定的。据说1912年3月10日，孙中山先生在辞去临时大总统职务后，曾带着胡汉民、郭汉章等人骑马到紫金山打猎。当他转到紫金山南坡附近时，看到这里前临平川，背负青山，左右有低矮的山丘环抱，气势甚为雄伟，便笑着对左右说：“待我他日辞世后，愿向国民乞此一抔土，以安置躯壳尔。”1925年3月，孙中山先生在病中叮嘱：“吾死之后，可葬于南京紫金山麓，因南京为临时政府成立之地，所以不忘辛亥革命也。”3月12日上午9时30分，孙中山先生的心脏停止跳动，终年59岁。弥留之际他还在喃喃自语：“和平……奋斗……救中国……”由于时局和其他一些原因，孙中山先生灵榇直到四年之后的1929年6月1日才奉移南京，安葬中山陵。

孙中山先生遗像（《旅行杂志》1929年第3卷第6号）

1925年，孙中山先生的治丧活动一结束，当时在北平的中国国民党中央执行委员便开始筹备安葬事宜。4月4日，推定张静江、汪精卫、林森、于右任、戴季陶、杨庶堪、邵力子、宋子文、孔祥熙、叶楚伧、林业明、陈去病12人为葬事筹备委员。4月18日，葬事筹备处正式于上海成立，推定杨铨为葬事筹备处主任干事，孙科为家属代表，负责办理葬事。段祺瑞临时政府的非常国会亦通过了为孙中山举行国葬的议案。遵照孙中山先生生前遗愿，宋庆龄、孙科及葬事筹备委员亲自到南京勘察，最后选定紫金山之中茅山南坡为陵墓地点，待建成后将孙中山遗体移此安葬。①

總理墓地原狀（卽南京紫金山中茅山南坡）

紫金山中茅山南坡中山陵建立前的原状（《总理陵园管理委员会报告》）

① ［民国］总理奉安专刊编纂委员会编：《总理奉安实录》之“纪述”，南京出版社2009年4月版。

二、征集陵墓设计方案

孫中山先生陵墓建築懸獎徵求圖案條例

1 此次懸獎徵求之目的物為中華民國開國大總統孫中山先生之陵墓與祭堂之圖案。建築地址在南京紫金山內之中茅山南坡。

2 祭堂圖案須採用中國古式而含有特殊與紀念之性質者。或根據中國建築精神特創新格亦可。容放石槨之大理石墓。即在祭堂之內。

3 墓之建築在中國古式雖無前例、惟苟採用西式、不可與祭堂之建築太相懸殊。墓室須有可防制盜竊之銅門。門上並裝設機關鎖、俾祭堂中舉行祭禮之時可以開放墓門瞻仰石槨。

4 祭堂建在紫金山之中茅山南坡上、約在水平線上一百七十五米突高。坡上應有廣大之高原、俾祭堂四週可有充分之面積、遇焚火時不致危及堂屋。并須在堂前有可立五萬人之空地、備舉行祭禮之用。墓地四週皆圍以森林。堂背山立。山前林地約十餘方里、東以靈谷寺為界、西以明孝陵為界、南達鍾湯路。將來擬築一大路由鍾湯路直達墓地。祭堂須面南。登臨之徑擬用石台堦或石級向南直達山腳。此徑將為連貫墓道大路與堂墓高原之通道。

5 石台堦或石級之建築由應徵之設計者自定。惟其起點在山邊不宜高過一一〇米突高度線。祭堂之建築由設計者自定惟計劃須包括祭堂與石台堦或石級等登臨之徑。此兩部應視為一體。祭堂雖擬採用中國式、惟為永久計、一切建築均用堅固石料與鐵筋三合土。不可用磚木

— 5 —

中山陵征求建筑图案条例

孙中山先生逝世后，1925年5月13日，葬事筹备委员会通过《孙中山先生陵墓建筑悬奖征求图案条例》，决定向海内外悬奖征求中山陵设计图案，并采用密封卷方式评选。5月15日在《申报》登载启事，规定截止日期为8月底（后延期至9月15日）。共有40余位中外建筑师应征，收到应征图案40余种。9月16日至19日，葬事筹备委员会聘请画家王一亭、南洋大学校长凌鸿勋、德国建筑师朴士、雕刻家李金发四人为评判顾问，对应征的方案进行评阅。评定的意见比较一致。王一亭、凌鸿勋、朴士三人均评选吕彦直设计的图案为第一名，只有李金发评选范文照为第一名，吕彦直为第二名。9月20日，葬事筹备委员会在上海四川路36号大洲建筑公司三楼召集孙中山先生家属及葬事筹备委员举行联席会议，根据征求条例及评判顾问意见详加讨论，决定得奖名单如下：

头奖吕彦直（奖金2500元）、二奖范文照（奖金1500元）、三奖杨锡宗（奖金1000元），名誉奖7人（除中国建筑师赵深名列第二外，其余为美国建筑师1人，俄国建筑师5人）。

吕彦直的设计图案能在众多的设计方案中脱颖而出，正如南洋大学校长凌鸿勋在评判报告中所言："此案全体结构简朴浑厚，最适合于陵墓之性质及地势之情形，且全部平面作钟形，尤有木铎警世之想。"这一年，名不见经传的吕彦直年仅32岁。

1925年9月27日，葬事筹备处第十二次会议决定，陵墓采用吕彦直设计的方案，并聘请吕彦直为陵墓建筑师。

为了确保工程质量，吕彦直从选料到监工一丝不苟。1929年3月18日，吕彦直因积劳成疾，在上海不幸病逝，年仅36岁，未能看到6月1日举行的孙中山先生奉安大典。但他以设计并主持建造南京中山陵奠定了他在中国近代建筑史上的地位。同年6月11日，南京国民政府向全国发布第472号褒扬令，全文为：

吕彦直（1927年秋，王开摄于彦记建筑师事务所）

孙中山先生陵墓形势全图 · 吕彦直建筑师遗像（《总理陵园管理委员会报告》）

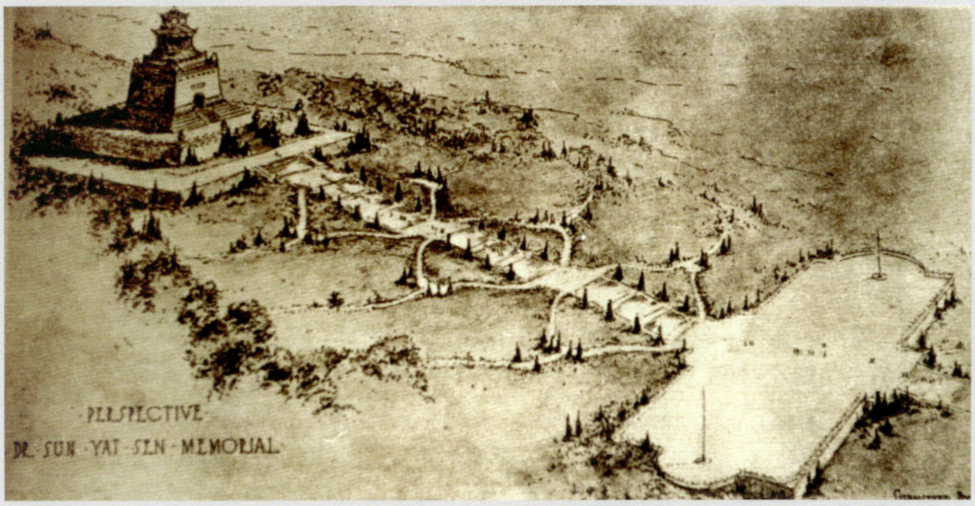

二奖范文照

三奖杨锡宗

中山陵（陆地测量局拍摄，《首都志》）

总理葬事筹备处建筑师吕彦直，学识优良，勇于任事。此次筹建总理陵墓计画图图样，昕夕勤劳，适届工程甫竣之时，遽尔病逝。眷念劳勚，惋惜殊深，应予褒扬，并给营葬费二千元，以示优遇。此令。

1930年，总理陵园管理委员会为表彰吕彦直的贡献，又为他立碑，石碑上半部是吕彦直半身雕像（由捷克斯洛伐克雕塑家高祺创作），下半部是于右任书写的碑文，文曰："总理陵墓建筑师吕彦直监理陵工积劳病故，总理陵园管理委员会于十九年五月二十八日议决立石纪念。"石碑原安放于中山陵祭堂西南角的奠基室内，1949年4月南京解放后不知去向。

三、陵墓营建

中山陵的设计方案确定后，接着就开始了陵墓的建设。中山陵工程浩大，而当时的国民党政权局促在广州一隅，财力有限，所以，陵墓工程分三部进行，从1926年1月动工，至1931年底竣工，历时将近六年。

第一部工程包括陵墓、祭堂。上海姚新记营造厂以44.3万两银子中标。定于1926年1月15日开工，1927年3月15日前完工。1926年3月12日，孙中山先生葬事筹备委员会在紫金山中茅山南坡举行奠基礼，由广州省政府代表邓泽如主祭，各学校、团体及个人到场者约千人。

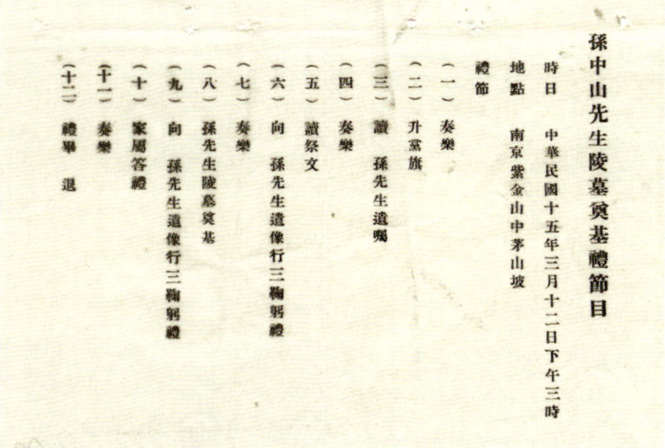
孫中山先生陵墓奠基禮節目
時日　中華民國十五年三月十二日下午三時
地點　南京紫金山中茅山坡
禮節
（一）奏樂
（二）升黨旗
（三）讀　孫先生遺囑
（四）奏樂
（五）讀祭文
（六）向　孫先生遺像行三鞠躬禮
（七）奏樂
（八）孫先生陵墓奠基
（九）向　孫先生遺像行三鞠躬禮
（十）家屬答禮
（十一）奏樂
（十二）禮畢　退

中山陵奠基礼节目单

1月15日开工后，由于陵墓建于坡顶，山坡积石矗立，高低不平，工人工作时，上下步履维艰，所以首先是炸山填土。因受到军事影响，政局动荡，交通滞阻，材料无法及时运到，而南京军政当局数易其人，交涉异常困难，致使工程进展与原定计划相去甚远。1927年4月国民革命军克服南京后，工程进行得才算较为顺利。中山陵工程所用石材来自苏州、青岛、香港，还有意大利等国，其中的花岗岩，尤其是392级台阶和祭堂、墓室、陵门、围墙、石坡和平台、广场等石材大多采自苏州金山。凡苏州的金山石，在金山先加工好毛坯，然后装船水运至南京。然而，铁路、轮船等运输部门以为陵墓工程有利可图，动辄敲诈勒索，姚新记营造厂将陵墓物资运抵工地，仅向沪宁铁路及市内小火车铁路局就投入了8万两银子；水运时也花了不少“买路钱”。一次次“雁过拔毛”使姚新记蒙受了很大的损失。材料运到南京后，怎样运到山上，也是一件很伤脑筋的事。当时，中山陵周围路都没有，姚新记营造厂的厂主姚锡舟率领员工白天勘察，晚上栖身破庙，披荆斩棘，开辟出一条简易马路。道路修通后就用卡车将几千吨的材料、工具等

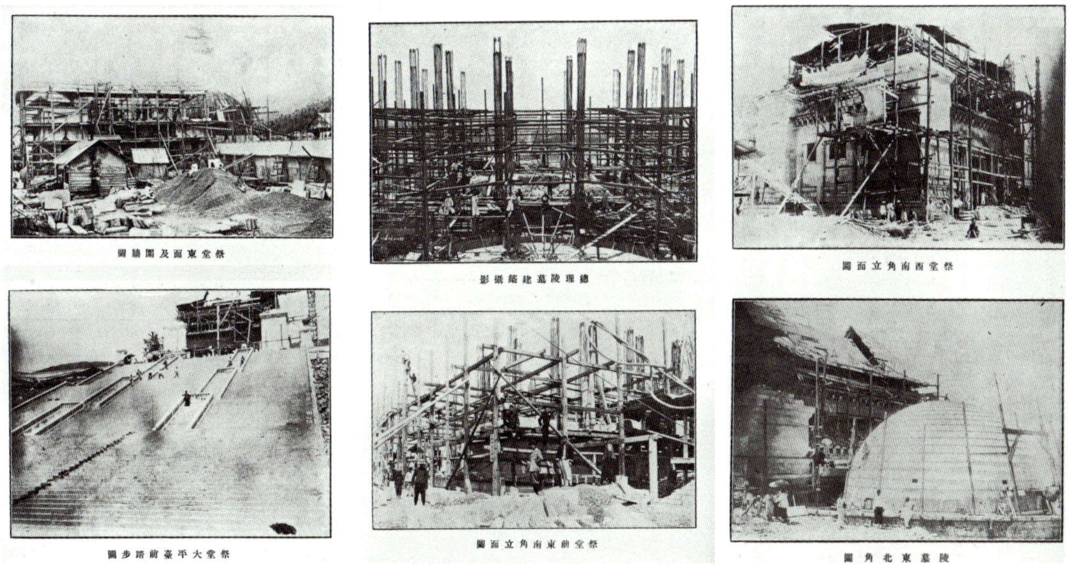

中山陵第一部工程（《总理陵园管理委员会报告》）

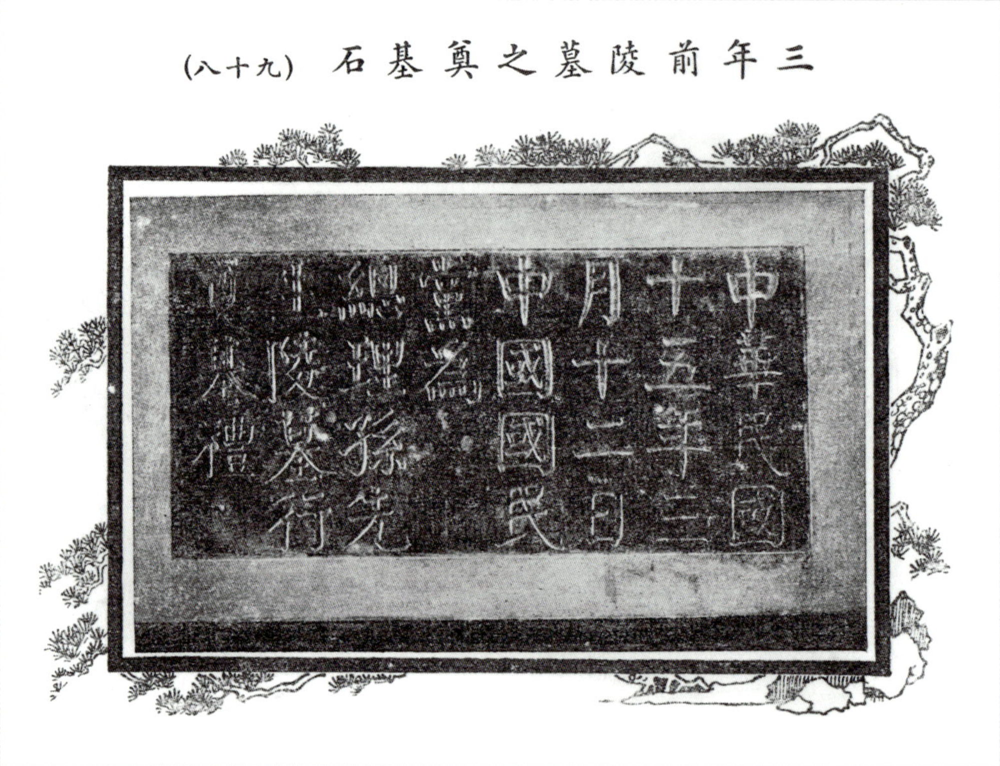

中山陵奠基碑（《总理陵园管理委员会报告》）

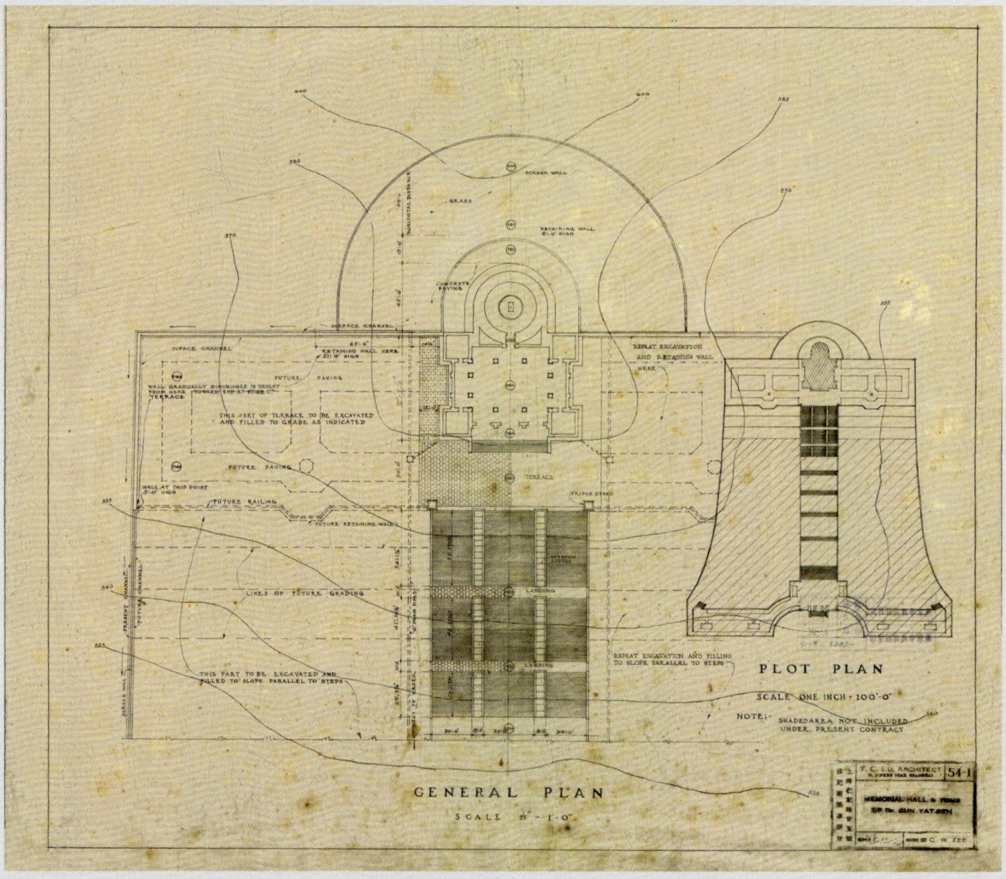

孙中山先生陵墓及祭堂总平面图（《中山陵档案》）

中山陵第二部工程

中山陵背影

运抵山下，再由工人抬到山上。而柱基、大石料等则需在山坡上铺上铁轨，然后绞上山去。由于山上没有水，每天还要用200名民工从山下紫霞湖挑水上山，解决工程中的用水问题。至1929年春，祭堂、墓室建成，整个工程用了三年多的时间。按合同规定，第一部工程应该在14个月内完工。如到期不能竣工，每延迟一天，姚新记营造厂要被罚款50两银子。姚锡舟承建中山陵，除费尽艰辛、分文未赚以外，还亏本14万两银子。姚锡舟建造中山陵虽然亏了银子，但却赚

中山陵第三部工程牌坊（《总理陵园管理委员会报告》）

中山陵第三部工程陵门（《总理陵园管理委员会报告》）

中山陵第三部工程陵门（《总理陵园管理委员会报告》）

中山陵第三部工程陵门（《总理陵园管理委员会报告》）

中山陵第三部工程碑亭（《总理陵园管理委员会报告》）

圖面側西堂祭

中山陵祭堂西侧面图（《总理陵园管理委员会报告》）

了名气。

中山陵的第二部工程包括石阶工程、石坡工程、撑墙工程、平台铺石工程及挖土、填土、水沟工程五部。1927 年 10 月 2 日，葬事筹备处在《申报》等报纸进行中山陵第二部工程的招标。上海的新金记康号营造厂以 26.8084 万两银子中标。1927 年 11 月 24 日开工，限期至 1928 年 12 月 26 日前完工。这时，国民政府已定都南京，时局安定，材料的运输、工人的召集，都比较便利，而且工程相对比较简单，所以进展顺利。

中山陵的第三部工程是在孙中山奉安大典之后进行的。1929 年 6 月 30 日，孙中山先生葬事筹备委员会被撤销，国民政府成立了总理陵园管理委员会，负责办理陵墓工程未竟事宜。这时，主持陵墓建设的建筑师吕彦直已去世，由上海彦记建筑师事务所的李锦沛、黄檀甫担任陵墓建筑师。

第三部工程包括左右大围墙、碑亭、石碑、陵门、牌坊、卫士室、休息室等。由上海的陶馥记营造厂承建。工程造价 41.9706 万两银子。1929 年 8 月底正式开工，按合同规定应于1931年2月28日以前全部完工。因为陵园大道已经建成，所有材料的运输尤为便捷。1930年9月，陶馥记营造厂在用船从福建往南京运送碑亭中的大石碑时，因石料过重而沉没，陵园管理委员会准其宽延第三部工程40天，到1931年全部陵墓主体工程竣工时，陶馥记营造厂因工程延期被罚款3000两银子。

此外，上海新义记营造厂参与了墓道的建设，利源建筑公司、椿源锦记营造厂、联益营造公司等也参与了陵墓的建设。①

四、奉安大典

孙中山先生奉安日期，一波三折。中山陵于1926年1月15日破土动工，兴建之初，葬事筹备委员会原定14个月内完工，拟于次年3月12日孙中山逝世两周年之际举行安葬典礼。由于时局动荡，工程进展缓慢，原订计划未能如期完成。1928年3月2日，葬事筹备委员会召开第五十七次会议，决定于这年的11月12日孙中山先生62周年诞辰时奉安。

1928年8月7日，国民党召开第二届五中全会，确定1929年1月1日为孙中山先生安葬日。然而，中山陵工程尚未告竣，葬事筹备委员会呈请国民党中央改为3月12日即孙中山逝世四周年之际举行安葬，得到批准。

为奉安之需，南京从1928年8月12日起动工兴建一条迎榇大道（又称中山大道、中山路），起自下关江边的中山码头，经鼓楼、新街口，抵中山门，全长12公里。因当年南京冬季雨雪甚多，有碍工程进度，到1929年4月2日才建成通车，这直接影响了原定的奉安计划。为此，南京特别市市长刘纪文呈请延期，总理奉安委员会第三次会议再次将奉安日期推后，议定为1929年6月1日。

1928年11月9日，国民政府特派林森、郑洪年、吴铁城为迎榇专员，前往北平，迎榇南下。林森一行于12月20日赴北平筹备迎榇，同时将铜棺一并由南京运至北平。23日夜3时抵北平，次晨赴西山谒陵，铜棺亦移至碧云寺中殿，恭候届时易棺。1929年5月17日，孙中山先生遗体易殓封棺，26日移榇；28日，孙中山先生灵榇经铁路运抵浦口车站，然后，换乘“威胜”号军舰过江，抵达

① ［民国］总理陵园管理委员会编：《总理陵园管理委员会报告》（1931年10月内部印刷本），南京出版社2008年1月版。

“威胜”号军舰迎榇渡江（《总理奉安实录》）

“威胜”号军舰停靠在中山码头（《总理奉安实录》）

1929 年 6 月 1 日孙中山先生灵榇奉安中山陵

中山码头，再换乘小汽车运抵湖南路中央党部礼堂，停灵于礼堂的讲坛之上。接下来的 29、30、31 日三天，进行公祭。

6 月 1 日，举办隆重的奉安大典。这一天，南京的中山大道两旁搭起由国民党中央、各省政府、军队及部分单位搭建的松柏牌楼、青白布牌楼 20 余座，沿中山大道两侧，挤满了瞻仰送殡的民众，灵车经过时，道旁民众均脱帽肃立敬礼，可谓盛况空前。上午 4 时由中央党部礼堂起灵。4 时 15 分，狮子山炮台鸣礼炮 101 响，灵榇移出礼堂，旋即扶上汽车。4 时 25 分，灵车由中央党部门口启行。送殡人员自第一行列至第十行列，连绵约五六里。8 时，送殡行列陆续到达紫金

从南京寄出的奉安大典明信片

山麓，在指定地点肃立。9 时 20 分，灵车缓缓驶抵陵墓广场。9 时 30 分，孙中山灵榇从车上换入灵舆中。9 时 45 分起杠，沿石阶前进。由国民政府乐队 40 名奏哀乐先行，宋庆龄率领其他女眷在玄色布幔内步行随护，执绋人员在两侧护灵，孙科、戴恩赛在前面领导，蒋介石和孔祥熙在灵前指挥杠夫谨慎行事。10 时 15 分，灵榇停在陵墓祭堂中央，随即举行奉安典礼：就位、肃立、行三鞠躬礼、奏哀乐、献花圈、读诔文、将灵榇奉移入墓门、奏哀乐、全体默哀、敬谨奉安。礼毕，孙中山的家属戚属、蒋介石、孙中山的日本友人犬养毅、各国专使代表荷兰专使欧登科进入墓室，率同杠夫将灵榇移入墓圹内。这时，狮子山炮台再鸣礼炮 101 响，全国民众一律停止工作，默哀三分钟。中午 12 点整，奉安完毕，各代表退出，家属戚属相继退出，各就原位肃立。祭堂内参加奉安大典的人员依次进入墓室瞻仰。最后，由宋庆龄率领孙科夫妇、戴恩赛夫妇，将墓门关闭，奉安大典告成。①

五、建筑布局

中山陵坐北朝南，依山体而建。主体建筑有牌坊、墓道、陵门、碑亭、祭堂和墓室，全部纵向排列在同一条中轴线上。从牌坊到墓室，平面距离 700 米，高低落差约 73 米。从牌坊到祭堂共有 392 级台阶，一说寓意着孙中山先生在南

① ［民国］总理奉安专刊编纂委员会编：《总理奉安实录》之“纪述”，南京出版社 2009 年 4 月版。

中山陵（梅宁拍摄）

中山陵（《新南京》，1933 年版）

牌坊

牌坊（《总理陵园管理委员会报告》）

京当了 3 个月、92 天临时大总统；一说暗喻了当时全中国三亿九千二百万同胞。

牌坊

位于中山陵入口处。四楹三开间，高 11 米，宽 17 米。花岗岩质地。牌坊正中的横额上，镌刻着孙中山先生的手迹“博爱”二字，故又名“博爱坊”。

中山陵墓道（1932 年摄，伍联德《中华景象》，1934 年版）

中山陵墓道（《总理陵园管理委员会报告》）

在牌坊前面有一座半圆形广场，场内有花坛六座。

墓道

在博爱坊至陵门之间是长达442米的墓道，宽39.6米，由三条平行的路组成，

陵门（《总理陵园管理委员会报告》）

碑亭（《总理陵园管理委员会报告》）

中宽 12 米，左右各宽 4.6 米。

陵门

平面呈长方形，花岗岩质地，歇山顶，上覆蓝色琉璃瓦。朝南有三个拱门，中门上镌刻着孙中山先生的手迹“天下为公”四字。

碑亭

平面呈方形。花岗岩质地。碑亭正中竖有一碑，高约 9 米，用一块巨大的花岗石雕琢而成，正面上书 24 字镏金的大字：

中国国民党葬

总理孙先生于此

中华民国十八年六月一日

这 24 个字，是 1930 年 3 月 7 日总理陵园管理委员会第十三次委员会议决定的，出自国民党元老谭延闿之手。碑文上方刻有国民党党徽。碑额白云朵朵，碑座巨浪滔滔，寓意中山先生的丰功伟绩，比天高，比海深。

令人奇怪的是，碑的背面没有文字。据说 1926 年 3 月 18 日，葬事筹备委员会第二十三次会议议决：推定汪精卫撰写碑文，胡汉民撰写墓志铭文，吴稚晖撰

周恩来在碑亭前

写传文，张静江撰写祭文。可是，过了将近两年时间，碑文内容还没有确定下来。到了1928年1月7日，葬事筹备委员会研究后认为：“以总理之伟大，非墓志铭、传记文字所能包括一切，致以不用为宜。”遂决定仅由谭延闿书写碑刻正面文字。

祭堂

从碑亭拾级而上，台阶变陡。值得注意的是，在台阶上置放有上海市政府赠送的铜鼎，其中一个被当年侵略南京的日本军队的炮弹打中，留下很深的凹洞。民国时期，陵园管理处专门制作了一块铜牌，上书：“总理崇高伟大，全球共仰。日寇于民国二十六年十二月进犯首都，竟向陵寝滥施射击，毁损铜鼎，延及左右石狮、享堂、巅脊等处，足见根性蛮野已极，宜受盟国之制裁，睹此暴行，贻留国人，永永凛惕。”[①]

碑亭到祭堂之间除了台阶还有10个平台，从下往上看，只见石阶不见平台，而从上往下看，则不见台阶，只见平台，构思之奇，令人叹为观止。祭堂建造在第十个平台之上，是一座融中西建筑风格于一体的宫殿式建筑。祭堂前有一对华表，是1928年11月20日孙中山先生葬事筹备委员会委托福建泉州石匠蒋源成制作的。祭堂为重檐歇山顶，上覆蓝色琉璃瓦。祭堂正面的三个拱门上，自东至西分别镌刻着国民党元老张静江手书的“民族”“民生”“民权”字样，正中“民生”门楣上方，又有孙中山先生的手迹“天地正气”四字直额。祭堂内大理石铺地，周围排列着12根青岛花岗岩石柱；东、西两壁上刻着孙中山先生手书的《建国大纲》全文；后壁通墓室，左刻蒋介石、胡汉民手书的《总理校训》《总理遗嘱》，右刻谭延闿手录的《总理告诫党员演说词》；祭堂正中是孙中山先生身穿长袍马褂的全身坐像，由著名的法籍波兰雕塑家保罗·朗特斯基（Paul Landowski，1875—1961）花了三年时间雕刻而成，坐像四周浮雕孙中山先生的革命活动故事。1930年，雕像安置于此。孙中山先生坐像模仿了美国首都华盛顿的林肯纪念堂的空间构图。

祭堂内孙中山大理石雕像（《总理陵园管理委员会报告》）

① 赵德厚：《江南常系梦魂中·国都之行》，《旅行杂志》1949年第23卷第9期。

祭堂正面图（《总理陵园管理委员会报告》）

祭堂内休息室一角（《总理陵园管理委员会报告》）

祭堂侧影

祭堂内景（《总理陵园管理委员会报告》）

总理陵园管理委员会警卫处全体人员在中山陵合影（《总理陵园管理委员会报告》）

祭堂

墓室

平面呈圆形，直径 18 米，高 11 米。通向墓室的过道门楣上镌刻着孙中山先生的手迹“浩气长存”四字，门上镌刻着张静江撰写的“孙中山先生之墓”七字。墓室正中是一个圆形的大理石墓圹，直径 4.3 米，深 1.6 米，墓圹周围有高 1 米的大理石护栏。1929 年 6 月 1 日，国民政府举行隆重的奉安大典，将孙中山先生的灵柩安放在这个墓圹之下。为了满足人们瞻仰孙中山先生遗容的需要，又

門　　墓

中山陵墓门（《总理陵园管理委员会报告》）

中山陵墓包

墓壙內總理大理石臥像

墓圹内孙中山大理石卧像（《总理陵园管理委员会报告》）

在墓圹内安放了一尊孙中山先生身穿中山装的白色大理石卧像，与孙中山先生身高相同。在卧像的左腿靠近脚跟处，雕刻着一朵菊花，花的下方用汉字阴刻捷克斯洛伐克著名雕塑家“高祺”二字。下沉的墓圹仿自法国巴黎荣军院的拿破仑墓。

六、中山陵故事

中山陵建成后，整个紫金山地区都得到了较好的保护，成为西方人心目中的“国家公园”。在西方人眼中，“雄峙在城外的紫金山是南京最触目的界石。它简直可以称为‘圣山’，因为‘中国的华盛顿’孙中山先生的陵墓就在这儿”。[①]

1931 年 12 月 10 日，为调查九一八事变真相，国际联盟（简称“国联”）理事会举行会议，通过了派遣调查团的决议。该团由英、法、美、德、意五国代表组成， 英国人李顿为团长。1932 年 3 月 27 日，调查团在中国驻国联代表顾维钧的陪同下，乘船抵达国民政府所在地南京，当晚下榻励志社。在拜访国民政府主席林森、行政院院长汪精卫、军委会委员长蒋介石之后，31 日上午 11 点 42 分抵达明孝陵参观。半小时后，驱车前往中山陵。12 点 30 分，调查团一行抵达祭堂，“陵园管理人员引导各委员等脱帽步入祭堂，相继题名后，乃

中山陵背影

① ［美］罗伯特·摩尔：《扬子江往来》，《旅行杂志》1948 年第 22 卷第 4 期。

中山陵

排列于总理像前，供献花圈，稍事瞻仰，遂鱼贯而入墓室，详细瞻仰总理大理石像及墓室”。拜谒中山陵后，中央党部在总理陵园管理委员会办事处设西式午宴款待国联代表团一行。出席午宴的有行政院院长汪精卫、外交部部长罗文干、中国驻国联代表顾维钧以及蒋作宾、曾仲鸣、褚民谊、张道藩、罗家伦、刘瑞恒等 50 余人。下午 1 点 20 分午宴开席前，中央党部秘书长叶楚伧代表中央党部致欢迎词。李顿代表调查团致答谢词，其中说道：“观孙中山先生陵墓，庄严伟大，固为建筑家及个人所创造，殊不知孙中山先生实为建设今日之中国及明日之中国创造者，犹建设中国之工程师。”[①] 下午 2 点 15 分，午宴在欢乐的气氛中结束。

1935 年 12 月，国民党将军续范亭以西北地区代表身份前往南京，参加国民党第五次全国代表大会，呼吁抗日，但国民党政府顽固坚持“攘外必先安内”的方针，拒不纳谏。16 日，苦闷惆怅、报国无门的续范亭乘车来到中山陵，在祭堂内孙中山坐像前以剖腹自杀的形式，要求抗日。他在留下的绝命诗中写道：“赤膊条条任去留，丈夫于世何所求？窃恐民气摧残尽，愿把身躯易自由。”续范亭剖腹壮举轰动全国，这不仅是对蒋介石不抵抗政策的有力揭露和抗议，

① 《调查团今日抵京下榻励志社》，《中央日报》1932 年 3 月 27 日。

1936 年，参加柏林奥运会的中国代表团团员出发前拜谒中山陵

也极大地激发了全国人民抗日救亡的斗志。此后，大难不死的续范亭继续为抗日奔走呼号。

日军攻占南京前，防守紫金山的中国军队教导总队给中山陵建筑分别装置了用竹条搭建的伪装网，以防日军空袭。据《拉贝日记》记载，1937 年 10 月 17 日，星期天，天空万里无云，也没有日机前来空袭。拉贝陪同友人里贝参观中山陵。他们驱车前往，惊讶地发现：中山陵牌坊和墓道上的建筑物和墓室都搭起了竹脚手架，外面还包上了油布。他心想："这是不是为了防止炸弹碎片？"另据南京沦陷后来到南京的日军随军记者中村六一《中支视察行》记载："几百级数不清的阶梯上有多处弹痕。此外一如原样。……竟然将最里面的大殿用竹子围盖起来，还将白色的阶梯涂上伪装色。"①

南京沦陷期间，日伪人员频频出现在中山陵，导演了一出出闹剧。

1937 年 12 月 18 日，侵华日军举行"入城式"后的第二天，集体参观中山陵。据日军士兵平井茂一郎《从军回忆录——荒废的青春》记载："我们接到命令，说是明天全班人员到师团司令部集中，午饭后一起去参观中山陵。从几十公里外就应该估计得到，那是一个大得让人瞠目结舌的陵园。通向山上的白色大理

① 张宪文主编、王卫星编：《南京大屠杀史料集》第 61 册《日军官兵日记与回忆》（下），江苏人民出版社 2010 年 11 月版。

石台阶的下段有近百米宽，可见规模之大。每个台阶的高度都是便于轻松攀登的三十四厘米高，宽度没有窄于一米的。大概可以两步一级台阶地攀上去。……台阶多得数不清，越往上走，台阶的宽度也变得越窄。”①

1941 年 12 月太平洋战争爆发后，日军占据北平协和医院，在医院的研究室里发现了孙中山的肝脏切片及腊块标本。汪伪国民政府得知消息后，为了将自己塑造成孙中山先生的正统继承者，借此机会大做文章。1942 年 3 月，汪精卫派伪外交部长褚民谊赴北平，向日方索回肝脏标本并带回南京。4 月 5 日上午 9 时，汪伪国民政府在中山陵祭堂举行“国父遗脏敬谨安放礼”，汪精卫亲自主持，汪伪群奸全体出动，参加典礼的还有日本驻汪伪政权最高军事顾问影佐祯昭。②

1946 年 5 月 1 日，国民政府正式发布“还都令”，宣布 5 月 5 日“凯旋南京，以慰众望”。5 月 5 日上午 9 时，庆祝还都大典的序幕在中山陵徐徐拉开。国民政府军政官员及各界人士 5000 多人云集中山陵，中外记者 100 多名赶来采访。中国共产党和民主同盟也派出四名代表参加。8 点许，蒋介石偕夫人宋美龄抵达陵园。蒋介石身着陆军特级上将礼服，左胸佩勋章、勋标，手戴白色手套；宋美龄内穿黑底紫花绸质旗袍，外穿玄色薄绒大衣，胸佩勋标，手戴黑色丝质手套。蒋介石与宋美龄率领军政官员拾级而上，登上祭堂前的平台，然后进入祭堂，蒋介石与宋美龄立于祭堂中央。9 时整，在军乐声中，还都典礼开始，鸣礼炮，奏国歌，向孙中山坐像献花，由张道藩宣读《谒陵告文》，然后，全体人员向孙中山坐像行三鞠躬礼，接着默哀三分钟。默哀毕，由蒋介石宣读国民政府还都令。最后，在蒋介石、宋美龄的带领下，中央委员、国府委员、各部会首脑及参政会主席团代表，鱼贯进入祭堂，绕墓圹一周，拜谒孙中山先生卧像。

1947 年 3 月 19 日上午，国民党中央训练团将官班 400 多名参加过北伐、抗日战争的将校级编余军官，因工作没有着落，生活困难，为表示对当局整编军队的不满，相约拜谒中山陵。他们集体身着黄色将校呢制服，胸前挂着勋表，站成方阵队形，全体肃立，齐集在中山陵祭堂，诉说对现状的不满。参加谒陵的人员中有一位妇女，是原国民党第一九〇师少将副师长陈天民的遗孀，她也带着孩子同来谒陵，想到自己孤儿寡母，景况凄惨，不禁失声痛哭起来。众将

① 张宪文主编、王卫星编：《南京大屠杀史料集》第 60 册《日军官兵日记与回忆》（上），江苏人民出版社 2010 年 11 月版。

② 苏艳萍著：《抗战中的中山陵》，江苏人民出版社 2017 年 9 月版。

蒋介石、宋美龄拜谒中山陵（中国第二历史档案馆藏）

1948 年，“行宪国大”代表拜谒中山陵

官兔死狐悲，想到前景黯淡，也跟着哭了起来，本来是为了发泄不满的谒陵演变成了一场“哭陵”。此举轰动全国，迫使蒋介石改善对他们的待遇，但同时也是蒋介石政权人心向背的一个前兆。

如今，中山陵作为一代伟人的陵墓，已成为启发民族意识、唤醒民族精神的一面旗帜，也是增强民族凝聚力、维护国家统一和民族团结的精神纽带。

2005 年 4 月 26—27 日，中国台湾国民党主席连战到南京访问，在南京禄口机场发表讲话时说：“对中国国民党来说，南京是一个具有历史联结、感情联结的地方。”他首先拜谒的地点就是中山陵。2008 年 5 月 27 日，中国台湾国民党主席吴伯雄拜谒中山陵后，在博爱坊前发表演讲：“我们第一站就来到南京，因为南京对我们来说有特殊的渊源和感情。”

2016 年 11 月 11 日上午，纪念孙中山先生 150 周年诞辰大会在北京人民大会堂隆重举行，中共中央总书记、国家主席、中央军委主席习近平出席大会并发表重要讲话。习近平在讲话中指出，孙中山先生是伟大的民族英雄、伟大的爱国主义者、中国民主革命的伟大先驱，一生以革命为己任，立志救国救民，为中华民族做出了彪炳史册的贡献。他号召大家学习和继承孙中山的宝贵精神，为振兴中华而继续奋斗。

孙中山先生生前向人民“乞此一抔土”，而人民给了他一座山。南京因为

今日中山陵（梅宁拍摄）

有了孙中山、有了中山陵而注定永久性地成为全球华人瞩目的焦点。

中山陵的设计既继承传统，又有所创新和突破，熔中西建筑风格于一炉。中山陵在建筑比例、体型组合、色彩运用、材料选择和细部处理上，表达了庄严肃穆的气度和逝者永垂不朽的精神，取得了令人瞩目的成就。当时人就认为："全部工程，融会中国古代与西方建筑之精神，坚朴壮丽，别创新格，足以表示一时代之艺术。"[①] 中山陵不仅是民国建筑中最优秀的民族形式的建筑作品，也是近代化与民族化相结合的建筑典范，是中国建筑史上的一座丰碑。

1961 年 3 月，中山陵被国务院列为第一批全国重点文物保护单位。2016 年 9 月，入选中国文物学会、中国建筑学会联合评选的"首批中国 20 世纪建筑遗产项目"。

① ［民国］建设委员会经济调查所编：《中国经济志 · 南京市》，正则印书馆 1934 年 8 月版。

谭延闿墓

谭延闿墓坐落在风景秀丽的钟山风景区灵谷公园内，位于灵谷寺的东北侧，占地面积300余亩（约20万平方米），依山势之高下而建。墓葬由一组建筑群构成，从墓葬入口处开始，沿着墓道前行，建筑物依次为龙池、纪念碑、纪念牌坊、“国葬命令”碑、纪念堂、石刻、祭台、墓室等，得幽深曲折之趣，全部建筑费用20余万元。

首任国民政府主席谭延闿

谭延闿（1879—1930），字组安、组庵，号无畏、切斋，湖南茶陵人。出身于官僚家庭，父亲谭钟麟曾任陕西巡抚、陕甘总督、闽浙总督、两广总督等职。谭延闿是清朝光绪年间的进士，与陈三立、谭嗣同并称“湖湘三公子”。辛亥革命长沙光复后，被举为湖南军政长和参议院议长。后三任湖南都督。1912年加入国民党。1927年后，依附蒋介石，历任湖南省省长、国民革命军第二军军长、国民党中央政治委员会主席、国民政府主席、行政院院长等职。谭延闿深谙为官之道，从三次任湖南总督到担任国民政府主席、出任第一任行政院院长，位高权重，堪称民国政坛的不倒翁。不仅如此，他的书法名满天下，享有民国四大书法家之首的美誉。

1930年9月22日，谭延闿和他的儿子、女婿到小营观看试马，突发脑溢血，于次日去世。国民政府念其功高党国，为表彰勋绩，特设国葬于紫金山麓，并立即成立“谭故院长国葬典礼办事处”，由宋子文担任主任，负责墓葬工程与安葬典礼等具体事宜。

“谭故院长国葬典礼办事处”最初勘定紫金山第四峰马腰坡下基地一方作为墓地，因地势不太适用，于是重新选定灵谷寺东侧基地，经过蒋介石亲临勘定，总理陵园管理委员会准予划拨，作为国葬墓地之用。

谭延闿墓自1931年动工，1932年12月底完竣，1933年1月9日举行落成典礼。

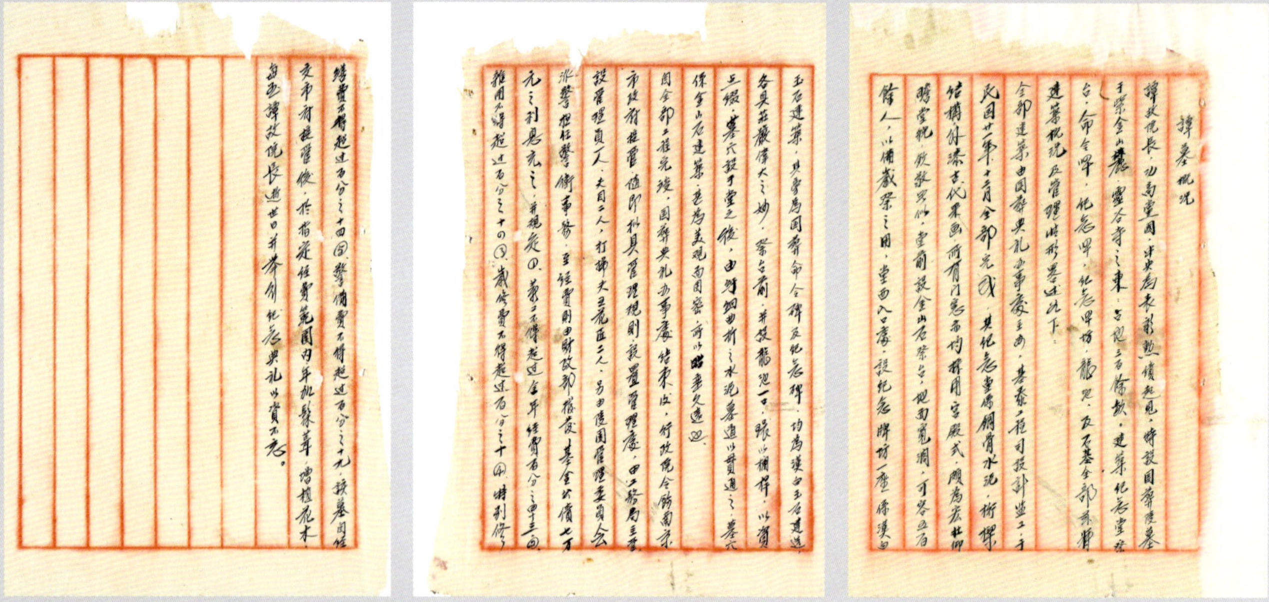
譚墓概況

譚故院長，功高黨國，中央為表彰勳績起見，特設國葬，陵墓于紫金山麓，靈谷寺之東。占地三百餘畝，建築紀念堂、祭台、命令碑、紀念碑、紀念碑坊、龍池，及石基全部，殊費建築概況及管理情形，略述如下：

全部建築由國葬典禮辦事處主辦，基泰工程司設計監工，于民國廿一年十二月全部完成。其紀念堂係鋼骨水泥，樑結構，仿漆古代彩畫，所有門窗亦均採用宮殿式，頗為宏壯。祭堂前，設金山石祭台，地面寬濶，可容五百餘人，以備載祭之用。堂西入口處，設紀念牌坊一座，係漢白玉石建築，其余為國葬命令碑及紀念碑，均為漢白玉石建造，各具莊嚴偉大之妙。祭台前，并設龍池一口，環以欄杆，以資點綴。墓穴設于堂之後，由鋼骨水泥築造，以貫通之。墓穴係金山石建築，甚為美觀而固密，所以昭垂久遠也。

園全部工程完竣，國葬典禮辦事處結束后，行政院令飭南京市政府接管，隨即擬具管理規則，設置管理處，由工務局主管，設管理員一人，夫目二人，打掃夫並花匠二人，另由陵園管理委員會派警擔任警衛事務，至經費則由財政部撥發基金公債七万元之利息充之，并規定（一）、薪工不得超過全年經費百分之四十三，雜用不得超過百分之十（二）、歲修費不得超過百分之十（三）、特別修繕費不得超過百分之十四（四）、警備費不得超過百分之十九，該墓自經交市府接管後，於指定經費範圍內年加髹葺，增植花木，每遇譚故院長逝世日并举行紀念典禮以資不忘。

《谭墓概况》（《中山陵档案·民国墓葬》）

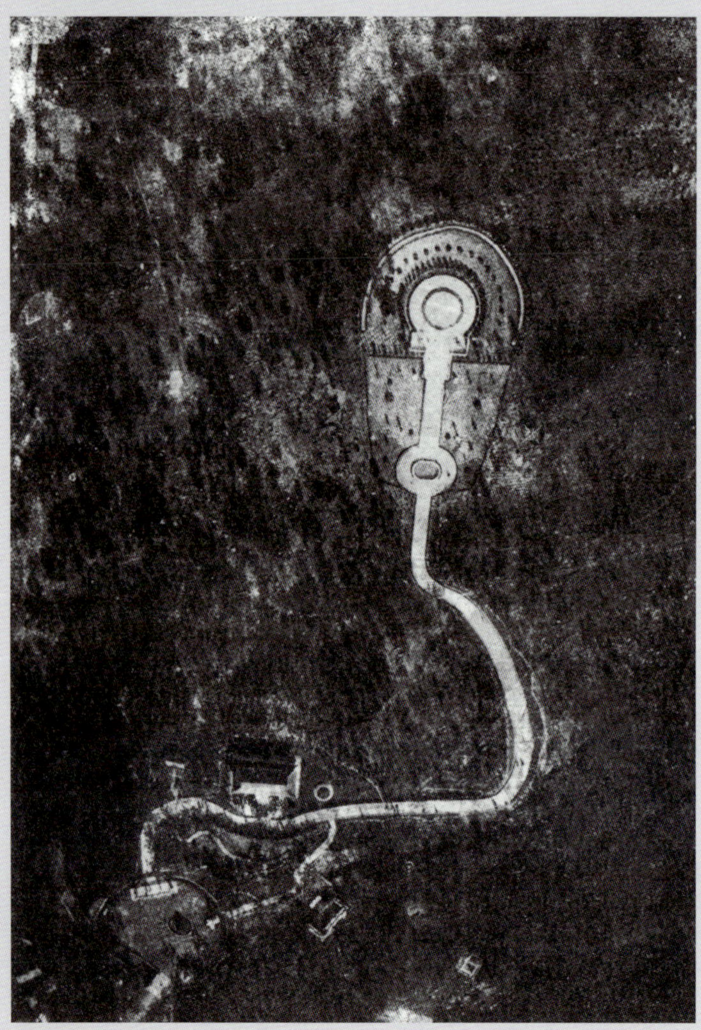
谭延闿墓鸟瞰（《首都志》）

谭延闿墓平面图（杨廷宝绘）

墓穴工程完工后，1931年9月4日，国民政府在第一公园设置灵堂，为谭延闿举行隆重的国葬典礼。上午4点30分，各省市代表集合在第一公园，蒋介石、宋子文、戴季陶、陈立夫、吴稚晖等国民党要人出席。国葬典礼由国民政府主席蒋介石主祭。仪式有：（1）肃立；（2）奏哀乐；（3）献花；（4）读诔文；（5）默哀；（6）行三鞠躬礼；（7）奏哀乐；（8）启灵（上午5时）。然后，将谭延闿灵榇送往墓地，沿途安排人员列队送别。上午10点15分，在墓地举行国葬。国葬典礼结束后，国民政府下令全面兴建谭延闿墓。①

谭延闿墓由建筑师杨廷宝、关颂声、朱彬设计，申泰兴记营造厂和蔡春记营造厂承建，总造价22.3万元。谭延闿墓与孙中山陵墓显著不同，中山陵布局严谨对称，极尽阳刚之美；而谭延闿墓则是借助自然山势之高下，构筑曲折幽深的墓道，具有自然与人文相结合的江南园林景观的特色，占尽阴柔之美。

1934年，女作家袁昌英《再游新都的感想》一文赞美道："我在这浑厚沉壮、不露锋芒的谭墓环境内，又不得不惊叹时间与治园者的成绩。满林的硕干

谭延闿墓全景

① 《中山陵档案》编委会编：《中山陵档案·民国墓葬》，南京出版社2017年11月版。

谭延闿墓背影

老树非时间的抚养不能成就。治园者能不辜负它们而能组织成这个特有所在，诚亦有几分本领。谭墓的优点在其有曲折、有含隐，威而不露、富而不丽的气概。若谓陵园象征活跃的、盛旺的行将复兴的中华民族，谭墓可说是中华民族以往四千年光荣历史精神的具体化。”然而是在日军攻占南京之前，谭延闿墓呈现的却是另一幅图景。德国西门子公司驻南京办事处负责人拉贝在 1937 年 10 月 17 日的日记中写道：“中山陵的牌坊和墓道上的建筑物和墓室都搭起了竹脚手架，外面还都包上了油布。这是不是为了防止炸弹碎片？谭延闿墓那里也是如此，拱门、大理石柱、石狮和长寿龟全都用松树枝遮盖了起来。”

谭延闿墓的起点在灵谷寺山门东侧约 30 米处，以龙池和“灵谷深松”碑为标志。路径曲折，饶有林泉之趣。

龙池

呈长方形，围以雕花柱头的石栏杆，池内有两只龙头，一俯一仰，一出水，一入水，有泉源，终年不竭。

龙池

龙池原名“八功德水”，据说具有八大功效，即一清、二泠、三香、四柔、五甘、六净、七不饐、八蠲疴。

“灵谷深松”碑

在龙池的前方一二十米处是“灵谷深松”碑。该碑是谭延闿墓的墓碑，汉白玉质地，墓碑正面原阴刻有蒋介石题写的碑文，全文是“中华民国二十年九月四日　中国国民党中央执行委员行政院长前国民政府主席谭公延闿之墓　国民政府主席蒋中正敬题”。碑首上有一枚红色石印“荣典之玺”，印的上方是国民党党徽，印的下方是“国葬之碑”四字。1949 年 4 月南京解放后，中山陵园管理处将原碑文磨去，由管理处第一任处长高艺林书写“灵谷深松”四字刻在碑上。碑以汉白玉精雕细刻，系北京圆明园故物，碑下有龟趺座。碑首、碑身、碑座共雕刻 26 条龙。

牌坊

自墓碑向墓园方向行进约 20 米，迎面矗立着一座单开间汉白玉石牌坊。

广场

过了牌坊，经过弹石路面（名叫琵琶街）前行约 400 米，再跨过一座小型的仿古石桥，便来到一个椭圆形广场，广场中砌有一座圆形花坛，便于转车之用。在广场的东北角，竖有四楹三开间汉白玉石牌坊，系用北平古物改制。牌坊柱子上原有楹联一副：“凤翙鹰扬，一代羽仪尊上国；龙蟠虎踞，千秋陵墓傍中山。”现已漫漶不清。

“灵谷深松”碑

单开间石牌坊

石桥、广场、牌坊和“国葬命令”碑

“国葬命令”碑

过了三开间的石牌坊后，在墓道左右两侧可以看见一对用石雕琢的白马，形象生动，栩栩如生。可惜在“文革”期间，马的嘴部及缰绳被毁。墓道的西侧山坡上竖有国民政府“国葬命令”碑一块，汉白玉质地，碑首为圆形，镌刻有国民党党徽，碑上原来刻有“功在党国”四字及谭延闿的生平，1949年新中国成立初期被磨去。墓道的东侧也有石碑一块，上面的文字在“文革”期间也被磨去。

谭延闿墓碑（1932年摄，伍联德《中华景象》，1934年版）

“国葬命令”碑

纪念堂

由“国葬命令”碑向前走数十米，左侧有一平台，建有一座五楹三进宫殿式的纪念堂（祭堂），坐北朝南，全部采用钢筋混凝土，桁梁结构，外漆古代彩画，所有门窗均采用宫殿式，屋面覆北平绿色琉璃瓦，瓦当上印有篆体的“谭”字。纪念堂前设金山石祭台，地面宽阔，可容500余人。1932年祭堂建好后，1935年9月又由华北营造厂对纪念堂进行修理。重新修理后的纪念堂，内部顶部满施彩绘，颇为宏壮。纪念堂内原供有谭延闿遗像，以及安葬时生前各种纪念物。但经过八年全面抗战，纪念堂遭到严重破坏，断壁残垣，仅存空架。抗战胜利后，虽经过修理，仍未能恢复旧观。

1930年，谭延闿墓纪念堂和灵谷塔（着色明信片）

谭延闿墓纪念堂和灵谷塔

纪念堂内景

谭延闿墓纪念堂

华表、石狮和花盆

华表

华表、石狮和花盆

过了祭堂，沿着迂回曲折的墓道前行数百米，迎面路正中间有一个圆形的水池，里面种满了荷花。绕过水池，便看到一对华表、一对石狮和一对花盆夹道而立。华表、石狮和花盆均是汉白玉质地的，据说是从北京的清朝大臣肃顺墓前移过来的。

祭台

沿着华表、石狮和花盆中间的墓道拾级而上，便来到墓室前正中位置的祭台（供桌），祭台为长方形，汉白玉质地，表面雕刻着大量的西洋风格的花卉，造型美观大方。据民国周镜泉《南京游记·陵园一瞥——金陵览胜之三》记载，祭台“为圆明园故物，据说清代由法国进贡的”。[①]“文革”期间墓被破坏前，

石狮

花盆

祭台

① 《旅游天地》1949 年第 1 卷第 2 期。

祭台被运到中山陵园管理处石象路花房收藏。1981年墓修复后，才将收藏长达14年之久的古物运回原地，重现旧观。

铜鼎

墓前左右两侧设有花岗石方台一对，上面各安放铜鼎一只，是1933年1月9日谭延闿的子女及孙女敬献，鼎文为“明德唯馨”“永世享孝”，篆书阴刻。这对铜鼎先被运到修建队大院里，后来与祭台一起被运往陵园花房收藏，才逃过一劫。

铜鼎

墓室

祭台的后面，便是墓室。墓室为圆形坟包，直径9.3米，高3.5米，以钢筋混凝土和金山石建造，美观而又坚固。

2001年，经北京圆明园文物专家鉴定，谭延闿墓祭堂旁的汉白玉质地的牡丹花坛为圆明园旧物，这是目前得到确认的散落在南京地区的唯一的一件圆明园文物。①

民国时期，在谭延闿墓园内，沿着蜿蜒下行的溪流，建有虹桥、临瀑阁、千秋坊、水亭、心亭和香竹亭等纪念性建筑，堆石成桥，枯树依栏，极富雅趣。墓东南原有别墅一座，为守墓者所居。②

抗战期间，谭延闿墓遭到一定程度的损坏。据1938年6月10日德国大使馆南京办事处使馆秘书G.罗森博士给拜泽先生的信：“亲爱的拜泽先生：曾途经谭延闿陵墓好几次，收到您经汉口寄来，现在才抵达这里的4月8日的来信之后，我再一次仔细查看了陵墓。您可能在北京期间就认识，并向您致以问候的荷兰使馆的博斯先生，以及霍特先生和我一起到陵墓那儿。总的来说，可以说陵墓在此事件中遭受的损害相对来说比较小。陵墓本身、各个建筑物、石像和蒋介石元帅捐赠的精美石碑都完好无损。另一方面，美丽的享堂前面的青铜动物雕像，以及享堂中所有的瓷花瓶和其他祭奠供品均遭破坏摧毁（显然是日本军人干的）。此外，在陵墓入口边上的一座亭子里的木制家具，如桌子、长

① 《南京发现圆明园文物真迹》，《金陵晚报》2001年9月25日。
② ［民国］傅焕光编：《总理陵园小志》，京华印书馆1933年版。

谭延闿墓

凳等被毁坏，或扔进了溪流。大约 20 至 30 米开外的一座图书馆，所有的书籍都被扔到院子里，遭风吹雨打完全被毁。”① 另据 1945 年 9 月 19 日中央社南京

① 转引自陆束屏编著翻译《日军南京暴行：德国外交文件中记载的南京大屠杀与劫后社会状况》，南京出版社 2022 年 1 月版。

谭延闿墓包

牡丹花坛

茶陵譚公墓誌
公諱延闓字祖安自號无畏湖南茶陵縣人清故兩廣總
督謚文勤公第三子以光緒五年己卯歲十二月十四日
生於浙江巡撫署光緒丁酉科優貢生壬寅科舉人甲辰
科進士第一人翰林院編脩湖南諮議局議長辛亥革命
軍興被舉為湖南都督民國五年再任湖南省長兼督軍
六年辭任八年駐郴州為湖南總司令九年進克長沙兼
省長十二年在廣州任討賊軍湘軍總司令內政部長建
設部長大本營秘書長十三年選任中國國民黨第一屆
中央執行委員常務委員北伐軍總司令十四年國民政
府成立於廣州任國民政府委員軍事委員會委員軍政
部長政治會議主席旋代國民政府主席國民革命軍改
編仍兼第二軍軍長十五年聯任第二屆中央執行委員
軍事委員會主席團主席十六年定都南京任國民政府
常務委員兼主席十七年改任國民政府委員兼行政院
院長十八年聯任第三屆中央執行委員常務委員十九
年九月二十二日薨於京第春秋五十有二國民政府令
營國葬於首都紫金山靈谷寺之原癸首丁趾以二十年
九月之四日葬配方夫人先公卒葬長沙烏龜塘子二長
翊次翔女四其一殤孫女一公之世系功業行誼具詳於
著述及年譜行狀家傳謹揭其要刻石納諸壙以垂無窮

谭延闿墓志拓片（南京大学博物馆藏）

电，关于重庆国民政府接收南京中山陵的报道《总理陵园昨日接收竣事》：“谭墓仅余祭堂，所有纪念物悉为日军取去。”[①]

1946 年 5 月 5 日，国民政府还都后，国父陵园管理委员会对谭延闿墓进行了维修保护。

“文革”期间，谭延闿墓遭到损坏。现在见到的圆形墓室，是 1981 年由政府拨款按历史原貌修复的，墓中葬有谭氏的遗骸。

2001 年 6 月 25 日，谭延闿墓被列为第五批全国重点文物保护单位。

① 《中央日报》1945 年 9 月 21 日。

廖仲恺何香凝之墓

南京市紫金山天堡城南麓、中山植物园西侧林海中，有一座著名的墓葬，这就是廖仲恺何香凝合葬墓。

廖仲恺（1877—1925），广东归善（今惠州）人。出生于美国旧金山，先后就读于国内、香港和日本。1903 年，在日本结识孙中山，并追随孙中山。1905 年，与妻子何香凝在日本一同加入中国同盟会。辛亥革命后，任广东都督府总参议、总统府财政部长兼广东省财政厅厅长。1913 年“二次革命”失败后，与孙中山等流亡日本。1921 年，全力支持孙中山北伐。1922 年，协助孙中山制定“联俄、联共、扶助农工”的三大政策，全力辅佐孙中山改组国民党。他与中国共产党人精诚合作，支持工农革命运动，推动了中国国民革命发展。先后

廖仲恺何香凝墓

出任陆海军大元帅大本营财政部长、国民党一大中央执行委员和常务委员、工人部部长、黄埔军校党代表、广东省长、农民部部长等要职，是孙中山先生最得力的助手之一。1925年孙中山先生去世后，他继续贯彻执行孙中山先生的“三大政策”，受到国民党内部极右派的仇视和嫉恨，于1925年8月20日在广州遇刺身亡。

1925年8月25日，广州国民政府举行国葬仪式，将廖仲恺临时安葬在广州天河区先烈东路驷马岗朱执信墓旁。不久，国民党中央政府决定，将廖仲恺迁葬于南京中山陵园，以表彰他在国民革命和辅助孙中山先生所从事的革命事业中立下的功绩。1926年1月，国民党中央成立廖仲恺先生葬事筹备处，张静江、陈果夫、戴季陶、孙科、林焕廷等为葬事筹备处委员。葬事筹备处与廖仲恺的女儿廖梦醒在南京紫金山范围内的磨盘山和邵家山察看地形，并计划购买。同年9月5日，葬事筹备处驻粤委员举行会议，决定廖墓由吕彦直设计，要求简单坚固，阳历十月中将设计图绘好。[①]然而此事并无下文。直到廖仲恺去世十年后，经其遗孀何香凝多次催促，葬事筹备处重新选定陵园西南部、明孝陵之西、天堡城下作为墓址，由总理陵园管理委员会拨出土地25亩作为墓基。

1935年5月，国民党中央执行委员会秘书处致函总理陵园管理委员会，请代为设计廖墓，并提出具体要求：墓用中国式，建碑及拜坛，不必建祭堂。廖仲恺墓葬工程由国民党中央秘书处经办，建筑师刘福泰、刘光启于1935年7月设计。首先迁出墓基上的民房、民坟、青苗，接着进行墓圹、墓道工程，这项工程于1935年11月完工，由韩顺记营造厂承包，共支付国币486元6角。然后，由开林营造厂承建陵墓主体工程，当时因为坟墓所在地都是坚硬的石头，非人工所能开凿，所以该营造厂专门报请南京警备司令部，再经过陵园管理委员会的同意，采用火药开炸，以加快工程进度。1936年8月，陵墓主体工程完工。

在陵墓工程进行过程中，1935年6月，在何香凝以及国民党中央特派员许崇清等人的护送下，廖仲恺的灵柩由广州转道香港、上海，于6月18日下午抵达下关火车站。叶楚伧、丁惟汾、居正等国民党中央要员前往车站迎接，并在车站举行了简短的迎灵仪式，中央陆军军官军校教育长张治中亲率400余名学生担任警卫。随后，将灵柩抬上事先预备的灵车，送往中山陵园，暂厝于灵谷寺志公堂。

① 《驻粤委员会议记录》，载南京市档案馆、中山陵管理处《中山陵档案史料选编》，江苏古籍出版社1986年9月版。

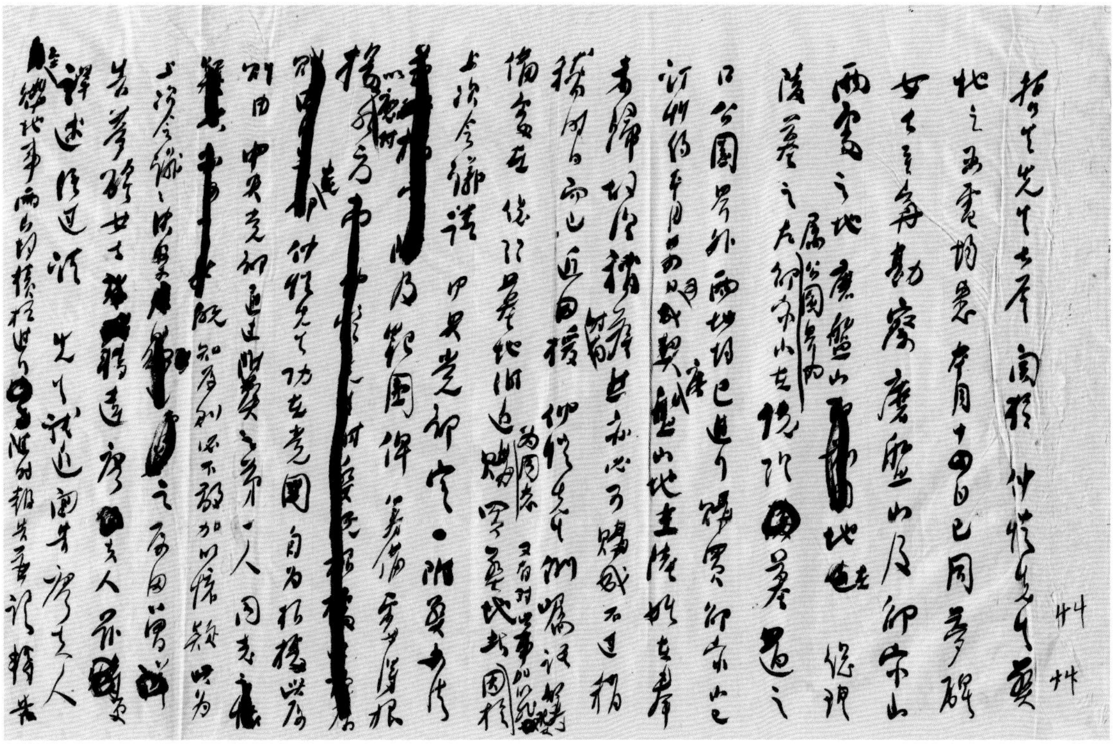

关于廖仲恺墓选址的档案（南京市档案馆藏）

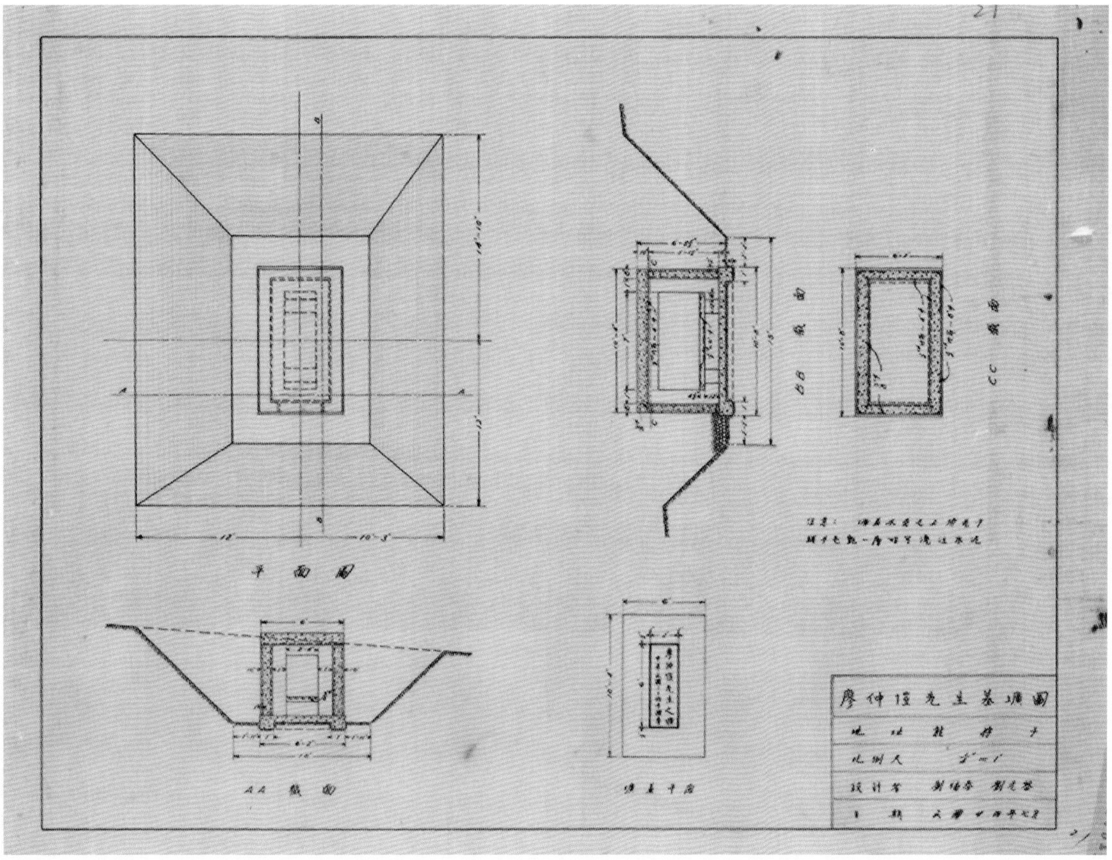

廖仲恺先生墓圹图（刘福泰、刘光启设计，南京市规划与自然资源局档案馆藏）

廖仲恺墓

周恩来、邓颖超、董必武等拜谒廖仲恺墓

1936 年 6 月 21 日上午，国民党中央委员会在志公堂为廖仲恺举行了隆重的公祭仪式，由叶楚伧主祭，参加公祭仪式的有孙科、于右任、蔡元培、陈树人、朱培德、张治中等国民党要员以及廖仲恺的夫人何香凝、廖仲恺之弟廖恩勋和女儿廖梦醒等亲属。9 月 1 日，举行安葬仪式。廖仲恺的灵柩从灵谷寺志公堂起灵后，运抵墓地。上午 10 时，安葬仪式由叶楚伧主祭，廖仲恺的灵柩被缓缓放入墓穴中。墓穴的高大墓碑正面中央，竖书“廖仲恺先生之墓　林森题”，碑额上是莲花环绕的国民党党徽。参加仪式的除了何香凝及其亲属外，还有邵元冲、张治中以及各界代表共 5000 余人。①

廖仲恺墓地的绿化工程在葬礼结束将近两年才开始，“墓之内外，须植树木，以壮观瞻”。建筑师刘福泰委托总理陵园管理委员会园林专家傅焕光在廖仲恺墓四周布置花木。从 1937 年 3 月 6 日开始，至 4 月 9 日止，共种植雪松、石楠、海桐、龙柏、冠黄杨、法国梧桐、法国冬青、黑松、桧柏、梅花等 4284 株。

1972 年 9 月 1 日，廖仲恺妻子何香凝（1879—1972）在北京去世，终年 93 岁。根据她临终前向周恩来总理提出的与廖仲恺先生合墓的遗愿，9 月 5 日在北京举行隆重的追悼会后，次日，由邓颖超、刘斐、朱蕴山以及廖梦醒、廖承志、经普椿等人专程护送灵柩至南京。9 月 7 日下午，在廖仲恺墓地举行了庄严肃穆

① 刘维才：《廖仲恺、何香凝合葬墓》，收入卢海鸣、杨新华主编《南京民国建筑》，南京大学出版社 2001 年 8 月版。

廖仲恺何香凝墓前华表

廖仲恺何香凝墓道

的安葬合葬仪式，出席人员有江苏及南京各界代表、护送灵柩的领导人及其家属。合葬仪式结束后，工作人员从廖仲恺墓冢北端拆开一根水泥圆柱，将何香凝的灵柩放入，与廖仲恺的灵柩并置在一起，然后将水泥圆柱修复。廖仲恺墓碑上的“廖仲恺先生之墓　林森题”改为“廖仲恺何香凝之墓”，由廖承志题写。

廖仲恺、何香凝合葬墓坐北朝南。

从中山陵园风景区内的植物园路开始，有东、西两条弧形通道通向廖仲恺、何香凝合葬墓。这两条通道向北伸展后分别左折和右折后交会在一起，形成一个拱形的闭环。在拱形通道交会处有一个小型的广场，广场南侧是一圈半圆形的水刷石矮墙，矮墙内侧是一圈水泥凳，与矮墙形成靠背椅，可供谒墓者小憩；广场的东西两侧道路中央，各有一根仿南朝陵墓神道石柱式样的华表，柱身是四方形，柱顶装饰着一个巨大的莲花形圆盖，圆盖上各立有石辟邪一只，昂首挺胸，面向南方；广场的北侧，登上六级台阶，是一个小的平台，宛若门槛，平台东西两侧，各设有一个宽大的四方形门柱。从两个大门柱的中间开始，是墓园的入口。一条笔直宽广的墓道，向北呈斜坡状伸展，两侧是苍松翠柏和青绿草坪。

沿着苍松翠柏簇拥的斜坡墓道走到尽头，左右两侧分别设有一个警卫室，为当年守墓的警卫驻守。登上 13 级台阶，是一个长方形平台，东西两侧各有一个四面坡攒尖顶的水泥方亭，有四个立柱，亭内有一圈水泥凳子，可供参谒者

廖仲恺何香凝墓方亭

廖仲恺何香凝墓

休憩。

由此平台登上九级台阶，迎面是一堵带窗棂的墙，墙上的两边各有一个浮雕花圈，从左右两边登上十级台阶，是第二个占地面积330平方米的大平台，平台左右两侧各有一个巨大的基座，平台正前方是一个供奉祭品的祭台（又称拜坛），上面装饰有带环的三角形浮雕，此平台是举行悼念活动的场所，东西两侧有水刷石墙围护。从祭台左右两侧再登上四级台阶，便来到第三个平台，这是墓冢区，正中由南向北依次是墓碑和墓冢。墓碑高大挺拔，呈长方形，分

廖仲恺何香凝墓

为碑座、碑身和碑额三部分，碑身正面阴刻“廖仲恺何香凝之墓”八个鎏金大字，碑额雕刻有莲花纹，国民党党徽已不复存在；墓冢为钢筋混凝土建造，上半部呈圆球形，直径9米，下半部为八角形，四周环绕24根圆形立柱，属于中西合璧式样；墓冢东西北三面是弧形的水刷石护壁，南面是一条长长的水刷石矮墙。

1983年清明节，廖仲恺夫妇的儿子廖承志来扫墓时，写下了一首诗：“金陵无限好，来到正清明。信笔记心事，鲜花唁老亲。”表达了他对父母的无限思念之情。①

2001年6月25日，“廖仲恺何香凝墓”被国务院公布为第五批全国重点文物保护单位。2012年10月，被南京市人民政府列为南京重要近现代建筑。2018年4月，被中国国民党革命委员会中央委员会确定为“民革党员教育基地”。

① 刘维才：《廖仲恺、何香凝合葬墓》，收入卢海鸣、杨新华主编《南京民国建筑》，南京大学出版社2001年8月版。

建国粤军将士墓

建国粤军将士墓，又名建国粤军阵亡将士之公墓、建国粤军阵亡烈士墓等，坐落在风景秀丽的南京市莫愁湖公园内。

1912年，中华民国临时政府在南京成立后，清军将领张勋率军沿津浦线南下，妄图扼杀新生的政权。粤军北伐军总司令姚雨平奉临时大总统孙中山之命，率粤军将士挥戈北上，迎击清军。粤军奋勇杀敌，首捷固镇，再捷宿县，直捣徐州，张勋败逃。粤军北伐对于巩固中华民国临时政权、促使清朝灭亡起到了不可估量的作用。

粤军凯旋后，将阵亡的61具将士遗骸运抵南京，选择莫愁湖畔，建立墓地。

建国粤军将士墓

建国粤军将士墓

建国粤军将士墓碑

1930年初，南京市工务局金肇组局长在任期间，对公墓进行了维修，并对公墓的铁门进行了修理，由杨同兴营造厂承包，维修公墓费用3151.1银元，另修理铁门花费18元，3月17日竣工。①

20世纪30年代初期，墓内冬青夹道，中建六角形纪念亭；再进则筑土为坛，并列成行，即烈士墓；崇阶当前，回垣拥后，墓园内三块巨型石碑并列，中间一块为孙中山先生亲自手书“建国成仁”墓碑，体量较大；另外两块碑略小，其中一块是黄兴撰写的“粤军殉难义士之碑”。②另据马元烈《首都名胜》一文记载：“过莫愁湖木坊，有门南向，曰粤军建国烈士墓。……入门则冬青夹道，布置类花园；烈士之墓均平列地上，并不坟起。各墓上平嵌长方石碑，上镌死者姓名，都凡二十。向西，园尽处，丰碑屏立，作‘建国成仁’四字，为孙中山先生书。园之北濒湖。”③《台湾通史》

谭延闿（左二）、伍朝枢（右二）、孙科（右一）在莫愁湖粤军将士纪念碑前

① 《修理粤军烈士墓决算书等应准核销案》，《首都市政公报》第57期，1930年4月15日。

② ［民国］陈迺勋、杜福堃编：《新京备乘》，北平清秘阁南京分店1934年再版。

③ 孙季叔：《中国游记选》，上海亚细亚书局1934年9月版，转引自丁帆选编《江城子——名人笔下的老南京》，北京出版社1991年1月版。

建国粤军将士墓（《首都环游》20 卷 3 号）

作者、中国国民党原主席连战之父连横（1878—1936）拜谒此墓后，写下了《莫愁湖吊粤军战死者墓》① 一诗：

英雄碧血女儿香，管领湖山各擅场。
春水绿添新字碣，落花红渍旧征裳。
中原立马频回首，晓梦啼莺总断肠。
一角胜棋楼尚在，挥鞭重上郁金堂。

1947 年冬，国民政府和广东省政府拨专款，用于墓葬修理。由原广东北伐军总司令姚雨平负责修理事宜。1948 年元月正式开工，将原来的 61 座墓葬合成一冢，同时又将当年军队未出发前因制造炸弹不慎身亡的周达则并入其中，使得合葬人数达 62 人。此外，还将每一座墓前的墓碑埋于冢内，在墓前另树大碑，上书“建国粤军阵亡将士之公墓”。

1948 年，国民党元老邹鲁应邀撰写《重修建国粤军阵亡将士墓记》，相关部门刻石立于粤军阵亡将士墓旁。1966—1976 年“文革”期间，莫愁湖公园职工为保护该碑，将其埋于地下，才得以完整保存下来。1981 年，莫愁湖公园重立“邹鲁碑”；2005 年，莫愁湖公园在莫愁湖南岸待渡亭西，距离墓地数百米处，

① 收入连横《剑花室诗集 · 大陆诗草》，台湾银行经济研究室 1960 年 11 月编辑出版。

邹鲁碑亭

建国粤军将士墓

新建了一座重檐八角形碑亭——邹鲁碑亭（又名追思亭），将该碑置于亭中。

1966 年“文革”开始后，建国粤军将士墓被毁。后来在邓颖超、叶剑英等中央领导的关怀下，该墓于 1979 年得以重建，并更名为“粤军殉难烈士墓”。孙中山先生撰写的“建国成仁”和黄兴撰写的“粤军殉难义士之碑”也被重新修复竖立在墓前。1982 年，“粤军阵亡将士墓”被列为江苏省文物保护单位。

国民革命军阵亡将士公墓

国民革命军阵亡将士公墓又名革命烈士祠。公墓后倚崇山，前临广池，周围丛林蓊郁，翠竹蒙密，左右溪流萦带，泉甘不竭。天然风景与人工建筑交相辉映，崇高的宝塔和宏大墓地在此交融。

1928年11月，为了安葬历次战争中阵亡的将士，中国国民党中央执行委员会建议设立“建筑阵亡将士公墓筹备委员会”，派蒋介石、陈果夫、刘纪文、何应钦、林焕廷、熊斌、刘朴忱、李宗仁、邱伯衡着手筹办公墓建设事宜。不久，又加派傅焕光、黄为材、伍翔、夏光宇为委员。经蒋介石多次实地勘察公墓墓址，建筑阵亡将士公墓筹委会于1929年9月召开的第五次会议议决，以灵谷寺旧址作为公墓墓址。同时，聘请美国建筑师墨菲担任公墓建筑师。1930年1月，又聘请刘梦锡为监工工程师；4月，聘请梁鼎铭为艺术专员。自公墓墓址选定后，筹委会由中央党部迁到灵谷寺内办公。[1]

国民革命军阵亡将士公墓（从灵谷塔远眺松风阁）

1931年4月，国民党中央执行委员会改派陈果夫、刘纪文、林焕廷、黄为材、赵棣华、蒋介石、何应钦、王伯

① ［民国］总理陵园管理委员会编：《总理陵园管理委员会报告》，1931年10月内部印刷本。

龄、熊斌、傅焕光、夏光宇为委员，指定陈果夫、刘纪文、林焕廷、傅焕光、夏光宇为常务委员，并以黄为材为秘书，同年6月，又增加刘梦锡为委员。建筑阵亡将士公墓筹委会分为事务、工程和艺术三股，具体办理建设公墓事宜。

公墓建筑群由墨菲设计（中国建筑师董大酉参与了其中的纪念馆和纪念

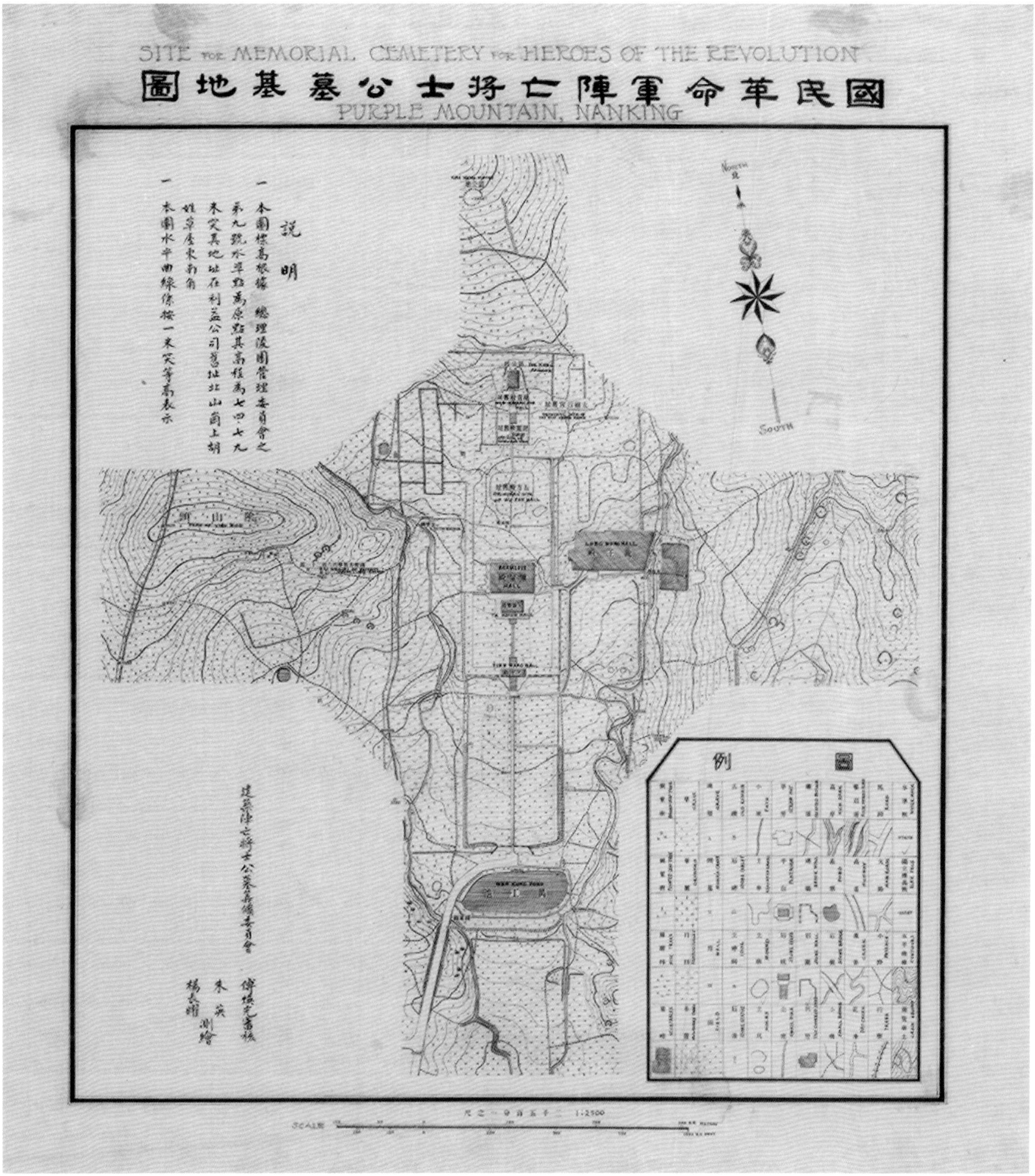

国民革命军阵亡将士公墓基地图（《中山陵档案》）

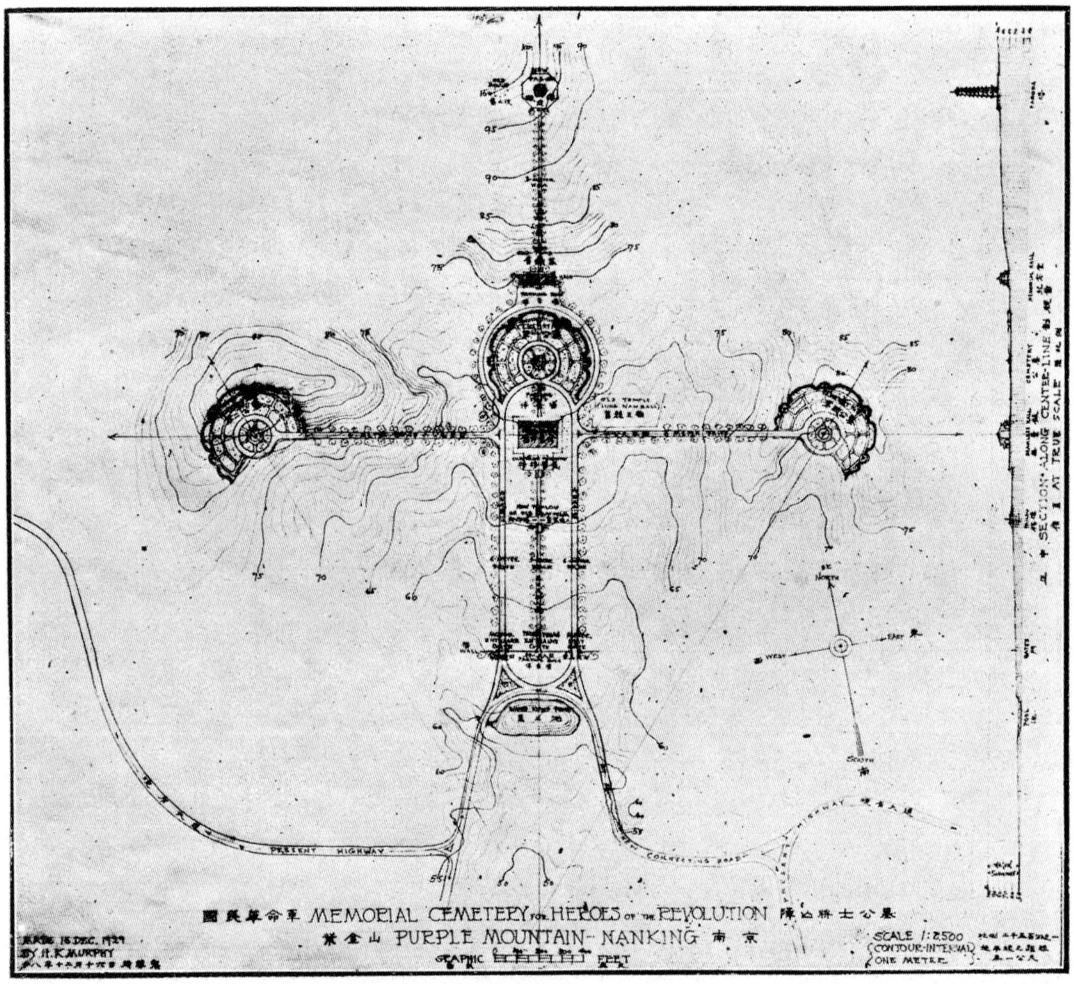

圖盤地墓公士將亡陣軍命革民國

国民革命军阵亡将士公墓地盘图（《总理陵园管理委员会报告》）

塔设计图的绘制），上海陶馥记营造厂承建，工程总造价 92 万元。[①]

公墓建筑群沿南北向的中轴线布置，由南至北依此是正门（墓门）、牌坊、祭堂、公墓、纪念馆和纪念塔。

正门（墓门）

位于万工池北。原为灵谷寺的大门，称作红山门。20 世纪 30 年代，改建为国民革命军阵亡将士公墓的正门（墓门）。改建时将原有山门扩大。正门为仿古建筑，墙体粉刷成红色，顶覆绿色琉璃瓦，下辟三个拱门，两旁设守卫室各一间，左右筑围墙与之相连。墙的东西两端各辟一个侧门，以通车马，东侧门额题“松涛”，西侧门额题“泉韵”。正门前一对石狮是当时北平军分会赠送。

① ［民国］傅焕光编：《总理陵园小志》，京华印书馆 1933 年版。

国民革命军阵亡将士公墓正门（《总理陵园小志》）

国民革命军阵亡将士公墓正门

国民革命军阵亡将士公墓牌坊

国民革命军阵亡将士公墓牌坊背面顶部

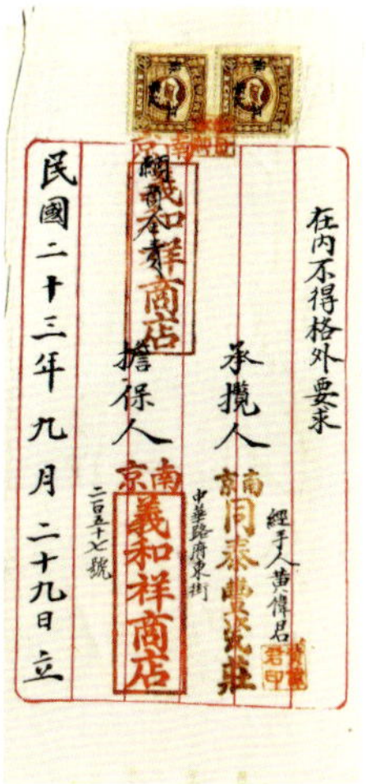
在內不得格外要求
承攬人
南京同泰豐瓷莊
經手人黃偉君
擔保人
南京義和祥商店
中華路府東街二百五十七號
民國二十三年九月二十九日立

同泰丰瓷庄承制牌坊上党徽的合同（局部）

门上原有蒋介石手书的“国民革命军阵亡将士公墓”匾额，现改为“灵谷胜境”四字，由现代著名书法家钱松喦先生题写。这座大门现已成为灵谷公园的大门。

牌坊

自正门沿着青石铺砌的甬道直行，在甬道尽头，42 级石阶之上是一个宽大的台基。台基东西长 32.7 米，南北宽 16.6 米，钢筋混凝土结构，基座外镶花岗岩，平台及前后台阶则用青石。台基中部矗立着一座高大的牌坊。牌坊高约 10 米，五楹，钢筋混凝土结构，顶覆绿色琉璃瓦。牌坊正反两面横额上各饰有瓷质国民党青天白日党徽五枚，由同泰丰瓷庄承制。正面中央党徽下刻“大仁大义”四字，背面中央党徽下刻“救国救民”四字，均为国民党元老张静江题写。牌坊前左右两侧各有一只石虎，是当时陆军第十七军赠送。牌坊建在原灵谷寺

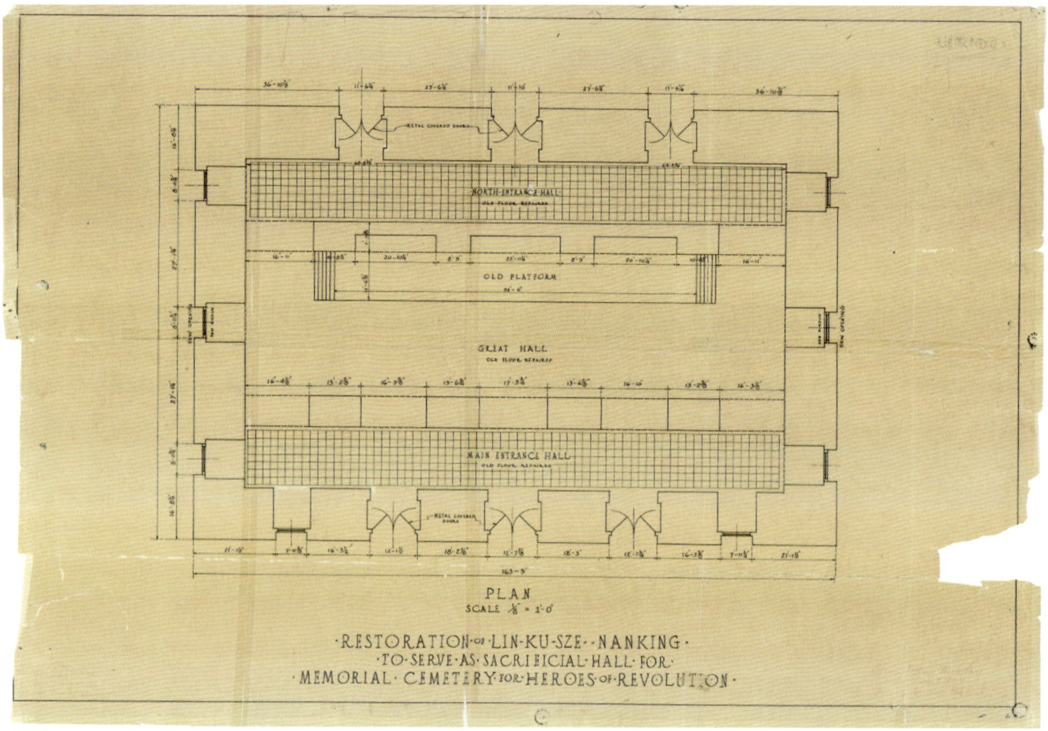

无梁殿平面图（《中山陵档案》）

金刚殿（又名天王殿）原址上。

祭堂

它是利用原有的无梁殿改建。无梁殿又名无量殿，因殿中供奉无量寿佛而得名。该殿建于明朝，重檐歇山顶，小瓦屋面，整个建筑全部用砖砌成，结构独特。五檐三进，东西长 50 米，南北宽约 34 米，殿内顶部呈穹隆状，高达 22 米。前后各辟有三个拱门，四面辟有窗户。无梁殿虽历时久远，但结构坚固，气势宏伟。20 世纪 30 年代建造国民革命军阵亡将士公墓时，按照原来式样修葺，将殿内改为祭堂，殿内的佛像移至东面的龙王殿中。祭堂修复竣工后，取名为“正气堂”，正门上的横额由监察院院长、书法家于右任题写。每年春天 3 月 29 日在正气堂举行春祭阵亡将士典礼，秋天 9 月 3 日在正气堂举行秋祭阵亡将士典礼。

祭堂内有法圈三个，共嵌石碑三块，中圈镶

无梁殿维修改造中

正气堂（赫达 · 哈默尔摄，《南京》，1945 年版）

国民革命军阵亡将士公墓祭堂

嵌“国民革命军阵亡将士之灵位”碑，由张静江题写；西圈镶嵌蒋介石所书的北伐誓师词碑；东碑镌刻陈果夫所书的中国国民党中央执行委员会祭文碑。遗憾的是，祭堂内的碑刻在 1949 年之后均被磨去。1981 年重修时改刻，中碑改为“国民革命烈士之灵位”，西碑刻《国歌》，东碑刻《国父遗嘱》。

在祭堂的四周墙壁上，镶嵌有 110 块太湖青石碑，镌刻着阵亡将士的姓名、籍贯、阶衔，共计 33224 人，全部碑文共 16.5 万字，由书法家倪幼耕、郭仰韩、郭伯恭三人书写，石工唐仲芳、尹铁苍、杨文卿、周梅谷等人镌刻。

1930 年春，国民党中央执行委员会议决，将惠州汀泗桥诸役及淞沪庙行诸战场景，由著名画家梁鼎铭、梁又铭兄弟，绘制巨幅写实画，仿欧洲法国油画院办法，置诸祭堂四壁，以供后人凭吊瞻仰，因抗

国民革命军阵亡将士祭堂内景

战军兴，未能实现。[①]

1937 年 8 月 12 日，国民党中央常委会第五十二次会议在无梁殿举行，决定自本日起，全国秘密进入战时状态。会议讨论通过设立“国防最高会议”，经国民政府主席林森提议，蒋介石担任陆海空军大元帅，将全国划分为五个战区。8 月 13 日，淞沪抗战爆发。8 月 14 日上午，“国防最高会议”第一次会议在无梁殿召开。会议议决：为稳定军心、民心，暂不迁都；对日抗战不采取宣战绝交方式；会议指定张群为“国防最高会议”秘书长。

1993 年，中山陵园管理局将无梁殿改建为“辛亥革命腊像馆”，由陈立夫题写，于 1994 年 1 月 24 日正式开馆。

公墓

位于祭堂以北，有半圆形的石墙环绕，墙内为第一公墓，它建在灵谷寺五方殿旧址上。面积 83400 平方尺（约 9000 平方米），内辟蜘蛛网式的小路，纵横交错，分列大、中、小各式墓穴 1752 座，每一座墓穴下用砖砌，上面用水泥盖板，设有小石碑一块。墓地北侧的墓墙东西两端，各立有一个纪念碑，分别是国民革命军第十九路军和第五军淞沪抗战阵亡将士纪念碑。碑上文字在全面抗战时期被日伪磨去，仅存碑柱。1995 年纪念抗日战争胜利 50 周年之际，中山陵园管理局将碑上文字恢复。第一公墓现改为花坛和草坪。

第二公墓、第三公墓分别在无梁殿东西各 1000 尺（约 330 米）的山凹中，

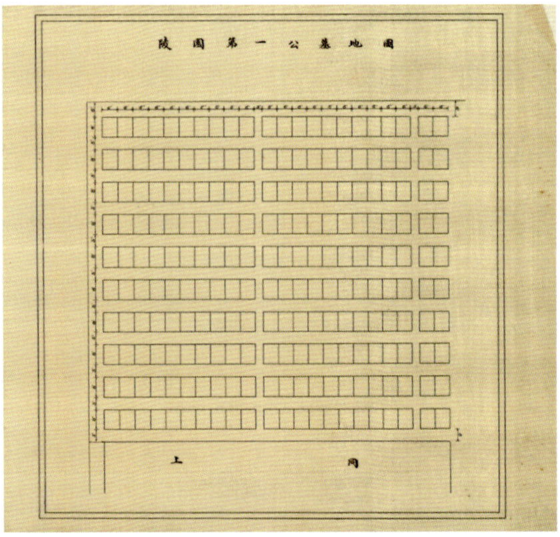

国民革命军阵亡将士公墓第一公墓地图

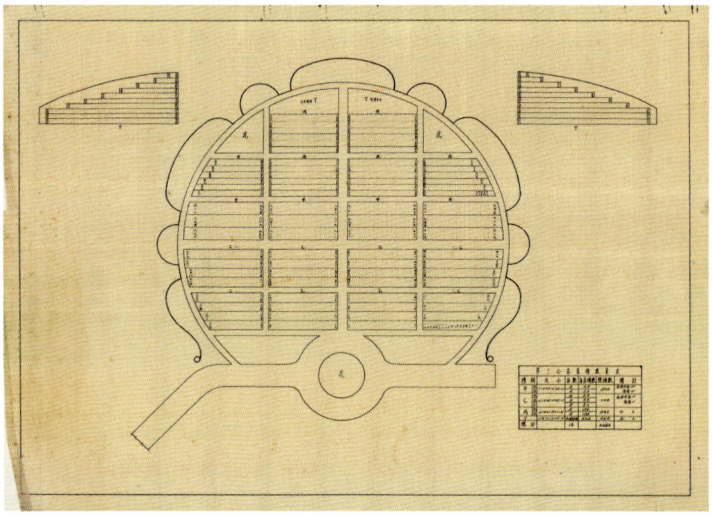

国民革命军阵亡将士公墓第三公墓墓圹数量表

① 周镜泉：《南京游记·陵园一瞥——金陵览胜之三》，《旅游天地》1949 年第 1 卷第 2 期。

国名革命军阵亡将士公墓第一公墓

国民革命军阵亡将士公墓第一公墓

它们与第一公墓共同构成一个钝角三角形。第二、第三公墓面积各 59900 平方尺，其形式与第一公墓相同。第二公墓在20世纪50年代改建为邓演达墓。第三公墓原有墓穴2268个，现已荒废。第一公墓和第三公墓由南京李新记营造厂和王雨亭共同承建。[1]

纪念馆（纪念堂）

在第一公墓正北面。全名是革命纪念馆（又叫革命纪念堂），共九楹，上下两层，内部采用走马楼式，楼上下均有走廊。东西长 41.7 米，南北宽 19.7 米。朱红圆柱，歇山顶，屋面覆绿色琉璃瓦，钢筋混凝土仿木结构，富丽堂皇。造价 21.5 万元。

楼下中间为穿堂，楼上下均未用墙壁分隔，遍设架柜，用以陈列阵亡将士遗物或举办展览用 。1933 年完工后，定名为“革命烈士纪念馆”，由蒋介石题写馆名。1936 年 10 月，曾在这里举办全国童子军作品展。全面抗战期间，门窗为日军拆毁。1949 年以后，更名为“松风阁”，匾额由中山陵园管理处第一任处长高艺林题写。

在松风阁后，有一个石鼎，鼎壁刻有“铭鼎垂勋”四字，这个石鼎由当时的安徽省主席刘

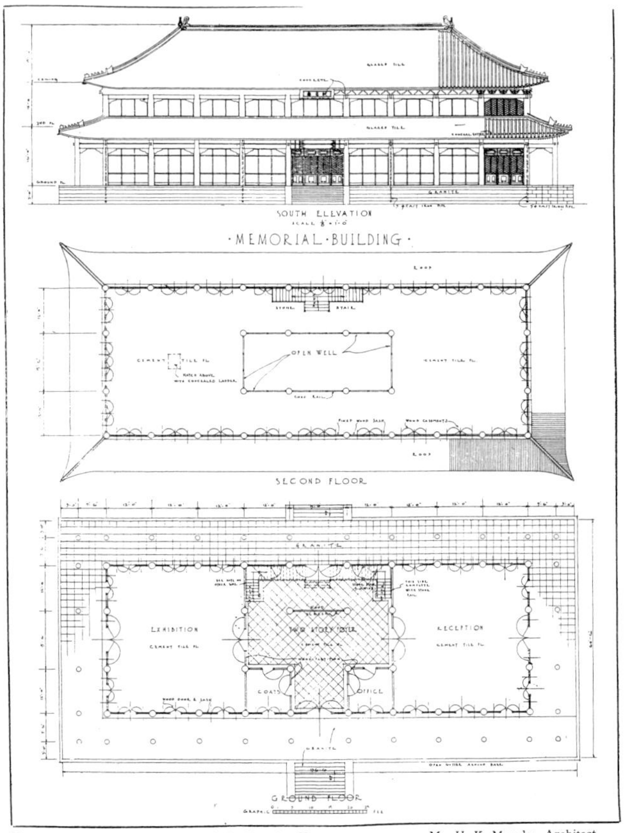

Plan and Elevation of the Memorial Building for Heroes of the Revolution, Purple Mountain, Nanking.
Mr. H. K. Murphy, Architect
Voh Kee Construction Co., Contractors

松风阁正面图

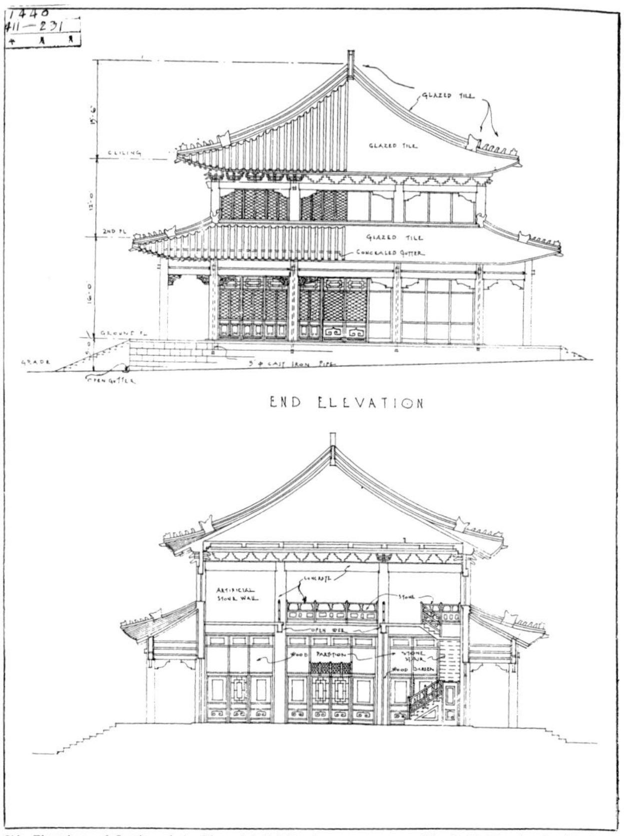

Side Elevation and Section of the Memorial Building for Heroes of the Revolution, Purple Mountain, Nanking.
Mr. H. K. Murphy, Architect
Voh Kee Construction Co., Contractors

松风阁侧面图

① 《中山陵档案》编委会编：《中山陵档案·民国墓葬》，南京出版社 2017 年 11 月版。

松风阁

松风阁和纪念塔

镇华赠送。

纪念塔

在纪念馆之后约 100 米处，造型属于楼阁式塔，仿照南京历史上著名的明代大报恩寺塔设计。由陶馥记营造厂承建，造价 35.5 万元。始建于 1931 年，1933 年竣工。塔基为八角形的大平台，直径 30.4 米，平台周围环以雕花栏杆，

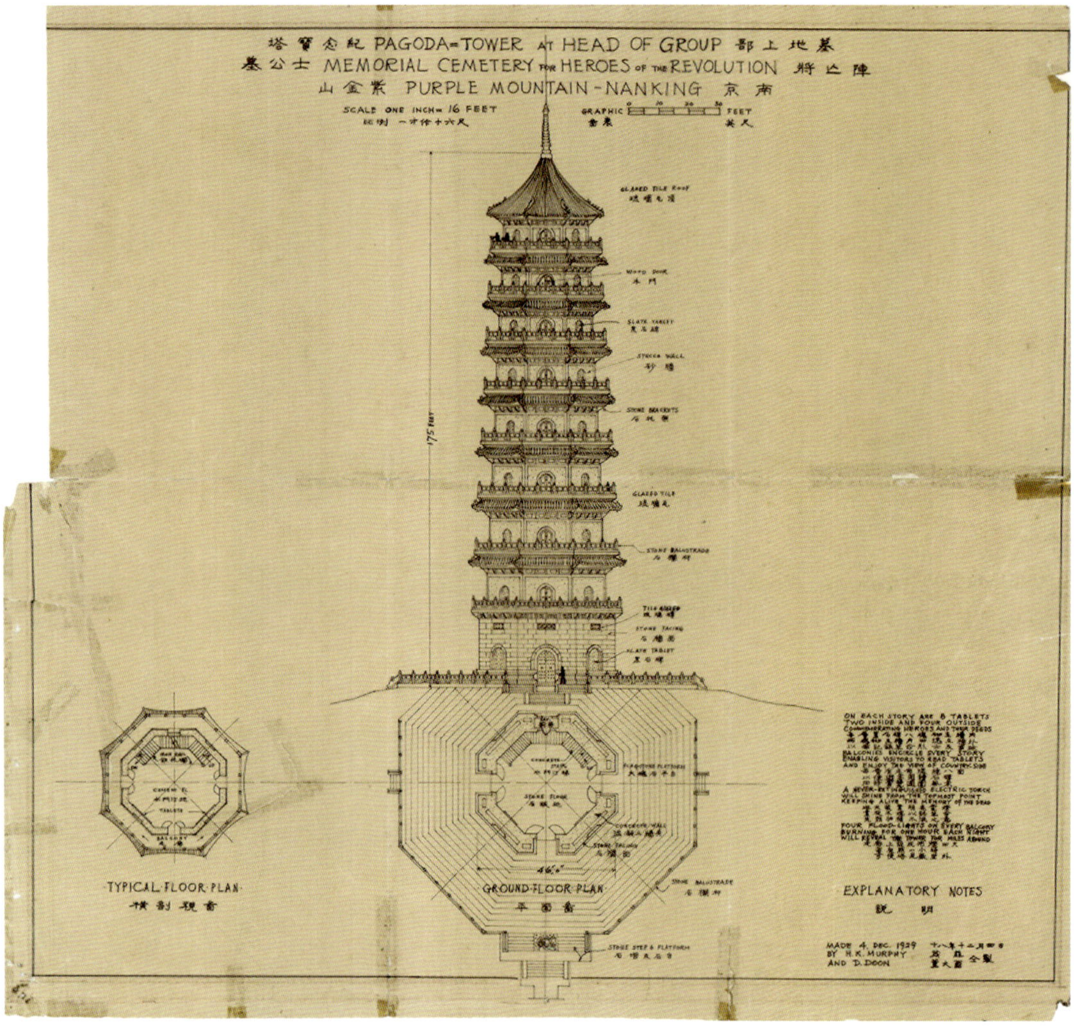

纪念塔平、剖面图（南京市档案馆藏）

平台四面设有石阶。塔前石阶正中，是一幅长 5.8 米、宽 2.8 米的白色花岗岩浮雕“日照河山图”，这幅图案由刘福泰、陈之佛、李毅士设计，刻工相当精细。塔基之下为一地下室，门朝北，室内陈放杂物。纪念塔每层都设有八个壶门，四隐四现，相间开辟。塔高 58.33 米，平面为八角形，分为九层，钢筋混凝土结构，底层直径 14 米，向上逐层缩小，顶层直径 9 米。每层外面都有走廊和石栏杆，便于游人远跳。塔中心有钢筋水泥制作的螺旋式楼梯，可以拾级而上，从塔的底层至塔顶共有 252 级阶梯。塔顶和每层披檐均覆盖绿色琉璃瓦。

纪念塔除了第九层之外，每一层内外墙壁上都嵌有石碑四块。塔的外壁：第一层正门门额上，原来是蒋介石题写的“国民革命军阵亡将士纪念塔”12 个字，1949 年以后，更名为“灵谷塔”，由中山陵园管理处第一任处长高艺林题写；后门是当时的中山陵园园林组组长傅焕光题写的“有志竟成”四字，东、

纪念塔

纪念塔

西两侧门额上分别刻有傅焕光题写的“成功”“成仁”四个篆字；周围的四个壶门上分别刻有蒋介石题写的“精”“忠”“报”“国”四字。第二层四块碑刻有蒋介石所撰写的《遗阡表》，由叶楚伧书写。第三、四层碑上分别刻有蒋介石所撰写的黄埔军校第五、六期同学录序各一篇，分别由周伯年、杨天骥书写。第五、六层石碑上刻有蒋介石所撰写的黄埔军校第三、四期同学录序各一篇，分别由钮永建、刘纪文书写。第七、八层石碑上分别刻有蒋介石所撰写的黄埔军校第一、二、三期同学录序，分别由戴季陶、张静江、钮永建书写。遗憾的是，塔的外壁碑刻上的字大多在“文革”期间被抹去。塔的内壁：第二层至第四层，是于右任草书的《孙总理北上时之告别黄埔军校词》。第五层至第八层，是吴稚晖篆书的《孙总理黄埔军校开学词》。[①] 这些碑刻在1949年之后，基本上都被水泥覆盖起来，所以得以保存至今。第九层内外壁都没有碑刻，登临远眺，中山陵、藏经楼、中央体育场乃至南京城尽收眼底，林海松涛，一望无垠，令人有飘飘然欲仙之慨。

迄今为止，国民革命军阵亡将士纪念塔仍是南京地区最高的传统式样的塔。

在国民革命军阵亡将士公墓落成之际，陕西绥靖主任杨虎城等七人在苏州

① ［民国］傅焕光编：《总理陵园小志》（京华印书馆1933年版），南京出版社2014年9月第2版。

国民革命军阵亡将士公墓鸟瞰图（陆地测量局制，《首都志》）

寿石斋定铸周鼎一只、天津市长张自忠定制紫铜炉一只、陆军第二十九军宋哲元军长定制紫铜狮子一对（连石座），赠送给阵亡将士公墓管理委员会。

国民革命军阵亡将士公墓建筑群自1929年筹建，经过建筑阵亡将士公墓筹委会历时七年的建设，至1936年基本完工。1936年秋，国民政府确定交给总理陵园管理委员会负责管理，并继续办理调查营葬事务。在当时的西方人眼中，国民革命军阵亡将士公墓建筑群一度有中国的“阿灵顿公墓”之称。[①]

国民革命军阵亡将士公墓的建筑布局，既参照了中国传统陵墓的建筑手法，又加进了西方元素的几何形绿地广场；同时，新旧建筑巧妙结合，既有对比，又有融合，形成了纵深丰富、错落有致的人文景观。

1992年，国民革命军阵亡将士公墓被列为南京市文物保护单位。2001年，被列为第五批全国重点文物保护单位。

① ［德］朱利叶斯·艾格纳撰，汪晓茜、于梦涵译：《南京的兴衰》，载曹劲松、卢海鸣主编《南京学研究》（第七辑），南京出版社2023年6月版。

航空烈士公墓

航空烈士公墓位于南京紫金山北麓王家湾，坐南朝北，依山而筑，是国民政府军政部航空署募捐建造的纪念性建筑群。

航空烈士公墓，又名航空烈士墓、南京空军烈士公墓。1931年，国民政府军政部航空署（后改为航空委员会）为“彰德报功，追崇先烈”，纪念“空军作战阵亡或因公殒命人员”，呈请总理陵园管理委员会在紫金山北麓划拨土地，修建航空烈士公墓。总理陵园管理委员会经过研究决定，拨付紫金山北麓王家井（今王家湾）50余亩（约3.4万平方米）地，作为航空烈士的墓地。据傅焕光《总理陵园小志》记载：“军政部航空署醵金建筑，地址五十亩，在自由门外之王家湾，

20世纪40年代航空烈士公墓鸟瞰

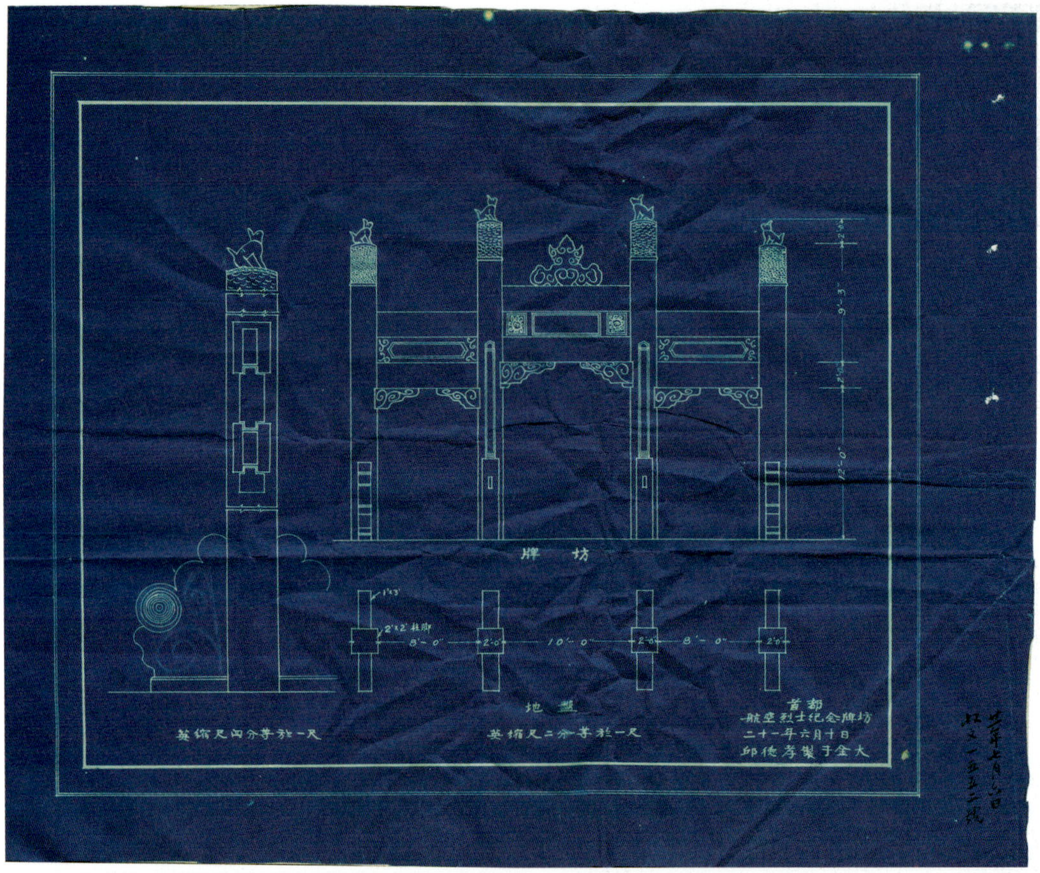

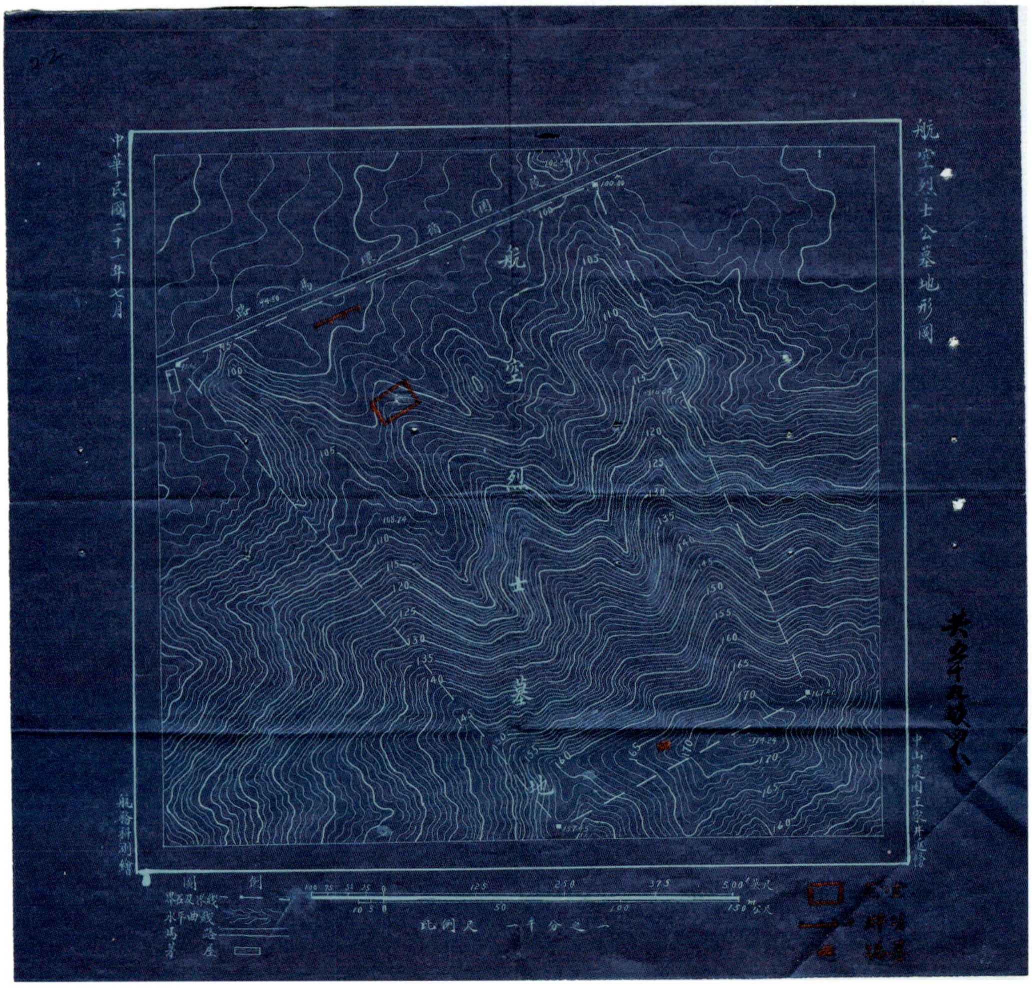

航空烈士公墓设计图（《中山陵档案》）

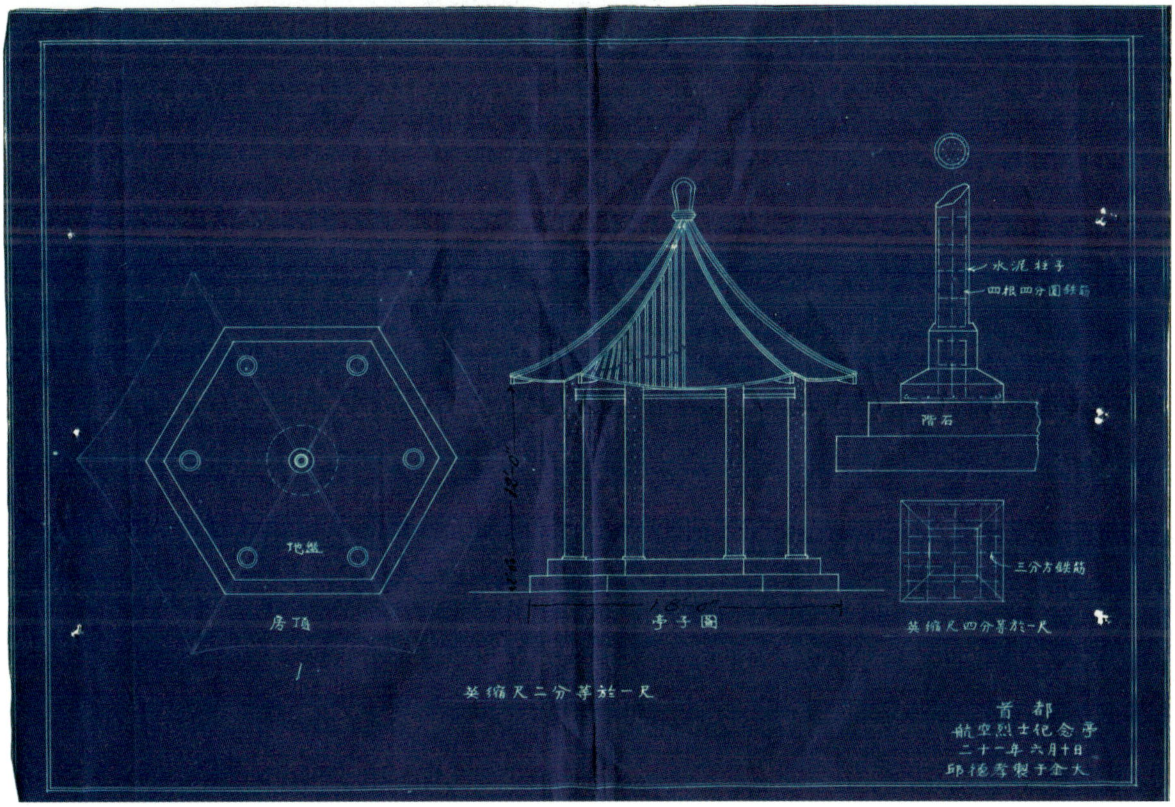

航空烈士公墓设计图（《中山陵档案》）

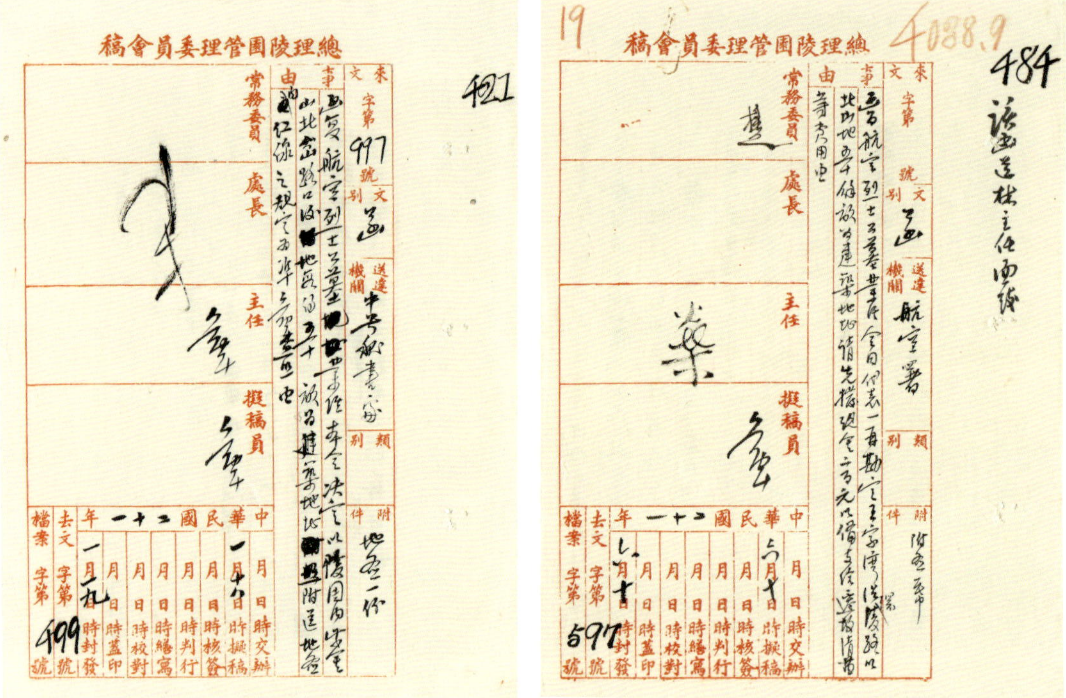

航空烈士公墓档案（《中山陵档案》）

筑有牌门一，左右庑二，碑亭一，祭堂一。民国二十一年工竣，用费二万六千元。”

航空署聘请金陵大学邱德孝教授担任设计师，1932 年 6 月 10 日设计完稿。

王家井一带原为坟地，也有一些建筑。航空署将公墓地形图、设计图报送总理陵园管理委员会获得批准后，于 1932 年 8 月 10 日正式开工建设。第一步工程包括祭堂、牌坊、碑亭、纪念塔和左右平房各三间等。牌坊、碑亭、祭堂位于同一条中轴线上。工程由应美记营造厂负责承建。

1933 年 9 月，公墓的第一步工程即将竣工之际，航空署南京办事处派遣管理员尉迟化，带领梁文、张学成两名工人进驻现场管理墓地，执行看守、修理事务。

1935 年 9 月，第二步工程开工，包括“平垫坟场，添筑夫役房”等，由缪顺兴营造厂承建。据档案记载，在祭堂后开辟的坟场，分为左中右三区，中区坟位（墓穴）190 个，左区坟位 41 个，右区坟位 29 个，每座坟墓间筑弹石交通路，中区及东南西三面开凿水沟，中区祭堂后台坡与两旁土坡上砌冰纹石。[①]

公墓建成后，首批入葬的是在淞沪抗战中牺牲的黄毓全、吴明辉以及在北伐战争中阵亡的空军飞行员 30 余人。自 1936 年起，航空署定于每年的 3 月 29

① 《中山陵档案》编委会编：《中山陵档案·民国墓葬》，南京出版社 2017 年 11 月版。

日举行一次公祭活动并举行公葬，“用资景仰”。[①] 至 1937 年 4 月，共入葬 40 余人。后因时局紧张，在上海、南京保卫战中牺牲的烈士 24 人，合葬为一墓穴，其中有击落敌机 11 架的空军英雄刘粹刚等。

1937 年 12 月南京沦陷后，航空烈士公墓遭到严重毁损。

抗战胜利后，在 1946 年 3 月 29 日公祭日之前，国民政府航空委员会对航空烈士公墓进行大规模修缮，不仅修复地面建筑；同时，航空委员会还利用日俘整修了太平门至公墓之间约 7 公里长的年久失修、崎岖不平的公路。

1946 年 3 月 29 日，国民政府航空委员会在公墓举行了抗战胜利后的第一次公祭活动。由空军副司令王叔铭主祭，美军顾问麦克康乃尔等陪祭。

1949 年新中国成立后，航空烈士公墓得到了妥善保护。“文革”期间，航空烈士公墓遭受到空前浩劫，除了牌坊得以幸存外，其他建筑连同坟茔全部被毁。

1985 年抗日战争胜利 40 周年前夕，国家拨款 45 万元，重新修复南京航空烈士公墓。1995 年 8 月 18 日，“抗日航空烈士纪念碑”落成，至此，公墓的修复及扩建工程全面竣工，包括原牌坊、东西庑、碑亭、祭堂、左右功德碑亭、顺山势而建的石阶、大平台、抗日航空烈士纪念碑、英烈碑（30 块）、题词碑等地面建筑。其中碑亭内置“航空救国”碑一通。新建的抗日航空烈士纪念碑

1948 年的航空烈士公墓（上有空军司令周至柔的签名）

① 《中山陵档案》编委会编：《中山陵档案·民国墓葬》，南京出版社 2017 年 11 月版。

航空烈士公墓牌坊正面

航空烈士公墓牌坊背面

新建的航空烈士公墓碑亭

新建的航空烈士公墓祭堂

新建的抗日航空烈士纪念碑

分主、附碑两部分。主碑高 15 米，用花岗石雕制成飞机机翼式样，一面中文，另一面英文，构成象征 Victory（胜利）的“V”字形，上面镌刻着张爱萍将军手书的“抗日航空烈士纪念碑”九个大字。在纪念碑的下方有四组浮雕，表现了中、美、苏、韩空军将士奋勇杀敌的动人场面；附碑有 30 块，由独自的英烈碑组成，排列成弧形拱卫在主碑的后面，在这些高 3 米的黑色花岗岩石碑上，用中、俄、英三种文字，镌刻了自一·二八淞沪抗战至 1945 年 9 月间牺牲的中国、美国、苏联、韩国四国抗日航空烈士 3305 人的姓名和生平事迹。

2009 年，紧邻航空烈士公墓，建成南京抗日航空烈士纪念馆，航空烈士公墓成为纪念馆延伸展览的一个重要组成部分。2014 年，南京抗日航空烈士纪念馆被国务院列为第一批国家级抗战纪念设施、遗址名录。

现存的航空烈士公墓牌坊，高 8.35 米，四楹三间，钢筋混凝土结构，牌坊中间横额上部为“白云滚滚、火光冲天”的造型，正面横额上阴刻“航空烈士公墓”六个大字；两侧立柱上，镌刻着何应钦题写的楹联：“捍国骋长空，伟绩光昭青史册；凯旋埋烈骨，丰碑美媲黄花岗。”背面横额上，有蒋介石题写的“精忠报国”四个字，立柱上还有他题写的楹联：“英名万古传飞将；正气千秋壮国魂。”

1992 年，航空烈士公墓被列为南京市文物保护单位；2002 年，被列为江苏省文物保护单位。

陶行知墓

陶行知墓坐落在南京城北晓庄的劳山之麓，位于燕子矶街道行知园内。

陶行知(1891—1946)，名文濬，字世昌。安徽歙县人。因信王阳明“知行合一”学说，易名知行，又因发现“行是知之始，知是行之成”，复易名行知。

1909年，陶行知入南京汇文书院读书，次年直接升入汇文书院与宏育书院合并的金陵大学。大学期间，积极参加爱国活动，主编《金陵光》校刊，宣传民族、民主思想。1914年从金陵大学毕业后，进入美国伊利诺伊大学，攻读政治学硕士学位。1915年进入美国哥伦比亚大学，师从孟禄、杜威等导师，攻读教育行政学博士学位，与胡适、孙科、蒋梦麟同学。回国后，先后任南京高等师范学校、

陶行知墓

国立东南大学教授，教务主任等职。1921 年 12 月，与国内知名教育家组建了中华教育改进社并担任主任干事，把欧美先进的教育学术和思潮介绍到中国。1923 年，在改进社基础上成立中华平民教育促进会，致力全中国的平民教育事业，同年，在南京成立南京平民教育促进会，此后在南京创办了三所平民教育实验学校。1927 年 3 月创立晓庄师范学校，主张社会即学校，生活即教育，教学做合一；同年 11 月创立中国第一个乡村幼儿园——燕子矶幼稚园。1938 年夏，任第一届国民参政会参政员。1939 年，在重庆创办主要招收难童入学的育才学校。1946 年 1 月，陶先生又在重庆创办社会大学并任校长。

陶行知与妻子汪纯宜、妹妹陶文渼

1946 年 7 月 25 日，陶行知因患脑溢血在上海病逝，终年 55 岁。同日，毛泽东、朱德给陶行知家属发出唁电，称“先生为人民教育家，为民族解放与社会改革事业奋斗不息，忽闻逝世，实为中国人民之巨大损失”。

1946 年 9 月 23 日，重庆各界在沧白堂举行追悼陶行知大会，到会的有文化教育局代表及各界人士 2000 余人。10 月 27 日，黄炎培、沈钧儒、田汉、郭沫若、李济深、陈鹤琴、史良等人发起组织上海各界人士，在震旦大学（今上海

晓庄师范学校

陶行知遗像

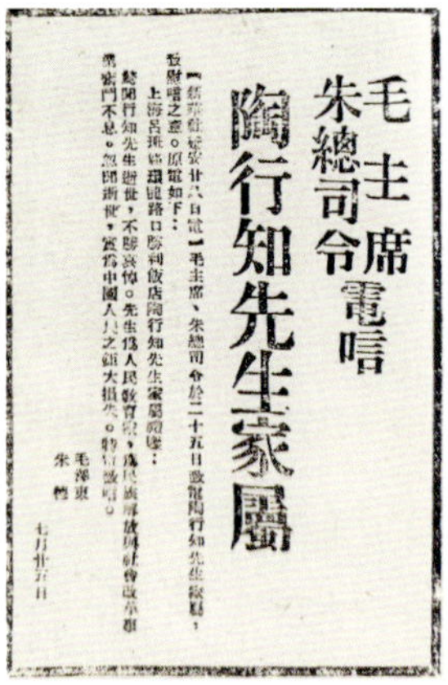

毛主席
朱總司令電唁
陶行知先生家屬

【新華社延安廿八日電】毛主席、朱總司令於二十五日致電陶行知先生家屬，致慰唁之意。原電如下：

上海呂班路環龍路口[illegible]利飯店陶行知先生家屬禮鑒：

驚聞行知先生逝世，不勝哀悼。先生為人民教育家，為民族解放與社會改革事業奮鬥不息。忽然逝世，實為中國人民之重大損失。特電致唁。

毛澤東
朱德

七月廿五日

毛泽东、朱德给陶行知家属发出的唁电（1946 年 7 月 25 日）

1946 年 12 月 1 日陶行知葬礼在南京劳山晓庄举行场景

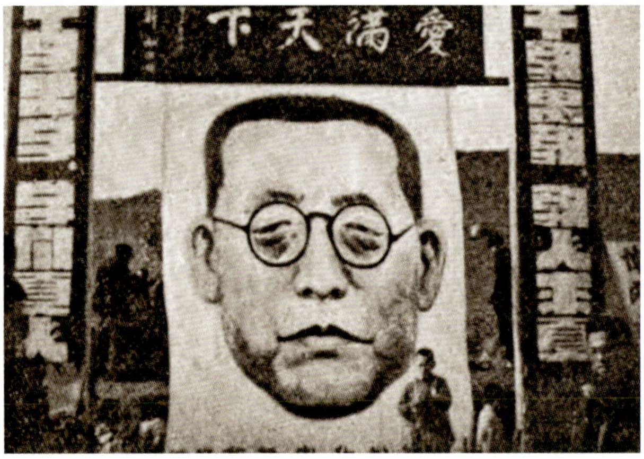

陶行知墓前牌坊悬挂巨幅画像（摄于 1946 年）

陶行知葬礼场景，中为沈钧儒（摄于 1946 年）

陶行知灵柩上覆盖“人民导师”大旗，学生扶着陶夫人吴树琴女士，中间为陶行知次子陶晓光和沈钧儒（摄于 1946 年）

交大医学院）大礼堂为陶行知举行“上海各界追悼陶行知先生大会”，有 5000 多人参加追悼会，陈鹤琴担任大会执行主席并致悼词，黄炎培、沈钧儒、马叙伦、茅盾等人陪祭。12 月 4 日，黄炎培与陈鹤琴、翦伯赞、郭沫若等 53 个人民团体

1946 年 12 月 1 日陶行知葬礼在南京劳山晓庄举行场景

陶行知先生葬礼举行时的场景（摄于 1946 年）

代表以及陶行知夫人吴树琴等人，护送灵柩到晓庄劳山脚下安葬。南京各界公祭主席团人员沈钧儒、董必武等人在和平门火车站迎灵。在墓地，参加葬礼的有 2000 余人，陶行知灵柩上覆盖“人民导师”大旗，牌坊正中悬挂巨幅陶行知画像，横坊上悬挂陶行知手迹“爱满天下”；立柱上悬挂陶行知遗教“千教万教教人求真；千学万学学做真人”。

陈鹤琴含泪宣读祭文，他说：“行知先生的死，不仅全国教育工作者在哭，全国人民在哭，就是全世界的人民，也都为这巨星的陨落而挥泪。”[①] 宋庆龄为陶行知撰写的挽联是“万世师表”。史良为他所写的挽联是“教育与民主不可分离，遍栽桃李万千，遗志克承，先生无恨；专制与法西斯成一气，纵有妖魔一二，和平争取，我辈有人。”美国著名教育家杜威说：“陶博士致力于中国大众教育建设的功勋与贡献是无与伦比的，我们后死者必定永远纪念他，并贯彻他的事业。”美国援华会总干事毕莱士（Mildred Price）女士在1946年7月陶行知去世后曾撰文说：“在美国，大家都知道陶博士是一个伟大的教育家。从太平洋的加利福尼亚州到大西洋滨的美国人都认为他是中国一个了不起的教师，并且还用他那‘即知即传人’的名言象征中国今天最需要的一种教育。”并富有洞察力地断言：“我觉得陶博士不仅仅是属于中国的，而且是属于全世界的。”[②]

师德教育馆内的陶行知塑像

陶行知墓建于1946年12月，面朝东南。分为牌坊、墓碑和墓冢。牌坊为单楹，石质，高约5米，宽4米，柱头饰云纹。牌坊正门横额上刻有陶行知手迹“爱满天下”；立柱上的楹联为郭沫若书写的陶行知遗教“千教万教教人求真；千学万学学做真人”。墓碑高约2米，碑额刻云纹；碑身右上刻“中华民国三十五年十二月一日”，正中竖刻“陶行知先生之墓”，左下署“中国五十三人民团体公葬，沈钧儒敬题”。墓冢为圆形，直径约8米、高2.8米，墓前有七级台阶。1982年，陶行知墓被列为江苏省文物保护单位。

为了纪念陶行知这位教育之光、民主之魂和创造之神，学习和发扬陶行知的爱国主义精神，1993年8月，南京市人民政府决定以陶行知墓为中心，修建行知园，行知园占地面积约100亩，分为一、二两期工程。第一期工程除了对墓区进行较大规模的整修与绿化外，还在陶墓东北侧，仿照原来犁宫的造型，建成一座新的陶行知纪念馆。1994年9月12日，行知园建成开放。园大门南侧

①② 周洪宇著：《陶行知大传——一位文化巨人的四个世界》，人民教育出版社2016年1月版。

1949 年的陶行知墓

的大理石壁上镌刻着时任中共中央总书记江泽民亲笔题写的“行知园”三个大字；北侧的大理石壁上镌刻着陶行知手书的“捧着一颗心来，不带半根草去”12 个大字。1997 年，行知园二期工程开工，在陶行知墓东侧重建了一座 7 米高的晓庄十英烈纪念碑，上书“晓庄革命烈士永垂不朽”；在陶行知墓西南侧修建了一座现代化的师德教育馆，以大量的图片和实物资料，生动形象地展示了陶行知先生的生平和教育思想、师德师风。

正气亭

正气亭是蒋介石生前为自己选定的墓址，位于中山陵和明孝陵之间，处在紫金山南麓、紫霞湖东岸。

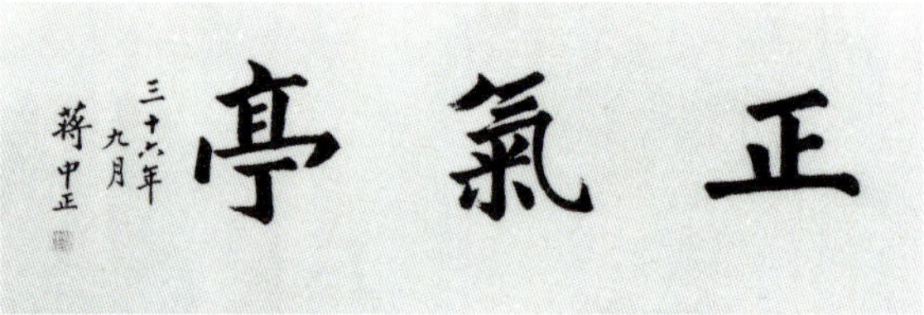

蒋介石题写的正气亭匾额拓本

蒋介石生前一直以孙中山先生的学生和信徒自居，死后也希望能追随孙中山先生。据1947年4月孙科撰写的《正气亭记》记载，1946年国民政府还都南京，当时，蒋介石年届60岁，他在祭告中山陵后，多次到紫金山实地勘察。一日，来到紫霞洞西，登上山冈，“远眺天阙，喜其山川之胜，林壑之美”，遂命令下属伐石建亭，名义上是“将与国人共游赏之”，实则是为自己选定百年后的归宿地。

正气亭

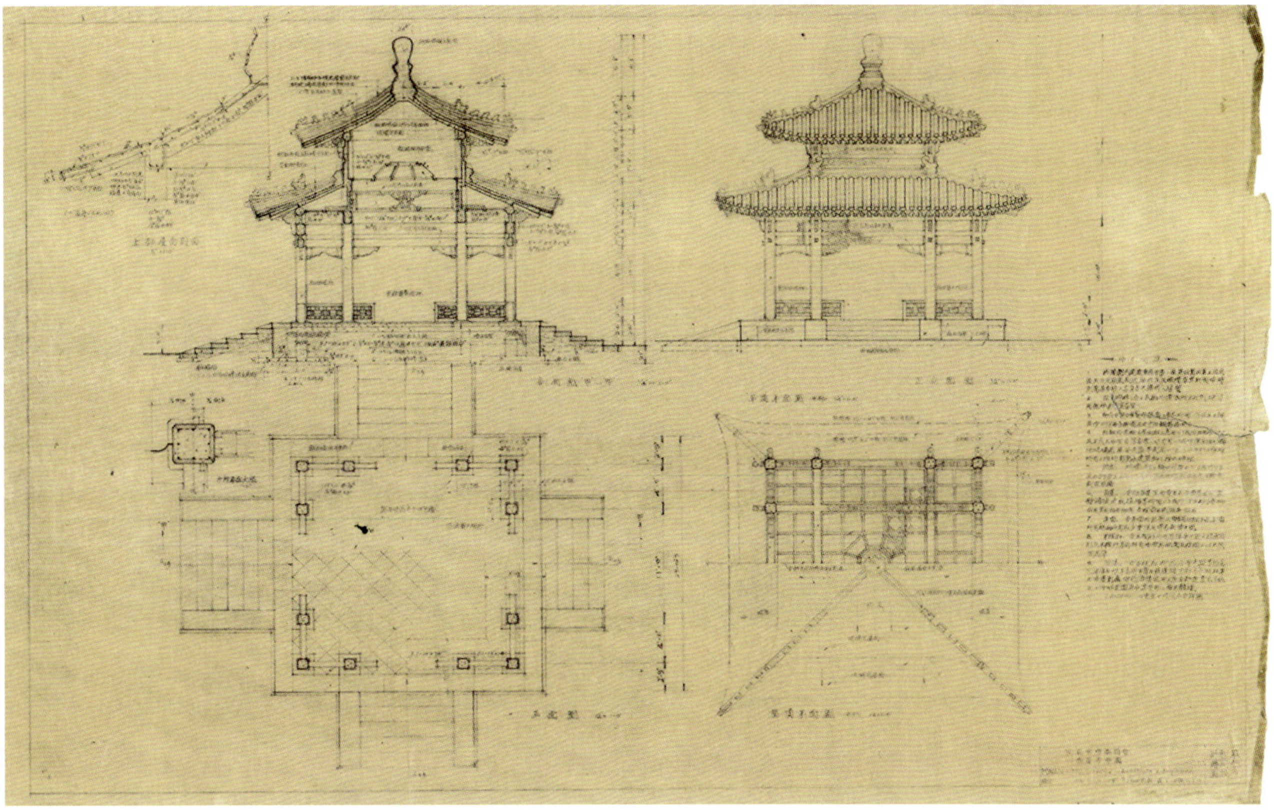

正气亭平面图、剖面图（南京市档案馆藏）

据传，蒋介石自认为比明太祖朱元璋高明，所以墓址地势要高过明孝陵，但又要表示对孙中山先生的尊重，所以墓址地势又必须低于中山陵。而该地完全符合他的要求。

然而，蒋介石好梦难圆。1949 年 1 月 21 日，蒋介石被迫宣告“引退”，当天下午，他在一部分国民党高级军政官员的陪同下赴中山陵辞陵，然后登上飞机永远离开了南京。在台湾的日子里，蒋介石口里不言，但心里一直念兹在兹。直到 1975 年 4 月 5 日在台湾去世，最终没有能够葬到自己所选择的墓址上。

正气亭建于 1947 年，由基泰工程司杨廷宝建筑师设计。亭子为方形，以苏州花岗石为基础，重檐攒尖顶，上覆蓝色琉璃瓦，雕梁画栋，重檐飞角，大红方形立柱，亭子藻井上的青天白日图案格外醒目。整个亭子为钢筋混凝土结构。工程预算为国币七千万元，实际造价为国币三亿元，除美国新英伦华侨捐资一亿多元外，其余均由中央银行借垫。从开工至竣工仅用四个月时间。[①]

蒋介石亲自给该亭命名为“正气亭”，取“夫正气者，立天地成万物者也”

① 《中山陵档案》编委会编：《中山陵档案·附属建筑》，南京出版社 2017 年 11 月版。

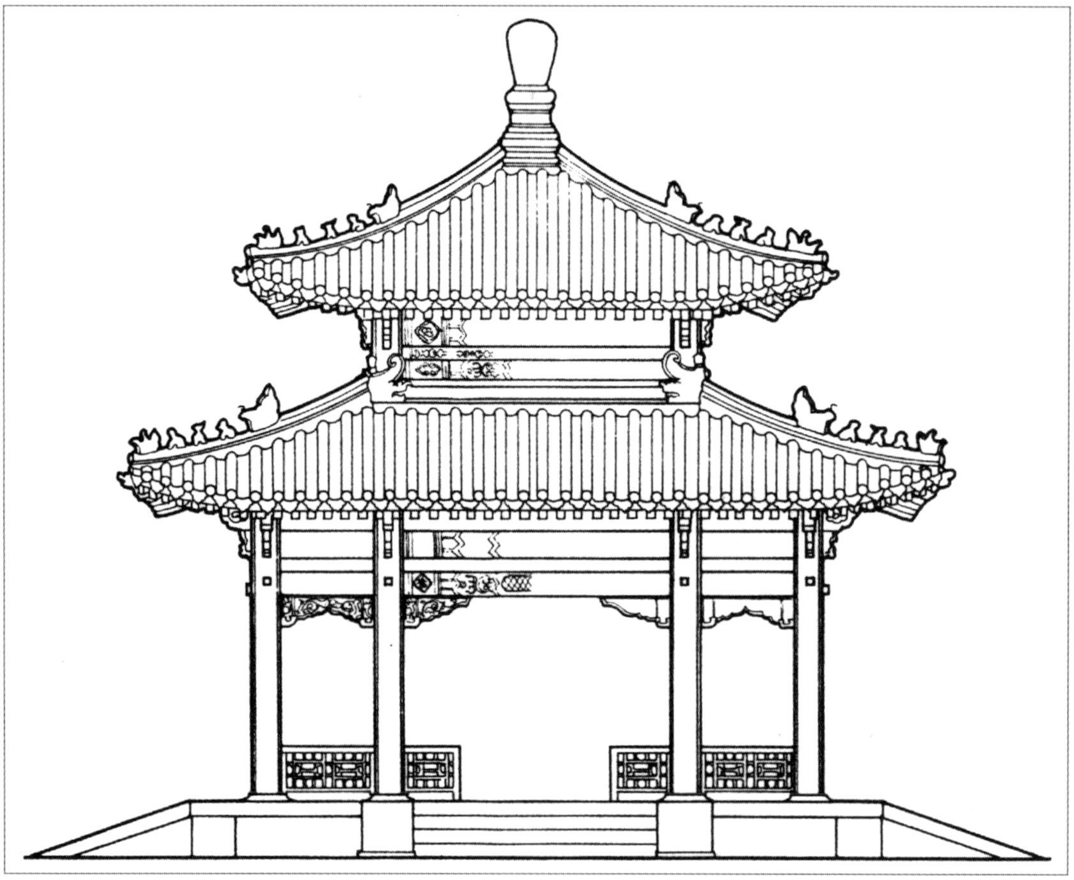

正气亭设计效果图（《南京民国建筑》）

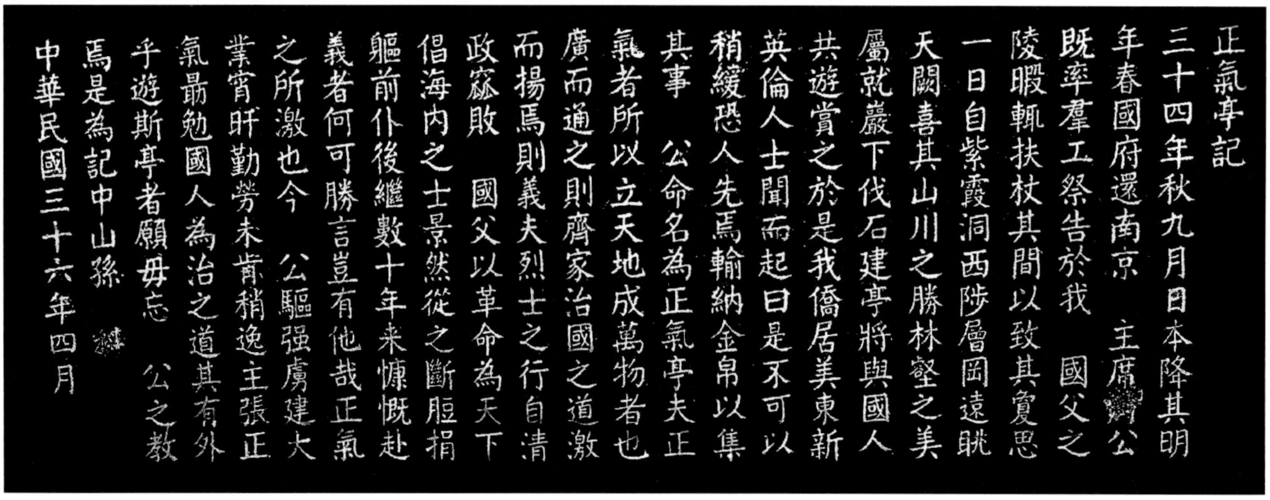

正氣亭記

三十四年秋九月日本降其明年春國府還南京　主席蔣公既率羣工祭告於我　國父之陵暇輒扶杖其間以致其覔思一日自紫霞洞西陟層岡遠眺天闕喜其山川之勝林壑之美屬就巖下伐石建亭將與國人共遊賞之於是我僑居美東新英倫人士聞而起曰是不可以稍緩恐人先焉輸納金帛以集其事　公命名為正氣亭夫正氣者所以立天地成萬物者也廣而通之則齊家治國之道激而揚焉則義夫烈士之行自清政窳敗　國父以革命為天下倡海內之士景然從之斷脰捐軀前仆後繼數十年來慷慨赴義者何可勝言豈有他哉正氣之所激也今　公驅強虜建大業宵旰勤勞未肯稍逸主張正氣勖勉國人為治之道其有外乎遊斯亭者願毋忘　公之教焉是為記中山孫科

中華民國三十六年四月

孙科题写的《正气亭记》拓本（《南京民国建筑》）

之意。“正气亭”三字匾额为蒋介石亲题，他还亲自为亭子撰写楹联：上联是“浩气远连忠烈塔”，下联为“紫霞笼罩宝珠峰”，落款为“民国三十六年九月蒋中正”。亭匾及楹联由馥记营造公司南京分公司承制，均以优质柏木加工而成，蓝底、金字、黄边，亭匾长 1.26 米，宽 0.6 米；楹联长 1.7 米，宽 0.3 米。亭后花岗石墙中央镶嵌一块碑，刻有《正气亭记》，碑文为孙中山先生的儿子孙科撰写，楷书阴刻，陈祥记石厂承建，虽经历风霜，字迹清晰可辨。正气亭道路工程由韩盛记营造厂承包，1947 年 11 月 19 日开工。由当时的拱卫处停车场经紫霞洞至亭侧，铺筑弹石路面，仅用 27 天时间就全部竣工。

蒋介石题写的正气亭楹联拓本（《南京民国建筑》）

1949 年 4 月南京解放后，中山陵园所有建筑都得到妥善保护。1991 年，中山陵园管理处开辟登山观亭块石道路。据说，蒋夫人宋美龄曾在美国纽约透露：“蒋公生前有遗愿，回大陆，葬钟山。”①

2006 年 6 月，正气亭被列为南京市文物保护单位。

① 转引自刘维才《正气亭》，收入卢海鸣、杨新华主编《南京民国建筑》，南京大学出版社 2001 年 8 月版。

总理陵园纪念植物园

中国科学院南京中山植物园原名总理陵园纪念植物园，又名中山陵园纪念植物园，位于南京市东郊中山门外前湖后村 1 号，背倚紫金山，面临前湖，建于 1929 年，占地面积 186 公顷（186 万平方米）。该园既是我国第一座国立植物园，也是中山陵的纪念性建筑物之一。

为了缅怀孙中山先生对科学的尊重，同时表达对孙中山先生的纪念，1929 年初，孙中山先生葬事筹备委员会（1929 年 7 月 1 日后改为总理陵园管理委员会）决定建造总理陵园纪念植物园。先由林学家傅焕光、陈嵘实地勘定园址，最终选定明孝陵前面东至吴王坟（孙权陵）、西迄前湖一带。这一带有山坡，有平原，有沼泽，为生长植物最适宜之地，且地形四周高而中间平广，自成一个区域。随后，

中山植物园

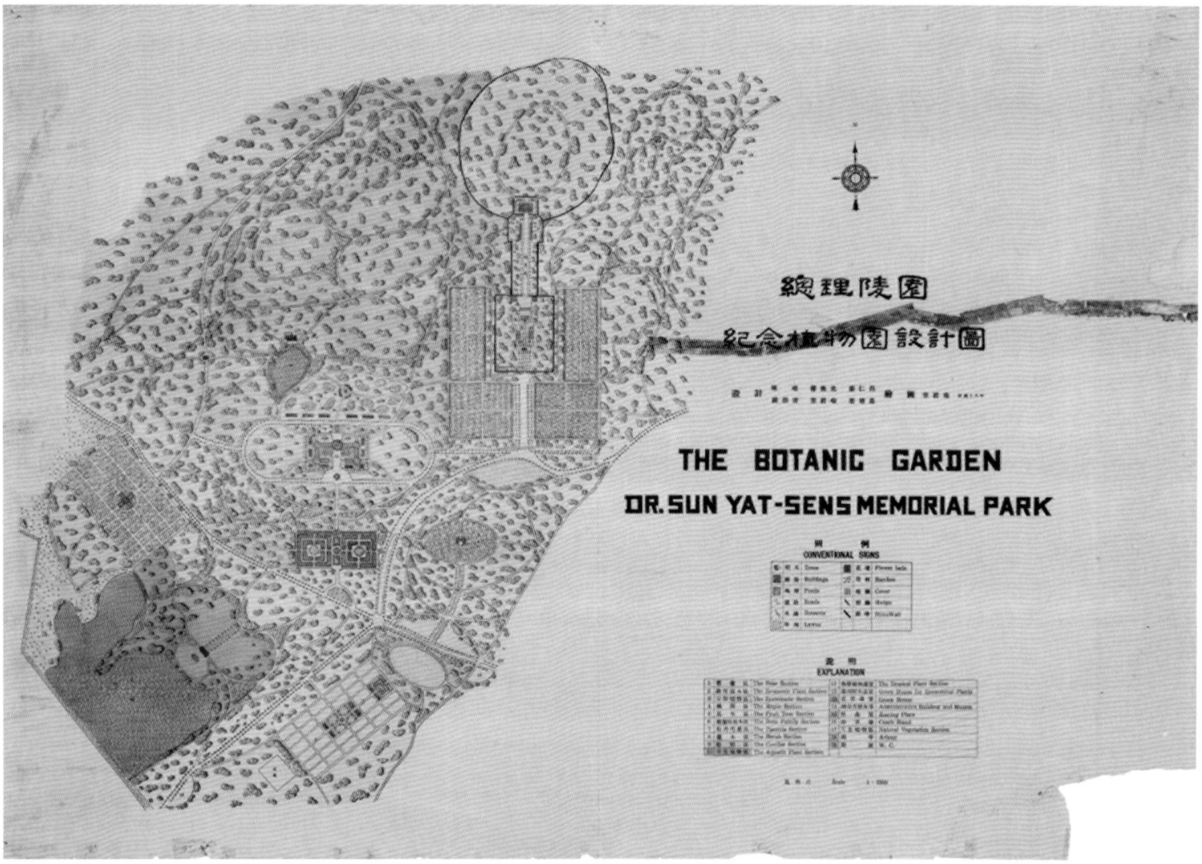

总理陵园纪念植物园设计图（1929 年，南京市档案馆藏）

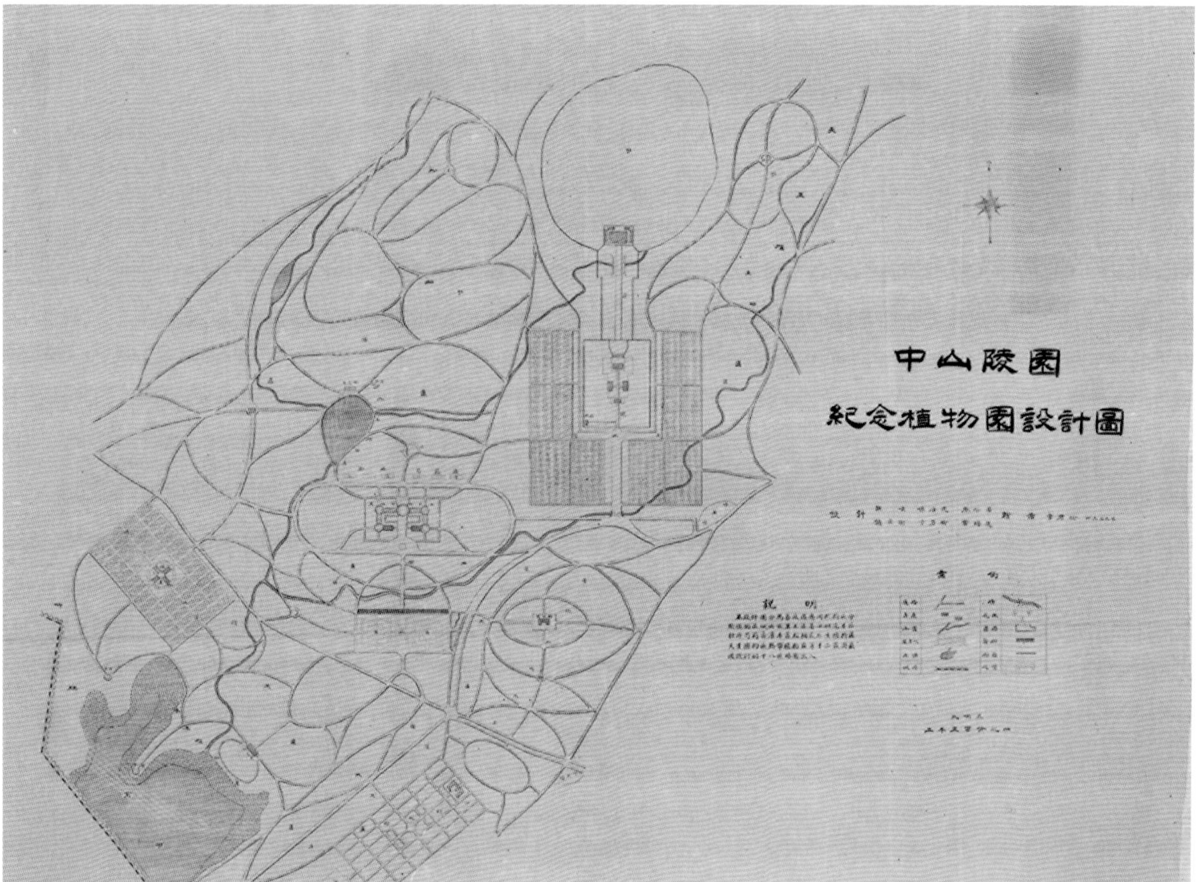

中山陵园纪念植物园设计图（1929 年，南京市档案馆藏）

又邀请植物学家钱崇澍、秦仁昌以及叶培忠详细考察并设计，三人根据陵园实测地图及地形高下，将植物园划分为植物分类区、树木区、松柏区、灌木区、水生及沼泽植物区等11区。分区草图绘成后，由陵园技师、园艺家章君瑜根据庭园设计原理绘制总体规划图。

据20世纪30年代总理陵园管理委员会编印的《总理陵园管理委员会报告》记载，纪念植物园成立之初，便确立了宗旨，即：一、搜集及保存国产草木本植物；二、输入外国有价值之植物种类；三、作植物分类、形态解剖及生理、生态、繁殖之研究；四、供学校学生实地考察；五、引起一般群众对于自然美及植物学之兴趣，明了植物伟大之效用及对于人生之重要；六、为城市民众怡养性情之所。

1929年6月1日孙中山先生奉安大典前后，许多国家、各省市党政机关、海外侨胞、公私团体及个人陆续赠送的花木有300种、11000余棵，其中不少花木在途中枯死，存活的花木中，来自广东、福建和南洋的植物因生长在热带，到南京后难以越冬，葬事筹委会虽有建造温室之议，但因经费没有着落，所以温室迟迟未建。汉口总商会代表周星堂、刘少岩来南京后闻悉此事，表示愿以总商会名义捐款，以资纪念。

1929年8月初，由章君瑜绘成温室内部设施图，又请朱葆初建筑师绘制建筑图形，新金记康号营造厂承包，9月18日开工。原定三个月完工，实际延期至1930年4月才竣工。温室建于苗圃中央，占地面积280平方米，共七间，中间一间较高，用于培养高大的热带植物；两侧较低，各有三间，内设花架，用于培养矮型的热带植物及盆栽花卉。室内加温设备由华东公司承包，采用热水循环式，在冬季最寒冷时，室内温度可以保持在10摄氏度。四周及屋顶装有齿轮开闭器，可以自由调节温度和空气流通。

随着园林事业发展，一座温室已不能满足热带植物越冬的需求。1932年冬季，又一座温室落成。由汉口总商会和汪精卫、陈璧君、陈公博、何应钦、唐生智、朱培德、宋子文、顾孟余、黄绍竑、朱家骅等人捐资建造。

1934年，国立中央研究院动植物研究所在这里成立，这是我国第一个动植物研究机构。

植物园的第一任主任是叶培忠。在他的主持下，截至1937年，植物园初具规模，先后建成了蔷薇花木区、分类植物区、树木区、松柏区、竹林区以及药

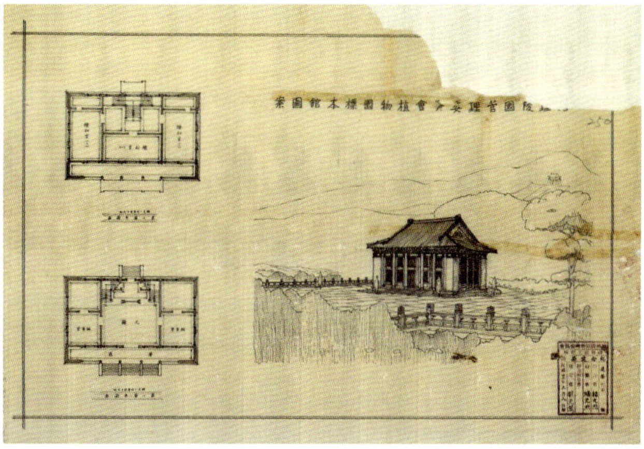
总理陵园植物园标本馆图案（1933 年 3 月）

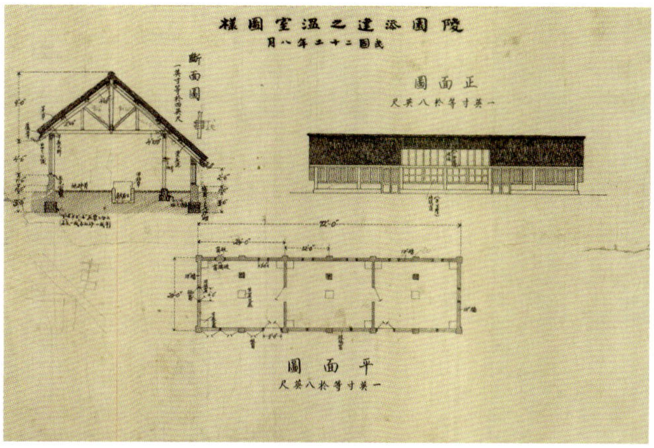
总理陵园植物园温室图样（1933 年 8 月）

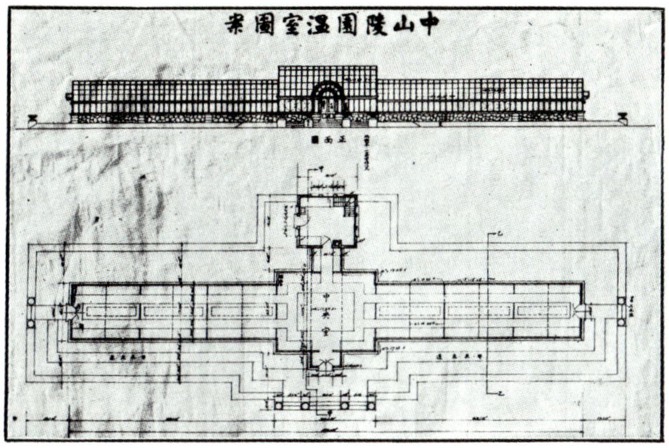

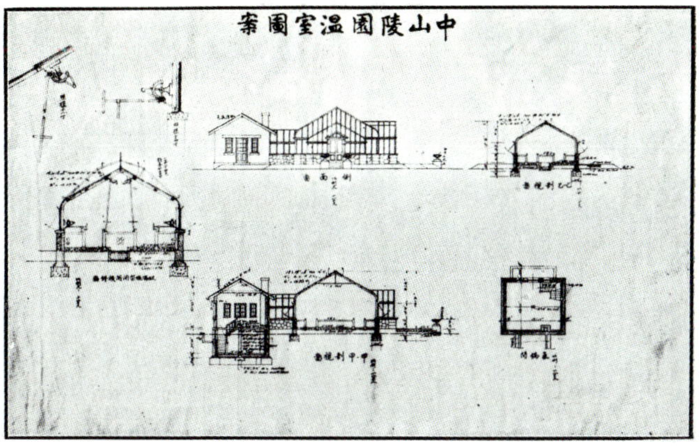

温室正面图、侧面图（《总理陵园管理委员会报告》）

用植物区等几大植物区，培育各类植物 1000 多种，从国内外收到的苗木以及自己用种子培养的苗木共五万多株，不仅为重要的植物研究基地，也是市民四季游览的胜地。

全面抗战爆发后，植物园的人员西迁。八年全面抗战中，植物园遭到日伪军的肆意破坏，植物仅存十之二三。

抗战胜利后，因经费缺乏，植物园步履维艰，发展缓慢。

1949 年 4 月，南京解放。1954 年 4 月，经中央人民政府政务院批准，总理陵园纪念植物园由中国科学院植物分类研究所华东工作站接管并扩建，定名为中国科学院南京中山植物园，由此开启了所、园一体的体制。当年聘请陈封怀（1900—1993）担任中山植物园的规划设计师。他的设计理念可以用他自己的四句诗来概括：“桃红柳绿江南春，夏日荷塘听蝉鸣。秋高气爽看红叶，冬来飞雪松柏青。”[①]

① 樊斌：《从南京走出的“中国植物园之父”陈封怀》，《金陵晚报》2016 年 12 月 28 日。

总理陵园植物园花房（温室）落成

总理陵园植物园温室正面图（《首都志》）

总理陵园植物园温室内部（《总理陵园管理委员会报告》）

总理陵园植物园温室内部（《总理陵园管理委员会报告》）

总理陵园植物园温室后花圃（《总理陵园管理委员会报告》）

总理陵园植物园花卉温床及冬季保护室（《总理陵园管理委员会报告》）

1978年，在全国第二次植物园工作会议上，中山植物园被确定为全国四大重点植物园之一。1988年，亚洲历史上第一次国际园林学术讨论会在此举行。

1999年，与中山植物园（俗称北园）隔路相望的南园开始建设，并于2007年国庆期间正式对外开放，取名为南京植物博览园，与中山植物园共同隶属于江苏省中国科学院植物研究所。南园占地面积68公顷（包括前湖水面），建有造型似三片绿叶的热带植物宫，宫内设有热带花果区，热带雨林植物区，干旱、半干旱热带植物区；宫外有禾草园、水生园、岩石园、森林休闲区园、竹园、城市景观植物区、孢子植物区、经济植物展示区、儿童园、盲人植物园专类园（区）。这里收集的世界奇特有趣植物达3000多种。整个博览园以模拟生态植物景观和现代科技为两大主题，展示不同环境下的独特景观，兼顾科学普及和旅游休闲的功能。

经过几代人的辛勤努力，如今的中山植物园既是环境优美的著名风景点，也是我国中、北亚热带植物的研究中心。现保存植物3000余种、10万余株，已成为享誉中外的开展植物分类、引种驯化、物种保护的研究基地、科普基地和旅游基地。

2006年，中山植物园被列为南京市文物保护单位。2022年，中国科协公布2021—2025年第一批全国科普教育基地名单，南京中山植物园榜上有名。

革命历史图书室

革命历史图书室位于中山陵广场西侧丛林中的中山陵7号，是总理陵园纪念性建筑之一。

20世纪30年代，总理陵园管理委员会在进行中山陵整体规划时，确定中山陵西、行健亭东一带地段，为图书馆、博物馆建筑地址，预计建筑费各需要一百万元。经费拟由全国各省分摊。后来因为1931年特大洪水灾害，再加上九一八事变发生，实在无款可筹，总理陵园管理委员会只得放弃原来的计划，在图书馆地址之后辟出一块土地，先建规模较小的革命历史图书室一所，收藏关于国民革命历史之史料及书籍。[①]

革命历史图书室

① ［民国］傅焕光编：《总理陵园小志》，京华印书馆1933年版。

革命历史图书室局部

革命历史图书室由陵园工程组自行设计，竺达记营造厂以 5.55 万元承建。平面图案呈“T”字形，入口处有一门廊，前排两层为阅览室，长 24.38 米，宽 13.72 米，后排三层为藏书库，长宽各 13.72 米。据民国时期出版的傅焕光《总理陵园小志》“革命历史图书室”记载：“全部图案计前排屋两层，为阅览室，长八十呎，广四十五呎；后排屋三层，为藏书库，宽广各四十五呎。阅览室中做四吋半厚钢筋混凝土地板，上加一吋半厚之磨石子一层；书库做六吋厚之钢筋混凝土地板。阅览室中之门窗用上等柳安木，书库中则全为钢窗。屋面盖汉阳红瓦，中部辟地下室，设男、女厕所及储藏室等。全部建筑之造价，计五万五千元，一切设备不在内。廿一年冬开工，预计廿二年春可落成。”

奠基碑（《寻迹南京：南京重点文保导览手册》）

根据革命历史图书室奠基碑铭文可以发现，图书室实际建造时间是 1933 年夏。

革命历史图书室建成后并未真正使用过。日伪时期，曾作为汪伪国父陵园管理委员会的办公楼。

1946 年 5 月 5 日，国民政府还都南京，总理陵园管理委员会也随之由重庆迁回南京。由于总理陵园管理委员会办公楼在全面抗战期间被日军炸毁，所以该委员会借用革命历史图书室作为办公场所，并在图书馆后添建厨房。

1949 年 4 月南京解放后，革命历史图书室曾作为公安总队陵园大队部办公处，后来成为陵园警卫连的连部。现为武警部队营房。①

2001 年，革命历史图书室以“中山陵附属建筑：革命历史图书馆旧址”之名被列为全国重点文物保护单位。

① 卢海鸣、杨新华主编：《南京民国建筑》，南京大学出版社 2001 年 8 月版。

藏经楼

在中山陵与灵谷寺之间的茫茫林海中，有一座仿清代喇嘛庙的古典建筑，这就是藏经楼。

藏经楼建于1935年3月，由总理陵园管理委员会聘请建筑师卢树森设计，建邺营造厂承建，1936年10月完工，建筑费用20余万元。

藏经楼由中国佛教会发起募建。这座仿清代喇嘛庙的古典建筑，由主楼、僧房和碑廊三部分组成，面积3000多平方米。

藏经楼前有一个椭圆形的广场，在广场与主楼之间的石阶正中的花台上，矗立着一尊孙中山先生全身铜像，这是孙中山先生好友、日本友人梅屋庄吉在20世纪30年代赠送的。铜像由日本筱原舍作工场铸造，雕塑家牧田祥哉制作，

藏经楼与中山陵相对位置图

1928 年铜像铸成。像高 2.9 米，重达 1 吨多，以孙中山先生演讲姿势为造型，形态栩栩如生。1929 年 3 月，梅屋庄吉偕夫人、女儿，亲自护送铜像来南京。铜像被安置在黄埔路中央陆军军官学校内。1942 年 11 月 12 日，在纪念孙中山先生 76 周年诞辰前夕，汪伪国民政府将铜像迁至新街口广场。1966 年“文革”期间，为了保护铜像免遭红卫兵的破坏，铜像被运往中山陵，存放在中山陵园档案室内保存。1968 年夏季，孙中山先生铜像被竖立在中山陵博爱广场南面的孝经鼎处。1985 年 3 月 12 日前夕，孙中山先生铜像又被迁到藏经楼前广场。

藏经楼主楼是一座重檐歇山顶的宫殿式建筑，钢筋混凝土结构。长 31.8 米，宽 21.2 米，高 20.8 米。屋顶覆盖绿色琉璃瓦，屋脊及屋檐覆盖黄色琉璃瓦，主脊与垂脊以龙凤狮头吻合，脊顶中央饰有紫铜鎏金法轮华盖。梁、柱、枋均饰以彩绘。整座大楼雕梁画栋，金碧辉煌。主楼外观为三层，实为四层：第一层原为讲堂，四周为回廊，中间是大厅，大厅立有 16 根红漆圆柱，十隐六现，迎面是孙中山先生半身雕像，雕像后面的墙上镶嵌着蓝色的刻有胡汉民手书的《总理遗嘱》石碑，《总理遗嘱》的两侧是“人类进化，世界大同”对联，四壁镶嵌着孙中山先生手书的《建国大纲》；第二层（夹层）原为静室，现设有珍贵

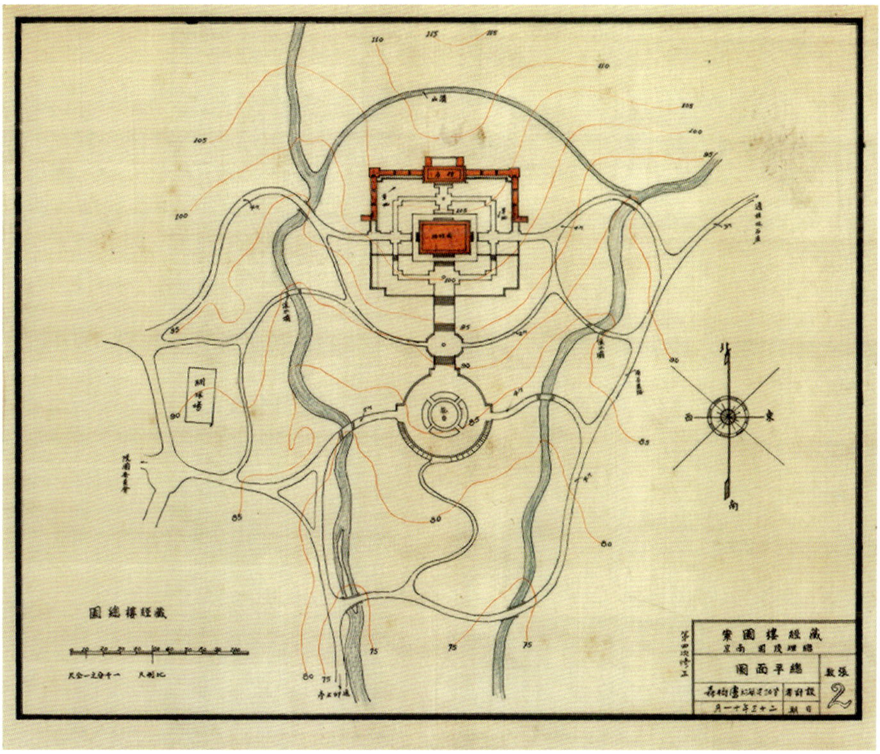

藏经楼总平面图（第四次修正，南京市档案馆藏）

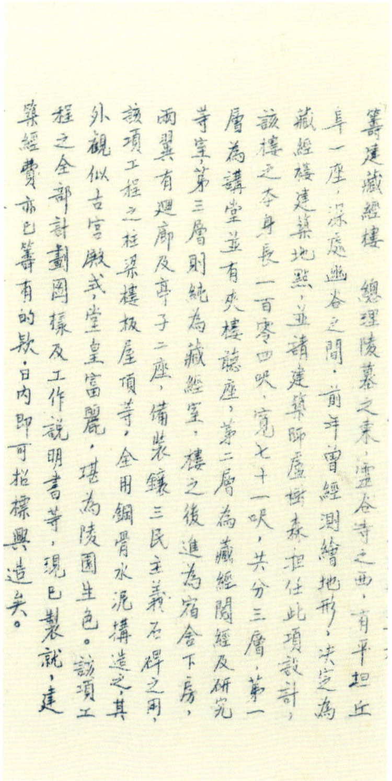

籌建藏經樓　總理陵墓之東，靈谷寺之西，有平坦丘阜一座，深處幽谷之間。前年曾經測繪地形，决定為藏經樓建築地點，並請建築師盧樹森担任此項設計，該樓之本身長一百零四呎，寬七十一呎，共分三層，第一層為講堂並有夾樓聽座，第二層為藏經閱經及研究等室，第三層則純為藏經室，樓之後進為宿舍下房，兩翼有廻廊及亭子二座，備裝鑲三民主義石碑之用，該項工程之柱梁樓板屋頂等，全用鋼骨水泥構造之，其外觀似古宮殿式，堂皇富麗，堪為陵園生色。該項工程之全部計劃圖樣及工作說明書等，現已製就，建築經費亦已籌有的款，日內即可招標興造矣。

有关修建藏经楼的档案（南京市档案馆藏）

藏经楼

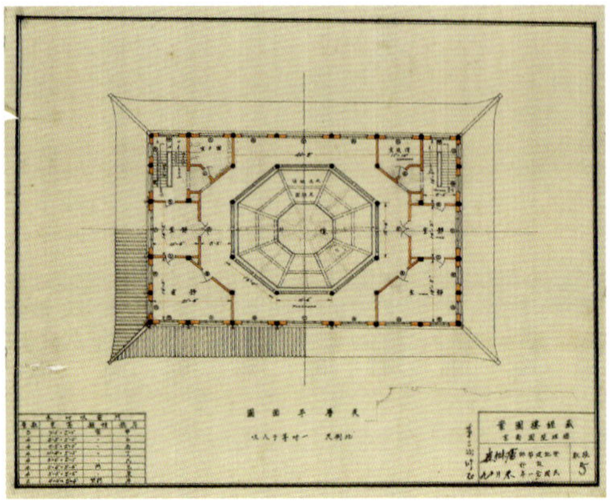

藏经楼夹层平面图（第三次修正）

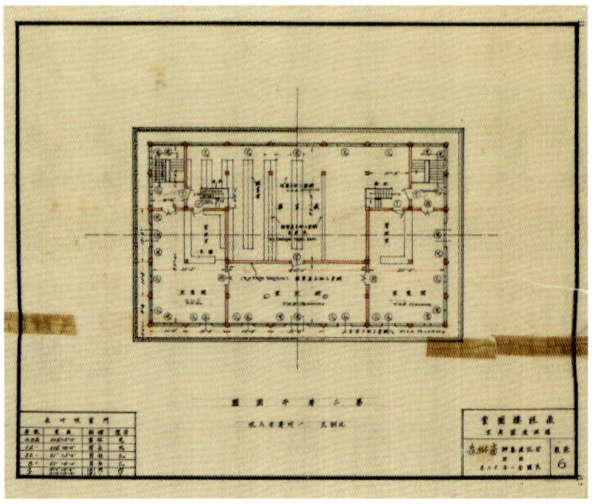

藏经楼第二层平面图

藏经楼纵剖面图

的史料图片展览，从第二层回廊上可以俯视大厅，第二层的顶部装饰有鎏金的八角形藻井，从藻井上面垂下一盏巨大的吊灯；第三层原为藏经、阅经及研究室，现为陈列室，共有四个展厅，展出有关孙中山先生的史料、图片、手迹、书籍、实物等；第四层原为藏经库，现为办公室。

主楼之后为僧房。僧房两侧分别是长125米的廊庑式碑廊，与主楼建筑风格一致，浑然一体。碑廊内壁镶嵌着138块河南嵩山青石碑，碑高1.9米，宽0.9米，碑上镌刻着孙中山先生所著的《三民主义》全文，共16讲，15.5万字。每讲分别由张乃恭、陈天锡、连声海、李启琛、叶恭绰、郑洪年、陈仲经、蔡允、胡涤、彭醇士、王宜汉、李宣倜、王贤、邓粪翁等人正楷书写（现收藏在南京市档案馆），由苏州吴县石刻艺人唐仲芳带领弟子用了一年半时间完成刻石。书法风格各异，刻工精细，令人称绝。这组石碑大多数是冯玉祥将军赠送的。

1937年12月，藏经楼遭日军战火破坏，僧房、碑廊被毁，主楼残存。据1945年9月19日中央社南京电，关于重庆国民政府接收南京中山陵的报道《总

藏经楼内景（Julius Eigner1937 年摄影，1938 年 2 月美国《国家地理》）

藏经楼一楼内景

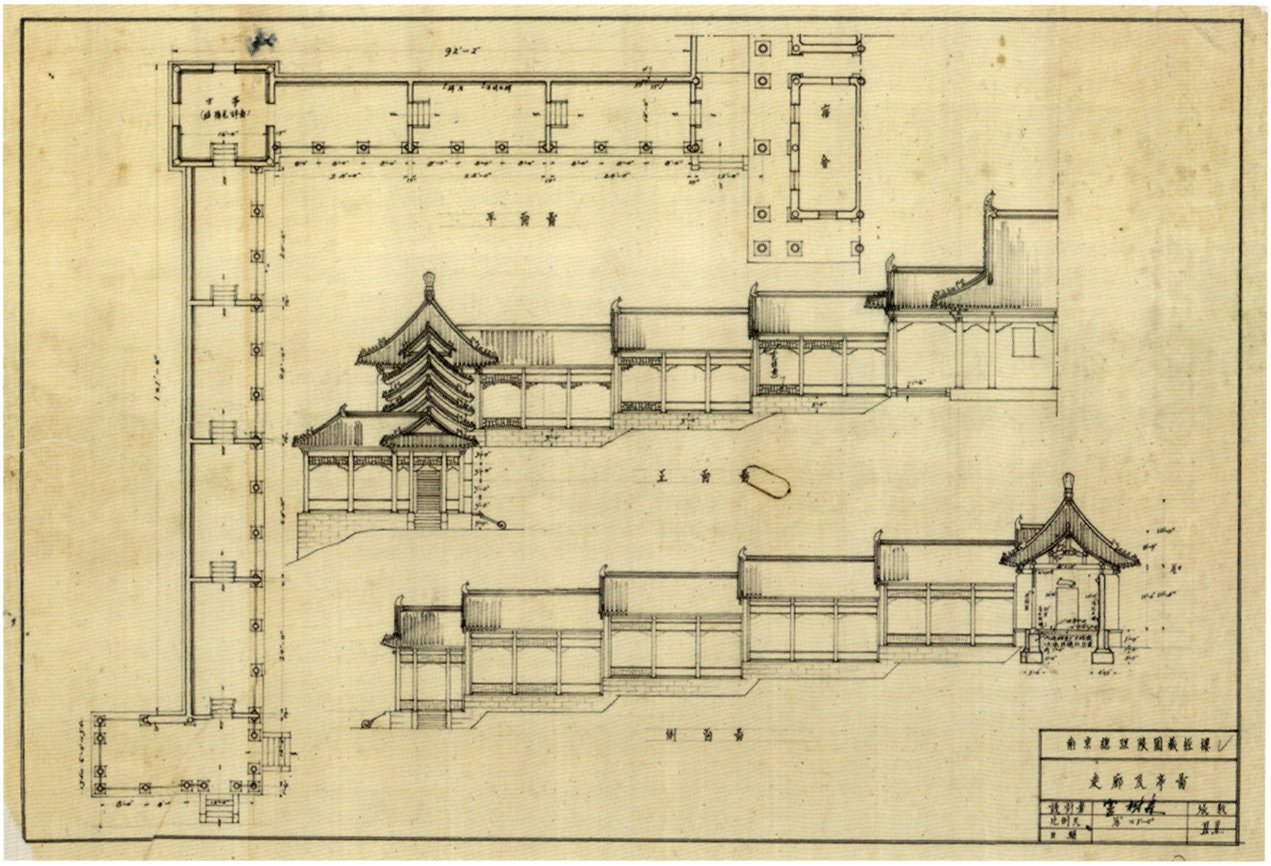

藏经楼走廊及亭图（南京市档案馆藏）

藏经楼

理陵园昨日接收竣事》："藏经楼图书馆、遗族学校、天文台等，大都门窗破坏，仅余外表。"①

1955年，南京市人民政府拨款维修了主楼。"文革"期间，藏经楼再次遭到破坏。1982—1989年，中央和江苏省、南京市共同拨出专款按原貌重修主楼，复建僧房和碑廊，并修复了《三民主义》碑刻。1985年，藏经楼开始对外开放。1987年5月7日，藏经楼经南京市人民政府批准，正式辟为孙中山纪念馆。1989年5月30日，孙中山先生奉安中山陵60周年之际，孙中山纪念馆正式对外开放。如今，二楼屋檐正中悬有一方直额，上书"藏经楼"三字，由当代著名书法家武中奇题写；一楼屋檐正中悬挂着"孙中山纪念馆"六字横额，由民革中央名誉主席屈武题写。2021年8月，经中宣部批准，对孙中山纪念馆进行改陈布展，由藏经楼迁往中山陵1号嘉麟楼。2022年12月31日，搬迁到新址的孙中山纪念馆试运营开放。藏经楼进入维修保护状态。

2006年6月，藏经楼被列为第三批南京市文物保护单位。

① 《中央日报》1945年9月21日。

音乐台

中山陵全部工程竣工后，因陵墓前面东侧地面开阔，总理陵园管理委员会认为这里的地形适宜建造音乐台，于是由该会工程组进行测量，绘制了详细的地形图，接着聘请基泰工程司进行设计和监工，基泰工程司建筑师杨廷宝承担设计工作。适逢中国国民党驻美国三藩（今旧金山）市总支部拟募集巨款，在陵园内建造一座巨大的纪念建筑，总理陵园管理委员会遂将音乐台的设计图案征求三藩市总支部的意见，得到认可。总理陵园管理委员在收到捐款后，立即开始了音乐台的建设。

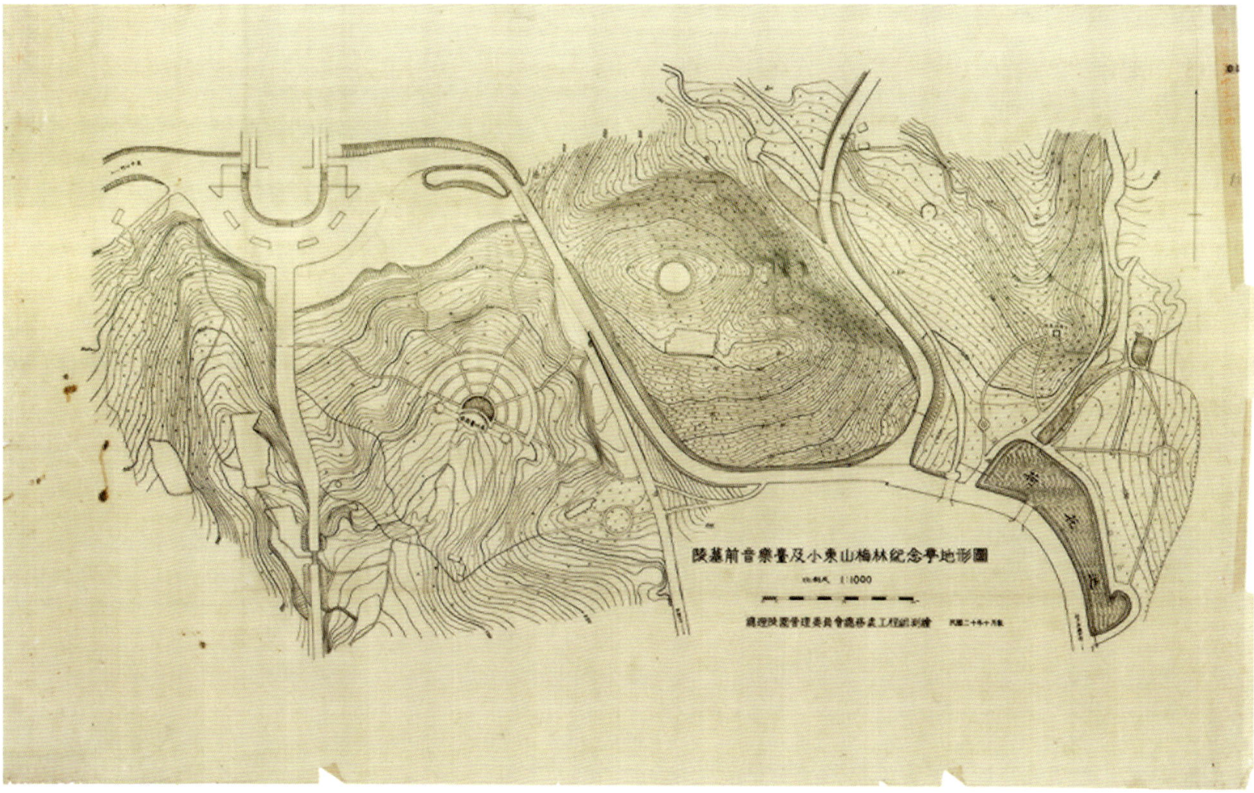

中山陵前音乐台及小东山梅林纪念亭地形图（南京市档案馆藏）

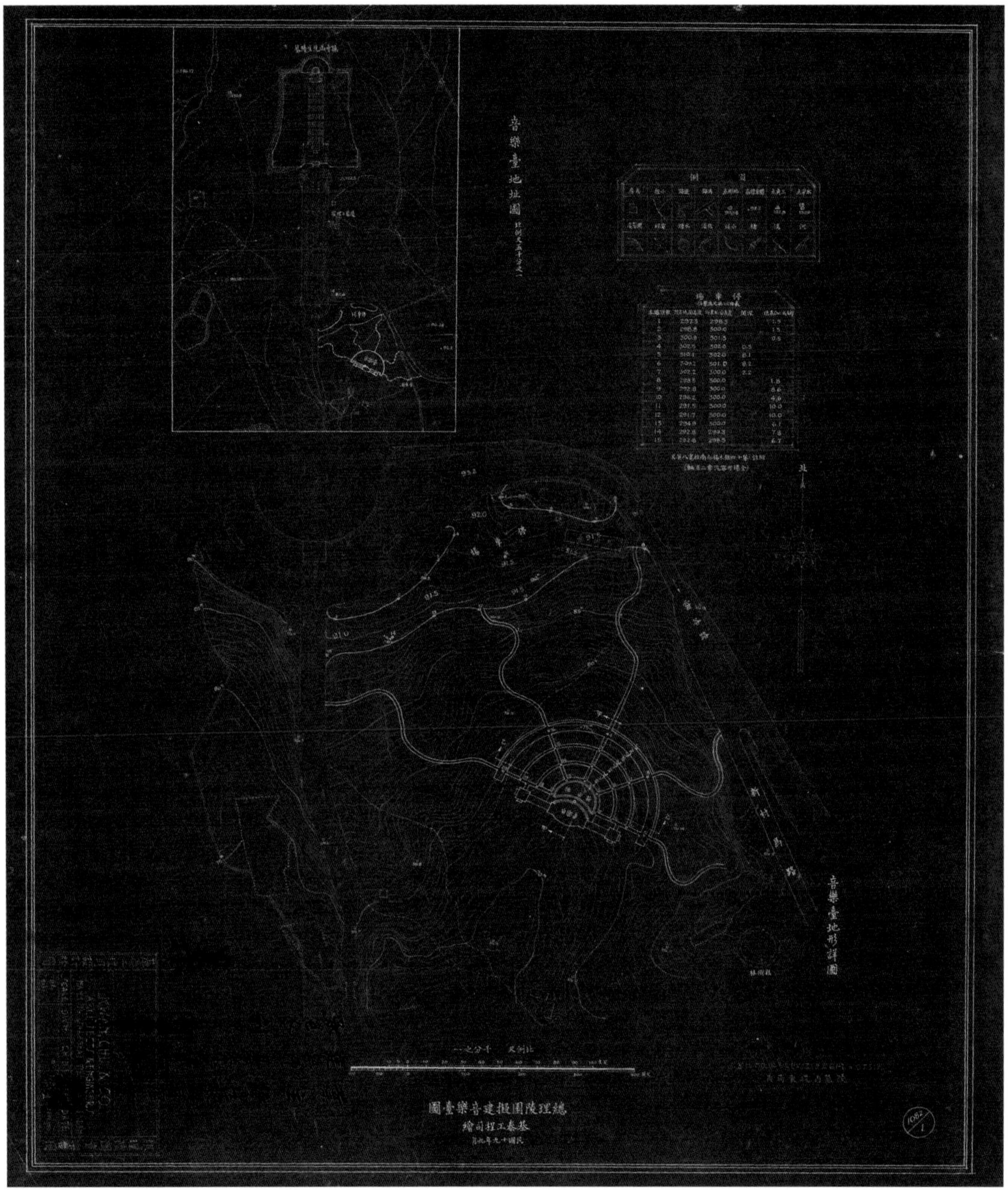

总理陵园拟建音乐台图（南京市档案馆藏）

音乐台位于中山陵广场东南约 200 米处的山洼之中，占地面积约 4200 平方米。参与建设的营造厂有两家：韩顺记营造厂承揽音乐台土方、停车场土方、虎皮石荷花池、涵洞等工程；上海利源建筑公司承建乐坛（即乐台）、花架、围屏（又称回音壁、大照壁、影壁）等工程。[1]1932 年 10 月动工，1933 年 8 月建成，造价 9.3 万元。因国民党驻美国三藩市总支部捐赠的募款不敷使用，辽宁省党部又捐助了一笔款，才确保工程顺利完工。

① 《中山陵档案》编委会编：《中山陵档案·附属建筑》，南京出版社 2017 年 11 月版。

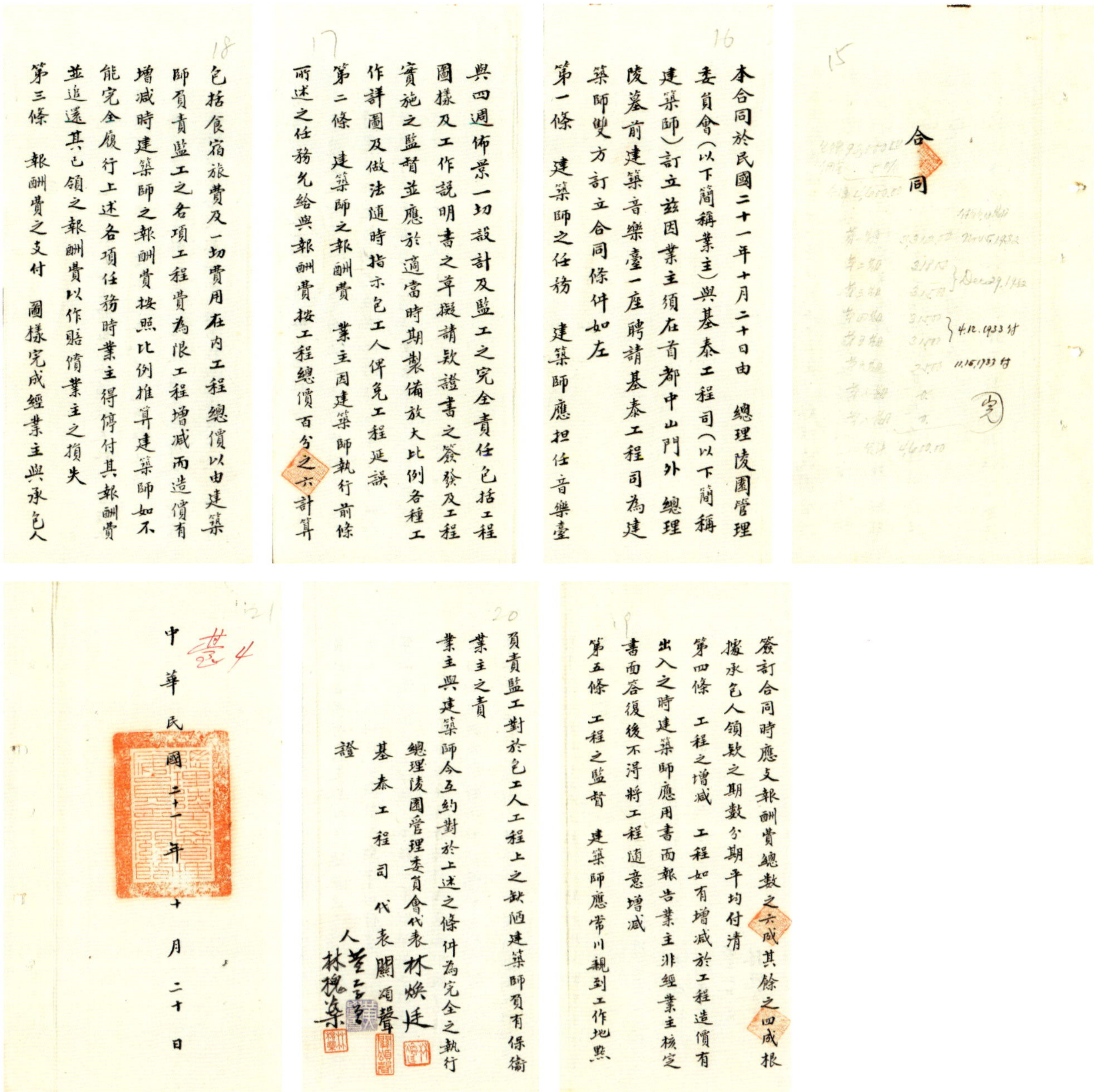
合同

本合同於民國二十一年十月二十日由　總理陵園管理委員會（以下簡稱業主）與基泰工程司（以下簡稱建築師）訂立茲因業主須在首都中山門外　總理陵墓前建築音樂臺一座聘請基泰工程司為建築師雙方訂立合同條件如左

第一條　建築師之任務　建築師應担任音樂臺與四週佈景一切設計及監工之完全責任包括工程圖樣及工作說明書之草擬請款證書之簽發及工程實施之監督並應於適當時期製備放大比例各種工作詳圖及做法隨時指示包工人俾免工程延誤

第二條　建築師之報酬費　業主因建築師執行前條所述之任務允給與報酬費按工程總價百分之六計算包括食宿旅費及一切費用在內工程總價以由建築師負責監工之各項工程費為限工程增減而造價有增減時建築師之報酬費按照比例推算建築師如不能完全履行上述各項任務時業主得停付其報酬費並追還其已領之報酬費以作賠償業主之損失

第三條　報酬費之支付　圖樣完成經業主與承包人簽訂合同時應支報酬費總數之六成其餘之四成根據承包人領款之期數分期平均付清

第四條　工程之增減　工程如有增減於工程造價有出入之時建築師應用書面報告業主非經業主核定書面答復後不得將工程隨意增減

第五條　工程之監督　建築師應常川親到工作地點負責監工對於包工人工程上之缺陋建築師負有保衛業主之責

業主與建築師今互約對於上述之條件為完全之執行

總理陵園管理委員會代表林煥廷

基泰工程司　代表關頌聲

證人林槐棨

中華民國二十一年十月二十日

基泰工程司承包音乐台设计与监造的合同

音乐台是中山陵的配套工程，主要用作纪念孙中山先生仪式时的音乐表演及集会演讲。整个音乐台为钢筋混凝土结构。场地平面布局呈半圆形，在半圆形圆心处设置一座弧形乐坛（即乐台），乐坛长 22 米，宽约 13.33 米，高出地面约 3.33 米，乐坛两侧设有台阶与花棚衔接。乐坛的西北角，立有一块高 1.295 米、宽 0.87 米、厚 0.155 米的奠基碑，头尾两行铭文已被磨去，但正中竖书的“音乐台奠基纪念”七个行书大字，清晰可见。

在乐坛后面为一堵汇集音浪的围屏（即回音壁），它是音乐台的设计主体。

音乐台

音乐台（1932 年摄，伍联德《中华景象》，1934 年版）

音乐台围屏（照壁）

音乐台花架

围屏坐南朝北，宽约 16.67 米，高约 11.33 米，水平截面为圆弧形。青砖砌筑，表面用水泥斩假石镶面，精雕细刻，棱角分明。上部及两侧雕刻有云纹图案，上下起伏，宛如跳动的音符。在围屏上部云纹图案之下，雕有三个兽头，突出墙体之外。围屏内有入水管三条，通到三个兽头。围屏底部为中国宫殿式的须弥座。在乐坛台口边缘处为数道波浪形台阶，阶内填土以栽花草。围屏下面有蓄水池一个，接受围屏兽头喷出之水，在水池之下，装有生铁管的出水口一个。

紧靠乐坛正前方有一泓水池，名叫荷花池，呈半月形，池半径为 12.67 米，用以汇集露天场地的天然积水，池水终年不涸，可以增强乐坛的音响效果。

乐坛两翼筑有平台，上砌钢筋混凝土花架。乐坛之下辟有休息室、盥洗室、厕所和储藏室等。

乐坛前面为听众席。半圆形草坪以 2% 的斜度沿乐坛边缘台阶经荷花池向听众席方向渐渐升高，草坪呈坡面状，半径约 56.67 米。草坪上，沿同心弧方向展开三条小径；沿扇面坡道圆心方向建有五条宽两米的放射线形走道，每条走道有 45 级台阶。中部草坪被小径和走道台阶分隔为 12 块，草坪上可容席地而坐的听众 3000 余名。

半圆形音乐台的外缘地势较高，边缘上筑有一条宽约 4.88 米的混凝土走道，周长 150 米，上架花棚，宽约 3.33 米。在这条走道内外两侧，各有 36 根立柱、36 个花盆、30 张石凳。每一根边长 0.36 米的四角形花棚支柱的底部，都有一个花盆，花盆呈须弥座状，平面为八角形，长宽均为 1.28 米，花盆中植有花草。花棚下的同一侧花盆之间，置有长条形石凳，石凳长 1.825 米，宽 0.605 米，高 0.455 米，供观众坐憩品茗。花棚外侧，植有紫藤，藤蔓扶柱而上，缠绕柱梁，蔓延到棚顶，形成一个绿荫屏障。花棚旁边的紫藤外围，挖有一条弧形水沟，上架五座小桥，成为音乐台内五条走道的出入口。

音乐台（赫达 · 哈默尔摄，《南京》，1945 年版）

此外，音乐台的乐坛、走道、台阶等边缘都砌有细小的水槽，以利雨水畅通，这从一个侧面体现了设计者的精巧构思。

音乐台的建筑是中国传统风格与西方古典建筑风格相结合的一个范例。音乐台在利用自然环境，以及平面布局和立面造型上，充分吸取了古希腊建筑艺术特点；而在照壁、乐坛等建筑物的细部处理上，则采用中国江南古典园林建筑艺术的表现手法，从而创造出既有开阔宏大的空间效果，又有精湛雕饰的艺

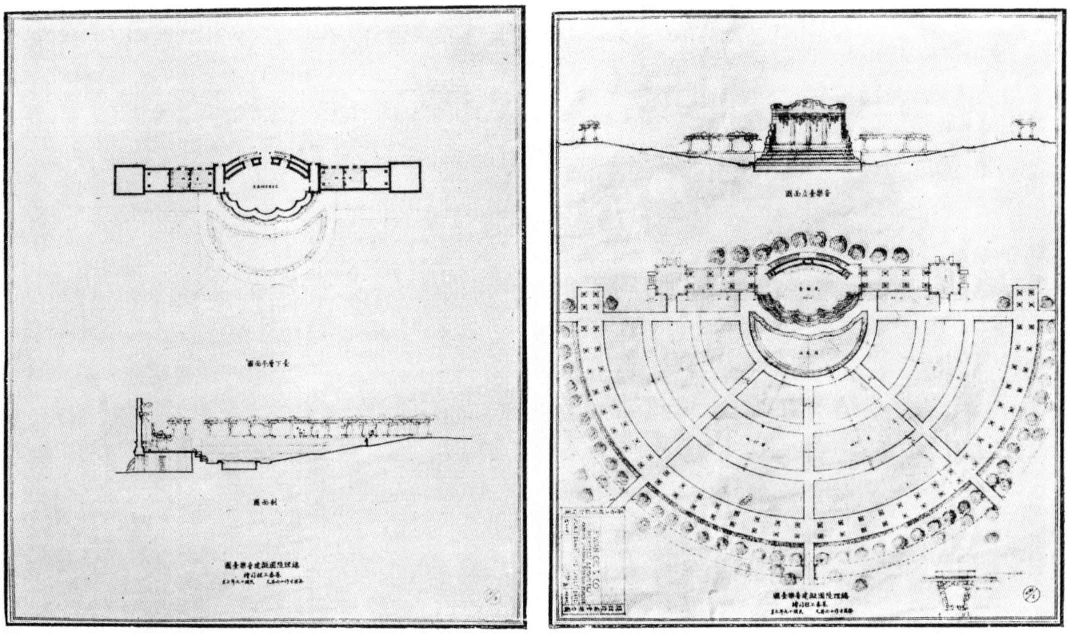

美屬三藩市華僑捐建音樂臺圖案

音乐台平面图、立面图（《总理陵园管理委员会报告》）

中山陵音乐台菊花展（1946 年）

中山陵音乐台菊花展（1946 年）

2016 年 9 月第二届南京森林音乐会（演奏者为斯洛文尼亚爱乐乐团）

术风范，达到了自然与建筑的完美和谐统一。

1995 年 5 月，中央电视台与江苏省歌舞团在这里联合举办了“名曲消夏”音乐会，巴赫、莫扎特、贝多芬、柴可夫斯基等音乐大师创作的名曲以及中国当代民乐名曲，在音乐台上空久久回荡，并通过电波飞向五湖四海。

2015 年以来，每年中秋佳节在音乐台举行的南京森林音乐会，不仅让音乐台重新绽放青春的活力，而且形成南京人欣赏高雅音乐的新民俗。

如今的音乐台，四季碧草如茵，周围树木茂密，翠绿似屏。荷花池内安装的音乐喷泉，随着音乐的节奏时高时低，时缓时急。成群的白鸽在音乐台草坪上时而啄食嬉戏，时而展翅翱翔……此情此景，将人带入一个美妙无比的艺术境界。音乐台现已成为南京东郊风景区的一处重要游憩场所。

2006 年 6 月，音乐台被列为南京市文物保护单位。2017 年 12 月 2 日，“南京中山陵音乐台”入选由中国文物学会、中国建筑学会联合评选的“第二批中国 20 世纪建筑遗产项目”。

光化亭

在南京中山陵附属建筑中，最为精美的要数光化亭了。光化亭坐落在中山陵东面的小东山，掩映在苍松翠柏之中。亭子为八角形，重檐攒尖顶，它是举行孙中山先生奉安大典时由海外华侨捐款兴建，建筑师刘敦桢设计，福建省蒋源成石厂以 6.5 万元的工价承包建造，1931 年 7 月开工，原定 15 个月完工，后因水灾和淞沪抗战的影响，直到1934年才建成。亭子全部采用福建花岗岩石建造，屋脊、屋面、檐椽、斗拱、梁柱、雀替、藻井等中国传统的装饰部件均用花岗岩石雕琢，共用石料 850 吨。亭子建成后，1934 年 12 月底，又由缪锦香承担了填垫土方（布景）工程。

光化亭高约 13.33 米，宽 10 米，亭下筑正方形台基两层，下层台基边长 22 米，高约 1.67 米，周围筑斜坡，植草皮覆盖其上；上层平台边长约 12.67 米，

光化亭石额上的“光化亭”三字

光化亭

四周围以石栏杆。光化亭的亭柱为圆柱，共有 12 根，其中外围 8 根，内围 4 根，圆柱直径约 0.67 米。亭内地面高出上层平台约 0.33 米，四周筑有石台阶。整个亭子用料上乘，做工考究，精雕细琢，图案古朴，纹饰细腻，造型优美，从细部到整体达到完美和谐的统一。石额上刻有“光化亭”三字。

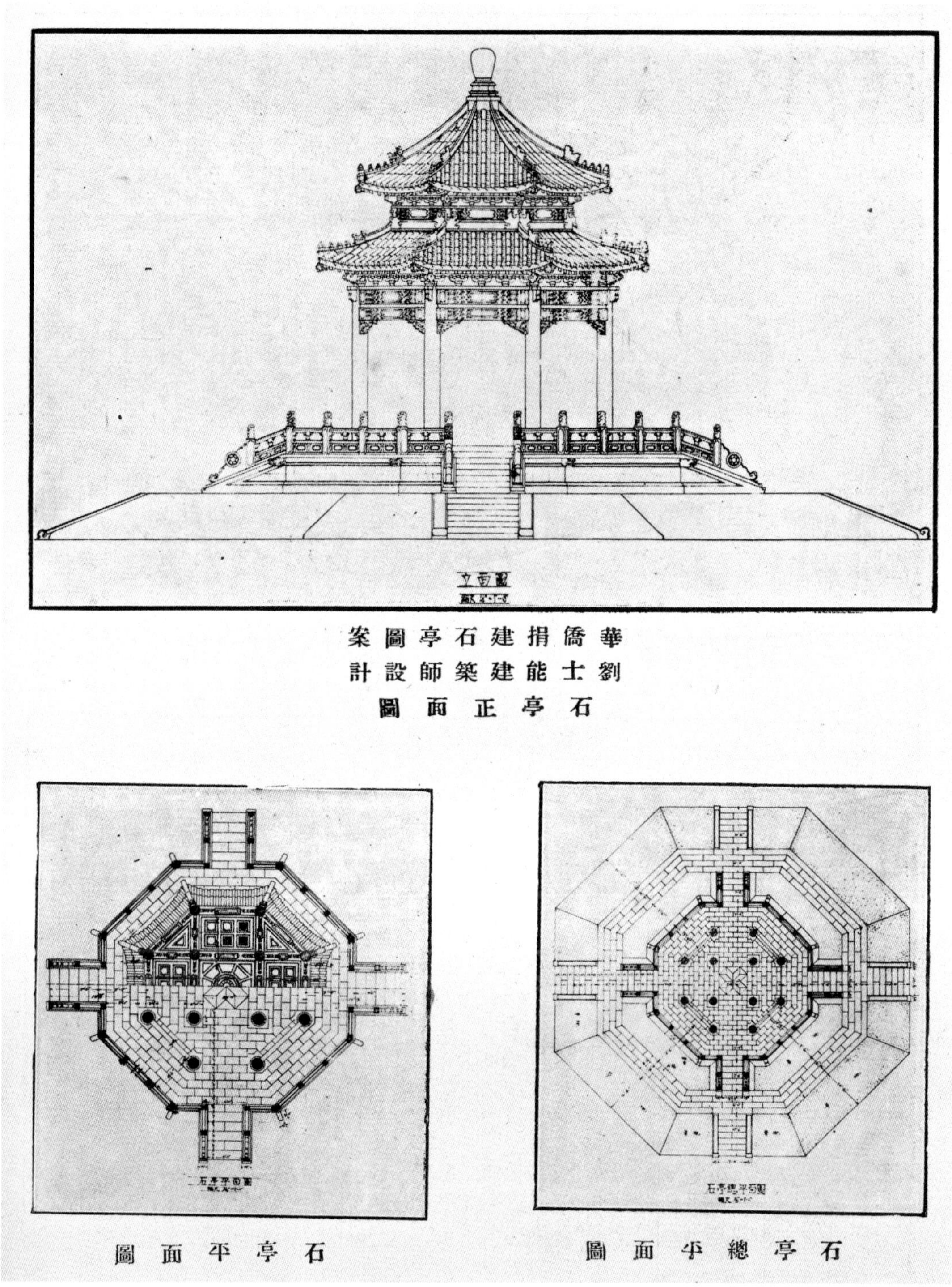

光化亭立面图、平面图、总平面图（《总理陵园管理委员会报告》）

这座灰白色的亭子矗立在苍松翠柏之中，既象征着孙中山先生高尚洁白的情操，同时也反映了设计者匠心独运的构思。

鲜为人知的是，光化亭曾有两套设计方案，一套方案是当时的陵园建筑师黄玉瑜设计，一套方案是国立中央大学建筑系教授刘敦桢设计。两套方案皆为

光化亭

光化亭和音乐台旧影（瑞典东亚博物馆藏）

重檐攒尖顶，八角形，黄玉瑜的设计方案是亭子内有楼梯，可以登楼远眺；刘敦桢的设计方案没有楼梯。最终，总理陵园管理委员会选中了刘敦桢的设计方案。[①]

2006年6月，光化亭被列为南京市文物保护单位。[②]

① 《中山陵档案》编委会编：《中山陵档案·附属建筑》，南京出版社2017年11月版。

② 笔者按：光化亭文物保护标志碑曾误写成“光华亭”。为此，笔者曾专门撰文在中山陵园管理局内部报纸予以纠正，现已更正。

仰止亭

仰止亭坐落在南京中山陵东面二道沟北的梅岭上，东与光化亭相邻，南与流徽榭相望，是中山陵园内唯一的由个人捐建的纪念性建筑。

仰止亭建于1931年，1932年秋落成。由叶恭绰捐建筑亭费4000元，植梅费1000元，建筑师刘敦桢设计，馥记营造厂建造。亭为正方形，四角攒尖顶，钢筋混凝土结构，高6.7米，边长5米。亭内为磨石子地面，亭边阶石用苏州金山石镶嵌。屋面覆蓝色琉璃瓦，朱红色立柱，梁柱、额枋、雀替、檐椽、藻井等均施有彩绘。①

仰止亭

① ［民国］傅焕光编：《总理陵园小志》，京华印书馆1933年版。

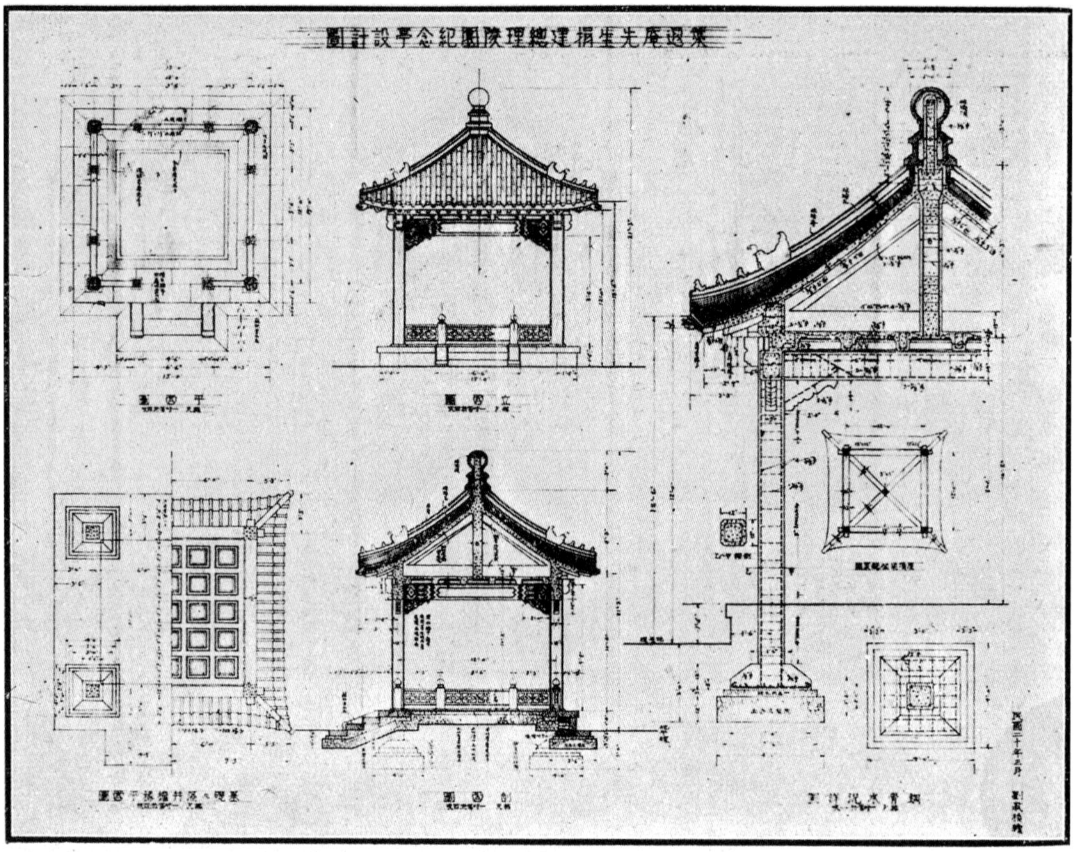

葉遐庵先生捐建梅林紀念亭圖案
劉士能建築師設計

仰止亭立面图、剖面图、平面图等（《总理陵园管理委员会报告》）

亭子的南面额枋上书有“仰止亭”三字，系由叶恭绰亲笔题写。“仰止”二字出自《诗经·小雅》中的“高山仰止，景行行止”句，寄托了叶恭绰对孙中山先生的无限崇敬和深切怀念之情。对此，宋庆龄甚为感动。“文革”期间，叶恭绰身处逆境时，宋庆龄给予了力所能及的帮助。

叶恭绰（1881—1968），字誉虎，号遐庵，广东番禺（今广州）人。毕业于京师大学堂仕学馆。曾任北洋政府交通次长、交通总长。1922 年，孙中山聘其为广东政府财政部部长和建设部部长。1927 年国民政府定都南京后，出任铁道部部长、北平国学馆馆长。1949 年以后，叶恭绰曾任全国政协常委、中央文史馆副馆长、中国国画院院长等职。1968 年 8 月 14 日去世。一生著作颇丰，主要有《遐庵诗稿》《遐庵清秘录》《遐庵词》《遐庵谈艺录》《遐庵汇稿》《矩园余墨》《历代藏经考略》《交通救国论》等。

叶恭绰在病重期间，托人转告国家副主席宋庆龄，请求死后葬在仰止亭旁，以示对孙中山先生的追随之意。宋庆龄将他的请求转呈国务院，得到周恩来总理批准。当时适逢“文革”，叶恭绰入葬仰止亭旁一事在门人茅以升奔走下始得办成。1970年4月，叶恭绰骨灰盒由茅以升护送至南京，安葬在仰止亭西侧。长方形墓碑上，镌刻着的铭文是：

仰止亭捐建者
叶恭绰先生之墓
1881—1968

2006年6月，仰止亭被列为南京市文物保护单位。

流徽榭

在南京中山陵通往灵谷寺的大道南面的二道沟，有一个面积达 24 亩（1.6 万平方米）的人工湖，叫流徽湖。它是 20 世纪二三十年代总理陵园管理委员会筑坝蓄积中山陵之东、灵谷寺之西的溪水而成。环湖种植垂柳、碧桃、石榴等。流徽榭就建在这个人工湖上。

流徽榭又名水榭，三面临水，一面傍陆，以石阶与陆地相连。

流徽榭建于 1932 年冬，由中央陆军军官学校捐款建造，造价 1.1 万元，由陵园工程主任顾文钰设计。流徽榭的所有屋架、地板、梁柱、栏杆、檐椽等都是用钢筋混凝土构筑，平面呈长方形，长 14 米，宽 10 米，四周围有约 1 米高

流徽榭

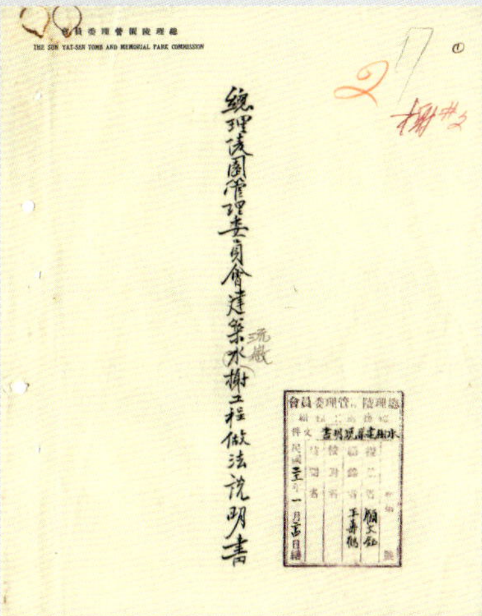

總理陵園管理委員會建築水榭工程做法說明書

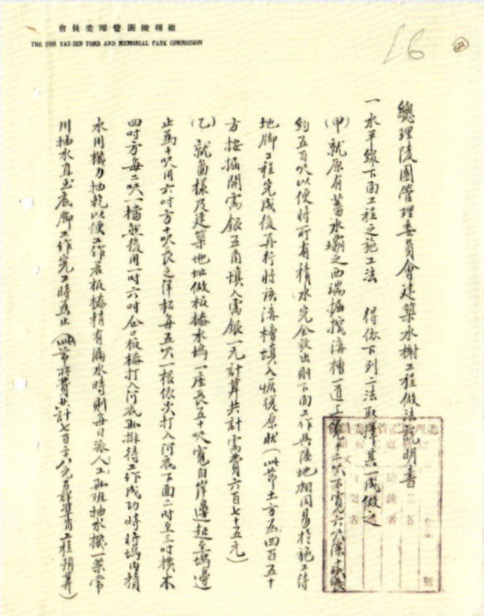

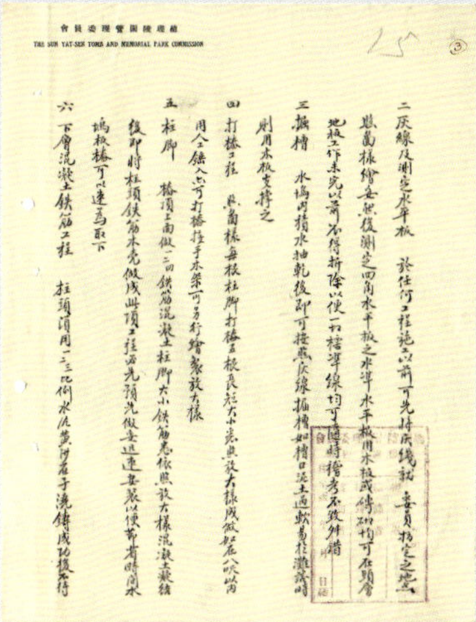

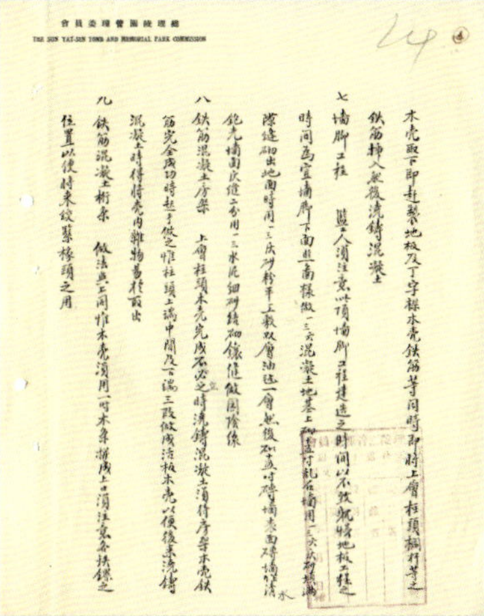

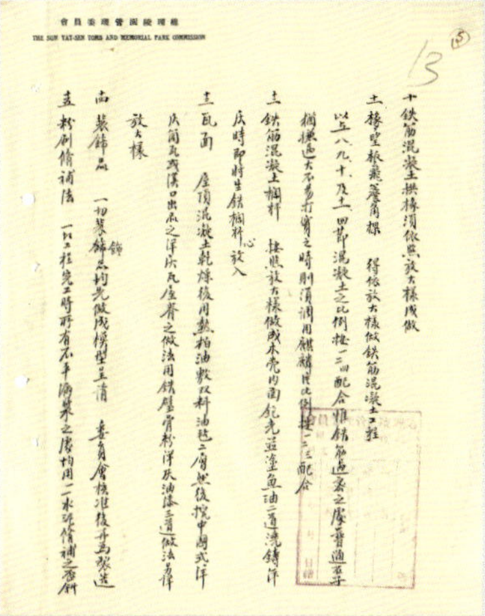

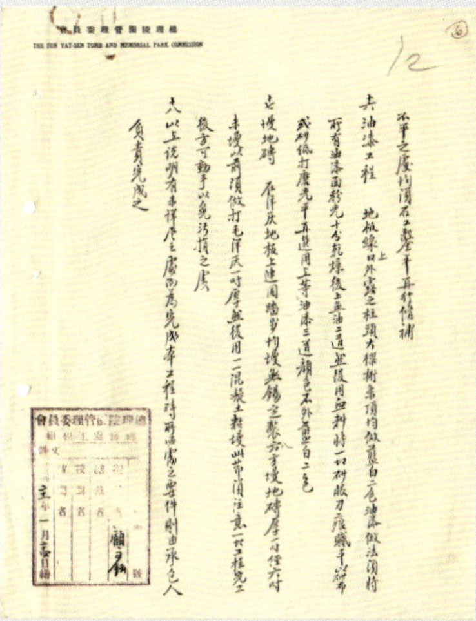

总理陵园管理委员会关于建造流徽榭的档案（1932 年）

流徽榭

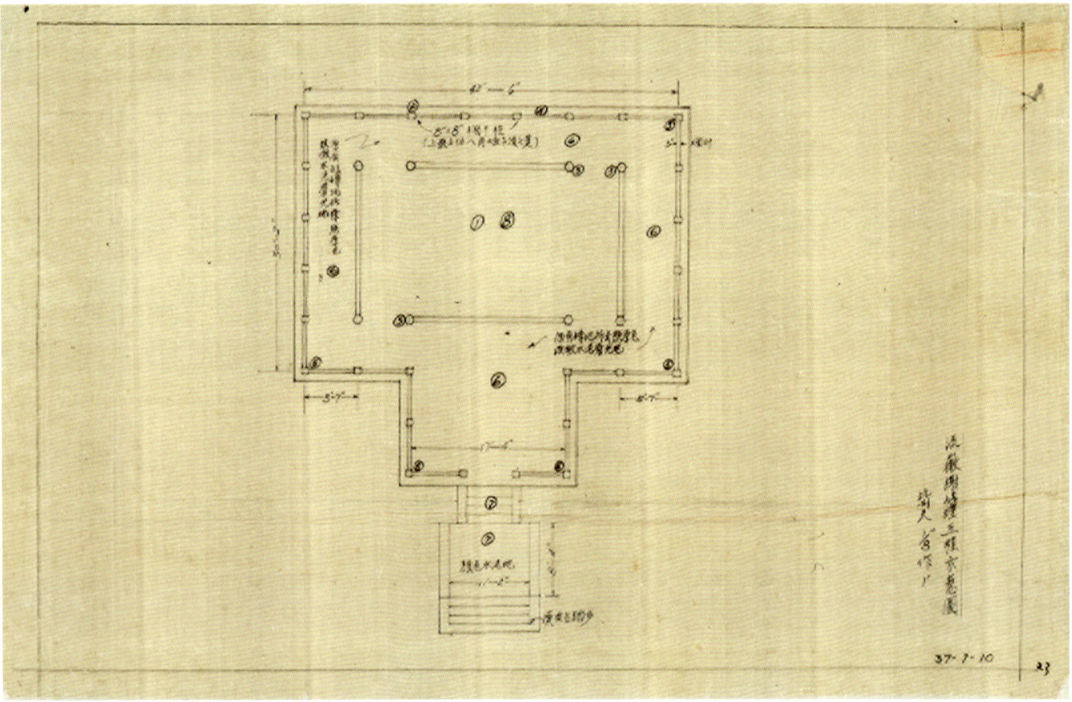

流徽榭修理工程示意图（南京市档案馆藏）

的蓝色水泥栏杆；卷棚顶，上覆白色琉璃瓦；立柱表面均为蓝色；檐椽施以白漆蓝纹；梁枋、雀替均施以彩绘；地面镶嵌红色八角形小瓷砖。

1937 年，有关部门对流徽榭进行了修缮。

1986 年 6 月 16 日，南京黄埔军校同学会与上海黄埔军校同学会联合庆祝黄埔军校建校 62 周年，在晋谒中山陵后，来到流徽湖，为“流徽榭”匾额举行揭幕仪式。“流徽榭”三个楷书大字，是由黄埔军校第一期学员徐向前元帅亲笔题写。

2006 年 6 月，流徽榭被列为南京市文物保护单位。

孝经鼎和石台

孝经鼎，又称宝鼎、铜鼎，位于南京中山陵博爱广场正南面的石台上，是中山陵园风景区纪念性建筑之一。

1929 年孙中山先生灵柩奉安中山陵后，国民政府考试院院长戴季陶和国立中山大学全体同学为表达对孙中山先生的敬仰和怀念之情，决定捐资铸造一尊铜鼎，安放在中山陵前。

孝经鼎基座由毕业于国立中央大学土木系的建筑师夏行时（1910—2008）设计，鼎身由总理陵园管理委员会建筑师张镛森（1909—1983）设计，金陵兵工厂铸造。戴季陶对此鼎的设计和铸造极为重视。1932 年 4 月 9 日，他以书面形式，对有关设计和铸造部门提出具体要求：“圆形铜鼎，鼎上五方（万一五

孝经鼎与石台

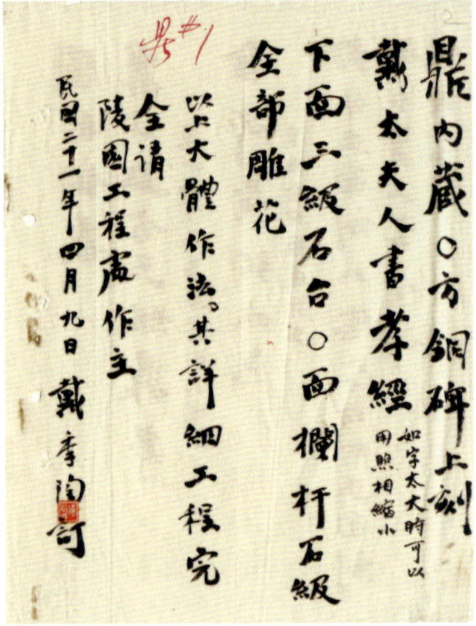
鼎内藏○方铜碑上刻
戴太夫人书孝经 如字太大时可以用照相缩小
下面三级石台○四面栏杆石级
全部雕花
以上大体作法。其详细工程完全请
陵园工程处作主
民国二十一年四月九日 戴季陶

戴季陶关于孝经鼎铸造的手迹

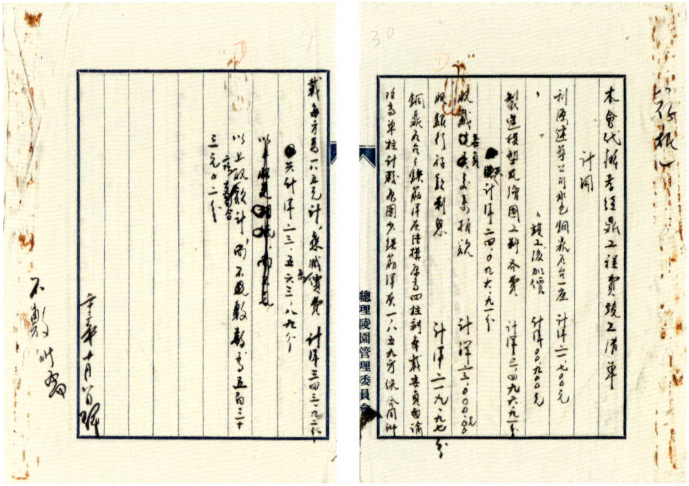

孝经鼎、石台费用明细档案（南京市档案馆藏）

方不易妥当，则六方亦可）、三级。鼎亭全部黄铜吹色（造法全由陵园作主）。向外正面刻八德字；向内正面刻智、仁、勇三字，全部集总理字。鼎内藏四方铜碑，上刻戴太夫人书孝经（如字太大时，可以用照相缩小）。下面三级石台。四面栏杆石级全部雕花。”从现存孝经鼎和石台来看，基本上是与戴季陶的要求一致。

1933 年 5 月 7 日，在这里举行了孝经鼎奠基典礼。国民政府主席林森亲临现场。戴季陶致辞，致辞毕，戴季陶和国立编译馆馆长辛树帜两人小心翼翼地将一只铜箱共同放入石匣中，铜箱面刻戴季陶所书的《总理遗嘱》，箱内贮存着国立中山大学在南京的师生所恭录的《总理遗教》。铜箱放入石匣后，由戴季陶将水泥注入石匣内封固，然后，将石匣徐徐放入距地面深约 3 米的地基中。随后，建造石台，铸造铜鼎。

孝经鼎为青铜铸造，造型别具一格。从构造上可以分为三个部分：下为铜鼓状的底座，通体饰有花纹，平面光滑如镜，正中刻有一个五角星，五角星周围刻有“设计监造者”五个字，然后是一个圆圈，圆圈外围刻有“夏行时”“韩栋”“杨光煦”等 11 位监造者的姓名，宝鼎的三足就镶嵌在底座平面之上；中部为宝鼎的主体，双立耳，三足部位饰有三只张口的狮子头，腹部为圆形，朝北一面铸有楷书书写的“智仁勇”三字，“智仁勇”三字下面靠近腹部稍下方铸有楷书书写的“国立中山大学同学敬献”十字，朝南一面铸有楷书书写的“忠孝仁爱信义和平”八字，尽管已被磨去，今仍可见痕迹；孝经鼎口沿上部为一座六柱三重檐的六角攒尖顶亭子，屋面做成覆小瓦状，亭内竖有六块长方形的铜碑（又称铜牌），上刻戴季陶之母黄太夫人手书的《孝经》全文。整个鼎高 4.25 米，重约 5 吨，腹部最大直径 1.21 米（一说 1.3 米），造价 1.3 万元。

石台也由张镛森设计，平面呈八角形，其内部为钢筋混凝土构筑，表面镶苏州花岗岩。石台高约 3 米，分为三层，底层直径约 16 米，中层直径 12.7 米，

孝经鼎与石台

孝经鼎与石台（约 1946 年 12 月，“南京老照片”微信公众号）

孝经鼎和石台（《旅游杂志》20 卷 12 号《陵园访胜》）

从博爱坊看孝经鼎、石台（着色老明信片）

孝经鼎细部

孝经鼎与石台

上层直径 4 米，每层石台边缘都围有雕花花岗岩石栏杆。石台中央有一个用汉白玉雕琢的圆形石墩（又称鼎座），孝经鼎就放置在这个石墩上。石台造价 2.27 万元，1932 年兴工，1933 年秋完成。

1966—1976 年“文革”期间，原竖立在新街口广场的孙中山铜像被拆除，运送到中山陵园档案室内收藏。后经周恩来总理批准，将孝经鼎从石台上拆下，运送到中山陵园工程队的院子里保管，而将孙中山铜像安放到石台上。直到 1985 年 3 月 12 日孙中山先生逝世 60 周年前夕，有关部门将孙中山铜像迁到藏经楼广场，才将孝经鼎重新安放在石台上。

龙潭会师亭

龙潭会师亭又名龙潭战役会师亭、督师台，位于南京市栖霞区龙潭街道中国水泥厂厂区内的黄龙山北麓 53 米高处，是国民政府为国民革命军在北伐战争龙潭战役中阵亡的将士修建的纪念性建筑群。

1927 年 8 月，何应钦、李宗仁、白崇禧率国民革命军三路会攻直系军阀孙传芳的五省联军，经过激战，以伤亡 8000 余人的代价彻底击败孙传芳，会师龙潭。在南京第一公园内曾建有蒋介石题写碑文的“龙潭讨孙阵亡将士纪念碑”及“国民革命军讨孙阵亡烈士纪念塔”。南京沦陷期间，第一公园被日军扩建为明故宫机场的一部分，碑、塔被拆毁。

1946 年抗战胜利后，国民政府决定在龙潭战役的主战场龙潭建立纪念性建筑。经勘查，选址在中国水泥厂厂区内的黄龙山。整个建筑群以“龙潭会师亭”名之，也称“督师台”。由国立中央大学教授徐中设计，1947 年建成。整个建筑群，由上山道路（350 余级台阶）、督师台、会师亭、甬道、栏杆、纪念碑、旗幡台、祭台、环形拱壁等组成。钢筋混凝土结构。除督师台、会师亭在“文革”中被拆，石碑被炸倒、碎为数块外，其余建筑尚完好保存。① 环形拱壁上书有铭文，内容为纪念龙潭战役，有些文字依稀可见。

龙潭会师亭文物保护标志碑

龙潭战役是发生在北伐军与军阀孙传芳之间的一场激战，这场战役奠定了南京国民政府的基业，也使显赫一时的五省联军总司令孙传芳从此一蹶不振，6 万余孙军，战死和淹死 2 万余，被俘 3 万余，几乎全军覆没。白崇禧在回

① 本社编委会：《民国南京边城——龙潭》，中国文史出版社 2011 年 9 月版。

龙潭会师亭上山台阶

龙潭会师亭遗存的会师亭基座

龙潭会师亭栏杆

龙潭会师亭纪念碑座和碑身

龙潭会师亭石碑碎片

龙潭会师亭旗幡台

忆录中说:“龙潭之役在北伐大业中是最重要一仗。”谭延闿有联赠予白崇禧:“指挥能事回天地;学语小儿知姓名。”于右任撰联赞美此次战役:“东南一战无余敌;党国千年重此辞。”

2006年,龙潭会师亭被列为南京市文物保护单位。

观梅轩

观梅轩坐落在南京市梅花山山巅，原为大汉奸汪精卫墓冢所在地。

梅花山位于明孝陵陵寝之前，原名孙陵冈、吴王坟、蒋陵，因吴大帝孙权葬于此而得名。20 世纪 30 年代初，总理陵园管理委员会将这里辟为“总理陵园纪念植物园”的蔷薇花木区，开始植梅。至全面抗战爆发前夕，这里已经形成一片梅林，疏影横斜，暗香浮动，梅花山因此而得名。

1944 年 11 月 10 日，汉奸汪精卫病死在日本名古屋帝国大学附属医院。11 月 12 日，其尸体装在一具楠木棺材内，由日本军部特派“海鹈”号飞机运回南京。14 日，汪伪政府明令宣布为汪精卫举行“国葬”，并将汪精卫墓址选在梅花山，原计划建造牌坊、祭堂、享殿和墓室等，预算造价 5000 万伪币。由于日本很快投降，只建成牌坊基础部分、祭堂和墓室。11 月 23 日早晨 6 时 30 分，继任的

观梅轩

汪伪国民政府主席陈公博在汪伪国民政府明志楼主持汪精卫灵柩的“移灵祭”，遵照汪精卫的遗愿，将其的灵柩移至南京东郊梅花山安葬。10时30分，“安葬祭”正式开始，陈公博主祭，罗君强代读祭文。12时，正式举行“入墓式”。陈公博、周佛海、褚民谊、林柏生、陈春圃等群奸面对灵柩，汪精卫家属陈璧君及其他官员分立两旁，以带系棺，将灵柩放入墓穴内，并覆盖汪伪国民党党旗。陈璧君首先向墓穴内洒土，送行者一一洒土，至12时30分，葬礼完毕。

汪精卫的墓葬为钢筋混凝土结构，圆形的坟包，异常牢固。

抗战胜利后，1946年1月21日，蒋介石密令国民党工兵用烈性炸药将汪精卫墓葬炸毁，用土填平，并将汪精卫尸体连同棺材一起用卡车运到清凉山火葬场火化。而汪精卫的祭堂一直保存下来，现为中山陵园管理局的办公用房。

梅花山是中山陵园的重要景点之一，汪精卫坟墓被炸毁后，随着1946年5月5日国民政府还都南京，这里游客日增，亟待美化。国父陵园管理委员会主任委员孙科命令手下官员对梅花山进行布置。据国父陵园管理委员会的具体办事人员沈鹏飞在1947年9月18日给孙科的呈文中称，最初拟建一座长方形的葡萄架，供游人休息。后来考虑到葡萄架既不经久耐用，又不美观，且不适宜布景，于是决定建造一座亭子。该亭于1947年落成，它是利用承建中山陵园内建筑的不守信用营造商的罚没材料，由中山陵园工程科工人利用空余时间建造而成。因其位于梅花山，所以取名为“观梅轩”。

观梅轩东西长约16米，平面略呈“工”字形，东西两端凸出部分各设一个南、北出入口，四角攒尖顶；中间部分较长，共有四楹，南北两侧各有五根朱红圆柱，人字顶。亭内四周设有砖砌栏杆。整座亭子为混合结构，顶覆蓝色琉璃瓦。

为了避免游客将亭子与汪精卫坟墓联想到一起，同时给游人助兴，沈鹏飞等人根据梅花典故以及吴大帝孙权的史迹，为亭子的南北入口拟定了两个额名和两副楹联，亭南入口，额题“观梅轩”，两侧楹联写道：

欣敌寇潜踪，景物依然，河山如故，此日花香鸟语，钟阜丽明，若同和靖重游，应媲六桥三竺；

问吴王何处，坟坞已渺，史迹尚留，当年虎踞龙蟠，石城安稳，端赖武乡定策，永垂九鼎一言。

亭北入口，额题“放鹤”，两侧楹联写道：

天阙远瞻鸣鹤舞；孝陵回望伏龙眠。

观梅轩局部

额名和楹联均由孙科题写，刻字、油漆由吕复兴油漆作承包。“观梅”“放鹤”两块匾额，每块长三尺三寸（1.1米），宽一尺六寸（约0.533米）。楹联两对四块，每块长七尺六寸（约2.533米），宽一尺（约0.333米）。全部用白果树木，料厚一寸三分（4.33厘米）。孙科题写的“放鹤”二字的木匾至今犹存。

1984年，中山陵园管理处将亭子修葺一新。

1993年，中山陵园管理局在梅花山顶观梅轩的西北侧，兴建了一座重檐歇山顶的“博爱阁”；同年，又在观梅轩的东北侧，塑造了一对汪精卫、陈璧君夫妇石刻跪像，跪像面对中山陵，寓意是让这一对臭名昭著的汉奸永远向孙中山先生请罪（目前保管在管理局园景园容处）。

梅花山现已成为全国八大赏梅胜地之一。观梅轩耸立在梅花山顶，成为南来北往游人驻足休憩的重要场所。

主要参考资料

一、文献史料

[民国]国都设计技术专员办事处：《首都计划》，1929年12月内部印刷本，南京出版社2006年9月版、2018年2月版

[民国]总理陵园管理委员会编：《总理陵园管理委员会报告》，1931年10月内部印刷本，南京出版社2008年1月版

[民国]总理奉安专刊编纂委员会编：《总理奉安实录》，20世纪30年代初内部印刷本，南京出版社2009年4月版

[民国]中国科学社：《科学的南京》，1932年出版，南京出版社2018年12月版

[民国]陈迺勋、杜福堃编：《新京备乘》，北平清秘阁南京分店1932年初版、1934年再版，南京出版社2014年7月版

[民国]傅焕光编：《总理陵园小志》，京华印书馆1933年版，南京出版社2014年9月第2版

[民国]郭锡麒摄：《南京影集》，KELLY & WALSH, LIMITED（上海别发印书局）1933年版

[民国]南京市市政府秘书处编：《新南京》，南京共和书局1933年10月版、1935年4月再版，南京出版社2013年4月版

[民国]建设委员会经济调查所编：《中国经济志·南京市》，正则印书馆1934年8月版，南京出版社2022年4月版

[民国]王焕镳编纂：《首都志》，正中书局1935年版

[民国]南京市政府秘书处编印：《一年来之南京市政》，1935年10月版

[民国]朱偰编：《金陵名胜古迹影集》，上海商务印书馆1936年7月版

[民国]倪锡英著：《南京》，上海中华书局1936年8月版

[民国]南京市政府秘书处编印：《十年来之南京》，1937年6月版

[日]南京日本工商会议所编：《南京》，华中印书局股份有限公司，1941年8月版

[民国]中报编辑部编：《中报周年纪念特刊·新南京》，1942年内部印刷本

[民国]《唐玄奘法师骨塔发掘奉移经过专册》，1943年仲春玄奘法师顶骨奉安筹备处印

[德]赫达·哈默尔摄影，[德]阿尔弗雷德·霍夫曼撰文：《南京》，1945年德文版，南京出版社2015年7月版

[民国]国立中央研究院编：《国立中央研究院概况（中华民国十七年六月至三十七年六月）》，1948年内部印刷本，南京出版社2023年8月版

[民国]书报简讯社编：《南京概况》，1949年3月内部印刷本，南京出版社2011年1月版

“南京大屠杀”史料编辑委员会、南京图书馆编：《侵华日军南京大屠杀史料》，江苏古籍出版社1985年7月版

江苏省政协文史资料委员会编：《国民党文官制度与文官考试》（《江苏文史资料》第24辑），《江苏文史资料》编辑部1988年12月内部印刷本

中国人民政治协商会议南京市委员会文史资料研究委员会编：《南京文史集萃》，江苏古籍出版社1988—1991年版

江苏省政协文史资料委员会、江苏省国防科学技术工业办公室编：《江苏近代兵工史略》（《江苏文史资料》第28辑），《江苏文史资料》编辑部1989年6月内部印刷本

中国第二历史档案馆：《中华民国史档案资料汇编》第五辑第一编政治（四），江苏古籍出版社1994年6月版

[德]约翰·拉贝著，本书翻译组译：《拉贝日记》，江苏人民出版社、江苏教育出版社1997年8月版

江苏省政协文史资料委员会：《江苏文史资料集粹》（全十册），《江苏文史资料》编辑部1998年内部印刷本

[日]东史郎著：《东史郎日记》，江苏教育出版社1999年4月版

[美]明妮·魏特琳著，南京师范大学大屠杀研究中心译：《魏特琳日记》，江苏人民出版社2000年10月版

[民国]卢前著：《冶城话旧》，收入《卢前笔记杂钞》，中华书局2006年4月版

[英]约翰·汤姆逊著，徐家宁译：《中国与中国人影像：约翰·汤姆逊记录的晚清帝国》，广西师范大学出版社2012年11月版

[民国]金陵关税务司编：《金陵关十年报告》，南京出版社2014年8月版

[德]骆博凯著，郑寿康译：《骆博凯家书》，南京出版社2016年7月版

《中山陵档案》编委会编：《中山陵档案·陵墓及纪念工程》，南京出版社2016年9月版

《中山陵档案》编委会编：《中山陵档案·陵园管理》（全2册），南京出版社2016年9月版

《中山陵档案》编委会编：《中山陵档案·陵墓建筑》，南京出版社2016年9月版

《中山陵档案》编委会编：《中山陵档案·园林事业》，南京出版社2017年11月版

《中山陵档案》编委会编：《中山陵档案·民国墓葬》，南京出版社2017年11月版

《中山陵档案》编委会编：《中山陵档案·官邸别墅》，南京出版社2017年11月版

《中山陵档案》编委会编：《中山陵档案·文体设施》（全2册），南京出版社2017年11月版

《中山陵档案》编委会编：《中山陵档案·附属建筑》，南京出版社2017年11月版

陆束屏编著翻译：《日军南京暴行：德国外交文件中记载的南京大屠杀与劫后社会状况》，南京出版社2022年1月版

赵元任摄，赵新那、黄家林整理：《赵元任影记：好玩儿的大师》，商务印书馆2022年4月版

王卫星编：《南京保卫战·日方资料》，南京出版社2022年10月版

二、学术专著

南京工学院建筑研究所编：《杨廷宝建筑设计作品集》，中国建筑工业出版社1983年8月版

中共南京市委党史办公室、八路军南京办事处纪念馆编：《抗战时期的八路军驻南京办事处》，南京大学出版社1987年7月版

侯鸣皋著：《蒋介石的内廷供奉机构——励志社内幕》，南京出版社1989年6月版

刘先觉、张复合、村松伸、寺原让治主编：《中国近代建筑总览·南京篇》，中国建筑工业出版社1992年2月版

江苏金融志编辑室编：《江苏民国行局库》，南京大学出版社1992年3月版

陈济民、庄淑玉、卢海鸣编著：《民国官府》，香港金陵书社出版公司1992年10月版

王能伟、马伯伦、刘晓梵编：《南京旧影》，人民美术出版社1993年6月版

马伯伦主编：《南京建置志》，海天出版社1994年7月版

韩文昌、邵玲主编：《民国时期中央国家机关组织概述》，中国档案出版社1994年10月版

南京金融志编纂委员会、中国人民银行南京分行：《民国时期南京商办银行》，南京金融志编辑室，1994年11月内部印刷本

中国第二历史档案馆编：《国民政府政治制度档案史料汇编》，安徽教育出版社1994年12月版

南京市规划局：《南京市城市总体规划》（1991—2010），1995年内部印刷本

潘谷西主编：《南京的建筑》，南京出版社1995年8月版

南京市地方志编纂委员会、南京建筑志编纂委员会编：《南京建筑志》，方志出版社1996年6月版

王建国主编：《1927—1997杨廷宝建筑论述与作品选集》，中国建筑工业出版社1997年10月版

南京地方志编纂委员会办公室、南京文物志编纂委员会编：《南京文物志》，方志出版社1997年12月版

汪坦、张复合：《第五次中国近代建筑史研究讨论会论文集》，中国建筑工业出版社1998年3月版

杨永生、明连生编：《建筑四杰：刘敦桢、童寯、梁思成、杨廷宝》，中国建筑工业出版社 1998 年 10 月版

丁帆主编：《江城子——名人笔下的老南京》，北京出版社 1999 年 1 月版

南京市政协文史和学习委员会编：《红日照钟山——南京解放初期史料专辑》，南京出版社 1999 年 4 月版

《鼓楼区文物志》编纂委员会编：《鼓楼区文物志》，《江苏文史资料》编辑部 1999 年 4 月内部版

罗玲：《南京近代城市建设研究》，南京大学出版社 1999 年 8 月版

刘晓宁著：《风雨沧桑总统府》，南京出版社 2000 年 6 月版

张燕：《南京民国建筑艺术》，江苏科技出版社 2000 年 9 月版

卢海鸣、杨新华主编：《南京民国建筑》，南京大学出版社 2001 年 8 月版

赵松著：《历史城市保护学导论——文化遗产和历史环境保护的一种整体性方法》，上海科技出版社 2001 年 12 月版

《南大百年实录》编辑组编：《南大百年实录》（上中下），南京大学出版社 2002 年 5 月版

张宪文主编：《金陵大学史》，南京大学出版社 2002 年 5 月版

刘晓宁著：《总统府史话》，南京出版社 2003 年 7 月版

卢海鸣、刘晓宁、朱明编著：《南京民国官府史话》，南京出版社 2003 年 8 月版

杨秉德、蔡萌著：《中国近代建筑史话》，机械工业出版社 2004 年 1 月版

范方镇：《中山陵史话》，南京出版社 2004 年 7 月版

王运来著：《诚真勤仁 光裕金陵——金陵大学校长陈裕光》，山东教育出版社 2004 年 11 月版

贾梦玮著：《往日庭院：南京老公馆》，百花文艺出版社 2005 年 1 月版

赖德霖主编：《近代哲匠录——中国近代重要建筑师、建筑事务所名录》，中国水利出版社、知识产权出版社 2006 年 8 月版

中共南京市鼓楼区委宣传部、党史工作办公室、地方志编委会办公室编:《鼓楼民国建筑》，中国文史出版社 2006 年 12 月版

赖德霖著：《中国近代建设史研究》，清华大学出版社 2007 年 1 月版

薛冰著：《南京城市史》，南京出版社 2008 年 7 月版

杨小苑、丁波、杨新华：《南京名人故居史话》，南京出版社 2008 年 7 月版

南京市档案馆编：《南京解放》，中国档案出版社 2009 年 4 月版

建筑文化考察组、《建筑创作》杂志社：《中山纪念建筑》，天津大学出版社 2009 年 5 月版

王晓华、陈宁骏著：《汪伪国民政府史话》，南京出版社 2009 年 6 月版

叶皓主编，朱明、卢海鸣编著：《南京民国建筑的故事》，南京出版社 2010 年 1 月版

苏克勤校注：《南洋劝业会文汇》，上海交通大学出版社 2010 年 5 月版

苏克勤、余洁宇编著：《南洋劝业会图说》，上海交通大学出版社 2010 年 5 月版

叶兆言、卢海鸣、黄强撰文，俞康骏收藏：《老明信片·南京旧影》，南京出版社 2011 年 12 月版

陆束屏著：《腥风雨血话金陵：明妮·魏特琳1937—1938年日记书信和电文》，南京出版社2012年12月版
叶兆言、卢海鸣、韩文林撰文：《老照片·南京旧影》，南京出版社2012年12月版
南京市档案馆编：《民国珍档：民国名人户籍》，南京出版社2013年1月版
董佳著：《民国首都南京的营造政治与现代想象（1927—1937）》，江苏人民出版社2014年6月版
卢海鸣、钱长江编：《老画册·南京旧影》，南京出版社2014年7月版
丁帆编：《金陵旧颜》，南京出版社2014年8月版
卢海鸣、邓攀编：《金陵物语》，南京出版社2014年8月版
汪晓茜著：《大匠筑迹——民国时代的南京职业建筑师》，东南大学出版社2014年9月版
邢定康、钱长江编：《金陵屐痕》，南京出版社2015年10月版
胡菊蓉著：《中国战区受降始末》，南京出版社2016年8月版
陈克潜、陈克澄著：《风雨如磐忆江南》，苏州大学出版社2016年11月版
杨新华、杨小苑编著：《南京民国建筑图典》，南京师范大学出版社2016年11月版
卢海鸣著：《南京民国建筑》，江苏凤凰美术出版社2017年1月版
苏艳萍著：《抗战中的中山陵》，江苏人民出版社2017年9月版
孟国祥著：《南京文化的劫难（1937—1945）》，南京出版社2017年12月版
苏智良、张建军主编：《南京日军慰安所实录》，南京出版社2017年12月版
汪晓茜著：《南京历代经典建筑》，南京出版社2018年4月版
周学鹰、马晓著：《南大建筑百年》，南京大学出版社2018年12月版
郑逸梅著：《艺林散叶》，北方文艺出版社2019年8月版
徐智著：《改造与拓展：南京城市空间形成过程研究（1927—1937）》，齐鲁书社2020年6月版
沈旻、沈岚著：《图说老南京》，东南大学出版社2020年7月版
尹引著：《一代水工汪胡桢与南京“新村”建设》，广西师范大学出版社2020年8月版
中共南京市委党史工作办公室编：《南京党史一百年：1921—2021》，南京出版社2021年6月版
邓攀编撰：《老照片·南京百年影像：1840—1949》，南京出版社2021年9月版
华古南京团队编著：《寻迹南京：南京重点文保导览手册》，南京出版社2021年12月版
［美］郭伟杰著，卢伟、冷天译：《筑业中国》，文化发展出版社2022年1月版
王志康、陈越著：《民国首都水厂故事》，南京出版社2022年1月版
周琦等著：《南京近代建筑史》，东南大学出版社2022年7月版

三、地图和期刊

1898年《江宁府城图》，法国传教士方殿华（Louis Gaillard，又译盖拉蒂）绘制，南京出版社2012年12月版
1903年《陆师学堂新测金陵省城全图》，江南陆师学堂测绘并镌印发行，南京出版社

2014年12月版

1910年《南京全图》，日本堂书店出版发行，南京出版社2012年5月版

1927年《最新南京全图》，上海中华书局印行，南京出版社2014年12月版

1928年《最新首都城市全图》，南京共和书局发行，南京出版社2012年5月版

1933年《新测南京城市详图》，张起文编，上海东方舆地学社印行，南京出版社2012年5月版

1937年《新南京地图》订正版，苏甲荣编制，日新舆地学社出版，南京出版社2012年5月版

1938年《最新南京地图》，日本人小山吉三绘制并出品，南京出版社2012年12月版

1940年《最新实测南京市街详图》，森芳熊制图，南京华中洋行支店出版发行，南京出版社2012年5月版

1943年《南京市市街图》，南京特别市地政局出品，南京出版社2012年12月版

1946年《南京全图》，上海新鲁书店出版发行，南京出版社2012年5月版

1948年《南京市街道详图》，亚光舆地学社出品，金擎宇、马宗尧编制，大中国图书局发行，南京出版社2012年12月版

1949年《南京市街道详图》，亚光舆地学社出版，中国史地图表编撰骍亮编制，南京出版社2014年12月版

《南京市政公报（1927—1948）》（全45册），［民国］南京特别市政府等编印，南京出版社2010年8月—2012年12月出版

《建筑月刊》（1—4卷），上海市建筑协会编辑出版，1933年

《中国建筑》（1—4卷），中国建筑师学会编辑出版，1933—1936年

《中国博物馆协会会报》（第1卷第1期—第5期），中国博物馆协会编辑出版，1935年9月—1936年5月

《中国博物馆协会会报》（第2卷第1期—第5期），中国博物馆协会编辑出版，1936年9月—1937年5月

《南京党史资料》（1—30辑），中共南京市委党史资料征集编研委员会办公室、南京市档案局编辑出版，1982年2月—1990年9月

《南京史志》（1—91期），南京史志编辑部编辑出版，1983—1999年

《南京史志》（1—35期），南京史志编辑部编辑出版，2010—2024年

四、馆藏档案

中国第二历史档案馆档案

南京市档案馆档案

南京市规划与自然资源局档案馆档案

南京市房产局档案

法国、美国、英国、日本等海外高校和科研机构档案

相关的院史、校史、厂史等

后 记

在中国近代史上，南京作为中英《南京条约》的签约地、太平天国政权的兴衰地、封建帝制的结束地、民主共和制的开启地、南京大屠杀的发生地、中国战区日军签字受降仪式的举办地，以及蒋家王朝的终结地，可谓集荣辱浮沉于一身，融欢笑泪水于一体。

近代史的一百多年间，南京风云际会，冠盖云集，各类建筑星罗棋布。这些建筑在为时人提供活动舞台的同时，又因人类的活动而充满生机和活力。时至今日，曾经活跃在近代历史舞台上的风云人物，已如过眼云烟，随风而逝；而他们当年在南京工作、学习、居住、活动以及长眠的场所，历经时代的变迁和人世的兴废，或多或少留存下来。从某种意义上来说，这些留存下来的近代建筑，不仅是城市的躯体和灵魂，是社会发展的标志和历史的见证物，更是南京一张张特有的文化名片。

自 20 世纪 90 年代起，我开始涉足南京近代建筑领域，30 多年来，我对南京近代建筑的兴趣与日俱增。作为一名非建筑专业人员，我深知从事南京近代建筑研究有越俎代庖之嫌。但是，作为一名“南京学”的研究者，南京近代建筑是我们绕不开的话题。一次次现场考察、一个个意外发现，以及一份份老档案、一件件新史料和一张张旧图片，每每让我心醉神迷。与南京近代建筑的反复对话交流过程，常常让我有新的收获和体验。

从2001年8月笔者和友人主编《南京民国建筑》一书出版以来，我就开始了本书的资料搜集工作，断断续续，历时23年。“千淘万漉虽辛苦，吹尽狂沙始到金”，可以代表我这些年来搜集史料和图片的艰辛。本书有四大突破：一是从历史学的角度，对近代建筑的发展历程进行分期，并且在建筑类型上有所发现；二是以大量的档案史料和珍贵历史图片，丰富了南京近代建筑的内涵；三是纠正了南京近代建筑存在的一些名称、建造年代、建筑风格、所有者等方面的讹误；四是挖掘了南京近代建筑在红色文化和革命文化方面的价值、地位和作用。

本书分为研究篇和探索篇。研究篇着重从历史的视角，对南京近代建筑的发展历程、类型、特点、价值进行理论探索，同时对于建筑师、营造厂、鉴赏方法做简要阐述；探索篇则精选现存的、具有代表性南京近代建筑约180处，以图文并茂的形式，讲述隐藏在每一个建筑背后的故事，以期再现近代南京政治、经济、文化、外交、军事和社会等方面的风貌。

本书是2021年中宣部文化名家暨“四个一批”人才工程项目。在此，我要衷心感谢中宣部、中共江苏省委宣传部和南京市委宣传部，对于本书出版的大力支持；感谢东南大学教授、著名建筑学家周琦先生在百忙之中拨冗为本书撰写精彩的序言；感谢汪晓茜、经盛鸿、李恭忠、王昭昭、夏蓓和刘刚先生（女士）审阅本书提纲或书稿，并提出宝贵的意见和建议；感谢南京大学历史学院韩文宁先生、中国新四军研究会常浩如先生、南京出版传媒集团（南京出版社）孙静和王晓晨女士认真地帮助我校对书稿，刘天元博士帮我查阅相关资料，谢茜女士为我打印部分资料；感谢周学鹰、朱明娥、王腾、邓攀、梅宁、石长安、杨传兵、崔龙龙、程瑶先生（女士）提供相关图片；感谢相关专家的研究成果，包括薛汉林、孙建国先生的微信公众号等，此外，我还要感谢南京出版社执行总编辑徐智、美术编辑王俊等的精心编校和设计。

本书对于采用的文献档案和专家学者的研究成果，尽可能地标明出处或列入参考书目之中，但是由于书稿写作前后历时二十余年，一些图片出处无法一一核实，图片除署名或注明出处的之外，其余均由我不同时期在实地拍摄。限于时间和水平，书中不足之处在所难免，希望方家同道不吝赐教。